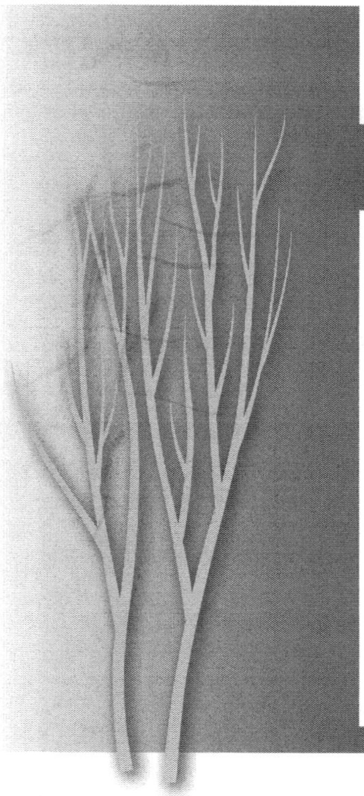

ANATOMIA DAS PLANTAS DE ESAU

Blucher

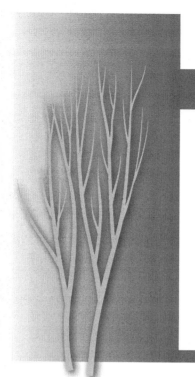

ANATOMIA DAS PLANTAS DE ESAU

Tradução da Terceira Edição Americana

MERISTEMAS, CÉLULAS E TECIDOS DO CORPO DA PLANTA: SUA ESTRUTURA, FUNÇÃO E DESENVOLVIMENTO

RAY F. EVERT

Katherine Esau Professor Emérito de Botânica e Patologia de Plantas, Universidade de Wisconsin, Madison

Com a assistência de **Susan E. Eichhorn**, Universidade de Wisconsin, Madison

Trabalho de Tradução

Coordenação da tradução

Carmen Regina Marcati

Trabalho de tradução

Carmen Regina Marcati
Marcelo Rodrigo Pace
Maria das Graças Sajo
Patricia Soffiatti
Silvia Rodrigues Machado
Tatiane Maria Rodrigues
Veronica Angyalossy

Anatomia das plantas de Esau, meristemas, células e tecidos do corpo da planta: sua estrutura, função e desenvolvimento

Editora Edgard Blücher Ltda.

Imagem da capa: folha diafanizada de *Styrax camporum* (Styracaceae), gentilmente cedida pela Dra. Silvia Rodrigues Machado.

Blucher

Rua Pedroso Alvarenga, 1245, 4° andar
04531-012 – São Paulo – SP – Brasil
Tel.: 55 11 3078-5366
contato@blucher.com.br
www.blucher.com.br

Segundo Novo Acordo Ortográfico, conforme 5. ed. do *Vocabulário Ortográfico da Língua Portuguesa*, Academia Brasileira de Letras, março de 2009.

FICHA CATALOGRÁFICA

Evert Ray Franklin
Anatomia das plantas de Esau: meristemas, células e tecidos do corpo da planta: sua estrutura, função e desenvolvimento / Ray F. Evert: coordenação e tradução de Carmen Regina Marcati. – São Paulo: Blucher, 2013.

Tradução da 3ª edição Americana
Bibliografia.
ISBN 978-85-212-0712-2

Título original: *Esau's Plant Anatomy – Meristems, cells, and tissues of the plant body – their structure, function and development.*

1. Plantas – anatomia 2. Botânica – morfologia I. Título II. Esau, Katerine, 1989-1997 III. Marcati, Carmen Regina

13.0087 CDD 581.4

Índices para catálogo sistemático:
1. Botânica – morfologia

Dedicado a Katherine Esau (*in memorian*), mentora e amiga

"Em reconhecimento ao serviço diferenciado prestado à comunidade americana de botânicos, e pela excelência na sua pesquisa pioneira em estrutura e desenvolvimento de plantas, tanto básica quanto aplicada, que se estende por mais de seis décadas, por sua atuação superlativa como educadora, tanto em classe quanto por meio de seus livros, pelo encorajamento e inspiração que tem dado a uma legião de jovens, aspirantes a botânicos; por proporcionar um modelo especial para as mulheres na ciência."

Citação, Medalha Nacional da Ciência, 1989

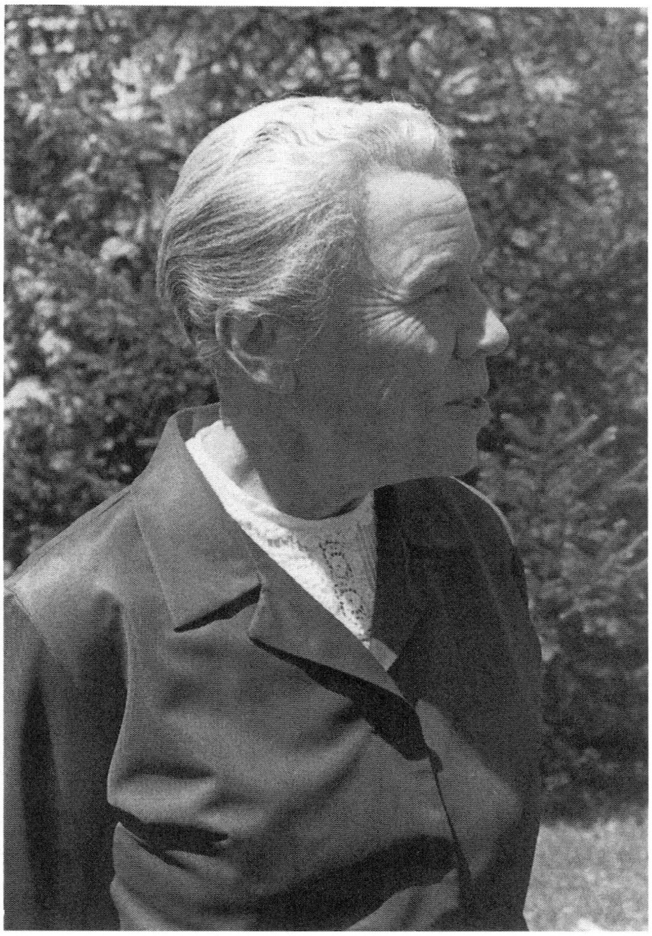

Katherine Esau

Dedicatória

Dedicamos esta versão traduzida do livro "Esau's Plant Anatomy" com o título "Anatomia das Plantas de Esau" a uma mulher que fez história na área de botânica no Brasil. Professora do Departamento de Botânica do Instituto de Biociências da USP, São Paulo, foi quem traduziu o livro "Anatomy of Seed Plants" de Katherine Esau para o idioma português, publicado em 1974 com o título "Anatomia de Plantas com Sementes", a única obra traduzida de Esau para o nosso idioma. Essa professora, de grande conhecimento em anatomia de plantas, está completando 70 anos de trabalho como docente na USP e, com mais de 90 anos, a Dra. Berta Lange de Morretes ainda dá aulas e faz pesquisa nessa instituição. Nunca se casou, mas segundo palavras dela mesma, é casada com a USP (ver reportagem online do Estadão no site http://www.estadao.com.br/noticias/impresso,a-biologa-que-leciona-na-usp-ha-70-anos,725305,0.htm).
Incansável, amante das plantas, formou a maioria dos anatomistas de plantas do Brasil, tendo orientado dezenas de Mestres e Doutores. Deu uma grande contribuição científica para o conhecimento da anatomia e das adaptações das plantas do cerrado. Em reconhecimento a essa importante anatomista, dedicamos a ela esta obra.

Carmen Regina Marcati

"Pediram que eu escrevesse algumas palavras sobre o novo livro publicado por Ray Evert. Li o volume todinho, da primeira a última frase, e só posso dizer: é uma obra muito bonita. Se nosso magistério do segundo grau estivesse baseado em livros desse padrão, a situação do ensino seria outra. A clareza e a objetividade são modelares, fazem que o aluno queira saber mais."

Berta Lange de Morretes

Berta Lange de Morretes

CONTEÚDO

Prefácio 19
Apresentação 21
Agradecimentos 23
Referências gerais 25

Capítulo 1 Estrutura e desenvolvimento do corpo vegetal – uma visão geral 29
Organização interna do corpo vegetal 31
O corpo de uma planta vascular é composto por três sistemas de tecidos 31
Estruturalmente, raiz, caule e folha diferem primariamente na distribuição relativa dos tecidos vascular e fundamental 32
Resumo dos tipos de células e tecidos 34
Desenvolvimento do corpo vegetal 35
O plano do corpo da planta é estabelecido durante a embriogênese 35
Com a germinação da semente, o embrião inicia o seu crescimento e, gradualmente, se desenvolve numa planta adulta 40
REFERÊNCIAS 41

Capítulo 2 O protoplasto: membrana plasmática, núcleo e organelas citoplasmáticas 43
Células procarióticas e eucarióticas 44
Citoplasma 47
Membrana plasmática 48
Núcleo 51
Ciclo celular 53
Plastídios 54
Os cloroplastos contêm clorofila e pigmentos carotenoides 55
Os cromoplastos contêm somente pigmentos carotenoides 58
Os leucoplastos são plastídios sem pigmentos 58
Todos os plastídios são inicialmente derivados de proplastídios 59
Mitocôndria 62
Peroxissomos 63

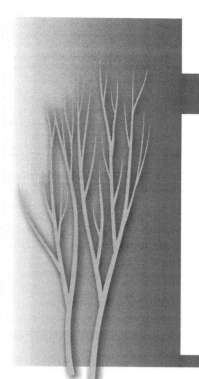

Vacúolos 65
Ribossomos.......... 67
REFERÊNCIAS 68

Capítulo 3 **O protoplasto: sistema de endomembranas, vias secretoras, citoesqueleto e compostos armazenados**.......... 77
Sistema de endomembranas.......... 77
O retículo endoplamástico é um sistema de membranas tridimensional contínuo que percorre todo o citosol.......... 77
O aparato de Golgi é um sistema de membranas altamente polarizado, envolvido no processo de secreção.......... 79
Citoesqueleto.......... 81
Os microtúbulos são estruturas cilíndricas, compostas de subunidades de tubulina 81
Os filamentos de actina consistem de duas cadeias lineares de moléculas de actina na forma de uma hélice.......... 82
Compostos armazenados 83
O amido se desenvolve na forma de grãos nos plastídios.......... 84
O local de organização do corpo proteico depende da composição da proteína.......... 85
Corpos de óleo brotam das membranas do RE liso por um processo mediado por oleosina.......... 86
Os taninos ocorrem geralmente em vacúolos, mas também são encontrados nas paredes celulares.......... 88
Os cristais de oxalato de cálcio geralmente se desenvolvem em vacúolos, mas também são encontrados nas paredes celulares e na cutícula.......... 88
A sílica é mais comumente depositada nas paredes celulares.......... 91
REFERÊNCIAS 92

Capítulo 4 **Parede celular** 99
Componentes macromoleculares da parede celular.......... 100
A celulose é o principal componente das paredes celulares das plantas 100
As microfibrilas de celulose estão embebidas em uma matriz de moléculas não celulósicas.......... 101
Principais hemiceluloses.......... 101
Pectinas.......... 102
Proteínas 103
A calose é um polissacarídeo de parede celular amplamente distribuído 104
As ligninas são polímeros fenólicos depositados principalmente nas paredes celulares de tecidos de sustentação e condução 104
Cutina e suberina são polímeros lipídicos insolúveis mais comumente encontrados nos tecidos de proteção na superfície da planta 106
Camadas da parede celular 107
Com frequência, é difícil distinguir a lamela média da parede primária 107
A parede primária é depositada enquanto a célula está aumentando em tamanho.. 107
A parede secundária é depositada internamente à parede primária, em grande parte ou somente após a parede primária ter cessado seu aumento na área superficial.......... 109
Pontoações e campos de pontoações primárias 110
Origem da parede durante a divisão celular 112
A citocinese ocorre pela formação de um fragmoplasto e de uma placa celular 112
A calose é o principal polissacarídeo de parede presente no início do

desenvolvimento da placa celular 114
A banda pré-prófase prenuncia o plano da futura placa celular 115
Crescimento da parede celular 116
A orientação das microfibrilas de celulose dentro da parede primária influencia a direção da expansão celular 118
Quando se considera o mecanismo de crescimento da parede, é necessário distinguir entre crescimento em superfície (expansão da parede) e crescimento em espessura 119
Expansão da parede celular primária 120
O término da expansão da parede 121
Espaços intercelulares 121
Plasmodesmos 122
Os plasmodesmos podem ser classificados como primários ou secundários, de acordo com sua origem 122
Os plasmodesmos contêm dois tipos de membranas: membrana plasmática e desmotúbulo 124
Os plasmodesmos possibilitam a comunicação das células 126
O simplasto reorganiza-se durante o crescimento e desenvolvimento da planta 128
REFERÊNCIAS 129

Capítulo 5 Meristemas e diferenciação 143
Meristemas 143
Classificação dos meristemas 144
Uma classificação comum dos meristemas se baseia na sua posição no corpo da planta 144
Os meristemas também são classificados segundo a natureza das células que dão origem às suas células iniciais 146
Características das células meristemáticas 146
Padrões de crescimento nos meristemas 148
Atividade meristemática e crescimento da planta 149
Diferenciação 150
Termos e conceitos 150
Senescência (morte celular programada) 152
Mudanças celulares na diferenciação 154
Um fenômeno citológico comumente observado em células de angiospermas em diferenciação é a endopoliploidia 154
Uma das primeiras mudanças visíveis em tecidos em diferenciação é o aumento desigual no tamanho celular 155
O ajuste celular nos tecidos em diferenciação envolve um crescimento coordenado e intrusivo 156
Fatores que causam diferenciação 157
Técnicas de cultura de tecidos têm sido úteis na determinação das necessidades para o crescimento e a diferenciação 157
A análise do mosaico genético pode revelar padrões de divisão e de destino celular, em plantas em desenvolvimento 159
A tecnologia genética aumentou drasticamente nossa compreensão sobre o desenvolvimento da planta 160
A polaridade representa um componente-chave na formação do padrão biológico e está relacionada ao fenômeno de gradientes 161
As células das plantas se diferenciam de acordo com sua posição 162

Hormônios vegetais ... 163
Auxinas ... 164
Citocininas ... 165
Etileno ... 166
Ácido abscísico ... 166
Giberelinas ... 166
REFERÊNCIAS ... 167

Capítulo 6 **Meristemas apicais** ... 177
Evolução do conceito de organização apical ... 178
Os meristemas apicais originalmente eram vistos como tendo somente uma célula inicial ... 178
A teoria da célula apical foi suplantada pela teoria histogênica ... 178
O conceito túnica-corpo na organização apical se aplica amplamente às angiospermas ... 179
O ápice caulinar da maioria das gimnospermas e angiospermas mostra um zoneamento citológico ... 180
Perguntas sobre a identidade das iniciais apicais ... 180
Ápice caulinar vegetativo ... 182
A presença de uma célula apical é característica de ápices caulinares de plantas vasculares sem sementes ... 183
O zoneamento encontrado no ápice de Ginkgo serviu como base para a interpretação do ápice caulinar de outras gimnospermas ... 184
A presença de zoneamento sobrepondo a configuração túnica-corpo é característica dos ápices caulinares das angiospermas ... 187
O ápice caulinar vegetativo de *Arabidopsis thaliana* ... 189
Origem das folhas ... 190
Durante todo o período vegetativo, o meristema apical caulinar produz folhas numa ordem regular ... 191
A iniciação do primórdio foliar encontra-se associada ao aumento na frequência das divisões periclinais no local de iniciação ... 193
O primórdio foliar aparece em locais que são correlacionados com a filotaxia do caule ... 194
Origem dos ramos ... 195
Na maioria das plantas com sementes os meristemas axilares se originam de meristemas isolados ... 196
Os caules podem se desenvolver a partir de gemas adventícias ... 198
Ápice radicular ... 198
A organização apical em raízes pode ser tanto aberta como fechada ... 199
O centro quiescente não é completamente desprovido de divisões em condições normais ... 203
O ápice radicular de *Arabidopsis thaliana* ... 206
O crescimento do ápice da raiz ... 208
REFERÊNCIAS ... 211

Capítulo 7 **Parênquima e colênquima** ... 225
Parênquima ... 225
As células parenquimáticas podem formar massas contínuas como em um tecido parenquimático ou estar associadas a outros tipos celulares em tecidos morfologicamente heterogêneos ... 226

O conteúdo das células parenquimáticas é um reflexo das atividades das células . . 227
A parede celular das células parenquimáticas pode ser delgada ou espessa 229
Algumas células parenquimáticas – células de transferência – contêm invaginações na parede. 229
As células parenquimáticas variam enormemente em sua forma e arranjo. 231
Alguns tecidos parenquimáticos – aerênquima – contêm espaços intercelulares particularmente grandes 233
Colênquima. 234
A estrutura das paredes celulares do colênquima é a característica mais distintiva desse tecido 235
Caracteristicamente, o colênquima se encontra em regiões periféricas 237
O colênquima parece ser especialmente bem-adaptado para a sustentação de folhas e caules em crescimento 238
REFERÊNCIAS 239

Capítulo 8 **Esclerênquima** 245
Fibras 246
As fibras são amplamente distribuídas no corpo vegetal. 246
As fibras podem ser divididas em dois grandes grupos: xilemáticas ou extraxilemáticas 248
Tanto as fibras xilemáticas quanto extraxilemáticas podem ser septadas ou gelatinosas 251
As fibras comerciais são separadas em fibras macias e fibras duras 252
Esclereídes. 252
Com base na forma e no tamanho, as esclereídes podem ser classificadas em diferentes tipos 253
Assim como as fibras, as esclereídes estão amplamente distribuídas no corpo vegetal 254
Esclereídes em caules. 255
Esclereídes em folhas 255
Esclereídes em frutos 256
Esclereídes em sementes. 257
Origem e desenvolvimento de fibras e esclereídes 257
Fatores que controlam o desenvolvimento de fibras e esclereídes 262
REFERÊNCIAS 263

Capítulo 9 **Epiderme** 267
Células epidérmicas comuns 270
As paredes das células epidérmicas variam em espessura 270
A presença de cutícula é a característica mais distintiva da parede periclinal externa das células epidérmicas 271
Estômatos 274
Os estômatos ocorrem em todas as partes aéreas do corpo primário das plantas . . 274
As células-guarda geralmente apresentam formato de rim 277
As células-guarda têm paredes desigualmente espessadas, com microfibrilas de celulose dispostas radialmente 280
Luz azul e ácido abscísico são sinais importantes no controle dos movimentos estomáticos 282
O desenvolvimento de complexos estomáticos envolve uma ou mais divisões celulares assimétricas 282

Diferentes sequências no desenvolvimento resultam em configurações diferentes de complexos estomáticos 286
Tricomas 287
Os tricomas apresentam uma variedade de funções 288
Os tricomas podem ser classificados em diferentes categorias morfológicas 289
Um tricoma é originado como uma protuberância a partir de uma célula epidérmica 289
A fibra do algodão 289
Pelos radiculares 292
O tricoma de *Arabidopsis* 293
Distribuição espacial das células na epiderme 295
A distribuição de estômatos e tricomas nas folhas não ocorre ao acaso 295
Há três principais tipos de distribuição espacial de células na epiderme da raiz de angiospermas 297
Outras células epidérmicas especializadas 299
As células silicosas e suberosas frequentemente ocorrem juntas 299
As células buliformes são altamente vacuoladas 300
Algumas células epidérmicas contêm cistólitos 301
REFERÊNCIAS 303

Capítulo 10 Xilema: tipos celulares e aspectos do desenvolvimento 317
Os tipos celulares do xilema 320
Elementos traqueais – traqueídes e elementos de vaso – são as células condutoras do xilema 320
As paredes secundárias da maioria dos elementos traqueais contêm pontoações 322
Os vasos são conduítes de água mais eficientes do que as traqueídes 326
As fibras são especializadas como elementos de sustentação no xilema 329
As células vivas do parênquima ocorrem tanto no xilema primário quanto no secundário 330
Em algumas espécies as células de parênquima desenvolvem protrusões – tilos – que penetram nos vasos 330
Especialização filogenética dos elementos traqueais e das fibras 331
As grandes tendências na evolução do elemento de vaso estão correlacionadas a uma diminuição no seu comprimento 334
Existem desvios nas tendências evolutivas do elemento de vaso 334
Como elementos de vaso e traqueídes, as fibras sofreram um encurtamento filogenético 335
O xilema primário 337
Existem algumas diferenças estruturais e de desenvolvimento entre as porções iniciais e tardias formadas no xilema primário 337
Os elementos traqueais primários possuem uma variedade de espessamentos de parede secundária 340
A diferenciação dos elementos traqueais 341
Os hormônios da planta estão envolvidos na diferenciação dos elementos traqueais 346
As células isoladas do mesofilo em cultura podem se transdiferenciar diretamente em elementos traqueais 348
REFERÊNCIAS 349

Capítulo 11 Xilema: xilema secundário e variações na estrutura da madeira 359
Estrutura básica do xilema secundário........ 361
O xilema secundário consiste de dois sistemas distintos de células, o axial e o radial 361
Algumas madeiras são estratificadas e outras, não........ 362
Os anéis de crescimento resultam da atividade periódica do câmbio vascular........ 362
Conforme a madeira se torna mais velha, gradualmente se torna não funcional em condução e armazenamento 366
O lenho de reação é um tipo de madeira que se desenvolve em ramos e caules inclinados ou curvados........ 368
Madeiras........ 371
A madeira das coníferas é relativamente simples em estrutura........ 372
O sistema axial das coníferas é constituído principalmente ou inteiramente por traqueídes 372
Os raios de coníferas podem ser constituídos por células de parênquima e traqueídes 372
As madeiras de muitas coníferas contêm canais resiníferos........ 374
A madeira das angiospermas é mais complexa e variada do que a das coníferas 377
Com base na porosidade, dois tipos principais de madeiras de angiospermas são reconhecidos: com porosidade difusa e anéis porosos ou semiporosos 378
A distribuição do parênquima axial mostra muitos padrões de gradação........ 380
Os raios de angiospermas geralmente contêm somente células de parênquima 380
Espaços intercelulares semelhantes aos canais resiníferos de gimnospermas ocorrem na madeira de angiospermas........ 383
Alguns aspectos do desenvolvimento do xilema secundário 383
Identificação de madeira 387
REFERÊNCIAS 388

Capítulo 12 Câmbio vascular........ 397
Organização do câmbio 397
O câmbio vascular contém dois tipos de células iniciais: iniciais fusiformes e iniciais radiais........ 397
O câmbio pode ser estratificado ou não estratificado........ 399
Formação do xilema secundário e do floema secundário........ 400
Iniciais *versus* suas derivadas diretas........ 403
Mudanças no desenvolvimento 405
A formação de novas iniciais radiais a partir de iniciais fusiformes ou de seus segmentos é um fenômeno comum 407
Os domínios podem ser reconhecidos dentro do câmbio 411
Mudanças sazonais na ultraestrutura da célula cambial 411
Citocinese das células fusiformes........ 416
Atividade sazonal 417
O tamanho do incremento de xilema produzido durante um ano geralmente excede ao do floema 419
Uma sazonalidade distinta na atividade cambial também ocorre em muitas regiões tropicais 421
Relações causais em atividade cambial........ 424
REFERÊNCIAS 425

Capítulo 13 Floema: tipos celulares e aspectos do desenvolvimento 435
Tipos celulares do floema 437
O elemento de tubo crivado das angiospermas 438
Em alguns táxons as paredes dos elementos de tubo crivado são notavelmente espessas 440
As placas crivadas geralmente ocorrem nas paredes terminais 441
A calose aparentemente atua no desenvolvimento do poro crivado 443
Mudanças na aparência dos plastídios e na aparência da proteína-P são indicadores iniciais do desenvolvimento do elemento de tubo crivado 444
A degeneração nuclear pode ser cromatolítica ou picnótica 452
Células companheiras 455
O mecanismo de transporte floemático em angiospermas 459
A folha fonte e o floema da nervura de pequeno porte 462
Vários tipos de nervuras de pequeno porte ocorrem em folhas de dicotiledôneas 464
As espécies tipo 1 com células companheiras especializadas, denominadas células intermediárias, são carregadoras simplásticas 464
As espécies com nervuras de pequeno porte tipo 2 são carregadoras apoplásticas 465
A coleta de fotoassimilados pelas nervuras de pequeno porte pode não envolver um passo ativo em algumas folhas 466
Algumas nervuras de pequeno porte contêm mais do que um tipo de célula companheira 466
As nervuras de pequeno porte de lâminas foliares de Poaceae contêm dois tipos de tubos crivados de metafloema 466
A célula crivada de gimnospermas 467
As paredes das células crivadas são caracterizadas como primárias 468
A calose não desempenha um papel no desenvolvimento do poro da área crivada em gimnospermas 468
Entre as gimnospermas há pouca variação na diferenciação das células crivadas 469
Células de Strasburger 470
O mecanismo de transporte do floema nas gimnospermas 471
Células parenquimáticas 472
Células esclerenquimáticas 472
Longevidade dos elementos crivados 473
Tendências na especialização dos elementos de tubo crivado 474
Elementos crivados de plantas vasculares sem sementes 475
Floema primário 476
REFERÊNCIAS 480

Capítulo 14 Floema: floema secundário e variações na sua estrutura 489
Floema de conífera 491
Floema de angiosperma 495
Os padrões formados pelas fibras podem ser de significância taxonômica 495
Os elementos de tubo crivado secundários mostram variação considerável em forma e distribuição 495
Diferenciação no floema secundário 500
As células esclerenquimáticas no floema secundário comumente são classificadas como fibras, esclereídes, e fibroesclereídes 502
O floema condutor constitui apenas uma pequena parte da casca interna 504
Floema não condutor 506
O floema não condutor difere estruturalmente do floema condutor 506

A dilatação é o meio pelo qual o floema se ajusta ao aumento em circunferência do eixo como resultado do crescimento secundário 507
REFERÊNCIAS 508

Capítulo 15 Periderme 511
Ocorrência 511
Características de seus componentes 513
O felogênio é relativamente simples em estrutura 513
Vários tipos de células do felema podem surgir do felogênio 513
Existe considerável variação na largura e composição da feloderme 516
Desenvolvimento da periderme 517
Os locais de origem do felogênio são variáveis 517
O felogênio tem origem por divisões de vários tipos de células 519
O tempo de surgimento da primeira e subsequentes peridermes varia 519
Morfologia da periderme e do ritidoma 522
Poliderme 524
Tecido protetor em monocotiledôneas 524
Periderme de cicatrização 525
Lenticelas 526
Três tipos estruturais de lenticelas são reconhecidos nas angiospermas lenhosas 527
A primeira lenticela frequentemente surge abaixo do estômato 528
REFERÊNCIAS 528

Capítulo 16 Estruturas secretoras externas 533
Glândulas de sal 535
Vesículas de sal secretam em um grande vacúolo central 535
Outras glândulas secretam sal diretamente para o exterior 536
As glândulas bicelulares das Poaceal 536
As glândulas multicelulares das eudicotiledôneas 537
Hidatódios 537
Nectários 540
Os nectários de *Lonicera japonica* exudam néctar dos tricomas unicelulares 542
Os nectários de *Abutilon striatum* exudam néctar a partir de tricomas multicelulares 542
Os nectários de *Vicia faba* exudam néctar via estômatos 543
Os açúcares mais comuns no néctar são sacarose, glicose e frutose 545
Estruturas intermediárias entre nectários e hidatódios 547
Coléteres 548
Osmóforos 549
Tricomas glandulares que secretam substâncias lipofílicas 550
Desenvolvimento dos tricomas glandulares 551
As estruturas glandulares das plantas carnívoras 552
Tricomas urticantes 554
REFERÊNCIAS 555

Capítulo 17 Estruturas secretoras internas 563
Células secretoras internas 563
As células de óleo secretam seus óleos em uma cavidade de óleo 565
As células de mucilagem depositam sua secreção entre o protoplasto e a parede celulósica 566

O tanino é a inclusão mais notável em numerosas células secretoras.. 567
Cavidades e canais secretores 568
Os canais secretores mais conhecidos são os canais de resina das coníferas 569
O desenvolvimento das cavidades secretoras parece ser esquizógeno 570
Os canais e cavidades secretores podem surgir sob estímulo de injúria 572
As kino veias são um tipo especial de canais traumáticos.. 574
Laticíferos 574
Com base na sua estrutura, os laticíferos são agrupados em duas classes principais: articulados e não articulados 575
O látex varia no aspecto e na composição. 577
Os laticíferos articulados e não articulados aparentemente diferem citologicamente uns dos outros 578
Os laticíferos estão amplamente distribuídos no corpo da planta, refletindo seu modo de desenvolvimento 581
Laticíferos não articulados.. 581
Laticíferos articulados 583
A principal fonte da borracha comercial é a casca da árvore da seringueira, *Hevea brasiliensis* 586
A função dos laticíferos não é clara. 587
REFERÊNCIAS 588

Adendo: Outras referências pertinentes não citadas no texto 597

Glossário 621

Índice onomástico 649

Índice remissivo 681

PREFÁCIO

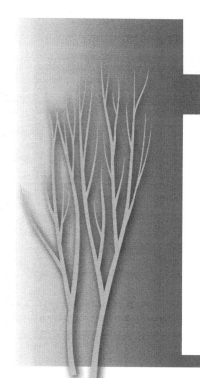

Já se passaram mais de 40 anos desde a segunda edição do livro *Anatomia das plantas* de Katherine Esau. A enorme expansão do conhecimento biológico que tem tomado lugar durante esse período não tem precedentes. Em 1965, a microscopia eletrônica estava apenas começando para que tivesse um impacto na pesquisa de plantas em nível celular. Desde então, novas abordagens e técnicas, particularmente aquelas usadas na pesquisa genética-molecular, têm resultado em uma maior ênfase e tomado a direção para o reino molecular da vida. Conceitos e princípios antigos estão sendo desafiados virtualmente em todos os níveis, entretanto, geralmente, sem um claro entendimento das bases sobre as quais aqueles conceitos e princípios foram estabelecidos.

Um biólogo, independentemente de sua linha de especialização, não pode se dar ao luxo de perder de vista o organismo como um todo, se o seu objetivo é entender o mundo orgânico. O conhecimento dos aspectos mais grosseiros da estrutura é básico para a pesquisa e o ensino em todos os níveis de especialização. A tendência cada vez maior em direção a uma redução da ênfase em informações de fato no ensino contemporâneo e a aparente diminuição dos cursos em anatomia e morfologia das plantas, em muitas escolas e universidades, faz que uma fonte prontamente acessível de informação básica em estrutura de plantas seja mais importante do que nunca. A consequência disso é o uso menos preciso da terminologia e uma adoção inapropriada de termos animais para estruturas de plantas. A pesquisa em estrutura de plantas tem beneficiado grandemente as novas abordagens e técnicas agora disponíveis. Muitos anatomistas de plantas estão participando efetivamente na procura da interdisciplinaridade para conceitos integrados de crescimento e morfologia. Ao mesmo tempo, anatomistas de plantas que trabalham com análise comparada continuam a criar novos conceitos sobre as relações e evolução das plantas e dos tecidos de plantas com o auxílio de dados moleculares e análises cladísticas. A integração da anatomia ecológica e sistemática de plantas – anatomia ecofilética – está provocando um entendimento mais claro das forças motrizes por trás das diversificações evolucionárias dos atributos da madeira e da folha.

Um conhecimento completo da estrutura e desenvolvimento das células e tecidos é essencial para uma interpretação realística da função da planta, se a função em causa é fotossíntese, movimento da água, transporte de alimento, ou absorção da água e minerais pelas raízes. Um entendimento completo dos efeitos dos organismos patogênicos no corpo da planta só pode ser alcançado quando se conhece a estrutura normal da planta em questão. As práticas horticulturais, como enxerto, poda, propagação vegetativa, e os fenômenos associados à formação de "callus", cicatrização, regeneração, e desenvolvimento de raízes e gemas adventícias, são mais significativos se as características estruturais subjacentes a esses fenômenos são compreendidas apropriadamente.

Uma crença comum entre os estudantes e igualmente entre muitos pesquisadores é que nós sabemos, virtualmente, tudo o que há para se saber sobre a anatomia das plantas, entretanto, nada poderia estar mais longe da verdade. Embora o estudo da anatomia das plantas remonte ao final dos anos 1600, a maioria do nosso conhecimento em estrutura de plantas é baseada em plantas de regiões temperadas, e geralmente aquelas de interesse agronômico. As características estruturais das plantas que crescem em ambientes subtropicais e tropicais são frequentemente caracterizadas como exceções ou anomalias, em vez de como adaptações aos diferentes ambientes. Com a grande diversidade de espécies de plantas nos trópicos, há uma riqueza de informações a serem descobertas na estrutura e desenvolvimento de tais plantas. Além disso, como observado pela Dra. Esau no prefácio da primeira edição de *Anatomia das plantas com sementes* (JOHN WILEY & SONS, 1960) "[...] a anatomia das plantas é interessante para o seu próprio bem. É uma experiência gratificante acompanhar o desenvolvimento ontogenético e evolucionário das características estruturais e entender o alto grau de complexidade e a regularidade notável na organização da planta".

O principal objetivo deste livro é fornecer uma base firme nos meristemas, células e tecidos do corpo da planta, e, ao mesmo tempo, trazer algo sobre os muitos avanços pelas pesquisas moleculares na compreensão de sua função e desenvolvimento. Por exemplo, no capítulo de meristemas apicais, que tem sido o objeto de considerável pesquisa genética-molecular, uma revisão histórica do conceito de organização apical é apresentada para fornecer ao leitor uma compreensão do quanto aquele conceito tem evoluído com a disponibilidade de metodologias mais sofisticadas. Por todo o livro, maior ênfase é dada nas relações estrutura-função do que nas duas edições anteriores. Como nas edições anteriores, as angiospermas são evidenciadas, mas algumas características de partes vegetativas das gimnospermas e das plantas vasculares sem sementes também são consideradas.

Esses são tempos estimulantes para os botânicos. Isso se reflete, em parte, pela grandiosidade da produção de literatura. As referências citadas neste livro representam apenas uma fração do total de artigos lidos para a preparação da terceira edição, particularmente para a literatura genética-molecular que é citada de forma mais seletiva. Foi importante não perder o foco na anatomia. Muitas das referências citadas na segunda edição foram lidas novamente, em parte para assegurar a continuidade entre a segunda e a terceira edições. Um grande número de referências selecionadas está listado para dar apoio às descrições e interpretações, e direcionar a pessoa interessada para uma leitura mais ampla. Indubitavelmente, alguns artigos pertinentes foram inadvertidamente negligenciados. Uma série de artigos de revisão, livros, e capítulos de livros com listas de referências úteis estão incluídos. Referências adicionais pertinentes estão listadas no adendo.

Este livro foi planejado principalmente para estudantes de nível superior em vários ramos da ciência das plantas, para pesquisadores (do nível molecular até a planta toda), e para professores de anatomia de plantas. Ao mesmo tempo, um esforço foi feito para atrair os estudantes menos avançados apresentando o assunto em um estilo convidativo, com muitas ilustrações, e para explicar e analisar termos e conceitos à medida que aparecem no texto. É minha esperança que este livro venha a iluminar muitos e a inspirar muitos outros no estudo da estrutura e desenvolvimento das plantas.

R. F. E.
Madison, Wisconsin
Julho, 2006

APRESENTAÇÃO

"Esau's Plant Anatomy" de autoria de Ray F. Evert é uma atualização do livro "Plant Anatomy" de Katherine Esau, o mais importante livro sobre anatomia de plantas mundialmente reconhecido. O autor ampliou as informações contidas no livro de Esau para uma obra que explora os temas abordados em diferentes níveis, inclusive com informações sobre pesquisas de base molecular. É uma obra completa em anatomia de plantas na atualidade, sendo de grande valia para o aprimoramento desse conhecimento aos estudantes de graduação, pós-graduação, professores e pesquisadores que utilizam esse ramo da botânica como base de seus estudos ou pesquisas. Há uma enorme quantidade de referências, muitas delas citadas pelo autor nos capítulos do livro, e outras tantas não citadas, mas incluídas em um adendo ao final do livro, que enriquece enormemente esta obra. Ainda no adendo, além da citação das referências separadas por capítulos, aquelas de maior importância tiveram os seus resumos incluídos dando-nos a possibilidade de saber o foco principal dos artigos.

Neste livro o leitor poderá procurar as informações de que precisa, tanto no conteúdo, que está na parte inicial do livro, quanto no índice remissivo. O glossário, também ao final do livro, contempla as definições dos termos em anatomia de plantas.

Aqueles que utilizam a anatomia de plantas como base de suas pesquisas encontrarão aqui um suporte de conhecimentos atualizado e bastante completo, uma obra de valor inestimável.

Carmen Regina Marcati

AGRADECIMENTOS

As ilustrações formam uma parte importante de um livro em anatomia de plantas. Estou em dívida com várias pessoas que gentilmente cederam ilustrações para incluir no livro e com outras, juntamente com editores e revistas científicas, pela permissão em reproduzir de uma forma ou de outra suas ilustrações publicadas. As ilustrações nas quais as fontes não são indicadas na legenda das figuras são originais. Várias figuras são de meus artigos de pesquisa ou de artigos com coautoria de colegas, incluindo meus estudantes. Um grande número de ilustrações é de trabalhos magníficos – ilustrações feitas à mão e micrografias – da Dra. Esau. Algumas figuras são ilustrações eletrônicas habilmente processadas por Kandis Elliot.

Agradecimentos sinceros são estendidos à Laura Evert e Mary Evert por sua assistência com o processo de obter as permissões.

Agradeço as seguintes pessoas, que tão generosamente cederam seu tempo para revisar partes do manuscrito: Drs. Veronica Angyalossy, Pieter Baas, Sebastian Y. Bednarek, , C. E. J. Botha, Anne-Marie Catesson, Judith L. Croxdale, Nigel Chaffey, Abraham Fahn, Donna Fernandez, Peter K. Helper, Nels R. Lersten, Edward K. Merrill, Regis B. Miller, Thomas L. Rost, Alexander Schulz, L. Andrew Staehelin, Jennifer Thorsch e Joseph E. Varner. Dois dos revisores, Judith L. Croxdale, que revisou o Capítulo 9 (Epiderme), e Joseph E. Varner, que revisou o rascunho inicial do Capítulo 4 (Parede celular), estão agora falecidos. Os revisores forneceram sugestões valiosas para o aprimoramento do livro. A responsabilidade final com os conteúdos do livro, incluindo todos os erros e omissões, entretanto, é minha.

Um agradecimento muito especial é conferido à Susan E. Eichhorn. Sem sua assistência não seria possível revisar a segunda edição do livro *Esau's plant anatomy*.

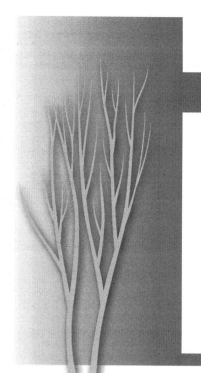

REFERÊNCIAS GERAIS

ALEKSANDROV, V. G. 1966. *Anatomiia Rastenii (Anatomy of Plants)*, 4. ed. Izd. Vysshaia Shkola, Moscow.

BAILEY, I. W. 1954. *Contributions to Plant Anatomy*. Chronica Botanica, Waltham, MA.

BIEBL, R. e H. GERM. 1967. *Praktikum der Pfl anzenanatomie*, 2. ed. Springer-Verlag, Vienna.

BIERHORST, D. W. 1971. *Morphology of Vascular Plants*. Macmillan, New York.

BOLD, H. C. 1973. *Morphology of Plants*, 3. ed. Harper and Row, New York.

BOUREAU, E. 1954-1957. *Anatomie végétale: l'appareil végétatif des phanérogrames*, 3 vols. Presses Universitaires de France, Paris.

BOWES, B. G. 2000. *A Color Atlas of Plant Structure*. Iowa State University Press, Ames, IA.

BOWMAN, J., ed. 1994. *Arabidopsis: An Atlas of Morphology and Development*. Springer-Verlag, New York.

BRAUNE, W., A. LEMAN e H. TAUBERT. 1971 (©1970). *Pfl anzenanatomisches Praktikum: zur Einführung in die Anatomie der Vegetationsorgane der höheren Pfl anzen*, 2. ed. Gustav Fischer, Stuttgart.

BUCHANAN, B. B., W. GRUISSEM e R. L. JONES, eds. 2000. *Biochemistry and Molecular Biology of Plants*. American Society of Plant Physiologists, Rockville, MD.

CARLQUIST, S. 1961. *Comparative Plant Anatomy: A Guide to Taxonomic and Evolutionary Application of Anatomical Data in Angiosperms*. Holt, Rinehart and Winston, New York.

CARLQUIST, S. 2001. *Comparative Wood Anatomy: Systematic, Ecological, and Evolutionary Aspects of Dicotyledon Wood*, 2. ed. Springer-Verlag, Berlin.

CHAFFEY, N. 2002. *Wood Formation in Trees: Cell and Molecular Biology Techniques*. Taylor and Francis, London.

CUTLER, D. F. 1969. *Anatomy of the Monocotyledons*, vol. IV, Juncales. Clarendon Press, Oxford.

CUTLER, D. F. 1978. *Applied Plant Anatomy*. Longman, London.

CUTTER, E. G. 1971. *Plant Anatomy: Experiment and Interpretation*, part 2, Organs. Addison-Wesley, Reading, MA.

CUTTER, E. G. 1978. *Plant Anatomy, part 1, Cells and Tissues*, 2. ed. Addison-Wesley, Reading, MA.

DAVIES, P. J., ed. 2004. *Plant Hormones: Biosynthesis, Signal Transduction, Action!*, 3. ed. Kluwer Academic, Dordrecht.

DE BARY, A. 1884. *Comparative Anatomy of the Vegetative Organs of the Phanerogams and Ferns*. Clarendon Press, Oxford.

DICKISON, W. C. 2000. *Integrative Plant Anatomy*. Harcourt/Academic Press, San Diego.

DIGGLE, P. K. e P. K. ENDRESS, eds. 1999. *Int. J. Plant Sci.* 160 (6, suppl.: *Development, Function, and Evolution of Symmetry in Plants*), S1–S166.

EAMES, A. J. 1961. *Morphology of Vascular Plants: Lower Groups*. McGraw-Hill, New York.

EAMES, A. J. e L. H. MACDANIELS. 1947. *An Introduction to Plant Anatomy*, 2. ed. McGraw-Hill, New York.

ESAU, K. 1965. *Plant Anatomy*, 2. ed. Wiley, New York.

ESAU, K. 1977. *Anatomy of Seed Plants*, 2. ed. Wiley, New York.

ESCHRICH, W. 1995. *Funktionelle Pfl anzenanatomie*. Springer, Berlin.

FAHN, A. 1990. *Plant Anatomy*, 4. ed. Pergamon Press, Oxford.

GIFFORD, E. M. e A. S. FOSTER. 1989. *Morphology and Evolution of Vascular Plants*, 3. ed. Freeman, New York.

HABERLANDT, G. 1914. *Physiological Plant Anatomy*. Macmillan, London. *Handbuch der Pfl anzenanatomie (Encyclopedia of Plant Anatomy)*. 1922-1943; 1951–. Gebrüder Borntraeger, Berlin.

HARTIG, R. 1891. *Lehrbuch der Anatomie und Physiologie der Pflanzen unter besonderer Berücksichtigung der Forstgewächse*. Springer, Berlin.

HAYWARD, H. E. 1938. *The Structure of Economic Plants*. Macmillan, New York.

HIGUCHI, T. 1997. *Biochemistry and Molecular Biology of Wood*. Springer, Berlin.

HOWELL, S. H. 1998. *Molecular Genetics of Plant Development*. Cambridge University Press, Cambridge.

HUBER, B. 1961. *Grundzüge der Pfl anzenanatomie*. Springer-Verlag, Berlin.

IQBAL, M., ed. 1995. *The Cambial Derivatives*. Gebrüder Borntraeger, Berlin.

JANE, F. W. 1970. *The Structure of Wood*, 2. ed. Adam and Charles Black, London.

JEFFREY, E. C. 1917. *The Anatomy of Woody Plants*. University of Chicago Press, Chicago.

JURZITZA, G. 1987. *Anatomie der Samenpfl anzen*. Georg Thieme Verlag, Stuttgart.

KAUSSMANN, B. 1963. *Pfl anzenanatomie: unter besonderer Berücksichtigung der Kultur- und Nutzpfl anzen*. Gustav Fischer, Jena.

KAUSSMANN, B. e U. SCHIEWER. 1989. *Funktionelle Morphologie und Anatomie der Pfl anzen*. Gustav Fischer, Stuttgart.

LARSON, P. R. 1994. *The Vascular Cambium. Development and Structure*. Springer-Verlag, Berlin.

MANSFIELD, W. 1916. *Histology of Medicinal Plants*. Wiley, New York.

MAUSETH, J. D. 1988. *Plant Anatomy*. Benjamin/Cummings, Menlo Park, CA.

METCALFE, C. R. 1960. *Anatomy of the Monocotyledons*, vol. I, Gramineae. Clarendon Press, Oxford.

METCALFE, C. R. 1971. *Anatomy of the Monocotyledons*, vol. V, Cyperaceae. Clarendon Press, Oxford.

METCALFE, C. R. e L. CHALK. 1950. *Anatomy of the Dicotyledons: Leaves, Stems, and Wood in Relation to Taxonomy with Notes on Economic Uses*, 2 vols. Clarendon Press, Oxford.

METCALFE, C. R. e L. CHALK, eds. 1979. *Anatomy of the Dicotyledons*, 2. ed., vol. I. *Systematic Anatomy of Leaf and Stem, with a Brief History of the Subject*. Clarendon Press, Oxford.

METCALFE, C. R. e L. CHALK, eds. 1983. *Anatomy of the Dicotyledons*, 2. ed., vol. II. *Wood Structure and Conclusion of the General Introduction*. Clarendon Press, Oxford.

RAUH, W. 1950. *Morphologie der Nutzpfl anzen*. Quelle und Meyer, Heidelberg.

ROMBERGER, J. A. 1963. *Meristems, Growth, and Development in Woody Plants: An Analytical Review of Anatomical, Physiological, and Morphogenic Aspects*. Tech. Bull. No. 1293. USDA, Forest Service, Washington, DC.

ROMBERGER, J. A., Z. HEJNOWICZ e J. F. HILL. 1993. *Plant Structure: Function and Development: A Treatise on Anatomy and Vegetative Development, with Special Reference to Woody Plants*. Springer-Verlag, Berlin.

RUDALL, P. 1992. *Anatomy of Flowering Plants: An Introduction to Structure and Development*, 2. ed. Cambridge University Press, Cambridge.

SACHS, J. 1875. *Text-Book of Botany, Morphological and Physiological*. Clarendon Press, Oxford.

SINNOTT, E. W. 1960. *Plant Morphogenesis*. McGraw-Hill, New York.

SOLEREDER, H. 1908. *Systematic Anatomy of the Dicotyledons: A Handbook for Laboratories of Pure and Applied Botany*, 2 vols. Clarendon Press, Oxford.

SOLEREDER, H. e F. J. MEYER. 1928-1930, 1933. *Systematische Anatomie der Monokotyledonen*, No. 1 (*Pandales, Helobiae, Triuridales*), 1933; No. 3 (*Principes, Synanthae, Spathifl orae*), 1928; No. 4 (*Farinosae*), 1929; No. 6 (*Scitamineae, Microspermae*), 1930. Gebrüder Borntraeger, Berlin.

SRIVASTAVA, L. M. 2002. *Plant Growth and Development: Hormones and Environment*. Academic Press, Amsterdam.

STEEVES, T. A. e I. M. SUSSEX. 1989. *Patterns in Plant Development*, 2. ed. Cambridge University Press, Cambridge.

STRASBURGER, E. 1888-1909. *Histologische Beiträge*, nos. 1–7. Gustav Fisher, Jena.

TOMLINSON, P. B. 1961. *Anatomy of the Monocotyledons*, vol. II. *Palmae*. Clarendon Press, Oxford.

TOMLINSON, P. B. 1969. *Anatomy of the Monocotyledons*, vol. III. *Commelinales—Zingiberales*. Clarendon Press, Oxford.

TROLL, W. 1954. *Praktische Einführung in die Pfl anzenmorphologie*, vol. 1, *Der vegetative Aufbau*. Gustav Fischer, Jena.

TROLL, W. 1957. *Praktische Einführung in die Pfl anzenmorphologie*, vol. 2, *Die blühende Pfl anze*. Gustav Fischer, Jena.

WARDLAW, C. W. 1965. *Organization and Evolution in Plants*. Longmans, Green and Co., London.

CAPÍTULO UM

ESTRUTURA E DESENVOLVIMENTO DO CORPO VEGETAL – UMA VISÃO GERAL

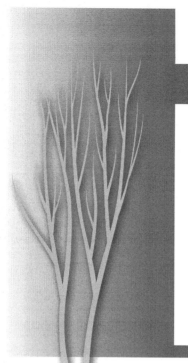

Patricia Soffiatti e Marcelo Rodrigo Pace

O corpo multicelular e complexo de uma planta vascular é o resultado de uma especialização evolutiva de longo prazo – especialização essa que acompanhou a transição de organismos multicelulares que ocupavam um hábitat aquático para um hábitat terrestre (Niklas, 1997). As demandas de ambientes novos e mais hostis levaram ao estabelecimento de diferenças morfológicas e fisiológicas entre as partes da planta que se tornaram mais ou menos especializadas com respeito a certas funções. O reconhecimento dessas especializações se tornou definido pelos botânicos por meio do conceito de **órgãos vegetais** (Troll, 1937; Arber, 1950). Em um primeiro momento, os botânicos vislumbraram a existência de vários órgãos, mas posteriormente, à medida que o entendimento das inter-relações entre as partes da planta se tornou mais evidente, o número de órgãos vegetativos foi reduzido a três: **raiz**, **caule** e **folha** (Eames, 1936). Dentro deste conceito, caule e folha são geralmente tratados em conjunto, como uma unidade morfológica e funcional, o **ramo**.

Em estudos evolutivos, pesquisadores postulam que a organização da planta vascular ancestral era extremamente simples, talvez muito parecida àquela da Devoniana *Rhynia*, que eram plantas áfilas e sem raízes (Gifford e Foster, 1989; Kenrick e Crane, 1997). Se as plantas com sementes evoluíram a partir de plantas ancestrais semelhantes às "rhynias", que consistiam de eixos ramificados dicotomicamente, sem apêndices, a raiz, o caule e a folha poderiam ser considerados como intimamente inter-relacionados a partir da mesma origem filogenética (Stewart e Rothwell, 1993; Taylor e Taylor, 1993; Raven, J. A. e Edwards, 2001). A origem comum desses três órgãos é ainda mais óbvia na sua ontogenia (desenvolvimento de uma entidade individual), pois estes são iniciados ao mesmo tempo no embrião, à medida que este se desenvolve, a partir de um zigoto, em um organismo multicelular. No ápice do ramo, a folha e o caule são formados como uma unidade. Na maturidade, também a folha e o caule, imperceptivelmente, continuam um no outro, externa e internamente. Paralelamente, a raiz e o caule também formam um *continuum* – uma estrutura contínua – e possuem muitas características em comum com respeito à forma, anatomia, função e modo de crescimento.

À medida que o embrião cresce e se torna uma plântula, o caule e a raiz cada vez mais divergem um do outro em sua organização (Fig. 1.1). A raiz cresce mais ou menos como um órgão cilíndrico ramificado; o caule é composto por nós e entrenós, com folhas e ramos conectados aos nós. Finalmente a planta entra no estágio reprodutivo, quando os ramos formam as inflorescências e flores (Fig. 1.2). A flor pode ser considerada um órgão, mas o conceito clássico trata a flor como um conjunto de órgãos homólogos aos ramos. Esse conceito também implica que as partes florais – algumas das quais

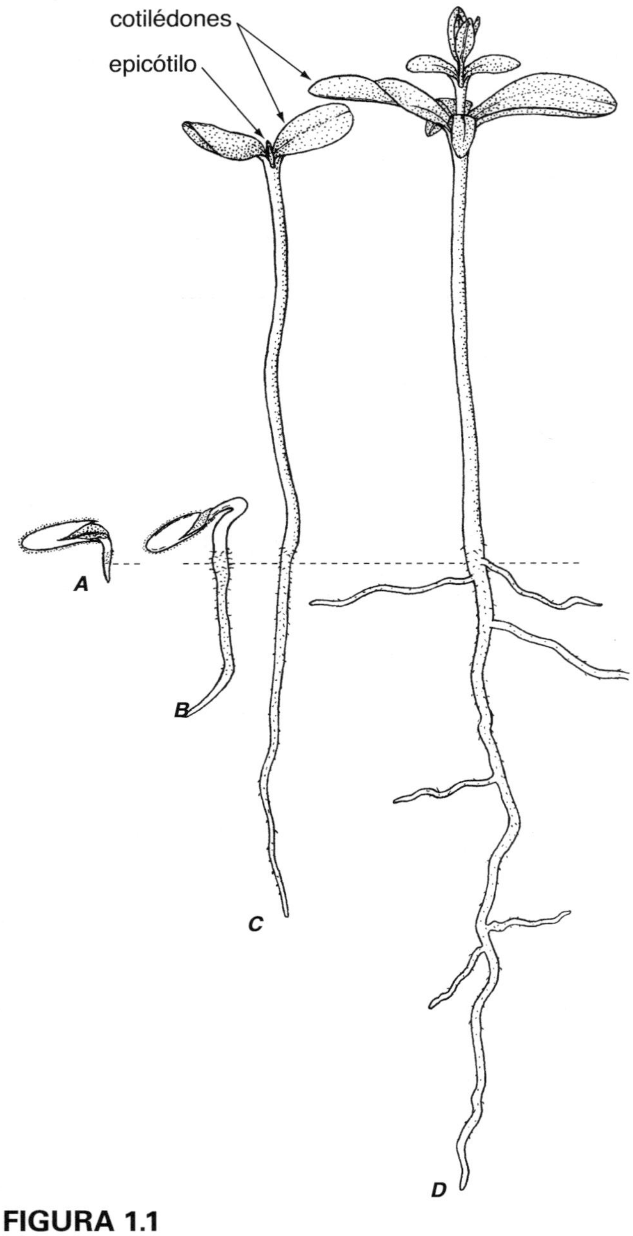

FIGURA 1.1

Alguns estágios do desenvolvimento da plântula da linhaça (*Linum usitatissimum*). **A**, semente germinando. A raiz principal pivotante (abaixo da linha pontilhada) é a primeira estrutura a romper a testa da semente. **B**, o hipocótilo em alongamento (acima da linha pontilhada) formou um gancho, que subsequentemente vai se endireitar, puxando os cotilédones e o ápice caulinar acima do solo. **C**, após a emergência acima do solo, os cotilédones, que na linhaça persistem por cerca de 30 dias, aumentam e engrossam. O epicótilo em desenvolvimento – o eixo caulinar ou ramo localizado acima dos cotilédones – está agora evidente entre os cotilédones. **D**, o epicótilo em desenvolvimento originou várias folhas e a raiz principal originou várias ramificações. (Obtido de Esau, 1977; desenho feito por Alva D. Grant.)

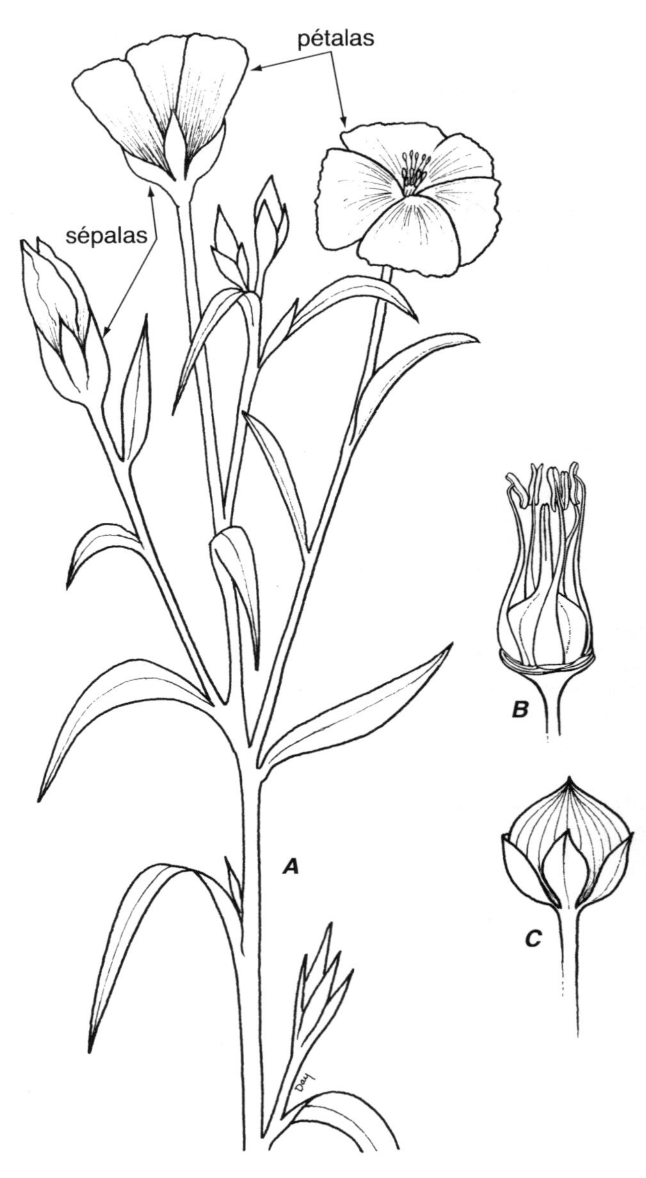

FIGURA 1.2

Inflorescência e flor da linhaça (*Linum usitatissimum*). **A**, inflorescência, do tipo panícula, com flores completas mostrando as sépalas e pétalas. **B**, flor, a partir da qual as sépalas e pétalas foram removidas, para mostrar os estames e o gineceu. As flores da linhaça geralmente possuem cinco estames férteis. O gineceu consiste de cinco carpelos unidos, com cinco estiletes e estigmas distintos. **C**, fruto maduro (cápsula) e sépalas persistentes. (Desenho feito por Alva D. Grant.)

são férteis (estames e carpelos) e outras estéreis (sépalas e pétalas) – são homólogas às folhas. Ambas, as folhas e as partes florais, são consideradas como originadas a partir de um tipo de sistema de caules que caracterizaram as primeiras plantas vasculares, áfilas e sem raízes (Gifford e Foster, 1989).

Apesar da sobreposição e da continuidade entre as características das partes da planta, a divisão do corpo vegetal em categorias morfológicas como raiz, caule, folha e flor (quando presente) é geralmente utilizada porque mantém em foco as especializações estruturais e funcionais das partes, o caule para o suporte e a condução, a folha para a fotossíntese, e a raiz como ancoragem e absorção. Essa subdivisão não deve ser enfatizada a ponto de obscurecer a unidade essencial do corpo vegetal. Essa unidade é claramente perceptível se uma planta é estudada sob o ponto de vista do seu desenvolvimento, uma abordagem que revela a gradual emergência dos órgãos e tecidos a partir do corpo indiferenciado do embrião jovem.

ORGANIZAÇÃO INTERNA DO CORPO VEGETAL

O corpo da planta é formado por muitos tipos diferentes de células cada uma delas delimitada pela parede celular, e unida às outras células por uma substância intercelular unificadora. Dentro dessa massa unida, certos grupos de células são distintos, estrutural e/ou funcionalmente de outros. Esses grupos são tratados como **tecidos**. As variações estruturais dos tecidos são baseadas nas diferenças das células que os compõem e nos tipos de conexão entre elas. Alguns tecidos são relativamente **simples** estruturalmente, pelo fato de serem constituídos por apenas um único tipo de célula; outros, que contêm mais de um tipo de célula, são **complexos**.

O arranjo dos tecidos na planta como um todo, e nos seus principais órgãos, revela uma organização estrutural e funcional definida. Os tecidos relacionados com a condução de alimento e água – os **tecidos vasculares** – formam um sistema ordenado que se estende continuamente pelos órgãos individuais e pela planta toda. Esses tecidos conectam os locais de entrada de água e síntese de alimentos com as regiões de crescimento, desenvolvimento e armazenamento. Os tecidos **não vasculares** são igualmente contínuos e os seus arranjos são indicativos de inter-relações específicas (por exemplo, entre tecidos de armazenamento e vasculares) e de funções especializadas (por exemplo, suporte ou armazenamento). Para enfatizar a organização dos tecidos em entidades maiores, demonstrando sua continuidade topográfica e revelando a unidade básica do corpo vegetal, foi adotada a expressão **sistema de tecido** (Sachs, 1875; Haberlandt, 1914; Foster, 1949).

Embora a classificação das células e dos tecidos seja, de algum modo, arbitrária, para que se cumpra o objetivo de descrever de maneira adequada a estrutura de uma planta, é necessário o estabelecimento de categorias. Além disso, se as classificações se baseiam em estudos comparativos abrangentes, em que a variabilidade e integração de caracteres são reveladas e interpretadas adequadamente, estas não são apenas úteis para as descrições, como também refletem a relação natural entre as entidades classificadas.

O corpo de uma planta vascular é composto por três sistemas de tecidos

De acordo com a classificação de Sachs (1875), baseada na continuidade topográfica dos tecidos, o corpo de uma planta vascular é composto por três sistemas de tecidos: o sistema de revestimento, o vascular e o fundamental (ou de preenchimento). O **sistema de revestimento** compreende a **epiderme**, que é a cobertura protetora externa primária do corpo da planta, e a **periderme**, o tecido protetor que substitui a epiderme, principalmente em plantas que desenvolvem um incremento secundário em espessura. O **sistema vascular** contém dois tipos de tecidos condutores, o **floema** (condução de alimento) e o **xilema** (condução de água). A epiderme, a periderme, o floema e o xilema são tecidos complexos.

O **sistema fundamental** (ou **sistema de preenchimento**) inclui tecidos simples que, de certa maneira, compõem a matriz fundamental da planta, mas que, ao mesmo tempo, demonstram vários graus de especialização. O **parênquima** é o tecido fundamental mais comum. As células de parênquima são caracteristicamente vivas, capazes de crescimento e divisão. Modificações nas células do parênquima são encontradas nas várias estruturas secretoras, que podem ocorrer no tecido fundamental, como células individuais ou como complexos menores, ou maiores de células. O **colênqui-**

ma é um tecido composto por células vivas e com paredes espessas, intimamente relacionado ao parênquima; de fato, esse tecido é comumente considerado uma forma de parênquima especializado como tecido de suporte em órgãos jovens. O tecido fundamental também contém elementos mecânicos altamente especializados – com paredes espessas, duras e geralmente lignificadas – combinadas em massas coesas como tecido **esclerenquimático** ou dispersas como células individuais ou ainda, em pequenos grupos de células de esclerênquima.

Estruturalmente, raiz, caule e folha diferem primariamente na distribuição relativa dos tecidos vascular e fundamental

Dentro do corpo da planta, os vários tecidos estão distribuídos em padrões característicos, dependendo da região, do táxon, ou de ambos. Basicamente, os padrões são semelhantes pelo fato de que o tecido vascular está imerso no tecido fundamental e o tecido de revestimento forma a cobertura externa. As principais diferenças na estrutura da raiz, do caule e da folha residem na distribuição relativa dos tecidos vascular e fundamental (Fig. 1.3). Nos caules das eudicotiledôneas, por exemplo, o tecido vascular forma um cilindro "oco", com tecido fundamental circundado por este (a **medula**), e também localizado entre os tecidos vascular e o de revestimento (o **córtex**) (Figs. 1.3B, C e 1.4A). Os tecidos vasculares primários podem se apresentar como um cilindro mais ou menos contínuo dentro do tecido fundamental, ou como um cilindro formado por cordões discretos, ou feixes vasculares, separados uns dos outros por tecido fundamental. Nos caules das monocotiledôneas, os feixes vasculares ocorrem em mais de um anel, ou se distribuem espalhados pelo tecido fundamental (Fig. 1.4B). No último caso, o tecido fundamental não pode ser distinguido como córtex e medula. Na folha, o tecido vascular forma um sistema anastomosado de **veias**, permeando o **mesofilo** em toda a sua extensão; este é o tecido fundamental da folha, especializado na fotossíntese (Fig. 1.3G).

O padrão formado pelos feixes vasculares no caule reflete a íntima relação estrutural e de desenvolvimento entre o caule e suas folhas. O termo "ramo" não serve somente como um termo coletivo para esses dois órgãos vegetativos, mas também como uma expressão de sua íntima associação física e ontogenética. Em cada nó, um ou mais feixes vasculares divergem dos feixes caulinares e entram na folha ou folhas, conectadas àquele nó, em continuidade com a vascularização da folha (Fig. 1.5). As extensões formadas a partir do sistema vascular do caule e que se dirigem às folhas são denominadas **traços foliares**, e as amplas lacunas ou regiões de tecido fundamental no cilindro vascular localizado acima do nível onde os traços foliares divergem para as folhas são denominadas **lacunas foliares** (Raven et al., 2005) ou **regiões interfasciculares** (Beck et al., 1982). Um traço foliar se estende desde as suas conexões com um feixe vascular no caule (denominado **feixe caulinar** ou **feixe axial**), ou com outro traço foliar, até a sua entrada na folha (Beck et al., 1982).

Comparada ao caule, a estrutura interna da raiz é geralmente simples e semelhante àquela do eixo da ancestral (Raven e Edwards, 2001). A sua estrutura relativamente simples se deve, em grande parte, à ausência de folhas e à correspondente ausência de nós e entrenós. Os três sistemas de tecidos, no estágio primário de crescimento da raiz, podem ser prontamente reconhecidos uns dos outros. Na maioria das raízes, os tecidos vasculares formam um cilindro sólido (Fig. 1.3E), mas, em algumas, estes formam um cilindro oco ao redor de uma medula. O cilindro vascular compreende os tecidos vasculares e uma ou mais camadas de células não vasculares, o **periciclo**, que nas plantas com sementes se origina da mesma porção do ápice radicular que os tecidos vasculares. Na maioria das plantas com sementes as ramificações ou raízes laterais derivam do periciclo. Uma **endoderme** morfologicamente diferenciada (a camada de células mais interna do córtex nas plantas com sementes, com arranjo compacto) geralmente circunda o periciclo. Na região absortiva da raiz, a endoderme é caracterizada pela presença das **estrias de Caspary** nas paredes anticlinais das células (paredes radiais e transversais, perpendiculares à superfície da raiz) (Fig. 1.6). Em muitas raízes, a camada de células mais externa do córtex está diferenciada em uma **exoderme**, que também exibe estrias de Caspary. Estas não são apenas um espessamento da parede, mas uma porção integral da parede celular e da substância intercelular, como uma faixa impregnada por suberina e, algumas vezes, por lignina. A presença dessa região hidrofóbica oclui a passagem de água e solutos pela endoderme e exoderme através das paredes anticlinais (Lehmann et al., 2000).

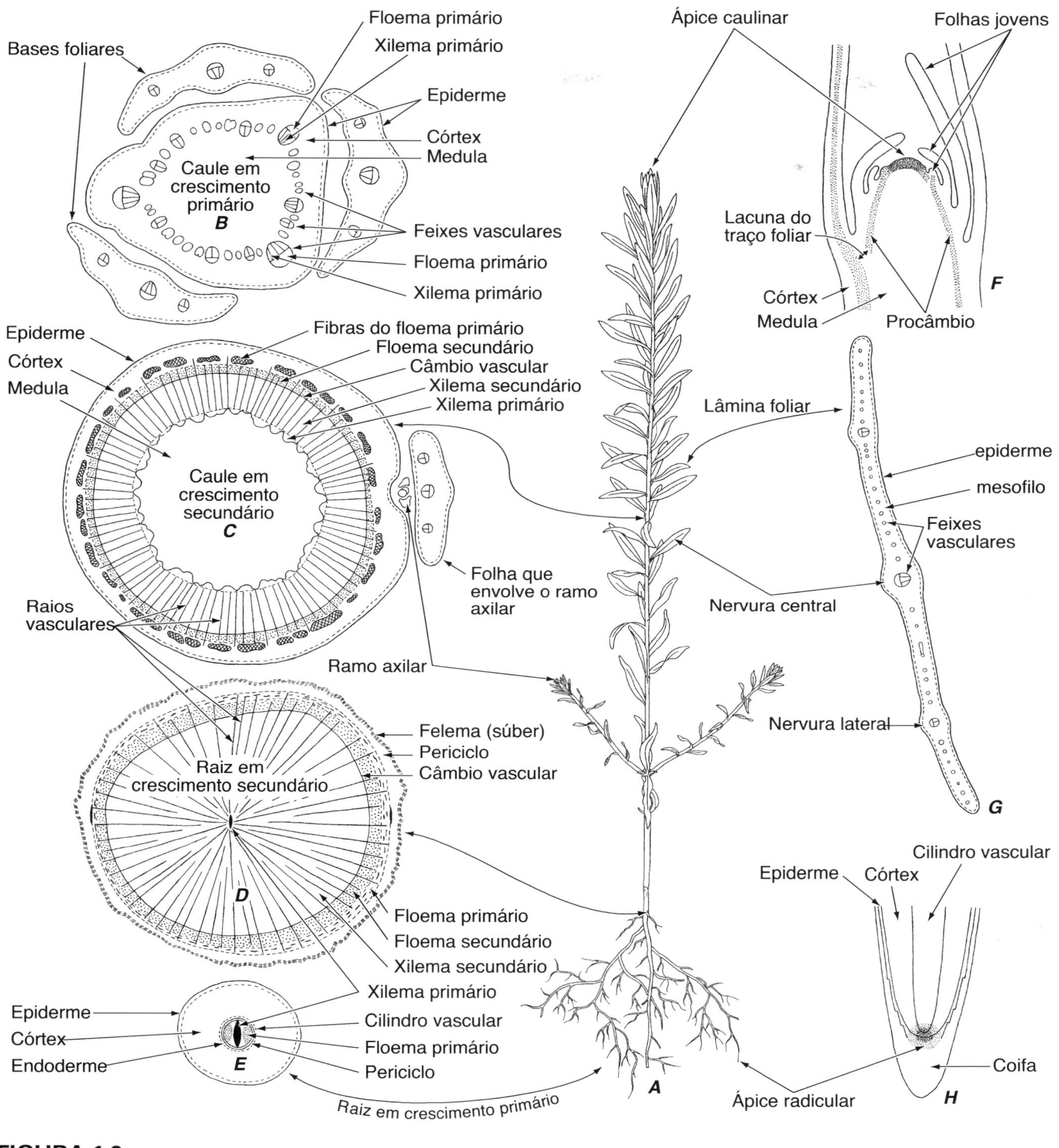

FIGURA 1.3

Organização de uma planta vascular. **A**, esquema do hábito da linhaça (*Linum usitatissimum*) em estágio vegetativo. Secções transversais do caule em **B**, **C**, e da raiz em **D**, **E**. **F**, secções longitudinais da porção terminal do caule, com ápice caulinar e folhas em desenvolvimento. **G**, secção transversal da lâmina foliar. **H**, secção longitudinal da porção terminal da raiz, com ápice radicular (coberto pela coifa) e regiões radiculares subjacentes. (A, $\times^2/_5$; B, E, F, H, $\times 50$; C, $\times 32$; D, $\times 7$; G, $\times 19$. **A**, desenho feito por R. H. Miller.)

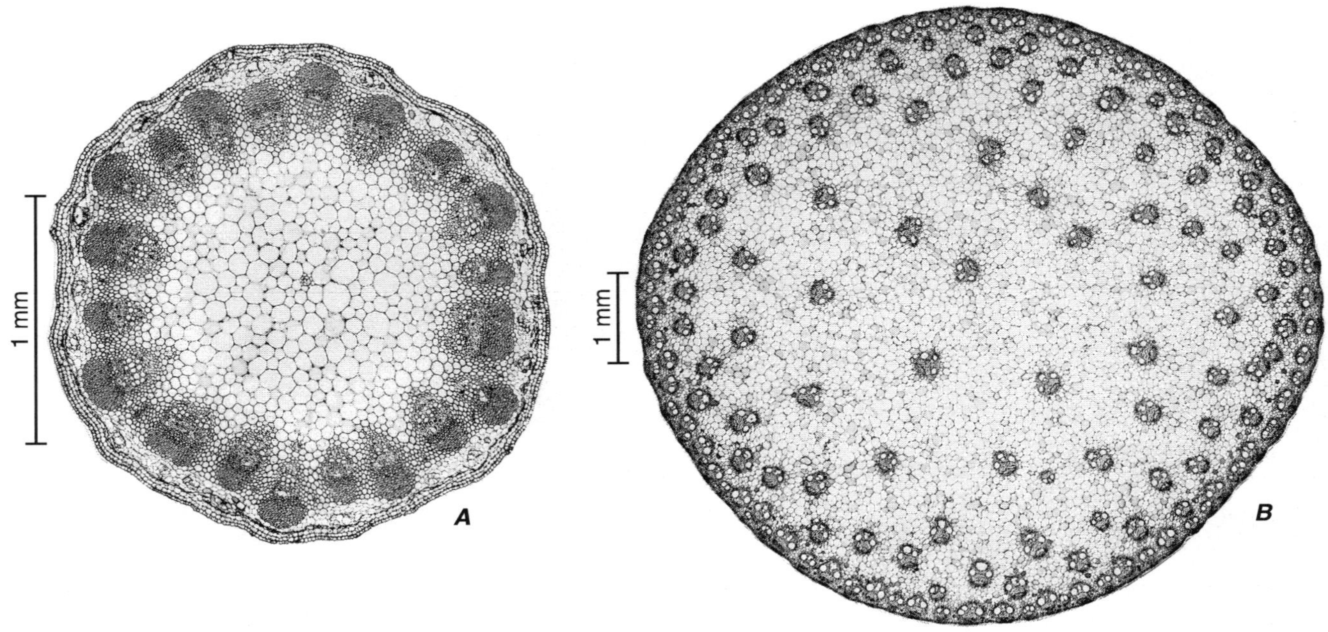

FIGURA 1.4

Tipos de anatomia caulinar em angiospermas. **A**, secção transversal do caule de *Helianthus*, uma eudicotiledônea, com feixes vasculares em unidades distintas formando um único anel ao redor da medula. **B**, secção transversal do caule de *Zea*, uma monocotiledônea, com os feixes vasculares espalhados por todo o tecido fundamental. Os feixes são mais numerosos próximos à periferia. (Obtido de Esau, 1977.)

RESUMO DOS TIPOS DE CÉLULAS E TECIDOS

Como mencionado no início deste capítulo, a separação de células e tecidos em categorias é, de certa forma, contrária ao fato de que os caracteres estruturais variam e apresentam uma continuidade uns com os outros. Células e tecidos adquirem, contudo, propriedades diferenciadas com relação às posições que ocupam no corpo vegetal. Algumas células sofrem mudanças mais profundas do que outras, isto é, as células se tornam especializadas em vários níveis. Células que são relativamente pouco especializadas retêm o seu protoplasto vivo e mantêm a capacidade de mudar na forma e função durante a sua vida (como várias células de parênquima). Células altamente especializadas podem desenvolver paredes espessas e rígidas, e perder seus protoplastos vivos, cessando a sua capacidade de sofrer modificações estruturais e funcionais (elementos traqueais e vários tipos de células de esclerênquima). Entre estes dois extremos há células em diferentes níveis de atividade metabólica e graus de especialização estrutural e funcional. As classificações de células e tecidos servem para tratar dos fenômenos da diferenciação – e da resultante diversificação das partes vegetais – de tal maneira que permita que se façam generalizações sobre as características comuns e divergentes dentre táxons relacionados e não relacionados. Elas tornam possível tratar os fenômenos das especializações ontogenéticas e filogenéticas de maneira comparativa e sistemática.

A Tabela 1.1 resume informações sobre as categorias comumente reconhecidas de células e tecidos das plantas com sementes, sem levar em consideração o problema de sobreposição estrutural e funcional das características. Os vários tipos de células e tecidos resumidos na tabela serão considerados em detalhes, nos Capítulos 7 ao 15. Células secretoras – células que produzem uma variedade de secreções – não formam tecidos claramente delimitados e, portanto, não estão incluídas na tabela. Elas serão o tópico dos Capítulos 16 e 17.

Células secretoras ocorrem dentro de outros tecidos como células isoladas, ou grupos ou séries de células ou, ainda, em formações mais ou menos organizadas na superfície da planta. As principais estruturas secretoras localizadas nas superfícies da planta são células epidérmicas glandulares, pelos, e várias glândulas, como nectários florais e extraflorais, certos hidatódios, e glândulas digestivas. As glândulas são geralmente diferenciadas em células secretoras nas superfícies, onde células não secretoras dão o suporte às secretoras. Estruturas secretoras internas são constituídas por células secretoras, cavidades intercelulares ou canais ligados às células secretoras (ductos de resina, ductos de óleo), e cavidades secretoras que resultam de desintegração de células secretoras (cavidades de óleo). Laticíferos podem ser considerados como estruturas secretoras internas. Estes podem ser compostos por uma única célula (laticíferos não articulados), geralmente muito ramificada, ou séries de células unidas pela dissolução parcial das paredes adjacentes (laticíferos articulados). Os laticíferos contêm um fluido denominado látex, que pode ser rico na substância precursora da borracha. As células laticíferas são comumente multinucleadas.

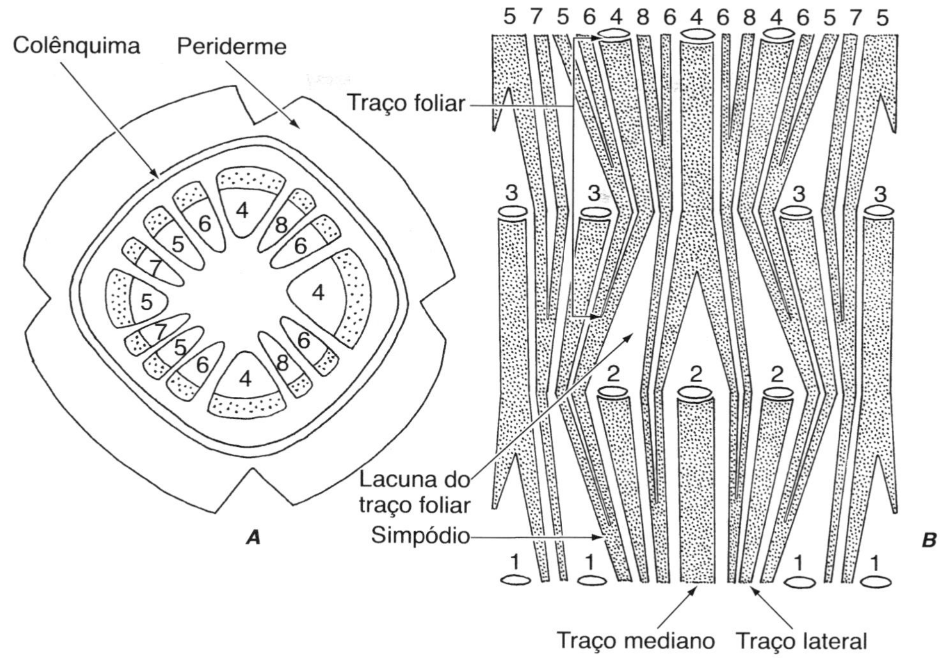

FIGURA 1.5

Diagramas que ilustram o sistema vascular primário do caule do olmo (*Ulmus*), uma eudicotiledônea. **A**, secção transversal do caule demonstrando os feixes vasculares em unidades distintas circundando a medula. **B**, vista longitudinal demonstrando o cilindro vascular como se fosse cortado através do traço foliar mediano 5 e exposto em um único plano. A secção transversal (**A**) corresponde à vista de cima em **B**. Os números em ambas as vistas indicam os traços foliares. Três traços foliares – um mediano e dois laterais – conectam o sistema vascular caulinar com o da folha. Um feixe vascular caulinar e os traços foliares associados são denominados simpódios. (Obtido de Esau, 1977; após Smithson, 1954, com permissão do Conselho da Sociedade Filosófica e Literária de Leeds.)

DESENVOLVIMENTO DO CORPO VEGETAL

O plano do corpo da planta é estabelecido durante a embriogênese

O corpo altamente organizado de uma planta com sementes representa a fase esporofítica do ciclo de vida, que inicia a sua existência a partir do produto da união gamética, o **zigoto** unicelular, que se desenvolve em um embrião por meio de um processo conhecido como **embriogênese** (Fig. 1.7). A embriogênese estabelece o plano corporal da planta, que consiste de dois padrões que se sobrepõem: um **apical-basal**, ao longo do eixo principal, e um **radial**, composto por tecidos arranjados concentricamente. Assim, esses padrões são estabelecidos a partir da distribuição das células, e o embrião como um todo assume uma forma específica, embora relativamente simples, que contrasta com a do esporófito adulto.

Os estágios iniciais da embriogênese são essencialmente os mesmos para eudicotiledôneas e monocotiledôneas. A formação do embrião se inicia com as divisões do zigoto ainda dentro do saco embrionário ou óvulo. Geralmente, a primeira divisão do zigoto é transversal e assimétrica, e considerando o eixo mais longo da célula, o plano de divisão corresponde à sua menor dimensão (Kaplan e Cooke, 1997). A partir dessa divisão, a **polaridade** do embrião é definida. O polo superior, que consiste de uma **célula apical** pequena (Fig. 1.7A), origina a maior parte do embrião maduro. O polo inferior, que consiste de uma **célula basal** maior (Fig. 1.7A), forma o **suspensor** (Fig. 1.7B), estrutura que ancora o embrião na região da micrópila, abertura do óvulo através da qual o tubo polínico

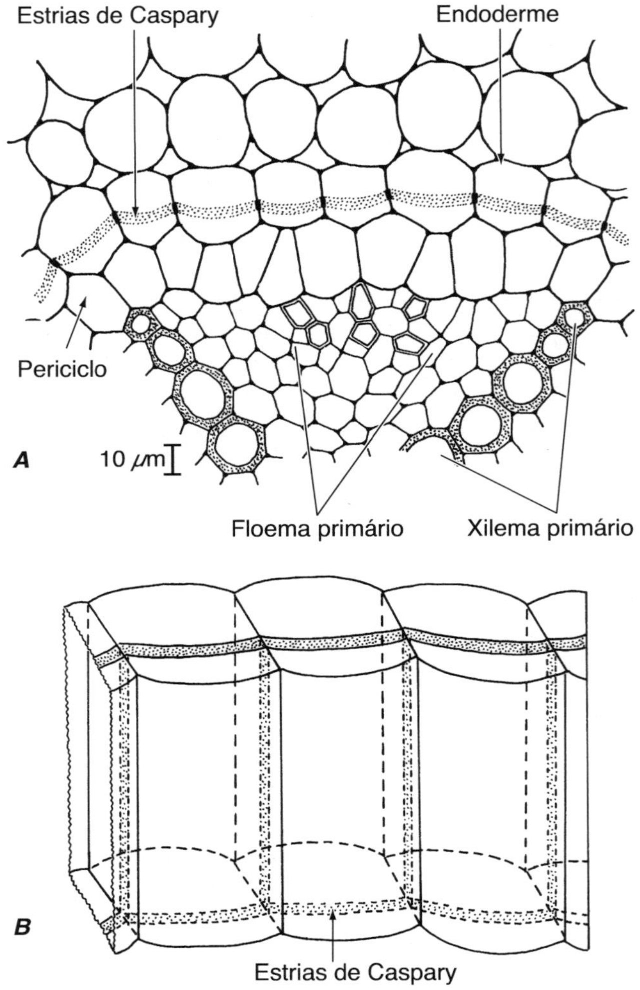

FIGURA 1.6

Estrutura da endoderme. **A**, secção transversal de parte da raiz de uma corriola (*Convolvulus arvensis*) mostrando a posição da endoderme com relação ao cilindro vascular que consiste no periciclo, xilema e floema primários. A endoderme é mostrada com paredes transversais com estrias de Caspary em foco. **B**, diagrama que mostra três células endodérmicas conectadas orientadas como em **A**; as estrias de Caspary ocorrem nas paredes transversais e radiais (ou seja, em todas as paredes anticlinais), mas estão ausentes nas paredes tangenciais. (Obtido de Esau, 1977.)

penetra. A partir de uma série de divisões progressivas – ordenadas em algumas espécies (por exemplo, *Arabidopsis*; West e Harada, 1993), enquanto nem tanto em outras (por exemplo, algodão e milho; Pollock e Jensen, 1964; Poethig et al., 1986) – o embrião se diferencia em uma estrutura quase esférica, denominada **embrião propriamente dito**, e no suspensor. Em algumas angiospermas, a polaridade já está definida na célula-ovo e no zigoto, onde o núcleo e a maior parte das organelas citoplasmáticas estão localizados na porção superior da célula (calaza), enquanto a porção inferior (micropilar) é ocupada por um grande vacúolo.

Inicialmente, o embrião consiste de uma massa de células relativamente indiferenciada. Em seguida são iniciadas divisões celulares, concomitantes ao crescimento diferenciado e à vacuolização das células resultantes, resultando no início da organização dos sistemas de tecidos (Fig. 1.7C, D). Os tecidos estão ainda em fase meristemática, mas a sua posição e características citológicas indicam uma relação com os tecidos maduros que estão em formação na plântula em desenvolvimento. A futura epiderme é representada por uma camada superficial meristemática, a **protoderme**. Abaixo desta, está o **meristema fundamental** do futuro córtex, que pode ser distinguido pela vacuolização mais pronunciada de suas células do que nos tecidos contíguos. Localizado na região central, um tecido meristemático menos vacuolizado se estende ao longo do eixo apical-basal, precursor do futuro sistema vascular primário, denominado **procâmbio**. Divisões longitudinais e o alongamento das células impõem uma forma estreita e alongada às células procambiais. A protoderme, o meristema fundamental e o procâmbio – denominados **meristemas primários**, ou **tecidos meristemáticos primários** – se estendem para outras regiões do embrião à medida que a embriogênese progride.

Nos estágios iniciais da embriogênese, as divisões celulares ocorrem por todo o esporófito jovem. À medida que o embrião se desenvolve, contudo, a adição de novas células torna-se gradualmente restrita aos eixos opostos do eixo, aos **meristemas apicais** da futura raiz e caule (Aida e Tasaka, 2002). Meristemas são regiões de tecidos embrionários nas quais a adição de novas células continua, enquanto outras partes da planta atingem a maturidade (Capítulos 5, 6).

O embrião maduro possui um número limitado de partes – comumente, apenas um eixo semelhante a um caule com um ou mais apêndices foliares, os **cotilédones** (Fig. 1.8). Em virtude de sua localização abaixo dos cotilédones, o eixo é denominado **hipocótilo**. Na sua extremidade inferior (**polo radicular**), o hipocótilo é composto por uma raiz incipiente, e na extremidade superior (**polo caulinar**), por um caule incipiente. A raiz pode estar formada por seus meristemas (meristemas apicais

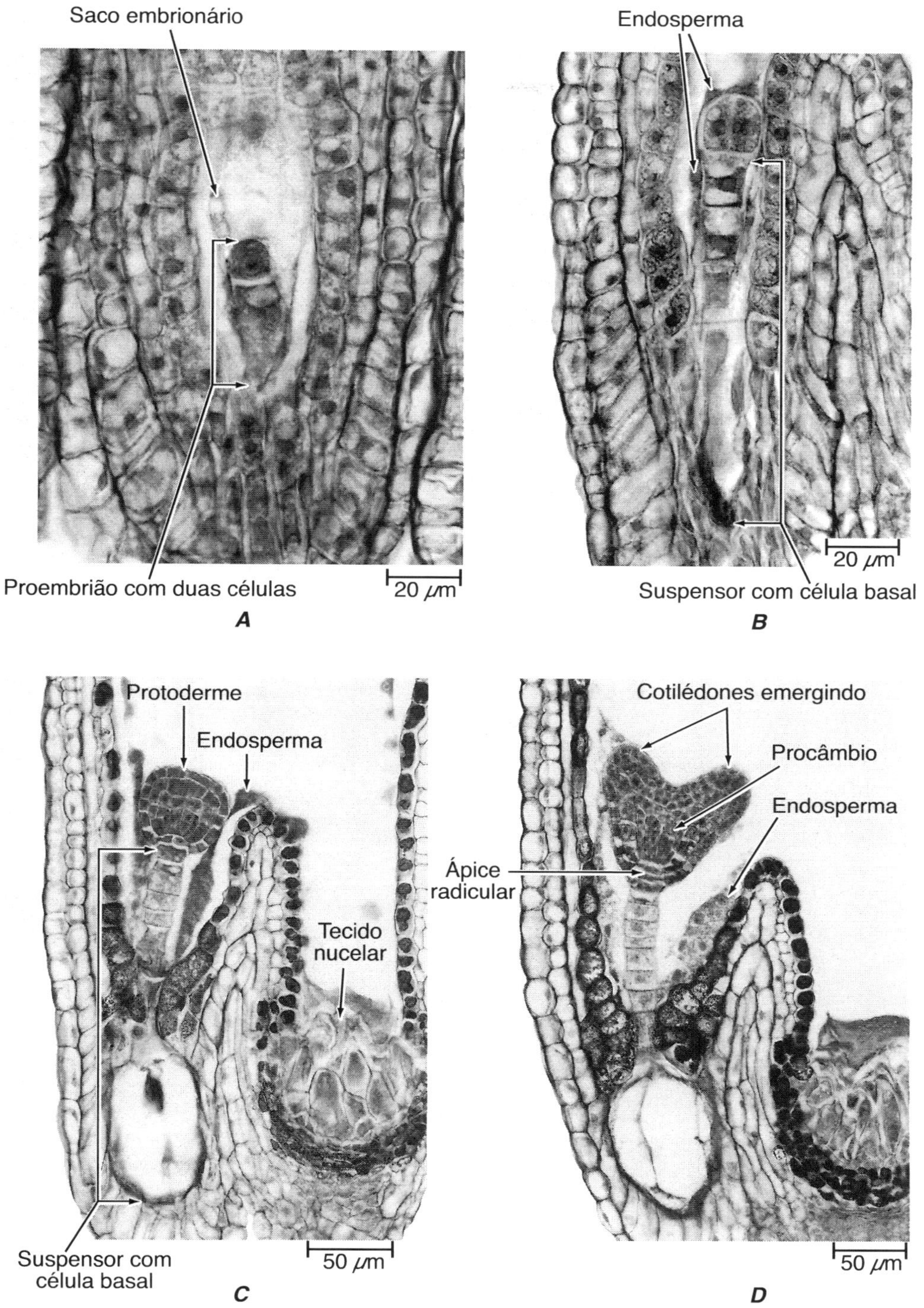

FIGURA 1.7

Alguns estágios da embriogênese na bolsa-de-pastor (*Capsella bursa-pastoris*, Brassicaceae), uma eudicotiledônea, em secções longitudinais. **A**, estágio de duas células, resultante da divisão transversal desigual do zigoto em uma célula apical superior e uma célula basal inferior; **B**, proembrião com seis células, que consiste de um suspensor distinto das duas células terminais, que se desenvolvem no embrião. **C**, o embrião propriamente dito é globular e possui uma protoderme, o meristema primário que vai originar a epiderme. **D**, o embrião no estágio cordiforme, quando ocorre a emergência dos cotilédones. (Nota: A célula basal do suspensor não é a mesma célula basal do proembrião na fase de duas células.)

TABELA 1.1 Tecidos e tipos de células

Tecido		Tipos de células	Características	Localização	Função
Revestimento	Epiderme		Células não especializadas; células-guarda; tricomas; células de esclerênquima	Camada de células mais externa do corpo da planta	Proteção mecânica; minimiza perda de água (cutícula); aeração dos tecidos internos através dos estômatos
	Periderme		Súber (felema), câmbio da casca (felogênio), e feloderme	A periderme inicial geralmente se localiza abaixo da epiderme; subsequentes peridermes se formam mais profundamente na casca	Substitui a epiderme como tecido protetor nas raízes e caules; aeração dos tecidos internos através das lenticelas
Fundamental	Parênquima	Parenquimáticas	Forma: geralmente poliédrica (muitos lados); variável Parede celular: primária, ou primária e secundária; pode ser lignificada, suberizada, ou cutinizada Vivas na maturidade	Ocorre por todo o corpo da planta, como tecido parenquimático no córtex, medula, raios medulares, e mesofilo; no xilema e no floema	Processos metabólicos tais como respiração, digestão, e fotossíntese; armazenamento e condução; cicatrização de injúrias e regeneração
	Colênquima	Colenquimáticas	Forma: alongada Parede celular: irregularmente espessada, somente primária – não lignificada Vivas na maturidade	Na periferia (abaixo da epiderme) em caules jovens em fase de alongamento; geralmente como um cilindro de tecido ou apenas em grupos; ao longo das nervuras em algumas folhas	Sustentação ao corpo primário da planta
	Esclerênquima	Fibras	Forma: geralmente muito longa Parede celular: primária e secundária muito espessa – frequentemente lignificada Frequentemente (mas não sempre) mortas na maturidade	Algumas vezes no córtex de caules, mais comumente associadas ao xilema e ao floema; nas folhas de monocotiledôneas	Sustentação; armazenamento
		Esclereídes	Forma: variável; geralmente mais curtas do que as fibras Parede celular: primária e secundária muito espessa – geralmente lignificada Podem ser vivas ou mortas na maturidade	Por todo o corpo da planta	Mecânica; proteção
Vascular	Xilema	Traqueídes	Forma: alongada com as extremidades afiladas Parede celular: primária e secundária; lignificada; com pontoações mas sem perfurações Mortas na maturidade	Xilema	Principal elemento condutor de água em gimnospermas e plantas vasculares sem sementes; também encontrada em algumas angiospermas
		Elementos de vaso	Forma: alongada, mas geralmente não tão longas quanto as traqueídes; vários elementos de vaso alinhados pelas paredes terminais constituem um vaso Parede celular: primária e secundária; lignificada; com pontoações e perfurações Mortas na maturidade	Xilema	Principal elemento condutor de água em angiospermas

TABELA 1.1 *Continuação*

Tecido		Tipos de células	Características	Localização	Função
Vascular	Floema	Células crivadas	Forma: alongada, com as extremidades afiladas Parede celular: primária na maioria das espécies; com áreas crivadas; calose frequentemente associada à parede e aos poros Vivas na maturidade; podem conter ou não restos de núcleo na maturidade; não possui distinção entre vacúolo e citossol; contém grandes quantidades de retículo endoplasmático	Floema	Condução de alimento em gimnospermas
		Células de Strasburger	Forma: geralmente alongada Parede celular: primária Vivas na maturidade; associadas às células crivadas, mas geralmente não derivam da mesma célula mãe que a célula crivada; possui numerosas conexões através de plasmodesmos com as células crivadas	Floema	Fornece substâncias às células crivadas, incluindo moléculas contendo informações e ATP
		Elementos de tubo crivado	Forma: alongada Parede celular: primária, com áreas crivadas; as áreas crivadas das paredes terminais possuem poros maiores do que aqueles das áreas crivadas das paredes laterais – denominadas placas crivadas; calose frequentemente associada às paredes e aos poros Vivas na maturidade; o núcleo ausente na maturidade ou presença de restos do núcleo; ausência de distinção entre vacúolo e citossol; exceto por algumas monocotiledôneas, contém proteína P. vários elementos de tubo crivado alinhados pelas paredes terminais formam um tubo crivado	Floema	Condução de alimento em angiospermas
		Células companheiras	Forma: variável, geralmente alongada Parede celular: primária Vivas na maturidade; intimamente associadas aos elementos de tubo crivado; derivadas da mesma célula mãe que o elemento de tubo crivado; numerosas conexões através de plasmodesmos com os elementos de tubo crivado	Floema	Fornece substâncias aos elementos de tubo crivado, incluindo moléculas contendo informações e ATP

Fonte: Raven et al., 2005.

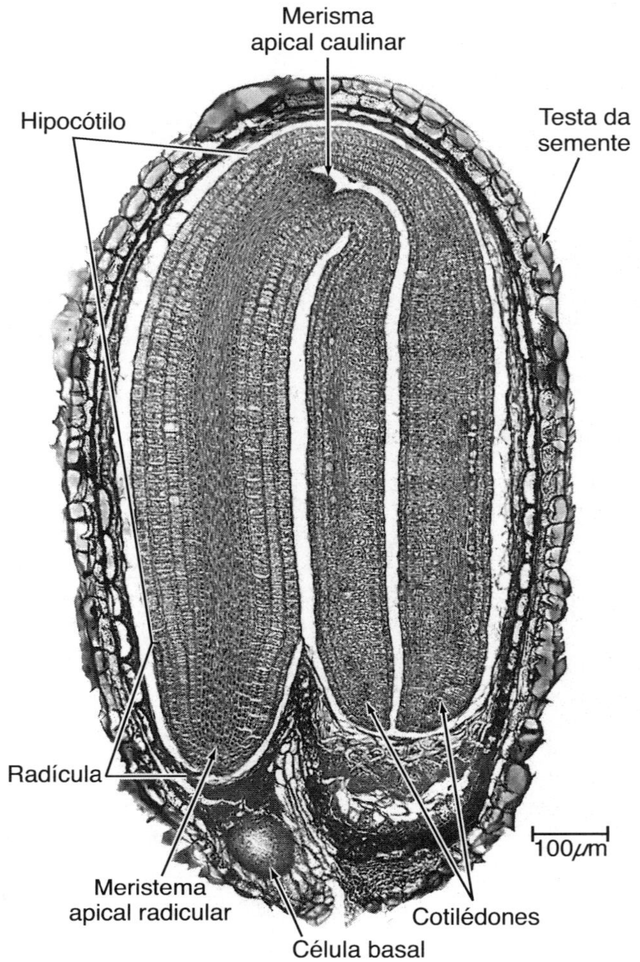

FIGURA 1.8

Embrião maduro da bolsa-de-pastor (*Capsella bursa-pastoris*) em secção longitudinal. A parte do embrião abaixo do cotilédone é o hipocótilo. Na parte terminal inferior do hipocótilo está a raiz embrionária, ou radícula.

radiculares) ou por um primórdio de raiz, a **radícula**. Do mesmo modo, os meristemas apicais caulinares localizados no ápice caulinar podem ou não ter iniciado o desenvolvimento de um ramo. Se um primórdio caulinar está presente, este é denominado **plúmula**.

Com a germinação da semente, o embrião inicia o seu crescimento e, gradualmente, se desenvolve numa planta adulta

Após a germinação da semente, o meristema apical caulinar forma, em uma sequência regular, folhas, nós e entrenós (Figs. 1.1D e 1.3A, F). Os meristemas apicais localizados nas axilas das folhas produzem ramos axilares (de origem exógena), os quais, por sua vez, formam outros ramos axilares. Como resultado dessa atividade, a planta sustenta todo um sistema de ramos a partir do caule principal. Se os meristemas axilares permanecem inativos, os ramos não se ramificam, como por exemplo, em muitas palmeiras. O meristema apical radicular, localizado na extremidade do hipocótilo – ou da radícula, conforme o caso – forma a raiz primária (primeira raiz; Groff e Kaplan, 1988). Em muitas plantas, a raiz primária forma ramificações (raízes secundárias) (Figs. 1.1D e 1.3A) a partir de novos meristemas apicais que se originam internamente do periciclo na raiz primária (origem endógena). As ramificações radiculares produzem novas ramificações, tendo como resultado um sistema bem ramificado de raízes. Em algumas plantas, especialmente em monocotiledôneas, o sistema radicular de uma planta adulta se desenvolve a partir de raízes que têm sua origem no caule.

O crescimento descrito anteriormente corresponde ao estágio vegetativo da vida de uma planta. No momento apropriado, determinado em parte pelo ritmo endógeno de crescimento e em parte por fatores ambientais, especialmente luz e temperatura, o meristema apical vegetativo do caule é modificado em reprodutivo, que no caso das angiospermas, se torna um meristema apical floral, que forma uma flor ou uma inflorescência. Dessa maneira, no ciclo de vida de uma planta, o estágio vegetativo é sucedido pelo reprodutivo.

Os órgãos vegetais que se originam a partir dos meristemas apicais sofrem um período de expansão em comprimento e largura. O crescimento inicial de raízes e ramos sucessivamente formados é comumente denominado **crescimento primário**. O corpo da planta resultante desse crescimento é o **corpo primário**, que consiste de **tecidos primários**. Em muitas plantas vasculares sem sementes e monocotiledôneas, o esporófito realiza todo o seu ciclo de vida num corpo primário. As gimnospermas[1] e muitas angiospermas, incluindo algumas monocotiledôneas, apresentam um aumento em espessura do caule e da raiz por meio do **crescimento secundário**.

O crescimento secundário pode ser **cambial**, resultado da produção de células por um meriste-

[1] Apesar de alguns trabalhos considerarem as gimnospermas como monofiléticas, a tendência da maioria é considerá-las como parafiléticas, indicando-as entre aspas. Mathews, S. 2009.

ma denominado **câmbio**. O principal câmbio é o **câmbio vascular**, que origina os tecidos vasculares secundários (xilema e floema secundários), resultando no crescimento em espessura do eixo (Fig. 1.3C, D), que é geralmente acompanhado pela atividade do **câmbio da casca**, ou **felogênio**, que se desenvolve na porção periférica do eixo em expansão e origina a **periderme**, sistema secundário de revestimento que substitui a epiderme.

O crescimento secundário do eixo pode ser difuso, por meio de divisões e aumento das células do parênquima do tecido fundamental, sem estar relacionado a nenhum meristema especial localizado em uma região restrita do eixo. Esse tipo de crescimento secundário foi denominado **crescimento secundário difuso** (Tomlinson, 1961), característico de algumas monocotiledôneas, como as palmeiras, e algumas plantas que possuem órgãos tuberosos.

Os tecidos produzidos pelo câmbio vascular e felogênio são relativamente bem delimitados dos tecidos primários e são denominados **tecidos secundários**. Estes, em conjunto, compõem o **corpo secundário** da planta. A adição secundária de tecidos vasculares e de revestimento torna possível o desenvolvimento de corpos vegetais de grande porte, muito ramificados, característico das árvores.

Embora seja apropriado pensar numa planta como um organismo que se torna adulto ou maduro, dentro do contexto de que ela se desenvolve a partir de uma única célula em uma estrutura complexa e integrada capaz de se reproduzir, uma planta com semente adulta é um organismo em constante mudança. Ela mantém a capacidade de adicionar novos incrementos ao seu corpo por meio da atividade dos meristemas caulinares e radiculares, e de aumentar o volume dos tecidos secundários por meio da atividade dos meristemas laterais. Crescimento e diferenciação requerem a síntese e a degradação de material protoplasmático e da parede celular, e envolvem a troca de substâncias orgânicas e inorgânicas que circulam pelo sistema vascular e se difundem de célula a célula até seu destino final. Uma variedade de processos ocorre em órgãos especializados e tecidos, que provêm as substâncias orgânicas necessárias para as atividades metabólicas. Uma característica da planta viva que deve ser ressaltada é que as suas constantes mudanças são altamente coordenadas e acontecem em sequências ordenadas (Steeves e Sussex, 1989; Berleth e Sachs, 2001). Além disso, como outros organismos vivos, as plantas exibem fenômenos rítmicos, alguns dos quais claramente se encaixam na periodicidade do ambiente, o que também indica uma habilidade para medir o tempo (Simpson et al., 1999; Neff et al., 2000; Alabadi et al., 2001; Levy et al., 2002; Srivastava, 2002).

REFERÊNCIAS

AIDA, M. e M. TASAKA. 2002. Shoot apical meristem formation in higher plant embryogenesis. In: *Meristematic Tissues in Plant Growth and Development*, pp. 58–88, M. T. McManus and B. E. Veit, eds. Sheffield Academic Press, Sheffield.

ALABADI, D., T. OYAMA, M. J. YANOVSKY, F. G. HARMON, P. MÁS e S. A. KAY. 2001. Reciprocal regulation between *TOC1* and *LHY/CCA1* within the *Arabidopsis* circadian clock. *Science* 293, 880–883.

ARBER, A. 1950. *The Natural Philosophy of Plant Form.* Cambridge University Press, Cambridge.

BECK, C. B., R. SCHMID e G. W. ROTHWELL. 1982. Stelar morphology and the primary vascular system of seed plants. *Bot. Rev.* 48, 692–815.

BERLETH, T. e T. SACHS. 2001. Plant morphogenesis: Longdistance coordination and local patterning. *Curr. Opin. Plant Biol.* 4, 57–62.

EAMES, A. J. 1936. *Morphology of Vascular Plants. Lower Groups.* McGraw-Hill, New York.

ESAU, K. 1977. *Anatomy of Seed Plants*, 2. ed. Wiley, New York.

FOSTER, A. S. 1949. *Practical Plant Anatomy*, 2. ed. Van Nostrand, New York.

GIFFORD, E. M. e A. S. FOSTER. 1989. *Morphology and Evolution of Vascular Plants*, 3. ed. Freeman, New York.

GROFF, P. A. e D. R. KAPLAN. 1988. The relation of root systems to shoot systems in vascular plants. *Bot. Rev.* 54, 387–422.

HABERLANDT, G. 1914. *Physiological Plant Anatomy.* Macmillan, London.

KAPLAN, D. R. e T. J. COOKE. 1997. Fundamental concepts in the embryogenesis of dicotyledons: A morphological interpretation of embryo mutants. *Plant Cell* 9, 1903–1919.

KENRICK, P. e P. R. CRANE. 1997. *The Origin and Early Diversifi cation of Land Plants: A Cladistic Study.* Smithsonian Institution Press, Washington, DC.

LEHMANN, H., R. STELZER, S. HOLZAMER, U. KUNZ e M. GIERTH. 2000. Analytical electron microscopical investigations on the apoplastic pathways of lanthanum transport in barley roots. *Planta* 211, 816–822.

LEVY, Y. Y., S. MESNAGE, J. S. MYLNE, A. R. GENDALL e C. DEAN. 2002. Multiple roles of *Arabidopsis VRN1* in vernalization and flowering time control. *Science* 297, 243–246.

NEFF, M. M., C. FANKHAUSER e J. CHORY. 2000. Light: An indicator of time and place. *Genes Dev.* 14, 257–271.

NIKLAS, K. J. 1997. *The Evolutionary Biology of Plants.* University of Chicago Press, Chicago.

POETHIG, R. S., E. H. COE JR. e M. M. JOHRI. 1986. Cell lineage patterns in maize embryogenesis: A clonal analysis. *Dev. Biol.* 117, 392–404.

POLLOCK, E. G. e W. A. JENSEN. 1964. Cell development during early embryogenesis in *Capsella* and *Gossypium*. *Am. J. Bot.* 51, 915–921.

RAVEN, J. A. e D. EDWARDS. 2001. Roots: Evolutionary origins and biogeochemical significance. *J. Exp. Bot.* 52, 381–401.

RAVEN, P. H., R. F. EVERT e S. E. EICHHORN. 2005. *Biology ofPlants*, 7. ed. Freeman, New York.

SACHS, J. 1875. *Text-book of Botany, Morphological and Physiological.* Clarendon Press, Oxford.

SIMPSON, G. G., A. R. GENDALL e C. DEAN. 1999. When to switch to flowering. *Annu. Rev. Cell Dev. Biol.* 15, 519–550.

SMITHSON, E. 1954. Development of winged cork in *Ulmus × hollandica* Mill. *Proc. Leeds Philos. Lit. Soc., Sci. Sect.,* 6, 211–220.

SRIVASTAVA, L. M. 2002. *Plant Growth and Development. Hormones and Environment.* Academic Press, Amsterdam.

STEEVES, T. A. e I. M. SUSSEX. 1989. *Patterns in Plant Development*, 2. ed. Cambridge University Press, Cambridge.

STEWART, W. N. e G. W. ROTHWELL. 1993. *Paleobotany and the Evolution of Plants*, 2. ed. Cambridge University Press, Cambridge.

TAYLOR, T. N. e E. L. TAYLOR. 1993. *The Biology and Evolution of Fossil Plants.* Prentice Hall, Englewood Cliffs, NJ.

TOMLINSON, P. B. 1961. *Anatomy of the Monocotyledons.* II. Palmae. Clarendon Press, Oxford.

TROLL, W. 1937. *Vergleichende Morphologie der höheren Pflanzen*, Band 1, Vegetationsorgane, Teil 1. Gebrüder Borntraeger, Berlin.

WEST, M. A. L. e J. J. HARADA. 1993. Embryogenesis in higher plants: An overview. *Plant Cell* 5, 1361–1369.

CAPÍTULO DOIS

O PROTOPLASTO: MEMBRANA PLASMÁTICA, NÚCLEO E ORGANELAS CITOPLASMÁTICAS

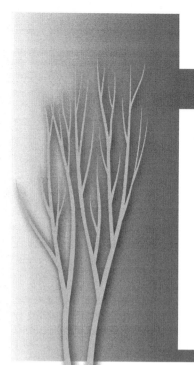

Tatiane Maria Rodrigues e Silvia Rodrigues Machado

As células representam as menores unidades estruturais e funcionais dos seres vivos (Sitte, 1992). Os organismos vivos podem ser constituídos por uma única célula ou por um conjunto de células. O tamanho, o formato, a estrutura e a função das células variam bastante. Algumas são mensuradas em micrômetros, outras em milímetros e outras em centímetros (como as fibras de certas espécies). Algumas células desempenham várias funções; outras são especializadas em determinadas atividades. Apesar da enorme diversidade entre as células, elas são similares entre si quanto a sua organização física e suas propriedades bioquímicas.

O conceito de que a célula é a unidade básica da estrutura e do funcionamento biológico é baseado na **teoria celular**, que foi formulada na primeira metade do século XIX por Mathias Schleiden e Theodor Schwann. Em 1838, Schleiden concluiu que todos os tecidos vegetais são constituídos por células. Um ano mais tarde, Schwann (1839) estendeu a observação de Schleiden para os tecidos animais e propôs uma base celular para todos os organismos. Em 1858, a ideia de que tais organismos vivos são compostos por uma ou mais células assumiu significado ainda maior quando Rudolf Virchow generalizou que todas as células surgem somente a partir de células preexistentes. Na sua forma clássica, a teoria celular propôs que os corpos de todas as plantas e animais são aglomerados de células diferenciadas, e que as atividades dos organismos vegetais ou animais, como um todo, devem ser consideradas como a soma das atividades de suas células constituintes, em que cada célula tem suma importância.

Na segunda metade do século XIX, foi formulada uma alternativa para a teoria celular. A **teoria organísmica** estabelece que um organismo não é meramente um grupo de unidades independentes, mas uma unidade subdividida em células que são conectadas entre si e atuam de forma coordenada em favor da harmonia do todo. Uma citação frequentemente mencionada é aquela de Anton de Bary (1879), "é a planta que forma células, e não a célula que forma plantas" (traduzido por Sitte, 1922). Desde então, muitas evidências foram acumuladas em favor do conceito organísmico para plantas (veja Kaplan e Hagemann, 1991; Cooke e Lu, 1922; e Kaplan, 1922; e literatura citada).

A teoria organísmica é especialmente aplicável para os vegetais, cujas células não são totalmente separadas durante a divisão celular como nos animais, mas são divididas inicialmente pela inserção de uma placa celular (Capítulo 4). A separação das células vegetais raramente é completa. Células vegetais contíguas permanecem interconectadas por cordões citoplasmáticos conhecidos como plasmodesmos que atravessam as paredes e unem todo o corpo da planta em um organismo. De forma apropriada, as plantas têm sido caracterizadas como organismos supracelulares (Lucas et al., 1993).

Em sua versão atual, a teoria celular estabelece que: (1) todos os organismos são compostos de uma ou mais células, (2) as reações químicas de um organismo vivo, incluindo os processos relacionados à energia e processos biossintéticos, ocorrem dentro das células, (3) as células surgem a partir de outras células, (4) as células contêm a informação hereditária dos organismos dos quais elas fazem parte, e essa informação é passada para as gerações seguintes. A teoria celular e a teoria organísmica não são mutuamente exclusivas. Juntas, elas fornecem uma visão significativa de estrutura e função nos níveis celular e organísmico (Sitte, 1992).

A palavra célula, que significa "pequena cela", foi introduzida por Robert Hooke no século XVII para descrever as pequenas cavidades separadas por paredes celulares observadas em cortiça. Mais tarde, Hooke reconheceu que as células vivas em outros tecidos vegetais eram preenchidas por "sucos". O conteúdo das células foi, então, interpretado como matéria viva e recebeu o nome **protoplasma**. Um importante passo no reconhecimento da complexidade do protoplasma foi o descobrimento do núcleo por Robert Brown em 1831. Essa descoberta foi sucedida pelos relatos de divisão celular. Em 1846, Hugo von Mohl chamou atenção para a distinção entre conteúdo protoplasmático e suco celular e, em 1862, Albert von Kölliker usou o termo **citoplasma** para o material ao redor do núcleo. As inclusões citoplasmáticas mais conspícuas, os plastídios, foram consideradas simplesmente condensações do citoplasma. O conceito de identidade independente e continuidade dessas organelas foi estabelecido no século XIX. Em 1880, Johannes Hanstein introduziu o termo **protoplasto** para designar a unidade do protoplasma localizada interna a parede celular.

Toda célula viva possui recursos para isolar seu conteúdo do meio externo. Uma membrana chamada **membrana plasmática** ou **plasmalema** é responsável pelo seu isolamento. Além da membrana plasmática, as células vegetais possuem uma parede celulósica mais ou menos rígida (Capítulo 4) localizada externamente à membrana plasmática. A membrana plasmática controla a passagem de substâncias para dentro e para fora do protoplasto, tornando possível à célula diferir estrutural e bioquimicamente do meio ao seu redor. Processos intracelulares podem liberar e transferir a energia necessária para o crescimento e a manutenção dos processos metabólicos. Uma célula é organizada para armazenar e transferir informações de modo que seu desenvolvimento e o de seus descendentes possam ocorrer de maneira ordenada. Dessa forma, a integridade do organismo, do qual as células fazem parte, é mantida.

Ao longo dos três séculos que se sucederam após a primeira observação da estrutura da cortiça por Hooke em seu microscópio rudimentar, nossa capacidade de visualização das células e seu conteúdo aumentou drasticamente. Com o avanço da microscopia de luz, tornou-se possível a observação de estruturas com um diâmetro de 0,2 micrômetros (cerca de 200 nanômetros), aumentando cerca de 500 vezes a imagem obtida a olho nu. Com o microscópio eletrônico de transmissão (MET), o problema no limite de resolução imposto pela luz foi reduzido. Entretanto, em virtude de problemas com o preparo de amostras, contraste e danos causados pela radiação, a resolução nos estudos de material biológico é de cerca de 2 nanômetros. Mesmo assim, essa resolução é 100 vezes maior que aquela obtida ao microscópio de luz. No entanto, o MET tem algumas desvantagens: o espécime deve ser fixado e os cortes devem ser extremamente finos. A microscopia de luz, com a utilização de corantes fluorescentes e vários métodos de iluminação, tem permitido aos biólogos a superação desses problemas e a observação dos componentes subcelulares em células vegetais vivas (Fricker e Oparka, 1999; Cutler e Ehrhardt, 2000). Merece destaque a utilização da **proteína verde fluorescente (GFP),** extraída da água-viva *Aequorea victoria*, como um marcador fluorescente, e o uso do microscópio confocal para visualizar sondas fluorescentes em tecidos intactos (Hepler e Gunning, 1998; Fricker e Oparka, 1999; Hawes et al., 2001). A observação dos componentes subcelulares em células vegetais vivas vem proporcionando novas e surpreendentes percepções da organização e da dinâmica subcelular.

CÉLULAS PROCARIÓTICAS E EUCARIÓTICAS

Com base no grau de organização interna de suas células, dois grupos distintos de organismos são reconhecidos: procariontes e eucariontes. Os **procariontes** (*pro*, antes; *karyon*, núcleo) são representados por Archaea e Bactéria, incluindo as cianobactérias, e os **eucariontes** (*eu*, verdadeiro;

karyon, núcleo) pelos demais organismos vivos (Madigan et al., 2003).

As células procarióticas diferem das células eucarióticas principalmente na organização do seu material genético. Nas células procarióticas, o material genético está na forma de uma grande molécula circular de ácido desoxirribonucleico (DNA), com a qual proteínas estão associadas. Essa molécula, que é chamada de **cromossomo bacteriano**, está localizada em uma região do citoplasma chamada **nucleoide** (Fig. 2.1). Nas células eucarióticas, o DNA nuclear é linear e firmemente ligado a proteínas especiais conhecidas como **histonas**, formando cromossomos mais complexos. Esses cromossomos são circundados por um **envelope nuclear**, constituído por duas membranas, que os separam de outros componentes celulares em um **núcleo** distinto (Fig. 2.2). Tanto as células procarióticas quanto as eucarióticas contêm complexos de proteína e ácido ribonucleico (RNA), conhecidos como **ribossomos**, que desempenham um papel fundamental na organização de moléculas de proteína a partir de aminoácidos.

As células eucarióticas são subdividas por membranas em compartimentos distintos que desempenham funções diferentes. O citoplasma das células procarióticas, ao contrário, caracteristicamente não é compartimentalizado por membranas. Uma exceção notável é o sistema extensivo de membranas fotossintetizantes (tilacoides) da cianobactéria (Madigan et al., 2003) e as entidades delimitadas por membranas chamadas acidocalcissomos, encontradas em uma variedade de bactérias, incluindo *Agrobacterium tumefaciens*, o patógeno que causa a galha-da-coroa em vegetais (Seufferheld et al., 2003).

O aspecto das membranas sob o microscópio eletrônico é bastante similar nos vários organismos. Quando bem preservadas e coradas, essas membranas têm um aspecto trilaminar, constituído de duas camadas escuras separadas por uma camada mais clara (Fig. 2.3). Este tipo de membrana foi chamado **unidade de membrana** por Robertson (1962) e interpretada como uma camada lipídica bimolecular revestida em cada lado com uma camada de proteína. Embora esse modelo de estrutura de membrana tenha sido substituído pelo modelo do mosaico fluido (veja a seguir), a expressão unidade de membrana permanece útil para designar uma membrana com três camadas visíveis.

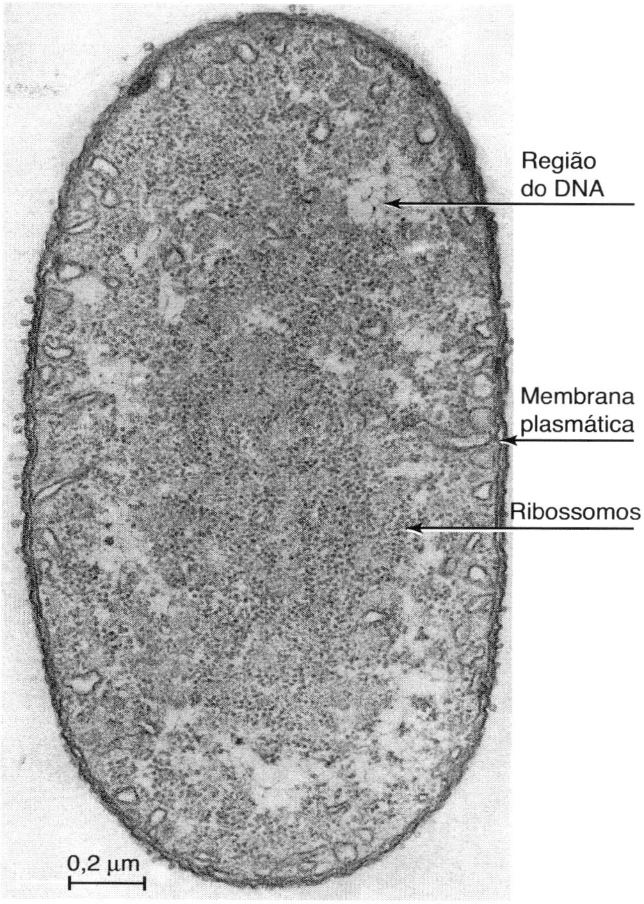

FIGURA 2.1

Eletronmicrografia de bactéria gram-negativa, *Azotobacter vinelandii*. O aspecto granular do citoplasma se deve à presença de numerosos ribossomos. As regiões mais claras contendo DNA constituem o nucleoide. (Cortesia de Jack L. Pate.)

Entre as membranas internas das células eucarióticas, estão aquelas que envolvem o núcleo, a mitocôndria e os plastídios, que são os componentes característicos da célula vegetal. O citoplasma das células eucarióticas também contém sistema de membranas (o retículo endoplasmático e o complexo de Golgi) e uma rede complexa de filamentos proteicos não membranosos (filamentos de actina e microtúbulos) chamada **citoesqueleto**. O citoesqueleto está ausente em células procarióticas. As células vegetais também apresentam organelas multifuncionais, chamadas **vacúolos**, que são delimitadas por uma membrana chamada **tonoplasto** (Fig. 2.2).

Além da membrana plasmática, que controla a passagem de substâncias para dentro e para

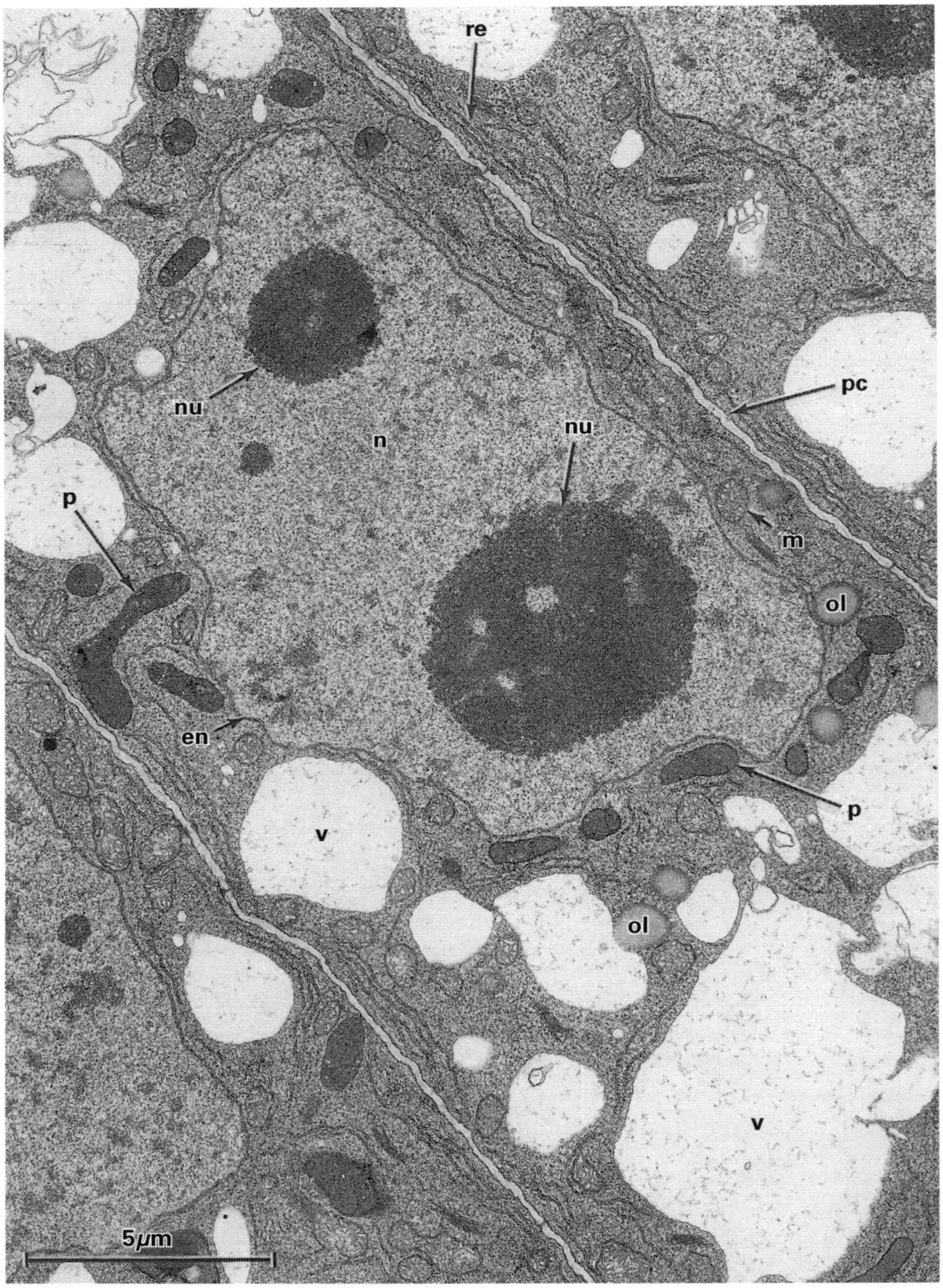

FIGURA 2.2

Ápice de raiz de *Nicotiana tabacum* (tabaco). Secção longitudinal de células jovens. Detalhes: re, retículo endoplasmático; m, mitocôndria; n, núcleo; en, envelope nuclear; nu, nucléolo; ol, gota de óleo; p, plastídio; v, vacúolo; pc, parede celular. (Obtido de Esau, 1977.)

fora do protoplasto, as membranas internas controlam a passagem de substâncias entre os compartimentos intracelulares. Desse modo, a célula pode manter ambientes químicos especializados necessários para os processos que ocorrem nos diferentes compartimentos citoplasmáticos. As membranas também permitem que diferenças no potencial elétrico, ou voltagem, estabeleçam-se entre a célula e seus ambientes e entre compartimentos adjacentes da célula. Diferenças na concentração química de vários íons e moléculas e no potencial elétrico através de membranas fornecem energia potencial usada em muitos processos celulares.

Compartimentalização de componentes celulares significa divisão de trabalho no nível subcelular. Em um organismo multicelular, a divisão de trabalho ocorre também no nível celular conforme as células se diferenciam e se tornam mais ou menos especializadas, no que diz respeito a certas funções. A especialização funcional se expressa nas diferenças morfológicas entre células, uma característica que contribui para a complexidade estrutural em um organismo multicelular.

CITOPLASMA

Como já mencionado, o termo **citoplasma** foi introduzido para designar o material protoplásmico que circunda o núcleo. Entidades distintas foram descobertas nesse material, inicialmente, somente aquelas que estavam dentro do poder de resolução do microscópio de luz; mais tarde, entidades menores foram descobertas com o microscópio eletrônico. Assim, o conceito de citoplasma sofreu uma evolução; com novas tecnologias, o conceito, sem dúvida, continuará a evoluir. A maioria dos biólogos atualmente utiliza o termo citoplasma, como originalmente introduzido por Kölliker (1862), para designar todo o material circundando o núcleo, e se referir à matriz citoplasmática, onde o núcleo, as organelas, os sistemas de membranas e as entidades não membranáceas estão suspensas, como o **citosol**. Na forma como foi originalmente definido, o termo citosol foi usado especificamente para designar "o citoplasma menos a mitocôndria e o retículo endoplasmático" em células vivas (Lardy, 1965). **Substância fundamental citoplasmática** e **hialoplasma** são termos que têm sido usados comumente pelos citologistas vegetais para designar a matriz citoplasmática. Alguns biólogos utilizam o termo citoplasma no sentido de citosol.

Em células vegetais vivas, o citoplasma está sempre em movimento; as organelas e outras entidades suspensas no citosol podem ser observadas sendo arrastadas, de forma ordenada, em correntes que se deslocam. Esse movimento, que é conhecido como **corrente citoplasmática** ou **ciclose**, resulta de uma interação entre feixes de filamentos de actina e as denominadas proteínas motoras, **miosina**, uma molécula proteica com uma "cabeça" contendo ATPase que é ativada pela actina (Baskin, 2000; Reichelt e Kendrich-Jones, 2000). A corrente citoplasmática, um processo altamente dispendioso em termos energéticos, sem dúvida, facilita a troca de materiais dentro da célula (Reuzeau et al., 1997; Kost e Chua, 2002) e entre a célula e seu ambiente.

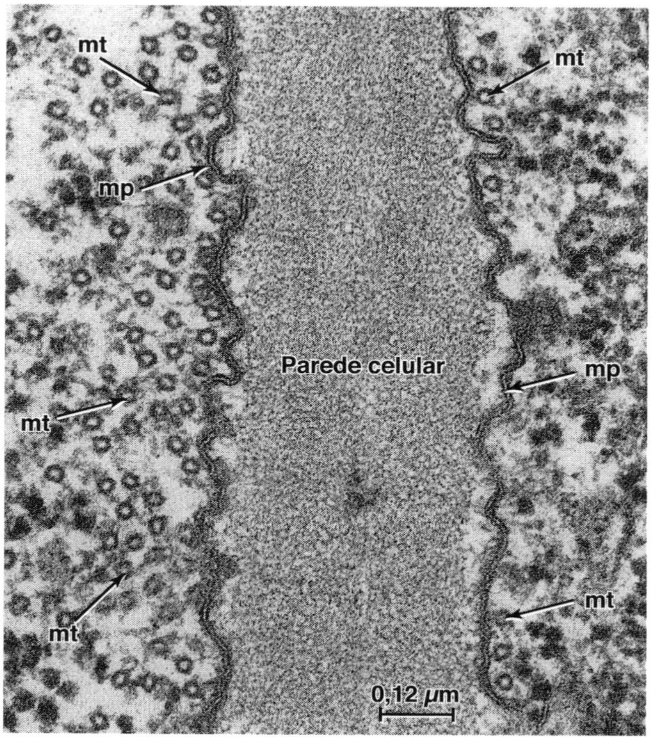

FIGURA 2.3

Eletronmicrografia que mostra o aspecto trilamelar da membrana plasmática (mp) em ambos os lados da parede de células de folha de *Allium cepa*. Microtúbulos (mt) em secção transversal podem ser observados em ambos os lados da parede.

Os vários componentes do protoplasto são abordados individualmente nos próximos parágrafos. Entre tais componentes existem as entidades denominadas **organelas**. Da mesma forma como o termo citoplasma, o termo organela é usado distintamente por diferentes biólogos. Enquanto alguns restringem o uso do termo organela para entidades delimitadas por membrana, tais como plastídios e mitocôndrias, outros usam o termo em um sentido mais amplo para designar também o retículo endoplasmático e o aparato de Golgi, além de componentes não membranáceos, tais como microtúbulos e ribossomos. Neste livro, o termo organela é usado no sentido restrito (Tabela 2.1). Neste capítulo, serão considerados somente a membrana plasmática, o núcleo e as organelas citoplasmáticas. Os demais componentes do protoplasto são tratados no Capítulo 3.

Tabela 2.1 Componentes das células vegetais

Parede Celular	Lamela média Parede primária Parede secundária Plasmodesmos	
Protoplasto	Núcleo	Envelope nuclear Nucleoplasma Cromatina Nucléolo
	Citoplasma	Membrana plasmática Citosol (substâncias fundamentais citoplasmáticas, hialoplasma) Organelas envoltas por duas membranas: Plastídios Mitocôndrias Organelas envoltas por uma membrana: Peroxissomo Vacúolos, delimitados por tonoplasto Ribossomos Sistema de endomembranas (componentes principais): Retículo endoplasmático Aparato de Golgi Vesículas Citoesqueleto: Microtúbulos Filamentos de actina

MEMBRANA PLASMÁTICA

Entre as várias membranas da célula, a **membrana plasmática** é a que mostra, de forma mais nítida, o aspecto escuro-claro-escuro ou a aparência de unidade de membrana em eletronmicrografias (Fig. 2.3.; Leonard e Hodges, 1980; Robinson, 1985). A membrana plasmática tem diversas funções importantes: (1) age como mediador do transporte de substâncias dentro e fora do protoplasto, (2) coordena a síntese e organização das microfibrilas (celulose) da parede celular, e (3) transduz sinais hormonais e ambientais envolvidos no controle do crescimento e diferenciação da célula.

A membrana plasmática tem a mesma estrutura básica das membranas internas da célula, consistindo de uma **bicamada lipídica**, em que proteínas globulares estão embebidas, muitas atravessando a bicamada lipídica e se projetando para ambos os lados (Fig. 2.4). A porção dessas **proteínas transmembrana** embebida na bicamada é hidrofóbica, enquanto a porção ou porções expostas em ambos os lados da membrana são hidrofílicas.

As superfícies interna e externa de uma membrana diferem consideravelmente na composição química. Por exemplo, existem dois tipos principais de lipídios na membrana plasmática das células vegetais – **fosfolipídios** (os mais abundantes) e **esteróis** (particularmente estigmasterol) – sendo que as duas porções da bicamada têm composições diferentes desses lipídios. Além disso, as proteínas transmembrana têm orientações definidas dentro da bicamada, e as porções que se projetam sobre ambos os lados têm diferentes composições de aminoácido e estruturas terciárias. Outras proteínas também estão associadas com as membranas, incluindo as **proteínas periféricas**, assim chamadas por não possuírem sequências hidrofóbicas distintas e, assim, não penetrarem na bicamada lipídica. As proteínas transmembrana e outras proteínas ligadas a lipídios, aderidas fortemente à membrana plasmática, são chamadas de **proteínas integrais**. Sobre a superfície externa da membrana plasmática, carboidratos de cadeia curta (oligossacarídeos) se ligam a proteínas salientes, formando glicoproteínas. Os carboidratos que formam uma cobertura sobre a superfície externa da membrana de algumas células eucarióticas desempenham um papel importante nos processos de adesão de célula a célula e no "reconhecimento" de moléculas (por exemplo, hormônios, vírus e antibióticos) que interagem com a célula.

Enquanto a bicamada lipídica fornece a estrutura básica e a natureza impermeável das membranas celulares, as proteínas são responsáveis pela maioria das funções das membranas. A maioria das membranas é composta de 40% a 50% de lipídios (por peso) e 60% a 50% de proteínas, mas as quantidades e os tipos de proteínas em uma membrana refletem sua função. Membranas envolvidas na transdução de energia, tais como as membranas internas das mitocôndrias e dos cloroplastos, consistem em cerca de 75% de proteínas. Algumas das proteínas são enzimas que catalisam reações associadas à membrana, enquanto outras são **proteínas transportadoras** envolvidas na transferência de moléculas específicas para dentro e para

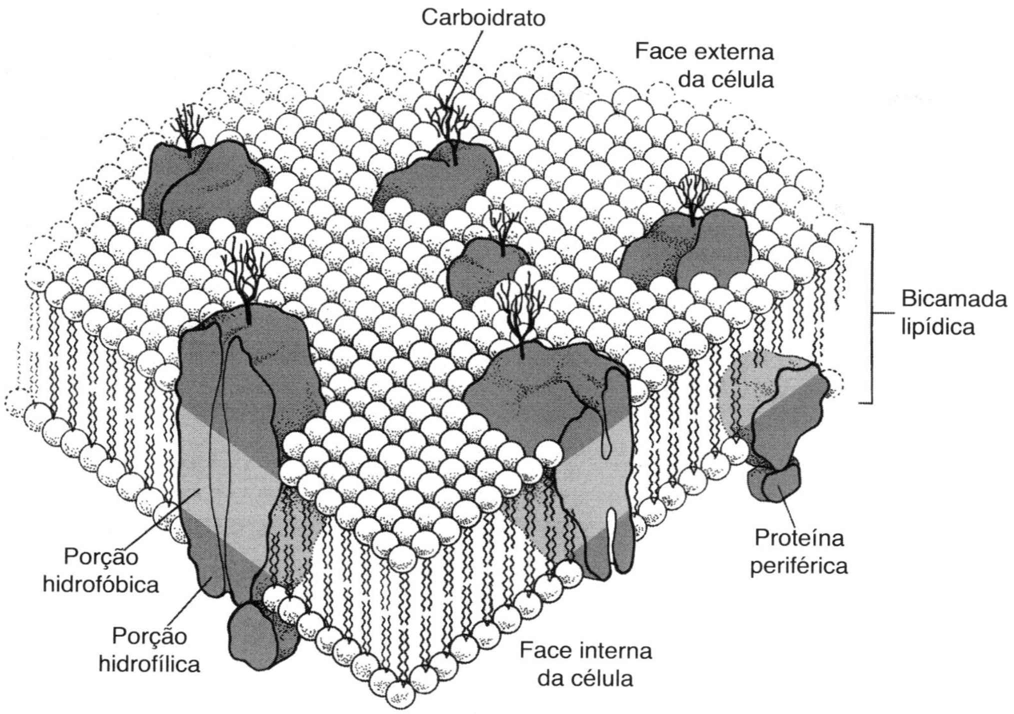

FIGURA 2.4

Modelo do mosaico fluido da estrutura de membrana. A membrana é composta de uma bicamada de moléculas de lipídios – com suas "caudas" hidrofóbicas voltadas para dentro – e grandes moléculas proteicas. Algumas das proteínas (proteínas transmembrana) atravessam a bicamada; outras (proteínas periféricas) são ligadas às proteínas transmembrana. Carboidratos de cadeias curtas estão ligados à maioria das proteínas transmembrana salientes na superfície externa da membrana plasmática. A estrutura como um todo é bem fluida; algumas das proteínas transmembrana flutuam livremente na bicamada e, com as moléculas de lipídios, movem-se lateralmente, formando diferentes padrões, ou "mosaicos"; consequentemente, pode-se imaginar as proteínas como flutuando em um "mar" de lipídios. (Obtido de Raven et al., 1992.)

fora da célula ou da organela. Ainda, outras agem como receptoras recebendo e transduzindo sinais químicos a partir do ambiente interno ou externo da célula. Embora algumas das proteínas integrais aparentem estar firmemente fixadas (talvez no citoesqueleto), geralmente a bicamada lipídica é bastante fluida. Algumas das proteínas flutuam mais ou menos livremente na bicamada; essas proteínas e as moléculas de lipídios podem se mover lateralmente na bicamada, formando diferentes padrões ou mosaicos que variam de tempo em tempo e de lugar para lugar – por isso o nome **mosaico fluido** para esse modelo de estrutura de membrana (Fig. 2.4; Singer e Nicolson, 1972; Jacobson et al., 1995).

As membranas possuem diferentes tipos de proteínas transportadoras (Logan et al., 1997; Chrispeels et al., 1999; Kjellbom et al., 1999; Delrot et al., 2001). Dois tipos são as proteínas carregadoras e as proteínas canais que permitem o movimento de uma substância através de uma membrana somente em direção ao menor gradiente eletroquímico da substância; ou seja, elas são transportadoras passivas. As **proteínas carregadoras** se ligam a solutos específicos e passam por uma série de mudanças conformacionais a fim de transportar os solutos através da membrana. As **proteínas canais** formam poros repletos de água que se estendem através da membrana e que, quando abertos, permitem que solutos específicos (geralmente íons inorgânicos, por exemplo, K^+, Na^+, Ca^{2+}, Cl^-) passem através deles. Os canais não estão sempre abertos; eles possuem "portões" que se abrem por curto período de tempo e se fecham novamente, um processo chamado **"gating"**.

A membrana plasmática e o tonoplasto também contêm proteínas que formam canais de água, chamadas **aquaporinas**, que, especificamente, facilitam o movimento da água através das membranas

(Schäffner, 1998; Chrispeels et al., 1999; Maeshima, 2001; Javot e Maurel, 2002). A água passa relativamente livre através da bicamada lipídica das membranas biológicas, porém as aquaporinas permitem a difusão mais rápida da água através da membrana plasmática e do tonoplasto. Em virtude do fato que o vacúolo e o citosol devem estar em constante equilíbrio osmótico, o movimento rápido da água é essencial. Tem sido sugerido que as aquaporinas facilitam o fluxo rápido da água do solo para dentro das células da raiz e para o xilema durante períodos de transpiração elevada. As aquaporinas bloqueiam o influxo da água para as células da raiz durante períodos de alagamento (Tournaire-Roux et al., 2003) e desempenham um papel na prevenção contra a perda de água em arroz (Lian et al., 2004). Além disso, evidências indicam que o movimento da água através das aquaporinas aumenta em resposta a certos estímulos ambientais que induzem a expansão e o crescimento celular; a expressão cíclica de uma aquaporina de membrana plasmática tem sido relacionada com mecanismos de desdobramento de folhas de tabaco (Siefritz et al., 2004).

Os transportadores podem ser classificados como uniporters e cotransporters de acordo com seu funcionamento. Proteína tipo **uniporter** transporta somente um soluto de um lado da membrana para outro. Com proteína tipo **cotransporter**, a transferência de um soluto depende da transferência simultânea ou sequencial de um segundo soluto. O segundo soluto pode ser transportado na mesma direção, e, nesse caso, a proteína transportadora é conhecida como **simporter**, ou em direção oposta, como no caso de um **antiporter**.

O transporte de uma substância contra seu gradiente eletroquímico requer a entrada de energia, e é chamado **transporte ativo**. Em plantas, nas quais a energia é fornecida principalmente por uma **bomba de prótons** alimentada por ATP, especificamente uma H^+-ATPase ligada à membrana (Sze et al., 1999; Palmgren, 2001), a enzima produz um grande gradiente de prótons (íons H^+) através da membrana plasmática. Esse gradiente gera a força motriz para a absorção de solutos por todos os sistemas cotransporte acoplados a prótons. O tonoplasto é a única membrana vegetal que possui duas bombas de prótons, uma H^+-ATPase e uma H^+-pirofosfatase (H^+-PPase) (Maeshima, 2001), embora alguns dados indiquem que a H^+-PPase pode também estar presente na membrana plasmática de alguns tecidos (Ratajczak et al., 1999; Maeshima, 2001).

O transporte de grandes moléculas, tais como a maioria das proteínas e dos polissacarídeos, não pode ser realizado pelas proteínas transportadoras que carregam íons e pequenas moléculas polares através da membrana plasmática. Essas moléculas grandes são transportadas por meio de vesículas ou estruturas tipo-sacos que brotam da membrana plasmática ou se fundem a ela, um processo chamado **transporte mediado por vesícula** (Battey et al., 1999). O transporte de material para dentro das células por meio de vesículas que brotam da membrana plasmática é chamado **endocitose** e envolve porções da membrana plasmática chamadas cavidades revestidas (do inglês, *coated pits*) (Fig. 2.5; Robinson e Depta, 1988; Gaidarov et al., 1999). **Cavidades revestidas** são depressões na membrana plasmática, que contêm receptores específicos (aos quais as moléculas a serem transpor-

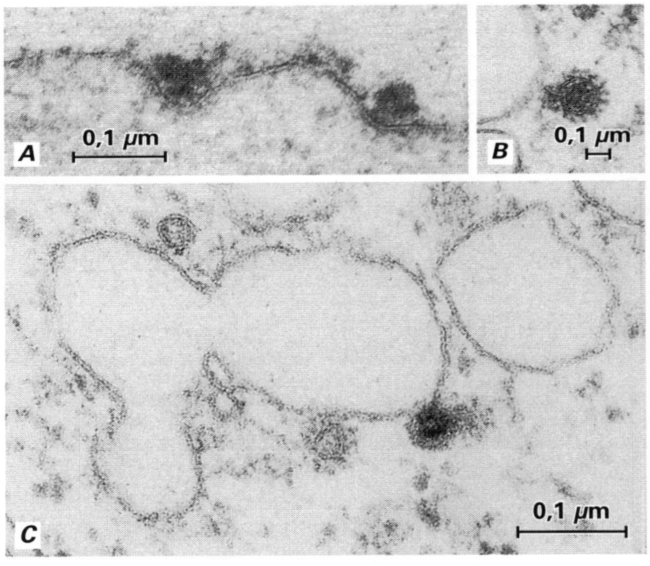

FIGURA 2.5

Endocitose em células do capuz da raiz de milho (*Zea mays*) após tratamento com nitrato de chumbo. **A**, depósitos granulares contendo chumbo podem ser vistos em duas cavidades revestidas. **B**, uma vesícula revestida com depósitos de chumbo. **C**, nesta imagem, uma das duas vesículas revestidas se fusionou com uma grande vesícula do Golgi, onde seu conteúdo será liberado. Essa vesícula revestida (estrutura escura) ainda contém depósitos de chumbo, mas parece ter perdido seu revestimento, o qual está logo à sua direita. A vesícula revestida à sua esquerda está intacta. (Cortesia de David G. Robinson.)

tadas dentro da célula precisam estar aderidas), cobertas na porção citopolasmática com moléculas de **clatrina**, uma proteína composta de três cadeias grandes e três menores de polipeptídeos que, juntas, formam uma estrutura tridentada chamada *triskelion*. Invaginações das cavidades revestidas se desprendem e formam **vesículas revestidas**. Dentro da célula as vesículas revestidas perdem suas coberturas e se fundem com outras estruturas delimitadas por membrana (por exemplo, corpos de Golgi ou pequenos vacúolos). O transporte por meio de vesículas em direção oposta é chamado de **exocitose** (Battey et al., 1999). Durante a exocitose, vesículas originadas dentro da célula se fundem com a membrana plasmática, expelindo seu conteúdo para fora.

Invaginações relativamente grandes da membrana plasmática são frequentemente encontradas em tecidos preparados para microscopia eletrônica. Algumas formam bolsas entre a parede celular e o protoplasto, e podem incluir túbulos e vesículas. Algumas invaginações podem empurrar o tonoplasto e penetrar o vacúolo. Outras, chamadas **corpos multivesiculares**, são frequentemente separadas da membrana plasmática e embebidas no citosol ou aparecem suspensas no vacúolo. Formações similares foram observadas pela primeira vez em fungos e chamadas lomasomas (Clowes e Juniper, 1968). Corpos multivesiculares em células BY-2 de *Nicotiana tabacum* têm sido identificados como compartimentos pré-vacuolares na via endocítica para vacúolos líticos (veja a seguir; Tse et al., 2004).

NÚCLEO

O **núcleo**, frequentemente a estrutura mais proeminente no protoplasto das células eucarióticas, desempenha duas funções importantes: (1) controla as atividades da célula, determinando quais moléculas de proteína e RNA são produzidas pela célula e quando elas são produzidas, e (2) é o repositório da maior parte da informação genética da célula, transmitindo-a para as células-filhas durante a divisão celular. A informação genética armazenada no núcleo é chamada de **genoma nuclear**.

O núcleo é delimitado por um par de membranas chamado **envoltório nuclear**, com um **espaço perinuclear** entre elas (Figs. 2.2 e 2.6; Dingwall e Laskey, 1992; Gerace e Foisner, 1994; Gant e Wilson, 1997; Rose et al., 2004). Em vários lugares, a membrana externa do envoltório é contínua com o retículo endoplasmático, de modo que o espaço perinuclear é contínuo com o lúmen do retículo endoplasmático. O envoltório nuclear é considerado uma porção especializada, localmente diferenciada, do retículo endoplasmático. A principal característica do envoltório nuclear é a presença de numerosos e grandes **poros nucleares** cilíndricos que proporcionam continuidade entre o citosol e a substância fundamental, ou **nucleoplasma**, do núcleo (Fig. 2.6). As membranas interna e externa são fundidas ao redor de cada poro, formando a margem de sua abertura. Os **complexos de poros nucleares** – os maiores complexos macromoleculares reunidos na célula eucariótica – provocam a protrusão do envoltório nos poros nucleares (Heese-Peck e Raikhel, 1998; Talcott e Moore, 1999; Lee, J.-Y., et al., 2000). O complexo de poros apresenta formato de anel, consistindo de um canal central

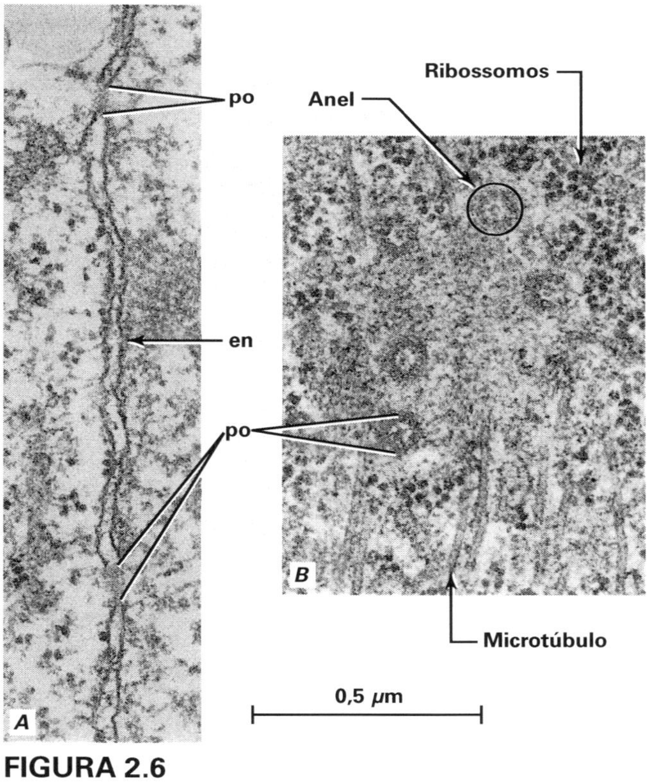

FIGURA 2.6

Envelope nuclear (en) em perfil (**A**) e em vista frontal (**B**, parte central) mostrando poros (po). O material eletron-denso nos poros observado em A, aparece em B com formato de um anel contendo um grânulo central. O espaço claro entre as membranas em A é chamado de espaço perinuclear. Imagens obtidas de célula parenquimática do pecíolo de *Mimosa pudica*. (Obtido de Esau, 1977.)

cilíndrico (o eixo) a partir do qual oito raios (elementos verticais) se projetam externamente em direção a um colar de entrelaçamento associado à membrana nuclear que envolve o poro. O complexo de poros permite a passagem livre de certos íons e pequenas moléculas através de canais de difusão, que medem cerca de 9 nanômetros de diâmetro. As proteínas e outras macromoléculas transportadas através dos complexos de poros nucleares são maiores que o tamanho desse canal. Seu transporte é mediado por um mecanismo de transporte ativo altamente seletivo (dependente de energia) que ocorre através do canal central. O canal central tem um diâmetro funcional de até 26 nanômetros (Hicks e Raikhel, 1995; Görlich e Mattaj, 1996; Görlich, 1997).

Em células com coloração especial, filamentos delgados e grânulos de **cromatina** podem ser distinguidos do nucleoplasma. A cromatina é constituída de DNA combinado com uma grande quantidade de proteínas chamadas ***histonas***. Durante o processo de divisão nuclear, a cromatina se torna progressivamente mais condensada até assumir a forma de **cromossomos**. Cromossomos (cromatina) de núcleos em repouso, ou ***interfase***, estão ligados a um ou mais sítios da membrana interna do envoltório nuclear. Antes da replicação do DNA, cada cromossomo é composto por uma molécula única e longa de DNA, que carrega a informação hereditária. Na maioria dos núcleos interfásicos, a cromatina é difusa e levemente corada. Essa cromatina descondensada, chamada ***eucromatina***, é geneticamente ativa e está associada com altas taxas de síntese de RNA. A cromatina condensada remanescente, chamada ***heterocromatina***, é geneticamente inativa; isto é, ela não está associada com a síntese de RNA (Franklin e Cande, 1999). De modo geral, somente uma pequena porcentagem do DNA cromossômico total codifica proteínas essenciais ou RNAs; aparentemente, existe um excedente de DNA nos genomas de organismos superiores (Price, 1988). Os núcleos podem conter inclusões proteicas de função desconhecida nas formas cristalina, fibrosa ou amorfa (Wergin et al., 1970), além de "micropuffs" e corpos enovelados compostos de ribonucleoproteínas (Martin et al., 1992).

Organismos diferentes variam no número de cromossomos presentes em suas células somáticas (vegetativas, ou células do corpo). *Haplopappus gracilis*, uma planta anual do deserto, tem 4 cromossomos por célula; *Arabidopsis thaliana*, 10; *Vicia faba*, fava, 12; *Brassica oleracea*, repolho, 18; *Asparagus officinalis*, 20; *Triticum vulgare*, trigo, 42; e *Cucurbita maxima*, abóbora, 48. As células reprodutivas, ou gametas, têm somente metade do número de cromossomos característico das células somáticas em um organismo. O número de cromossomos nos gametas é **haploide** (conjunto único) e designado como n, e o de células somáticas é chamado **diploide** (conjunto duplo), que é designado como $2n$. As células que têm mais que dois conjuntos de cromossomos são chamadas **poliploides** ($3n$, $4n$, $5n$, ou mais).

Frequentemente, as únicas estruturas discerníveis com o microscópio de luz em um núcleo são corpos esféricos conhecidos como **nucléolos** (Fig. 2.2; Scheer et al., 1993). O nucléolo contém altas concentrações de RNA e proteínas, juntamente com grandes alças de DNA que emanam de diversos cromossomos. As alças de DNA, conhecidas *como* ***regiões organizadoras nucleolares***, contêm grupos de genes RNA ribossômico (rRNA). Nesses locais, RNAs recentemente formados são empacotados com proteínas ribossômicas importadas do citosol para formar subunidades ribossômicas (grandes e pequenas). As subunidades ribossômicas são, então, transferidas, via poros nucleares, para o citosol, onde elas são reunidas para formar ribossomos. Embora o nucléolo comumente seja considerado o sítio de produção de ribossomos, ele está envolvido somente em uma parte do processo. A própria presença de um nucléolo se dá em virtude do acúmulo de moléculas que são empacotadas para formar subunidades ribossômicas.

Em muitos organismos diploides, o núcleo contém um nucléolo para cada conjunto haploide de cromossomos. Os nucléolos podem se fundir e aparecer como uma única estrutura. O tamanho do nucléolo é um reflexo do nível de sua atividade. Além do DNA da região organizadora nucleolar, os nucléolos contêm um componente fibrilar formado de rRNA associado com proteínas para formar fibrilas, e um componente granular formado de subunidades cromossômicas em maturação. Nucléolos ativos também mostram regiões ligeiramente coradas comumente referidas como vacúolos. Em cultura de células, essas regiões, que não devem ser confundidas com vacúolos delimitados por membranas encontrados no citosol, podem ser vistas sofrendo repetidas contrações, um fenômeno que pode estar envolvido com o transporte de RNA.

As divisões nucleares são de dois tipos: **mitose**, durante a qual um núcleo dá origem a dois núcleos-filhos, morfológica e geneticamente iguais entre si e ao núcleo que lhe deu origem; **meiose**, durante a qual o núcleo-pai sofre duas divisões, uma das quais é a divisão reducional. Por um mecanismo preciso, a meiose produz quatro núcleos-filhos, cada qual com metade do número de cromossomos do núcleo-pai. Nas plantas, a mitose dá origem a células somáticas e aos gametas (núcleos espermáticos e oosfera), e meiose aos esporos. Em ambos os tipos de divisão (com algumas exceções), o envoltório nuclear se quebra em fragmentos que são indistintos das cisternas do retículo endoplasmático, e os complexos de poros nucleares são desorganizados. Quando novos núcleos são organizados durante a telófase, vesículas do retículo endoplasmático se unem para formar dois envoltórios nucleares, e novos complexos de poros nucleares são formados (Gerace e Foisner, 1994). Os nucléolos dispersam no final da prófase (com algumas exceções) e são novamente organizados durante a telófase.

CICLO CELULAR

Células somáticas em divisão seguem uma sequência regular de eventos conhecida como ciclo celular. O ciclo celular, comumente, é divido em interfase e mitose (Fig. 2.7; Strange, 1992). A interfase precede a mitose, e, na maioria das células, a mitose é seguida pela **citocinese**, a divisão da porção citoplasmática de uma célula e a separação dos núcleos-filhos em células separadas (Capítulo 4).

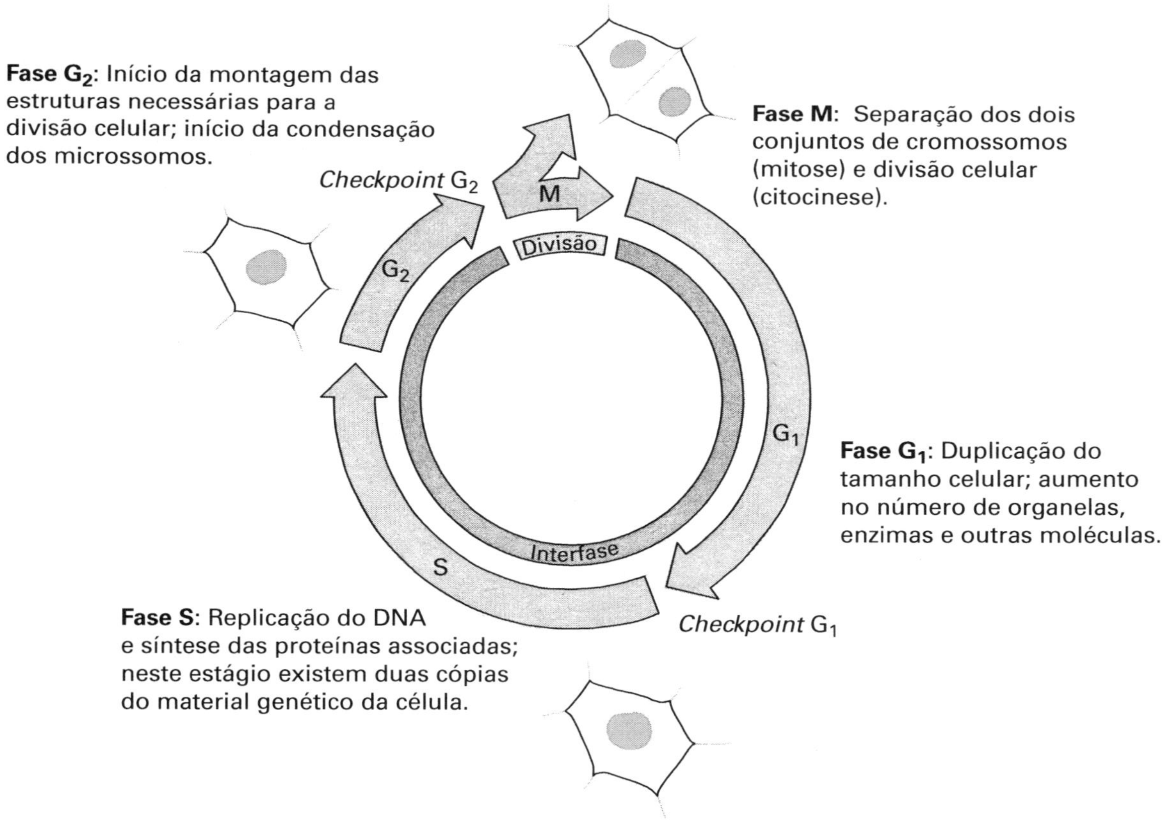

FIGURA 2.7

Ciclo celular. A divisão celular, que consiste de mitose (a divisão do núcleo) e citocinese (a divisão do citoplasma), ocorre depois da finalização das três fases preparatórias (G_1, S e G_2) da interfase. A progressão do ciclo celular é controlada principalmente em dois pontos, um no final da G_1 e outro no final da G_2. Após a fase G_2 ocorre a mitose, que é geralmente seguida pela citocinese. Juntas, mitose e citocinese constituem a fase M do ciclo celular. Nas células de diferentes espécies ou em diferentes tecidos de um mesmo organismo, as várias fases ocupam diferentes proporções ao longo do ciclo. (Obtido de Raven et al., 2005.)

Por isso, a maioria das células vegetais é uninucleada. Certas células especializadas podem se mostrar multinucleadas somente durante seu desenvolvimento (por exemplo, endosperma nuclear) ou por toda a vida (por exemplo, laticíferos não articulados). Mitose e citocinese juntas são referidas como **fase M** do ciclo celular.

A **interfase** pode ser dividida em três fases, que são designadas como G_1, S e G_2. A **fase G_1** (G, do inglês *gap*, significa intervalo) ocorre após a mitose. É um período de intensa atividade bioquímica, durante o qual a célula aumenta em tamanho e as várias organelas, membranas internas, e outros componentes citoplasmáticos aumentam em número. A **fase S (síntese)** é o período de replicação do DNA. No início da replicação do DNA, um núcleo diploide tem DNA 2C (C é o conteúdo haploide de DNA); na finalização da fase S, a quantidade de DNA dobra para 4C. Durante a fase S, muitas das histonas e outras proteínas associadas ao DNA também são sintetizadas. Seguindo a fase S, a célula entra na **fase G_2**, que é posterior a fase S e preparatória para a mitose. As funções principais da fase S são assegurar que a replicação dos cromossomos se complete e permitir o reparo de danos do DNA. Os microtúbulos da banda pré-prófase, um anel de microtúbulos que é localizado nas adjacências da membrana plasmática e que circunda o núcleo no plano correspondente ao da divisão celular, também se desenvolvem durante a fase G_2 (Capítulo 4; Gunning e Sammut, 1990). Durante a mitose, o material genético sintetizado na fase S é dividido igualmente entre os dois núcleos-filhos, restaurando o valor do DNA 2C.

A natureza do controle, ou controles que regulam o ciclo celular, é basicamente semelhante em todas as células eucarióticas. No ciclo celular típico, a progressão é controlada nos pontos cruciais de transição, chamados **pontos de verificação ou pontos de controle** (do inglês, *checkpoints*) – primeiro na transição das fases G_1-S e depois na transição G_2-M (Boniotti e Griffith, 2002). O primeiro ponto de verificação determina se a célula entra ou não na fase S; o segundo determina se a mitose é iniciada ou não. O terceiro ponto de verificação, na metáfase, retarda a anáfase se alguns cromossomos não estiverem adequadamente ligados ao fuso mitótico. A progressão ao longo do ciclo depende do sucesso na formação, ativação e subsequente inativação das proteínas quinases dependentes da ciclina (CDKs) nos pontos de verificação. Essas quinases consistem de uma subunidade CDK catalítica e uma subunidade de ciclina ativa (Hemerly et al., 1999; Huntley e Murray, 1999; Mironov et al., 1999; Potuschak e Doerner, 2001; Stals e Inzé, 2001). Auxinas e citocininas estão envolvidas no controle do ciclo das células vegetais (Jacqmard et al., 1994; Ivanova e Rost, 1998; den Boer e Murray, 2000).

As células na fase G_1 têm diversas opções. Na presença de estímulo suficiente, elas podem se empenhar ainda mais na divisão celular e progredir para a fase S. Elas podem fazer uma pausa durante o ciclo celular em resposta a fatores ambientais, como durante a dormência de inverno, e reassumir a divisão posteriormente. Esse estado de repouso especializado, ou dormência, é frequentemente chamado **fase G_0** (fase G-zero). Outros destinos incluem diferenciação e **morte celular programada**, um programa geneticamente determinado que pode reger a morte da célula (Capítulo 5; Lam et al., 1999).

Algumas células exibem somente replicação do DNA e fase G_1 sem divisão nuclear subsequente, um processo conhecido como **endorreduplicação** (Capítulo 5; D'Amato, 1998; Larkins et al., 2001). O núcleo único, então, torna-se poliploide (endopoliploidia, ou endoploide). Endoploidia pode ser parte da diferenciação de uma única célula, como em tricomas de *Arabidopsis* (Capítulo 9), ou de qualquer tecido ou órgão. Existe uma correlação positiva entre o volume da célula e o grau de poliploidia na maioria das células vegetais, indicando que núcleo poliploide é necessário para a formação de células vegetais grandes (Kondorosi et al., 2000).

PLASTÍDIOS

Juntamente com vacúolos e as paredes celulares, os **plastídios** são componentes característicos de células vegetais (Bowsher e Tobin, 2001). Cada plastídio é envolvido por um ***envelope*** constituído de duas membranas. Internamente, o plastídio é diferenciado em uma matriz mais ou menos homogênea, o **estroma**, e um sistema de membranas chamadas **tilacoides**. A principal barreira entre o citosol e o estroma plastidial é a membrana interna do envelope plastidial. A membrana externa, embora seja uma barreira para proteínas citosólicas, parece ser permeável para solutos com baixo peso molecular (menor que 600 Da), uma hipótese que deve ser reavaliada (Bölter e Soll, 2001). Túbulos preenchidos com estroma têm sido observados emanando da superfície de alguns plastídios. Tais estruturas, chamadas **estrômulos**, podem interconectar diferentes plastídios, tendo sido observado que permitem a troca de proteínas verdes fluorescentes entre plastídios (Köhler et al., 1997; Köhler e Hanson, 2000; Arimura et al., 2001; Gray et al., 2001; Pyke e Howells, 2002; Kwok e Hanson, 2004). Em um estudo da biogênese dos estrômulos, o aumento no comprimento e na frequência dessas estruturas foi correlacionado com diferenciação do cromoplasto; foi proposto que estrômulos aumentam as atividades metabólicas específicas dos plastídios (Waters et al., 2004).

Os plastídios são organelas semiautônomas, sendo amplamente aceita sua evolução a partir de cianobactérias de vida livre, por meio do processo de endosimbiose (Palmer e Delwiche, 1998; Martin, 1999; McFadden, 1999; Reumann e Keegstra, 1999; Stoebe e Maier, 2002). De fato, os plastídios se assemelham a bactérias em diversos aspectos. Por exemplo, os plastídios, como as bactérias, contêm **nucleoides**, que são regiões que contêm DNA. O DNA desses plastídios, como aqueles da bactéria, encontra-se na forma circular (Sugiura, 1989); além disso, não está associado com histonas. Durante o curso da evolução, a maioria do DNA do endosimbionte (a cianobactéria) foi gradualmente transferida para o núcleo do hospedeiro; por isso, o genoma do plastídio atual é bem pequeno, comparado àquele do genoma nuclear (Bruce, 2000; Rujan e Martin, 2001). Plastídios e bactérias contêm ribossomos (ribossomos 70S) que são quase dois terços do tamanho dos ribossomos (ribossomos 80S) encontrados no citosol e associados com retículo endoplasmático. (O S significa Svedbergs, a unidade do coeficiente de sedimentação.) Além disso, o processo de divisão do plastídio – fissão binária – é morfologicamente semelhante à divisão da bactéria.

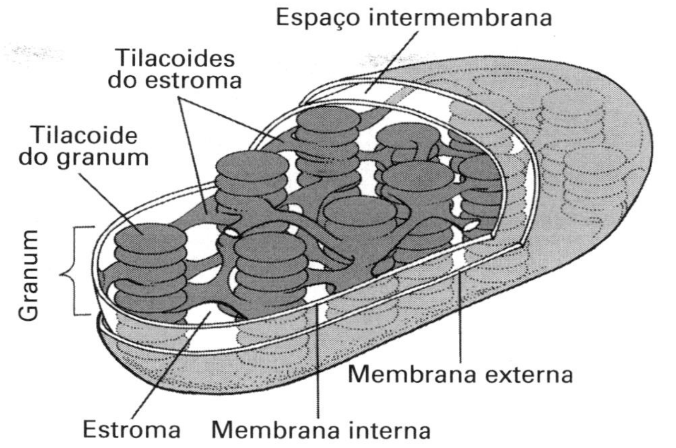

FIGURA 2.8

Estrutura tridimensional de um cloroplasto. Note que as membranas internas (tilacoides) não são conectadas ao envelope plastidial. (Obtido de Raven et al., 1992.)

Os cloroplastos contêm clorofila e pigmentos carotenoides

Os plastídios maduros são comumente classificados com base nos tipos de pigmentos que contêm. **Cloroplastos** (Figs. 2.8-2.10), os sítios da fotossíntese, contêm **clorofila** e **pigmentos carotenoides**. Os pigmentos clorofilianos são responsáveis pela cor verde desses plastídios, que ocorre nas partes verdes da planta e são particularmente numerosos e bem diferenciados nas folhas. Nas plantas com sementes, os cloroplastos geralmente são discoides e medem entre 4 e 6 μm de diâmetro. O número de cloroplastos encontrados em uma única célula do mesofilo (meio da folha) varia bastante, dependendo da espécie e do tamanho da célula (Gray, 1996). Uma única célula do mesofilo de folhas de cacau (*Cacao theobroma*) e *Peperomia metallia* pode conter somente três cloroplastos, enquanto até 300 cloroplastos ocorrem em uma única célula do mesofilo da folha de rabanete (*Raphanus sativus*). As células do mesofilo da maioria das folhas examinadas quanto ao desenvolvimento dos plastídios contêm de 50 a 150 cloroplastos cada uma. Geralmente, a superfície mais ampla dos cloroplastos se dispõe paralelamente à parede celular, preferencialmente nas superfícies celulares adjacentes aos espaços de ar. Eles podem se reorientar na célula sob a influência da luz – por exemplo, aglomerando-se ao longo das paredes paralelas à superfície da folha sob baixa ou média intensidade luminosa, otimizando, assim, a utilização da luz para fotossíntese (Trojan e Gabryś, 1996; Williams et al., 2003). Sob altas intensidades luminosas potencialmente prejudiciais, os cloroplastos podem se orientar ao longo das paredes perpendiculares à superfície da folha. A faixa azul-UV do espectro é o estímulo mais eficiente para o movimento dos cloroplastos (Trojan e Gabryś, 1996; Yatsuhashi, 1996; Kagawa e Wada, 2000, 2002). No escuro, os cloroplastos se distribuem aleatoriamente ao redor

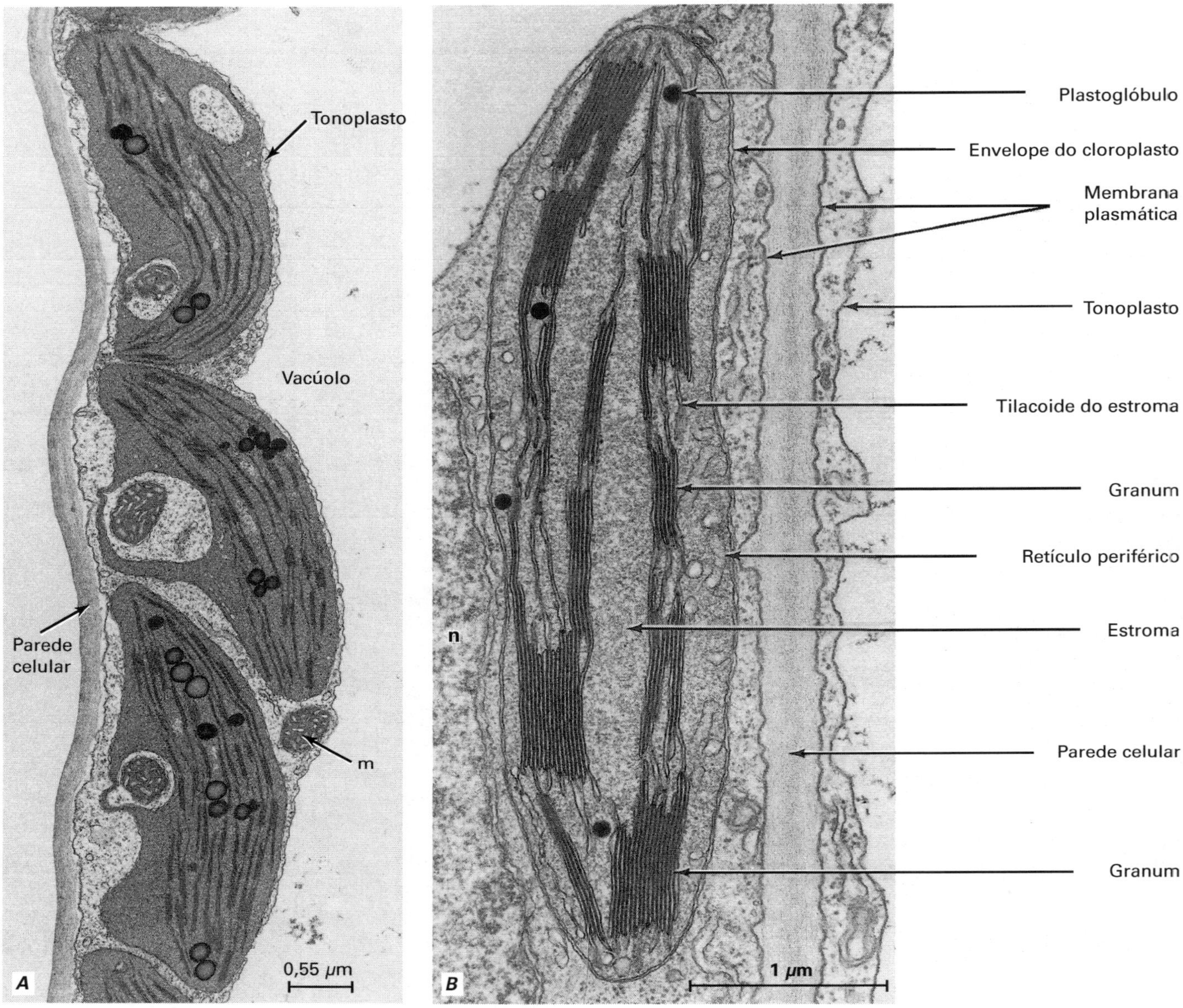

FIGURA 2.9

A, cloroplastos dispostos ao longo da parede em uma célula de folha de bolsa-de-pastor (*Capsella bursa-pastoris*). As mitocôndrias (m) estão intimamente associadas aos cloroplastos. **B**, cloroplasto com grana visto de perfil. Imagens obtidas a partir de folha de tabaco (*Nicotiana tabacum*). (**B**, obtido de Esau, 1977.)

de todas as paredes celulares ou sua disposição depende de fatores locais dentro das células (Haupt e Scheuerlein, 1990). Provavelmente, o movimento dos cloroplastos envolve um sistema baseado em actina-miosina.

A estrutura interna dos cloroplastos é complexa. O estroma é atravessado por um sistema elaborado de tilacoides constituído de **grana** (singular: **granum**) – pilhas de tilacoides discoides que se assemelham a uma pilha de moedas – e **tilacoides do estroma** (ou tilacoides intergrana) que atravessam o estroma entre os grana e os interconectam (Figs. 2.8-2.10). Os tilacoides do grana e do estroma e seus compartimentos internos constituem um único sistema interconectado. Os tilacoides não são fisicamente conectados com o envelope plastidial, mas estão totalmente embebidos no estroma. Clorofilas e pigmentos carotenoides – ambos envolvidos na captura da luz – estão embutidos, juntamente com as proteínas,

nas membranas dos tilacoides em unidades discretas de organização chamadas fotossistemas. A principal função dos pigmentos carotenoides é a antioxidante, prevenindo danos foto-oxidativos às moléculas de clorofila (Cunningham e Gantt, 1998; Vishnevetsky et al., 1999; Niyogi, 2000).

Os cloroplastos frequentemente contêm amido, fitoferritina (um composto de ferro) e lipídios na forma de glóbulos chamados **plastoglóbulos**. Os grãos de amido são produtos de reserva temporária e se acumulam somente quando a planta está fotossintetizando ativamente. Eles podem estar ausentes nos cloroplastos de plantas mantidas no escuro por, no mínimo, 24 horas, porém, reaparecem após a planta receber luz por apenas 3 ou 4 horas.

Os cloroplastos maduros contêm numerosas cópias de uma molécula circular de DNA plastidial e a maquinaria para replicação, transcrição e tradução do material genético (Gray, J. C., 1996). Em virtude da capacidade limitada de codificação (aproximadamente 100 proteínas) do cloroplasto, a grande maioria das proteínas envolvidas com a biogênese e função do cloroplasto é codificada pelo genoma nuclear (Fulgosi e Soll, 2001). Essas proteínas, que são sintetizadas nos ribossomos citosólicos, são direcionadas para os cloroplastos como proteínas precursoras com o auxílio de uma extensão amino-terminal chamada ***peptídeo de trânsito*** (do inglês, ***transit peptide***). Cada proteína importada para o cloroplasto contém um peptídeo de trânsito específico. O peptídeo de trânsito tanto transporta a proteína para os cloroplastos quanto age como mediador na sua importação para dentro do estroma onde ele é clivado (Flügge, 1990; Smeekens et al., 1990; Theg e Scott, 1993). O transporte através da membrana do tilacoide é mediado por um segundo peptídeo de trânsito revelado quando o primeiro é clivado (Cline et al., 1993; Keegstra e Cline, 1999). Evidências indicam que parte da maquinaria proteica dos cloroplastos é derivada de uma cianobactéria endossimbiótica ancestral dos cloroplastos (Reumann e Keegstra, 1999; Bruce, 2000).

Além do tráfego regular do núcleo para o cloroplasto, os cloroplastos transmitem sinais para o núcleo para coordenar a expressão gênica nuclear e cloroplastidial. Além disso, sinais dos plastídios também regulam a expressão de genes nucleares para proteínas não plastidiais e para a expressão de genes mitocondriais (ver referências em Rodermel, 2001). Os cloroplastos não são apenas sítios de fotossíntese; eles também estão envolvidos na síntese de aminoácidos e de ácidos graxos e proporcionam espaço para o acúmulo temporário de amido.

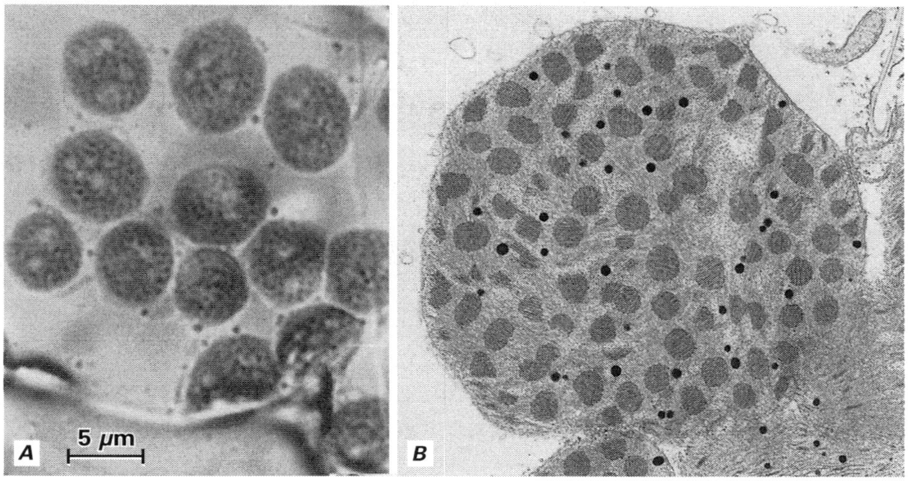

FIGURA 2.10

Estrutura do cloroplasto. **A**, ao microscópio de luz, o grana dentro dos cloroplastos aparece como pontos arredondados. Esses cloroplastos foram obtidos a partir do cotilédone de *Solanum lycopersicum*. **B**, eletronmicrografia de um cloroplasto de uma célula da bainha do feixe da folha de *Zea*, mostrando grana em vista superficial. (**A**, obtido de Hagemann, 1960.)

Os cromoplastos contêm somente pigmentos carotenoides

Os **cromoplastos** (*chroma*, cor) também são plastídios pigmentados (Fig. 2.11). Com forma variável, eles não possuem clorofila, mas sintetizam e armazenam pigmentos carotenoides, que são frequentemente responsáveis pelas cores amarelo, laranja ou vermelho, de muitas flores, folhas senescentes e alguns frutos e raízes. Cromoplastos são a categoria mais heterogênea de plastídios e são classificados com base na estrutura dos componentes que contêm carotenoides presentes nos plastídios maduros (Sitte et al., 1980). A maioria pertence a um dos quatro tipos: (1) ***cromoplastos globulares***, com muitos plastoglóbulos contendo carotenoides (Fig. 2.11A). Remanescentes de tilacoides também podem estar presentes. Os plastoglóbulos frequentemente estão concentrados no estroma periférico subjacente ao envelope (pétalas de *Ranunculus repens* e frutos amarelos de *Capsicum*, perianto de Tulipa e frutos de *Citrus*); (2) ***cromoplastos membranosos***, que são caracterizados por um conjunto de 20 membranas (duplas) concêntricas contendo carotenoides (Fig. 2.11B) (pétalas de *Narcissus* e *Citrus sinensis*); (3) ***cromoplatos tubulares***, em que os carotenoides estão incorporados e "túbulos" lipoproteicos filamentosos (Fig. 2.11C) (frutos vermelhos de *Capsicum*, hipanto de rosa; pétalas de *Tropaeolum*; Knoth et al., 1986); (4) ***cromoplastos cristalinos***, que contêm inclusões cristalinas de caroteno puro (Fig. 2.11D) (ß-caroteno em raiz de cenoura, *Daucus*, e licopeno no fruto de tomate, *Solanum lycopersicum*). Os cristais de caroteno, comumente chamados ***corpos de pigmento***, originam-se dentro dos tilacoides e permanecem envolvidos pelo envelope plastidial durante todos os estágios do desenvolvimento. Os cromoplastos globulares são o tipo mais comum e são considerados os mais antigos e primitivos em termos evolutivos (Camara et al., 1995).

Os cromoplastos podem se desenvolver a partir de cloroplastos por uma transformação que envolve o desaparecimento da clorofila e de membranas do tilacoide e o surgimento de acúmulos de massas de carotenoides, como ocorre durante a maturação de muitos frutos (Ziegler et al., 1983; Kuntz et al., 1989; Marano e Carrillo, 1991, 1992; Cheung et al., 1993; Ljubešić et al., 1996). É interessante observar que essas mudanças aparentemente são acompanhadas pelo desaparecimento de ribossomos e rRNAs, mas não do DNA plastidial que permanece inalterado (Hansmann et al., 1987; Camara et al., 1989; Marano e Carrillo, 1991). Com a perda dos ribossomos e rRNAs, a síntese proteica não mais ocorre no cromoplasto, indicando sua importância para que proteínas específicas do cromoplasto sejam codificadas no núcleo e então importadas para o cromoplasto em desenvolvimento. Contudo, o desenvolvimento do cromoplasto é um fenômeno reversível. Por exemplo, os cromoplastos dos frutos cítricos (Goldschmidt, 1988) e da raiz de cenoura (Grönegress, 1971) são capazes de diferenciação reversa em cloroplasto; eles perdem o pigmento caroteno e desenvolvem um sistema de tilacoides, clorofila e aparato fotossintético.

As funções específicas dos cromoplastos não são bem conhecidas, embora às vezes eles atuem como atrativos para insetos e outros animais com os quais eles coevoluíram, desempenhando um papel essencial na polinização cruzada de fanerógamas e na dispersão de frutos e sementes (Raven et al., 2005).

Os leucoplastos são plastídios sem pigmentos

Os **leucoplastos** (Fig. 2.12), estruturalmente, os menos diferenciados dos plastídios maduros, geralmente têm um estroma granular uniforme, diversos nucleoides, e, apesar dos relatos contrários, ribossomos 70S típicos. Eles não possuem um sistema elaborado de membranas internas (Carde, 1984; Miernyk, 1989). Alguns armazenam amido (***amiloplastos***; Fig. 2.13), outros armazenam proteínas (***proteinoplastos***), gorduras (***elaioplastos***), ou combinações desses produtos. Amiloplastos são classificados como simples ou compostos (Shannon, 1989). Amiloplastos simples, tais como aqueles do tubérculo de batata, contêm um único grão de amido, enquanto amiloplastos compostos possuem diversos grãos de amido comprimidos, como no endosperma de aveia e arroz. Os grãos de amido do tubérculo de batata podem se tornar tão grandes que o envelope plastidial se rompe (Kirk e Tilney-Bassett, 1978). Os amiloplastos compostos da coifa da raiz desempenham um papel essencial na percepção da gravidade (Sack e Kiss, 1989; Sack, 1997).

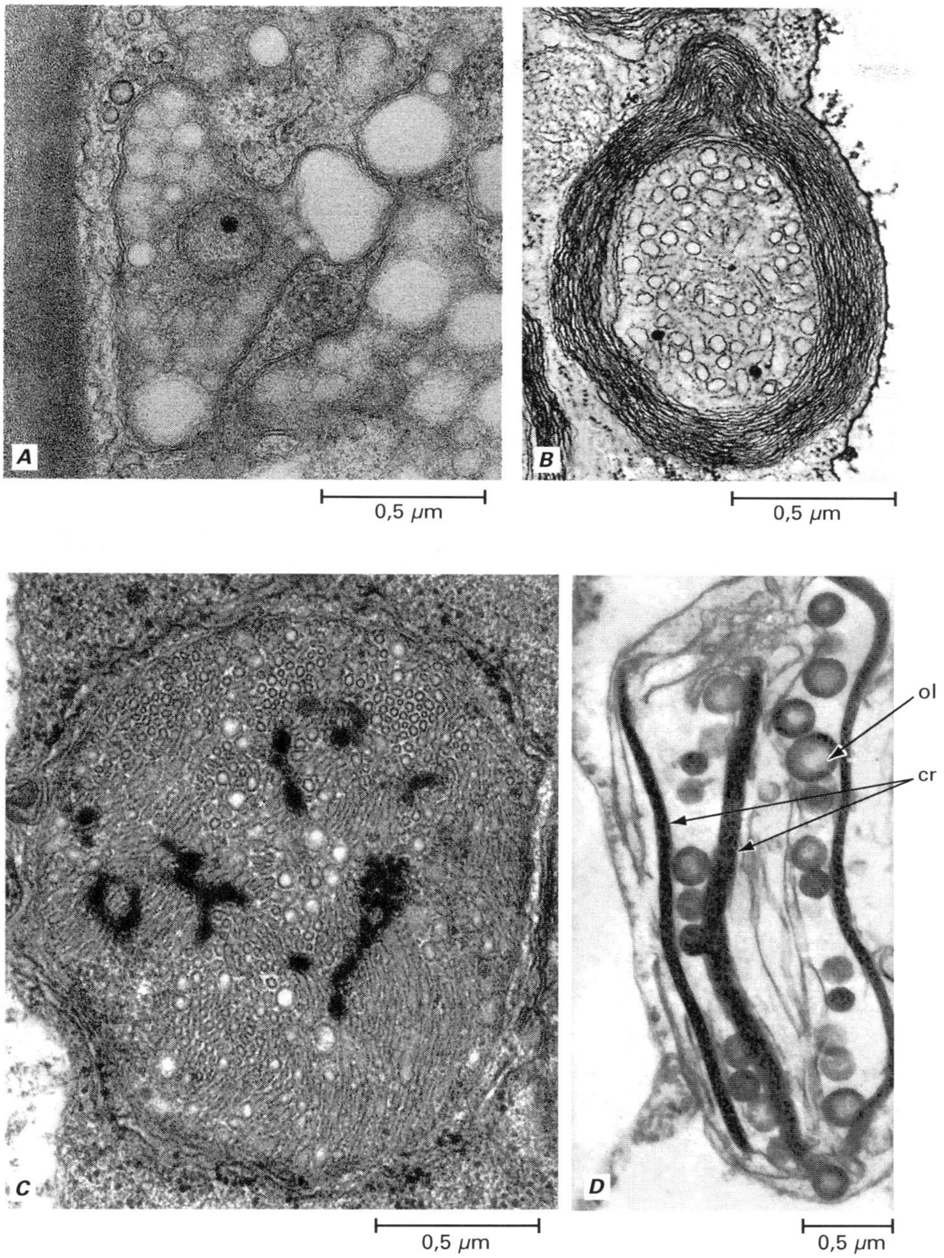

FIGURA 2.11

Tipos de cromoplastos. **A**, cromoplasto globular da pétala de *Tagetes* (malmequer); **B**, cromoplasto membranoso da flor de *Narcissus pseudonarcissus*; **C**, cromoplasto tubular do fruto de *Palisota barteri*; **D**, cromoplasto cristalino do fruto de *Solanum lycopersicum*. Detalhes: cr, cristaloides; ol: gota de óleo. (**B**, reimpresso de Hansmann et al., 1987. © 1987, com permissão da Elsevier.; **C**, de Knoth et al., 1986, Fig. 7, © 1986 Springer-Verlag; **D**, de Mohr, 1979, com permissão da Oxford University Press.)

Todos os plastídios são inicialmente derivados de proplastídios

Os **proplastídios** são plastídios pequenos e incolores encontrados em regiões indiferenciadas do corpo vegetal, tais como raiz e meristema apical do caule (Mullet, 1988). Zigotos contêm proplastídios que são os precursores de todos os plastídios de uma planta adulta. Na maioria das angiospermas, os proplastídios do zigoto provêm exclusivamente do citoplasma da oosfera (Nakamura et al., 1992).

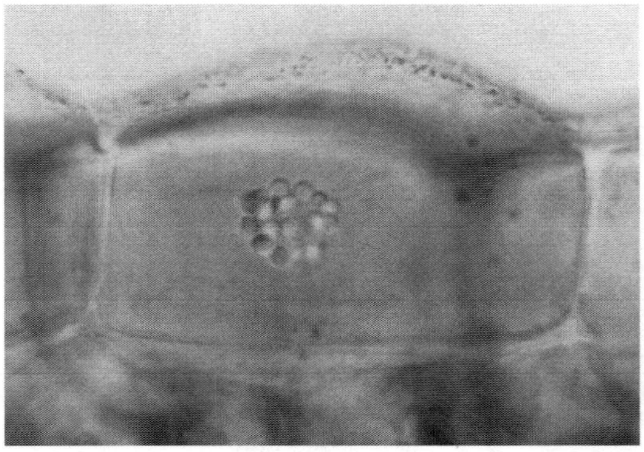

FIGURA 2.12

Leucoplastos aglomerados ao redor do núcleo em célula epidérmica da folha de *Zebrina*. (×620.)

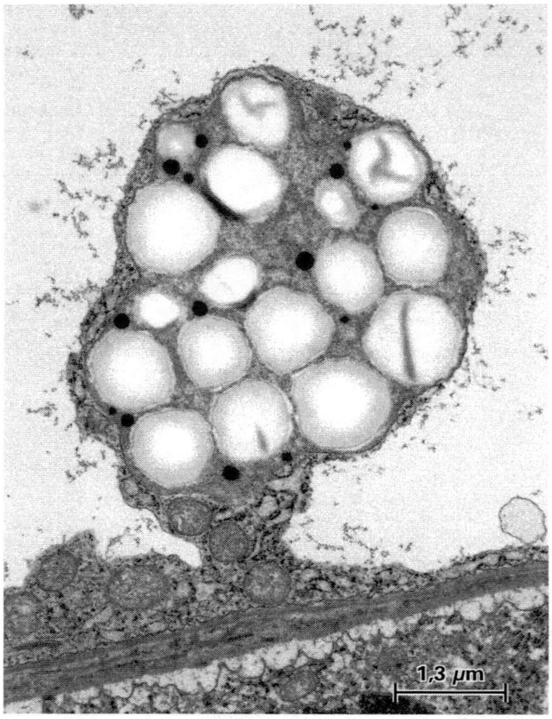

FIGURA 2.13

Amiloplasto, um tipo de leucoplasto, no saco embrionário de soja (*Glycine max*). Os corpos claros arredondados são grãos de amido. Os corpos menores, densos, são gotas de óleo. Os amiloplastos estão envolvidos na síntese e estocagem de amido em longo prazo em sementes e órgãos de armazenamento, tais como o tubérculo de batata. (Cortesia de Roland R. Dute.)

Nas coníferas, no entanto, os proplastídios do zigoto são derivados daqueles transportados pelas células espermáticas. Em ambos os casos, a consequência é que o genoma plastidial de uma planta individual é herdado a partir de um dos pais. Assim, todos os plastídios (sejam cloroplastos, cromoplastos ou leucoplastos) dentro de uma planta têm genomas idênticos (dePamphilis e Palmer, 1989). Cada proplastídio contém uma única molécula circular de DNA.

Como mencionado, os plastídios se reproduzem por fissão binária, o processo de divisão em metades iguais, que é característico de bactéria (Oross e Possingham, 1989). Nas células meristemáticas, a divisão dos proplastídios ocorre antes da célula se dividir. A população de plastídios das células maduras geralmente excede a população original de proplastídios. Essa maior proporção da população final de plastídios pode ser derivada da divisão de plastídios maduros durante o período da expansão celular. Embora a divisão de plastídios aparentemente seja controlada pelo núcleo (Possingham e Lawrence, 1983), existe uma estreita interação entre a replicação do DNA plastidial e a divisão do plastídio.

A divisão do plastídio é iniciada por uma constrição no meio do plastídio (Fig. 2.14). Com o aumento da constrição, os dois plastídios-filhos se mantêm juntos por um estreito istmo, que finalmente se rompe, com posterior selamento das membranas do envelope. O processo de constrição é causado por anéis contráteis referidos como **anéis de plastídios em divisão**, que são discerníveis sob o microscópio eletrônico como bandas eletron-densas. Existem dois anéis concêntricos de plastídios em divisão, um anel externo na face citosólica da membrana externa do plastídio e um anel interno na face da membrana interna do plastídio, voltada para o estroma. Antes do aparecimento desses anéis, duas proteínas do tipo citoesqueleto, FtsZ1 e FtsZ2 – homólogas à proteína FtsZ de bactéria em divisão – organizam-se em um anel no futuro local de divisão no estroma. Tem sido sugerido que o anel FtsZ determina a região de divisão (Kuroiwa et al., 2002). Análises moleculares de cloroplasto em divisão indicam que o mecanismo de divisão plastidial evoluiu a partir da divisão de bactérias (Osteryoung e Pyke, 1998; Osteryoung e McAndrew, 2001; Miyagishima et al., 2001).

Se o desenvolvimento de um proplastídio em uma forma mais diferenciada é impedido pela ausência de luz, um ou mais **corpos prolamelares** podem ser formados (Fig. 2.15), os quais são semicristalinos compostos de membranas tubulares (Gunning, 2001). Plastídios que contêm corpos prolamelares são denominados **estioplastos** (Kirk e Tilney-Bassett, 1978). Os estioplastos se

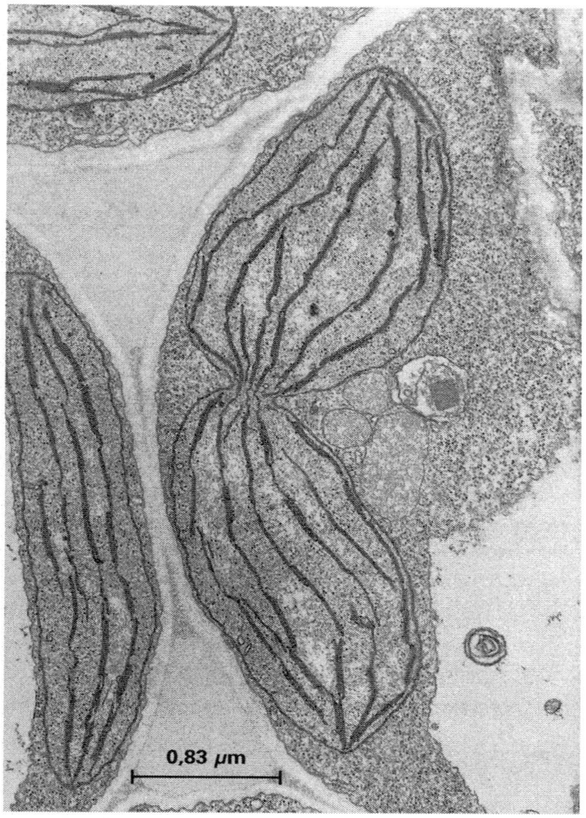

FIGURA 2.14

Cloroplastos em divisão em folha de *Beta vulgaris*. Se o processo de divisão tivesse continuado, os dois plastídios-filhos teriam se separado no local de estreita constrição, ou istmo. Três peroxissomos podem ser vistos à direita da constrição.

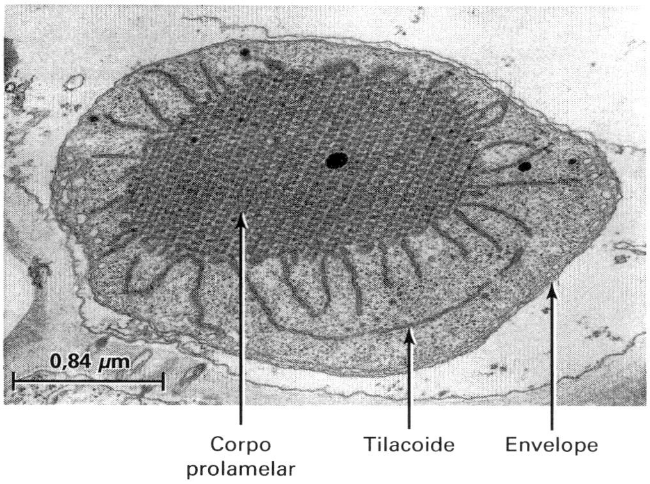

FIGURA 2.15

Cloroplastos estiolados com um corpo prolamelar em célula foliar de cana-de-açúcar (*Saccharum officinarum*). Os ribossomos são conspícuos nos plastídios. (Cortesia de W. M. Laetsch.)

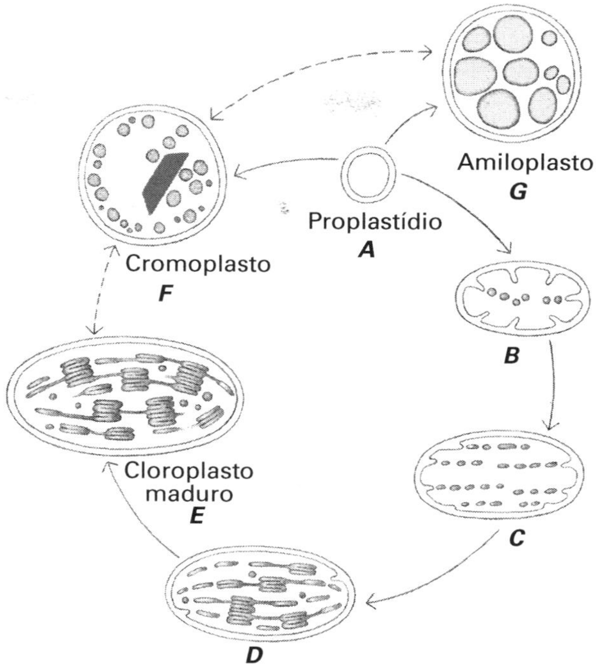

FIGURA 2.16

Ciclo de desenvolvimento do plastídio, iniciando com o desenvolvimento de um cloroplasto a partir de um proplastídio (**A**). Inicialmente, o proplastídio contém poucas ou nenhuma membrana interna. **B**-**D**, conforme o proplastídio se diferencia, vesículas achatadas se desenvolvem a partir da membrana interna do envelope plastidial e se alinham formando grana e tilacoides do estroma. **E**, o sistema de tilacoides do cloroplasto maduro se apresenta descontínuo com o envelope. **F**, **G**, proplastídios podem também se desenvolver em cromoplastos e leucoplastos. O leucoplasto mostrado aqui é um amiloplasto. Note que os cromoplastos podem ser formados a partir dos proplastídios, cloroplastos ou leucoplastos. Os vários tipos de plastídios podem mudar de um tipo para outro (setas tracejadas). (Obtido de Raven et al., 2005.)

formam em células foliares de plantas desenvolvidas no escuro. Durante o desenvolvimento subsequente de estioplastos em cloroplastos na luz, as membranas dos corpos prolamelares desenvolvem-se em tilacoides. Foi demonstrado que a síntese de carotenoides é necessária para a formação de corpos prolamelares em plântulas estioladas de *Arabidopsis* (Park et al., 2002). Na natureza, os proplastídios nos embriões de algumas sementes, primeiro, se desenvolvem em estioplastos; então, em consequência da exposição à luz, os estioplastos se desenvolvem em cloroplastos. Os vários tipos de plastídios são notáveis pela relativa facilidade com que mudam de um tipo para outro (Fig. 2.16).

MITOCÔNDRIA

As **mitocôndrias**, assim como os plastídios, são delimitadas por duas membranas (Figs. 2.17 e 2.18). A membrana interna é pregueada com numerosas dobras conhecidas como **cristas** que aumentam consideravelmente a área superficial disponível para enzimas e as reações associadas a elas. As mitocôndrias geralmente são menores que os plastídios, medindo cerca de meio micrômetro em diâmetro e exibindo grande variação no comprimento e formato.

As mitocôndrias são os sítios da respiração, um processo envolvendo a liberação de energia a partir de moléculas orgânicas e sua conversão a moléculas de ATP (adenosina trifosfato), a principal fonte de energia imediata da célula (Mackenzie e McIntosh, 1999; Møller, 2001; Bowsher e Tobin, 2001). Dentro do compartimento mais interno, circundando as cristas, está a **matriz**, uma solução densa que contém enzimas, coenzimas, água, fosfato e outras moléculas envolvidas no processo de respiração. Enquanto a membrana externa é razoavelmente permeável para a maioria das moléculas pequenas, a interna é relativamente impermeável, permitindo a passagem, somente de certas moléculas, tais como piruvato e ATP, impedindo a passagem de outras. Algumas enzimas do ciclo do ácido cítrico são encontradas em solução na matriz, enquanto outras dessas enzimas e componentes da cadeia de transporte de elétrons ficam na superfície das cristas. A maioria das células vegetais contém centenas de mitocôndrias, sendo o número de mitocôndrias por célula relacionado às demandas da célula por ATP.

As mitocôndrias estão em constante movimento e parecem se mover livremente na corrente citoplasmática de uma parte para outra da célula; elas também se fundem e se dividem por fissão binária (Arimura et al., 2004), envolvendo anéis de divisão que lembram os anéis de plastídios em divisão (Osteryoung, 2000). O movimento de mitocôndria em células de tabaco (*Nicotiana tabacum*) em cultura tem sido associado a um sistema baseado em actina-miosina (Van Gestel et al., 2002). As mitocôndrias tendem a se agrupar onde energia é necessária. Nas células em que a membrana plasmática é muito ativa no transporte de materiais para o interior ou exterior da célula, as mitocôndrias são, geralmente, encontradas ordenadas ao longo da superfície da membrana.

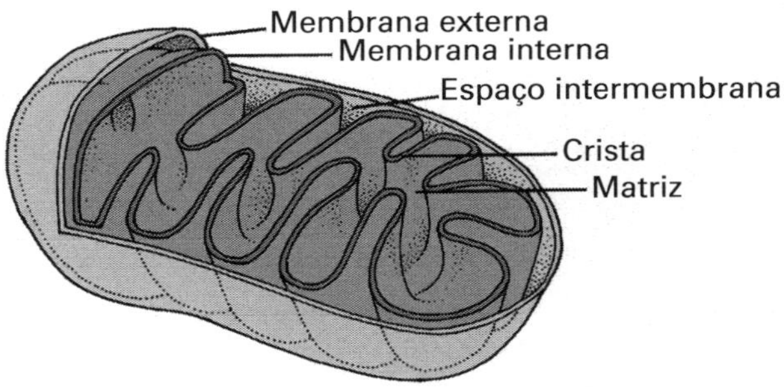

FIGURA 2.17

Estrutura tridimensional de uma mitocôndria. A mais interna das duas membranas que delimitam a mitocôndria se dobra para dentro, formando as cristas. Muitas das enzimas e carregadores de elétrons envolvidos na respiração estão presentes nas cristas. (Obtido de Raven et al., 2005.)

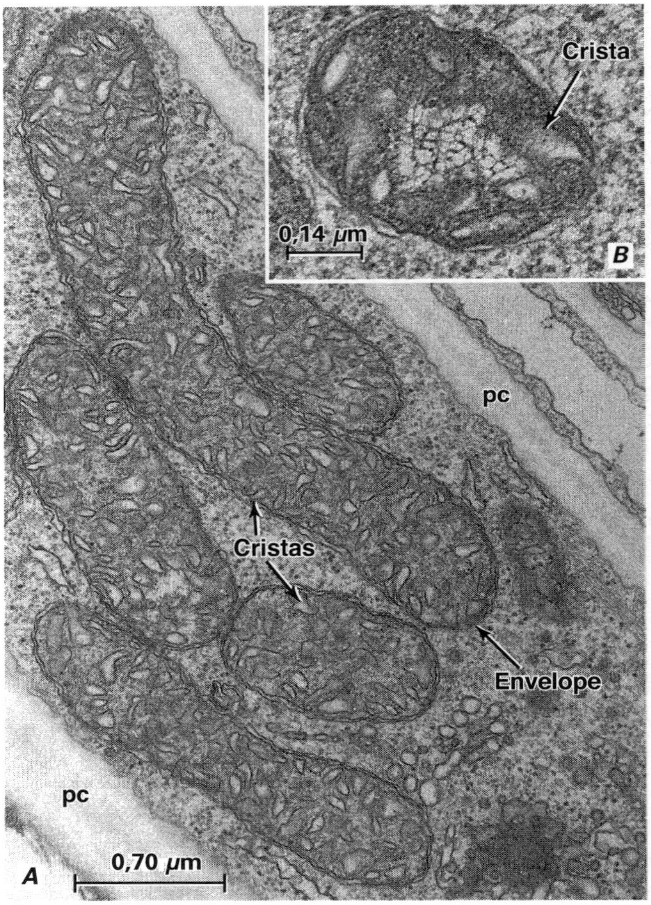

FIGURA 2.18

Mitocôndrias. **A**, em uma célula da folha de tabaco (*Nicotiana tabacum*). O envelope consiste de duas membranas, e as cristas estão imersas em um estroma denso. **B**, mitocôndria em uma célula foliar de espinafre (*Spinacia oleracea*), em secção mostrando porções de DNA no nucleoide. Detalhe: pc, parede celular.

As mitocôndrias, assim como os plastídios, são organelas semiautônomas, que contêm os componentes necessários para a síntese de algumas de suas próprias proteínas. Um ou mais nucleoides contendo DNA e muitos ribossomos 70S semelhantes àqueles de bactérias são encontrados na matriz (Fig. 2.18). O DNA não está associado a histonas. Assim, a informação genética das células vegetais é encontrada em três compartimentos diferentes: núcleo, plastídio e mitocôndria. Os genomas mitocondriais das plantas são muito maiores (200-2400 kb) do que aqueles de animais (14-42 kb), fungo (18-176 kb) e plastídios (120-200 kb) (Backert et al., 1997; Giegé e Brennicke, 2001). Sua organização estrutural não está totalmente elucidada. Estão presentes moléculas de DNA lineares e circulares, de vários tamanhos, bem como moléculas de DNA mais complexas (Backert et al., 1997).

É amplamente aceito que as mitocôndrias evoluíram de α-proteobactérias de vida livre pelo processo de endossimbiose (Gray, 1989). Da mesma forma que os cloroplastos, no curso da evolução, o DNA das mitocôndrias foi massivamente transferido para o núcleo (Adams et al., 2000; Gray, 2000). Evidências também indicam que alguma informação genética foi transferida dos cloroplastos para as mitocôndrias durante longos períodos de evolução (Nugent e Palmer, 1988; Jukes e Osawa, 1990; Nakazono e Hirai, 1993) e possivelmente do núcleo para a mitocôndria (Schuster e Brennicke, 1987; Marienfeld et al., 1999). Somente cerca de 30 proteínas são codificadas nos genomas mitocondriais das plantas. Ao contrário, estima-se que quase 4.000 proteínas codificadas no núcleo sejam importadas a partir do citosol. Proteínas mitocondriais codificadas no núcleo contêm peptídeos sinalizadores denominados ***pré-sequências*** em suas terminações-N que as direcionam para dentro das mitocôndrias (Braun e Schmitz, 1999; Mackenzie e McIntosh, 1999; Giegé e Brennicke, 2001).

Informação genética encontrada somente no DNA mitocondrial pode ter um efeito sobre o desenvolvimento da célula. Mais notável é a esterilidade masculina citoplasmática, um traço maternalmente herdado (o DNA mitocondrial é herdado maternalmente) que impede a produção de pólen funcional, mas não afeta a fertilidade feminina (Leaver e Gray, 1982). Por prevenir a autopolinização, o fenótipo da esterilidade masculina citoplasmática tem sido amplamente usado na produção comercial de sementes híbridas F1 (por exemplo, no milho, na cebola, na cenoura, na beterraba e nas petúnias).

As mitocôndrias vêm sendo consideradas como peças-chave na regulação da morte celular programada, denominada ***apoptose***, em células animais (Capítulo 5; Desagher e Martinou, 2000; Ferri e Kroemer, 2001; Finkel, 2001). O gatilho celular primário para a apoptose é a liberação do citocromo *c* a partir do espaço intermembrana mitocondrial. A liberação do citocromo *c* parace ser um evento crítico para a ativação de proteases catabólicas denominadas caspases (proteases cisteínas específicas de apoptose). Embora a mitocôndria possa desempenhar um papel na morte celular programada em plantas, é improvável que o citocromo *c* liberado esteja envolvido em tal processo (Jones 2000; Xu e Hanson, 2000; Young e Gallie, 2000; Yu et al., 2002; Balk et al., 2003; Yao et al., 2004).

PEROXISSOMOS

Diferentemente dos plastídios e das mitocôndrias, que são delimitados por duas membranas, os **peroxissomos** (também chamados **microcorpos**) são organelas esféricas envolvidas por uma única membrana (Figs. 2.14 e 2.19; Frederick et al., 1975; Olsen, 1998). A diferença mais notável dos peroxissomos em relação aos plastídios e às mitocôndrias, contudo, é a falta de DNA e ribossomos. Consequentemente, todas as proteínas dos peroxissomos são codificadas no núcleo, e as proteínas da matriz são sintetizadas nos ribossomos livres no citosol e, então, transportadas para os peroxissomos. Um subconjunto de proteínas de membrana peroxissomal pode ser em primeiro lugar direcionado para o retículo endoplasmático e transportado deste para o peroxissomo por meio de vesículas (Johnson e Olsen, 2001). O tamanho dos peroxissomos varia de 0,5 a 1,5 µm. Eles não possuem membranas internas e apresentam uma matriz interna granulosa que, às vezes, contém um corpo cristalino ou amorfo composto de proteína. De acordo com a opinião prevalecente, os peroxissomos são organelas autorreplicantes, sendo que novos peroxissomos se originam a partir daqueles preexistentes, por divisão. A existência de uma rota mediada por vesículas a partir do retículo endoplasmático para os peroxissomos tem levado alguns pesquisadores a especular que essas organelas podem também ser geradas de novo (Kunau e Erdmann, 1998; Titorenko e Rachubinski,

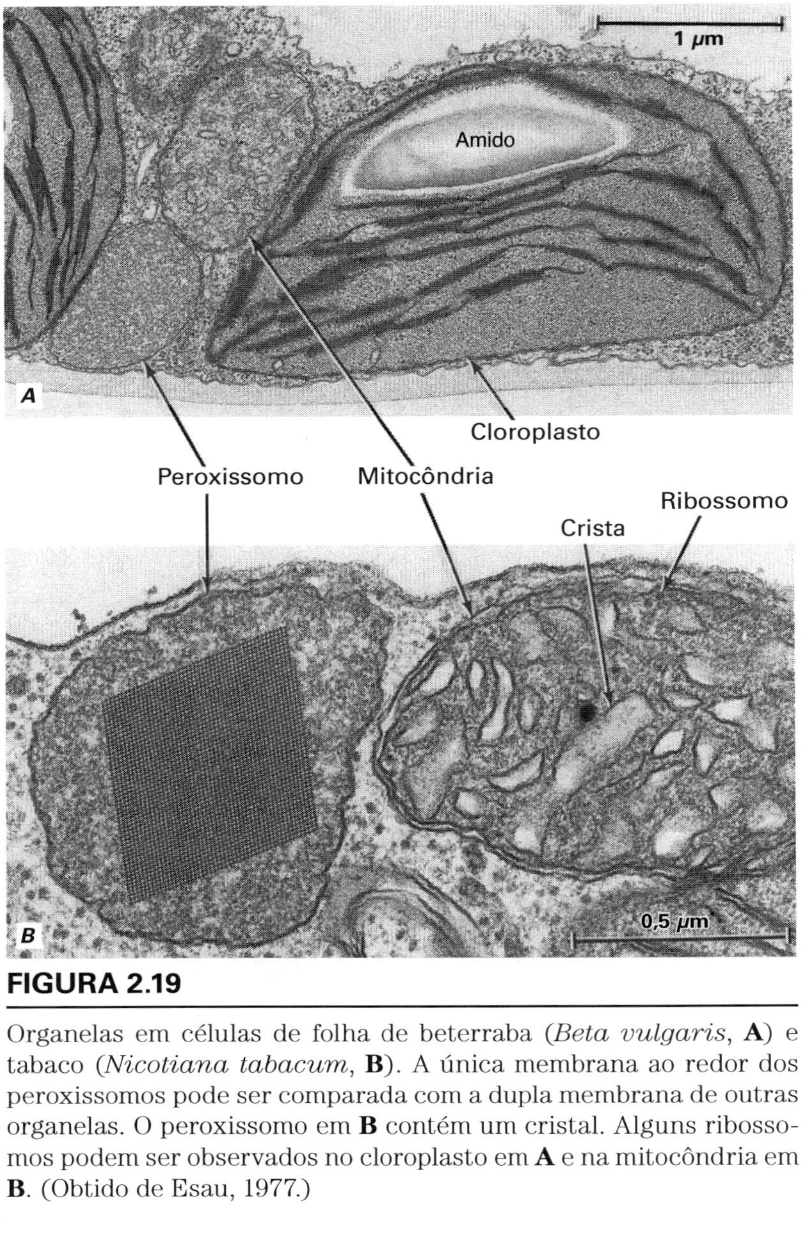

FIGURA 2.19

Organelas em células de folha de beterraba (*Beta vulgaris*, **A**) e tabaco (*Nicotiana tabacum*, **B**). A única membrana ao redor dos peroxissomos pode ser comparada com a dupla membrana de outras organelas. O peroxissomo em **B** contém um cristal. Alguns ribossomos podem ser observados no cloroplasto em **A** e na mitocôndria em **B**. (Obtido de Esau, 1977.)

1998; Mullen et al., 2001), uma opinião fortemente contestada por outros (Purdue e Lazarow, 2001). Bioquimicamente, os peroxissomos são caracterizados pela presença de, pelo menos, uma catalase e oxidase para a remoção de peróxido de hidrogênio (Tolbert, 1980; Olsen, 1998). Como notado por Corpas et al. (2001), uma propriedade importante dos peroxissomos é sua "plasticidade metabólica", em que seu conteúdo enzimático pode variar, dependendo do organismo, tipo celular ou tipo de tecido e condições ambientais. Os peroxissomos desempenham uma ampla gama de funções metabólicas (Hu et al., 2002).

Dois tipos diferentes de peroxissomos têm sido estudados extensivamente em plantas (Tolbert e Essner, 1981; Trelease, 1984; Kindl, 1992). Um deles ocorre nas folhas verdes, onde desempenha um papel importante no metabolismo do ácido glicólico que está associado com a **fotorrespiração**, um processo que consome oxigênio e libera dióxido de carbono. A fotorrespiração envolve uma interação cooperativa entre peroxissomos, mitocôndrias e cloroplastos; assim, essas três organelas estão comumente associadas entre si (Fig. 2.19A). A função biológica da fotorrespiração permanece obscura (Taiz e Zeiger, 2002).

O segundo tipo de peroxissomo é encontrado no endosperma ou cotilédones de sementes em germinação, onde desempenha um papel essencial na conversão de gorduras em carboidratos por uma série de reações conhecidas como ciclo do ácido glioxílico. Apropriadamente, esses peroxissomos são também denominados **glioxissomos**. Os dois tipos de peroxissomos são interconversíveis (Kindl, 1992; Nishimura et al., 1993, 1998). Por exemplo, durante os estágios iniciais da germinação, os cotilédones de algumas sementes são privados da luz. À medida que os cotilédones são expostos à luz, eles se tornam verdes. Com a depleção da gordura e o aparecimento de cloroplastos, os glioxissomos são convertidos em peroxissomos típicos da folha. As propriedades glioxissômicas podem reaparecer à medida que o tecido senesce.

Diversos estudos têm revelado que os peroxissomos vegetais, assim como os plastídios e as mitocôndrias, são organelas móveis cujo movimento é dependente de actina (Collings et al., 2002; Jedd e Chua, 2002; Mano et al., 2002; Mathur et al., 2002). Os peroxissomos em alho-poró (*Allium porrum*) e *Arabidopsis* apresentam movimentos dinâmicos ao longo dos filamentos de actina (Colling et al., 2002; Mano et al., 2002), sendo que em *Arabidopsis* alcançam picos de velocidade de aproximadamente 10 $\mu m.s^{-1}$ (Jedd e Chua, 2002). Além disso, os peroxissomos em *Arabidopsis* são direcionados por miosina (Jedd e Chua, 2002).

VACÚOLOS

Além da presença de plastídios e uma parede celular, o vacúolo é uma das três características que distinguem as células vegetais dos animais. Como mencionado, vacúolos são organelas envolvidas por uma única membrana, o **tonoplasto**, ou **membrana vacuolar** (Fig. 2.2). São organelas multifuncionais e amplamente diversas quanto ao formato, conteúdo, tamanho e dinâmica funcional (Wink, 1993; Marty, 1999). Uma única célula pode conter mais que um tipo de vacúolo. Alguns vacúolos funcionam primariamente como organelas de estocagem, outros como compartimentos líticos. Os dois tipos de vacúolos podem ser caracterizados pela presença de proteínas integrais (intrínsecas) específicas do tonoplasto (do inglês, TIPs): por exemplo, enquanto α-TIP está associada ao tonoplasto de vacúolos armazenadores de proteínas, γ-TIP se localiza no tonoplasto de vacúolos líticos. Ambos os tipos de TIP podem ocorrer no mesmo tonoplasto de vacúolos grandes, aparentemente como resultado da fusão de dois tipos de vacúolos durante a expansão celular (Paris et al., 1996; Miller e Anderson, 1999).

Muitas células vegetais meristemáticas contêm numerosos vacúolos pequenos. Conforme a célula expande, os vacúolos aumentam em tamanho e se fundem em um único e grande vacúolo (Fig. 2.20). A maior parte do aumento no tamanho da célula, de fato, envolve aumento dos vacúolos. Em células maduras quase 90% do volume pode ser ocupado pelo vacúolo, com o citoplasma consistindo de uma fina camada periférica comprimida contra a parede celular. Ao preencher uma grande proporção da célula com conteúdo vacuolar "pouco dispendioso" (em termos de energia), as plantas não somente economizam material citoplasmático "dispendioso" rico em nitrogênio, mas também adquirem uma grande área superficial entre a fina camada de citoplasma rico em nitrogênio e o ambiente externo ao protoplasto (Wiebe, 1978). Sendo uma membrana seletivamente permeável, o tonoplasto está envolvido com a regulação do fenômeno osmótico associado com os vacúolos. Uma consequência direta dessa estratégia é o desenvolvimento da tonicidade dos tecidos, uma das principais funções do vacúolo e tonoplasto.

O principal componente dos vacúolos que não estocam proteínas é a água, com outros componentes variando de acordo com o tipo de planta,

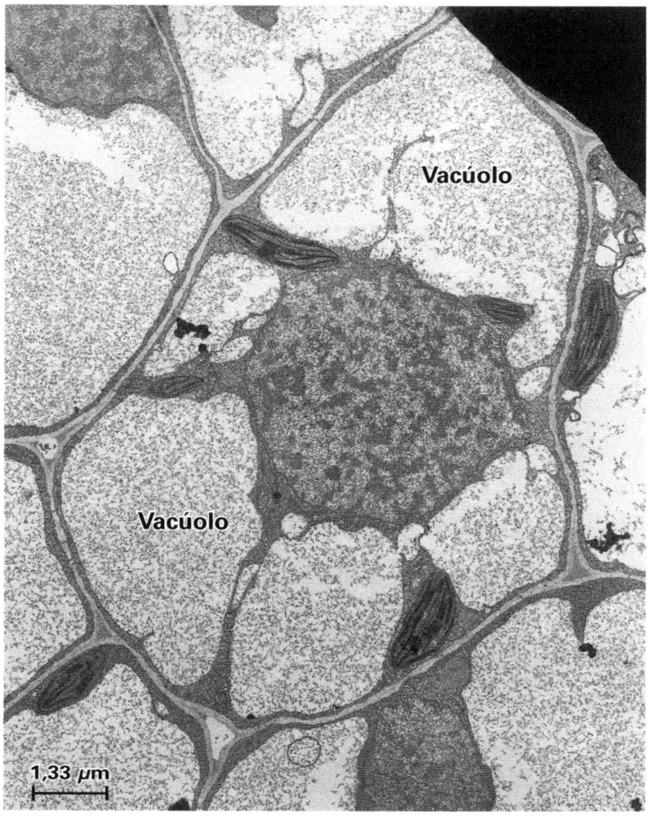

FIGURA 2.20

Célula parenquimática da folha de tabaco (*Nicotiniana tabacum*) com seu núcleo "suspenso" no meio de vacúolos por cordões citoplasmáticos densos. A substância granular densa no núcleo é a cromatina.

órgão e célula e seu estágio fisiológico e de desenvolvimento (Nakamura e Matsuoka, 1993; Wink, 1993). Além dos íons inorgânicos, tais como Ca^{2+}, Cl^-, K^+, Na^+, NO_3^- e PO_4^{2-}, tais vacúolos comumente contêm açúcares, ácidos orgânicos e aminoácidos, e a solução aquosa geralmente é denominada **suco celular**. Algumas vezes, a concentração de uma determinada substância no vacúolo é suficientemente grande para a formação de cristais. Cristais de oxalato de cálcio, que podem assumir diferentes formas (Capítulo 3), são bastante comuns. Em muitos casos, os vacúolos não sintetizam as moléculas que acumulam, mas as recebem de outras partes do citoplasma. O transporte de metabólitos e íons inorgânicos através do tonoplasto é estritamente controlado para assegurar o funcionamento ideal da célula (Martinoia, 1992; Nakamura e Matsuoka, 1993; Wink, 1993).

Os vacúolos são importantes compartimentos de armazenamento para vários metabólitos. Os metabólitos primários – substâncias que desempenham um papel básico no metabolismo celular – tais como açúcares e ácidos orgânicos, são armazenados apenas temporariamente no vacúolo. Nas folhas fotossintetizantes de muitas espécies, por exemplo, a maior parte do açúcar produzido durante o dia é armazenada nos vacúolos das células do mesofilo e, então, removida para fora dos vacúolos durante a noite para ser exportada para outras partes da planta. Em plantas CAM, o ácido málico é armazenado nos vacúolos durante a noite e liberado e descarboxilado durante o dia, sendo o CO_2 assimilado pelo ciclo de Calvin nos cloroplastos (Kluge et al., 1982; Smith, 1987). Nas sementes, os vacúolos são os sítios primários para o armazenamento de proteínas (Herman e Larkins, 1999).

Os vacúolos também sequestram metabólitos secundários tóxicos, tais como nicotina – um alcaloide – e taninos – compostos fenólicos –, a partir do citoplasma (Fig. 2.21). Metabólitos secundários não desempenham nenhuma função aparente no metabolismo primário da planta. Tais substâncias podem ser permanentemente isoladas nos vacúolos. Um grande número de metabólitos secundários acumulados nos vacúolos é tóxico não somente para a própria planta, mas também para patógenos, parasitas, e/ou herbívoros, e, assim, desempenham um papel importante na defesa da planta. Alguns dos metabólitos não são tóxicos, mas são hidrolisados a derivados altamente tóxicos, como cianeto, óleo de mostarda e agliconas, quando os vacúolos são rompidos (Matile, 1982; Boller e Wiemken, 1986). Assim, a desintoxicação do citoplasma e o armazenamento de defensivos químicos podem ser considerados como funções adicionais dos vacúolos.

O vacúolo é frequentemente o sítio de deposição de pigmentos. As cores azul, violeta, púrpura, vermelho-escuro e escarlate das células vegetais são, geralmente, produzidas por um grupo de pigmentos conhecidos como **antocianinas**. Esses pigmentos, frequentemente, estão confinados às células epidérmicas. Ao contrário de muitos outros pigmentos vegetais (por exemplo, clorofilas, carotenoides), as antocianinas são rapidamente solúveis em água e são encontradas em solução no vacúolo. Eles são responsáveis pelas cores vermelha e azul de muitos frutos (uvas, ameixas, cerejas) e vegetais (rabanetes, nabos, repolhos) e muitas flores (gerânios, esporinha, rosas, petúnias, peônias) e, provavelmente, servem para atrair polinizadores e dispersores de sementes. A antocianina tem sido relacionada com o sequestro de molibidênio em vacúolos nas camadas celulares periféricas de plântulas de *Brassica* (Hale et al., 2001). Em um número restrito de famílias botânicas, outra classe de pigmentos solúveis em água, as **betalaínas** portadoras de nitrogênio, é responsável pelas cores amarelo e vermelho. Essas plantas, membros da ordem Chenopodiales, não possuem antocianinas. A cor vermelha das beterrabas e flores de *Bougainvillea* é devida à presença de betacianinas (betalaínas vermelhas). As betalaínas amarelas são chamadas betaxantinas (Piattelli, 1981).

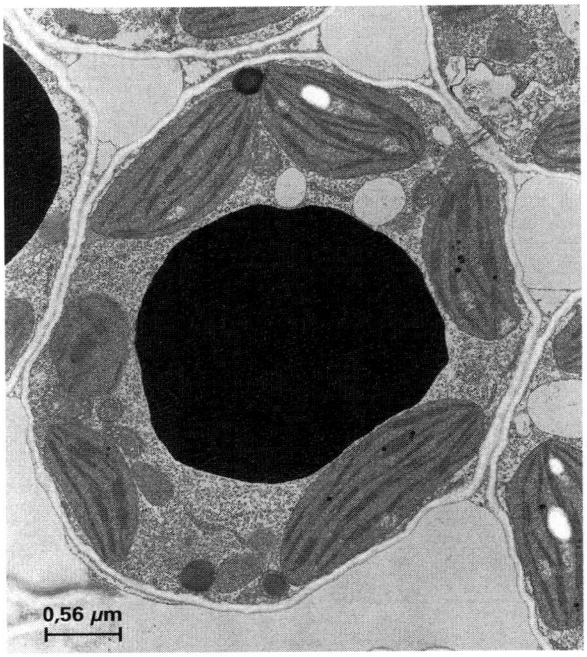

FIGURA 2.21

Vacúolo contendo tanino em célula da folha de *Mimosa pudica*. O tanino eletron-denso preenche o vacúolo central dessa célula.

As antocianinas também são responsáveis pelas cores vermelho brilhante de algumas folhas no outono. Esses pigmentos se formam em resposta ao clima frio e ensolarado, quando as folhas cessam a produção de clorofila. À medida que a clorofila se desintegra, as antocianinas recém-formadas são evidenciadas. Nas folhas que não formam antocianinas, a quebra da clorofila no outono pode revelar os pigmentos carotenoides amarelo-laranja mais estáveis que já estão presentes nos cloroplastos. A coloração outonal mais impressionante se desenvolve nos anos em que o tempo claro e frio prevalece (Kozlowski e Pallardy, 1997).

Qual é o papel desempenhado pelas antocianinas nas folhas? No vimeiro (*Cornus stolonifera*), antocianinas formam uma camada de pigmento no parênquima paliçádico no outono, diminuindo a captura da luz pelos cloroplastos antes da queda das folhas. Tem sido sugerido que esse mascaramento óptico da clorofila pelas antocianinas reduz o risco de danos fotoxidativos às células à medida que a folha senesce, os quais poderiam diminuir a eficiência de recuperação de nutrientes das folhas senescentes (Feild et al., 2001). Além de proteger as folhas contra danos fotoxidativos, as evidências indicam que as antocianinas protegem-nas contra fotoinibição (Havaux e Kloppstech, 2001; Lee, D. W., e Gould, 2002; Steyn et al., 2002), um declínio na eficiência fotossintética, resultante da excitação excessiva que atinge o centro de reação do fotossistema II. A fotoinibição é comum em plantas do subosque e ocorre quando elas são repentinamente expostas a luz solar (raios de sol) que atravessam aberturas momentâneas nas porções superiores da copa, conforme as folhas se agitam com o vento (Pearcy, 1990).

Como compartimentos líticos, os vacúolos estão envolvidos com a quebra de macromoléculas e a reciclagem de componentes dentro da célula. Organelas inteiras, tais como plastídios e mitocôndrias senescentes podem ser engolfados e subsequentemente degradados por vacúolos que contêm enzimas hidrolíticas e oxidantes. O grande vacúolo central pode sequestrar hidrolases que, em consequência da quebra do tonoplasto, podem levar à completa autólise do citoplasma, como ocorre durante a morte celular programada de elementos traqueais em diferenciação (Capítulo 10). Por causa dessa atividade digestiva, os denominados vacúolos líticos são comparáveis aos lisossomos das células animais quanto à sua função.

Novos vacúolos podem se originar a partir da dilatação de regiões especializadas do retículo endoplasmático liso ou das vesículas derivadas do aparato de Golgi. A maioria das evidências sustenta a formação de novo de vacúolos a partir do RE (Robinson, 1985; Hörtensteiner et al., 1992; Herman et al., 1994).

RIBOSSOMOS

Os **ribossomos** são partículas pequenas, com diâmetro de 17 a 23 nanômetros (Fig. 2.22), constituídos de proteínas e RNA (Davis e Larkins, 1980). Embora o número de moléculas de proteínas nos ribossomos exceda em muito o número de moléculas de RNA, o RNA constitui quase 60% da massa de um ribossomo. Eles são os sítios onde os aminoácidos se associam para formar as proteínas e são abundantes no citoplasma de células metabolicamente ativas (Lake, 1981). Cada ribossomo é formado por duas subunidades de tamanhos diferentes, compostas de RNA ribossomal específico e moléculas de proteína. Os ribossomos podem ser encontrados livremente no citosol e presos à superfície externa do retículo endoplasmático e à face externa do envelope nuclear. Eles são as estruturas celulares mais numerosas, sendo também encontrados em núcleos, plastídios e mitocôndrias. Como já mencionado, os ribossomos dos plastídios e das mitocôndrias são similares ao tamanho das bactérias.

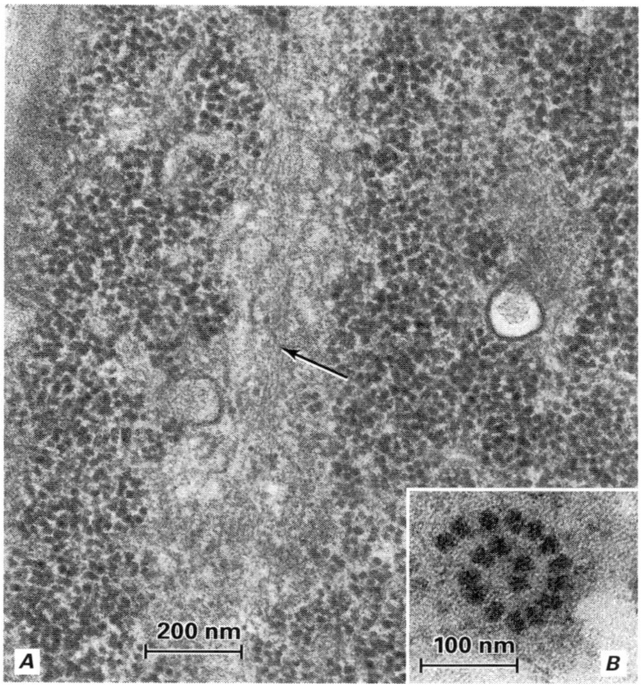

FIGURA 2.22

Ribossomos. **A**, na célula da bainha do feixe na folha de milho (*Zea mays*). A seta indica um feixe de filamentos de actina. **B**, um polissomo (poliribossomo) ligado à superfície do retículo endoplasmático em uma célula da folha de tabaco (*Nicotiana tabacum*). (**B**, obtido de Esau, 1977.)

Quando ativamente envolvidos na síntese de proteínas, os ribossomos ocorrem em grupos ou agregados chamados **polissomos** ou **polirribossomos** (Fig. 2.22), unidos por moléculas de RNA mensageiro que carregam a informação genética a partir do núcleo. Os aminoácidos, a partir dos quais as proteínas são sintetizadas, são transferidos aos polirribossomos por RNA transportador localizado no citosol. A síntese de proteína, conhecida como **tradução**, consome mais energia do que qualquer outro processo biossintético. Essa energia é gerada por hidrólise de guanosina trifosfato (GTP).

A síntese de polipeptídeos (proteínas) codificada pelos genes nucleares é iniciada nos polirribossomos localizados no citosol e segue uma das duas vias divergentes. (1) Os polirribossomos envolvidos na síntese de polipeptídeos destinados para o retículo endoplasmático associam-se a essa organela logo no início do processo de tradução. Os polipeptídeos e seus polirribossomos associados são encaminhados ao retículo endoplasmático por um peptídeo sinalizador localizado no terminal amina de cada polipeptídeo. Os polipeptídeos são transferidos através da membrana para o lúmen do RE (ou estão inseridos nele, no caso das proteínas integrais) à medida que a síntese de polipeptídeos progride. (2) Os polirribossomos envolvidos com a síntese de polipeptídeos destinados ao citosol ou para o núcleo, mitocôndrias, plastídios ou peroxissomos, permanecem livres no citosol. Os polipeptídeos liberados a partir dos polirribossomos livres podem permanecer no citosol ou são destinados para componentes celulares apropriados (Holtzman, 1992). Os ribossomos livres ou ligados a membranas são idênticos estruturalmente e funcionalmente, diferindo um do outro somente nas proteínas que eles produzem.

REFERÊNCIAS

ADAMS, K. L., D. O. DALEY, Y.-L. QIU, J. WHELAN e J. D. PALMER. 2000. Repeated, recent and diverse transfers of a mitochondrial gene to the nucleus in flowering plants. *Nature* 408, 354–357.

ARIMURA, S.-I., A. HIRAI e N. TSUTSUMI. 2001. Numerous and highly developed tubular projections from plastids observed in tobacco epidermal cells. *Plant Sci.* 160, 449–454.

ARIMURA, S.-I., J. YAMAMOTO, G. P. AIDA, M. NAKAZONO e N. TSUTSUMI. 2004. Frequent fusion and fission of plant mitochondria with unequal nucleoid distribution. *Proc. Natl. Acad. Sci. USA* 101, 7805–7808.

BACKERT, S., B. L. NIELSEN e T. BÖRNER. 1997. The mystery of the rings: Structure and replication of mitochondrial genomes from higher plants. *Trends Plant Sci.* 2, 477–483.

BALK, J., S. K. CHEW, C. J. LEAVER e P. F. MCCABE. 2003. The intermembrane space of plant mitochondria contains a DNase activity that may be involved in programmed cell death. *Plant J.* 34, 573–583.

BASKIN, T. I. 2000. The cytoskeleton. In: *Biochemistry and Molecular Biology of Plants*, pp. 202–258, B. B. Buchanan, W. Gruissem e R. L. Jones, eds. American Society of Plant Physiologists, Rockville, MD.

BATTEY, N. H., N. C. JAMES, A. J. GREENLAND e C. BROWNLEE. 1999. Exocytosis and endocytosis. *Plant Cell* 11, 643–659.

BOLLER, T. e A. WIEMKEN. 1986. Dynamics of vacuolar compartmentation. *Annu. Rev. Plant Physiol.* 37, 137–164.

BÖLTER, B. e J. SOLL. 2001. Ion channels in the outer membranes of chloroplasts and mitochondria: Open doors or regulated gates? *EMBO J.* 20, 935–940.

BONIOTTI, M. B. e M. E. GRIFFITH. 2002. "Cross-talk" between cell division cycle and development in plants. *Plant Cell* 14, 11–16.

BOWSHER, C. G. e A. K. TOBIN. 2001. Compartmentation of metabolism within mitochondria and plastids. *J. Exp. Bot.* 52, 513–527.

BRAUN, H.-P. e U. K. SCHMITZ. 1999. The protein-import apparatus of plant mitochondria. *Planta* 209, 267–274.

BRUCE, B. D. 2000. Chloroplast transit peptides: Structure, function and evolution. *Trends Cell Biol.* 10, 440–447.

CAMARA, B., J. BOUSQUET, C. CHENICLET, J.-P. CARDE, M. KUNTZ, J.-L. EVRARD e J.-H. WEIL. 1989. Enzymology of isoprenoid biosynthesis and expression of plastid and nuclear genes during chromoplast differentiation in pepper fruits (*Capsicum annuum*). In: *Physiology, Biochemistry, and Genetics of Nongreen Plastids*, pp. 141–156, C. D. Boyer, J. C. Shannon e R. C. Hardison, eds. American Society of Plant Physiologists, Rockville, MD.

CAMARA, B., P. HUGUENEY, F. BOUVIER, M. KUNTZ e R. MONÉGER. 1995. Biochemistry and molecular biology of chromoplast development. *Int. Rev. Cytol.* 163, 175–247.

CARDE, J.-P. 1984. Leucoplasts: A distinct kind of organelles lacking typical 70S ribosomes and free thylakoids. *Eur. J. Cell Biol.* 34, 18–26.

CHEUNG, A. Y., T. MCNELLIS e B. PIEKOS. 1993. Maintenance of chloroplast components during chromoplast differentiation in the tomato mutant *Green Flesh*. *Plant Physiol.* 101, 1223–1229.

CHRISPEELS, M. J., N. M. CRAWFORD e J. I. SCHROEDER. 1999. Proteins for transport of water and mineral nutrients across the membranes of plant cells. *Plant Cell* 11, 661–676.

CLINE, K., R. HENRY, C.-J. LI e J.-G. YUAN. 1993. Multiple pathways for protein transport into or across the thylakoid membrane. *EMBO J.* 12, 4105–4114.

CLOWES, F. A. L. e B. E. JUNIPER. 1968. *Plant Cells.* Blackwell Scientific, Oxford.

COLLINGS, D. A., J. D. I. HARPER, J. MARC, R. L. OVERALL e R. T. MULLEN. 2002. Life in the fast lane: Actin-based motility of plant peroxisomes. *Can. J. Bot.* 80, 430–441.

COOKE, T. J. e B. LU. 1992. The independence of cell shape and overall form in multicellular algae and land plants: Cells do not act as building blocks for constructing plant organs. *Int. J. Plant Sci.* 153, S7–S27.

CORPAS, F. J., J. B. BARROSO e L. A. DEL RÍO. 2001. Peroxisomes as a source of reactive oxygen species and nitric oxide signal molecules in plant cells. *Trends Plant Sci.* 6, 145–150.

CUNNINGHAM, F. X., JR. e E. GANTT. 1998. Genes and enzymes of carotenoid biosynthesis in plants. *Annu. Rev. Plant Physiol. Plant Mol. Biol.* 49, 557–583.

CUTLER, S. e D. EHRHARDT. 2000. Dead cells don't dance: Insights from live-cell imaging in plants. *Curr. Opin. Plant Biol.* 3, 532–537.

D'AMATO, F. 1998. Chromosome endoreduplication in plant tissue development and function. In: *Plant Cell Proliferation and Its Regulation in Growth and Development*, pp. 153–166, J. A. Bryant e D. Chiatante, eds. Wiley, Chichester.

DAVIES, E. e B. A. LARKINS. 1980. Ribosomes. In: *The Biochemistry of Plants*, vol. 1, *The Plant Cell*, pp. 413–435, N. E. Tolbert, ed. Academic Press, New York.

DE BARY, A. 1879. Besprechung. K. Prantl. Lehrbuch der Botanik für mittlere und höhere Lehranstalten. *Bot. Ztg.* 37, 221– 223.

DELROT, S., R. ATANASSOVA, E. GOMÈS e P. COUTOS-THÉVENOT. 2001. Plasma membrane transporters: A machinery for uptake of organic solutes and stress resistance. *Plant Sci.* 161, 391–404.

DEN BOER, B. G. W. e J. A. H. MURRAY. 2000. Triggering the cell cycle in plants. *Trends Cell Biol.* 10, 245–250.

DEPAMPHILIS, C. W. e J. D. PALMER. 1989. Evolution and function of plastid DNA: A review with special reference to nonphotosynthetic plants. In: *Physiology, Biochemistry, and Genetics of Nongreen Plastids*, pp. 182–202, C. D. Boyer, J. C. Shannon e R. C. Hardison, eds. American Society of Plant Physiologists, Rockville, MD.

DESAGHER, S. e J.-C. MARTINOU. 2000. Mitochondria as the central control point of apoptosis. *Trends Cell Biol.* 10, 369–377.

DINGWALL, C. e R. LASKEY. 1992. The nuclear membrane. *Science* 258, 942–947.

ESAU, K. 1977. *Anatomy of Seed Plants*, 2. ed. Wiley, New York.

FEILD, T. S., D. W. LEE e N. M. HOLBROOK. 2001. Why leaves turn red in autumn. The role of anthocyanins in senescing leaves of red-osier dogwood. *Plant Physiol.* 127, 566–574.

FERRI, K. F. e G. KROEMER. 2001. Mitochondria—The suicide organelles. *BioEssays* 23, 111–115.

FINKEL, E. 2001. The mitochondrion: Is it central to apoptosis? *Science* 292, 624–626.

FLÜGGE, U.-I. 1990. Import of proteins into chloroplasts. *J. Cell Sci.* 96, 351–354.

FRANKLIN, A. E. e W. Z. CANDE. 1999. Nuclear organization and chromosome segregation. *Plant Cell* 11, 523–534.

FREDERICK, S. E., P. J. GRUBER e E. H. NEWCOMB. 1975. Plant microbodies. *Protoplasma* 84, 1–29.

FRICKER, M. D. e K. J. OPARKA. 1999. Imaging techniques in plant transport: Meeting review. *J. Exp. Bot.* 50(suppl. 1), 1089– 1100.

FULGOSI, H. e J. SOLL. 2001. A gateway to chloroplasts— Protein translocation and beyond. *J. Plant Physiol.* 158, 273–284.

GAIDAROV, I., F. SANTINI, R. A. WARREN e J. H. KEEN. 1999. Spatial control of coated-pit dynamics in living cells. *Nature Cell Biol.* 1, 1–7.

GANT, T. M. e K. L. WILSON. 1997. Nuclear assembly. *Annu. Rev. Cell Dev. Biol.* 13, 669–695.

GERACE, L. e R. FOISNER. 1994. Integral membrane proteins and dynamic organization of the nuclear envelope. *Trends Cell Biol.* 4, 127–131.

GIEGÉ, P. e A. BRENNICKE. 2001. From gene to protein in higher plant mitochondria. *C. R. Acad. Sci., Paris, Sci. de la Vie* 324, 209–217.

GOLDSCHMIDT, E. E. 1988. Regulatory aspects of chlorochromoplast interconversions in senescing *Citrus* fruit peel. *Isr. J. Bot.* 37, 123–130.

GÖRLICH, D. 1997. Nuclear protein import. *Curr. Opin. Cell Biol.* 9, 412–419.

GÖRLICH, D. e I. W. MATTAJ. 1996. Nucleocytoplasmic transport. *Science* 271, 1513–1518.

GRAY, J. C. 1996. Biogenesis of chloroplasts in higher plants. In: *Membranes: Specialized Functions in Plants*, pp. 441–458, M. Smallwood, J. P. Knox e D. J. Bowles, eds. BIOS Scientific, Oxford.

GRAY, J. C., J. A. SULLIVAN, J. M. HIBBERD e M. R. HANSEN. 2001. Stromules: Mobile protrusions and interconnections between plastids. *Plant Biol.* 3, 223–233.

GRAY, M. W. 1989. Origin and evolution of mitochondrial DNA. Annu. Rev. *Cell Biol.* 5, 25–50.

GRAY, M. W. 2000. Mitochondrial genes on the move. *Nature* 408, 302–305.

GRÖNEGRESS, P. 1971. The greening of chromoplasts in *Daucus carota* L. *Planta* 98, 274–278.

GUNNING, B. E. S. 2001. Membrane geometry of "open" prolamellar bodies. *Protoplasma* 215, 4–15.

GUNNING, B. E. S. e M. SAMMUT. 1990. Rearrangements of microtubules involved in establishing cell division planes start immediately after DNA synthesis and are completed just before mitosis. *Plant Cell* 2, 1273–1282.

HAGEMANN, R. 1960. Die Plastidenentwicklung in Tomaten- Kotyledonen. *Biol. Zentralbl.* 79, 393–411.

HALE, K. L., S. P. MCGRATH, E. LOMBI, S. M. STACK, N. TERRY, I. J. PICKERING, G. N. GEORGE e E. A. H. PILON-SMITS. 2001. Molybdenum sequestration in *Brassica* species. A role for anthocyanins? *Plant Physiol.* 126, 1391–1402.

HANSMANN, P., R. JUNKER, H. SAUTER e P. SITTE. 1987. Chromoplast development in daffodil coronae during anthesis. *J. Plant Physiol.* 131, 133–143.

HANSTEIN, J. 1880. *Einige Züge aus der Biologie des Protoplasmas. Botanische Abhandlungen aus dem Gebiet der Morphologie und Physiologie*, Band 4, Heft 2. Marcus, Bonn.

HAUPT, W. e R. SCHEUERLEIN. 1990. Chloroplast movement. *Plant Cell Environ.* 13, 595–614.

HAVAUX, M. e K. KLOPPSTECH. 2001. The protective functions of carotenoid and fl avonoid pigments against excess visible radiation at chilling temperature investigated in *Arabidopsis npq* and *tt* mutants. *Planta* 213, 953–966.

HAWES, C., C. M. SAINT-JORE, F. BRANDIZZI, H. ZHENG, A. V. ANDREEVA e P. BOEVINK. 2001. Cytoplasmic illuminations: in planta targeting of fl uorescent proteins to cellular organelles. *Protoplasma* 215, 77–88.

HEESE-PECK, A. e N. V. RAIKHEL. 1998. The nuclear pore complex. *Plant Mol. Biol.* 38, 145–162.

HEMERLY, A. S., P. C. G. FERREIRA, M. VAN MONTAGU e D. INZÉ. 1999. Cell cycle control and plant morphogenesis: Is there an essential link? *BioEssays* 21, 29–37.

HEPLER, P. K. e B. E. S. GUNNING. 1998. Confocal fluorescence microscopy of plant cells. *Protoplasma* 201, 121–157.

HERMAN, E. M. e B. A. LARKINS. 1999. Protein storage bodies and vacuoles. *Plant Cell* 11, 601–614.

HERMAN, E. M., X. LI, R. T. SU, P. LARSEN, H.-T. HSU e H. SZE. 1994. Vacuolar-type H+-ATPases are associated with the endoplasmic reticulum and provacuoles of root tip cells. *Plant Physiol.* 106, 1313–1324.

HICKS, G. R. e N. V. RAIKHEL. 1995. Protein import into the nucleus: An integrated view. *Annu. Rev. Cell Dev. Biol.* 11, 155–188.

HOLTZMAN, E. 1992. Intracellular targeting and sorting. *Bio- Science* 42, 608–620.

HÖRTENSTEINER, S., E. MARTINOIA e N. AMRHEIN. 1992. Reappearance of hydrolytic activities and tonoplast proteins in the regenerated vacuole of evacuolated protoplasts. *Planta* 187, 113–121.

HU, J., M. AGUIRRE, C. PETO, J. ALONSO, J. ECKER e J. CHORY. 2002. A role for peroxisomes in photomorphogenesis and development of *Arabidopsis. Science* 297, 405–409.

HUNTLEY, R. P. e J. A. H. MURRAY. 1999. The plant cell cycle. *Curr. Opin. Plant Biol.* 2, 440–446.

IVANOVA, M. e T. L. ROST. 1998. Cytokinins and the plant cell cycle: Problems and pitfalls of proving their function. In: *Plant Cell Proliferation and Its Regulation in Growth and Development*, pp. 45–57, J. A. Bryant e D. Chiatante, eds. Wiley, New York.

JACOBSON, K., E. D. SHEETS e R. SIMSON. 1995. Revisiting the fluid mosaic model of membranes. *Science* 268, 1441–1442.

JACQMARD, A., C. HOUSSA e G. BERNIER. 1994. Regulation of the cell cycle by cytokinins. In: *Cytokinins: Chemistry, Activity, and Function*, pp. 197–215, D. W. S. Mok e M. C. Mok, eds. CRC Press, Boca Raton, FL. JAVOT, H. e C. MAUREL. 2002. The role of aquaporins in root water uptake. *Ann. Bot.* 90, 301–313.

JEDD, G. e N.-H. CHUA. 2002. Visualization of peroxisomes in living plant cells reveals acto-myosin--dependent cytoplasmic streaming and peroxisome budding. *Plant Cell Physiol.* 43, 384–392.

JOHNSON, T. L. e L. J. OLSEN. 2001. Building new models for peroxisome biogenesis. *Plant Physiol.* 127, 731–739.

JONES, A. 2000. Does the plant mitochondrion integrate cellular stress and regulate programmed cell death? *Trends Plant Sci.* 5, 225–230.

JUKES, T. H. e S. OSAWA. 1990. The genetic code in mitochondria and chloroplasts. *Experientia* 46, 1117–1126.

KAGAWA, T. e M. WADA. 2000. Blue light-induced chloroplast relocation in *Arabidopsis thaliana* as analyzed by microbeam irradiation. *Plant Cell Physiol.* 41, 84–93.

KAGAWA, T. e M. WADA. 2002. Blue light-induced chloroplast relocation. *Plant Cell Physiol.* 43, 367–371.

KAPLAN, D. R. 1992. The relationship of cells to organisms in plants: Problem and implications of an organismal perspective. *Int. J. Plant Sci.* 153, S28–S37.

KAPLAN, D. R. e W. HAGEMANN. 1991. The relationship of cell and organism in vascular plants. *BioScience* 41, 693–703.

KEEGSTRA, K. e K. CLINE. 1999. Protein import and routing systems of chloroplasts. *Plant Cell* 11, 557–570.

KINDL, H. 1992. Plant peroxisomes: Recent studies on function and biosynthesis. *Cell Biochem. Funct.* 10, 153–158.

KIRK, J. T. O. e R. A. E. TILNEY-BASSETT. 1978. *The Plastids. Their Chemistry, Structure, Growth, and Inheritance*, rev. 2. ed. Elsevier/North-Holland Biomedical Press, Amsterdam.

KJELLBOM, P., C. LARSSON, I. JOHANSSON, M. KARLSSON e U. JOHANSON. 1999. Aquaporins and water homeostasis in plants. *Trends Plant Sci.* 4, 308–314.

KLUGE, M., A. FISCHER e I. C. BUCHANAN-BOLLIG. 1982. Metabolic control of CAM. In: *Crassulacean Acid Metabolism*, pp. 31–50, I. P. Ting e M. Gibbs, eds. American Society of Plant Physiologists, Rockville, MD.

KNOTH, R., P. HANSMANN e P. SITTE. 1986. Chromoplasts of *Palisota barteri*, and the molecular structure of chromoplast tubules. *Planta* 168, 167–174.

KÖHLER, R. H. e M. R. HANSON. 2000. Plastid tubules of higher plants are tissue-specific and developmentally regulated. *J. Cell Sci.* 113, 81–89.

KÖHLER, R. H., J. CAO, W. R. ZIPFEL, W. W. WEBB e M. R. HANSON. 1997. Exchange of protein molecules through connections between higher plant plastids. *Science* 276, 2039– 2042.

KONDOROSI, E., F. ROUDIER e E. GENDREAU. 2000. Plant cellsize control: Growing by ploidy? *Curr. Opin. Plant Biol.* 3, 488–492.

KOST, B. e N.-H. CHUA. 2002. The plant cytoskeleton: Vacuoles and cell walls make the difference. *Cell* 108, 9–12.

KOZLOWSKI, T. T. e S. G. PALLARDY. 1997. *Physiology of Woody Plants*, 2. ed. Academic Press, San Diego.

KUNAU, W.-H. e R. ERDMANN. 1998. Peroxisome biogenesis: Back to the endoplasmic reticulum? *Curr. Biol.* 8, R299–R302.

KUNTZ, M., J.-L. EVRARD, A. D'HARLINGUE, J.-H. WEIL e B. CAMARA. 1989. Expression of plastid and nuclear genes during chromoplast differentiation in bell pepper (*Capsicum annuum*) and sunfl ower (*Helianthus annuus*). *Mol. Gen. Genet.* 216, 156–163.

KUROIWA, H., T. MORI, M. TAKAHARA, S.-Y. MIYAGISHIMA e T. KUROIWA. 2002. Chloroplast division machinery as revealed by immunofl uorescence and electron microscopy. *Planta* 215, 185–190.

KWOK, E. Y. e M. R. HANSON. 2004. Stromules and the dynamic nature of plastid morphology. *J. Microsc.* 214, 124–137.

LAKE, J. A. 1981. The ribosome. *Sci. Am.* 245 (August), 84–97.

LAM, E., D. PONTIER e O. DEL POZO. 1999. Die and let live— Programmed cell death in plants. *Curr. Opin. Plant Biol.* 2, 502–507.

LARDY, H. A. 1965. On the direction of pyridine nucleotide oxidation-reduction reactions in gluconeogenesis and lipo lipogenesis. In: *Control of Energy Metabolism*, pp. 245–248, B. Chance, R. W. Estabrook e J. R. Williamson, eds. Academic Press, New York.

LARKINS, B. A., B. P. DILKES, R. A. DANTE, C. M. COELHO, Y.-M. WOO e Y. LIU. 2001. Investigating the hows and whys of DNA endoreduplication. *J. Exp. Bot.* 52, 183–192.

LEAVER, C. J. e M. W. GRAY. 1982. Mitochondrial genome organization and expression in higher plants. *Annu. Rev. Plant Physiol.* 33, 373–402.

LEE, D. W. e K. S. GOULD. 2002. Why leaves turn red. *Am. Sci.* 90, 524–531.

LEE, J.-Y., B.-C. YOO e W. J. LUCAS. 2000. Parallels between nuclear-pore and plasmodesmal trafficking of information molecules. *Planta* 210, 177–187.

LEONARD, R. T. e T. K. HODGES. 1980. The plasma membrane. In: *The Biochemistry of Plants*, vol. 1, *The Plant Cell*, pp. 163–182, N. E. Tolbert, ed. Academic Press, New York.

LIAN, H.-L., X. YU, Q. YE, X.-S. DING, Y. KITAGAWA, S.-S. KWAK, W.-A. SU e Z.-C. TANG. 2004. The role of aquaporin RWC3 in drought avoidance in rice. *Plant Cell Physiol.* 45, 481–489.

LJUBEŠIC, N., M. WRISCHER e Z. DEVIDÉ. 1996. Chromoplast structures in *Thunbergia* fl owers. *Protoplasma* 193, 174–180.

LOGAN, H., M. BASSET, A.-A. VÉRY e H. SENTENAC. 1997. Plasma membrane transport systems in higher plants: From black boxes to molecular physiology. *Physiol. Plant.* 100, 1–15.

LUCAS, W. J., B. DING e C. VAN DER SCHOOT. 1993. Plasmodesmata and the supracellular nature of plants. *New Phytol.* 125, 435–476.

MACKENZIE, S. e L. MCINTOSH. 1999. Higher plant mitochondria. *Plant Cell* 11, 571–586.

MADIGAN, M. T., J. M. MARTINKO e J. PARKER. 2003. *Brock Biology of Microorganisms*, 10. ed. Pearson Education, Upper Saddle River, NJ.

MAESHIMA, M. 2001. Tonoplast transporters: organization and function. *Annu. Rev. Plant Physiol. Plant Mol. Biol.* 52, 469–497.

MANO, S., C. NAKAMORI, M. HAYASHI, A. KATO, M. KONDO e M. NISHIMURA. 2002. Distribution and characterization of peroxisomes in *Arabidopsis* by visualization with GFP: Dynamic morphology and actin-dependent movement. *Plant Cell Physiol.* 43, 331–341.

MARANO, M. R. e N. CARRILLO. 1991. Chromoplast formation during tomato fruit ripening. No evidence for plastid DNA methylation. *Plant Mol. Biol.* 16, 11–19.

MARANO, M. R. e N. CARRILLO. 1992. Constitutive transcription and stable RNA accumulation in plastids during the conversion of chloroplasts to chromoplasts in ripening tomato fruits. *Plant Physiol.* 100, 1103–1113.

MARIENFELD, J., M. UNSELD e A. BRENNICKE. 1999. The mitochondrial genome of *Arabidopsis* is composed of both native and immigrant information. *Trends Plant Sci.* 4, 495–502.

MARTÍN, M., S. MORENO DÍAZ DE LA ESPINA, L. F. JIMÉNEZ-GARCÍA, M. E. FERNÁNDEZ-GÓMEZ e F. J. MEDINA. 1992. Further investigations on the functional role of two nuclear bodies in onion cells. *Protoplasma* 167, 175–182.

MARTIN, W. 1999. A briefl y argued case that mitochondria and plastids are descendants of endosymbionts, but that the nuclear compartment is not. *Proc. R. Soc. Lond. B* 266, 1387–1395.

MARTINOIA, E. 1992. Transport processes in vacuoles of higher plants. *Bot. Acta* 105, 232–245.

MARTY, F. 1999. Plant vacuoles. *Plant Cell* 11, 587–599.

MATHUR, J., N. MATHUR e M. HÜLSKAMP. 2002. Simultaneous visualization of peroxisomes and cytoskeletal elements reveals actin and not microtubule-based peroxisomal motility in plants. *Plant Physiol.* 128, 1031–1045.

MATILE, P. 1982. Vacuoles come of age. *Physiol. Vég.* 20, 303–310.

MCFADDEN, G. I. 1999. Endosymbiosis and evolution of the plant cell. *Curr. Opin. Plant Biol.* 2, 513–519.

MIERNYK, J. 1989. Leucoplast isolation. In: *Physiology, Biochemistry, and Genetics of Nongreen Plastids*, pp. 15–23, C. D. Boyer, J. C. Shannon e R. C. Hardison, eds. American Society of Plant Physiologists, Rockville, MD.

MILLER, E. A. e M. A. ANDERSON. 1999. Uncoating the mechanisms of vacuolar protein transport. *Trends Plant Sci.* 4, 46–48.

MIRONOV, V., L. DE VEYLDER, M. VAN MONTAGU e D. INZÉ. 1999. Cyclin-dependent kinases and cell division in plants — The nexus. *Plant Cell* 11, 509–521.

MIYAGISHIMA, S.-Y., M. TAKAHARA, T. MORI, H. KUROIWA, T. HIGASHIYAMA e T. KUROIWA. 2001. Plastid division is driven by a complex mechanism that involves differential transition of the bacterial and eukaryotic division rings. *Plant Cell* 13, 2257–2268.

MOHR, W. P. 1979. Pigment bodies in fruits of crimson and high pigment lines of tomatoes. *Ann. Bot.* 44, 427–434.

MØLLER, I. M. 2001. Plant mitochondria and oxidative stress: Electron transport, NADPH turnover, and metabolism of reactive oxygen species. *Annu. Rev. Plant Physiol. Plant Mol. Biol.* 52, 561–591.

MULLEN, R. T., C. R. FLYNN e R. N. TRELEASE. 2001. How are peroxisomes formed? The role of the endoplasmic reticulum and peroxins. *Trends Plant Sci.* 6, 256–261.

MULLET, J. E. 1988. Chloroplast development and gene expression. *Annu. Rev. Plant Physiol. Plant Mol. Biol.* 39, 475–502.

NAKAMURA, K. e K. MATSUOKA. 1993. Protein targeting to the vacuole in plant cells. *Plant Physiol.* 101, 1–5.

NAKAMURA, S., T. IKEHARA, H. UCHIDA, T. SUZUKI, e T. SODMERGEN. 1992. Fluorescence microscopy of plastid nucleoids and a survey of nuclease C in higher plants with respect to mode of plastid inheritance. *Protoplasma* 169, 68–74.

NAKAZONO, M. e A. HIRAI. 1993. Identifi cation of the entire set of transferred chloroplast DNA sequences in the mitochondrial genome of rice. *Mol. Gen. Genet.* 236, 341–346.

NISHIMURA, M., Y. TAKEUCHI, L. DE BELLIS e I. HARANISHIMURA. 1993. Leaf peroxisomes are directly transformed to glyoxysomes during senescence of pumpkin cotyledons. *Protoplasma* 175, 131–137.

NISHIMURA, M., M. HAYASHI, K. TORIYAMA, A. KATO, S. MANO, K. YAMAGUCHI, M. KONDO e H. HAYASHI. 1998. Microbody defective mutants of *Arabidopsis. J. Plant Res.* 111, 329–332.

NIYOGI, K. K. 2000. Safety valves for photosynthesis. *Curr. Opin. Plant Biol.* 3, 455–460.

NUGENT, J. M. e J. D. PALMER. 1988. Location, identity, amount and serial entry of chloroplast DNA sequences in crucifer mitochondrial DNAs. *Curr. Genet.* 14, 501–509.

OLSEN, L. J. 1998. The surprising complexity of peroxisome biogenesis. *Plant Mol. Biol.* 38, 163–189.

OROSS, J. W. e J. V. POSSINGHAM. 1989. Ultrastructural features of the constricted region of dividing plastids. *Protoplasma* 150, 131–138.
OSTERYOUNG, K. W. 2000. Organelle fission. Crossing the evolutionary divide. *Plant Physiol.* 123, 1213–1216.
OSTERYOUNG, K. W. e R. S. MCANDREW. 2001. The plastid division machine. *Annu. Rev. Plant Physiol. Plant Mol. Biol.* 52, 315–333.
OSTERYOUNG, K. W. e K. A. PYKE. 1998. Plastid division: Evidence for a prokaryotically derived mechanism. *Curr. Opin. Plant Biol.* 1, 475–479.
PALMER, J. D. e C. F. DELWICHE. 1998. The origin and evolution of plastids and their genomes. In: *Molecular Systematics of Plants.* II. *DNA Sequencing*, pp. 375–409, D. E. Soltis, P. S. Soltis e J. J. Doyle, eds. Kluwer Academic, Norwell, MA.
PALMGREN, M. G. 2001. Plant plasma membrane H+-ATPases: Powerhouses for nutrient uptake. *Annu. Rev. Plant Physiol. Plant Mol. Biol.* 52, 817–845.
PARIS, N., C. M. STANLEY, R. L. JONES e J. C. ROGERS. 1996. Plant cells contain two functionally distinct vacuolar compartments. *Cell* 85, 563–572.
PARK, H., S. S. KREUNEN, A. J. CUTTRISS, D. DELLAPENNA e B. J. POGSON. 2002. Identification of the carotenoid isomerase provides insight into carotenoid biosynthesis, prolamellar body formation, and photomorphogenesis. *Plant Cell* 14, 321–332.
PEARCY, R. W. 1990. Sunfl ecks and photosynthesis in plant canopies. *Annu. Rev. Plant Physiol. Plant Mol. Biol.* 41, 421–453.
PIATTELLI, M. 1981. The betalains: Structure, biosynthesis, and chemical taxonomy. In: *The Biochemistry of Plants*, vol. 7, *Secondary Plant Products*, pp. 557–575, E. E. Conn, ed. Academic Press, New York.
POSSINGHAM, J. V. e M. E. LAWRENCE. 1983. Controls to plastid division. *Int. Rev. Cytol.* 84, 1–56.
POTUSCHAK, T. e P. DOERNER. 2001. Cell cycle controls: Genome-wide analysis in *Arabidopsis*. *Curr. Opin. Plant Biol.* 4, 501–506.
PRICE, H. J. 1988. DNA content variation among higher plants. *Ann. Mo. Bot. Gard.* 75, 1248–1257.
PURDUE, P. E. e P. B. LAZAROW. 2001. Peroxisome biogenesis. *Annu. Rev. Cell Dev. Biol.* 17, 701–752.
PYKE, K. A. e C. A. HOWELLS. 2002. Plastid and stromule morphogenesis in tomato. *Ann. Bot.* 90, 559–566.
RATAJCZAK, R., G. HINZ e D. G. ROBINSON. 1999. Localization of pyrophosphatase in membranes of cauliflower inflorescence cells. *Planta* 208, 205–211.
RAVEN, P. R., R. F. EVERT e S. E. EICHHORN. 1992. *Biology of Plants*, 5. ed. Worth, New York.
RAVEN, P. R., R. F. EVERT e S. E. EICHHORN. 2005. *Biology of Plants*, 7. ed. Freeman, New York.
REICHELT, S. e J. KENDRICK-JONES. 2000. Myosins. In: *Actin: A Dynamic Framework for Multiple Plant Cell Functions*, pp. 29–44, C. J. Staiger, F. Baluška, D. Volkmann e P. W. Barlow, eds. Kluwer Academic, Dordrecht.
REUMANN, S. e K. KEEGSTRA. 1999. The endosymbiotic origin of the protein import machinery of chloroplastic envelope membranes. *Trends Plant Sci.* 4, 302–307.
REUZEAU, C., J. G. MCNALLY e B. G. PICKARD. 1997. The endomembrane sheath: A key structure for understanding the plant cell? *Protoplasma* 200, 1–9.
ROBERTSON, J. D. 1962. The membrane of the living cell. *Sci. Am.* 206 (April), 64–72.
ROBINSON, D. G. 1985. Plant membranes. Endo- and plasma membranes of plant cells. Wiley, New York.
ROBINSON, D. G. e H. DEPTA. 1988. Coated vesicles. *Annu. Rev. Plant Physiol. Plant Mol. Biol.* 39, 53–99.
RODERMEL, S. 2001. Pathways of plastid-to-nucleus signaling. *Trends Plant Sci.* 6, 471–478.
ROSE, A., S. PATEL e I. MEIER. 2004. The plant nuclear envelope. *Planta* 218, 327–336.
RUJAN, T. e W. MARTIN. 2001. How many genes in *Arabidopsis* come from cyanobacteria? An estimate from 386 protein phylogenies. *Trends Genet.* 17, 113–120.
SACK, F. D. 1997. Plastids and gravitropic sensing. *Planta* 203 (suppl. 1), S63–S68.
SACK, F. D. e J. Z. KISS. 1989. Plastids and gravity perception. In: *Physiology, Biochemistry, and Genetics of Nongreen Plastids*, pp. 171–181, C. D. Boyer, J. C. Shannon, and R. C. Hardison, eds. American Society of Plant Physiologists, Rockville, MD.
SCHÄFFNER, A. R. 1998. Aquaporin function, structure, and expression: Are there more surprises to surface in water relations? *Planta* 204, 131–139.
SCHEER, U., M. THIRY e G. GOESSENS. 1993. Structure, function and assembly of the nucleolus. *Trends Cell Biol.* 3, 236–241.
SCHLEIDEN, M. J. 1838. Beiträge zur Phytogenesis. *Arch. Anat. Physiol. Wiss. Med.* (*Müller's Arch.*) 5, 137–176.
SCHUSTER, W. e A. BRENNICKE. 1987. Plastid, nuclear and reverse transcriptase sequences in the

mitochondrial genome of *Oenothera*: Is genetic information transferred between organelles via RNA? *EMBO J.* 6, 2857–2863.

SCHWANN, TH. 1839. *Mikroskopische Untersuchungen über die Übereinstimmung in der Struktur und dem Wachstum der Thiere und Pfl anzen.* Wilhelm Engelmann, Leipzig.

SEUFFERHELD, M., M. C. F. VIEIRA, F. A. RUIZ, C. O. RODRIGUES, S. N. J. MORENO e R. DOCAMPO. 2003. Identification of organelles in bacteria similar to acidocalcisomes of unicellular eukaryotes. *J. Biol. Chem.* 278, 29971–29978.

SHANNON, J. C. 1989. Aqueous and nonaqueous methods for amyloplast isolation. In: *Physiology, Biochemistry, and Genetics of Nongreen Plastids*, pp. 37–48, C. D. Boyer, J. C. Shannon e R. C. Hardison, eds. American Society of Plant Physiologists, Rockville, MD.

SIEFRITZ, F., B. OTTO, G. P. BIENERT, A. VAN DER KROL e R. KALDENHOFF. 2004. The plasma membrane aquaporin NtAQP1 is a key component of the leaf unfolding mechanism in tobacco. *Plant J.* 37, 147–155.

SINGER, S. J. e G. L. NICOLSON. 1972. The fluid mosaic model of the structure of cell membranes. *Science* 175, 720–731.

SITTE, P. 1992. A modern concept of the "cell theory." A perspective on competing hypotheses of structure. *Int. J. Plant Sci.* 153, S1–S6.

SITTE, P., H. FALK e B. LIEDVOGEL. 1980. Chromoplasts. In: *Pigments in Plants*, 2. ed., pp. 117–148, F.-C. Czygan, ed. Gustav Fischer Verlag, Stuttgart.

SMEEKENS, S., P. WEISBEEK e C. ROBINSON. 1990. Protein transport into and within chloroplasts. *Trends Biochem. Sci.* 15, 73–76.

SMITH, J. A. 1987. Vacuolar accumulation of organic acids and their anions in CAM plants. In: *Plant Vacuoles: Their Importance in Solute Compartmentation in Cells and Their Applications in Plant Biotechnology*, pp. 79–87, B. Marin, ed. Plenum Press, New York.

STALS, H. e D. INZÉ. 2001. When plant cells decide to divide. *Trends Plant Sci.* 6, 359–364.

STEYN, W. J., S. J. E. WAND, D. M. HOLCROFT e G. JACOBS. 2002. Anthocyanins in vegetative tissues: A proposed unified function in photoprotection. *New Phytol.* 155, 349–361.

STOEBE, B. e U.-G. MAIER. 2002. One, two, three: Nature's tool box for building plastids. *Protoplasma* 219, 123–130.

STRANGE, C. 1992. Cell cycle advances. *BioScience* 42, 252–256.

SUGIURA, M. 1989. The chloroplast chromosomes in land plants. *Annu. Rev. Cell Biol.* 5, 51–70.

SZE, H., X. LI e M. G. PALMGREN. 1999. Energization of plant cell membranes by H+-pumping ATPases: Regulation and biosynthesis. *Plant Cell* 11, 677–690.

TAIZ, L. e E. ZEIGER. 2002. *Plant Physiology*, 3. ed. Sinauer Associates, Sunderland, MA.

TALCOTT, B. e M. S. MOORE. 1999. Getting across the nuclear pore complex. *Trends Cell Biol.* 9, 312–318.

THEG, S. M. e S. V. SCOTT. 1993. Protein import into chloroplasts. *Trends Cell Biol.* 3, 186–190.

TITORENKO, V. I. e R. A. RACHUBINSKI. 1998. The endoplasmic reticulum plays an essential role in peroxisome biogenesis. *Trends Biochem. Sci.* 23, 231–233.

TOLBERT, N. E. 1980. Microbodies—Peroxisomes and glyoxysomes. In: *The Biochemistry of Plants*, vol. 1, *The Plant Cell*, pp. 359–388, N. E. Tolbert, ed. Academic Press, New York.

TOLBERT, N. E. e E. ESSNER. 1981. Microbodies: Peroxisomes and glyoxysomes. *J. Cell Biol.* 91 (suppl. 3), 271s–283s.

TOURNAIRE-ROUX, C., M. SUTKA, H. JAVOT, E. GOUT, P. GERBEAU, D.-T. LUU, R. BLIGNY e C. MAUREL. 2003. Cytosolic pH regulates root water transport during anoxic stress through gating of aquaporins. *Nature* 425, 393–397.

TRELEASE, R. N. 1984. Biogenesis of glyoxysomes. *Annu. Rev. Plant Physiol.* 35, 321–347.

TROJAN, A. e H. GABRYŚ. 1996. Chloroplast distribution in *Arabidopsis thaliana* (L.) depends on light conditions during growth. *Plant Physiol.* 111, 419–425.

TSE, Y. C., B. MO, S. HILLMER, M. ZHAO, S. W. LO, D. G. ROBINSON e L. JIANG. 2004. Identification of multivesicular bodies as prevacuolar compartments in *Nicotiana tabacum* BY-2 cells. *Plant Cell* 16, 672–693.

VAN GESTEL, K., R. H. KÖHLER e J.-P. VERBELEN. 2002. Plant mitochondria move on F-actin, but their positioning in the cortical cytoplasm depends on both F-actin and microtubules. *J. Exp. Bot.* 53, 659–667.

VIRCHOW, R. 1858. *Die Cellularpathologie in ihrer Begründung auf physiologische und pathologische Gewebelehre.* A. Hirschwald, Berlin.

VISHNEVETSKY, M., M. OVADIS e A. VAINSTEIN. 1999. Carotenoid sequestration in plants: The role of carotenoid-associated proteins. *Trends Plant Sci.* 4, 232–235.

WATERS, M. T., R. G. FRAY e K. A. PYKE. 2004. Stromule formation is dependent upon plastid size, plastid differentiation status and the density of plastids within the cell. *Plant J.* 39, 655–667.

WERGIN, W. P., P. J. GRUBER e E. H. NEWCOMB. 1970. Fine structural investigation of nuclear inclusions in plants. *J. Ultrastruct. Res.* 30, 533–557.

WIEBE, H. H. 1978. The signifi cance of plant vacuoles. *BioScience* 28, 327–331.

WILLIAMS, W. E., H. L. GORTON e S. M. WITIAK. 2003. Chloroplast movements in the field. *Plant Cell Environ.* 26, 2005–2014.

WINK, M. 1993. The plant vacuole: A multifunctional compartment. *J. Exp. Bot.* 44 (suppl.), 231–246.

XU, Y. e M. R. HANSON. 2000. Programmed cell death during pollination-induced petal senescence in *Petunia. Plant Physiol.* 122, 1323–1334.

YAO, N., B. J. EISFELDER, J. MARVIN e J. T. GREENBERG. 2004. The mitochondrion—An organelle commonly involved in programmed cell death in *Arabidopsis thaliana. Plant J.* 40, 596–610.

YATSUHASHI, H. 1996. Photoregulation systems for light-oriented chloroplast movement *J. Plant Res.* 109, 139–146.

YOUNG, T. E. e D. R. GALLIE. 2000. Regulation of programmed cell death in maize endosperm by abscisic acid. *Plant Mol. Biol.* 42, 397–414.

YU, X.-H., T. D. PERDUE, Y. M. HEIMER e A. M. JONES. 2002. Mitochondrial involvement in tracheary element programmed cell death. *Cell Death Differ.* 9, 189–198.

ZIEGLER, H., E. SCHÄFER e M. M. SCHNEIDER. 1983. Some metabolic changes during chloroplast-chromoplast transition in *Capsicum annuum. Physiol. Vég.* 21, 485–494.

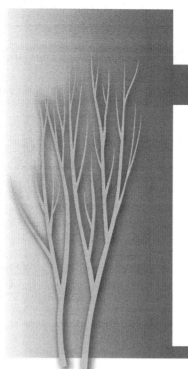

CAPÍTULO TRÊS

O PROTOPLASTO: SISTEMA DE ENDOMEMBRANAS, VIAS SECRETORAS, CITOESQUELETO E COMPOSTOS ARMAZENADOS

Tatiane Maria Rodrigues e Silvia Rodrigues Machado

SISTEMA DE ENDOMEMBRANAS

No capítulo anterior, vários componentes do protoplasto foram considerados isoladamente. Com exceção das membranas mitocondriais, plastidiais e peroxissomais, todas as membranas celulares – incluindo a membrana plasmática, envelope nuclear, retículo endoplasmático (RE), aparato de Golgi, tonoplasto (membrana vacuolar) e vários tipos de vesículas – constituem um sistema contínuo, interconectado. Esse sistema é conhecido como **sistema de endomembranas** (Fig. 3.1), sendo o RE a fonte inicial das membranas (Morré e Mollenhauer, 1974; Mollenhauer e Morré, 1980). Vesículas de transição derivadas do RE transportam novos materiais de membrana para o aparato de Golgi, e vesículas secretoras derivadas do aparato de Golgi contribuem para a formação da membrana plasmática. O RE e o aparato de Golgi, portanto, constituem uma unidade funcional, na qual o aparato de Golgi serve como o principal veículo para a transformação das membranas tipo do tipo RE em membranas do tipo membrana plasmática.

Vesículas de transição que brotam das membranas do RE próximo aos corpos de Golgi são raramente encontradas em virtude do baixo volume de transporte de proteínas entre o RE e os corpos de Golgi na maioria das células vegetais. No entanto, vesículas de transição são comumente encontradas em células que produzem grandes quantidades de proteínas de reserva tipo globulina (como em legumes) ou proteínas secretoras. Em tais células, proteínas se deslocam via vesículas originadas a partir do RE com subsequente fusão com o aparato de Golgi para alcançar os vacúolos de estocagem ou a superfície da membrana plasmática (Staehelin, 1997; Vitale e Denecke, 1999).

O retículo endoplamástico é um sistema de membranas tridimensional contínuo que percorre todo o citosol

Em perfil, o RE aparece como duas membranas paralelas com um espaço estreito, ou lúmen, entre elas. Esse perfil do RE não pode ser confundido com uma única unidade de membrana. Cada membrana do RE é uma unidade de membrana. A forma e a abundância do RE variam bastante de célula para célula, dependendo do tipo de célula, de sua atividade metabólica e seu estágio de desenvolvimento. Por exemplo, células que armazenam ou secretam grandes quantidades de proteína têm **RE rugoso** abundante, o qual consiste de sacos achatados, ou ***cisternas***, com numerosos ribossomos na sua superfície externa. Ao contrário, células que produzem grandes quantidades de compostos lipídicos têm sistemas extensivos de **RE liso**, o qual não possui ribossomos e apresenta forma predominantemente tubular. Ambas as formas do RE, rugoso e liso, ocorrem dentro da mesma célula e são contínuos. O RE rugoso e o liso são ilustrados nas Fig. 3.2A e B, respectivamente.

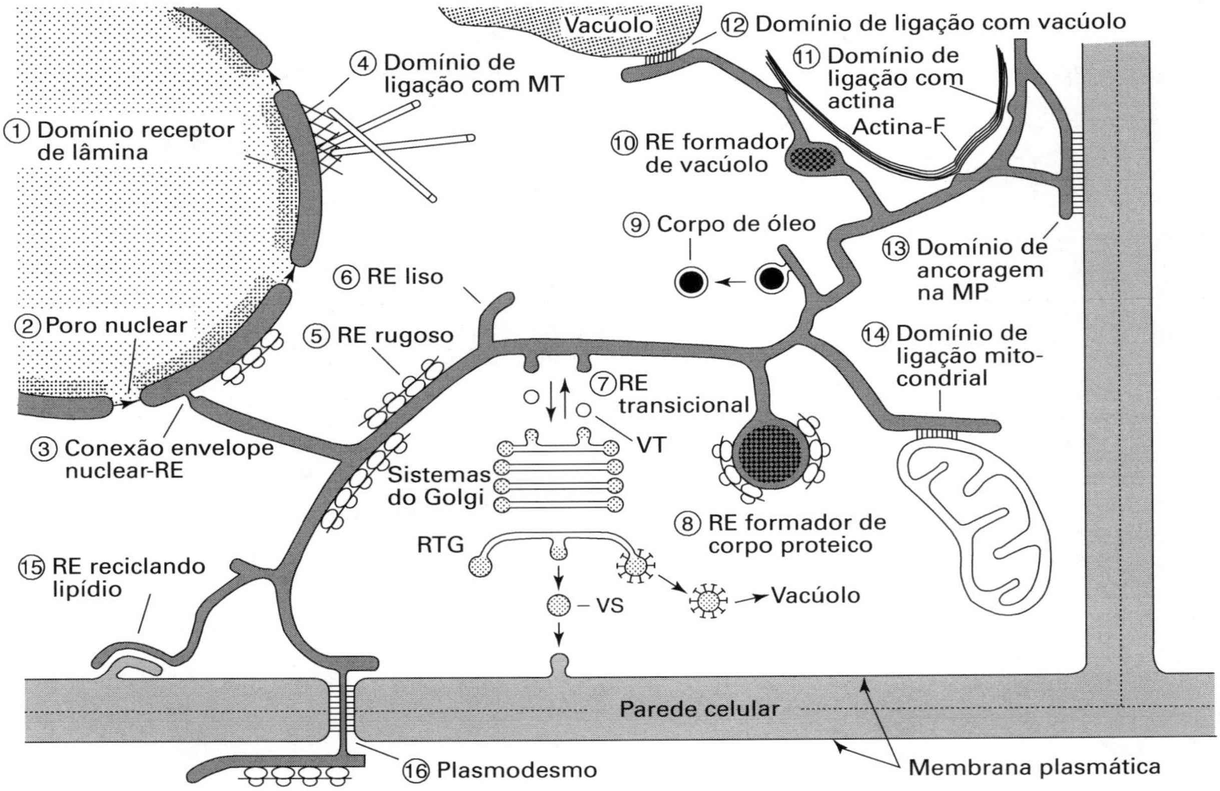

FIGURA 3.1

Um diagrama do sistema de endomembranas, que inclui todas as membranas, exceto aquelas das mitocôndrias, plastídios e peroxissomas. Esse desenho representa 16 tipos de domínios do retículo endoplasmático (RE). Observar a via secretora descrita aqui, envolvendo o retículo endoplasmático, as cisternas do Golgi e a rede *trans*-Golgi (RTG). Outros detalhes: VT: vesícula de transporte; VS: vesícula secretora; MT: microtúbulos; MP: membrana plasmática. (Obtido de Staehelin, 1997. © Blackwell Publishing.)

O retículo rugoso é um sistema de membrana multifuncional. Staehelin (1997) reconheceu 16 tipos de domínios funcionais de RE, ou sub-regiões, nas células vegetais (Fig. 3.1). Entre tais domínios, estão os poros nucleares; as conexões envelope nuclear-RE; o domínio RE transicional nas adjacências dos corpos de Golgi; um domínio RE rugoso que age como porta para entrada de proteínas na via secretora; um domínio RE liso envolvido com a síntese de moléculas lipídicas, incluindo glicerolipídios, isoprenoides e flavonoides; domínios formadores de corpos proteicos e domínios formadores de corpos lipídicos; um domínio formador de vacúolo; e os plasmodesmos (Fig. 3.2B), que atravessam as paredes comuns entre células e desempenham um papel importante na comunicação célula a célula (Capítulo 4). Essa lista continuará a se expandir à medida que mais células forem investigadas por técnicas avançadas. Em 2001, outros dois domínios foram adicionados à lista de Staehelin, um domínio formador de ricinosomo (Gietl e Schmid, 2001) e o domínio "RE nodal", que é exclusivo para células perceptoras de gravidade presentes na columela da coifa (Zheng e Staehelin, 2001). Descobertos no endosperma senescente de sementes de mamona (*Ricinus communis*) germinando, os **ricinosomos** brotam do RE no início da morte celular programada e transportam grandes quantidades de uma cisteína endopeptidase tipo papaína para o citosol, nos estágios finais da desintegração celular.

Uma rede bidimensional extensiva de RE que consiste de cisternas e túbulos interconectados está localizada na face interna da membrana plasmática no citoplasma periférico ou cortical (Fig. 3.3; Hepler et al., 1990; Knebel et al., 1990; Lichtscheidl e Hepler, 1996; Ridge et al., 1999). As membranas desse **RE cortical** são contínuas com as membranas do RE localizadas mais internamente no citosol, incluindo aquelas dos cordões transvacuolares de células altamente vacuolizadas. Como

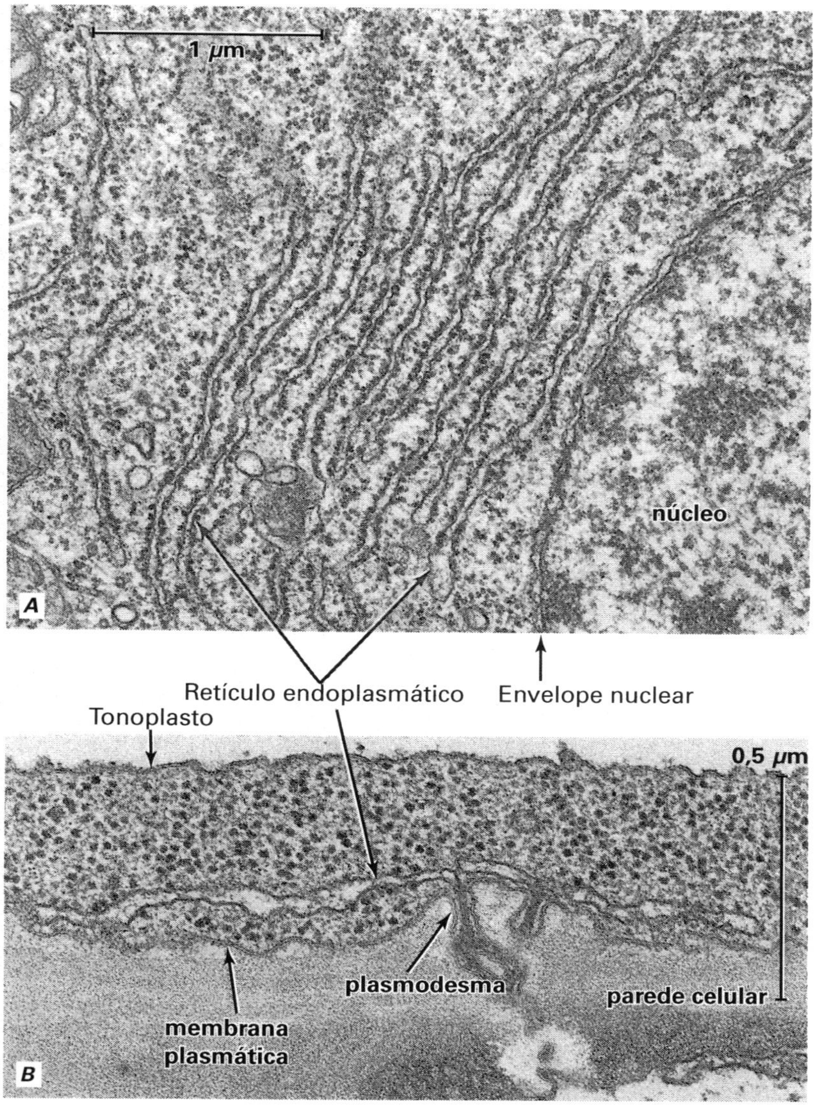

FIGURA 3.2

Retículo endoplasmático (RE) visto em perfil em células da folha de tabaco (*Nicotiana tabacum*, **A**) e beterraba (*Beta vulgaris*, **B**). O RE está associado a numerosos ribossomos (RE rugoso) em **A** e com menos ribossomos em **B**. O RE liso em **B** está conectado com porções centrais elétron-densas (desmotúbulos) dos plasmodesmos (vistos somente em parte). A membrana plasmática reveste os canais plasmodesmais. Notar a aparência trilaminar do tonoplasto e da membrana plasmática em **B**. (Obtido de Esau, 1977.)

mencionado anteriormente, a membrana nuclear externa também é contínua com o RE. Assim, o RE rugoso e liso, junto ao envelope nuclear, formam um *continuum* que delimita um único lúmen e atravessa todo o citosol.

Sugere-se que a rede de RE cortical sirva como um elemento estrutural que estabiliza ou ancora o citoesqueleto da célula (Lichtscheidl et al., 1990). O RE cortical pode funcionar na regulação do Ca^{2+}; assim, ele pode ter um papel importante em uma série de processos fisiológicos e do desenvolvimento (Hepler e Wayne, 1985; Hepler et al., 1990; Lichtscheidl e Hepler, 1996).

Informações sobre a natureza dinâmica do RE provêm de estudos de células vivas utilizando corantes fluorescentes vitais, tais como iodido de diexiloxacarbocianina (DiOC) (Quader e Schnepf, 1986; Quader et al., 1989; Knebel et al., 1990), que coram endomembranas e, mais recentemente, traçam a rota da proteína verde fluorescente para o RE (Ridge et al., 1999). Esses estudos têm revelado que as membranas do RE estão em contínuo movimento e constantemente mudando sua forma e distribuição (Fig. 3.3). O RE localizado mais profundamente na célula se move mais ativamente que o RE cortical, que embora seja constantemente reestruturado, não se move como o resto do RE ou das organelas da corrente citoplasmática mais profunda. A mobilidade do RE cortical é limitada por sua suposta ancoragem nos plasmodesmos e por sua aderência à membrana plasmática (Lichtscheidl e Hepler, 1996).

O aparato de Golgi é um sistema de membranas altamente polarizado, envolvido no processo de secreção

O termo **aparato de Golgi** se refere a todos os corpos da complexa rede trans-Golgi de uma célula. Os corpos de Golgi também são chamados ***dictiossomos***, ou simplesmente ***pilhas de Golgi***.

Cada corpo de Golgi consiste de cinco a oito cisternas achatadas empilhadas, que frequentemente possuem margens bulbosas e fenestradas (Fig. 3.4). As pilhas de Golgi são estruturas polarizadas. As superfícies ou polos opostos de uma pilha são chamados de faces *cis* e *trans*. Três cisternas morfologicamente distintas podem ser reconhecidas na pilha: cisternas *cis*, *centrais* e *trans*, que diferem umas das outras estrutural e bioquimicamente (Driouich e Staehelin, 1997; Andreeva et al., 1998). A rede ***trans*-Golgi (RTG)**, um retículo tubular de onde

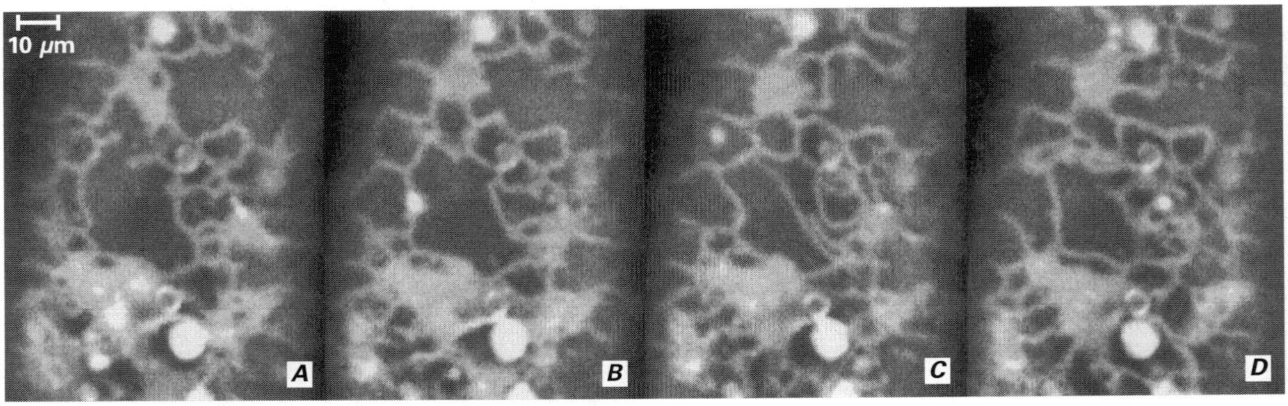

FIGURA 3.3

Quatro micrografias em microscopia de luz confocal das membranas de RE corticais de células By-2 de tabaco. As células foram produzidas em meios de cultura contendo 10 μg de rodamina 123 por ml. Essas micrografias, obtidas a cada 1 minuto de intervalo, ilustram as mudanças que ocorreram para a organização do RE durante esse período de tempo. (Obtido de Hepler e Gunning, 1998.)

brotam vesículas recobertas e não recobertas por clatrina, está associada à face *trans* da pilha de Golgi (Fig. 3.1). Cada complexo Golgi-RTG está imerso em uma zona de livre de ribossomos chamada ***matriz do Golgi***.

Diferentemente do Golgi centralizado das células de mamíferos, nas células vegetais o aparato de Golgi consiste de muitas pilhas separadas que permanecem funcionalmente ativas durante a mitose e a citocinese (Andreeva et al., 1998; Dupree e Sherrier, 1998). Nas células vivas, pilhas marcadas com proteína verde fluorescente podem ser observadas ao longo dos feixes de filamentos de actina similar à arquitetura da rede de RE (Boevink et al., 1998). Tem sido observado que as pilhas podem cessar e retomar o movimento, oscilando rapidamente entre movimento direcionado e aleatório. Nebenführ et al. (1999) propuseram que tais movimentos do complexo Golgi- RTG são regulados por "sinais de parada" produzidos por locais de exportação do RE e domínios da parede celular em expansão, a fim de otimizar o tráfego do RE para o Golgi e do Golgi para a parede celular. Durante a mitose e a citocinese, as pilhas de Golgi se redistribuem para locais específicos à medida que cessa a corrente citoplasmática (Capítulo 4; Nebenführ et al., 2000). Pouco antes da mitose, o número de pilhas do Golgi dobra por fissão das cisternas, processo que ocorre na direção *cis–trans* (Garcia-Herdugo et al., 1998).

Na maioria das células vegetais, o aparato de Golgi apresenta duas funções principais: a síntese de polissacarídeos não celulósicos da parede (hemicelulose e pectina; Capítulo 4) e a glicosilação

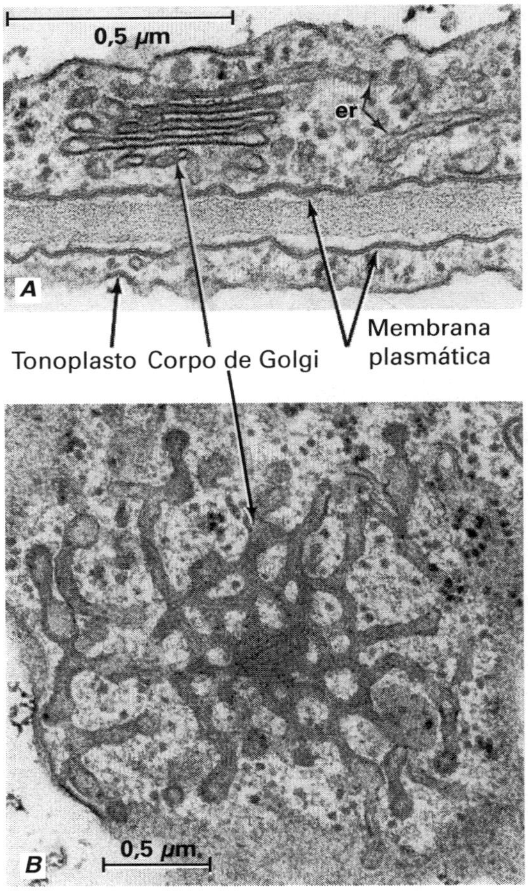

FIGURA 3.4

Corpos de Golgi em folha de tabaco (*Nicotiana tabacum*). **A**, corpo de Golgi em perfil com a face *trans* fenestrada na direção da parede celular. **B**, corpo de Golgi visto a partir de sua face *trans* fenestrada. Algumas das vesículas que serão liberadas são recobertas. Detalhe: re: retículo endoplasmático. (Obtido de Esau, 1977.)

de proteínas. Evidências obtidas do uso de anticorpos policlonais indicam que diferentes passos na síntese de polissacarídeos ocorrem em diferentes cisternas do Golgi (Moore et al., 1991; Zhang e Staehelin, 1992; Driouich et al., 1993). Os diferentes polissacarídeos são empacotados em vesículas secretoras, que migram e se fundem com a membrana plasmática (exocitose). As vesículas, então, descarregam seu conteúdo e os polissacarídeos se tornam parte da parede celular. Em células em crescimento, as vesículas contribuem para o aumento da membrana plasmática.

O estágio inicial da glicosilação de proteínas ocorre no RE rugoso. Essas glicoproteínas são, então, transferidas do RE para a face *cis* do Golgi via vesículas de transição (Bednarek e Raikkhel, 1992; Holtzman, 1992; Schnepf, 1993). As glicoproteínas passam por outras etapas do processo, atravessando toda a pilha até a face *trans*, onde são ordenadas na RTG para encaminhamento ao vacúolo ou para secreção na superfície celular. Polissacarídeos destinados à secreção na superfície celular também são empacotados em vesículas da RTG. Um determinado corpo de Golgi pode processar simultaneamente polissacarídeos e glicoproteínas.

Glicoproteínas e polissacarídeos complexos destinados à secreção na parede celular são empacotados em vesículas não recobertas, ou de superfície lisa, enquanto enzimas hidrolíticas e proteínas de armazenamento (globulinas hidrossolúveis) destinadas aos vacúolos são empacotadas na RTG em vesículas recobertas por clatrina e vesículas lisas elétron-densas, respectivamente (Herman e Larkins, 1999; Miller e Anderson, 1999; Chrispeels e Herman, 2000). A formação de **vesículas densas** derivadas do Golgi não é restrita a RTG, mas também pode ocorrer nas cisternas-*cis* (Hillmer et al., 2001).

Alguns tipos de proteínas de estocagem (prolaminas álcool-solúveis) formam agregados e são empacotadas em vesículas no RE, a partir de onde são transportadas diretamente para os vacúolos armazenadores de proteínas, sem passar pelo Golgi (Matsuoka e Bednaredk, 1998; Herman e Larkins, 1999). Em trigo, por exemplo, uma quantidade considerável de prolaminas se agrega diretamente em corpos proteicos (grãos de aleurona) dentro do RE rugoso, e então os corpos proteicos são transportados intactos para os vacúolos, sem o envolvimento do Golgi (Levanony et al., 1992). Em milho, sorgo e arroz, corpos proteicos formados dessa mesma maneira permanecem dentro do RE e são envolvidos por membranas do RE (Vitale et al., 1993).

O transporte das vesículas secretoras para a membrana plasmática por exocitose deve ser equilibrada pela reciclagem equivalente de membranas a partir da membrana plasmática pelo processo de endocitose mediado por clatrina (Battey et al., 1999; Marty, 1999; Sanderfoot e Raikhel, 1999). A reciclagem é essencial para sustentar um sistema de endomembranas funcional (Battey et al., 1999).

CITOESQUELETO

O **citoesqueleto** é uma rede tridimensional e dinâmica de filamentos proteicos que se estendem através do citosol e está intimamente envolvido em muitos processos celulares, incluindo mitose, citocinese, expansão e diferenciação celular, comunicação célula a célula e o movimento de organelas e outros componentes citoplasmáticos de um local para outro dentro da célula (Seagull, 1989; Derksen et al., 1990; Goddard et al., 1994; Kost et al., 1999; Brown e Lemmon, 2001; Kost e Chua, 2002; Sheahan et al., 2004). Em células vegetais, o citoesqueleto é formado por, pelo menos, dois tipos de filamentos proteicos: os microtúbulos e os filamentos de actina. A presença de filamentos intermediários, que ocorrem em células animais, não foi demonstrada de forma inequívoca nas células vegetais. Microscopia de imunofluorescência e, mais recentemente, o uso de proteína verde fluorescente, marcadora de proteínas do citoesqueleto, e microscopia confocal, têm possibilitado o estudo da organização tridimensional do citoesqueleto em células fixadas e células vivas, e têm contribuído muito para o entendimento da estrutura e função do citoesqueleto (Lloyd, 1987; Staiger e Shliwa, 1987; Flanders et al., 1990; Marc, 1997; Collings et al., 1998; Kost et al., 1999; Kost et al., 2000);

Os microtúbulos são estruturas cilíndricas, compostas de subunidades de tubulina

Os **microtúbulos** são estruturas cilíndricas com aproximadamente 24 nanômetros de diâmetro e comprimento variável (Fig. 3.5). O comprimento dos microtúbulos corticais, isto é, microtúbulos localizados no citoplasma periférico, logo abaixo da membrana plasmática, geralmente corresponde à largura da face celular com a qual eles estão associados (Barlow e Baluška, 2000). Cada microtúbulo

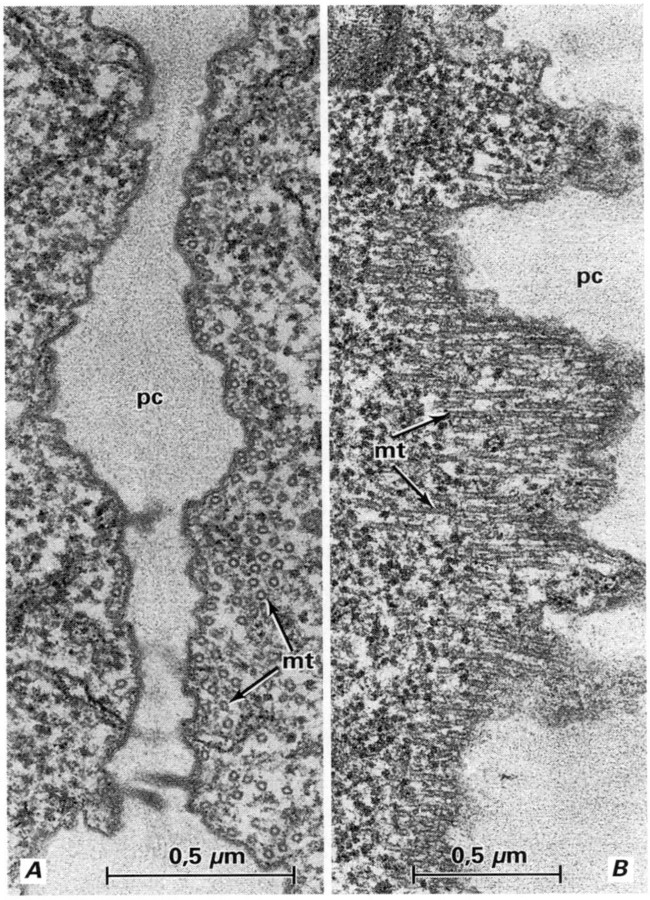

FIGURA 3.5

Microtúbulos (mt) corticais em células do ápice de raiz de *Allium cepa* em secção transversal (**A**) e longitudinal (**B**). Outro detalhe: pc: parede celular.

é composto por dois tipos diferentes de moléculas proteicas, alfa (α) tubulina e beta (β) tubulina. Essas subunidades, juntas, formam um dímero ("duas partes") solúvel, que então se auto-organiza em túbulos insolúveis. As subunidades são organizadas em uma hélice para formar 13 fileiras, ou "protofilamentos", ao redor da parte central com material levemente contrastado. Dentro de cada protofilamento, as subunidades estão orientadas na mesma direção, e todos os protofilamentos estão alinhados em paralelo com a mesma polaridade; consequentemente, o microtúbulo é uma estrutura polar com extremidades positivas e negativas. As extremidades positivas crescem mais rápido que as negativas, sendo que as extremidades dos microtúbulos podem alternar entre o estado de crescimento e de encolhimento, um comportamento chamado de **instabilidade dinâmica** (Cassimeris et al., 1987).

Os microtúbulos são, realmente, estruturas dinâmicas que passam por sequências regulares de quebra, reorganização e rearranjo em novas configurações, ou disposições, em pontos específicos no ciclo celular durante a diferenciação (Hush et al., 1994; Vantard et al., 2000; Azimzadeh et al., 2001). As configurações mais notáveis no ciclo celular são o arranjo cortical interfásico, a banda pré-prófase, o fuso mitótico e o fragmoplasto, que está localizado entre dois núcleos-filhos recém-formados (Fig. 3.6; Capítulo 4; Baskin e Cande, 1990; Barlow e Baluška, 2000; Kumagai e Hasezawa, 2001).

Os microtúbulos apresentam muitas funções (Wasteneys, 2004). Em células em crescimento e diferenciação, os microtúbulos corticais controlam o alinhamento das microfibrilas de celulose que estão sendo adicionadas à parede, e o sentido da expansão é controlado, por sua vez, pelo alinhamento das microfibrilas de celulose na parede (Capítulo 4; Mathur e Hülskamp, 2002). Além disso, os microtúbulos que formam as fibras do fuso mitótico desempenham uma função no movimento dos cromossomos; esses microtúbulos que formam o fragmoplasto, provavelmente com ajuda de proteínas motoras tipo cinesina (Otegui et al., 2001), estão envolvidos na formação da placa celular (a divisória inicial entre células em divisão).

Durante a maior parte do ciclo celular (interfase), microtúbulos irradiam a partir da superfície do núcleo, que é o "local de nucleação" primária, ou **centro de organização microtubular (COMT)** na célula vegetal. COMTs secundários se localizam na membrana plasmática onde organizam matrizes de microtúbulos corticais, que são essenciais para ordenar a síntese da parede e, consequentemente, a morfogênese celular (Wymer e Lloyd, 1996; Wymer et al., 1996). Tem sido sugerido que o material que constitui os COMTs é translocado para a periferia celular pelos microtúbulos organizados e irradiados a partir da superfície nuclear (o COMT primário) (Baluška et al., 1997b, 1998). Acredita-se que a γ-tubulina que é encontrada em todos os COMTs é essencial para a nucleação dos microtúbulos (Marc, 1997).

Os filamentos de actina consistem de duas cadeias lineares de moléculas de actina na forma de uma hélice

Os **filamentos de actina**, também chamados de **microfilamentos** e **actina filamentosa** (***F** acti-*

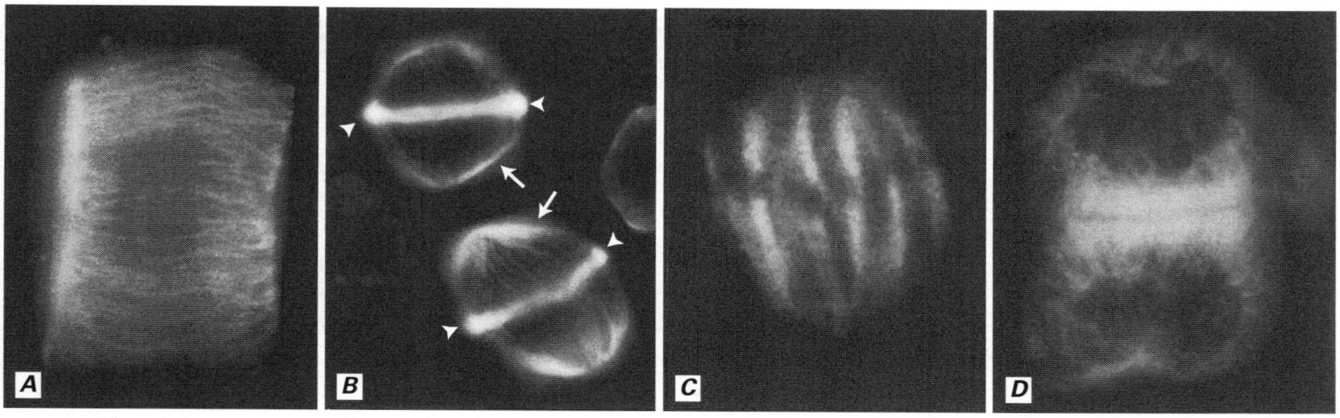

Interfase | Fuso e banda pré-prófase | Fuso mitótico na metáfase | Fragmoplasto na telófase

FIGURA 3.6

Micrografias de fluorescência dos arranjos ou disposição dos microtúbulos em ápices de raiz de cebola (*Allium cepa*). **A**, disposição cortical na interfase. Os microtúbulos permanecem logo abaixo da membrana plasmática. **B**, uma banda pré-prófase de microtúbulos (pontas de seta) envolve o núcleo no local da futura placa celular. O fuso da prófase, composto de outros microtúbulos (setas), contorna o envelope nuclear (não visível). A célula inferior está em um estágio mais tardio do desenvolvimento que a célula superior. **C**, fuso mitótico na metáfase. **D**, durante a telófase, novos microtúbulos formam um fragmoplasto, que está envolvido na formação da placa celular. (Reimpresso com permissão de Goddarb et al., 1994. © American Society of Plant Biologists.)

na), são, como os microtúbulos, estruturas polares com extremidades positivas e negativas distintas. Eles são compostos de monômeros de actina que se organizam em filamentos e se assemelham a uma hélice de cordão duplo, com diâmetro médio de 7 nanômetros (Meagher et al., 1999; Staiger, 2000). Os filamentos de actina ocorrem individualmente ou em feixes (Fig. 3.7). Esses filamentos constituem um sistema de citoesqueleto que pode se formar e funcionar independentemente dos microtúbulos (por exemplo, filamentos de actina conduzem a corrente citoplasmática e a dinâmica do Golgi). Entretanto, em alguns casos, actina e microtúbulos podem atuar juntos no desempenho de funções específicas. Alguns filamentos de actina estão especialmente associados com microtúbulos e, como os microtúbulos, assumem novas configurações, ou arranjos, em pontos específicos do ciclo celular (Staiger e Schliwa, 1987; Lloyd, 1988; Baluška et al., 1997a; Collings et al., 1998). Em células da região de transição – uma zona pós-mitótica intercalada entre o meristema e a região de alongamento rápido – da extremidade de raiz de milho em crescimento, a superfície nuclear e o citoplasma cortical associados com as paredes terminais foram identificados como as principais regiões de organização dos feixes de filamentos de actina (Baluška, 1997a).

O citoesqueleto de actina está envolvido em várias atividades das células vegetais, além do papel fundamental que ele desempenha – em associação com as miosinas motoras (Shimmen et al., 2000) – na corrente citoplasmática e no movimento de plastídios, vesículas (Jeng e Welch, 2001) e outros componentes citoplasmáticos. Outras funções demonstradas ou sugeridas incluem o estabelecimento da polaridade celular, a determinação do plano de divisão (por posicionamento da banda pré-prófase), sinalização celular (Drøbak et al., 2004), crescimento apical de tubos polínicos e pelos radiculares (Kropf et al., 1998), controle do transporte por plasmodesmos (White et al., 1994; Ding et al., 1996; Aaziz et al., 2001), e os processos de sensibilidade mecânica, tais como respostas ao toque em folhas (Xu et al., 1996) e o enrolamento de gavinhas a um suporte (Engelberth et al., 1995).

COMPOSTOS ARMAZENADOS

Todos os compostos armazenados pelas plantas são produtos do metabolismo. Coletivamente chamados de substâncias ergásticas, esses compostos podem aparecer, desaparecer e reaparecer em diferentes épocas da vida de uma célula. A maioria deles é produto de estocagem, alguns estão envolvidos na defesa da planta, e poucos têm sido caracterizados como produtos de descarte. Na maio-

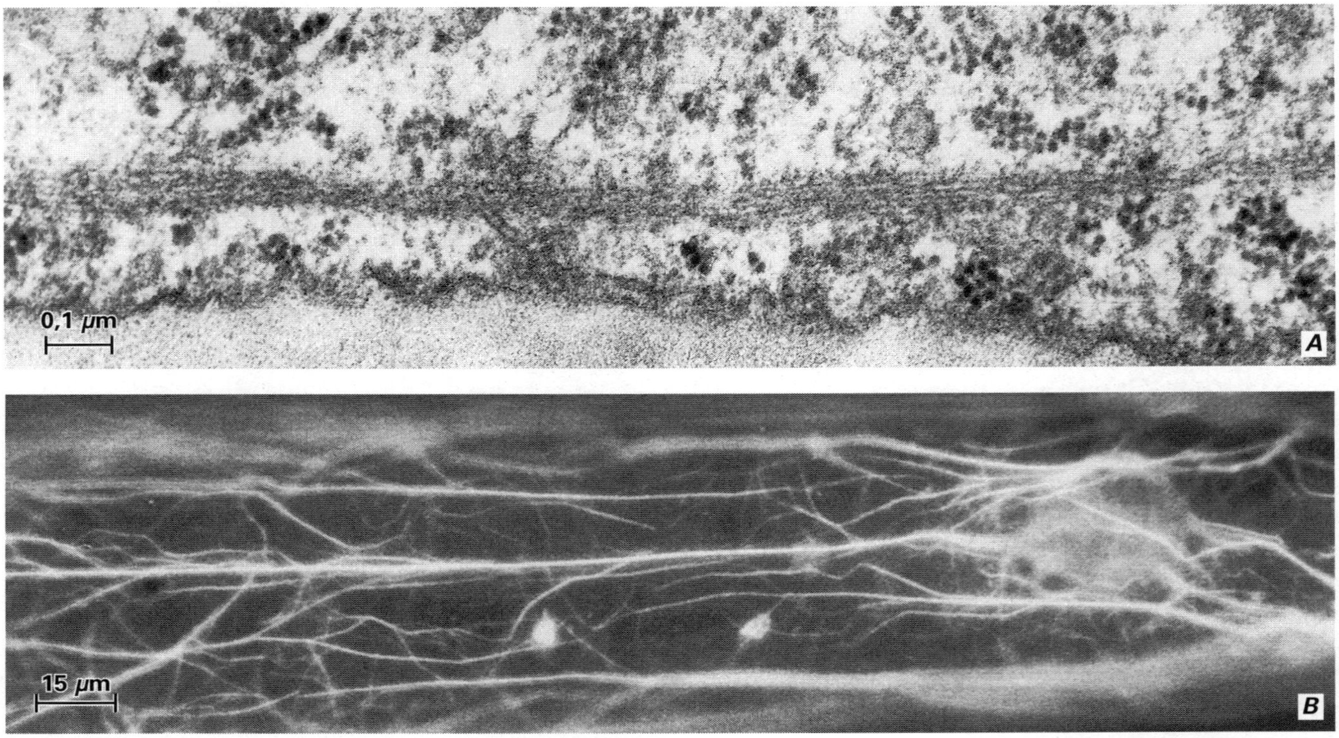

FIGURA 3.7

Filamentos de actina. **A**, um feixe de filamentos de actina em eletronmicrografia de uma célula foliar de milho (*Zea mays*). **B**, muitos feixes de filamentos de actina em uma micrografia de fluorescência obtida de uma tricoma no caule de tomate (*Solanum lycopersicum*). (**B**, obtido de Parthasarathy et al., 1985.)

ria dos casos, eles formam estruturas visíveis ao microscópios de luz e/ou microscópios eletrônicos, incluindo grãos de amido, corpos proteicos, corpos de óleo, vacúolos preenchidos por tanino e material mineral na forma de cristais. Essas substâncias são encontradas na parede celular, no citosol e em organelas, incluindo os vacúolos.

O amido se desenvolve na forma de grãos nos plastídios

Ao lado da celulose, o **amido** é o carboidrato mais abundante no mundo vegetal. Além disso, é o principal polissacarídeo armazenado nas plantas. Durante a fotossíntese, amido de assimilação é formado nos cloroplastos (Fig. 3.8). Mais tarde, ele é quebrado em açúcares, transportado para as células armazenadoras e ressintetizado como amido de estocagem nos amiloplastos (Fig. 3.9). Como mencionado anteriormente, um amiloplasto pode conter um (simples) ou mais (compostos) grãos de amido. Se muitos grãos de amido se desenvolvem juntos, eles podem se tornar envolvidos por uma lamela comum, formando um grão de amido complexo (Ferri, 1974).

Os grãos de amido, ou grânulos, variam em formato e tamanho e comumente mostram lamelação ao redor de um ponto, o ***hilo***, que pode estar no centro do grão ou mais deslocado para um dos lados (Fig. 3.9A). Fraturas, frequentemente a partir do hilo, aparecem durante a desidratação dos grãos. Todos os grãos consistem de dois tipos de moléculas, as cadeias não ramificadas de amilase e moléculas de amilopectina ramificadas (Martin e Smith, 1995). A lamelação dos grãos de amido é atribuída a uma alternância dessas duas moléculas de polissacarídeos. A lamelação é acentuada quando o grão de amido é colocado em água em virtude do intumescimento diferencial das duas substâncias: a amilase é solúvel em água, e a amilopectina não é. A amilase parece ser o componente predominante do amido encontrado nas folhas de sorgo (*Sorghum bicolor*) e de milho (*Zea mays*), enquanto as sementes contêm de 70% a 90% de amilopectina (Vickery e Vickery, 1981). No amido

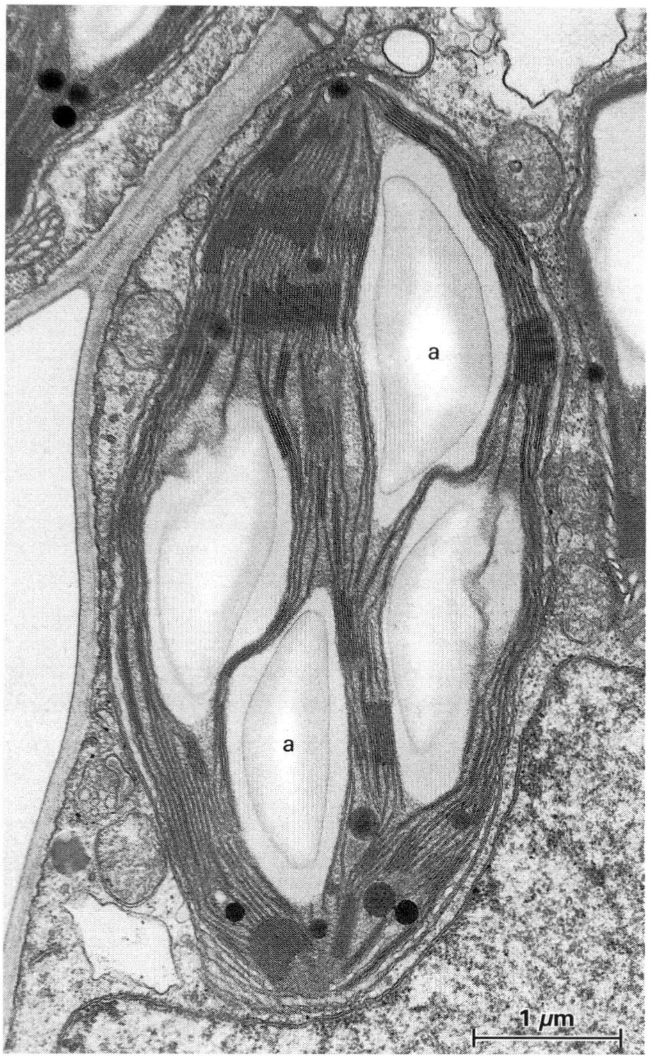

FIGURA 3.8

Um cloroplasto contendo amido de assimilação (a), de uma célula do mesofilo foliar de *Amaranthus retroflexus*. Durante os períodos de intensa fotossíntese, alguns dos carboidratos são armazenados temporariamente nos cloroplastos como grãos de amido de assimilação. Durante a noite, sacarose é produzida a partir do amido e exportada da folha para outras partes da planta, onde é finalmente utilizada na produção de outras moléculas necessárias à plantas. (Obtido de Fisher e Evert, 1982. © 1982 por The University of Chicago. Todos os direitos reservados.)

do tubérculo de batata, a proporção encontrada é de 22% de amilase e 78% de amilopectina (Frey-Wyssling, 1980). Grãos de amido são compostos de regiões amorfas e cristalinas, cujas cadeias são mantidas juntas por pontes de hidrogênio. Sob luz polarizada, os grãos de amido mostram a figura de uma cruz de Malta (Fig. 3.9B) (Varriano-Marston, 1983). Os grãos de amido, geralmente, coram de negro-azulado pelo iodo no iodeto de potássio (I_2KI).

O armazenamento de amido ocorre em várias regiões do corpo vegetal. É observado em células do parênquima cortical e medular e em tecidos vasculares de raiz e caule; em células parenquimáticas de folhas suculentas (escamas de bulbos), rizomas, tubérculos, cormos, frutos e cotilédones; e no endosperma de sementes. Comercialmente, o amido é obtido de várias fontes como, por exemplo, o endosperma de cereais, raízes carnosas de *Manihot esculenta* (mandioca), tubérculos de batata, rizomas tuberosos de *Maranta arundinacea* (araruta) e caules de *Metroxylon sagu* (sagu).

O local de organização do corpo proteico depende da composição da proteína

As proteínas de armazenamento podem ser formadas em diferentes rotas, dependendo, em parte, se elas são compostas de globulinas solúveis em sal ou prolamina solúveis em álcool (Chrispeels, 1991; Herman e Larkins, 1999; Chrispeels e Herman, 2000). As globulinas são as principais proteínas de armazenamento em legumes e as prolaminas na maioria dos cereais. Geralmente, as globulinas se agregam em vacúolos armazenadores de proteínas após terem sido transportadas do RE rugoso via aparato de Golgi. Contudo, como indicado anteriormente, em cereais, o aparato de Golgi não está necessariamente envolvido com o transporte de prolamina para o vacúolo. No trigo, por exemplo, uma parte considerável das prolaminas se agrega diretamente em **corpos proteicos** (grãos de aleurona) dentro do RE rugoso e, então, são transportados em vesículas distintas para os vacúolos sem o envolvimento do Golgi (Levanony et al., 1992). Em outros cereais, tais como o milho, sorgo e arroz, corpos proteicos formados de modo similar não são transportados para os vacúolos, mas permanecem dentro do RE rugoso delimitados pelas membranas do RE (domínio RE 8, Fig. 3.1) (Vitale et al., 1993). Em consequência da germinação, as proteínas armazenadas são mobilizadas por hidrólise para prover energia, compostos nitrogenados e minerais necessários para o crescimento da plântula. Ao mesmo tempo, os vacúolos armazenadores de proteínas podem funcionar como compartimentos lisossomais ou organelas autofágicas (Herman

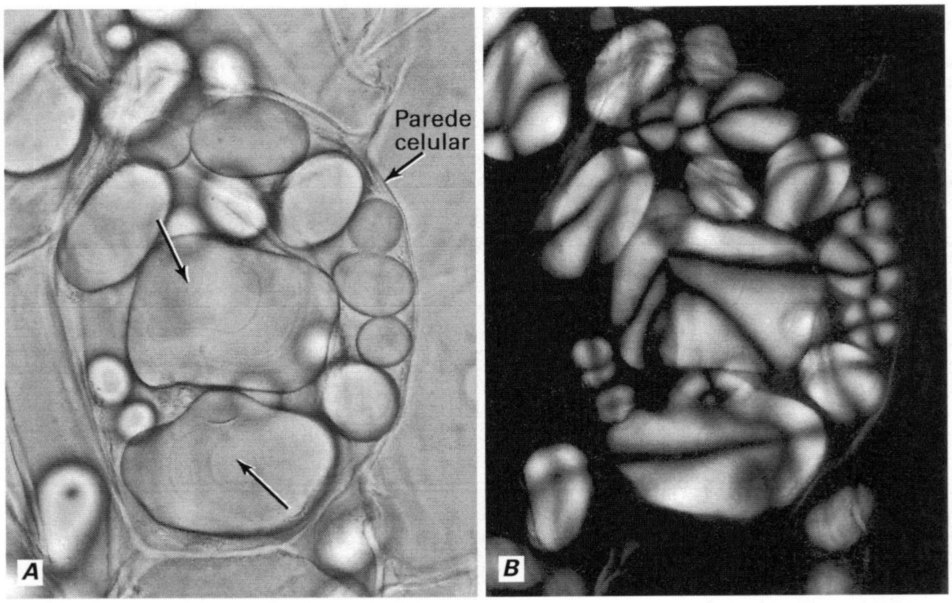

FIGURA 3.9

Grãos de amido do tubérculo de batata (*Solanum tuberosum*) fotografados com luz comum (**A**) e com luz polarizada (**B**). As setas apontam o hilo de alguns grãos de amido em **A**. Em **B**, os grãos de amido mostram a figura de uma cruz de Malta. Cada amiloplasto da batata contém um único grão de amido. (A, B, ×620.)

et al., 1981), englobando e digerindo porções do citoplasma. Conforme a germinação progride, os numerosos vacúolos pequenos podem se fundir e formar um grande vacúolo. Embora corpos proteicos sejam mais abundantes em sementes, eles também ocorrem em raízes, caules, folhas, flores e frutos.

Estruturalmente, o corpo proteico mais simples consiste de uma matriz proteinácea amorfa, delimitada por uma membrana. Outros corpos proteicos podem conter um ou mais globoides não proteináceos (Fig. 3.10) ou um, ou mais, globoides e um ou mais, cristaloides de proteína, além da matriz proteinácea. Os corpos proteicos podem também conter um grande número de enzimas e quantidades razoáveis de ácido fítico, um sal de cátion do ácido hexafosfórico de mioinositol, que geralmente é estocado nos globoides. O ácido fítico é uma fonte importante de fósforo durante o desenvolvimento da plântula. Alguns corpos proteicos contêm cristais de oxalato de cálcio (Apiaceae).

As proteínas podem ocorrer na forma de cristaloides no citosol, como, por exemplo, nas células do parênquima do tubérculo de batata, entre os grãos de amido de *Musa*, e no parênquima do fruto de *Capsicum*. No tubérculo de batata, os cristais proteicos cuboides são encontrados nas células abaixo do felogênio. Os cristais aparentemente são formados dentro de vesículas e podem ou não ser liberados no citosol na maturidade (Marinos, 1965; Lyshede, 1980). Cristaloides proteináceos também ocorrem no núcleo. Tais inclusões nucleares são de ocorrência comum entre plantas vasculares (Wergin et al., 1970).

Corpos de óleo brotam das membranas do RE liso por um processo mediado por oleosina

Os **corpos de óleo** são estruturas ligeiramente esféricas que conferem uma aparência granular ao citoplasma de uma célula vegetal sob microscopia de luz. Em eletronmicrografias, os corpos de óleo têm aparência amorfa (Fig. 3.10). Os corpos de óleo são amplamente distribuídos pelo corpo da planta, mas são mais abundantes em frutos e sementes. Aproximadamente 45% do peso das sementes de girassol, amendoim, linhaça e gergelim é composto de óleo (Somerville e Browse, 1991). O óleo fornece energia e uma fonte de carbono para plântulas em desenvolvimento.

Os corpos de óleo, também conhecidos como esferosomos ou oleosomos, surgem do acúmulo de ***moléculas de triacilglicerol*** em locais específicos (domínio 9 do RE, Fig. 3.1) no interior da bicamada lipídica do RE (Wanner e Thelmer, 1978;

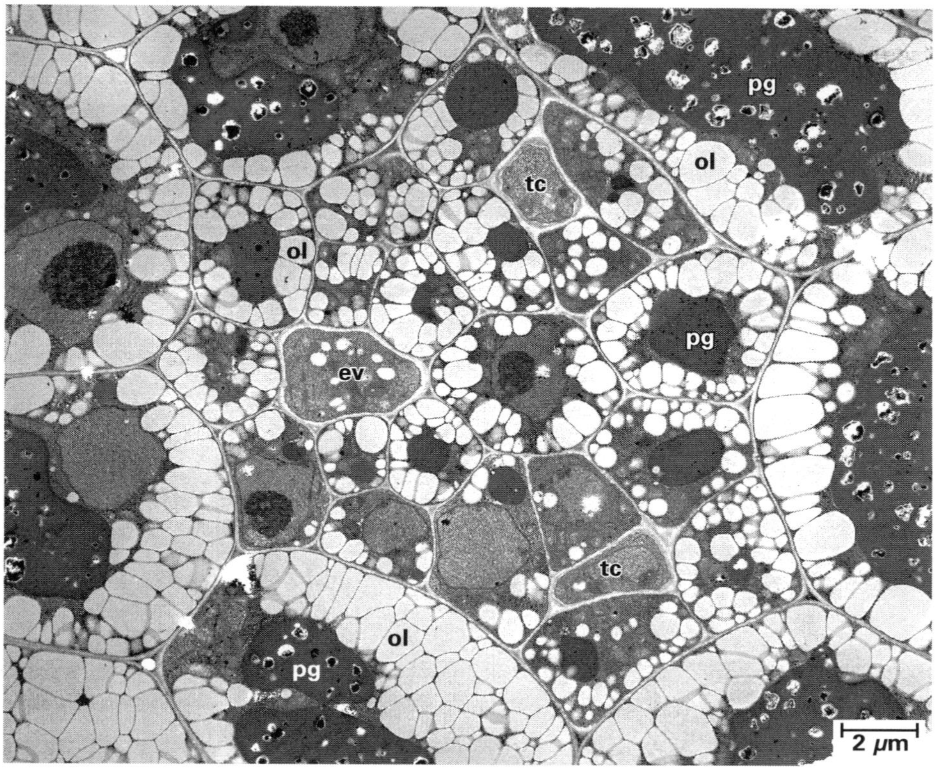

FIGURA 3.10

Feixe vascular imaturo, rodeado por células de parênquima de reserva, no cotilédone do embrião de *Arabidopsis thaliana*. Corpos de óleo (ol) e corpos contendo proteína globoide (pg) ocupam a maior parte do volume das células procambiais e células do parênquima de reserva. Outros detalhes: tc, elemento de tubo crivado imaturo; ev: elemento de vaso imaturo. (Obtido de Busse e Evert, 1999 © 1999 por The University of Chicago. Todos os direitos reservados.)

Ohlrogge e Browse, 1995). Esses locais de acúmulo de lipídios são definidos pela presença de proteínas de membrana integrais com 15 a 25 kDa conhecidas como ***oleosinas***, moléculas que fazem com que os corpos de óleo brotem no citosol (Huang, 1996). Cada corpo de óleo é envolto por uma única camada de fosfolipídio na qual as oleosinas estão embebidas (Somerville e Browse, 1991; Loer e Herman, 1993). As oleosinas e os fosfolipídios estabilizam os corpos de óleo e previnem sua coalescência (Tzen e Huang, 1992; Cummins et al., 1993). A manutenção dos corpos de óleo como pequenas entidades assegura uma ampla área superficial para a ligação de lipases e a rápida mobilização de triacilgliceróis, quando necessário.

O armazenamento de lipídios ocorre em quase todos os táxons vegetais e, provavelmente, em toda célula, pelo menos em pequenas quantidades (Küster, 1956). Geralmente eles são encontrados na forma líquida como corpos de óleo. Formas cristalinas são raras. Um exemplo foi relatado para o endosperma da palmeira *Elais*, onde as células estavam preenchidas com cristais curtos de gordura em formato de agulha (Küster, 1956). (A distinção entre gorduras e óleos é essencialmente física, sendo que as gorduras se apresentam sólidas em temperatura ambiente e os óleos, líquidos.) Os chamados óleos essenciais são óleos voláteis que contribuem para a essência ou odor das plantas. Eles são produzidos por células especiais e excretados para espaços intercelulares (Capítulo 17). Óleos e gorduras podem ser identificados por uma coloração avermelhada quando são tratados com Sudan III ou IV.

Deve-se, ainda, mencionar as **ceras**, compostos lipídicos de cadeia longa, que ocorrem como parte da cobertura protetora (cutícula) na epiderme de partes aéreas do corpo vegetal primário e na face interna da parede primária das células do súber em raízes e caules lenhosos. Essas ceras constituem a principal barreira contra a perda de água a partir da superfície do corpo vegetal (Capítulo 9). Pela redução da umidade de folhas, as ceras também reduzem a capacidade de germinação de esporos de fungos e o crescimento de bactérias, o que reduz a possibilidade de esses agentes causarem doenças. A maioria das plantas contém pouca cera de valor econômico. Exceções são a palmeira *Copernicia cerifera*, que produz a cera de carnaúba, e *Simmondia chinensis* (jojoba), cujos cotilédones contêm uma cera líquida de qualidade semelhante ao óleo de baleia (Rost et al., 1977; Rost e Paterson, 1978).

Os taninos ocorrem geralmente em vacúolos, mas também são encontrados nas paredes celulares

Os **taninos** são um grupo heterogêneo de substâncias polifenólicas, metabólitos secundários importantes, com um sabor adstringente e capacidade para curtir couro. Eles geralmente são divididos em duas categorias, hidrolisáveis e condensados. Os taninos hidrolisáveis podem ser hidrolisados com ácido diluído quente para formar carboidratos (principalmente glicose) e ácidos fenólicos. Os taninos condensados não podem ser hidrolisados. Em algumas de suas formas, os taninos são bem conspícuos em material seccionado. Eles aparecem como material grosseiro ou, finamente, granular, ou como corpos de vários tamanhos com coloração amarela, vermelha ou marrom. Nenhum tecido parece não possuir tanino completamente. Os taninos são abundantes em folhas de muitas plantas, em tecidos vasculares, na periderme em frutos verdes, em tegumentos de sementes e em excrescências patológicas como galhas (Küster, 1956). Eles ocorrem geralmente nos vacúolos (Fig. 2.21), mas aparentemente se originam no RE (Zobel, 1985; Rao, 1988). Os taninos podem estar presentes em muitas células de um determinado tecido ou isolado em células especializadas (idioblastos de tanino) espalhadas por todo o tecido (Gonzalez, 1966; Yonemori et al., 1997). Além disso, eles podem estar localizados em células muito grandes chamadas sacos taníferos ou em células tubulares (Capítulo 17).

A maioria dos extratos usados no processamento de couro em curtumes é proveniente de algumas eudicotiledôneas, em particular, da madeira, casca, folhas e/ou frutos de espécies de Anacardiaceae, Fabaceae e Fagaceae (Haslam, 1981). Aparentemente, a principal função dos taninos é a de proteção; sua adstringência serve como um repelente aos predadores e um impedimento à invasão de organismos parasitas por imobilizar enzimas extracelulares. As plantas que produzem e secretam quantidades substanciais de polifenóis, incluindo os taninos, podem impedir o crescimento de outras plantas nas adjacências, um fenômeno conhecido como **alelopatia**. Os taninos liberados das folhas em decomposição na água são prejudiciais a alguns insetos (Ayres et al., 1997), incluindo larvas de lepidóptera fitófago (Barbehenn e Martin, 1994). Eles aparentemente desempenham um papel importante na seleção do hábitat entre comunidades de mosquitos de hidrossistemas Alpinos (Rey et al., 2000).

Compostos fenólicos, principalmente taninos, são sintetizados em grandes quantidades em folhas de *Fagus sylvatica*, em resposta ao estresse ambiental (Bussotti et al., 1988). Inicialmente, eles se acumulam em vacúolos, especialmente na epiderme superior e no parênquima paliçádico. Em um estágio posterior, os taninos parecem ser solubilizados no citosol e retranslocados, eventualmente impregnando as paredes das células da epiderme da face superior. A impregnação das paredes pelos taninos tem sido interpretada como um mecanismo de impermeabilização associado com a redução da transpiração cuticular. O escurecimento associado ao crescimento da raiz de *Pinus banksiana* e de eucalipto (*Eucaliptus pilularis*) tem sido atribuído à deposição de taninos condensados nas paredes das células externas ao cilindro vascular (McKenzie e Peterson, 1955a, b). As células epidérmicas e corticais na "zona tanífera" marrom das raízes são mortas. Taninos condensados também foram encontrados nos espessamentos *phi* das raízes de *Ceratonia siliqua* (Pratikakis et al., 1998). Os espessamentos *phi* são espessamentos de parede reticulados ou em faixa nas células corticais de certas gimnospermas (Ginkgoaceae, Araucariaceae, Taxaceae e Cupressaceae; Gerrath et al., 2002) e de poucas espécies de angiospermas, tais como *Ceratonia siliqua*, *Pyrus mallus* (*Mallus domestica*) e *Pelargonium hortorum* (Peterson et al., 1981).

Os cristais de oxalato de cálcio geralmente se desenvolvem em vacúolos, mas também são encontrados nas paredes celulares e na cutícula

Os depósitos inorgânicos em plantas consistem principalmente de sais de cálcio e anidridos de sílica. Entre os sais de cálcio, o mais comum é o **oxalato de cálcio**, que ocorre na maioria das famílias botânicas, com algumas exceções, como Cucurbitaceae e algumas de Liliales, Poales e todas as Alismatidae (Prychid e Rudall, 1999). Oxalato de cálcio ocorre como sais mono e di-hidratados em muitas formas cristalinas. O mono-hidratado é o mais estável e o mais comumente encontrado em plantas que o di-hidratado. As formas mais comuns de cristais de oxalato de cálcio são (1) **cristais prismáticos** (Fig. 3.11A), com prismas de formato variável, geralmente um por célula; (2) **ráfides** (Figs. 3.11B e 3.12 A), cristais em forma de agulhas que ocorrem agrupados em feixes; (3) **drusas** (Figs. 3.11C e 3.12B), agregados esféricos de cristais prismáticos; (4) **estiloides**, cristais colunares alongados com extremidades pontiagudas ou cumeadas, um ou dois por célula; e (5) **areia cristalina**, cristais muito pequenos, geralmente em aglomerados. Em alguns tecidos, os cristais de oxalato de cálcio se formam em células semelhantes às adjacentes que não possuem cristais. Em outros, os cristais são formados em células especializadas na produção de cristais – **idioblastos cristalíferos**. Idioblastos cristalíferos contêm abundância de RE e corpos de Golgi. A maioria das células cristalíferas é viva na maturidade. A localização e o tipo de cristais de oxalato de cálcio dentro de um determinado táxon podem ser bastante consistentes, e, por isso, usados para fins taxonômicos (Küster, 1956; Prychid e Rudall, 1999; Pennisi e McConnell, 2001).

Os cristais de oxalato de cálcio geralmente se desenvolvem em vacúolos. As células cristalíferas podem se diferenciar simultaneamente, antes ou após a diferenciação das células vizinhas. Este último caso é comum no floema não condutor na casca de muitas árvores e está associado com a esclerificação tardia de muitas células (Capítulo 14). A formação de cristal comumente é precedida pela formação de alguns tipos de sistema ou complexo de membranas, que surge *de novo* no vacúolo e forma uma ou mais câmaras cristalíferas (Franceschi e Horner, 1980; Arnott, 1982; Webb, 1999; Mazen et al., 2003). Em células com ráfides, cada cristal está incluído em uma câmara individual (Fig. 3.13; Kausch e Horner, 1984; Webb et al., 1995). Além dos cristais, os vacúolos podem conter mucilagem (Kausch e Horner, 1983; Wang et al., 1994; Webb et

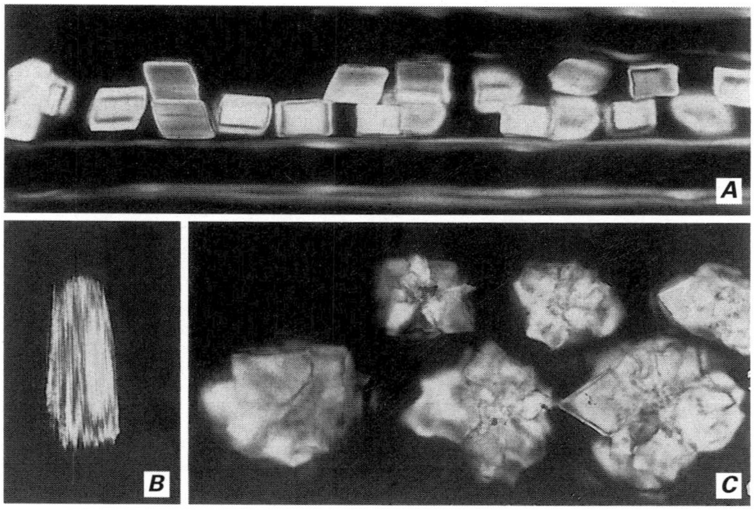

FIGURA 3.11

Cristais de oxalato de cálcio vistos em luz polarizada. **A**, cristais prismáticos no parênquima do floema da raiz de *Abies*. **B**, ráfides na folha de *Vitis*. **C**, drusas no córtex do caule de *Tilia*. (A, ×500; B, C, ×750.)

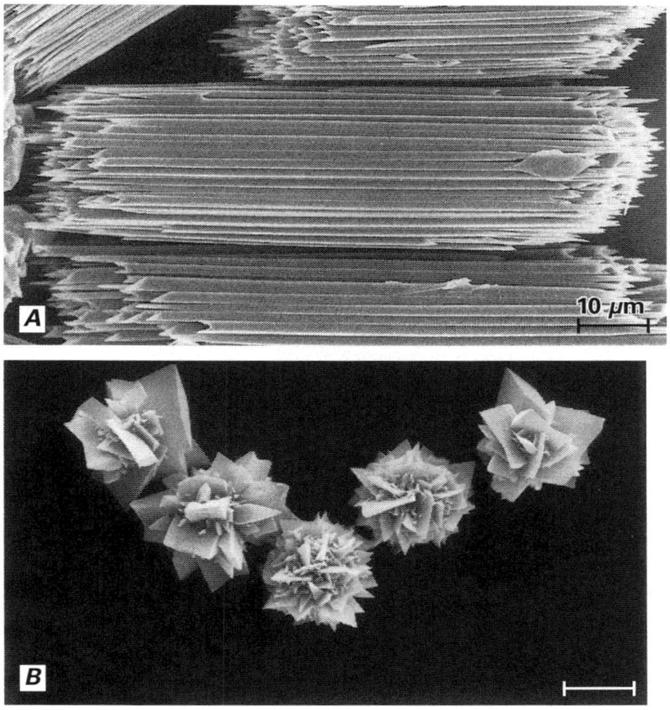

FIGURA 3.12

Eletronmicrografias de varredura (**A**) de feixe de ráfides isoladas do fruto de uva (*Vitis mustangensis*) e (**B**) drusas das células epidérmicas de *Cercis canadensis*. (**A**, obtido de Arnott e Webb, 2000. © 2000 por The University of Chicago. Todos os direitos reservados; **B**, cortesia de Mary Alice Webb.)

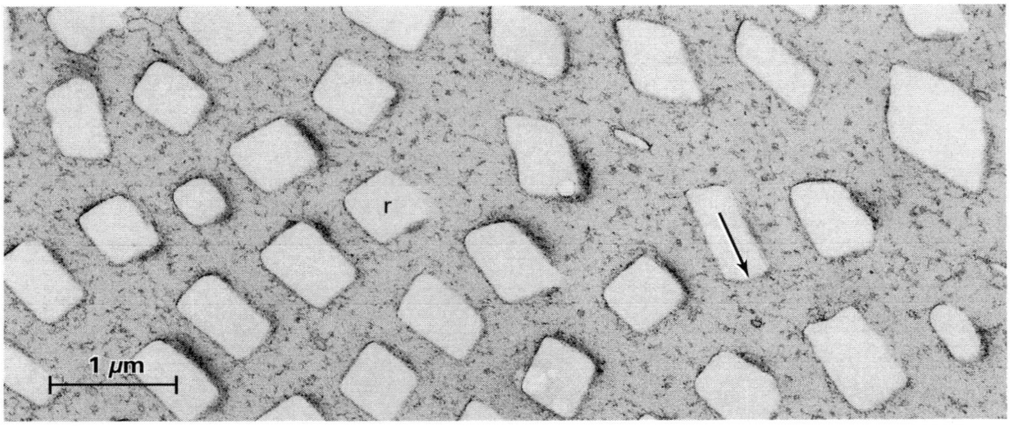

FIGURA 3.13

Câmaras cristalíferas no vacúolo de uma célula em desenvolvimento na folha de uva (*Vitis vulpine*) como observado com microscópio eletrônico de transmissão. Cada cavidade observada era ocupada por uma ráfide (r). Cada ráfide é rodeada por uma membrana da câmara cristalífera (seta). (Obtido de Webb et al., 1995. © Blackwell Publishing.)

al., 1995). Uma etapa posterior do desenvolvimento pode envolver a deposição de uma parede celular ao redor do cristal, isolando completamente o cristal do protoplasto (Ilarsla et al., 2001).

Horner e Wager (1995) reconheceram dois sistemas gerais de formação de cristal vacuolar baseado em parte na presença ou ausência de complexos de membrana nos vacúolos. Sistema I, que é exemplificado pelas drusas em *Capsicum* e *Vitis*, pelas ráfides em *Psycotria* e pela areia cristalina em *Beta*, todas eudicotiledôneas, é caracterizado pela presença de complexos de membrana vacuolar e de corpos paracristalinos orgânicos que mostram subunidades com grande periodicidade. Sistema II, que é caracterizado pela ausência de complexos de membrana vacuolar e pela presença de corpos paracristalinos com subunidades bem próximas, é exemplificado pelos idioblastos contendo ráfides em *Typha*, *Vanilla*, *Yucca* (Horner e Wagner, 1995), e *Dracaena* (Pennisi et al., 2001b), todas monocotiledôneas.

Embora incomum em fanerógamas, a deposição de cristais na parede celular e na cutícula em vez de vacúolos é frequente em coníferas (Evert et al., 1970; Oladele, 1982). Entre as angiospermas, cristais de oxalato de cálcio foram relatados na cutícula de *Casuarina equisetifolia* (Pant et al., 1975) e de algumas Aizoaceae (Öztig, 1940), entre a parede primária da célula epidérmica e a cutícula em *Dracaena* (Pennisi et al., 2001a), e entre as paredes primária e secundária das astroesclereides em *Nymphaea* e *Nuphar* (Arnott e Pautard, 1970; Kuo-Huang, 1990). Nas células epidérmicas de *Dracaena sanderiana* (Pennisi et al., 2001a) e nas esclereides que formam cristais da folha de *Nymphaea tetragona*, cada cristal "extracelular" se origina em uma câmara cristalífera delimitada por uma bainha inicialmente conectada com a membrana plasmática (Kuo-Huang, 1992; Kuo-Huang e Chen, 1999). Após os cristais serem formados nas esclereides de *Nymphaea*, uma espessa parede secundária é depositada e os cristais são embutidos entre as paredes primária e secundária.

Foi mostrado que a formação de oxalato de cálcio é um processo rápido e reversível em *Lemna minor* (Franceschi, 1989). Com um aumento na concentração de cálcio exógeno, foram formados feixes de cristais nas células da raiz, 30 minutos após o estímulo de indução. Com a fonte de cálcio limitada, os feixes de cristais recentemente formados dissolveram ao longo de um período de três horas. Obviamente, a formação de oxalato de cálcio não é um "processo sem saída". Os resultados desse e outros estudos (Kostman e Franceschi, 2000; Volk et al., 2002; Mazen et al., 2003) indicam que a formação de cristal é um processo altamente controlado e pode proporcionar um mecanismo de regulação nos níveis de cálcio nos órgãos vegetais. Foi mostrado que os idioblastos contendo ráfides de *Pistia stratiotes* são enriquecidos com calretículo, proteína de ligação ao cálcio, que ocorre em subdomínios do RE (Quitadamo et al., 2000; Kostman et al., 2003; Nakara et al., 2003). Foi proposto que o calretículo está envolvido na manutenção da baixa atividade do cálcio citosólico, ao passo que permite o rápido acúmulo do cálcio usado para a formação dos cristais de oxalato de cálcio (Mazen et al., 2003; Nakata et al., 2003). Outras funções atribuídas ao processo de calcificação incluem a remoção do oxalato em plantas incapazes de metabolizá-lo, a proteção contra herbivoria (Finley, 1999; Saltz e Ward, 2000; Molano-Flores, 2001), a estocagem de cálcio (Ilarslan et al., 2001; Volk et al., 2002), a desintoxicação de metais pesados (veja literatura citada em Nakata, 2003), o aumento de força mecânica e de peso do tecido. O peso acrescentado ao tecido pelo oxalato de cálcio pode ser substancial. Oitenta e cinco por cento do peso seco de alguns cactos consistem em oxalato de cálcio (Cheavin, 1938).

Dois tipos de idioblastos com ráfides ocorrem nas folhas de *Colocasia esculenta* (taro, Sunell e Healey, 1985) e *Dieffenbachia maculata* (comigo-ninguém-pode, Sakai e Nagao, 1980): defensivos e não defensivos. Os idioblastos defensivos ejetam forçosamente suas "agulhas" através de papilas com paredes delgadas nas extremidades das células quando as espécies de Araceae são ingeridas ou manuseadas a fresco. Os idioblastos com ráfides não defensivos não estão envolvidos com as propriedades irritantes das aráceas. O ardor provocado pelas ráfides das aráceas comestíveis, incluindo o taro, pode ser devido à dupla ação do formato das ráfides que perfuram a pele e apresentam uma substância irritante (uma protease) que causa inchaço e dor (Bradbury e Nixon, 1998). Paull et al. (1999) relatam, entretanto, que essa queimação é inteiramente devida a uma proteína irritante (de 26 kDa, possivelmente uma cisteína proteinase) encontrada na superfície das ráfides.

Os **cristais de carbonato de cálcio** não são comuns nas plantas com sementes. As formações de carbonato de cálcio mais conhecidas são os **cistólitos** (*kustis*, saco; *lithos*, pedra), que são formados em grandes células especializadas chamadas **litocistos** encontradas no parênquima fundamental e na epiderme (Fig. 3.14; Capítulo 9). Os cistólitos se desenvolvem externamente à membrana plasmática em associação com a parede celular do litocisto. Calose, celulose, sílica e substâncias pécticas também entram na composição dos cistólitos (Eschrich, 1954; Metcalfe, 1983), que ocorrem em um número limitado (14) de famílias (Metcalfe e Chalk, 1983).

A sílica é mais comumente depositada nas paredes celulares

Entre as espermatófitas, os depósitos de sílica mais densos e característicos ocorrem nas gramíneas (Poaceae), onde podem ser responsáveis por 5% a 20% do peso seco dos caules (Lewin e Reimann, 1969; Kaufman et al., 1985; Epstein, 1999). Um recorde na quantidade de sílica (41% do peso seco) foi registrado em folhas de *Sasa veitchii* (Bambusoideae), que acumula sílica continuamente ao longo de seus 24 meses de vida (Motomura et al., 2002). Depósitos de sílica também ocorrem nas raízes de gramíneas (Sangster, 1978). Em geral, as monocotiledôneas retêm e depositam mais sílica que as eudicotiledôneas. O acúmulo de sílica nas plantas contribui para a rigidez dos caules e fornece resistência contra ataques de fungos patogênicos e insetos predadores, além de outros herbívoros (McNaughton e Tarrants, 1983). A sílica geralmente forma corpos, chamados **corpos de sílica** ou **fitólitos**, no lúmen da célula (Capítulo 9). Na casca dos frutos de *Cucurbita*, a lignificação e a formação de fitólitos parecem ser geneticamente ligadas, sendo ambas determinadas por um lócus gênico chamado *hard rind* (*Hr*) (Piperno et al., 2002). Com a lignificação da casca, a produção de fitólitos proporciona defesa mecânica adicional ao fruto.

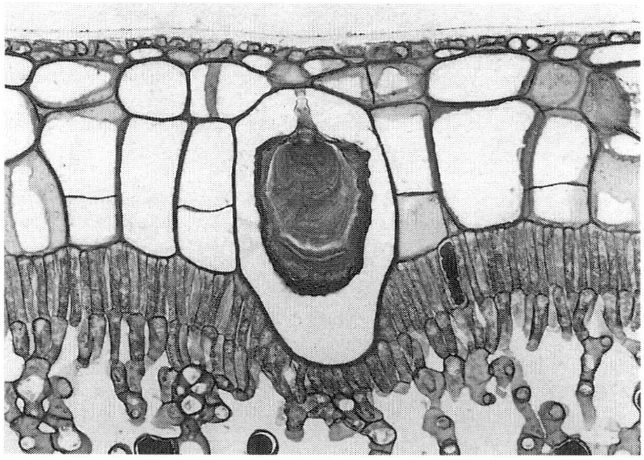

FIGURA 3.14

Cristal de carbonato de cálcio. Secção transversal da parte superior da lâmina foliar de *Ficus elastica* que mostra cistólito claviforme em célula epidérmica expandida, o litocisto. O cistólito consiste principalmente de carbonato de cálcio depositado em um pedúnculo celulósico. (×155.)

REFERÊNCIAS

AAZIZ, R., S. DINANT e B. L. EPEL. 2001. Plasmodesmata and plant cytoskeleton. *Trends Plant Sci.* 6, 326–330.

ANDREEVA, A. V., M. A. KUTUZOV, D. E. EVANS e C. R. HAWES. 1998. The structure and function of the Golgi apparatus: A hundred years of questions. *J. Exp. Bot.* 49, 1281–1291.

ARNOTT, H. J. 1982. Three systems of biomineralization in plants with comments on the associated organic matrix. In: *Biological Mineralization and Demineralization*, pp. 199–218, G. H. Nancollas, ed. Springer-Verlag, Berlin.

ARNOTT, H. J. e F. C. E. PAUTARD. 1970. Calcification in plants. In: *Biological Calcification: Cellular and Molecular Aspects*, pp. 375–446, H. Schraer, ed. Appleton-Century-Crofts, New York.

ARNOTT, H. J. e M. A. WEBB. 2000. Twinned raphides of calcium oxalate in grape (*Vitis*): Implications for crystal stability and function. *Int. J. Plant Sci.* 161, 133–142.

AYRES, M. P., T. P. CLAUSEN, S. F. MACLEAN JR., A. M. REDMAN e P. B. REICHARDT. 1997. Diversity of structure and antiherbivore activity in condensed tannins. *Ecology* 78, 1696–1712.

AZIMZADEH, J., J. TRAAS e M. PASTUGLIA. 2001. Molecular aspects of microtubule dynamics in plants. *Curr. Opin. Plant Biol.* 4, 513–519.

BALUŠKA, F., S. VITHA, P. W. BARLOW e D. VOLKMANN. 1997a. Rearrangements of F-actin arrays in growing cells of intact maize root apex tissues: A major developmental switch occurs in the postmitotic transition region. *Eur. J. Cell Biol.* 72, 113–121.

BALUŠKA, F., D. VOLKMANN e P. W. BARLOW. 1997b. Nuclear components with microtubular organizing properties in multicellular eukaryotes: Functional and evolutionary considerations. *Int. Rev. Cytol.* 175, 91–135.

BALUŠKA, F., D. VOLKMANN e P. W. BARLOW. 1998. Tissue- and development-specific distributions of cytoskeletal elements in growing cells of the maize root apex. *Plant Biosyst.* 132, 251–265.

BARBEHENN, R. V. e M. M. MARTIN. 1994. Tannin sensitivity in larvae of *Malacosoma disstria* (Lepidoptera): Roles of the peritrophic envelope and midgut oxidation. *J. Chem. Ecol.* 20, 1985–2001.

BARLOW, P. W. e F. BALUŠKA. 2000. Cytoskeletal perspectives on root growth and morphogenesis. *Annu. Rev. Plant Physiol. Plant Mol. Biol.* 51, 289–322.

BASKIN, T. I. e W. Z. CANDE. 1990. The structure and function of the mitotic spindle in flowering plants. *Annu. Rev. Plant Physiol. Plant Mol. Biol.* 41, 277–315.

BATTEY, N. H., N. C. JAMES, A. J. GREENLAND e C. BROWNLEE. 1999. Exocytosis and endocytosis. *Plant Cell* 11, 643–659.

BEDNAREK, S. Y. e N. V. RAIKHEL. 1992. Intracellular traffi cking of secretory proteins. *Plant Mol. Biol.* 20, 133–150.

BOEVINK, P., K. OPARKA, S. SANTA CRUZ, B. MARTIN, A. BETTERIDGE e C. HAWES. 1998. Stacks on tracks: The plant Golgi apparatus traffi cs on an actin/ER network. *Plant J.* 15, 441–447.

BRADBURY, J. H. e R. W. NIXON. 1998. The acridity of raphides from the edible aroids. *J. Sci. Food Agric.* 76, 608–616.

BROWN, R. C. e B. E. LEMMON. 2001. The cytoskeleton and spatial control of cytokinesis in the plant life cycle. *Protoplasma* 215, 35–49.

BUSSE, J. S. e R. F. EVERT. 1999. Pattern of differentiation of the fi rst vascular elements in the embryo and seedling of *Arabidopsis thaliana*. *Int. J. Plant Sci.* 160, 1–13.

BUSSOTTI, F., E. GRAVANO, P. GROSSONI e C. TANI. 1998. Occurrence of tannins in leaves of beech trees (*Fagus sylvatica sylvatica*) along an ecological gradient, detected by histochemical and ultrastructural analyses. *New Phytol.* 138, 469–479.

CASSIMERIS, L. U., R. A. WALKER, N. K. PRYER e E. D. SALMON. 1987. Dynamic instability of microtubules. *BioEssays* 7, 149–154.

CHEAVIN, W. H. S. 1938. The crystals and cystoliths found in plant cells. Part I. Crystals. *The Microscope [Brit. J. Microsc. Photomicrogr.]* 2, 155–158.

CHRISPEELS, M. J. 1991. Sorting of proteins in the secretory system. *Annu. Rev. Plant Physiol. Plant Mol. Biol.* 42, 21–53.

CHRISPEELS, M. J. e E. H. HERMAN. 2000. Endoplasmic reticulum- derived compartments function in storage and as mediators of vacuolar remodeling via a new type of organelle, precursor protease vesicles. *Plant Physiol.* 123, 1227–1234.

COLLINGS, D. A., T. ASADA, N. S. ALLEN e H. SHIBAOKA. 1998. Plasma membrane-associated actin in Bright Yellow 2 tobacco cells. *Plant Physiol.* 118, 917–928.

CUMMINS, I., M. J. HILLS, J. H. E. ROSS, D. H. HOBBS, M. D. WATSON e D. J. MURPHY. 1993. Differential, temporal and spatial expression of genes involved in storage oil and oleosin accumulation in developing rapeseed embryos:

Implications for the role of oleosins and the mechanisms of oil-body formation. *Plant Mol. Biol.* 23, 1015–1027.

DERKSEN, J., F. H. A. WILMS e E. S. PIERSON. 1990. The plant cytoskeleton: Its significance in plant development. *Acta Bot. Neerl.* 39, 1–18.

DING, B., M.-O. KWON e L. WARNBERG. 1996. Evidence that actin filaments are involved in controlling the permeability of plasmodesmata in tobacco mesophyll. *Plant J.* 10, 157–164.

DRIOUICH, A. e L. A. STAEHELIN. 1997. The plant Golgi apparatus: Structural organization and functional properties. In: *The Golgi Apparatus*, pp. 275–301, E. G. Berger e J. Roth, eds. Birkhäuser Verlag, Basel.

DRIOUICH, A., L. FAYE e L. A. STAEHELIN. 1993. The plant Golgi apparatus: A factory for complex polysaccharides and glycoproteins. *Trends Biochem. Sci.* 18, 210–214.

DRØBAK, B. K., V. E. FRANKLIN-TONG e C. J. STAIGER. 2004. The role of the actin cytoskeleton in plant cell signalling. *New Phytol.* 163, 13–30.

DUPREE, P. e D. J. SHERRIER. 1998. The plant Golgi apparatus. *Biochim. Biophys. Acta (Mol. Cell Res.)* 1404, 259–270.

ENGELBERTH, J., G. WANNER, B. GROTH e E. W. WEILER. 1995. Functional anatomy of the mechanoreceptor cells in tendrils of *Bryonia dioica* Jacq. *Planta* 196, 539–550.

EPSTEIN, E. 1999. Silicon. *Annu. Rev. Plant Physiol. Plant Mol. Biol.* 50, 641–664.

ESAU, K. 1977. *Anatomy of Seed Plants*, 2. ed. Wiley, New York.

ESCHRICH, W. 1954. Ein Beitrag zur Kenntnis der Kallose. *Planta* 44, 532–542.

EVERT, R. F., J. D. DAVIS, C. M. TUCKER e F. J. ALFIERI. 1970. On the occurrence of nuclei in mature sieve elements. *Planta* 95, 281–296.

FERRI, S. 1974. Morphological and structural investigations on *Smilax aspera* leaf and storage starches. *J. Ultrastruct. Res.* 47, 420–432.

FINLEY, D. S. 1999. Patterns of calcium oxalate crystals in young tropical leaves: A possible role as an anti-herbivory defense. *Rev. Biol. Trop.* 47, 27–31.

FISHER, D. G. e R. F. EVERT. 1982. Studies on the leaf of *Amaranthus retroflexus* (Amaranthaceae): Chloroplast polymorphism. *Bot. Gaz.* 143, 146–155.

FLANDERS, D. J., D. J. RAWLINS, P. J. SHAW e C. W. LLOYD. 1990. Re-establishment of the interphase microtubule array in vacuolated plant cells, studied by confocal microscopy and 3-D imaging. *Development* 110, 897–903.

FRANCESCHI, V. R. 1989. Calcium oxalate formation is a rapid and reversible process in *Lemna minor* L. *Protoplasma* 148, 130–137.

FRANCESCHI, V. R. e H. T. HORNER JR. 1980. Calcium oxalate crystals in plants. *Bot. Rev.* 46, 361–427.

FREY-WYSSLING, A. 1980. Why starch as our main food supply? *Ber. Dtsch. Bot. Ges.* 93, 281–287.

GARCIA-HERDUGO, G., J. A. GONZÁLEZ-REYES, F. GRACIA-NAVARRO e P. NAVAS. 1988. Growth kinetics of the Golgi apparatus during the cell cycle in onion root meristems. *Planta* 175, 305–312.

GERRATH, J. M., L. COVINGTON, J. DOUBT e D. W. LARSON. 2002. Occurrence of phi thickenings is correlated with gymnosperm systematics. *Can. J. Bot.* 80, 852–860.

GIETL, C. e M. SCHMID. 2001. Ricinosomes: An organelle for developmentally regulated programmed cell death in senescing plant tissues. *Naturwissenschaften* 88, 49–58.

GODDARD, R. H., S. M. WICK, C. D. SILFLOW e D. P. SNUSTAD. 1994. Microtubule components of the plant cell cytoskeleton. *Plant Physiol.* 104, 1–6.

GONZALEZ, A. M. 1996. Nectarios extraflorales en *Turnera*, series Canaligerae y Leiocarpae. *Bonplandia* 9, 129–143.

HASLAM, E. 1981. Vegetable tannins. In: *The Biochemistry of Plants*, vol. 7, *Secondary Plant Products*, pp. 527–556, E. E. Conn, ed. Academic Press, New York.

HEPLER, P. K. e B. E. S. GUNNING. 1998. Confocal fluorescence microscopy of plant cells. *Protoplasma* 201, 121–157.

HEPLER, P. K. e R. O. WAYNE. 1985. Calcium and plant development. *Annu. Rev. Plant Physiol.* 36, 397–439.

HEPLER, P. K., B. A. PALEVITZ, S. A. LANCELLE, M. M. MCCAULEY e I. LICHTSCHEIDL. 1990. Cortical endoplasmic reticulum in plants. *J. Cell Sci.* 96, 355–373.

HERMAN, E. M. e B. A. LARKINS. 1999. Protein storage bodies and vacuoles. *Plant Cell* 11, 601–614.

HERMAN, E. M., B. BAUMGARTNER e M. J. CHRISPEELS. 1981. Uptake and apparent digestion of cytoplasmic organelles by protein bodies (protein storage vacuoles) in mung bean *(Vigna radiata)* cotyledons. *Eur. J. Cell Biol.* 24, 226–235.

HILLMER, S., A. MOVAFEGHI, D. G. ROBINSON e G. HINZ. 2001. Vacuolar storage proteins are sorted in the cis-cisternae of the pea cotyledon Golgi apparatus. *J. Cell Biol.* 152, 41–50.

HOLTZMAN, E. 1992. Intracellular targeting and sorting. *BioScience* 42, 608–620.

HORNER, H. T. e B. L. WAGNER. 1995. Calcium oxalate formation in higher plants. In: *Calcium Oxalate in Biological Systems*, pp. 53–72, S. R. Khan, ed. CRC Press, Boca Raton, FL.

HUANG, A. H. C. 1996. Oleosins and oil bodies in seeds and other organs. *Plant Physiol.* 110, 1055–1061.

HUSH, J. M., P. WADSWORTH, D. A. CALLAHAM e P. K. HEPLER. 1994. Quantification of microtubule dynamics in living plant cells using fluorescence redistribution after photobleaching. *J. Cell Sci.* 107, 775–784.

ILARSLAN, H., R. G. PALMER e H. T. HORNER. 2001. Calcium oxalate crystals in developing seeds of soybean. *Ann. Bot.* 88, 243–257.

JENG, R. L. e M. D. WELCH. 2001. Cytoskeleton: Actin and endocytosis—no longer the weakest link. *Curr. Biol.* 11, R691–R694.

KAUFMAN, P. B., P. DAYANANDAN, C. I. FRANKLIN e Y. TAKEOKA. 1985. Structure and function of silica bodies in the epidermal system of grass shoots. *Ann. Bot.* 55, 487–507.

KAUSCH, A. P. e H. T. HORNER. 1983. The development of mucilaginous raphide crystal idioblasts in young leaves of *Typha angustifolia* L. (Typhaceae). *Am. J. Bot.* 70, 691–705.

KAUSCH, A. P. e H. T. HORNER. 1984. Differentiation of raphide crystal idioblasts in isolated root cultures of *Yucca torreyi* (Agavaceae). *Can. J. Bot.* 62, 1474–1484.

KNEBEL, W., H. QUADER e E. SCHNEPF. 1990. Mobile and immobile endoplasmic reticulum in onion bulb epidermis cells: Short-term and long--term observations with a confocal laser scanning microscope. *Eur. J. Cell Biol.* 52, 328–340.

KOST, B. e N.-H. CHUA. 2002. The plant cytoskeleton: Vacuoles and cell walls make the difference. *Cell* 108, 9–12.

KOST, B., J. MATHUR e N.-H. CHUA. 1999. Cytoskeleton in plant development. *Curr. Opin. Plant Biol.* 2, 462–470.

KOST, B., P. SPIELHOFER, J. MATHUR, C.-H. DONG e N.-H. CHUA. 2000. Non-invasive F-actin visualization in living plant cells using a GFP-mouse talin fusion protein. In: *Actin: A Dynamic Framework for Multiple Plant Cell Functions*, pp. 637– 659, C. J. Staiger, F. Baluška, D. Volkmann e P. W. Barlow, eds. Kluwer, Dordrecht.

KOSTMAN, T. A. e V. R. FRANCESCHI. 2000. Cell and calcium oxalate crystal growth is coordinated to achieve high-capacity calcium regulation in plants. *Protoplasma* 214, 166–179.

KOSTMAN, T. A., V. R. FRANCESCHI e P. A. NAKATA. 2003. Endoplasmic reticulum sub-compartments are involved in calcium sequestration within raphide crystal idioblasts of *Pistia stratiotes*. *Plant Sci.* 165, 205–212.

KROPF, D. L., S. R. BISGROVE e W. E. HABLE. 1998. Cytoskeletal control of polar growth in plant cells. *Curr. Opin. Cell Biol.* 10, 117–122.

KUMAGAI, F. e S. HASEZAWA 2001. Dynamic organization of microtubules and microfi laments during cell cycle progression in higher plant cells. *Plant Biol.* 3, 4–16.

KUO-HUANG, L.-L. 1990. Calcium oxalate crystals in the leaves of *Nelumbo nucife*ra and *Nymphaea tetragona*. *Taiwania* 35, 178–190.

KUO-HUANG, L.-L. 1992. Ultrastructural study on the development of crystal-forming sclereids of *Nymphaea tetragona*. *Taiwania* 37, 104–114.

KUO-HUANG, L.-L e S.-J. CHEN. 1999. Subcellular localization of calcium in the crystal-forming sclereids of *Nymphaea tetragona* Georgi. *Taiwania* 44, 520–528.

KÜSTER, E. 1956. *Die Pfl anzenzelle*, 3. ed. Gustav Fischer Verlag, Jena.

LEVANONY, H., R. RUBIN, Y. ALTSCHULER e G. GALILI. 1992. Evidence for a novel route of wheat storage proteins to vacuoles. *J. Cell Biol.* 119, 1117–1128.

LEWIN, J. e B. E. F. REIMANN. 1969. Silicon and plant growth. *Annu. Rev. Plant Physiol.* 20, 289–304.

LICHTSCHEIDL, I. K. e P. K. HEPLER. 1996. Endoplasmic reticulum in the cortex of plant cells. In: *Membranes: Specialized Functions in Plants*, pp. 383–402, M. Smallwood, J. P. Knox e D. J. Bowles, eds. BIOS Scientific, Oxford.

LICHTSCHEIDL, I. K., S. A. LANCELLE e P. K. HEPLER. 1990. Actin-endoplasmic reticulum complexes in *Drosera*: Their structural relationship with the plasmalemma, nucleus, and organelles in cells prepared by high pressure freezing. *Protoplasma* 155, 116–126.

LLOYD, C. W. 1987. The plant cytoskeleton: The impact of fluorescence microscopy. *Annu. Rev. Plant Physiol.* 38, 119–139.

LLOYD, C. 1988. Actin in plants. *J. Cell Sci.* 90, 185–188.

LOER, D. S. e E. M. HERMAN. 1993. Cotranslational integration of soybean (*Glycine max*) oil body membrane protein oleosin into microsomal membranes. *Plant Physiol.* 101, 993–998.

LYSHEDE, O. B. 1980. Notes on the ultrastructure of cubical protein crystals in potato tuber cells. *Bot. Tidsskr.* 74, 237–239.

MARC, J. 1997. Microtubule-organizing centres in plants. *Trends Plant Sci.* 2, 223–230.

MARINOS, N. G. 1965. Comments on the nature of a crystalcontaining body in plant cells. *Protoplasma* 60, 31–33.

MARTIN, C. e A. M. SMITH. 1995. Starch biosynthesis. *Plant Cell* 7, 971–985.

MARTY, F. 1999. Plant vacuoles. *Plant Cell* 11, 587–599.

MATHUR, J. e M. HÜLSKAMP. 2002. Microtubules and microfi laments in cell morphogenesis in higher plants. *Curr. Biol.* 12, R669–R676.

MATSUOKA, K. e S. Y. BEDNAREK. 1998. Protein transport within the plant cell endomembrane system: An update. *Curr. Opin. Plant Biol.* 1, 463–469.

MAZEN, A. M. A., D. ZHANG e V. R. FRANCESCHI. 2003. Calcium oxalate formation in *Lemna minor:* Physiological and ultrastructural aspects of high capacity calcium sequestration. *New Phytol.* 161, 435–448.

MCKENZIE, B. E. e C. A. PETERSON. 1995a. Root browning in *Pinus banksiana* Lamb. and *Eucalyptus pilularis* Sm. 1. Anatomy and permeability of the white and tannin zones. *Bot. Acta* 108, 127–137.

MCKENZIE, B. E. e C. A. PETERSON. 1995b. Root browning in *Pinus banksiana* Lamb. and *Eucalyptus pilularis* Sm. 2. Anatomy and permeability of the cork zone. *Bot. Acta* 108, 138–143.

MCNAUGHTON, S. J. e J. L. TARRANTS. 1983. Grass leaf silicification: Natural selection for an inducible defense against herbivores. *Proc. Natl. Acad. Sci. USA* 80, 790–791.

MEAGHER, R. B., E. C. MCKINNEY e M. K. KANDASAMY. 1999. Isovariant dynamics expand and buffer the responses of complex systems: The diverse plant actin gene family. *Plant Cell* 11, 995–1006.

METCALFE, C. R. 1983. Calcareous deposits, calcified cell walls, cystoliths, and similar structures. In: *Anatomy of the Dicotyledons*, 2. ed., vol. 2, *Wood Structure and Conclusion of the General Introduction*, pp. 94–97, C. R. Metcalfe e L. Chalk. Clarendon Press, Oxford.

METCALFE, C. R. e L. CHALK. 1983. *Anatomy of the Dicotyledons*, 2. ed., vol. 2, *Wood Structure and Conclusion of the General Introduction.* Clarendon Press, Oxford.

MILLER, E. A. e M. A. ANDERSON. 1999. Uncoating the mechanisms of vacuolar protein transport. *Trends Plant Sci.* 4, 46–48.

MOLANO-FLORES, B. 2001. Herbivory and calcium concentrations affect calcium oxalate crystal formation in leaves of *Sida* (Malvaceae). *Ann. Bot.* 88, 387–391.

MOLLENHAUER, H. H. e D. J. MORRÉ. 1980. The Golgi apparatus. In: *The Biochemistry of Plants*, vol. 1, *The Plant Cell*, pp. 437–488, N. E. Tolbert, ed. Academic Press, New York.

MOORE, P. J., K. M. SWORDS, M. A. LYNCH e L. A. STAEHELIN. 1991. Spatial organization of the assembly pathways of glycoproteins and complex polysaccharides in the Golgi apparatus of plants. *J. Cell Biol.* 112, 589–602.

MORRÉ, D. J. e H. H. MOLLENHAUER. 1974. The endomembrane concept: A functional integration of endoplasmic reticulum and Golgi apparatus. In: *Dynamic Aspects of Plant Ultrastructure*, pp. 84–137, A. W. Robards, ed. McGraw-Hill, (UK) Limited, London.

MOTOMURA, H., N. MITA e M. SUZUKI. 2002. Silica accumulation in long-lived leaves of *Sasa veitchii* (Carrière) Rehder (Poaceae-Bambusoideae). *Ann. Bot.* 90, 149–152.

NAKATA, P. A. 2003. Advances in our understanding of calcium oxalate crystal formation and function in plants. *Plant Sci.* 164, 901–909.

NAKATA, P. A., T. A. KOSTMAN e V. R. FRANCESCHI. 2003. Calreticulin is enriched in the crystal idioblasts of *Pistia stratiotes*. *Plant Physiol. Biochem.* 41, 425–430.

NEBENFÜHR, A., L. A. GALLAGHER, T. G. DUNAHAY, J. A. FROHLICK, A. M. MAZURKIEWICZ, J. B. MEEHL e L. A. STAEHELIN. 1999. Stop-and-go movements of plant Golgi stacks are mediated by the acto-myosin system. *Plant Physiol.* 121, 1127–1141.

NEBENFÜHR, A., J. A. FROHLICK e L. A. STAEHELIN. 2000. Redistribution of Golgi stacks and other organelles during mitosis and cytokinesis in plant cells. *Plant Physiol.* 124, 135–151.

OHLROGGE, J. e J. BROWSE. 1995. Lipid biosynthesis. *Plant Cell* 7, 957–970.

OLADELE, F. A. 1982. Development of the crystalliferous cuticle of *Chamaecyparis lawsoniana* (A. Murr.) Parl. (Cupressaceae). *Bot. J. Linn. Soc.* 84, 273–288.

OTEGUI, M. S., D. N. MASTRONARDE, B.-H. KANG, S. Y. BEDNAREK e L. A. STAEHELIN. 2001. Three-dimensional analysis of syncytial-type cell plates during endosperm cellularization visualized by high resolution electron tomography. *Plant Cell* 13, 2033–2051.

ÖZTIG, Ö. F. 1940. Beiträge zur Kenntnis des Baues der Blattepidermis bei den Mesembrianthemen, im besonderen den extrem xeromorphen Arten. *Flora* n.s. 34, 105–144.

PANT, D. D., D. D. NAUTIYAL e S. SINGH. 1975. The cuticle, epidermis and stomatal ontogeny in

Casuarina equisetifolia Forst. *Ann. Bot.* 39, 1117–1123.

PARTHASARATHY, M. V., T. D. PERDUE, A. WITZTUM e J. ALVERNAZ. 1985. Actin network as a normal component of the cytoskeleton in many vascular plant cells. *Am. J. Bot.* 72, 1318–1323.

PAULL, R. E., C.-S. TANG, K. GROSS e G. URUU. 1999. The nature of the taro acridity factor. *Postharvest Biol. Tech.* 16, 71–78.

PENNISI, S. V. e D. B. MCCONNELL. 2001. Taxonomic relevance of calcium oxalate cuticular deposits in *Dracaena* Vand. ex L. *HortScience* 36, 1033–1036.

PENNISI, S. V., D. B. MCCONNELL, L. B. GOWER, M. E. KANE e T. LUCANSKY. 2001a. Periplasmic cuticular calcium oxalate crystal deposition in *Dracaena sanderiana. New Phytol.* 149, 209–218.

PENNISI, S. V., D. B. MCCONNELL, L. B. GOWER, M. E. KANE e T. LUCANSKY. 2001b. Intracellular calcium oxalate crystal structure in *Dracaena sanderiana. New Phytol.* 150, 111–120.

PETERSON, C. A., M. E. EMANUEL e C. A. WEERDENBERG. 1981. The permeability of phi thickenings in apple *(Pyrus malus)* and geranium *(Pelargonium hortorum)* roots to an apoplastic fluorescent dye tracer. *Can. J. Bot.* 59, 1107–1110.

PIPERNO, D. R., I. HOLST, L. WESSEL-BEAVER e T. C. ANDRES. 2002. Evidence for the control of phytolith formation in *Cucurbita* fruits by the hard rind *(Hr)* genetic locus: Archaeological and ecological implications. *Proc. Natl. Acad. Sci. USA* 99, 10923–10928.

PRATIKAKIS, E., S. RHIZOPOULOU e G. K. PSARAS. 1998. A *phi* layer in roots of *Ceratonia siliqua* L. *Bot. Acta* 111, 93–98.

PRYCHID, C. J. e P. J. RUDALL. 1999. Calcium oxalate crystals in monocotyledons: A review of their structure and systematics. *Ann. Bot.* 84, 725–739.

QUADER, H. e E. SCHNEPF. 1986. Endoplasmic reticulum and cytoplasmic streaming: Fluorescence microscopical observations in adaxial epidermis cells of onion bulb scales. *Protoplasma* 131, 250–252.

QUADER, H., A. HOFMANN e E. SCHNEPF. 1989. Reorganization of the endoplasmic reticulum in epidermal cells of onion bulb scales after cold stress: Involvement of cytoskeletal elements. *Planta* 177, 273–280.

QUITADAMO, I. J., T. A. KOSTMAN, M. E. SCHELLING e V. R. FRANCESCHI. 2000. Magnetic bead purification as a rapid and efficient method for enhanced antibody specifi city for plant sample immunoblotting and immunolocalization. *Plant Sci.* 153, 7–14.

RAO, K. S. 1988. Fine structural details of tannin accumulations in non-dividing cambial cells. *Ann. Bot.* 62, 575–581.

REY, D., J.-P. DAVID, D. MARTINS, M.-P. PAUTOU, A. LONG, G. MARIGO e J.-C. MEYRAN. 2000. Role of vegetable tannins in habitat selection among mosquito communities from the Alpine hydrosystems. *C. R. Acad. Sci., Paris, Sci. de la Vie* 323, 391–398.

RIDGE, R. W., Y. UOZUMI, J. PLAZINSKI, U. A. HURLEY e R. E. WILLIAMSON. 1999. Developmental transitions and dynamics of the cortical ER of *Arabidopsis* cells seen with green fluorescent protein. *Plant Cell Physiol.* 40, 1253–1261.

ROST, T. L. e K. E. PATERSON. 1978. Structural and histochemical characterization of the cotyledon storage organelles of jojoba *(Simmondsia chinensis). Protoplasma* 95, 1–10.

ROST, T. L., A. D. SIMPER, P. SCHELL e S. ALLEN. 1977. Anatomy of jojoba *(Simmondsia chinensis)* seed and the utilization of liquid wax during germination. *Econ. Bot.* 31, 140–147.

SAKAI, W. S. e M. A. NAGAO. 1980. Raphide structure in *Dieffenbachia maculata. J. Am. Soc. Hortic. Sci.* 105, 124–126.

SALTZ, D. e D. WARD. 2000. Responding to a three-pronged attack: Desert lilies subject to herbivory by dorcas gazelles. *Plant Ecol.* 148, 127–138.

SANDERFOOT, A. A. e N. V. RAIKHEL. 1999. The specifi city of vesicle trafficking: Coat proteins and SNAREs. *Plant Cell* 11, 629–641.

SANGSTER, A. G. 1978. Silicon in the roots of higher plants. *Am. J. Bot.* 65, 929–935.

SCHNEPF, E. 1993. Golgi apparatus and slime secretion in plants: The early implications and recent models of membrane traffic. *Protoplasma* 172, 3–11.

SEAGULL, R. W. 1989. The plant cytoskeleton. *Crit. Rev. Plant Sci.* 8, 131–167.

SHEAHAN, M. B., R. J. ROSE e D. W. MCCURDY. 2004. Organelle inheritance in plant cell division: The actin cytoskeleton is required for unbiased inheritance of chloroplasts, mitochondria and endoplasmic reticulum in dividing protoplasts. *Plant J.* 37, 379–390.

SHIMMEN, T., R. W. RIDGE, I. LAMBIRIS, J. PLAZINSKI, E. YOKOTA e R. E. WILLIAMSON. 2000. Plant myosins. *Protoplasma* 214, 1–10.

SOMERVILLE, C. e J. BROWSE. 1991. Plant lipids: Metabolism, mutants, and membranes. *Science* 252, 80–87.

STAEHELIN, L. A. 1997. The plant ER: A dynamic organelle composed of a large number of discrete functional domains. *Plant J.* 11, 1151–1165.

STAIGER, C. J. 2000. Signaling to the actin cytoskeleton in plants. *Annu. Rev. Plant Physiol. Plant Mol. Biol.* 51, 257–288.

STAIGER, C. J. e M. SCHLIWA. 1987. Actin localization and function in higher plants. *Protoplasma* 141, 1–12.

SUNELL, L. A. e P. L. HEALEY. 1985. Distribution of calcium oxalate crystal idioblasts in leaves of taro *(Colocasia esculenta). Am. J. Bot.* 72, 1854–1860.

TZEN, J. T. e A. H. HUANG. 1992. Surface structure and properties of plant seed oil bodies. *J. Cell Biol.* 117, 327–335.

VANTARD, M., R. COWLING e C. DELICHÈRE. 2000. Cell cycle regulation of the microtubular cytoskeleton. *Plant Mol. Biol.* 43, 691–703.

VARRIANO-MARSTON, E. 1983. Polarization microscopy: Applications in cereal science. In: *New Frontiers in Food Microstructure*, pp. 71–108, D. B. Bechtel, ed. American Association of Cereal Chemists, St. Paul, MN.

VICKERY, M. L. e B. VICKERY. 1981. *Secondary Plant Metabolism.* University Park Press, Baltimore.

VITALE, A. e J. DENECKE. 1999. The endoplasmic reticulum— Gateway of the secretory pathway. *Plant Cell* 11, 615–628.

VITALE, A., A. CERIOTTI e J. DENECKE. 1993. The role of the endoplasmic reticulum in protein synthesis, modification and intracellular transport. *J. Exp. Bot.* 44, 1417–1444.

VOLK, G. M., V. J. LYNCH-HOLM, T. A. KOSTMAN, L. J. GOSS e V. R. FRANCESCHI. 2002. The role of druse and raphide calcium oxalate crystals in tissue calcium regulation in *Pistia stratiotes* leaves. *Plant Biol.* 4, 34–45.

WANG, Z.-Y., K. S. GOULD e K. J. PATTERSON. 1994. Structure and development of mucilage--crystal idioblasts in the roots of five *Actinidia* species. *Int. J. Plant Sci.* 155, 342–349.

WANNER, G. e R. R. THELMER. 1978. Membranous appendices of spherosomes (oleosomes). Possible role in fat utilization in germinating oil seeds. *Planta* 140, 163–169.

WASTENEYS, G. O. 2004. Progress in understanding the role of microtubules in plant cells. *Curr. Opin. Plant Biol.* 7, 651–660.

WEBB, M. A. 1999. Cell-mediated crystallization of calcium oxalate in plants. *Plant Cell* 11, 751–761.

WEBB, M. A., J. M. CAVALETTO, N. C. CARPITA, L. E. LOPEZ e H. J. ARNOTT. 1995. The intravacuolar organic matrix associated with calcium oxalate crystals in leaves of *Vitis. Plant J.* 7, 633–648.

WERGIN, W. P., P. J. GRUBER e E. H. NEWCOMB. 1970. Fine structural investigation of nuclear inclusions in plants. *J. Ultrastruct. Res.* 30, 533–557.

WHITE, R. G., K. BADELT, R. L. OVERALL e M. VESK. 1994. Actin associated with plasmodesmata. *Protoplasma* 180, 169–184.

WYMER, C. e C. LLOYD. 1996. Dynamic microtubules: Implications for cell wall patterns. *Trends Plant Sci.* 1, 222–228.

WYMER, C. L., S. A. WYMER, D. J. COSGROVE e R. J. CYR. 1996. Plant cell growth responds to external forces and the response requires intact microtubules. *Plant Physiol.* 110, 425–430.

XU, W., P. CAMPBELL, A. K. VARGHEESE e J. BRAAM. 1996. The *Arabidopsis XET*-related gene family: Environmental and hormonal regulation of expression. *Plant J.* 9, 879–889.

YONEMORI, K., M. OSHIDA e A. SUGIURA. 1997. Fine structure of tannin cells in fruit and callus tissues of persimmon. *Acta Hortic.* 436, 403–413.

ZHANG, G. F. e L. A. STAEHELIN. 1992. Functional compartmentation of the Golgi apparatus of plant cells. *Plant Physiol.* 99, 1070–1083.

ZHENG, H. Q. e L. A. STAEHELIN. 2001. Nodal endoplasmic reticulum, a specialized form of endoplasmic reticulum found in gravity-sensing root tip columella cells. *Plant Physiol.* 125, 252–265.

ZOBEL, A. M. 1985. Ontogenesis of tannin coenocytes in *Sambucus racemosa* L. I. Development of the coenocytes from mononucleate tannin cells. *Ann. Bot.* 55, 765–773.

CAPÍTULO QUATRO

PAREDE CELULAR

Silvia Rodrigues Machado e Tatiane Maria Rodrigues

A presença de uma parede, acima de qualquer outra característica, distingue a célula vegetal da célula animal. Sua presença é a base de muitas das características das plantas enquanto organismos. A parede celular é rígida e, portanto, limita o tamanho do protoplasto, evitando a ruptura da membrana plasmática quando o protoplasto amplia seu tamanho em decorrência da entrada de água. A parede celular determina fortemente o tamanho e a forma da célula, a textura do tecido e a forma final de um órgão vegetal. Os tipos celulares são frequentemente identificados pela estrutura de suas paredes, refletindo uma estreita associação entre a estrutura da parede e a função da célula.

Considerada por muito tempo como meramente um produto inativo do protoplasto, a parede agora é reconhecida como um compartimento metabolicamente ativo, desempenhando funções específicas e essenciais (Bolwell, 1953; Fry, 1995; Carpita e McCann, 2000). Assim, a parede primária da célula – as camadas parietais formadas principalmente enquanto a célula está aumentando em tamanho – foi por diversas vezes caracterizada como uma "organela vital ou indispensável" (Fry, 1988; Hoson, 1991; McCann et al. 1990), um "compartimento subcelular especial fora da membrana plasmática" (Satat-Jeunemaire, 1992), e uma "extensão vital do citoplasma" (Carpita e Gibeaut, 1993). As paredes celulares contêm uma variedade de enzimas e desempenham papéis importantes na absorção, no transporte e na secreção de substâncias nas plantas. Evidências experimentais indicam que moléculas liberadas de paredes celulares estão envolvidas em sinalização célula a célula, influenciando a diferenciação celular (Fry et al., 1993; Mohnen and Hahn, 1993; Pennell, 1998; Braam, 1999; Lišková et al., 1999).

Além disso, a parede celular pode desempenhar um papel na defesa contra bactérias e fungos patogênicos ao receber e processar informações a partir da superfície do patógeno e transmitir essas informações para a membrana plasmática da célula hospedeira. Por meio de processos genes-ativados, a célula hospedeira pode tornar-se resistente ao ataque por meio da produção de **fitoalexinas** – antibióticos que são tóxicos aos patógenos (Darvill e Albersheim, 1984; Bradley et al., 1992; Hammerschmidt, 1999) – ou por meio da deposição de substâncias, tais como ligninas, suberina, ou calose, que podem agir como barreiras passivas à invasão (Vance et al., 1980; Perry e Evert, 1983; Pearce, 1989; Thomson et al., 1995).

Conceitualmente, os botânicos sempre consideraram a parede celular como uma parte integral da célula vegetal. No entanto, muitos biologistas celulares que trabalham com célula vegetal têm adotado a terminologia empregada para a célula animal e se referem à parede celular como uma "matriz extracelular", indicando que a parede celular encontra-se fora da célula vegetal (Staehelin, 1991;

Roberts, 1994). Há muitas razões para não adotar o termo matriz extracelular para a parede da célula vegetal (Robinson, 1991; Reuzeau e Pont-Lezica, 1995; Connolly e Berlyn, 1996). Por exemplo, a matriz extracelular das células animais é completamente diferente da parede da célula vegetal, sendo a primeira formada basicamente de proteínas, e a última, em grande parte, composta de polissacarídeos; uma célula animal não é definida pela matriz extracelular que partilha com as células adjacentes no tecido, enquanto a célula vegetal é definida pela parede produzida pelo seu protoplasto; as células animais não são fixas espacialmente, mas podem se mover em um meio extracitoplasmático preexistente, enquanto as células vegetais não mudam sua posição dentro de uma "matriz extracelular" comum; a presença de uma parede celular é pré-requisito para a divisão celular nas plantas; para uma célula vegetal crescer e se dividir, a parede precisa também crescer e se dividir (Suzuki et al., 1998). Além disso, como apontado por Cannolly e Berlyn (1996), o termo matriz extracelular leva à confusão que é evitada pelo uso de termos bem estabelecidos em relação à parede celular (discutido neste capítulo). O termo parede celular continuará sendo usado neste livro para se referir a esse componente celulósico distintivo da célula vegetal.

COMPONENTES MACROMOLECULARES DA PAREDE CELULAR

A celulose é o principal componente das paredes celulares das plantas

O principal componente das paredes celulares é a **celulose**, um polissacarídeo com a fórmula empírica $(C_6H_{10}O_5)_n$. Suas moléculas são cadeias lineares de D-glicose unidas por ligações β-(1→4) (repetições de monômeros de glicose ligados pelas extremidades) (Fig. 4.1). Essas moléculas de celulose, longas e finas, tendem a se manter unidas por pontes de hidrogênio para formar **microfibrilas**. Existe uma considerável variação na literatura com respeito ao diâmetro das microfibrilas. A maioria dos valores está na faixa de 4 a 10 nanômetros, embora valores bem menores como 1 e 2 nanômetros (Preston, 1974; Ha et al., 1998; Thimm et al., 2002) e maiores como 25 nanômetros tenham sido registrados (Thimm et al., 2000). O diâmetro das microfibrilas de celulose aparentemente é altamente dependente do conteúdo de água da porção da parede que está sendo examinada. Microfibrilas

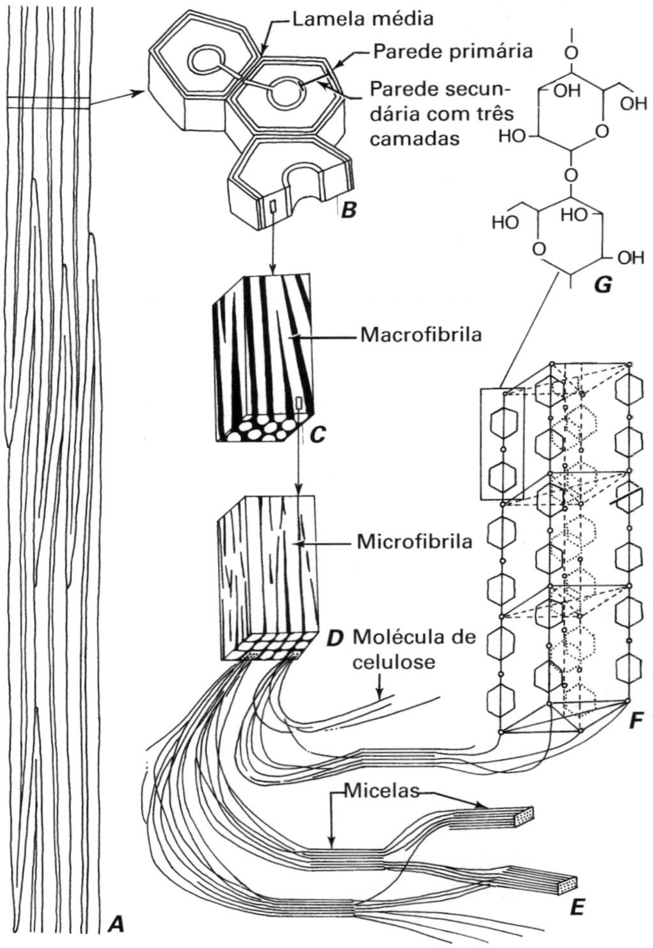

FIGURA 4.1

Estrutura detalhada das paredes celulares. **A**, um feixe de fibras. **B**, secção transversal de fibras mostrando camadas espessas: uma camada de parede primária e três camadas de parede secundária. **C**, fragmento da camada média da parede secundária mostrando microfibrilas (branco) de celulose e espaços interfibrilares (preto) preenchidos com material não celulósico. **D**, fragmento de uma macrofibrila mostrando microfibrilas (branco), que podem ser vistas em eletronmicrografias. Os espaços entre as microfibrilas (preto) estão preenchidos com material não celulósico. **E**, estrutura das microfibrilas: moléculas de celulose em cadeia, as quais em algumas partes das microfibrilas são arranjadas ordenadamente. Essas partes são as micelas. **F**, fragmento de uma micela mostrando partes de moléculas de celulose em cadeia arranjadas de modo entrelaçado. **G**, dois resíduos de glicose conectados por um átomo de oxigênio – um fragmento de uma molécula de celulose. (Obtido de Esau, 1977.)

de paredes hidratadas parecem menores que aquelas de paredes desidratadas (Thimm et al., 2000).

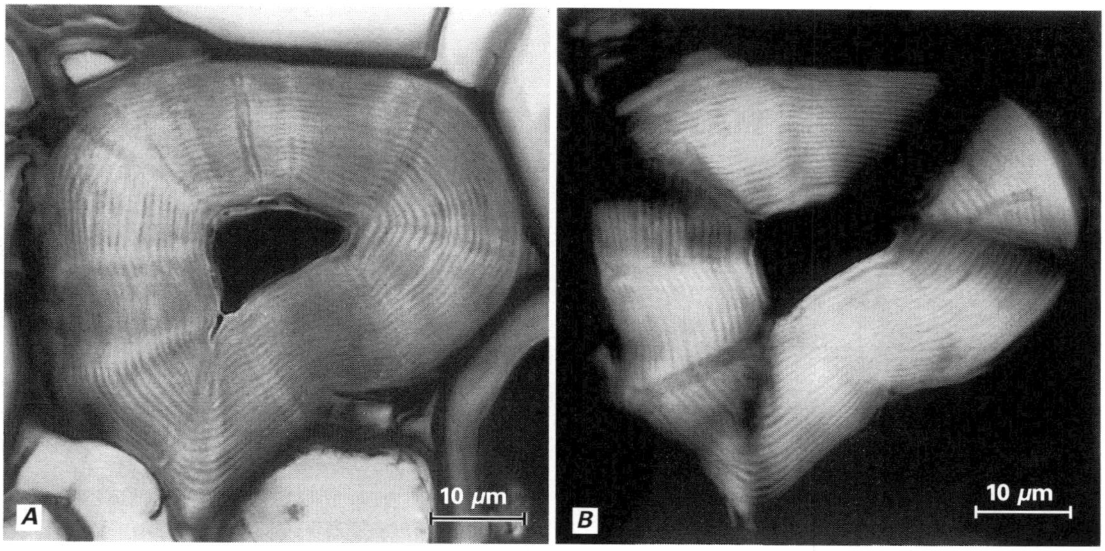

FIGURA 4.2

Esclereide do córtex radicular de abeto (*Abies*), visto sob luz não polarizada (**A**) e polarizada (**B**). Em virtude da natureza cristalina da celulose, a parede celular mostra dupla refração e brilha sob luz polarizada (**B**). A parede apresenta lamelação concêntrica. (Obtido de Esau, 1977.)

A água, mantida localmente na matriz (ver adiante), representa cerca de dois terços da massa da parede em tecidos em crescimento.

As microfibrilas de celulose se entrelaçam para formar filamentos finos que se enrolam uns aos outros como fios em um cabo. Cada "cabo", ou **macrofibrila**, que é visível com o microscópio de luz, mede cerca de 0,5 micrômetro de largura e pode alcançar quatro a sete micrômetros de comprimento (Fig. 4.1). Moléculas de celulose arranjadas dessa maneira têm uma resistência à tração (resistência à ruptura) que se aproxima à do aço (50-160 kg/mm^2) (Frey-Wyssling, 1976). Microfibrilas de celulose constituem 20 a 30% do peso seco de uma parede primária típica e 40% a 60% do peso da parede secundária das células do lenho.

A celulose tem propriedades cristalinas resultantes do arranjo ordenado das moléculas de celulose nas microfibrilas (Smith B. G. et al., 1998). Tal arranjo é restrito a regiões das microfibrilas que são referidas como **micelas**. Cadeias de glicose menos regularmente arranjadas ocorrem entre e ao redor das micelas e constituem as regiões paracristalinas da microfibrila. A estrutura cristalina da celulose torna a parede celular anisotrópica e, consequentemente, duplamente refrativa (birrefringente) quando observada com luz polarizada (Fig. 4.2).

As microfibrilas de celulose estão embebidas em uma matriz de moléculas não celulósicas

As microfibrilas de celulose da parede estão embebidas em uma matriz de moléculas não celulósicas. Essas moléculas são os polissacarídeos conhecidos como hemiceluloses e pectinas, bem como as proteínas estruturais chamadas glicoproteínas.

Principais hemiceluloses

Hemicelulose é um termo geral para um grupo heterogêneo de glucanos não cristalinos que estão firmemente ligados à superfície da celulose, na parede celular. A composição das paredes celulares em hemiceluloses varia bastante nos diferentes tipos de células, e entre táxons. Geralmente, uma hemicelulose domina na maioria dos tipos celulares, com outras presentes em pequenas quantidades.

Os **xiloglucanos** são as principais hemiceluloses das paredes primárias de eudicotiledôneas e cerca de metade das monocotiledôneas (Carpita e McCann, 2000), compreendendo cerca de 20 a 25% do seu peso seco (Kato e Matsuda, 1985). Os xiloglucanos, como a celulose, consistem de cadeias lineares de resíduos de D-glicose com ligações β-(1→4), com cadeias laterais curtas contendo xilose, galactose e, frequentemente, uma fucose terminal (McNeil et al., 1984; Fry, 1989; Carpita e McCann, 2000). A maioria dos xiloglucanos aparentemente está firmemente ligada às microfibrilas de celulose por pontes de hidrogênio (Moore e Staehelin, 1988; Hoson, 1991). Sendo fortemente ligados às microfibrilas de celulose, os xiloglucanos potencialmente limitam a extensibilidade da parede celular em decorrência de seu entrelaçamento com as microfibrilas adjacentes e, portanto, podem desempenhar um papel significativo na regulação da expansão celular (Levy e Staehelin, 1992; Cosgrove, 1997, 1999).

Subprodutos de degradação dos xiloglucanos (oligossacarídeos derivados de xiloglucanos) exercem um efeito tipo-hormônio antiauxina no crescimento da célula (Fry, 1989; McDougall e Fry, 1990). Além disso, nas sementes de algumas eudicotiledôneas, por exemplo, chagas (*Tropaeolum*), *Impatiens* e *Annona*, os xiloglucanos localizados nas paredes celulares espessadas constituem o principal carboidrato de reserva (Reid, 1985). Os xiloglucanos aparentemente estão ausentes nas paredes secundárias (camadas parietais depositadas internamente à parede primária) dos elementos do xilema (Fry, 1989).

Paredes celulares primárias, em que as principais hemiceluloses são xiloglucanos, têm sido designadas **paredes Tipo I** (Carpita e Gibeaut, 1993; Darley et al., 2001). As principais hemiceluloses nas paredes celulares primárias da linha commelinoide das monocotiledôneas (incluindo Poales, Zingiberales, Commelinales e Arecales) são **glucuronoarabinoxilanos**, que são caracterizados por uma cadeia principal de D-xilose com ligações β-(1→4). Os glucuronoarabinoxilanos, como os xiloglucanos, podem se ligar entre si e com a celulose por pontes de hidrogênio. As paredes primárias das Poales são diferenciadas das de outras monocots commelinoides pela presença de glucuronoarabinoxilano e β-D-(1→3), (1→4) –glucano, também denominado "glucano com ligação mista" (Carpita, 1996; Buckeridge et al., 1999; Smith, B. G., e Harris, 1999; Trethewey e Harris, 2002). As paredes celulares das commelinoide têm sido designadas **paredes Tipo II** (Carpita e Gibeaut, 1993; Darley et al., 2001).

Os **xilanos** são os principais polissacarídeos não celulósicos das paredes secundárias de todas as angiospermas (Bacic et al., 1988; Awano et al., 2000; Awano et al., 2002). Os **glucomananos** formam as principais hemiceluloses das paredes secundárias das gimnospermas (Brett e Waldron, 1990).

Pectinas

As **pectinas** são, provavelmente, os polissacarídeos não celulósicos quimicamente mais diversos (Bacic et al., 1988; Levy e Staehelin, 1992; Willats et al., 2001). Elas são características das paredes primárias de eudicotiledôneas e, em menor extensão, das monocotiledôneas. As pectinas podem ser responsáveis por 30 a 50% do peso seco das paredes primárias de eudicotiledôneas comparadas com somente 2 a 3% daquele de monocotiledôneas (Goldberg et al., 1989; Hayashi, 1991). As gramíneas frequentemente contêm apenas traços de pectina (Fry, 1988). As pectinas podem estar ausentes nas paredes secundárias.

Dois constituintes fundamentais das pectinas são o **ácido poligalacturônico** e **rhamnogalacturonano**. Esses e outros constituintes pécticos formam um gel no qual está embebida a rede celulose-hemicelulose (Roberts, 1990; Carpita e Gibeaut, 1993).

As pectinas são altamente hidrofílicas e são mais bem conhecidas pela sua capacidade para formar géis. A água, que é introduzida na parede por pectinas, confere propriedades plásticas à parede e modula sua capacidade de estiramento (Goldberg et al., 1989). As paredes celulares dos meristemas são especialmente pobres em Ca^{2+}, mas a quantidade aumenta acentuadamente nas paredes das células meristemáticas derivadas à medida que elas se alongam e se diferenciam. Inúmeras ligações cruzadas de pectina com Ca^{2+} ocorrem após a expansão celular ter se completado, impedindo o alongamento posterior. Também existem evidências para ligação cruzada de pectina com boro (Blevins e Lukaszewski, 1998; Matoh e Kobayashi, 1998; Ishii et al., 1999).

Parece que a porosidade da parede celular é determinada em grande parte pela organização das pectinas mais que pela celulose ou hemiceluloses (Baron-Epel et al., 1988). O diâmetro dos poros varia de aproximadamente 4.0 a 6.8 nanômetros (Carpita et al., 1979; Carpita, 1982; Baron-Epel et al., 1988), permitindo a passagem de substâncias como sais, açúcares, aminoácidos e fito-hormônios. Moléculas com diâmetros maiores que aqueles dos poros poderiam ser impedidas de atravessar tais paredes. A parede é uma barreira física efetiva contra organismos potencialmente patogênicos. Seus poros são pequenos demais para permitir a entrada de vírus para o protoplasto (Brett e Waldron,

1990). Fragmentos de degradação péctica podem desempenhar um papel como moléculas sinalizadoras (Aldington e Fry, 1993; Fry et al., 1993).

Proteínas

Além dos polissacarídeos descritos anteriormente, a matriz da parede celular pode conter proteínas estruturais (glicoproteínas). As proteínas estruturais formam quase 10% do peso seco de muitas paredes primárias. Entre as principais classes de proteínas estruturais estão as **proteínas ricas em hidroxiprolina** (**hydroxy-prolin-rich proteins, HRGPs**), as **proteínas ricas em prolina** (**proline-rich proteins**, **PRPs**), e as **proteínas ricas em glicina** (**glycine-rich proteins, GRPs**). As proteínas estruturais são altamente específicas para certos tipos de células e tecidos (Ye e Varner, 1991; Keller, 1993; Cassab, 1998). Relativamente, pouco se conhece sobre sua função biológica.

As proteínas estruturais mais bem caracterizadas são as **extensinas**, uma família das HRGPs, assim chamadas por terem sido originalmente associadas com a extensibilidade das paredes celulares, uma ideia que vem sendo abandonada. Parece que a extensina pode desempenhar um papel estrutural no desenvolvimento. Por exemplo, foi encontrada uma extensina em células epidérmicas em paliçada e células em ampulheta que compõem as duas camadas celulares mais externas do tegumento seminal da soja (Cassab e Varner, 1987). Ao possuírem paredes secundárias relativamente espessadas, essas células oferecem proteção mecânica para o embrião. Um gene que codifica extensina em tabaco foi especificamente expressado em uma ou duas camadas de células localizadas nos ápices de primórdios de raízes laterais emergentes. Foi sugerido que a deposição de extensina pode fortalecer as paredes celulares e auxiliar na penetração mecânica do córtex e da epiderme (Keller e Lamb, 1989).

Todas as três famílias de proteínas estruturais de parede celular – HRGPs, PRPs e GRPs – têm sido encontradas nos tecidos vasculares de caules (Showalter, 1993; Cassab, 1998). As HRGPs são principalmente associadas com o floema, o câmbio e o esclerênquima, enquanto as PRPs e as GRPs têm sido localizadas mais frequentemente no xilema. As GRPs têm sido localizadas nas paredes primárias modificadas dos primeiros elementos traqueais (elementos do protoxilema) (Ryser et al., 1997) (Capítulo 10). Embora considerada associada com a lignificação do xilema, foi demonstrado que a deposição de GRPs e lignificação são processos independentes. Em hipocótilo de feijão, a GRP aparentemente não é produzida pelos elementos traqueais, mas pelas células do parênquima xilemático, que exportam a proteína para as paredes primárias dos elementos do protoxilema (Ryser e Keller, 1992). PRPs têm sido associadas com lignificação. Algumas PRPs constituem parte das paredes celulares de nódulos de raízes de leguminosas e podem desempenhar um papel na formação dos nódulos (Showalter, 1993).

Ao contrário das proteínas listadas aqui, as **proteínas arabinogalactanas** (**arabinogalactan proteins**, **AGPs**), que são amplamente distribuídas no reino vegetal, não têm uma função estrutural aparente. As AGPs são solúveis e difusíveis, e ocorrem na membrana plasmática, na parede celular e nos espaços intercelulares (Serpe e Nothnagel, 1999); consequentemente são boas candidatas para atuar como mensageiras em interações célula a célula durante a diferenciação. As AGPs são importantes para a embriogênese somática da cenoura (*Daucus carota*) (Kreuger e van Holst, 1993), no controle da expansão das células epidérmicas de raízes em *Arabidopsis thaliana* (Ding, L., e Zhu, 1997) e estão envolvidas no crescimento apical do tubo polínico do lírio (*Lilium longiflorum*) (Jauh e Lord, 1996). As AGPs aparentemente desempenham múltiplos papéis no desenvolvimento das plantas (Majewska-Sawka e Nothnagel, 2000). Outra classe de proteína da parede celular, chamada expansina (Li et al., 2002), funciona como um agente de afrouxamento da parede para promover a expansão das células (ver a seguir).

Numerosas enzimas têm sido relatadas em paredes primárias, incluindo peroxidases, lacases, fosfatases, invertases, celulases, pectinases, pectina metilesterases, malato desidrogenases, quitinases e (1→3) β-glucanases (Fry, 1988; Varner e Lin, 1989). Algumas enzimas de parede celular, tais como as quitinases, (1→3) β-glucanases e peroxidases podem estar envolvidas em mecanismos de defesa das plantas. As peroxidades e as lacases também podem catalisar a lignificação (Czaninski et al., 1993; O'Malley et al., 1993; Østergaard et al., 2000). A celulase e a pectinase desempenham papéis importantes na degradação de paredes celulares, especialmente durante a abscisão foliar e a formação da placa de perfuração nos elementos de vaso em desenvolvimento.

A maior parte das informações sobre proteínas de paredes celulares provém de estudos sobre a parede primária de eudicotiledôneas. Pouco se conhece sobre as proteínas das paredes celulares em monocotiledôneas e gimnospermas, embora as extensinas (HRGPs) e as PRPs aparentemente existam em ambos os grupos, e as GRPs em monocotiledôneas (Levy e Staehelin, 1992; Keller, 1993; Showalter, 1993). Muito menos se conhece sobre as proteínas em paredes secundárias. Uma proteína tipo extensina foi localizada nas paredes celulares secundárias do lenho do pinheiro (*Pinus taeda*) (Bao et al., 1992).

A calose é um polissacarídeo de parede celular amplamente distribuído

A **calose**, um (1→3) β-D-glucano linear, é depositada entre a membrana plasmática e a parede celulósica existente (Stone e Clark, 1992; Kauss, 1996). É provavelmente mais bem conhecida nos elementos crivados do floema das angiospermas, onde está associada com o desenvolvimento dos poros da placa crivada (Fig. 4.3) e é comumente encontrada revestindo totalmente os poros desenvolvidos (Capítulo 13; Evert, 1990). A calose é depositada muito rapidamente, em resposta a ferimentos mecânicos e estresses ambientais, ou induzida por patógenos, selando os plasmodesmos entre células contíguas (Radford et al., 1998), ou formando acúmulos nas paredes celulares ("papilas") em locais opostos a tentativa de invasão da célula hospedeira por fungos (Perry e Evert, 1983). A calose associada com os poros totalmente desenvolvidos também pode ser calose de "ferimento".

Além da sua associação com os poros das placas crivadas, a calose também ocorre durante o desenvolvimento normal de tubos polínicos (Ferguson et al., 1998), nas fibras de algodão durante os estágios iniciais da síntese da parede secundária (Maltby et al., 1979) e, temporariamente, durante a microsporogênese e megasporogênese (Rodkiewicz, 1970; Horner e Rogers, 1974). A calose também está transitoriamente associada com a placa celular de células em processo de divisão (Samuels et al., 1995). A calose é histologicamente caracterizada por sua reação de coloração com o azul de resorcina como diacromo, ou com anilina alcalina, como fluorocromo (Eschrich e Currier, 1964; Kauss, 1989). Em

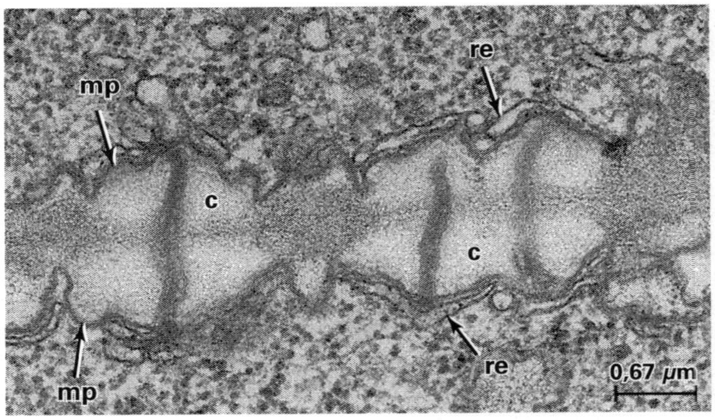

FIGURA 4.3

Calose (c) em poros em desenvolvimento na parede entre elementos crivados imaturos de ápice de raiz de *Cucurbita*. Um único plasmodesmo atravessa cada poro. Membrana plasmática (mp) cobre a parede, incluindo a calose nos poros. Cisternas do retículo endoplasmático (re) recobrem os poros.

secções para microscopia eletrônica de transmissão, a calose pode ser imuno-ouro marcada com o uso de anticorpos específicos (Benhamou, 1992; Dahiya e Brewin, 2000).

As ligninas são polímeros fenólicos depositados principalmente nas paredes celulares de tecidos de sustentação e condução

As **ligninas** são polímeros fenólicos formados a partir da polimerização de três principais unidades monoméricas, os álcoois ***p*-cumaril**, **coniferil** e **sinapil** (Ros Barceló, 1997; Whetten et al., 1998; Hatfield e Vermerris, 2001). Geralmente, as ligninas são classificadas como ***guaiacil*** (formada predominantemente a partir do álcool coniferil), ***guaiacil-siringil*** (copolímeros dos alcoóis coniferil e sinapil) ou ***guaiacil-siringil-*p*-hidroxifenil*** (formadas a partir dos três monômeros), de acordo com sua origem a partir de gimnospermas, angiospermas lenhosas ou gramíneas, respectivamente. É preciso ter cuidado, porém, com generalização tão ampla. As estruturas de "lignina de gimnospermas" e "lignina de angiospermas" devem ser mantidas somente para ligninas do xilema secundário (Monties, 1989). Existe grande variação na composição monomérica de ligninas de diferentes espécies, órgãos, tecidos e mesmo frações de paredes celulares (Wu, 1993; Terashima et al., 1989; Whetten et al., 1998; Sederoff et al., 1999; Grünwald et al., 2002). Todas as ligninas possuem algum conteúdo *p*-hidroxifenil, embora ele seja geralmente ignorado. Além disso, as ligninas guaiacil e guaiacil-siringil são encontradas em gimnospermas e angiospermas (Lewis e Yamamoto, 1990).

Geralmente, a lignificação começa na substância intercelular nos ângulos das células e se estende para a lamela média entre os ângulos; então, se espalha para as primeiras camadas parietais (parede primária) e, finalmente, para aquelas formadas depois (as camadas de parede secundária) (Terashima et al., 1993; Higuchi, 1997; Terashima, 2000; Grünwald et al., 2002). Outros padrões de lignificação têm sido relatados (Calvin, 1967; Vallet et al., 1996; Engels e Jung, 1998). Aparentemente, a lignina é ligada covalentemente aos polissacarídeos da parede (Iiyama et al., 1994). Resultados de experimentos, em que a enzima cinamoil GA redutase foi geneticamente suprimida a partir da rota biossintética do monoliguol durante a formação da parede secundária nas fibras de tabaco e *Arabidopsis thaliana*, sugerem que o modo de polimerização da lignina pode desempenhar um papel significativo na determinação da organização tridimensional da matriz de polissacarídeos (Ruel et al., 2002).

A lignina não está restrita às paredes primárias das células que depositam paredes secundárias. Por exemplo, a presença de lignina tem sido relatada em paredes primárias de células parenquimáticas do coleóptilo de milho (Müsel et al., 1997). Além disso, a lignina é comumente depositada em paredes primárias de elementos parenquimatosos em resposta a ferimentos ou ataques por parasitas ou patógenos (Walter, 1992).

A lignificação é um processo irreversível e é geralmente precedida pela deposição de celulose e componentes não celulósicos da matriz (hemiceluloses, pectinas e proteínas estruturais) (Terashima et al., 1993; Hafrén et al., 1999; Lewis, 1999; Grünwald et al., 2002). A lignina é uma substância hidrofóbica que substitui a água da parede (Fig. 4.4). Na substância intercelular, a lignina funciona como um agente de ligação conferindo resistência à compressão e rigidez à flexão para o caule lenhoso. A lignina não tem nenhum efeito na resistência à tração da parede celular (Grisebach, 1981).

Ao impermeabilizar as paredes do xilema, a lignina limita a difusão lateral, facilitando, dessa maneira, o transporte longitudinal da água nos vasos do xilema. Foi sugerido que esta pode ter sido uma das principais funções da lignina durante a evolução das plantas (Monties, 1989). A rigidez mecâni-

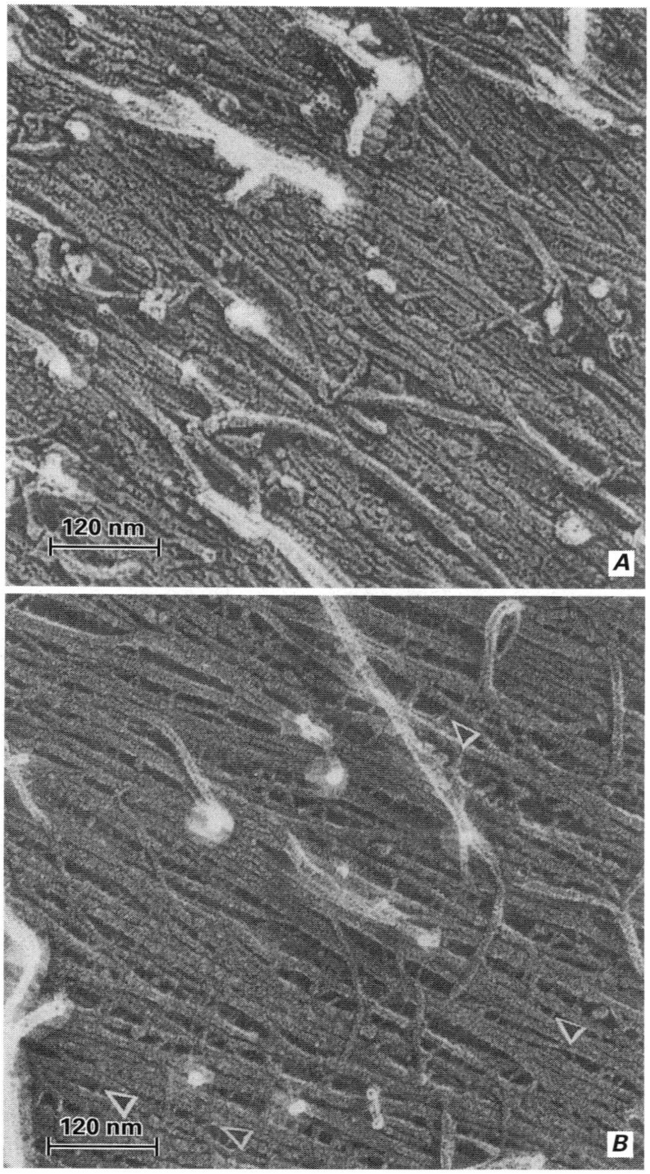

FIGURA 4.4

Estrutura da camada S_2 da parede de traqueídes de *Pinus thunbergii* antes (**A**) e depois (**B**) do processo de deslignificação. Notar a estrutura fechada da S_2 totalmente lignificada em **A**. Depois da deslignificação (**B**), ligações cruzadas (pontas de seta) são visíveis entre as microfibrilas; além disso, poros (fendas) podem ser vistos na parede. Uma técnica de congelamento rápido combinada com microscopia eletrônica de transmissão foi usada para obter essas imagens. (Obtido de Hafrén et al., 1999, com permissão da Oxford University Press.)

ca da lignina fortalece o xilema, permitindo que os elementos traqueais suportem a pressão negativa gerada a partir da transpiração, sem o colapso do tecido. Paredes celulares lignificadas são resistentes ao ataque de micróbios (Vance et al., 1980; Nicholson e Hammerschmidt, 1992). A lignina pode ter funcionado, primeiro, como um agente antimicrobiano e só mais tarde ter assumido um papel no transporte de água e no suporte mecânico na evolução das plantas terrestres (Sederoff e Chang, 1991).

Dois testes, o de Wiesner e o de Mäule, são comumente usados para a determinação qualitativa da lignina (Vance et al., 1980; Chen, 1991; Pomar et al., 2002). O teste de Wiesner é aplicável a todas as ligninas. Nesse teste, as paredes celulares dos tecidos contendo lignina produzem uma cor vermelho-púrpura brilhante quando tratadas com floroglucinol em ácido clorídrico concentrado. As ligninas com predomínio de siringil produzem somente uma reação fraca. O teste de Mäule é específico para grupos siringil. Nesse teste, as paredes celulares de tecidos que contêm lignina siringil produzem uma cor rosa-vermelho profundo quando tratadas sucessivamente com solução aquosa de permanganato, acido clorídrico e amônia. Anticorpos policlonais também são disponíveis para imuno-ouro marcação de diferentes tipos de lignina (Ruel et al., 1994; Grünwald et al., 2002).

Cutina e suberina são polímeros lipídicos insolúveis mais comumente encontrados nos tecidos de proteção na superfície da planta

A principal função da cutina e da suberina é formar uma matriz em que as **ceras** – compostos lipídicos de cadeia longa – estão embebidas (Post-Beittenmiller, 1996). Juntas, as combinações de cutina-cera ou suberina-cera formam barreiras que ajudam a evitar a perda de água e outras moléculas das partes aéreas da planta (Kolattukudy, 1980).

A **cutina**, com as ceras embebidas, forma a **cutícula** que cobre a superfície da epiderme de toda a parte aérea da planta. A cutícula consiste de diversas camadas com quantidades variáveis de cutina, ceras e celulose (Capítulo 9).

A **suberina** é um componente importante das paredes celulares do tecido de proteção secundário, súber, ou felema (Capítulo 15), das células endodérmicas e exodérmicas das raízes e das células da bainha dos feixes vasculares nas folhas de muitas espécies de Cyperaceae, Juncaceae e Poaceae. Além de reduzir a perda de água das partes aéreas da planta, a suberina restringe o movimento apoplástico (via parede da célula) da água e de solutos, e forma uma barreira à penetração de micróbios. A suberina da parede celular é caracterizada pela presença de dois domínios: um polifenólico e um polialifático (Bernards e Lewis, 1998; Bernards, 2002). O domínio polifenólico está incorporado *dentro* da parede primária e está covalentemente ligado ao domínio polialifático, que está depositado na superfície interna da parede primária, isto é, entre a parede primária e a membrana plasmática. Como observado ao microscópio eletrônico, o domínio polialifático tem um aspecto lamelar, ou em camadas, com bandas claras alternando com bandas escuras (Fig. 4.5). Tem sido proposto que as bandas claras compreendem predominantemente zonas alifáticas e as bandas mais escuras são zonas ricas em fenólicos, e que muitos ácidos graxos de cadeia longa e ceras provavelmente abrangem bandas lamelares sucessivas ou ficam intercalados dentro da rede poliéster do domínio polialifático (Bernards, 2002). Em épocas passadas, considerava-se que as bandas claras eram compostas principalmente por ceras, e as bandas escuras, de suberina (Kolattukudy e Soliday, 1985). Algumas cutículas também possuem aspecto lamelar.

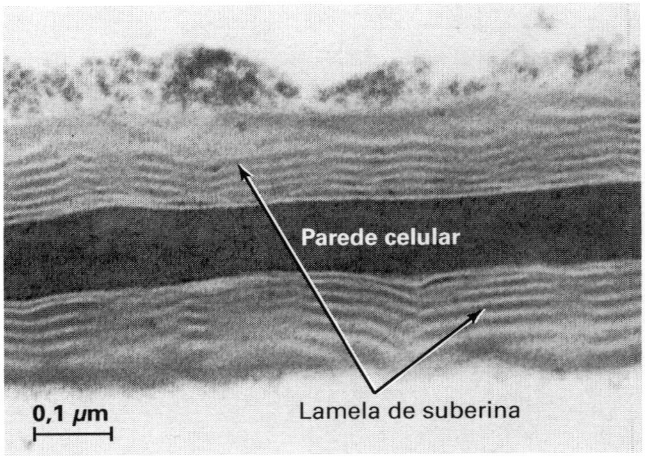

FIGURA 4.5

Eletronmicrografia mostrando lamelas de suberina nas paredes entre duas células do súber de um tubérculo de batata (*Solanum tuberosum*). Notar as faixas claras e escuras alternadas. As células do súber formam a camada mais externa do tecido de revestimento de partes da planta como tubérculo de batata e caules e raízes lenhosos. (Obtido de Thomson et al., 1995.)

CAMADAS DA PAREDE CELULAR

A espessura das paredes da célula vegetal varia bastante, dependendo da função que as células desempenham e da idade de cada célula. Geralmente, células mais jovens possuem paredes mais finas quando comparadas com células adultas. Porém, em algumas células, a espessura da parede não se altera muito após o cessar da expansão celular. Cada protoplasto forma sua parede de fora para dentro, de modo que a camada mais recente de uma determinada parede está em posição mais interna, próxima do protoplasto. As camadas celulósicas que se formam primeiro constituem a **parede primária**. A região de união das paredes primárias de células adjacentes é chamada **lamela média**, ou **substância intercelular**. Muitas células depositam camadas parietais adicionais; estas formam a **parede secundária**. Sendo depositada após a parede primária, a parede secundária é depositada pelo protoplasto da célula na superfície interna da parede primária (Fig. 4.1).

Com frequência, é difícil distinguir a lamela média da parede primária

É especialmente difícil distinguir a lamela média da parede primária naquelas células que desenvolvem paredes secundárias espessas. Nas células em que a distinção entre lamela média e paredes primárias não é clara, as duas paredes primárias adjacentes e a lamela média, e talvez a primeira camada da parede secundária, podem ser chamadas **lamela média composta**. Assim, o termo lamela média composta poderia significar, algumas vezes, uma estrutura com três estratos, e outras vezes, uma estrutura com cinco estratos (Kerr e Bailey, 1934).

A microscopia eletrônica raramente mostra a lamela média como uma camada bem delimitada, exceto nos ângulos das células onde o material intercelular é mais abundante. O reconhecimento da lamela média é baseado principalmente em testes microquímicos e técnicas de maceração. A lamela média tem natureza predominantemente péctica, porém, frequentemente se torna lignificada nas células com parede secundária.

A parede primária é depositada enquanto a célula está aumentando em tamanho

A parede primária, composta das primeiras camadas parietais formadas, é depositada antes e durante o crescimento da célula. As células ativas em divisão e a maioria das células diferenciadas envolvidas com processos metabólicos, como fotossíntese, secreção e armazenamento, apresentam comumente apenas paredes primárias. Tais células apresentam paredes primárias relativamente delgadas, e a parede primária é geralmente fina nas células que possuem paredes secundárias. A parede primária pode atingir espessura considerável, como no colênquima de caules e folhas e no endosperma de algumas sementes, embora esses espessamentos parietais sejam considerados secundários por alguns autores (Frey-Wyssling, 1976). Paredes primárias grossas podem ter aspecto lamelado, ou uma textura polilamelada, causada por variações na orientação das microfibrilas de celulose, de uma camada para outra (ver a seguir). Independentemente da espessura da parede, as células vivas com apenas paredes primárias podem remover o espessamento previamente adquirido, perder sua forma especializada, dividir-se e diferenciar-se em novos tipos celulares. É por essa razão que apenas as células com paredes primárias estão envolvidas em cicatrização de ferimentos e regeneração nas plantas.

Modelos atuais de arquitetura da parede primária (em crescimento) propõem uma rede de microfibrilas de celulose entrelaçadas com hemiceluloses, tais como xiloglucanos, e embebidas em um gel de pectinas. Em um dos modelos (Fig. 4.6A) as hemiceluloses revestem a superfície da celulose, às quais estão unidas por ligações não covalentes, e formam ligações cruzadas, ou amarras, que ligam as microfibrilas de celulose entre si. Estima-se que essa rede celulose-xiloglucano pode contribuir com até 70% da resistência da parede primária (Shedletzky et al., 1972). Evidência para ligações cruzadas celulose-hemicelulose tem sido fornecida com o microscópio eletrônico (Fig. 4.7; McCann et al., 1990; Hafrén et al., 1999; Fujino et al., 2000). Pauly et al. (1999) encontraram três frações distintas de xiloglucanos nas paredes celulares do caule de *Pisum sativum*. Aproximadamente 8% do peso seco das paredes consistem de xiloglucano, que pode ser solubilizado por tratamento com uma endoglucanase xiloglucano-específica. Este material corresponde ao domínio xiloglucano que possivelmente forma as ligações cruzadas entre microfibrilas de celulose. Resumidamente, um segundo domínio (10% do peso seco da parede) formado de xiloglucano estaria ligado firmemente à superfície

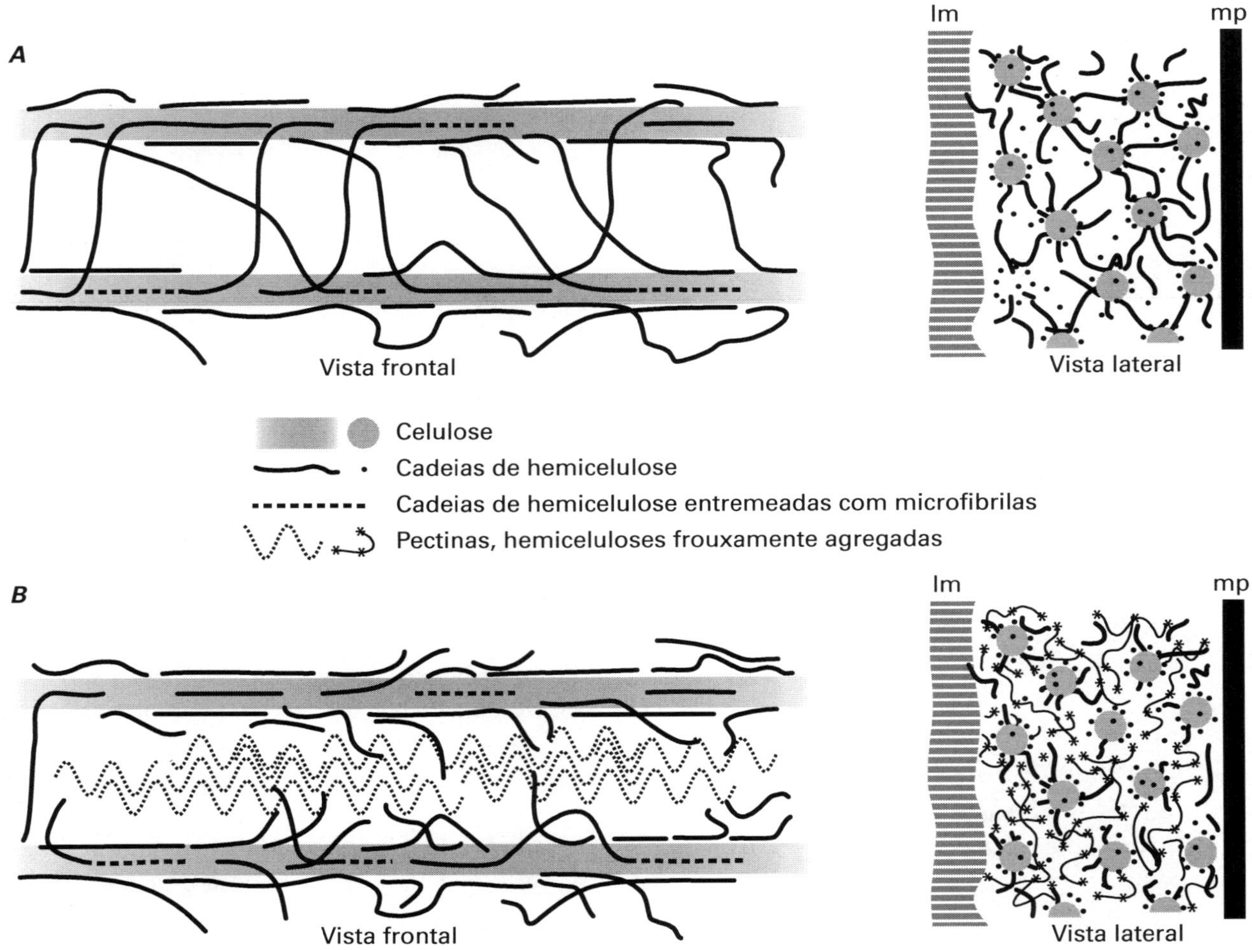

FIGURA 4.6

Dois modelos de parede celular (primária) em crescimento. No modelo retratado em **A**, a força mecânica da parede é atribuída à ligação das microfibrilas de celulose por xiloglucanos que são ligados covalentemente à superfície das microfibrilas e aprisionados dentro da microfibrila. Pectinas (não mostradas) formam uma matriz coextensiva, onde a rede celulose-xiloglucano está embebida. O modelo alternativo apresentado em **B** difere do modelo mostrado em **A** primeiro pela ausência de polímeros que diretamente se ligam às microfibrilas. Em vez disso, hemiceluloses fortemente unidas, tais como xiloglucanos, são vistas embainhadas em uma camada de polissacarídeos ligados menos fortemente. Os polissacarídios, por sua vez, estão embebidos em uma matriz péctica que preenche o espaço entre as microfibrilas. Detalhes: lm, lamela média; mp: membrana plasmática. (Adaptado de Cosgrove, 1999. Reimpresso, com permissão, a partir de *Annual Review of Plant Physiology and Plant Molecular Biology*, vol. 50, © 1999 por Annual Reviews. **www.annualreviews.org**)

das microfibrilas de celulose, e um terceiro (3% do peso seco da parede) do xiloglucano supostamente estaria aprisionado dentro ou entre as microfibrilas de celulose.

Em um modelo alternativo de parede primária (Fig. 4.6B), não existem ligações diretas microfibrila-microfibrila. Em vez disso, hemiceluloses firmemente ligadas às microfibrilas estão envolvidas por uma camada de hemiceluloses fracamentes ligadas, que, por sua vez, estão embebidas na matriz de pectinas, preenchendo os espaços entre as microfibrilas (Talbott e Ray, 1992). Nesse modelo, a resistência da parede pode depender, em parte, da presença de muitas interações não covalentes entre as moléculas da matriz lateralmente alinhadas (Cosgrove, 1999). É pertinente observar que em estudo utilizando espectroscopia de ressonância magnética de ^{13}C nuclear em estado sólido foi encontrada pouca evidência de interação consistente entre celulose e hemiceluloses nas paredes celulares primárias de três monocotiledôneas (azevém italiano, abacaxi e cebola) e uma eudicotiledônea (repolho) (Smith, B. G. et al., 1998). Os autores sugeriram, contudo, que um número relativamente pequeno de moléculas de hemicelulose seria suficiente para as ligações cruzadas das microfibrilas de celulose. Uma conclusão semelhante foi relatada para as paredes celulares primárias de *Arabidopsis thaliana* (Newman et al., 1996). Aparentemente, a orientação das microfibrilas de celulose é o fator chave na determinação das propriedades mecânicas da parede celular (Kerstens et al., 2001).

A parede secundária é depositada internamente à parede primária, em grande parte ou somente após a parede primária ter cessado seu aumento na área superficial

Embora se considere que a parede secundária seja depositada após o término do aumento na área superficial da parede primária, existem evidências que a camada inicial da parede secundária se torna ligeiramente estendida em virtude de sua deposição começar pouco antes do término do aumento na superfície da parede (Roelofsen, 1959). A deposição de parede secundária antes de a expansão celular ter cessado tem sido relatada para traqueídes das coníferas (Abe et.al., 1997) e fibras do colmo de bambu (MacAdam e Nelson, 2002; Gritsch e Murphy, 2005).

As paredes secundárias são particularmente importantes em células especializadas que têm função de suporte e naquelas envolvidas na condução de água; nessas células, o protoplasto frequentemente morre após a parede secundária ter sido depositada. Nas paredes secundárias, a celulose é mais abundante do que nas paredes primárias e as substâncias pécticas estão ausentes; a parede secundária é, portanto, rígida e não é facilmente esticada. Proteínas estruturais e enzimas que são relativamente abundantes em paredes primárias parecem estar ausentes ou presentes em pequenas quantidades nas paredes secundárias. Como já mencionado, uma proteína tipo extensina tem sido localizada nas paredes secundárias da madeira de pinheiro (Bao et al., 1992). A lignina é comum nas paredes secundárias de células encontradas em madeira.

Em células da madeira com paredes espessadas, três camadas distintas – designadas S_1, S_2 e S_3, para a camada externa, média e interna, respectivamente – podem, frequentemente, ser distintas na parede secundária. A camada S_2 é a mais espessa. A camada S_3 pode ser muito fina ou estar ausente. Alguns anatomistas de madeira consideram a camada S_3 suficientemente distinta das camadas S_1 e S_2, sendo chamada ***parede terciária***.

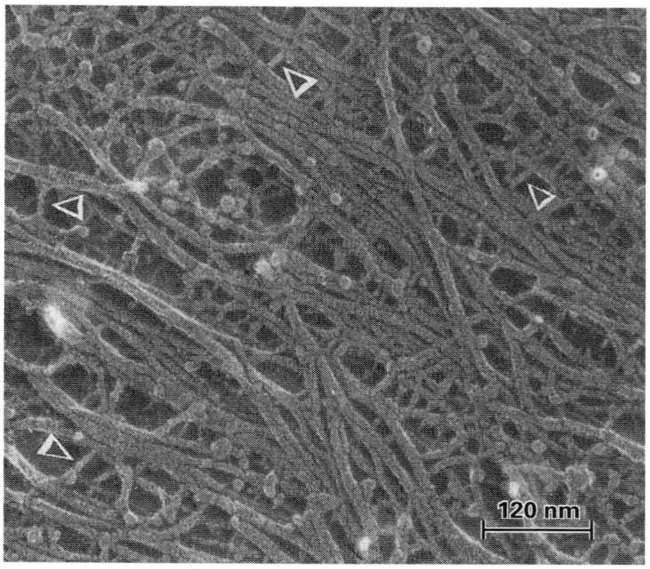

FIGURA 4.7

Vista tangencial de uma parede primária recém-sintetizada no câmbio vascular de *Pinus thunbergii*. Note as numerosas ligações cruzadas (pontas de seta) entre as microfibrilas. (De Hafrén et al., 1999, com permissão de Oxford University Press.)

A separação da parede secundária em três camadas S resulta principalmente das diferentes orientações das microfibrilas nas três camadas (Frey-Wyssling, 1976). Geralmente, as microfibrilas são orientadas helicoidalmente nas várias camadas (Fig. 4.8). Na S_1, as fibrilas estão orientadas em hélices cruzadas, que formam um grande ângulo com o maior eixo da célula, de modo que essa camada é altamente birrefringente. Na S_2, o ângulo é pequeno e a inclinação da hélice íngreme, ou seja, apresentam orientação relativamente longitudinal; portanto, as microfibrilas de celulose nessa camada não são visíveis ao microscópio de luz polarizada. Na S_3, as microfibrilas são depositadas como na S_1, em um grande ângulo em relação ao eixo longo da célula, isto é, voltam a apresentar uma orientação mais transversal. Em pelo menos algumas fibras do lenho, as camadas S_1 e S_2 estão interligadas por uma zona de transição com uma textura helicoidal (Vian et al., 1986; Reis e Vian, 2004).

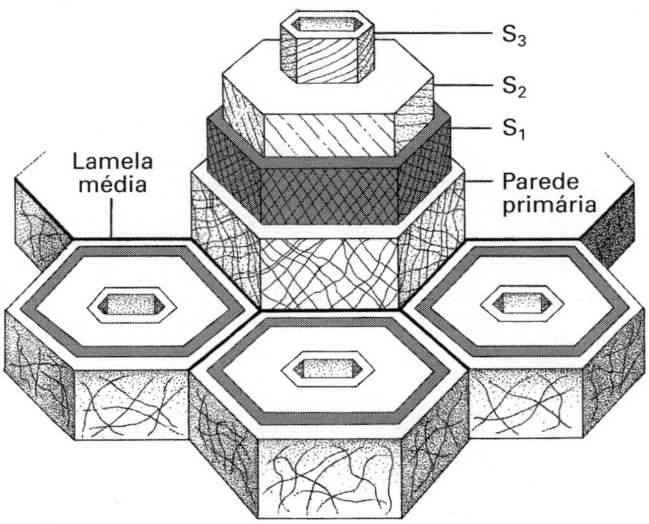

FIGURA 4.8

Camadas das paredes secundárias. Diagrama que mostra a organização das microfibrilas de célula e as três camadas (S_1, S_2 e S_3) da parede secundária. As orientações diferentes das três camadas fortalecem a parede secundária. (Obtido de Raven et al., 2005.)

As paredes primárias diferem das secundárias por apresentarem um arranjo bastante aleatório da microfibrilas. Nas fibras e traqueídes da maioria das espécies lenhosas a superfície interna da camada S_3 é revestida com um filme não celulósico, muitas vezes tendo protuberâncias denominadas ***verrugas***. Durante muito tempo, as verrugas foram consideradas como compostas de restos citoplasmáticos oriundos da decomposição do protoplasto; atualmente, são consideradas como excrescências da parede celular formadas, em grande parte, a partir de precursores da lignina (Frey-Wyssling, 1976; Castro, 1991).

PONTOAÇÕES E CAMPOS DE PONTOAÇÕES PRIMÁRIAS

As paredes celulares secundárias são comumente caracterizadas pela presença de orifícios chamados **pontoações** (Figs. 4.9B-D e 4.10B, C). Uma pontoação geralmente ocorre em posição oposta a uma pontoação na parede de uma célula adjacente, e as duas pontoações opostas constituem um **par de pontoações**. A lamela média e as duas paredes primárias entre as duas cavidades da pontoação são chamadas **membrana da pontoação**. As pontoações se formam durante a ontogenia da célula e resultam da deposição diferencial de material da parede secundária: nenhum material é depositado sobre a membrana da pontoação de modo que as pontoações são descontinuidades na parede secundária.

Enquanto paredes secundárias possuem pontoações, paredes primárias possuem **pontoações pri-**

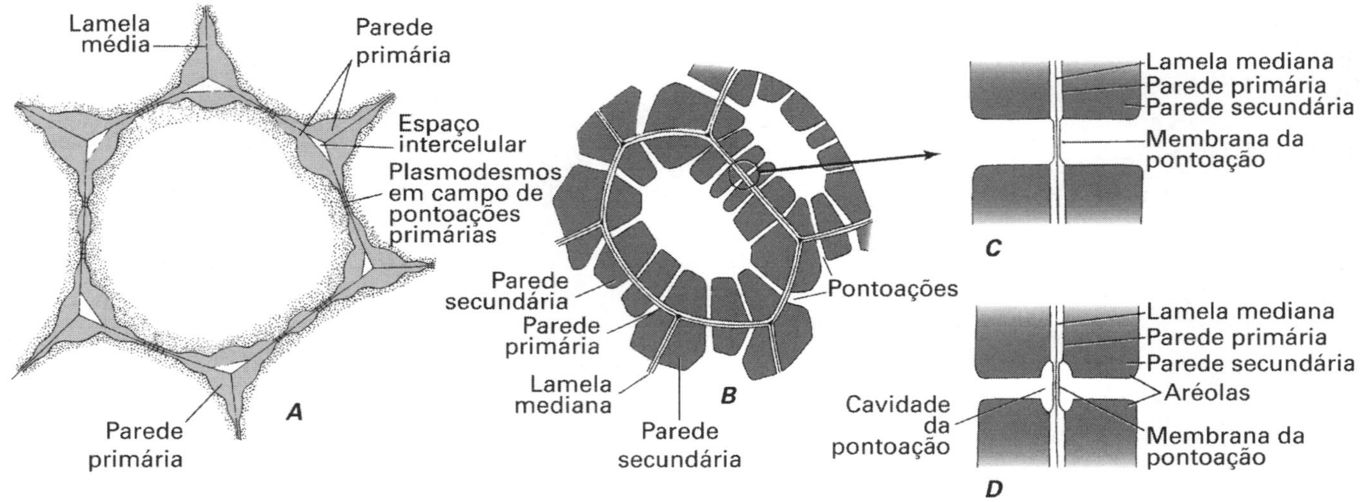

FIGURA 4.9

Campos de pontoação primária e plasmodesmos. **A**, célula parenquimática com paredes primárias e campos de pontoação primária, representados como áreas delgadas nas paredes. Como mostrado aqui, os plasmodesmos atravessam a parede nos campos de pontoação primária. **B**, células com paredes secundárias e numerosas pontoações. **C**, um par de pontoações simples. **D**, um par de pontoações areoladas. (Obtido de Raven et al., 2005.)

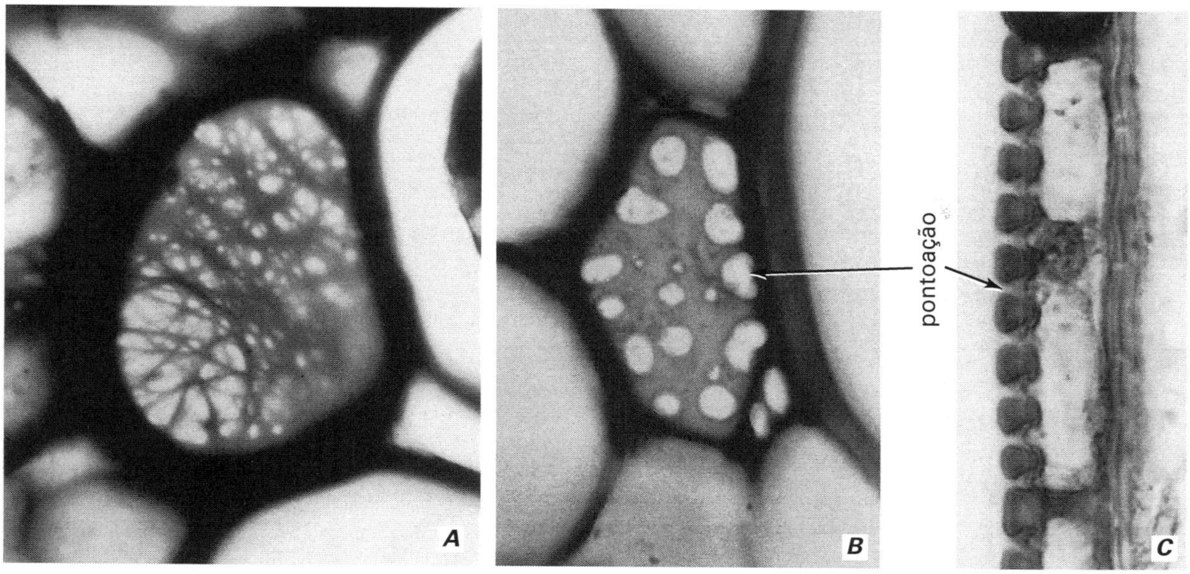

FIGURA 4.10

Campos de pontoação primária e pontoações. Células parenquimáticas do córtex radicular de *Abies* (**A**), xilema de *Nicotiana* (**B**), e *Vitis* (**C**). **A**, vista frontal da rede de celulose; as porções não coradas são aquelas penetradas por plasmodesmos (não visíveis). **B**, pontoações em vista frontal e **C**, em corte. Em **C**, parede pontoada entre célula parenquimática e vaso. (A, X930; B, X1100; C, X1215.)

márias, que são áreas delgadas, sem interrupções, na parede primária (Figs. 4.9A e 4.10A). Neste livro, o termo **campo de pontoações primárias** é usado para descrever tanto uma pontoação primária solitária como um grupo de pontoações primárias. Durante a deposição da parede secundária, as pontoações são formadas sobre os campos de pontoações primárias. Diversas pontoações podem se formar sobre um campo de pontoação primária.

Os plasmodesmos (veja a seguir) estão comumente reunidos nos campos de pontoação primária (Fig. 4.9A). Quando uma parede secundária se desenvolve, os plasmodesmos permanecem na membrana da pontoação como conexões entre os protoplastos de células adjacentes. No entanto, os plasmodesmos não estão restritos aos campos de pontoação primária, sendo comumente observados de forma esparsa através de uma parede de espessura uniforme. Além disso, em muitos casos, a parede primária é especificamente mais espessada onde ocorrem plasmodesmos.

As pontoações variam em tamanho e em detalhes da estrutura (Capítulos 8 e 10), no entanto, dois tipos principais são reconhecidos nas células com paredes secundárias: **pontoações simples** e **pontoações areoladas** (Fig. 4.9C, D). A diferença básica entre os dois tipos é que na pontoação areolada a parede secundária se curva sobre a cavidade da pontoação e reduz sua abertura em direção ao lume da célula. A porção da parede secundária curvada constitui a **aréola**. Nas pontoações simples, não ocorre curvatura da parede. Nas pontoações areoladas, a parte da cavidade encoberta pela aréola é denominada **câmara da pontoação**, e o poro na aréola é denominado **abertura**.

Uma combinação de pontoações simples é chamada um ***par de pontoações simples***, e de duas pontoações areoladas opostas, um ***par de pontoações areoladas***. Combinações de pontoações simples e pontoações areoladas, chamadas ***pares de pontoações semiareoladas***, são encontradas no xilema. Uma pontoação pode não ter outra correspondente, como, por exemplo, quando ela ocorre oposta a um espaço intercelular. Tais pontoações são chamadas ***pontoações cegas***. Além disso, duas ou mais pontoações podem se opor a uma única pontoação em uma célula adjacente, uma combinação que tem sido chamada ***pontoação unilateralmente composta***.

Pontoações simples são encontradas em certas células do parênquima, em fibras extraxilemáticas e nas esclereídes (Capítulo 8). Em uma pontoação simples, a cavidade pode ser uniforme em largura ou pode ser ligeiramente mais ampla ou ligeiramente mais estreita em direção ao lume da célula. Se ocorrer redução em direção ao lume, a pontoação simples terá uma estrutura similar a da pontoação areolada. Dependendo da espessura da parede secundária, a pontoação simples pode ser rasa ou pode formar um canal que se estende do lume da célula em direção à membrana da pontoação. Pontoações podem coalescer à medida que a parede aumenta em espessura, formando **pontoações ramificadas** ou **ramiformes** (do Latim *ramus*, ramo) (Capítulo 8).

Ambas pontoações, simples e areoladas, ocorrem nas paredes secundárias de elementos traqueais (Capítulos 10 e 11). Nas traqueídes de coníferas os pares de pontoações areoladas apresentam estrutura especialmente elaborada (Capítulo 10).

Se a parede secundária é muito espessa, a aréola da pontoação é igualmente espessa. A câmara dessa pontoação é bastante pequena e conectada com o lume da célula através de uma passagem estreita na aréola, o **canal da pontoação**. O canal tem uma **abertura externa** em direção a câmara da pontoação e uma **abertura interna** voltada ao lume da célula. Em certos casos, o canal da pontoação se assemelha a um funil e suas duas aberturas diferem no tamanho e forma (Fig. 4.11). A abertura externa é pequena e circular, e a interna mais estendida e em forma de fenda. Em um par de pontoação as aberturas internas das duas pontoações são cruzadas uma em relação à outra (Capítulo 10). Esse arranjo está relacionado à deposição helicoidal das microfibrilas na parede secundária.

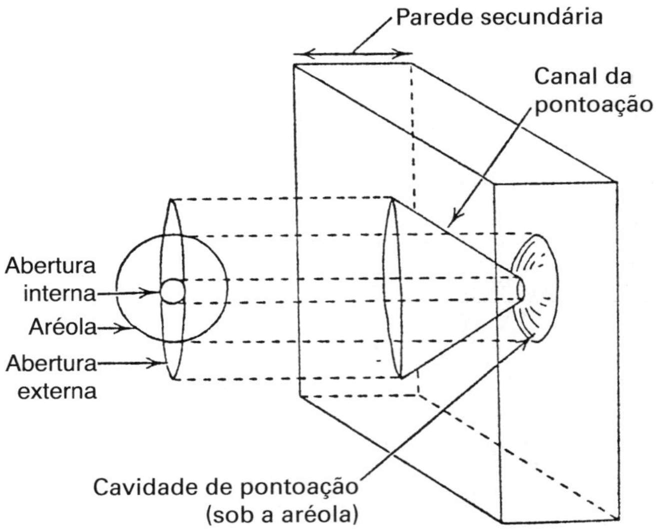

FIGURA 4.11

Diagrama de uma pontoação areolada com abertura interna alargada e aréola reduzida. (Obtido de Esau, 1977; após Record, 1934.)

ORIGEM DA PAREDE DURANTE A DIVISÃO CELULAR

A citocinese ocorre pela formação de um fragmoplasto e de uma placa celular

Durante o crescimento vegetativo, a divisão celular (**citocinese**) geralmente é precedida pela divisão nuclear (**cariocinese**, ou **mitose**). A célula-mãe se divide, resultando na formação de duas células-filhas. A citocinese tem início no final da anáfase, com a formação do fragmoplasto, um sistema de microtúbulos inicialmente em forma de barril – remanescentes do fuso mitótico – que aparece entre os dois conjuntos de cromossomos-filhos (Fig. 4.12A). O fragmoplasto, como o fuso mitótico que o precede, é composto de dois conjuntos opostos e sobrepostos de microtúbulos que se formam em ambos os lados do plano de divisão (não representado na Fig. 4.12A). Filamentos de actina também são um componente importante do fragmoplasto e estão alinhados perpendicularmente ao plano de divisão. Ao contrário dos microtúbulos, os filamentos de actina, embora organizados em dois conjuntos opostos, não se sobrepõem.

O fragmoplasto serve como um arcabouço para organização da **placa celular**, a partição inicial entre as células-filhas (Fig. 4.13). A placa celular é formada a partir da fusão das vesículas derivadas do Golgi que são aparentemente direcionadas ao plano de divisão pelos microtúbulos do fragmoplasto, possivelmente com o auxílio de proteínas motoras. O papel dos filamentos de actina é menos claro. Quando a placa celular é iniciada, o fragmoplasto não se estende até a parede da célula em divisão. Durante a expansão da placa celular, os microtúbulos do fragmoplasto despolimerizam no centro e são sucessivamente repolimerizados nas margens da placa celular. A placa celular – precedida pelo fragmoplasto (Fig. 4.12B, C) – cresce para fora (**centrifugamente**) até alcançar as paredes da célula em divisão, completando a separação das duas células-filhas. É importante notar que, em adição aos microtúbulos e filamentos de actina, alguns pesquisadores incluem as vesículas derivadas do Golgi e do retículo endoplasmático, inicialmente associado com a placa celular em desenvolvimento, como parte do fragmoplasto (Staehelin e Hepler, 1996; Smith L. G., 1999).

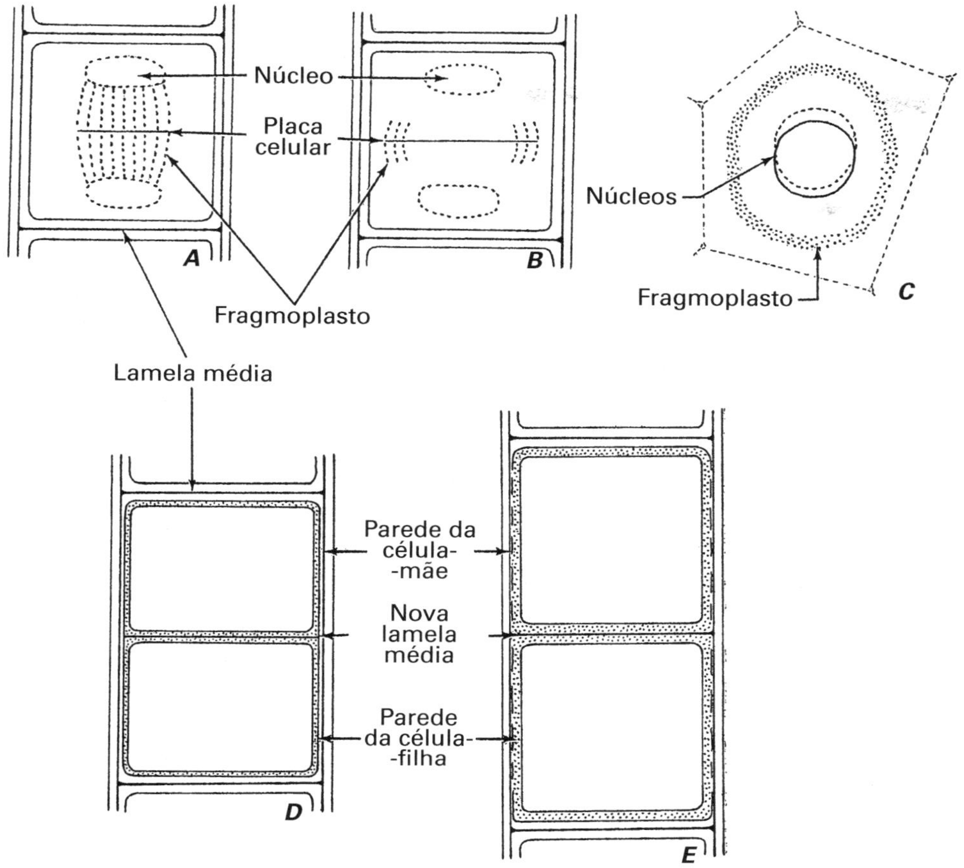

FIGURA 4.12

Formação de parede durante divisão celular. **A**, formação da placa celular na superfície equatorial do fragmoplasto na telófase. **B**, **C**, o fragmoplasto aparece ao longo da margem da placa celular circular (em vista lateral em **B**; em vista frontal em **C**). **D**, a divisão celular é completada e cada célula-filha já formou sua própria parede primária (área pontilhada). **E**, as células-filhas cresceram, suas paredes primárias se espessaram, e a parede-mãe foi rompida ao longo das porções laterais das células. (Obtido de Esau, 1977.)

O processo de formação da placa celular é mais complexo e consiste de diversos estágios (Fig. 4.14; Samuels et al., 1995; Staehelin e Hepler, 1996; Nebenführ et al., 2000; Verma, 2001): (1) a chegada das vesículas derivadas do Golgi no plano de divisão; (2) a formação de tubos de 20 nanômetros (**tubos de fusão**) que brotam das vesículas e se fundem com outras, dando origem a uma **rede túbulo-vesicular** contínua e entrelaçada, em meio a uma matriz citoplasmática difusa fibrosa; (3) transformação da rede túbulo-vesicular em uma **rede tubular** e, então, em uma **estrutura semelhante a uma placa fenestrada**, durante a qual a matriz densa e os microtúbulos do fragmoplasto desaparecem; (4) a formação de numerosas projeções na forma de dedos nas margens da placa celular que se fundem com a membrana plasmática na parede da célula-mãe; (5) maturação da placa celular em uma nova parede celular. O último estágio inclui o fechamento das fenestras. Nesse momento, segmentos do retículo endoplasmático tubular são aprisionados na parede em desenvolvimento e são formados os plasmodesmos. Logo após o desaparecimento do citoesqueleto do fragmoplasto e o início da maturação da placa celular em raiz de agrião (*Lepidium sativum*) e milho, a miosina passa a ser detectada nos plasmodesmos recém-formados (Reichelt et al. 1999; Baluška et al., 2000). Ao mesmo tempo, feixes de filamentos de actina parecem se tornar ligados aos plasmodesmos.

Numerosas proteínas estão envolvidas na formação da placa celular (Heese et al., 1998; Smith, L. G., 1999; Harper et al., 2000; Lee, Y. -R. J. e Liu, 2000; Otegui e Staehelin, 2000; Assaad, 2001).

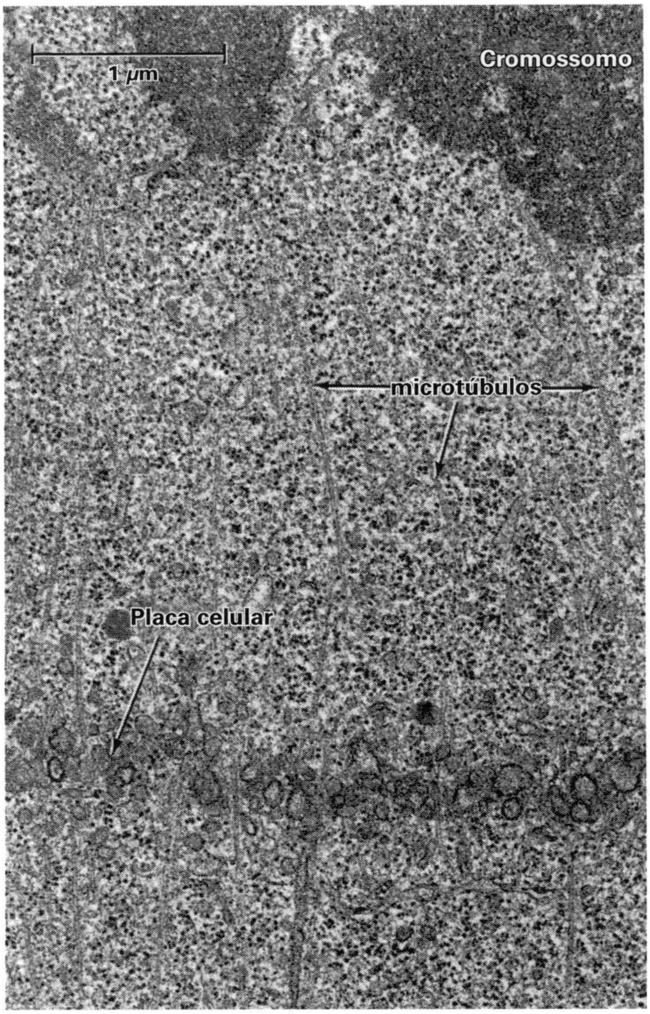

FIGURA 4.13

Detalhes do início da citocinese em célula do mesofilo de tabaco (*Nicotiana tabacum*). A placa celular ainda se mostra formada por vesículas individuais. Os microtúbulos do fragmoplasto ocorrem de ambos os lados da placa celular, alguns atravessando a placa. Parte do material cromossômico de uma das duas futuras células-filhas é mostrado. (Obtido de Esau, 1977.)

Por exemplo, ***fragmoplastina***, uma proteína tipo dineína, ligada à proteína verde fluorescente, foi localizada na placa celular em desenvolvimento em células BY-2 de tabaco (Gu e Verma, 1997). A fragmoplastina pode estar envolvida com a formação dos tubos de fusão e a fusão de vesículas na placa celular. A superexpressão de fragmoplastina em plântulas transgênicas de tabaco resultou no acúmulo de calose na placa celular e impediu o crescimento da planta (Geisler-Lee et al., 2002). Evidência funcional mais direta foi obtida para o envolvimento da proteína KNOLLE em *Arabidopsis thaliana* na formação da placa celular (Lukowitz et al., 1996). KNOLLE, uma proteína relacionada à sintaxina, aparentemente serve como um receptor para vesículas que são transportadas pelo fragmoplasto. Na ausência de proteínas KNOLLE, as vesículas não se fundem (Lauber et al., 1997).

A calose é o principal polissacarídeo de parede presente no início do desenvolvimento da placa celular

A calose começa a se acumular no lume da placa celular em desenvolvimento durante o estágio túbulo-vesicular, tornando-se mais abundante durante a conversão da rede tubular em placa fenestrada. Sugere-se que a calose possa atuar sobre as membranas, facilitando sua conversão em uma estrutura semelhante à placa (Samuels et al., 1995).

O padrão de deposição da celulose e de componentes da matriz e a eventual substituição da calose nas placas celulares em desenvolvimento ainda não estão claros. Nas células BY-2 de tabaco, xiloglucanos e pectinas foram localizados desde o estágio túbulo-vesicular, mas a concentração dessas substâncias parece aumentar substancialmente somente depois de finalizada a formação da placa celular (Samuels et al., 1995). A celulose começa a ser sintetizada em quantidade significante quando a placa celular alcança o estágio de placa fenestrada. Nas células meristemáticas da raiz de *Phaseolus vulgaris*, ao contrário, celulose, hemicelulose e pectinas são depositadas simultaneamente ao longo da placa (Matar e Catesson, 1988).

De acordo com a visão tradicional (Priestley e Scott, 1939), a fusão da placa celular – que foi considerada como uma nova lamela média – com a parede da célula-mãe ocorre quando a parede primária está fragmentada em frente à placa celular durante a expansão dos protoplastos-filhos. A nova lamela média, com desenvolvimento centrífugo, contata a lamela média da célula-mãe localizada externamente à antiga parede fragmentada. Recentemente, tem sido mostrado que a placa celular não é a lamela média por si só, e que a lamela média péctica não começa a se desenvolver até que a placa celular contate a antiga parede da célula-mãe. A lamela média, então, estende-se **centripetamente** (de fora para dentro) dentro da placa celular a partir da junção com as paredes da célula-mãe (Matar e Catesson, 1988). Isso é precedido pela

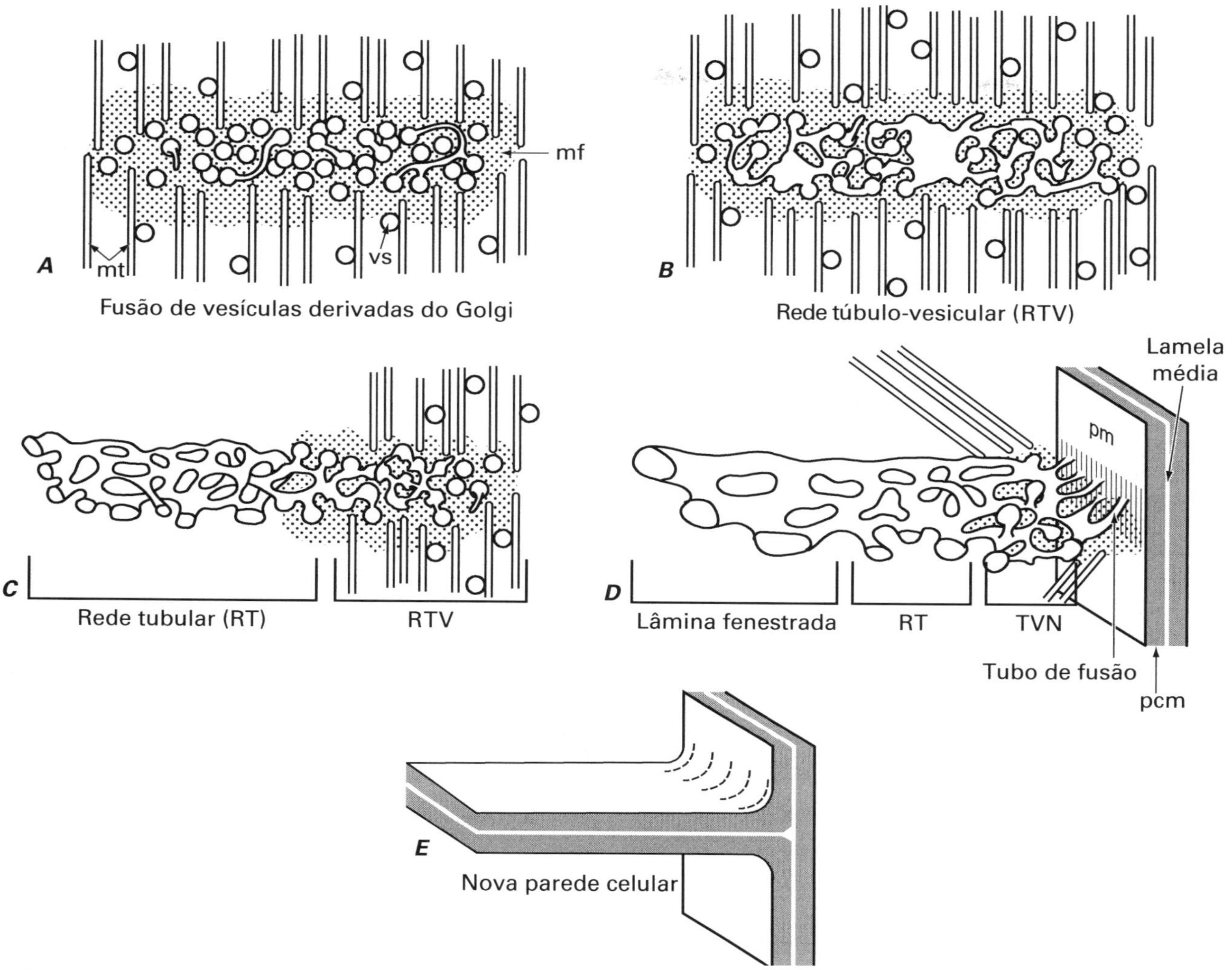

FIGURA 4.14

Estágios do desenvolvimento da placa celular. **A**, fusão das vesículas secretoras (vs) derivadas do Golgi na zona equatorial, entre microtúbulos (mt) do fragmoplasto e uma matriz citoplasmática difusa (mf). **B**, a fusão de vesículas originadas do Golgi origina uma rede túbulo-vesicular revestida por uma "cobertura difusa". **C**, uma rede tubular (RT) se forma conforme o lume da rede túbulo-vesicular (RTV) se torna preenchido com polissacarídeos de parede, especialmente calose. A matriz difusa ao redor da rede e dos microtúbulos desaparece, favorecendo a distinção entre esse estágio e o da rede túbulo-vesicular. **D**, a área dos túbulos se expande, formando uma lâmina quase contínua. Numerosas projeções com formato de dedos se estendem a partir das margens da placa celular e se fundem com a membrana plasmática (mp) da parede celular-mãe (pcm) no local previamente ocupado pela banda pré-prófase. **E**, maturação da placa celular em uma nova parede celular. (Obtido de Samuels et al., 1995. Reproduzido de *The Journal of Cell Biology* 1995, vol. 130, 1345-1357, com permissão de direitos autorais de Rockefeller University Press.)

formação de uma zona de ancoragem nessa junção. A zona de ancoragem é o ponto inicial para uma sequência de mudanças na arquitetura fibrilar, levando à fusão e continuidade do esqueleto fibrilar das duas paredes. A lamela média da parede da célula-mãe, então, produz uma protuberância em forma de cunha que penetra na âncora e progride em direção à placa celular.

A banda pré-prófase prenuncia o plano da futura placa celular

Antes de a célula se dividir, o núcleo assume uma posição apropriada para o evento. Se a célula prestes a se dividir é altamente vacuolada, uma camada de citoplasma, o **fragmossomo**, espalha-se através do futuro plano de divisão e o núcleo passa

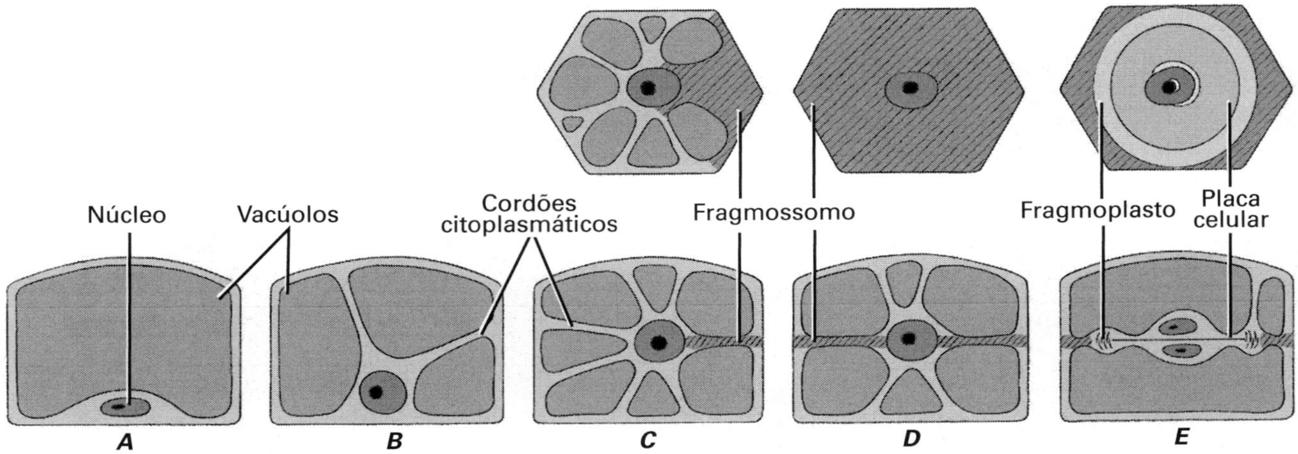

FIGURA 4.15

Divisão celular em uma célula altamente vacuolada. **A**, inicialmente, o núcleo permanece próximo à parede da célula, que contém um grande vacúolo central. **B**, cordões de citoplasma penetram o vacúolo, proporcionando caminhos para a migração do núcleo para o centro da célula. **C**, o núcleo atingiu o centro da célula e permanece sustentado por numerosos cordões citoplasmáticos. Alguns dos cordões começam a se fundir para formar o fragmoplasto por meio do qual a divisão celular ocorrerá. **D**, o fragmoplasto, que forma uma camada que divide a célula em duas porções, está completamente formado. **E**, quando a mitose é completada, a célula se dividirá no plano ocupado pelo fragmoplasto. (Cortesia de W. H. Freeman; conforme Venverloo e Libbenga, 1987. © 1987, com permissão da Elsevier.)

a se localizar nessa camada (Fig. 4.15; Sinnott e Bloch, 1941; Gunning, 1982; Venverloo e Libbenga, 1987). O fragmossomo contém microtúbulos e filamentos de actina (Goosen-de Roo et al., 1984), ambos aparentemente envolvidos com sua formação. Além disso, a maioria das células vegetativas contém uma **banda pré-prófase**, um anel cortical de microtúbulos e filamentos de actina, justapostos à membrana plasmática, marcando o local em que vai se formar a nova placa celular (Gunning, 1982; Gunning e Wick, 1985; Vos et. al., 2004). Análise de células em divisão do ápice radicular de *Pinus brutia* ao microscópio confocal a laser, usando técnicas de imunolocalização para identificar microtúbulos e retículo endoplasmático (RE), revelaram que túbulos de RE formaram uma estrutura como um anel denso no local da banda pré-prófase (Zachariadis et al., 2001). O desenvolvimento da "banda de RE pré-prófase" se assemelha muito a "banda de microtúbulos da pré-prófase". A banda pré-prófase desaparece após o início do fuso mitótico e desintegração do envoltório nuclear (Dixit e Cyr, 2002), muito antes do início da placa celular; contudo, a placa celular em desenvolvimento se funde com a parede-mãe precisamente na zona demarcada inicialmente pela banda. Filamentos de actina foram encontrados fazendo uma ponte entre a extremidade da placa celular-fragmoplasto e uma rede cortical de actina nas imediações dessa zona (Lloyd e Traas, 1988; Schmit e Lambert, 1988; Goodbody e Loyd, 1990). Esses filamentos provavelmente auxiliam na orientação do crescimento da placa celular, utilizando um mecanismo baseado em actomiosina (Molchan et al., 2002). Em algumas células vacuoladas o fuso mitótico e o fragmoplasto são deslocados lateralmente, e a placa celular em crescimento se fixa em um lado da célula numa fase inicial do desenvolvimento, um modo de citocinese denominado "citocinese polarizada" por Cutler e Ehrhardt (2002).

CRESCIMENTO DA PAREDE CELULAR

Uma vez formada a placa celular, material parietal adicional é depositado em ambos os lados da placa, resultando no aumento da espessura da nova divisória. O novo material de parede é depositado ao redor de cada um dos protoplastos-filhos em um modelo-mosaico, de modo que as novas paredes das células meristemáticas são caracterizadas por uma distribuição heterogênea de polissacarídeos (Matar e Catesson, 1988).

Materiais da matriz, incluindo glicoproteínas, são levados até a parede em vesículas do Golgi. Por outro lado, microfibrilas de celulose são sintetizadas

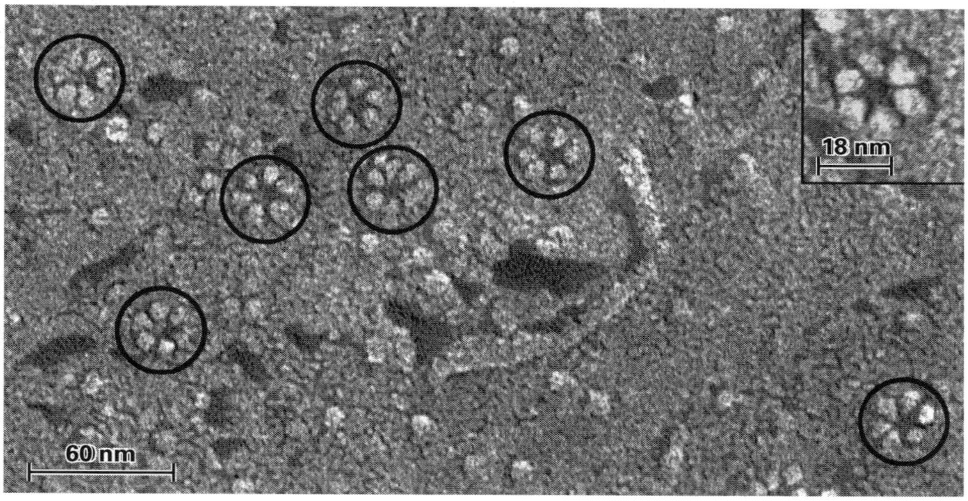

FIGURA 4.16

Criofratura mostrando réplicas das rosetas associadas à biogênese das microfibrilas de celulose em um elemento traqueal em diferenciação de *Zinnia elegans*. As rosetas mostradas aqui estão na superfície da membrana plasmática mais próxima do citoplasma (face PF). Muitas rosetas são mostradas (marcadas por círculos) na micrografia principal. O detalhe mostra uma roseta em maior aumento após o sombreamento rotatório de alta resolução à temperatura ultrafria com uma quantidade mínima de platina/carbono. (Cortesia de Mark J. Grimson e Candace H. Haigler.)

por **complexos celulose-sintase** semelhantes a anéis, ou **rosetas**, constituídas por seis partículas arranjadas hexagonalmente que atravessam a membrana plasmática (Fig. 4.16; Delmer e Stone, 1988; Hotchkiss, 1989; Fujino e Itoh, 1998; Delmer, 1999; Hafrén et al., 1999; Kimura et al., 1999; Taylor et al., 2000). Cada roseta sintetiza celulose a partir de UDP-glicose (uridina difosfato D-glicose) derivado da glicose. Duas enzimas necessárias para a síntese de celulose em *Arabidopsis* foram identificadas por meio de análises de mutantes, CesA glicosiltransferases e KOR endo-1,4-β-glucanases associadas a membrana (Williamson et al., 2002). As proteínas CesA são componentes do complexo celulose-sintase, que provavelmente contém 18 a 36 dessas proteínas. Para a síntese de celulose na parede secundária dos vasos do xilema em desenvolvimento em *Arabidopsis*, são necessárias, pelo menos, três proteínas CesA (Taylor et al., 2000, 2003). Além disso, as três proteínas CesA são necessárias para o posicionamento adequado das proteínas do complexo nas regiões da membrana plasmática associada com o espessamento da parede (Gardiner et al., 2003b). Os microtúbulos corticais se organizam no local de formação da parede celular secundária antes que esse processo de inicie, sendo estes necessários para a manutenção da localização ideal das proteínas CesA (Gardiner et al., 2003b).

Durante a síntese de celulose, a roseta, que se move no plano da membrana, deposita microfibrilas na superfície externa da membrana. As rosetas, que são formadas pelo retículo endoplasmático, são inseridas na membrana plasmática via vesículas do Golgi (Haigler e Brown, 1986) e aparentemente são deslocadas para a face externa da membrana pela síntese (polimerização) e cristalização das microfibrilas de celulose (Delmer e Amor, 1995).

Em células que estão se alongando e em elementos de vaso com deposição de parede secundária, a orientação das microfibrilas de celulose normalmente é paralela aos microtúbulos corticais subjacentes. Essa observação levou a uma hipótese amplamente aceita – chamada ***hipótese do alinhamento*** por Baskin (2001) – em que a orientação das microfibrilas de celulose recém-formadas é determinada por microtúbulos corticais (Abe et al., 1995a, b; Wymer e Lloyd, 1996; Fisher, D. D.; e Cyr, 1998), que orienta as rosetas através do plano da membrana plasmática (Herth, 1980; Giddings e Staehelin, 1988). Entretanto, a hipótese do alinhamento parece inadequada para explicar a deposição de paredes em células que não estão se alongando, nas quais os microtúbulos corticais não são paralelos às microfibrilas em formação (revisado de Emons et al., 1992, e Baskin, 2001). Além disso, estudos utilizando drogas e um mutante (*mor1-1*) de *Arabidopsis* sensível a temperatura mostraram que a desorganização ou perda completa dos microtúbulos corticais pouco alteraram o arranjo paralelo das microfibrilas de celulose em células de raiz em crescimento (Himmelspach et al., 2003; Sugimoto et al., 2003).

Outras hipóteses têm sido propostas para explicar o mecanismo de deposição das microfibrilas de celulose. Uma delas é a ***hipótese de auto-organização do cristal líquido***. Considerando a similaridade de paredes celulares helicoidais (veja a seguir), as microfibrilas de celulose que não coincidem com os microtúbulos corticais, e os cristais líquidos colestéricos, Bouligand (1976) propôs que a estrutura da parede helicoidal poderia surgir a partir do princípio da auto-organização de um cristal líquido. (Veja crítica dessa hipótese por Emons e Mulder, 2000).

Baskin (2001) propôs um ***mecanismo de incorporação de modelo*** em que a microfibrila em formação pode ser orientada por microtúbulos ou incorporada na parede celular pela associação a um arcabouço orientado ao redor tanto das microfibrilas já incorporadas como das proteínas de membrana ou de ambas. Nesse modelo, os microtúbulos corticais servem para ligar e orientar os componentes do arcabouço na membrana plasmática. Os microtúbulos não são necessários para a síntese ou formação das microfibrilas de celulose.

Um ***modelo geométrico*** para a deposição das microfibrilas de celulose foi formulado a partir de observações sobre a estrutura helicoidal da parede (secundária) de pelos radiculares de *Equisetum hyemale* (Emons, 1994; Emons e Mulder, 1997, 1998, 2000, 2001). O modelo, que é puramente matemático, relaciona quantitativamente o ângulo de deposição das microfibrilas de celulose (com relação ao eixo da célula) para (1) a densidade de sintetases ativas na membrana plasmática, (2) a distância entre as microfibrilas individuais dentro de uma camada, e (3) a geometria da célula. O fator crucial no modelo é a junção da trajetória das rosetas, e, consequentemente, a orientação das microfibrilas que estão sendo depositadas, com o número ou densidade de rosetas ativas. Isso possibilita que a célula manipule a estrutura da parede, criando variações locais controladas do número de rosetas ativas (Emons e Mulder, 2000; Mulder e Emons, 2001; Mulder et al., 2004). Um mecanismo de *feedback* impediria o aumento da densidade de rosetas além do máximo permitido pela geometria da célula.

Microscopia eletrônica tem mostrado que os microtúbulos corticais estão alinhados na face mais interna da membrana plasmática por ligações cruzadas de proteínas (Gunning e Hardham, 1982; Vesk et al., 1996). Estudos com membrana plasmática de tabaco (Marc et al., 1996; Gardiner et al., 2001; Dhonukshe et al., 2003) e *Arabidopsis* (Gardiner et al., 2003a) indicam que essas proteínas são fosfolipaseD (PLD) com 90-kDa. Sugere-se que a produção de moléculas sinalizadoras de ácido fosfatídico (PA) por PLD seja necessária para a organização normal dos microtúbulos e, consequentemente, para o crescimento normal em *Arabidopsis* (Gardiner et al., 2003a).

A orientação das microfibrilas de celulose dentro da parede primária influencia a direção da expansão celular

Nas células que crescem mais ou menos uniformemente em todas as direções, as microfibrilas são depositadas em um arranjo aleatório (multidirecionalmente) formando uma rede irregular. Tais células são encontradas na medula de caules, tecidos de reserva e em cultura de tecidos. Ao contrário, em muitas células em alongamento, as microfibrilas das paredes laterais são depositadas em ângulos retos (transversal) ao eixo do alongamento. Conforme a parede aumenta em área superficial, a orientação das microfibrilas mais externas se torna aproximadamente longitudinal, ou paralela ao eixo maior da célula, como se reorientado passivamente pela expansão da célula (a **hipótese do crescimento multirrede**) (Roelofsen, 1959; Preston, 1982). O alinhamento longitudinal das microfibrilas estimula principalmente a expansão em uma direção lateral (Abe et al., 1995b).

A estrutura das paredes primárias nem sempre é tão simples como as células enquadradas na hipótese do crescimento multirrede. Em muitas células, a orientação da deposição das microfibrilas muda ritmicamente, resultando em uma parede com **estrutura helicoidal**, que consiste de microfibrilas de celulose organizadas em uma camada espessa de microfribrilas. As microfibrilas de celulose dentro de cada célula permanecem mais ou menos paralelas umas em relação às outras em cada plano, e formam hélices ao redor da célula. Entre as camadas sucessivas, o ângulo de inclinação é alternado com relação àquele da camada anterior (Satiat-Jeunemaitre et al., 1992; Vian et al., 1993; Wolters-Arts et al., 1993; Emons, 1994; Wymer e Lloyd, 1996).

Também descrito como **polilamelada**, uma textura helicoidal é encontrada em várias paredes primárias e secundárias. O tipo helicoidal mais conspícuo de textura de parede é encontrado em paredes secundárias (Figs. 4.2 e 4.17; Roland et al., 1989; Emons e Mulder, 1998; Reis e Vian, 2004). Paredes primárias helicoidais ou polilameladas foram registradas para células do parênquima (Deshpande, 1976b; Satiat-Jeunemaitre et al., 1992), colênquima (Chafe, 1970; Deshpande, 1976a; Vian et al., 1993) e epiderme (Chafe e Wardrop, 1972; Satiat-Jeunemaitre et al., 1992), bem como paredes nacaradas de tubos crivados (Deshpande, 1976c). As paredes primárias das células do colênquima geralmente são descritas como possuindo uma **estrutura polilamelada cruzada**, em que camadas com microfibrilas orientadas transversalmente se alternam com camadas mostrando orientação longitudinal ou vertical de microfibrilas. É provável que essas orientações representem hélices com inclinação discreta e pronunciada, respectivamente (Chafe e Wardrop, 1972). Durante a expansão ou alongamento celular, a organização helicoidal da parede primária pode se dissipar, mudando progressivamente do padrão helicoidal para um padrão aleatório. Quando cessa o crescimento das células do colênquima, o padrão helicoidal de deposição continua a espessar a parede (Vian et al., 1993).

A presença de paredes celulares helicoidais, com suas camadas sucessivas de microfibrilas de celulose em vários ângulos, torna difícil perceber a rápida reorientação dos microtúbulos. A alteração no ângulo de disposição dos microtúbulos acompanhando a mudança no ângulo das microfibrilas em cada nova camada tem sido demonstrada em traqueídes da conífera *Abies sachalinensis* (Abe et al., 1995a, b) e nas fibras do xilema secundário da angiosperma *Aesculus hippocastanum* (Chaffey et al., 1999). Além disso, durante um estudo com células epidérmicas de *Pisum sativum* microinjetadas, foi observada uma mudança rápida do alinhamento transversal para longitudinal de alguns dos microtúbulos marcados com rodamina, refletindo as propriedades dinâmicas dos microtúbulos (Yuan et al., 1994). Além disso, o tempo de reciclagem dos microtúbulos corticais nas células dos tricomas do estame de *Tradescantia*, como determinado pela técnica do FRAP (*fluorescence redistribution after photobleaching*), foi somente cerca de 60 segundos (Hush et al., 1994).

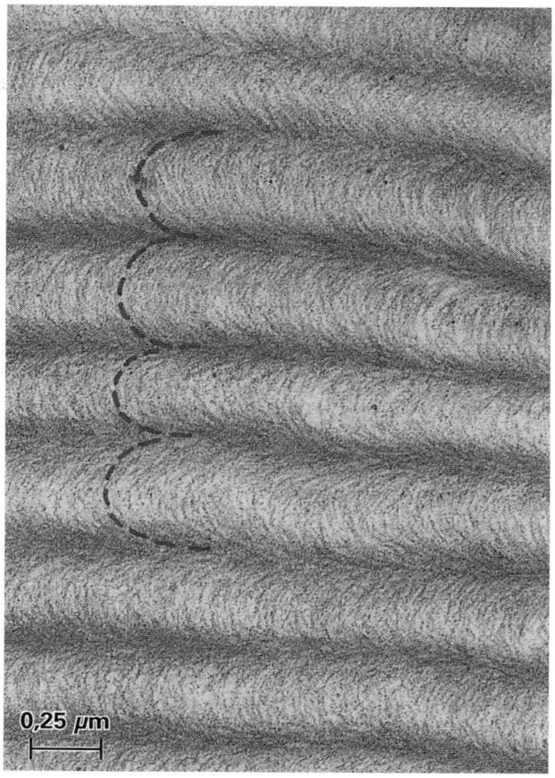

FIGURA 4.17

Padrão helicoidal na parede secundária de uma célula pétrea de pera (*Pyrus malus*). Em secções oblíquas, as lamelas aparecem como arcos em camadas regulares. As faixas mais escuras são regiões nas quais as microfibrilas estão orientadas paralelas à superfície de corte. (Obtido de Roland et al., 1987.)

Quando se considera o mecanismo de crescimento da parede, é necessário distinguir entre crescimento em superfície (expansão da parede) e crescimento em espessura

O crescimento em espessura é particularmente óbvio nas paredes secundárias, mas ele também é comum em paredes primárias. Enquanto as paredes primárias de células em desenvolvimento se expandem, elas geralmente mantêm sua espessura. De acordo com o conceito clássico, o aumento em espessura da parede se dá por dois métodos de deposição de material de parede, aposição e intussuscepção. Na **aposição**, as unidades de construção são colocadas uma em cima da outra; na **intussuscepção**, as unidades de novos materiais são inseridas na estrutura preexistente. Intussuscepção é provavelmente a regra quando lignina ou cutina são incorporadas na parede. Ambos, xilano e lignina, penetram simultaneamente as paredes secundárias das fibras de *Fagus crentata* em diferenciação, acumulando sobre ou ao redor das microfibrilas recentemente depositadas (Awano et al., 2002). Com relação às microfibrilas de celulose, intussuscepção resultaria em um entrelaçamento das fibrilas. Em algumas paredes, as microfibrilas parecem ser entrelaçadas, mas isso provavelmente ocorre em virtude da compressão das lamelas durante a deposição da celulose.

EXPANSÃO DA PAREDE CELULAR PRIMÁRIA

Expansão, ou, extensão, da parede celular é um processo complexo que requer respiração, síntese de polissacarídeos e proteínas, relaxamento do estresse (afrouxamento da estrutura da parede), e pressão de turgor (McQueen-Mason, 1995; Cosgrove, 1997, 1998, 1999; Darley et al., 2001). O relaxamento do estresse é crucial, pois é o meio pelo qual a célula diminui seu potencial de água, levando à absorção de água pelo protoplasto e impulsionando a extensão da parede. A taxa na qual uma célula individual irá expandir é controlada pela (1) quantidade de pressão de turgor dentro da célula empurrando contra a parede celular e (2) a extensibilidade da parede. A **extensibilidade**, uma propriedade física da parede, refere-se à capacidade da parede para expandir ou estender permanentemente quando uma força é aplicada a ela[1]. A parede das células em crescimento exibe uma extensão constante, de longo prazo, conhecida como **deformação** (Shieh e Cosgrove, 1998).

Durante o crescimento, a parede primária deve ceder o suficiente para permitir um grau adequado de expansão, enquanto, ao mesmo tempo, deve permanecer forte o suficiente para conter o protoplasto. Vários fatores são capazes de influenciar a extensibilidade da parede. Entre tais fatores estão os hormônios vegetais (Shibaoka, 1991; Zandomeni e Schopfer, 1993). Embora os hormônios possam afetar a extensibilidade da parede celular, eles têm pouca ou nenhuma influência sobre a pressão de turgor. Auxina e giberelinas aumentam a extensibilidade das paredes celulares, enquanto o ácido abscísico e o etileno diminuem sua extensibilidade. Alguns hormônios influenciam a organização dos microtúbulos corticais. Giberelinas, por exemplo, promovem um arranjo transversal, resultando em um maior alongamento.

Os mecanismos pelos quais os hormônios alteram a extensibilidade das paredes celulares ainda não são bem conhecidos. A explicação mais coerente para o efeito de um hormônio vegetal sobre a extensibilidade da parede celular é a **hipótese do crescimento ácido** (Brett e Waldron, 1990; Kutschera, 1991), em que a auxina ativa a H^+- ATPase na membrana plasmática. Prótons são bombeados a partir do citosol para a parede celular. A resultante queda do pH parece causar um afrouxamento da estrutura da parede, permitindo a extensão da rede de polímeros da parede direcionada pelo turgor. Uma hipótese alternativa considera que a auxina ativa a expressão de genes específicos que influenciam a distribuição de novos materiais de parede de modo a afetar a extensibilidade desta (Takahashi et al., 1995; Abel e Theologis, 1996). Existe pouca evidência experimental para sustentar essa segunda hipótese. Ao contrário, não existe dúvida que paredes celulares em crescimento estendem mais rapidamente sob pH ácido (abaixo de 5,5) do que no neutro.

Uma nova classe de proteínas de parede, chamadas **expansinas,** tem sido considerada como os principais mediadores proteicos do crescimento ácido (Cosgrove, 1998, 1999, 2000, 2001; Shieh e Cosgrove, 1998; Li et al., 2002). As expansinas aparentemente causam o deslizamento da parede pelo afrouxamento das ligações não covalentes entre os polissacarídios de parede. Com base no primeiro modelo de arquitetura de parede primária descrita aqui, estudos sugerem que as expansinas poderiam estar na interface entre celulose e uma ou mais hemiceluloses. Além do seu papel no afrouxamento das paredes celulares em tecidos em crescimento, a expansina está envolvida na iniciação foliar (Fleming et al., 1997, 1999; Reinhardt et al., 1998), na abscisão foliar (Cho e Cosgrove, 2000), na maturação de frutos (Rose e Bennett, 1999; Catalá et al., 2000; Rose et al., 2000; Brummell e Harpster, 2001) e no crescimento de tubos polínicos (Cosgrove et al., 1997; Cosgrove, 1998) e de fibras de algodão (Shimizu et al., 1997).

[1]Heyn (1931, 1940) definiu o termo "extensibilidade" como a capacidade da parede em alterar seu comprimento, e fez distinção entre extensibilidade plástica e elástica. Extensibilidade plástica (plasticidade) é a capacidade da parede em se estender de forma irreversível; extensibilidade elástica (elasticidade) denota sua capacidade de se expandir de modo reversível (Kutschera, 1996).

Cosgrove (1999) propôs a distinção entre agentes de afrouxamento das paredes primária e secundária. Ele define os ***agentes de afrouxamento da parede primária*** como aquelas substâncias e processos que são capazes de induzir a extensão de paredes *in vitro*. ***Agentes de afrouxamento da parede secundária***, os quais não possuem tal atividade, são substâncias e processos que modificam a estrutura da parede para aumentar a ação dos agentes primários. Endoglucanases, endotransglicolases xiloglucanos (XETs) e pectinases, assim como a secreção de polímeros de parede específicos e a produção de radicais hidroxila, devem funcionar como agentes de afrouxamento da parede secundária. XETs são de especial interesse porque eles podem cortar e religar cadeias de xiloglucanos, permitindo a expansão da parede celular sem enfraquecer sua estrutura (Campbell e Braam, 1999; Bourquin et al., 2002).

O TÉRMINO DA EXPANSÃO DA PAREDE

A parada do crescimento celular que ocorre durante a maturação celular é geralmente irreversível e é atribuída à perda da extensibilidade da parede (plasticidade). O término do crescimento não é devido a um declínio na pressão de turgor, mas sim a um enrijecimento mecânico da parede celular (Kutschera, 1996). Diversos fatores podem contribuir para as alterações físicas que acompanham a maturação da parede. Esses fatores incluem (1) redução nos processos de afrouxamento da parede, (2) aumento de ligações cruzadas dos componentes da parede e (3) alteração na composição da parede, produzindo uma estrutura mais rígida ou menos susceptível ao afrouxamento da parede (Cosgrove, 1997).

As paredes celulares perdem sua capacidade de extensão induzida pela acidez à medida que alcançam sua maturidade (Van Volkenburgh et al., 1985; Cosgrove, 1989), uma condição que não pode ser restaurada pela aplicação de expansinas exógenas (McQueen-Mason, 1995). Assim, a parada da expansão da parede está associada com a perda da expressão da expansina e com o enrijecimento da parede. Numerosas modificações podem contribuir para o enrijecimento parietal, incluindo formação de complexos mais firmes entre as hemiceluloses e celuloses, desesterificação de pectinas, ligações cruzadas de pectinas e Ca^{2+} mais abundantes, ligações cruzadas de extensões e lignificação.

ESPAÇOS INTERCELULARES

Um grande volume do corpo da planta é ocupado por um sistema de **espaços intercelulares**, espaços de ar que são essenciais para a aeração dos tecidos internos. Embora os espaços intercelulares sejam mais característicos de tecidos maduros, eles também se estendem para os tecidos meristemáticos, onde as células em divisão estão respirando intensamente. Exemplos de tecidos com espaços intercelulares grandes e bem interconectados são encontrados nas folhas e nos órgãos submersos de plantas aquáticas (Capítulo 7).

Os espaços intercelulares mais comuns se desenvolvem por separação de paredes primárias contíguas ao longo da lamela média (Fig. 4.18). O processo começa na junção de três ou mais células e se espalha para outras regiões da parede. Esse tipo de espaço intercelular é **esquizógeno**, ou seja, formado por separação, embora seu início pareça ocorrer por remoção enzimática de pectinas. A lamela média pode ou não estar diretamente envolvida na formação do espaço intercelular. A separação da parede pode ser precedida pelo acúmulo e pela degradação subsequente de um material intraparietal elétron-denso (Kollöffel e Linssen, 1984; Jeffree et al., 1986) ou por uma "camada de separação" especial que é distinta da lamela média péctica (Roland, 1978). A clivagem da camada de separação resulta na separação de paredes contíguas. A formação de grandes espaços esquizógenos no mesofilo de folhas está diretamente relacio-

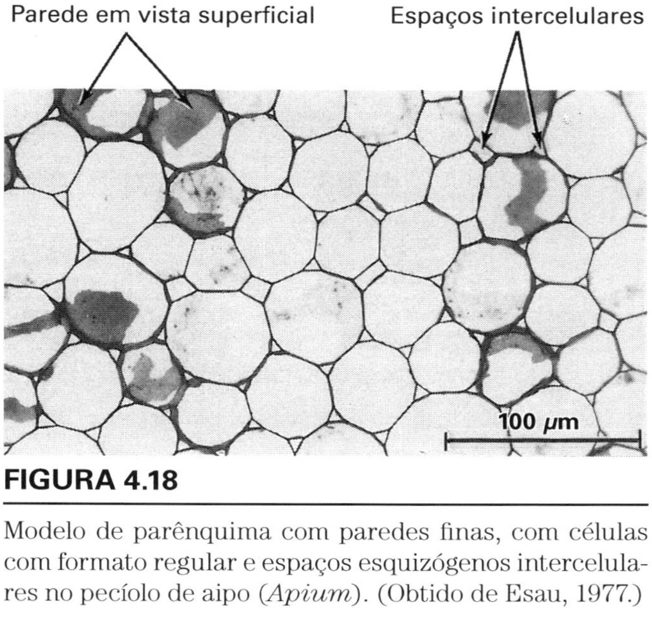

FIGURA 4.18

Modelo de parênquima com paredes finas, com células com formato regular e espaços esquizógenos intercelulares no pecíolo de aipo (*Apium*). (Obtido de Esau, 1977.)

nada com a morfogênese das células. Diferenças locais na extensibilidade da parede, resultante do espessamento parietal diferencial, leva à produção de células lobadas e, ao mesmo tempo, gera forças mecânicas que dão origem aos espaços intercelulares (Jung e Wernicke, 1990; Apostolakos et al., 1991; Panteris et al., 1993).

A formação copiosa de pectina pode resultar em uma solução coloidal péctica, que pode preencher parcial ou completamente os espaços intercelulares menores. Algumas substâncias totalmente inesperadas têm sido encontradas nos espaços intercelulares, tais como as glicoproteínas ricas em hidroxiprolinas e treoninas encontradas em espaços intercelulares de ápices de raiz de milho (Roberts, 1990). Diversos tipos de protuberâncias pécticas intercelulares podem se desenvolver com a formação de espaços intercelulares durante a expansão dos tecidos (Potgieter e Van Wyk, 1992).

Alguns espaços intercelulares resultam da quebra de células inteiras e são chamados **lisígenos** (originados por dissolução). Algumas raízes têm espaços intercelulares lisígenos extensivos. Os espaços intercelulares também podem resultar do rompimento ou da quebra de células. Tais espaços são chamados **rexígenos**. Exemplos de espaços intercelulares rexígenos são as lacunas do protoxilema que são formadas a partir do rompimento dos primeiros elementos diferenciados do xilema (elementos do protoxilema), durante o alongamento de parte da planta, e os espaços intercelulares relativamente grandes, encontrados na casca de algumas árvores que se formam durante o crescimento por dilatação. Esquizogenia, lisigenia e/ou rexigenia podem se combinar na formação dos espaços.

PLASMODESMOS

Como mencionado anteriormente, os protoplastos de células vegetais adjacentes são interconectados por cordões estreitos de citoplasma chamados **plasmodesmos**, que fornecem possíveis caminhos para a passagem de substâncias de célula a célula (van Bel e van Kesteren, 1999; Haywood et al., 2002). Embora tais estruturas tenham sido observadas ao microscópio de luz (Fig. 4.19) – elas foram, primeiro, descritas por Tangl em 1879 – somente observações ao microscópio eletrônico confirmaram sua natureza como cordões citoplasmáticos.

Os plasmodesmos são estrutural e funcionalmente análogos às ***junções comunicantes*** (do inglês, ***gap junctions***) encontradas entre células animais (Robards e Lucas, 1990). Nas junções comunicantes, as membranas plasmáticas de células adjacentes estão associadas em placas que apresentam tubos estreitos chamados "conexons", por meio dos quais os protoplastos de duas células adjacentes se comunicam. A presença de uma parede celular impossibilita o contato direto entre as membranas plasmáticas de células vegetais adjacentes; consequentemente, o corpo vegetal é essencialmente dividido em dois compartimentos, o simplasto (ou simplasma) e o apoplasto (ou apoplasma) (Münch, 1930). O **simplasto** é constituído do protoplasto delimitado por membrana plasmática e suas interconexões, os plasmodesmos; o **apoplasto** é um sistema contínuo de paredes celulares e espaços intercelulares. Assim, o movimento de substâncias de célula a célula através de plasmodesmos é denominado **transporte simplástico** (transporte simplásmico), e o movimento de substâncias no sistema contínuo de paredes celulares é chamado **transporte apoplástico** (transporte apoplásmico).

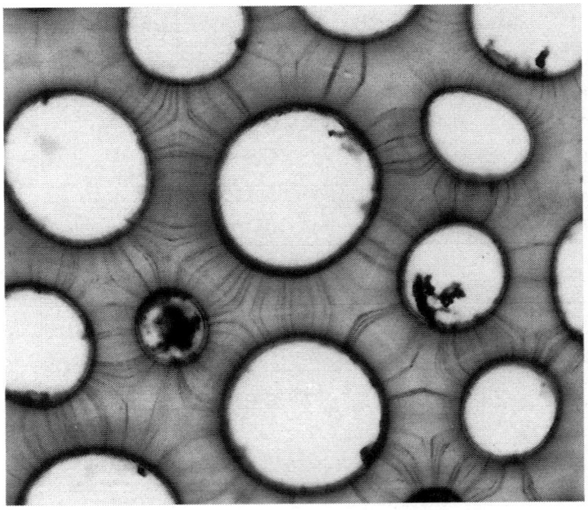

FIGURA 4.19

Micrografia de luz de plasmodesmos nas paredes primárias espessas no endosperma de caqui (*Diospyros*), o tecido nutritivo na semente. Os plasmodesmos aparecem como linhas finas se estendendo de célula a célula através das paredes. (×620.)

Os plasmodesmos podem ser classificados como primários ou secundários, de acordo com sua origem

Muitos plasmodesmos são formados durante a citocinese, uma vez que cordões do retículo endoplasmático tubular se tornam presos dentro da placa celular em desenvolvimento (Fig. 4.20). Os plasmodesmos formados durante a citocinese são denominados **plasmodesmos primários**. Os plasmodesmos também podem ser formados *de novo* por meio de paredes celulares existentes. Esses plasmodesmos formados após a citocinese são referidos como **plasmodesmos secundários**, e sua formação é essencial para o estabelecimento de comunicação entre células ontogeneticamente não relacionadas (Ding, B. e Lucas, 1996).

A formação de plasmodesmos secundários ocorre naturalmente entre células vizinhas de origens diferentes. De acordo com um mecanismo proposto, o desenvolvimento de plasmodesmos secundários envolve a atividade localizada de pectinases, hemicelulases e, possivelmente, celulases (enzimas que degradam parede) que permitem que cordões citoplasmáticos penetrem paredes intactas. O controle dessas enzimas possivelmente é mediado pela membrana plasmática (Jones, 1976). Estudos realizados em culturas de protoplastos em regeneração (Monzer, 1991; Ehlers e Kollmann, 1996) e interfaces de enxertos (Kollmann e Glockmann, 1991) indicam, entretanto, que plasmodesmos se-

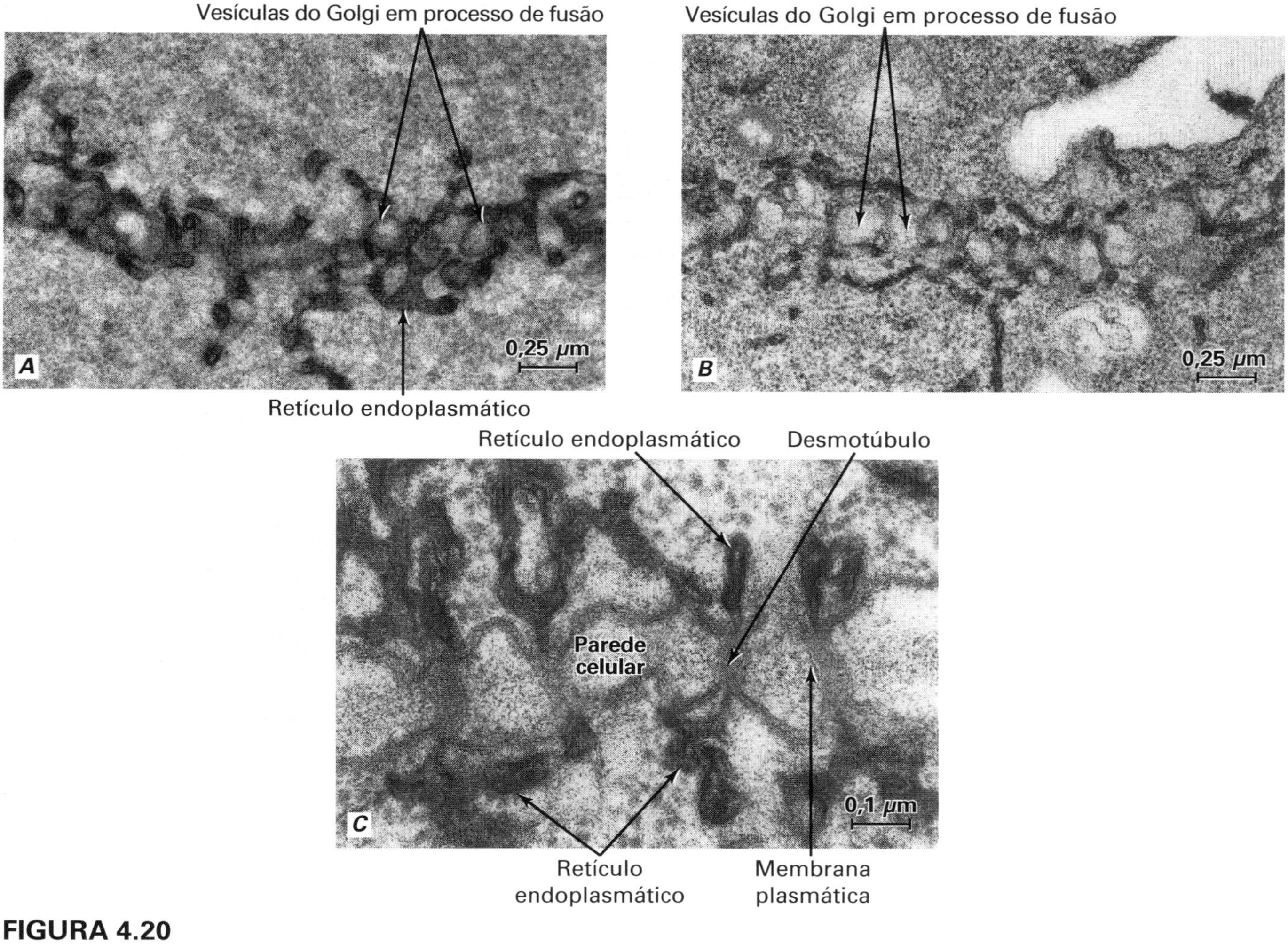

FIGURA 4.20

Estágios progressivos da formação da placa celular em células da raiz de alface (*Lactuca sativa*), mostrando associação do retículo endoplasmático com a placa celular em desenvolvimento e a origem dos plasmodesmos. **A**, um estágio relativamente precoce da formação da placa celular, com numerosas vesículas pequenas de Golgi se fundindo e elementos de retículo endoplasmático tubular (liso) frouxamente arranjados. **B**, um estágio avançado da formação da placa celular revelando uma persistente e estreita relação entre o retículo endoplasmático e as vesículas em processo de fusão. Cordões de retículo endoplasmático tubular se tornam presos durante a consolidação da placa celular. **C**, plasmodesmos maduros constituídos por um canal revestido por membrana e um túbulo, o desmotúbulo, do retículo endoplasmático. (Obtido de Hepler, 1982.)

cundários contínuos surgem da fusão de partes de plasmodesmos secundários opostos, formados simultaneamente por células vizinhas. Nesses locais, um segmento do retículo endoplasmático liga-se à membrana plasmática em ambos os lados da parede celular extremamente delgada. Com a remoção do material de parede nesse local, ocorre a fusão da membrana plasmática e do retículo endoplasmático associado das duas células formando um plasmodesmo contínuo. Falhas na coordenação entre células vizinhas podem resultar na formação de um meio-plasmodesmo. Plasmodesmos secundários são geralmente ramificados e a maioria é caracterizada pela presença de uma **cavidade média** na região da lamela média (Fig. 4.21).

Os plasmodesmos primários também podem se ramificar. Um dos mecanismos de ramificação foi demonstrado por Ehlers e Kollmann (1996) (Fig. 4.22). Resumidamente, durante o espessamento normal da parede, o plasmodesmo primário, já com o túbulo de retículo endoplasmático incluso, alonga--se, requerendo a adição de novas partes à estrutura original do plasmodesmo da placa celular. Se o túbulo original não ramificado de retículo endoplasmático está conectado ao retículo endoplasmático ramificado do citoplasma, novo material de parede irá envolver o retículo endoplasmático ramificado, levando à formação de plasmodesmos ramificados.

Os plasmodesmos primários também podem se tornar altamente ramificados pela fusão lateral de plasmodesmos vizinhos na região da lamela média. Exemplos de tais plasmodesmos são encontrados em folhas em desenvolvimento (Ding, B., et al., 1992a, 1993; Itaya et al., 1998; Oparka et al., 1999; Pickard e Beachy, 1999). Aparentemente, alguns "plasmodesmos ramificados" são ainda modificados pela formação *de novo* de cordões adicionais contendo retículo endoplasmático através da parede celular. Tais agregados de plasmodesmos podem ser referidos como "***complexos de plasmodesmos secundários***" (Ding, B.,1998; Ding, B., et al., 1999).

Plasmodesmos primários e secundários podem ser ramificados ou não ramificados, sendo, às vezes, difícil determinar sua origem, se primária ou secundária. Sob tais circunstâncias, eles podem ser simplesmente designados como "ramificados" ou "não ramificados" (ou "simples"). Uma revisão detalhada da estrutura, origem e funcionamento dos plasmodesmos primários e secundários é fornecida por Ehlers e Kollmann (2001).

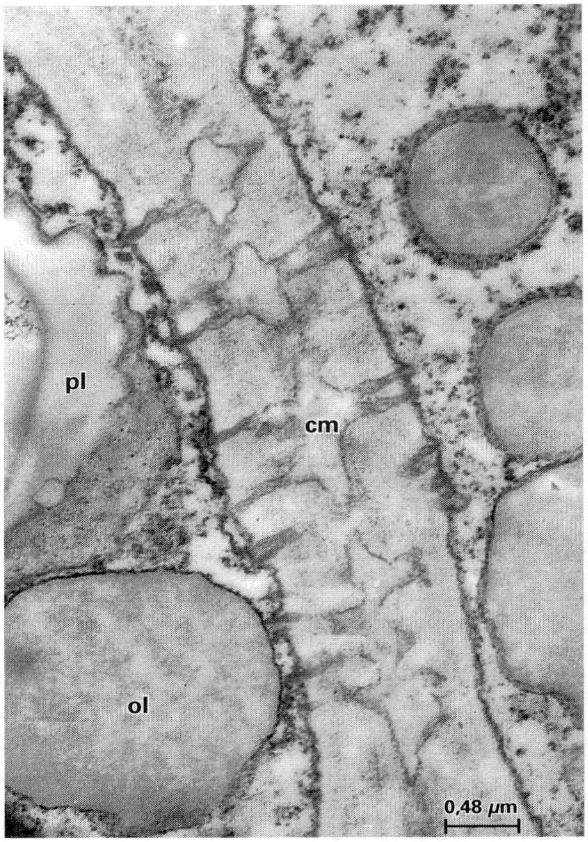

FIGURA 4.21

Plasmodesmos ramificados nas paredes radiais das células parenquimáticas dos raios do floema secundário de *Pinus strobus*. Notar as cavidades medianas (cm) na região da lamela. Outros detalhes: ol, gota de óleo; pl, plastídio. (Obtido de Murmanis e Evert, 1967, Fig. 10. © 1967, Springer-Verlag.)

Os plasmodesmos contêm dois tipos de membranas: membrana plasmática e desmotúbulo

Um plasmodesmo é um canal revestido por membrana plasmática geralmente atravessado por um cordão tubular de retículo endoplasmático altamente comprimido, denominado **desmotúbulo** (Figs. 4.23 e 4.24). Na maioria dos plasmodesmos, o desmotúbulo não se assemelha ao retículo endoplasmático contíguo. Ele apresenta um diâmetro bem menor e contém uma estrutura central em forma de bastão. Controvérsias têm focado sobre a interpretação do bastão central (Esau e Thorsch, 1985). A maioria dos pesquisadores acredita que ela representa a fusão das lâminas mais internas, ou porções mais internas, das bicamadas do retículo endoplasmático, formando o desmotúbulo. Se essa interpretação é correta, o desmotúbulo não

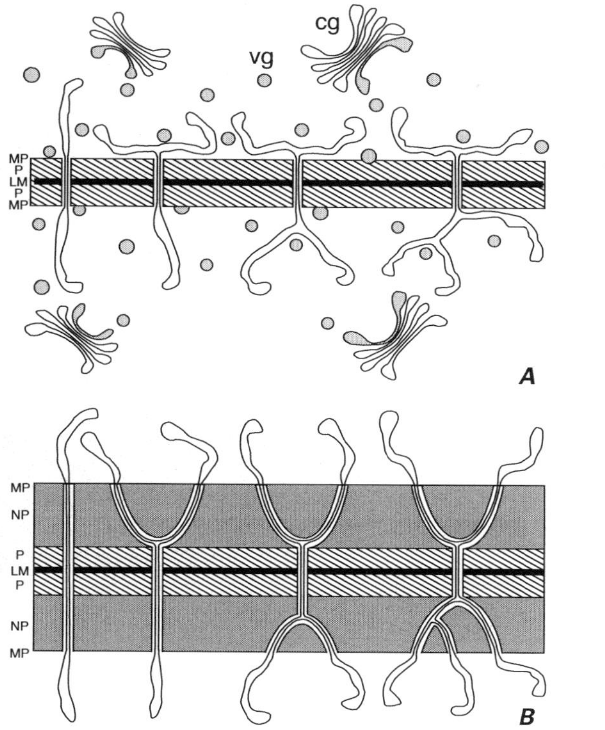

FIGURA 4.22

Ramificação de plasmodesmos primários. Inicialmente não ramificados (**A**), ramificações se desenvolvem das porções de RE ramificadas na região de recente deposição de material de parede (**B**). Detalhes: cg: corpo de Golgi; vg: vesícula de Golgi; LM: lamela média; NP: novas camadas de parede subsequentemente formadas; MP: membrana plasmática; P: primeira camada de parede formada. (Obtido de Ehlers e Kollmann, 1996, Fig. 35a, b. © 1996, Springer-Verlag.)

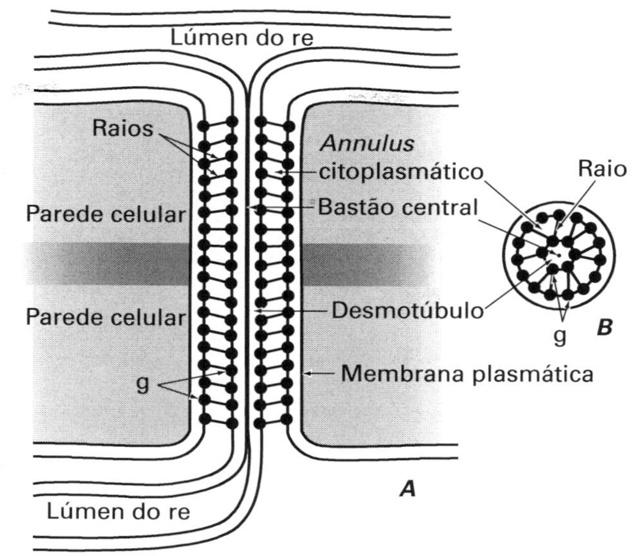

FIGURA 4.23

Representação diagramática de um plasmodesmo primário em vistas longitudinal (**A**) e transversal (**B**). Proteínas integrais de membrana globulares (g) estão localizadas nas superfícies interna e externa da membrana plasmática e desmotúbulo, respectivamente, e estão interconectadas por extensões radiais. Note que o *annulus* citoplasmático está dividido em numerosos microcanais.

apresenta um lume, ou abertura, e a principal rota em que muitas substâncias se movem de célula a célula, via plasmodesmos, é a região entre o desmotúbulo e a membrana plasmática. Essa região, chamada de ***annulus* citoplasmático**, é subdividida em microcanais com 2,5 nanômetros de diâmetro por partículas globulares embebidas na membrana plasmática e nos desmotúbulos e interconectadas por extensões radiais (Tilney et al., 1990; Ding, B., et al., 1992b; Botha et al., 1993). Alguns plasmodesmos são bem mais estreitos em suas extremidades, ou orifícios, formando as chamadas constrições colares. Constrições colares podem resultar, entretanto, da deposição de calose induzida por ferimento durante o preparo dos tecidos ou fixação (Radford et al., 1998). A maioria das informações sobre a arquitetura dos plasmodesmos vem de estudos com plasmodesmos primários não ramificados. Pouco se conhece sobre a subestrutura de plasmodesmos secundários.

Os desmotúbulos nem sempre aparecem completamente comprimidos. Em alguns plasmodesmos, tais como aqueles entre células do mesofilo ou entre células do mesofilo e células da bainha do feixe em folhas de milho (Evert et al., 1977) e cana-de-açúcar (Robinson-Beers e Evert, 1991), os desmotúbulos se mostram comprimidos somente nas constrições colares; entre as regiões de constrições colares eles aparecem como túbulos abertos (Fig. 4.25). Os desmotúbulos dos plasmodesmos de células dos tricomas foliares de *Nicotiana clevelandii* aparecem abertos em toda sua extensão (Waigmann et al., 1997).

Embora um desmotúbulo aberto tenha sido proposto como uma via de transporte (Gamalei et al., 1994), não há evidências diretas que confirmem essa hipótese. Pelo contrário, foi mostrado que o tratamento osmótico que aumenta o transporte intercelular de sacarose via plasmodesmos em ápice radicular de ervilha resulta da ampliação do *annulus*

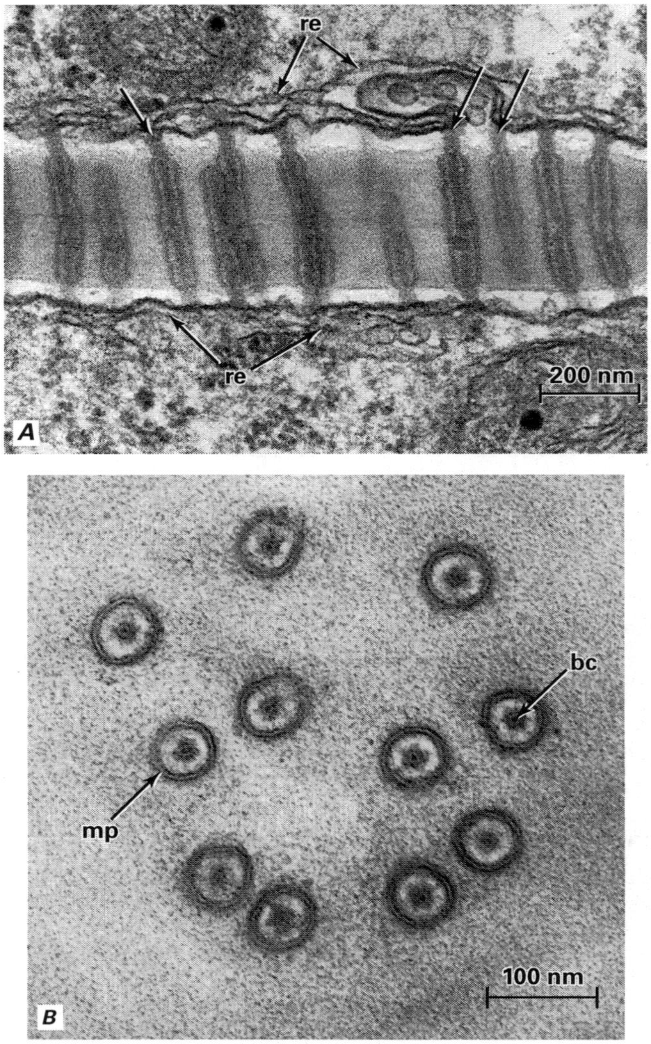

FIGURA 4.24

Plasmodesmos nas paredes celulares de folha de cana-de-açúcar (*Saccharum*) em secções longitudinal (**A**) e transversal (**B**). Notar as conexões (setas) entre retículo endoplasmático (re) e desmotúbulos e as sutis constrições na região do pescoço em **A**. Em **B**, a superfície interna do desmotúbulo aparece como um ponto central (bc, bastão central). O *annulus* citoplasmático parece um pouco granulado, em parte por causa da presença de estruturas radiais elétron-opacas que se estendem da superfície externa do desmotúbulo em direção à superfície interna da membrana plasmática (mp) e se alterna com regiões elétron-lucentes. (Obtido de Robinson-Beers e Evert, 1991, Figs. 14 e 15. © 1991, Springer-Verlag.)

citoplasmático (Schulz, A., 1995). Além disso, em folhas de *Nicotiana tabacum*, a proteína verde fluorescente marcadora de retículo endoplasmático ficou limitada a células isoladas, indicando que

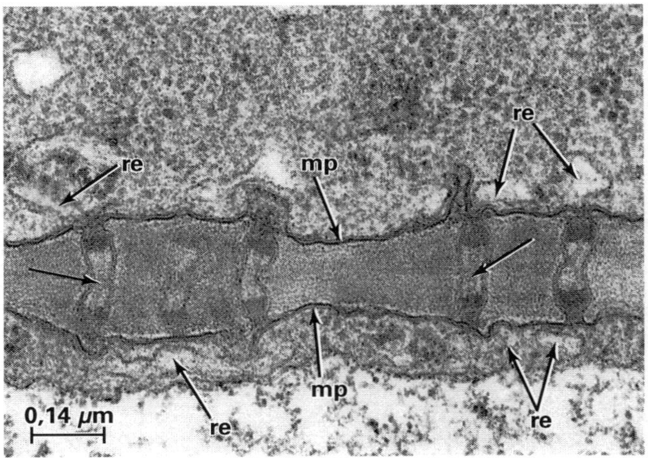

FIGURA 4.25

Plasmodesmos na parede comum entre duas células do mesofilo foliar de milho (*Zea mays*). Note a aparência aberta dos desmotúbulos (setas). Detalhes: re, retículo endoplasmático; mp: membrana plasmática. (Obtido de Evert et al., 1977, Fig. 8. © 1977, Springer-Verlag.)

o desmotúbulo não é uma rota funcional para o tráfego dessa proteína através de plasmodesmos simples ou ramificados (Oparka et al., 1999). O transporte de moléculas de lipídio pode ocorrer, entretanto, via bicamada lipídica dos desmotúbulos (Grabski et al., 1993).

Os plasmodesmos possibilitam a comunicação das células

O sucesso na existência dos organismos multicelulares depende da habilidade de comunicação das células, umas com as outras. Embora a diferenciação celular dependa do controle da expressão gênica, o destino de uma célula vegetal – isto é, em que tipo celular ela vai se transformar – é determinado por sua posição final no órgão em desenvolvimento, e não por suas relações genealógicas. Assim, um aspecto de interação das células vegetais é a comunicação, ou sinalização, da informação posicional de uma célula para outra.

As primeiras evidências do transporte intercelular via plasmodesmos vieram de estudos utilizando corantes fluorescentes (Goodwin, 1983; Erwee e Goodwin, 1985; Tucker e Spanswick, 1985; Terry e Robards, 1987; Tucker et al., 1989) e correntes elétricas (Spanswick, 1976; Drake, 1979; Overall e Gunning, 1982). A passagem de pulsos de corrente elétrica de uma célula para outra pode ser monitorada por meio de eletrodos receptores localizados em células vizinhas. A magnitude da força elétrica varia com a frequência, ou densidade, dos plasmodesmos e com o número e extensão das células entre os eletrodos injetores e eletrodos receptores, indicando que plasmodesmos podem servir como uma rota para sinalização elétrica entre as células vegetais.

Em experimentos com dupla coloração, os corantes, que não atravessam facilmente a membrana plasmática, podem ser observados se movendo das células injetadas para as células vizinhas e arredores. Os resultados desses estudos determinaram que o tamanho das moléculas livres para o transporte por difusão passiva entre tais células é de aproximadamente 1 kDa (1.000 daltons; um dalton equivale ao peso de um átomo de hidrogênio). Esse **limite de exclusão de tamanho** permite que açúcares, aminoácidos, fitormônios e nutrientes se movam livremente através dos plasmodesmos. Estudos mais recentes indicam que plasmodesmos em diferentes tipos celulares podem ter diferentes limites de exclusão de tamanho. Por exemplo, dextrans fluorescente de aproximadamente 7 kDa podem se difundir entre células do tricoma foliar de *Nicotiana clevelandii* (Waigmann e Zambryski, 1995), e dextrans de, pelo menos, 10 kDa podem se mover através de plasmodesmos que conectam elementos crivados e células companheiras no floema caulinar de *Vicia faba* (Kempers e van Bel, 1997). Além disso, os plasmodesmos podem alterar seu limite de exclusão de tamanho em função das condições de crescimento (Crawford e Zambryski, 2001).

Sabe-se atualmente que os plasmodesmos também possuem a capacidade de agir como mediadores no transporte de macromoléculas célula a célula, incluindo proteínas e ácidos nucleicos (Lucas et al., 1993; Mezitt e Lucas, 1996; Ding, 1997; Lucas, 1999; Haywood et al., 2002). Com base nessas informações, Lucas e colaboradores (Ding et al., 1993; Lucas et al., 1993) propuseram que as plantas funcionam como ***organismos supracelulares***, em vez de organismos multicelulares. Portanto, a dinâmica do corpo vegetal, incluindo a diferenciação celular, a formação de tecidos, a organogênese e funções fisiológicas específicas, está sujeita à regulação por plasmodesmos. Os plasmodesmos possivelmente realizam tais papéis reguladores por meio do tráfego de moléculas de informação que "orquestram" a atividade metabólica e a expressão gênica.

As primeiras informações sobre a dinâmica do funcionamento dos plasmodesmos vêm dos estudos com vírus de plantas, os quais se movem rapidamente a curtas distâncias de célula a célula via plasmodesmos (Fig. 4.26; Wolf et al., 1989; Robards e Lucas, 1990; Citovsky, 1993; Leisner e Turgeon, 1993). Tais estudos revelaram que vírus vegetais codificam proteínas não estruturais, denominadas **proteínas de movimento**, que funcionam na transmissão célula a célula do material infeccioso. Quando expressadas em plantas transgênicas, as proteínas de movimento são direcionadas aos plasmodesmos, acarretando um aumento em seu limite de exclusão de tamanho. Muitas evidências têm se acumulado sobre o envolvimento do retículo endoplasmático e dos elementos do citoesqueleto (microtúbulos e filamentos de actina) no direcionamento das proteínas de movimento, e possivelmente, complexos proteína-ácido nucleico viral, aos plasmodesmos (Reichel et al., 1999).

Evidência da participação de plasmodesmos no transporte de proteínas endógenas entre células vegetais provêm de estudos sobre o transporte no floema. Mais de 200 proteínas, com peso molecular variando de 10 a 200 kDa, foram encontradas no

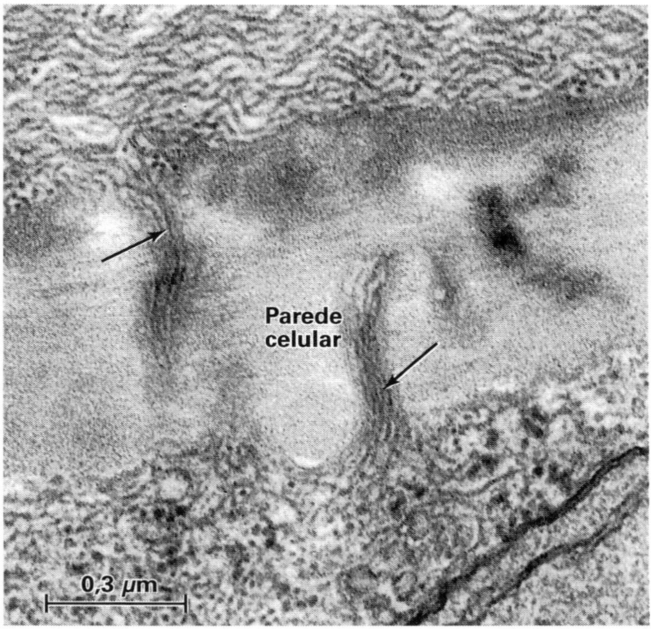

FIGURA 4.26

Partículas do vírus (setas) do amarelecimento da beterraba nos plasmodesmos, movendo-se de um elemento de tubo crivado do floema (acima) para sua célula irmã, uma célula companheira (abaixo) em *Beta vulgaris*.

exudato do floema (seiva do tubo crivado) (Fisher et al., 1992; Nakamura et al., 1993; Sakuth et al., 1993; Ishiwatari et al., 1995; Schobert et al., 1995). Uma vez que elementos de tubo crivado maduros perdem o núcleo e os ribossomos (Evert, 1990), a maioria, se não todas, as proteínas são provavelmente sintetizadas nas células companheiras e, então, transportadas para seus elementos de tubo crivado associados via conexões crivo-plasmodesmos em suas paredes comuns (Capítulo 13). Mostrou-se que proteínas encontradas na seiva do tubo crivado possuem capacidade para aumentar o limite de exclusão de tamanho dos plasmodesmos do mesofilo e o transporte célula a célula (Balachandran et al., 1997; Ishiwatari et al., 1998). Em abóbora (*Cucurbita maxima*), todas as proteínas da seiva do tubo crivado, independentemente do tamanho, parecem induzir um aumento similar no limite de inclusão de tamanho dos plasmodesmos, de aproximadamente 25 kDa (Balachandran et al., 1997). Como algumas dessas proteínas alcançam até 200 kDa, é provável que seja necessário o desdobramento das proteínas maiores para seu transporte via plasmodesmos. As chaperonas foram encontradas na seiva do tubo crivado de diversas espécies vegetais (Schobert et al., 1995, 1998), e provavelmente são as mediadoras do processo de desdobramento/redobramento das proteínas de transporte entre células companheiras e elementos crivados (Crawford e Zambryski, 1999; Lee et al., 2000).

O conceito que plasmodesmos desempenham um papel no desenvolvimento é sustentado por estudos moleculares, genéticos e de microinjeção do fator de transcrição vegetal denominado KNOTTED1 (KN1). Em milho, o KN1 está envolvido na manutenção do meristema apical do caule em um estágio indiferenciado (Sinha et al., 1993). Durante o desenvolvimento, o RNA codificador do KN1 é encontrado em todas as camadas celulares do meristema, exceto na camada mais externa (L1). A proteína KN1 está presente, entretanto, em todas as camadas, incluindo a L1, indicando que a proteína KN1 produzida nas camadas mais internas transita para a camada L1 (Jackson et al., 1994). A microinjeção da proteína KN1 nas células do mesofilo de milho ou tabaco mostram que essa proteína pode realmente transitar de célula a célula e aumentar o limite de exclusão de tamanho dos plasmodesmos de 1 kDa para mais de 40 kDa (Lucas et al., 1995). Dois estudos mais recentes, um deles usando experimentos de enxertia para investigar a autonomia de um mutante foliar dominante de tomate, chamado *Mouse ears* (*Me*) (Kim, M., et al., 2001) e um segundo sobre o papel do gene *SHORT-ROOT* (*SHR*) na padronização de raiz de *Arabidopsis* (Nakajima et al., 2010) fornecem evidências a mais para o papel dos plasmodesmos no desenvolvimento.

Até o momento, existe pouca informação disponível sobre o mecanismo pelo qual os plasmodesmos dilatam ou sofrem mudanças transitórias na condutividade (**propagação**) (Schulz, A., 1999). Mostrou-se que diversos fatores afetam o limite de exclusão de tamanho, incluindo mudanças nos níveis de Ca^{2+} citoplasmático (Holdaway-Clarke et al., 2000) e ATPase (Cleland et al., 1994). Actina e miosina foram localizadas em plasmodesmos (White et al., 1994; Radford e White, 1998; Overall et al., 2000; Baluška et al., 2001), e estão envolvidas no controle da permeabilidade dos plasmodesmos. Com relação à actina, evidência experimental foi apresentada para o envolvimento dos filamentos de actina no controle da permeabilidade de plasmodesmos no mesofilo de tabaco (Ding et al., 1996). Claramente, existe uma estreita relação entre os plasmodesmos e o citoesqueleto (Aaziz et al., 2001).

A regulação da permeabilidade dos plasmodesmos parece ocorrer na região do pescoço (White et al., 1994; Blackman et al., 1999). Alguns dos pesquisadores têm proposto que estruturas tipo esfíncter na região do pescoço dos plasmodesmos regulam o transporte em algumas espécies (Olesen, 1979; Olesen e Robards, 1990; Badelt et al., 1994; Overall e Blackman, 1996). Paralelos funcionais têm sido notados entre transporte de moléculas via plasmodesmos e o transporte de proteínas e ácidos nucleicos via complexos de poros nucleares que permeiam o envoltório nuclear (Lee et al., 2000).

O simplasto reorganiza-se durante o crescimento e o desenvolvimento da planta

Estudos de embriões indicam que, no início, todas as células do corpo vegetativo são interconectadas por plasmodesmos e integradas em um único simplasto (Schulz e Jensen, 1968; Mansfield e Briarty, 1991; Kim et al., 2002). À medida que a planta reassume seu crescimento e se desenvolve, células ou grupos de células se tornam mais ou menos isoladas simplasticamente, de modo que a planta se torna dividida em um mosaico de **domínios simplásticos** (Erwee e Goodwin, 1985). O estabelecimento de domínios simplásticos é considerado essencial para que subconjuntos de células sigam rotas de desenvolvimento específicas e para que funcionem como compartimentos distintos dentro do corpo vegetal (Fisher e Oparka, 1996; McLean et al., 1997; Kragler et al., 1998; Nelson e van Bel, 1998; Ding et al., 1999).

Comunicação e transporte entre domínios estão estreitamente associados com a frequência, distribuição e função dos plasmodesmos. Embora a frequência de plasmodesmos tenha sido usada como um indicador de continuidade simplástica em diferentes interfaces, o uso de tais dados é especulativo, pois presume que todos os plasmodesmos são capazes de transporte intercelular. Alterações na continuidade simplástica podem ocorrer pelo isolamento de células originalmente conectadas simplasticamente com outras células, como no caso das células-guardas (Palevitz e Hepler, 1985) e pelos radiculares (Duckett et al., 1994), ou pelo estabelecimento de novos plasmodesmos secundários, como ocorre durante a maturação foliar (Turgeon, 1996; Volk et al., 1996) e a união de tecidos vasculares da raiz principal e raízes laterais (Oparka et al., 1995).

REFERÊNCIAS

AAZIZ, R., S. DINANT e B. L. EPEL. 2001. Plasmodesmata and plant cytoskeleton. *Trends Plant Sci.* 6, 326–330.

ABE, H., R. FUNADA, H. IMAIZUMI, J. OHTANI e K. FUKAZAWA. 1995a. Dynamic changes in the arrangement of cortical microtubules in conifer tracheids during differentiation. *Planta* 197, 418-421.

ABE, H., R. FUNADA, J. OHTANI e K. FUKAZAWA. 1995b. Changes in the arrangement of microtubules and microfibrils in differentiating conifer tracheids during the expansion of cells. *Ann. Bot.* 75, 305–310.

ABE, H., R. FUNADA, J. OHTANI e K. FUKAZAWA. 1997. Changes in the arrangement of cellulose microfibrils associated with the cessation of cell expansion in tracheids. *Trees* 11, 328–332.

ABEL, S. e A. THEOLOGIS. 1996. Early genes and auxin action. *Plant Physiol.* 111, 9–17.

ALDINGTON, S. e S. C. FRY. 1993. Oligosaccharins. *Adv. Bot. Res.* 19, 1–101.

APOSTOLAKOS, P., B. GALATIS e E. PANTERIS. 1991. Microtubules in cell morphogenesis and intercellular space formation in *Zea mays* leaf mesophyll and *Pilea cadierei* epithem. *J. Plant Physiol.* 137, 591–601.

ASSAAD, F. F. 2001. Plant cytokinesis. Exploring the links. *Plant Physiol.* 126, 509–516.

AWANO, T., K. TAKABE, M. FUJITA e G. DANIEL. 2000. Deposition of glucuronoxylans on the secondary cell wall of Japanese beech as observed by immuno-scanning electron microscopy. *Protoplasma* 212, 72–79.

AWANO, T., K. TAKABE e M. FUJITA. 2002. Xylan deposition on secondary wall of *Fagus crenata* fiber. *Protoplasma* 219, 106–115.

BACIC, A., P. J. HARRIS e B. A. STONE. 1988. Structure and function of plant cell walls. In: *The Biochemistry of Plants*, vol. 14, *Carbohydrates*, pp. 297–371, J. Preiss, ed. Academic Press, New York.

BADELT, K., R. G. WHITE, R. L. OVERALL e M. VESK. 1994. Ultrastructural specializations of the cell wall sleeve around plasmodesmata. *Am. J. Bot.* 81, 1422–1427.

BALACHANDRAN, S., Y. XIANG, C. SCHOBERT, G. A. THOMPSON e W. J. LUCAS. 1997. Phloem sap proteins from *Cucurbita maxima* and *Ricinus communis* have the capacity to traffic cell to cell through plasmodesmata. *Proc. Natl. Acad. Sci. USA* 94, 14150–14155.

BALUŠKA, F., P. W. BARLOW e D. VOLKMANN. 2000. Actin and myosin in developing root apex cells. In: *Actin: A Dynamic Framework for Multiple Plant Cell Functions*, pp. 457–476, C. J. Staiger, F. Baluška, D. Volkmann e P. W. Barlow, eds. Kluwer Academic, Dordrecht.

BALUŠKA, F., F. CVRČKOVÁ, J. KENDRICK-JONES e D. VOLKMANN. 2001. Sink plasmodesmata as gateways for phloem unloading. Myosin VIII and calreticulin as molecular determinants of sink strength? *Plant Physiol.* 126, 39–46.

BAO, W., D. M. O'MALLEY e R. R. SEDEROFF. 1992. Wood contains a cell-wall structural protein. *Proc. Natl. Acad. Sci. USA* 89, 6604–6608.

BARON-EPEL, O., P. K. GHARYAL e M. SCHINDLER. 1988. Pectins as mediators of wall porosity in soybean cells. *Planta* 175, 389–395.

BASKIN, T. I. 2001. On the alignment of cellulose microfi brils by cortical microtubules: A review and a model. *Protoplasma* 215, 150–171.

BENHAMOU, N. 1992. Ultrastructural detection of ®-1,3-glucans in tobacco root tissues infected by *Phytophthora parasitica* var. *nicotianae* using a gold-complexed tobacco ®-1,3-glucanase. *Physiol. Mol. Plant Pathol.* 41, 351–370.

BERNARDS, M. A. 2002. Demystifying suberin. *Can. J. Bot.* 80, 227–240.

BERNARDS, M. A. e N. G. LEWIS. 1998. The macromolecular aromatic domain in suberized tissue: A hanging paradigm. *Phytochemistry* 47, 915–933.

BLACKMAN, L. M., J. D. I. HARPER e R. L. OVERALL. 1999. Localization of a centrin-like protein to higher plant plasmodesmata. *Eur. J. Cell Biol.* 78, 297–304.

BLEVINS, D. G. e K. M. LUKASZEWSKI. 1998. Boron in plant structure and function. *Annu. Rev. Plant Physiol. Plant Mol. Biol.* 49, 481–500.

BOLWELL, G. P. 1993. Dynamic aspects of the plant extracellular matrix. *Int. Rev. Cytol.* 146, 261–324.

BOTHA, C. E. J., B. J. HARTLEY e R. H. M. CROSS. 1993. The ultrastructure and computer-enhanced digital image analysis of plasmodesmata at the Kranz mesophyll-bundle sheath interface of *Themeda triandra* var. *imberbis* (Retz) A. Camus in conventionally-fixed leaf blades. *Ann. Bot.* 72, 255–261.

BOULIGAND, Y. 1976. Les analogues biologiques des cristaux liquids. *La Recherche* 7, 474–476.

BOURQUIN, V., N. NISHIKUBO, H. ABE, H. BRUMER, S. DENMAN, M. EKLUND, M. CHRISTIERNIN, T. T. TEERI, B. SUNDBERG e E. J. MELLEROWICZ. 2002. Xyloglucan endotransglycosylases have a function during the formation of secondary cell walls of vascular tissues. *Plant Cell* 14, 3073–3088.

BRAAM, J. 1999. If walls could talk. *Curr. Opin. Plant Biol.* 2, 521–524.

BRADLEY, D. J., P. KJELLBOM e C. J. LAMB. 1992. Elicitor- and wound-induced oxidative cross-linking of a proline-rich plant cell wall protein: A novel, rapid defense response. *Cell* 70, 21–30.

BRETT, C. e K. WALDRON. 1990. *Physiology and Biochemistry of Plant Cell Walls*. Unwin Hyman, London.

BRUMMELL, D. A. e M. H. HARPSTER. 2001. Cell wall metabolism in fruit softening and quality and its manipulation in transgenic plants. *Plant Mol. Biol.* 47, 311–340.

BUCKERIDGE, M. S., C. E. VERGARA e N. C. CARPITA. 1999. The mechanism of synthesis of a mixed-linkage (1→3), (1→4)®–Dglucan in maize. Evidence for multiple sites of glucosyl transfer in the synthase complex. *Plant Physiol.* 120, 1105–1116.

CALVIN, C. L. 1967. The vascular tissues and development of sclerenchyma in the stem of the mistletoe, *Phoradendron flavescens*. *Bot. Gaz.* 128, 35–59.

CAMPBELL, P. e J. BRAAM. 1999. Xyloglucan endotransglycosylases: Diversity of genes, enzymes and potential wallmodifying functions. *Trends Plant Sci.* 4, 361–366.

CARPITA, N. C. 1982. Limiting diameters of pores and the surface structure of plant cell walls. *Science* 218, 813–814.

CARPITA, N. C. 1996. Structure and biogenesis of the cell walls of grasses. *Annu. Rev. Plant Physiol. Plant Mol. Biol.* 47, 445–476.

CARPITA, N. C. e D. M. GIBEAUT. 1993. Structural models of primary cell walls in flowering plants: Consistency of molecular structure with the physical properties of the walls during growth. *Plant J.* 3, 1–30.

CARPITA, N. e M. MCCANN. 2000. The cell wall. In: *Biochemistry and Molecular Biology of Plants*, pp. 52–108, B. Buchanan, W. Gruissem e R. Jones, eds. American Society of Plant Physiologists, Rockville, MD.

CARPITA, N., D. SABULARSE, D. MONTEZINOS e D. P. DELMER. 1979. Determination of the pore size of cell walls of living plant cells. *Science* 205, 1144–1147.

CASSAB, G. I. 1998. Plant cell wall proteins. *Annu. Rev. Plant Physiol. Plant Mol. Biol.* 49, 281–309.

CASSAB, G. I. e J. E. VARNER. 1987. Immunocytolocalization of extensin in developing soybean seed coats by immunogoldsilver staining and by tissue printing on nitrocellulose paper. *J. Cell Biol.* 105, 2581–2588.

CASTRO, M. A. 1991. Ultrastructure of vestures on the vessel wall in some species of *Prosopis* (Leguminosae-Mimosoideae). *IAWA Bull.* n.s. 12, 425–430.

CATALÁ, C., J. K. C. ROSE e A. B. BENNETT. 2000. Auxin-regulated genes encoding cell wall-modifying proteins are expressed during early tomato fruit growth. *Plant Physiol.* 122, 527–534.

CHAFE, S. C. 1970. The fine structure of the collenchyma cell wall. *Planta* 90, 12–21.

CHAFE, S. C. e A. B. WARDROP. 1972. Fine structural observations on the epidermis. I. The epidermal cell wall. *Planta* 107, 269–278.

CHAFFEY, N., J. BARNETT e P. BARLOW. 1999. A cytoskeletal basis for wood formation in angiosperm trees: The involvement of cortical microtubules. *Planta* 208, 19–30.

CHEN, C.-L. 1991. Lignins: Occurrence in woody tissues, isolation, reactions, and structure. In: *Wood Structure and Composition*, pp. 183–261, M. Lewin and I. S. Goldstein, eds. Dekker, New York.

CHO, H.-T. e D. J. COSGROVE. 2000. Altered expression of expansin modulates leaf growth and pedicel abscission in *Arabidopsis thaliana*. *Proc. Natl. Acad. Sci. USA* 97, 9783–9788.

CITOVSKY, V. 1993. Probing plasmodesmal transport with plant viruses. *Plant Physiol.* 102, 1071–1076.

CLELAND, R. E., T. FUJIWARA e W. J. LUCAS. 1994. Plasmodesmal- mediated cell-to-cell transport in wheat roots is modulated by anaerobic stress. *Protoplasma* 178, 81–85.

CONNOLLY, J. H. e G. BERLYN. 1996. The plant extracellular matrix. *Can. J. Bot.* 74, 1545–1546.

COSGROVE, D. J. 1989. Characterization of long-term extension of isolated cell walls from growing cucumber hypocotyls. *Planta* 177, 121–130.

COSGROVE, D. J. 1997. Assembly and enlargement of the primary cell wall in plants. *Annu. Rev. Cell Dev. Biol.* 13, 171–201.

COSGROVE, D. J. 1998. Cell wall loosening by expansins. *Plant Physiol.* 118, 333–339.

COSGROVE, D. J. 1999. Enzymes and other agents that enhance cell wall extensibility. *Annu. Rev. Plant Physiol. Plant Mol. Biol.* 50, 391–417.

COSGROVE, D. J. 2000. New genes and new biological roles for expansins. *Curr. Opin. Plant Biol.* 3, 73–78.

COSGROVE, D. J. 2001. Wall structure and wall loosening. A look backwards and forwards. *Plant Physiol.* 125, 131–134.

COSGROVE, D. J., P. BEDINGER e D. M. DURACHKO. 1997. Group I allergens of grass pollen as cell wall-loosening agents. *Proc. Natl. Acad. Sci. USA* 94, 6559–6564.

CRAWFORD, K. M. e P. C. ZAMBRYSKI. 1999. Phloem transport: Are you chaperoned? *Curr. Biol.* 9, R281–R285.

CRAWFORD, K. M. e P. C. ZAMBRYSKI. 2001. Non-targeted and targeted protein movement through plasmodesmata in leaves in different developmental and physiological states. *Plant Physiol.* 125, 1802–1812.

CUTLER, S. R. e D. W. EHRHARDT. 2002. Polarized cytokinesis in vacuolate cells of *Arabidopsis*. *Proc. Natl. Acad. Sci. USA* 99, 2812–2817.

CZANINSKI, Y., R. M. SACHOT e A. M. CATESSON. 1993. Cytochemical localization of hydrogen peroxide in lignifying cell walls. *Ann. Bot.* 72, 547–550.

DAHIYA, P. e N. J. BREWIN. 2000. Immunogold localization of callose and other cell wall components in pea nodule transfer cells. *Protoplasma* 214, 210–218.

DARLEY, C. P., A. M. FORRESTER e S. J. MCQUEEN-MASON. 2001. The molecular basis of plant cell wall extension. *Plant Mol. Biol.* 47, 179–195.

DARVILL, A. G. e P. ALBERSHEIM. 1984. Phytoalexins and their elicitors—A defense against microbial infection in plants. *Annu. Rev. Plant Physiol.* 35, 243–275.

DELMER, D. P. 1999. Cellulose biosynthesis: Exciting times for a difficult field of study. *Annu. Rev. Plant Physiol. Plant Mol. Biol.* 50, 245–276.

DELMER, D. P. e Y. AMOR. 1995. Cellulose biosynthesis. *Plant Cell* 7, 987–1000.

DELMER, D. P. e B. A. STONE. 1988. Biosynthesis of plant cell walls. In: *The Biochemistry of Plants*, vol. 14, *Carbohydrates*, pp. 373–420, J. Preiss, ed. Academic Press, New York.

DESHPANDE, B. P. 1976a. Observations on the fine structure of plant cell walls. I. Use of permanganate staining. *Ann. Bot.* 40, 433–437.

DESHPANDE, B. P. 1976b. Observations on the fine structure of plant cell walls. II. The microfibrillar framework of the parenchymatous cell wall in *Cucurbita*. *Ann. Bot.* 40, 439–442.

DESHPANDE, B. P. 1976c. Observations on the fi ne structure of plant cell walls. III. The sieve tube wall of *Cucurbita*. *Ann. Bot.* 40, 443–446.

DHONUKSHE, P., A. M. LAXALT, J. GOEDHART, T. W. J. GADELLA e T. MUNNIK. 2003. Phospholipase D activation correlates with microtubule reorganization in living plant cells. *Plant Cell* 15, 2666–2679.

DING, B. 1997. Cell-to-cell transport of macromolecules through plasmodesmata: A novel signalling pathway in plants. *Trends Cell Biol.* 7, 5–9.

DING, B. 1998. Intercellular protein trafficking through plasmodesmata. *Plant Mol. Biol.* 38, 279–310.

DING, B. e W. J. LUCAS. 1996. Secondary plasmodesmata: Biogenesis, special functions and evolution. In: *Membranes: Specialized Functions in Plants*, pp. 489–506, M. Smallwood, J. P. Knox e D. J. Bowles, eds. BIOS Scientifi c, Oxford.

DING, B., J. S. HAUDENSHIELD, R. J. HULL, S. WOLF, R. N. BEACHY e W. J. LUCAS. 1992a. Secondary plasmodesmata are specific sites of localization of the tobacco mosaic virus movement protein in transgenic tobacco plants. *Plant Cell* 4, 915–928.

DING, B., R. TURGEON e M. V. PARTHASARATHY. 1992b. Substructure of freeze-substituted plasmodesmata. *Protoplasma* 169, 28–41.

DING, B., J. S. HAUDENSHIELD, L. WILLMITZER e W. J. LUCAS. 1993. Correlation between arrested secondary plasmodesmal development and onset of accelerated leaf senescence in yeast acid invertase transgenic tobacco plants. *Plant J.* 4, 179–189.

DING, B., M.-O. KWON e L. WARNBERG. 1996. Evidence that actin filaments are involved in controlling the permeability of plasmodesmata in tobacco mesophyll. *Plant J.* 10, 157–164.

DING, B., A. ITAYA e Y.-M. WOO. 1999. Plasmodesmata and cell-to-cell communication in plants. *Int. Rev. Cytol.* 190, 251–316.

DING, L. e J.-K. ZHU. 1997. A role for arabinogalactan-proteins in root epidermal cell expansion. *Planta* 203, 289–294.

DIXIT, R. e R. J. CYR. 2002. Spatio-temporal relationship between nuclear-envelope breakdown and preprophase band disappearance in cultured tobacco cells. *Protoplasma* 219, 116–121.

DRAKE, G. 1979. Electrical coupling, potentials, and resistances in oat coleoptiles: Effects of azide and cyanide. *J. Exp. Bot.* 30, 719–725.

DUCKETT, C. M., K. J. OPARKA, D. A. M. PRIOR, L. DOLAN e K. ROBERTS. 1994. Dye-coupling in the root epidermis of *Arabidopsis* is progressively reduced during development. *Development* 120, 3247–3255.

EHLERS, K. e R. KOLLMANN. 1996. Formation of branched plasmodesmata in regenerating *Solanum nigrum*-protoplasts. *Planta* 199, 126–138.

EHLERS, K. e R. KOLLMANN. 2001. Primary and secondary plasmodesmata: Structure, origin, and functioning. *Protoplasma* 216, 1–30.

EMONS, A. M. C. 1994. Winding threads around plant cells: A geometrical model for microfibril deposition. *Plant Cell Environ.* 17, 3–14.

EMONS, A. M. C. e B. M. MULDER. 1997. Plant cell wall architecture. *Comm. Modern Biol. Part C. Comm. Theor. Biol.* 4, 115–131.

EMONS, A. M. C. e B. M. MULDER. 1998. The making of the architecture of the plant cell wall: How cells exploit geometry. *Proc. Natl. Acad. Sci. USA* 95, 7215–7219.

EMONS, A. M. C. e B. M. MULDER. 2000. How the deposition of cellulose microfibrils builds cell wall architecture. *Trends Plant Sci.* 5, 35–40.

EMONS, A. M. C. e B. M. MULDER. 2001. Microfi brils build architecture. A geometrical model. In: *Molecular Breeding of Woody Plants*, pp. 111–119, N. Morohoshi and A. Komamine, eds. Elsevier Science B. V., Amsterdam.

EMONS, A. M. C., J. DERKSEN e M. M. A. SASSEN. 1992. Do microtubules orient plant cell wall microfibrils? *Physiol. Plant.* 84, 486–493.

ENGELS, F. M. e H. G. JUNG. 1998. Alfalfa stem tissues: Cellwall development and lignification. *Ann. Bot.* 82, 561–568.

ERWEE, M. G. e P. B. GOODWIN. 1985. Symplast domains in extrastelar tissues of *Egeria densa* Planch. *Planta* 163, 9–19.

ESAU, K. 1997. *Anatomy of Seed Plants*, 2. ed. Wiley, New York.

ESAU, K. e J. THORSCH. 1985. Sieve plate pores and plasmodesmata, the communication channels of the symplast: Ultrastructural aspects and developmental relations. *Am. J. Bot.* 72, 1641–1653.

ESCHRICH, W. e H. B. CURRIER. 1964. Identification of callose by its diachrome and fluorochrome reactions. *Stain Technol.* 39, 303–307.

EVERT, R. F. 1990. Dicotyledons. In: *Sieve Elements: Comparative Structure, Induction and Development*, pp. 103–137, H.-D. Behnke e R. D. Sjolund, eds. Springer-Verlag, Berlin.

EVERT, R. F., W. ESCHRICH e W. HEYSER. 1977. Distribution and structure of the plasmodesmata in mesophyll and bundlesheath cells of *Zea mays* L. *Planta* 136, 77–89.

FERGUSON, C., T. T. TEERI, M. SIIKA-AHO, S. M. READ e A. BACIC. 1998. Location of cellulose and callose in pollen tubes and grains of *Nicotiana tabacum*. *Planta* 206, 452–460.

FISHER, D. B. e K. J. OPARKA. 1996. Post-phloem transport: Principles and problems. *J. Exp. Bot.* 47 (spec. iss.), 1141–1154.

FISHER, D. B., Y. WU e M. S. B. KU. 1992. Turnover of soluble proteins in the wheat sieve tube. *Plant Physiol.* 100, 1433–1441.

FISHER, D. D. e R. J. CYR. 1998. Extending the microtubule/microfibril paradigm. Cellulose synthesis is required for normal cortical microtubule alignment in elongating cells. *Plant Physiol.* 116, 1043–1051.

FLEMING, A. J., S. MCQUEEN-MASON, T. MANDEL e C. KUHLEMEIER. 1997. Induction of leaf primordia by the cell wall protein expansin. *Science* 276, 1415–1418.

FLEMING, A. J., D. CADERAS, E. WEHRLI, S. MCQUEEN-MASON e C. KUHLEMEIER. 1999. Analysis of expansin-induced morphogenesis of the apical meristem of tomato. *Planta* 208, 166–174.

FREY-WYSSLING, A. 1976. The plant cell wall. In *Handbuch der Pflanzenanatomie*, Band 3, Teil 4. Abt. *Cytologie*, 3. rev. ed. Gebrüder Borntraeger, Berlin.

FRY, S. C. 1988. *The Growing Plant Cell Wall: Chemical and Metabolic Analysis.* Longman Scientific Burnt Mill, Harlow, Essex.

FRY, S. C. 1989. The structure and functions of xyloglucan. *J. Exp. Bot.* 40, 1–11.

FRY, S. C. 1995. Polysaccharide-modifying enzymes in the plant cell wall. *Annu. Rev. Plant Physiol. Plant Mol. Biol.* 46, 497–520.

FRY, S. C., S. ALDINGTON, P. R. HETHERINGTON e J. AITKEN. 1993. Oligosaccharides as signals and substrates in the plant cell wall. *Plant Physiol.* 103, 1–5.

FUJINO, T. e T. ITOH. 1998. Changes in the three dimensional architecture of the cell wall during lignification of xylem cells in *Eucalyptus tereticornis. Holzforschung* 52, 111–116.

FUJINO, T., Y. SONE, Y. MITSUISHI e T. ITOH. 2000. Characterization of cross-links between cellulose microfi brils, and their occurrence during elongation growth in pea epicotyl. *Plant Cell Physiol.* 41, 486–494.

GAMALEI, Y. V., A. J. E. VAN BEL, M. V. PAKHOMOVA e A. V. SJUTKINA. 1994. Effects of temperature on the conformation of the endoplasmic reticulum and on starch accumulation in leaves with the symplasmic minor-vein confi guration. *Planta* 194, 443–453.

GARDINER, J. C., J. D. I. HARPER, N. D. WEERAKOON, D. A. COLLINGS, S. RITCHIE, S. GILORY, R. J. CYR e J. MARC. 2001. A 90-kD phospholipase D from tobacco binds to microtubules and the plasma membrane. *Plant Cell* 13, 2143–2158.

GARDINER, J., D. A. COLLINGS, J. D. I. HARPER e J. MARC. 2003a. The effects of the phospholipase D-antagonist 1-butanol on seedling development and microtubule organization in *Arabidopsis. Plant Cell Physiol.* 44, 687–696.

GARDINER, J. C., N. G. TAYLOR e S. R. TURNER. 2003b. Control of cellulose synthase complex localization in developing xylem. *Plant Cell* 15, 1740–1748.

GEISLER-LEE, C. J., Z. HONG e D. P. S. VERMA. 2002. Overexpression of the cell plate-associated dynamin-like GTPase, phragmoplastin, results in the accumulation of callose at the cell plate and arrest of plant growth. *Plant Sci.* 163, 33–42.

GIDDINGS, T. H., JR. e L. A. STAEHELIN. 1988. Spatial relationship between microtubules and plasma-membrane rosettes during the deposition of primary wall microfibrils in *Closterium* sp. *Planta* 173, 22–30.

GOLDBERG, R., P. DEVILLERS, R. PRAT, C. MORVAN, V. MICHON e C. HERVÉ DU PENHOAT. 1989. Control of cell wall plasticity. In: *Plant Cell Wall Polymers. Biogenesis and Biodegradation*, pp. 312–323, N. G. Lewis and M. C. Paice, eds. American Chemical Society, Washington, DC.

GOODBODY, K. C. e C. W. LLOYD. 1990. Actin filaments line up across *Tradescantia* epidermal cells, anticipating woundinduced division planes. *Protoplasma* 157, 92–101.

GOODWIN, P. B. 1983. Molecular size limit for movement in the symplast of the *Elodea* leaf. *Planta* 157, 124–130.

GOOSEN-DE ROO, L., R. BAKHUIZEN, P. C. VAN SPRONSEN e K. R. LIBBENGA. 1984. The presence of extended phragmosomes containing cytoskeletal elements in fusiform cambial cells of *Fraxinus excelsior* L. *Protoplasma* 122, 145–152.

GRABSKI, S., A. W. DE FEIJTER e M. SCHINDLER. 1993. Endoplasmic reticulum forms a dynamic continuum for lipid diffusion between contiguous soybean root cells. *Plant Cell* 5, 25–38.

GRISEBACH, H. 1981. Lignins. In: *The Biochemistry of Plants*, vol. 7, *Secondary Plant Products*, pp. 457–478, E. E. Conn, ed. Academic Press, New York.

GRITSCH, C. S. e R. J. MURPHY. 2005. Ultrastructure of fibre and parenchyma cell walls during early stages of culm development in *Dendrocalamus asper*. *Ann. Bot.* 95, 619–629.

GRÜNWALD, C., K. RUEL, Y. S. KIM e U. SCHMITT. 2002. On the cytochemistry of cell wall formation in poplar trees. *Plant Biol.* 4, 13–21.

GU, X. e D. P. S. VERMA. 1997. Dynamics of phragmoplastin in living cells during cell plate formation and uncoupling of cell elongation from the plane of cell division. *Plant Cell* 9, 157–169.

GUNNING, B. E. S. 1982. The cytokinetic apparatus: Its development and spatial regulation. In: *The Cytoskeleton in Plant Growth and Development*, pp. 229–292, C. W. Lloyd, ed. Academic Press, London.

GUNNING, B. E. S. e A. R. HARDHAM. 1982. Microtubules. *Annu. Rev. Plant Physiol.* 33, 651–698.

GUNNING, B. E. S. e S. M. WICK. 1985. Preprophase bands, phragmoplasts, and spatial control of cytokinesis. *J. Cell Sci.* suppl. 2, 157–179.

HA, M.-A., D. C. APPERLEY, B. W. EVANS, I. M. HUXHAM, W. G. JARDINE, R. J. VIËTOR, D. REIS, B. VIAN e M. C. JARVIS. 1998. Fine structure in cellulose microfibrils: NMR evidence from onion and quince. *Plant J.* 16, 183–190.

HAFRÉN, J., T. FUJINO e T. ITOH. 1999. Changes in cell wall architecture of differentiating tracheids of *Pinus thunbergii* during lignification. *Plant Cell Physiol.* 40, 532–541.

HAIGLER, C. H. e R. M. BROWN JR. 1986. Transport of rosettes from the Golgi apparatus to the plasma membrane in isolated mesophyll cells of *Zinnia elegans* during differentiation to tracheary elements in suspension culture. *Protoplasma* 134, 111–120.

HAMMERSCHMIDT, R. 1999. Phytoalexins: What have we learned after 60 years? *Annu. Rev. Phytopathol.* 37, 285–306.

HARPER, J. D. I., L. C. FOWKE, S. GILMER, R. L. OVERALL e J. MARC. 2000. A centrin homologue is localized across the developing cell plate in gymnosperms and angiosperms. *Protoplasma* 211, 207–216.

HATFIELD, R. e W. VERMERRIS. 2001. Lignin formation in plants. The dilemma of linkage specificity. *Plant Physiol.* 126, 1351–1557.

HAYASHI, T. 1991. Biochemistry of xyloglucans in regulating cell elongation and expansion. In: *The Cytoskeletal Basis of Plant Growth and Form*, pp. 131–144, C. W. Lloyd, ed. Academic Press, San Diego.

HAYWOOD, V., F. KRAGLER e W. J. LUCAS. 2002. Plamodesmata: Pathways for protein and ribonucleoprotein signaling. *Plant Cell* 14 (suppl.), S303–S325.

HEESE, M., U. MAYER e G. JÜRGENS. 1998. Cytokinesis in flowering plants: Cellular process and developmental integration. *Curr. Opin. Plant Biol.* 1, 486–491.

HEPLER, P. K. 1982. Endoplasmic reticulum in the formation of the cell plate and plasmodesmata. *Protoplasma* 111, 121–133.

HERTH, W. 1980. Calcofluor white and Congo red inhibit chitin microfibril assembly of *Poterioochromonas*: Evidence for a gap between polymerization and microfibril formation. *J. Cell Biol.* 87, 442–450.

HEYN, A. N. J. 1931. Der Mechanismus der Zellstreckung. *Rec. Trav. Bot. Neerl.* 28, 113–244.

HEYN, A. N. J. 1940. The physiology of cell elongation. *Bot. Rev.* 6, 515–574.

HIGUCHI, T. 1997. *Biochemistry and Molecular Biology of Wood.* Springer-Verlag, Berlin.

HIMMELSPACH, R., R. E. WILLIAMSON e G. O. WASTENEYS. 2003. Cellulose microfibril alignment recovers from DCBinduced disruption despite microtubule disorganization. *Plant J.* 36, 565–575.

HOLDAWAY-CLARKE, T. L., N. A. WALKER, P. K. HEPLER e R. L. OVERALL. 2000. Physiological elevations in cytoplasmic free calcium by cold or ion injection result in transient closure of higher plant plasmodesmata. *Planta* 210, 329–335.

HORNER, H. T. e M. A. ROGERS. 1974. A comparative light and electron microscopic study of microsporogenesis in malefertile and cytoplasmic male-sterile pepper *(Capsicum annuum)*. *Can. J. Bot.* 52, 435–441.

HOSON, T. 1991. Structure and function of plant cell walls: Immunological approaches. *Int. Rev. Cytol.* 130, 233–268.

HOTCHKISS, A. T., JR. 1989. Cellulose biosynthesis. The terminal complex hypothesis and its relationship to other contemporary research topics. In: *Plant Cell Wall Polymers: Biogenesis and Biodegradation*, pp. 232–247, N. G. Lewis and M. G. Paice, eds. American Chemical Society, Washington, DC.

HUSH, J. M., P. WADSWORTH, D. A. CALLAHAM e P. K. HEPLER. 1994. Quantification of microtubule dynamics in living plant cells using fluorescence redistribution after photobleaching. *J. Cell Sci.* 107, 775–784.

IIYAMA, K., T. B.-T. LAM e B. A. STONE. 1994. Covalent crosslinks in the cell wall. *Plant Physiol.* 104, 315–320.

ISHII, T., T. MATSUNAGA, P. PELLERIN, M. A. O'NEILL, A. DARVILL e P. ALBERSHEIM. 1999. The plant cell wall polysaccharide rhamnogalacturonan II self-assembles into a covalently crosslinked dimer. *J. Biol. Chem.* 274, 13098–13104.

ISHIWATARI, Y., C. HONDA, I. KAWASHIMA, S-I. NAKAMURA, H. HIRANO, S. MORI, T. FUJIWARA, H. HAYASHI e M. CHINO. 1995. Thioredoxin h is one of the major proteins in rice phloem sap. *Planta* 195, 456–463.

ISHIWATARI, Y., T. FUJIWARA, K. C. MCFARLAND, K. NEMOTO, H. HAYASHI, M. CHINO e W. J. LUCAS. 1998. Rice phloem thioredoxin h has the capacity to mediate its own cell-to-cell transport through plasmodesmata. *Planta* 205, 12–22.

ITAYA, A., Y.-M. WOO, C. MASUTA, Y. BAO, R. S. NELSON e B. DING. 1998. Developmental regulation of intercellular protein trafficking through plasmodesmata in tobacco leaf epidermis. *Plant Physiol.* 118, 373–385.

JACKSON, D., B. VEIT e S. HAKE. 1994. Expression of maize *KNOTTED1* related homeobox genes in the shoot apical meristem predicts patterns of morphogenesis in the vegetative shoot. *Development* 120, 405–413.

JAUH, G. Y. e E. M. LORD. 1996. Localization of pectins and arabinogalactan-proteins in lily (*Lilium longiflorum* L.) pollen tube and style their possible roles in pollination. *Planta* 199, 251–261.

JEFFREE, C. E., J. E. DALE e S. C. FRY. 1986. The genesis of intercellular spaces in developing leaves of *Phaseolus vulgaris* L. *Protoplasma* 132, 90–98.

JONES, M. G. K. 1976. The origin and development of plasmodesmata. In: *Intercellular Communication in Plants: Studies on Plasmodesmata*, pp. 81–105, B. E. S. Gunning e A. W. Robards, eds. Springer-Verlag, Berlin.

JUNG, G. e W. WERNICKE. 1990. Cell shaping and microtubules in developing mesophyll of wheat (*Triticum aestivum* L.). *Protoplasma* 153, 141–148.

KATO, Y. e K. MATSUDA. 1985. Xyloglucan in cell walls of suspension-cultured rice cells. *Plant Cell Physiol.* 26, 437–445.

KAUSS, H. 1989. Fluorometric measurement of callose and other 1,3-®-glucans. In: *Plant Fibers*, pp. 127–137, H. F. Linskens e J. F. Jackson, eds. Springer-Verlag, Berlin.

KAUSS, H. 1996. Callose synthesis. In: *Membranes: Specialized Functions in Plants*, pp. 77–92, M. Smallwood, J. P. Knox e D. J. Bowles, eds. BIOS Scientific, Oxford.

KELLER, B. 1993. Structural cell wall proteins. *Plant Physiol.* 101, 1127–1130.

KELLER, B. e C. J. LAMB. 1989. Specific expression of a novel cell wall hydroxyproline-rich glycoprotein gene in lateral root initiation. *Genes Dev.* 3, 1639–1646.

KEMPERS, R. e A. J. E. VAN BEL. 1997. Symplasmic connections between sieve element and companion cell in stem phloem of *Vicia faba* L. have a molecular exclusion limit of at least 10 kDa. *Planta* 201, 195–201.

KERR, T. e I. W. BAILEY. 1934. The cambium and its derivative tissues. X. Structure, optical properties and chemical composition of the so-called middle lamella. *J. Arnold Arb.* 15, 327–349.

KERSTENS, S., W. F. DECRAEMER e J.-P. VERBELEN. 2001. Cell walls at the plant surface behave mechanically like fiber-reinforced composite materials. *Plant Physiol.* 127, 381–385.

KIM, I., F. D. HEMPEL, K. SHA, J. PFLUGER e P. C. ZAMBRYSKI. 2002. Identification of a developmental transition in plasmodesmatal function during embryogenesis in *Arabidopsis thaliana*. *Development* 129, 1261–1272.

KIM, M., W. CANIO, S. KESSLER e N. SINHA. 2001. Developmental changes due to long-distance movement of a homeobox fusion transcript in tomato. *Science* 293, 287–289.

KIMURA, S., W. LAOSINCHAI, T. ITOH, X. CUI, C. R. LINDER e R. M. BROWN JR. 1999. Immunogold labeling of rosette terminal cellulose-synthesizing complexes in the vascular plant *Vigna angularis*. *Plant Cell* 11, 2075–2085.

KOLATTUKUDY, P. E. 1980. Biopolyester membranes of plants: Cutin and suberin. *Science* 208, 990–1000.

KOLATTUKUDY, P. E. e C. L. SOLIDAY. 1985. Effects of stress on the defensive barriers of plants. In: *Cellular and Molecular Biology of Plant Stress*, pp. 381–400, J. L. Key e T. Kosuge, eds. Alan R. Liss, New York.

KOLLMANN, R. e C. GLOCKMANN. 1991. Studies on graft unions. III. On the mechanism of secondary formation of plasmodesmata at the graft interface. *Protoplasma* 165, 71–85.

KOLLÖFFEL, C. e P. W. T. LINSSEN. 1984. The formation of intercellular spaces in the cotyledons of developing and germinating pea seeds. *Protoplasma* 120, 12–19.

KRAGLER, F., W. J. LUCAS e J. MONZER. 1998. Plasmodesmata: Dynamics, domains and patterning. *Ann. Bot.* 81, 1–10.

KREUGER, M. e G.-J. VAN HOLST. 1993. Arabinogalactan proteins are essential in somatic embryogenesis of *Daucus carota* L. *Planta* 189, 243–248.

KUTSCHERA, U. 1991. Regulation of cell expansion. In: *The Cytoskeletal Basis of Plant Growth and Form*, pp. 149–158, C. W. Lloyd, ed. Academic Press, London.

KUTSCHERA, U. 1996. Cessation of cell elongation in rye coleoptiles is accompanied by a loss of cell-wall plasticity. *J. Exp. Bot.* 47, 1387–1394.

LAUBER, M. H., I. WAIZENEGGER, T. STEINMANN, H. SCHWARZ, U. MAYER, I. HWANG, W. LUKOWITZ e G. JÜRGENS. 1997. The *Arabidopsis* KNOLLE protein in a cytokinesis-specifi c syntaxin. *J. Cell Biol.* 139, 1485–1493.

LEE, J.-Y., B.-C. YOO e W. J. LUCAS. 2000. Parallels between nuclear-pore and plasmodesmal trafficking of information molecules. *Planta* 210, 177–187.

LEE, Y.-R. J. e B. LIU. 2000. Identification of a phragmoplastassociated kinesin-related protein in higher plants. *Curr. Biol.* 10, 797–800.

LEISNER, S. M. e R. TURGEON. 1993. Movement of virus and photoassimilate in the phloem: A comparative analysis. *BioEssays* 15, 741–748.

LEVY, S. e L. A. STAEHELIN. 1992. Synthesis, assembly and function of plant cell wall macromolecules. *Curr. Opin. Cell Biol.* 4, 856–862.

LEWIS, N. G. 1999. A 20th century roller coaster ride: A short account of lignification. *Curr. Opin. Plant Biol.* 2, 153–162.

LEWIS, N. G. e E. YAMAMOTO. 1990. Lignin: Occurrence, biogenesis and biodegradation. *Annu. Rev. Plant Physiol. Plant Mol. Biol.* 41, 455–496.

LI, Y., C. P. DARLEY, V. ONGARO, A. FLEMING, O. SCHIPPER, S. L. BALDAUF e S. J. MCQUEEN-MASON. 2002. Plant expansions are a complex multigene family with an ancient evolutionary origin. *Plant Physiol.* 128, 854–864.

LIŠKOVÁ, D., D. KÁKONIOVÁ, M. KUBAČKOVÁ, K. SADLON ˇ OVÁ- KOLLÁROVÁ, P. CAPEK, L. BILISICS, J. VOJTAŠŠÁK e L. SLOVÁKOVÁ. 1999. Biologically active oligosaccharides. In: *Advances in Regulation of Plant Growth and Development*, pp. 119–130, M. Strnad, P. Pecˇ e E. Beck, eds. Peres Publishers, Prague.

LLOYD, C. W. e J. A. TRAAS. 1988. The role of F--actin in determining the division plane of carrot suspension cells. Drug studies. *Development* 102, 211–221.

LUCAS, W. J. 1999. Plasmodesmata and the cell--to-cell transport of proteins and nucleoprotein complexes. *J. Exp. Bot.* 50, 979–987.

LUCAS, W. J., B. DING e C. VAN DER SCHOOT. 1993. Plasmodesmata and the supracellular nature of plants. *New Phytol.* 125, 435–476.

LUCAS, W. J., S. BOUCHÉ-PILLON, D. P. JACKSON, L. NGUYEN, L. BAKER, B. DING e S. HAKE. 1995. Selective trafficking of KNOTTED1 homeodomain protein and its mRNA through plasmodesmata. *Science* 270, 1980–1983.

LUKOWITZ, W., U. MAYER e G. JÜRGENS. 1996. Cytokinesis in the *Arabidopsis* embryo involves the syntaxin-related *KNOLLE* gene product. *Cell* 84, 61–71.

MACADAM, J. W. e C. J. NELSON. 2002. Secondary cell wall deposition causes radial growth of fibre cells in the maturation zone of elongating tall fescue leaf blades. *Ann. Bot.* 89, 89–96.

MAJEWSKA-SAWKA, A. e E. A. NOTHNAGEL. 2000. The multiple roles of arabinogalactan proteins in plant development. *Plant Physiol.* 122, 3–9.

MALTBY, D., N. C. CARPITA, D. MONTEZINOS, C. KULOW e D. P. DELMER. 1979. ®-1,3-glucan in developing cotton fibers. Structure, localization, and relationship of synthesis to that of secondary wall cellulose. *Plant Physiol.* 63, 1158–1164.

MANSFIELD, S. G. e L. G. BRIARTY. 1991. Early embryogenesis in *Arabidopsis thaliana*. II. The developing embryo. *Can. J. Bot.* 69, 461–476.

MARC, J., D. E. SHARKEY, N. A. DURSO, M. ZHANG e R. J. CYR. 1996. Isolation of a 90-kD microtubule-associated protein from tobacco membranes. *Plant Cell* 8, 2127–2138.

MATAR, D. e A. M. CATESSON. 1988. Cell plate development and delayed formation of the pectic middle lamella in root meristems. *Protoplasma* 146, 10–17.

MATOH, T. e M. KOBAYASHI. 1998. Boron and calcium, essential inorganic constituents of pectic polysaccharides in higher plant cell walls. *J. Plant Res.* 111, 179–190.

MCCANN, M. C., B. WELLS e K. ROBERTS. 1990. Direct visualization of cross-links in the primary plant cell wall. *J. Cell Sci.* 96, 323–334.

MCDOUGALL, G. J. e S. C. FRY. 1990. Xyloglucan oligosaccharides promote growth and activate cellulase: Evidence for a role of cellulase in cell expansion. *Plant Physiol.* 93, 1042–1048.

MCLEAN, B. G., F. D. HEMPEL e P. C. ZAMBRYSKI. 1997. Plant intercellular communication via plasmodesmata. *Plant Cell* 9, 1043–1054.

MCNEIL, M., A. G. DARVILL, S. C. FRY e P. ALBERSHEIM. 1984. Structure and function of the primary cell walls of plants. *Annu. Rev. Biochem.* 5, 625–663.

MCQUEEN-MASON, S. J. 1995. Expansins and cell wall expansion. *J. Exp. Bot.* 46, 1639–1650.

MEZITT, L. A. e W. J. LUCAS. 1996. Plasmodesmal cell-to-cell transport of proteins and nucleic acids. *Plant Mol. Biol.* 32, 251–273.

MOHNEN, D. e M. G. HAHN. 1993. Cell wall carbohydrates as signals in plants. *Semin. Cell Biol.* 4, 93–102.

MOLCHAN, T. M., A. H. VALSTER e P. K. HEPLER. 2002. Actomyosin promotes cell plate alignment and late lateral expansion in *Tradescantia* stamen hair cells. *Planta* 214, 683–693.

MONTIES, B. 1989. Lignins. In: *Methods in Plant Biochemistry*, vol. 1, *Plant Phenolics*, pp. 113–157, J. B. Harborne, ed. Academic Press, London.

MONZER, J. 1991. Ultrastructure of secondary plasmodesmata formation in regenerating *Solanum nigrum*-protoplast cultures. *Protoplasma* 165, 86–95.

MOORE, P. J. e L. A. STAEHELIN. 1988. Immunogold localization of the cell-wall-matrix polysaccharides rhamnogalacturonan I and xyloglucan during cell expansion and cytokinesis in *Trifolium pratense* L.; implication for secretory pathways. *Planta* 174, 433–445.

MOREJOHN, L. C. 1991. The molecular pharmacology of plant tubulin and microtubules. In: *The Cytoskeletal Basis of Plant Growth and Form*, pp. 29–43, C. W. Lloyd, ed. Academic Press, London.

MULDER, B. M. e A. M. C. EMONS. 2001. A dynamical model for plant cell wall architecture formation. *J. Math. Biol.* 42, 261–289.

MULDER, B., J. SCHEL e A. M. EMONS. 2004. How the geometrical model for plant cell wall formation enables the production of a random texture. *Cellulose* 11, 395–401.

MÜNCH, E. 1930. *Die Stoffbewegungen in der Pflanze.* Gustav Fischer, Jena.

MURMANIS, L. e R. F. EVERT. 1967. Parenchyma cells of secondary phloem in *Pinus strobus. Planta* 73, 301–318.

MÜSEL, G., T. SCHINDLER, R. BERGFELD, K. RUEL, G. JACQUET, C. LAPIERRE, V. SPETH e P. SCHOPFER. 1997. Structure and distribution of lignin in primary and secondary walls of maize coleoptiles analyzed by chemical and immunological probes. *Planta* 201, 146–159.

NAKAJIMA, K., G. SENA, T. NAWY e P. N. BENFEY. 2001. Intercellular movement of the putative transcription factor SHR in root patterning. *Nature* 413, 307–311.

NAKAMURA, S.-I., H. HAYASHI, S. MORI e M. CHINO. 1993. Protein phosphorylation in the sieve tubes of rice plants. *Plant Cell Physiol.* 34, 927–933.

NEBENFÜHR, A., J. A. FROHLICK e L. A. STAEHELIN. 2000. Redistribution of Golgi stacks and other organelles during mitosis and cytokinesis in plant cells. *Plant Physiol.* 124, 135–151.

NELSON, R. S. e A. J. E. VAN BEL. 1998. The mystery of virus trafficking into, through and out of vascular tissue. *Prog. Bot.* 59, 476–533.

NEWMAN, R. H., L. M. DAVIES e P. J. HARRIS. 1996. Solid-state 13C nuclear magnetic resonance characterization of cellulose in the cell walls of *Arabidopsis thaliana* leaves. *Plant Physiol.* 111, 475–485.

NICHOLSON, R. L. e R. HAMMERSCHMIDT. 1992. Phenolic compounds and their role in disease resistance. *Annu. Rev. Phytopathol.* 30, 369–389.

OLESEN, P. 1979. The neck constriction in plasmodesmata. Evidence for a peripheral sphincter-like structure revealed by fixation with tannic acid. *Planta* 144, 349–358.

OLESEN, P. e A. W. ROBARDS. 1990. The neck region of plasmodesmata: general architecture and some functional aspects. In: *Parallels in Cell to Cell Junctions in Plants and Animals*, pp. 145–170, A. W. Robards, H. Jongsma, W. J. Lucas, J. Pitts e D. Spray, eds. Springer-Verlag, Berlin.

O'MALLEY, D. M., R. WHETTEN, W. BAO, C.-L. CHEN e R. R. SEDEROFF. 1993. The role of laccase in lignification. *Plant J.* 4, 751–757.

OPARKA, K. J., D. A. M. PRIOR e K. M. WRIGHT. 1995. Symplastic communication between primary and developing lateral roots of *Arabidopsis thaliana*. *J. Exp. Bot.* 46, 187–197.

OPARKA, K. J., A. G. ROBERTS, P. BOEVINK, S. SANTA CRUZ, I. ROBERTS, K. S. PRADEL, A. IMLAU, G. KOTLIZKY, N. SAUER e B. EPEL. 1999. Simple, but not branched, plasmodesmata allow the nonspecific trafficking of proteins in developing tobacco leaves. *Cell* 97, 743–754.

ØSTERGAARD, L., K. TEILUM, O. MIRZA, O. MATTSSON, M. PETERSEN, K. G. WELINDER, J. MUNDY, M. GAJHEDE e A.

HENRIKSEN. 2000. *Arabidopsis* ATP A2 peroxidase. Expression and high-resolution structure of a plant peroxidase with implications for lignification. *Plant Mol. Biol.* 44, 231–243.

OTEGUI, M. e L. A. STAEHELIN. 2000. Cytokinesis in fl owering plants: More than one way to divide a cell. *Curr. Opin. Plant Biol.* 3, 493–502.

OVERALL, R. L. e L. M. BLACKMAN. 1996. A model of the macromolecular structure of plasmodesmata. *Trends Plant Sci.* 1, 307–311.

OVERALL, R. L. e B. E. S. GUNNING. 1982. Intercellular communication in *Azolla* roots. II. Electrical coupling. *Protoplasma* 111, 151–160.

OVERALL, R. L., R. G. WHITE, L. M. BLACKMAN e J. E. RADFORD. 2000. Actin and myosin in plasmodesmata. In: *Actin: A Dynamic Framework for Multiple Plant Cell Function*, pp. 497–515, C. J. Staiger, F. Baluška, D. Volkmann e P. W. Barlow, eds. Kluwer/Academic Press, Dordrecht.

PALEVITZ, B. A. e P. K. HEPLER. 1985. Changes in dye coupling of stomatal cells of *Allium* and *Commelina* demonstrated by microinjection of Lucifer yellow. *Planta* 164, 473–479.

PANTERIS, E., P. APOSTOLAKOS e B. GALATIS. 1993. Microtubule organization, mesophyll cell morphogenesis, and intercellular space formation in *Adiantum capillus veneris* leaflets. *Protoplasma* 172, 97–110.

PAULY, M., P. ALBERSHEIM, A. DARVILL e W. S. YORK. 1999. Molecular domains of the cellulose/xyloglucan network in the cell walls of higher plants. *Plant J.* 20, 629–639.

PEARCE, R. B. 1989. Cell wall alterations and antimicrobial defense in perennial plants. In: *Plant Cell Wall Polymers. Biogenesis and Biodegradation*, pp. 346–360, N. G. Lewis e M. G. Paice, eds. American Chemical Society, Washington, DC.

PENNELL, R. 1998. Cell walls: Structures and signals. *Curr. Opin. Plant Biol.* 1, 504–510.

PERRY, J. W. e R. F. EVERT. 1983. Histopathology of *Verticillium dahliae* within mature roots of Russet Burbank potatoes. *Can. J. Bot.* 61, 3405–3421.

PICKARD, B. G. e R. N. BEACHY. 1999. Intercellular connections are developmentally controlled to help move molecules through the plant. *Cell* 98, 5–8.

POMAR, F., F. MERINO e A. ROS BARCELÓ. 2002. *O*-4-linked coniferyl and sinapyl aldehydes in lignifying cell walls are the main targets of the Wiesner (phloroglucinol-HCl) reaction. *Protoplasma* 220, 17–28.

POST-BEITTENMILLER, D. 1996. Biochemistry and molecular biology of wax production in plants. *Annu. Rev. Plant Physiol. Plant Mol. Biol.* 47, 405–430.

POTGIETER, M. J. e A. E. VAN WYK. 1992. Intercellular pectic protuberances in plants: Their structure and taxonomic signifi cance. *Bot. Bull. Acad. Sin.* 33, 295–316.

PRESTON, R. D. 1974. Plant cell walls. In: *Dynamic Aspects of Plant Ultrastructure*, pp. 256–309, A. W. Robards, ed. McGraw-Hill, London.

PRESTON, R. D. 1982. The case for multinet growth in growing walls of plant cells. *Planta* 155, 356–363.

PRIESTLEY, J. H. e L. I. SCOTT. 1939. The formation of a new cell wall at cell division. *Proc. Leeds Philos. Lit. Soc., Sci. Sect.*, 3, 532–545.

RADFORD, J. E. e R. G. WHITE. 1998. Localization of a myosinlike protein to plasmodesmata. *Plant J.* 14, 743–750.

RADFORD, J. E., M. VESK e R. L. OVERALL. 1998. Callose deposition at plasmodesmata. *Protoplasma* 201, 30–37.

RAVEN, P. H., R. F. EVERT e S. E. EICHHORN. 2005. *Biology of Plants*, 7. ed. Freeman, New York.

RECORD, S. J. 1934. *Identification of the Timbers of Temperate North America.* Wiley, New York.

REICHEL, C., P. MÁS e R. N. BEACHY. 1999. The role of the ER and cytoskeleton in plant viral trafficking. *Trends Plant Sci.* 4, 458–462.

REICHELT, S., A. E. KNIGHT, T. P. HODGE, F. BALUŠKA, J. SAMAJ, D. VOLKMANN e J. KENDRICK-JONES. 1999. Characterization of the unconventional myosin VIII in plant cells and its localization at the post-cytokinetic cell wall. *Plant J.* 19, 555–567.

REID, J. S. G. 1985. Cell wall storage carbohydrates in seeds— Biochemistry of the seed "gums" and "hemicelluloses." *Adv. Bot. Res.* 11, 125–155.

REINHARDT, D., F. WITTWER, T. MANDEL e C. KUHLEMEIER. 1998. Localized upregulation of a new expansin gene predicts the site of leaf formation in the tomato meristem. *Plant Cell* 10, 1427–1437.

REIS, D. e B. VIAN. 2004. Helicoidal pattern in secondary cell walls and possible role of xylans in their construction. *C. R. Biologies* 327, 785–790.

REUZEAU, C. e R. F. PONT-LEZICA. 1995. Comparing plant and animal extracellular matrix-cytoskeleton connections—Are they alike? *Protoplasma* 186, 113–121.

ROBARDS, A. W. e W. J. LUCAS. 1990. Plasmodesmata. *Annu. Rev. Plant Physiol. Plant Mol. Biol.* 41, 369–419.

ROBERTS, K. 1990. Structures at the plant cell surface. *Curr. Opin. Cell Biol.* 2, 920–928.

ROBERTS, K. 1994. The plant extracellular matrix: In a new expansive mood. *Curr. Opin. Cell Biol.* 6, 688–694.

ROBINSON, D. G. 1991. What is a plant cell? The last word. *Plant Cell* 3, 1145–1146.

ROBINSON-BEERS, K. e R. F. EVERT. 1991. Fine structure of plasmodesmata in mature leaves of sugarcane. *Planta* 184, 307–318.

RODKIEWICZ, B. 1970. Callose in cell walls during megasporogenesis in angiosperms. *Planta* 93, 39–47.

ROELOFSEN, P. A. 1959. The plant cell-wall. *Handbuch der Pflanzenanatomie*, Band III, Teil 4, *Cytologie.* Gebrüder Borntraeger, Berlin-Nikolassee.

ROLAND, J. C. 1978. Cell wall differentiation and stages involved with intercellular gas space opening. *J. Cell Sci.* 32, 325–336.

ROLAND, J. C., D. REIS, B. VIAN, B. SATIAT-JEUNEMAITRE e M. MOSINIAK. 1987. Morphogenesis of plant cell walls at the supramolecular level: Internal geometry and versatility of helicoidal expression. *Protoplasma* 140, 75–91.

ROLAND, J.-C., D. REIS, B. VIAN e S. ROY. 1989. The helicoidal plant cell wall as a performing cellulose-based composite. *Biol. Cell* 67, 209–220.

ROS BARCELÓ, A. 1997. Lignification in plant cell walls. *Int. Rev. Cytol.* 176, 87–132.

ROSE, J. K. C. e A. B. BENNETT. 1999. Cooperative disassembly of the cellulose-xyloglucan network of plant cell walls: Parallels between cell expansion and fruit ripening. *Trends Plant Sci.* 4, 176–183.

ROSE, J. K. C., D. J. COSGROVE, P. ALBERSHEIM, A. G. DARVILL e A. B. BENNETT. 2000. Detection of expansin proteins and activity during tomato fruit ontogeny. *Plant Physiol.* 123, 1583–1592.

RUEL, K., O. FAIX e J.-P. JOSELEAU. 1994. New immunogold probes for studying the distribution of the different lignin types during plant cell wall biogenesis. *J. Trace Microprobe Tech.* 12, 247–265.

RUEL, K., M.-D. MONTIEL, T. GOUJON, L. JOUANIN, V. BURLAT e J.-P. JOSELEAU. 2002. Interrelation between lignin deposition and polysaccharide matrices during the assembly of plant cell walls. *Plant Biol.* 4, 2–8.

RYSER, U. e B. KELLER. 1992. Ultrastructural localization of a bean glycine-rich protein in unlignified primary walls of protoxylem cells. *Plant Cell* 4, 773–783.

RYSER, U., M. SCHORDERET, G.-F. ZHAO, D. STUDER, K. RUEL, G. HAUF e B. KELLER. 1997. Structural cell-wall proteins in protoxylem development: evidence for a repair process mediated by a glycine-rich protein. *Plant J.* 12, 97–111.

SAKUTH, T., C. SCHOBERT, A. PECSVARADI, A. EICHHOLZ, E. KOMOR e G. ORLICH. 1993. Specific proteins in the sievetube exudate of *Ricinus communis* L. seedlings: Separation, characterization and *in vivo* labelling. *Planta* 191, 207–213.

SAMUELS, A. L., T. H. GIDDINGS Jr. e L. A. STAEHELIN. 1995. Cytokinesis in tobacco BY-2 and root tip cells: A new model of cell plate formation in higher plants. *J. Cell Biol.* 130, 1345–1357.

SATIAT-JEUNEMAITRE, B. 1992. Spatial and temporal regulations in helicoidal extracellular matrices: Comparison between plant and animal systems. *Tissue Cell* 24, 315–334.

SATIAT-JEUNEMAITRE, B., B. MARTIN e C. HAWES. 1992. Plant cell wall architecture is revealed by rapid-freezing and deepetching. *Protoplasma* 167, 33–42.

SCHMIT, A.-C. e A.-M. LAMBERT. 1988. Plant actin filament and microtubule interactions during anaphase-telophase transition: Effects of antagonist drugs. *Biol. Cell* 64, 309–319.

SCHOBERT, C., P. GROßMANN, M. GOTTSCHALK, E. KOMOR, A. PECSVARADI e U. ZUR MIEDEN. 1995. Sieve-tube exudates from *Ricinus communis* L. seedlings contains ubiquitin and chaperones. *Planta* 196, 205–210.

SCHOBERT, C., L. BAKER, J. SZEDERKÉNYI, P. GROßMANN, E. KOMOR, H. HAYASHI, M. CHINO e W. J. LUCAS. 1998. Identifi cation of immunologically related proteins in sieve-tube exudate collected from monocotyledonous and dicotyledonous plants. *Planta* 206, 245–252.

SCHULZ, A. 1995. Plasmodesmal widening accompanies the short-term increase in symplasmic phloem loading in pea root tips under osmotic stress. *Protoplasma* 188, 22–37.

SCHULZ, A. 1999. Physiological control of plasmodesmal gating. In: *Plasmodesmata: Structure, Function, Role in Cell Communication*, pp. 173–204, A. J. E. van Bel e W. J. P. van Kestern, eds. Springer, Berlin.

SCHULZ, R. e W. A. JENSEN. 1968. *Capsella* embryogenesis: The egg, zygote, and young embryo. *Am. J. Bot.* 55, 807–819.

SEDEROFF, R. e H.-M. CHANG. 1991. Lignin biosynthesis. In: *Wood Structure and Composition*, pp. 263–285, M. Lewin and I. S. Goldstein, eds. Dekker, New York.

SEDEROFF, R. R., J. J. MACKAY, J. RALPH e R. D. HATFIELD. 1999. Unexpected variation in lignin. *Curr. Opin. Plant Biol.* 2, 145–152.

SERPE, M. D. e E. A. NOTHNAGEL. 1999. Arabinogalactanproteins in the multiple domains of the plant cell surface. *Adv. Bot. Res.* 30, 207–289.

SHEDLETZKY, E., M. SHUMEL, T. TRAININ, S. KALMAN e D. DELMER. 1992. Cell wall structure in cells adapted to growth on the cellulose--synthesis inhibitor 2,6-dichlorobenzonitrile. A comparison between two dicotyledonous plants and a graminaceous monocot. *Plant Physiol.* 100, 120–130.

SHIBAOKA, H. 1991. Microtubules and the regulation of cell morphogenesis by plant hormones. In: *The Cytoskeletal Basis of Plant Growth and Form*, pp. 159–168, C. W. Lloyd, ed. Academic Press, London.

SHIEH, M. W. e D. J. COSGROVE. 1998. Expansins. *J. Plant Res.* 111, 149–157.

SHIMIZU, Y., S. AOTSUKA, O. HASEGAWA, T. KAWADA, T. SAKUNO, F. SAKAI e T. HAYASHI. 1997. Changes in levels of mRNAs for cell wall--related enzymes in growing cotton fiber cells. *Plant Cell Physiol.* 38, 375–378.

SHOWALTER, A. M. 1993. Structure and function of plant cell wall proteins. *Plant Cell* 5, 9–23.

SINHA, N. R., R. E. WILLIAMS e S. HAKE. 1993. Overexpression of the maize homeobox gene, *KNOTTED-1*, causes a switch from determinate to indeterminate cell fates. *Genes Dev.* 7, 787–795.

SINNOTT, E. W. e R. BLOCH. 1941. Division in vacuolate plant cells. *Am. J. Bot.* 28, 225–232.

SMITH, B. G. e P. J. HARRIS. 1999. The polysaccharide composition of Poales cell walls: Poaceae cell walls are not unique. *Biochem. System. Ecol.* 27, 33–53.

SMITH, B. G., P. J. HARRIS, L. D. MELTON e R. H. NEWMAN. 1998. Crystalline cellulose in hydrated primary cell walls of three monocotyledons and one dicotyledon. *Plant Cell Physiol.* 39, 711–720.

SMITH, L. G. 1999. Divide and conquer: Cytokinesis in plant cells. *Curr. Opin. Plant Biol.* 2, 447–453.

SPANSWICK, R. M. 1976. Symplasmic transport in tissues. In: *Encyclopedia of Plant Physiology*, n.s., vol. 2, *Transport in Plants* II, Part B, *Tissues and Organs*, pp. 35–53, U. Lüttge e M. G. Pitman, eds. Springer-Verlag, Berlin.

STAEHELIN, A. 1991. What is a plant cell? A response. *Plant Cell* 3, 553.

STAEHELIN, L. A. e P. K. HEPLER. 1996. Cytokinesis in higher plants. *Cell* 84, 821–824.

STONE, B. A. e A. E. CLARKE. 1992. *Chemistry and Biology of (1→3)-®-glucans.* La Trobe University Press, Bundoora, Victoria, Australia.

SUGIMOTO, K., R. HIMMELSPACH, R. E. WILLIAMSON e G. O. WASTENEYS. 2003. Mutation or drug-dependent microtubule disruption causes radial swelling without altering parallel cellulose microfibril deposition in *Arabidopsis* root cells. *Plant Cell* 15, 1414–1429.

SUZUKI, K., T. ITOH e H. SASAMOTO. 1998. Cell wall architecture prerequisite for the cell division in the protoplasts of white poplar, *Populus alba* L. *Plant Cell Physiol.* 39, 632–638.

TAKAHASHI, Y., S. ISHIDA e T. NAGATA. 1995. Auxin-regulated genes. *Plant Cell Physiol.* 36, 383–390.

TALBOTT, L. D. e P. M. RAY. 1992. Molecular size and separability features of pea cell wall polysaccharides. Implications for models of primary wall structure. *Plant Physiol.* 98, 357–368.

TANGL, E. 1879. Ueber offene Communicationen zwischen den Zellen des Endospersms einiger Samen. *Jahrb. Wiss. Bot.* 12, 170–190.

TAYLOR, N. G., S. LAURIE e S. R. TURNER. 2000. Multiple cellulose synthase catalytic subunits are required for cellulose synthesis in *Arabidopsis*. *Plant Cell* 12, 2529–2539.

TAYLOR, N. G., R. M. HOWELLS, A. K. HUTTLY, K. VICKERS e S. R. TURNER. 2003. Interactions among three distinct CesA proteins essential for cellulose synthesis. *Proc. Natl. Acad. Sci. USA* 100, 1450–1455.

TERASHIMA, N. 2000. Formation and ultrastructure of lignifi ed plant cell walls. In: *New Horizons in Wood Anatomy*, pp. 169– 180, Y. S. Kim, ed. Chonnam National University Press, Kwangju, S. Korea.

TERASHIMA, N., K. FUKUSHIMA, L.-F. HE e K. TAKABE. 1993. Comprehensive model of the lignified plant cell wall. In: *Forage Cell Wall Structure and Digestibility*, pp. 247–270, H. G. Jung, D. R. Buxton, R. D. Hatfield e J. Ralph, eds. American Society of Agronomy, Madison, WI.

TERASHIMA, N., J. NAKASHIMA e K. TAKABE. 1998. Proposed structure for protolignin in plant cell walls. In: *Lignin and Lignan Biosynthesis*, pp. 180–193, N. G. Lewis e S. Sarkanen, eds. American Chemical Society, Washington, DC.

TERRY, B. R. e A. W. ROBARDS. 1987. Hydrodynamic radius alone governs the mobility of molecules through plasmodesmata. *Planta* 171, 145–157.

THIMM, J. C., D. J. BURRITT, W. A. DUCKER e L. D. MELTON. 2000. Celery (*Apium graveolens* L.) parenchyma cell walls examined by atomic force microscopy: Effect of dehydration on cellulose microfi brils. *Planta* 212, 25–32.

THIMM, J. C., D. J. BURRITT, I. M. SIMS, R. H. NEWMAN, W. A. DUCKER e L. D. MELTON. 2002. Celery (*Apium graveolens*) parenchyma cell walls: Cell walls with minimal xyloglucan. *Physiol. Plant.* 116, 164–171.

THOMSON, N., R. F. EVERT e A. KELMAN. 1995. Wound healing in whole potato tubers: A cytochemical, fl uorescence, and ultrastructural analysis of cut and bruised wounds. *Can. J. Bot.* 73, 1436–1450.

TILNEY, L. G., T. J. COOKE, P. S. CONNELLY e M. S. TILNEY. 1990. The distribution of plasmodesmata and its relationship to morphogenesis in fern gametophytes. *Development* 110, 1209–1221.

TRETHEWEY, J. A. K. e P. J. HARRIS. 2002. Location of (1→3)– and (1→3), (1→4)–®-D-glucans in vegetative cell walls of barley (*Hordeum vulgare*) using immunogold labelling. *New Phytol.* 154, 347–358.

TUCKER, E. B. e R. M. SPANSWICK. 1985. Translocation in the staminal hairs of *Setcreasea purpurea*. II. Kinetics of intercellular transport. *Protoplasma* 128, 167–172.

TUCKER, J. E., D. MAUZERALL e E. B. TUCKER. 1989. Symplastic transport of carboxyfl uorescein in staminal hairs of *Setcreasea purpurea* is diffusive and includes loss to the vacuole. *Plant Physiol.* 90, 1143–1147.

TURGEON, R. 1996. Phloem loading and plasmodesmata. *Trends Plant Sci.* 1, 418–423.

VALLET, C., B. CHABBERT, Y. CZANINSKI e B. MONTIES. 1996. Histochemistry of lignin deposition during sclerenchyma differentiation in alfalfa stems. *Ann. Bot.* 78, 625–632.

VAN BEL, A. J. E. e W. J. P. VAN KESTEREN, eds. 1999. *Plasmodesmata: Structure, Function, Role in Cell Communication*. Springer-Verlag, Berlin.

VANCE, C. P., T. K. KIRK e R. T. SHERWOOD. 1980. Lignification as a mechanism of disease resistance. *Annu. Rev. Phytopathol.* 18, 259–288.

VAN VOLKENBURGH, E., M. G. SCHMIDT e R. E. CLELAND. 1985. Loss of capacity for acid-induced wall loosening as the principal cause of the cessation of cell enlargement in light-grown bean leaves. *Planta* 163, 500–505.

VARNER, J. E. e L.-S. LIN. 1989. Plant cell wall architecture. *Cell* 56, 231–239.

VENVERLOO, C. J. e K. R. LIBBENGA. 1987. Regulation of the plane of cell division in vacuolated cells. I. The function of nuclear positioning and phragmosome formation. *J. Plant Physiol.* 131, 267–284.

VERMA, D. P. S. 2001. Cytokinesis and building of the cell plate in plants. *Annu. Rev. Plant Physiol. Plant Mol. Biol.* 52, 751–784. VESK, P. A., M. VESK e B. E. S. GUNNING. 1996. Field emission scanning electron microscopy of microtubule arrays in higher plant cells. *Protoplasma* 195, 168–182.

VIAN, B., D. REIS, M. MOSINIAK e J. C. ROLAND. 1986. The glucuronoxylans and the helicoidal shift in cellulose microfibrils in linden wood:

Cytochemistry *in muro* and on isolated molecules. *Protoplasma* 131, 185–199.

VIAN, B., J.-C. ROLAND e D. REIS. 1993. Primary cell wall texture and its relation to surface expansion. *Int. J. Plant Sci.* 154, 1–9.

VOLK, G. M., R. TURGEON e D. U. BEEBE. 1996. Secondary plasmodesmata formation in the minor-vein phloem of *Cucumis melo* L. and *Cucurbita pepo* L. *Planta* 199, 425–432.

VOS, J. W., M. DOGTEROM e A. M. C. EMONS. 2004. Microtubules become more dynamic but not shorter during preprophase band formation: A possible "search-and-capture" mechanism for microtubule translocation. *Cell Motil. Cytoskel.* 57, 246–258.

WAIGMANN, E. e P. C. ZAMBRYSKI. 1995. Tobacco mosaic virus movement protein-mediated protein transport between trichome cells. *Plant Cell* 7, 2069–2079.

WAIGMANN, E., A. TURNER, J. PEART, K. ROBERTS e P. ZAMBRYSKI. 1997. Ultrastructural analysis of leaf trichome plasma plasmodesmata reveals major differences from mesophyll plasmodesmata. *Planta* 203, 75–84.

WALTER, M. H. 1992. Regulation of lignification in defense. In: *Genes Involved in Plant Defense*, pp. 327–352, T. Boller e F. Meins, eds. Springer-Verlag, Vienna.

WHETTEN, R. W., J. J. MACKAY e R. R. SEDEROFF. 1998. Recent advances in understanding lignin biosynthesis. *Annu. Rev. Plant Physiol. Plant Mol. Biol.* 49, 585–609.

WHITE, R. G., K. BADELT, R. L. OVERALL e M. VEST. 1994. Actin associated with plasmodesmata. *Protoplasma* 180, 169–184.

WILLATS, W. G. T., L. MCCARTNEY, W. MACKIE e J. P. KNOX. 2001. Pectin: Cell biology and prospects for functional analysis. *Plant Mol. Biol.* 47, 9–27.

WILLIAMSON, R. E., J. E. BURN e C. H. HOCART. 2002. Towards the mechanism of cellulose synthesis. *Trends Plant Sci.* 7, 461–467.

WOLF, S., C. M. DEOM, R. N. BEACHY e W. J. LUCAS. 1989. Movement protein of tobacco mosaic virus modifies plasmodesmatal size exclusion limit. *Science* 246, 377–379.

WOLTERS-ARTS, A. M. C., T. VAN AMSTEL e J. DERKSEN. 1993. Tracing cellulose microfibril orientation in inner primary cell walls. *Protoplasma* 175, 102–111.

WU, J. 1993. Variation in the distribution of guaiacyl and syringyl lignin in the cell walls of hardwoods. *Mem. Fac. Agric. Hokkaido Univ.* 18, 219–268.

WYMER, C. e C. LLOYD. 1996. Dynamic microtubules: Implications for cell wall patterns. *Trends Plant Sci.* 1, 222–228.

YE, Z.-H. e J. E. VARNER. 1991. Tissue-specific expression of cell wall proteins in developing soybean tissues. *Plant Cell* 3, 23–37.

YUAN, M., P. J. SHAW, R. M. WARN e C. W. LLOYD. 1994. Dynamic reorientation of cortical microtubules, from transverse to longitudinal, in living plant cells. *Proc. Natl. Acad. Sci. USA* 91, 6050–6053.

ZACHARIADIS, M., H. QUADER, B. GALATIS e P. APOSTOLAKOS. 2001. Endoplasmic reticulum preprophase band in dividing root-tip cells of *Pinus brutia*. *Planta* 213, 824–827.

ZANDOMENI, K. e P. SCHOPFER. 1993. Reorientation of microtubules at the outer epidermal wall of maize coleoptiles by phytochrome, blue-light receptor, and auxin. *Protoplasma* 173, 103–112.

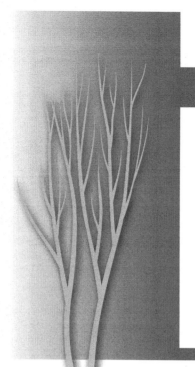

CAPÍTULO CINCO

MERISTEMAS E DIFERENCIAÇÃO

Maria das Graças Sajo

MERISTEMAS

Começando com a divisão do zigoto, a planta vascular produz novas células e desenvolve novos órgãos, em geral, até sua morte. Em estágios iniciais do desenvolvimento embrionário a reprodução de células ocorre em todo o organismo, mas, à medida que o embrião se torna uma planta independente, a adição de novas células é gradualmente restrita a certas regiões. Os tecidos de crescimento resultantes, que permanecem com características embrionárias, são mantidos durante toda a vida da planta, de tal forma que o corpo do vegetal é composto por tecidos jovens e adultos. Essas regiões de tecidos embrionários, cuja função é produzir novas células, são chamadas **meristemas** (Fig. 5.1; McManus e Veit, 2002).

A restrição da reprodução celular a certas partes da planta é resultado de uma especialização evolutiva. Nos vegetais mais primitivos (menos especializados), todas as células se parecem entre si e todas desempenham funções vitais, como divisão, fotossíntese, secreção, armazenamento e transporte. Com a especialização progressiva das células e dos tecidos, a função de divisão se torna confinada às células meristemáticas e suas derivadas imediatas.

O termo meristema (do grego *merismos*, ou divisão) salienta que a atividade de divisão celular é característica dos tecidos meristemáticos. Outros tecidos vivos podem induzir ou produzir novas células, mas somente os meristemas mantêm essa atividade indefinidamente, produzindo células que irão compor o corpo da planta e outras que não se tornam adultas, permanecendo meristemáticas. Tais células, que mantêm o meristema como uma região de contínua formação celular, são chamadas **células iniciais**, **iniciais meristemáticas** ou, simplesmente, **iniciais**. O produto delas que, depois de um número variável de divisões, origina **células do corpo da planta**, são as **derivadas** das iniciais. Pode-se dizer também que uma célula em divisão é precursora de derivadas. Uma determinada célula inicial do meristema é precursora de duas derivadas, uma das quais constitui uma nova inicial, e a outra, uma precursora das células do corpo.

O conceito de células iniciais e derivadas deve incluir que elas não são inerentemente diferentes entre si. O conceito de iniciais e derivadas é considerado, sob vários aspectos, em conexão com a descrição do câmbio vascular (Capítulo 12) e dos meristemas apicais do caule e raiz (Capítulo 6). É preciso destacar aqui que, segundo o ponto de vista comum, certas células do meristema atuam como iniciais simplesmente por ocupar a posição correta para essa atividade.

A retenção de meristemas e a habilidade de produzir novos órgãos distinguem as plantas dos animais superiores. Nos últimos, um número fixo de órgãos é produzido durante o desenvolvimento embrionário, e os tecidos e órgãos adultos são

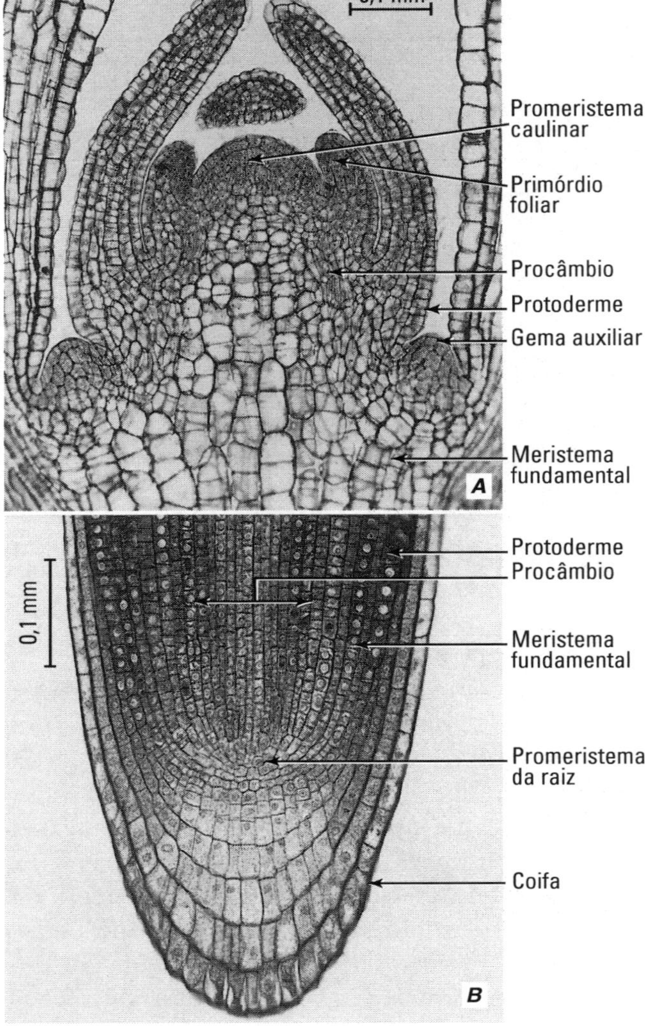

FIGURA 5.1

Ápice de caule (**A**) e raiz (**B**) de plântula de linho (*Linum usitatissimum*) em corte longitudinal. Ambos ilustram o meristema apical e os tecidos meristemáticos primários derivados, protoderme, meristema fundamental e procâmbio, cuja parte final é denominada promeristema. **A**, primórdio foliar e gemas axilares encontram-se presentes. **B**, a coifa cobre o meristema apical. Notar fileiras ou linhagens de células acima do meristema apical da raiz. (**A**, de Sass, 1958. © Blackwell Publishing; **B**, de Esau, 1977.)

mantidos durante toda a vida do animal por populações de células pertencentes ao tecido ou órgão correspondente. Essas células, chamadas **células-tronco** (Weissman, 2000, Fuchs, E. e Segre, 2000, Weissman et al., 2001, Lanza et al., 2004a, b), têm sido comparadas às células iniciais dos meristemas das plantas, e o termo célula-tronco, para as iniciais, tem sido adotado por vários botânicos. O termo célula-tronco não é adotado neste livro.

Embora as células-tronco dos animais possam ser análogas às células iniciais dos meristemas das plantas, elas não são equivalentes entre si. As iniciais dos meristemas são **totipotentes** (do latim *totus*, inteiro), ou seja, possuem a capacidade de produzir todos os tipos celulares e inclusive de se desenvolver numa planta completa. Entretanto, na maioria dos animais, somente o zigoto, ou o óvulo fertilizado, é totipotente. Células-tronco embrionárias são quase totipotentes, mas em estágios precoces da ontogenia (logo depois do estágio de blastocisto), elas originam células-tronco adultas, que são **pluritotipotentes** e possuem restrições quanto ao número de tipos de células que podem originar – geralmente somente aquelas dos tecidos e órgãos adultos ao qual pertencem (Lanza et al., 2004a, b). Algumas células-tronco adultas possuem a capacidade de migrar (aspecto ausente nas iniciais dos meristemas) de seus locais de origem e assumir a morfologia e função típicas de seu novo ambiente (Blau et al., 2001).

Muitas células vivas permanecem totipotentes, em termos de desenvolvimento, em regiões maduras da planta. Então, tanto o desenvolvimento como a organização de uma planta possuem **plasticidade** (Pigliucci, 1998), propriedade interpretada como uma resposta evolutiva à forma de vida fixa desses organismos. Sendo estacionária, a planta não pode escapar do ambiente onde cresce e deve se ajustar a condições adversas e de predação, não experimentando mudanças irreversíveis (Trewavas, 1980).

Classificação dos meristemas

Uma classificação comum dos meristemas se baseia na sua posição no corpo da planta

Existem **meristemas apicais**, localizados no ápice de ramos principais e laterais de caules e raízes (Fig. 5.1), e **meristemas laterais**, ou seja, meristemas dispostos em paralelo aos lados do eixo, usualmente de caules e raízes. O câmbio vascular e o da casca são meristemas laterais.

O terceiro termo que se baseia na posição dos meristemas é **meristema intercalar**. Esse termo se refere ao tecido meristemático derivado do meristema apical que continua a atividade meristemática a uma certa distância do meristema que lhe deu origem. A palavra intercalar implica que o meristema encontra-se entre (intercalado) tecidos

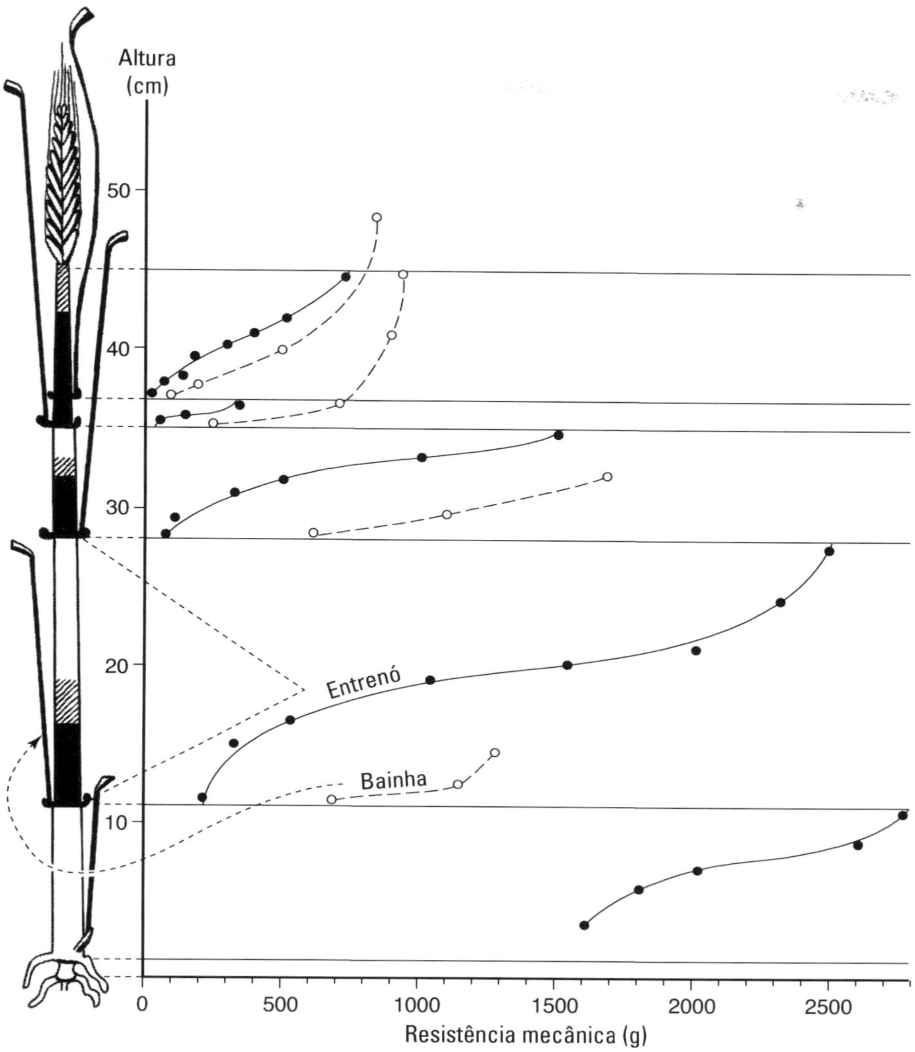

FIGURA 5.2

Distribuição das regiões de crescimento em um colmo de centeio. A planta possui cinco entrenós e uma espiga. As bainhas foliares são representadas como extensões a partir de cada nó e terminando onde as lâminas foliares (mostradas somente em parte) divergem delas. O tecido mais jovem do entrenó (meristema intercalar) encontra-se representado em preto, aquele um pouco mais velho em hachurado e o mais maduro em branco. As curvas à direita indicam a resistência mecânica dos tecidos do entrenó (linhas sólidas) e das bainhas (linhas interrompidas) em diferentes níveis do eixo. A resistência foi equiparada com a pressão, expressa em gramas, sendo necessário fazer um corte transversal no entrenó ou bainha. (A partir de Prat, 1935. © Masson, Paris.)

que já não apresentam atividade meristemática. O melhor exemplo de meristemas intercalares são aqueles dos entrenós e bainhas foliares das monocotiledôneas, particularmente das gramíneas (Fig. 5.2). Esses tipos de regiões de crescimento contêm elementos do tecido de condução diferenciados e, ao final, se transformam em tecidos maduros, embora suas células parenquimáticas retenham a capacidade de reassumir o crescimento (Capítulo 7). Como meristemas, os meristemas intercalares não pertencem ao mesmo grupo dos meristemas apicais e laterais porque não possuem células que possam ser chamadas de iniciais.

Em descrições da diferenciação primária de ápices caulinares e radiculares, as células iniciais e suas derivadas imediatas são, frequentemente, distinguidas das parcialmente diferenciadas mas ainda meristemáticas, dos tecidos subjacentes, sob o nome de **promeristema** (ou **protomeristema**; Jackson, 1953). Os tecidos meristemáticos subjacentes são classificados de acordo com o sistema de tecidos que originam, sendo denominados **protoderme**, que se diferencia em epiderme, **procâmbio** (também chamado **tecido provascular**)[1], que origina os tecidos vasculares primários e o **meristema fundamental**, precursor do sistema de tecidos fundamentais. Se o termo meristema é usado genericamente, protoderme, procâmbio e meristema fundamental são denominados **meristemas primários** (Haberlandt, 1914). Em um sentido mais restrito de meristemas (combinação entre as iniciais e as derivadas imediatas), esses três tecidos constituem tecidos meristemáticos primários parcialmente determinados.

Os termos protoderme, procâmbio e meristema fundamental servem bem para descrever o padrão de diferenciação de tecidos, nos órgãos da planta, e se relacionam a uma classificação simples e conveniente dos tecidos maduros em três sistemas, epidérmico, vascular e fundamental, revistos no primeiro capítulo. Parece indiferente se a protoderme, o procâmbio e o meristema fundamental são chamados meristemas ou tecidos meristemáticos, desde que se entenda que o desenvolvimento futuro desses tecidos se encontra determinado, pelo menos em parte.

Os meristemas também são classificados segundo a natureza das células que dão origem às suas células iniciais

Se as iniciais descendem diretamente de células embrionárias que não cessaram sua atividade meristemática, o meristema resultante é chamado **primário**. Se, entretanto, as iniciais se originam de células já diferenciadas, que reassumem a função meristemática, o meristema resultante é chamado **secundário**.

O câmbio da casca (felogênio) é um bom exemplo de meristema secundário, pois ele se origina da epiderme ou de tecidos parenquimáticos no córtex e nas camadas profundas da casca. O câmbio vascular possui uma origem mais variada e relacionada com a organização do sistema vascular primário. Esse sistema se diferencia a partir do procâmbio que é, em síntese, derivado de um meristema apical. Em geral, o procâmbio e os tecidos vasculares primários dele originados ocorrem em feixes (fascículos) mais ou menos já separados uns dos outros por um parênquima interfascicular (Fig. 5.3A). Ao final do crescimento primário, os remanescentes do procâmbio entre xilema e floema primários se tornam a parte fascicular do câmbio. Esse câmbio é complementado pelo câmbio interfascicular que surge a partir do parênquima interfascicular (Fig. 5.3B). Dessa forma, um cilindro contínuo de câmbio (um anel em corte transversal) é formado, parcialmente fascicular e parcialmente interfascicular em origem. Segundo a definição de meristemas primários e secundários, o câmbio fascicular é um meristema primário – derivado do meristema apical via procâmbio – enquanto o câmbio interfascicular é um meristema secundário – derivado do parênquima fascicular que reassumiu atividade meristemática secundariamente.

Em muitas plantas lenhosas, as partes do câmbio originadas nas duas regiões se tornam indistintas em estágios tardios de crescimento secundário. Além disso, considerando que trabalhos com cultura de tecidos mostram que as células vegetais retêm seu potencial de crescimento (Street, 1977), o aparecimento de divisões cambiais no parênquima interfascicular não indica uma mudança maior nas características das células envolvidas. Dessa forma, associar o câmbio vascular parcialmente com meristema primário e parcialmente com meristema secundário é puramente teórico. Essa conclusão, entretanto, não invalida o valor da classificação dos tecidos maduros em primários e secundários, como apresentado no Capítulo 1.

Características das células meristemáticas

Células meristemáticas são fundamentalmente semelhantes às células de parênquima jovem. Durante a divisão, as células dos ápices caulinares possuem paredes relativamente estreitas, poucos compostos armazenados e plastídios no estágio de proplastídios. O retículo endoplasmático aparece em pequena quantidade e as mitocôndrias possuem poucas cristas. Os corpúsculos de Golgi e os microtúbulos encontram-se presentes, como é característico de células com paredes celulares em crescimento. Os vacúolos são pequenos e dispersos.

As camadas profundas dos meristemas apicais podem ser mais altamente vacuolizadas e conter

1 Alguns pesquisadores distinguem entre células provasculares e células procambiais, células provasculares sendo consideradas como independentes e não células propriamente vasculares, e células procambiais como células que já tenham progredido para a diferenciação em xilema e floema (Clay e Nelson, 2007).

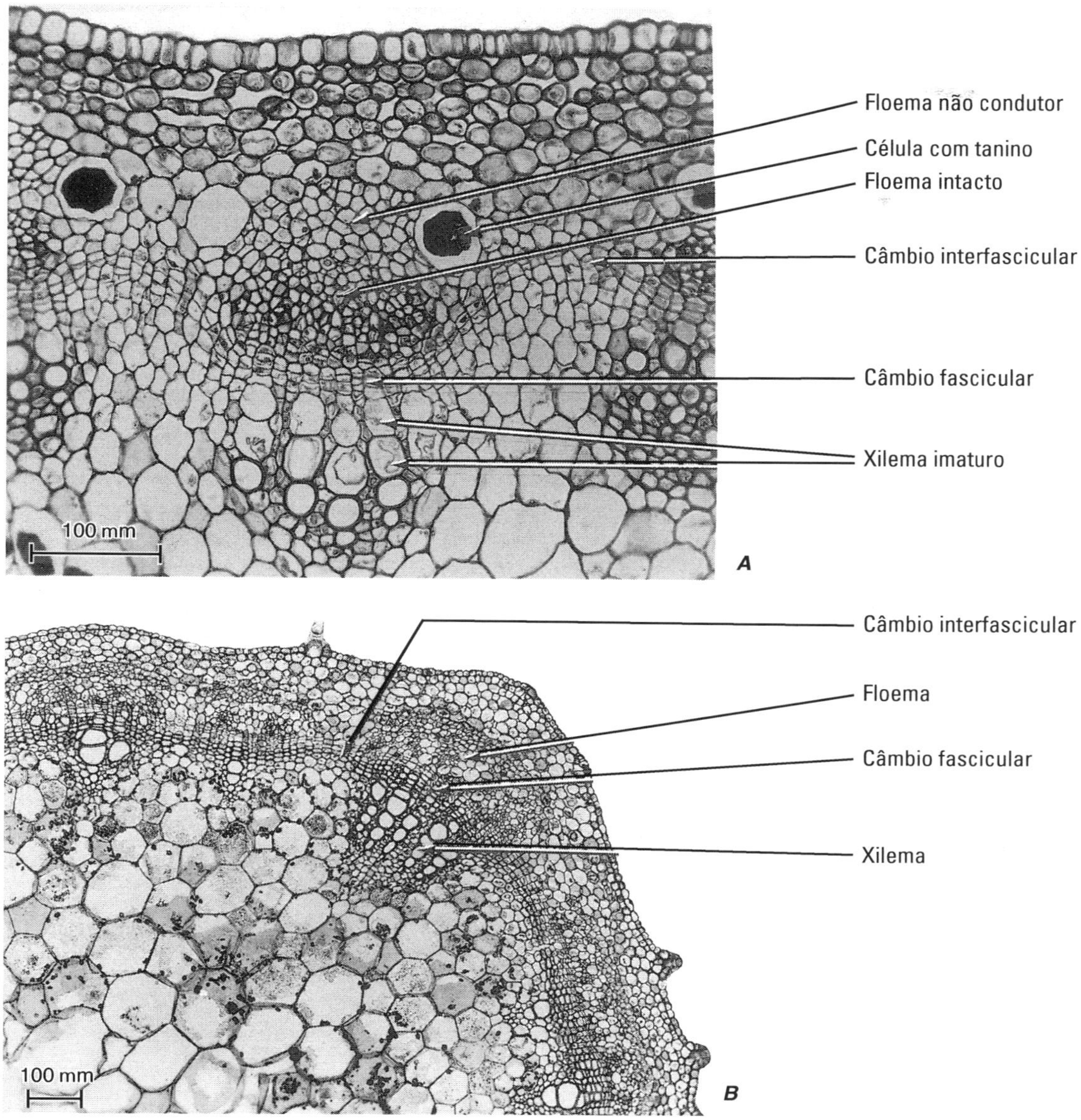

FIGURA 5.3

Cortes transversais de caule mostrando estágio jovem (**A**) e tardio (**B**) na atividade do câmbio fascicular e interfascicular. **A**, *Lotus corniculatus*. **B**. *Medicago sativa*, alfafa. (**A,** cortesia de J.E. Sass; **B**. de Sass, 1958 © Blackwell Publishing.)

amido (Steeves et al., 1969). Em alguns táxons, especialmente samambaias, coníferas e *Ginkgo,* células conspicuamente vacuolizadas ocorrem nas posições mais apicais do domo (Capítulo 6). Antes que a semente germine, os meristemas dos embriões contêm material de reserva.

Durante os períodos de divisão, as células do câmbio apresentam um ou dois vacúolos desenvolvidos que deslocam o citoplasma denso, portador de retículo endoplasmático rugoso e outros componentes celulares, contra uma parede celular estreita (Capítulo 12). Nos períodos de dormência, o sistema de vacúolos assume a forma de numerosos vacúolos interconectados. Os vacúolos de inverno, às vezes, contêm polifenóis e corpos proteicos. Nesse período, o retículo endoplasmático é liso e os ribossomos encontram-se livres no citosol.

As células meristemáticas são, geralmente, descritas como possuindo um grande núcleo. Entretanto, a razão entre o tamanho da célula e seu núcleo – razão citonuclear – varia consideravelmente (Trombetta, 1942). Em geral, células meristemáticas maiores possuem núcleos menores em relação ao seu tamanho.

O núcleo mostra variações estruturais características durante as mudanças na atividade mitótica (Cottignies, 1977). No câmbio dormente, por exemplo, quando o núcleo é bloqueado na fase G_1 do ciclo mitótico, não ocorre síntese de RNA e o nucléolo é pequeno, compacto e altamente fibrilar em textura. Quando a célula está ativa e a síntese de RNA acontece, o nucléolo é grande, possui vacúolos proeminentes e uma zona granular extensa interligada com a zona fibrilar.

Essas observações indicam que as células meristemáticas variam em tamanho, forma e nas características citoplasmáticas. Levando em conta essa variabilidade, o termo **eumeristema** (meristema verdadeiro) tem sido sugerido para designar o meristema composto por células pequenas, mais ou menos isodiamétricas e portadoras de paredes estreitas e de citoplasma rico (Kaplan, R., 1937). Para efeito de descrições, esse termo é, em geral, conveniente, embora não se deva entender que algumas células são geralmente mais meristemáticas do que outras.

Padrões de crescimento nos meristemas

Os meristemas e tecidos meristemáticos mostram um arranjo variado de células, que é o resultado dos diferentes padrões de divisão e expansão celular. Meristemas apicais com apenas uma célula inicial ocupando o ápice (*Equisetum* e muitas samambaias) apresentam uma distribuição ordenada das células recém-formadas e ainda meristemáticas (Capítulo 6). Nas plantas com sementes, o padrão de divisão celular parece menos preciso. Entretanto, ele não ocorre ao acaso, pois um meristema apical cresce como um todo organizado, e as divisões e expansão de uma célula individual encontram-se relacionadas à distribuição interna do crescimento e à forma externa do ápice. Essas influências correlativas determinam a diferenciação de zonas distintas nos meristemas. Em algumas partes do meristema, as células podem se dividir lentamente, retendo uma dimensão considerável; em outras, elas podem se dividir frequentemente, permanecendo pequenas. Alguns complexos de células se dividem em vários planos (crescimento em volume) e outros somente no plano perpendicular à superfície do meristema (**divisão anticlinal**, crescimento em superfície).

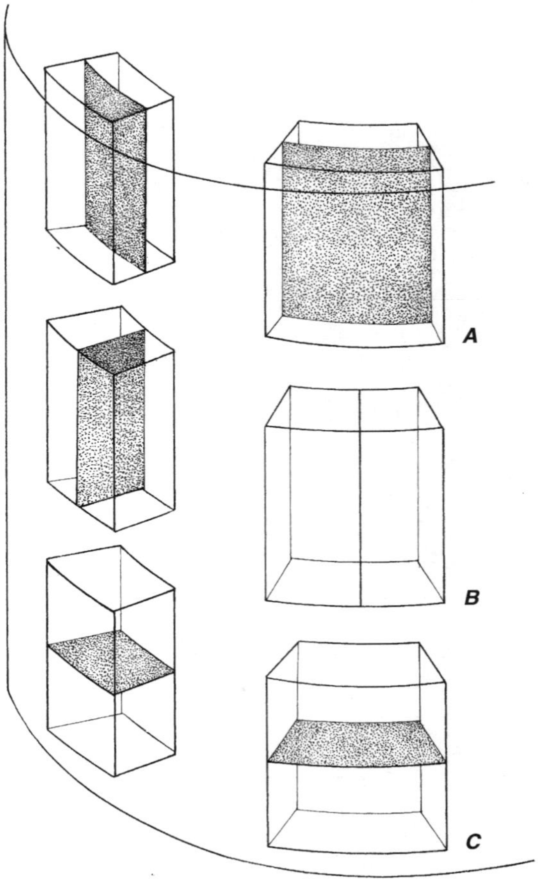

FIGURA 5.4

Diagramas ilustrando planos de divisão em uma estrutura cilíndrica da planta. **A**, periclinal (paralela à superfície). **B**, anticlinal radial (paralela com os raios). **C**, transversal (divisão anticlinal em ângulo reto com comprimento do eixo).

Os meristemas laterais são particularmente distintos por se dividirem paralelamente à superfície do órgão (Fig. 5.4A; **divisões periclinais**), o que resulta na formação de fileiras de células paralelas ao raio do eixo (alinhamento radial) e no aumento em espessura do órgão. No caso de corpos cilíndricos, como caules e raízes, o termo divisão **tangencial** (ou longitudinal tangencial) é mais usado do que divisão periclinal. Se a divisão anticlinal for paralela ao raio do cilindro, ela é chamada divisão **radial** anticlinal (ou longitudinal radial) (Fig. 5.4B). Se a nova parede for formada perpendicularmente ao eixo longitudinal do cilindro, a divisão anticlinal é **transversa** (Fig. 5.4C).

Órgãos que se desenvolvem a partir do mesmo meristema apical podem apresentar formas variadas, já que as células derivadas e ainda meristemáticas (meristema primário) geralmente apresentam padrões distintos de crescimento. Alguns desses padrões são tão característicos que os tecidos meristemáticos que os possuem recebem nomes especiais. São eles: massas (ou blocos) meristemáticas, meristemas em fileiras e meristemas em placas (Schüepp, 1926). As **massas meristemáticas** crescem por divisões em todos os planos e produzem corpos que são isodiamétricos, esféricos ou não possuem uma forma definida. Esse tipo de crescimento ocorre, por exemplo, durante a formação de esporos, anterozoides (nas plantas sem sementes) e endosperma. Divisões em vários planos encontram-se associadas com as formas esféricas observadas nos embriões de muitas angiospermas, em um determinado estágio de desenvolvimento. O **meristema em fileira** origina um conjunto de células dispostas em fileiras longitudinais paralelas por meio de divisões perpendiculares ao eixo longitudinal das fileiras. Esse padrão de crescimento ocorre durante o alongamento de regiões cilíndricas, como o córtex da raiz e o córtex e a medula do caule. (Fig. 5.1). O **meristema em placa** sofre, predominantemente, divisões anticlinais de tal forma que as camadas formadas em órgãos jovens não aumentam mais, resultando em uma estrutura em forma de placa. As placas achatadas das folhas das angiospermas exemplificam o resultado do crescimento a partir de um meristema em placa (Fig. 5.5). O meristema de placa e o meristema em fileira aparecem somente em regiões do meristema fundamental e encontram-se associados com as duas formas básicas do corpo da planta: a forma laminar das estruturas foliares e a forma cilíndrica alongada de partes como raiz, caule e pecíolo.

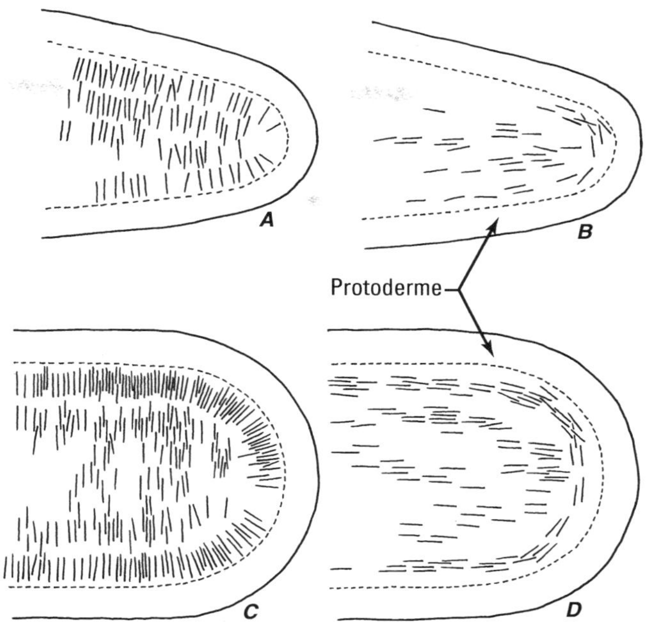

FIGURA 5.5

Diagramas ilustrando atividade meristemática na margem de folíolos de dois tamanhos de *Lupinus*: **A**, **B**, 600 μm de comprimento; **C**, **D**, 8.500 μm de comprimento. As linhas curtas indicam planos equatoriais da placa de células em divisão. As figuras de divisão foram registradas em cortes seriados e reunidos, com divisões anticlinais em **A** e **C** e divisões periclinais em **B** e **D**. Divisões periclinais na margem estabelecem o número de camadas numa folha. Divisões anticlinais aumentam o comprimento das camadas (atividade do meristema em placa). (Obtido de Esau, 1997; redesenhado de Fuchs, 1968.)

Atividade meristemática e crescimento da planta

Os meristemas e suas derivadas meristemáticas são os responsáveis pelo crescimento, em um sentido amplo do termo, que significa crescimento irreversível em tamanho, incluindo volume e superfície. Em plantas multicelulares, o crescimento se baseia em dois processos: divisão celular e expansão celular. As derivadas recentes das iniciais meristemáticas produzem outras derivadas por divisão celular e as sucessivas gerações de derivadas aumentam em tamanho. A expansão se torna dominante em relação à divisão celular e, com o tempo, suplanta inteiramente esse processo. Quando as derivadas mais distantes das iniciais meristemáticas cessam de se dividir e se expandem, elas adquirem a característica específica do tecido onde se localizam, isto é, as células se diferenciam e, finalmente, amadurecem.

Embora a divisão celular não contribua para o aumento no volume de um órgão em crescimento (Green, 1969, 1976), a adição de células é o primeiro passo para o crescimento de um organismo multicelular. Divisão e expansão celular são estágios diferentes do processo de crescimento, no qual a expansão celular determina o tamanho final da planta e suas partes. Como parte integrante da **ontogenia** (desenvolvimento de uma entidade individual) celular, sua expansão representa um estágio intermediário entre a divisão e a diferenciação (Hanson e Trewavas, 1982).

A divisão celular raramente ocorre sem expansão, pelo menos até que o tamanho original da célula seja alcançado, no grupo em divisão. Alguns embriões de angiospermas são exceções: durante os primeiros dois ou três ciclos de divisão do zigoto, que vai originar esse embrião, pouca ou nenhuma expansão celular é detectável (Dyer, 1976). A divisão celular sem expansão também ocorre durante a formação do gametófito dentro do micrósporo (grão de pólen). Da mesma forma, a divisão celular não está associada à expansão celular quando o endosperma multinucleado se transforma em um tecido celular. Entretanto, em geral, o processo de crescimento pode ser dividido em, aproximadamente, dois estágios: crescimento por divisão acompanhado de uma expansão celular limitada e crescimento sem divisão, mas com grande expansão celular.

Uma vez que meristemas aparecem no ápice do eixo de caules e raízes, tanto principal como lateral, seu número em uma dada planta é relativamente grande. As plantas vasculares cujos caules e raízes têm crescimento secundário em espessura (Fig. 5.6) possuem outros meristemas, o câmbio vascular e o câmbio da casca. O crescimento primário da planta, decorrente da atividade do meristema apical, expande o corpo da planta e determina sua altura, crescimento em superfície e a área de contato com o ar e o solo. Ao final, o crescimento primário também origina órgãos reprodutivos. O crescimento secundário, resultante da atividade do câmbio, aumenta o volume dos tecidos condutores e forma tecidos de suporte e protetores.

Usualmente, nem todos os meristemas apicais presentes em uma planta encontram-se ativos simultaneamente. A supressão do crescimento de gemas laterais enquanto o ápice está crescendo ativamente (**dominância apical**; Cline, 1997, 2000; Napoli et al., 1999; Shimizu-Sato e Mori, 2001) é um fenômeno comum. A atividade do câmbio também varia em intensidade, e tanto os meristemas apicais como os laterais podem apresentar modificações sazonais, com uma redução ou completa interrupção na divisão celular, durante o inverno em plantas de regiões temperadas.

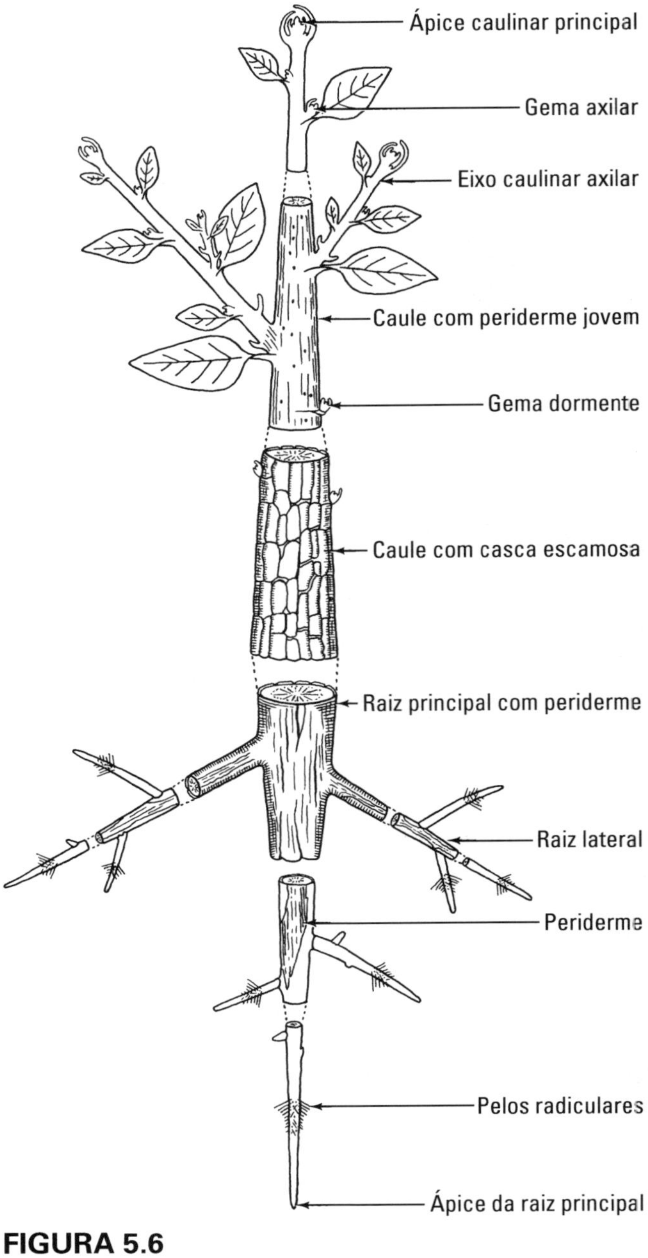

FIGURA 5.6

Diagrama de uma angiosperma lenhosa, ilustrando a ramificação do caule e da raiz, o aumento em espessura do caule e da raiz, pelo crescimento secundário, e o desenvolvimento da periderme e da casca, nas partes espessadas. O ápice dos eixos caulinares principais e laterais possuem primórdios foliares de vários tamanhos. Pelos radiculares ocorrem a uma certa distância do ápice em ramos principais e laterais da raiz. (Obtido de Esau, 1977; adaptado de Rauh, 1950.)

DIFERENCIAÇÃO

Termos e conceitos

O desenvolvimento da planta consiste de três fenômenos intimamente relacionados: crescimento, diferenciação e morfogênese. **Diferenciação** se refere à sucessão de mudanças na forma, estrutura e função das células originadas pelas derivadas

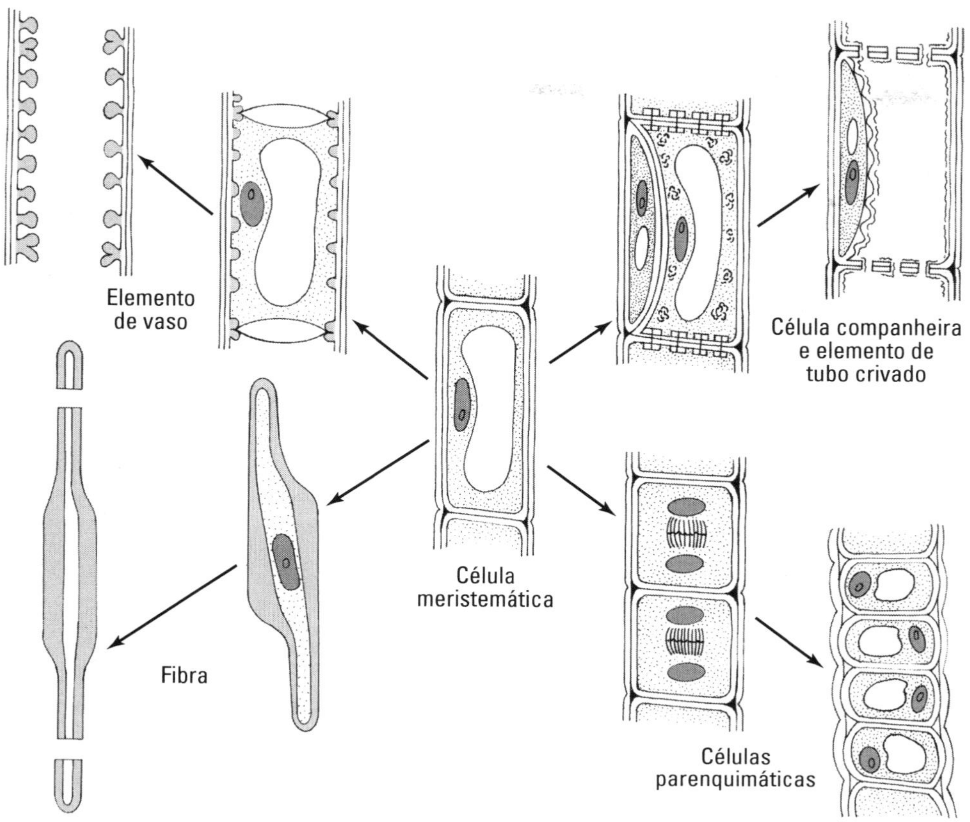

FIGURA 5.7

Diagrama ilustrando alguns tipos de células que podem se originar a partir das meristemáticas do procâmbio ou do câmbio. A célula meristemática, ilustrada aqui (no centro) com um único grande vacúolo, é típica do câmbio. Células procambiais geralmente possuem vários vacúolos pequenos. As células meristemáticas ou as precursoras de todas essas células possuem genoma idêntico. Os tipos celulares se tornam distintos entre si porque um grupo particular de gene se expressa em cada tipo. Dentre os quatro tipos de células, ilustrados aqui, as de parênquima são as menos especializadas. Tanto os elementos de vaso, especializados na condução de água, como as fibras, especializadas na sustentação, não possuem protoplasto na maturidade. Os elementos de tubo crivado maduros, especializados no transporte de açúcares e outros compostos, retêm o protoplasto vivo, mas não possuem núcleo e vacúolo. Eles dependem de suas células-irmãs, as células companheiras, para exercer suas funções vitais. (Obtido de Raven et al., 2005.)

meristemáticas e sua organização em tecidos e órgãos. Pode-se falar na diferenciação de uma única célula, de um tecido (**histogênese**), de um órgão (**organogênese**) e da planta como um todo. Diferenciação também define o processo pelo qual uma oosfera fecundada produz outras células com diferentes graus de heterogeneidade, especialização e padrões de organização. O termo é impreciso, especialmente, se usado para distinguir células diferenciadas das não diferenciadas. Uma célula meristemática e uma oosfera são citologicamente complexas e representam produtos de diferenciação; portanto, descrever essas células como não diferenciadas é uma simples convenção (Harris, 1974).

O grau de diferenciação e da concomitante **especialização** (adaptação estrutural a uma função particular) varia consideravelmente (Fig. 5.7). Algumas células divergem relativamente pouco de suas precursoras meristemáticas e retêm o poder de divisão (várias células de parênquima). Outras são mais profundamente modificadas e perdem toda ou quase toda capacidade meristemática (elementos de tubo crivado, laticíferos, elementos traqueais, várias esclereídes). Dessa forma, as células em diferenciação em um corpo multicelular se tornam diferentes das suas precursoras meristemáticas e também das células de outros tecidos na mesma planta.

As células diferenciadas podem ser chamadas

maduras, no sentido de terem atingido o tipo de especialização e estabilidade fisiológica que normalmente as caracteriza como componentes de um determinado tecido da planta adulta. A definição de maturidade deve considerar que células maduras com protoplasto completo podem reassumir a atividade meristemática, quando apropriadamente estimuladas. O estímulo pode ser induzido por um ferimento acidental, pela invasão por parasitas e por uma infecção de agentes patógenos (Beers e McDowell, 2001). Estresses internos normais que causam injúria nos tecidos podem provocar reações de crescimento semelhantes a "reações de reparo". Tais reações são comuns em casca, durante o aumento secundário do eixo em espessura, e em regiões de abscisão onde folhas e outros órgãos normalmente se separam da planta. A estimulação de células para retomada do crescimento pelo seu isolamento da planta, seguido por cultura *in vitro*, representa uma técnica experimental útil para o estudo da potencialidade meristemática de células maduras (Street, 1977).

Em estudos sobre células que retomam a atividade meristemática, os termos **desdiferenciação** – perda das características previamente adquiridas – e **rediferenciação** – aquisição de novas características – são comumente usados. O processo todo refere-se a **transdiferenciação**. Como diferenciação, desdiferencição não é um termo preciso. Células em desdiferenciação não revertem ao estágio de oosfera fertilizada ou mesmo de células embrionárias, embora possam perder algumas das características especializadas e aumentar a quantidade de componentes subcelulares, envolvidos na síntese de DNA e proteínas.

Discussões sobre diferenciação podem se referir à determinação (McDaniel, 1984a, b; Lyndon 1998), fenômeno considerado como um dos aspectos da diferenciação. **Determinação** significa o comprometimento progressivo com uma determinada rota de desenvolvimento, que leva ao enfraquecimento ou perda da capacidade de reassumir o crescimento. Algumas células ficam determinadas mais cedo e mais completamente do que outras, e algumas mantêm sua totipotência depois da diferenciação. A diferenciação e o crescimento encontram-se associados, e ambos acontecem em todos os níveis morfológicos, ou seja, das estruturas subcelulares à planta inteira. O crescimento sem diferenciação aparece em estruturas anormais como tumores. Tecidos provenientes de "callus" também podem ser induzidos a crescer sem sofrer diferenciação.

O termo competência aparece frequentemente em discussões sobre diferenciação. Como definido por McDaniel (1984a, b), **competência** se refere à habilidade de uma célula se desenvolver em resposta a um sinal específico, como a luz. Isso implica que a célula competente é capaz de reconhecer o sinal e traduzi-lo para uma resposta.

Durante seu desenvolvimento, a planta assume uma forma específica. Portanto, a planta experimenta uma **morfogênese** (da palavra grega que significa forma e origem), termo comumente usado tanto para a forma externa como para a organização interna e que, como no caso da diferenciação, se refere a todos os níveis de organização, dos componentes celulares à planta como um todo. Entretanto, D. R. Kaplan e W. Hagemann (1991) destacam que, embora alguns aspectos da morfologia e anatomia vegetal estejam relacionados, a diferenciação de células e tecidos segue a organogênese ou morfogênese. Notando a tendência de alguns botânicos em confundir aspectos morfológicos com anatômicos, na interpretação dos mecanismos do desenvolvimento da planta, D. R. Kaplan (2001) comenta: "...enquanto a anatomia pode ser determinada pela morfologia..., a anatomia não determina a morfologia".

Senescência (morte celular programada)

O fim natural da vida de uma planta, como resultado de um processo de senescência, pode ser considerado um estágio normal de seu desenvolvimento, ou seja, uma consequência dos eventos de diferenciação e maturação (Leopold, 1978; Noodén e Leopold, 1988; Greenberg, 1996). O termo **senescência** significa especificamente uma série de mudanças em um organismo vivo que levam à sua morte (Noodén e Thompson, 1985; Greenberg, 1996; Pennell e Lamb, 1997). A senescência pode afetar o organismo como um todo ou alguns de seus órgãos, tecidos ou células. Plantas anuais que florescem somente uma vez na vida (**monocarpia**: frutificação única) entram em senescência dentro de uma estação. Em árvores decíduas, as folhas comumente entram em senescência no final da estação de crescimento, os frutos amadurecem e entram em senescência em poucas semanas e as flores e folhas, em poucos dias. As células individuais senescentes incluem as células da coifa da raiz, que constantemente são destacadas pela raiz em crescimento. Uma vez que a senescência acontece em uma sequência ordenada na vida da planta e representa um processo de degeneração ativa, ela é considerada um evento controlado geneticamente, ou programado – um processo de **morte celular programada** (Buchanan-Wollaston, 1997; Noodén et al., 1997; Dangl et al., 2000; Kuriyama e Fukuda, 2002).

A senescência pode ser controlada por compostos químicos, incluindo substâncias de crescimento, e por condições do ambiente (Dangl et al., 2000). O tratamento de folhas de soja com auxinas e citocininas, por exemplo, previne a senescência, normalmente induzida pelo desenvolvimento das sementes (Thimann, 1978). As folhas tratadas mantiveram sua atividade fotossintética e de assimilação de nitrogênio ao invés de perder suas reservas para as estruturas reprodutivas, tornando-se senescentes. Em contrapartida, a senescência pode ser induzida por etileno (Grbić e Bleecker, 1995), que estimula a expressão de um conjunto de genes associados à senescência (SAGs, Lohman et al., 1994).

Embora o termo senescência derive do latin *senesco*, ficar velho, ele não é considerado sinônimo da palavra envelhecer (Leopold, 1978; Noodén e Thompson, 1985; Noodén, 1988). Como senescência, envelhecer é parte integrante do ciclo de vida de um organismo e não é facilmente distinguível de senescência. **Envelhecer** pode ser definido como o acúmulo de mudanças que diminuem a vitalidade de um ser vivo, sem ser letal. Envelhecer, entretanto, pode levar à senescência. A ambiguidade da palavra envelhecer tem sido realçada pelo seu uso em trabalhos experimentais para indicar a prática de cultivar segmentos de tecido de armazenamento, em condições que estimulam o aumento da atividade metabólica. Esse tipo de "envelhecimento" deveria ser chamado rejuvenescimento (Beevers, 1976).

Mudanças comuns em células senescentes de folhas são a diminuição na quantidade de clorofila, o aumento na quantidade de pigmentos vermelhos (antocianinas) e amarelos (carotenoides), a proteólise e a redução da quantidade de ácidos nucleicos e o aumento na fluidificação da célula (Leopold, 1978; Huang et al., 1997; Fink, 1999; Jing et al., 2003). A fluidificação encontra-se associada com a desorganização das membranas lipídicas (Simon, 1977; Thompson et al., 1997). Em folhas de trigo naturalmente senescentes, os cloroplastos acumulam lipídios na forma de plastoglóbulos, as lamelas do grana e do intergrana se distendem e se fragmentam em vesículas, o estroma se desintegra e, finalmente, o envoltório do plastídio se rompe, liberando o conteúdo das organelas (Hurkman, 1979). Durante a senescência, muitos dos processos bioquímicos celulares são direcionados para a recuperação e redistribuição de metabólitos e materiais estruturais, especialmente das reservas de nitrogênio e fósforo. Os peroxissomos se convertem em glioxissomos, que convertem lipídios em açúcares. Em células verdes, a maioria das proteínas é representada por Rubisco, localizada no estroma do cloroplasto. Dessa forma, mais de 100 genes associados à senescência – cujo nível de expressão se dá durante a senescência foliar – foram identificados em espécies vegetais diversas (ver literatura citada em Jing et al., 2003).

Outros exemplos de morte celular programada, em plantas, incluem a maturação dos elementos traqueais (Capítulo 10; Fukuda, 1997); a formação de aerênquima (Capítulo 7) em raízes em resposta à deficiência de oxigênio (hipóxia), em virtude do alagamento do solo (Drew et al., 2000); a destruição do suspensor durante a embriogênese (Wredle et al., 2001); a morte de três dos quatro megásporos durante a megagametogênese; a morte das células de aleurona dos cereais devido à grande produção de α-amilase necessária para a quebra e mobilização do amido para fornecer energia, durante o desenvolvimento da nova planta (Fath et al., 2000; Richards et al., 2001); e a remodelação no desenvolvimento da forma foliar (Gunawardena et al., 2004). A morte celular programada também exerce um papel importante na resistência contra patógenos (Mittler et al., 1997). A morte celular rápida – conhecida como **resposta hipersensível** ou **HR** –, que acontece como resposta ao ataque de patógenos, encontra-se intimamente relacionada à resistência ativa (Greenberg, 1997; Pontier et al., 1998; Lam et al., 2001; Loake, 2001). O processo exato pelo qual o HR resiste ao patógeno é ainda problemático. Tem sido sugerido que o HR mata diretamente o patógeno e/ou limita seu crescimento, interferindo na sua obtenção de nutrientes (Heath, 2000).

A morte celular programada em plantas é desencadeada por sinais hormonais e envolve mudanças na concentração citosólica de Ca^{2+} (He et al., 1996; Huang et al., 1997) e a ativação de enzimas hidrolíticas sequestradas no vacúolo. Com o colapso do vacúolo, as enzimas são liberadas, permitindo o ataque ao núcleo e aos componentes citoplasmáticos do protoplasto. O etileno induz a morte celular programada e a formação de aerênquima em raízes após hipóxia e, como já comentado, promove a senescência foliar (He et al., 1996; Drew et al., 2000). Quando adicionado às células TBY-2 do tabaco, que acabaram de completar a fase S, o etileno acarreta um pico de mortalidade no ponto G_2/M do ciclo celular , dando suporte à hipótese de que a morte celular programada pode estar intimamente ligada ao ciclo celular (Herbert et al., 2001). Morte celular programada em células de aleurona é desencadeada pelo ácido giberélico (Fath et al., 2000), e brassinosteroides induzem a morte celular programada em elementos traqueais (Yamamoto et al., 2001).

Os termos morte celular programada e apoptose têm sido usados, em geral, como sinônimos. Entretanto, o termo **apoptose** foi originalmente proposto para designar aspectos particulares da morte celular programada em células animais (Capítulo 2; Kerr et al., 1972; Kerr e Harmon, 1991). Esses aspectos incluem a redução no tamanho do núcleo, a condensação cromossômica, a fragmentação do DNA, a redução no tamanho da célula, projeções da membrana e a formação de "corpos apoptóticos" nos limites da membrana, que são englobados e degradados pelas células adjacentes. Dessa forma, nenhuma morte celular programada registrada até agora para plantas apresenta todas as características de apoptose (Lee e Chen, 2002; Watanabe et al., 2002; e literatura citada).

Mudanças celulares na diferenciação

Durante a diferenciação, a diversidade histológica resulta das mudanças nas características das células individuais e das alterações na relação intracelular. Os aspectos comuns às células mais ou menos diferenciadas, incluindo estrutura e função de seus componentes, encontram-se descritos nos Capítulos 2 e 3. As mudanças na estrutura da parede, durante a diferenciação celular, são consideradas no Capítulo 4. O aumento diferencial na espessura das paredes, primárias e secundárias, as mudanças na textura e química celular e o desenvolvimento de padrões esculturais especiais promovem diferenças entre as células.

Um fenômeno citológico comumente observado em células de angiospermas em diferenciação é a endopoliploidia

A **endopoliploidia** é uma condição que aparece com a replicação do DNA dentro do envoltório nuclear sem a formação de fuso. Dessa forma, o DNA recém-formado permanece no mesmo núcleo, que se torna poliploide. Esse tipo de replicação de DNA é chamado **endociclo** (Nagl, 1978, 1981). Em alguns endociclos ocorrem mudanças estruturais que lembram as da mitose, com as partes replicantes de DNA formando um cromossoma separado (ciclo endomitótico). O endociclo mais comum em plantas é a **endorreduplicação** ou **endorreplicação**, no qual nenhuma mudança estrutural semelhante à da mitose acontece (D´Amato, 1998; Traas et al., 1998; Joubès e Chevalier, 2000; Edgar e Orr-Weaver, 2001). Durante a endorreduplicação, são formados cromossomas politênicos. Tais cromossomas contêm numerosas faixas de DNA ligadas lado a lado na forma de um cabo. Portanto, a **politenia** resulta da replicação do DNA sem a separação dos cromossomas irmãos e sem a mudança no número cromossômico.

Os endociclos são interpretados, algumas vezes, como um fenômeno excepcional sem significado funcional. De acordo com outra opinião, o crescimento envolvendo endociclos possui vantagens importantes, já que dispõe de um mecanismo que aumenta o nível de expressão gênica (Nagl, 1981; Larkins et al., 2001). Além disso, durante um endociclo, a síntese de RNA não é interrompida como no ciclo mitótico. Dessa forma, a célula permanece com alta síntese proteica e de RNA, atividades que promovem seu crescimento rápido e sua passagem precoce para o estado funcional. Em contrapartida, tecidos em crescimento que possuem atividade mitótica mostram um atraso no estabelecimento da atividade fisiológica. Enquanto, por exemplo, o embrião de *Phaseolus* ainda mostra atividade meristemática, o suspensor desse embrião, contendo cromossomos politênicos, é uma estrutura metabolicamente bastante ativa, fornecendo nutrientes para o embrião em crescimento.

Evidências apontam para a existência de uma correlação positiva entre o nível de ploidia e o tamanho da célula (Kondorosi et al., 2000; Kudo e Kimura, 2002; Sugimoto-Shirasu et al., 2002). A endorreduplicação, portanto, pode ser uma estratégia importante no crescimento celular (Edgar e Orr-

-Weaver, 2001). Pode também ser necessária para a diferenciação de tipos celulares específicos. Em *Arabidopsis*, por exemplo, a iniciação dos tricomas encontra-se associada com o início da endorreduplicação (Capítulo 9; Hülskamp et al., 1994).

Conforme comentado por Nagl (1978), os endociclos podem ser entendidos como uma estratégia evolutiva. Filos que reúnem espécies com baixos teores de DNA nuclear básico possuem endopoliploidia, enquanto aqueles com espécies portadoras de altos valores de DNA não apresentam isso. Como proposto por Mizukami (2001), "a endorreduplicação, provavelmente, evoluiu como um meio de desenvolvimento que fornece expressão genética diferencial para espécies com genoma pequeno".

Uma das primeiras mudanças visíveis em tecidos em diferenciação é o aumento desigual no tamanho celular

Determinadas células continuam a se dividir e aumentam pouco em tamanho, enquanto outras param de se dividir e se expandem consideravelmente (Fig. 5.8). Exemplos de crescimento diferencial no tamanho celular são encontrados no alongamento das células procambiais e na ausência de tal alongamento nas células parenquimáticas adjacentes, da medula e do córtex; no alongamento dos elementos de tubo crivado do protofloema (o primeiro a ser formado) em raízes, ao contrário das células do periciclo adjacente, que continuam a se dividir transversalmente (Fig. 5.8A); e no alargamento dos elementos de vaso, em contraste com as células vizinhas que permanecem estreitas (Fig. 5.8E). Tamanhos diferentes, entre duas células adjacentes, também podem resultar de uma divisão desigual ou assimétrica, originando células com destinos diferentes (Gallargher e Smith, 1997; Scheres e Benfey, 1999). Por exemplo, durante a formação do grão de pólen, uma divisão celular assimétrica produz uma célula do tubo, ou vegetativa, longa e uma célula reprodutiva menor (Twell et al., 1998). Em algumas plantas, os pelos radiculares se desenvolvem a partir das células menores entre duas irmãs originadas por divisões assimétricas das células protodérmicas (Fig. 5.8B; Capítulo 9). Divisões desiguais também ocorrem na formação dos estômatos (Capítulo 9; Larkin et al., 1997; Gallagher e Smith, 2000).

O aumento no tamanho celular pode ser relativamente uniforme em todos os diâmetros, embora frequentemente uma célula cresça mais em uma direção do que em outras. Essas células po-

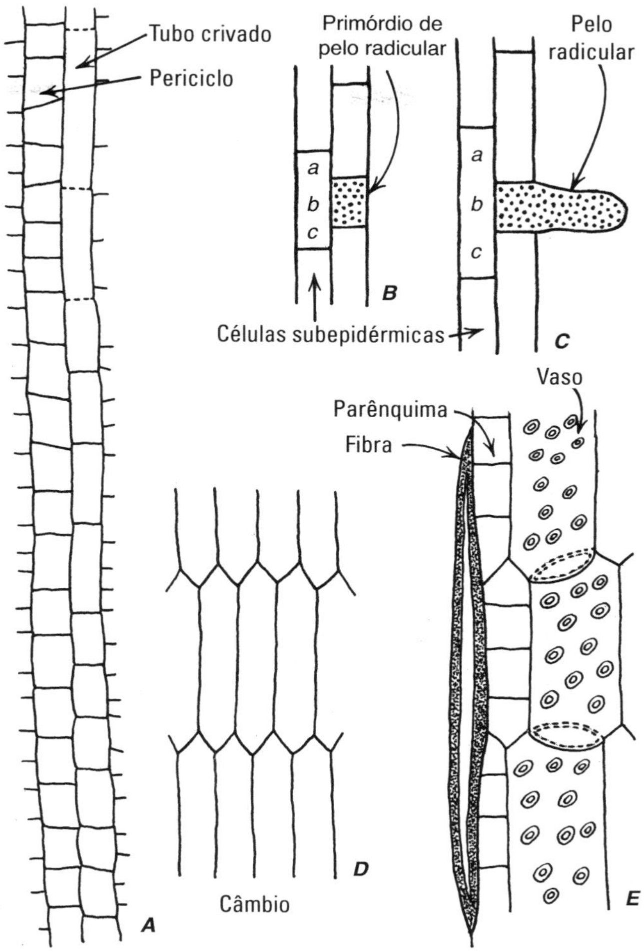

FIGURA 5.8

Ajustes intercelulares durante a diferenciação de tecidos. **A**, série de células do ápice da raiz de fumo. As células do parênquima continuam se dividindo; as células do floema param de se dividir e se tornam alongadas. **B**, **C**, desenvolvimento de um pelo radicular a partir da célula menor das duas células irmãs, resultantes da divisão transversal das células da protoderme. **C**, o pelo radicular está se alongando em ângulo reto com a raiz e não na direção de alongamento da raiz. Aparentemente, da célula adjacente ao pelo radicular, partes da parede *a* e *c* continuam se alongando enquanto a parte *b* cessa o alongamento, depois que o primórdio do pelo foi formado. **D**, **E**, câmbio e xilema, que pode se desenvolver a partir desse câmbio, em secção tangencial. **E**, mostra o resultado subsequente das mudanças no desenvolvimento das derivadas cambiais: células parenquimáticas foram formadas por divisões transversais das derivadas, elementos de vaso se expandiram lateralmente e as fibras se alongaram por crescimento apical intrusivo.

dem assumir uma forma muito diferente quando comparadas às suas precursoras meristemáticas (longas fibras do floema primário, esclereídes ramificadas). Muitas, entretanto, se tornam menos modificadas aumentando o número de faces celulares, mas permanecendo com a forma poliédrica (Hulbary, 1944).

O arranjo celular predominante nos tecidos pode ser determinado pela forma de crescimento do seu meristema (meristema em fileira, meristema em placa). A posição relativa das paredes celulares, em fileiras contíguas, também determina um aspecto distinto ao tecido (Sinnot, 1960). As paredes dispostas em ângulo reto em relação às fileiras celulares podem se alternar ou aparecer num mesmo plano.

O ajuste celular nos tecidos em diferenciação envolve um crescimento coordenado e intrusivo

Expansão e mudanças na forma das células, em um tecido em diferenciação, são acompanhadas por mudanças mais ou menos profundas na relação espacial entre elas. Um fenômeno familiar é o aparecimento de espaços intercelulares no ponto de união entre três ou mais células (Capítulo 4). Em alguns tecidos, a formação de espaços intercelulares não muda o arranjo geral das células; em outros, o aspecto é profundamente alterado (Hulbary, 1944). O papel do citoesqueleto, particularmente dos microtúbulos e da orientação das microfibrilas de celulose, na forma da célula, é abordado no Capítulo 4.

Com relação ao crescimento da parede celular durante a diferenciação dos tecidos, dois tipos de ajustes intercelulares são observados: (1) as paredes de duas células contíguas e em processo de crescimento não se separam e se expandem juntas; (2) as paredes contíguas se separam e as células em crescimento se projetam no espaço resultante. O primeiro método de crescimento, originalmente denominado crescimento simplástico (Priestley, 1930), é comum em órgãos que estão se alongando durante o crescimento primário. Se todas as células em um complexo estão se dividindo ou se algumas células param de se dividir e aumentam em comprimento e largura, as paredes das células contíguas parecem crescer em uníssono, sem separação ou torção. Nesse **crescimento coordenado**, é possível que parte da parede, comum a duas células, se expanda, e parte não.

O ajuste celular que envolve a intrusão de algumas células entre outras é chamado **crescimento intrusivo** (Sinnot e Bloch, 1939) ou ***crescimento interposicional*** (Schoch-Bodmer, 1945). A evidência desse crescimento se baseia em observações ao microscópio de luz (Bailey, 1944; Bannan, 1956; Bannan e Whalley, 1950; Schoch-Bodmer e Huber, 1951, 1952). É comum entre as iniciais cambiais em alongamento, entre as fibras primárias e secundárias dos tecidos vasculares, entre traqueídes, entre laticíferos e entre algumas esclereídes. O crescimento intrusivo pode ser excepcionalmente intenso, como em certas Liliaceae lenhosas, onde as traqueídes secundárias se tornam 15 a 40 vezes mais longas que suas meristemáticas associadas (Cheadle, 1937). As células em alongamento crescem pelos seus ápices (**crescimento apical intrusivo**) usualmente nas duas extremidades. A localização da expressão de um gene específico de expansão, na extremidade das células de xilema de *Zamia* em diferenciação, indica que expansinas podem estar envolvidas no alongamento por crescimento intrusivo das paredes primárias dessas células (Im et al., 2000). O material celular por onde a célula em alongamento se projeta, provavelmente, é hidrolisado na frente do ápice intrusivo, e as paredes primárias das células adjacentes se separam como durante a formação dos espaços intercelulares (Capítulo 4).

Se plasmodesmos encontram-se presentes, eles são provavelmente rompidos pela intrusão das células em expansão. A separação dos membros do par de campos de pontoação primária (Neeff, 1914) indica a ocorrência de tais rupturas. Pares de pontoações aparecem tardiamente entre células que estabelecem contato por meio do crescimento intrusivo (Bannan, 1950; Bannan e Whalley, 1950). Tais pares de pontoação se caracterizam pela presença de plasmodesmos secundários (Capítulo 4). O crescimento intrusivo também se encontra associado à expansão lateral da célula que atinge considerável largura, como, por exemplo, os elementos de vaso do xilema (Capítulo 10).

Botânicos antigos acreditavam que um crescimento por deslizamento era responsável pelo alongamento diferencial ou pela expansão lateral, experimentado por uma célula intrusiva. Em crescimentos por deslizamento, uma porção da parede da célula em expansão se separaria e deslizaria para a parede da célula adjacente (Krabbe, 1886; Neeff, 1914). Esse conceito foi reposto pelo do crescimento intrusivo. Se essa expansão celular localizada envolve algum deslizamento de parte da nova parede sobre a velha, na região de contato entre elas (Bannan, 1951), ou se a nova parede é depositada sobre a superfície livre das células que se separaram (interposição: Schoch-Bodmer, 1945) é um assunto ainda desconhecido.

FATORES QUE CAUSAM DIFERENCIAÇÃO

Estudos sobre diferenciação e morfogênese incluem observações com plantas que se desenvolvem normalmente e com aquelas cujo desenvolvimento é submetido à manipulação experimental. Exemplos de tratamentos experimentais são o uso de substâncias reguladoras de crescimento, procedimentos cirúrgicos, exposição à radiação, confinamento a temperaturas e iluminação controladas, interferências no efeito normal da gravidade e crescimento em condições determinadas de comprimento de dia. Têm sido reunidas consideráveis evidências sobre o efeito de perturbações mecânicas na planta. Toques e dobramentos delicados de caules causam um retardamento marcante no crescimento em comprimento e um aumento no crescimento radial, de todas as espécies testadas. As respostas às interferências mecânicas são chamadas **tigmomorfogênese** (Jaffe, 1980; Giridhar e Jaffe, 1988), *thigm* significando toque, em grego. Na natureza, o vento é, aparentemente, o fator ambiental mais responsável por tigmomorfogênese. A aproximação da genética molecular com o estudo da diferenciação e morfogênese, envolvendo a identificação de mutações que perturbam os processos de interesse, tem contribuído grandemente para o nosso entendimento dos fatores que regulam vários aspectos do desenvolvimento da planta (Žárský e Cvrčková, 1999).

Técnicas de cultura de tecidos têm sido úteis na determinação das necessidades para o crescimento e a diferenciação

Estudos em plantas intactas e naquelas tratadas experimentalmente mostram claramente que o padrão de desenvolvimento organizado, nas plantas superiores, depende de mecanismos de controle interno cuja ação é modificada, em graus menores ou maiores, pelos fatores ambientais (Steward et al., 1981).

As exigências da diferenciação padronizada em uma planta colocam uma limitação nas potencialidades meristemáticas das células. Quando essa limitação é interrompida, por excisões do corpo organizado da planta, as células vivas são capazes de reassumir o crescimento. Em pesquisas de cultura de tecidos *in vitro* (fora de um organismo vivo), a liberação de células, dos mecanismos que as controlam em plantas intactas, é utilizada para explorar condições que favoreçam a atividade meristemática ou, ao contrário, induzam a diferenciação e a morfogênese (Gautheret, 1977; Street, 1977; Williams e Maheswaran, 1986; Vasil, 1991). Uma vez que a capacidade de uma célula em responder com crescimento ao estímulo oferecido em uma cultura de tecidos não é necessariamente previsível (Halperin, 1969), muito da pesquisa realizada com cultura de tecidos tem testado explantes de diferentes táxons e partes da planta quanto às suas potencialidades meristemáticas. Outro objetivo dessa pesquisa tem sido o estudo dos efeitos dos vários componentes do meio de cultura sobre os explantes, particularmente das substâncias reguladoras de crescimento. Originalmente, a cultura de tecidos de plantas servia somente para pesquisas botânicas especializadas. Mais tarde, a técnica se tornou de uso mais generalizado para a propagação de plantas economicamente importantes, com a obtenção de plantas livres de doenças/infecções, e com culturas de células e tecidos como fontes medicinais e para outros tipos de constituintes vegetais (Murashige, 1979; Withers e Anderson, 1986; Jain et al., 1995; Ma et al., 2003). O estudo de células isoladas do mesofilo de *Zinnia* em cultura tem fornecido informações valiosas sobre a diferenciação celular e sobre a morte celular programada, em plantas (Capítulo 10).

Em trabalhos antigos sobre cultura de tecidos, o tecido do floema secundário da cenoura era um material experimental popular (Fig. 5.9; Steward et al., 1964). Cultivado no estágio dissociado, em um meio líquido contendo endosperma de coco, os explantes, a princípio, se desenvolviam em um "callus" proliferado aleatoriamente e, então, produziam um tipo mais organizado de crescimento: nódulos, com xilema em posição central e floema externo ao xilema (Esau, 1965, p. 97). Os nódulos, finalmente, originavam raízes e, depois, caules em posição oposta à das raízes. As pequenas plantas resultantes assumiam a forma de plantas de cenoura que, quando transferidas para o solo, forma-

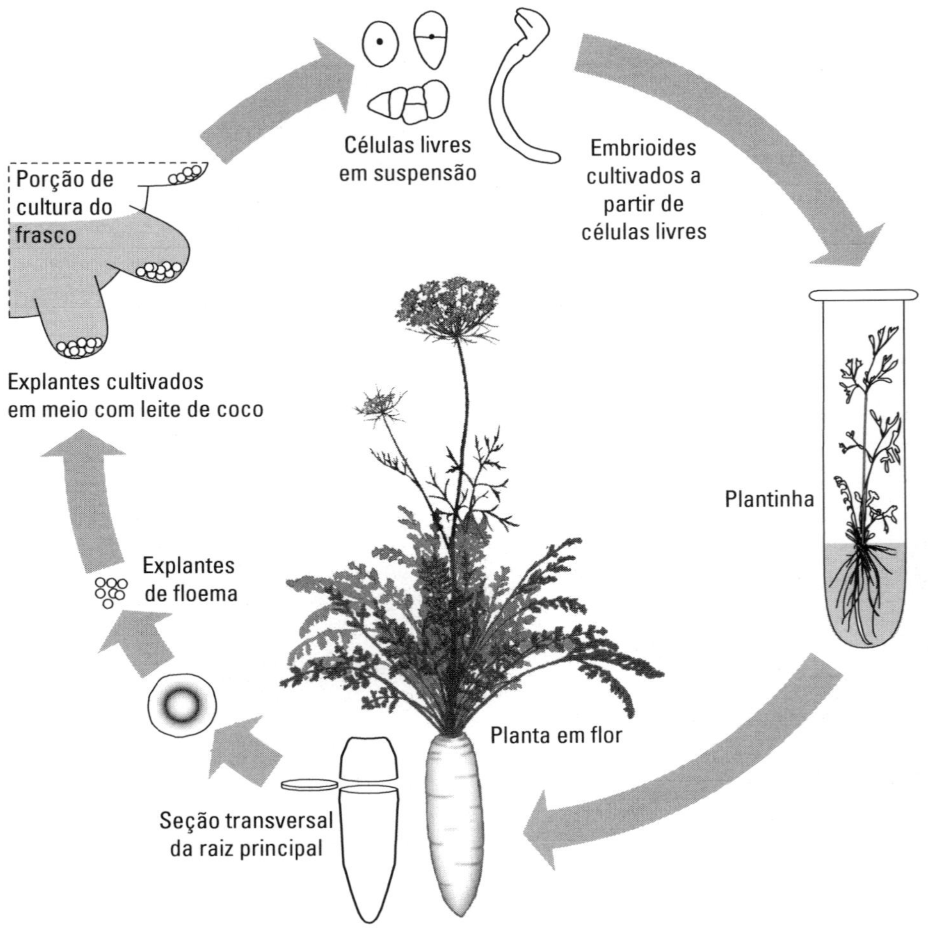

FIGURA 5.9

Desenvolvimento de plantas de cenoura a partir de células em cultura de tecidos. As culturas de células são obtidas a partir do floema da raiz tuberosa da cenoura. (Adaptado, com permissão, de F. C. Stewart, M. O. Mapes, A. E. Kent e R. D. Holsten, 1964. Crescimento e desenvolvimento de células de plantas em cultura. *Science* 143, 20-27 © 1964 AAAS.)

vam raízes tuberosas típicas e floresciam. Células isoladas de cenoura podem sofrer outras morfogêneses, além de formar "callus" (Jones, 1974). Em geral, células pequenas e esparsamente vacuolizadas se destacam do explante primário e assumem a forma de **embrioides**, plantinhas que lembram embriões zigóticos em desenvolvimento. O processo de iniciação e desenvolvimento de embrioides, a partir de células somáticas da planta, é chamado **embriogênese somática** (Griga, 1999).

Refinamentos nas técnicas tornaram possível o isolamento de protoplastos pela remoção enzimática da parede celular de células individuais. Tais protoplastos tornam a membrana plasmática acessível para uma grande variedade de experimentos. Os protoplastos isolados podem ser induzidos a se fundir, produzindo híbridos somáticos, técnica particularmente útil no caso de plantas nas quais os métodos de cruzamento apresentam sucesso limitado, como, por exemplo, a planta de batata (Shepard et al., 1980). Os protoplastos isolados, ao final, regeneram a parede celular e podem sofrer divisões, produzindo uma planta inteira (Power e Cocking, 1971; Lörz et al., 1979). Atualmente, a engenharia genética – aplicação da técnica de DNA recombinante – permite que genes individuais sejam inseridos na célula da planta, com ou sem a remoção da parede, de forma simples e precisa (Slater et al., 2003; Peña, 2004; Poupin e Arce-Johnson, 2005; Vasil, 2005). Além disso, as espécies envolvidas na transferência dos genes não podem ser capazes de hibridizar com outras.

Muitas pesquisas com cultura de células têm usado anteras e grãos de pólen (Raghavan, 1976,

1986; Bárány et al., 2005; Chanana et al., 2005; Maraschin et al., 2005). Em condições apropriadas de cultura, os grãos de pólen, dentro de anteras, podem originar embrioides, que são liberados quando a antera se abre. Para culturas de pólen isolado, a antera – ou o botão floral inteiro – é colocada em um meio líquido, e a suspensão é filtrada para isolar os pólens que, então, são cultivados em suspensão no ágar.

Em culturas bem-sucedidas, o grão de pólen é desviado do seu desenvolvimento normal (formação do gametófito) para um desenvolvimento vegetativo (formação de esporófito), levando à formação de embrioides, de forma direta ou via "callus" (Geier e Kohlenbach, 1973). Esse processo é chamado **androgênese**. O padrão comum é por meio da célula vegetativa (Sunderland e Dunwell, 1977; Capítulo 9, em Street, 1977).

Uma vez que o grão de pólen possui somente um genoma, ele origina plantas haploides. Estas possuem muitos usos em cruzamentos de plantas e têm sido especialmente importantes em pesquisas com mutação. Mutações induzidas são imediatamente expressas no fenótipo haploide, enquanto em uma planta diploide, a mutação é, normalmente, recessiva e aparece somente nos descendentes da planta mutagênica.

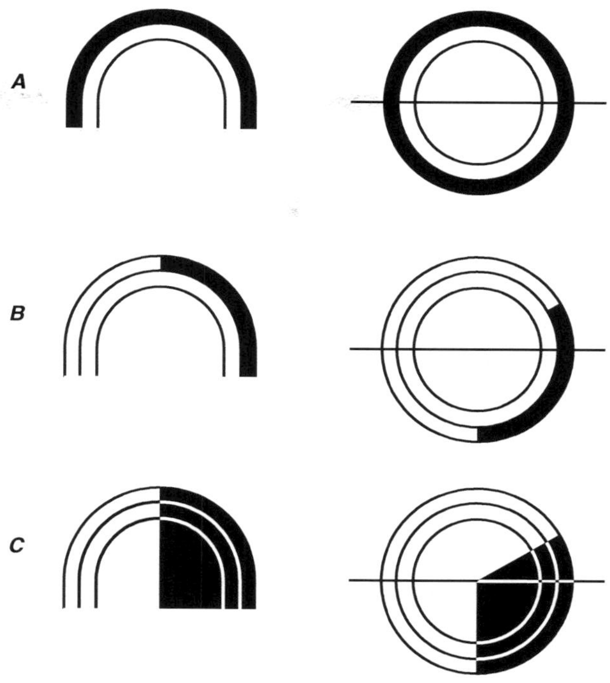

FIGURA 5.10

Ápices caulinares quiméricos. **A**, periclinal; **B**, mericlinal; **C**, setorial. À direita são mostrados cortes transversais; à esquerda, cortes longitudinais nos planos indicados por linhas.

A análise do mosaico genético pode revelar padrões de divisão e de destino celular, em plantas em desenvolvimento

O termo **mosaico genético** refere-se à planta na qual ocorrem células de diferentes genótipos. Nas plantas produtoras de flores, mosaicos genéticos, chamados **quimeras**, aparecem no meristema apical de caules (Fig. 5.10) (Tilney-Bassett, 1986; Poethig, 1987; Szymkowiak e Sussex, 1996; Marcotrigiano, 1997, 2001). Em alguns meristemas apicais são encontradas camadas paralelas inteiras de células que diferem geneticamente umas das outras. Tais quimeras são chamadas **quimeras periclinais**. Em outros, somente parte de uma camada (ou camadas) é geneticamente diferente (**quimeras mericlinais**); ainda, em outros, um limite claramente definido de células geneticamente dissimilares aparece em todas as camadas (**quimeras setoriais**). As diferenças servem como marcadores que podem ser seguidos em linhagens contínuas de células até as camadas do meristema apical onde essa diferença também aparece. Algumas quimeras possuem combinações de camadas celulares portadoras de núcleos diploides e poliploides (**citoquimeras**). A poliploidização do núcleo pode ser induzida pelo tratamento de ápices caulinares com colchicina (Fig. 5.11). Como resultado, uma ou outra camada no meristema apical apresenta inúmeros núcleos poliploides, e a mudança é propagada para a camada resultante, no corpo da planta em diferenciação (Dermen, 1953). Quimeras periclinais também são encontradas entre mutantes com plastídios anormais sem coloração. Como nas quimeras nucleares, os fatores discrepantes – os plastídios anormais, nesse caso – podem ser acompanhados nas linhagens de células compreendidas entre o meristema apical e os tecidos maduros (Stewart et al., 1974). A pigmentação com antocianina é um outro marcador comum.

Outro tipo de mosaico genético é aquele em que clones de células, geneticamente diferentes, encontram-se distribuídos por todo o corpo da planta (Fig. 5.12). Chamados simplesmente mosaicos genéticos, esses clones podem ser induzidos experimentalmente por radiação ionizante. O rearranjo que ocorre nos cromossomos permite uma

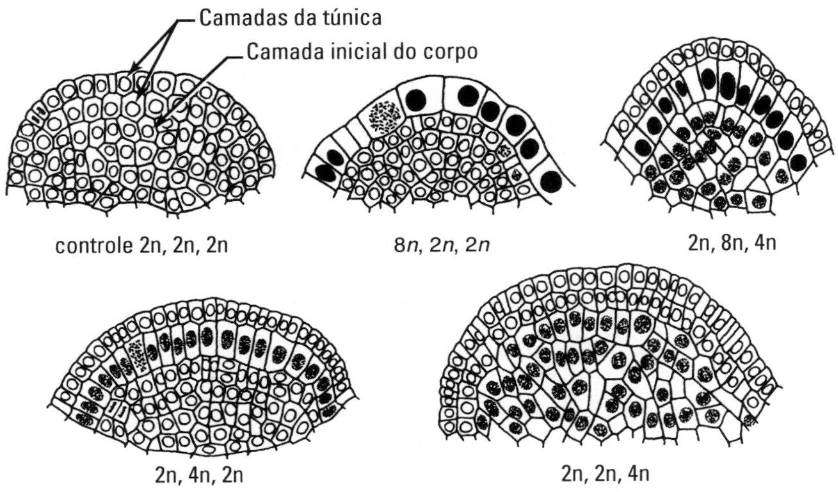

FIGURA 5.11

Ápices caulinares de uma planta diploide de *Datura* (acima, à esquerda) e de várias quimeras periclinais. Combinações cromossômicas são indicadas por valores escritos abaixo de cada desenho. A primeira figura, de cada grupo de três, indica a primeira camada da túnica; a segunda, a segunda camada da túnica; a terceira, a camada inicial do corpo. As três camadas são comumente designadas por L1, L2 e L3. Células octoploides são as maiores e seus núcleos são mostrados em preto para enfatizar; células tetraploides são um pouco menores, e seus núcleos são pontoados; células diploides são as menores, e seus núcleos são mostrados por círculos. As características cromossômicas das camadas da túnica se perpetuam somente nessas camadas e nas suas derivadas (divisões anticlinais na túnica); aquelas da camada inicial do corpo são transmitidas imediatamente para as camadas subjacentes (divisões em vários planos). (A partir de Satina et al., 1940.)

expressão fenotípica de mutações recessivas celular-autonômas. As linhagens celulares, ou clones, derivadas dessas células são permanentemente marcadas, sendo possível, por meio de sua análise, produzir mapas de destino celular para qualquer região do corpo da planta. Conforme destacado por Poethig (1987), que estudou o desenvolvimento foliar por meio da **análise clonal** (Poethig, 1984a; Poethig e Sussex, 1985; Poethig et al., 1986), essa técnica não é, entretanto, um substituto para estudos histológicos do desenvolvimento da planta. Para interpretar padrões clonais de forma precisa, "é necessário ter uma compreensão clara do desenvolvimento histológico e morfológico do sistema em questão" (Poethig, 1987).

A tecnologia genética aumentou drasticamente nossa compreensão sobre o desenvolvimento da planta

Em última análise, é o gene que determina as características da planta. Avanços na tecnologia do sequenciamento de DNA têm tornado possível sequenciar genomas inteiros, originando a nova ciência genômica. A **genômica** compreende o estudo do conteúdo, da organização e da função de genomas inteiros (Grotewold, 2004). O primeiro genoma de planta sequenciado por inteiro foi o da *Arabidopsis thaliana* (*Arabidopsis* Genome Iniciative, 2000). Mais recentemente, uma sequência bastante precisa do genoma do arroz (*Oryza sativa*) foi completada (International Rice Genome Sequencing Project, 2005).

Um objetivo amplo da genômica é identificar genes para determinar quais se expressam (e sob quais condições) e que função eles – ou a proteína por eles produzida – exercem. Como se determina a função de um gene? Um procedimento bem-sucedido tem sido identificar mutações que possuem um efeito visível, ou fenotípico, no desenvolvimento da planta. Grandes populações de plantas mutagênicas, tratadas de *Arabidopsis*, têm sido analisadas para essas mutações. Coleções de mutantes, nas quais os genes são inativados pela inserção de um grande segmento de DNA, como o T-DNA de *Agrobacterium tumefaciens*, também estão sendo desenvolvidas para o fornecimento de um grande número de genes (Bevan, 2002). Esses mutantes, chamados **"knockout"**, cada um com um diferente gene desativado, são, então, minuciosamente analisados em relação aos seus fenótipos ou funcionamento em um determinado ambiente. Qualquer mudança identificada é seguida até que a sequência específica de gene mudada seja encontrada. Para *Arabidopsis*, foram identificados genes responsáveis pelos maiores eventos da embriogênese (Laux e Jürgens, 1994), pela formação e manutenção do meristema apical do caule (Bowman e Eshed, 2000; Doerner, 2000b; Haecker e Laux, 2001) e pelo controle da formação da flor

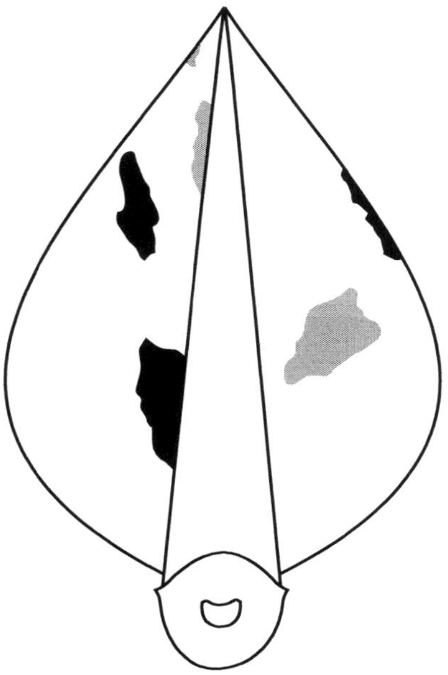

FIGURA 5.12

Clones nas camadas subepidérmicas da folha de fumo (*Nicotiana tabacum*) irradiadas antes da iniciação da lâmina (eixo = 100 µm). Nesse estágio, os clones são usualmente confinados às camadas subepidérmicas superiores (preto) ou inferiores (cinza). Nenhum dos clones se estende da margem para a nervura mediana. (Redesenhado de Poethig, 1948b. Em: Padrões de Formação. Macmillan © 1984. Reproduzido com permissão de McGraw-Hill Companies.)

e do desenvolvimento do órgão floral (Theißen e Saedler, 1999).

Uma série de processos intervêm entre a ação primária dos genes e sua expressão final. A explicação para o efeito inicial dos genes na diferenciação é buscada no nível molecular. Isso é discutido em termos de ativação e repressão gênica, transcrição (síntese do RNA mensageiro proveniente de uma região ou de uma faixa da dupla hélice do DNA) e translação (síntese de um polipeptídeo a partir da sequência de nucleotídeos do RNAm). A diferença entre os tipos de células de um organismo multicelular é o resultado da **expressão gênica seletiva** – isto é, apenas certos genes são expressos e transcritos em RNAm. Como resultado, as proteínas que intermedeiam a diferenciação celular são sintetizadas seletivamente. Em uma dada célula, alguns genes são expressos continuamente; em outras, somente quando seus produtos são necessários, e, em outras, nunca. Os mecanismos que controlam a expressão gênica – que ligam e desligam os genes – são chamados coletivamente regulação gênica.

A polaridade representa um componente-chave na formação do padrão biológico e está relacionada ao fenômeno de gradientes

A polaridade se refere à orientação de atividades no espaço. É um componente essencial do padrão biológico de formação (Sachs, 1991). A polaridade se manifesta cedo na vida da planta. Ela aparece na oosfera, com o núcleo deslocado em direção à calaza e um grande vacúolo na região da micrópila, e no desenvolvimento bipolar do embrião a partir do zigoto. Ela se expressa, mais tarde, na organização da planta em raiz e caule, e também é evidente em vários fenômenos no nível celular (Grebe et al., 2001). Estudos com transplantes (Gulline, 1960) e com cultura de tecidos (Wetmore e Sorokin, 1955) indicam que a polaridade aparece não somente na planta como um todo, mas também em suas partes, mesmo que elas sejam isoladas da planta. A polaridade em caules é um fenômeno familiar. Em plantas que se propagam por fragmentos de caule, por exemplo, as raízes se formarão na região inferior do caule, e as folhas e gemas, na região superior. Além disso, a polaridade não pode ser modificada, mesmo colocando-se o fragmento de caule em posição invertida durante o plantio.

A estabilidade da polaridade tem sido demonstrada claramente em um experimento com centrifugação de esporos de samambaias em diferenciação (Bassel e Miller, 1982). Em *Onoclea sensibilis*, a primeira divisão normal é precedida pela migração do núcleo, a partir do centro do esporo elipsoide, para um dos seus ápices. Em seguida, acontece uma divisão altamente assimétrica. A célula maior forma o protonema, e a célula menor se desenvolve em rizoide. A centrifugação do esporo não modifica esse padrão de divisão, mesmo que o conteúdo do esporo se desarranje e fique estratificado. Somente quando a centrifugação acontece imediatamente antes ou durante a mitose ou citocinese, a divisão assimétrica é bloqueada.

O comportamento polar de uma célula individual, na planta intacta, é ilustrado pela divisão desigual que origina células-filhas diferentes fisiologicamente e, em geral, também morfologicamente (Gallagher e Smith, 1997). Na epiderme de algumas raízes, ocorrem divisões desiguais e, depois disso, a menor das duas origina o pelo radicular. Antes da divisão, a maioria das numerosas organelas citoplasmáticas se acumula na parte proximal (no lado do ápice radicular) ou na parte distal da

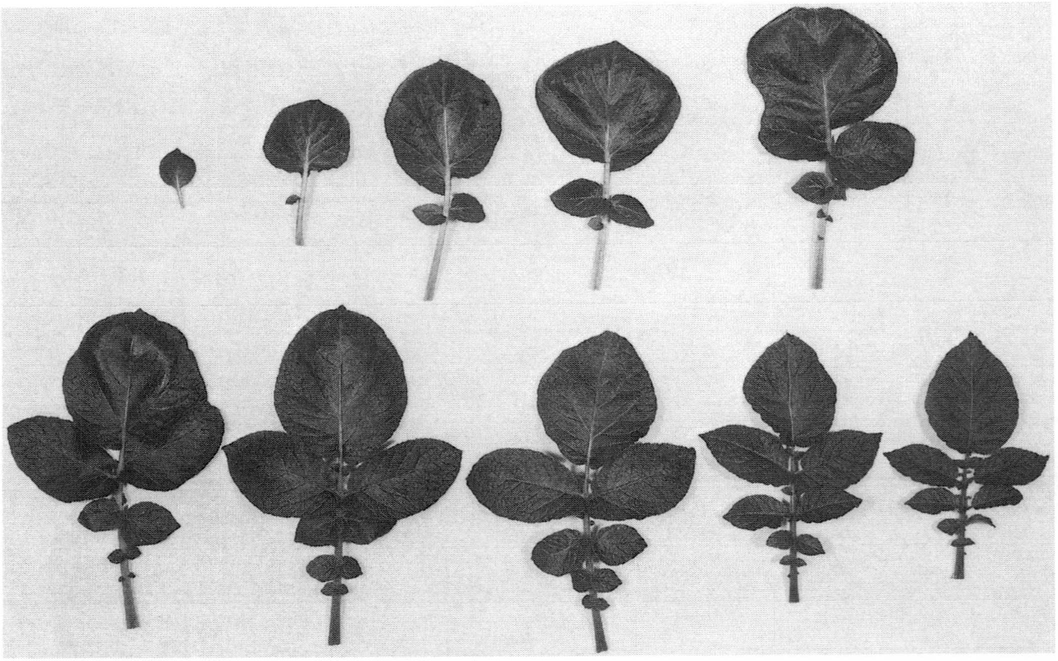

FIGURA 5.13

Primeiras dez folhas do eixo principal do caule da planta de batata (*Solanum tuberosum*). As folhas experimentaram uma transição de simples a compostas pinadas. (×0,1. Obtido de McCauley e Evert, 1988.)

célula. O núcleo migra na mesma direção e, então, se divide. A formação da placa celular separa a futura pequena célula, que vai originar o pelo radicular, da célula epidérmica maior, que não origina o pelo (Sinnott, 1960). Diferenças bioquímicas entre os dois tipos de células também se tornam evidentes (Avers e Grimm, 1959). A ideia comum é que divisões desiguais dependem de uma polarização no citoplasma, já que não existe evidência de uma distribuição desigual de material cromossômico (Stebbins e Jain, 1960).

A polaridade encontra-se relacionada ao fenômeno de gradiente, já que as diferenças entre os dois polos do eixo da planta aparecem em séries graduais. Existem gradientes fisiológicos, por exemplo, aqueles expressos na taxa de processos metabólicos, na concentração de auxinas e na concentração de açúcares, no sistema condutor; também existem gradientes na diferenciação anatômica e no desenvolvimento de características externas (Prat, 1948, 1951). O eixo da planta mostra características anatômicas e histoquímicas de transição na interface raiz-caule. A diferenciação das derivadas dos meristemas, em geral, ocorre em séries graduais e tecidos adjacentes, mas diferentes tecidos podem apresentar diferentes gradientes. Externamente, o desenvolvimento gradual é visto na mudança da forma de folhas sucessivas ao longo do caule a partir das formas juvenis, em geral, menores e mais simples, até formas adultas maiores e mais elaboradas (Fig. 5.13). Subsequentemente, depois que o estágio reprodutivo é induzido, pequenas folhas são gradualmente produzidas outra vez, e a série fica completa com as brácteas da inflorescência que subtendem subdivisões da inflorescência ou flores individuais.

As células das plantas se diferenciam de acordo com sua posição

Embora a diferenciação celular dependa do controle da expressão gênica, o destino da célula da planta – isto é, que tipo de célula ela vai se tornar – é determinado por sua posição final no órgão em desenvolvimento. Mesmo pensando que diferentes linhagens de células possam se estabelecer, como aquelas em uma raiz, a posição, e não a linhagem, determina o destino da célula. O conceito de que a função da célula em um organismo multicelular é determinada cedo pela sua posição naquele organismo remonta à metade do século XIX (Vöchting, 1878, p. 241). Entretanto, somente no começo de 1970 é que células ocasionalmente fora do lugar, observadas em quimeras, ofereceram evidências de que o destino da célula em caule e folha era determinado pela posição e não pela linhagem, mesmo em estágios tardios de desenvolvimento (Stewart e Burk, 1970). Desde então, evidências conclusivas, de que a posição de uma célula, e não a origem clonal, determina seu destino, têm se acumulado a partir de análises de mosaicos genéticos (Irish, 1991; Szymkowiak e Sussex, 1996; Kidner et al., 2000). Se uma célula diferenciada é deslocada de sua posição original, ela se diferenciará em um tipo celular apropriado à sua nova posição, sem qualquer efeito na organização da planta (Tilney-Basset, 1986). Experimentos sobre destruição celular por laser em ápices radiculares de *Arabidopsis* (van den Berg et al., 1995) também mostraram que células destruídas podem ser repostas por células de outras linhagens, que respondem se diferenciando segundo sua nova posição.

Apesar do destino das células depender de sua posição dentro da planta, é obvio que as células devem ser capazes de se comunicar umas com as outras, isto é, trocar informações sobre sua posição. As informações sobre a posição desempenham um papel na diferenciação de tipos de células fotossintéticas da folha de milho (Langdale et al., 1989), no espaçamento de tricomas na epiderme foliar de *Arabidopsis* (Larkin et al., 1996) e na manutenção de um balanço de tipos celulares no meristema apical de caules e raízes de *Arabidopsis* (Scheres e Wolkenfelt, 1998; Fletcher e Meyerowitz, 2000; Irish e Jenik, 2001). A base mecânica da sinalização célula-célula nas plantas precisa ser elucidada. Alguns processos de sinalização nas plantas parecem ser mediados por receptores transmembranas do tipo quinases (Irish e Jenik, 2001); outros usam plasmodesmas (Capítulo 4; Zambryski e Crawford, 2000).

HORMÔNIOS VEGETAIS

Os **hormônios vegetais** ou **fitormônios** são sinais químicos que desempenham um importante papel na regulação do crescimento e desenvolvimento e, portanto, são considerados brevemente aqui (Davies, P. J., 2004; Taiz e Zeiger, 2002; Crozier et al., 2000; Weyers e Paterson, 2001). O termo hormônio (do grego *horman*, que significa colocar em movimento) foi adotado da fisiologia animal. A característica básica dos hormônios animais – que eles são ativos a certa distância de onde são sintetizados – não se aplica igualmente aos hormônios vegetais. Enquanto alguns hormônios são produzidos em um tecido e transportados para outro, onde promovem uma resposta fisiológica específica, outros atuam dentro do mesmo tecido onde são produzidos. Nos dois casos, eles ajudam a coordenar o crescimento e o desenvolvimento, agindo como mensageiros químicos ou sinais entre as células.

Os hormônios vegetais possuem múltiplas atividades. Alguns, além de agirem como estimuladores, possuem influência inibidora. A resposta a um hormônio particular depende tanto de sua estrutura química como da forma como ele é lido pelo tecido-alvo. Um determinado hormônio pode promover diferentes respostas em diferentes tecidos ou em diferentes estágios de desenvolvimento de um mesmo tecido. Alguns hormônios vegetais são capazes de influenciar a biossíntese de outro ou de interferir no seu sinal de ação. Os tecidos podem necessitar de diferentes quantidades de hormônios. Tais diferenças são chamadas diferenças em **sensibilidade**. Dessa forma, os sistemas vegetais podem variar a intensidade do sinal do hormônio alternando sua concentração ou modificando a sensibilidade ao hormônio já presente.

Tradicionalmente, cinco classes de hormônios vegetais têm recebido a maioria das atenções: auxinas, citocininas, etileno, ácido abscísico e giberelinas (Kende e Zeevaart, 1997). Entretanto, tem se tornado cada vez mais claro que sinais químicos adicionais são usados pelas plantas (Creelman e Mullet, 1997), incluindo os ***brassinosteroides*** – um grupo de polidroxesteroides de ocorrência natural – identificados em muitas plantas e que parecem ser necessários para o crescimento normal da maioria dos tecidos vegetais; o ácido salicílico – um composto fenólico com estrutura similar à da aspirina – cuja produção é associada com a resistência a doenças e tem sido relacionada a respostas hipersensíveis; os ***jasmonatos*** – uma classe de compostos conhecidos como oxipilinas – que exercem um papel na regulação da germinação das sementes, no crescimento da raiz, na acumulação de proteína armazenada e na síntese de proteínas de defesa; a ***sistemina*** – um polipeptídeo 18-aminoácido – secretada em células que sofreram injúria e transportada via floema, para cima até folhas intactas, para ativar defesas contra herbívoros, um fenômeno denominado ***resistência sistêmica adquirida*** (Hammond-Kosack e Jones, 2000); as ***poliaminas*** – baixo peso molecular, molécu-

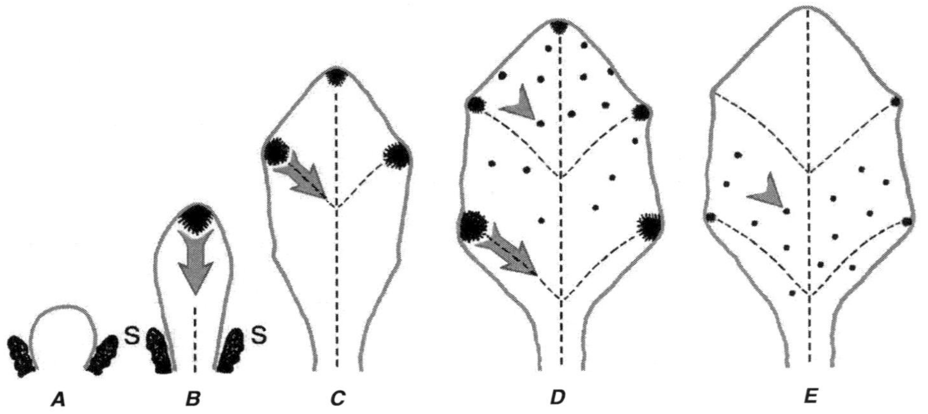

FIGURA 5.14

Mudanças graduais nos locais (indicados por círculos maiores) e concentrações (indicadas por círculos menores) da produção de AIA livre, durante o desenvolvimento do primórdio foliar de *Arabidopsis*. A produção inicial de AIA ocorre na(s) estípula(s) (**A**). As setas mostram a direção do movimento polar basípeto do AIA, na lâmina, descendendo dos hidatódios (**B-D**); as pontas de seta mostram a localização das regiões de produção secundária de auxina livre na lâmina (**D, E**). Evidências experimentais indicam que, embora a nervura principal se desenvolva acropetamente (**B**), ela é induzida pelo fluxo polar basípeto do AIA. (De Aloni, 2004, Fig. 1 © 2004, com o bondoso consentimento de Springer Science e Business Media.)

las fortemente básicas – que são essenciais para o crescimento e o desenvolvimento, afetando os processos de mitose e meiose; e o gás óxido nítrico **(NO)** que serve como sinal em respostas de defesa e hormonais. O NO foi relatado como repressor da transição floral de *Arabidopsis* (He Y. et al., 2004). Nas suas múltiplas atividades, os hormônios interagem entre si; na verdade, é a interação e o balanço entre as substâncias de crescimento, mais do que a ação de uma única substância, que regulam o crescimento e desenvolvimento normais.

Nos parágrafos seguintes são abordados alguns aspectos de cada um dos tradicionais grupos de hormônios vegetais.

Auxinas

A principal auxina de ocorrência natural é o ácido 3-indolacético (**AIA**). O AIA é sintetizado primariamente em primórdios foliares e folhas jovens, e se encontra envolvido em muitos aspectos do desenvolvimento da planta, incluindo a completa polaridade do eixo raiz-caule da planta, estabelecida durante a embriogênese. Essa polaridade estrutural pode ser identificada pelo transporte polar ou unidirecional do AIA na planta. O transporte polar das auxinas se dá de célula a célula por meio da ação de carregadores de limite da membrana específicos para o influxo (AUX1) e efluxo (OIN) (Steinmann et al., 1999; Friml et al., 2002; Marchant et al., 2002; Friml, 2003; Volger e Kuhlemeier, 2003). O movimento constante das auxinas a partir das folhas para a região basal de caules leva à formação de um fluxo desse hormônio ao longo de fileiras estreitas de células, e resulta na formação de cordões de tecidos vasculares contínuos (Aloni, 1995; Berleth e Mattsson, 2000; Berleth et al., 2000) – *a hipótese da canalização* de Sachs (1981).

Tanto em caules como em raízes, o **transporte polar** é sempre **basípeto** – a partir do ápice do caule e folhas para a base do caule e a partir do ápice da raiz para sua base (ponto de união entre raiz e caule). A velocidade do transporte polar das auxinas – 5 a 20 centímetros por hora – é mais rápida do que a taxa de difusão passiva. Além do transporte polar das auxinas, foi reconhecido recentemente que a maioria do AIA sintetizado em folhas maduras, aparentemente, é transportada por uma longa distância através da planta de forma **não polar**, via floema, a velocidades consideravelmente maiores do que aquelas do transporte polar. Relativamente altas concentrações de AIA livre têm sido detectadas na seiva do floema (elemento de tubo crivado) de *Ricinus communis*, indicando que as auxinas podem ser transportadas por longas distâncias pelo floema (Baker, 2000). Pesquisas adicionais mostram que, em *Arabidopsis*, o influxo do carregador de auxinas AUX1 está envolvido com o carregamento do floema na folha e com o não carregamento do floema na raiz (Swarup et al., 2001; Marchant et al., 2002), corroborando a hipótese do transporte de auxinas pelo floema. Em plantas que experimentam crescimento secundário, o transporte de auxinas também ocorre na região do câmbio vascular (Sundberg et al., 2000).

Num estudo elegante, utilizando uma combinação de procedimentos moleculares e de localização, Aloni e colaboradores (2003) demonstraram o padrão de produção de auxinas livres (AIA) em folhas de *Arabidopsis* em desenvolvimento (Fig. 5.14). As estípulas são as primeiras regiões de alta produção de auxinas livres. Em lâminas em desenvolvimento, os hidatódios são os locais primários de alta produção de auxinas livres, primeiro nos do ápice da lâmina e, então, progressivamente em direção à base naqueles ao longo das margens. Tricomas e células do mesofilo são locais secundários de produção de auxinas livres. Durante o desenvolvimento da lâmina, os locais e as concentrações de produção de auxinas mudam do ápice em alongamento basipetamente para a região ao longo das margens em expansão e, finalmente, para a região central da lâmina. As mudanças ordenadas nas regiões e concentrações de auxina livre provavelmente controlam a formação do padrão de venação e a diferenciação vascular na folha, com a intensa produção de auxinas nos hidatódios induzindo a diferenciação da nervura principal e secundárias e a baixa produção de auxinas livres na lâmina – particularmente em associação com tricomas – induzindo a diferenciação de nervuras terciárias, quaternárias e terminações vasculares. Os resultados desse estudo concordam com a *hipótese de venação foliar* proposta por Aloni (2001) para explicar o controle hormonal na diferenciação vascular em folhas de eudicots.

Um gene chamado *HIGHWAY1 VASCULAR* (*VH1*), cuja expressão é específica para célula procambial/provascular, foi identificado em folhas de *Arabidopsis* em desenvolvimento (Clay e Nelson, 2002). O padrão de expressão do *VH1* corresponde àquele da formação vascular em folhas em desenvolvimento e, como destacado por Clay e Nelson (2002), é consistente com a hipótese da canalização da diferenciação vascular padronizada baseada na produção e distribuição das auxinas (Sachs, 1981).

Evidências experimentais também têm sido fornecidas para o papel do transporte polar das auxinas na padronização vascular da folha de arroz (*Oryza sativa*) (Scarpella et al., 2002). Tem sido proposto que o gene *Osbox1* do arroz, expresso em células procambiais (Scarpella, et al., 2000), promove o destino das células procambiais, aumentando suas propriedades de condutividade das auxinas (Scarpella et al., 2002).

As auxinas fornecem sinais que coordenam uma multiplicidade de processos de desenvolvimento, em vários níveis pelo corpo da planta (Berleth e Sachs, 2001). Elas têm sido implicadas na regulação do padrão de divisão, expansão e diferenciação celular (Chen, 2001; Ljung et al., 2001; Friml, 2003). Nas folhas de *Arabidopsis*, altos níveis de AIA são correlacionados com altas taxas de divisão celular. Tecidos do mesofilo em divisão contêm níveis de AIA dez vezes mais altos do que tecidos crescendo somente por expansão celular. Embora as folhas mais jovens exibam a maior capacidade para sintetizar AIA, todas as outras partes da planta jovem de *Arabidopsis* (incluindo cotilédones, folhas em expansão e raízes) mostraram uma capacidade de sintetizar AIA de novo (Ljung et al., 2001). O gradiente de auxinas, causado pelo seu movimento polar, oferece um importante sinal para o desenvolvimento durante a embriogênese (Hobbie et al., 2000; Berleth, 2001; Hamann, 2001), para a padronização da vascularização foliar (Mattsson et al., 1999; Aloni et al., 2003) e para a formação de órgãos laterais em caule e raiz (Reinhardt et al., 2000; Casimiro et al., 2001; Paquette e Benfey, 2001; Scarpella et al., 2002; Bhalerao et al., 2002). As auxinas têm sido relacionadas com o geotropismo e o fototropismo (Marchant et al., 1999; Rashotte et al., 2001; Muday, 2001; Parry et al., 2001) e com a organização e manutenção dos meristemas apicais de caule e raiz (Sachs, 1993; Sabatini et al., 1999; Doerner, 2000a, b; Kerk et al., 2000). Junto com o etileno, as auxinas desempenham um importante papel no desenvolvimento de pelos radiculares em *Arabidopsis* (Rahman et al., 2002). Algumas outras atividades das auxinas são a inibição do desenvolvimento de gemas axilares, como parte do fenômeno da dominância apical, e o atraso na abscisão.

Citocininas

As **citocininas** são assim chamadas porque, em conjunção com as auxinas, promovem a divisão celular. As raízes são fontes ricas em citocininas, que são transportadas pelo xilema da raiz para o caule (Letham, 1994). Entre as funções regulatórias propostas para as citocininas, sintetizadas pelas raízes, aparece o disparo da liberação da dormência das gemas laterais agindo contra as auxinas, que inibem o crescimento da gema lateral. Os resultados de experimentos com plantas transgênicas, nas quais a síntese de citocininas locais e sistêmicas é controlável (revisto em Schmülling, 2002) indica, entretanto, que citocininas localmente sintetizadas, não aquelas derivadas das raízes, são necessárias para liberar as gemas da dormência. Uma função que parece ser mais relacionada às citocininas derivadas das raízes é o transporte da informação sobre a situação nutricional de caules e raízes, particularmente em relação ao nitrogênio (Sakakibara et al., 1998; Yong et al., 2000). As citocininas produzidas na coifa da raiz têm sido implicadas nas respostas precoces da raiz de *Arabidopsis* à gravidade (Aloni et al., 2004). As citocininas desempenham um papel importante na formação dos tecidos provasculares durante a embriogênese (Mähönen et al., 2000) e no controle da atividade meristemática e do desenvolvimento dos órgãos, durante o desenvolvimento pós-embrionário (Coenen e Lomax, 1997). Apesar de promover o desenvolvimento do caule, as citocininas são inibidoras do desenvolvimento das raízes (Werner et al., 2001).

Etileno

O **etileno**, um simples hidrocarboneto ($H_2C{=}CH_2$) pode ser produzido por virtualmente todas as partes das plantas com sementes (Mattoo e Suttle, 1991). Sendo um gás, ele se move por difusão a partir de seu local de síntese. As taxas de produção de etileno variam entre os tecidos da planta e dependem do estágio de desenvolvimento. Os ápices caulinares de plântulas são sítios importantes de produção de etileno, assim como as regiões nodais de caules que produzem consideravelmente mais etileno do que o entrenó (em tecidos de peso equivalente).

A produção de etileno aumenta durante a abscisão foliar e durante o amadurecimento de alguns frutos. Durante o amadurecimento do abacate, do tomate e dos frutos do tipo pomo, como pera e maçã, ocorre um grande aumento na respiração celular. Essa fase é conhecida como **climatérica**, e os frutos são chamados frutos climatéricos. Em frutos climatéricos, o aumento da síntese de etileno precede e é responsável por muitos processos do amadurecimento. Um aumento na produção de etileno também acontece em muitos tecidos como resposta a estresses bióticos (doenças, injúria por insetos) e abióticos (alagamento, temperatura, seca) (Lynch e Brown, 1997). Como previamente mencionado, a formação de aerênquima lisígeno é uma resposta mediada pelo etileno ao alagamento (Grichko e Glick, 2001).

O etileno, em geral, tem efeito oposto ao das auxinas. Enquanto as auxinas previnem a abscisão foliar, o etileno a promove. A produção do etileno na zona de abscisão é regulada pelas auxinas. Na maioria das espécies de plantas, o etileno possui um efeito inibidor na expansão celular (Abeles et al., 1992), enquanto as auxinas promovem esse processo. Em algumas plantas semiaquáticas (*Ranunculus sceleratus*, *Callitriche platycarpa*, *Nymphoides peltata*, arroz de profundidade), entretanto, o etileno promove um crescimento rápido do caule.

Ácido abscísico

O **ácido abscísico (AAB)** é um nome incorreto para esse composto. Ele foi assim chamado porque, originalmente, se pensava que ele estivesse envolvido na abscisão, um processo agora conhecido como iniciado pelo etileno. O AAB é sintetizado em quase todas as células que contêm amiloplastos ou cloroplastos; então, ele pode ser detectado em tecidos vivos desde o ápice da raiz até o ápice do caule (Milborrow, 1984). O AAB é transportado pelo xilema e pelo floema, embora seja mais abundante no floema. O AAB sintetizado em raízes em resposta a estresse hídrico é transportado para cima, pelo xilema, até as folhas, onde induz o fechamento dos estômatos (Capítulo 9; Davies e Zhang, 1991).

Os níveis de AAB aumentam durante o início do desenvolvimento da semente, em muitas plantas, estimulando a produção de proteínas armazenadas na semente (Koornneef et al., 1989) e prevenindo a germinação prematura. A quebra da dormência em muitas sementes é correlacionada com a diminuição nos níveis de AAB na semente.

Giberelinas

As **giberelinas (AGs)** são diterpenoides tetracíclicos. Mais de 125 AGs foram identificadas, embora somente poucas sejam conhecidas como biologicamente ativas. Sementes e frutos em desenvolvimento exibem os mais altos níveis de AGs. Gemas jovens em crescimento ativo, folhas e entrenós superiores de plântulas de ervilha foram identificados como locais de síntese de AG (Coolbaugh, 1985; Sherriff et al., 1994). AGs sintetizadas em caules podem ser transportadas por toda a planta, via floema.

As AGs possuem um efeito drástico na expansão de folhas e caules por meio do estímulo da divisão e expansão celular. Seu papel no crescimento caulinar é demonstrado mais claramente quando aplicado em muitas plantas anãs. Sob o tratamento de AG, tais plantas se tornam indistintas das normais não mutantes, indicando que as mutantes são incapazes de sintetizar AG e que o crescimento necessita de AG. O mutante anão *gal-3* de *Arabidopsis* (Zeevaart e Talon, 1992) ilustra os múltiplos efeitos da deficiência em AG. Além de anãs, as plantas são mais espessadas e possuem folhas mais escuras. Também a floração do *gal-3* é postergada, as flores são estéreis na parte masculina e as sementes não germinam. Todas as características silvestres são restauradas no mutante com a adição de AG. Estudos com fumo e ervilha indicam que o AIA da gema apical é necessário para a biossíntese normal de AG_1 em caules (Ross et al., 2002). AG_1 pode ser a única AG controlando o alongamento caulinar. A ação de indução do alongamento do AG_1 geralmente é acompanhada por um aumento no conteúdo de AIA.

As AGs controlam uma grande variedade de processos de desenvolvimento nas plantas (Richards et al., 2001). Elas são importantes para o alongamento normal da raiz de ervilha (Yaxley et al., 2001), para o desenvolvimento da semente e para o crescimento do tubo polínico em *Arabidopsis* (Singh et al., 2002) e são essenciais para germinação das sementes em várias espécies de plantas (Yamaguchi e Kamiya, 2002). Em muitas espécies de plantas com sementes, as AGs podem substituir a quebra de dormência pelo frio ou a luz, necessários para que as sementes germinem. Como mencionado previamente, em grãos de cereais, as AGs regulam a produção e secreção de enzimas (α-amilase), levando à hidrólise do amido armazenado no endosperma. As AGs podem também servir como sinal de dias longos para a floração (King et al., 2001). Aplicações de AGs em plantas de dias longos e bienais podem causar floração prematura e floração sem apropriada exposição ao frio ou dias longos.

REFERÊNCIAS

ABELES, F. B., P. W. MORGAN e M. E. SALTVEIT Jr. 1992. *Ethylene in Plant Biology*, 2. ed. Academic Press, San Diego.

ALONI, R. 1995. The induction of vascular tissues by auxin and cytokinin. In: *Plant Hormones: Physiology, Biochemistry and Molecular Biology*, 2. ed., pp. 531–546, P. J. Davies, ed. Kluwer Academic, Dordrecht.

ALONI, R. 2001. Foliar and axial aspects of vascular differentiation: Hypotheses and evidence. *J. Plant Growth Regul.* 20, 22–34.

ALONI, R. 2004. The induction of vascular tissue by auxin. In: *Plant Hormones—Biosynthesis, Signal Transduction, Action!*, 3. ed., pp. 471–492, P. J. Davies, ed. Kluwer Academic, Dordrecht.

ALONI, R., K. SCHWALM, M. LANGHANS e C. I. ULLRICH. 2003. Gradual shifts in sites of free-auxin production during leafprimordium development and their role in vascular differentiation and leaf morphogenesis in *Arabidopsis*. *Planta* 216, 841–853.

ALONI, R., M. LANGHANS, E. ALONI e C. I. ULLRICH. 2004. Role of cytokinin in the regulation of root gravitropism. *Planta* 220, 177–182.

ARABIDOPSIS GENOME INITIATIVE, THE. 2000. Analysis of the genome sequence of the flowering plant *Arabidopsis thaliana*. *Nature* 408, 796–815.

AVERS, C. J. e R. B. GRIMM. 1959. Comparative enzyme differentiations in grass roots. II. Peroxidase. *J. Exp. Bot.* 10, 341–344.

BAILEY, I. W. 1944. The development of vessels in angiosperms and its significance in morphological research. *Am. J. Bot.* 31, 421–428.

BAKER, D. A. 2000. Vascular transport of auxins and cytokinins in *Ricinus*. *Plant Growth Regul.* 32, 157–160.

BANNAN, M. W. 1950. The frequency of anticlinal divisions in fusiform cambial cells of *Chamaecyparis*. *Am. J. Bot.* 37, 511–519.

BANNAN, M. W. 1951. The reduction of fusiform cambial cells in *Chamaecyparis* and *Thuja*. *Can. J. Bot.* 29, 57–67.

BANNAN, M. W. 1956. Some aspects of the elongation of fusiform cambial cells in *Thuja occidentalis* L. *Can. J. Bot.* 34, 175–196.

BANNAN, M. W. e B. E. WHALLEY. 1950. The elongation of fusiform cambial cells in *Chamaecyparis*. *Can. J. Res., Sect. C* 28, 341–355.

BÁRÁNY, I., P. GONZÁLEZ-MELENDI, B. FADÓN, J. MITYKÓ, M. C. RISUEÑO e P. S. TESTILLANO. 2005. Microspore-derived embryogenesis in pepper (*Capsicum annuum* L.): Subcellular rearrangements through development. *Biol. Cell* 97, 709– 722.

BASSEL, A. R. e J. H. MILLER. 1982. The effects of centrifugation on asymmetric cell division and differentiation of fern spores. *Ann. Bot.* 50, 185–198.

BEERS, E. P. e J. M. MCDOWELL. 2001. Regulation and execution of programmed cell death in response to pathogens, stress and developmental cues. *Curr. Opin. Plant Biol.* 4, 561–567.

BEEVERS, L. 1976. Senescence. In: *Plant Biochemistry*, 3. ed., pp. 771–794, J. Bonner and J. E. Varner, eds. Academic Press, New York.

BERLETH, T. 2001. Top-down and inside-out: Directionality of signaling in vascular and embryo development. *J. Plant Growth Regul.* 20, 14–21.

BERLETH, T. e J. MATTSSON. 2000. Vascular development: Tracing signals along veins. *Curr. Opin. Plant Biol.* 3, 406–411.

BERLETH, T. e T. SACHS. 2001. Plant morphogenesis: Longdistance coordination and local patterning. *Curr. Opin. Plant Biol.* 4, 57–62.

BERLETH, T., J. MATTSSON e C. S. HARDTKE. 2000. Vascular continuity and auxin signals. *Trends Plant Sci.* 5, 387–393.

BEVAN, M. 2002. Genomics and plant cells: Application of genomics strategies to *Arabidopsis* cell biology. *Philos. Trans. R. Soc. Lond. B* 357, 731–736.

BHALERAO, R. P., J. EKLÖF, K. LJUNG, A. MARCHANT, M. BENNETT e G. SANDBERG. 2002. Shoot-derived auxin is essential for early lateral root emergence in *Arabidopsis* seedlings. *Plant J.* 29, 325–332.

BLAU, H. M., T. R. BRAZELTON e J. M. WEIMANN. 2001. The evolving concept of a stem cell: Entity or function? *Cell* 105, 829–841.

BOWMAN, J. L. e Y. ESHED. 2000. Formation and maintenance of the shoot apical meristem. *Trends Plant Sci.* 5, 110–115.

BUCHANAN-WOLLASTON, V. 1997. The molecular biology of leaf senescence. *J. Exp. Bot.* 48, 181–199.

CASIMIRO, I., A. MARCHANT, R. P. BHALERAO, T. BEECKMAN, S. DHOOGE, R. SWARUP, N. GRAHAM, D. INZÉ, G. SANDBERG, P. J. CASERO e M. BENNETT. 2001. Auxin transport promotes *Arabidopsis* lateral root initiation. *Plant Cell* 13, 843–852.

CHANANA, N. P., V. DHAWAN e S. S. BHOJWANI. 2005. Morphogenesis in isolated microspore cultures of *Brassica juncea*. *Plant Cell Tissue Org. Cult.* 83, 169–177.

CHEADLE, V. I. 1937. Secondary growth by means of a thickening ring in certain monocotyledons. *Bot. Gaz.* 98, 535–555.

CHEN, J.-G. 2001. Dual auxin signaling pathways control cell elongation and division. *J. Plant Growth Regul.* 20, 255–264.

CLAY, N. K. e T. NELSON. 2002. VH1, a provascular cellspecific receptor kinase that influences leaf cell patterns in *Arabidopsis*. *Plant Cell* 14, 2707–2722.

CLINE, M. G. 1997. Concepts and terminology of apical dominance. *Am. J. Bot.* 84, 1064–1069.

CLINE, M. G. 2000. Execution of the auxin replacement apical dominance experiment in temperate woody species. *Am. J. Bot.* 87, 182–190.

COENEN, C. e T. L. LOMAX. 1997. Auxin-cytokinin interactions in higher plants: Old problems and new tools. *Trends Plant Sci.* 2, 351–356.

COOLBAUGH, R. C. 1985. Sites of gibberellin biosynthesis in pea seedlings. *Plant Physiol.* 78, 655–657.

COTTIGNIES, A. 1977. Le nucléole dans le point végétatif dormant et non dormant du *Fraxinus excelsior L. Z. Pfl anzenphysiol.* 83, 189–200.

CREELMAN, R. A. e J. E. MULLET. 1997. Oligosaccharins, brassinolides, and jasmonates: Nontraditional regulators of plant growth, development, and gene expression. *Plant Cell* 9, 1211–1223.

CROZIER, A., Y. KAMIYA, G. BISHOP e T. YOKOTA. 2000. Biosynthesis of hormones and elicitor molecules. In: *Biochemistry and Molecular Biology of Plants*, pp. 850–929, B. B. Buchanan, W. Gruissem e R. L. Jones, eds. American Society of Plant Physiologists, Rockville, MD.

D'AMATO, F. 1998. Chromosome endoreduplication in plant tissue development and function. In: *Plant Cell Proliferation and Its Regulation in Growth and Development*, pp. 153–166, J. A. Bryant e D. Chiatante, eds. Wiley, New York.

DANGL, J. L., R. A. DIETRICH e H. THOMAS. 2000. Senescence and programmed cell death. In: *Biochemistry and Molecular Biology of Plants*, pp. 1044–1100, B. B. Buchanan, W. Gruissem e R. L. Jones, eds. American Society of Plant Physiologists, Rockville, MD.

DAVIES, P. J., ed. 2004. *Plant Hormones—Biosynthesis, Signal Transduction, Action!*, 3. ed. Kluwer Academic, Dordrecht.

DAVIES, W. J. e J. ZHANG. 1991. Root signals and the regulation of growth and development of plants in drying soil. *Annu. Rev. Plant Physiol. Plant Mol. Biol.* 42, 55–76.

DERMEN, H. 1953. Periclinal cytochimeras and origin of tissues in stem and leaf of peach. *Am. J. Bot.* 40, 154–168.

DOERNER, P. 2000a. Root patterning: Does auxin provide positional cues? *Curr. Biol.* 10, R201–R203.

DOERNER, P. 2000b. Plant stem cells: The only constant thing is change. *Curr. Biol.* 10, R826–R829.

DREW, M. C., C.-J. HE e P. W. MORGAN. 2000. Programmed cell death and aerenchyma formation in roots. *Trends Plant Sci.* 5, 123–127.

DYER, A. F. 1976. Modifi cations and errors of mitotic cell division in relation to differentiation. In: *Cell Division in Higher Plants*, pp. 199–249, M. M. Yeoman, ed. Academic Press, London.

EDGAR, B. A. e T. L. ORR-WEAVER. 2001. Endoreplication cell cycles: More for less. *Cell* 105, 297–306.

ESAU, K. 1965. *Vascular Differentiation in Plants.* Holt, Reinhart and Winston, New York.

ESAU, K. 1977. *Anatomy of Seed Plants*, 2. ed. Wiley, New York.

FATH, A., P. BETHKE, J. LONSDALE, R. MEZA-ROMERO e R. JONES. 2000. Programmed cell death in cereal aleurone. *Plant Mol. Biol.* 44, 255–266.

FINK, S. 1999. *Pathological and Regenerative Plant Anatomy. Encyclopedia of Plant Anatomy*, Band 14, Teil 6. Gebrüder Borntraeger, Berlin.

FLETCHER, J. C. e E. M. MEYEROWITZ. 2000. Cell signaling within the shoot meristem. *Curr. Opin Plant Biol.* 3, 23–30.

FRIML, J. 2003. Auxin transport—Shaping the plant. *Curr. Opin. Plant Biol.* 6, 7–12.

FRIML, J., E. BENKOVÁ, I. BLILOU, J. WISNIEWSKA, T. HAMANN, K. LJUNG, S. WOODY, G. SANDBERG, B. SCHERES, G. JÜRGENS e K. PALME. 2002. AtPIN4 mediates sink-driven auxin gradients and root patterning in *Arabidopsis. Cell* 108, 661–673.

FUCHS, E. e J. A. SEGRE. 2000. Stem cells: A new lease on life. *Cell* 100, 143–155.

FUCHS, M. C. 1968. Localisation des divisions dos le méristème des feuilles des *Lupinus albus* L., *Tropaeolum peregrinum* L., *Limonium sinyatum* (L.) Miller et *Nemophila maculata* Benth. *C. R. Acad. Sci., Paris*, Sér. *D* 267, 722–725.

FUKUDA, H. 1997. Programmed cell death during vascular system formation. *Cell Death Differ.* 4, 684–688.

GALLAGHER, K. e L. G. SMITH. 1997. Asymmetric cell division and cell fate in plants. *Curr. Opin. Cell Biol.* 9, 842–848.

GALLAGHER, K. e L. G. SMITH. 2000. Roles of polarity and nuclear determinants in specifying daughter cell fates after an asymmetric cell division in the maize leaf. *Curr. Biol.* 10, 1229–1232.

GAUTHERET, R. J. 1977. *La Culture des tissus et des cellules dês végétaux: Résultats généraux et réalisations pratiques.* Masson, Paris.

GEIER, T. e H. W. KOHLENBACH. 1973. Entwicklung von Embryonen und embryogenem Kallus aus Pollenkörnern von *Datura meteloides* und *Datura innoxia. Protoplasma* 78, 381–396.

GIRIDHAR, G. e M. J. JAFFE. 1988. Thigmomorphogenesis: XXIII. Promotion of foliar senescence by mechanical perturbation of *Avena sativa* and four other species. *Physiol Plant.* 74, 473–480.

GRBIĆ, V. e A. B. BLEECKER. 1995. Ethylene regulates the timing of leaf senescence in *Arabidopsis. Plant J.* 8, 595–602.

GREBE, M., J. Xu e B. SCHERES. 2001. Cell axiality and polarity in plants—Adding pieces to the puzzle. *Curr. Opin. Plant Biol.* 4, 520–526.

GREEN, P. B. 1969. Cell morphogenesis. *Annu. Rev. Plant Physiol.* 20, 365–394.

GREEN, P. B. 1976. Growth and cell pattern formation on an axis: Critique of concepts, terminology, and modes of study. *Bot. Gaz.* 137, 187–202.

GREENBERG, J. T. 1996. Programmed cell death: A way of life for plants. *Proc. Natl. Acad. Sci. USA* 93, 12094–12097.

GREENBERG, J. T. 1997. Programmed cell death in plant-pathogen interactions. *Annu. Rev. Plant Physiol. Plant Mol. Biol.* 48, 525–545.

GRICHKO, V. P. e B. R. GLICK. 2001. Ethylene and flooding stress in plants. *Plant Physiol. Biochem.* 39, 1–9.

GRIGA, M. 1999. Somatic embryogenesis in grain legumes. In: *Advances in Regulation of Plant Growth and Development*, pp. 233–249, M. Strnad, P. Pecˇ e E. Beck, eds. Peres Publishers, Prague.

GROTEWOLD, E., ed. 2004. *Plant Functional Genomics.* Humana Press Inc., Totowa, NJ.

GULLINE, H. F. 1960. Experimental morphogenesis in adventitious buds of flax. *Aust. J. Bot.* 8, 1–10.

GUNAWARDENA, A. H. L. A. N., J. S. GREENWOOD e N. G. DENGLER. 2004. Programmed cell death remodels lace plant leaf shape during development. *Plant Cell* 16, 60–73.

HABERLANDT, G. 1914. *Physiological Plant Anatomy.* Macmillan, London.

HAECKER, A. e T. LAUX. 2001. Cell-cell signaling in the shoot meristem. *Curr. Opin. Plant Biol.* 4, 441–446.

HALPERIN, W. 1969. Morphogenesis in cell cultures. *Annu. Rev. Plant Physiol.* 20, 395–418.

HAMANN, T. 2001. The role of auxin in apical-basal pattern formation during *Arabidopsis* embryogenesis. *J. Plant Growth Regul.* 20, 292–299.

HAMMOND-KOSACK, K. e J. D. G. JONES. 2000. Responses to plant pathogens. In: *Biochemistry and Molecular Biology of Plants*, pp. 1102–1156, B. B. Buchanan, W. Gruissem e R. L. Jones, eds. American Society of Plant Physiologists, Rockville, MD.

HANSON, J. B. e A. J. TREWAVAS. 1982. Regulation of plant cell growth: The changing perspective. *New Phytol.* 90, 1–18.

HARRIS, H. 1974. *Nucleus and Cytoplasm*, 3.. ed. Clarendon Press, Oxford.

HE, C.-J., P. W. MORGAN e M. C. DREW. 1996. Transduction of an ethylene signal is required for cell death and lysis in the root cortex of maize during aerenchyma formation induced by hypoxia. *Plant Physiol.* 112, 463–472.

HE, Y., R.-H. TANG, Y. HAO, R. D. STEVENS, C. W. COOK, S. M. AHN, L. JING, Z. YANG, L. CHEN, F. GUO, F. FIORANI, R. B. JACKSON, N. M. CRAWFORD e Z.-M. PEI. 2004. Nitric oxide represses the *Arabidopsis* floral transition. *Science* 305, 1968–1971.

HEATH, M. C. 2000. Hypersensitive response-related death. *Plant Mol. Biol.* 44, 321–334.

HERBERT, R. J., B. VILHAR, C. EVETT, C. B. ORCHARD, H. J. ROGERS, M. S. DAVIES e D. FRANCIS. 2001. Ethylene induces cell death at particular phases of the cell cycle in the tobacco TBY-2 cell line. *J. Exp. Bot.* 52, 1615–1623.

HOBBIE, L., M. MCGOVERN, L. R. HURWITZ, A. PIERRO, N. Y. LIU, A. BANDYOPADHYAY e M. ESTELLE. 2000. The *axr6* mutants of *Arabidopsis thaliana* defi ne a gene involved in auxin response and early development. *Development* 127, 23–32.

HUANG, F.-Y., S. PHILOSOPH-HADAS, S. MEIR, D. A. CALLAHAM, R. SABATO, A. ZELCER e P. K. HEPLER. 1997. Increases in cytosolic Ca2+ in parsley mesophyll cells correlate with leaf senescence. *Plant Physiol.* 115, 51–60.

HULBARY, R. L. 1944. The influence of air spaces on the threedimensional shapes of cells in *Elodea* stems, and a comparison with pith cells of *Ailanthus*. *Am. J. Bot.* 31, 561–580.

HÜLSKAMP, M., S. MISÉRA e G. JÜRGENS. 1994. Genetic dissection of trichome cell development in *Arabidopsis*. *Cell* 76, 555–566.

HURKMAN, W. J. 1979. Ultrastructural changes of chloroplasts in attached and detached, aging primary wheat leaves. *Am. J. Bot.* 66, 64–70.

IM, K.-H., D. J. COSGROVE e A. M. JONES. 2000. Subcellular localization of expansin mRNA in xylem cells. *Plant Physiol.* 123, 463–470.

INTERNATIONAL RICE GENOME SEQUENCING PROJECT. 2005. The map-based sequence of the rice genome. *Nature* 436, 793–800.

IRISH, V. F. 1991. Cell lineage in plant development. *Curr. Opin. Cell Biol.* 3, 983–987.

IRISH, V. F. e P. D. JENIK. 2001. Cell lineage, cell signaling and the control of plant morphogenesis. *Curr. Opin. Gen. Dev.* 11, 424–430.

JACKSON, B. D. 1953. *A Glossary of Botanic Terms, with Their Derivation and Accent*, rev. and enl. 4. ed., J. B. Lippincott, Philadelphia.

JAFFE, M. J. 1980. Morphogenetic responses of plants to mechanical stimuli or stress. *BioScience* 30, 239–243.

JAIN, S. M., P. K. GUPTA e R. J. NEWTON, eds. 1995. *Somatic Embryogenesis in Woody Plants*, vols. 1–6. Kluwer Academic, Dordrecht.

JING, H.-C., J. HILLE e P. P. DIJKWEL. 2003. Ageing in plants: Conserved strategies and novel pathways. *Plant Biol.* 5, 455–464.

JONES, L. H. 1974. Factors influencing embryogenesis in carrot cultures (*Daucus carota* L.) *Ann. Bot.* 38, 1077–1088.

JOUBÈS, J. e C. CHEVALIER. 2000. Endoreduplication in higher plants. *Plant Mol. Biol.* 43, 735–745.

KAPLAN, D. R. 2001. Fundamental concepts of leaf morphology and morphogenesis: A contribution to the interpretation of molecular genetic mutants. *Int. J. Plant Sci.* 162, 465–474.

KAPLAN, D. R. e W. HAGEMANN. 1991. The relationship of cell and organism in vascular plants. *BioScience* 41, 693–703.

KAPLAN, R. 1937. Über die Bildung der Stele aus dem Urmeristem von Pteridophyten und Spermatophyten. *Planta* 27, 224–268.

KENDE, H. e J. A. D. ZEEVAART. 1997. The five "classical" plant hormones. *Plant Cell* 9, 1197–1210.

KERK, N. M., K. JIANG e L. J. FELDMAN. 2000. Auxin metabolism in the root apical meristem. *Plant Physiol.* 122, 925–932.

KERR, J. F. R. e B. V. HARMON. 1991. Definition and incidence of apoptosis: A historical perspective. In: *Apoptosis: The Molecular Basis of Cell Death*, pp. 5–29, L. D. Tomei e F. O. Cope, eds. Cold Spring Harbor Laboratory Press, Cold Spring Harbor, NY.

KERR, J. F. R., A. H. WYLLIE e A. R. CURRIE. 1972. Apoptosis: A basic biological phenomenon with wide-ranging implications in tissue kinetics. *Brit. J. Cancer* 26, 239–257.

KIDNER, C., V. SUNDARESAN, K. ROBERTS e L. DOLAN 2000. Clonal analysis of the *Arabidopsis* root confirms that position, not lineage, determines cell fate. *Planta* 211, 191–199.

KING, R. W., T. MORITZ, L. T. EVANS, O. JUNTTILA e A. J. HERLT. 2001. Long-day induction of flowering in *Lolium temulentum* involves sequential increases in specific gibberellins at the shoot apex. *Plant Physiol.* 127, 624–632.

KONDOROSI, E., F. ROUDIER e E. GENDREAU. 2000. Plant cellsize control: Growing by ploidy? *Curr. Opin. Plant Biol.* 3, 488–492.

KOORNNEEF, M., C. J. HANHART, H. W. M. HILHORST e C. M. KARSSEN. 1989. *In vivo* inhibition of seed development and reserve protein accumulation in recombinants of abscisic acid biosynthesis and responsiveness mutants in *Arabidopsis thaliana. Plant Physiol.* 90, 463–469.

KRABBE, G. 1886. *Das gleitende Wachsthum bei der Gewebebildung der Gefässpfl anzen.* Gebrüder Borntraeger, Berlin.

KUDO, N. e Y. KIMURA. 2002. Nuclear DNA endoreduplication during petal development in cabbage: Relationship between ploidy levels and cell size. *J. Exp. Bot.* 53, 1017–1023.

KURIYAMA, H. e H. FUKUDA. 2002. Developmental programmed cell death in plants. *Curr. Opin. Plant Biol.* 5, 568–573.

LAM, E., N. KATO e M. LAWTON. 2001. Programmed cell death, mitochondria and the plant hypersensitive response. *Nature* 411, 848–853.

LANGDALE, J. A., B. LANE, M. FREELING e T. NELSON. 1989. Cell lineage analysis of maize bundle sheath and mesophyll cells. *Dev. Biol.* 133, 128–139.

LANZA, R., J. GEARHART, B. HOGAN, D. MELTON, R. PEDERSEN, J. THOMSON e M. WEST, eds. 2004a. *Handbook of Stem Cells*, vol. 1, *Embryonic.* Elsevier Academic Press, Amsterdam.

LANZA, R., H. BLAU, D. MELTON, M. MOORE, E. D. THOMAS (Hon.), C. VERFAILLE, I. WEISSMAN e M. WEST, eds. 2004b. *Handbook of Stem Cells, vol. 2, Adult and Fetal.* Elsevier Academic Press, Amsterdam.

LARKIN, J. C., N. YOUNG, M. PRIGGE e M. D. MARKS. 1996. The control of trichome spacing and number in *Arabidopsis. Development* 122, 997–1005.

LARKIN, J. C., M. D. MARKS, J. NADEAU e F. SACK. 1997. Epidermal cell fate and patterning in leaves. *Plant Cell* 9, 1109–1120.

LARKINS, B. A., B. P. DILKES, R. A. DANTE, C. M. COELHO, Y.-M. WOO e Y. LIU. 2001. Investigating the hows and whys of DNA endoreduplication. *J. Exp. Bot.* 52, 183–192.

LAUX, T. e G. JÜRGENS. 1994. Establishing the body plan of the *Arabidopsis* embryo. *Acta Bot. Neerl.* 43, 247–260.

LEE, R.-H. e S.-C. G. CHEN. 2002. Programmed cell death during rice leaf senescence is nonapoptotic. *New Phytol.* 155, 25–32.

LEOPOLD, A. C. 1978. The biological significance of death in plants. In: *The Biology of Aging*, pp. 101–114, J. A. Behnke, C. E. Finch e G. B. Moment, eds. Plenum, New York.

LETHAM, D. S. 1994. Cytokinins as phytohormones—Sites of biosynthesis, translocation, and function of translocated cytokinin cytokinin. In: *Cytokinins: Chemistry, Activity, and Function*, pp. 57–80, D. W. S. Mok e M. C. Mok, eds. CRC Press, Boca Raton, FL.

LJUNG, K., R. P. BHALERAO e G. SANDBERG. 2001. Sites and homeostatic control of auxin biosynthesis in *Arabidopsis* during vegetative growth. *Plant J.* 28, 465–474.

LOAKE, G. 2001. Plant cell death: Unmasking the gatekeepers. *Curr. Biol.* 11, R1028–R1031.

LOHMAN, K. N., S. GAN, M. C. JOHN e R. M. AMASINO. 1994. Molecular analysis of natural leaf senescence in *Arabidopsis thaliana. Physiol. Plant.* 92, 322–328.

LÖRZ, H., W. WERNICKE e I. POTRYKUS. 1979. Culture and plant regeneration of *Hyoscyamus* protoplasts. *Planta Med.* 36, 21–29.

LYNCH, J. e K. M. BROWN. 1997. Ethylene and plant responses to nutritional stress. *Physiol. Plant.* 100, 613–619.

LYNDON, R. F. 1998. *The Shoot Apical Meristem. Its Growth and Development.* Cambridge University Press, Cambridge.

MA, J., K.-C. PASCAL, M. W. DRAKE e P. CHRISTOU. 2003. The production of recombinant pharmaceutical proteins in plants. *Nat. Rev.* 4, 794–805.

MÄHÖNEN, A. P., M. BONKE, L. KAUPPINEN, M. RIIKONEN, P. N. BENFEY e Y. HELARIUTTA. 2000. A novel two-component hybrid molecule regulates vascular morphogenesis of the *Arabidopsis* root. *Genes Dev.* 14, 2938–2943.

MARASCHIN, S. F., W. DE PRIESTER, H. P. SPAINK e M. WANG. 2005. Androgenic switch: an example of plant embryogenesis from the male gametophyte perspective. *J. Exp. Bot.* 56, 1711–1726.

MARCHANT, A., J. KARGUL, S. T. MAY, P. MULLER, A. DELBARRE, C. PERROT-RECHENMANN e M. J. BENNETT. 1999. AUX1 regulates root gravitropism in *Arabidopsis* by facilitating auxin uptake within root apical tissues. *EMBO J.* 18, 2066–2073.

MARCHANT, A., R. BHALERAO, I. CASIMIRO, J. EKLÖF, P. J. CASERO, M. BENNETT e G. SANDBERG. 2002. AUX1 promotes lateral root formation by facilitating indole-3-acetic acid distribution between sink and source tissues in the *Arabidopsis* seedling. *Plant Cell* 14, 589–597.

MARCOTRIGIANO, M. 1997. Chimeras and variegation: Patterns of deceit. *HortScience* 32, 773–784.

MARCOTRIGIANO, M. 2001. Genetic mosaics and the analysis of leaf development. *Int. J. Plant Sci.* 162, 513–525.

MATTOO, A. K. e J. C. SUTTLE, eds. 1991. *The Plant Hormone Ethylene.* CRC Press, Boca Raton, FL.

MATTSSON, J., Z. R. SUNG e T. BERLETH. 1999. Responses of plant vascular systems to auxin transport inhibition. *Development* 126, 2979–2991.

MCCAULEY, M. M. e R. F. EVERT. 1988. Morphology and vasculature of the leaf of potato (*Solanum tuberosum*). *Am. J. Bot.* 75, 377–390.

MCDANIEL, C. N. 1984a. Competence, determination, and induction in plant development. In: *Pattern Formation. A Primer in Developmental Biology*, pp. 393–412, G. M. Malacinski, ed. e S. V. Bryant, consulting ed. Macmillan, New York.

MCDANIEL, C. N. 1984b. Shoot meristem development. In: *Positional Controls in Plant Development*, pp. 319–347, P. W. Barlow e D. J. Carr, eds. Cambridge University Press, Cambridge.

MCMANUS, M. T. e B. E. VEIT, eds. 2002. *Meristematic Tissues in Plant Growth and Development.* Sheffield Academic Press, Sheffield, UK.

MILBORROW, B. V. 1984. Inhibitors. In: *Advanced Plant Physiology*, pp. 76–110, M. B. Wilkins, ed. Longman Scientific & Technical, Essex, England.

MITTLER, R., O. DEL POZO, L. MEISEL e E. LAM. 1997. Pathogeninduced programmed cell death in plants, a possible defense mechanism. *Dev. Genet.* 21, 279–289.

MIZUKAMI, Y. 2001. A matter of size: Developmental control of organ size in plants. *Curr. Opin. Plant Biol.* 4, 533–539.

MUDAY, G. K. 2001. Auxins and tropisms. *J. Plant Growth Regul.* 20, 226–243.

MURASHIGE, T. 1979. Plant tissue culture and its importance to agriculture. In: *Practical Tissue Culture Applications*, pp. 27–44, K. Maramorosch and H. Hirumi, eds. Academic Press, New York.

NAGL, W. 1978. *Endopolyploidy and Polyteny in Differentiation and Evolution.* North-Holland, Amsterdam.

NAGL, W. 1981. Polytene chromosomes in plants. *Int. Rev. Cytol.* 73, 21–53.

NAPOLI, C. A., C. A. BEVERIDGE e K. C. SNOWDEN. 1999. Reevaluating concepts of apical dominance and the control of axillary bud outgrowth. *Curr. Topics Dev. Biol.* 44, 127–169.

NEEFF, F. 1914. Über Zellumlagerung. Ein Beitrag zur experimentellen Anatomie. *Z. Bot.* 6, 465–547.

NOODÉN, L. D. 1988. The phenomena of senescence and aging. In: *Senescence and Aging in Plants*, pp. 1–50, L. D. Noodén e A. C. Leopold, eds. Academic Press, San Diego.

NOODÉN, L. D. e A. C. LEOPOLD, eds. 1988. *Senescence and Aging in Plants.* Academic Press, San Diego.

NOODÉN, L. D. e J. E. THOMPSON. 1985. Aging and senescence in plants. In: *Handbook of the Biology of Aging*, 2. ed., pp. 105–127, C. E. Finch e E. L. Schneider, eds. Van Nostrand Reinhold, New York.

NOODÉN, L. D., J. J. GUIAMÉT e I. JOHN. 1997. Senescence mechanisms. *Physiol. Plant.* 101, 746–753.

PAQUETTE, A. J. e P. N. BENFEY. 2001. Axis formation and polarity in plants. *Curr. Opin. Gen. Dev.* 11, 405–409.

PARRY, G., A. DELBARRE, A. MARCHANT, R. SWARUP, R. NAPIER, C. PERROT-RECHENMANN e M. J. BENNETT. 2001. Novel auxin transport inhibitors phenocopy the auxin influx carrier mutation *aux1*. *Plant J.* 25, 399–406.

PEÑA, L., ed. 2004. *Transgenic Plants.* Humana Press, Inc., Totowa, NJ.

PENNELL, R. I., e C. LAMB. 1997. Programmed cell death in plants. *Plant Cell* 9, 1157–1168.

PIGLIUCCI, M. 1998. Developmental phenotypic plasticity: Where internal programming meets the external environment. *Curr. Opin. Plant Biol.* 1, 87–91.

POETHIG, R. S. 1984a. Cellular parameters of leaf morphogenesis in maize and tobacco. In: *Contemporary Problems in Plant Anatomy*, pp. 235–259, R. A. White e W. C. Dickison, eds. Academic Press, New York.

POETHIG, R. S. 1984b. Patterns and problems in angiosperm leaf morphogenesis. In: *Pattern Formation. A Primer in Developmental Biology*, pp. 413–432, G. M. Malacinski, ed. and S. V. Bryant, consulting ed. Macmillan, New York.

POETHIG, R. S. 1987. Clonal analysis of cell lineage patterns in plant development. *Am. J. Bot.* 74, 581–594.

POETHIG, R. S. e I. M. SUSSEX. 1985. The cellular parameters of leaf development in tobacco: A clonal analysis. *Planta* 165, 170–184.

POETHIG, R. S., E. H. COE JR. e M. M. JOHRI. 1986. Cell lineage patterns in maize embryogenesis: A clonal analysis. *Dev. Biol.* 117, 392–404.

PONTIER, D., C. BALAGUÉ e D. ROBY. 1998. The hypersensitive response. A programmed cell death associated with plant resistance. *C.R. Acad. Sci., Paris, Sci. de la Vie* 321, 721–734.

POUPIN, M. J. e P. ARCE-JOHNSON. 2005. Transgenic trees for a new era. *In Vitro Cell. Dev. Biol.—Plant* 41, 91–101.

POWER, J. B. e E. C. COCKING. 1971. Fusion of plant protoplasts. *Sci. Prog. Oxf.* 59, 181–198.

PRAT, H. 1935. Recherches sur la structure et le mode de croissance de chaumes. *Ann. Sci. Nat. Bot.*, Sér. 10, 17, 81–145.

PRAT, H. 1948. Histo-physiological gradients and plant organogenesis. *Bot. Rev.* 14, 603–643.

PRAT, H. 1951. Histo-physiological gradients and plant organogenesis. (Part II). *Bot. Rev.* 17, 693–746.

PRIESTLEY, J. H. 1930. Studies in the physiology of cambial activity. II. The concept of sliding growth. *New Phytol.* 29, 96–140.

RAGHAVAN, V. 1976. *Experimental Embryogenesis in Vascular Plants.* Academic Press, London.

RAGHAVAN, V. 1986. *Embryogenesis in Angiosperms. A Developmental and Experimental Study.* Cambridge University Press, Cambridge.

RAHMAN, A., S. HOSOKAWA, Y. OONO, T. AMAKAWA, N. GOTO e S. TSURUMI. 2002. Auxin and ethylene response interactions during *Arabidopsis* root hair development dissected by auxin influx modulators. *Plant Physiol.* 130, 1908–1917.

RASHOTTE, A. M., A. DELONG e G. K. MUDAY. 2001. Genetic and chemical reductions in protein phosphatase activity alter auxin transport, gravity response, and lateral root growth. *Plant Cell* 13, 1683–1697.

RAUH, W. 1950. *Morphologie der Nutzpfl anzen.* Quelle & Meyer, Heidelberg.

RAVEN, P. H., R. F. EVERT e S. E. EICHHORN. 2005. *Biology of Plants*, 7. ed. Freeman, New York.

REINHARDT, D., T. MANDEL e C. KUHLEMEIER. 2000. Auxin regulates the initiation and radial position of plant lateral organs. *Plant Cell* 12, 507–518.

RICHARDS, D. E., K. E. KING, T. AIT-ALI e N. P. HARBERD. 2001. How gibberellin regulates plant growth and development: A molecular genetic analysis of gibberellin signaling. *Annu. Rev. Plant Physiol. Plant Mol. Biol.* 52, 67–88.

ROSS, J. J., D. P. O'NEILL, C. M. WOLBANG, G. M. SYMONS e J. B. REID. 2002. Auxin-gibberellin interactions and their role in plant growth. *J. Plant Growth Regul.* 20, 346–353.

SABATINI, S., D. BEIS, H. WOLKENFELT, J. MURFETT, T. GUILFOYLE, J. MALAMY, P. BENFEY, O. LEYSER, N. BECHTOLD, P. WEISBEEK e B. SCHERES. 1999. An auxin-dependent distal organizer of pattern and polarity in the *Arabidopsis* root. *Cell* 99, 463–472.

SACHS, T. 1981. The control of the patterned differentiation of vascular tissues. *Adv. Bot. Res.* 9, 152–262.

SACHS, T. 1991. Cell polarity and tissue patterning in plants. *Development* suppl. 1, 83–93.

SACHS, T. 1993. The role of auxin in the polar organisation of apical meristems. *Aust. J. Plant Physiol.* 20, 541–553.

SAKAKIBARA, H., M. SUZUKI, K. TAKEI, A. DEJI, M. TANIGUCHI e T. SUGIYAMA. 1998. A response-regulator homologue possibly involved in nitrogen signal transduction mediated by cytokinin in maize. *Plant* J. 14, 337–344.

SASS, J. E. 1958. *Botanical Microtechnique*, 3. ed. Iowa State College Press, Ames, IA.

SATINA, S., A. F. BLAKESLEE e A. G. AVERY. 1940. Demonstration of the three germ layers in the shoot apex of *Datura* by means of induced polyploidy in periclinal chimeras. *Am. J. Bot.* 27, 895–905.

SCARPELLA, E., S. RUEB, K. J. M. BOOT, J. H. C. HOGE e A. H. MEIJER. 2000. A role for the rice homeobox gene *Oshox1* in provascular cell fate commitment. *Development* 127, 3655–3669.

SCARPELLA, E., K. J. M. BOOT, S. RUEB e A. H. MEIJER. 2002. The procambium specification gene *Oshox1* promotes polar auxin transport capacity and reduces its sensitivity toward inhibition. *Plant Physiol.* 130, 1349–1360.

SCHERES, B. e P. N. BENFEY. 1999. Asymmetric cell division in plants. *Annu. Rev. Plant Physiol. Plant Mol. Biol.* 50, 505–537.

SCHERES, B. e H. WOLKENFELT. 1998. The *Arabidopsis* root as a model to study plant development. *Plant Physiol. Biochem.* 36, 21–32.

SCHMÜLLING, T. 2002. New insights into the functions of cytokinins in plant development. *J. Plant Growth Regul.* 21, 40–49.

SCHOCH-BODMER, H. 1945. Interpositionswachstum, symplastisches und gleitendes Wachstum. *Ber. Schweiz. Bot. Ges.* 55, 313–319.

SCHOCH-BODMER, H. e P. HUBER. 1951. Das Spitzenwachstum der Bastfasern bei *Linum usitatissimum* und *Linum perenne*. *Ber. Schweiz. Bot. Ges.* 61, 377–404.

SCHOCH-BODMER, H. e P. HUBER. 1952. Local apical growth and forking in secondary fibres. *Proc. Leeds Philos. Lit. Soc., Sci. Sect.*, 6, 25–32.

SCHÜEPP, O. 1926. *Meristeme. Handbuch der Pfl anzenanatomie*, Band 4, Lief 16. Gebrüder Borntraeger, Berlin.

SHEPARD, J. F., D. BIDNEY e E. SHAHIN. 1980. Potato protoplasts in crop improvement. *Science* 208, 17–24.

SHERRIFF, L. J., M. J. MCKAY, J. J. ROSS, J. B. REID e C. L. WILLIS. 1994. Decapitation reduces the metabolism of gibberellins A20 to A1 in *Pisum sativum* L., decreasing the Le/le difference. *Plant Physiol.* 104, 277–280.

SHIMIZU-SATO, S. e H. MORI. 2001. Control of outgrowth and dormancy in axillary buds. *Plant Physiol.* 127, 1405–1413.

SIMON, E. W. 1977. Membranes in ripening and senescence. *Ann. Appl. Biol.* 85, 417–421.

SINGH, D. P., A. M. JERMAKOW e S. M. SWAIN. 2002. Gibberellins are required for seed development and pollen tube growth in *Arabidopsis*. *Plant Cell* 14, 3133–3147.

SINNOTT, E. W. 1960. *Plant Morphogenesis*. McGraw-Hill, New York.

SINNOTT, E. W. e R. BLOCH. 1939. Changes in intercellular relationships during the growth and differentiation of living plant tissues. *Am. J. Bot.* 26, 625–634.

SLATER, A., N. W. SCOTT e M. R. FOWLER. 2003. *Plant Biotechnology— The Genetic Manipulation of Plants*. Oxford University Press, Oxford.

STEBBINS, G. L. e S. K. JAIN. 1960. Developmental studies of cell differentiation in the epidermis of monocotyledons. I. *Allium, Rhoeo,* and *Commelina*. *Dev. Biol.* 2, 409–426.

STEEVES, T. A., M. A. HICKS, J. M. NAYLOR e P. RENNIE. 1969. Analytical studies of the shoot apex of *Helianthus annuus*. *Can. J. Bot.* 47, 1367–1375.

STEINMANN, T., N. GELDNER, M. GREBE, S. MANGOLD, C. L. JACKSON, S. PARIS, L. GÄLWEILER, K. PALME e G. JÜRGENS. 1999. Coordinated polar localization of auxin efflux carrier PIN1 by GNOM ARF GEF. *Science* 286, 316–318.

STEWARD, F. C., M. O. MAPES, A. E. KENT e R. D. HOLSTEN. 1964. Growth and development of cultured plant cells. *Science* 143, 20–27.

STEWARD, F. C., U. MORENO e W. M. ROCA. 1981. Growth, form and composition of potato plants as affected by environment. *Ann. Bot.* 48 (suppl. 2), 1–45.

STEWART, R. N. e L. G. BURK. 1970. Independence of tissues derived from apical layers in ontogeny of the tobacco leaf and ovary. *Am. J. Bot.* 57, 1010–1016.

STEWART, R. N., P. SEMENIUK e H. DERMEN. 1974. Competition and accommodation between apical layers and their derivatives in the ontogeny of chimeral shoots of *Pelargonium* x *Hortorum*. *Am. J. Bot.* 61, 54–67.

STREET, H. E., ed. 1977. *Plant Tissue and Cell Culture*, 2. ed. Blackwell, Oxford.

SUGIMOTO-SHIRASU, K., N. J. STACEY, J. CORSAR, K. ROBERTS e M. C. MCCANN. 2002. DNA topoisomerase VI is essential for endoreduplication in *Arabidopsis*. *Curr. Biol.* 12, 1782–1786.

SUNDBERG, B., C. UGGLA e H. TUOMINEN. 2000. Cambial growth and auxin gradients. In: *Cell and Molecular Biology of Wood Formation*, pp. 169–188, R. A. Savidge, J. R. Barnett e R. Napier, eds. BIOS Scientific, Oxford.

SUNDERLAND, N. e J. M. DUNWELL. 1977. Anther and pollen culture. In: *Plant Tissue and Cell Culture*, 2. ed., pp. 223–265, H. E. Street, ed. Blackwell, Oxford.

SWARUP, R., J. FRIML, A. MARCHANT, K. LJUNG, G. SANDBERG, K. PALME e M. BENNETT. 2001. Localization of the auxin permease AUX1 suggests two functionally distinct hormone transport pathways operate in the *Arabidopsis* root apex. *Genes Dev.* 15, 2648–2653.

SZYMKOWIAK, E. J. e I. M. SUSSEX. 1996. What chimeras can tell us about plant development. *Annu. Rev. Plant Physiol. Plant Mol. Biol.* 47, 351–376.

TAIZ, L. e E. ZEIGER. 2002. *Plant Physiology*, 3. ed. Sinauer Associates Inc., Sunderland, MA.

THEIßEN, G. e H. SAEDLER. 1999. The golden decade of molecular floral development (1990–1999): A cheerful obituary. *Dev. Genet.* 25, 181–193.

THIMANN, K. V. 1978. Senescence. *Bot. Mag., Tokyo,* spec. iss. 1, 19–43.

THOMPSON, J. E., C. D. FROESE, Y. HONG, K. A. HUDAK e M. D. SMITH. 1997. Membrane deterioration during senescence. *Can. J. Bot.* 75, 867–879.

TILNEY-BASSETT, R. A. E. 1986. *Plant Chimeras*. Edward Arnold, London.

TRAAS, J., M. HÜLSKAMP, E. GENDREAU e H. HÖFTE. 1998. Endoreplication and development: rule without dividing? *Curr. Opin. Plant Biol.* 1, 498–503.

TREWAVAS, A. 1980. Possible control points in plant development. In: *The Molecular Biology of Plant Development*. Botanical Monographs, vol.

18, pp. 7–27, H. Smith e D. Grierson, eds. University of California Press, Berkeley.

TROMBETTA, V. V. 1942. The cytonuclear ratio. *Bot. Rev.* 8, 317–336.

TWELL, D., S. K. PARK e E. LALANNE. 1998. Asymmetric division and cell-fate determination in developing pollen. *Trends Plant Sci.* 3, 305–310.

VAN DEN BERG, C., V. WILLEMSEN, W. HAGE, P. WEISBEEK e B. SCHERES. 1995. Cell fate in the *Arabidopsis* root meristem determined by directional signalling. *Nature* 378, 62–65.

VASIL, I. 1991. Plant tissue culture and molecular biology as tools in understanding plant development and plant improvement. *Curr. Opin. Biotech.* 2, 158–163.

VASIL, I. K. 2005. The story of transgenic cereals: the challenge, the debate, and the solution—A historical perspective. *In Vitro Cell. Dev. Biol.—Plant* 41, 577–583.

VÖCHTING, H. 1878. *Über Organbildung im Pflanzenreich: Physiologische Untersuchungen über Wachsthumsursachen und Lebenseinheiten.* Max Cohen, Bonn.

VOGLER, H. e C. KUHLEMEIER. 2003. Simple hormones but complex signaling. *Curr. Opin. Plant Biol.* 6, 51–56.

WATANABE, M., D. SETOGUCHI, K. UEHARA, W. OHTSUKA e Y. WATANABE. 2002. Apoptosis-like cell death of *Brassica napus* leaf protoplasts. *New Phytol.* 156, 417–426.

WEISSMAN, I. L. 2000. Stem cells: Units of development, units of regeneration, and units in evolution. *Cell* 100, 157–168.

WEISSMAN, I. L., D. J. ANDERSON e F. GAGE. 2001. Stem and progenitor cells: Origins, phenotypes, lineage commitments, and transdifferentiations. *Annu. Rev. Cell Dev. Biol.* 17, 387–403.

WERNER, T., V. MOTYKA, M. STRNAD e T. SCHMÜLLING. 2001. Regulation of plant growth by cytokinin. *Proc. Natl. Acad. Sci. USA* 98, 10487–10492.

WETMORE, R. H. e S. SOROKIN. 1955. On the differentiation of xylem. *J. Arnold Arbor.* 36, 305–317.

WEYERS, J. D. B. e N. W. PATERSON. 2001. Plant hormones and the control of physiological processes. *New Phytol.* 152, 375–407.

WILLIAMS, E. G. e G. MAHESWARAN. 1986. Somatic embryogenesis: Factors influencing coordinated behaviour of cells as an embryogenic group. *Ann. Bot.* 57, 443–462.

WITHERS, L. e P. G. ANDERSON, eds. 1986. *Plant Tissue Culture and Its Agricultural Applications.* Butterworths, London.

WREDLE, U., B. WALLES e I. HAKMAN. 2001. DNA fragmentation and nuclear degradation during programmed cell death in the suspensor and endosperm of *Vicia faba*. *Int. J. Plant Sci.* 162, 1053–1063.

YAMAGUCHI, S. e Y. KAMIYA. 2002. Gibberellins and lightstimulated seed germination. *J. Plant Growth Regul.* 20, 369–376.

YAMAMOTO, R., S. FUJIOKA, T. DEMURA, S. TAKATSUTO, S. YOSHIDA e H. FUKUDA. 2001. Brassinosteroid levels increase drastically prior to morphogenesis of tracheary elements. *Plant Physiol.* 125, 556–563.

YAXLEY, J. R., J. J. ROSS, L. J. SHERRIFF e J. B. REID. 2001. Gibberellin biosynthesis mutations and root development in pea. *Plant Physiol.* 125, 627–633.

YONG, J. W. H., S. C. WONG, D. S. LETHAM, C. H. HOCART e G. D. FARQUHAR. 2000. Effects of elevated [CO_2] and nitrogen nutrition on cytokinins in the xylem sap and leaves of cotton. *Plant Physiol.* 124, 767–779.

ZAMBRYSKI, P. e K. CRAWFORD. 2000. Plasmodesmata: Gatekeepers for cell-to-cell transport of developmental signals in plants. *Annu. Rev. Cell Dev. Biol.* 16, 393–421.

ŽÁRSKÝ, V. e F. CVRC ˇ KOVÁ. 1999. Rab and Rho GTPases in yeast and plant cell growth and morphogenesis. In: *Advances in Regulation of Plant Growth and Development*, pp. 49–57, M. Strnad, P. Pecˇ e E. Beck, eds. Peres Publishers, Prague.

ZEEVAART, J. A. D. e M. TALON. 1992. Gibberellin mutants in *Arabidopsis thaliana*. In: *Progress in Plant Growth Regulation*, pp. 34–42, C. M. Karssen, L. C. van Loon e D. Vreugdenhil, eds. Kluwer Academic, Dordrecht.

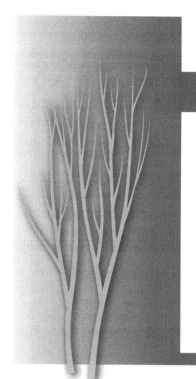

CAPÍTULO SEIS

MERISTEMAS APICAIS

Maria das Graças Sajo

O termo **meristemas apicais** se refere a um grupo de células meristemáticas do ápice do caule e da raiz que, por divisões, forma o alicerce do corpo da planta. Como indicado no Capítulo 5, os meristemas são compostos de células iniciais, que perpetuam o meristema, e suas derivadas. Também as células derivadas, em geral, se dividem e produzem uma ou mais gerações de células antes que as mudanças citológicas, que conferem a diferenciação de células e tecidos específicos, ocorram próximo do ápice do caule e da raiz. As divisões continuam em todos os níveis onde tais mudanças já se encontram discerníveis. Portanto, o crescimento, no sentido de divisão celular, não se limita ao ápice do caule e raiz, mas se estende a níveis consideravelmente remotos das regiões usualmente chamadas meristemas apicais. De fato, divisões a alguma distância do ápice são mais numerosas do que no ápice (Buvat, 1952). No caule, é observada uma atividade meristemática mais intensa em níveis onde novas folhas são iniciadas do que no ápice, e durante o alongamento do caule, a divisão celular se estende por vários entrenós abaixo do meristema apical (Sachs, 1965). A mudança de meristema apical para tecidos primários adultos é gradual e envolve a integração dos fenômenos de divisão celular, crescimento celular e diferenciação celular, de tal forma que não se pode restringir o termo meristema ao ápice do caule e da raiz. As partes do caule e da raiz onde os futuros tecidos e órgãos encontram-se parcialmente determinados, mas onde a divisão e o crescimento celular ainda estão ocorrendo, são também meristemáticas.

A terminologia profusa e inconsistente na vasta literatura sobre meristemas apicais (Wardlaw, 1957; Clowes, 1961; Cutter, 1965; Gifford e Corson, 1971; Medford, 1992; Lyndon, 1998) reflete a complexidade do aspecto em questão. Em geral, o termo meristema apical é usado num sentido mais amplo do que meramente envolvendo as iniciais e suas derivadas imediatas; ele também inclui variáveis extensões do caule e da raiz, próximo ao ápice. Ápice caulinar e ápice radicular são geralmente empregados como sinônimos de meristemas apicais, embora uma distinção seja feita, algumas vezes, entre o meristema apical do caule e o ápice caulinar; o meristema apical denota somente a parte do caule de posição distal em relação aos primórdios das folhas mais jovens, enquanto que ápice caulinar inclui o meristema apical junto à região subapical portadora dos primórdios de folhas jovens (Cutter, 1965). Quando são feitas as determinações das dimensões de ápices caulinares, somente é considerada a parte acima do primórdio foliar mais jovem, ou o nó mais jovem.

Quando é importante diferenciar a menor parte determinada do meristema apical, o termo **promeristema** ou **protomeristema** (Jackson, 1953) é usado: ele se refere às iniciais e suas derivadas mais recentes, que não exibem qualquer evidên-

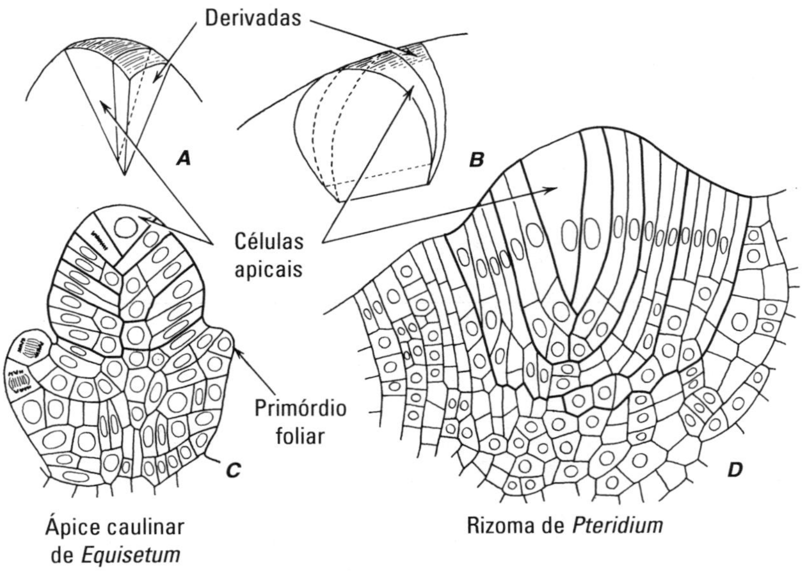

FIGURA 6.1

Ápices caulinares com células apicais. **A**, **B**, duas formas de células apicais, piramidal ou com quatro lados, (**A**) e lenticular ou com três lados, (**B**). As células se dividem em três faces na célula piramidal, em duas na lenticular. Tanto em **A** como em **B** uma célula derivada é mostrada unida no lado direito da célula apical. **C**, **D**, células apicais em cortes longitudinais do caule (**C**) e rizoma (**D**). Em **C**, células apicais no primórdio foliar; uma delas (à esquerda) está se dividindo. Derivadas subdivididas – merófitas – da célula apical encontram-se indicadas por paredes ligeiramente mais espessas (**C**, **D**, × 150. **A**, **B**, adaptado de Schüepp, 1926. **www.schweizerbart.de**)

cia de diferenciação de tecido, sendo consideradas como estando no mesmo estágio fisiológico que as iniciais (Sussex e Steeves, 1967; Steeves e Sussex, 1989). O **metameristema** de Johnson e Tolbert (1960) se refere ao mesmo grupo de células do promeristema (protomeristema). Eles definem esse grupo como especificamente "a parte central do ápice caulinar que se mantém, contribui para o crescimento e organização do ápice e exibe pouca ou nenhuma evidência de separação de tecido". Então, essa última parte determinada do meristema apical corresponde à área geral chamada de zona central no ápice caulinar (ver a seguir). O promeristema de Clowes (1961), por outro lado, inclui somente as iniciais.

EVOLUÇÃO DO CONCEITO DE ORGANIZAÇÃO APICAL

Os meristemas apicais originalmente eram vistos como tendo somente uma célula inicial

Seguindo o conceito de ápice caulinar de Wolff (1759), como uma região não desenvolvida a partir da qual o crescimento da planta acontece, e a descoberta de uma única célula morfologicamente distinta, no ápice de plantas vasculares sem sementes, foi desenvolvida a ideia de que tais células existiam também em plantas com sementes. A **célula apical** (Fig. 6.1) foi interpretada como uma unidade estrutural e funcional dos meristemas apicais que governaria o processo inteiro de crescimento (**teoria da célula apical**). Pesquisas subsequentes refutaram a concepção da ocorrência universal de células apicais únicas e substituíram-na pelo conceito de origem independente das diferentes partes do corpo da planta.

A teoria da célula apical foi suplantada pela teoria histogênica

A **teoria histogênica** foi desenvolvida por Hanstein (1868, 1870) com base em extensivos estudos de ápices caulinares e embriões de angiospermas. Segundo essa teoria, o corpo principal da planta não se desenvolve a partir de células superficiais, mas a partir de meristemas massivos e aprofundados, que compreendem três partes, os **histógenos**, e podem ser distinguidos por sua origem e curso de desenvolvimento. A parte mais externa, o **dermatogênio** (de palavras gregas significando pele e dar forma) é o precursor da epiderme; o segundo, a **pleriblema** (do grego, revestimento) origina o córtex; o terceiro, o **pleroma** (do grego, o que preenche) constitui a massa interna do eixo. O dermatogênio, cada camada do pleriblema e o pleroma começam com uma ou muitas iniciais, distribuídas em camadas superpostas na parte mais distal do meristema apical.

O "dermatogênio" de Hanstein não é equivalente à "protoderme" de Haberlandt (1914). A protoderme de Haberlandt se refere à camada externa do meristema apical, sem considerar se essa camada se origina a partir de iniciais independentes ou

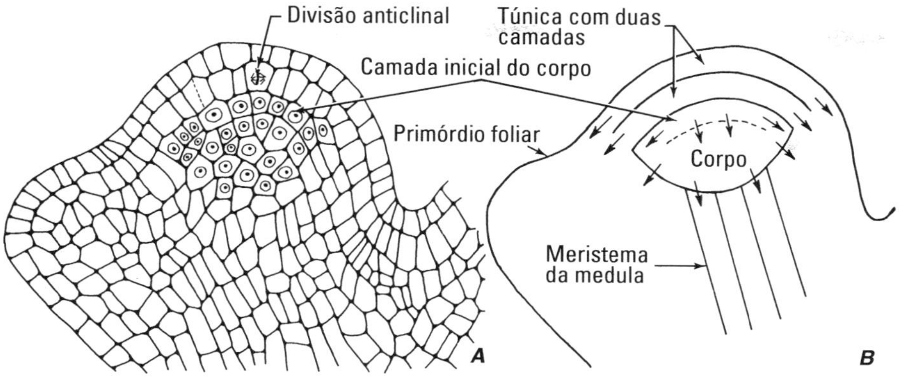

FIGURA 6.2

Ápice caulinar de *Pisum* (ervilha). Detalhes celulares em **A**, diagrama interpretativo em **B**. O meristema da medula não mostra forma típica de crescimento. (Obtido de Esau, 1977.)

não e sem considerar se ela origina a epiderme ou algum tecido subepidérmico também. Em muitos ápices, a epiderme não se origina a partir de uma camada independente do meristema apical; nesses ápices, a protoderme e o dermatogênio podem coincidir. A pleriblema e o pleroma no sentido de Hanstein são discerníveis em muitas raízes, mas raramente encontram-se delimitados em caules. Portanto, a subdivisão em dermatogênio, pleriblema e pleroma não possui aplicação universal. Mas o defeito fatal da teoria histogênica de Hanstein é sua preconcepção de que os destinos das diferentes regiões do corpo da planta são determinados pela origem dessas regiões no meristema apical.

O conceito túnica-corpo na organização apical se aplica amplamente às angiospermas

As teorias da célula apical e histogênica foram desenvolvidas com referência aos ápices da raiz e do caule. A terceira teoria da estrutura apical, a **teoria túnica-corpo** de Schmidt (1924), foi uma descoberta da observação de ápices caulinares de angiospermas. Ela diz que a região inicial do meristema apical consiste da (1) **túnica**, uma ou mais camadas de células periféricas que se dividem em plano perpendicular à superfície do meristema (divisões anticlinais) e do (2) **corpo**, um conjunto de células de posição aprofundada em que as células se dividem em vários planos (Fig. 6.2). Dessa forma, enquanto o corpo adiciona massa ao meristema apical por meio do aumento em volume, a única ou as várias camadas da túnica mantêm sua continuidade sobre a massa crescente pelo crescimento em superfície. Cada camada da túnica se origina de um pequeno grupo de iniciais separadas e o corpo possui suas próprias inicias, localizadas abaixo daquelas da túnica. Em outras palavras, o número de camadas de iniciais é igual ao número de camadas da túnica mais uma, a camada de iniciais do corpo. Em contraste com a teoria histogênica, a teoria túnica-corpo não implica qualquer relação entre a configuração das células do ápice e a histogênese abaixo dele. Embora a epiderme normalmente se diferencie da camada externa da túnica, que então coincide com o dermatogênio de Hanstein, os tecidos subjacentes podem se originar da túnica ou do corpo, ou de ambos, dependendo da espécie de planta e do número de camadas da túnica.

À medida que mais plantas foram examinadas, o conceito túnica-corpo sofreu algumas modificações, especialmente com relação à exatidão da definição de túnica. Segundo um ponto de vista, a túnica deveria incluir somente aquelas camadas que nunca mostram qualquer divisão periclinal na posição mediana, isto é, acima do nível de origem do primórdio foliar (Jentsch, 1957). Se o ápice contém camadas adicionais paralelas que periodicamente dividem periclinalmente, essas camadas são consideradas do corpo, e a última é caracterizada como estratificada (Sussex, 1955; Tolbert e Jonhson, 1966). Outros pesquisadores tratam a túnica mais livremente e descrevem-na como flutuante no número de camadas: uma ou mais camadas internas da túnica podem dividir periclinalmente e, então, se tornar parte do corpo (Clowes, 1961). Em virtude dos diferentes usos do termo túnica, sua utilidade na descrição acurada das relações de crescimento no ápice do caule foi questionada por Popham (1951), que propôs o termo **manto** para incluir "todas as camadas distais do topo do ápice, onde divisões anticlinais são suficientemente frequentes para resultar na perpetuação de determinadas camadas celulares"; o manto compreende um corpo de células chamado **core**. O termo corpo foi evitado.

O ápice caulinar da maioria das gimnospermas e angiospermas mostra um zoneamento citológico

O conceito túnica-corpo, que foi desenvolvido para ápices caulinares de angiospermas, demonstrou-se amplamente inapropriado para a caracterização do meristema apical das gimnospermas (Foster, 1938, 1941; Jonhson, 1951; Gifford and Corson, 1971; Cecich, 1980). Com poucas exceções (*Gnetum, Ephedra* e várias espécies de coníferas), as gimnospermas não mostram organização túnica-corpo no ápice caulinar; isto é, elas não possuem camadas superficiais estáveis, dividindo somente anticlinalmente. A camada mais externa do meristema apical sofre divisões periclinais e anticlinais e adicionam células para a periferia e para os tecidos interiores do caule. As células da superfície localizadas em posição mediana no meristema apical são interpretadas como iniciais. Estudos de ápices de gimnospermas levaram ao reconhecimento de um zoneamento – chamado **zoneamento cito-histológico** – baseado não apenas nos planos de divisão, mas também na diferenciação citológica e histológica e no grau de atividade meristemática dos complexos de componentes celulares (Fig. 6.3). Zoneamento similar, sobrepondo a organização túnica-corpo, tem sido observado desde então na maioria das angiospermas (Clowes, 1961; Gifford e Corson, 1971).

As zonas citológicas que podem ser reconhecidas em meristemas apicais de caules variam em grau de diferenciação e nos detalhes dos grupos de células. O zoneamento pode ser sucintamente caracterizado pela divisão do meristema apical em **zona central** e duas zonas dela derivadas. Uma delas, a **zona medular**, ou **meristema medular (medula)** aparece diretamente abaixo da zona central e encontra-se localizada centralmente no ápice. Ela, em geral, se torna a medula depois da ocorrência de uma atividade meristemática adicional. A outra, a **zona periférica**, ou **meristema periférico**, compreende as outras zonas. A zona

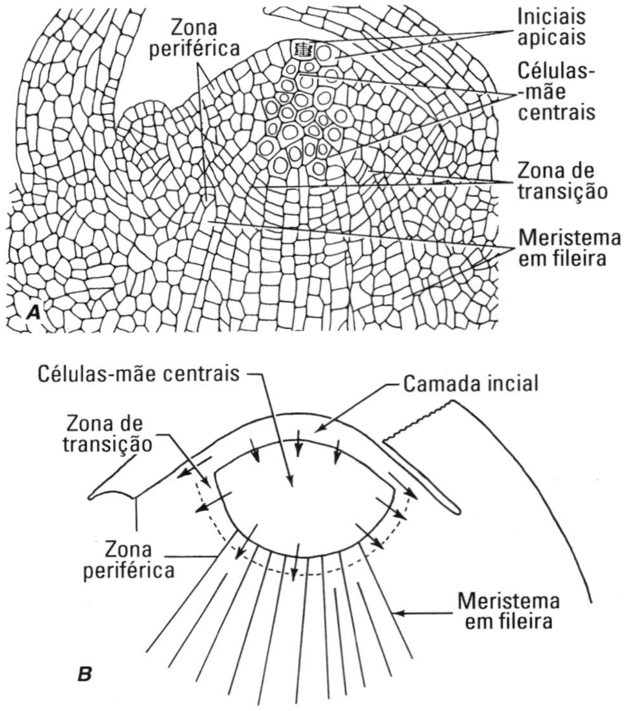

FIGURA 6.3

Ápice caulinar de *Pinus strobus* em vista longitudinal. Detalhes celulares em **A**, diagrama interpretativo em **B**. Iniciais apicais adicionam células à camada superficial por meio de divisões anticlinais e à zona de células-mãe por meio de divisões periclinais. A zona de células-mãe (células com núcleo) adicionam células à zona de transição que é formada por células que se dividem ativamente e se organizam em séries radiadas a partir da zona de células-mãe. O produto dessas divisões forma o meristema em fileira e as camadas subsuperficiais da zona periférica. (**A**, × 139, como desenhado de um diapositivo de A. R. Spurr; **B**, de Esau, 1977.)

periférica tipicamente é a mais meristemática das três e possui os citoplasmas mais densos e as menores dimensões celulares. Ela pode ser descrita como um **eumeristema**. O primórdio foliar e o procâmbio iniciam aqui, assim como o tecido cortical fundamental. Em espécies com organização túnica-corpo, a zona central corresponde ao corpo e à(s) porção(ões) da(s) camada(s) da túnica que recobrem o corpo.

PERGUNTAS SOBRE A IDENTIDADE DAS INICIAIS APICAIS

O desenvolvimento seguinte na interpretação do meristema apical do caule resultou de esforços de citologistas franceses (Buvat, 1955a; Nougarède,

1967). A atividade meristemática foi a principal atenção desses trabalhos. Contagens de mitoses e estudos citológicos, histoquímicos e ultraestruturais serviram para formular a teoria de que, depois que a estrutura apical se encontra organizada no embrião, as zonas centrais de células se tornam o meristema de espera (Fig. 6.4: **meristema de espera**). O meristema de espera fica em um estado quiescente até que o estado reprodutivo seja atingido e a atividade meristemática seja reassumida nas células distais. Durante o estágio vegetativo, a atividade meristemática é centrada no anel inicial (**anel inicial**), que corresponde à zona periférica, e no meristema medular (medula) (**meristema medular**). O conceito de zona central inativa no meristema apical se estendeu dos caules das angiospermas para os das gimnospermas (Camefort, 1956; que chamou a zona central de "zona apical") e das plantas vasculares sem sementes (Buvat, 1955b) e para raízes (Buvat e Genevès, 1951; Buvat e Liard, 1953). O conceito foi mais tarde modificado um pouco pelo fato de terem sido reconhecidas variações no grau de inatividade da zona central, em relação ao tamanho do ápice e seu estágio de desenvolvimento (Catesson, 1953; Lance, 1957; Loiseau, 1959). Com respeito aos ápices de raízes, a ocorrência de um centro inativo no meristema foi confirmada em muitos estudos, resultando no desenvolvimento do conceito de **centro quiescente**, por Clowes (1961).

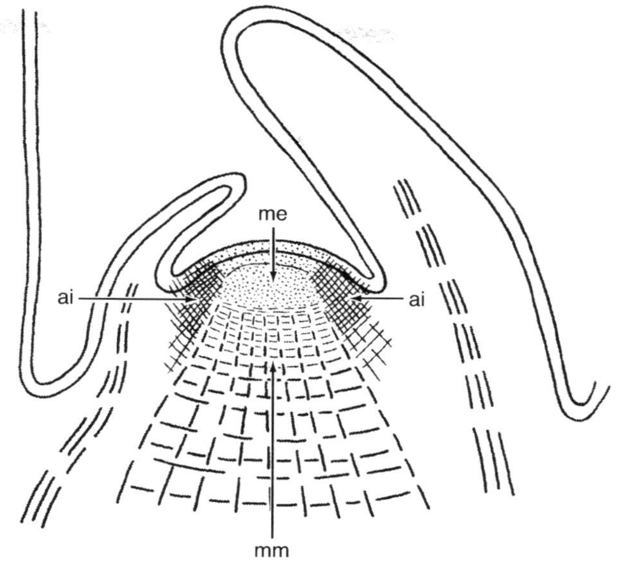

FIGURA 6.4

Diagrama do ápice caulinar de *Cheiranthus cheiri* interpretado de acordo com o conceito de meristema de espera. Detalhes: ai, anel inicial; me, meristema de espera; mm, meristema medular. (A partir de Buvat, 1955a. © Masson, Paris.)

A revisão do conceito de iniciais apicais pelos pesquisadores franceses serviu como um estímulo considerável para pesquisas posteriores com meristemas apicais (Cutter, 1965; Nougaréde, 1967; Gifford e Corson, 1971). Contagens mitóticas em diferentes regiões do ápice caulinar, tratamento de ápices radiculares com compostos radioativos para detectar a localização da síntese de DNA, RNA e proteínas, testes histoquímicos, manipulações experimentais e identificação de padrões celulares em ápices caulinares vivos e fixados forneceram resultados que, em essência, corroboraram o postulado da relativa infrequência na atividade mitótica, na zona central (Tabela 6.1) (Davis et al., 1979; Lyndon, 1976, 1998).

O reconhecimento de uma relativa infrequência na atividade mitótica, na zona central, não levou ao abandono do conceito de que as células mais distais são as verdadeiras iniciais e a principal fonte, no caule, de todas as células do corpo vegetal. Considerando a geometria do ápice, é possível deduzir, *a priori*, que em vista do crescimento exponencial das derivadas do meristema apical, poucas divisões nas células mais distais resultariam na propagação de qualquer genoma distinto, característico dessas células, para grandes populações de células. Como comentado antes, a teoria túnica-corpo postulou a presença de um pequeno grupo de inicias, em cada camada do meristema apical. Análises clonais são frequentemente citadas como fornecendo evidências para a presença de uma ou três iniciais em cada camada (Stewart e Dermen, 1970, 1979; Zagórska-Marek e Turzańska, 2000; Korn, 2001).

A relação entre as iniciais e as derivadas imediatas, no meristema apical, é flexível. Uma célula funciona como inicial não por causa de qualquer propriedade inerente, mas em virtude de sua posição (ver conceitos similares de iniciais no câmbio, Capítulo 12). Durante a divisão de uma inicial é impossível prever qual das duas células-filhas irá "herdar" a função de inicial e qual se tornará a derivada. Também é conhecido que uma dada inicial pode ser reposta por uma célula que, por sua história anterior, seria classificada como derivada de uma inicial (Soma e Ball, 1964; Ball, 1972; Ruth et al., 1985; Hara, 1995; Zagórska-Marek e Turzańska, 2000).

Tabela 6.1 – Tempo Celular (Tempo Real de Produção Celular) no Topo e nos Flancos do Ápice Caulinar Vegetativo de Angiospermas

Espécies	Tempo Celular (h)	
	Topo[c]	Flancos[d]
Trifolium repens	108	96
Pisum (probably P. sativum)	69	28
Pisum (main apex)	49	31
Pisum (axillary bud, iniciated)	127	65
Pisum (axillary bud, released)	40	33
Oryza (rice)	86	11
Rudbekia bicolor	>40	30
Solanum (potato)	117	74
Datura stramonium	76	36
Coleus blumei	250	130
Sinapis alba	288	157
Chrysantheum[a]	144	50
Chrysantheum[b]	102	32
Chrysantheum	139	48
Crhysantheum segetum	140	54
Heliantus annuus	83	37

Fonte: Reproduzido de Lyndon, 1998.
[a] fluxo de fotons = 70 μmol/m^2.
[b] fluxo de fotons = 200 μmol/m^2.
[c] Ou zona central
[d] Ou zona periférica

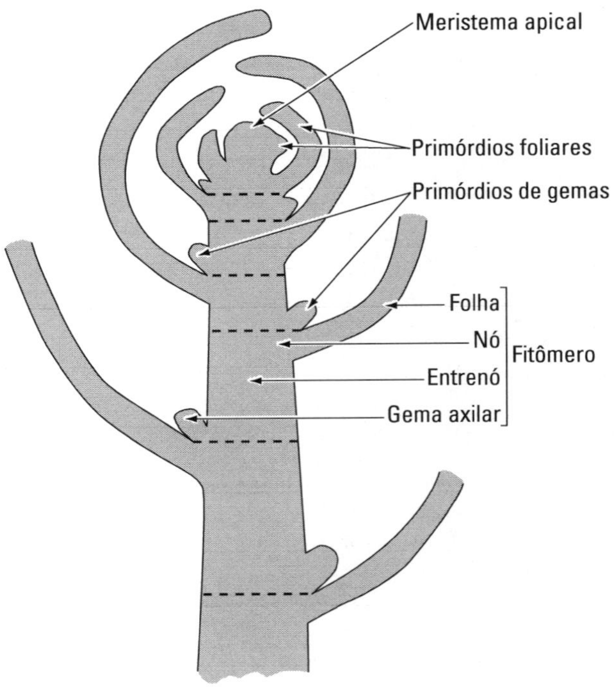

FIGURA 6.5

Diagrama de um corte longitudinal de um ápice caulinar de uma eudicot. A atividade no meristema apical que produz repetitivamente folha e primórdio de gema resulta em uma sucessão de unidades repetitivas chamadas fitômeros. Cada fitômero consiste de um nó com sua folha aderida, um entrenó abaixo da folha e a gema na base do entrenó. Os limites entre os fitômeros são indicados por linhas interrompidas. Note que os entrenós aumentam em comprimento quanto mais distante se encontram do meristema apical. O crescimento do entrenó é o principal responsável pelo aumento em comprimento do caule.

Considerando que nenhuma célula é permanentemente inicial, Newman (1965) propôs que para entender a estrutura e função de um meristema, deveria ser feita uma distinção entre o "resíduo meristemático contínuo", isto é, a fonte de estrutura celular que funciona como inicial – e o "meristema geral", a região de elaboração. A emergência de novas células, a partir do resíduo meristemático contínuo, é um processo muito lento, contínuo e de longa duração, enquanto a passagem das células pelo meristema geral é bastante rápida e constitui um processo contínuo de curta duração. Esse conceito é usado na classificação de meristemas apicais, de Newman, elaborado para todos os grupos de plantas vasculares: (1) **monopodial**, como em samambaias – o resíduo se encontra na camada superficial, e qualquer tipo de divisão contribui para o crescimento em comprimento e largura; (2) **simples**, como em gimnospermas – o resíduo é numa única camada superficial e tanto divisões anticlinais como periclinais são necessárias para o crescimento em volume; (3) **duplo**, como em angiospermas – o resíduo ocorre em, pelo menos, duas camadas superficiais com dois modos de crescimento contrastantes, divisão anticlinal próxima à superfície e divisões em, pelo menos, dois planos nas regiões mais profundas, no meristema apical.

ÁPICE CAULINAR VEGETATIVO

O ápice caulinar vegetativo é uma estrutura dinâmica que, junto com as células adicionadas ao corpo primário da planta, produz repetitivamente unidades, ou módulos, chamadas **fitômeros** (Fig. 6.5). Cada fitômero consiste de um nó, com suas folhas, e um entrenó subjacente, com uma gema na sua base. A gema encontra-se localizada na axila de uma folha do próximo fitômero inferior e pode se desenvolver num eixo caulinar lateral. Nas plantas com sementes, o meristema apical do primeiro

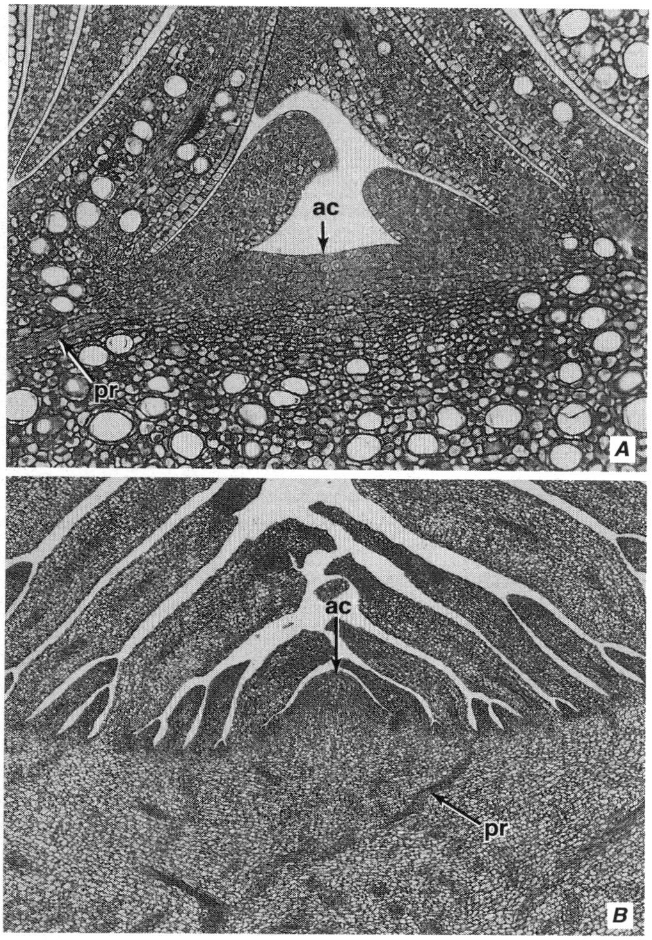

FIGURA 6.6

Formas distintas de ápices caulinares (ac): achatado ou ligeiramente côncavo em *Drimys* (**A**) e cônico e inserido numa base alargada com primórdios foliares na palmeira *Washingtonia* (**B**). Cortes longitudinais. As cavidades grandes no ápice caulinar de *Drimys* são células de óleo. Outros detalhes: pr, procâmbio. (**A**, × 90; **B**, × 19. **A**, diapositivo de Ernest M. Gifford; **B**, obtido de Ball, 1941.)

caule é estabelecido no embrião, antes ou depois do aparecimento do cotilédone ou cotilédones (Saint-Côme, 1966; Nougarède, 1967; Gregory e Romberger, 1972).

Ápices caulinares vegetativos variam em forma, tamanho, zoneamento citológico e atividade meristemática (Fig. 6.6). Os ápices caulinares de coníferas são, em geral, relativamente estreitos e de forma cônica; em *Gingko* e nas cycas eles são mais comumente amplos e achatados. O meristema apical, de algumas monocots (gramas, *Elodea*) e eudicots (*Hippuris*), é estreito e alongado e possui a porção distal bastante elevada acima do nó mais jovem. Em muitas eudicots, a porção distal se localiza imediatamente acima do primórdio foliar ou se encontra aprofundada (Gifford, 1950). Em algumas plantas, o eixo aumenta em largura, próximo ao ápice, e a região periférica portadora dos primórdios foliares se torna elevada acima do meristema apical, deslocando-se para uma depressão superficial (Ball, 1941; eudicots do tipo roseta, Rauh e Rappert, 1954). Exemplos de larguras de ápices, medidas em micrômetros no ponto de inserção dos primórdios foliares mais jovens, são: 280, *Equisetum hyemale*; 1000, *Dryopteris dilatata*; 2000 a 3300, *Cycas revoluta*; 280, *Pinus mugo*; 140, *Taxus baccata*; 400, *Gingko biloba*; 228, *Washingtonia filifera*; 130, *Zea mays*; 500, *Nuphar lutea* (Clowes, 1961). Durante a germinação, o meristema apical caulinar do embrião de *Arabidopsis thaliana* (ecotipo Wassilewskija) mede aproximadamente 35 a 55 micrômetros (Medford et al., 1992). A forma e o tamanho do ápice mudam durante o desenvolvimento da planta, de embrião até a reprodução, entre a iniciação de folhas sucessivas e em relação às mudanças sazonais. Um exemplo de mudança na largura durante o crescimento encontra-se disponível para *Phoenix canariensis* (Ball, 1941). O diâmetro em micrômetros que foi encontrado é 80 no embrião, 140 na plântula e 520 na planta adulta.

Nos próximos parágrafos são considerados mais aspectos sobre a estrutura e o funcionamento de meristemas apicais caulinares, de cada um dos maiores grupos de plantas vasculares. Começamos com as plantas vasculares sem sementes.

A presença de uma célula apical é característica de ápices caulinares de plantas vasculares sem sementes

Na maioria das plantas vasculares sem sementes – as samambaias leptosporangiadas (mais especializadas), *Osmunda* – o crescimento no ápice caulinar se dá a partir de uma camada de células grandes, altamente vacuolizadas com uma célula apical mais ou menos distinta, a célula inicial, no centro. Em algumas plantas vasculares sem sementes (*Equisetum*, *Psilotum*, espécies de *Selaginella*), a célula apical é grande e bastante conspícua; em outras (samambaias eusporangiadas, *Lycopodium*, *Isoetes*) faltam células apicais distintas e a situação é menos clara (Guttenberg, 1966). Tanto células apicais únicas como grupos de iniciais apicais foram descritas para a mesma espécie de *Lycopodium* (Schüepp, 1926; Härtel, 1938) e para algumas samambaias eusporangiadas (Campbell, 1911; Bower, 1923; Bhambie e Puri, 1985). É provável, entretanto, que uma única célula apical esteja presente nos ápices caulinares de quase todas as plantas vasculares sem sementes (Bierhorst, 1977; White, R. A. e Turner, 1995).

Mais comumente, a célula apical possui a forma piramidal (tetraédrica) (Fig. 6.1A, C). A base da pirâmide é voltada para a superfície livre e os outros três lados para baixo. Em ápices com célula apical tetraédrica, as células derivadas formam um padrão ordenado, iniciado pela divisão ordenada das células apicais: as divisões sucessivas seguem umas às outras numa sequência acrópeta ao longo de uma hélice. O termo **merófito** é usado para designar as derivadas unicelulares imediatas de uma célula apical e também para a unidade estrutural multicelular derivada delas (Gifford, 1983). Células tetraédricas apicais são encontradas em *Equisetum* e na maioria das samamabaias leptosporangiadas.

As células apicais podem ter três lados, com dois deles paralelos às novas células formadas. Tais células apicais são características de caules bilateralmente simétricos como os das samambaias aquáticas *Salvinia, Marsilea* e *Azolla* (Guttemberg, 1966; Croxdale, 1978, 1979; Schmidt, K. D., 1978; Lemon e Posluszny, 1977). O ápice achatado do rizoma de *Pteridium* também possui uma célula apical com três lados (Fig. 6.1B, D; Gottlieb e Steeves, 1961).

Alguns autores descrevem o ápice caulinar de samambaias como possuindo um zoneamento (McAlpin e White, 1974; White, R. A. e Turner, 1995). De acordo com esse conceito, o promeristema é composto de duas zonas ou camadas de células meristemáticas, uma superficial e uma subsuperficial. Subjacente ao promeristema encontram-se zonas meristemáticas distintas "intermediárias entre os tecidos em desenvolvimento do córtex, do estelo e da medula" (White, R. A. e Turner, 1995). Um segundo conceito, desenvolvido em relação aos ápices caulinares de *Matteuccia struthipteris* e *Osmunda cinamomea*, considera que o promeristema consiste apenas da camada superficial com uma única célula apical (Ma e Steeves, 1994, 1995). Imediatamente abaixo da camada superficial encontra-se o tecido pré-estelar, que consiste de tecido pró-vascular (definido como um tecido no estágio inicial de vascularização, e a partir do qual o câmbio é subsequentemente formado) e as células-mãe da medula, que representam a diferenciação inicial da medula.

Embora a célula apical, de ápices de caule e raiz das plantas vasculares sem sementes, tenha sido considerada, por morfologistas de plantas, como a fonte de todas as células dos caules e raízes, com o advento do conceito de meristema de espera, o papel formativo da célula apical começou a ser questionado. Alguns pesquisadores concluíram que a célula apical é mitoticamente ativa somente em plantas bastante jovens, tornando-se depois mitoticamente inativa e formando um "centro quiescente" comparável ao centro quiescente multicelular das raízes das angiospermas. As células apicais de determinadas samambaias foram descritas como altamente poliploides, em decorrência de endorreduplicação (Capítulo 5), condição que apoiaria o argumento de que as células apicais são mitoticamente inativas (D'Amato, 1975). Estudos subsequentes, envolvendo a determinação do índice mitótico, a duração do ciclo celular e da mitose e medições do conteúdo de DNA em ápices de caule e raiz de determinadas samambaias indicam claramente, entretanto, que a célula apical permanece mitoticamente ativa durante o crescimento ativo do caule e da raiz (Gifford et al., 1979; Kurth, 1981). Nenhuma evidência de endorreduplicação foi encontrada no meristema apical durante o desenvolvimento. Esses estudos, junto com o "redescobrimento" de que merófitos são derivados simples da célula apical (Bierhorst, 1977), reafirmaram o conceito clássico da função da célula apical.

O zoneamento encontrado no ápice de *Ginkgo* serviu como base para a interpretação do ápice caulinar de outras gimnospermas

A presença de uma zona citológica no meristema apical foi reconhecida pela primeira vez por Foster (1938), no ápice caulinar de *Gingko biloba* (Fig. 6.7). Em *Gingko*, todas as células do ápice são derivadas de um grupo de iniciais superficiais, chamado **grupo inicial apical**. O grupo de células subjacente, originado das iniciais superficiais, constitui a **zona central de células-mãe**. Todo esse conjunto de células, incluindo as derivadas laterais do grupo de iniciais apicais, é conspicua-

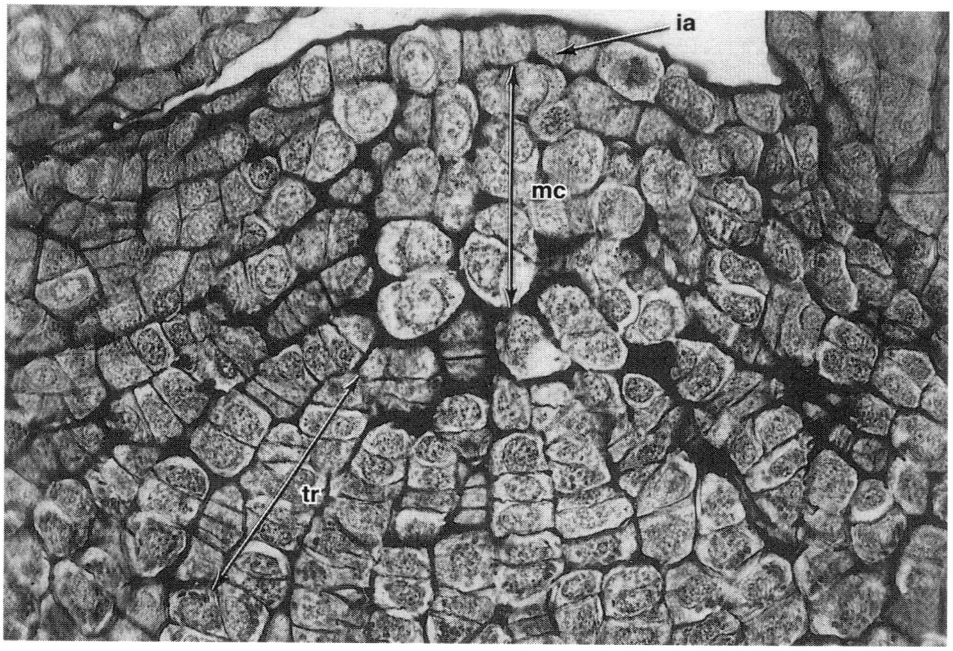

FIGURA 6.7

Corte longitudinal do ápice caulinar de *Gingko biloba*. O grupo de iniciais apicais (ia) fornece células para a camada superficial por meio de divisões anticlinais. Ele também fornece células para o grupo de células-mãe centrais (mc) por divisões periclinais. O crescimento em volume se dá por meio do crescimento celular e ocasionais divisões celulares em vários planos caracterizam a zona central de células-mãe. A maioria das células produzidas nessa zona se desloca para a zona de transição (tr), onde se dividem pelas paredes periclinais em relação à zona de células-mãe. As derivadas dessas divisões formam camadas periféricas subsuperficiais e a futura medula, a zona do meristema da medula. (×430. Obtido de Foster, 1938.)

mente vacuolizado, aspecto associado com os baixos índices de atividade mitótica. Além disso, as células da zona central de células-mãe geralmente possuem paredes espessadas e distintamente pontoadas. As iniciais superficiais apicais e as células-mãe centrais constituem promeristemas. Circundando a zona central de células-mãe encontra-se a **zona periférica** (**meristema periférico**) e, abaixo dela, o **meristema em fileira ou da medula**. A zona periférica se origina, em parte, das derivadas laterais das iniciais apicais e, em parte, das células-mãe centrais. As derivadas produzidas na base da zona de células-mãe tornam-se células da medula à medida que atravessam a forma de crescimento do meristema da medula. Durante o crescimento ativo, uma região de células que possui a forma de taça e se divide ordenadamente, a **zona de transição**, delimita a zona de células-mãe e pode se estender até a superfície da zona apical.

Os detalhes desse padrão estrutural variam em diferentes grupos de gimnospermas. As cycas possuem ápices bastante largos, com um grande número de células superficiais formando derivadas para as camadas mais profundas, por divisões periclinais. Foster (1941, 1943) interpretou essas várias camadas e suas derivadas imediatas como a zona de iniciação; outros restringiram as iniciais a um número relativamente pequeno de células superficiais (Clowes, 1961; Guttenberg, 1961). As derivadas periclinais da camada superficial convergem para a zona de células-mãe, um padrão aparentemente característico das cycas. Em outras plantas com sementes, as camadas celulares geralmente divergem no ponto de iniciação. O padrão convergente resulta de numerosas divisões anticlinais nas células da superfície e nas suas derivadas recentes – evidência de crescimento da superfície a partir de um tecido mais profundo. Esse crescimento parece estar associado com grandes larguras do ápice. O grupo das células-mãe é relativamente indistinto em cycas. A extensa zona periférica se origina das derivadas imediatas das iniciais superficiais e das células-mãe. O meristema da medula é mais ou menos evidente abaixo da zona de células-mãe.

A maioria das coníferas possui iniciais apicais se dividindo periclinalmente na camada superficial. Uma organização contrastante com a camada celular dividindo quase exclusivamente ou predominantemente pelas paredes anticlinais, foi descrita em *Araucaria, Cupressus, Thujopsis* (Guttenberg, 1961), *Agathis* (Jackman, 1960) e *Juniperus* (Ruth et al., 1985). Nessas plantas, o ápice tem sido interpretado como possuindo a organização túnica-corpo. O grupo de células-mãe pode ser bem diferenciado em coníferas e uma zona de transição pode estar presente. Em coníferas com ápices estreitos, as células-mãe são poucas e podem ou não ser grandes e vacuolizadas. Nesses ápices, um pequeno grupo de células-mãe, a três ou quatro células de profundidade, é seguido imediatamente abaixo por células de medula altamente vacuolizadas, sem a interposição do meristema da medula, e a zona periférica também possui somente poucas células na largura.

Os ápices caulinares de coníferas foram estudados com relação a variações sazonais na estrutura. Em algumas espécies (*Pinus lambertiana* e *P. ponderosa*, Sacher, 1954; *Abies concolor*, Parke, 1959; *Cephalotaxus drupaceae*, Singh, 1961) o zoneamento básico não muda, embora a altura da parte distal acima do nó mais jovem seja maior durante o crescimento do que no repouso, ou dormência (Fig. 6.8). Por causa dessas alterações, as zonas são distribuídas diferencialmente em dois tipos de ápice, tomando como base o nó mais jovem: o meristema da medula ocorre abaixo desse nó, nos ápices em repouso, e parcialmente acima, em ápices ativos. Essa observação chama a atenção para o problema terminológico. Se o meristema apical é estritamente definido como a parte do ápice acima do nó mais jovem, ele deve ser interpretado como variável em sua composição, durante as diferentes fases de crescimento (Parke, 1959). Perda de zoneamento e aparecimento de estrutura semelhante à da túnica-corpo foram relatados para os meristemas dormentes de *Tsuga heterophylla* (Owens e Molder, 1973) e *Picea mariana* (Riding, 1976).

As Gnetófitas, em geral, possuem um limite definido entre uma camada superficial e uma região central derivada de suas próprias iniciais. Portanto, o ápice caulinar de *Ephedra* e *Gnetum* foi descrito como possuindo um padrão de crescimento do tipo túnica-corpo (Johnson, 1951; Seeliger, 1954). A túnica é unisseriada e o corpo é comparável à zona central de células-mãe, na sua morfologia e maneira de dividir. O ápice caulinar de *Welwitschia* tipicamente produz somente um par de folhas laminares e não possui um zoneamento distinto. Divisões periclinais foram observadas na camada superficial (Rodin, 1953).

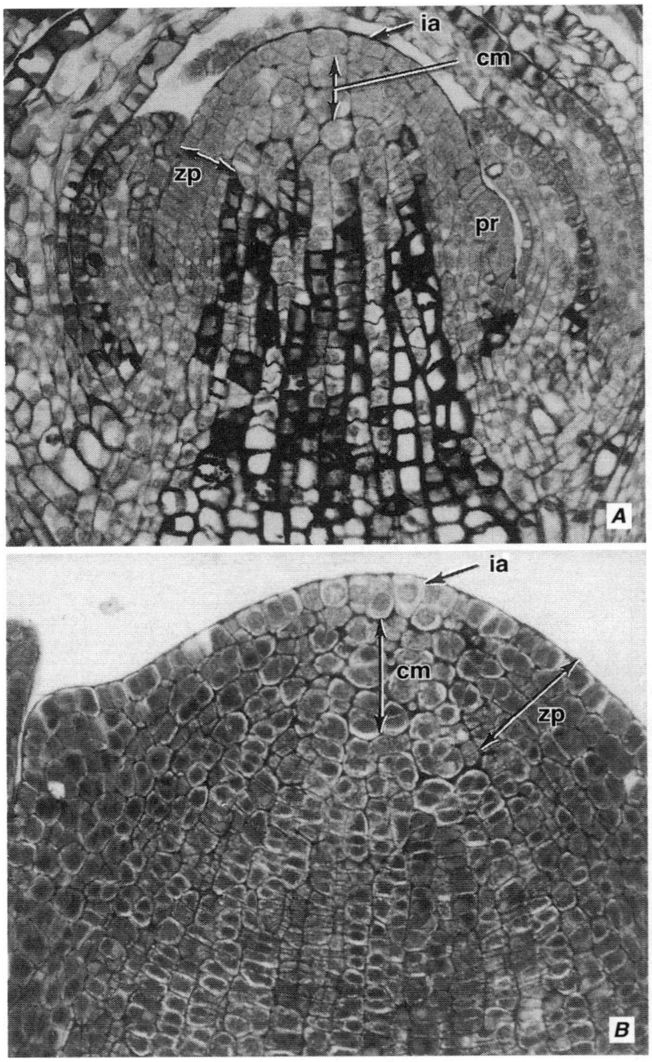

FIGURA 6.8

Corte longitudinal do ápice caulinar de *Abies* durante a primeira fase de crescimento sazonal (**A**) e durante a fase de repouso do inverno (**B**). Em **A**, primórdios de escama (pr) estão se diferenciando e o conteúdo tânico na medula distingue essa região do ápice e da zona periférica (zp). Resultantes de divisões recentes são evidentes no ápice. **B**, zoneamento menos evidente que em **A**. Outros detalhes: ia, grupo de iniciais apicais; cm, células-mãe. (**A**, ×270; **B**, ×350. B, obtido de Parke, 1959.)

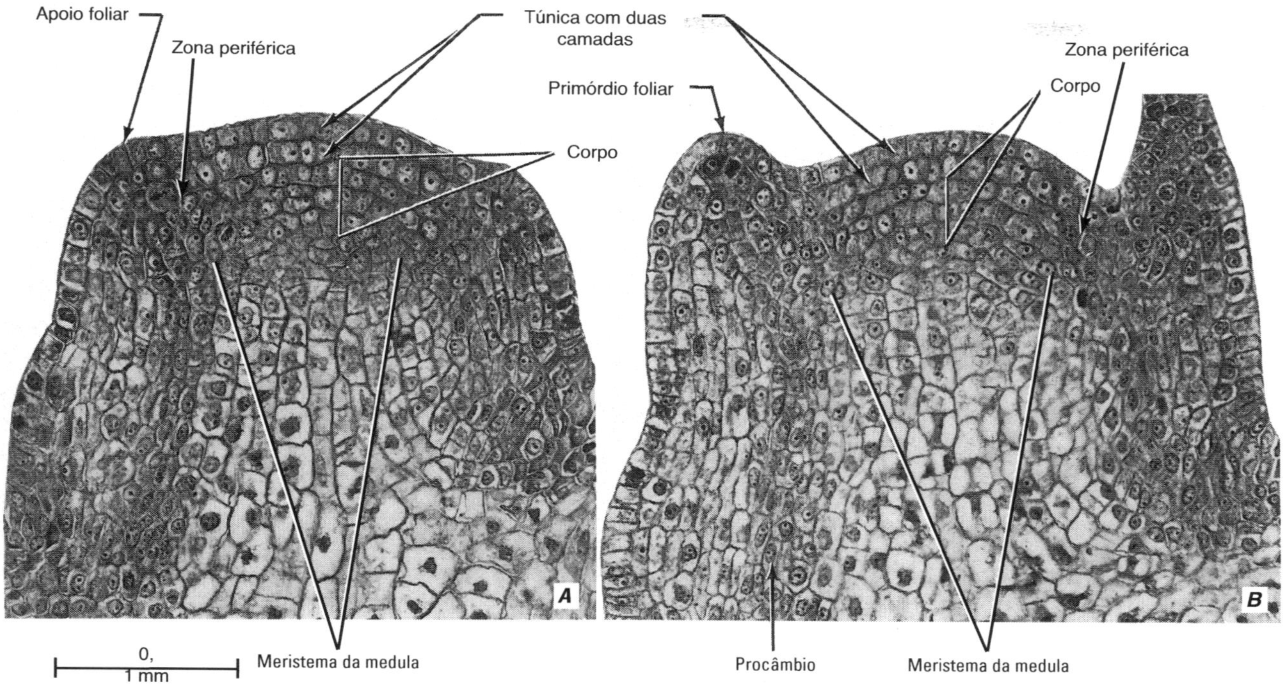

FIGURA 6.9

Corte longitudinal do ápice caulinar de batata (*Solanum tuberosum*), mostrando a organização túnica-corpo do meristema apical e dois estágios de iniciação de primórdio foliar; apoio foliar em **A** e início do crescimento em comprimento em **B**. Uma faixa procambial que irá se diferenciar na folha em desenvolvimento acima pode ser vista embaixo do apoio foliar. (Obtido de Sussex, 1955.)

A presença de zoneamento sobrepondo a configuração túnica-corpo é característica dos ápices caulinares das angiospermas

Conforme comentado anteriormente, o corpo e cada camada da túnica são identificados como possuindo suas próprias iniciais. Na túnica, as iniciais se dispõem em posição axial mediana. Por divisões anticlinais, essas células formam grupos de novas células, algumas das quais permanecem no topo como iniciais; outras funcionam como derivadas que, por divisões subsequentes, adicionam células à parte periférica do caule. As iniciais do corpo aparecem abaixo das da túnica. Por divisões periclinais, essas iniciais originam, para baixo, células derivadas do corpo que se dividem em vários planos. Células produzidas por divisões no corpo são adicionadas ao centro do eixo, isto é, ao meristema da medula, e também ao meristema periférico. Juntos, o corpo e a(s) camada(s) da túnica que recobrem o corpo constituem a zona central ou promeristema do meristema.

As iniciais do corpo podem formar uma camada bem-definida, em vez de um maciço celular com disposição menos ordenada. Quando esse padrão está presente, a delimitação entre a túnica e o corpo pode ser difícil de determinar. Entretanto, se os ápices são analisados em diferentes estágios de desenvolvimento, as camadas superiores do corpo mostrarão divisões periclinais periódicas. Após essas divisões, uma segunda camada ordenada aparece temporariamente no corpo.

O número de camadas da túnica varia nas angiospermas (Gifford e Corson, 1971). Mais da metade das espécies de eudicots estudadas possuem uma túnica com duas camadas (Fig. 6.9). Relatos de um número maior, quatro, cinco ou mais (Hara, 1962), podem significar que alguns autores consideram a(s) camada(s) mais interna(s) como pertencente à túnica e outros ao corpo. Um e dois são os números mais comuns de camadas da túnica nas monocots. Duas camadas na túnica são comuns nas gramíneas festucoides, e uma única camada nas panicoides (Fig. 6.10) (Brown et al., 1957). Ausência de organização túnica-corpo, com a camada mais externa se dividindo periclinalmente, também foi observada (*Saccharum*, Thielke, 1962). O número

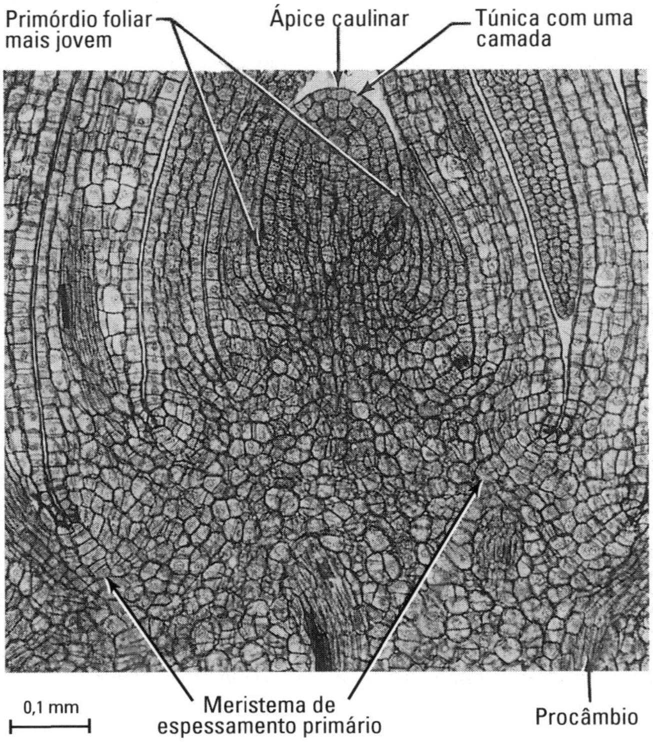

FIGURA 6.10

Corte longitudinal do ápice caulinar de milho (*Zea mays*), uma gramínea panicoide, com túnica de uma camada. Partes de cada folha aparecem nos dois lados do eixo porque as folhas envolvem o caule na sua extensão horizontal. (Obtido de Esau, 1977.)

de camadas paralelas, no ápice caulinar, pode variar durante a ontogenia da planta (Mia, 1960; Gifford e Tepper, 1962) e sob a influência de mudanças sazonais no crescimento (Hara, 1962). Pode também haver mudanças periódicas na estratificação relacionada à iniciação das folhas (Sussex, 1955).

A ideia de que as camadas no meristema apical, com organização túnica-corpo, representam clones distintos é corroborada por observações em citoquimeras periclinais (Capítulo 5). A maioria das plantas estudadas com relação às citoquimeras é composta por eudicots com túnica de duas camadas. Nessas plantas, citoquimeras periclinais mostraram claramente a existência de três camadas independentes (duas de iniciais da túnica e uma do corpo) no meristema apical (Fig. 5.11; Satina et al., 1940). Essas três camadas são comumente designadas L1, L2 e L3, com a camada mais externa sendo a L1 e a mais interna, L3. Alguns pesquisadores erroneamente chamam o corpo todo de L3, em vez de apenas a camada inicial do corpo (por exemplo, Bowman e Eshed, 2000; Vernoux et al., 2000a; Clark, 2001).

O estágio de desenvolvimento da planta, em que o zoneamento é estabelecido no ápice caulinar vegetativo, pode variar entre as espécies. Em algumas Cactaceae, por exemplo, o zoneamento já se encontra estabelecido na germinação, enquanto em outras, somente a organização túnica-corpo está presente nessa fase (Mauseth, 1978). Em algumas espécies de cactos, o zoneamento não se completa até que mais de 30 folhas tenham sido produzidas. Da mesma forma, no ápice caulinar de *Coleus*, o zoneamento não é completado até que cinco pares de folhas tenham sido iniciados (Saint-Côme, 1966). Dessa forma, embora o zoneamento seja um aspecto característico desses meristemas, em geral, ele não é essencial para a produção foliar ou para o funcionamento normal dos meristemas. Sekhar e Sawhney (1985) não foram capazes de reconhecer um padrão de zoneamento no ápice caulinar de tomate (*Solanum lycopersicum*).

Conforme comentado no Capítulo 5, vários biólogos têm adotado o termo célula-tronco para definir as iniciais e/ou suas derivadas recentes, no meristema apical. Alguns pesquisadores, confusamente, usam os dois termos nas suas descrições do meristema apical do caule. Seguem-se alguns exemplos. "As células-tronco não são células iniciais permanentes..." (Fletcher, 2004). "É aceito, em geral, que a zona central atua como uma população de células-tronco... originando as iniciais para as duas outras zonas e se mantendo, ao mesmo tempo" (Vernoux et al., 2000a). "A zona central atua como um reservatório de células-tronco que repõe tanto as zonas periféricas como as da medula, e que também mantém a sua própria integridade. Deve ser notado que essas células não atuam como iniciais permanentes, mas têm seu comportamento governado de uma forma dependente da posição" (Bowman e Eshed, 2000). "É amplamente aceito que as células centrais agem como células-tronco e servem como iniciais ou fonte de células para as duas outras zonas do meristema apical caulinar" (Laufs et al., 1998a). Embora caracterize o meristema apical do caule como "um grupo de células-tronco", outro pesquisador (Meyerowitz, 1997) chama a zona central de "zona de iniciais".

Alguns pesquisadores notaram a ambiguidade do termo célula-tronco em relação às plantas, e a maioria tem evitado seu uso nas descrições do meristema apical caulinar (Evans, M. M. S. e Barton, 1997). Para evitar qualquer confusão inerente ao uso do termo célula-tronco, na botânica, Barton (1998) adotou o termo promeristema, que, segundo ela, consiste conceitualmente nas iniciais apicais e suas derivadas, "para designar a população hipotética de células ainda não especificadas como folha ou caule...". Isso é inteiramente apropriado porque os termos promeristemas e zona central são essencialmente sinônimos. Conforme comentado previamente, o termo célula-tronco não é adotado neste livro.

O ÁPICE CAULINAR VEGETATIVO DE *ARABIDOPSIS THALIANA*

O ápice caulinar vegetativo de *Arabidopsis* possui uma túnica com duas camadas recobrindo um corpo superficial (Vaughn, 1955; Medford et al., 1992). Sobrepondo a organização túnica-corpo, encontram-se as três zonas características dos ápices caulinares das angiospermas: uma zona central, com cerca de cinco células de profundidade e três a quatro células de largura, como observado em cortes medianos longitudinais; uma zona periférica de células intensamente coradas; e um meristema da medula. Um estudo morfométrico do ápice caulinar de *Arabidopsis* mostrou que o índice mitótico (porcentagem dos núcleos em divisão num dado momento) na zona periférica é aproximadamente 50% maior do que na zona central (Laufs et al., 1998b). Inestimáveis informações sobre a função do meristema apical caulinar foram obtidas por estudos genéticos e moleculares com *Arabidopsis thaliana*. Somente os resultados de poucos desses estudos serão considerados aqui.

O meristema apical caulinar primário de *Arabidopsis* se torna visível tardiamente na embriogenia e depois que os cotilédones iniciaram (Fig. 6.11; Barton e Poethig, 1993). (Ver Kaplan e Cooke, 1997, para discussão da origem do meristema apical caulinar e cotilédones durante a embriogênese das angiospermas.) O estabelecimento do meristema apical caulinar envolve a atividade do gene *SHOOTMERISTEMLESS* (*STM*), expresso primeiramente em uma ou duas células do estágio embrionário globular (Long et al., 1996; Long e Barton, 1998). Graves perdas funcionais, por mutações no *stm*, aparecem em plântulas com raízes, hipocótilos e cotilédones normais, mas sem meristemas apicais caulinares (Barton e Poethig, 1993). O RNA-mensageiro do *STM* é encontrado nas zonas centrais e periféricas de todos os ápices vegetativos, mas não em primórdios foliares em desenvolvimento (Long et al., 1996).

Enquanto o gene *STM* é necessário para o estabelecimento do meristema apical de caules, o gene *WUSCHEL* (*WUS*), com o gene *STM*, é necessário para manter a função das iniciais. Em mutantes *wus*, as iniciais sofrem diferenciação (Laux et al., 1996). A expressão do *WUS* começa no estágio de 16 células durante o desenvolvimento embrionário, antes da expressão do *STM*, e bem antes do meristema se tornar evidente (Fig. 6.11). Em meristemas plenamente desenvolvidos, a expressão do *WUS* é restrita a um pequeno grupo de células da zona central abaixo da camada L3 (a camada inicial do corpo), e persiste por meio do desenvolvimento do caule (Mayer et al., 1998; Vernoux et al., 2000a). Dessa forma, o *WUS* não é expresso dentro das iniciais, indicando que a sinalização deve ocorrer entre os dois grupos de células (Gallois et al., 2002).

Além dos genes promotores dos meristemas, tais como *STM* e *WUS*, outros regulam o tamanho do meristema reprimindo a atividade das iniciais (Fig. 6.12). São eles os genes *CLAVATA* (*CLV*) (*CLV1, CLV2, CLV3*), cujas mutações causam um acúmulo de células indiferenciadas na zona central, levando a um aumento no tamanho do meristema (Clark et al., 1993, 1995; Kayes e Clark, 1998; Fletcher, 2002). O acúmulo de células é aparentemente devido a uma falha na indução do processo de diferenciação nas células da zona periférica. A expressão do *CLV3* é primariamente restrita às camadas L1 e L2 e a poucas células da L3 da zona central e, provavelmente, marca as iniciais nessas camadas; as células que expressam o *CLV1* encontram-se abaixo das camadas L1 e L2 (Fletcher et al., 1999). *O WUS* é expresso em regiões mais profundas do meristema. Foi proposto que as células que expressam o *WUS* atuam como um "centro organizador" que confere uma identidade de células iniciais às suas vizinhas superiores, enquanto os sinais das regiões *CLV1/CLV3* agem negativamente, impedindo essa atividade (Meyerowitz, 1997; Mayer et al., 1998; Fletcher et al., 1999). Mais especificamente, foi proposto que a proteína do *CLV3* secretada pelas iniciais no ápice se move através do apoplasto e se liga no complexo receptor *CLV1/CLV2* na membrana plasmática das células subja-

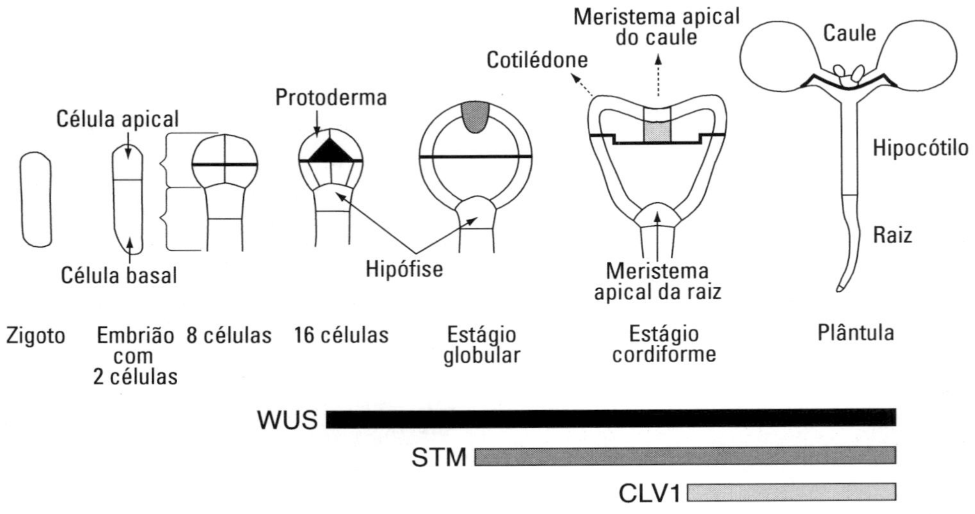

FIGURA 6.11

Formação do meristema apical caulinar (SAM) durante a embriogênese de *Arabidopsis*. A primeira indicação do desenvolvimento do SAM é a iniciação da expressão do *WUS* no estágio de 16 células, bem antes do SAM se encontrar discernível. Subsequentemente, começa a expressão do *STM* e do *CLV1*. O início da expressão do *STM* é independente da atividade do *WUS*, e a iniciação do *CLV1* é independente do *STM*. As barras abrangem os estágios onde o RNA-m para cada um desses genes é detectado. Note que uma divisão no zigoto origina uma célula apical pequena e uma basal maior. A célula apical é precursora do embrião propriamente dito. Divisões verticais e transversais da célula apical resultam em um proembrião com oito células. As quatro células superiores são a fonte do meristema apical e cotilédones, e as quatro inferiores do hipocótilo. A célula mais distal do suspensor filamentoso se divide transversalmente, e a superior se transforma na hipófise. A hipófise origina as células centrais do meristema apical da raiz e a columela da coifa. O resto do meristema da raiz e os lados da coifa são derivados do embrião propriamente dito. (Veja Fig. 1.7.) (A partirt de Lenhard e Laux, 1999. ©1999, com o consentimento de Elsevier.)

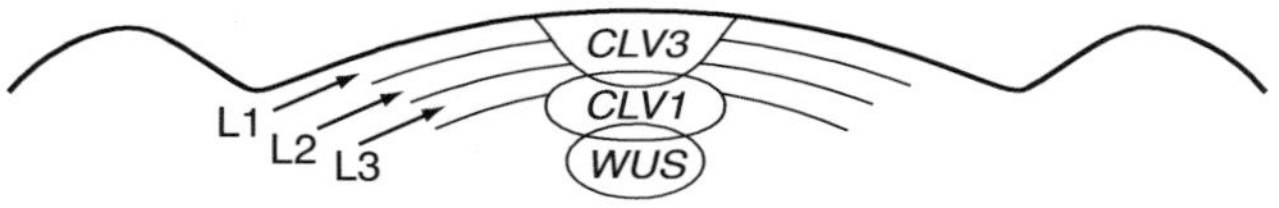

FIGURA 6.12

Diagrama da zona central do meristema apical caulinar de *Arabidopsis* mostrando a superposição aproximada da expressão dos domínios *CLV3, CLV1* e *WUS*. A expressão de *CLV3* é restrita primariamente às camadas L1 e L2 e a poucas células de L3, a expressão de *CLV1* se dá nas células abaixo das camadas e L1 e L2. *WUS* é expresso em células de regiões mais profundas do meristema. (A partir de Fletcher, 2004. © 2004, com o consentimento de Elsevier.)

centes (Rojo et al., 2002). A sinalização do *CLV3* por meio do complexo receptor *CLV1/CLV2* acarreta uma redução na regulação do *WUS*, mantendo a quantidade apropriada de atividade das iniciais, durante todo o desenvolvimento. Dessa forma, por meio desse círculo retroativo é mantido um balanço entre a proliferação das células do promeristema e a perda das células do promeristema, por meio da diferenciação e iniciação de órgãos laterais na zona periférica (Schoof et al., 2000; Simon, 2001; Fletcher, 2004).

ORIGEM DAS FOLHAS

O ápice caulinar produz órgãos laterais e, dessa forma, tanto a estrutura como a atividade do meristema apical caulinar devem ser consideradas em relação à origem dos órgãos laterais, especialmente as folhas, que se iniciam na zona periférica do ápice. Neste capítulo, somente são considerados os fatores da origem foliar relacionados à estrutura e à atividade do meristema apical.

A redução na atividade dos genes da classe *KNOTTED1* do conteúdo *homeobox* – originalmente identificados em milho – fornece um marcador molecular precoce da iniciação foliar, no meristema apical do caule (Smith et al., 1992; Brutnell e Landgdale, 1998; van Lijsebettens e Clarke, 1998; Sinha, 1999). Em milho, o gene *KN1* tem sua ação reduzida especificamente no ponto de iniciação do primórdio foliar. Redução na atividade dos genes da classe *KNOTTED1*, *KNAT1* e *STM1* (Long e Barton, 2000) em *Arabidopsis* também marca o ponto de iniciação dos primórdios. O gene *HBK1*, encontrado no meristema apical caulinar da conífera *Picea abies*, pode desempenhar um papel similar ao dos genes *KNOTTED* das angiospermas (Sundas-Larsson et al., 1998).

Durante todo o período vegetativo, o meristema apical caulinar produz folhas numa ordem regular

A ordem ou arranjo das folhas no caule é chamada **filotaxis** (ou **filotaxia**; do grego *phyllon*, folha, e *taxis*, arranjo: Schwabe, 1984; Jean, 1994). A filotaxia mais comum é a **espiral**, com uma folha em cada nó formando um padrão helicoidal ao redor do caule e com um ângulo de divergência de 137,5° entre sucessivas folhas (*Quercus, Croton, Morus alba, Hectorella caespitosa*). Em outras plantas com uma única folha em cada nó, elas se dispõem num ângulo de 180°, separadas em duas fileiras opostas, como nas gramíneas. Esse tipo de filotaxia é chamado **dístico**. Em algumas plantas, as folhas se dispõem a 90° entre si e aos pares em cada nó, e a filotaxia é dita **oposta** (*Acer, Lonicera*). Se cada par sucessivo se dispõe em ângulo reto em relação ao par anterior, o arranjo é chamado **decussado** (Labiatae, incluindo *Coleus*). Plantas com três ou mais folhas em cada nó (*Nerium oleander, Veronicastrum virginicum*) são consideradas como tendo **filotaxia verticilada**.

Os primeiros eventos histológicos associados com a iniciação foliar são as mudanças na quantidade e no plano da divisão celular na zona periférica, do meristema apical, levando à formação de uma saliência (chamada **apoio foliar**) no lado do eixo (Fig. 6.9). Em caules com folhas de disposição helicoidal, as divisões se alternam em setores diferentes, ao redor da circunferência do meristema apical, e o resultante alongamento periódico do ápice é assimétrico, quando visto de cima. Em caules com folhas de disposição decussada, o alongamento é simétrico porque a atividade meristemática intensificada ocorre simultaneamente em lados opostos (Fig. 6.13). Portanto, a iniciação de folhas acarreta mudanças periódicas no tamanho e forma do ápice caulinar. O período ou intervalo entre a iniciação de dois primórdios foliares sucessivos (ou pares ou verticilos de primórdios com arranjo foliar oposto ou verticilado) é designado **plastocrono**. As mudanças na morfologia do ápice caulinar que ocorrem durante um plastocrono podem ser chamadas **mudanças plastocrônicas**.

O termo plastocrono foi originalmente formulado em um sentido geral para o intervalo de tempo entre a ocorrência de dois eventos sucessivos e similares, numa série de eventos similares repetidos periodicamente (Askenasy, 1880). Nesse sentido, o termo pode ser usado para o intervalo de tempo entre uma variedade de estágios correspondentes no desenvolvimento de folhas sucessivas, como, por exemplo, o início de divisões nos pontos de origem dos primórdios, o começo do alongamento do primórdio a partir do seu apoio e a iniciação da lâmina. O plastocrono pode ser usado também para o desenvolvimento de entrenós e de gemas axilares, para estágios de vascularização do caule e para o desenvolvimento de partes florais.

A duração do plastocrono, em geral, é medida como correspondente à velocidade de iniciação do primórdio. Sucessivos plastocronos podem ter duração igual, pelo menos durante uma parte do crescimento vegetativo de material geneticamente uniforme e crescendo em ambientes controlados (Stein e Stein, 1960). O estágio de desenvolvimento da planta e as condições ambientais, conhecidamente, afetam a duração dos plastocronos. Em embriões de *Zea mays*, por exemplo, plastocronos sucessivos aumentam de 3,5 a 13,5 dias, enquanto nas plântulas eles diminuem de 3,6 para 0,5 dia (Abbe e Phinney, 1951; Abbe e Stein, 1954). Em *Lonicera nitida*, a duração dos plastocronos varia de 1,5 a 5,5 dias aparentemente em relação a mudanças na temperatura (Edgar, 1961). A temperatura também afeta a taxa de iniciação do primórdio em *Glycine max* (Snyder e Bunce, 1983) e *Cucumis sativus* (Markovskaya et al., 1991). A taxa de produção de folhas também é afetada pela luz (Mohr e Pinnig, 1962; Snyder e Bunce, 1983; Nougarède et al., 1990; Schultz, 1993). Em arroz, o gene *PLASTOCRON1* (*PLA1*) encontra-se envolvido na regulação da duração da fase vegetativa pelo controle da taxa de produção de folhas no meristema (Itoh et al., 1998).

Uma medida do tempo de desenvolvimento, comumente utilizada para ápices caulinares, é o **fitocrono**, que se refere especificamente ao intervalo

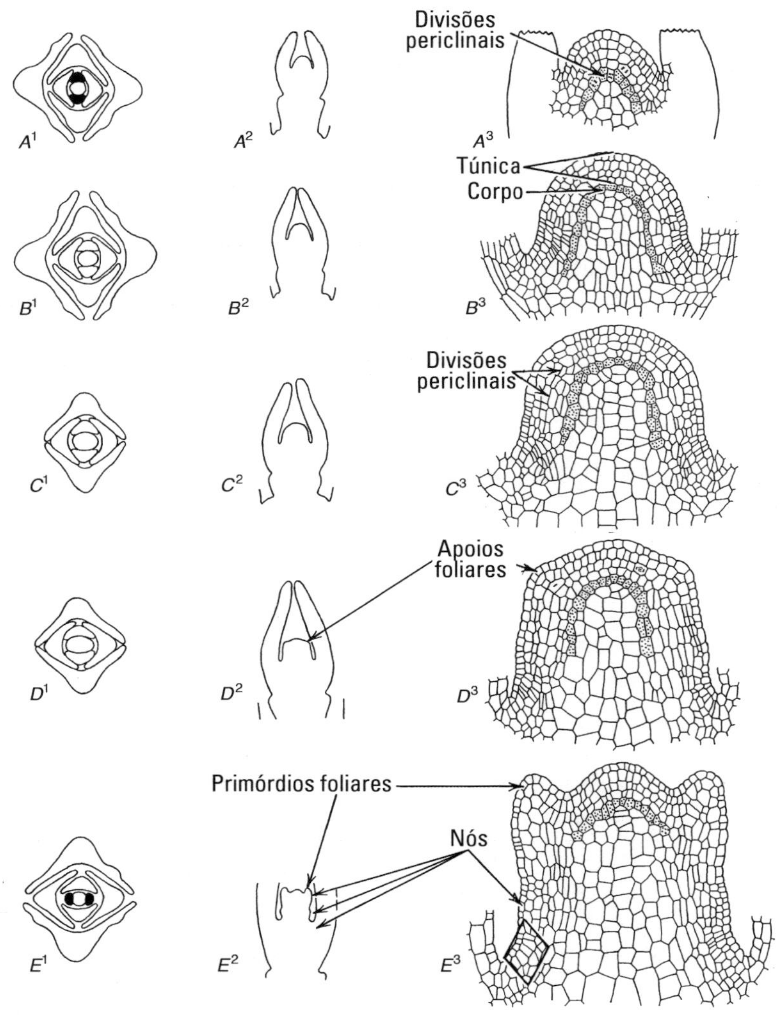

FIGURA 6.13

Iniciação foliar no topo do caule de *Hypericum uralum*, com arranjo foliar decussado (oposto, com os pares de folhas alternantes dispostos em ângulo reto entre si). Antes da iniciação de um novo primórdio foliar, o meristema apical tem um aspecto convexo (**A**). Ele gradualmente se alarga (**B**, **C**). Então, apoios foliares iniciam nos lados (**D**). Enquanto o primórdio jovem se alonga, a partir do apoio, o meristema apical novamente assume o aspecto convexo (**E**). Estágio inicial de um par foliar mostrado em preto em A^1 e terminando logo após o surgimento do par de folhas em preto mostrado em E^1. Os cortes são transversais em A^1-E^1 e longitudinais em A^2-E^2 e A^3-E^3. Em A^3-E^3 a camada celular com pontilhado representa as células do limite externo (camada inicial) do corpo e suas derivadas imediatas. A região demarcada em E^3 representa a região de origem da gema axilar. (Adaptado de Zimmermann, 1928.)

entre a aparência visível ou emergência de folhas sucessivas na planta intacta, o inverso do qual é a taxa de aparecimento das folhas (Lyndon, 1998). A duração do plastocrono e do filocrono não necessariamente correspondem. A razão de iniciação do primórdio e aquela da emergência foliar somente são semelhantes quando o período entre os dois eventos é constante, o que, em geral, não é o caso. Em *Cyclamen persicum*, por exemplo, a razão de iniciação do primórdio excede àquela da emergência foliar durante a estação de crescimento, quando os primórdios se acumulam no ápice caulinar; essa tendência se reverte mais tarde (Sundberg, 1982). Em *Triticum aestivum* e *Hordeum vulgare* as primeiras folhas emergem mais rapidamente do que as posteriores, enquanto em *Brassica napus* o padrão oposto é observado (Miralles et al., 2001). Possivelmente, a maior diferença entre a duração do plastocrono e do filocrono é exibida pelas coníferas. Em *Picea sitchensis*, por exemplo, centenas de primórdios aciculares se acumulam durante a ativação das gemas no outono (Cannell e Cahalan, 1979). Durante a dormência das gemas, na primavera, acontece o oposto, uma vez que as folhas crescem rapidamente.

Se o ápice caulinar sofre mudanças plastocrônicas em tamanho, tanto a área de seu volume como de sua superfície mudam. Para definir essas mudanças, as expressões **fase de área máxima** e **fase de área mínima** foram introduzidas (Schmidt, A., 1924). Para caules com filotaxia decussada, o ápice atinge sua fase de área máxima exatamente antes da emergência do par de primórdios foliares (Fig. 6.13B). Quando o primórdio foliar se torna elevado, o meristema apical diminui em largura (Fig. 13E). O ápice entra na fase de área mínima de crescimento plastocrônico. Antes que um par de novos primórdios seja formado, o ápice retorna à fase máxima. A extensão ocorre agora perpendicular ao mais longo diâmetro da fase máxima precedente, mas o alongamento do meristema apical é evidente também entre os membros do par de folhas, cujo crescimento causou previamente a redução no tamanho do ápice.

A relação entre o crescimento do primórdio foliar e o meristema apical varia grandemente em diferentes espécies. A figura 6.14 ilustra um extremo, onde o meristema apical quase desaparece entre os

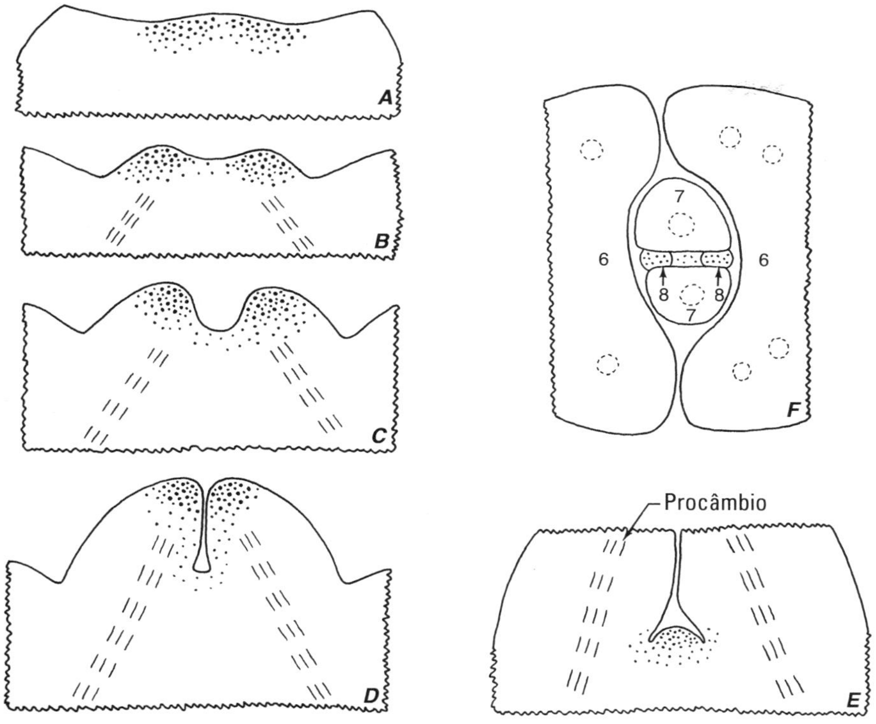

FIGURA 6.14

Aspectos do desenvolvimento de primórdios foliares de *Kalanchoë* em cortes longitudinais (**A-E**) e transversal (**F**) de caules durante a iniciação e desenvolvimento de oito pares de folhas. **A**, depois do plastocrono 7; ápice na fase máxima. **B**, começo do plastocrono 8; ápice na fase mínima. **E**, começo do plastocrono 9; os primórdios do par 9 alternam com aqueles do par 8 e, portanto, não aparecem no plano da figura **E**; o ápice em crescimento entre os dois primórdios 8 é visível. **F**, começo do plastocrono 8, fase semelhante a de **B**. (Obtido de Esau, 1977; a partir de fotomicrografias em Stein e Stein, 1960.)

primórdios foliares aumentados (Fig. 6.14D). Em outras espécies, o meristema apical é afetado muito menos (Fig. 6.9), e em espécies onde o meristema apical é consideravelmente elevado, acima da região organogenética, o ápice não sofre mudanças plastocrônicas em tamanho (Fig. 6.10).

A iniciação do primórdio foliar encontra-se associada ao aumento na frequência das divisões periclinais no local de iniciação

Nas eudicots e monocots que possuem uma túnica com duas camadas, as primeiras divisões periclinais ocorrem mais frequentemente na camada L2, seguidas por divisões similares na camada L3 e por divisões anticlinais na camada L1 (Guttenberg, 1960; Stewart e Dermen, 1979). Em algumas monocots, os primórdios foliares se iniciam por divisões periclinais na camada L1. Tanto em *Triticum aestivum* (Evans, L. S. e Berg, 1972) como em *Zea mays* (Sharman, 1942; Scanlon e Freeling, 1998), as primeiras divisões periclinais ocorrem na camada L1, seguidas por divisões similares na camada L2 em um lado do meristema. Divisões periclinais, então, se espalham lateralmente nas duas camadas, formando um anel que circunda o meristema. Uma vez que a iniciação de folhas nas angiospermas segue um padrão relativamente consistente, enquanto a profundidade da túnica é variável, a túnica e o corpo encontram-se variavelmente envolvidos com a formação da folha, dependendo da sua relação quantitativa num dado ápice. Dessa forma, o primórdio foliar é iniciado por grupos de células associadas a duas ou mais camadas do meristema. O número total de células envolvidas foi estimado em cerca de 100 em algodão (Dolan e Poethig, 1991, 1998), fumo (Poethig e Sussex, 1985a, b) e *Impatiens* (Battey e Lyndon, 1988); 100 a 250 em milho (Poethig, 1984; McDaniel e Poethig, 1988); e 30 em *Arabidopsis* (Hall e Langdale, 1996). Essas células – as precursoras imediatas do primórdio foliar – são denominadas por alguns pesquisadores **células fundadoras** (às vezes, chamadas "anlagen", que significa primórdio).

Tanto concomitantemente como precedendo as divisões periclinais associadas com a iniciação do primórdio foliar, uma ou mais faixas procambiais (traços foliares), que irão se diferenciar no interior da folha em níveis superiores, podem já estar presentes na base do local da folha (Fig. 6.9). Faixas procambiais precoces foram observadas tanto em eudicots (*Garrya elliptica*, Reeve, 1942; *Linum usitatissimum*, Girolami, 1953, 1954; *Xanthium chinense*, McGahan, 1955; *Acer pseudoplatanus*, White, D. J. B., 1955; *Xanthium pennsylvanicum*, Milligton e Fisk, 1956; *Michelia fuscata*, Tucker, 1962; *Populus deltoides*, Larson, 1975; *Arabidopsis thaliana*, Lynn et al., 1999) como em monocots

(*Alstroemeria*, Priestley et al., 1935; *Andropogon gerardii*, Maze, 1977). Em *Arabidopsis*, o traço foliar precoce foi detectado como uma região de alta densidade de expressão do *PINHEAD* (*PNH*) (Lynn et al., 1999). Expressões do *PNH* precedem a inibição do *STM* no local da folha e podem, então, ser consideradas marcadoras mais precoces da formação foliar do que a perda da expressão do *STM*.

Nas gimnospermas, as folhas também se originam na zona periférica. Segundo Owens (1968), a primeira indicação de iniciação foliar em abeto vermelho "Douglas-fir" (*Pseudotsuga menziesii*) é a diferenciação de faixas procambiais, na zona periférica, para "suprir o primórdio correspondente". Faixas procambiais precoces foram observadas em outras gimnospermas (*Sequoia sempervirens*, Crafts, 1943; *Gingko biloba*, Gunckel e Wet-more, 1946; *Pseutotsuga taxifolia*, Sterling, 1947). As divisões associadas à iniciação do primórdio foliar em gimnospermas ocorrem comumente na segunda ou terceira camada a partir da superfície. A camada superficial pode formar células para os tecidos internos do primórdio por meio de divisões periclinais e de outros tipos (Guttenberg, 1961; Owens, 1968). Nas plantas vasculares sem sementes, as folhas se originam tanto a partir de células únicas superficiais como de grupos de células, uma das quais aumenta e se torna a conspícua célula apical do primórdio (White e Turner, 1995).

É pertinente notar que, embora mudanças nas taxas e planos de divisões celulares tenham sido associadas com a iniciação dos primórdios foliares, evidências indicam que novos primórdios podem se iniciar sem a presença de divisão celular (Foard, 1971). Além disso, foi demonstrado que folhas preexistentes com redução na atividade do ciclo celular (Hemerly et al., 1995) e com mutações que interferem na orientação correta da placa celular (Smith et al., 1996) podem desenvolver formas quase normais. Essas observações embasam o conceito de que durante o desenvolvimento da planta, a forma é adquirida independentemente do padrão de divisão celular (Kaplan e Hagemann, 1991). Aparentemente, é a regulação da expansão celular, mais do que o padrão de divisão, o fator responsável pela iniciação do primórdio e pela forma e tamanho final da planta e de seus órgãos (Reinhardt et al., 1998).

A iniciação do primórdio foliar é acompanhada por mudanças na orientação e no padrão das microfibrilas de celulose nas paredes externas das células epidérmicas, já que a epiderme muda o reforço de celulose para acomodar a formação do novo órgão (Green e Brooks, 1978; Green, 1985, 1989; Selker et al., 1992; Lyndon, 1994). A orientação das microfibrilas pode ser visualizada com luz polarizada em cortes finos e paralelos à superfície do ápice (Green, 1980). Em *Graptopetalum*, as microfibrilas com nova orientação se arranjam em modelos circulares, marcando o lugar onde o novo par de primórdios foliares irá emergir (Green e Brooks, 1978). Outros ápices vegetativos também foram examinados para seguir as mudanças na orientação das microfibrilas, que acompanham a iniciação foliar, incluindo *Vinca* (Green, 1985; Sakaguchi et al., 1988; Jesuthasan e Green, 1989) e *Kalanchoë* (Nelson, 1990), ambos exibindo filotaxia decussada e *Ribes* (Green, 1985) e *Anacharis* (Green, 1986) com filotaxia espiral. De acordo com o tipo de filotaxia, as folhas se originam a partir de campos específicos de reforço celulósico na superfície do ápice caulinar (Green, 1986).

O primórdio foliar aparece em locais que são correlacionados com a filotaxia do caule

O mecanismo que determina a iniciação ordenada das folhas, ao redor da circunferência dos meristemas apicais, tem interessado aos botânicos por um longo tempo. Uma ideia antiga – baseada em resultados de manipulações cirúrgicas – era a de que um novo primórdio foliar aparece no "primeiro espaço disponível"; ou seja, um novo primórdio se origina quando, a partir do topo do ápice, uma largura e uma distância suficientes são atingidas (Snow e Snow, 1932). Enquanto confirmava essas antigas observações, Wardlaw (1949) propôs a "teoria do campo fisiológico". À medida que cada nova folha se inicia, ela é circundada por um campo fisiológico dentro do qual a iniciação de um novo primórdio é inibida. Um novo primórdio foliar somente pode iniciar quando sua posição aparece externamente ao campo existente. Mais recentemente foi sugerido que "forças biofísicas" no ápice em crescimento determinam os locais de iniciação foliar (Green, 1986). Nessa hipótese, um primórdio foliar se inicia quando a região da superfície da túnica apresenta uma saliência, condição que resulta em parte da redução localizada na habilidade da camada superficial resistir às pressões dos tecidos internos (Jesuthasan e Green, 1989; Green, 1999).

Foi sugerido que variações no estresse local, criadas pela saliência, desencadeiam as divisões periclinais normalmente associadas com a formação de um órgão lateral (Green e Selker, 1991; Dumais e Steele, 2000).

A fundamentação para a hipótese das forças biofísicas vem, em parte, de estudos com a aplicação localizada de expansina, no meristema apical caulinar de tomate, que induz a formação de crescimentos semelhantes ao das folhas (Fleming et al., 1997, 1999). Aparentemente, a expansina promove a extensibilidade da parede celular na camada externa da túnica, resultando na formação de uma saliência externa no tecido. Análises com hibridização *in situ* mostraram que genes da expansina se expressam especificamente no local da iniciação do primórdio, tanto em tomate (Fleming et al., 1997; Reinhardt et al., 1998; Pien et al., 2001) como em arroz (Cho e Kende, 1997). Além disso, expressão de expansina em plantas transformadas induziram primórdios a se desenvolverem em folhas normais (Pien et al., 2001). Esses estudos ainda embasam a ideia de que o evento primário na morfogênese é a expansão do tecido, que, então, é subdividido em unidades menores por divisão celular (Reinhardt et al., 1998; Fleming et al., 1999).

Vários estudos têm envolvido as auxinas na regulação da filotaxia (Cleland, 2001). Em um deles, quando ápices vegetativos caulinares de tomate são cultivados em meio sintético contendo um inibidor específico do transporte de auxinas, a produção de folha foi completamente suprimida, resultando na formação de caules áfilos e finos, mas com meristemas normais nos seus ápices (Reinhardt et al., 2000). A microaplicação de AIA à superfície de tais ápices reestabeleceu a formação de folha. O AIA exógeno também induz a formação de flor em ápices *pin-formed1* (*pin1*) de inflorescências de *Arabidopsis*. A formação de flores é bloqueada em ápices *pin1* por causa de uma mutação na possível proteína que transporta auxina. O *PIN1*, por sua vez, é autorregulado em primórdio foliar em desenvolvimento (Vernoux et al., 2000b), indicando que uma quantidade suficiente de auxinas deve se acumular para o início da expansão celular e formação do primórdio foliar. Para que as auxinas se acumulem nesse local, elas devem ser transportadas para lá a partir de primórdios preexistentes e de folhas em desenvolvimento, que são fontes de auxinas. Foi proposto um modelo em que carregadores de efluxo de auxinas controlariam sua saída do meristema apical caulinar, enquanto carregadores de influxo e efluxo regulariam sua distribuição dentro do meristema (Stieger et al., 2002). Enquanto o carregador de efluxo desempenha um papel na redistribuição das auxinas dentro do meristema, o carregador de influxo presumivelmente é necessário para o posicionamento correto da folha, ou filotaxia.

O arranjo das folhas é correlacionado com a arquitetura do sistema vascular do caule de tal forma que a relação espacial entre as folhas é parte de um padrão geral da organização do caule (Esau, 1965; Larson, 1975; Kirchoff, 1984; Jean, 1989). A relação de desenvolvimento entre as folhas e os traços foliares no caule sugere que as faixas procambiais (traços foliares), associadas com o local do primórdio, oferecem uma via de transporte para as auxinas ou alguma outra substância que promove a iniciação do primórdio (a "hipótese das faixas procambiais", Larson, 1983). Obviamente, múltiplos fatores e eventos encontram-se envolvidos com a iniciação ordenada das folhas e não se encontram necessariamente limitados à região apical.

ORIGEM DOS RAMOS

Nas plantas vasculares sem sementes, tais como *Psilotum*, *Lycopodium*, *Selaginella* e algumas samambaias, as ramificações ocorrem no ápice sem relação com as folhas (Gifford e Foster, 1989). O meristema apical original sofre uma divisão mediana em duas partes iguais, sendo que cada uma forma um caule. Esse tipo ou processo de ramificação é descrito como **dicotômico**. Quando um ramo se origina lateralmente no ápice, a ramificação é chamada **monopodial**. Ramificação monopodial é o tipo predominante nas plantas com sementes. Os ramos comumente se originam como gemas, nas axilas das folhas, e, nos seus estágios iniciais, são denominados **gemas axilares**. A julgar pela maioria das investigações, o termo axilar é um pouco impróprio porque as gemas geralmente se originam no caule (Fig. 6.13E e 6.15) mas se deslocam para perto da base foliar ou mesmo para a própria folha, por crescimentos de reajustes subsequentes. Essas relações foram observadas em samambaias (Wardlaw, 1943;), eudicots (Koch, 1893; Garrison, 1949a, 1955; Gifford, 1951) e Poaceae (Evans e Grover, 1940; Sharman, 1942, 1945; McDaniel e Poethig, 1988). Em gramíneas, a ausência de rela-

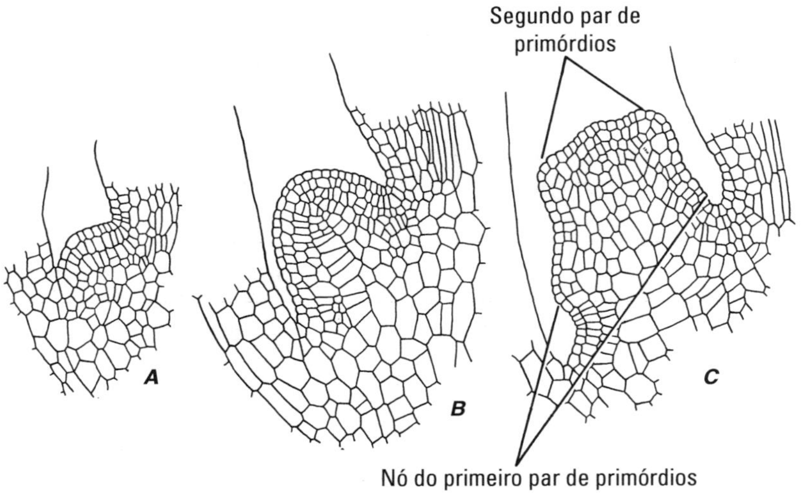

FIGURA 6.15

Origem da gema axilar em *Hypericum uralum*. Ela é formada de derivadas das três camadas externas da túnica do caule principal. Duas camadas externas dividem anticlinalmente e mantêm sua individualidade como duas camadas externas da túnica da gema (**A**-**C**). A terceira camada divide periclinalmente e em outros planos e origina a terceira e quarta camada da túnica e o corpo da gema. A terceira camada da túnica é evidente na gema em **C**; a quarta aparece mais tarde. **C**, o segundo par de primórdios foliares estão iniciando. O primeiro par é orientado em um plano perpendicular à superfície do desenho. (Adaptado de Zimmermann, 1928.)

ção entre o desenvolvimento da gema e a da folha que a subtende (axilante) é particularmente clara. A gema se origina perto da folha localizada acima dela (Fig. 6.16). Mais tarde, a gema se torna separada da folha pela interpolação de um entrenó entre ela e a folha. Uma origem meio similar de gemas laterais foi observada em outras monocots (*Tradescantia*, Guttenberg, 1960; Musa, Barker e Steward, 1962). Nas coníferas, o desenvolvimento da gema se parece com o das eudicots.

Na maioria das plantas com sementes os meristemas axilares se originam de meristemas isolados

Gemas axilares se originam em distâncias plastocrônicas variáveis a partir do meristema apical, mais frequentemente na axila da segunda ou terceira folha abaixo do ápice; dessa forma, elas são comumente iniciadas um pouco mais tarde do que as folhas que as subtendem. Em algumas plantas com sementes, as gemas se iniciam no próprio meristema apical, seguindo imediatamente o início da folha que a subtende (axilante), de tal forma que a gema é formada em continuidade com o meristema apical (Garrison, 1955; Cutter, 1964). Na maioria das plantas com sementes, entretanto, as gemas axilares se iniciam mais tarde em um tecido meristemático derivado do meristema apical, mas separado dele por células vacuolizadas (Garrison, 1949a, b; Gifford, 1951; Sussex, 1955; Bieniek e Milligton, 1967; Shah e Unnikrishnan, 1969, 1971; Remphrey e Steeves, 1984; Tian e Marcotrigiano, 1994). Esses pedaços de células meristemáticas, que permanecem especialmente associadas com a axila foliar, são chamados **meristemas isolados**. Menos comumente, as gemas têm sido descritas como se desenvolvendo de células pouco diferenciadas e vacuolizadas, que se desdiferenciam e retomam a atividade meristemática (Koch, 1893; Majumdar e Datta, 1946). Em poucos casos, os meristemas axilares parecem se originar da superfície adaxial (superior) do primórdio foliar; isto é, eles são aparentemente de origem foliar (*Heracleum*, *Leonurus*, Majumdar, 1942; Majumdar e Datta, 1946; *Arabidopsis*, Furner e Pumfrey, 1992; Irish e Sussex, 1992; Talbert et al., 1995; Evans e Barton, 1997; Long e Barton, 2000).

Mesmo considerando que diferentes populações de células meristemáticas podem dar origem a gemas axilares e suas folhas associadas (axilantes), evidências experimentais indicam que uma gema axilar é determinada pela sua folha (Snow e Snow, 1942). Se, por exemplo, um primórdio foliar é removido cirurgicamente antes que sua gema inicie, a gema não se desenvolve. Por outro lado, se somente uma porção extremamente pequena da base foliar for mantida, ela é, em geral, suficiente para promover a formação da gema (Snow e Snow, 1932). Outras evidências sobre a relação de indução entre folha e gema axilar são obtidas da mutação *paludosa-1d* (*phb-1d*) de *Arabidopsis*. Em *Arabidopsis*, o meristema axilar normalmente se desenvolve em íntima associação com a superfície adaxial da base foliar. Em *phb-1d*, a face abaxial (inferior) se transforma em adaxial, resultando na formação de meristemas axilares ectópicos no lado inferior de folhas (McConnell e Barton, 1998).

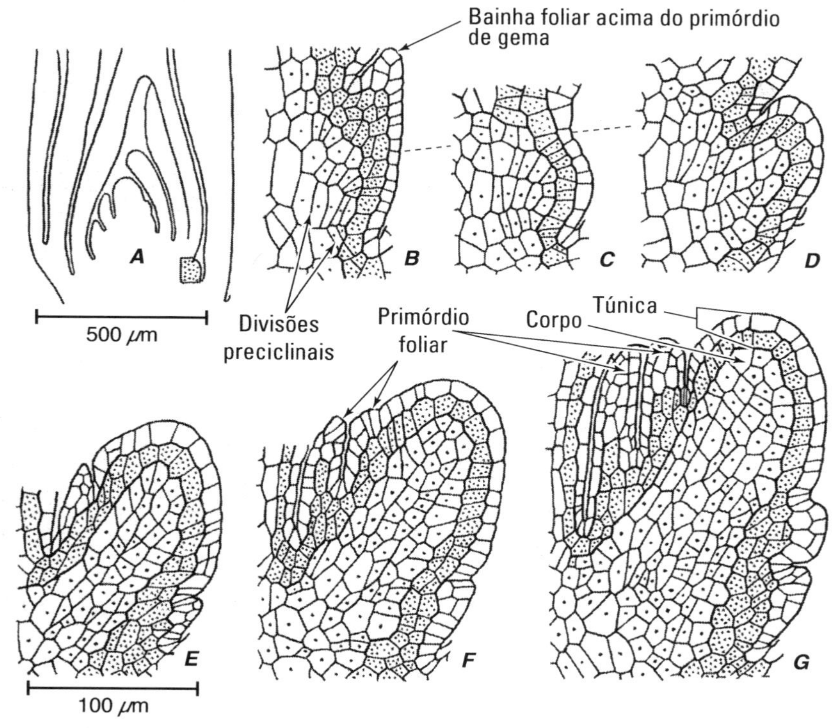

FIGURA 6.16

Desenvolvimento da gema lateral de *Agropyron repens* (grama francesa). Cortes medianos longitudinais. **A**, vista do ápice do caule com vários primórdios foliares. A parte pontilhada indica a posição da gema. Ela é formada por derivadas da túnica, que possui duas camadas, e do corpo. **B-G**, as derivadas da segunda camada da túnica encontram-se pontilhadas e as do corpo são indicadas por um único ponto em cada célula. A gema inicia por divisões periclinais nas derivadas do corpo (**B, C**). Divisões anticlinais ocorrem nas derivadas da túnica. A gema emerge acima da superfície do caule (**D**). Por meio do crescimento do meristema da medula, as derivadas do corpo alongam a região central da gema (**E-G**). Elas também organizam seu próprio corpo. As derivadas da túnica permanecem com um arranjo bisseriado no ápice da gema e formam sua própria túnica bisseriada (**E, G**). Os primórdios foliares se originam na gema (**E-G**). (Adaptado de Sharman, 1945. © 1945 por The University of Chicago. Todos os direitos reservados.)

Aparentemente, a face adaxial da base foliar desempenha um papel importante na promoção do desenvolvimento da gema axilar.

Nem sempre gemas se desenvolvem na axila de todas as folhas (Cutter, 1964; Cannell e Bowler, 1978; Wildeman e Steeves, 1982); em raras instâncias, todas as gemas estão ausentes (Champagnat et al., 1963; Rees, 1964). Em *Stellaria media*, o primeiro par de folhas geralmente não possui gemas, e em pares formados mais tarde, geralmente, somente uma folha do par possui gema (Tepper, 1992). A aplicação de benziladenina ao ápice caulinar de plântulas de *Stellaria*, com cinco a sete dias, promove o desenvolvimento de gema axilar em axilas normalmente vazias, envolvendo citocininas na iniciação de gemas axilares durante o desenvolvimento normal da planta (Tepper, 1992).

Embora a axila de algumas folhas possua uma gema e a de outras, nenhuma, não é incomum a existência de múltiplas gemas (gemas acessórias, além da gema axilar) em associação com uma única folha, em certas espécies (Wardlaw, 1968). Em algumas espécies, a origem do primeiro meristema de gema acessória se dá a partir da gema axilar e a segunda gema acessória se origina da primeira acessória (Shah e Unnikrishnan, 1969, 1971). Em outras, tanto as gemas axilares como as acessórias se originam de um mesmo grupo de células meristemáticas que são de origem apical (Garrison, 1955).

Quando uma gema é formada, ocorrem divisões periclinais e anticlinais em um número variável de camadas celulares na axila da folha, o meristema da gema se eleva acima da superfície e o meristema apical da gema se organiza (Fig. 6.15, 6.16 e 6.17B). Em muitas plantas, ocorrem divisões ordenadas ao longo dos limites basais e laterais de uma gema incipiente, formando uma zona de camadas celulares curvas (Fig. 6.16C e 6.17A) chamada **zona em concha**, em virtude de sua forma (Schmidt, A., 1924; Shah e Patel, 1972). Em algumas plantas, a zona em concha aparece tardiamente depois que a gema teve algum desenvolvimento. Enquanto alguns pesquisadores consideram a zona em concha como uma parte integrante da gema em desenvolvimento, outros não pensam assim (Remphrey e Steeves, 1984). A zona em concha desaparece em vários estágios de desenvolvimento da gema, em diferentes espécies. Em muitas espécies, a gema incipiente encontra-se conectada ao sistema vascular do eixo principal por meio de duas faixas procambiais, os **traços de gemas**, que representam canais condutores poten-

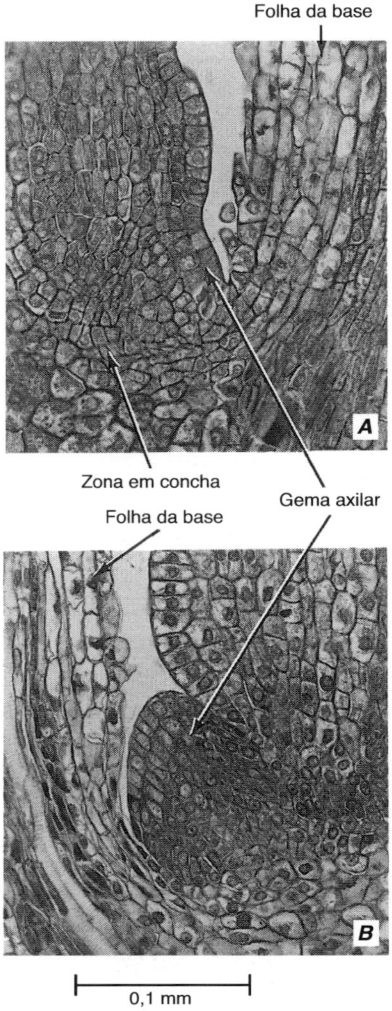

FIGURA 6.17

Origem da gema axilar em batata (*Solanum tuberosum*). Cortes longitudinais de nós mostrando um estágio jovem (**A**) e um tardio (**B**) do desenvolvimento da gema. (Obtido de Sussex, 1955.)

ciais precoces para a gema em desenvolvimento (Garrinson, 1949a, b, 1955; Shah e Unnikrishnan, 1969; Larson e Pizzolato, 1977; Remphrey e Steeves, 1984). Se a gema axilar não for dormente, seu crescimento longitudinal é seguido pela iniciação do primórdio foliar, começando com os prófilos.

Os caules podem se desenvolver a partir de gemas adventícias

As **gemas adventícias** aparecem sem uma relação direta com o meristema apical. As gemas adventícias podem se desenvolver em raízes, caules, hipocótilos e folhas. Elas se originam em tecidos de callus de excisões ou nas proximidades de injúrias, no câmbio ou na periferia do cilindro vascular. A epiderme pode produzir gemas adventícias. Dependendo da profundidade do tecido iniciante, as gemas são descritas como tendo origem **exógena** (a partir de tecidos relativamente superficiais) ou **endógena** (a partir de tecidos mais profundos do eixo parental) (Priestley e Swingle, 1929). Se a gema adventícia se origina em tecidos maduros, sua iniciação envolve o fenômeno da desdiferenciação.

ÁPICE RADICULAR

Diferentemente do meristema apical de caules, o meristema da raiz produz células não somente em direção ao eixo, mas também para fora dele, formando a coifa. Por causa da presença da coifa, a parte distal do meristema da raiz não é terminal, mas subterminal em posição, já que ele se localiza abaixo da coifa. O ápice da raiz ainda difere do meristema caulinar por não formar apêndices laterais comparáveis às folhas e aos ramos. Os ramos das raízes são usualmente iniciados acima da região de crescimento ativo e se originam endogenamente. Por causa da ausência de folhas, o ápice da raiz não mostra mudanças periódicas na forma e estrutura, como comumente acontece com o ápice do caule em virtude da iniciação foliar. A raiz também não forma nós e entrenós, crescendo mais uniformemente em comprimento do que o caule, onde os entrenós se alongam muito mais do que os nós. O tipo de crescimento do meristema da medula é característico do córtex radicular em alongamento.

A parte distal do meristema apical da raiz, assim como a do caule, pode ser chamada promeristema e, como tal, contrasta com os tecidos meristemáticos primários subjacentes. O eixo jovem da raiz é mais ou menos claramente separado num futuro cilindro central e num córtex. No seu estágio meristemático, os tecidos dessas duas regiões consistem de procâmbio e meristema fundamental, respectivamente. O termo procâmbio pode ser usado para o cilindro central inteiro da raiz se esse cilindro eventualmente se diferenciar em uma estrutura vascular sólida. Muitas raízes, entretanto, possuem uma medula no centro. Essa região, em geral, é interpretada como um tecido vascular em potencial que, no curso da evolução, parou de se diferenciar como tal. Nesse contexto, a medula é considerada parte do cilindro vascular, com origem a partir do procâmbio. A ideia contrária é que a medula da raiz seria um tecido fundamental semelhante àquele da medula de caules, e diferenciada a partir do meristema fundamental. O termo protoderme, se usado para definir a camada superficial sem considerar sua relação de desenvolvimento com outros tecidos, pode ser aplicado à camada externa da parte jovem da raiz (Capítulo 9). Usualmente a protoderme da raiz não se origina a partir de uma camada separada do promeristema. Ela possui uma origem comum com o córtex e a coifa.

A organização apical em raízes pode ser tanto aberta como fechada

A arquitetura, ou configuração celular, do meristema apical de raízes tem sido estudada mais frequentemente com o objetivo de revelar a origem dos sistemas de tecidos, servindo para estabelecer os chamados tipos (Schüepp, 1926; Popham, 1966) e as discussões das tendências evolutivas na organização apical da raiz (Voronine, 1956; Voronkina, 1975). Analisando os padrões celulares no meristema apical, é possível traçar planos de divisão celular e de direção de crescimento. Em um tipo de análise, os tecidos em diferenciação são seguidos até o ápice da raiz para determinar se células específicas representam a fonte de um ou mais desses tecidos. Dessa forma, conclui-se que a correlação espacial entre os tecidos e certas células ou grupos de células do ápice indica uma relação ontogenética entre os dois, ou seja, que as células apicais funcionam como iniciais.

A análise da origem dos tecidos da raiz, a partir de iniciais distintas do ápice, corresponde ao enfoque usado por Hanstein (1868, 1870) quando formulou a teoria histogênica. Como discutido anteriormente neste capítulo, Hanstein considerou que o corpo da planta se origina a partir de um meristema massivo que compreende três regiões precursoras de tecidos, os histógenos, cada uma começando com uma a muitas iniciais no ápice e organizadas em faixas sobrepostas. Os histógenos são o dermatogênio (precursor da epiderme), o pleroma (precursor do cilindro vascular) e o pleriblema (precursor do córtex). Embora a subdivisão em três histógenos não tenha aplicação universal – ele é raramente discernível em caules e muitas raízes não possuem dermatogênio, no sentido de Hanstein (1870), isto é, uma camada independente que origina a epiderme – ela tem sido usada frequentemente para a descrição das regiões dos tecidos da raiz.

A Figura 6.18 mostra os principais padrões de relação espacial entre as regiões de tecidos e as células do ápice da raiz. Na maioria das samambaias e em *Equisetum*, todos os tecidos são derivados de uma única célula apical (Fig. 6.18A, B; Gifford, 1983, 1993). Essas plantas usualmente possuem a mesma estrutura tanto na raiz como no caule. Em algumas gimnospermas e angiospermas, todas as regiões de tecidos da raiz, ou todas com exceção do cilindro central, parecem se originar a partir de um grupo comum de células meristemáticas (Fig. 6.18C, D); em outras, uma ou mais dessas regiões podem estar associadas a iniciais separadas (Fig. 6.18E-H). Os dois tipos de organização são classificados como **aberto** e **fechado**, respectivamente (Guttenberg, 1960). A distinção entre meristemas abertos e fechados não é sempre clara (Seago e Heimsch, 1969; Clowes, 1994). Os dois tipos de meristemas foram relatados como originados a partir do padrão fechado, em raiz embrionária ou no primórdio de raiz lateral ou adventícia. Durante o subsequente alongamento da raiz, o padrão fechado pode ser retido ou ser substituído pelo aberto (Guttenberg, 1960; Seago e Heimsch, 1969; Byrne e Heimsch, 1970; Armstrong e Heimsch, 1976; Vallade et al., 1983; Verdaguer e Molinas, 1999; Baum et al., 2002; Chapman et al., 2003). Em ervilha (*Pisum sativum*), tanto as raízes embrionárias como as adultas possuem meristemas abertos (Clowes, 1978b).

Na maioria das samambaias, a célula apical é tetraédrica (Gifford, 1983, 1991). Ela se divide em segmentos, ou merófitos, nas três faces laterais (proximais) e produz os tecidos do corpo principal da raiz (Fig. 6.18A, B). A coifa possui sua origem tanto a partir da quarta face (distal) da célula apical (*Marsilea*, Vallade et al., 1983; *Asplenium*, Gifford, 1991) como de um meristema separado e formado precocemente durante o desenvolvimento da raiz (*Azolla*, Nitayangkura et al., 1980). A célula tetraédrica apical da raiz de *Equisetum* contribui tanto para o corpo como para a coifa da raiz, mas o desenvolvimento inicial da raiz desse gênero é marcadamente diferente do da maioria das outras samambaias (Gifford, 1993). Na medida em que a coifa de *Azolla* se torna distinta do resto da raiz, seu meristema apical é classificado como fechado. Alternativamente, o ápice da raiz de *Equisetum* e de samambaias com células apicais que se dividem

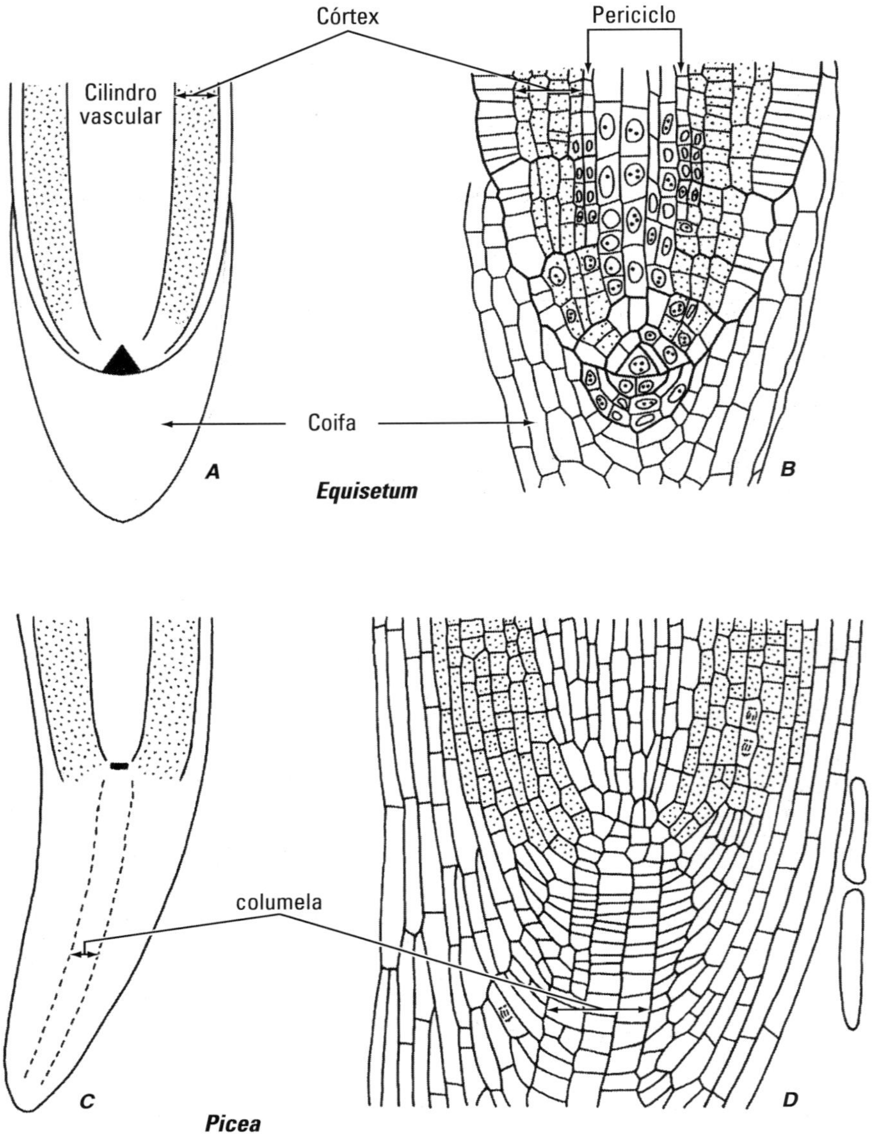

FIGURA 6.18

Regiões do meristema apical e das derivadas em raízes. **A, B**, cavalinha (*Equisetum*). Uma única célula apical (triângulo preto) é a fonte de todas as partes da raiz e da coifa. As linhas mais largas em **B** marcam os limites externos dos merófitos. Os limites internos de merófitos mais antigos são de difícil determinação. **C, D**, abeto (*Picea*). Todas as regiões da raiz se originam de um grupo de iniciais. A coifa possui uma columela central de células dividindo transversalmente. A columela também origina derivadas, lateralmente. **E, F**, rabanete (*Raphanus*). Três camadas de iniciais. A epiderme tem uma origem comum com a coifa e se torna delimitada nos lados da raiz por paredes periclinais (setas em **F**). **G, H**, grama (*Stipa*). Três camadas de iniciais, aquela da coifa formando um caliptrogênio. A epiderme possui origem comum com o córtex. (**B**, a partir de Gifford, 1993; **C-H**, obtido de Esau, 1977.)

nas quatro faces é classificado como aberto (Clowes, 1984).

Outro enfoque para uma análise da relação entre os padrões celulares e o crescimento no ápice de raiz é o representado pelo conceito corpo-cobertura de Schüepp (1917), que enfatiza os planos daquelas divisões que são responsáveis pelo aumento no número de fileiras verticais de células na região meristemática da raiz. Muitas dessas fileiras se dividem em duas e, onde elas o fazem, uma célula se divide transversalmente; então, uma das duas novas células se divide longitudinalmente e cada

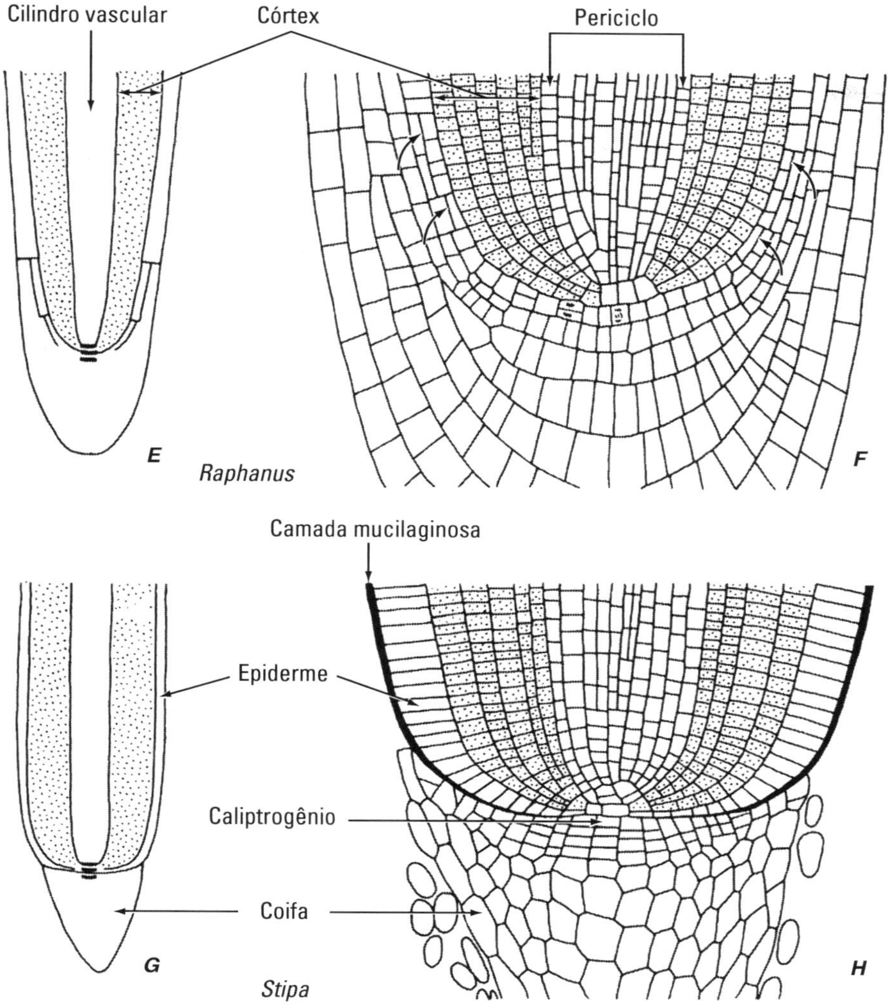

FIGURA 6.18

(*Continuação*)

célula-filha dessa divisão se torna a fonte de uma nova fileira. A combinação de divisões transversais e longitudinais resulta numa parede com padrão aproximado em T- (ou Y-) e, por essa razão, tais divisões foram chamadas divisão em T. A direção do traço de cima (barra horizontal) do T varia em diferentes partes da raiz. Na coifa, ele é direcionado para a base da raiz, e no corpo, para o ápice (Fig. 6.19). Enquanto em algumas raízes existe um limite nítido entre o corpo e a coifa (aquelas com iniciais da coifa separadas), em outras o limite não é nitidamente delimitado (por exemplo, em *Fagus sylvatica*, em que a transição entre corpo e coifa é bastante gradual; Clowes, 1950).

Os dois tipos de organização apical nas angiospermas, o fechado e o aberto, exigem considerações independentes. O padrão fechado é, em geral, caracterizado pela presença de três faixas ou camadas de iniciais (Fig. 6.20). Uma faixa aparece no ápice do cilindro central, a segunda diferencia o córtex e a terceira origina a coifa. O meristema com três faixas pode ser agrupado de acordo com a origem da epiderme (a rizoderme de alguns autores: Capítulo 9; Clowes, 1994). Em um grupo, a epiderme tem origem comum com a coifa e se torna distinta somente depois de várias divisões em T na periferia da raiz (Figs. 6.18E, F, 6.19C e 6.21A). No segundo, a epiderme e o córtex têm iniciais comuns (Figs. 6.18G, H e 6.21B), enquanto a coifa se origina a partir de suas próprias iniciais que constituem o meristema da coifa, ou **caliptrogênio** (do grego *calyptra*, véu e *genos*, prole; Janczewski, 1874). Se a coifa e a epiderme possuem origem comum, a camada celular envolvida é chamada **dermatoca-**

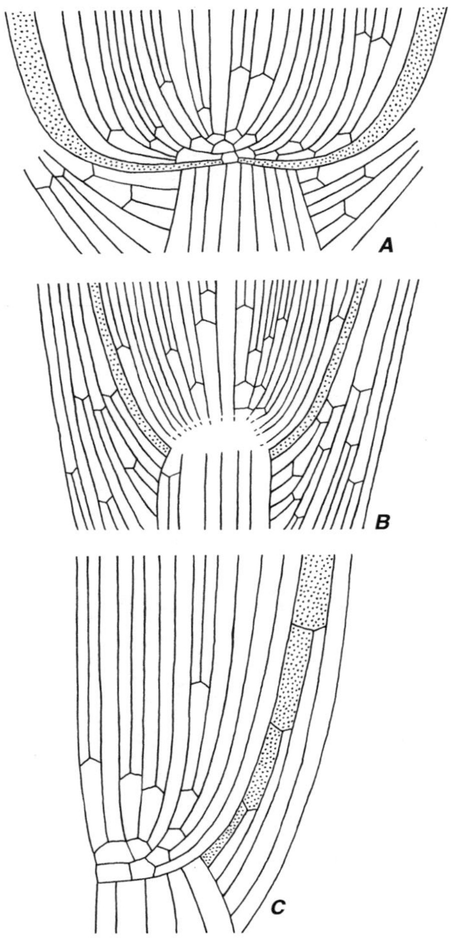

FIGURA 6.19

Interpretação da raiz de *Zea* (**A**), *Allium* (**B**) e *Nicotina* (**C**) segundo o conceito corpo-cobertura. No corpo, os ângulos dos traços T apontam para o ápice; na cobertura, os ângulos dos traços T apontam para a base da raiz. A epiderme encontra-se pontilhada. Ela faz parte do corpo em **A** e, provavelmente, em **B** e parte da coifa em **C**. As três coifas possuem cores distintas, ou columelas.

liptrogênio (Guttenberg, 1960). Como comentado sucintamente por Clowes (1994), "Onde existe uma região discreta do meristema produzindo tanto células da coifa sozinhas, como células da coifa e da epiderme, o meristema é chamado fechado".

Raízes com dermatocaliptrogênio são comuns em eudicots (representantes de Rosaceae, Solanaceae, Brassicaceae, Scrophulariaceae e Asteraceae, Schüepp, 1926). Raízes com caliptrogênio são características das monocots (Poaceae, Zingiberaceae, algumas Palmae; Guttenberg, 1960; Hagemann, 1957; Pillai et al., 1961). Às vezes, a epiderme parece terminar na zona distal com suas próprias iniciais (Shimabuku, 1960). Em algumas monocots aquáticas (*Hydrocharis* e *Stratiotes* nas Hidrocharitaceae, *Pistia* em Avaceae, *Lemna* em Lemnaceae), a epiderme é sempre independente do córtex e da coifa (Clowes, 1990, 1994).

Uma análise do meristema da raiz usando o conceito corpo-cobertura mostra a diferença em origem da epiderme. Em raiz com caliptrogênio, a cobertura inclui somente a coifa (Fig. 6.19A), e naquela com dermatocaliptrogênio a cobertura se estende até a epiderme (Fig. 6.19C). A configuração corpo-cobertura mostra outras variações que explicam os padrões de crescimento das raízes. Em algumas raízes, a região central da coifa é distinta da parte periférica por apresentar poucas – ou nenhuma – divisões longitudinais. Se for suficientemente conspícua, a região central é chamada **columela** (Fig. 6.19) (Clowes, 1961). As poucas divisões em T que ocorrem na columela podem ser orientadas de acordo com o padrão do corpo; então, somente as partes periféricas da coifa mostram o padrão da cobertura. Na raiz de *Arabidopsis*, que possui a camada dermocaliptrogênio, a porção da columela na coifa se origina das chamadas iniciais da columela, e a porção periférica da coifa e a protoderme, das chamadas iniciais da coifa/protoderme, que formam um colarinho ao redor das iniciais da columela (Baum e Rost, 1996; Wenzel e Rost, 2001). Divisões celulares na columela e na coifa/protoderme e suas células-filhas ocorrem num padrão altamente coordenado (Wenzel e Rost, 2001).

Ápices com organização aberta são difíceis de analisar (Fig. 6.18C, D, 6.19B e 6.22). Uma interpretação comum é a de que tais raízes possuem um **meristema transverso** ou **transversal** sem qualquer limite entre as regiões derivadas da raiz (Popham, 1955). A outra ideia é que o cilindro central possui suas próprias iniciais. Em algumas dessas raízes, o cilindro central parece encontrar as colunas centrais das células da cobertura, enquanto em outras, da mesma espécie, uma ou mais faixas de células corticais aparecem entre o "polo estelar" e as colunas centrais distintas da cobertura (Clowes, 1994). Clowes (1981) atribui essas diferenças no padrão celular a uma instabilidade, no limite entre a cobertura e o resto da raiz, resultante do fato de as células dessas regiões serem apenas fracamente quiescentes. Análises da configuração corpo-cobertura indicam que os meriste-

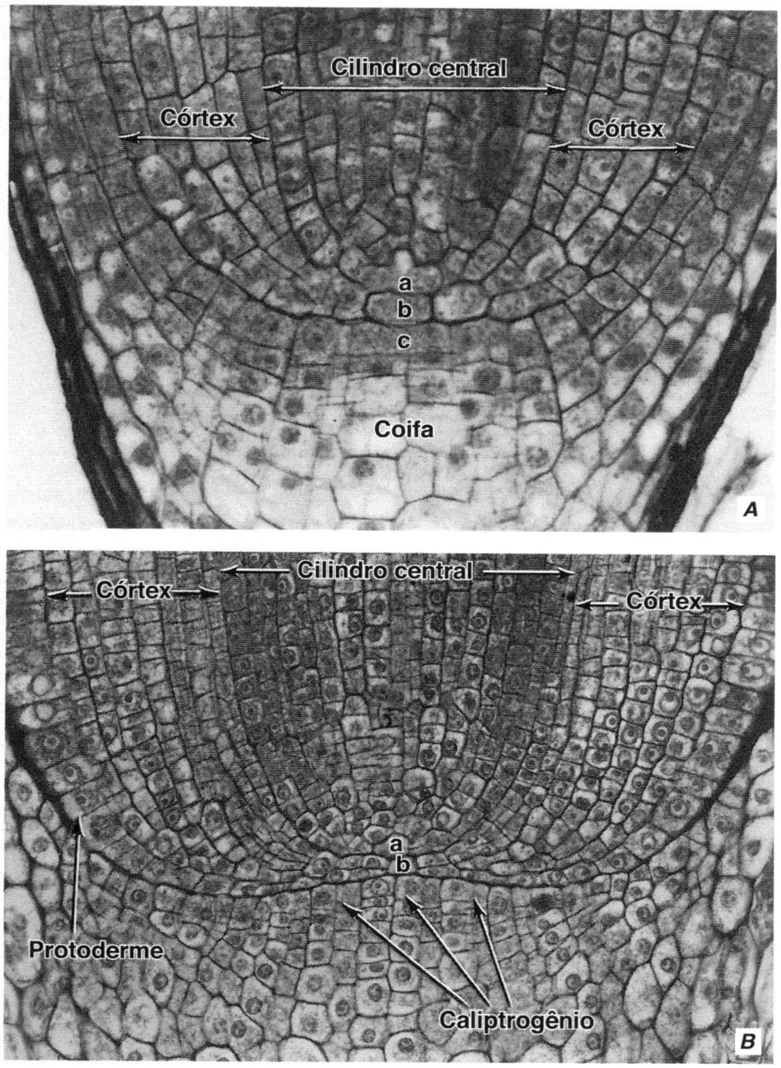

FIGURA 6.20

Cortes longitudinais de meristemas apicais de *Nicotiana tabacum* (**A**) e *Zea mays* (**B**). Esses ápices possuem organização fechada com três camadas distintas de iniciais, designadas por a, b e c em **A**. Em *Nicotiana* (**A**), a epiderme e a coifa possuem iniciais comuns (c); a origina o cilindro central e b o córtex. Em *Zea* (**B**), a epiderme e o córtex possuem iniciais comuns (b) e a coifa se origina de um caliptrogênio; a indica a camada inicial do cilindro central. (Ver Fig. 6.21.) (A, ×455; B, ×280. **B**, diapositivo feito por Ernest M. Gifford.)

mas abertos das monocots mostram uma maior afinidade entre a epiderme e o córtex, e aqueles das eudicots, entre a epiderme e a cobertura (Clowes, 1994). A última condição é exemplificada pelo meristema apical aberto da raiz de *Trifolium rapens* (Wenzel et al., 2001).

Groot et al. (2004) distinguem dois tipos de meristemas abertos em eudicots: aberto básico e aberto intermediário. No meristema aberto básico, as fileiras de células terminam em uma região relativamente grande de iniciais e o destino das derivadas das iniciais não é evidente de imediato. No meristema aberto intermediário, a região inicial é muito menor do que no aberto básico e o destino das derivadas é evidente logo após sua origem a partir das iniciais correspondentes. As fileiras de células nos meristemas abertos intermediários aparecem na região das iniciais que são compartilhadas entre a coifa e o córtex/cilindro vascular. Colocando a organização dos meristemas apicais das raízes em árvores filogenéticas, Groot et al. (2004) determinaram que o meristema aberto intermediário é o tipo ancestral, e que os tipos aberto básico e fechado são derivados.

O meristema apical da raiz das gimnospermas, com sua organização aberta (Fig. 6.18C, D) não possui epiderme *per si* (Guttenberg, 1961; Clowes, 1994). Isso é porque nenhum progenitor individualizado de uma epiderme (dermatogênio ou protoderme) existe no meristema. Em vez disso, o que funciona como epiderme é qualquer tecido que fique exposto pela retirada das células externas do complexo córtex/coifa, como em *Pseudotsuga* (Allen, 1947; Vallade et al., 1983), *Abies* (Wilcox, 1954), *Ephedra* (Peterson e Vermeer, 1980) e *Pinus* (Clowes, 1994).

Meristemas apicais sem iniciais separadas para as diferentes regiões da raiz foram descritos para eudicots e também representantes de Musaceae, Palmae (Pillai e Pillai, 1961a, b) e para as raízes de algumas gimnospermas (Guttenberg, 1961; Wilcox, 1954). Nas raízes de algumas gimnospermas, somente o cilindro central parece possuir uma camada inicial separada (Vallade et al., 1983).

O centro quiescente não é completamente desprovido de divisões em condições normais

A análise da organização de ápices de raiz usando os conceitos histogênico e corpo-cobertura oferece informações sobre o crescimento já ocorrido e que originou o padrão observável. A descoberta

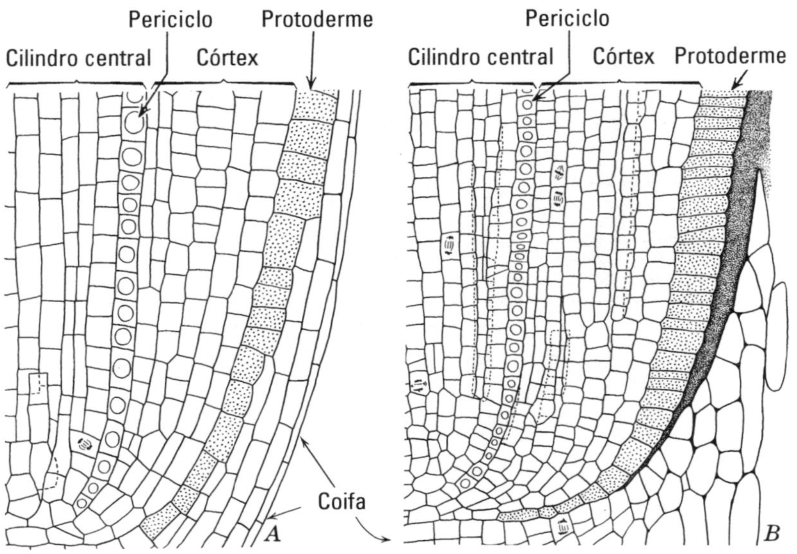

FIGURA 6.21

Cortes longitudinais de ápices radiculares de *Nicotiana tabacum* (**A**) e *Zea mays* (**B**) ilustrando tipos de origem da epiderme. **A**, epiderme separada da coifa por divisões periclinais. **B**, epiderme se origina das mesmas iniciais do córtex por meio de divisões periclinais em uma derivada recente de uma inicial cortical. A área densamente pontilhada em **B** indica a parede gelatinizada entre a coifa e a protoderme. (A, ×285; B, ×210.)

mórdio de raiz lateral de *Zea mays*, um centro quiescente também aparece duas vezes: primeiro, enquanto o primórdio ainda se encontra dentro do córtex e, segundo, antes ou depois da sua emergência a partir da raiz parental (Clowes, 1978a).

O centro quiescente exclui as iniciais da coifa, apresenta forma esférica ou discoide e, em algumas espécies estudadas, contém apenas quatro células (*Petunia hybrida*, Vallade et al., 1978; *Arabidopsis thaliana*, Benfey e Scheres, 2000) enquanto em outras apresenta mais de mil (*Zea mays*, Feldman e Torrey, 1976). O centro quiescente é variável em volume aparentemente em relação ao tamanho da raiz, pois ele é menor ou inteiramente ausente em raízes finas (Clowes, 1984). No sistema da raiz de *Euphorbia esula*, as raízes vigorosas e perenes possuem centros quiescentes distintos, enquanto determinadas raízes laterais (pequenas) não possuem esses centros, durante seu breve crescimento (Raju et al., 1964,

de Clowes (1954, 1956) da presença de um centro quiescente no ápice da raiz provocou uma mudança fundamental na ideia sobre o comportamento dos meristemas radiculares. Pesquisas com raízes se desenvolvendo normalmente e naquelas tratadas cirurgicamente e, ainda, com raízes irradiadas ou marcadas com compostos que envolvem a síntese de DNA, mostraram que, como fenômeno geral, as iniciais que são responsáveis pelo padrão celular original – o centro de construção mínimo de Clowes (1954) – param de ser mitoticamente ativas em fases tardias do crescimento das raízes (Fig. 6.23) (Clowes, 1961, 1967, 1969). Elas são substituídas nessa atividade pelas células das regiões marginais relativamente inativas, ou centro quiescente.

Um centro quiescente se origina duas vezes nas raízes primárias, primeiro durante a embriogenia e outra vez durante estágios precoces da germinação da semente. Durante a emergência da semente, a raiz não possui um centro quiescente (Jones, 1977; Clowes, 1978a, b; Feldman, 1984). Em pri-

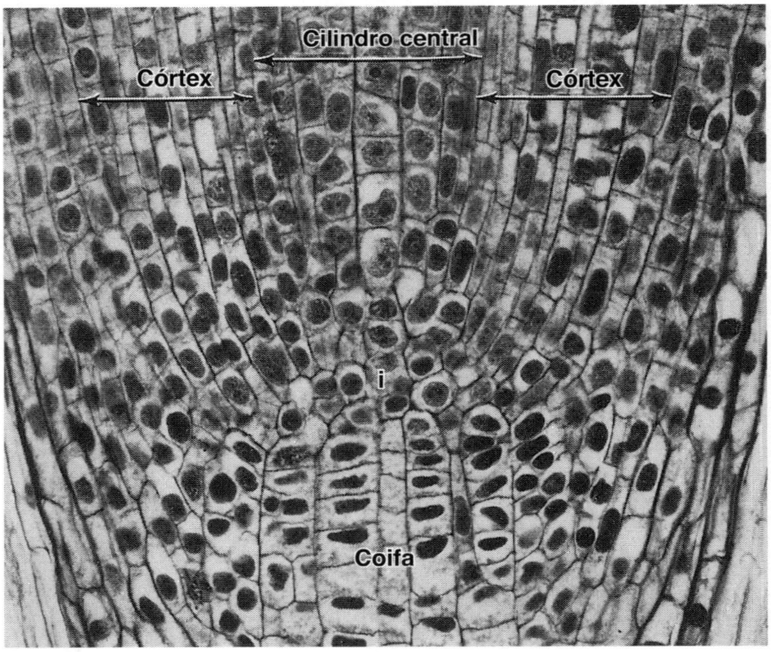

FIGURA 6.22

Corte longitudinal do meristema apical da raiz de *Allium sativum*. Este ápice possui organização aberta; as regiões dos diferentes tecidos confluem num grupo comum de iniciais (i). (×600. Obtido de Mann, 1952. *Hilgardia* 21 (8), 195-251. © 1952 Regents, University of California.)

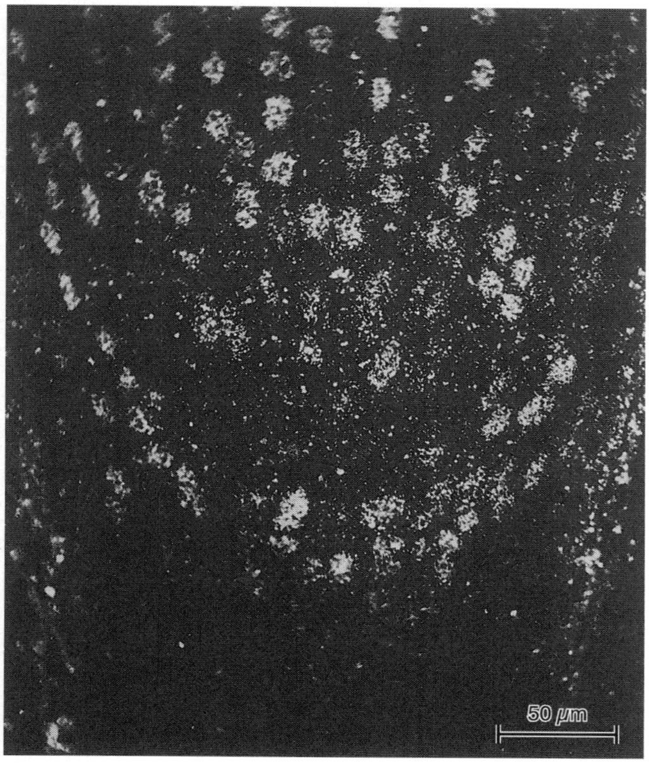

FIGURA 6.23

Centro quiescente. Autorradiografia de um ápice radicular de *Allium sativum*, visto em corte longitudinal e tratado com timidina tritiada por 48 horas. Nas células que se dividem rapidamente ao redor do centro quiescente, o material radioativo foi incorporado rapidamente no DNA nuclear. (Obtido de Thompson e Clowes, 1968, com a permissão da Oxford University Press.)

1976). Plantas vasculares sem sementes com células tetraédricas apicais não possuem centros quiescentes (Gunning et al., 1978; Kurth, 1981; Gifford e Kurth, 1982; Gifford, 1991).

O estado relativamente inativo nas células do centro quiescente não significa que elas se tornam permanentemente não funcionais. As células do centro quiescente, ocasionalmente, se dividem e servem para renovar as regiões que se dividem mais ativamente ao redor delas, onde as células são instáveis e se deslocam de tempo em tempo (Barlow, 1976; Kidner et al., 2000). O centro quiescente das raízes longas de *Euphorbia esula* aparentemente sofre uma flutuação sazonal na produção celular (Raju et al., 1976). Quando atingem o tamanho típico da estação de crescimento, elas exibem um centro quiescente bem-desenvolvido, mas durante a reativação do seu crescimento no começo dessa estação, o centro quiescente não é discernível. Em raízes danificadas experimentalmente, por radiação ou tratamentos cirúrgicos, o centro quiescente é capaz de repor o meristema (Clowes, 1976). Ele também pode sofrer divisões durante a recuperação de um período de dormência induzido pelo frio (Clowes e Stewart, 1967; Barlow e Rathfelder, 1985). Quando a coifa é removida, as células do centro quiescente começam a crescer e sofrem uma sequência controlada de divisões que regenera a coifa (Barlow, 1973; Barlow e Hines, 1982).

Marcando núcleos com timidina tritiada e bloqueando o ciclo celular na metáfase com inibidores, é possível obter resultados quantitativos sobre a duração do ciclo mitótico, em diferentes regiões do meristema da raiz (Clowes, 1969). Esses resultados indicam que as células do centro quiescente dividem aproximadamente 10 vezes mais devagar do que as células adjacentes (Tabela 6.2). Marcação com timidina também mostrou que as diferenças na duração do ciclo mitótico são causadas amplamente por diferenças no G_1, a fase entre o fim da mitose e o começo da síntese de DNA.

A pequena atividade mitótica do centro quiescente levou Clowes (1954, 1961) a sugerir que as iniciais do ápice da raiz encontram-se localizadas exatamente fora do centro quiescente, nas suas margens, e ele denominou esse grupo de células promeristema da raiz. Barlow (1978) e Steeves e Sussex (1989) notaram que é mais realista, entretanto, considerar as células do centro quiescente que se dividem lentamente – células que podem atuar como fonte de células para toda a raiz – como

Tabela 6.2 – Duração Média em Horas do Ciclo Mitótico Calculado a partir da Acumulação na Metáfase em Núcleos se Dividindo em Meristemas de Raízes Tratadas com Inibidores de Bloqueamento de Mitose

Espécies	Centro quiescente	Iniciais da coifa	Cilindro central	
			Exatamente acima[a] QC[b]	200–250 μm acima[a] QC[b]
Zea mays	174	12	28	29
Vicia faba	292	44	37	26
Sinapis alba	520	35	32	25
Allium sativum	173	33	35	26

Fonte: Reproduzido de Esau, 1977; adaptado de Clowes, 1969.
[a] Em direção à base da raiz.
[b] Centro quiescente.

verdadeiras iniciais, e as que se dividem mais ativamente e imediatamente circundam o centro como derivadas, uma ideia proposta antes por Guttenberg (1964). Adotando esse ponto de vista, o centro quiescente da raiz é estritamente similar à zona central, ou promeristema, do caule, e pode ser considerado o promeristema da raiz. Alguns pesquisadores consideram o promeristema da raiz como comparável ao centro quiescente com suas derivadas imediatas, que se dividem ativamente (Kuras, 1978; Vallade et al., 1983). Nas plantas vasculares sem sementes, o promeristema consistiria somente na célula apical. Hoje em dia não existe uniformidade no uso dos termos para descrever a região que se divide lentamente e suas derivadas que se dividem ativamente, nas raízes das plantas com sementes. Mais frequentemente as células que se dividem ativamente e fazem limite com o centro quiescente são consideradas como iniciais, e as células do centro quiescente, simplesmente como células do centro quiescente.

Muitas ideias foram expressas para as possíveis causas do aparecimento do centro quiescente em raiz em crescimento. Segundo uma proposta baseada na análise do padrão de crescimento em ápice de raízes, a quiescência em um local particular do meristema da raiz resulta de uma direção antagônica no crescimento celular, em várias partes do meristema (Clowes, 1972, 1984; Barlow, 1973), com a coifa ou meristema da coifa sendo particularmente importantes na supressão do crescimento. Durante a embriogênese, o aparecimento do centro quiescente coincide com o aparecimento do meristema da coifa (Clowes, 1978a, b). Além disso, como previamente mencionado, se a coifa é removida ou danificada, o centro quiescente se torna ativo e origina um novo meristema da coifa, que, por sua vez, origina uma nova coifa; a quiescência é retomada. Esse comportamento levou Barlow e Adam (1989) a sugerirem que a ativação do centro quiescente, depois de injúria ou remoção da cobertura, resulta de uma interrupção ou modificação no sinal – possivelmente via hormônios – entre a coifa ou suas iniciais e o centro quiescente. Um possível candidato para esse hormônio são as auxinas, que se encontram envolvidas na formação do polo radicular, durante a embriogênese, e na manutenção da organização dos tecidos, em raízes de plântulas de *Arabidopsis* (Sabatini et al., 1999; Costa e Dolan, 2000). Foi formulada a hipótese de que a origem e a manutenção do centro quiescente, no ápice da raiz de milho, são consequentes do suprimento polar de auxinas, e que as iniciais da coifa desempenham um papel importante na regulação desse movimento polar para o ápice da raiz (Kerk e Feldman, 1994). Altos níveis de auxinas acarretam elevados níveis de ácido ascórbico oxidase (AAO) com a resultante diminuição de ácido ascórbico no centro quiescente. Considerando que o ácido ascórbico é necessário para transição de G_1 para S, no ciclo celular em ápice de raízes (Liso et al., 1984, 1988), Kerk e Feldman (1995) propuseram que a redução nos níveis de ácido ascórbico em ápices de raízes pode ser a responsável pela formação e manutenção do centro quiescente. Mais recentemente, Kerk et al. (2000) descreveram que o AAO também descarboxila oxidativamente as auxinas em ápices radiculares de milho, mostrando um outro mecanismo para regular os níveis de auxinas, dentro do centro quiescente e de outros tecidos da raiz. Uma coifa intacta deve estar presente para que esse processo metabólico aconteça.

O ÁPICE RADICULAR DE *ARABIDOPSIS THALIANA*

O meristema apical da raiz de *Arabidopsis* possui organização fechada com três camadas de iniciais (Fig. 6.24). A parte inferior, o dermocaliptrogênio, consiste das iniciais da coifa em columela e das células laterais da coifa e epiderme. A camada do meio consiste das iniciais do córtex (a partir de onde as células parenquimáticas e as da endoderme do córtex se originam) e a camada superior representam as iniciais do cilindro vascular (periciclo e tecidos vasculares), algumas vezes erroneamente designadas como feixe vascular (van der Berg et al., 1998; Burgeff et al., 2002). No centro da camada do meio existe um grupo de quatro células que raramente se dividem, durante o desenvolvimento inicial da raiz. Vários termos têm sido usados para descrever essas células localizadas centralmente, incluindo "células centrais" (Costa e Dolan, 2000; Kidner et al., 2000), "células do centro quiescente" (Dolan et al., 1993; van der Berg et al., 1998; Scheres e Heidstra, 2000), "células iniciais centrais do meristema fundamental" (Baum e Rost, 1997), "iniciais centrais do córtex" (Zhu et al., 1998a) e "iniciais centrais" (Baum et al., 2002).

A origem embrionária da raiz primária de *Arabidopsis* é bem-documentada (Scheres et al.,

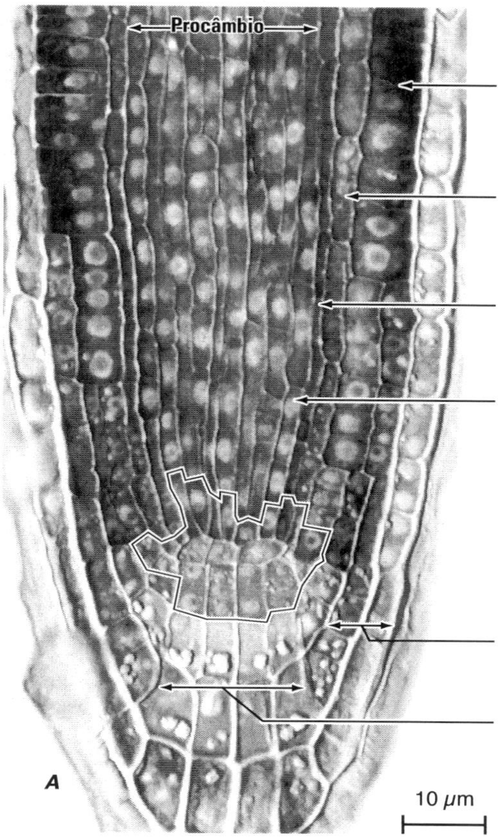

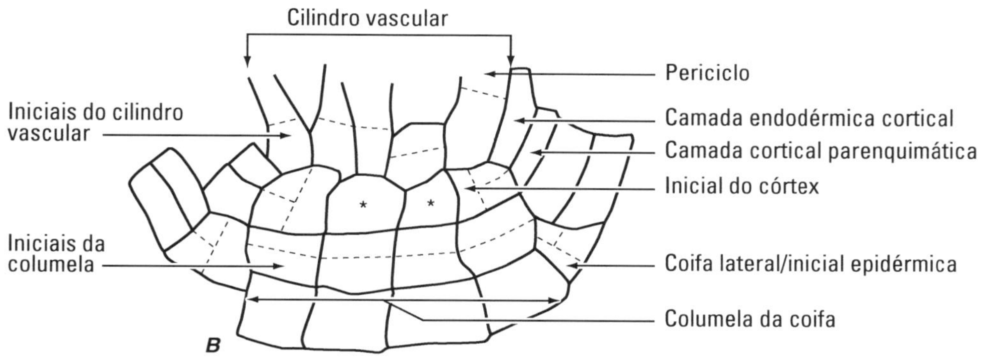

FIGURA 6.24

A, corte longitudinal mediano do ápice da raiz de *Arabidopsis*. **B**, desenho do promeristema mostrando a relação entre as camadas de iniciais e as regiões de tecidos da raiz. A camada superior representa as iniciais do cilindro vascular, a camada do meio representa as células centrais (asteriscos) e as iniciais do córtex e a camada inferior se referem às iniciais da columela da coifa e às iniciais das células laterais da coifa e epiderme. As linhas interrompidas indicam os planos de divisão celular nas iniciais do córtex e nas iniciais da epiderme e das regiões laterais da coifa. (Reproduzido com consentimento: **A**, de **B**, a partir de Schiefelbein et al., 1997. © American Society of Plant Biologists.)

1994). Brevemente, a embriogênese começa com uma divisão transversal assimétrica do zigoto, dando origem ao embrião propriamente dito e à célula basal do suspensor do embrião, cujas células apicais são chamadas **hipófise** ou **células hipofisiárias** (Fig. 6.11). No estágio inicial cordiforme (estágio triangular) da embriogênese, a hipófise divide-se para formar uma célula em forma de lente (côncava), que é a progenitora das quatro células centrais. A célula derivada da hipofisiária inferior origina as iniciais da porção central (columela) da coifa. Todas as outras iniciais do meristema são derivadas do embrião propriamente dito e são reconhecidas mais tarde durante o estágio cordiforme.

Experimentos com ablação com laser demostraram claramente que a informação posicional desempenha um papel mais importante na determinação do destino celular do que o relacionamento da linhagem celular, na raiz de *Arabidopsis* (van der Berg et al., 1995, 1997a; Scheres e Wolkenfelt, 1998). Nesses experimentos, células específicas foram removidas para observar-se o efeito nas células vizinhas. Por exemplo, quando as quatro células quiescentes são removidas, elas são repostas pelas iniciais do cilindro vascular. Células corticais removidas são repostas por células do periciclo que, então, mudam o seu destino e se comportam como iniciais corticais.

A remoção de uma única célula do centro quiescente resulta na parada de divisão celular e na progressão da diferenciação nas células iniciais da columela e corticais, com as quais a célula do centro quiescente fazia contato. Esses resultados indicam que o maior papel das células do centro quiescente é inibir a diferenciação das células iniciais vizinhas por meio de sinais emitidos a partir de uma única célula (van der Berg et al., 1997b; Scheres e Wolkenfelt, 1998; van der Berg et al., 1998). A remoção de uma das células-filhas de uma inicial cortical não interfere nas divisões subsequentes dessa inicial, que estavam em contato com outras células corticais filhas de iniciais corticais vizinhas. Entretanto, quando todas as células corticais filhas são removidas ao redor de uma inicial cortical, essa inicial se torna incapaz de originar fileiras de células corticais parenquimáticas e endodérmicas. Aparentemente as iniciais corticais – talvez todas as iniciais – dependem da informação posicional de células-filhas mais maduras, presentes na mesma camada celular. Em outras palavras, as iniciais do meristema apical da raiz, aparentemente, não possuem informação de um padrão generativo intrínseco (van der Berg et al., 1995, 1997b). Isso contraria a ideia tradicional de que os meristemas são como máquinas com padrão generativo autônomo.

Durante o crescimento da raiz primária de *Arabidopsis*, as células centrais quiescentes se tornam mitoticamente ativas e, com as células iniciais, se tornam desorganizadas e vacuolizadas à medida que a organização do ápice se transforma de fechada para aberta (Baum et al., 2002). Conforme comentado por Baum et al. (2002), essas mudanças, com a concomitante redução nos plasmodesmas (Zhu et al., 1998a), são fenômenos associados com a determinação da raiz, o estágio final de desenvolvimento do crescimento da raiz. A presença de raízes primárias determinadas não é particular de *Arabidopsis*. O crescimento determinado da raiz, associado à transformação na organização do meristema apical, de fechado para aberto, é aparentemente um fenômeno comum (Chapman et al., 2003).

O CRESCIMENTO DO ÁPICE DA RAIZ

A região de células que se dividem ativamente – o meristema apical – se estende em direção à base até uma distância considerável do ápice, ou seja, até a parte mais velha da raiz. Em um nível de organização, tanto a coifa como a raiz propriamente dita podem ser vistas como consistindo de fileiras de células que saíram do promeristema. Relativamente próximo ao promeristema, algumas fileiras se dividem longitudinalmente – tanto radialmente como periclinalmente – por divisões em T para originar novas fileiras de células. Tais divisões são chamadas **divisões formativas**, já que são importantes na determinação do padrão de formação (Gunning et al., 1978). As divisões radiais aumentam o número de células em uma camada individual, enquanto divisões periclinais aumentam o número de camadas e, portanto, o diâmetro da raiz. Por meio de divisões transversais, o número de células em cada fileira aumenta. As divisões transversais, chamadas **divisões proliferativas**, determinam o tamanho do meristema. Em algumas raízes, grupos de células de ancestralidade comum, chamados **pacotes celulares**, foram encontrados nas fileiras (Fig. 6.25; Barlow, 1983, 1987). Os pacotes derivam, cada um, de uma única célula-mãe e são úteis em estudos de divisão celular da raiz.

Embora o modelo tradicional da estrutura da raiz divida seu ápice em três regiões mais ou menos distintas – divisão celular (meristema), alongamento e maturação (Ivanov, 1983) – em um mesmo nível da raiz esses processos se sobrepõem em diferentes regiões de tecidos, em diferentes fileiras de células de uma mesma região do tecido e mesmo em células individuais. Geralmente, o córtex

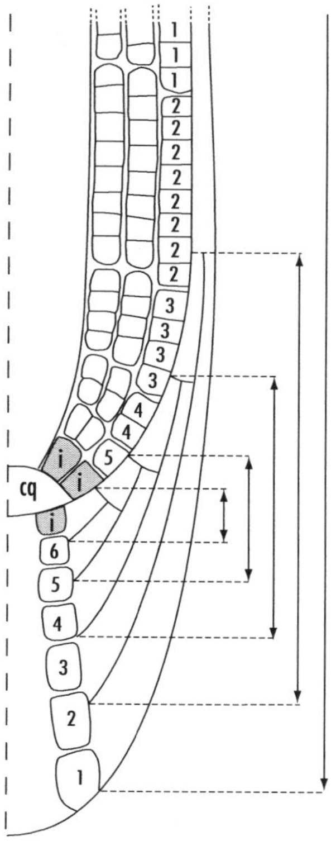

FIGURA 6.25

Padrões de crescimento no ápice da raiz de *Petunia hybrida*. Os números indicam a sequência de formação das células, via divisões transversais (divisões proliferativas) na columela da coifa e no córtex, onde células de ancestralidade comum ocorrem em pacotes. As setas indicam o crescimento do complexo coifa lateral/ epiderme. Detalhes: cq, centro quiescente, i, inicial. (Obtido de Vallade et al., 1983.)

meristemático se vacuoliza e desenvolve espaços intercelulares próximos do ápice, enquanto o meristema do cilindro central (procâmbio) ainda se mostra denso. No cilindro central, os precursores dos vasos de xilema mais internos (elementos de metaxilema) param de dividir, aumentam em tamanho e se vacuolizam consideravelmente, antes que outros precursores e os primeiros tubos crivados comumente amadureçam nas partes da raiz em que a divisão celular ainda está ocorrendo. Em células individuais, divisão, alongamento e vacuolização são combinados.

Conforme comentado, o nível onde as divisões transversais cessam ao longo do eixo da raiz difere entre os tecidos. No ápice da raiz da cevada (*Hordeum vulgare*), por exemplo, células do metaxilema central param de dividir a distâncias de 300 a 350 micrômetros das iniciais, e as da epiderme, a 600 a 750 micrômetros. O periciclo exibe a maior duração na divisão celular, dividindo-se em distâncias de até 1.000 a 1.150 micrômetros, a maior sendo a oposta aos polos de xilema (Luxová, 1975). Na raiz de *Vicia faba*, o periciclo também se divide por mais tempo, e as células de protofloema (as primeiras formadas no floema) são as primeiras que param de dividir. Elementos de tubo crivado maduros do protofloema foram encontrados a distâncias de 600 a 700 micrômetros do ápice (Luxová e Murín, 1973).

Na raiz de *Pisum sativum*, o padrão de distribuição de divisão celular foi reconhecido como correspondente ao padrão de diferenciação do tecido, nos setores do cilindro e dos tecidos vasculares correspondentes (Fig. 6.26; Rost et al., 1988). Entre aproximadamente 350 a 500 micrômetros da junção raiz propriamente dita/coifa, os elementos traqueais do xilema e as células parenquimáticas da medula e do córtex médio pararam de dividir. Nesse nível, a divisão celular estava restrita essencialmente a dois cilindros, um "cilindro cortical externo" (formado pela coifa interna, epiderme e córtex externo) e um "cilindro cortical interno" (composto pelo córtex interno, o periciclo e o tecido vascular). Com a maturação do protofloema, todas as células no setor do floema do "cilindro cortical interno", incluindo a camada do periciclo, a endoderme e o parênquima do floema, pararam de dividir. Nos setores do xilema, o periciclo com 3 a 4 camadas continuou dividindo até quase o nível de 10 milímetros, seguindo a maturação dos elementos traqueais do protoxilema. Uma vez que as divisões proliferativas, nos diferentes tecidos das fileiras de células, não param exatamente a uma mesma distância do ápice radicular, o limite basal do meristema, ou região de divisão celular, não é claramente definida (Webster e MacLeod, 1980). Rost e Baum (1988) usaram o termo meristema de comprimento relativo para esse limite difuso em *Pisum sativum*.

Estudos usando método cinemático – por meio do qual taxas locais de divisão e expansão celular podem ser medidas ao mesmo tempo (Baskin, 2000) – estabeleceram claramente que, embora tecidos ou fileiras de células diferentes parem de dividir em diferentes distâncias do ápice, enquanto eles dividem, as células o fazem quase em uma mesma taxa. Em contrapartida, com a constância na taxa

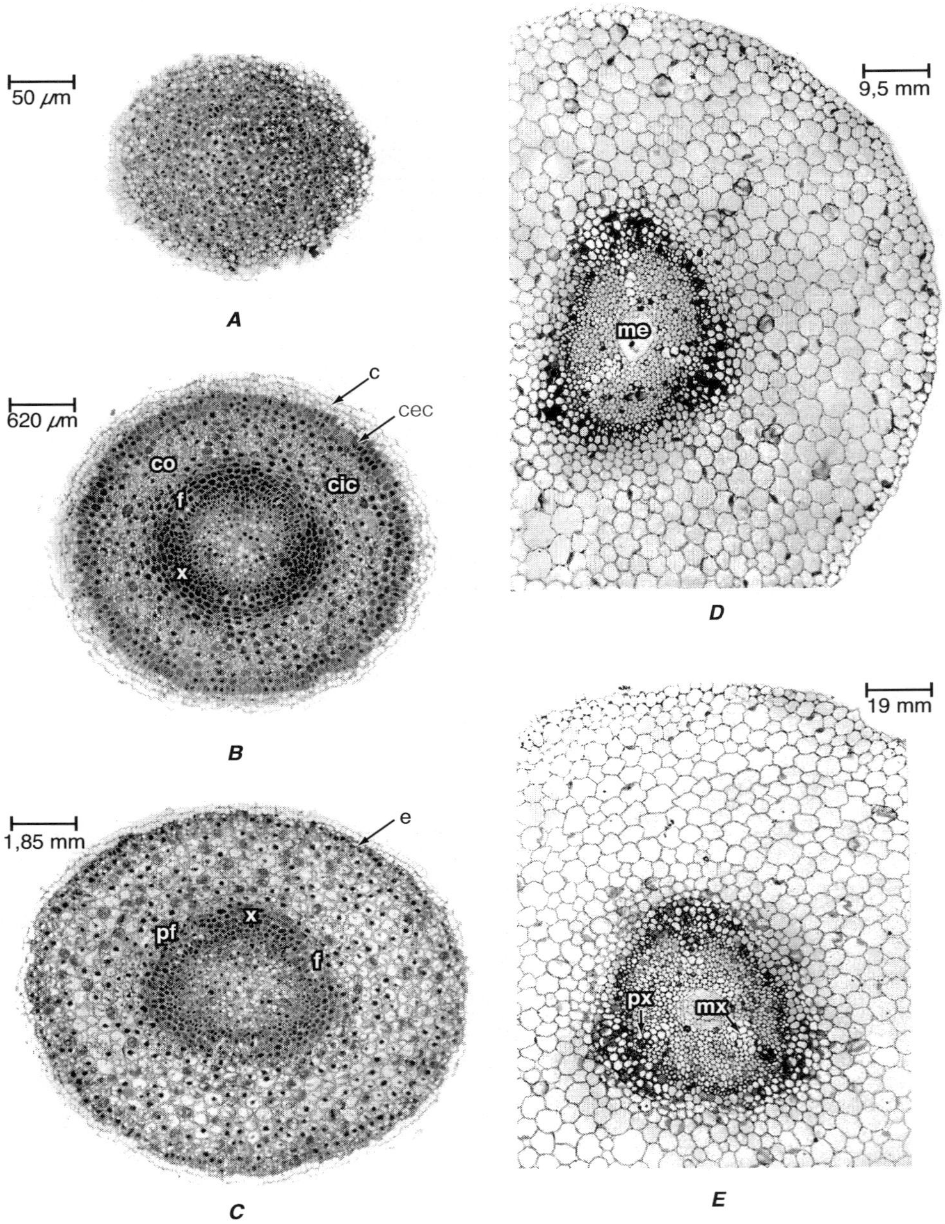

FIGURA 6.26

Cortes transversais da raiz de *Pisum sativum* mostrando as mudanças no desenvolvimento do cilindro e de setores, em diferentes níveis. Detalhes: co, córtex médio; e, epiderme; cic, córtex interno/periciclo/cilindro de tecidos vasculares; mx, metaxilema maduro; cec, coifa/epiderme/cilindro cortical externo; f, setor do floema; me, medula; pf, protofloema maduro; px, protoxilema maduro; c, coifa; x, setor do xilema. (Obtido de Rost et al., 1988.)

de divisão celular, o número de células dividindo nos meristemas varia amplamente, indicando que a raiz deve controlar a saída do ciclo celular, na base dos meristemas (Baskin, 2000). Além disso, encontra-se claramente estabelecido que a divisão celular é contínua mesmo na região onde o comprimento celular aumenta rapidamente (Ivanov e Dubrovsky, 1997; Sacks et al., 1997; Beemster e Baskin, 1998). Então, aparentemente, existe uma **zona de transição** (Baluška et al., 1996) entre a parte basal do meristema e a região onde as células expandem rapidamente ou, para ser mais exato, "onde as células sofrem sua divisão final e expandem rapidamente" (Beemster e Baskin, 1998). Foi levantada a hipótese de que as regiões de divisão e alongamento são unidas e podem, na verdade, constituir uma zona de desenvolvimento (Scheres e Heidstra, 2000).

O controle da divisão celular e a coordenação do desenvolvimento entre tecidos e fileiras de células na raiz, assim como no corpo da planta, requer uma comunicação célula-célula e parece envolver movimentos direcionais de sinais que dependem da posição, tais como a transcrição de fatores ou hormônios (Barlow, 1984; Lucas, 1995; van den Berg et al., 1995; Zhu et al., 1998a). Uma passagem potencial para o movimento desses possíveis sinais de posição são os plasmodesmas, que ligam as células simplasticamente. Na raiz de *Arabidopsis*, as células iniciais, embora interconectadas uniformemente, possuíam menos plasmodesmos nas suas paredes comuns do que nas paredes entre elas e suas derivadas (Zhu et al., 1998a, b). A frequência de plasmodesmos era a maior ao longo das paredes transversais das fileiras de células (plasmodesmos primários). As paredes longitudinais entre as fileiras de células e as paredes comuns entre tecidos vizinhos são percorridas por plasmodesmos secundários. Não surpreendentemente, pequenas marcas fluorescentes capazes de se movimentar no simplasto foram encontradas se difundindo, preferencialmente, pelas paredes transversais que unem as células do meristema fundamental e suas corticais resultantes (Zhu et al., 1998a).

Com o aumento na idade da raiz de *Arabidopsis*, a frequência de plasmodesmos diminui (Zhu et al., 1998b), um fenômeno associado com a morte celular programada das células externas da coifa (Zhu e Rost, 2000). Anteriormente, Gunning (1978) sugeriu que o tempo limitado de vida, da raiz determinada de *Azolla pinnata*, é devido a uma senescência programada, associada com uma progressiva diminuição na frequência dos plasmodesmos, entre a célula apical e suas derivadas laterais. A redução na frequência dos plasmodesmos começa ao redor de 30-50 divisões e resulta no isolamento do simplasto da célula apical que não se divide mais.

O ápice da raiz não cresce continuamente em uma mesma intensidade, especialmente em plantas perenes (Kozlowski e Pallardy, 1997). Em abeto nobre "noble fir" (*Abies procera*), por exemplo, a raiz mostra desaceleração de crescimento periódico e possui períodos de dormência (Wilcox, 1954). A dormência é precedida pela lignificação das paredes celulares e pela deposição de suberina – um processo duplo chamado **metacutização** – no córtex e na coifa em uma camada de células que é contínua com a endoderme e que cobre completamente o meristema apical. O último se torna então isolado por uma camada protetora em todos os lados, exceto em direção à base da raiz. Externamente esses ápices de raiz são marrons. Quando o crescimento é reassumido, o envoltório marrom é quebrado e o ápice da raiz aparece embaixo dele. Estudos em raízes cortadas indicam que as raízes podem apresentar um crescimento rítmico não dependente das mudanças sazonais, mas determinado por fatores internos (Street e Roberts, 1952).

REFERÊNCIAS

ABBE, E. C. e B. O. PHINNEY. 1951. The growth of the shoot apex in maize: External features. *Am. J. Bot.* 38, 737–743.

ABBE, E. C. e O. L. STEIN. 1954. The growth of the shoot apex in maize: Embryogeny. *Am. J. Bot.* 41, 285–293.

ALLEN, G. S. 1947. Embryogeny and the development of the apical meristems of *Pseudotsuga*. III. Development of the apical meristems. *Am. J. Bot.* 34, 204–211.

ARMSTRONG, J. E. e C. HEIMSCH. 1976. Ontogenetic reorganization of the root meristem in the Compositae. *Am. J. Bot.* 63, 212–219.

ASKENASY, E. 1880. Ueber eine neue Methode, um die Vertheilung der Wachsthumsintensität in wachsenden Theilen zu bestimmen. *Verhandlungen des Naturhistorisch-medicinischen Vereins zu Heidelberg*, n.f. 2, 70–153.

BALL, E. 1941. The development of the shoot apex and of the primary thickening meristem in *Phoenix canariensis* Chaub., with comparisons to *Washingtonia filifera* Wats. and *Trachycarpus excelsa* Wendl. *Am. J. Bot.* 28, 820–832.

BALL, E. 1972. The surface "histogen" of living shoot apices. In: *The Dynamics of Meristem Cell Populations*, pp. 75–97, M. W. Miller e C. C. Kuehnert, eds. Plenum Press, New York.

BALUŠKA, F., D. VOLKMANN e P. W. BARLOW. 1996. Specialized zones of development in roots. View from the cellular level. *Plant Physiol.* 112, 3–4.

BARKER, W. G. e F. C. STEWARD. 1962. Growth and development of the banana plant. I. The growing regions of the vegetative shoot. *Ann. Bot.* 26, 389–411.

BARLOW, P. W. 1973. Mitotic cycles in root meristems. In: *The Cell Cycle in Development and Differentiation*, pp. 133–165, M. Balls e F. S. Billett, eds. Cambridge University Press, Cambridge.

BARLOW, P. W. 1976. Towards an understanding of the behavior of root meristems. *J. Theoret. Biol.* 57, 433–451.

BARLOW, P. W. 1978. RNA metabolism in the quiescent centre and neighbouring cells in the root meristem of *Zea mays*. *Z. Pflanzenphysiol.* 86, 147–157.

BARLOW, P. W. 1983. Cell packets and cell kinetics in the root meristem of *Zea mays*. In: *Wurzelökologie und ihre Nutzanwendung* (Root ecology and its practical application), pp. 711–720, W. Böhm, L. Kutschera e E. Lichtenegger, eds. Bundesanstalt für Alpenländische Landwirtschaft Gumpenstein, Irdning, Austria.

BARLOW, P. W. 1984. Positional controls in root development. In: *Positional Controls in Plant Development*, pp. 281–318, P. W. Barlow e D. J. Carr, eds. Cambridge University Press, Cambridge.

BARLOW, P. W. 1987. Cellular packets, cell division and morphogenesis in the primary root meristem of *Zea mays* L. *New Phytol.* 105, 27–56.

BARLOW, P. W. e J. S. ADAM. 1989. The response of the primary root meristem of *Zea mays* L. to various periods of cold. *J. Exp. Bot.* 40, 81–88.

BARLOW, P. W. e E. R. HINES. 1982. Regeneration of the rootcap of *Zea mays* L. and *Pisum sativum* L.: A study with the scanning electron microscope. *Ann. Bot.* 49, 521–529.

BARLOW, P. W. e E. L. RATHFELDER. 1985. Cell division and regeneration in primary root meristems of *Zea mays* recovering from cold treatment. *Environ. Exp. Bot.* 25, 303–314.

BARTON, M. K. 1998. Cell type specification and self renewal in the vegetative shoot apical meristem. *Curr. Opin. Plant Biol.* 1, 37–42.

BARTON, M. K. e R. S. POETHIG. 1993. Formation of the shoot apical meristem in *Arabidopsis thaliana:* Analysis of development in the wild type and in the shoot meristemless mutant. *Development* 119, 823–831.

BASKIN, T. I. 2000. On the constancy of cell division rate in the root meristem. *Plant Mol. Biol.* 43, 545–554.

BATTEY, N. H. e R. F. LYNDON. 1988. Determination and differentiation of leaf and petal primordia in *Impatiens balsamina* L. *Ann. Bot.* 61, 9–16.

BAUM, S. F. e T. L. ROST. 1996. Root apical organization in *Arabidopsis thaliana*. 1. Root cap and protoderm. *Protoplasma*. 192, 178–188.

BAUM, S. F. e T. L. ROST. 1997. The cellular organization of the root apex and its dynamic behavior during root growth. In: *Radical Biology: Advances and Perspectives on the Function of Plant Roots*, pp. 15–22, H. E. Flores, J. P. Lynch e D. Eissenstat, eds. American Society of Plant Physiologists, Rockville, MD.

BAUM, S. F., J. G. DUBROVSKY e T. L. ROST. 2002. Apical organization and maturation of the cortex and vascular cylinder in *Arabidopsis thaliana* (Brassicaceae) roots. *Am. J. Bot.* 89, 908–920.

BEEMSTER, G. T. S. e T. I. BASKIN. 1998. Analysis of cell division and elongation underlying the developmental acceleration of root growth in *Arabidopsis thaliana*. *Plant Physiol.* 116, 1515–1526.

BENFEY, P. N. e B. SCHERES. 2000. Root development. *Curr. Biol.* 10, R813–R815.

BHAMBIE, S. e V. PURI. 1985. Shoot and root apical meristems in pteridophytes. In: *Trends in Plant Research*, pp. 55–81, C. M. Govil, Y. S. Murty, V. Puri e V. Kumar, eds. Bishen Singh Mahendra Pal Singh, Dehra Dun, India.

BIENIEK, M. E. e W. F. MILLINGTON. 1967. Differentiation of lateral shoots as thorns in *Ulex europaeus*. *Am. J.* Bot. 54, 61–70.

BIERHORST, D. W. 1977. On the stem apex, leaf initiation and early leaf ontogeny in Filicalean ferns. *Am. J. Bot.* 64, 125–152.

BOWER, F. O. 1923. *The Ferns*, vol. 1, *Analytical Examination of the Criteria of Comparison*. Cambridge University Press, Cambridge.

BOWMAN, J. L. e Y. ESHED. 2000. Formation and maintenance of the shoot apical meristem. *Trends Plant Sci.* 5, 110–115.

BROWN, W. V., C. HEIMSCH e H. P. EMERY. 1957. The organization of the grass shoot apex and systematics. *Am. J. Bot.* 44, 590–595.

BRUTNELL, T. P. e J. A. LANGDALE. 1998. Signals in leaf development. *Adv. Bot. Res.* 28, 161–195.

BURGEFF, C., S. J. LILJEGREN, R. TAPIA-LÓPEZ, M. F. YANOFSKY e E. R. ALVAREZ-BUYLLA. 2002. MADS-box gene expression in lateral primordia, meristems and differentiated tissues of *Arabidopsis thaliana* roots. *Planta* 214, 365–372.

BUVAT, R. 1952. Structure, évolution et fonctionnement du méristème apical de quelques Dicotylédones. *Ann. Sci. Nat. Bot. Biol. Vég., Sér. 11*, 13, 199–300.

BUVAT, R. 1955a. Le méristème apical de la tige. *L'Année Biologique* 31, 595–656.

BUVAT, R. 1955b. Sur la structure et le fonctionnement du point végétatif de *Selaginella caulescens* Spring var. *amoena. C.R. Séances Acad. Sci.* 241, 1833–1836.

BUVAT, R. e L. GENEVÈS. 1951. Sur l'inexistence des initiales axiales dans la racine d'*Allium cepa* L. (Liliacées). *C.R. Séances Acad. Sci.* 232, 1579–1581.

BUVAT, R. e O. LIARD. 1953. Nouvelle constatation de l'inertie des soi-disant initiales axiales dans le méristème radiculaire de *Triticum vulgare. C.R. Séances Acad. Sci.* 236, 1193–1195.

BYRNE, J. M. e C. HEIMSCH. 1970. The root apex of *Malva sylvestris.* I. Structural development *Am. J. Bot.* 57, 1170–1178.

CAMEFORT, H. 1956. Étude de la structure du point végétatif et des variations phyllotaxiques chez quelques gymnospermes. *Ann. Sci. Nat. Bot. Biol. Vég., Sér. 11*, 17, 1–185.

CAMPBELL, D. H. 1911. *The Eusporagiatae.* Publ. no. 140. Carnegie Institution of Washington, Washington, DC.

CANNELL, M. G. R. e K. C. BOWLER. 1978. Spatial arrangement of lateral buds at the time that they form on leaders of *Picea* and *Larix. Can. J. For. Res.* 8, 129–137.

CANNELL, M. G. R. e C. M. CAHALAN. 1979. Shoot apical meristems of *Picea sitchensis* seedlings accelerate in growth following bud-set. *Ann. Bot.* 44, 209–214.

CATESSON, A. M. 1953. Structure, évolution et fonctionnement du point végétatif d'une Monocotylédone: *Luzula pedemontana* Boiss. et Reut. (Joncacées). *Ann. Sci. Nat. Bot. Biol. Vég., Sér. 11*, 14, 253–291.

CECICH, R. A. 1980. The apical meristem. In: *Control of Shoot Growth in Trees*, pp. 1–11, C. H. A. Little, ed. Maritimes Forest Research Centre, Fredericton, N.B., Canada.

CHAMPAGNAT, M., C. CULEM e J. QUIQUEMPOIS. 1963. Aisselles vides et bourgeonnemt axillaire épidermique chez *Linum usitatissimum* L. *Mém. Soc. Bot. Fr., March*, 122–138.

CHAPMAN, K., E. P. GROOT, S. A. NICHOL e T. L. ROST. 2003. Primary root growth and the pattern of root apical meristem organization are coupled. *J. Plant Growth Regul.* 21, 287–295.

CHO, H. T. H. KENDE. 1997. Expression of expansin genes is correlated with growth in deepwater rice. *Plant Cell* 9, 1661–1671.

CLARK, S. E. 2001. Meristems: Start your signaling. *Curr. Opin. Plant Biol.* 4, 28–32.

CLARK, S. E., M. P. Running e E. M. Meyerowitz, 1993. *CLAVATA1*, a regulator of meristem and flower development in *Arabidopsis. Development* 119, 397–418.

CLARK, S. E., M. P. RUNNING e E. M. MEYEROWITZ. 1995. *CLAVATA3* is a specific regulator of shoot and floral meristem development affecting the same processes as *CLAVATA1. Development* 121, 2057–2067.

CLELAND, R. E. 2001. Unlocking the mysteries of leaf primordial formation. *Proc. Natl. Acad. Sci. USA* 98, 10981–10982.

CLOWES, F. A. L. 1950. Root apical meristems of *Fagus sylvatica. New Phytol.* 49, 248–268.

CLOWES, F. A. L. 1954. The promeristem and the minimal constructional centre in grass root apices. *New Phytol.* 53, 108–116.

CLOWES, F. A. L. 1956. Nucleic acids in root apical meristems of *Zea. New Phytol.* 55, 29–35.

CLOWES, F. A. L. 1961. *Apical Meristems.* Botanical monographs, vol. 2. Blackwell Scientific, Oxford.

CLOWES, F. A. L. 1967. The functioning of meristems. *Sci. Prog. Oxf.* 55, 529–542.

CLOWES, F. A. L. 1969. Anatomical aspects of structure and development. In: *Root Growth*, pp. 3–19, W. J. Whittingham, ed. Butterworths, London.

CLOWES, F. A. L. 1972. The control of cell proliferation within root meristems. In: *The Dynamics of Meristem Cell Populations*, pp. 133–147, M. W. Miller e C. C. Kuehnert, eds. Plenum Press, New York.

CLOWES, F. A. L. 1976. The root apex. In: *Cell Division in Higher Plants*, pp. 254–284, M. M. Yeoman, ed. Academic Press, New York.

CLOWES, F. A. L. 1978a. Origin of the quiescent centre in *Zea mays. New Phytol.* 80, 409–419.

CLOWES, F. A. L. 1978b. Origin of quiescence at the root pole of pea embryos. *Ann. Bot.* 42, 1237–1239.

CLOWES, F. A. L. 1981. The difference between open and closed meristems. *Ann. Bot.* 48, 761–767.

CLOWES, F. A. L. 1984. Size and activity of quiescent centres of roots. *New Phytol.* 96, 13–21.

CLOWES, F. A. L. 1990. The discrete root epidermis of fl oating plants. *New Phytol.* 115, 11–15.

CLOWES, F. A. L. 1994. Origin of the epidermis in root meristems. *New Phytol.* 127, 335–347.

CLOWES, F. A. L. e H. E. STEWART. 1967. Recovery from dormancy in roots. *New Phytol.* 66, 115–123.

COSTA, S. e L. DOLAN. 2000. Development of the root pole and cell patterning in *Arabidopsis* roots. *Curr. Opin. Gen. Dev.* 10, 405–409.

CRAFTS, A. S. 1943. Vascular differentiation in the shoot apex of *Sequoia sempervirens*. *Am. J. Bot.* 30, 110–121.

CROXDALE, J. G. 1978. *Salvinia* leaves. I. Origin and early differentiation of floating and submerged leaves. *Can. J. Bot.* 56, 1982–1991.

CROXDALE, J. G. 1979. *Salvinia* leaves. II. Morphogenesis of the floating leaf. *Can. J. Bot.* 57, 1951–1959.

CUTTER, E. G. 1964. Observations on leaf and bud formation in *Hydrocharis morsus-ranae*. *Am. J. Bot.* 51, 318–324.

CUTTER, E. G. 1965. Recent experimental studies of the shoot apex and shoot morphogenesis. *Bot. Rev.* 31, 7–113.

D'AMATO, F. 1975. Recent findings on the organization of apical meristems with single apical cells. *G. Bot. Ital.* 109, 321–334.

DAVIS, E. L., P. RENNIE e T. A. STEEVES. 1979. Further analytical and experimental studies on the shoot apex of *Helianthus annuus:* Variable activity in the central zone. *Can. J. Bot.* 57, 971–980.

DOLAN, L. e R. S. POETHIG. 1991. Genetic analysis of leaf development in cotton. *Development* suppl. 1, 39–46.

DOLAN, L. e R. S. POETHIG. 1998. Clonal analysis of leaf development in cotton. *Am. J. Bot.* 85, 315–321.

DOLAN, L., K. JANMAAT, V. WILLEMSEN, P. LINSTEAD, S. POETHIG, K. ROBERTS e B. SCHERES. 1993. Cellular organization of the *Arabidopsis thaliana* root. *Development* 119, 71–84.

DUMAIS, J. e C. R. STEELE. 2000. New evidence for the role of mechanical forces in the shoot apical meristem. *J. Plant Growth Regul.* 19, 7–18.

EDGAR, E. 1961. *Fluctuations in Mitotic Index in the Shoot Apex of Lonicera nitida.* Publ. no. 1. University of Canterbury, Christchurch, NZ.

ESAU, K. 1965. *Vascular Differentiation in Plants.* Holt, Rinehart and Winston, New York.

ESAU, K. 1977. *Anatomy of Seed Plants*, 2. ed. Wiley, New York.

EVANS, L. S. e A. R. BERG. 1972. Early histogenesis and semiquantitative histochemistry of leaf initiation in *Triticum aestivum*. *Am. J. Bot.* 59, 973–980.

EVANS, M. M. S. e M. K. BARTON. 1997. Genetics of angiosperm shoot apical meristem development. *Annu. Rev. Plant Physiol. Plant Mol. Biol.* 48, 673–701.

EVANS, M. W. e F. O. GROVER. 1940. Developmental morphology of the growing point of the shoot and the inflorescence in grasses. *J. Agric. Res.* 61, 481–520.

FELDMAN, L. J. 1984. The development and dynamics of the root apical meristem. *Am. J. Bot.* 71, 1308–1314.

FELDMAN, L. J. e J. G. TORREY. 1976. The isolation and culture in vitro of the quiescent center of *Zea mays*. *Am. J. Bot.* 63, 345–355.

FLEMING, A. J., S. MCQUEEN-MASON, T. MANDEL e C. KUHLEMEIER. 1997. Induction of leaf primordia by the cell wall protein expansin. *Science* 276, 1415–1418.

FLEMING, A. J., D. CADERAS, E. WEHRLI, S. MCQUEEN-MASON e C. KUHLEMEIER. 1999. Analysis of expansin-induced morphogenesis on the apical meristem of tomato. *Planta* 208, 166–174.

FLETCHER, J. C. 2002. The vegetative meristem. In: *Meristematic Tissues in Plant Growth and Development*, pp. 16–57, M. T. McManus e B. E. Veit, eds. Sheffi eld Academic Press, Sheffield.

FLETCHER, J. C. 2004. Stem cell maintenance in higher plants. In: *Handbook of Stem Cells*, vol. 2., *Adult and Fetal*, pp. 631–641, R. Lanza, H. Blau, D. Melton, M. Moore, E. D. Thomas (Hon.), C. Verfaille, I. Weissman e M. West, eds. Elsevier Academic Press, Amsterdam.

FLETCHER, J. C., U. BRAND, M. P. RUNNING, R. SIMON e E. M. MEYEROWITZ. 1999. Signaling of cell fate decisions by *CLAVATA3* in *Arabidopsis* shoot meristems. *Science* 283, 1911–1914.

FOARD, D. E. 1971. The initial protrusion of a leaf primordium can form without concurrent periclinal cell divisions. *Can. J. Bot.* 49, 1601–1603.

FOSTER, A. S. 1938. Structure and growth of the shoot apex of *Ginkgo biloba*. *Bull. Torrey Bot. Club* 65, 531–556.

FOSTER, A. S. 1941. Comparative studies on the shoot apex in seed plants. *Bull. Torrey Bot. Club* 68, 339–350.

FOSTER, A. S. 1943. Zonal structure and growth of the shoot apex in *Microcycas calocoma* (Miq.) A. DC. *Am. J. Bot.* 30, 56–73.

FURNER, I. J. e J. E. PUMFREY. 1992. Cell fate in the shoot apical meristem of *Arabidopsis thaliana. Development* 115, 755–764.

GALLOIS, J.-L., C. WOODWARD, G. V. REDDY e R. SABLOWSKI. 2002. Combined *SHOOT MERISTEMLESS* and *WUSCHEL* trigger ectopic organogenesis in *Arabidopsis. Development* 129, 3207–3217.

GARRISON, R. 1949a. Origin and development of axillary buds: *Syringa vulgaris* L. *Am. J. Bot.* 36, 205–213.

GARRISON, R. 1949b. Origin and development of axillary buds: *Betula papyrifera* Marsh. and *Euptelea polyandra* Sieb. et Zucc. *Am. J. Bot.* 36, 379–389.

GARRISON, R. 1955. Studies in the development of axillary buds. *Am. J. Bot.* 42, 257–266.

GIFFORD, E. M., Jr. 1950. The structure and development of the shoot apex in certain woody Ranales. *Am. J. Bot.* 37, 595–611.

GIFFORD, E. M., Jr. 1951. Ontogeny of the vegetative axillary bud in *Drimys winter*i var. *chilensis. Am. J. Bot.* 38, 234–243.

GIFFORD, E. M., Jr. 1983. Concept of apical cells in bryophytes and pteridophytes. *Annu. Rev. Plant Physiol.* 34, 419–440.

GIFFORD, E. M. 1991. The root apical meristem of *Asplenium bulbiferum:* Structure and development. *Am. J. Bot.* 78, 370–376.

GIFFORD, E. M. 1993. The root apical meristem of *Equisetum diffusum:* Structure and development. *Am. J. Bot.* 80, 468–473.

GIFFORD, E. M., Jr. e G. E. CORSON Jr. 1971. The shoot apex in seed plants. *Bot. Rev.* 37, 143–229.

GIFFORD, E. M. e A. S. FOSTER. 1989. *Morphology and Evolution of Vascular Plants*, 3. ed. Freeman, New York.

GIFFORD, E. M., Jr. e E. KURTH. 1982. Quantitative studies on the root apical meristem of *Equisetum scirpoides. Am. J. Bot.* 69, 464–473.

GIFFORD, E. M., Jr. e H. B. TEPPER. 1962. Ontogenetic and histochemical changes in the vegetative shoot tip of *Chenopodium album. Am. J. Bot.* 49, 902–911.

GIFFORD, E. M., Jr., V. S. POLITO e S. NITAYANGKURA. 1979. The apical cell in shoot and roots of certain ferns: A re-evaluation of its functional role in histogenesis. *Plant Sci. Lett.* 15, 305–311.

GIROLAMI, G. 1953. Relation between phyllotaxis and primary vascular organization in *Linum. Am. J. Bot.* 40, 618–625.

GIROLAMI, G. 1954. Leaf histogenesis in *Linum usitatissimum. Am. J. Bot.* 41, 264–273.

GOTTLIEB, J. E. e T. A. STEEVES. 1961. Development of the bracken fern, *Pteridium aquilinum* (L.) Kuhn. III. Ontogenetic changes in the shoot apex and in the pattern of differentiation. *Phytomorphology* 11, 230–242.

GREEN, P. B. 1980. Organogenesis—A biophysical view. *Annu. Rev. Plant Physiol.* 31, 51–82.

GREEN, P. B. 1985. Surface of the shoot apex: A reinforcementfield theory for phyllotaxis. *J. Cell Sci.* suppl. 2, 181–201.

GREEN, P. B. 1986. Plasticity in shoot development: A biophysical view. In: *Plasticity in Plants*, pp. 211–232, D. H. Jennings e A. J. Trewavas, eds. Company of Biologists Ltd., Cambridge.

GREEN, P. B. 1989. Shoot morphogenesis, vegetative through floral, from a biophysical perspective. In: *Plant Reproduction: from Floral Induction to Pollination*, pp. 58–75, E. Lord e G. Bernier, eds. American Society of Plant Physiologists, Rockville, MD.

GREEN, P. B. 1999. Expression of pattern in plants: Combining molecular and calculus-based biophysical paradigms. *Am. J. Bot.* 86, 1059–1076.

GREEN, P. B. e K. E. BROOKS. 1978. Stem formation from a succulent leaf: Its bearing on theories of axiation. *Am. J. Bot.* 65, 13–26.

GREEN, P. B. e J. M. L. SELKER. 1991. Mutual alignments of cell walls, cellulose, and cytoskeletons: Their role in meristems. In: *The Cytoskeletal Basis of Plant Growth and Form*, pp. 303– 322, C. W. Lloyd, ed. Academic Press, New York.

GREGORY, R. A. e J. A. ROMBERGER. 1972. The shoot apical ontogeny of the *Picea abies* seedling. I. Anatomy, apical dome diameter, and plastochron duration. *Am. J. Bot.* 59, 587–597.

GROOT, E. P., J. A. DOYLE, S. A. NICHOL e T. L. ROST. 2004. Phylogenetic distribution and evolution of root apical meristem organization in dicotyledonous angiosperms. *Int. J. Plant Sci.* 165, 97–105.

GUNCKEL, J. E. e R. H. WETMORE. 1946. Studies of development in long shoots and short shoots of *Ginkgo biloba* L. I. The origin and pattern of development of the cortex, pith and procambium. *Am. J. Bot.* 33, 285–295.

GUNNING, B. E. S. 1978. Age-related and origin-related control of the numbers of plasmodesmata in cell walls of developing *Azolla* roots. *Planta* 143, 181–190.

GUNNING, B. E. S., J. E. HUGHES e A. R. HARDHAM. 1978. Formative and proliferative cell divisions, cell differentiation, and developmental changes in the meristem of *Azolla* roots. *Planta* 143, 121–144.

GUTTENBERG, H. VON. 1960. *Grundzüge der Histogenese höherer Pflanzen. I. Die Angiospermen. Handbuch der Pflanzenanatomie*, Band 8, Teil 3. Gebrüder Borntraeger, Berlin.

GUTTENBERG, H. VON. 1961. *Grundzüge der Histogenese höherer Pflanzen. II. Die Gymnospermen. Handbuch der Pflanzenanatomie*, Band 8, Teil 4. Gebrüder Borntraeger, Berlin.

GUTTENBERG, H. VON. 1964. Die Entwicklung der Wurzel. *Phytomorphology* 14, 265–287.

GUTTENBERG, H. VON. 1966. *Histogenese der Pteridophyten*, 2. ed. *Handbuch der Pflanzenanatomie*, Band 7, Teil 2. Gebrüder Borntraeger, Berlin.

HABERLANDT, G. 1914. *Physiological Plant Anatomy*. Macmillan, London.

HAGEMANN, R. 1957. Anatomische Untersuchungen an Gerstenwurzeln. *Kulturpflanze* 5, 75–107.

HALL, L. N. e J. A. LANGDALE. 1996. Molecular genetics of cellular differentiation in leaves. *New Phytol.* 132, 533–553.

HANSTEIN, J. 1868. Die Scheitelzellgruppe im Vegetationspunkt der Phanerogamen. In: Festschr. Friedrich Wilhelms Universität Bonn. *Niederrhein. Ges. Natur und Heilkunde,* pp. 109–134. Marcus, Bonn.

HANSTEIN, J. 1870. Die Entwicklung der keimes der Monokotylen und Dikotylen. In: *Botanische Abhandlungen aus dem Gebiet der Morphologie und Physiologie*, vol. 1, pt. 1, J. Hanstein, ed. Marcus, Bonn.

HARA, N. 1962. Structure and seasonal activity of the vegetative shoot apex of *Daphne pseudomezereum*. *Bot. Gaz.* 124, 30–42.

HARA, N. 1995. Developmental anatomy of the three-dimensional structure of the vegetative shoot apex. *J. Plant Res.* 108, 115–125.

HÄRTEL, K. 1938. Studien an Vegetationspunkten einheimischer Lycopodien. *Beit. Biol. Pfl anz.* 25, 125–168.

HEMERLY, A., J. DE ALMEIDA ENGLER, C. BERGOUNIOUX, M. VAN MONTAGU, G. ENGLER, D. INZÉ e P. FERREIRA. 1995. Dominant negative mutants of the Cdc2 kinase uncouple cell division from iterative plant development. *EMBO J.* 14, 3925–3936.

IRISH, V. F. e I. M. SUSSEX. 1992. A fate map of the *Arabidopsis* embryonic shoot apical meristem. *Development* 115, 745– 753.

ITOH, J.-I., A. HASEGAWA, H. KITANO e Y. NAGATO. 1998. A recessive heterochronic mutation, *plastochron1*, shortens the plastochron and elongates the vegetative phase in rice. *Plant Cell* 10, 1511–1521.

IVANOV, V. B. 1983. Growth and reproduction of cells in roots. In: *Progress in Science Series. Plant Physiology*, vol. 1, pp. 1–40. Amerind Publishing, New Delhi.

IVANOV, V. B. e J. G. DUBROVSKY. 1997. Estimation of the cellcycle duration in the root apical meristem: A model of linkage between cell-cycle duration, rate of cell production, and rate of root growth. *Int. J. Plant Sci.* 158, 757–763.

JACKMAN, V. H. 1960. The shoot apices of some New Zealand gymnosperms. *Phytomorphology* 10, 145–157.

JACKSON, B. D. 1953. *A Glossary of Botanic Terms with Their Derivation and Accent.*, 4. ed., rev. and enl. J. B. Lippincott, Philadelphia.

JANCZEWSKI, E. VON. 1874. Das Spitzenwachsthum der Phanerogamenwurzeln. *Bot. Ztg.* 32, 113–116.

JEAN, R. V. 1989. Phyllotaxis: A reappraisal. *Can. J. Bot.* 67, 3103–3107.

JEAN, R. V. 1994. *Phyllotaxis: A Systemic Study of Plant Pattern Morphogenesis*. Cambridge University Press, Cambridge.

JENTSCH, R. 1957. Untersuchungen an den Sprossvegetationspunkten einiger Saxifragaceen. *Flora* 144, 251–289.

JESUTHASAN, S. e P. B. GREEN. 1989. On the mechanism of decussate phyllotaxis: Biophysical studies on the tunica layer of *Vinca major*. *Am. J. Bot.* 76, 1152–1166.

JOHNSON, M. A. 1951. The shoot apex in gymnosperms. *Phytomorphology* 1, 188–204.

JOHNSON, M. A. e R. J. TOLBERT. 1960. The shoot apex in *Bombax*. *Bull. Torrey Bot. Club* 87, 173–186.

JONES, P. A. 1977. Development of the quiescent center in maturing embryonic radicles of pea (*Pisum sativum* L. cv. Alaska). *Planta* 135, 233–240.

KAPLAN, D. R. e T. J. COOKE. 1997. Fundamental concepts in the embryogenesis of dicotyledons: A morphological interpretation of embryo mutants. *Plant Cell* 9, 1903–1919.

KAPLAN, D. R. e W. HAGEMANN. 1991. The relationship of cell and organism in vascular plants. *BioScience* 41, 693–703.

KAYES, J. M. e S. E. CLARK. 1998. *CLAVATA2*, a regulator of meristem and organ development in *Arabidopsis*. *Development* 125, 3843–3851.

KERK, N. e L. FELDMAN. 1994. The quiescent center in roots of maize: Initiation, maintenance and role in organization of the root apical meristem. *Protoplasma* 183, 100–106.

KERK, N. M. e L. J. FELDMAN. 1995. A biochemical model for the initiation and maintenance of the quiescent center: Implications for organization of root meristems. *Development* 121, 2825–2833.

KERK, N. M., K. JIANG e L. J. FELDMAN. 2000. Auxin metabolism in the root apical meristem. *Plant Physiol.* 122, 925–932.

KIDNER, C., V. SUNDARESAN, K. ROBERTS e L. DOLAN. 2000. Clonal analysis of the *Arabidopsis* root confirms that position, not lineage, determines cell fate. *Planta* 211, 191–199.

KIRCHOFF, B. K. 1984. On the relationship between phyllotaxy and vasculature: A synthesis. *Bot. J. Linn. Soc.* 89, 37–51.

KOCH, L. 1893. Die vegetative Verzweigung der höheren Gewächse. *Jahrb. Wiss. Bot.* 25, 380–488.

KORN, R. W. 2001. Analysis of shoot apical organization in six species of the Cupressaceae based on chimeric behavior. *Am. J. Bot.* 88, 1945–1952.

KOZLOWSKI, T. T. e S. G. PALLARDY. 1997. *Physiology of Woody Plants*, 2. ed. Academic Press, San Diego.

KURAS, M. 1978. Activation of embryo during rape (*Brassica napus* L.) seed germination. 1. Structure of embryo and organization of root apical meristem. *Acta Soc. Bot. Pol.* 47, 65–82.

KURTH, E. 1981. Mitotic activity in the root apex of the water fern *Marsilea vestita* Hook. and Grev. *Am. J. Bot.* 68, 881–896.

LANCE, A. 1957. Recherches cytologiques sur l'évolution de quelques méristème apicaux et sur ses variations provoquées par traitments photopériodiques. *Ann. Sci. Nat. Bot. Biol. Vég., Sér. 11*, 18, 91–421.

LARSON, P. R. 1975. Development and organization of the primary vascular system in *Populus deltoides* according to phyllotaxy. *Am. J. Bot.* 62, 1084–1099.

LARSON, P. R. 1983. Primary vascularization and siting of primordia. In: *The Growth and Functioning of Leaves*, pp. 25–51, J. E. Dale e F. L. Milthorpe, eds. Cambridge University Press, Cambridge.

LARSON, P. R. e T. D. PIZZOLATO. 1977. Axillary bud development in *Populus deltoides*. I. Origin and early ontogeny. *Am. J. Bot.* 64, 835–848.

LAUFS, P., C. JONAK e J. TRAAS. 1998a. Cells and domains: Two views of the shoot meristem in *Arabidopsis*. *Plant Physiol. Biochem.* 36, 33–45.

LAUFS, P., O. GRANDJEAN, C. JONAK, K. KIÊU e J. TRAAS. 1998b. Cellular parameters of the shoot apical meristem in *Arabidopsis*. *Plant Cell* 10, 1375–1389.

LAUX, T., K. F. X. MAYER, J. BERGER e G. JÜRGENS. 1996. The *WUSCHEL* gene is required for shoot and floral meristem integrity in *Arabidopsis*. *Development* 122, 87–96.

LEMON, G. D. e U. POSLUSZNY. 1997. Shoot morphology and organogenesis of the aquatic floating fern *Salvinia molesta* D. S. Mitchell, examined with the aid of laser scanning confocal microscopy. *Int. J. Plant Sci.* 158, 693–703.

LENHARD, M. e T. LAUX. 1999. Shoot meristem formation and maintenance. *Curr. Opin. Plant Biol.* 2, 44–50.

LISO, R., G. CALABRESE, M. B. BITONTI e O. ARRIGONI. 1984. Relationship between ascorbic acid and cell division. *Exp. Cell Res.* 150, 314–320.

LISO, R., A. M. INNOCENTI, M. B. BITONTI e O. ARRIGONI. 1988. Ascorbic acid-induced progression of quiescent centre cells from G1 to S phase. *New Phytol.* 110, 469–471.

LOISEAU, J. E. 1959. Observation and expérimentation sur la phyllotaxie et le fonctionnement du sommet végétatif chez quelques Balsaminacées. *Ann. Sci. Nat. Bot. Biol. Vég., Sér. 11*, 20, 1–24.

LONG, J. A. e M. K. BARTON. 1998. The development of apical embryonic pattern in *Arabidopsis*. *Development* 125, 3027–3035.

LONG, J. e M. K. BARTON. 2000. Initiation of axillary and fl oral meristems in *Arabidopsis*. *Dev. Biol.* 218, 341–353.

LONG, J. A., E. I. MOAN, J. I. MEDFORD e M. K. BARTON. 1996. A member of the KNOTTED class of homeodomain proteins encoded by the *STM* gene of *Arabidopsis*. *Nature* 379, 66–69.

LUCAS, W. J. 1995. Plasmodessmata: Intercellular channels for macromolecular transport in plants. *Curr. Opin Cell Biol.* 7, 673–680.

LUXOVÁ, M. 1975. Some aspects of the differentiation of primary root tissues. In: *The Development and Function of Roots*, pp. 73–90, J. G. Torrey e D. T. Clarkson, eds. Academic Press, London.

LUXOVÁ, M. e A. MURÍN. 1973. The extent and differences in mitotic activity of the root tip of *Vicia faba*. L. *Biol. Plant* 15, 37–43.

LYNDON, R. F. 1976. The shoot apex. In: *Cell Division in Higher Plants*, pp. 285–314, M. M. Yeoman, ed. Academic Press, New York.

LYNDON, R. F. 1994. Control of organogenesis at the shoot apex. *New Phytol.* 128, 1–18.

LYNDON, R. F. 1998. *The Shoot Apical Meristem. Its Growth and Development.* Cambridge University Press, Cambridge.

LYNN, K., A. FERNANDEZ, M. AIDA, J. SEDBROOK, M. TASAKA, P. MASSON e M. K. BARTON. 1999. The *PINHEAD/ZWILLE* gene acts pleiotropically in *Arabidopsis* development and has overlapping functions with the *ARGONAUTE1* gene. *Development* 126, 469–481.

MA, Y. e T. A. STEEVES. 1994. Vascular differentiation in the shoot apex of *Matteuccia struthiopteris*. *Ann. Bot.* 74, 573–585.

MA, Y. e T. A. STEEVES. 1995. Characterization of stelar initiation in shoot apices of ferns. *Ann. Bot.* 75, 105–117.

MAJUMDAR, G. P. 1942. The organization of the shoot in *Heracleum* in the light of development. *Ann. Bot.* n.s. 6, 49–81.

MAJUMDAR, G. P. e A. DATTA. 1946. Developmental studies. I. Origin and development of axillary buds with special reference to two dicotyledons. *Proc. Indian Acad. Sci.* 23B, 249–259.

MANN, L. K. 1952. Anatomy of the garlic bulb and factors affecting bud development. *Hilgardia* 21, 195–251.

MARKOVSKAYA, E. F., N. V. VASILEVSKAYA e M. I. SYSOEVA. 1991. Change of the temperature dependence of apical meristem differentiation in ontogenesis of the indeterminate species. *Sov. J. Dev. Biol.* 22, 394–397.

MAUSETH, J. D. 1978. An investigation of the morphogenetic mechanisms which control the development of zonation in seedling shoot apical meristems. *Am. J. Bot.* 65, 158–167.

MAYER, K. F. X., H. SCHOOF, A. HAECKER, M. LENHARD, G. JÜRGENS e T. LAUX. 1998. Role of *WUSCHEL* in regulating stem cell fate in the *Arabidopsis* shoot meristem. *Cell* 95, 805–815.

MAZE, J. 1977. The vascular system of the infl orescence axis of *Andropogon gerardii* (Gramineae) and its bearing on concepts of monocotyledon vascular tissue. *Am. J. Bot.* 64, 504–515.

MCALPIN, B. W. e R. A. WHITE, 1974. Shoot organization in the Filicales: The promeristem. *Am. J. Bot.* 61, 562–579.

MCCONNELL, J. R. e M. K. BARTON. 1998. Leaf polarity and meristem formation in *Arabidopsis*. *Development* 125, 2935–2942.

MCDANIEL, C. N. e R. S. POETHIG. 1988. Cell-lineage patterns in the shoot apical meristem of the germinating maize embryo. *Planta* 175, 13–22.

MCGAHAN, M. W. 1955. Vascular differentiation in the vegetative shoot of *Xanthium chinense*. *Am. J. Bot.* 42, 132–140.

MEDFORD, J. I. 1992. Vegetative apical meristems. *Plant Cell* 4, 1029–1039.

MEDFORD, J. I., F. J. BEHRINGER, J. D. CALLOS e K. A. FELDMANN. 1992. Normal and abnormal development in the
Arabidopsis vegetative shoot apex. *Plant Cell* 4, 631–643.

MEYEROWITZ, E. M. 1997. Genetic control of cell division patterns in developing plants. *Cell* 88, 299–308.

MIA, A. J. 1960. Structure of the shoot apex of *Rauwolfia vomitoria*. *Bot. Gaz.* 122, 121–124.

MILLINGTON, W. F. e E. L. FISK. 1956. Shoot development in *Xanthium pensylvanicum*. I. The vegetative plant. *Am. J. Bot.* 43, 655–665.

MIRALLES, D. J., B. C. FERRO e G. A. SLAFER. 2001. Developmental responses to sowing date in wheat, barley and rapeseed. *Field Crops Res.* 71, 211–223.

MOHR, H. e E. PINNIG. 1962. Der Einfluss des Lichtes auf die Bildung von Blattprimordien am Vegetationskegel der Keimlinge von *Sinapis alba* L. *Planta* 58, 569–579.

NELSON, A. J. 1990. Net alignment of cellulose in the periclinal walls of the shoot apex surface cells of *Kalanchoë blossfeldiana*. I. Transition from vegetative to reproductive morphogenesis. *Can. J. Bot.* 68, 2668–2677.

NEWMAN, I. V. 1965. Patterns in the meristems of vascular plants. III. Pursuing the patterns in the apical meristems where no cell is a permanent cell. *J. Linn. Soc. Lond. Bot.* 59, 185–214.

NITAYANGKURA, S., E. M. GIFFORD Jr. e T. L. ROST. 1980. Mitotic activity in the root apical meristem of *Azolla filiculoides* Lam., with special reference to the apical cell. *Am. J. Bot.* 67, 1484–1492.

NOUGARÈDE, A. 1967. Experimental cytology of the shoot apical cells during vegetative growth and flowering. *Int. Rev. Cytol.* 21, 203–351.

NOUGARÈDE, A., M. N. DIMICHELE, P. RONDET e R. SAINTCÔME. 1990. Plastochrone cycle cellulaire et teneurs en AND nucléaire du méristème caulinaire de plants de *Chrysanthemum segetum* soumis à deux conditions lumineuses différentes, sous une photopériode de 16 heures. *Can. J. Bot.* 68, 2389–2396.

OWENS, J. N. 1968. Initiation and development of leaves in Douglas fir. *Can. J. Bot.* 46, 271–283.

OWENS, J. N. M. MOLDER. 1973. Bud development in western hemlock. I. Annual growth cycle of vegetative buds. *Can. J. Bot.* 51, 2223–2231.

PARKE, R. V. 1959. Growth periodicity and the shoot tip of *Abies concolor. Am. J. Bot.* 46, 110–118.

PETERSON, R. e J. VERMEER. 1980. Root apex structure in *Ephedra monosperma* and *Ephedra chilensis* (Ephedraceae). *Am. J. Bot.* 67, 815–823.

PIEN, S., J. WYRZYKOWSKA, S. MCQUEEN-MASON, C. SMART e A. FLEMING. 2001. Local expression of expansin induces the entire process of leaf development and modifies leaf shape. *Proc. Natl. Acad. Sci.* USA 98, 11812–11817.

PILLAI, S. K. e A. PILLAI. 1961a. Root apical organization in monocotyledons—Musaceae. *Indian Bot. Soc. J.* 40, 444– 455.

PILLAI, S. K. e A. PILLAI. 1961b. Root apical organization in monocotyledons—Palmae. *Proc. Indian Acad. Sci., Sect. B*, 54, 218–233.

PILLAI, S. K., A. PILLAI e S. SACHDEVA. 1961. Root apical organization in monocotyledons—Zingiberaceae. *Proc. Indian Acad. Sci., Sect. B,* 53, 240–256.

POETHIG, R. S. 1984. Patterns and problems in angiosperm leaf morphogenesis. In: *Pattern Formation. A Primer in Developmental Biology*, pp. 413–432, G. M. Malacinski ed. Macmillan, New York.

POETHIG, R. S. e I. M. SUSSEX. 1985a. The developmental morphology and growth dynamics of the tobacco leaf. *Planta* 165, 158–169.

POETHIG, R. S. e I. M. SUSSEX. 1985b. The cellular parameters of leaf development in tobacco: A clonal analysis. *Planta* 165, 170–184.

POPHAM, R. A. 1951. Principal types of vegetative shoot apex organization in vascular plants. *Ohio J. Sci.* 51, 249–270.

POPHAM, R. A. 1955. Zonation of primary and lateral root apices of *Pisum sativum. Am. J. Bot.* 42, 267–273.

POPHAM, R. A. 1966. *Laboratory Manual for Plant Anatomy*. Mosby, St. Louis.

PRIESTLEY, J. H. e C. F. SWINGLE. 1929. Vegetative propagation from the standpoint of plant anatomy. *USDA Tech. Bull.* no. 151.

PRIESTLY, J. H., L. I. SCOTT e E. C. GILLETT. 1935. The development of the shoot in *Alstroemeria* and the unit of shoot growth in monocotyledons. *Ann. Bot.* 49, 161–179.

RAJU, M. V. S., T. A. STEEVES e J. M. NAYLOR. 1964. Developmental studies of *Euphorbia esula* L.: Apices of long and short roots. *Can. J. Bot.* 42, 1615–1628.

RAJU, M. V. S., T. A. STEEVES e J. MAZE. 1976. Developmental studies on *Euphorbia esula:* Seasonal variations in the apices of long roots. *Can. J. Bot.* 4, 605–610.

RAUH, W. e F. RAPPERT. 1954. Über das Vorkommen und die Histogenese von Scheitelgruben bei krautigen Dikotylen, mit besonderer Berücksichtigung der Ganz- und Halbrosettenpfl anzen. *Planta* 43, 325–360.

REES, A. R. 1964. The apical organization and phyllotaxis of the oil palm. *Ann. Bot.* 28, 57–69.

REEVE, R. M. 1942. Structure and growth of the vegetative shoot apex of *Garrya elliptica* Dougl. *Am. J. Bot.* 29, 697–711.

REINHARDT, D., F. WITTWER, T. MANDEL e C. KUHLEMEIER. 1998. Localized upregulation of a new expansin gene predicts the site of leaf formation in the tomato meristem. *Plant Cell* 10, 1427–1437.

REINHARDT, D., T. MANDEL e C. KUHLEMEIER. 2000. Auxin regulates the initiation and radial position of plant lateral organs. *Plant Cell* 12, 507–518.

REMPHREY, W. R. e T. A. STEEVES. 1984. Shoot ontogeny in *Arctostaphylos uva-ursi* (bearberry): Origin and early development of lateral vegetative and floral buds. *Can. J. Bot.* 62, 1933–1939.

RIDING, R. T. 1976. The shoot apex of trees of *Picea mariana* of differing rooting potential. *Can. J. Bot.* 54, 2672–2678.

RODIN, R. J. 1953. Seedling morphology of *Welwitschia. Am. J. Bot.* 40, 371–378.

ROJO, E., V. K. SHARMA, V. KOVALEVA, N. V. RAIKHEL e J. C. FLETCHER. 2002. CLV3 is localized to the extracellular space, where it activates the *Arabidopsis* CLAVATA stem cell signaling pathway. *Plant Cell* 14, 969–977.

ROST, T. L. e S. BAUM. 1988. On the correlation of primary root length, meristem size and protoxylem tracheary element position in pea seedlings. *Am. J. Bot.* 75, 414–424.

ROST, T. L., T. J. JONES e R. H. FALK. 1988. Distribution and relationship of cell division and maturation events in *Pisum sativum* (Fabaceae) seedling roots. *Am. J. Bot.* 75, 1571–1583.

RUTH, J., E. J. KLEKOWSKI JR. e O. L. STEIN. 1985. Impermanent initials of the shoot apex and diplonic selection in a juniper chimera. *Am. J. Bot.* 72, 1127–1135.

SABATINI, S., D. BEIS, H. WOLKENFELT, J. MURFETT, T. GUILFOYLE, J. MALAMY, P. BENFEY, O. LEYSER, N. BECHTOLD, P. WEISBEEK e B. SCHERES. 1999. An auxin-dependent distal organizer of pattern and polarity in the *Arabidopsis* root. *Cell* 99, 463–472.

SACHER, J. A. 1954. Structure and seasonal activity of the shoot apices of *Pinus lambertiana* and *Pinus ponderosa*. *Am. J. Bot.* 41, 749–759.

SACHS, R. M. 1965. Stem elongation. *Annu. Rev. Plant Physiol.* 16, 73–96.

SACKS, M. M., W. K. SILK e P. BURMAN. 1997. Effect of water stress on cortical cell division rates within the apical meristem of primary roots of maize. *Plant Physiol.* 114, 519–527.

SAINT-CÔME, R. 1966. Applications des techniques histoautoradiographiques et des méthodes statistiques à l'étude du fonctionnement apical chez le *Coleus blumei* Benth. *Rev. Gén. Bot.* 73, 241–324.

SAKAGUCHI, S., T. HOGETSU e N. HARA. 1988. Arrangement of cortical microtubules at the surface of the shoot apex in *Vinca major* L.: Observations by immunofl uorescence microscopy *Bot. Mag., Tokyo* 101, 497–507.

SATINA, S., A. F. BLAKESLEE e A. G. AVERY. 1940. Demonstration of the three germ layers in the shoot apex of *Datura* by means of induced polyploidy in periclinal chimeras. *Am. J. Bot.* 27, 895–905.

SCANLON, M. J. e M. FREELING. 1998. The narrow sheath leaf domain deletion: A genetic tool used to reveal developmental homologies among modified maize organs. *Plant J.* 13, 547– 561.

SCHERES, B. e R. HEIDSTRA. 2000. Digging out roots: Pattern formation, cell division, and morphogenesis in plants. *Curr. Topics Dev. Biol.* 45, 207–247.

SCHERES, B. e H. WOLKENFELT. 1998. The *Arabidopsis* root as a model to study plant development. *Plant Physiol. Biochem.* 36, 21–32.

SCHERES, B., H. WOLKENFELT, V. WILLEMSEN, M. TERLOUW, E. LAWSON, C. DEAN e P. WEISBEEK. 1994. Embryonic origin of the *Arabidopsis* primary root and root meristem initials. *Development* 120, 2475–2487.

SCHIEFELBEIN, J. W., J. D. MASUCCI e H. WANG. 1997. Building a root: The control of patterning and morphogenesis during root development. *Plant Cell* 9, 1089–1098.

SCHMIDT, A. 1924. Histologische Studien an phanerogamen Vegetationspunkten. *Bot. Arch.* 8, 345–404.

SCHMIDT, K. D. 1978. Ein Beitrag zum Verständis von Morphologie und Anatomie der Marsileaceae. *Beitr. Biol. Pfl anz.* 54, 41–91.

SCHOOF, H., M. LENHARD, A. HAECKER, K. F. X. MAYER, G. JÜRGENS e T. LAUX. 2000. The stem cell population of *Arabidopsis* shoot meristems is maintained by a regulatory loop between the *CLAVATA* and *WUSCHEL* genes. *Cell* 100, 635–644.

SCHÜEPP, O. 1917. Untersuchungen über Wachstum und Formwechsel von Vegetationspunkten. *Jahrb. Wiss. Bot.* 57, 17–79.

SCHÜEPP, O. 1926. *Meristeme. Handbuch der Pfl anzenanatomie*, Band 4, Lief 16. Gebrüder Borntraeger, Berlin.

SCHULTZ, H. R. 1993. Photosynthesis of sun and shade leaves of field-grown grapevine (*Vitis vinifera* L.) in relation to leaf age. Suitability of the plastochron concept for the expression of physiological age. *Vitis* 32, 197–205.

SCHWABE, W. W. 1984. Phyllotaxis. In: *Positional Controls in Plant Development*, pp. 403–440, P. W. Barlow e D. J. Carr, eds. Cambridge University Press, Cambridge.

SEAGO, J. L. e C. HEIMSCH. 1969. Apical organization in roots of the Convolvulaceae. *Am. J. Bot.* 56, 131–138.

SEELIGER, I. 1954. Studien am Sprossbegetationskegel von *Ephedra fragilis* var. *campylopoda* (C. A. Mey.) Stapf. *Flora* 141, 114–162.

SEKHAR, K. N. C. e V. K. SAWHNEY. 1985. Ultrastructure of the shoot apex of tomato (*Lycopersicon esculentum*). *Am. J. Bot.* 72, 1813–1822.

SELKER, J. M. L., G. L. STEUCEK e P. B. GREEN. 1992. Biophysical mechanisms for morphogenetic progressions at the shoot apex. *Dev. Biol.* 153, 29–43.

SHAH, J. J. e J. D. PATEL. 1972. The shell zone: Its differentiation and probable function in some dicotyledons. *Am. J. Bot.* 59, 683–690.

SHAH, J. J. e K. UNNIKRISHNAN. 1969. Ontogeny of axillary and accessory buds in *Clerodendrum phlomidis* L. *Ann. Bot.* 33, 389–398.

SHAH, J. J. e K. UNNIKRISHNAN. 1971. Ontogeny of axillary and accessory buds in *Duranta repens* L. *Bot. Gaz.* 132, 81–91.

SHARMAN, B. C. 1942. Developmental anatomy of the shoot of *Zea mays* L. *Ann. Bot.* n.s. 6, 245–282.

SHARMAN, B. C. 1945. Leaf and bud initiation in the Graminae. *Bot. Gaz.* 106, 269–289.

SHIMABUKU, K. 1960. Observation on the apical meristem of rice roots. *Bot. Mag., Tokyo* 73, 22–28.

SIMON, R. 2001. Function of plant shoot meristems. *Semin. Cell Dev. Biol.* 12, 357–362.

SINGH, H. 1961. Seasonal variations in the shoot apex of *Cephalotaxus drupacea* Sieb. et Zucc. *Phytomorphology* 11, 146–153.

SINHA, N. 1999. Leaf development in angiosperms. *Annu. Rev. Plant Physiol. Plant Mol. Biol.* 50, 419–446.

SMITH, L. G., B. GREENE, B. VEIT e S. HAKE. 1992. A dominant mutation in the maize homeobox gene, *Knotted-1*, causes its ectopic expression in leaf cells with altered fates. *Development* 116, 21–30.

SMITH, L. G., S. HAKE e A. W. SYLVESTER. 1996. The *tangled-1* mutation alters cell division orientations throughout maize leaf development without altering leaf shape. *Development* 122, 481–489.

SNOW, M. e R. SNOW. 1932. Experiments on phyllotaxis. I. The effect of isolating a primordium. Philos. *Trans. R. Soc. Lond. B* 221, 1–43.

SNOW, M. e R. SNOW. 1942. The determination of axillary buds. *New Phytol.* 41, 13–22.

SNYDER, F. W. e J. A. BUNCE. 1983. Use of the plastochron index to evaluate effects of light, temperature and nitrogen on growth of soya bean (*Glycine max* L. Merr). *Ann. Bot.* 52, 895–903.

SOMA, K. e E. BALL. 1964. Studies of the surface growth of the shoot apex of *Lupinus albus*. *Brookhaven Symp. Biol.* 16, 13–45.

STEEVES, T. A. e I. M. SUSSEX. 1989. *Patterns in Plant Development*, 2. ed. Cambridge University Press, Cambridge.

STEIN, D. B. e O. L. STEIN. 1960. The growth of the stem tip of *Kalanchoë* cv. "Brilliant Star." *Am. J. Bot.* 47, 132–140.

STERLING, C. 1947. Organization of the shoot of *Pseudotsuga taxifolia* (Lamb.) Britt. II. Vascularization. *Am. J. Bot.* 34, 272–280.

STEWART, R. N. e H. DERMEN. 1970. Determination of number and mitotic activity of shoot apical initial cells by analysis of mericlinal chimeras. *Am. J. Bot.* 57, 816–826.

STEWART, R. N. e H. DERMEN. 1979. Ontogeny in monocotyledons as revealed by studies of the developmental anatomy of periclinal chloroplast chimeras. *Am. J. Bot.* 66, 47–58.

STIEGER, P. A., D. REINHARDT e C. KUHLEMEIER. 2002. The auxin influx carrier is essential for correct leaf positioning. *Plant J.* 32, 509–517.

STREET, H. E. e E. H. ROBERTS. 1952. Factors controlling meristematic activity in excised roots. I. Experiments showing the operation of internal factors. *Physiol. Plant.* 5, 498–509.

SUNDÅS-LARSSON, A., M. SVENSON, H. LIAO e P. ENGSTRÖM. 1998. A homeobox gene with potential developmental control function in the meristem of the conifer *Picea abies*. *Proc. Natl. Acad. Sci. USA* 95, 15118–15122.

SUNDBERG, M. D. 1982. Leaf initiation in *Cyclamen persicum* (Primulaceae). *Can. J. Bot.* 60, 2231–2234.

SUSSEX, I. M. 1955. Morphogenesis in *Solanum tuberosum* L.: Apical structure and developmental pattern of the juvenile shoot. *Phytomorphology* 5, 253–273.

SUSSEX, I. M. e T. A. STEEVES. 1967. Apical initials and the concept of promeristem. *Phytomorphology* 17, 387–391.

TALBERT, P. B., H. T. ADLER, D. W. PARKS e L. COMAI. 1995. The *REVOLUTA* gene is necessary for apical meristem development and for limiting cell divisions in the leaves and stems of *Arabidopsis thaliana*. *Development* 121, 2723–2735.

TEPPER, H. B. 1992. Benzyladenine promotes shoot initiation in empty leaf axils of *Stellaria media* L. *J. Plant Physiol.* 140, 241–243.

THIELKE, C. 1962. Histologische Untersuchungen am Sprossscheitel von *Saccharum*. II. Mitteilung. Die Sprossscheitel von *Saccharum sinense*. *Planta* 58, 175–192.

THOMPSON, J. e F. A. L. CLOWES. 1968. The quiescent centre and rates of mitosis in the root meristem of *Allium sativum*. *Ann. Bot.* 32, 1–13.

TIAN, H.-C. e M. MARCOTRIGIANO. 1994. Cell-layer interactions influence the number and position of lateral shoot meristems in *Nicotiana*. *Dev. Biol.* 162, 579–589.

TOLBERT, R. J. e M. A. JOHNSON. 1966. A survey of the vegetative apices in the family Malvaceae. *Am. J. Bot.* 53, 961–970.

TUCKER, S. C. 1962. Ontogeny and phyllotaxis of the terminal vegetative shoots of *Michelia fuscata*. *Am. J. Bot.* 49, 722–737.

VALLADE, J., J. ALABOUVETTE e F. BUGNON. 1978. Apports de l'ontogenèse à l'interprétation structurale et fonctionnelle du méristème racinaire du *Petunia hybrida*. *Rev. Cytol. Biol. Vég. Bot.* 1, 23–47.

VALLADE, J., F. BUGNON, G. GAMBADE e J. ALABOUVETTE. 1983. L'activité édifi catrice du proméristème racinaire: Essai d'interprétation morphogénétique. *Bull. Sci. Bourg.* 36, 57–76.

VAN DEN BERG, C., V. WILLEMSEN, W. HAGE, P. WEISBEEK e B. SCHERES. 1995. Cell fate in the *Arabidopsis* root meristem determined by directional signaling. *Nature* 378, 62–65.

VAN DEN BERG, C., W. HAGE, V. WILLEMSEN, N. VAN DER WERFF, H. WOLKENFELT, H. MCKHANN, P. WEISBEEK e B. SCHERES. 1997a. The acquisition of cell fate in the *Arabidopsis thaliana* root meristem. In: *Biology of Root Formation and Development*, pp. 21–29, A. Altman and Y. Waisel, eds. Plenum Press, New York.

VAN DEN BERG, C., V. WILLEMSEN, G. HENDRIKS, P. WEISBEEK e B. SCHERES. 1997b. Short-range control of cell differentiation in the *Arabidopsis* root meristem. *Nature* 39, 287–289.

VAN DEN BERG, C., P. WEISBEEK e B. SCHERES. 1998. Cell fate and cell differentiation status in the *Arabidopsis* root. *Planta* 205, 483–491.

VAN LIJSEBETTENS, M. e J. CLARKE. 1998. Leaf development in *Arabidopsis*. *Plant Physiol. Biochem.* 36, 47–60.

VAUGHN, J. G. 1955. The morphology and growth of the vegetative and reproductive apices of *Arabidopsis thaliana* (L.) Heynh., *Capsella bursa-pastoris* (L.) Medic. and *Anagallis arvensis* L. *J. Linn. Soc. Lond. Bot.* 55, 279–301.

VERDAGUER, D. e M. MOLINAS. 1999. Developmental anatomy and apical organization of the primary root of cork oak (*Quercus suber* L.). *Int. J. Plant Sci.* 160, 471–481.

VERNOUX, T., D. AUTRAN e J. TRAAS. 2000a. Developmental control of cell division patterns in the shoot apex. *Plant Mol. Biol.* 43, 569–581.

VERNOUX, T., J. KRONENBERGER, O. GRANDJEAN, P. LAUFS e J. TRAAS. 2000b. *PIN-FORMED 1* regulates cell fate at the periphery of the shoot apical meristem. *Development* 127, 5157–5165.

VORONINE, N. S. 1956. Ob evoliutsii korneĭ rasteniĭ (De l'évolution des racines des plantes). *Biul. Moskov. Obshch. Isp. Priody, Otd. Biol.* 61, 47–58.

VORONKINA, N. V. 1975. Histogenesis in root apices of angiospermous plants and possible ways of its evolution. *Bot. Zh.* 60, 170–187.

WARDLAW, C. W. 1943. Experimental and analytical studies of pteridophytes. II. Experimental observations on the development of buds in *Onoclea sensibilis* and in species of *Dryopteris*. *Ann. Bot.* n.s. 7, 357–377.

WARDLAW, C. W. 1949. Experiments on organogenesis in ferns. *Growth* (suppl.) 13, 93–131.

WARDLAW, C. W. 1957. The reactivity of the apical meristem as ascertained by cytological and other techniques. *New Phytol.* 56, 221–229.

WARDLAW, C. W. 1968. *Morphogenesis in Plants: A Contemporary Study*. Methuen, London.

WEBSTER, P. L. e R. D. MACLEOD. 1980. Characteristics of root apical meristem cell population kinetics: A review of analyses and concepts. *Environ. Exp. Bot.* 20, 335–358.

WENZEL, C. L. e T. L. ROST. 2001. Cell division patterns of the protoderm and root cap in the "closed" root apical meristem of *Arabidopsis thaliana*. *Protoplasma* 218, 203–213.

WENZEL, C. L., K. L. TONG e T. L. ROST. 2001. Modular construction of the protoderm and peripheral root cap in the "open" root apical meristem of *Trifolium repens* cv. Ladino. *Protoplasma* 218, 214–224.

WHITE, D. J. B. 1955. The architecture of the stem apex and the origin and development of the axillary buds in seedlings of *Acer pseudoplatanus* L. *Ann. Bot.* n.s. 19, 437–449.

WHITE, R. A. e M. D. TURNER. 1995. Anatomy and development of the fern sporophyte. *Bot. Rev.* 61, 281–305.

WILCOX, H. 1954. Primary organization of active and dormant roots of noble fir, *Abies procera*. *Am. J. Bot.* 41, 812–821.

WILDEMAN, A. G. e T. A. STEEVES. 1982. The morphology and growth cycle of *Anemone patens*. *Can. J. Bot.* 60, 1126–1137.

WOLFF, C. F. 1759. *Theoria Generationis*. Wilhelm Engelmann, Leipzig.

ZAGÓRSKA-MAREK, B. e M. TURZAN´SKA. 2000. Clonal analysis provides evidence for transient initial cells in shoot apical meristems of seed plants. *J. Plant Growth Regul.* 19, 55–64.

ZHU, T., W. J. LUCAS e T. L. ROST. 1998a. Directional cell-tocell communication in the *Arabidopsis* root apical meristem. I. An ultrastructural and functional analysis. *Protoplasma* 203, 35–47.

ZHU, T., R. L. O'QUINN, W. J. LUCAS e T. L. ROST. 1998b. Directional cell-to-cell communication in the *Arabidopsis* root apical meristem. II. Dynamics of plasmodesmatal formation. *Protoplasma* 204, 84–93.

ZHU, T. e T. L. ROST. 2000. Directional cell-to-cell communication in the *Arabidopsis* root apical meristem. III. Plasmodesmata turnover and apoptosis in meristem and root cap cells during four weeks after germination. *Protoplasma* 213, 99–107.

ZIMMERMANN, W. 1928. Histologische Studien am Vegetationspunkt von *Hypericum uralum*. *Jahrb. Wiss. Bot.* 68, 289–344.

CAPÍTULO SETE

PARÊNQUIMA E COLÊNQUIMA

Marcelo Rodrigo Pace e Patricia Soffiatti

PARÊNQUIMA

O termo **parênquima** se refere a tecidos compostos por células vivas, variáveis em sua morfologia e fisiologia, geralmente de paredes delgadas e forma poliédrica (Fig. 7.1), envolvidas com atividades vegetativas da planta. Individualmente, as células desse tecido são denominadas **células parenquimáticas**. A palavra parênquima deriva do grego *para*, ao lado, e *en-chein*, derramar, uma combinação de palavras que expressa o antigo conceito de parênquima como uma substância semilíquida "derramada" entre outros tecidos formados anteriormente e mais sólidos.

O parênquima é comumente tratado como *o* tecido fundamental ou de preenchimento. Ele se encaixa nessa definição tanto em virtude de aspectos morfológicos quanto de fisiológicos. No corpo da planta como um todo, ou em seus diferentes órgãos, o parênquima aparece como uma matriz na qual outros tecidos, sobretudo o vascular, estão embebidos. O parênquima é a base da própria planta, uma vez que as células reprodutoras (esporos e gametas) são de natureza parenquimática. Uma vez que se acredita que o ancestral de todas as plantas era constituído inteiramente de células parenquimatosas (Graham, 1993), pode-se considerar o parênquima como o precursor filogenético de todos os demais tecidos.

O tecido parenquimático é a principal sede de atividades essenciais, como a fotossíntese, assimilação, respiração, armazenamento, secreção e excreção – em suma, atividades que dependem de um protoplasto vivo e completo. As células parenquimáticas presentes no xilema e floema desempenham um papel importante, tanto no movimento da água quanto no transporte de substâncias nutritivas.

Do ponto de vista do desenvolvimento, as células parenquimáticas são relativamente indiferenciadas, pouco especializadas morfológica e fisiologicamente, sobretudo se comparadas a outros tipos celulares como os elementos crivados, traqueídes e fibras. Ao contrário dos três tipos celulares anteriormente citados, as células parenquimáticas podem mudar ou combinar diferentes funções. Contudo, as células parenquimáticas também podem ser especializadas, como quando estão envolvidas na fotossíntese, no armazenamento de determinadas substâncias ou no depósito de materiais que estão em excesso no corpo da planta. Sendo as células parenquimáticas especializadas ou não, estas serão sempre extremamente complexas fisiologicamente, já que possuem um protoplasma vivo.

Caracteristicamente vivas na maturidade, as células parenquimáticas são capazes de retomar a sua atividade meristemática: desdiferenciar, dividir e rediferenciar. Em decorrência dessa habilidade, células parenquimáticas que possuem apenas parede primária desempenham um papel importante nos processos de cicatrização, regeneração, formação de raízes e caules adventícios e na união

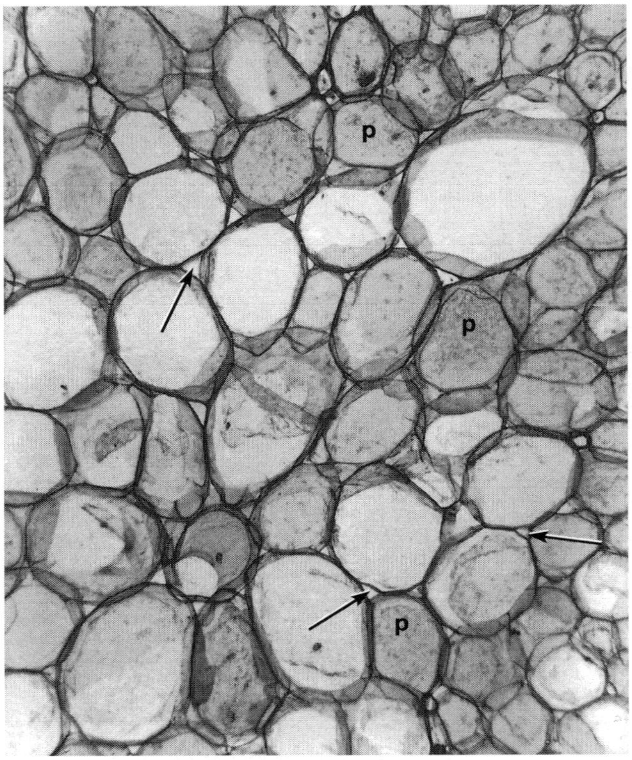

FIGURA 7.1

Parênquima presente no caule de tomate (*Solanum lycopersicum*). Detalhes: as setas indicam os espaços intercelulares; p, paredes vistas a partir da superfície. (×49.)

de enxertos. Além disso, sendo as células parenquimáticas possuidoras de todos os genes presentes na célula-ovo, ou zigoto, elas individualmente têm a capacidade de se tornar embrionárias e, então, dadas as condições propícias para o seu crescimento e desenvolvimento, originar uma planta inteira. Tais células são denominadas **totipotentes** (Capítulo 5). O objetivo daqueles que trabalham com multiplicação vegetativa, utilizando-se de culturas de tecidos, ou micropropagação, é o de induzir células individuais a expressar sua totipotência (Bengochea e Dodds, 1986).

As células parenquimáticas podem formar massas contínuas como em um tecido parenquimático ou estar associadas a outros tipos celulares em tecidos morfologicamente heterogêneos

Exemplos de partes da planta constituídas majoritariamente ou inteiramente de células parenquimáticas são a medula e o córtex dos caules e raízes, os tecidos fotossintetizantes (mesofilo) das folhas (veja Fig. 7.3A), a polpa de frutos suculentos e o endosperma das sementes. Como componentes de tecidos heterogêneos ou complexos, as células parenquimáticas formam os raios vasculares e fileiras verticais de células vivas no xilema (Capítulos 10 e 11) e no floema (Capítulos 13 e 14). Eventualmente, tecidos essencialmente parenquimatosos contêm células ou grupos de células, parenquimáticas e não parenquimáticas, morfologicamente e fisiologicamente distintas da maioria das células do tecido. Esclereídes, por exemplo, podem ser encontradas no mesofilo foliar e no córtex medular e cortical (Capítulo 8). Laticíferos podem ser encontrados em várias regiões parenquimáticas de porções da planta que contêm látex (Capítulo 17). Elementos crivados atravessam o parênquima cortical de algumas plantas (Capítulo 13).

O tecido parenquimático do corpo primário da planta, isto é, o parênquima do córtex e da medula, do mesofilo das folhas e das peças florais, diferencia-se a partir do meristema fundamental. As células parenquimáticas associadas aos tecidos vasculares primários e secundários são formadas pelo procâmbio e pelo câmbio, respectivamente. O parênquima pode ser originado também a partir do felogênio na forma de feloderme e pode aumentar em quantidade por crescimento secundário difuso.

A estrutura variada do tecido parenquimático (Fig. 7.2) e a distribuição das células parenquimáticas no corpo vegetal ilustram claramente os problemas envolvidos na definição e classificação do que é um tecido. Por um lado, o parênquima se encaixaria perfeitamente nas definições mais restritas de um tecido como um grupo de células de mesma origem, essencialmente com a mesma estrutura e função. Por outro lado, a homogeneidade do tecido parenquimático pode ser quebrada pela presença de outros tipos celulares ou pela presença de células parenquimáticas que representam somente um tipo celular a mais dentre os outros, em tecidos complexos.

Assim, a delimitação espacial do parênquima como um tecido não é precisa dentro do corpo da planta. Além disso, células parenquimáticas podem se integrar com células claramente não parenquimáticas. Células parenquimáticas podem ser mais ou menos alongadas e ter paredes celulares espessas, uma combinação de caracteres que sugerem

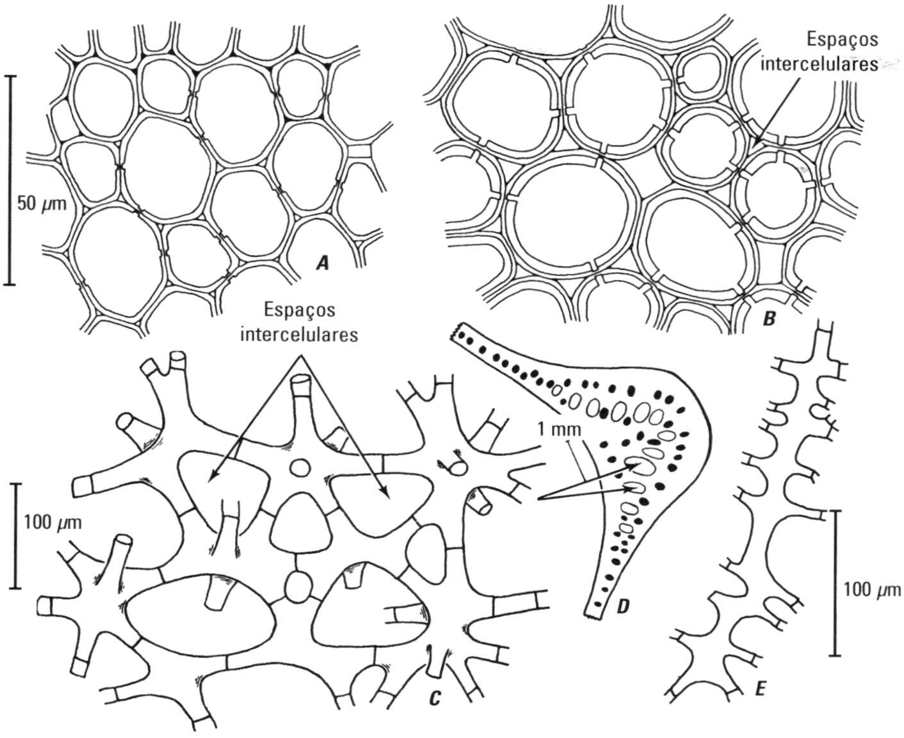

FIGURA 7.2

Forma e estrutura da parede de células parenquimáticas. (Os conteúdos celulares estão omitidos). **A**, **B**, parênquima medular do caule de bétula (*Betula*). Em caules mais jovens (**A**), as células têm apenas paredes primárias; em caules mais velhos (**B**) estão presentes também paredes secundárias. **C**, **D**, parênquima do tipo aerênquima (**C**), encontrado em lacunas dos pecíolos e nervuras centrais (**D**) de folhas de *Canna*. Tais células possuem muitos "braços". **E**, célula de "braços" longos do mesofilo do disco floral de *Gaillardia*. (Obtido de Esau, 1977.)

especialização para sustentação. Uma categoria de parênquima é tão claramente diferenciada como um tecido de sustentação que ganha uma denominação própria, o colênquima, que será considerado posteriormente neste capítulo. Células parenquimáticas podem desenvolver paredes relativamente espessas e assumir características próprias das células do esclerênquima (Capítulo 8). O tanino pode ser encontrado em células comuns do parênquima e em células basicamente parenquimatosas, porém com formas peculiares (vesículas, sacos ou tubos), sendo assim denominados idioblastos. De forma semelhante, certas células secretoras diferem de outras células parenquimáticas, sobretudo por sua função; outras são tão modificadas que são comumente tratadas como categorias especiais de elementos (laticíferos, Capítulo 17).

Este capítulo se restringe a considerar o parênquima envolvido com as atividades vegetativas mais comuns das plantas, excluindo as meristemáticas. As células parenquimáticas do xilema e do floema são descritas em capítulos à parte, que tratam destes dois tecidos, e as características mais gerais do protoplasto das células parenquimáticas são discutidas nos capítulos 2 e 3. Muito da discussão dos capítulos 2 e 3 é relevante para o próximo tópico.

O conteúdo das células parenquimáticas é um reflexo das atividades das células

O tecido parenquimático especializado na fotossíntese contém numerosos cloroplastos e é denominado **clorênquima**. O clorênquima é majoritariamente encontrado no mesofilo das folhas (Fig. 7.3A), mas os cloroplastos podem ser abundantes também no córtex dos caules (Fig. 7.3B). Os cloroplastos podem estar presentes em tecidos ainda mais interiormente localizados no caule, inclusive no xilema secundário e até na medula. Geralmente, as células fotossintetizantes são altamente vacuoladas e o tecido é permeado por inúmeros espaços in-

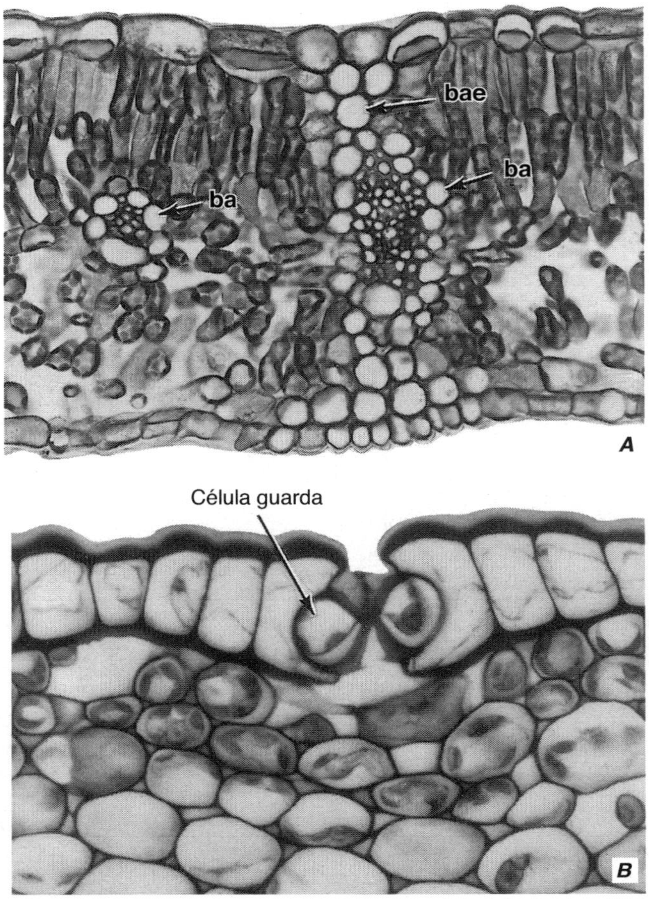

FIGURA 7.3

A, seção transversal da folha de pera (*Pyrus*). Os dois feixes vasculares (nervuras) vistos aqui estão embebidos no mesofilo. Com numerosos cloroplastos, o mesofilo das folhas é o principal tecido fotossintetizante da planta. As nervuras são separadas do mesofilo pela bainha parenquimatosa do feixe (ba). Extensões da bainha foliar (apontada em bae) conectam a bainha da maior nervura a ambas camadas da epiderme. **B**, seção transversal do caule de *Asparagus* mostrando a epiderme e parte do córtex. Clorênquima abaixo da epiderme e câmara subestomática abaixo das células-guarda. (A, ×280; B, ×760.)

tercelulares. Ao contrário, células parenquimáticas secretoras possuem um protoplasto denso especialmente rico em ribossomos e possuem ora inúmeros corpos Golgianos, ora um retículo endoplasmático extremamente desenvolvido, dependendo do tipo de produto a ser secretado (Capítulo 16).

As células parenquimáticas podem adquirir diferentes características com o acúmulo de determinadas substâncias. Em células que armazenam amido, como aquelas dos tubérculos de batata (Fig. 3.9), o endosperma de cereais, os cotilédones de muitos embriões, a abundância de amiloplastos pode obscurecer totalmente todos os demais conteúdos citoplasmáticos. Em muitas sementes, as células parenquimáticas de reserva acumulam proteínas e/ou corpos oleaginosos (Fig. 3.10). As células parenquimáticas das flores e dos frutos frequentemente apresentam cromoplastos (Fig. 2.11). Em várias partes da planta, as células parenquimáticas podem diferenciar-se por acumular antocianinas e taninos em seus vacúolos (Fig. 2.21) ou por depositar cristais de diferentes formas (Figs. 3.11-3.14).

A água é abundante em todas as células parenquimáticas vacuoladas e ativas, de maneira que o parênquima desempenha importante função como tecido que reserva água. Em estudos com espécies de bambu, variações na quantidade de água em diferentes partes do colmo foram diretamente proporcionais à quantidade de células parenquimáticas presentes nos tecidos (Liese e Grover, 1961).

O parênquima pode ser bastante especializado no armazenamento de água. Muitas plantas suculentas, como as Cactaceae, *Aloe*, *Agave*, *Sansevieria* (Koller e Rost, 1988a, b), *Mesembryanthemum* e *Peperomia* (Fig. 7.4) contêm em seus órgãos fotossintetizantes parênquima livre de clorofila e cheio de água. Esse tecido consiste de células vivas de tamanho bastante grande e, geralmente, de paredes celulares delgadas. Frequentemente, as células estão dispostas em fileiras e podem ser alongadas como em células numa paliçada. Cada qual possui uma fileira delgada com citoplasma parietal relativamente denso, um núcleo e um grande vacúolo contendo conteúdos aquosos ou mucilaginosos. As mucilagens parecem aumentar a capacidade da célula para reter e absorver água e podem estar presentes tanto no protoplasto quanto na parede celular.

Em órgãos subterrâneos, geralmente não há um tecido em especial armazenador de água, mas as células que contêm amido ou outros nutrientes possuem alto teor de água. Tubérculos de batata podem iniciar o crescimento de ramos fora da terra e prover às partes em crescimento a água necessária para o desenvolvimento inicial (Netolitzky, 1935). A abundância de água não é característica somente de órgãos subterrâneos, como tubérculos ou bulbos, mas também de brotos e partes caulinares carnosas em crescimento. Em todas essas estruturas, a reserva de água vem combinada com o armazenamento de alimentos.

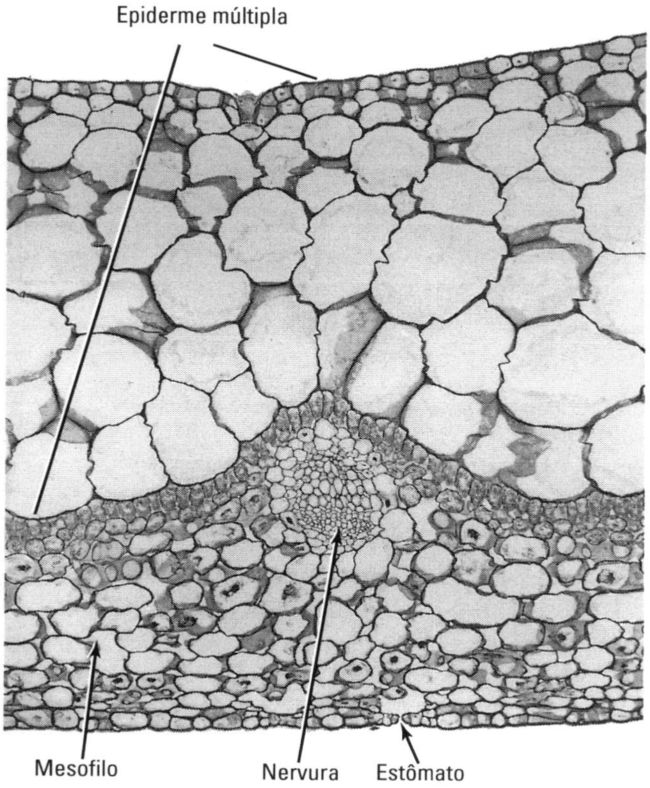

FIGURA 7.4

Seção transversal da lâmina foliar de *Peperomia*. A epiderme múltipla bastante espessa, visível na superfície superior, provavelmente tem funções como tecido de armazenamento de água. (×100.)

A parede celular das células parenquimáticas pode ser delgada ou espessa

Células parenquimáticas, incluindo o clorênquima e a maioria das células de armazenamento, geralmente possuem paredes celulares delgadas, primárias e não lignificadas (Figs. 7.1 e 7.2). Plasmodesmos são comuns nessas paredes, algumas vezes agregados em campos de pontoações primárias ou em porções mais espessas da parede, algumas vezes distribuídos ao longo de paredes de espessura uniforme. Algumas células parenquimáticas desenvolvem paredes notavelmente espessas (Bailey, 1938). Como mencionado anteriormente, xiloglucanos localizados nessas paredes constituem um dos principais carboidratos de reserva (Capítulo 4). Paredes espessas são encontradas, por exemplo, no endosperma das tamareiras (*Phoenix dactylifera*), do caqui (*Diospyros*; Fig. 4.19), *Asparagus* e *Coffea arabica*. Elas se tornam mais finas durante a germinação. Paredes relativamente espessas e lignificadas são encontradas em células parenquimáticas da madeira (xilema secundário) e da medula, tornando difícil a distinção de tais células esclerificadas das células genuinamente do esclerênquima.

A força mecânica de células parenquimáticas típicas deriva grandemente das propriedades hidráulicas das próprias células (Romberger et al., 1993). Dado que as células parenquimáticas têm paredes delgadas, primárias e não lignificadas, estas serão rígidas somente quando seu turgor for máximo ou quase máximo. Como notado por Niklas (1992), o grau no qual o parênquima é utilizado para suporte mecânico também depende do quão próximas suas células estejam dispostas entre si. No que diz respeito ao aerênquima, com seu grande volume de espaços intercelulares, pouco suporte mecânico pode ser esperado para os órgãos onde ocorre. Foi sugerido, entretanto, que o aerênquima, com seu sistema de espaços intercelulares similares ao de um favo de mel, é estruturalmente eficiente, provendo a resistência necessária para tecidos de menores proporções (Williams e Barber, 1961).

Algumas células parenquimáticas – células de transferência – contêm invaginações na parede

Células de transferência são células parenquimáticas especializadas que contêm invaginações na parede que aumentam consideravelmente a área total de superfície da membrana plasmática (Fig. 7.5). As invaginações se desenvolvem relativamente tarde no processo de maturação celular e são depositadas sobre as paredes primárias originais; e, portanto, podem ser consideradas uma forma especializada de parede secundária (Pate e Gunning, 1972). Células de transferência desempenham um papel importante na transferência de solutos a curtas distâncias (Gunning, 1977). A sua presença está, em geral, correlacionada à existência de fluxos intensos de solutos – tanto em direção ao interior (absorção) quanto ao exterior (secreção) – através da membrana plasmática. As invaginações da parede se formam assim que um transporte intenso se instaura e são mais bem desenvolvidas na superfície de células que, presumivelmente, estão mais envolvidas com o transporte de solutos (Gunning e Pate, 1969). A membrana plasmática delineia todo o contorno das invaginações da parede, independentemente do quão tortuosa essa possa ser, formando uma estrutura de-

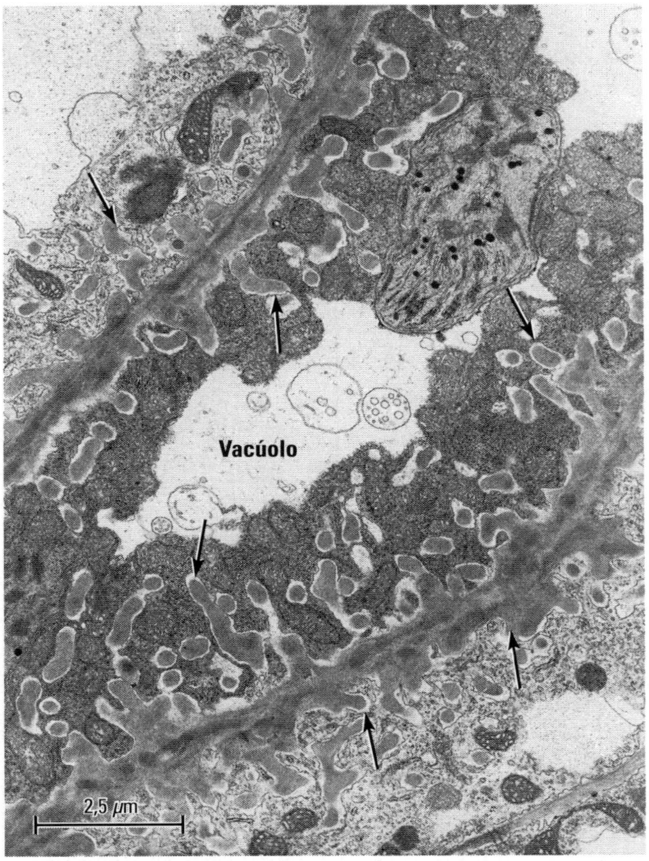

FIGURA 7.5

Seção longitudinal de uma porção do floema de uma pequena nervura da folha de *Sonchus deraceus* (serralha). A célula, de citoplasma denso, no centro desta micrografia eletrônica é uma célula companheira. Células de parênquima floemático aparecem em ambos os lados da célula companheira. As três apresentam invaginações da parede (setas); as três são células de transferência.

nominada aparato parede-membrana, que por sua vez é cercada de inúmeras mitocôndrias e porções do retículo endoplasmático.

Altas densidades de H^+ -ATPase e proteínas de transporte de sacarose da membrana plasmática estão colocalizadas nas invaginações da testa da semente e nas células de transporte dos cotilédones na interface entre célula-mãe e célula-filha de sementes em desenvolvimento de *Vicia faba* (Harrington et al., 1997a, b), indicando que tais células de transporte são centros de transporte de sacarose a partir do/para o apoplasto da semente. O transporte de sacarose através da membrana envolve um mecanismo de cotransporte próton/sacarose (McDonald et al., 1996a, b).

Morfologicamente, dois tipos de invaginações na parede celular podem ser reconhecidas na maioria das células de transferência: reticuladas e do tipo flange (Fig. 7.6; Talbot et al., 2002). As invaginações da parede do tipo **reticulado** se originam como pequenas papilas da parede celular, aleatoriamente distribuídas. As papilas então se ramificam e se fundem lateralmente para formar um complexo labiríntico de morfologia variada. As invaginações do tipo **flange** surgem como projeções curvilíneas, em forma de costelas, que estão em contato com a parede abaixo delas ao longo de toda sua extensão. As projeções se tornam variavelmente elaboradas em diferentes tipos de células de transferência. Algumas células de transferência exibem tanto invaginações do tipo reticulado quanto flange; outras apresentam tipos de invaginações que não se encaixam em nenhuma das duas categorias.

As células de transferência estão presentes em diversos pontos do corpo vegetal: no xilema e no floema das nervuras de menor calibre dos cotilédones e das folhas de eudicotiledôneas herbáceas (Pate e Gunning, 1969; van Bel et al., 1993); em associação com o xilema e o floema dos traços foliares presentes nos nós, tanto de eudicotiledôneas quanto monocotiledôneas (Gunning et al., 1970); em vários tecidos de estruturas reprodutivas (placentas, sacos embrionários, células de aleurona, endosperma; Rost e Lersten, 1970; Pate e Gunning, 1972; Wang e Xi, 1992; Diane et al., 2002; Gómes et al., 2002); nos nódulos radiculares (Joshi et al., 1993); assim como em várias estruturas glandulares (nectários, glândulas de sal, glândulas de plantas carnívoras; Pate e Gunning, 1972; Ponzi e Pizzolongo, 1992). Cada uma dessas localizações é um local em potencial para um intenso transporte de solutos a curtas distâncias. A formação de células de transferência pode ainda ser induzida por estímulos externos, como a infecção por nematódeos (Sharma e Tiagi, 1989; Dorhout et al., 1993) em plantas que normalmente não desenvolveriam tais células.

Presume-se que quanto maior a área superficial do aparato parede-membrana, maior será o fluxo total possível através dela. Em um estudo elaborado para testar esta hipótese (Wimmers e Turgeon, 1991), o tamanho e o número de invaginações na parede de células de transferência do floema das nervuras de menor calibre de folhas de *Pisum sa-*

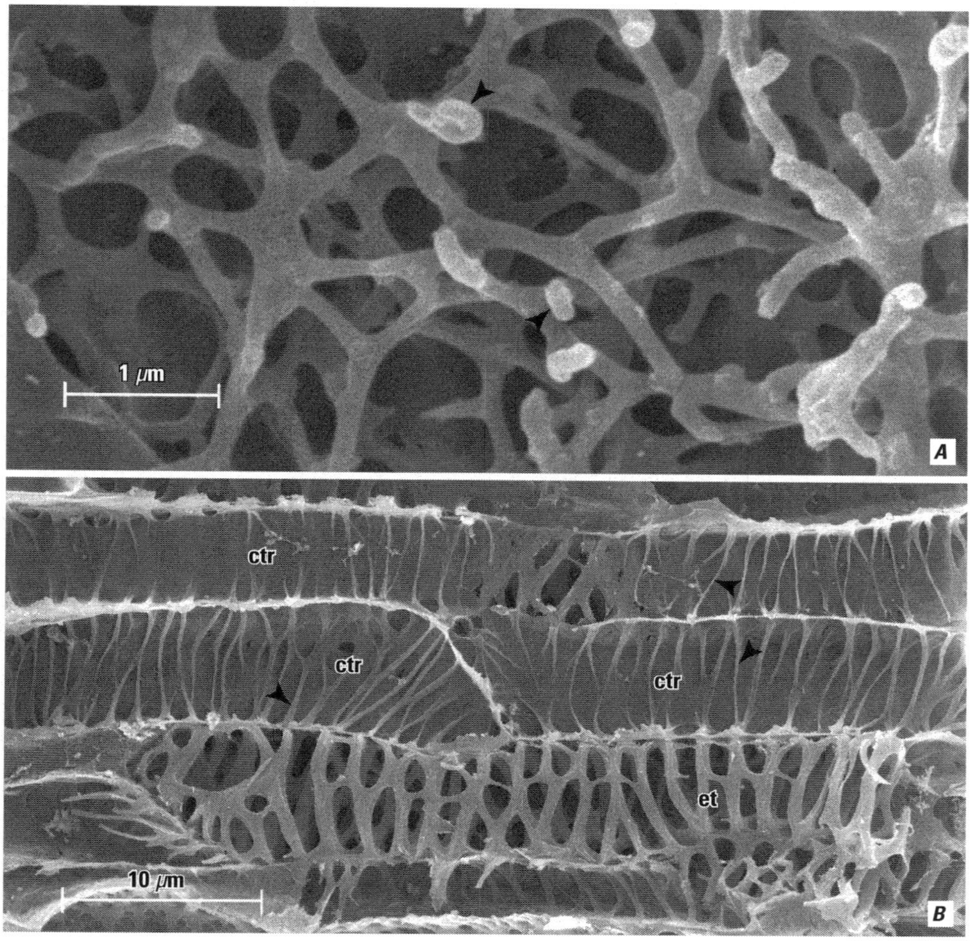

FIGURA 7.6

A, invaginações reticuladas na parede celular de células de transferência do parênquima xilemático em um nódulo radicular de *Vicia faba*. As pontas das setas indicam uma nova invaginação na parede depositada sobre a camada da invaginação mais recente na parede. **B**, invaginações do tipo flange em células de transferência do parênquima xilemático (ctr) de nós vegetativos fraturados longitudinalmente de *Triticum aestivum*. As invaginações em flange são ligeiramente paralelas, com espessamentos similares a barras longas (pontas de setas), que são similares aos espessamentos da parede do elemento traqueal adjacente (et), porém muito mais delgados. (Obtido de Talbot et al., 2002.)

tivum aumentou significativamente ao cultivar as plantas sob alta densidade de fluxo de fótons. Surpreendentemente, o aumento resultante de 47% da área superficial da membrana plasmática de folhas cultivadas sob alta luminosidade em relação àquelas cultivadas sob pouca luminosidade foi acompanhado por um aumento de 47% do fluxo exógeno de sacarose para as células de transferência e os elementos de tubo associados.

Invaginações na parede não são um pré-requisito para o transporte de solutos através da membrana plasmática. Células sem essas modificações podem estar igualmente envolvidas com o transporte de substâncias entre células.

As células parenquimáticas variam enormemente em sua forma e arranjo

Células parenquimáticas são comumente descritas como possuindo **forma poliédrica**, ou seja, com muitos lados ou faces, mas, na verdade, elas variam enormemente em sua forma, mesmo dentro da mesma planta (Figs. 7.2 e 7.7). Geralmente o parênquima do tecido fundamental é composto por células que não são nem muito longas nem largas e que são praticamente **isodiamétricas**. Por outro lado, as células parenquimáticas podem ser mais ou menos alongadas, lobadas ou ramificadas. Em parênquimas relativamente homogêneos, o número de faces das células tende a aproximar-

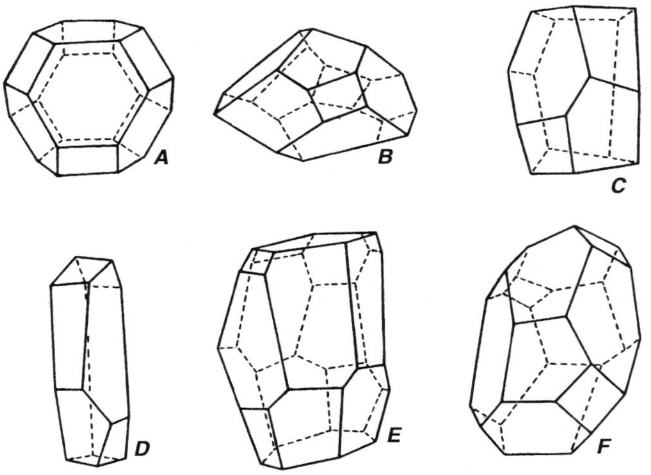

FIGURA 7.7

Forma das células parenquimáticas. **A**, diagrama do tetradecaedro ortótico, um poliedro de 14 faces. **B**, diagrama de uma célula da medula de *Ailanthus*. Ela possui um heptágono, 4 hexágonos, 5 pentágonos e 4 faces quadriláteras, com um total de 14 faces. Um exemplo de uma célula que se aproxima de um tetradecaedro órtico. **C-F**, diagramas de células da medula de *Euparium*. O número de faces é igual a 10 (**C**), 9 (**D**), 16 (**E**) e 20 (**F**). (Obtido de Esau, 1977; **A**, **B**, a partir de Matzke, 1940; **C-F**, a partir de Marvin, 1944.)

-se de 14. Uma figura geometricamente perfeita, com 14 faces, é um poliedro de 8 faces hexagonais e 6 quadradas (Fig. 7.7A) (tetradecaedro órtico). As células vegetais raramente atingem essa forma ideal (Fig. 7.7B; Matzke, 1940) e apresentam um número variável de faces, mesmo em parênquimas homogêneos como aqueles encontrados comumente na medula dos caules (Fig. 7.7C-F). A presença de células maiores ou menores dentro do mesmo tecido, o desenvolvimento de espaços intercelulares e a mudança da forma das células de quase isodiamétricas a outras formas são fatores que determinam o número de faces por célula (Matze e Duffy, 1956). As células pequenas possuem menos de 14 faces, e as células grandes, mais de 14. A presença de espaços intercelulares, especialmente aqueles grandes, reduz o número de contato entre as células (Hulbary, 1944).

Pressão e tensão superficial são dois fatores que, há muito tempo, são considerados como influentes na forma das células. Durante a diferenciação de uma célula parenquimática do mesofilo "com braços" (braciforme), ou "estrelada" em folhas de *Canna*, ou na medula de *Juncus*, a tensão lateral parece ser fator determinante para a forma final (Maas Geesteranus, 1941). Os braços, evidentemente, se alongam por toda sua extensão. Korn (1980) sugeriu que o tamanho e a forma das células são resultado de três processos: (1) a taxa de expansão da parede, (2) a duração do ciclo celular e (3) o posicionamento da placa celular geralmente próximo ao centro da parede mais longa, evitando, assim, a intersecção de partições existentes entre células adjacentes e conferindo uma divisão celular igualitária. Fatores subcelulares que influenciam a expansão e a formação de espaços intercelulares são discutidos no Capítulo 4.

O arranjo das células varia nos diferentes tipos de parênquima. O parênquima de armazenamento em raízes carnosas e caules possui abundantes espaços intercelulares, mas o endosperma das sementes é geralmente um tecido bastante compacto, com, no máximo, somente alguns pequenos espaços intercelulares. O extenso desenvolvimento de espaços intercelulares no mesofilo das folhas e no clorênquima, em geral, está obviamente associado às trocas gasosas do tecido fotossintetizante. Ao longo de todo o corpo vegetal, entretanto, o tecido fundamental é geralmente permeado por um labirinto de espaços intercelulares menos conspícuo, também essencial para o fluxo de gases dependente de difusão (Prat et al., 1997). Em espécies herbáceas, o labirinto de espaços intercelulares pode se estender a partir das câmaras subestomáticas das folhas até uma distância curta da coifa, via parênquima cortical do caule e raiz (Armstrong, W., 1979).

Os espaços intercelulares presentes nos vários tecidos descritos são comumente de origem esquizógena (Capítulo 4). Alguns espaços se tornam bastante grandes caso as células se separem ao longo de uma área considerável em seu contato com outras células. A separação está combinada com uma expansão do tecido como um todo. Nos tecidos em crescimento, as células mantêm suas conexões limitadas uma com a outra por crescimento diferencial e assumem uma forma lobada ou "com braços" (Fig. 7.2C, E; Kaul, 1971). Em algumas espécies, as células não somente crescem, mas se dividem próximas aos espaços intercelulares. Nessas divisões, as novas paredes celulares se formam perpendicularmente às paredes que delimitam os espaços (Hulbary, 1944).

Alguns tecidos parenquimáticos – aerênquima – contêm espaços intercelulares particularmente grandes

Espaços aeríferos são particularmente bem-desenvolvidos em angiospermas que crescem em habitats aquáticos, semiaquáticos ou solos encharcados (Armstrong, W., 1979; Kozlowski, 1984; Bacanamwo e Purcell, 1999; Drew et al., 2000). Por causa da proeminência dos espaços intercelulares, o tecido é denominado **aerênquima**, termo originalmente utilizado para um súber (felema) não suberizado, derivado do felogênio, que contém numerosas câmaras aeríferas (Schenck, 1889). O desenvolvimento de aerênquima nas raízes de algumas espécies ocorre inteiramente pelo aumento de espaços intercelulares esquizógenos, enquanto em outras, a formação do aerênquima envolve vários graus de lisogenia (Smirnoff e Crawford, 1983; Justin e Armstrong, 1987; Armstrong e Armstrong, 1994). Curiosamente, independentemente do grau de lisogenia, as células corticais que rodeiam as raízes laterais permanecem sempre intactas, indicando que a formação do aerênquima é um processo controlado. O etileno está implicado no desenvolvimento lisígeno do aerênquima em raízes de plantas que crescem em solos encharcados (Kawase, 1981; Kozlowski, 1984; Justin e Armstrong, 1991; Drew, 1992). Como mencionado previamente (Capítulo 5), a deficiência de oxigênio provoca a formação de etileno, que, por sua vez, induz a morte celular programada e o desenvolvimento do aerênquima. A formação do aerênquima ocorre naturalmente (constitutivamente) nas raízes de algumas espécies, ou seja, aparentemente sem a necessidade de qualquer estímulo externo. O exemplo mais notável disso pode ser encontrado nas raízes do arroz (*Oryza sativa*) (Fig. 7.8; Webb e Jackson, 1986).

O aerênquima encontrado em folhas e caules de plantas aquáticas, em geral, difere estruturalmente daquele encontrado em raízes (Armstrong, W., 1979). O tecido aparece como amplos espaços aeríferos longitudinais, ou lacunas, às vezes contendo células estreladas e frequentemente intersectadas em intervalos regulares por placas de células finas, orientadas transversalmente, denominadas ***diafragmas***, geralmente com espaços intercelulares (Fig. 7.9; Kaul, 1971, 1973, 1974; Matsukura et al., 2000). Nos caules de algumas espécies todos os diafragmas são similares; em outras, dois ou três tipos de diafragmas são

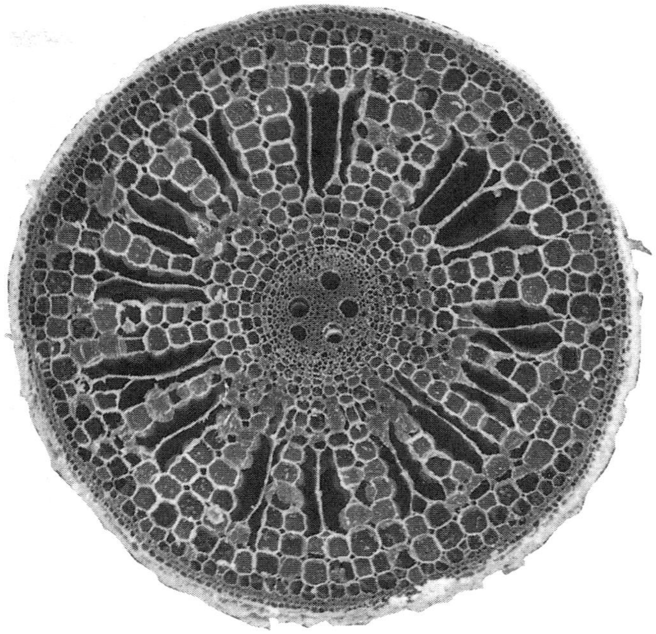

FIGURA 7.8

Microscopia eletrônica de varredura da raiz de arroz (*Oryza sativa*) em seção transversal, mostrando um aerênquima. (×80. Cortesia de P. Dayanandan.)

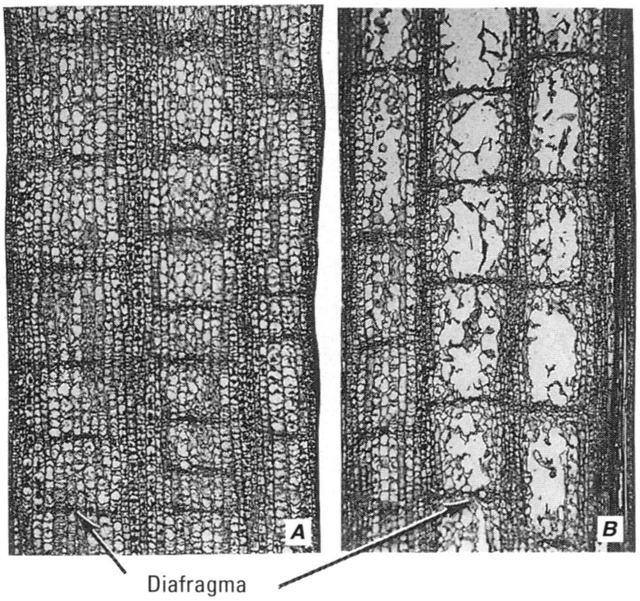

FIGURA 7.9

A, **B**, dois estágios da formação do aerênquima nas bainhas foliares do feixe vascular da nervura central de arroz (*Oryza sativa*). Os diafragmas permanecem intactos entre as lacunas. (Ambas ×190. Obtido de Kaufman, 1959.)

produzidos. Nas folhas de *Typha latifolia*, por exemplo, os diafragmas consistem inteiramente de células estreladas alternadas com células vascularizadas (Kaul, 1974). Não obstante as sugestões de que o tecido aerenquimático é frequentemente ocupado por água ou um fluido líquido (Canny, 1995), há evidências substanciais de que as lacunas são preenchidas por gases (Constable et al., 1992; Drew, 1997). A presença de aerênquima, que é contínuo dos caules às raízes, aumenta a difusão de ar a partir das folhas para as raízes e permite às plantas que crescem em terrenos alagados ou encharcados manter níveis de oxigênio suficientes para que ocorra respiração. O oxigênio que excede aquele consumido pelas células na respiração geralmente se difunde da raiz para a atmosfera do solo (Hook et al., 1971). Isso beneficia a planta por criar uma rizosfera localmente aeróbica num terreno que, ao contrário, seria anaeróbico (Topa e McLeod, 1986).

Outro fenômeno de desenvolvimento associado às inundações é a formação de raízes adventícias (Visser et al., 1996; Shiba e Daimon, 2003) e a formação de lenticelas na base do caule e das raízes mais velhas (Hook, 1984). Em algumas espécies lenhosas, o felema aerenquimatoso pode prover um caminho alternativo para trocas gasosas entre as raízes e os caules após a destruição do aerênquima cortical em virtude do crescimento secundário (Stevens et al., 2002).

COLÊNQUIMA

O **colênquima** é um tecido vivo composto por células mais ou menos alongadas com paredes primárias espessadas (Fig. 7.10). É um tecido simples por consistir de um único tipo de célula denominada **célula colenquimática**. As células colenquimáticas e parenquimáticas apresentam similaridades tanto fisiológicas quanto estruturais. Ambas possuem um protoplasma completo e capaz de reassumir a atividade meristemática e seus tipos celulares são geralmente primários e não lignificados. A diferença entre as duas é atribuída, sobretudo, ao espessamento das cé-

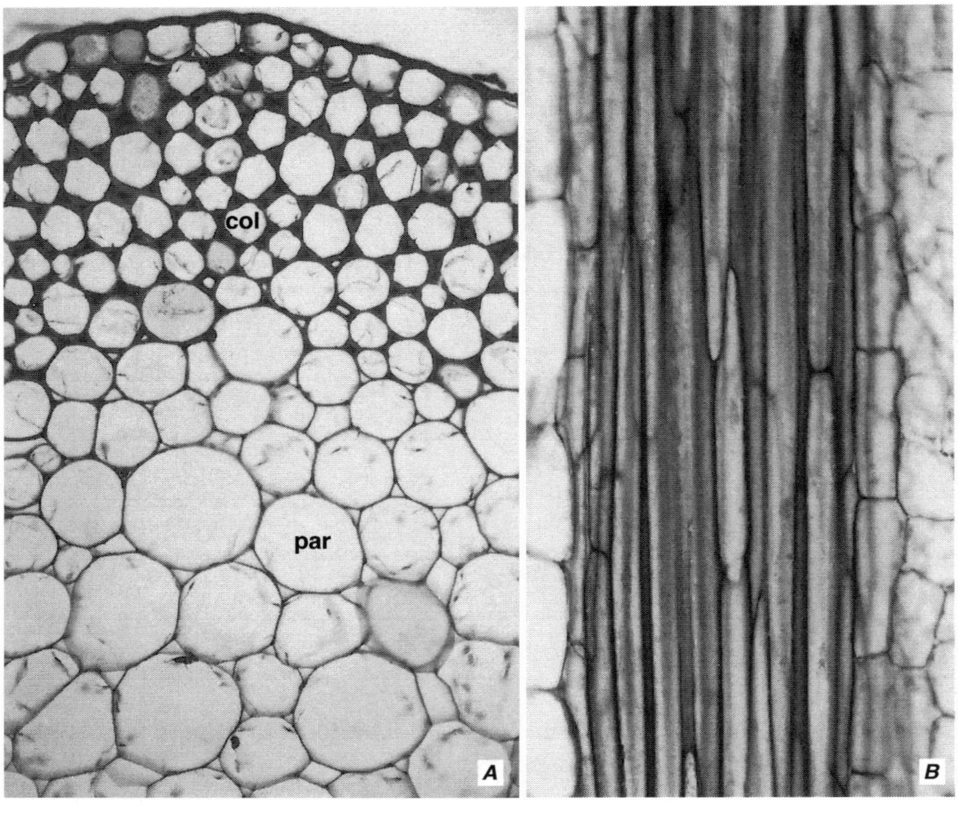

FIGURA 7.10

Colênquima (col) do pecíolo da beterraba (*Beta*) em seção transversal (**A**) e do caule de videira (*Vitis*) em seção longitudinal (**B**). Outros detalhes: par, parênquima. (×285.)

lulas; além disso, algumas células mais especializadas do colênquima são mais longas do que a maioria das células parenquimáticas. Quando as células colenquimáticas e parenquimáticas estão presentes lado a lado, elas se integram tanto em termos de espessura da parede quanto de forma. A parede das células parenquimáticas, quando em contato com células colenquimáticas, pode ser espessada – "espessamento colenquimatoso" – similarmente àquelas das células colenquimáticas. Ambos os tipos celulares contêm cloroplastos (Maksymowych et al., 1993). Os cloroplastos são mais numerosos nas células colenquimáticas cuja forma se aproxima das parenquimáticas. As células longas e estreitas do colênquima contêm apenas alguns cloroplastos ou nenhum. Em virtude das similaridades entre os dois tecidos e a variabilidade estrutural e funcional do parênquima, o colênquima é frequentemente considerado um tipo de parênquima de células espessas e especializadas para a sustentação. Os termos parênquima e colênquima também estão relacionados, sendo que, no último, o início da palavra deriva do grego *colla*, que significa exatamente cola, e se refere à forma espessa e brilhante da parede das células colenquimáticas.

O colênquima difere do outro tecido de sustentação, o esclerênquima (Capítulo 8), quanto à estrutura da parede e às condições do protoplasto. As células colenquimáticas são relativamente macias, flexíveis, de paredes primárias não lignificadas, enquanto o esclerênquima tem paredes secundárias, relativamente rígidas, frequentemente lignificadas. As células colenquimáticas permanecem com um protoplasma ativo, capaz de remover o espessamento da parede quando as células são induzidas a retomar a atividade meristemática, como na formação do câmbio da casca (Capítulo 15) ou em resposta a injúrias. As paredes do esclerênquima são mais duráveis que aquelas do colênquima, sendo de mais difícil remoção, mesmo quando o protoplasto permanece na célula. Muitas células do esclerênquima carecem de protoplasto na maturidade. Em algumas células colenquimáticas, o produto das divisões transversais permanece unido, envolvido por uma parede celular comum, derivada da célula-mãe (Majumdar, 1941; Majumdar e Preston, 1941). Tais complexos de células se assemelham às fibras septadas.

A estrutura das paredes celulares do colênquima é a característica mais distintiva desse tecido

As paredes das células colenquimáticas são espessas e brilhantes em secções de material fresco (Fig. 7.11) e frequentemente possuem um espessamento desigual. Elas não contêm lignina, mas contêm, além de celulose, grandes quantidades de pectina e hemiceluloses (Roelofsen, 1959; Jarvis e Apperley, 1990). Em algumas espécies, as paredes das células do colênquima apresentam uma alternância entre camadas ricas em celulose e pobres em pectina, com camadas que são ricas em pectina e pobres em celulose (Beer e Setterfield, 1958; Preston, 1974; Dayanandan et al., 1976). Dado que a pectina é hidrofílica, as paredes das células colenquimáticas são ricas em água (Jarvis e Apperley, 1990). Essa característica pode ser demonstrada ao se tratar seções frescas de colênquima com álcool. A ação desidratante do álcool causa um encolhimento notável das paredes colenquimáticas. Ultraestruturalmente, paredes colenquimáticas de vários tipos foram descritas como apresentando uma estrutura polilamelar cruzada (Wardrop, 1969; Chafe, 1970; Deshpande, 1976; Lloyd, 1984) ou helicoidal (Capítulo 4; Vian et

FIGURA 7.11

Seção transversal do colênquima do pecíolo de ruibarbo (*Rheum rhabarbarum*). Em tecidos frescos como este, o espessamento desigual das células colenquimáticas ganham uma aparência brilhante. (×400)

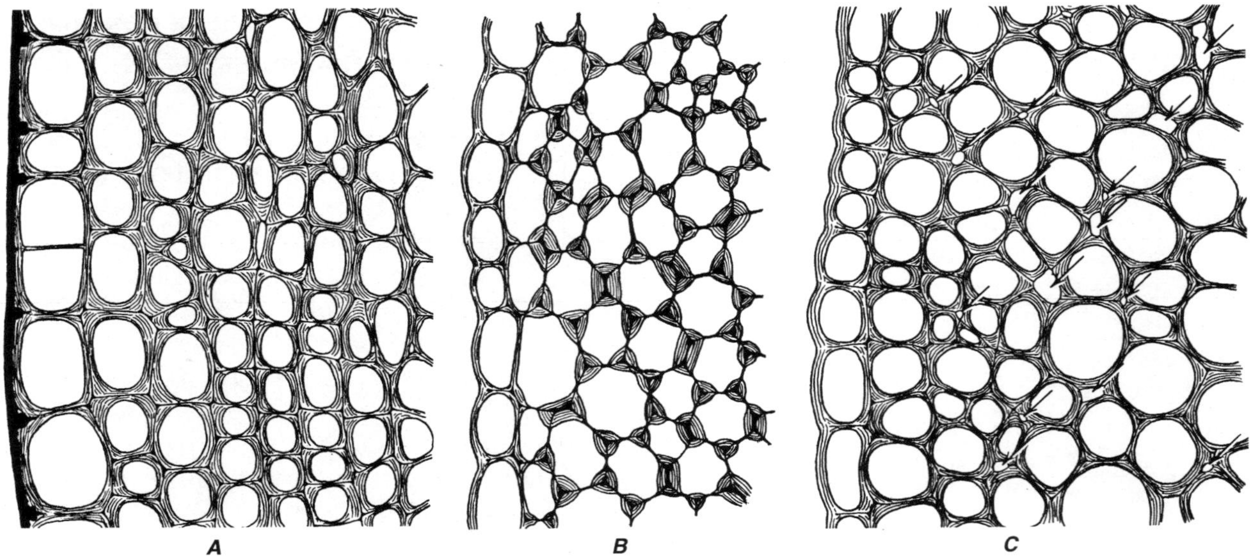

FIGURA 7.12

O colênquima em caules (seção transversal). Em todos os desenhos, a camada da epiderme está à esquerda. **A**, *Sambucus*; espessamento principalmente nas paredes tangenciais (colênquima lamelar). **B**, *Cucurbita*, espessamento nos ângulos (colênquima angular). **C**, *Lactuca*, numerosos espaços intercelulares (indicados pelas setas) e os espessamentos mais proeminentes localizados junto aos espaços (colênquima lacunar). Cutícula espessa (mostrada em preto) em **A**. (Todas, ×320.)

al., 1993). Campos de pontoações primárias estão presentes nas paredes das células colenquimáticas, especialmente naquelas que são mais uniformes em espessura (Duchaigne, 1955).

A distribuição do espessamento de parede das células colenquimáticas apresenta diversos padrões (Fig. 7.12; Chafe, 1970). Se as paredes são espessadas de maneira desigual, a porção mais espessa pode ser, ou aquela dos ângulos, ou aquela de duas paredes opostas, as paredes tangenciais interna e externa (paredes paralelas à superfície de uma determinada porção do vegetal). O colênquima com espessamento das paredes tangenciais é denominado **colênquima lamelar** ou em **placas** (Fig. 7.12A). O colênquima lamelar é especialmente bem-desenvolvido no córtex caulinar de *Sambucus nigra*. Ele também pode ser encontrado no córtex caulinar de *Sanguisorba*, *Rheum* e *Eupatorium* e no pecíolo de *Cochlearia armoracia*. O colênquima com maior espessamento nos ângulos da célula é comumente denominado de **colênquima angular** (Fig. 7.12B). Exemplos de colênquimas angulares podem ser encontrados nos caules de *Atropa belladonna* e *Solanum tuberosum*, assim como nos pecíolos de *Begonia, Beta, Coleus, Cucurbita, Morus, Ricinus* e *Vitis*.

O colênquima pode ou não conter espaços intercelulares. Se estiverem presentes espaços no colênquima do tipo angular, o espessamento da parede ocorrerá junto aos espaços intercelulares. O colênquima com essas características de espessamento da parede algumas vezes é classificado como um tipo especial, denominado **colênquima lacunar** (Fig. 7.12C). Quando o colênquima se desenvolve sem espaços intercelulares, os cantos onde várias células se tocam apresentam um espessamento da lamela média. Esse espessamento, muitas vezes, é exacerbado pelo acúmulo de materiais nos espaços intercelulares em potencial. A taxa de acumulação aparentemente é variável, já que os espaços intercelulares podem surgir em estágios iniciais do desenvolvimento, sendo ocluídos posteriormente por substâncias pécticas. Nos locais onde os espaços intercelulares são muito amplos, as substâncias pécticas não conseguem preenchê-los e se formam cristas ou acúmulos semelhantes a verrugas, que se projetam nos espaços intercelulares (Duchaigne, 1955; Carlquist, 1956). A presença de espaços intercelulares não é universalmente aceita como um critério válido para a distinção dos diferentes tipos de colênquima. Formações que poderiam ser interpretadas como colênquimas lacunares podem ser encontradas no córtex do caule de *Brunellia* e *Salvia*, assim como em várias Asteraceae e Malvaceae.

Um quarto tipo de colênquima, **colênquima anelar** ou **anular**, é reconhecido por alguns anatomistas vegetais (Metcalfe, 1979). Este colênquima é caracterizado por paredes celulares uniformemente espessadas e lúmen de contorno mais ou menos arredondado, em seções transversais. A distinção entre o colênquima anelar e angular não é claramente definida, já que o grau de espessamento restrito aos ângulos do colênquima angular varia em relação à espessura encontrada em outras porções da parede. Caso o espessamento geral da parede seja muito acentuado, o espessamento dos ângulos da célula se torna obscurecido e o lúmen assume um contorno circular, em vez de angular (Duchaigne, 1955; Vian et al., 1993).

As paredes celulares do colênquima são, em geral, consideradas um exemplo de parede primária espessa, cujos espessamentos são depositados à medida que a célula cresce. Em outras palavras, a parede celular aumenta simultaneamente em área superficial e espessura. Geralmente, é impossível determinar a quantidade de espessamento que se deposita após a célula ter interrompido seu crescimento, de maneira que é impossível delimitar camadas da parede primária e da secundária nessas células.

As paredes do colênquima podem se modificar em partes mais velhas da planta. Em espécies lenhosas com crescimento secundário, o colênquima segue, ao menos em tempo, o aumento em circunferência do eixo por um crescimento ativo com retenção das suas características originais. Em algumas plantas (*Tilia*, *Acer*, *Aesculus*), as células do colênquima aumentam, e suas paredes se tornam mais delgadas (de Bary, 1884). Aparentemente, não se sabe se a redução da espessura da parede se deveria à remoção de material desta, ou a alongamento e desidratação. O colênquima pode se transformar em esclerênquima por deposição de uma parede secundária lignificada com pontoações simples (Duchaigne, 1955; Wardrop, 1969; Clavin e Null, 1977).

Caracteristicamente, o colênquima se encontra em regiões periféricas

O colênquima é um tecido típico de sustentação, primeiro, de órgãos em crescimento e, segundo, de órgãos herbáceos maduros, pouco modificados pelo crescimento secundário ou que carecem totalmente desse crescimento. Ele é o primeiro tecido de sustentação dos caules, das folhas e de partes florais, e é o principal tecido de sustentação de muitas folhas maduras de eudicotiledôneas e de alguns caules verdes. As raízes raramente apresentam colênquima, mas este pode estar presente no córtex (Guttenberg, 1940), especialmente se a raiz é exposta à luz (Van Fleet, 1950). O colênquima é ausente em caules e folhas de muitas monocotiledôneas que muito cedo desenvolvem o esclerênquima (Falkenberg, 1876; Giltay, 1882). Tecidos colenquimatosos geralmente substituem o esclerênquima nas junções da lâmina foliar e da bainha (articulação da lâmina foliar) e em pulvinos das folhas de gramíneas (Percival, 1921; Esau, 1965; Dayanandan et al., 1977; Paiva e Machado, 2003). Cordões colenquimatosos enormes se diferenciam em conexão com os feixes vasculares das folhas.

A posição periférica do colênquima é extremamente característica (Fig. 7.13). Esse tecido pode estar presente imediatamente abaixo da epiderme ou estar separado desta por uma ou duas camadas de parênquima. Sua origem advém do meristema fundamental. Se o colênquima estiver localizado junto à epiderme, a parede tangencial interna da epiderme pode ser espessada à semelhança das paredes do colênquima. Às vezes, todas as células epidérmicas são colenquimatosas. Em caules, o colênquima forma, muitas vezes, uma camada contínua ao longo da circunferência do eixo (Fig. 7.13C). Eventualmente, ele aparece em cordões, geralmente dentro de cristas visíveis externamente, encontradas em muitos caules herbáceos e em caules lenhosos que ainda não sofreram crescimento secundário (Fig. 7.13D, E). A distribuição do colênquima em pecíolos apresenta padrões semelhantes àqueles encontrados em caules (Fig. 7.13A, F). Na lâmina foliar, o colênquima aparece em cristas que acompanham os feixes vasculares de maior calibre (nervuras principais), às vezes em ambos os lados, às vezes em somente um dos lados, geralmente o inferior. O colênquima também se diferencia ao longo das margens das lâminas foliares.

Em muitas plantas, o parênquima encontrado nas partes mais externas (ao lado do floema) ou mais internas (ao lado do xilema) de um feixe vascular, ou que envolve o feixe completamente, é composto por células longas com paredes primá-

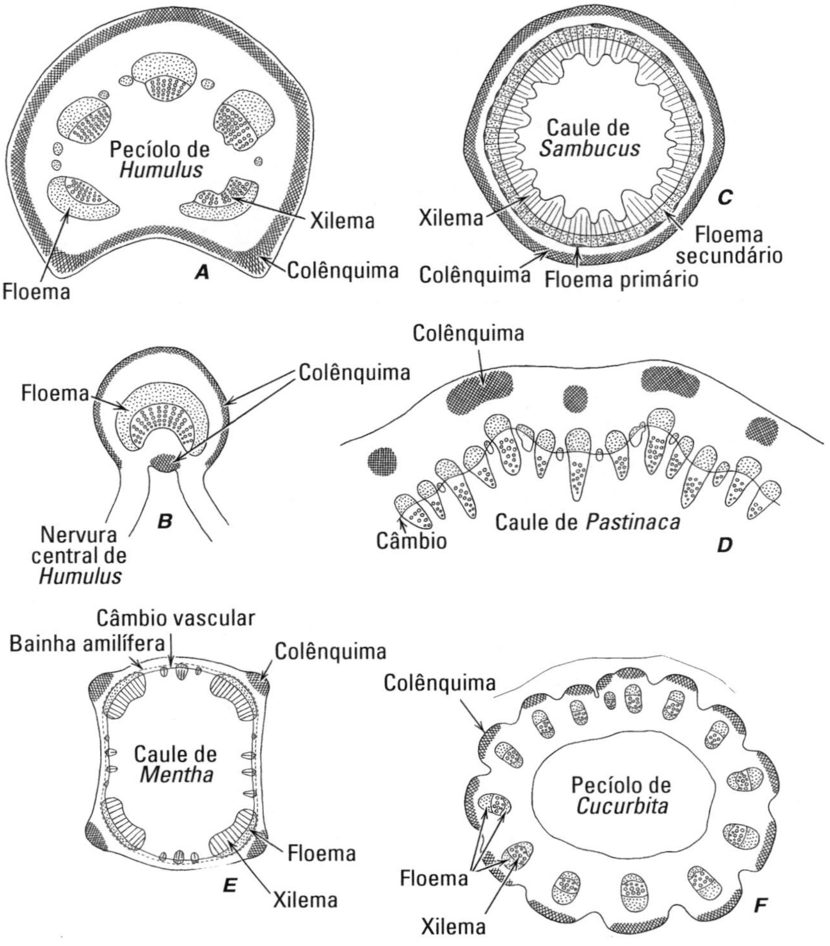

FIGURA 7.13

Distribuição do colênquima (hachurado) e do tecido vascular em diversas partes da planta. Seções transversais. (A, B, ×19; C-F, ×9,5.)

rias espessas. O espessamento da parede se assemelha àquele do colênquima, especialmente do tipo anelar (Esau, 1936; Dayanandan et al, 1976). Esse tecido é frequentemente chamado de colênquima, porém, por causa de sua associação com os tecidos vasculares, ele possui uma história de desenvolvimento distinta daquela de um colênquima independente, que se origina do meristema fundamental. É preferível, portanto, referir-se a tais células alongadas, associadas aos feixes vasculares e de paredes primárias espessas, de células parenquimáticas colenquimatosas ou células parenquimáticas de espessamento colenquimatoso, caso se queira ressaltar sua semelhança com o colênquima. Essa denominação pode ser aplicada a qualquer célula parenquimática que se assemelhe ao colênquima em qualquer porção da planta.

O colênquima parece ser especialmente bem-adaptado para a sustentação de folhas e caules em crescimento

As paredes do colênquima iniciam o seu espessamento cedo, durante o desenvolvimento do ramo, e, dado que suas células são capazes de aumentar em superfície e espessura simultaneamente, elas podem se desenvolver e manter paredes espessas mesmo enquanto o órgão ainda está se alongando. Além disso, uma vez que os espessamentos da parede são plásticos e capazes de se estender, eles não limitam a expansão do caule e folha. Nos pecíolos de salsão, as células colenquimáticas se alongam em um fator de 30 à medida que as paredes aumentam grandemente, ao mesmo tempo em espessura e área superficial (Frey-Wyssling e Mühlethaler, 1965). Em estados mais avançados de desenvolvimento, o colênquima continua a ser o tecido de sustentação das partes das plantas (muitas folhas e caules herbáceos) que não desenvolvem muito esclerênquima. Em relação ao seu papel como tecido de sustentação, é interessante notar que o espessamento da parede do colênquima, em partes que estão em desenvolvimento e estão ao mesmo tempo sujeitas a estresse mecânico (exposição ao vento, adição de pesos em caules inclinados), se desenvolve antes do que em partes livres de estresse (Venning, 1949; Razdorskii, 1955; Walker, 1960). Além disso, ramos sob estresse podem exibir uma proporção consideravelmente maior de colênquima (Patterson, 1992). Tais estresses não influenciam o tipo de colênquima formado. Além de seu papel como tecido de sustentação, o colênquima também foi relacionado à resistência contra a colonização de ervas de passarinho em carvalhos (Hariri et al., 1992) e em caules atacados por insetos (Oghiakhe et al., 1993).

A comparação do colênquima com fibras é particularmente interessante. Em um estudo, os cordões de colênquima se alongaram de 2% a 2,5% antes de romper, ao passo que os cordões de fibras se estenderam menos de 1,5% antes do rompimento (Ambronn, 1881). Os cordões de colênquima foram capazes de sustentar de 10 a 12 kg por mm^2, enquanto as fibras puderam sustentar de 15 a 20 kg por mm^2. Os cordões de fibra reassumiram seu comprimento original mesmo após terem sido sujeitos a tensões de 15 a 20 kg por mm^2, ao passo que os cordões de colênquima permaneceram permanentemente estendidos após terem sido submetidos a 1,5 a 2 kg por mm^2. Em outras palavras, a força de tensão do colênquima se compara favoravelmente àquela das fibras, sendo o colênquima plástico e o esclerênquima elástico. Se fibras se desenvolvessem em partes da planta em crescimento, elas inibiriam o alongamento em virtude de sua tendência para recuperar o seu comprimento original quando alongadas. Por outro lado, o colênquima permaneceria alongado sob as mesmas condições. A importância da plasticidade do colênquima é ainda mais evidente pela observação de que muito do alongamento dos internós ocorre após as células do colênquima terem suas paredes espessadas. No pecíolo do salsão ou aipo, o espessamento das paredes continua por um tempo posterior ao término do crescimento (Vian et al., 1993).

O colênquima maduro é um tecido forte e flexível, composto por células longas que se sobrepõem (no centro dos cordões, algumas podem alcançar 2 milímetros de comprimento; Duchaigne, 1955) com paredes espessas e não lignificadas. Em partes da planta mais velhas, o colênquima pode se tornar mais rígido e menos plástico que nas partes mais jovens ou, como mencionado anteriormente, pode se transformar em esclerênquima por deposição de paredes secundárias lignificadas. A perda da capacidade de crescimento em extensão do colênquima maduro de salsão ou aipo foi atribuída tanto à orientação longitudinal enredada das microfibrilas quanto à considerável ausência de pectinas metiladas (Fenwick et al. 1997). Conexões cruzadas de pectinas e hemiceluloses também podem servir para enrijecer a parede de células colenquimáticas maduras (Liu et al., 1999). Se o colênquima não sofrer essas mudanças, o seu papel como tecido de sustentação se torna menos importante, em virtude do desenvolvimento do esclerênquima em partes mais internas do caule ou pecíolo. Além disso, em caules com crescimento secundário, o xilema se torna o principal tecido de sustentação, por causa da predominância de células com paredes secundárias lignificadas, longas e sobrepostas, peculiares a esse tecido.

REFERÊNCIAS

AMBRONN, H. 1881. Über die Entwickelungsgeschichte und die mechanischen Eigenschaftern des Collenchyms. Ein Beitrag zur Kenntnis des mechanischen Gewebesystems. *Jahrb. Wiss. Bot.* 12, 473–541.

ARMSTRONG, J. e W. ARMSTRONG. 1994. Chlorophyll development in mature lysigenous and schizogenous root aerenchymas provides evidence of continuing cortical cell viability. *New Phytol.* 126, 493–497.

ARMSTRONG, W. 1979. Aeration in higher plants. *Adv. Bot. Res.* 7, 225–332.

BACANAMWO, M. e L. C. PURCELL. 1999. Soybean root morphological and anatomical traits associated with acclimation to flooding. *Crop Sci.* 39, 143–149.

BAILEY, I. W. 1938. Cell wall structure of higher plants. *Ind. Eng. Chem.* 30, 40–47.

BEER, M. e G. SETTERFIELD. 1958. Fine structure in thickened primary walls of collenchyma cells of celery petioles. *Am. J. Bot.* 45, 571–580.

BENGOCHEA, T. e J. H. DODDS. 1986. *Plant Protoplasts. A Biotechnological Tool for Plant Improvement.* Chapman and Hall, London.

CALVIN, C. L. e R. L. NULL. 1977. On the development of collenchyma in carrot. *Phytomorphology* 27, 323–331.

CANNY, M. J. 1995. Apoplastic water and solute movement: New rules for an old space. *Annu. Rev. Plant Physiol. Plant Mol. Biol.* 46, 215–236.

CARLQUIST, S. 1956. On the occurrence of intercellular pectic warts in Compositae. *Am. J. Bot.* 43, 425–429.

CHAFE, S. C. 1970. The fine structure of the collenchyma cell wall. *Planta* 90, 12–21.

CONSTABLE, J. V. H., J. B. GRACE e D. J. LONGSTRETH. 1992. High carbon dioxide concentrations in aerenchyma of *Typha latifolia*. *Am. J. Bot.* 79, 415–418.

DAYANANDAN, P., F. V. HEBARD e P. B. KAUFMAN. 1976. Cell elongation in the grass pulvinus in response to geotropic stimulation and auxin application. *Planta* 131, 245–252.

DAYANANDAN, P., F. V. HEBARD, V. D. BALDWIN e P. B. KAUFMAN. 1977. Structure of gravity-sensitive sheath and internodal pulvini in grass shoots. *Am. J. Bot.* 64, 1189–1199.

DE BARY, A. 1884. *Comparative Anatomy of the Vegetative Organs of the Phanerogams and Ferns.* Clarendon Press, Oxford.

DESHPANDE, B. P. 1976. Observations on the fine structure of plant cell walls. I. Use of permanganate staining. *Ann. Bot.* 40, 433–437.

DIANE, N., H. H. HILGER e M. GOTTSCHLING. 2002. Transfer cells in the seeds of Boraginales. *Bot. J. Linn. Soc.* 140, 155–164. DORHOUT, R., F. J. GOMMERS e C. KOLLÖFFEL. 1993. Phloem transport of carboxyfluorescein through tomato roots infected with *Meloidogyne incognita. Physiol. Mol. Plant Pathol.* 43, 1–10.

DREW, M. C. 1992. Soil aeration and plant root metabolism. *Soil Sci.* 154, 259–268.

DREW, M. C. 1997. Oxygen deficiency and root metabolism: Injury and acclimation under hypoxia and anoxia. *Annu. Rev. Plant Physiol. Plant Mol. Biol.* 48, 223–250.

DREW, M. C., C.-J. HE e P. W. MORGAN. 2000. Programmed cell death and aerenchyma formation in roots. *Trends Plant Sci.* 5, 123–127.

DUCHAIGNE, A. 1955. Les divers types de collenchymes chez les Dicotylédones: Leur ontogénie et leur lignification. *Ann. Sci. Nat. Bot. Biol Vég., Sér. 11*, 16, 455–479.

ESAU, K. 1936. Ontogeny and structure of collenchyma and of vascular tissues in celery petioles. *Hilgardia* 10, 431–476.

ESAU, K. 1965. *Vascular Differentiation in Plants.* Holt, Reinhart and Winston, New York.

ESAU, K. 1977. *Anatomy of Seed Plants*, 2. ed. Wiley, New York.

FALKENBERG, P. 1876. *Vergleichende Untersuchungen über den Bau der Vegetationsorgane der Monocotyledonen.* Ferdinand Enke, Stuttgart.

FENWICK, K. M., M. C. JARVIS e D. C. APPERLEY. 1997. Estimation of polymer rigidity in cell walls of growing and nongrowing celery collenchyma by solid-state nuclear magnetic resonance in vivo. *Plant Physiol.* 115, 587–592.

FREY-WYSSLING, A. e K. MÜHLETHALER. 1965. Ultrastructural plant cytology, with an introduction to molecular biology. Elsevier, Amsterdam.

GILTAY, E. 1882. Sur le collenchyme. *Arch. Néerl. Sci. Exact. Nat.* 17, 432–459.

GÓMEZ, E., J. ROYO, Y. GUO, R. THOMPSON e G. HUEROS. 2002. Establishment of cereal endosperm expression domains: Identification and properties of a maize transfer cell-specific transcription factor, *ZmMRP-1. Plant Cell* 14, 599–610.

GRAHAM, L. E. 1993. *Origin of Land Plants.* Wiley, New York.

GUNNING, B. E. S. 1977. Transfer cells and their roles in transport of solutes in plants. *Sci. Prog. Oxf.* 64, 539–568.

GUNNING, B. E. S. e J. S. PATE. 1969. "Transfer cells." Plant cells with wall ingrowths, specialized in relation to short distance transport of solutes—Their occurrence, structure, and development. *Protoplasma* 68, 107–133.

GUNNING, B. E. S., J. S. PATE e L. W. GREEN. 1970. Transfer cells in the vascular system of stems: Taxonomy, association with nodes, and structure. *Protoplasma* 71, 147–171.

GUTTENBERG, H. VON. 1940. *Der primäre Bau der Angiospermenwurzel. Handbuch der Pflanzenanatomie*, Band 8, Lief 39. Gebrüder Borntraeger, Berlin.

HARIRI, E. B., B. JEUNE, S. BAUDINO, K. URECH e G. SALLÉ. 1992. Élaboration d'un coefficient de résistance au gui chez le chêne. *Can. J. Bot.* 70, 1239–1246.

HARRINGTON, G. N., V. R. FRANCESCHI, C. E. OFFLER, J. W. PATRICK, M. TEGEDER, W. B. FROMMER, J. F. HARPER e W. D. HITZ. 1997a. Cell specific expression of three genes involved in plasma membrane sucrose transport in developing *Vicia faba* seed. *Protoplasma* 197, 160–173.

HARRINGTON, G. N., Y. NUSSBAUMER, X.-D. WANG, M. TEGEDER, V. R. FRANCESCHI, W. B. FROMMER, J. W. PATRICK e C. E. OFFLER. 1997b. Spatial and temporal expression of sucrose transport-related genes in developing cotyledons of *Vicia faba* L. *Protoplasma* 200, 35–50.

HOOK, D. D. 1984. Adaptations to flooding with fresh water. In: *Flooding and Plant Growth*, pp. 265–294, T. T. Kozlowski, ed. Academic Press, Orlando, FL.

HOOK, D. D., C. L. BROWN e P. P. KORMANIK. 1971. Inductive flood tolerance in swamp tupelo [*Nyssa sylvatica* var. *bifl ora* (Walt.) Sarg.]. *J. Exp. Bot.* 22, 78–89.

HULBARY, R. L. 1944. The influence of air spaces on the threedimensional shapes of cells in *Elodea* stems, and a comparison with pith cells of *Ailanthus. Am. J. Bot.* 31, 561–580.

JARVIS, M. C. e D. C. APPERLEY. 1990. Direct observation of cell wall structure in living plant tissues by solid-state 13C NMR spectroscopy. *Plant Physiol.* 92, 61–65.

JOSHI, P. A., G. CAETANO-ANOLLÉS, E. T. GRAHAM e P. M. GRESSHOFF. 1993. Ultrastructure of transfer cells in spontaneous nodules of alfalfa (*Medicago sativa*). *Protoplasma* 172, 64–76.

JUSTIN, S. H. F. W. e W. ARMSTRONG. 1987. The anatomical characteristics of roots and plant response to soil flooding. *New Phytol.* 106, 465–495.

JUSTIN, S. H. F. W. e W. ARMSTRONG. 1991. Evidence for the involvement of ethene in aerenchyma formation in adventitious roots of rice (*Oryza sativa* L.). *New Phytol.* 118, 49–62.

KAUFMAN, P. B. 1959. Development of the shoot of *Oryza sativa* L.—II. Leaf histogenesis. *Phytomorphology* 9, 297–311.

KAUL, R. B. 1971. Diaphragms and aerenchyma in *Scirpus validus*. *Am. J. Bot.* 58, 808–816.

KAUL, R. B. 1973. Development of foliar diaphragms in *Sparganium eurycarpum*. *Am. J. Bot.* 60, 944–949.

KAUL, R. B. 1974. Ontogeny of foliar diaphragms in *Typha latifolia*. *Am. J. Bot.* 61, 318–323.

KAWASE, M. 1981. Effect of ethylene on aerenchyma development. *Am. J. Bot.* 68, 651–658.

KOLLER, A. L. e T. L. ROST. 1988a. Leaf anatomy in *Sansevieria* (Agavaceae). *Am. J. Bot.* 75, 615–633.

KOLLER, A. L. e T. L. ROST. 1988b. Structural analysis of waterstorage tissue in leaves of *Sansevieria* (Agavaceae). *Bot. Gaz.* 149, 260–274.

KORN, R. W. 1980. The changing shape of plant cells: Transformations during cell proliferation. *Ann. Bot.* n.s. 46, 649–666.

KOZLOWSKI, T. T. 1984. Plant responses to flooding of soil. *Bio- Science* 34, 162–167.

LIESE, W. e P. N. GROVER. 1961. Untersuchungen über dem Wassergehalt von indischen Bambushalmen. *Ber. Dtsch. Bot. Ges.* 74, 105–117.

LIU, L., K.-E. L. ERIKSSON e J. F. D. DEAN. 1999. Localization of hydrogen peroxide production in *Zinnia elegans* L. stems. *Phytochemistry* 52, 545–554.

LLOYD, C. W. 1984. Toward a dynamic helical model for the influence of microtubules on wall patterns in plants. *Int. Rev. Cytol.* 86, 1–51.

MAAS GEESTERANUS, R. A. 1941. On the development of the stellate form of the pith cells of *Juncus* species. *Proc. Sect. Sci. K. Ned. Akad. Wet.* 44, 489–501; 648–653.

MAJUMDAR, G. P. 1941. The collenchyma of *Heracleum Sphondylium* L. *Proc. Leeds Philos. Lit. Soc., Sci. Sect.* 4, 25–41.

MAJUMDAR, G. P. e R. D. PRESTON. 1941. The fine structure of collenchyma cells in *Heracleum sphondylium* L. *Proc. R. Soc. Lond. B.* 130, 201–217.

MAKSYMOWYCH, R., N. DOLLAHON, L. P. DICOLA e J. A. J. ORKWISZEWSKI. 1993. Chloroplasts in tissues of some herbaceous stems. *Acta Soc. Bot. Pol.* 62. 123–126.

MARVIN, J. W. 1944. Cell shape and cell volume relations in the pith of *Eupatorium perfoliatum* L. *Am. J. Bot.* 31, 208–218.

MATSUKURA C., M. KAWAI, K. TOYOFUKU, R. A. BARRERO, H. UCHIMIYA e J. YAMAGUCHI. 2000. Transverse vein differentiation associated with gas space formation—The middle cell layer in leaf sheath development of rice. *Ann. Bot.* 85, 19–27.

MATZKE, E. B. 1940. What shape is a cell? *Teach. Biol.* 10, 34–40.

MATZKE, E. B. e R. M. DUFFY. 1956. Progressive three-dimensional shape changes of dividing cells within the apical meristem of *Anacharis densa*. *Am. J. Bot.* 43, 205–225.

MCDONALD, R., S. FIEUW e J. W. PATRICK. 1996a. Sugar uptake by the dermal transfer cells of developing cotyledons of *Vicia faba* L. Experimental systems and general transport properties. *Planta* 198, 54–65.

MCDONALD, R., S. FIEUW e J. W. PATRICK. 1996b. Sugar uptake by the dermal transfer cells of developing cotyledons of *Vicia faba* L. Mechanism of energy coupling. *Planta* 198, 502–509.

METCALFE, C. R. 1979. Some basic types of cells and tissues. In: *Anatomy of the Dicotyledons*, 2. ed., vol. 1, *Systematic Anatomy of Leaf and Stem, with a Brief History of the Subject*, pp. 54–62, C. R. Metcalfe e L. Chalk, eds. Clarendon Press, Oxford.

NETOLITZKY, F. 1935. *Das Trophische Parenchym. C. Speichergewebe. Handbuch der Pflanzenanatomie*, Band 4, Lief 31. Gebrüder Borntraeger, Berlin.

NIKLAS, K. J. 1992. *Plant Biomechanics: An Engineering Approach to Plant Form and Function.* University of Chicago Press, Chicago.

OGHIAKHE, S., L. E. N. JACKAI, C. J. HODGSON e Q. N. NG. 1993. Anatomical and biochemical parameters of resistance of the wild cowpea, *Vigna vexillata* Benth. (Acc. TVNu 72) to *Maruca testulalis* Geyer (Lepidoptera: Pyralidae). *Insect Sci. Appl.* 14, 315–323.

PAIVA, E. A. S. e S. R. MACHADO. 2003. Collenchyma in *Panicum maximum* (Poaceae): Localisation and possible role. *Aust. J. Bot.* 51, 69–73.

PATE, J. S. e B. E. S. GUNNING. 1969. Vascular transfer cells in angiosperm leaves. A taxonomic and morphological survey. *Protoplasma* 68, 135–156.

PATE, J. S. e B. E. S. GUNNING. 1972. Transfer cells. *Annu. Rev. Plant Physiol.* 23, 173–196.

PATTERSON, M. R. 1992. Role of mechanical loading in growth of sunflower (*Helianthus annuus*) seedlings. *J. Exp. Bot.* 43, 933–939.

PERCIVAL, J. 1921. *The Wheat Plant.* Dutton, New York. PONZI, R. e P. PIZZOLONGO. 1992. Structure and function of *Rhinanthus minor* L. trichome hydathode. *Phytomorphology* 42, 1–6.

PRAT, R., J. P. ANDRÉ, S. MUTAFTSCHIEV e A.-M. CATESSON. 1997. Three-dimensional study of the intercellular gas space in *Vigna radiata* hypocotyl. *Protoplasma* 196, 69–77.

PRESTON, R. D. 1974. *The Physical Biology of Plant Cell Walls.* Chapman & Hall, London.

RAZDORSKII, V. F. 1955. *Arkhitektonika rastenii* (*Architectonics of Plants*). Sovetskaia Nauka, Moskva.

ROELOFSEN, P. A. 1959. *The Plant Cell Wall. Handbuch der Pfl anzenanatomie*, Band 3, Teil 4, *Cytologie.* Gebrüder Borntraeger, Berlin-Nikolassee.

ROMBERGER, J. A., Z. HEJNOWICZ e J. F. HILL. 1993. *Plant Structure: Function and Development. A Treatise on Anatomy and Vegetative Development, with Special Reference to Woody Plants.* Springer-Verlag, Berlin.

ROST, T. L. e N. R. LERSTEN. 1970. Transfer aleurone cells in *Setaria lutescens* (Gramineae). *Protoplasma* 71, 403–408.

SCHENCK, H. 1889. Über das Aëenchym, ein dem Kork homologes Gewebe bei Sumpflanzen. *Jahrb. Wiss. Bot.* 20, 526–574.

SHARMA, R. K. e B. TIAGI. 1989. Giant cell formation in pea roots incited by *Meloidogyne incognita* infection. *J. Phytol. Res.* 2, 185–191.

SHIBA, H. e H. DAIMON. 2003. Histological observation of secondary aerenchyma formed immediately after flooding in *Sesbania cannabina* and *S. rostrata. Plant Soil* 255, 209–215.

SMIRNOFF, N. e R. M. M. CRAWFORD. 1983. Variation in the structure and response to flooding of root aerenchyma in some wetland plants. *Ann. Bot.* 51, 237–249.

STEVENS, K. J., R. L. PETERSON e R. J. READER. 2002. The aerenchymatous phellem of *Lythrum salicaria* (L.): A pathway for gas transport and its role in flood tolerance. *Ann. Bot.* 89, 621–625.

TALBOT, M. J., C. E. OFFLER e D. W. MCCURDY. 2002. Transfer cell wall architecture: A contribution towards understanding localized wall deposition. *Protoplasma* 219, 197–209.

TOPA, M. A. e K. W. MCLEOD. 1986. Aerenchyma and lenticel formation in pine seedlings: A possible avoidance mechanism to anaerobic growth conditions. *Physiol. Plant.* 68, 540–550.

VAN BEL, A. J. E., A. AMMERLAAN e A. A. VAN DIJK. 1993. A three-step screening procedure to identify the mode of phloem loading in intact leaves: Evidence for symplasmic and apoplasmic phloem loading associated with the type of companion cell. *Planta* 192, 31–39.

VAN FLEET, D. S. 1950. A comparison of histochemical and anatomical characteristics of the hypodermis with the endodermis in vascular plants. *Am. J. Bot.* 37, 721–725.

VENNING, F. D. 1949. Stimulation by wind motion of collenchymas formation in celery petioles. *Bot. Gaz.* 110, 511–514.

VIAN, B., J.-C. ROLAND e D. REIS. 1993. Primary cell wall texture and its relation to surface expansion. *Int. J. Plant Sci.* 154, 1–9.

VISSER, E. J. W., C. W. P. M. BLOM e L. A. C. J. VOESENEK. 1996. Flooding-induced adventitious rooting in *Rumex*: Morphology and development in an ecological perspective. *Acta Bot. Neerl.* 45, 17–28.

WALKER, W. S. 1960. The effects of mechanical stimulation and etiolation on the collenchyma of *Datura stramonium. Am. J.Bot.* 47, 717–724.

WANG, C.-G. e XI, X.-Y. 1992. Structure of embryo sac before and after fertilization and distribution of transfer cells in ovules of green gram. *Acta Bot. Sin.* 34, 496–501.

WARDROP, A. B. 1969. The structure of the cell wall in lignified collenchyma of *Eryngium* sp. (Umbelliferae). *Aust. J. Bot.* 17, 229–240.

WEBB, J. e M. B. JACKSON. 1986. A transmission and cryoscanning electron microscopy study of the formation of aerenchyma (cortical gas-filled space) in adventitious roots of rice (*Oryza sativa*). *J. Exp. Bot.* 37, 832–841.

WILLIAMS, W. T. e D. A. BARBER. 1961. The functional significance of aerenchyma in plants.

In: *Mechanisms in Biological Competition. Symp. Soc. Exp. Biol.* 15, 132–144.

WIMMERS, L. E. e R. TURGEON. 1991. Transfer cells and solute uptake in minor veins of *Pisum sativum* leaves. *Planta* 186, 2–12.

CAPÍTULO OITO

ESCLERÊNQUIMA

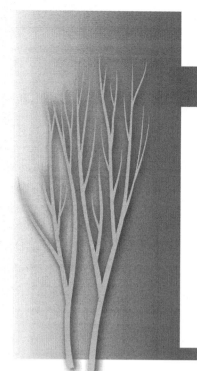

Marcelo Rodrigo Pace e Patricia Soffiatti

O termo **esclerênquima** se refere a tecidos compostos por células com paredes secundárias, geralmente lignificadas, cujas principais funções são mecânicas e de sustentação. Espera-se que suas células sejam capazes de resistir a diferentes tensões, como aquelas resultantes de alongamento, torção, peso e pressão, sem que haja danos às células de paredes mais macias. A palavra deriva do grego *skleros*, que significa "duro", e *enchyma*, uma infusão, enfatizando a rigidez das paredes celulares do esclerênquima. Individualmente, as células do esclerênquima são denominadas **células esclerenquimáticas**. Além de participar dos tecidos esclerenquimáticos, suas células podem aparecer solitárias ou em grupos dentro de outros tecidos, à semelhança das células do parênquima. No capítulo anterior (Capítulo 7), ressaltou-se que tanto as células parenquimáticas quanto as células colenquimáticas podem se tornar ***esclerificadas***. É especialmente notável que as células parenquimáticas do xilema secundário e suas células condutoras (elementos traqueais) também possuem paredes secundárias. Assim, paredes secundárias não são exclusivamente encontradas nas células esclerenquimáticas e, portanto, a delimitação entre uma célula tipicamente esclerenquimática de uma célula parenquimática ou colenquimática esclerificada, por um lado, ou de um elemento traqueal, por outro, não é óbvia. Células esclerenquimáticas podem ou não reter seu protoplasto quando maduras. Essa variabilidade torna ainda mais difícil distinguir uma célula esclerenquimática de uma célula parenquimática esclerificada.

As células esclerenquimáticas são, em geral, divididas em dois grupos: fibras e esclereídes. As **fibras** são descritas como células longas, e as **esclereídes** como células relativamente curtas. As esclereídes, contudo, podem variar de curtas a conspicuamente longas, não somente em diferentes plantas, mas também dentro do mesmo indivíduo. As fibras, similarmente, também podem ser mais longas ou mais curtas. As esclereídes são geralmente descritas como possuindo pontoações mais evidentes em suas paredes que as fibras, mas tal diferença não é constante. Às vezes, a origem dos dois tipos de células é considerada uma característica diferenciadora: as esclereídes seriam derivadas de uma esclerificação secundária de células parenquimáticas, ao passo que as fibras derivariam de células meristemáticas que, desde cedo, estariam destinadas a ser fibras. Esse critério, contudo, nem sempre se sustenta. Muitas esclereídes se diferenciam de células que, desde cedo, se individualizam como esclereídes (*Camellia*, Foster, 1944; *Monstera*, Bloch, 1946), e em certas plantas, células parenquimáticas do floema se diferenciam em células semelhantes a fibras somente nas porções do tecido que já não estão mais envolvidas com condução (Capítulo 14; Esau, 1969; Kuo-Huang, 1990). O termo **fibroesclereíde** é empregado quando é difícil classificar uma célula como fibra ou esclereíde.

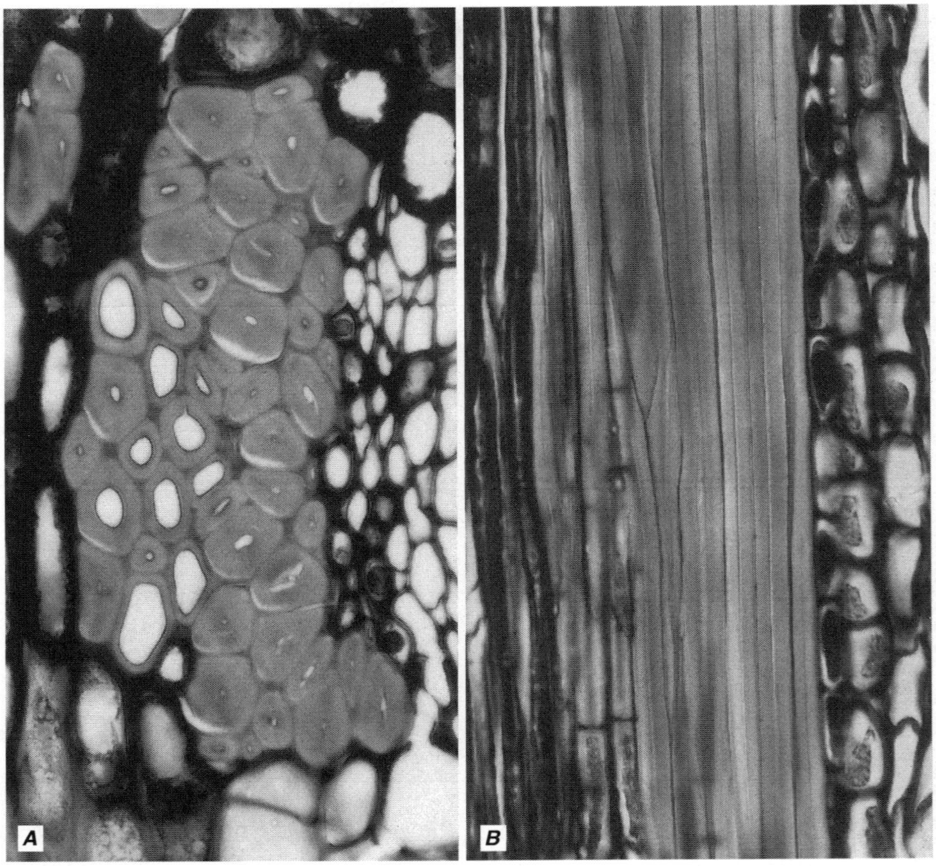

FIGURA 8.1

Fibras do floema primário do caule de tília (*Tilia americana*) vistas tanto em seção (**A**) transversal quanto (**B**) longitudinal. As paredes secundárias espessas dessas fibras longas contêm pontoações relativamente inconspícuas. Somente uma porção das fibras pode ser vista em (**B**). (A, ×430; B, ×260)

FIBRAS

As fibras são geralmente longas, de extremidades afiladas, com paredes secundárias mais ou menos espessadas, geralmente reunidas em cordões (Fig. 8.1). Esses cordões representam o que comercialmente se conhece por fibra. O processo de ***desfibragem*** ou ***desfibramento*** usado na extração das fibras de plantas resulta na separação dos feixes de fibras das células não fibrosas associadas. No interior dos cordões, as fibras se sobrepõem, uma característica que confere resistência aos feixes de fibras. Ao contrário do espessamento das paredes primárias das células colenquimáticas, as paredes das fibras não são altamente hidratadas. Elas são, portanto, mais rígidas que as paredes do colênquima e são elásticas, em vez de plásticas. As fibras atuam como elementos de sustentação nas partes da planta que já não estão se alongando. O grau de lignificação varia, e pontoações geralmente simples ou levemente areoladas são relativamente escassas e em forma de fenda. Muitas fibras retêm seus protoplastos na maturidade.

As fibras são amplamente distribuídas no corpo vegetal

As fibras ocorrem em cordões isolados ou cilindros no córtex e no floema, como bainhas ou calotas junto aos feixes vasculares, em grupos ou dispersos no xilema e no floema. No caule das monocotiledôneas e eudicotiledôneas, as fibras estão agrupadas em diversos padrões característicos (Schwendener, 1874; de Bary, 1884; Haberlandt, 1914; Tobler, 1957). Em muitas Poaceae, as fibras compõem um sistema com a forma de um cilindro estriado oco, com as estrias em conexão com a epiderme (Fig. 8.2A). Em *Zea*, *Saccharum*, *Andropogon*, *Sorghum* (Fig. 8.2B) e outros gêneros relacionados, os

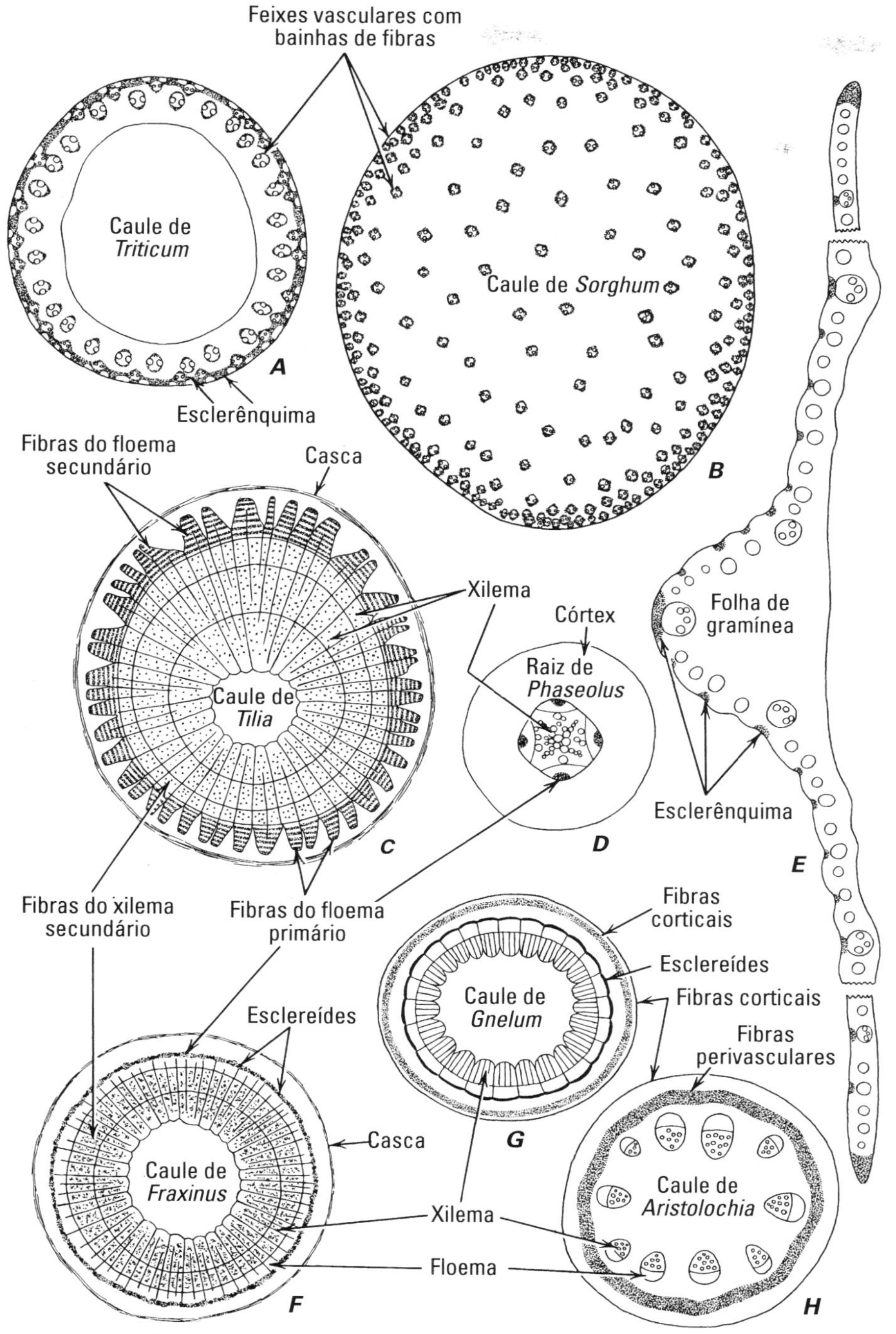

FIGURA 8.2

Seção transversal dos órgãos vegetais mostrando a distribuição do esclerênquima (em pontilhado), sobretudo fibras, e do tecido vascular. **A**, caule de *Triticum*, o esclerênquima envolve os feixes vasculares e forma camadas na periferia do caule. **B**, caule de *Sorghum*, esclerênquima em bainhas fibrosas junto aos feixes vasculares. **C**, caule de *Tília*, fibras no floema primário e secundário e no xilema secundário. **D**, raiz de *Phaseolus*, fibras no floema primário. **E**, folha de gramínea, esclerênquima em cordões abaixo da epiderme abaxial e junto às margens da lâmina foliar. **F**, caule de *Fraxinus*, fibras no floema primário e xilema secundário; fibras do floema se alternam com as esclereídes. **G**, caule de *Gnetum gnemon*, fibras no córtex e esclereídes em posição perivascular. **H**, caule de *Aristolochia*, cilindro de fibras internamente à bainha amilífera, em posição perivascular. (A, G, ×14; B, C, F, ×7; D, ×9.5; E, ×29.5; H, ×13.)

feixes vasculares possuem bainhas de fibras proeminentes, e os feixes da periferia podem estar conectados irregularmente entre si ou unidos por um parênquima esclerificado em um cilindro esclerenquimatoso. O parênquima da hipoderme pode ser altamente esclerificado (Magee, 1948). Uma hipoderme contendo fibras longas, algumas com mais de 1 mm de comprimento, foi registrada em *Zea mays* (Murdy, 1960). (A hipoderme é formada por uma ou mais camadas de células localizadas abaixo da epiderme e distinta das demais células do tecido fundamental presentes ao redor). Nas palmeiras, o cilindro central é demarcado por uma zona esclerótica que pode ter vários centímetros de largura (Tomlinson, 1961). Ela é composta por feixes vasculares com enormes bainhas fibrosas radialmente estendidas. O parênquima fundamental associado também se esclerifica. Adicionalmente, cordões de fibras podem ser encontrados no córtex e alguns no cilindro central. Outros padrões podem ser encontrados nas monocotiledôneas, e tais padrões podem variar dependendo do nível do caule dentro da mesma planta (Murdy, 1960). As fibras podem ser proeminentes nas folhas das monocotiledôneas (Fig. 8.2E). Nelas, as fibras formam bainhas envolvendo os feixes vasculares, ou cordões, se estendendo entre a epiderme e os feixes vasculares, ou cordões subepidérmicos não associados com os feixes vasculares.

No caule das angiospermas, as fibras frequentemente ocorrem na porção mais externa do floema primário, formando cordões mais ou menos anastomosados, ou em placas tangenciais (Fig. 8.2C, F). Em algumas plantas, nada mais além de fibras periféricas (fibras do floema primário) ocorrem no floema (*Alnus*, *Betula*, *Linun*, *Nerium*). Outras desenvolvem fibras também no floema secundário, escassas (*Nicotiana*, *Catalpa*, *Boehmeria*) ou abundantes (*Clematis*, *Juglans*, *Magnolia*, *Quescus*, *Robinia*, *Tilia*, *Vitis*). Algumas eudicotiledôneas possuem cilindros completos de fibras, ou próximos ao tecido vascular (*Geranium*, *Pelargonium*, *Lonicera*, algumas Saxifragaceae, Caryophyllaceae, Berberidaceae, Primulaceae), ou distantes dele, mas ainda localizados internamente à camada mais interna do córtex (Fig. 8.2H; *Aristolochia*, *Cucurbita*). Em caules de eudicotiledôneas sem crescimento secundário, os feixes vasculares isolados podem ser acompanhados por cordões de fibras em ambas as faces, interna e externa (*Polygonum*, *Rheum*, *Senecio*). Plantas com floema interno ao xilema podem ter fibras associadas a esse floema (*Nicotiana*). Por fim, uma localização extremamente característica das fibras em angiospermas ocorre no xilema primário e secundário, onde podem apresentar diferentes arranjos (Capítulo 11). Raízes apresentam uma distribuição das fibras similar àquela dos caules, e podem ter fibras no corpo primário (Fig. 8.2D) e secundário. Coníferas em geral não possuem fibras no floema primário, mas podem possuí-las no floema secundário (*Sequoia*, *Taxus*, *Thuja*). Fibras corticais, às vezes, estão presentes nos caules (Fig. 8.2G).

As fibras podem ser divididas em dois grandes grupos: xilemáticas ou extraxilemáticas

Fibras xilemáticas são fibras do xilema, e **fibras extraxilemáticas** são aquelas situadas fora do xilema. Dentre as fibras extraxilemáticas se encontram as **fibras do floema**. Fibras floemáticas ocorrem em muitos caules. O caule do linho (*Linum usitatissimum*) apresenta somente uma faixa de fibras, várias camadas para o seu interior, localizada na periferia do cilindro vascular (Fig. 8.3).

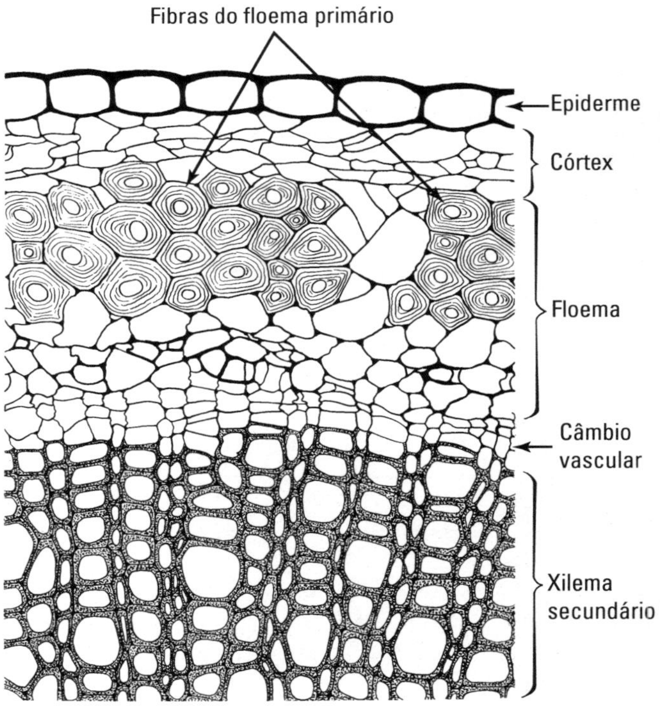

FIGURA 8.3

Seção transversal do caule de *Linum usitatissimum* mostrando a posição das fibras do floema primário. (×320.)

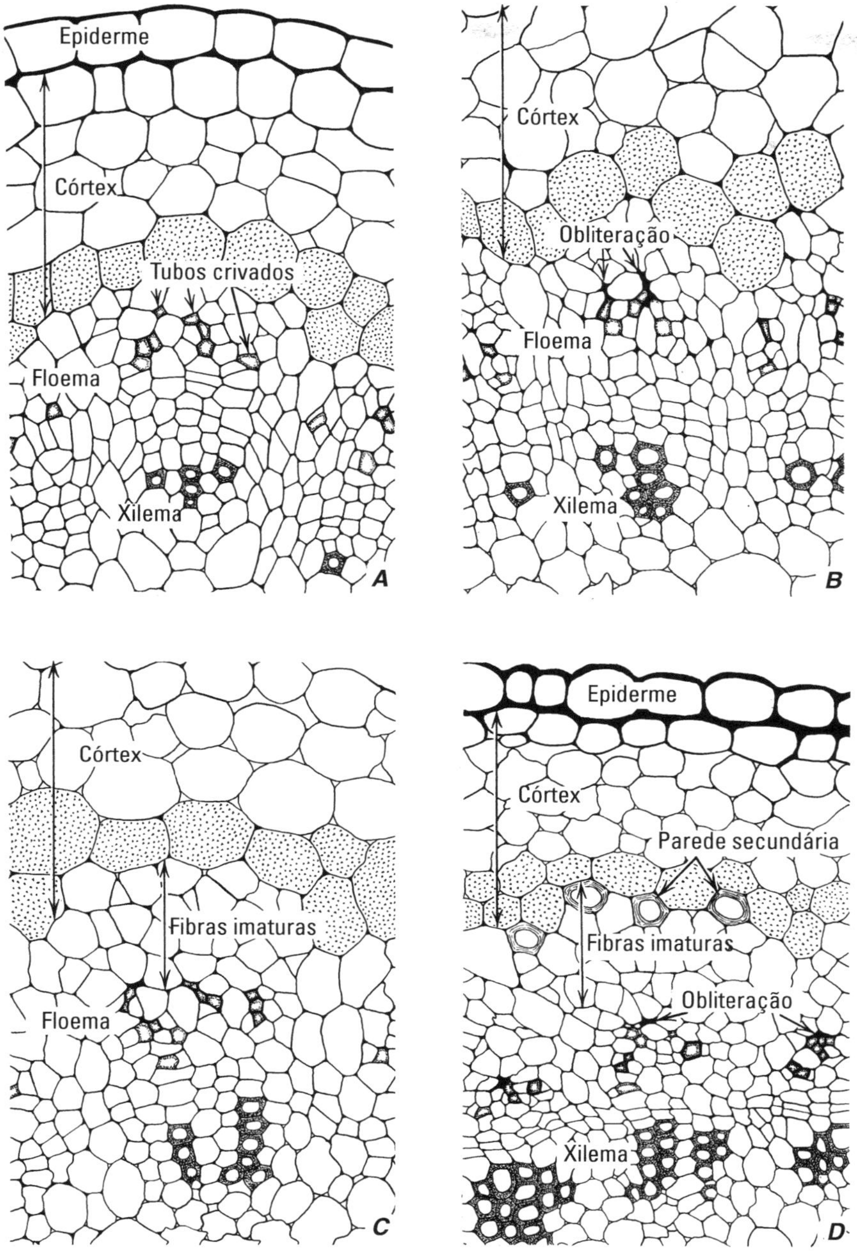

FIGURA 8.4

Desenvolvimento das fibras do floema primário em *Linum perenne* L. **A**, primeiros elementos de tubo estão maduros. **B**, **C**, novos elementos de tubo se diferenciam, enquanto os antigos se tornam obliterados. **D**, células remanescentes após a obliteração dos elementos de tubo começam a desenvolver paredes secundárias características das fibras do linho. (A-C, ×745; D, ×395.)

Essas fibras se originam junto à primeira parte a se diferenciar do floema (protofloema), mas amadurecem como fibras à medida que tal parte do floema interrompe sua função de condução (Fig. 8.4). As fibras do linho são, portanto, ***fibras do floema primário*** ou ***fibras do protofloema***. O caule de *Sambucus* (sabugueiro), *Tilia* (tília americana), *Liriodendron* (tulipeiro americano), *Vitis* (videira), *Robinia pseudoacacia* (falsa acácia) e muitas outras têm tanto fibras do floema primário quanto ***fibras do floema secundário***, localizadas no floema secundário (Fig. 8.2C).

Dois outros grupos de fibras extraxilemáticas encontradas nos caules de eudicotiledôneas são as fibras corticais e as fibras perivasculares. As **fibras corticais**, como o próprio nome implica, se originam no córtex (Fig. 8.2G). As **fibras perivasculares** estão localizadas na periferia do cilindro vascular, internamente à camada mais interna do córtex (Fig. 8.2H; *Aristolochia* e *Cucurbita*). Estas não se originam como parte do tecido floemático, mas externamente a ele. As fibras perivasculares são denominadas comumente como fibras pericíclicas. Contudo, a designação pericíclica é frequentemente utilizada também com referência às fibras do floema primário (Esau, 1979). (Veja Blyth, 1958 para uma avaliação do termo periciclo). As fibras extraxilemáticas incluem também as fibras das monocotiledôneas, estando estas associadas ou não aos feixes vasculares.

A parede celular das fibras extraxilemáticas é geralmente muito espessa. Nas fibras do floema de linho, a parede secundária pode corresponder a 90% da área da célula, em seção transversal (Fig. 8.3). A parede secundária destas fibras extraxilemáticas possui uma estrutura polilamelada característica, com cada lamela individualmente variando em espessura de 0,1 a 0,2 µm. Nem todas as fibras extraxilemáticas possuem esta estrutura de parede. Em colmos maduros de bambus, algumas fibras apresentam alto grau de polilamerização, enquanto outras não possuem lamelas claramente visíveis (Murphy e Alvin, 1992). Além disso, a parede secundária das fibras do floema secundário da maioria das angiospermas e coníferas consiste de somente duas camadas, uma camada delgada externa (S_1) e uma camada interna espessa (S_2; Holdheide, 1951; Nanko et al, 1977).

Algumas fibras extraxilemáticas apresentam paredes lignificadas, ao passo que, em outras plantas, há pouca ou nenhuma lignina (linho, cânhamo, rami). Certas fibras extraxilemáticas, especialmente aquelas das monocotiledôneas, são fortemente lignificadas.

As fibras da madeira são comumente divididas em dois grupos principais, as **fibras libriformes** e as **fibrotraqueídes** (Fig. 8.5B, C), ambas geralmente possuindo paredes celulares lignificadas. As fibras libriformes se assemelham às fibras floemáticas. O termo libriforme deriva do latim *liber*, que significa "casca interna", ou seja, floema. Apesar da distinção entre os dois tipos de fibras

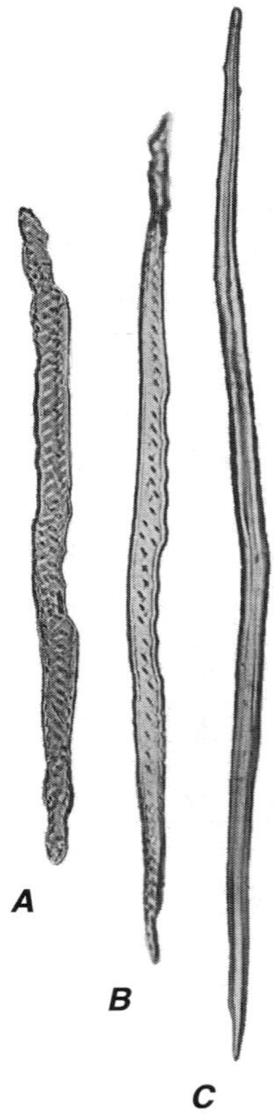

FIGURA 8.5

A, traqueíde, **B**, fibrotraqueíde e **C**, fibra libriforme no xilema secundário ou madeira de uma árvore de carvalho vermelho americano (*Quescus rubra*). A aparência pontilhada destas células se deve à presença de pontoações nas paredes; pontoções não discerníveis em **C**. (todas, ×172.)

da madeira se basear há tempos primariamente na presença de pontoações simples nas fibras libriformes, e areoladas nas fibrotraqueídes (IAWA Committee on Nomenclature, 1964), pontoações genuinamente simples nas paredes das fibras são extremamente raras (Baas, 1986). Os extremos dos dois tipos são facilmente distinguíveis, porém existem imperceptíveis gradações entre eles. Fibrotraqueídes também se integram com as traqueídes, que apresentam pontoações areoladas distintivas (Fig. 8.5A). Geralmente a espessura da parede aumenta na sequência traqueíde, fibrotraqueíde e fibra libriforme. Além disso, numa dada amostra de madeira de angiosperma, as traqueídes são geralmente mais curtas e as fibras mais longas, com as fibras libriformes atingindo os maiores comprimentos.

Apesar de serem comumente tidas como células mortas na maturidade, protoplastos vivos são mantidos nas fibras libriformes e fibrotraqueídes de muitas plantas lenhosas (Fahn e Leshem, 1963; Wolkinger, 1971; Dumbroff e Elmore, 1977). (Fibras com protoplastos vivos foram encontradas no colmo de bambus com mais de nove anos de idade; Murphy e Alvin, 1997). Essas fibras geralmente contêm numerosos grãos de amido; logo, além de atuar na sustentação, funcionam também no armazenamento de carboidratos. A parede secundária das fibras do lenho diferem daquelas do floema por possuir três camadas, denominadas S_1, S_2 e S_3, relativas à mais externa, à mediana e à interna, respectivamente (Capítulo 4). Além disso, as paredes das fibras da madeira são geralmente lignificadas.

Tanto as fibras xilemáticas quanto extraxilemáticas podem ser septadas ou gelatinosas

As fibras do floema e/ou do xilema de algumas eudicotiledôneas sofrem divisões mitóticas após a deposição de parede secundária e são, assim, divididas em dois ou mais compartimentos por paredes transversais ou **septos** (Fig. 8.6A)(Parameswaran e Liese, 1969; Chalk, 1983; Ohtani, 1987). Tais fibras, denominadas **fibras septadas**, também ocorrem em algumas monocotiledôneas nas quais estas são de origem avascular (em Palmae e Bambusoideae; Tomlinson, 1961; Parameswaran e Liese, 1977; Gritsch e Murphy, 2005). (As esclereídes também podem ser divididas por septos; Fig. 8.6B; Bailey, 1961.) Os septos são formados pela lamela média e duas paredes primárias e, aparentemente, podem ser lignificadas ou não. Os septos estão em contato, mas não fundidos, com a parede secundária e são separados da última pela parede primária original da fibra. Aparentemente, a parede primária dos septos continua sobre parte ou a totalidade da superfície interna da parede secundária da fibra (Butterfield e Meylan, 1976; Ohtani, 1987). Espessamentos secundários adicionais podem se desenvolver após a divisão e recobrir também os septos (Fig. 8.6B). Em bambus, as fibras septadas são caracterizadas pela presença de paredes secundárias espessas e polilameladas. Nessas fibras, além das camadas formadas pela lamela média e parede primária, seus septos possuem lamelas nas paredes secundárias que continuam sobre a parede longitudinal (Parameswaran e Liese, 1977). Os plasmodesmos interconectam os protoplastos das

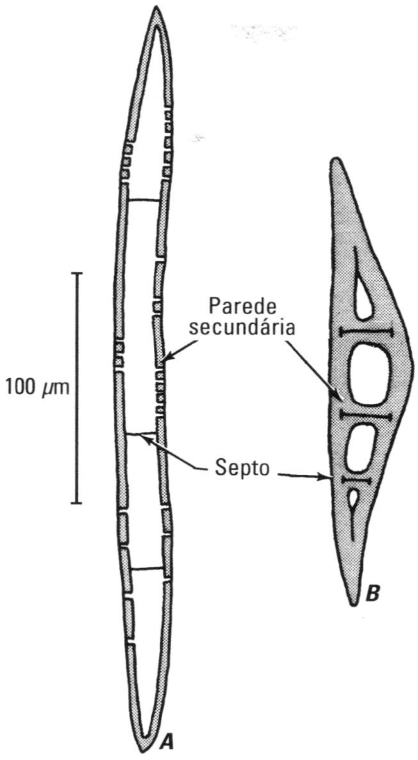

FIGURA 8.6

A, fibra do floema do caule de videira (*Vitis*). Os septos estão em contato com a parede secundária pontoada. **B**, esclereíde septada do floema de *Pereskia* (Cactaceae), no qual os septos são cobertos por material da parede secundária.

fibras por meio dos septos, que são vivos na maturidade. O amido é comumente encontrado em fibras septadas, indicando uma função de armazenamento, além do papel de sustentação peculiar a essas células. Algumas fibras septadas possuem, ainda, cristais de oxalato de cálcio (Purkayastha, 1958; Chalk, 1983).

Outro tipo de fibra que não é estritamente xilemática ou extraxilemática é a **fibra gelatinosa**. Fibras gelatinosas são reconhecidas pela presença de uma camada denominada gelatinosa (camada G), localizada mais internamente na parede secundária e que se distingue da(s) camada(s) externa(s) da parede secundária por seu conteúdo rico em celulose e desprovido de lignina (Fig. 8.7). As microfibrilas de celulose da camada G são orientadas paralelamente ao longo do eixo da célula e, portanto, essa camada é isotrópica e levemente birrefringente quando observada em seções transversais sob luz polarizada (Wardrop, 1964). Sen-

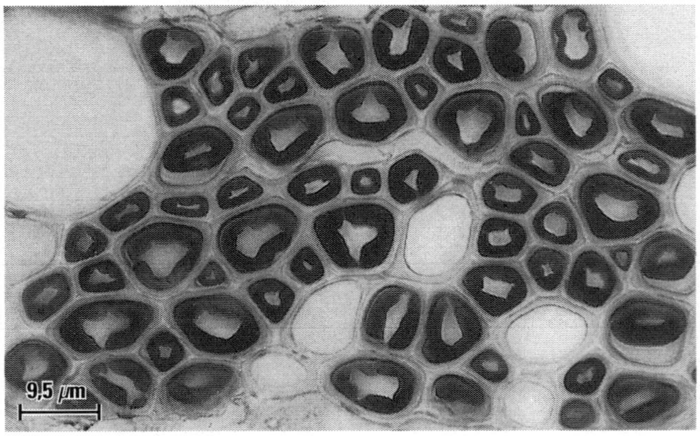

FIGURA 8.7

Fibras gelatinosas, vistas em seção transversal, no lenho de *Fagus* sp. Na maioria destas fibras, a camada gelatinosa corada de preto afastou consigo o restante da parede. (Por cortesia de Susanna M. Jutte.)

do higroscópica, a camada G tem a capacidade de absorver uma grande quantidade de água. Quando inchada, a camada G pode ocupar todo o lúmen da célula e, quando sofre dessecação, é comum que se descole do restante da parede. Fibras gelatinosas já foram encontradas no floema e xilema de raízes, caules e folhas de eudicotiledôneas (Patel, 1964; Fisher e Stevenson, 1981; Sperry, 1982) e em tecidos avasculares de folhas de monocotiledôneas (Staff, 1974). Estas foram mais amplamente estudadas em lenho de tração (Capítulo 11), ganhando o nome mais geral de **fibras de reação**. Presume-se que as fibras gelatinosas se contraiam durante o desenvolvimento, gerando forças contráteis suficientes para soerguer um caule inclinado ou torto, permitindo que este adote uma posição mais ereta (Fisher e Stevenson, 1981). Fibras gelatinosas em folhas podem auxiliar na manutenção da orientação foliar em relação à gravidade e à posição dos folíolos em relação ao sol (Sperry, 1982).

As fibras comerciais são separadas em fibras macias e fibras duras

As fibras do floema em eudicotiledôneas correspondem às fibras liberianas utilizadas no comércio (Harris, M., 1954; Needles, 1981). Essas fibras são classificadas como fibras macias porque, sendo ou não lignificadas, são relativamente macias e flexíveis. Algumas das fontes mais bem conhecidas e usadas das fibras liberianas são cânhamo (*Cannabis sativa*), cordame; juta (*Corchorus capsularis*), cordame, têxteis ásperos; linho (*Linun usitatissimum*), têxteis (por exemplo, linho), linhas, fios; rami (*Boehmeria nivea*), têxteis. Fibras do floema de algumas eudicotiledôneas são usadas para fazer papel (Carpenter, 1963).

As fibras das monocotiledôneas – geralmente denominadas fibras foliares, por serem obtidas a partir de folhas – são classificadas como fibras duras. Estas possuem paredes fortemente lignificadas, são duras e rígidas. Exemplos de fontes e usos de fibras foliares são o abacá ou cânhamo de Manila (*Musa textilis*), cordame; cânhamo-de-arco (*Sansevieria*, todo o gênero), cordame; henequém ou cisal (espécies de *Agave*), cordame, têxteis ásperos; cânhamo-da-nova-zelândia (*Phormium tenax*), cordame; fibra do abacaxi (*Ananas comosum*), têxteis. Fibras foliares das monocotiledôneas (conjuntamente com o xilema) servem de matéria-prima para a produção de papel (Carpenter, 1963): milho (*Zea mays*), cana-de-açúcar (*Saccharum officinarum*), esparto (*Stipa tenacissima*), dentre outras.

O comprimento individual das células fibrosas varia consideravelmente em diferentes espécies. Exemplos de intervalo de comprimento em milímetros podem ser citados a partir do manual de M. Harris (1954). Fibras liberianas: juta, 0,8-6,0; cânhamo, 5-55; linho, 9-70; rami, 50-250. Fibras foliares: cisal, 0,8-8,0; cânhamo-de-arco, 1-7; abacá, 2-12; cânhamo-da-nova-zelândia, 2-15.

No comércio, o termo fibra é frequentemente empregado para materiais que incluem, em termos botânicos, outros tipos de células, além de fibras e também estruturas que de forma alguma são fibras. De fato, as fibras obtidas de folhas de monocotiledôneas representam feixes vasculares e suas fibras associadas. Fibras do algodão são pelos epidérmicos das sementes de *Gossypium* (Capítulo 9); a ráfia é composta por segmentos foliares da palmeira *Raphia*; ratã ou rotim, que é feito a partir de caules de palmeiras *Calamus*.

ESCLEREÍDES

As esclereídes são células geralmente curtas, com paredes secundárias espessas, altamente lignificadas, providas de numerosas pontoações primárias. Entretanto, algumas esclereídes possuem paredes secundárias relativamente delgadas e são de difícil distinção das células parenquimáticas esclerificadas. As formas de paredes espessas, contudo,

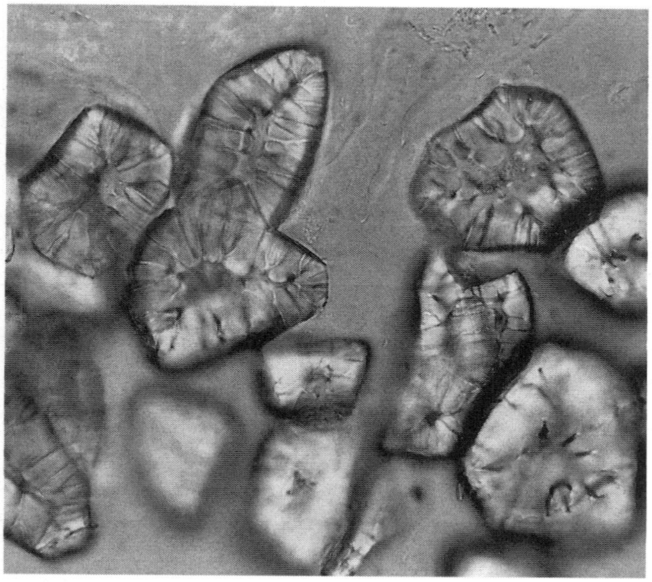

FIGURA 8.8

Esclereídes (células pétreas) do tecido fresco do fruto da pera (*Pyrus communis*). As paredes secundárias contêm pontoações simples, conspícuas, com muitas ramificações, sendo conhecidas como pontoações ramificadas ou ramiformes. Durante a formação dos grupos de células pétreas na polpa dos frutos da pera, divisões celulares ocorrem concentricamente ao redor de algumas esclereídes formadas anteriormente. As células recém-formadas se diferenciam em células pétreas, agregando-se aos agrupamentos. (×400.)

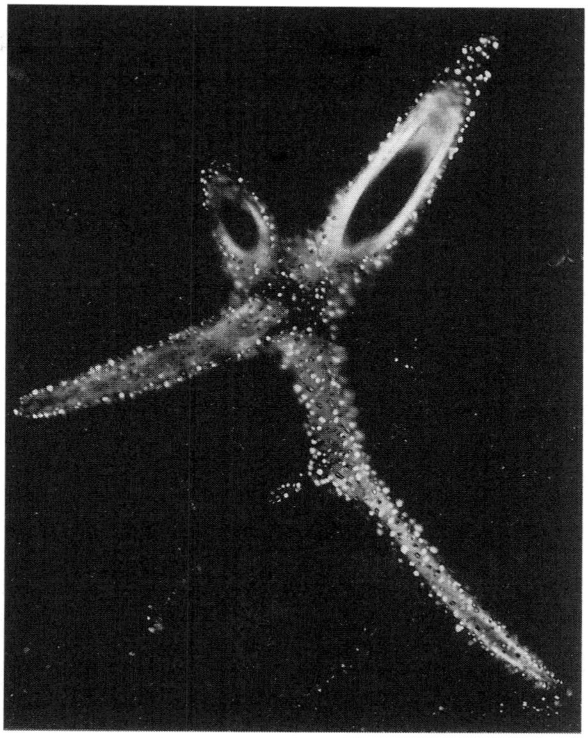

FIGURA 8.9

Esclereíde ramificada da folha de nenúfar (*Nymphaea odorata*) vista sob luz polarizada. Numerosos diminutos cristais angulares se encontram incluídos nas paredes destas esclereídes. (×230.)

contrastam fortemente com as células parenquimáticas: suas paredes podem ser tão espessas que quase ocupam todo o lúmen, e suas pontoações geralmente são ramificadas (Fig. 8.8). A parede secundária geralmente aparece com múltiplas camadas, refletindo sua construção helicoidal (Roland et al., 1987, 1989). Podem ser encontrados cristais incluídos na parede secundária de certas espécies (Fig. 8.9)(Kuo-Huang, 1990). Muitas esclereídes retêm um protoplasto vivo na maturidade.

Com base na forma e no tamanho, as esclereídes podem ser classificadas em diferentes tipos

As categorias de esclereídes de mais fácil reconhecimento são as (1) **braquiesclereídes**, ou **células pétreas**, aproximadamente isodiamétricas ou um pouco alongadas, amplamente distribuídas no córtex, floema e medula de caules e na polpa de frutos (Figs. 8.8 e 8.10A-D); (2) **macroesclereídes**, células alongadas e colunares (semelhantes a varas), exemplificadas pelas esclereídes que formam uma camada epidérmica em paliçada da testa da semente das leguminosas (veja Fig. 8.14); (3) **osteoesclereídes**, células que se assemelham a um osso, também colunares, mas com as extremidades dilatadas, como nas camadas subepidérmicas da testa de algumas sementes (veja Fig. 8.14); e (4) **astroesclereídes**, células estreladas, com lobos ou braços divergindo de um corpo central (Fig. 8.10L), comumente encontradas em folhas de eudicotiledôneas. Outros tipos reconhecíveis menos comuns incluem as **tricoesclereídes**, esclereídes de paredes delgadas semelhantes a tricomas, com ramos que se projetam nos espaços intercelulares, e **esclereídes fibriformes**, células longas e delgadas que se assemelham a fibras (Fig. 8.10H, I; veja também Fig. 8.13). Astroesclereídes e tricoesclereídes são estruturalmente similares, e as tricoesclereídes se integram com as esclereídes fibriformes. As osteoesclereídes podem ser ramificadas nas extremidades (como na Fig. 8.10G) e, consequen-

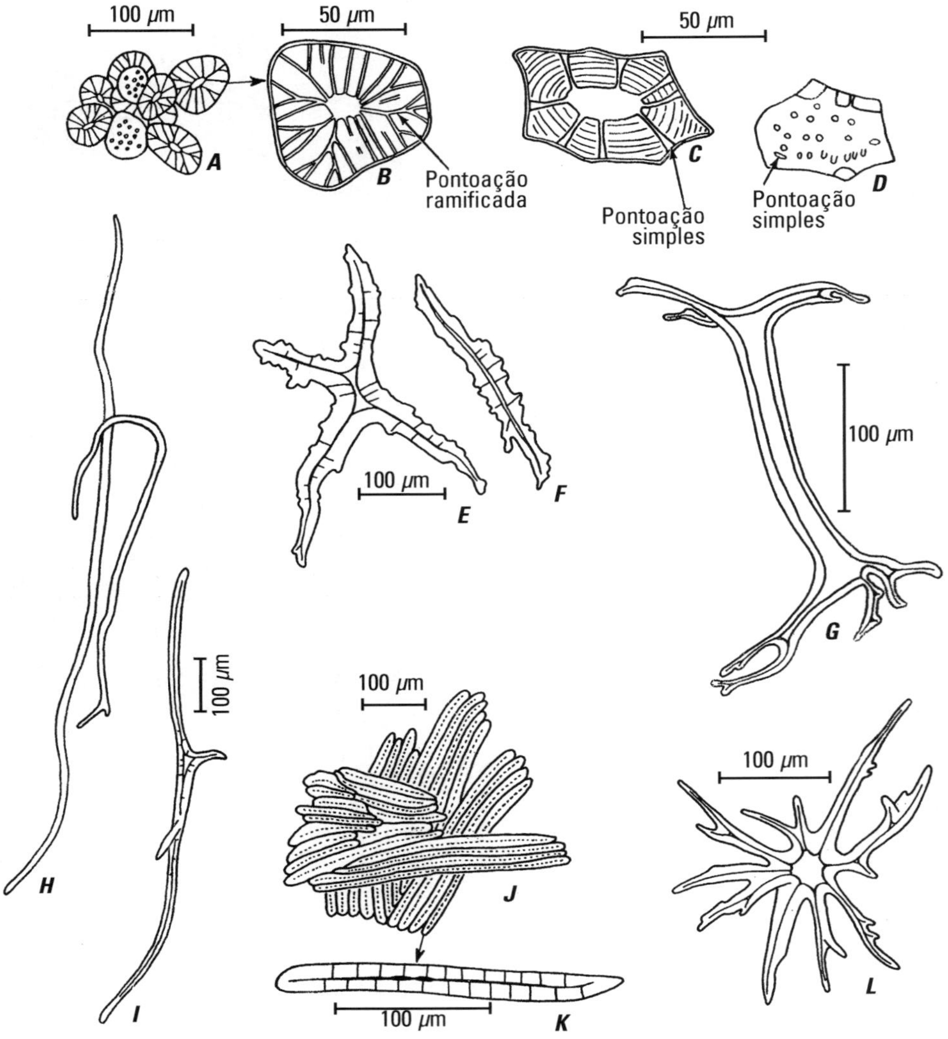

FIGURA 8.10

Esclereídes. **A**, **B**, células pétreas da polpa do fruto da pera (*Pyrus*). **C**, **D**, esclereídes do córtex de flor-de-cera (*Hoya*), em seção (**C**) e na superfície (**D**). **E**, **F**, esclereídes do pecíolo de *Camellia*. **G**, esclereíde colunar com extremidades ramificadas do parênquima paliçádico do mesofilo de *Hakea*. **H**, **I**, esclereídes fibriformes do mesofilo da folha de oliveira (*Olea*). **J**, **K**, esclereídes do endocarpo do fruto da maçã (*Malus*). **L**, astroesclereídes do córtex caulinar de *Trochodendron*. (Obtido de Esau, 1977.)

temente, se assemelham às tricoesclereídes. Esta classificação é bastante arbitrária e não cobre todas as formas de esclereídes conhecidas (Bailey, 1961; Rao, T. A., 1991). Além disso, é de pouca utilidade, uma vez que, conforme apontado, as várias formas frequentemente se integram.

Assim como as fibras, as esclereídes estão amplamente distribuídas no corpo vegetal

A distribuição das esclereídes dentre as outras células é de especial interesse no tocante aos problemas de diferenciação celular em plantas. Elas podem ocorrer em camadas abrangentes ou grupos, porém, frequentemente aparecem isoladas entre outros tipos celulares dos quais podem diferir grandemente em decorrência do grande espessamento da parede e suas formas peculiares. Como formas isoladas, elas são classificadas como **idioblastos** (Foster, 1956). A diferenciação dos idioblastos impõe uma série de questões acerca das relações causais no desenvolvimento dos padrões de tecidos em plantas.

As esclereídes ocorrem na epiderme, no tecido fundamental e no tecido vascular. Nos próximos parágrafos, as esclereídes serão descritas a partir de exemplos nas diferentes partes da planta, com exceção das esclereídes que ocorrem no tecido vascular.

Esclereídes em caules

Um cilindro contínuo de esclereídes ocorre na periferia da região vascular do caule de *Hoya carnosa*, e grupos de esclereídes ocorrem na medula dos caules de *Hoya* e *Podocarpus*. Essas esclereídes possuem espessamento moderado e numerosas pontoações (Fig. 8.10C, D). Quanto à forma e ao tamanho, elas se assemelham às células parenquimáticas adjacentes. Essa semelhança é frequentemente interpretada como uma indicação de que tais esclereídes seriam, em sua origem, células parenquimáticas esclerificadas. Essa esclerificação, contudo, foi tamanha, que elas estariam mais bem-agrupadas com as esclereídes do que com as células parenquimáticas. Esse tipo simples de esclereíde exemplifica o que é uma célula pétrea ou braquiesclereíde. Astroesclereídes muito ramificadas são encontradas no córtex do caule de *Trochodendron* (Fig. 8.10L). Esclereídes um pouco menos exuberantemente ramificadas ocorrem no córtex do abeto de douglásia (*Pseudotsuga taxifolia*).

Esclereídes em folhas

As folhas são fontes especialmente ricas em esclereídes no que diz respeito à variedade de formas, apesar de estarem ausentes nas folhas das monocotiledôneas (Rao, T. A. e Das, 1979). No mesofilo, dois padrões de distribuição principais são reconhecidos para as esclereídes: o **terminal**, com esclereídes confinadas no final das nervações de menor calibre (Fig. 8.11; *Arthrocnemum*, *Boronia*, *Hakea*, *Mouriria*), e o **difuso**, com esclereídes solitárias ou grupos de esclereídes dispersos por todo o tecido sem qualquer relação com a terminação das nervuras (*Olea*, *Osmanthus*, *Pseudotsuga*, *Trochodendron*) (Foster, 1956; Rao, T. A., 1991). Em algumas estruturas foliares protetoras, como as escamas que protegem os dentes de alho (*Allium sativum*), as esclereídes fazem parte de toda a epiderme (Fig. 8.12).

As esclereídes com projeções definidas ou com somente espículas (projeções curtas, cônicas ou irregulares) ocorrem no tecido fundamental do

FIGURA 8.11

Folha clarificada de *Boronia*. Esclereídes (es) na estremidade dos feixes (fv). (×93, obtido de Foster, 1955.)

pecíolo de *Camellia* (Fig. 8.10E, F) e no mesofilo da folha de *Trochodendron*. O mesofilo de *Osmanthus* e *Hakea* contém esclereídes colunares, ramificadas em cada terminação, sendo, portanto, osteoesclereídes (Fig. 8.10G). Nas folhas de *Hakea suaveolens*, as esclereídes terminais, aparentemente, desempenham um papel dual, tanto na sustentação quanto na condução de água. Quando se deixou que um ramo desconectado da planta-mãe absorvesse uma solução do fluorocromo sulfato de berberina, a partir de onde foi cortado, o padrão de fluorescência observado nas folhas indicou que a solução de berberina se moveu a partir das traqueídes dilatadas (traqueoides) das terminações das nervuras em direção às paredes das células epidérmicas superiores, por meio das paredes das esclereídes pouco lignificadas (Heide-Jørgensen, 1990). A partir da epiderme, a solução se deslocou para baixo, em direção às paredes do parênquima paliçádico. Aparentemente, as esclereídes atuam como extensões das nervuras que conduzem água para a epiderme e provêm às células do parênquima paliçádico um suprimento rápido de água. *Monstera*

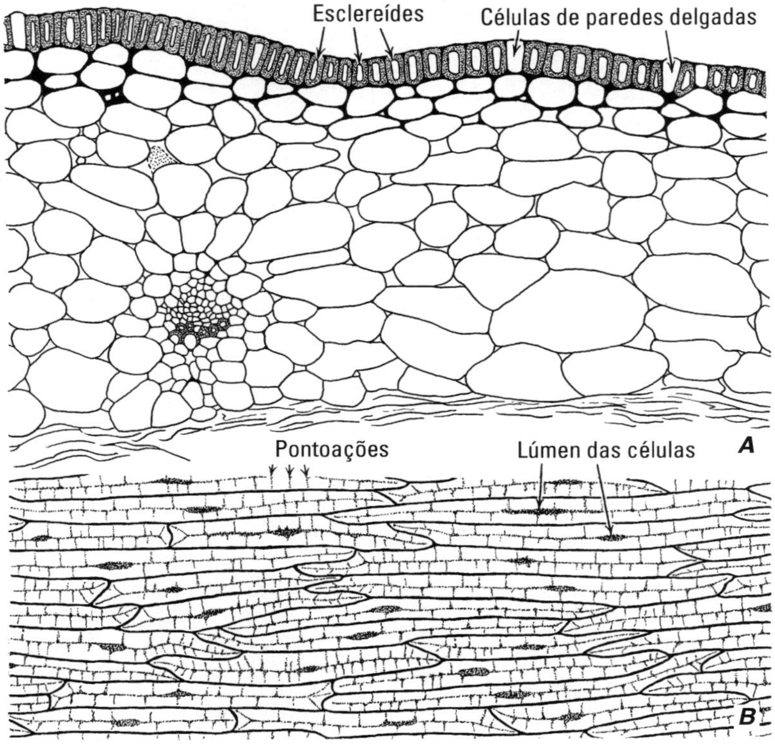

FIGURA 8.12

Esclereídes epidérmicas em uma escama protetora do bulbo de *Alium sativum* (alho). **A**, seção da escama, com a parede das esclereídes pontilhadas. **B**, vista superficial da escama mostrando uma camada epidérmica sólida de esclereídes sobrepondo-se umas às outras. (Ambas, ×99. Obtido de Esau, 1977; a partir de Mann, 1952. *Hilgardia* 21(8), 195-251. ©1952 Regents, University of California.)

deliciosa, *Nymphaea* (nenúfar) e *Nuphar* (nenúfar amarelo) possuem tricoesclereídes típicas com extensões que se estendem por todos os espaços intercelulares ou câmaras de ar, característicos das folhas dessas espécies. Pequenas esclereídes prismáticas estão imersas dentro das paredes das esclereídes de *Nymphaea* (Fig. 8.9; Kuo-Huang, 1992). As esclereídes braciformes podem ser encontradas nas folhas de coníferas, como em *Pseudotsuga taxifolia*.

As esclereídes fibriformes da folha de oliveira (*Olea europaea*) se originam tanto no parênquima paliçádico quanto lacunoso, tendo em média um milímetro de comprimento e permeando o mesofilo, formando uma rede densa ou tapete (Fig. 8.13). Parte dessa rede é formada por esclereídes com uma forma em T, cuja parte basal se estende a partir da epiderme superior e parênquima paliçádico em direção ao parênquima lacunoso abaixo. O restante da rede é representado por esclereídes ramificadas "polimórficas" que atravessam as camadas do mesofilo, tendo sido descritas como possuindo um padrão caótico (Karabourniotis et al., 1994). Foi demonstrado que as esclereídes com forma em T são capazes de transmitir luz a partir da camada superior da epiderme para o parênquima lacunoso, indicando que atuariam como uma fibra ótica sintética e que ajudariam a melhorar o microambiente luminoso dentro do mesofilo desta folha esclerófila, tão espessa e compacta (Karabourniotis et al., 1994). As osteoesclereídes nas folhas de *Phillyrea latifolia*, planta perene e esclerófila, aparentemente desempenham uma função ótica semelhante, guiando a luz dentro do mesofilo (Karabourniotis, 1998).

Esclereídes em frutos

As esclereídes ocorrem em várias localidades nos frutos. Na pera (*Pyrus*) e no marmelo (*Cydonia*), células pétreas ou braquiesclereídes ocorrem individualmente ou em grupos ao longo de toda a parte carnosa do fruto (Figs. 8.8 e 8.10A, B). Os grupos de esclereídes dão às peras sua textura arenosa característica. Durante a formação dos grupos, divisões celulares ocorrem concentricamente ao redor de algumas esclereídes formadas anteriormente (Staritsky, 1970). O padrão radiado das células parenquimáticas ao redor dos agrupamentos maduros de esclereídes se relaciona com seu padrão de desenvolvimento. As esclereídes da pera e do marmelo, muitas vezes, apresentam pontoações ramificadas resultantes da fusão de uma ou mais cavidades durante o espessamento da parede.

A maçã (*Malus*) oferece outro exemplo de esclereídes em frutos. O endocarpo cartilaginoso que envolve as sementes é formado por camadas de esclereídes alongadas, orientadas obliquamente (Fig. 8.10J, K). As esclereídes também compõem a casca dura de frutos, como as nozes, e o endocarpo pétreo de frutos com caroços (drupas). Na drupa de *Ozoroa paniculosa* (Anacardiaceae), a árvore de resina, que é amplamente distribuída nas regiões de savana do sul da África, o endocarpo é formado de camadas consecutivas de macroesclereídes, osteoesclereídes, braquiesclereídes e esclereídes cristalíferas (Von Teichman e Van Wyk, 1993).

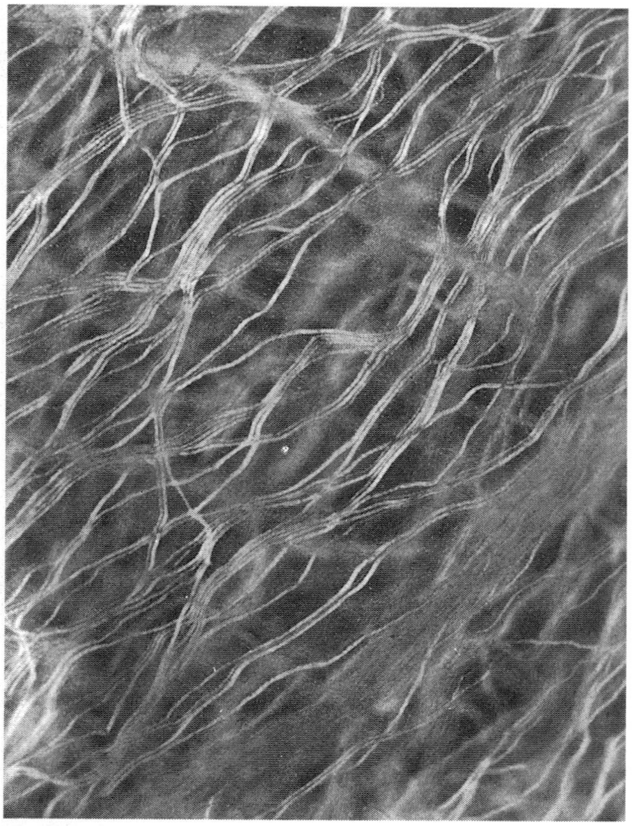

FIGURA 8.13

Esclereídes fibriformes de *Olea* (oliveira), duplamente refratárias sob luz polarizada, conforme visto em uma folha clarificada. (×57).

Esclereídes em sementes

O endurecimento da testa das sementes durante seu amadurecimento frequentemente resulta do desenvolvimento de paredes secundárias na epiderme e na(s) camada(s) abaixo desta. As sementes das leguminosas representam um bom exemplo desse tipo de esclerificação. Em sementes de feijão (*Phaseolus*), ervilha (*Pisum*) ou soja (*Glycine*), macroesclereídes colunares formam a epiderme e esclereídes prismáticas ou osteoesclereídes ocorrem abaixo da epiderme (Fig. 8.14). Durante o desenvolvimento da testa da semente de ervilha, as células protodérmicas, precursoras ontogenéticas das macroesclereídes, sofrem numerosas divisões anticlinais seguidas de alongamento celular e formação da parede secundária (Harris, 1983). As precursoras das osteoesclereídes se dividem tanto anticlinalmente quanto periclinalmente, mas não começam a se diferenciar em osteoesclereídes até que as paredes secundárias se depositem nas macroesclereídes (Harris, W. M., 1984). A formação da parede secundária ocorre primeiramente na porção mediana da osteoesclereíde em formação, evitando ulteriores expansões, enquanto a parede primária delgada das extremidades celulares continua a se expandir. Aparentemente, nem as macroesclereídes nem as osteoesclereídes da testa da semente de ervilha são lignificadas. Pontoações em suas paredes são inconspícuas. A testa da semente do coco (*Cocos nucifera*) possui esclereídes com numerosas pontoações ramificadas.

ORIGEM E DESENVOLVIMENTO DE FIBRAS E ESCLEREÍDES

Conforme indicado por sua ampla distribuição por todo o corpo vegetal, as fibras derivam de vários meristemas: aquelas do floema e do xilema derivam do procâmbio e do câmbio vascular; a maioria das fibras extraxilemáticas que não as do floema derivam do meristema fundamental; e as fibras de algumas Poaceae e Cyperaceae derivam da protoderme. As esclereídes também derivam de diferentes meristemas: aquelas do tecido vascular se originam de derivadas procambiais e cambiais; células pétreas incluídas no tecido da casca derivam do câmbio da casca ou felogênio; as macroesclereídes da testa das sementes derivam da protoderme; e muitas outras esclereídes derivam do meristema fundamental.

O desenvolvimento das fibras, que são geralmente longas, e das esclereídes longas e bastante ramificadas envolve ajustes intercelulares notáveis. De interesse particular é o comprimento alcançado por fibras do corpo primário do vegetal. Fibras extraxilemáticas primárias se iniciam antes ainda do alongamento do órgão, e podem atingir comprimentos consideráveis por alongamento em uníssono com outros tecidos do órgão em crescimento. Durante esse período de crescimento, as paredes das células adjacentes ficam tão ajustadas que não ocorre separação das paredes. Esse método de crescimento é denominado **crescimento coordenado** (Capítulo 5). Os primórdios de fibras juvenis aumentam em comprimento sem alterações dos contatos celulares, estando ou não as células parenquimáticas ao redor se dividindo. O crescimento das fibras extraxilemáticas primárias em uníssono com os outros tecidos de um órgão em crescimento resulta em fibras longas, sendo geralmente encontradas em órgãos longos (Aloni e Gad, 1982).

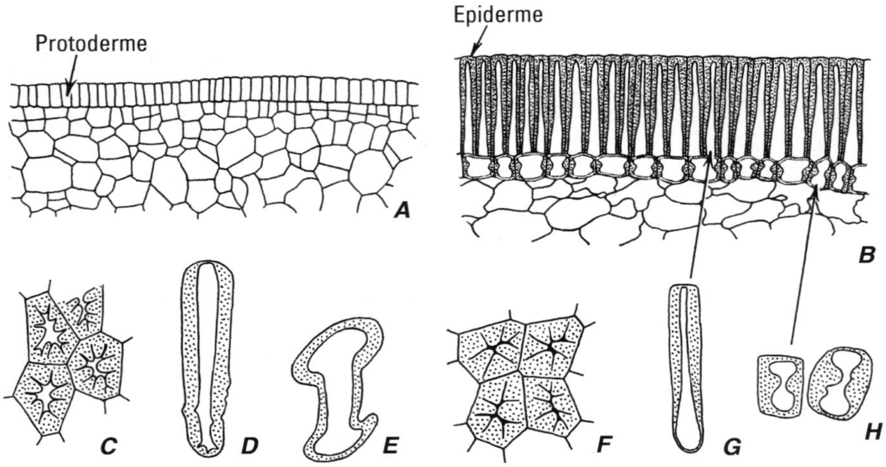

FIGURA 8.14

Esclereídes da testa das sementes de leguminosas. **A**, **B**, porção externa da testa da semente de *Phaseolus* a partir de seções em dois estágios de desenvolvimento. **B**, epiderme, uma camada sólida de macroesclereídes. Esclereídes subepidérmicas têm a maioria dos espessamentos da parede localizados nas paredes anticlinais. **C**-**E**, esclereídes de *Pisum*; **F**-**H**, de *Phaseolus*. **C**, **F**, vista superficial de grupos de esclereídes epidérmicas; **D**, **G**, esclereídes epidérmicas; **E**, **H**, esclereídes subepidérmicas. (A, B, ×180; C, F, ×440; D, E, G, H = ×220)

O enorme comprimento atingido por algumas fibras extraxilemáticas primárias não é resultado apenas do crescimento em extensão coordenado. Posteriormente, os primórdios de fibra alcançam um crescimento adicional por **crescimento intrusivo** (Capítulo 5). Durante o crescimento intrusivo, as células que estão se alongando crescem na região dos ápices (***crescimento intrusivo apical***), geralmente de ambos os lados, entre as paredes de outras células. Durante sua expansão, as fibras podem se tornar multinucleadas, como resultado de divisões do núcleo sem a formação de novas paredes celulares. Isso é especialmente verdadeiro para as fibras do floema primário. Enquanto a fibra permanece ativa, seu citoplasma apresenta fluxo rotacional, um fenômeno aparentemente relacionado ao transporte intercelular de materiais (Worley, 1968).

O crescimento intrusivo apical foi estudado em detalhe em fibras do linho (Schoch-Bodmer e Huber, 1951). Por meio de mensurações de entrenós novos e velhos e das fibras presentes nesses entrenós, os autores calcularam que somente por crescimento coordenado as fibras podiam alcançar de 1 a 1,8 cm de comprimento. Na verdade, eles encontraram fibras variando de 0,8 a 7,5 cm. Assim, comprimentos acima de 1,8 cm devem ter sido atingidos por crescimento intrusivo apical. Quando as extremidades em crescimento das fibras foram dissecadas a partir de caules vivos, elas apresentaram paredes delgadas e citoplasma denso (Fig. 8.15A-C) com cloroplastos, e não estavam plasmolisadas. Quando as extremidades cessam o crescimento, tornam-se preenchidas por material de parede secundária (Fig. 8.15D-F).

Ao contrário das fibras primárias, que sofrem tanto crescimento coordenado quanto crescimento intrusivo, as fibras secundárias se originam em partes dos órgãos que já não mais se alongam, e podem crescer apenas por crescimento intrusivo (Wenham e Cusick, 1975). O comprimento das fibras secundárias do floema e do xilema dependem do comprimento das iniciais cambiais e da quantidade de crescimento intrusivo nos primórdios das fibras que se originam das iniciais. As fibras estão presentes no floema primário e secundário, sendo mais longas no primeiro. Em *Cannabis* (cânhamo), por exemplo, o comprimento das fibras do floema primário tem, em média, 13 mm, ao passo que, no secundário, tem 2 mm (Kundu, 1942).

O crescimento intrusivo pode ser identificado em seções transversais de caules e raízes pelo aparecimento de pequenas células – porções das extremidades em crescimento – entre células mais largas que são partes dos primórdios de fibras que não estão se alongando. O sistema vascular

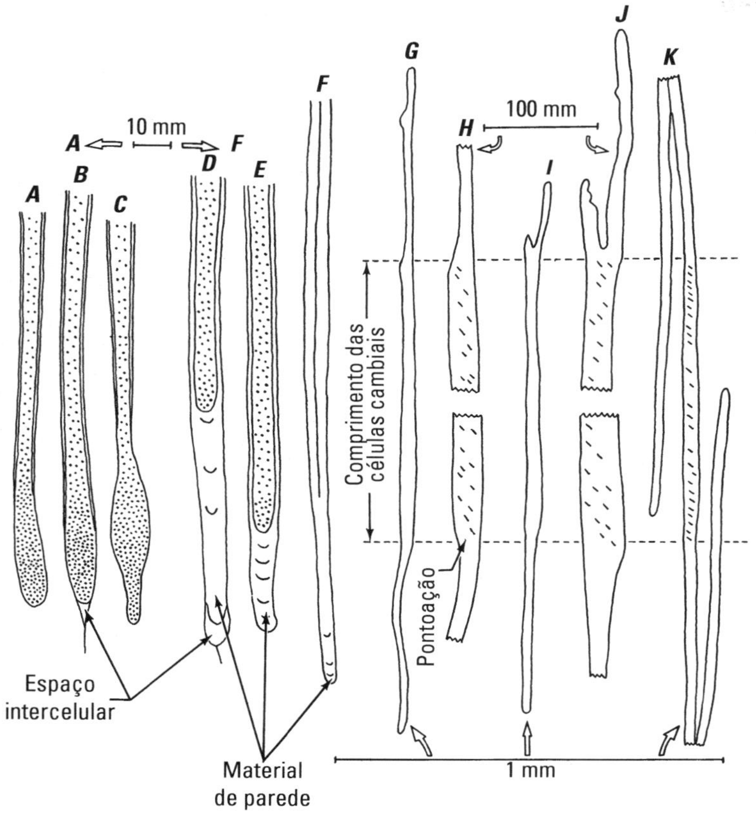

FIGURA 8.15

Crescimento apical intrusivo em fibras caulinares. **A**-**F**, do floema do linho (*Linum perenne*), **G**-**J**, do xilema e **K**, do floema de *Sparmannia* (Tiliaceae). **H**, **J**, vista aumentada das partes de **G** e **I**, respectivamente. **A**-**C**, as extremidades das fibras (abaixo) crescendo intrusivamente tem paredes delgadas e citoplasma denso. **D**-**F**, as extremidades foram preenchidas com material de parede após o término do crescimento. **G**-**K**, as fibras se estenderam em ambas as direções a partir da sua posição original no câmbio (entre as linhas tracejadas). Pontoações ocorrem apenas nas porções cambiais originais. A fibra floemática (**K**) é consideravelmente mais longa que as fibras do xilema (**G**, **I**). (Obtido de Esau, 1977; **A**-**F**, adaptado de Schoch-Bodmer e Huber, 1951; **G**-**K**, adaptado de Schoch-Bodmer, 1960.)

secundário de *Sparmannia* (Tiliaceae) oferece uma ilustração gráfica desse fenômeno (Fig. 8.16; Schoch-Bodmer e Huber, 1946). O alinhamento radial ordenado das células do câmbio é substituído por um padrão em mosaico no sistema axial do floema. Em cada seção transversal, de três a cinco extremidades de fibras em crescimento aparecem junto a uma seção mediana de um primórdio de fibra (indicado com listas diagonais na Fig. 8.16A) por alongamento intrusivo. O alinhamento radial do sistema axial do xilema é menos afetado porque as fibras do xilema se alongam menos que as fibras do floema (Fig. 8.15G-K). Como visto em seções longitudinais radiais, o crescimento apical bipolar das fibras faz com que essas células se estendam acima e abaixo do nível horizontal das células cambiais, a partir das quais elas se originaram (Fig. 8.16B).

Durante o crescimento intrusivo, quando a ponta da fibra encontra resistência por parte de outras células, suas extremidades se recurvam ou se bifurcam (Fig. 8.15I, J). Assim, encurvamentos ou bifurcações das extremidades das fibras (e esclereídes) são evidências adicionais de que houve crescimento intrusivo. As partes que se alongam por crescimento intrusivo não desenvolvem pontoações em suas paredes secundárias e, portanto, servem como parâmetro para avaliar a quantidade de alongamento apical (Fig. 8.15G-K; Schoch-Bodmer, 1960).

O crescimento apical intrusivo prolongado das fibras e algumas esclereídes tornam o espessamento secundário das paredes destas células um fenômeno bastante complexo. Como mencionado anteriormente, a parede secundária se desenvolve geralmente sobre a parede primária depois que esta última para de se expandir (Capítulo 4). No crescimento intrusivo de fibras e esclereídes, as partes mais velhas da célula cessam seu crescimento, enquanto os ápices continuam a se alongar. As partes mais velhas da célula (geralmente as porções medianas) começam a formar as camadas da parede secundária antes que o crescimento das extremidades tenha se completado. A partir da porção mediana da célula, o espessamento secundário progride em direção às extremidades e se completa somente após essas terem cessado seu crescimento.

Em caules de crescimento rápido, como em rami (*Boehmeria nivea*), as longas fibras do floema primário (40-55 cm) se estendem, durante os estágios finais de alongamento, por entrenós que já cessaram seu alongamento (Aldaba, 1927). O acréscimo no comprimento dessas fibras (que inicialmente têm ca. 20 μm) é da ordem de 2.500.000%, um processo gradual que aparentemente requer meses para se completar. A formação da parede secundária se inicia na porção basal das células e continua

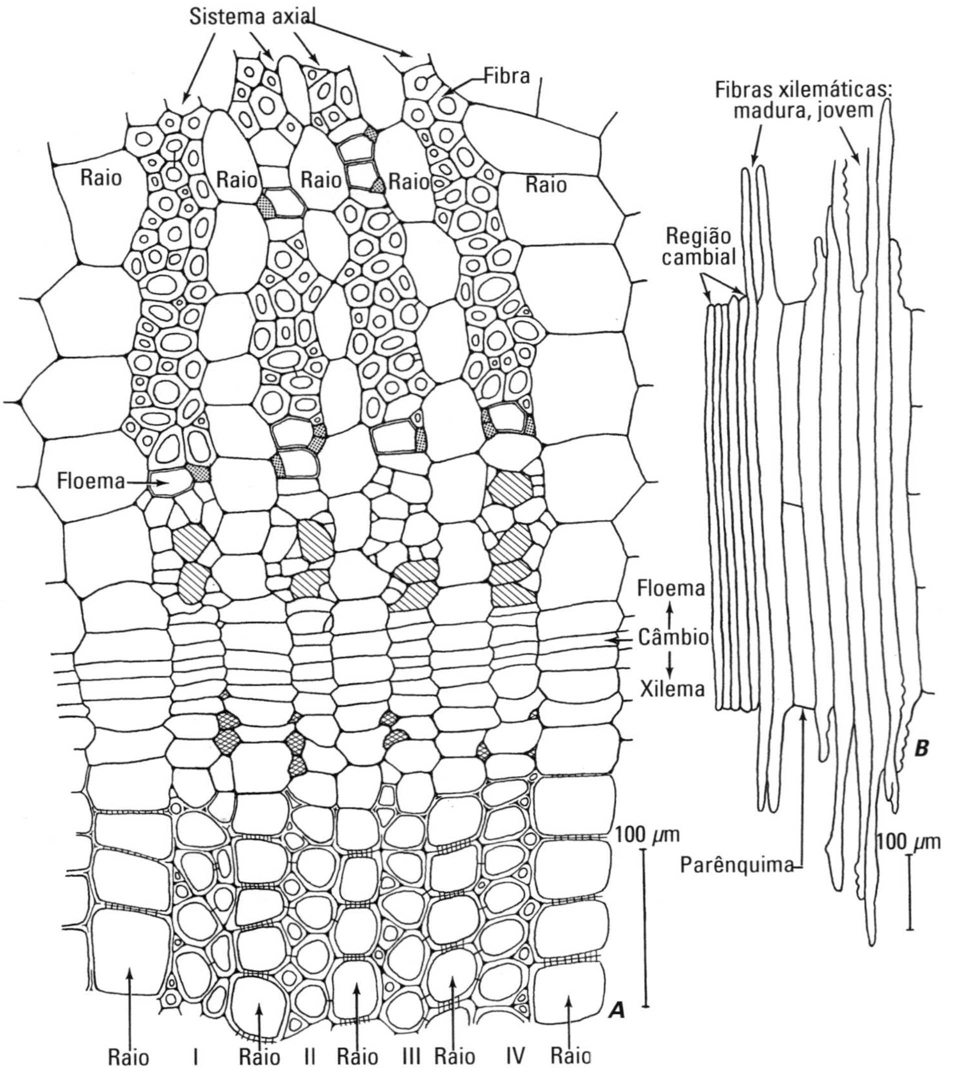

FIGURA 8.16

Desenvolvimento das fibras do floema e do xilema secundários no caule de *Sparmannia* (Tiliaceae) em seção transversal (**A**) e longitudinal radial (**B**). Em **A**, de I-IV veem-se as fileiras de células do sistema axial (longitudinal). As fileiras se alternam com os raios. Tanto o xilema quanto o floema se encontram imaturos próximos ao câmbio. Células maduras do xilema apresentam paredes secundárias. No floema maduro, as células companheiras pontilhadas auxiliam na identificação dos elementos de tubo crivado; paredes secundárias caracterizam as fibras. Células hachuradas na diagonal representam porções medianas de células de fibra juvenis. Estas são acompanhadas por células de menor calibre, que são as extremidades de fibras em crescimento intrusivo. As células hachuradas na porção xilemática são extremidades de fibras em crescimento intrusivo. **B**, as fibras do xilema se estendem além da região cambial, em ambas as direções. (Obtido de Esau, 1977; adaptado de Schoch-Bodmer e Huber, 1946.)

em direção às extremidades em alongamento em uma série de camadas concêntricas. Quando a fibra completa seu alongamento, a camada tubular interna da parede continua seu crescimento em direção à porção apical, atingindo a extremidade das células em intervalos sucessivos.

As esclereídes surgem diretamente a partir de células que desde o início se individualizavam como esclereídes ou por meio de esclerificações posteriores de células parenquimáticas aparentemente ordinárias. Os primórdios, ou iniciais, das esclereídes terminais da lâmina foliar de *Mouriria huberi* são claramente evidentes antes do aparecimento dos espaços intercelulares no mesofilo, enquanto as nervações de menor calibre ainda estão em estágio inteiramente procambial (Foster, 1947). Elas surgem das mesmas camadas de células que os cordões procambiais. As tricoesclereídes das raízes aéreas de *Monstera* se desenvolvem a partir de células que, desde o princípio do desenvolvimento, são individualizadas em decorrência de suas divisões desiguais, polarizadas em fileiras de células corticais (Bloch, 1946). Por outro lado, as esclereídes da folha de *Osmanthus* são evidentes pela primeira vez em lâminas foliares com 5-6 cm de comprimento, em um estágio em que a folha já está quase com a metade do seu tamanho final (Fig. 8.17; Griffith, 1968). Nesse estágio, grande parte do xilema e floema das nervuras principais já amadureceu e as fibras associadas às nervuras são distinguíveis, porém sem espessamentos conspícuos. Esclerificação de células parenquimáticas do floema secundário geralmente ocorrem no floema não condutor, a parte do floema já não envolvida com o transporte a longas distâncias (Capítulo 14; Esau, 1969; Nanko, 1979). Nos carvalhos (*Quercus*), por exemplo, células pétreas se diferenciam no floema já com muitos anos, primeiramente nos raios e, posteriormente, no tecido de dilatação (tecido envolvido com o aumento em circunferência da casca) em grupos de tamanho variável. No floema não condutor de algumas angiospermas lenhosas, formam-se fibroesclereídes a partir de células parenquimáticas fusiformes ou elementos individuais de uma série parenquimática. As fibroesclereídes do floema secundário de *Pyrus communis* (Evert, 1961) e *Pyrus malus* (*Malus domestica*) (Evert, 1963) se originam a partir das séries parenquimáticas na segunda estação após elas terem derivado do câmbio vascular. Nesse período, os elementos individuais da série parenquimática sofrem um intenso crescimento intrusivo e então se forma a parede secundária. No floema não

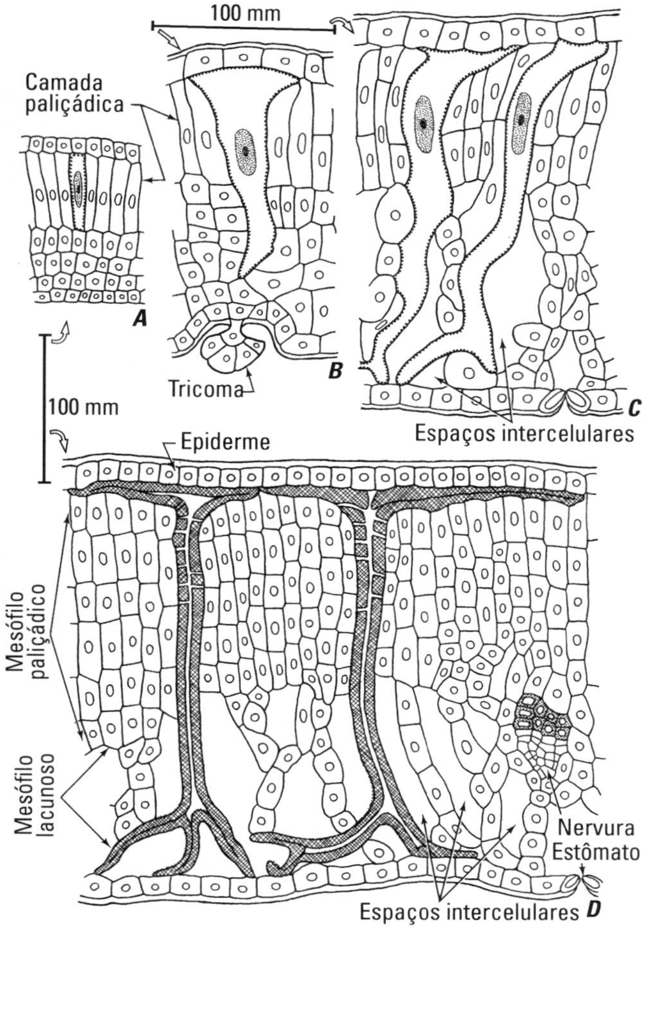

FIGURA 8.17

Desenvolvimento de esclereídes na folha de *Osmanthus fragrans* (Oleaceae). **A**-**C**, esclereídes em diferenciação, indicado pelos núcleos evidentes e pontilhados ao longo da parede; **D**, esclereídes maduras, indicado pelo hachurado nas paredes secundárias. Em todas as ilustrações, o mesofilo e células epidérmicas são marcados com figuras circulares ou ovaladas. Os diminutos espaços intercelulares característicos do parênquima paliçádico foram omitidos. **A**, uma futura esclereíde é indicada simbolicamente; esta ainda não se diferenciou das demais células paliçádicas (ilustrado de um primórdio de 23 mm de comprimento). **B**, esclereíde imatura se estende além da camada em paliçada (lâmina foliar com aproximadamente 5,5 cm de comprimento). **C**, duas esclereídes imaturas atingem a epiderme abaxial crescendo através do parênquima lacunoso (lâmina foliar com de 10-12 cm de comprimento). O alongamento das esclereídes requer tanto crescimento coordenado quanto crescimento intrusivo apical. A espessura da lâmina foliar dobra após a iniciação das esclereídes; portanto, parte do crescimento das esclereídes ocorre em uníssono com o crescimento do parênquima paliçádico. O crescimento das ramificações e da porção da parede em contato com o mesofilo lacunoso, entretanto, requer crescimento intrusivo apical. Deposição da parede secundária nessas esclereídes é uniforme e rápida, não ocorrendo até que a folha atinja seu tamanho final. **D**, esclereídes maduras têm ramificações que se estendem paralelas à epiderme e outras projetadas em direção aos espaços intercelulares. As pontoações da parede secundária estão localizadas em porções das esclereídes que não perdem suas conexões com as células adjacentes ao longo do crescimento. (Obtido de Esau, 1977; adaptado de Griffith, 1968.)

condutor de *Pereskia* (Cactaceae), algumas esclereídes com paredes secundárias com múltiplas camadas se tornam subdivididas por septos em compartimentos, cada qual se diferenciando em uma esclereíde com paredes secundárias com múltiplas camadas (Fig. 8.6B; Bailey, 1961). Tais esclereídes são reminiscências das fibras septadas dos bambus (Parameswaran e Liese, 1977).

Primórdios de esclereídes não diferem em aparência das células parenquimáticas vizinhas. Geralmente, os primórdios de esclereídes idioblásticas são discerníveis a partir das células vizinhas por seu tamanho grande, núcleos conspícuos e, em geral, um citoplasma denso (Boyd et al., 1982; Heide-Jørgensen, 1990).

FATORES QUE CONTROLAM O DESENVOLVIMENTO DE FIBRAS E ESCLEREÍDES

Os fatores que controlam o desenvolvimento de fibras e esclereídes foram tema de numerosos estudos experimentais. Estudos de Sachs (1972) e Aloni (1976, 1978) revelaram que o desenvolvimento das fibras em cordões depende de estímulos originários dos primórdios foliares jovens. A remoção precoce dos primórdios de *Pisum sativum* evitou a diferenciação de fibras; além disso, mudanças na posição das folhas experimentalmente alteraram a posição dos cordões de fibras (Sachs, 1972). Os resultados do estudo com *Pisum* foram confirmados em *Coleus*, no qual também foi demonstrado que a indução das fibras do floema primário é estritamente polar, em direção basípeta das folhas para as raízes (Aloni, 1976, 1978). Além disso, foi demonstrado que o efeito das folhas na diferenciação das fibras do floema primário em *Coleus* pode ser substituído por aplicação de auxina exógena (AIA) em combinação com giberelinas (GA_3)(Aloni, 1979). A aplicação de somente AIA induz a diferenciação de poucas fibras; somente GA_3 não teve qualquer efeito na diferenciação das fibras. Ambos os hormônios são necessários para o desenvolvimento das fibras no xilema secundário de *Populus* (Digby e Wareing, 1966). As citocininas originadas nas raízes também parecem desempenhar um papel regulatório no desenvolvimento das fibras do xilema secundário (Aloni, 1982; Saks et al., 1984).

Foram descobertos vários mutantes de *Arabidopsis* que afetam o desenvolvimento das fibras na região interfascicular dos caules das inflorescências (Turner e Somerville, 1997; Zhong et al., 1997; Turner e Hall, 2000; Burk et al., 2001). De interesse particular é o mutante *interfascicular fiberless1 (ifl1)*, no qual as fibras interfasciculares (extraxilemáticas) não se desenvolvem (Zhong et al., 1997), indicando que o gene *INTERFASCICULAR FIBERLESS1 (IFL1)*, que, posteriormente, descobriu-se ser o mesmo que o *REVOLUTA (REV)* (Ratcliffe et al., 2000), é essencial para a diferenciação normal das fibras interfasciculares. Esse gene também é necessário para o desenvolvimento normal do xilema. O gene *IFL1/REV* se expressa na região interfascicular na qual as fibras se diferenciam, assim como na região vascular (Zhong e Ye, 1999). Um estudo sobre o transporte polar de auxina revelou que o fluxo de auxina através do caule da inflorescência se reduz drasticamente nos mutantes *ifl1*. Além disso, um inibidor do transporte de auxina alterou a diferenciação normal das fibras interfasciculares nos caules da inflorescência em plantas selvagens (Zhong e Ye, 2001). A correlação aparente entre o fluxo polar reduzido de auxina e a alteração na diferenciação das fibras no mutante *ifl1* sugere que o gene *IFL1/REV* pode estar envolvido no controle do fluxo de auxina através da região interfascicular. Resultados de um estudo experimental separado (Little et al., 2002), no qual o suprimento de auxina foi alterado, claramente indicam que AIA é necessário para o espessamento e lignificação das paredes nas fibras interfasciculares do caule da inflorescência de *Arabidopsis*.

Cortes em folhas (*Camellia japonica*, Foard, 1959; *Magnolia thamnodes*, *Talauma villosa*, Tucker, 1975) que normalmente possuem esclereídes marginais induziram a diferenciação de esclereídes ao longo das "novas" margens. Quando cilindros de esclerênquima de caules de eudicotiledôneas foram interrompidos por remoção de uma porção do entrenó, a continuidade do cilindro foi restabelecida por meio da diferenciação de esclereídes dentro do calo de injúria (Warren Wilson et al., 1983). Os resultados desses experimentos foram interpretados como uma evidência da presença de controle posicional no desenvolvimento de esclereídes. Nas folhas, células que normalmente se diferenciariam como células do mesofilo, especializadas na fotossíntese, foram induzidas a se desenvolverem como esclereídes quando posicionadas proximamente de uma margem. Nos caules, o arranjo das esclereídes regeneradas tendeu a refletir o cilindro de esclerênquima original (totalmente ou majoritariamente composto por fibras) de caules não injuriados. Pesquisas com fatores hormonais indicaram que os níveis de auxina na folha influenciam o desenvolvimento das esclereídes (Al-Talib e Torrey, 1961; Rao, A. N. e Singarayar, 1968). Quando a concentração de auxina estava alta, o desenvolvimento foi suprimido, e quando a concentração estava baixa, as paredes celulares permaneceram delgadas e não se lignificaram. Curiosamente, a diferenciação de esclereídes foi induzida na medula de *Arabidopsis thaliana* pela remoção das inflorescências em desenvolvimento (Lev-Yadun, 1997). A medula de plantas-controle maduras não apresentam esclereídes.

REFERÊNCIAS

ALDABA, V. C. 1927. The structure and development of the cell wall in plants. I. Bast fibers of *Boehmeria* and *Linum*. *Am. J. Bot.* 14, 16–24.

ALONI, R. 1976. Polarity of induction and pattern of primary phloem fiber differentiation in *Coleus*. *Am. J. Bot.* 63, 877–889.

ALONI, R. 1978. Source of induction and sites of primary phloem fibre differentiation in *Coleus blumei*. *Ann. Bot.* n.s. 42, 1261–1269.

ALONI, R. 1979. Role of auxin and gibberellin in differentiation of primary phloem fibers. *Plant Physiol.* 63, 609–614.

ALONI, R. 1982. Role of cytokinin in differentiation of secondary xylem fibers. *Plant Physiol.* 70, 1631–1633.

ALONI, R. e A. E. GAD. 1982. Anatomy of the primary phloem fiber system in *Pisum sativum*. *Am. J. Bot.* 69, 979–984.

AL-TALIB, K. H. e J. G. TORREY. 1961. Sclereid distribution in the leaves of *Pseudotsuga* under natural and experimental conditions. *Am. J. Bot.* 48, 71–79.

BAAS, P. 1986. Terminology of imperforate tracheary elements— In defense of libriform fibres with minutely bordered pits. *IAWA Bull.* n.s. 7, 82–86.

BAILEY, I. W. 1961. Comparative anatomy of the leaf-bearing Cactaceae. II. Structure and distribution of sclerenchyma in the phloem of *Pereskia*, *Pereskiopsis* and *Quiabentia*. *J. Arnold Arbor.* 42, 144–150.

BLOCH, R. 1946. Differentiation and pattern in *Monstera deliciosa*. The idioblastic development of the trichosclereids in the air root. *Am. J. Bot.* 33, 544–551.

BLYTH, A. 1958. Origin of primary extraxylary stem fibers in dicotyledons. *Univ. Calif. Publ. Bot.* 30, 145–232.

BOYD, D. W., W. M. HARRIS e L. E. MURRY. 1982. Sclereid development in *Camellia* petioles. *Am. J. Bot.* 69, 339–347.

BURK, D. H., B. LIU, R. ZHONG, W. H. MORRISON e Z.-H. YE. 2001. A katanin-like protein regulates normal cell wall biosynthesis and cell elongation. *Plant Cell* 13, 807–827.

BUTTERFIELD, B. G. e B. A. MEYLAN. 1976. The occurrence of septate fibres in some New Zealand woods. *N. Z. J. Bot.* 14, 123–130.

CARPENTER, C. H. 1963. *Papermaking fi bers: A photomicrographic atlas of woody, non-woody, and man-made fi bers used in papermaking.* Tech. Publ. 74. State University College of Forestry at Syracuse University, Syracuse, NY.

CHALK, L. 1983. Fibres. In: *Anatomy of the Dicotyledons*, 2. ed., vol. II, *Wood Structure and Conclusion of the General Introduction*, pp. 28–38, C. R. Metcalfe e L. Chalk. Clarendon Press, Oxford.

DE BARY, A. 1884. Comparative anatomy of the vegetative organs of the phanerogams and ferns. Clarendon Press, Oxford.

DIGBY, J. e P. F. WAREING. 1966. The effect of applied growth hormones on cambial division and the differentiation of the cambial derivatives. *Ann. Bot.* n.s. 30, 539–548.

DUMBROFF, E. B. e H. W. ELMORE. 1977. Living fibres are a principal feature of the xylem in seedlings of *Acer saccharum* Marsh. *Ann. Bot.* n.s. 41, 471–472.

ESAU, K. 1969. *The Phloem. Handbuch der Pflanzenanatomie*, Band 5, Teil 2, *Histologie*. Gebrüder Borntraeger, Berlin, Stuttgart.

ESAU, K. 1977. *Anatomy of Seed Plants*, 2. ed. Wiley, New York.

ESAU, K. 1979. Phloem. In: *Anatomy of the Dicotyledons*, 2. ed., vol. I, *Systematic Anatomy of Leaf and Stem, with a Brief History of the Subject*, pp. 181–189, C. R. Metcalfe e L. Chalk. Clarendon Press, Oxford.

EVERT, R. F. 1961. Some aspects of cambial development in *Pyrus communis*. *Am. J. Bot.* 48, 479–488.

EVERT, R. F. 1963. Ontogeny and structure of the secondary phloem in *Pyrus malus*. *Am. J. Bot.* 50, 8–37.

FAHN, A. e B. LESHEM. 1963. Wood fibres with living protoplasts. *New Phytol.* 62, 91–98.

FISHER, J. B. e J. W. STEVENSON. 1981. Occurrence of reaction wood in branches of dicotyledons and its role in tree architecture. *Bot. Gaz.* 142, 82–95.

FOARD, D. E. 1959. Pattern and control of sclereid formation in the leaf of *Camellia japonica*. *Nature* 184, 1663–1664.

FOSTER, A. S. 1944. Structure and development of sclereids in the petiole of *Camellia japonica* L. *Bull. Torrey Bot. Club* 71, 302–326.

FOSTER, A. S. 1947. Structure and ontogeny of the terminal sclereids in the leaf of *Mouriria* Huberi Cogn. *Am. J. Bot.* 34, 501–514.

FOSTER, A. S. 1955. Structure and ontogeny of terminal sclereids in *Boronia serrulata*. *Am. J. Bot.* 42, 551–560.

FOSTER, A. S. 1956. Plant idioblasts: Remarkable examples of cell specialization. *Protoplasma* 46, 184–193.

GRIFFITH, M. M. 1968. Development of sclereids in *Osmanthus fragrans* Lour. *Phytomorphology* 18, 75–79.

GRITSCH, C. S. e R. J. MURPHY. 2005. Ultrastructure of fibre and parenchyma cell walls during early stages of culm development in *Dendrocalamus asper*. *Ann. Bot.* 95, 619–629.

HABERLANDT, G. 1914. *Physiological Plant Anatomy*. Macmillan, London.

HARRIS, M., ed. 1954. *Handbook of Textile Fibers*. Harris Research Laboratories, Washington, DC.

HARRIS, W. M. 1983. On the development of macrosclereids in seed coats of *Pisum sativum* L. *Am. J. Bot.* 70, 1528–1535.

HARRIS, W. M. 1984. On the development of osteosclereids in seed coats of *Pisum sativum* L. *New Phytol.* 98, 135–141.

HEIDE-JØRGENSEN, H. S. 1990. Xeromorphic leaves of *Hakea suaveolens* R. Br. IV. Ontogeny, structure and function of the sclereids. *Aust. J. Bot.* 38, 25–43.

HOLDHEIDE, W. 1951. Anatomie mitteleuropäischer Gehölzrinden (mit mikrophotographischem Atlas). In: *Handbuch der Mikroskopie in der Technik*, Band 5, Heft 1, pp. 193–367. Umschau Verlag, Frankfurt am Main.

IAWA Committee on Nomenclature. 1964. International glossary of terms used in wood anatomy. *Trop. Woods* 107, 1–36.

KARABOURNIOTIS, G. 1998. Light-guiding function of foliar sclereids in the evergreen sclerophyll *Phillyrea latifolia:* A quantitative approach. *J. Exp. Bot.* 49, 739–746.

KARABOURNIOTIS, G., N. PAPASTERGIOU, E. KABANOPOULOU e C. FASSEAS. 1994. Foliar sclereids of *Olea europaea* may function as optical fibres. *Can. J. Bot.* 72, 330–336.

KUNDU, B. C. 1942. The anatomy of two Indian fi bre plants, *Cannabis* and *Corchorus* with special reference to the fibre distribution and development. *J. Indian Bot. Soc.* 21, 93–128.

KUO-HUANG, L.-L. 1990. Calcium oxalate crystals in the leaves of *Nelumbo nucifera* and *Nymphaea tetragona*. *Taiwania* 35, 178–190.

KUO-HUANG, L.-L. 1992. Ultrastructural study on the development of crystal-forming sclereids in *Nymphaea tetragona*. *Taiwania* 37, 104–114.

LEV-YADUN, S. 1997. Fibres and fibre-sclereids in wild-type *Arabidopsis thaliana*. *Ann. Bot.* 80, 125–129.

LITTLE, C. H. A., J. E. MACDONALD e O. OLSSON. 2002. Involvement of indole-3-acetic acid in fascicular and interfascicular interfascicular cambial growth and interfascicular extraxylary fi ber differentiation in *Arabidopsis thaliana* inflorescence stems. *Int. J. Plant Sci.* 163, 519–529.

MAGEE, J. A. 1948. Histological structure of the stem of *Zea mays* in relation to stiffness of stalk. *Iowa State Coll. J. Sci.* 22, 257–268.

MANN, L. K. 1952. Anatomy of the garlic bulb and factors affecting bud development. *Hilgardia* 21, 195–251.

MURDY, W. H. 1960. The strengthening system in the stem of maize. *Ann. Mo. Bot. Gard.* 67, 205–226.

MURPHY, R. J. e K. L. ALVIN. 1992. Variation in fibre wall structure in bamboo. *IAWA Bull.* n.s. 13, 403–410.

MURPHY, R. J. e K. L. ALVIN. 1997. Fibre maturation in the bamboo *Gigantochloa scortechinii*. *IAWA J.* 18, 147–156.

NANKO, H. 1979. Studies on the development and cell wall structure of sclerenchymatous elements in the secondary phloem of woody dicotyledons and conifers. Ph. D. Thesis. Department of Wood Science and Technology, Kyoto University, Kyoto, Japan.

NANKO, H., H. SAIKI e H. HARADA. 1977. Development and structure of the phloem fiber in the secondary phloem of *Populus euramericana*. *Mokuzai Gakkaishi* (*J. Jpn. Wood Res. Soc.*) 23, 267–272.

NEEDLES, H. L. 1981. *Handbook of Textile Fibers, Dyes, and Finishes.* Garland STPM Press, New York.

OHTANI, J. 1987. Vestures in septate wood fibres. *IAWA Bull.* n.s. 8, 59–67.

PARAMESWARAN, N. eW. LIESE. 1969. On the formation and fine structure of septate wood fibres of *Ribes sanguineum. Wood Sci. Technol.* 3, 272–286.

PARAMESWARAN, N. e W. LIESE. 1977. Structure of septate fibres in bamboo. *Holzforschung* 31, 55–57.

PATEL, R. N. 1964. On the occurrence of gelatinous fibres with special reference to root wood. *J. Inst. Wood Sci.* 12, 67–80.

PURKAYASTHA, S. K. 1958. Growth and development of septate and crystalliferous fibres in some Indian trees. *Proc. Natl. Inst. Sci. India* 24B, 239–244.

RAO, A. N. e M. SINGARAYAR. 1968. Controlled differentiation of foliar sclereids in *Fagraea fragrans. Experientia* 24, 298–299.

RAO, T. A. 1991. *Compendium of Foliar Sclereids in Angiosperms: Morphology and Taxonomy.* Wiley Eastern Limited, New Delhi.

RAO, T. A. e S. DAS. 1979. Leaf sclereids—Occurrence and distribution in the angiosperms. *Bot. Not.* 132, 319–324.

RATCLIFFE, O. J., J. L. RIECHMANN e J. Z. ZHANG. 2000. *INTERFASCICULAR FIBERLESS1* is the same gene as *REVOLUTA. Plant Cell* 12, 315–317.

ROLAND, J.-C., D. REIS, B. VIAN, B. SATIAT-JEUNEMAITRE e M. MOSINIAK. 1987. Morphogenesis of plant cell walls at the supramolecular level: Internal geometry and versatility of helicoidal expression. *Protoplasma* 140, 75–91.

ROLAND, J.-C., D. REIS, B. VIAN e S. ROY. 1989. The helicoidal plant cell wall as a performing cellulose-based composite. *Biol. Cell* 67, 209–220.

SACHS, T. 1972. The induction of fibre differentiation in peas. *Ann. Bot.* n.s. 36, 189–197.

SAKS, Y., P. FEIGENBAUM e R. ALONI. 1984. Regulatory effect of cytokinin on secondary xylem fiber formation in an *in vivo* system. *Plant Physiol.* 76, 638–642.

SCHOCH-BODMER, H. 1960. Spitzenwachstum und Tüpfelverteilung bei sekundären Fasern von *Sparmannia. Beih. Z. Schweiz. Forstver.* 30, 107–113.

SCHOCH-BODMER, H. e P. HUBER. 1946. Wachstumstypen plastischer Pflanzenmembranen. *Mitt. Naturforsch. Ges. Schaffhausen* 21, 29–43.

SCHOCH-BODMER, H. e P. HUBER. 1951. Das Spitzenwachstum der Bastfasern bei *Linum usitatissimum* und *Linum perenne. Ber. Schweiz. Bot. Ges.* 61, 377–404.

SCHWENDENER, S. 1874. *Das mechanische Princip in anatomischen Bau der Monocotylen mit vergleichenden Ausblicken auf die übrigen Pflanzenklassen.* Wilhelm Engelmann, Leipzig.

SPERRY, J. S. 1982. Observations of reaction fibers in leaves of dicotyledons. *J. Arnold Arbor.* 63, 173–185.

STAFF, I. A. 1974. The occurrence of reaction fibres in *Xanthorrhoea australis* R. Br. *Protoplasma* 82, 61–75.

STARITSKY, G. 1970. The morphogenesis of the inflorescence, flower and fruit of *Pyrus nivalis* Jacquin var. *orientalis* Terpó. *Meded. Landbouwhogesch. Wageningen* 70, 1–91.

TOBLER, F. 1957. *Die mechanischen Elemente und das mechanische System. Handbuch der Pflanzenanatomie,* 2. ed., Band 4, Teil 6, *Histologie.* Gebrüder Borntraeger, Berlin-Nikolassee.

TOMLINSON, P. B. 1961. *Anatomy of the Monocotyledons. 2. Palmae.* Clarendon Press, Oxford.

TUCKER, S. C. 1975. Wound regeneration in the lamina of magnoliaceous leaves. *Can. J. Bot.* 53, 1352–1364.

TURNER, S. R. e M. HALL. 2000. The *gapped xylem* mutant identifies a common regulatory step in secondary cell wall deposition. *Plant J.* 24, 477–488.

TURNER, S. R. e C. R. SOMERVILLE. 1997. Collapsed xylem phenotype of *Arabidopsis* identifies mutants deficient in cellulose deposition in the secondary cell wall. *Plant Cell* 9, 689–701.

VON TEICHMAN, I. e A. E. VAN WYK. 1993. Ontogeny and structure of the drupe of *Ozoroa paniculosa* (Anacardiaceae). *Bot. J. Linn. Soc.* 111, 253–263.

WARDROP, A. B. 1964. The reaction anatomy of arborescent angiosperms. In: *The Formation of Wood in Forest Trees*, pp. 405–456, M. H. Zimmermann, ed. Academic Press, New York.

WARREN WILSON, J., S. J. DIRCKS e R. I. GRANGE. 1983. Regeneration of sclerenchyma in wounded dicotyledon stems. *Ann. Bot.* n.s. 52, 295–303.

WENHAM, M. W. e F. CUSICK. The growth of secondary wood fibres. *New Phytol.* 74, 247–261.

WOLKINGER, F. 1971. Morphologie und systematische Verbreitung der lebenden Holzfasern bei Sträuchern und Bäumen. III. Systematische Verbreitung. *Holzforschung* 25, 29–30.

WORLEY, J. F. 1968. Rotational streaming in fi ber cells and its role in translocation. *Plant Physiol.* 43, 1648–1655.

ZHONG, R. e Z.-H. YE. 1999. *IFL1,* a gene regulating interfascicular fi ber differentiation in *Arabidopsis*, encodes a homeodomain-leucine zipper protein. *Plant Cell* 11, 2139–2152.

ZHONG, R. e Z.-H. YE. 2001. Alteration of polar transport in the *Arabidopsis ifl 1* mutants. *Plant Physiol.* 126, 549–563.

ZHONG, R., J. J. TAYLOR e Z.-H. YE. 1997. Disruption of interfascicular fiber differentiation in an *Arabidopsis* mutant. *Plant Cell* 9, 2159–2170.

CAPÍTULO NOVE

EPIDERME

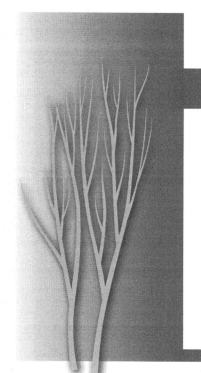

Tatiane Maria Rodrigues e Silvia Rodrigues Machado

O termo **epiderme** designa a camada mais externa de células no corpo primário da planta. É derivado do grego *epi*, acima, e *derma*, pele. Neste livro, o termo epiderme se refere à camada mais externa de células sobre todas as partes do corpo primário da planta, incluindo raízes, caules, folhas, flores, frutos e sementes. A epiderme está ausente na coifa e não é diferenciada como tal nos meristemas apicais.

A epiderme do caule se origina da camada celular mais externa do meristema apical. Nas raízes, a epiderme pode ter uma origem comum com células da coifa ou se diferenciar a partir da camada celular mais externa do córtex (Capítulo 6; Clowes, 1994). A diferença na origem da epiderme nos caules e raízes tem convencido alguns pesquisadores que a camada superficial da raiz pode ter seu próprio nome, ***rizoderme*** ou ***epiblema*** (Linsbauer, 1930; Guttenberg, 1940). Apesar das diferenças na origem, existe continuidade entre a epiderme da raiz e aquela do caule. Se os termos epiderme e protoderme, para a epiderme indiferenciada, são usados em um sentido morfológico-topográfico, e o problema da origem for ignorado, ambos os termos podem ser usados amplamente para se referir ao tecido superficial primário da planta toda.

Órgãos com pouco ou nenhum crescimento secundário geralmente retêm sua epiderme enquanto existirem. Uma exceção notável é encontrada em monocotiledôneas perenes que não têm adição secundária para o tecido vascular, mas substituem a epiderme com um tipo especial de periderme (Capítulo 15). Em raízes e caules lenhosos, a epiderme varia em longevidade, dependendo do tempo de formação da periderme. Mais comumente, a periderme se forma no primeiro ano de crescimento dos caules e raízes lenhosos, mas numerosas espécies arbóreas não produzem periderme até que seus eixos estejam consideravelmente espessados. Nessas plantas, a epiderme, bem como o córtex subjacente, continuam a crescer e, assim, mantêm o ritmo com a circunferência crescente do cilindro vascular. As células individuais expandem tangencialmente e dividem radialmente. Um exemplo de tal crescimento prolongado é encontrado em caules de carvalho listrado (*Acer pensylvanicum*; syn. *A. striatum*), em que troncos de quase 20 anos podem alcançar uma espessura de quase 20 cm e ainda permanecer com a epiderme original (de Bary, 1884). As células dessa epiderme velha não são mais do que duas vezes tangencialmente maiores que as células epidérmicas em um eixo com 5 mm de espessura. Esta relação de tamanho mostra claramente que as células epidérmicas estão se dividindo continuamente enquanto o caule aumenta em espessura. Outro exemplo é *Cercidium torreyanum*, uma árvore sem folhas na maioria das vezes, mas com uma casca verde e uma epiderme persistente (Roth, 1963).

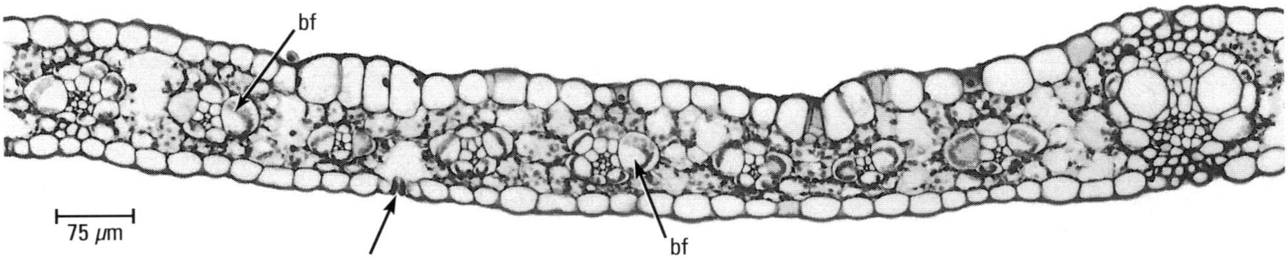

FIGURA 9.1

Secção transversal da folha de milho (*Zea mays*) mostrando epiderme unisseriada em ambas as faces do limbo. Um único estômato (seta) pode ser visto aqui. Os feixes vasculares de vários tamanhos são delimitados do mesofilo por bainha do feixe (bf) proeminente. (Obtido de Russell e Evert, 1985, Fig. 1. © 1985, Springer-Verlag.)

A epiderme geralmente consiste de uma só camada de células em espessura (Fig. 9.1). Em algumas folhas, as células protodérmicas e suas derivadas se dividem periclinalmente (paralela com a superfície), resultando em um tecido com diversas camadas de células ontogeneticamente relacionadas. (Às vezes, somente células individuais da epiderme se dividem periclinalmente). Tal tecido é denominado **epiderme múltipla**, **ou multisseriada** (Figs. 9.2 e 9.3). O ***velame*** (do latim, cobrir) das raízes aéreas e terrestres de orquídeas é também um exemplo de uma epiderme múltipla (Fig. 9.2). Em folhas, a camada mais externa de uma epiderme múltipla assemelha-se a uma epiderme unisseriada comum pela presença de cutícula; nas camadas mais internas, comumente, os cloroplastos estão ausentes ou em pequeno número. Uma das funções atribuídas às camadas mais internas é o armazenamento de água (Kaul, 1977). Representantes com epiderme múltipla podem ser encontrados em Moraceae (a maioria das espécies de *Ficus*), Pittosporaceae, Piperaceae (*Peperomia*), Begoniaceae, Malvaceae, Monocotiledoneae (palmeiras, orquídeas) e outras (Linsbauer, 1930). Em algumas plantas, as camadas subepidérmicas se assemelham àquelas de uma epiderme múltipla, mas são derivadas do meristema fundamental. Essas camadas são denominadas **hipoderme** (do grego *hipo*, abaixo, e *derme*, pele, camada externa). O estudo de estruturas adultas raramente permite a identificação do tecido, quer como epiderme múltipla, quer como uma combinação da epiderme e hipoderme. A origem das camadas subsuperficiais pode ser adequadamente revelada somente por estudos desenvolvimentais.

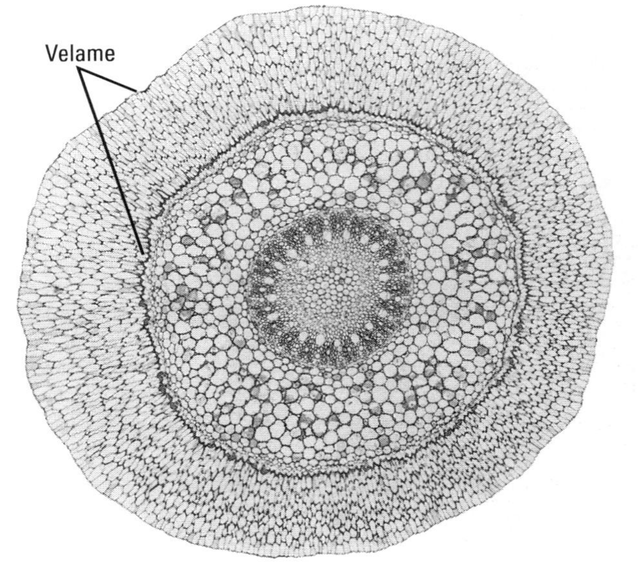

FIGURA 9.2

Secção transversal de raiz de orquídea mostrando epiderme multisseriada, ou velame. (×25.)

As divisões periclinais que dão início à epiderme múltipla nas folhas ocorrem relativamente tarde no desenvolvimento. Em *Ficus*, por exemplo, a folha tem uma epiderme unisseriada até que as estípulas caiam. Então, ocorrem divisões periclinais na epiderme (Fig. 9.3A). Divisões semelhantes se repetem, uma ou duas vezes, na fileira externa de células-filhas (Fig. 9.3B). Durante a expansão da folha, divisões anticlinais também ocorrem e, uma vez que essas divisões não são sincronizadas nas diferentes camadas, a relação ontogenética entre as camadas torna-se obscurecida (Figs. 9.3B, C). As camadas mais internas expandem mais que as externas, e as células maiores, chamadas **litocistos**, produzem um corpo calcificado, o ***cistólito***, composto principalmente por carbonato de cálcio preso a um pedúnculo silicificado (Setoguchi et

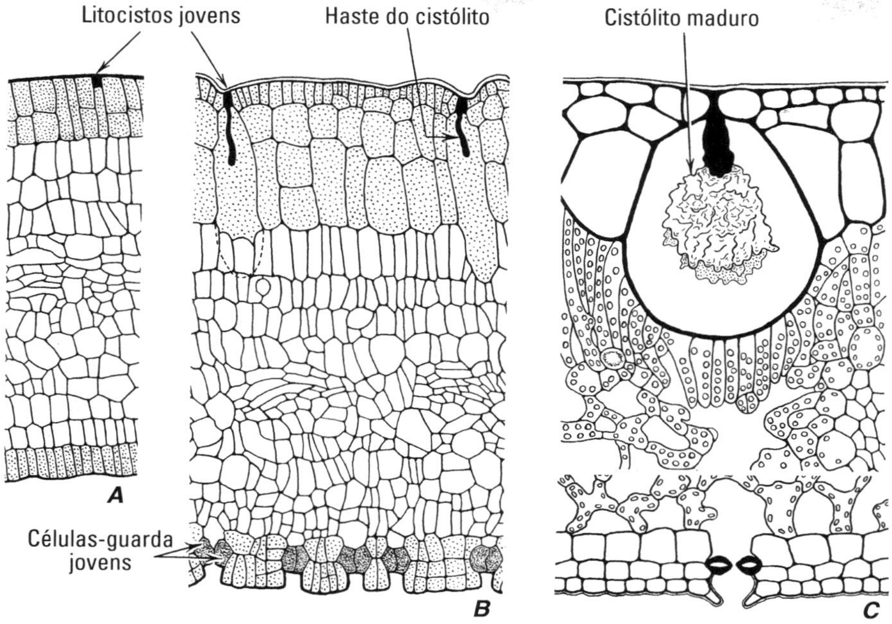

FIGURA 9.3

Epiderme múltipla (em ambas as superfícies foliares) em secções transversais de folhas de *Ficus elastica* em três estágios de desenvolvimento. A epiderme está pontilhada em **A**, **B** e com paredes espessas em **C**. Parte da folha foi omitida em **C**. Desenvolvimento do cistólito: **A**, a parede espessa no litocisto; **B**, a haste celulósica aparece; **C**, carbonato de cálcio é depositado na haste. Diferentemente de outras células epidérmicas, o litocisto não sofre divisões periclinais. (A, ×270; B, ×163; C, ×234.)

al., 1989; Taylor, M. G. et al., 1993). O pedúnculo se origina como uma invaginação cilíndrica da parede celular. Os litocistos não se dividem, mas acompanham o aumento da altura da epiderme, chegando a se projetar no mesofilo (Fig. 9.3). Em algumas plantas (*Peperomia*, Fig. 7.4), as células da epiderme múltipla permanecem organizadas em fileiras radiais e revelam claramente sua origem comum (Linsbauer, 1930).

As funções comuns da epiderme das partes aéreas da planta estão associadas com a redução da perda de água por transpiração, proteção mecânica e trocas gasosas através dos estômatos. Por causa do arranjo compacto das células e da presença de cutícula relativamente resistente, a epiderme também oferece suporte mecânico e acrescenta rigidez aos caules (Niklas e Paolillo, 1997). Nos caules e coleoptiles, a epiderme, que está sob tensão, tem sido considerada como o tecido que controla o alongamento de todo o órgão (Kutschera, 1992; Peters e Tomos, 1996). A epiderme é também um compartimento de armazenamento dinâmico de vários produtos metabólicos (Dietz et al., 1994) e o local de percepção luminosa envolvida nos movimentos foliares circadianos e indução fotoperiódica (Mayer, E. T. et al., 1973; Levy e Dean, 1998; Hempel et al., 2000). Nas gramíneas marinhas (Iyer e Barnabas, 1993) e outras angiospermas aquáticas submersas, a epiderme é o principal local de fotossíntese (Sculthorpe, 1967). A epiderme é uma camada protetora importante contra injúrias induzidas por radiação UV-B na região do mesofilo das folhas (Robberecht e Caldwell, 1978; Day et al., 1993; Bilger et al., 2001), e em algumas folhas as células epidérmicas na superfície adaxial agem como lentes, focando luz sobre os cloroplastos das células do parênquima paliçádico subjacente (Bone et al., 1985; Martin, G. et al., 1989). Células epidérmicas tanto do caule quanto da raiz estão envolvidas com a absorção da água e solutos.

Embora a epiderme madura seja geralmente passiva com respeito à atividade meristemática (Bruck et al., 1989), ela frequentemente mantém a potencialidade de crescimento por um longo período. Como mencionado anteriormente, em caules perenes em que a periderme aparece tardiamente, ou nunca se forma, a epiderme continua a se dividir em resposta à expansão da circunferência do eixo. Se uma periderme é formada, a fonte de seu meristema, o felogênio, pode ser a epiderme (Capítulo 15). Gemas adventícias podem se formar na epiderme (Ramesh e Padhya, 1990; Redway, 1991; Hattori, 1992; Malik et al., 1993), e a regeneração de plantas inteiras foi obtida a partir de células epidérmicas, incluindo células-guarda, em cultura de tecido (Korn, 1972; Sahgal et al., 1994; Hall et al., 1996; Hall, 1998). Assim, mesmo os protoplastos altamente diferenciados das células-guarda podem reexpressar seu potencial genético (totipotência).

A epiderme é um tecido complexo composto por uma ampla variedade de tipos celulares, o que reflete sua multiplicidade de funções. A maior parte desse tecido é composta por células relativamente não especializadas, as células epidérmicas comuns (também denominadas células fundamentais, células epidérmicas propriamente ditas, células epidérmicas não especializadas, células de revestimento) e de células mais especializadas dispersas. Entre as células mais especializadas estão as células-guarda dos estômatos e uma variedade de apêndices, os tricomas, incluindo os pelos radiculares, que se desenvolvem a partir de células epidérmicas nas raízes.

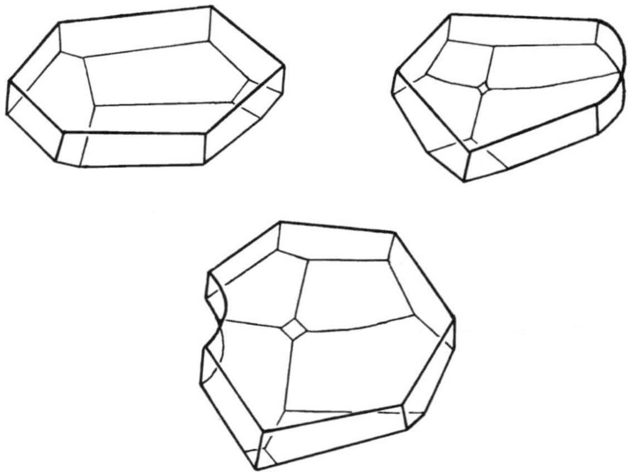

FIGURA 9.4

Aspecto tridimensional das células epidérmicas da folha de *Aloe aristata* (Liliaceae). A face superior em cada desenho representa a face externa da célula. Do lado oposto estão as faces de contato com as células do mesofilo subjacentes. (Obtido de Esau, 1977; redesenhado a partir de Matzke, 1947.)

CÉLULAS EPIDÉRMICAS COMUNS

As células epidérmicas comuns maduras (doravante referidas simplesmente como células epidérmicas) possuem formas variáveis, mas geralmente são tabulares, com pouca profundidade (Fig. 9.4). Algumas células epidérmicas, como as do tipo paliçada de muitas sementes, são muito mais profundas do que largas. Nas regiões alongadas da planta, como caules, pecíolos, nervuras das folhas e folhas de muitas monocotiledôneas, as células epidérmicas são alongadas e acompanham o eixo longo dessa parte da planta. Em muitas folhas, pétalas, ovários e óvulos, as células epidérmicas têm paredes verticais (anticlinais) onduladas. O padrão de ondulação é controlado por uma diferenciação da parede local, que determina o padrão de expansão da parede (Panteris et al., 1994).

Células epidérmicas têm protoplastos vivos e podem armazenar vários produtos do metabolismo. Elas contêm plastídios com membranas internas pouco desenvolvidas e, dessa forma, são deficientes em clorofila. Cloroplastos fotossinteticamente ativos, contudo, ocorrem na epiderme de plantas vivendo em sombra profunda, bem como na epiderme de plantas aquáticas submersas. Amido e cristais proteicos podem estar presentes nos plastídios da epiderme, e antocianinas nos vacúolos.

As paredes das células epidérmicas variam em espessura

A espessura das paredes das células epidérmicas varia em diferentes plantas e em diferentes partes da mesma planta. Na epiderme com paredes celulares delgadas, a parede periclinal externa é geralmente mais grossa que as paredes periclinal interna e anticlinais. As paredes periclinais nas folhas, nos hipocótilos e nos epicótilos de algumas espécies têm uma estrutura polilamelada cruzada, em que lamelas com microfibrilas de celulose orientadas transversalmente alternam com lamelas em que as microfibrilas são orientadas verticalmente (Sargent, 1978; Takeda e Shibaoka, 1978; Satiat-Jeunemaitre et al., 1992; Gouret et al., 1993). Uma epiderme com paredes excessivamente espessas é encontrada nas folhas de coníferas (Fig. 9.5); o espessamento parietal, que é lignificado e provavelmente secundário, é tão grande em algumas espécies que chega quase a ocluir o lúmen das células. As paredes das células epidérmicas geralmente são silicificadas como nas

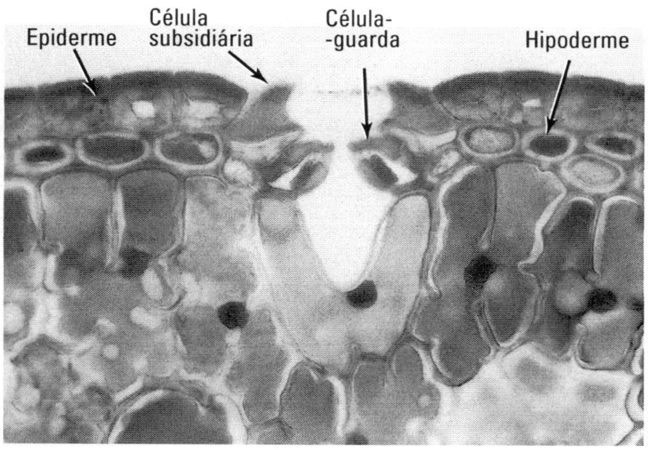

FIGURA 9.5

Folha da conífera *Pinus resinosa*. Secção transversal na face externa de uma acícula mostrando células epidérmicas com paredes espessas e um estômato. (×450.)

gramíneas e ciperáceas (Kaufmann et al., 1985; Piperno, 1988). Invaginações da parede típicas de células de transferência são comuns nas paredes periclinais externas de folhas submersas de plantas aquáticas marinhas e de água-doce (Gunning, 1997; Iyer e Barnabas, 1993).

Os campos de pontoação primária e os plasmodesmos ocorrem geralmente nas paredes anticlinais e periclinal interna da epiderme, embora a frequência de plasmodesmos entre a epiderme e o mesofilo das folhas seja relativamente baixo. Durante algum tempo pensou-se que os plasmodesmos ocorressem nas paredes periclinais externas, e foram denominados ***ectodesmos***. Pesquisas posteriores revelaram que cordões citoplasmáticos não ocorrem nas paredes externas, mas que feixes de espaços interfibrilares podem se estender da membrana plasmática até a cutícula dentro da parede celulósica. Estes feixes precisam de um tratamento especial para que sejam evidenciados. Microcanais, provavelmente de natureza péctica, têm sido relatados na parede periclinal externa de xerófitas (Lyshede, 1982). O termo **teicoide** (do grego, *teichos*, parede, e *hodos*, caminho) foi proposto em substituição tanto para ectodesmos (Franke, 1971) como para microcanais (Lyshede, 1982), nenhum deles sendo estruturas citoplasmáticas. Os teicoides têm sido considerados como caminhos na absorção foliar e excreção (Lyshede, 1982).

A presença de cutícula é a característica mais distintiva da parede periclinal externa das células epidérmicas

A **cutícula**, ou **membrana cuticular**, consiste predominantemente de dois componentes lipídicos: cutina insolúvel, que constitui a matriz da cutícula, e ceras solúveis, algumas das quais são depositadas na superfície da cutícula, as **ceras epicuticulares**, e outras embebidas na matriz, as **ceras cuticulares** ou **intracuticulares**. A cutícula é característica de todas as superfícies vegetais expostas ao ar, às vezes estendendo-se através dos poros estomáticos e revestindo as paredes das células epidérmicas que delimitam a **câmara subestomática**, um grande espaço intercelular subjacente ao estômato (Fig. 9.5; Pesacreta e Hasenstein, 1999). A cutícula é a primeira barreira protetora entre a superfície aérea da planta e seu ambiente e a principal barreira ao movimento de água, incluindo aquela da corrente de transpiração, e solutos (Riederer e Schreiber, 2001). Em casos excepcionais, as cutículas são também formadas nas células corticais e originam um tecido protetor chamado **epitélio cuticular** (Calvin, 1970; Wilson e Calvin, 2003).

A matriz da cutícula pode consistir não somente de um, mas de dois polímeros lipídicos, cutina e cutano (Jeffree, 1996; Villena et al., 1999). Diferente da cutina, o **cutano** é muito resistente à hidrólise alcalina. Embora na cutícula de algumas espécies o cutano pareça estar ausente (aquelas do fruto do tomate, folhas de *Citrus* e *Erica*), este pode ser o principal ou o único polímero da matriz em algumas outras espécies, principalmente em *Beta vulgaris*. O cutano é o principal constituinte na cutícula de plantas fossilizadas, e uma mistura de cutina/cutano foi encontrada na cutícula de várias espécies ainda existentes, incluindo *Picea abies*, *Gossypium* sp., *Malus primula*, *Acer platanoides*, *Quercus robur*, *Agave americana* e *Clivia miniata*.

A cutícula é constituída por duas regiões mais ou menos distintas, a cutícula propriamente dita e uma ou mais camadas cuticulares (Fig. 9.6). A **cutícula propriamente dita** é a região mais externa que contém cutina e ceras (cuticulares) birrefringentes embebidas, mas não possui celulose. O processo pelo qual é formada é chamado de **cuticularização**. Cera epicuticular ocorre na superfície da cutícula propriamente dita, de maneira amorfa

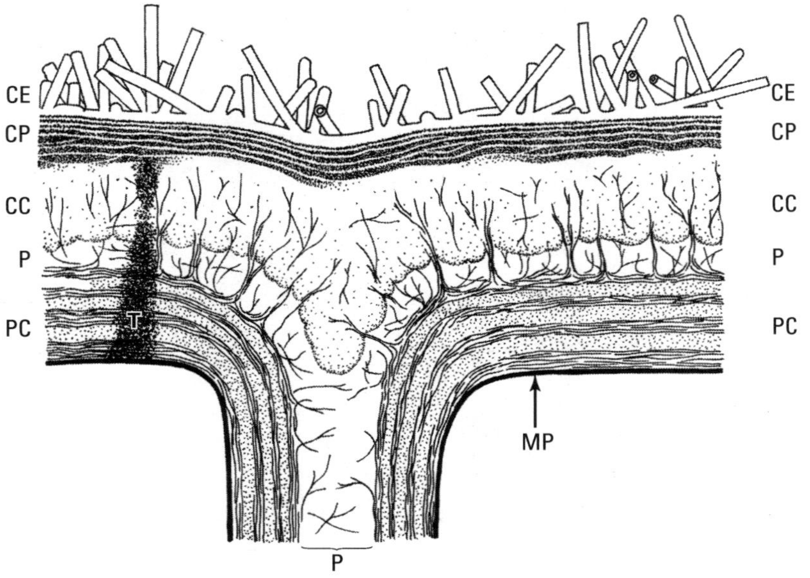

FIGURA 9.6

Estrutura geral da cutícula. Detalhes: CC, camada cuticular ou região reticulada, atravessada por microfibrilas de celulose; CP, cutícula propriamente dita, mostrando estrutura lamelar; PC, parede celular; CE, cera epicuticular; P, camada de pectina e lamela média; MP, membrana plasmática; T, teicoide. (Obtido de Jeffree, 1986. Reimpresso com permissão de Cambridge University Press.)

ou como estruturas cristalinas de vários formatos (Fig. 9.7). Entre os formatos mais comuns estão os tubulares, bastões sólidos, filamentos, placas, fitas e grânulos (Wilkinson, 1979; Barthlott et al., 1998; Meusel et al., 2000). Cera epicuticular confere o brilho de muitas folhas e frutos. O brilho resulta da reflexão e distribuição da luz pelos cristais de cera. A cera epicuticular desempenha um papel importante na redução da perda de água via cutícula. A prática comercial de mergulhar uvas em compostos químicos que aceleram a secagem dos frutos leva ao achatamento das plaquetas de cera e sua orientação paralela. Essa mudança provavelmente facilita o movimento da água do fruto para a atmosfera (Possingham, 1972). A cera epicuticular também é responsável pelo aumento da capacidade da superfície epidérmica de escoar água (Eglinton e Hamilton, 1967; Rentschler, 1971; Barthlott e Neinhuis, 1997) e, consequentemente, limita o acúmulo de partículas contaminadas e de esporos patogênicos trazidos pela água. Uma camada excepcionalmente espessa de cera (de até 5 mm) ocorre em folhas de *Klopstockia cerifera*, a palmeira de cera dos Andes (Kreger, 1958) e em folhas de *Copernicia cerifera*, a palmeira de cera brasileira, a partir da qual a cera de carnaúba é extraída (Martin e Juniper, 1970).

As **camadas cuticulares** se localizam abaixo da cutícula propriamente dita e são consideradas as porções mais externas da parede celular, impregnadas em vários graus com cutina. Cera cuticular, pectina e hemicelulose também podem ocorrer nas camadas cuticulares. O processo pelo qual as camadas cuticulares são formadas é chamado de **cutinização**. Abaixo das camadas cuticulares, comumente há uma camada rica em pectina, a **camada de pectina**, que liga a cutícula à parede externa. A camada de pectina é contínua com a lamela média entre as paredes anticlinais, onde a cutícula se estende profundamente, formando ***pegs cuticulares***.

A ultraestrutura da cutícula mostra variação considerável. Dois componentes ultraestruturais distintos podem ser encontrados na matriz: **lamelas** e **fibrilas** (Fig. 9.6). As fibrilas provavelmente são constituídas principalmente por celulose. As espécies vegetais diferem quanto à presença ou ausência desses componentes. Com base nisso, Holloway (1982) reconheceu seis tipos estruturais de cutícula. Quando ambos componentes estão presentes, a região lamelar corresponde à cutícula propriamente dita e a região reticulada contendo fibrilas corresponde à(s) camada(s) cuticular(es). A ultraestrutura da cutícula parece afetar significantemente sua permeabilidade: cutículas com estrutura completamente reticulada são mais permeáveis a certas substâncias que aquelas com uma região lamelar mais externa (Gouret et al., 1993; Santier e Chamel, 1998). De qualquer forma, as ceras cuticulares formam a principal barreira contra a difusão de água e solutos através da cutícula, sendo, em grande parte, responsáveis por criar um caminho sinuoso e, consequentemente, um caminho mais extenso para a difusão de moléculas (Schreiber et al., 1996; Buchholz et al., 1998; Buchholz e Schönherr, 2000). Com base em evidências experimentais (Schönherr, 2000; Schreiber et al., 2001), Riederer e Schreiber (2001) concluíram que a água que atravessa a cutícula se difunde como moléculas simples em uma rota chamada lipofílica composta por ceras amorfas. Uma fração menor de

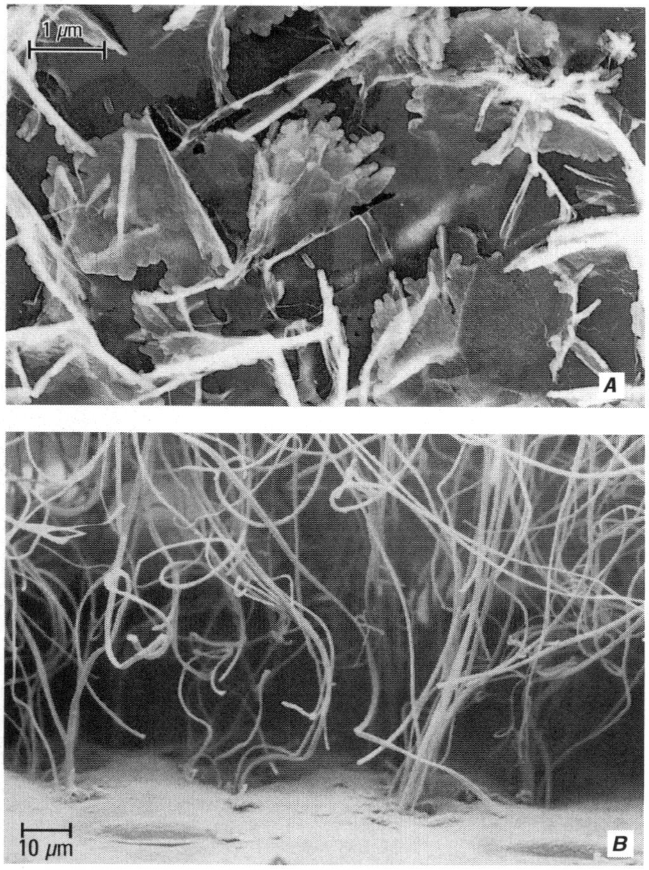

FIGURA 9.7

Epiderme em vista frontal mostrando cera epicuticular. **A**, projeções de cera tipo placa na superfície adaxial da folha de *Pisum*. **B**, filamentos de cera na superfície abaxial da bainha foliar de sorgo (*Sorghum bicolor*). (**A**, obtido de Juniper, 1959. © 1959, com permissão de Elsevier; **B**, obtido de Jenks et al., 1994. © 1994 pela Universidade de Chicago. Todos os direitos reservados.)

água pode se difundir através dos poros polares de dimensões moleculares preenchidos por água, caminho possivelmente seguido pelos compostos orgânicos hidrossolúveis e íons inorgânicos. A transpiração cuticular não é inversamente proporcional à espessura da cutícula, como se poderia concluir intuitivamente (Schreiber e Riederer, 1996; Jordaan e Kruger, 1998). De fato, cutículas espessas podem ser mais permeáveis à água e mostrar maior coeficiente de difusão que cutículas delgadas (Becker et al., 1986).

Em pelo menos algumas espécies, a cutícula aparece inicialmente como uma camada elétron-densa totalmente amorfa chamada de **procutícula** (Fig. 9.8). Posteriormente, a procutícula altera sua aparência ultraestrutural e é transformada na cutícula propriamente dita típica da espécie. O surgimento da cutícula propriamente dita é seguido pelo aparecimento da(s) camada(s) cuticular(es), indicando que a cutícula propriamente dita não é a camada mais recentemente formada (Heide-Jørgensen, 1991). Quando a cutícula está completamente formada, ela apresenta espessura bem maior que a procutícula original. A cutícula varia em espessura, e seu desenvolvimento é afetado pelas condições ambientais (Juniper e Jeffree, 1983; Osborn e Taylor, 1990; Riederer e Schneider, 1990).

Cutina e ceras (ou seus precursores) são sintetizadas nas células epidérmicas e devem migrar para a superfície celular através das paredes. As rotas seguidas por essas substâncias e os mecanismos envolvidos nesse processo têm sido questionados. Alguns pesquisadores supõem que os teicoides (ectodesmas, microcanais) funcionam como caminhos para a cutina e para as ceras nas paredes (Baker, 1982; Lyshede, 1982; Anton et al., 1994). Maior atenção tem sido dada às ceras epicuticulares, cujos precursores são aparentemente produzidos no retículo endoplasmático e modificados no aparato de Golgi antes de serem liberados do citoplasma por exocitose (Lessire et al., 1982; Jenks et al., 1994; Kunst e Samuels, 2003). Embora poros e canais tenham sido encontrados na cutícula de folhas e frutos de um número razoável de taxa (Lyshede, 1982; Miller, 1985, 1986), tais estruturas, aparentemente, não estão presentes em todas as espécies. Poros ou canais não foram encontrados na parede ou na cutícula de células suberosas formadoras de túbulos (cera epicuticular) de *Sorghum bicolor* (Fig. 9.9; Jenks et al., 1994). Alguns pesquisadores acreditam que os precursores de cera não seguem um caminho especial, mas, preferencialmente, difundem-se através da parede e da cutícula e se cristalizam na superfície (Baker, 1982; Hallam, 1982). Neinhuis e colaboradores (Neinhuis et al., 2001) propuseram que moléculas de cera se movem juntamente com o vapor de água, atravessando a cutícula em um processo similar à destilação a vapor. Foi provado que pelo menos um gene, o *CUT1* de *Arabidopsis*, funciona na produção de cera. Ele codifica uma cadeia muito longa de enzimas condensadoras de ácidos graxos necessários para a produção da cera cuticular (Millar et al., 1999).

Cutina/cutano é altamente inerte e resistente aos métodos de maceração oxidantes. A cutí-

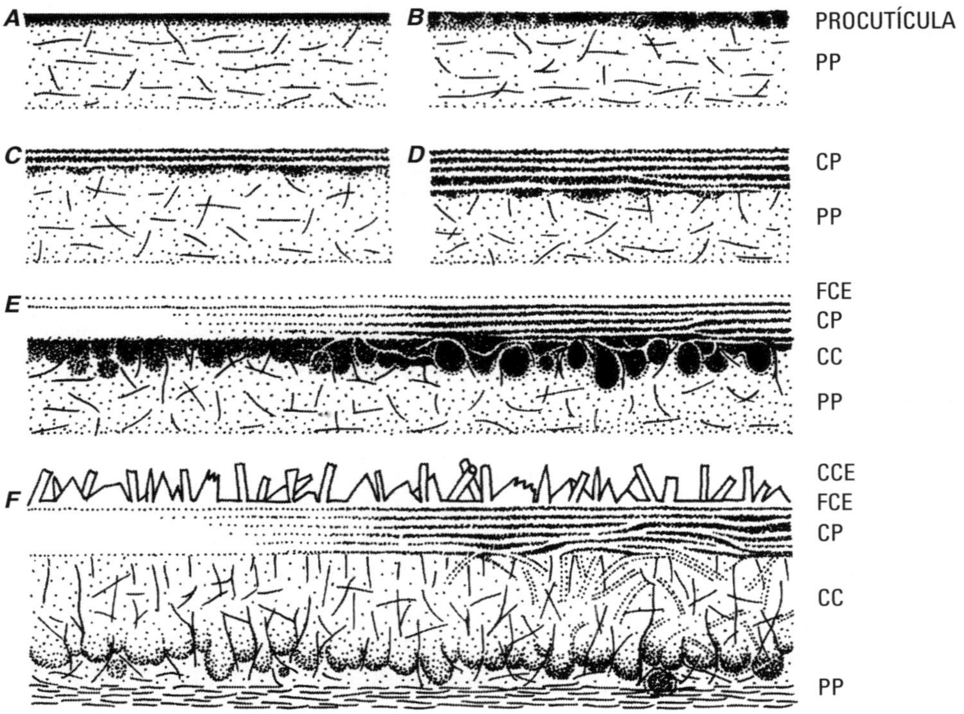

FIGURA 9.8

Desenvolvimento da cutícula propriamente dita (CP) e de estágios iniciais do desenvolvimento da camada cuticular (CC) na parede primária (PP). **A-D**, conversão da procutícula em cutícula lamelar propriamente dita. Lipídios globulares podem estar envolvidos na formação da cutícula lamelar propriamente dita, como em **E**. **E**, lipídios globulares recobertos com material elétron-lucente constituem a zona de transição entre cutícula propriamente dita/camada cuticular. As lamelas podem se tornar menos regulares. Um filme amorfo de cera epicuticular (FCE) aparentemente está presente na superfície da cutícula propriamente dita. **F**, incorporação de material da parede primária (PP) na camada cuticular. Retículos predominantemente radiais alcançam a cutícula propriamente dita. Cristais de cera epicuticular (CCE) começam a se formar antes do término da expansão celular. (Obtido de Jeffree, 1996, Fig. 2.12a-f. © Taylor e Francis.)

cula não se rompe, uma vez que, aparentemente, nenhum micro-organismo possui enzimas para a degradação de cutina/cutano (Frey-Wyssling e Mühlethaler, 1959). Em virtude de sua estabilidade química, a cutícula é preservada como em material fóssil e é muito útil na identificação de espécies fósseis (Edwards et al., 1982). Foi demonstrado que as características da cutícula são úteis na taxonomia de coníferas (Stockey et al., 1998; Kim et al., 1999; Ickert-Bond, 2000).

ESTÔMATOS

Os estômatos ocorrem em todas as partes aéreas do corpo primário das plantas

Os **estômatos** são aberturas (o poro estomático) na epiderme delimitadas por duas células-guarda (Fig. 9.10), que, por mudanças em seu formato, causam abertura e fechamento do poro. O termo *estômato*, em grego, significa boca e, convencionalmente é usado para designar o poro e as duas células-guarda. Em algumas espécies, os estômatos são circundados por células que não diferem das demais células epidérmicas. Essas células são chamadas **células vizinhas.** Em outras, as células são circundadas por uma ou mais células que diferem no tamanho, na forma, no arranjo e, às vezes, no conteúdo das células epidérmicas comuns. Essas células distintas são chamadas **células subsidiárias** (Figs. 9.5, 9.13, 9.14, 9.15, 9.17A, 9.20 e 9.21). A função principal dos estômatos é regular a troca de vapor d'água e de CO_2 entre os tecidos internos da planta e a atmosfera (Hetherington e Woodward, 2003).

Os estômatos ocorrem em todas as partes aéreas do corpo primário da planta, porém são mais

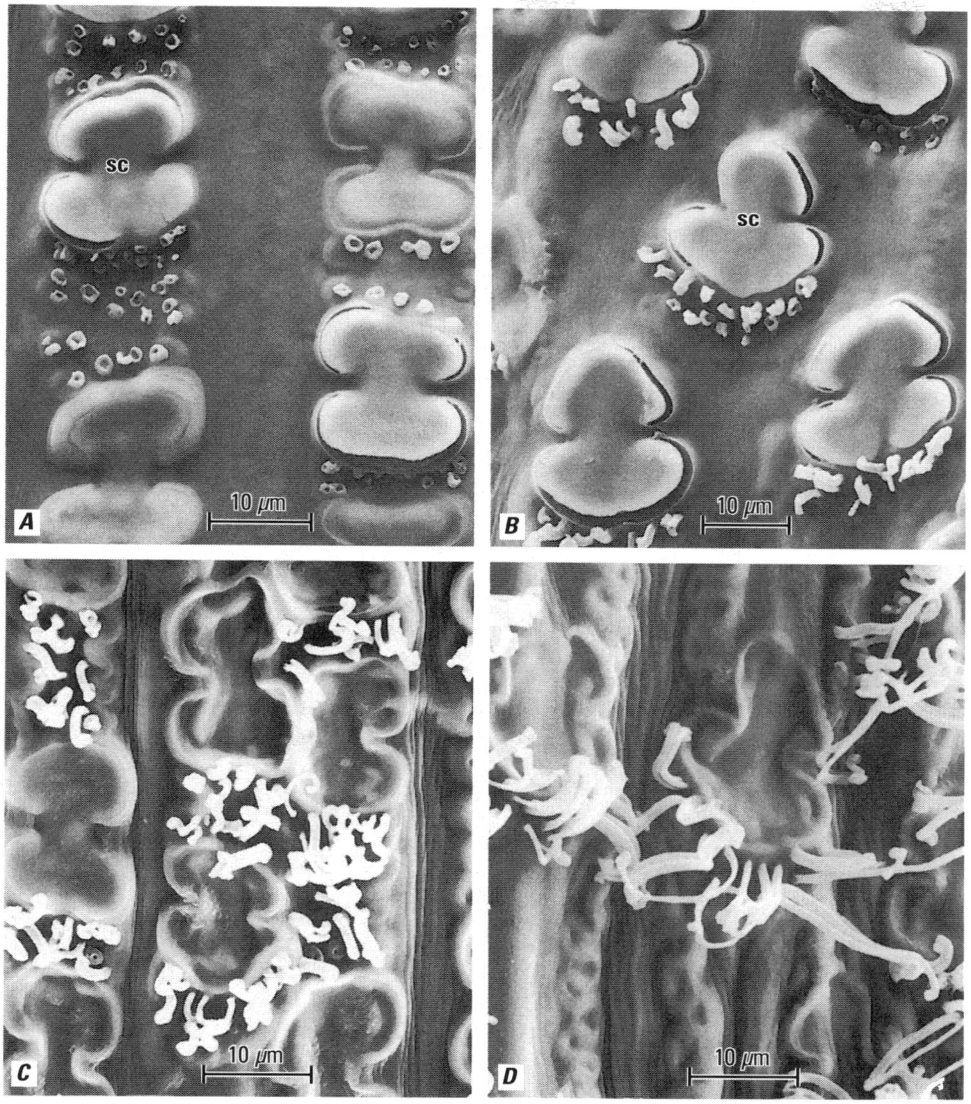

FIGURA 9.9

Desenvolvimento de filamentos de cera epicuticular na superfície abaxial da bainha foliar de sorgo (*Sorghum bicolor*). **A**, filamentos de cera emergindo das células suberosas adjacentes às células silicosas (cs). Inicialmente, os filamentos aparecem como secreções circulares. **B**, com o desenvolvimento, as secreções aparecem como cilindros curtos. **C, D**, com o desenvolvimento contínuo, as secreções formam grupos de filamentos de cera epicuticular. (Obtido de Jenks et al., 1994. © 1994 pela Universidade de Chicago. Todos os direitos reservados.)

abundantes nas folhas. As partes aéreas de algumas plantas terrestres aclorofiladas (*Monotropa*, *Neottia*) e as folhas da família holoparasita Balanophoraceae (Kuijt e Dong, 1990) não possuem estômatos. Raízes, geralmente, não possuem estômatos. Foram encontrados estômatos nas raízes da plântula de diversas espécies, incluindo *Helianthus annuus* (Tietz e Urbasch, 1977; Tarkowska e Wacowska, 1988), *Pisum arvense*, *Ornithopus sativus* (Tarkowska e Wacowska, 1988), *Pisum sativum* (Lefebvre, 1985), e *Ceratonia siliqua* (Christodoulakis et al., 2002). A densidade estomática varia grandemente nas folhas fotossintetizantes, em diferentes partes da mesma folha e em diferentes folhas da mesma planta, sendo influenciada pelos fatores ambientais, como a luz e os níveis de CO_2. Foi sugerido que efeitos ambientais sobre o número de estômatos e tricomas podem ser mediados pela composição da cera cuticular (Bird e Gray, 2003). Estudos mostram que o desenvolvi-

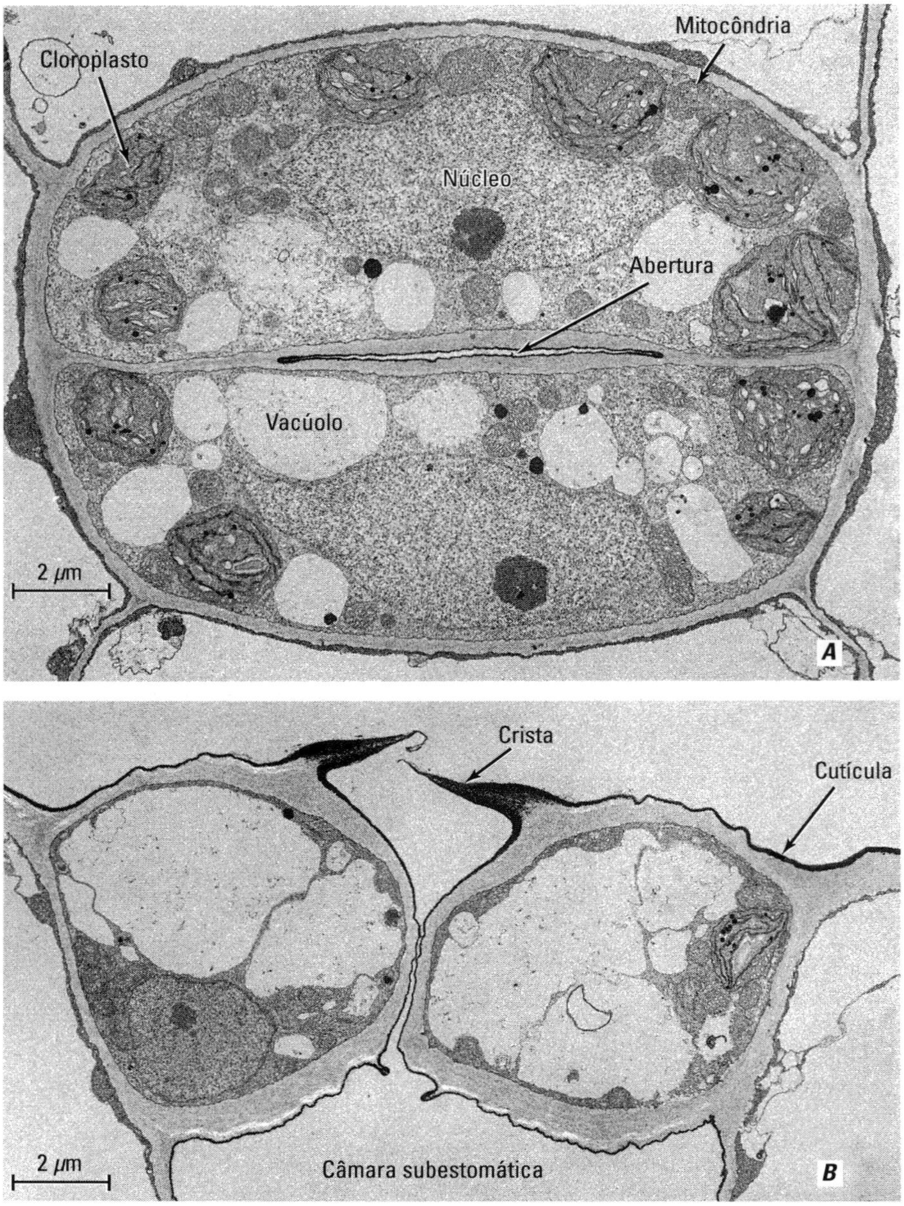

FIGURA 9.10

Eletronmicrografias de estômatos da folha de beterraba (*Beta vulgaris*) em vista frontal (**A**) e em secção transversal (**B**). (Obtido de Esau, 1977.)

mento dos estômatos em folhas jovens é regulado por um mecanismo de percepção da luz e níveis de CO_2 ao redor das folhas maduras da mesma planta, mais do que pelas próprias folhas jovens (Brownlee, 2001; Lake et al., 2001; Woodward et al., 2002). A informação captada pela folha madura deve ser retransmitida para as folhas em desenvolvimento via sinais sistêmicos de longa distância. Nas folhas, os estômatos podem ocorrer em ambas as superfícies (***folha anfiestomática***) ou em somente uma, tanto na superior (***folha epiestomática***) ou, mais comumente, na inferior (***folha hipoestomática***). Alguns exemplos de densidade estomática (por milímetro quadrado, superfície inferior/superfície superior), encontrados em Wilmer e Fricker (1996) são *Allium cepa* 175/175, *Arabidopsis thaliana* 194/103, *Avena sativa* 45/50, *Zea mays* 108/98, *Helianthus annuus* 175/120, *Nicotiana tabacum* 190/50, *Cornus florida* 83/0, *Quercus velutina* 405/0, *Tilia americana* 891/0,

Larix decidua 16/14, *Pinus strobus* 120/120. Em geral, a densidade estomática é maior em folhas de plantas xeromórficas do que em folhas de plantas mesomórficas e hidromórficas (Roth, 1990). Entre as plantas aquáticas, os estômatos estão distribuídos em todas as superfícies das folhas emersas e somente na face superior de folhas flutuantes. As folhas submersas geralmente não possuem estômatos (Sculthorpe, 1967). Nas folhas de algumas espécies, os estômatos ocorrem em agrupamentos distintos, em vez de estarem uniformemente distribuídos, por exemplo, em *Begonia semperflorens* (2 a 4 por agrupamento) e *Saxifraga sarmentosa* (cerca de 50 por agrupamento) (Weyers e Meidner, 1990).

O posicionamento dos estômatos com relação às demais células epidérmicas pode variar (Fig. 9.11). Eles podem ocorrer no mesmo nível das células epidérmicas adjacentes e podem ser salientes ou se localizar em um nível inferior ao das demais células epidérmicas. Em algumas plantas, os estômatos ocorrem em depressões chamadas **criptas estomáticas**, que frequentemente contêm tricomas bastante desenvolvidos (Fig. 9.12).

As células-guarda geralmente apresentam formato de rim

As células-guarda das eudicotiledôneas geralmente apresentam formato de meia-lua com as extremidades atenuadas (formato reniforme) em vista frontal (Figs. 9.10A e 9.11D), e apresentam uma **saliência** formada por material de parede sobre o lado externo ou sobre os lados externo e interno. Em secção transversal, essa saliência se assemelha a uma crista. Se duas saliências estão presentes, a mais externa delimita a câmara frontal e a mais interna delimita a câmara posterior. Os estômatos com duas saliências apresentam três aberturas, sendo a mais externa e a mais interna formadas pelas cristas e uma abertura central em um ponto intermediário entre as outras duas formadas pelas paredes das células-guarda opostas. A abertura interna raramente se fecha completamente e, dependendo do estágio de formação do poro, a abertura externa pode ser mais estreita (Saxe, 1979). As células-guarda são cobertas por cutícula. Como mencionado previamente, a cutícula se estende através da(s) abertura(s) do estômato e da câmara subestomática. Aparentemente, a cutícula das células-guarda difere das células epidérmicas comuns quanto à composição química, sendo mais permeável à água (Schönherr e Riederer, 1989). Cada célula-guarda tem um núcleo proeminente, numerosas mitocôndrias e cloroplastos pouco desenvolvidos, onde o amido se acumula durante a noite; durante o dia, com a abertura dos estômatos, ocorre diminuição na quantidade do amido estocado. O ***sistema vacuolar*** é fragmentado em graus diferentes. A extensão do volume vacuolar difere grandemente em estômatos abertos e fechados, ocupando desde uma fração muito pequena do volume celular em estômatos fechados até 90% em estômatos abertos. Células-guarda em formato de rim, como as de eudicotiledôneas, também ocorrem em algumas monocotiledôneas e em gimnospermas.

Nas Poaceae e em algumas outras famílias de monocotiledôneas, as células-guarda são halteriformes; isto é, são estreitas na região mediana e apresentam extremidades dilatadas (Fig. 9.13). O núcleo das células-guarda em Poaceae também apresenta formato de haltere, sendo extremamente delgado na região mediana e ovoide nas extremidades. Não se sabe se as células-guarda com formato de halteres em outras famílias de monocotiledôneas possuem núcleo halteriforme (Sack, 1994). Em Poaceae, a maioria das organelas, incluindo os vacúolos, está localizada nas extremidades bulbosas das células. Além disso, os protoplastos das duas células-guarda estão interconectados através de poros nas paredes comuns entre as extremidades dilatadas. Por causa dessa continuidade protoplasmática, as células-guarda devem ser consideradas como uma unidade funcional, na qual mudanças de turgor são imediatamente percebidas. A abertura dos poros resulta do incompleto desenvolvimento das paredes celulares (Kaufman et al., 1970a; Srivastava e Singh, 1972). Existem duas células subsidiárias, uma de cada lado do estômato (Figs. 9.13A e 9.14).

Os estômatos da maioria das coníferas estão localizados em depressões e aparecem como se fossem suspensos pelas células subsidiárias que se arqueiam sobre eles, formando uma cavidade em forma de funil chamada **câmara epistomática** (Figs. 9.5 e 9.15; Johnson e Riding, 1981; Riederer, 1989; Zellnig et al., 2002). Em sua região mediana, as células-guarda são elípticas em secção transversal e apresentam lúmen estreito. Em suas extremidades, as células-guarda são trian-

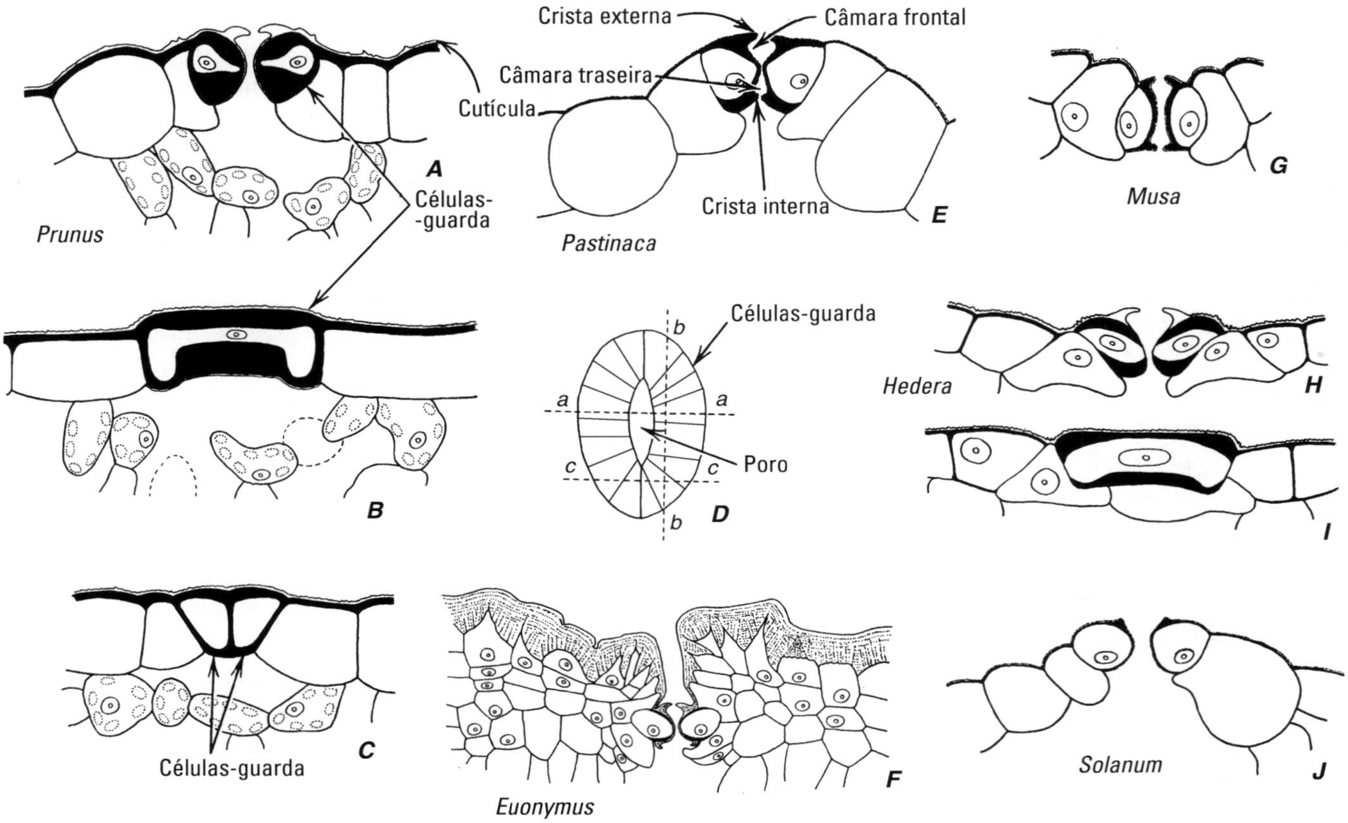

FIGURA 9.11

Estômatos na epiderme abaxial de folhas. **A-C**, estômatos e algumas células associadas em folha de pêssego seccionada ao longo dos planos indicados em **D** pelas linhas pontilhadas aa, bb e cc. **E-H**, **J**, estômatos de várias folhas, seccionados no plano aa. **I**, uma célula-guarda de hera seccionada no plano bb. Os estômatos estão elevados em **A**, **E**, **J**. Em **H**, os estômatos estão levemente elevados, enquanto aparecem em reentrâncias discretas em **G** e em reentrâncias profundas em **F**. As protrusões com formato de chifres nas células-guarda são secções transversais das cristas. Alguns estômatos têm duas cristas (**E**, **F**, **G**); outros apresentam somente uma (**A**, **H**, **J**). As cristas são cuticulares em **A**, **F**, **H**. A folha de *Euonymus* (**F**) apresenta uma cutícula espessa; as células epidérmicas estão parcialmente ocluídas por cutina. (**A-D**, **F-J**, ×72; **E**, ×285.)

gulares e possuem lúmen mais amplo. Um aspecto característico desses complexos estomáticos é que as paredes das células-guarda e das células subsidiárias são parcialmente lignificadas. As regiões não lignificadas das paredes das células-guarda ocorrem nas áreas de contato com outras células (células subsidiárias e células hipodérmicas) onde as paredes são relativamente delgadas. Esses aspectos da parede parecem estar relacionados com os mecanismos de movimento estomático nas coníferas. Uma faixa especialmente fina não lignificada da parede das células-guarda também faceia o poro. As células-guarda lignificadas são raras em angiospermas (Kaufmann, 1927; Palevitz, 1981).

Nas Pinaceae, a câmara epistomática geralmente é preenchida com cera epicuticular em forma de túbulos que forma um "tampão" poroso sobre o estômato (Johnson e Riding, 1981; Riederer, 1989). Os túbulos se originam das células-guarda e células subsidiárias. Tampões estomáticos ocorrem também em outras coníferas (Podocarpaceae, Araucariaceae e Cupressaceae; Carlquist, 1975; Brodribb e Hill, 1997) e em duas famílias de angiospermas sem vasos (Winteraceae e Trochodendraceae). Nas angiospermas que não possuem vasos, os estômatos são tamponados com material alveolar com aspecto semelhante à cera, porém constituído por cutina (Bongers, 1973; Carlquist, 1975; Feild et al., 1998).

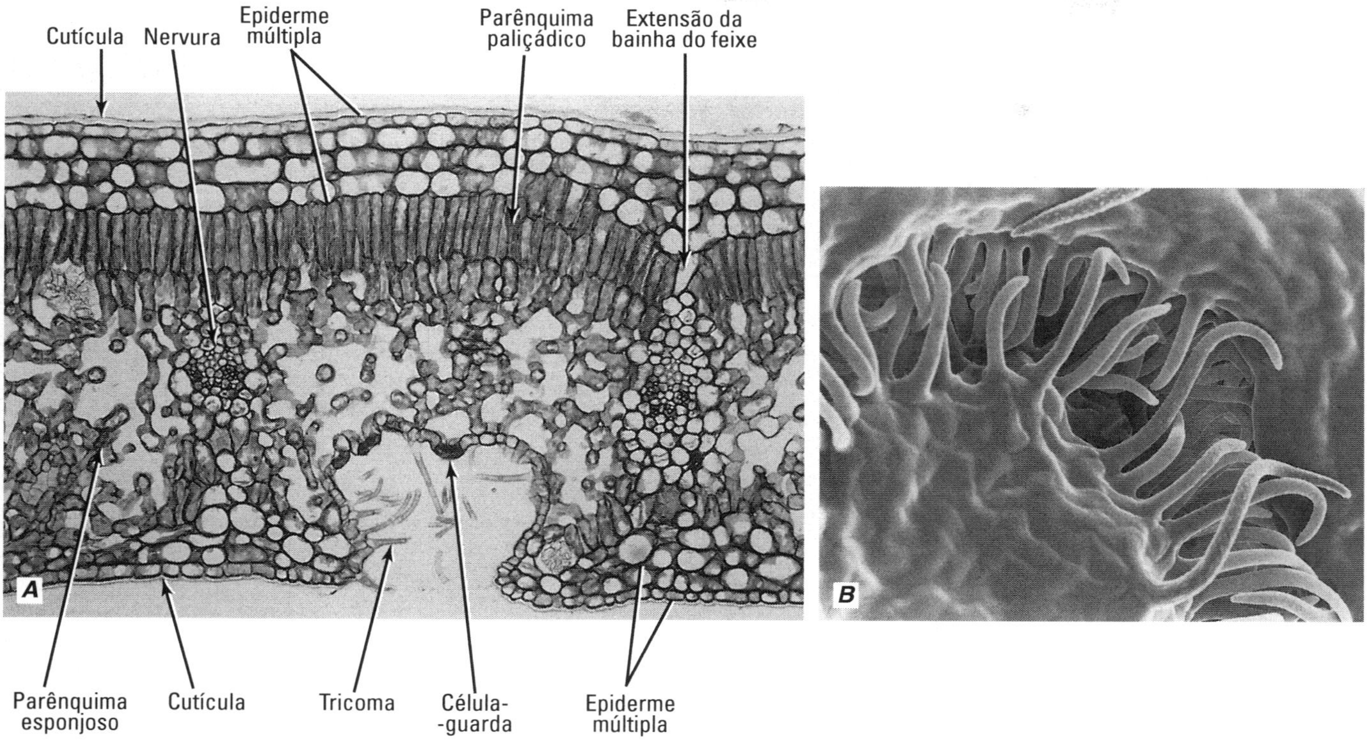

FIGURA 9.12

Folha de espirradeira (*Nerium oleander*). **A**, secção transversal mostrando uma cripta estomática na face inferior da folha. Na espirradeira, os estômatos e os tricomas são restritos às criptas. A folha da espirradeira tem epiderme múltipla. **B**, eletronmicrografia de varredura de uma cripta estomática mostrando numerosos tricomas revestindo a cripta. (**A**, ×177; **B**, ×725.)

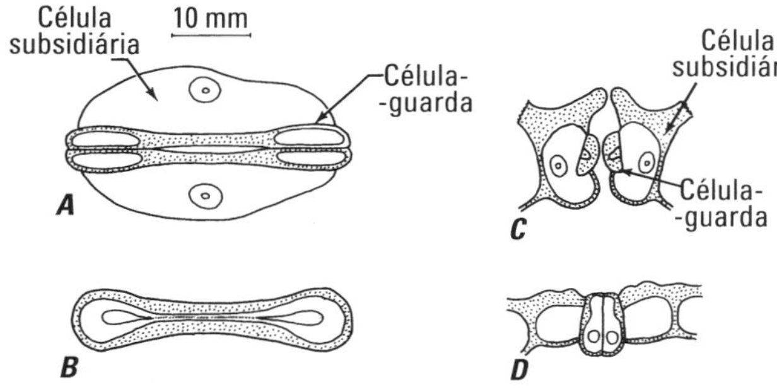

FIGURA 9.13

Células-guarda halteriformes em arroz (*Oriza*; Poaceae) em (**A**) vista frontal e (**B-D**) em secções nos planos indicados na Figura 9.11D pelas linhas pontilhadas aa, bb, cc. **A**, células-guarda em um plano focal alto onde o lúmen não é visível na porção estreita da célula. **B**, uma célula-guarda seccionada no plano bb, mostrando o núcleo halteriforme. **C**, célula seccionada no plano aa. **D**, seccionada no plano cc. (Obtido de Esau, 1977.)

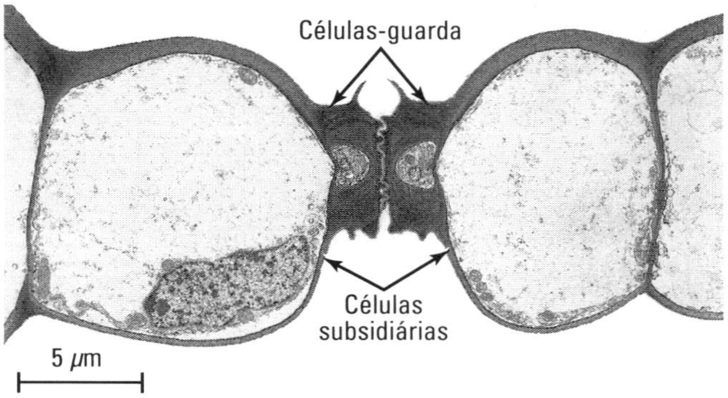

FIGURA 9.14

Secção transversal de um estômato fechado na folha de milho (*Zea mays*). Cada célula-guarda com parede espessa está ligada a uma célula subsidiária.

A função dos tampões estomáticos não é bem compreendida (Brodribb e Hill, 1997). A sugestão mais difundida é que os tampões sirvam principalmente para restringir a perda de água por transpiração. Embora os tampões de cera exerçam claramente este papel, Brodribb e Hill (1997) sugeriram que os tampões de cera das coníferas podem ter evoluí-

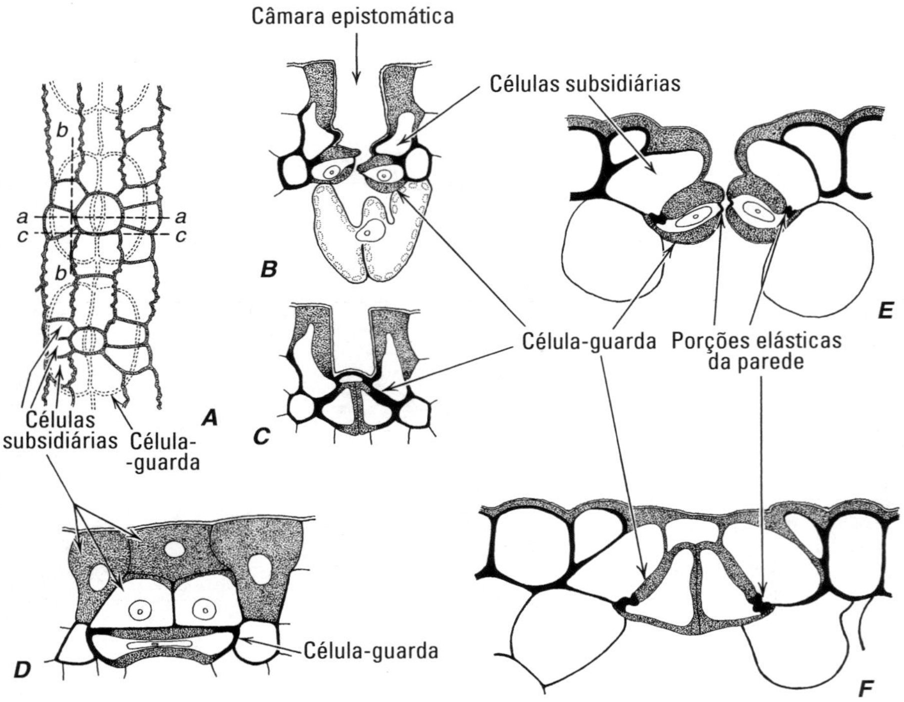

FIGURA 9.15

Estômatos de folhas de coníferas. **A**, vista frontal da epiderme de *Pinus merkusii* com dois estômatos em reentrâncias profundas. As células subsidiárias e as outras células epidérmicas formam um arco sobre as células-guarda. Estômatos e algumas células associadas de *Pinus* (**B-D**) e *Sequoia* (**E, F**). As linhas pontilhadas em **A** indicam os planos de seccionamento em **B-F**: aa, **B, E**; bb, **D**; cc, **C, F**. (A, ×182; G-D, ×308; E, F, ×588. A, adaptado de Abagon, 1938.)

do como uma adaptação às condições úmidas e servem para manter o poro livre de água. Isto poderia facilitar as trocas gasosas e aumentar a fotossíntese. De modo similar, Field et al. (1998) concluíram que os tampões estomáticos cutináceos em *Drimys winteri* (Winteraceae) são mais importantes para a atividade fotossintética do que na prevenção contra perda de água. Anteriormente, Jeffree et al. (1971) calcularam a restrição das trocas gasosas pelos tampões de cera nos estômatos de *Picea sitchensis*. Os autores concluíram que enquanto a taxa de transpiração foi reduzida a quase dois terços, a taxa de fotossíntese foi reduzida a aproximadamente um terço. Tampões de cera também podem auxiliar na prevenção contra a invasão de fungos via poro estomático (Meng et al., 1995).

As células-guarda têm paredes desigualmente espessadas, com microfibrilas de celulose dispostas radialmente

Embora as células-guarda dos principais grupos de plantas apresentem características peculiares, todas compartilham uma característica marcante – a presença de paredes desigualmente espessadas. Essa característica parece estar relacionada às mudanças na forma e no volume (e mudanças concomitantes no tamanho do poro estomático), ocasionadas por mudanças no turgor nas células-guarda. Em células-guarda reniformes, a parede oposta ao poro (***parede dorsal***) é geralmente mais fina e, portanto, mais flexível que a parede que delimita o poro (***parede ventral***). As células-guarda reniformes são comprimidas em suas extremidades, onde elas estão conectadas uma à outra; além disso, essas paredes comuns às células-guarda permanecem quase constantes em extensão durante as mudanças no turgor. Consequentemente, o aumento no turgor leva ao arqueamento da parede dorsal fina, enquanto a parede ventral se torna reta ou côncava. A célula toda parece se curvar e afastar do poro, fazendo com que este aumente em tamanho. Mudanças contrárias ocorrem sob diminuição do turgor.

Em Poaceae, nas células-guarda com formato de halteres, a porção mediana apresenta paredes fortemente espessadas (as paredes mais internas e mais externas são muito mais espessas que as paredes dorsais e ventrais), enquanto as extremidades bulbosas têm paredes finas. Nestas células-guarda, o aumento no turgor leva ao intumescimento das extremidades bulbosas e à consequente separação das porções medianas retas dessas células. Novamente, mudanças contrárias ocorrem com a diminuição do turgor.

De acordo com uma hipótese diferente, o arranjo radial das microfibrilas de celulose (**micelação radial**) nas paredes das células-guarda (indicada por linhas dispostas radialmente na Fig. 9.11D) desempenha um papel muito mais importante no movimento estomático do que o espessamento diferencial da parede (Aylor et al., 1973; Raschke, 1975). Conforme as paredes dorsais das células-guarda reniformes se movem em direção ao exterior com o aumento do turgor, a micelação radial transmite esse movimento para as paredes que delimitam o poro (a parede ventral), e o poro se abre. Nas células-guarda halteriformes, as microfibrilas são predominantemente arranjadas no sentido axial nas porções medianas. As microfibrilas irradiam a partir das porções medianas em direção às extremidades bulbosas. A orientação radial das microfibrilas nas paredes das células-guarda foi reconhecida em microscopia de luz polarizada e eletrônica (Raschke, 1975). A Figura 9.16 mostra os resultados de alguns experimentos com balões que têm sido utilizados para sustentar a hipótese sobre o papel da micelação radial nos movimentos estomáticos. É provável que os espessamentos das paredes e o arranjo das microfibrilas contribuam para o movimento dos estômatos (Franks et al., 1998).

Os microtúbulos estão envolvidos nos movimentos estomáticos em *Vicia faba* (Yu et al., 2001). Em estômatos totalmente abertos, os microtúbulos das células-guarda estão transversalmente orientados a partir da parede ventral em direção à parede dorsal. Durante o fechamento estomático, em resposta ao escuro, os microtúbulos se tornam retorcidos e unidos; em estômatos fechados, esses microtúbulos parecem se quebrar em fragmentos difusos. Com a reabertura do estômato em resposta à luz, os microtúbulos novamente se orientam transversalmente. Embora seja conhecido que os microtúbulos corticais mudam sua orientação em resposta ao estresse (Hejnowicz et al., 2000), o tratamento dos estômatos de *Vicia faba* com drogas estabilizadoras e despolimerizadoras de microtúbulos suprimiu a abertura estomática induzida pela luz e o fechamento induzido pelo escuro, levando Yu et al. (2001) a concluírem que a dinâmica dos microtúbulos pode estar envolvida com o movimento estomático. O suporte adicional para o envolvimento dos microtúbulos no funcionamento das células-guarda em *Vicia faba* provém dos estudos de Marcus et al. (2001), que concluíram que os microtúbulos são necessários para a abertura estomática, mais especificamente, que eles são necessários, de alguma forma, nos eventos iônicos (efluxo de H^+ e influxo de K^+) que levam à abertura estomática, possivelmente participando nos eventos de transdução de sinais que levam aos fluxos iônicos.

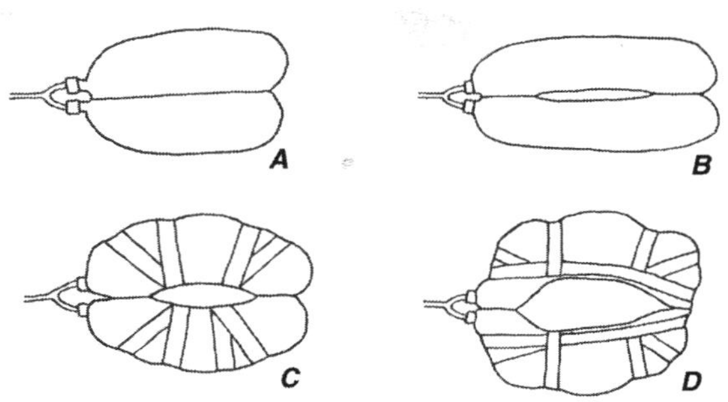

FIGURA 9.16

Modelos para o estudo do efeito do arranjo radial das microfibrilas nas paredes das células-guarda durante a abertura do estômato. **A**, dois cilindros conectados pelas extremidades e parcialmente inflados. **B**, o mesmo modelo sob pressão mais alta. Uma fenda estreita é visível. **C**, faixas simulam a micelação radial nos cilindros, os quais estão inflados. A fenda é maior que em **B**. **D**, micelação radial se estende para as extremidades dos cilindros e algumas faixas estão presentes na "parede ventral". A dilatação das células induziu a formação de uma fenda mais ampla que em **C**. (Obtido de Esau, 1977; desenhos adaptados de fotomicrografias em Aylor, Parlange e Krikorian, 1973.)

O aumento de volume nas células-guarda é compensado em parte pela diminuição do volume nas células epidérmicas adjacentes (células subsidiárias ou células vizinhas) (Weyers e Meidner, 1990). Portanto, é a diferença de turgor entre as células-guarda e suas vizinhas imediatas que determina a abertura do poro (Mansfield, 1983). Assim, o complexo estomático deveria ser considerado como uma unidade funcional.

Luz azul e ácido abscísico são sinais importantes no controle dos movimentos estomáticos

O transporte de íons potássio (K^+) entre células-guarda e células subsidiárias ou células vizinhas é considerado o fator principal no movimento das células-guarda, sendo que o estômato se abre na presença de grandes quantidades de K^+. Alguns estudos indicam que K^+ e sacarose são os principais osmóticos das células-guarda, sendo K^+ o osmótico dominante nos estágios iniciais da abertura durante o período da manhã, e a sacarose se tornando dominante no início da tarde (Talbott e Zeiger, 1998). A tomada de K^+ pelas células-guarda é impulsionada por um gradiente de prótons (H^+) mediado por uma H^+-ATPase da membrana plasmática ativada por luz azul (Kinoshita e Shimazaki, 1999; Zeiger, 2000; Assmann e Wang, 2001; Dietrich et al., 2001), e é acompanhada pela tomada de íons cloro (Cl^-) e pelo acúmulo de malato^{2-}, que é sintetizado a partir do amido nos cloroplastos das células-guarda. A elevação na concentração dos solutos resulta em um potencial de água mais negativo, que causa o movimento osmótico da água para dentro das células-guarda, levando ao intumescimento e à separação das células-guarda no local do poro. As células-guarda em espécies do gênero *Allium* não possuem amido (Schnabl e Ziegler, 1977; Schnabl e Raschke, 1980), e aparentemente dependem somente do cloro nas trocas com K^+. O fechamento dos estômatos ocorre quando há perda de Cl^-, malato 2^- e K^+ das células-guarda. Então, com a diminuição do potencial água, a água se move do protoplasto para a parede das células-guarda, reduzindo o turgor dessas células e levando ao fechamento do poro estomático.

O ácido abscísico (ABA), um hormônio vegetal, exerce um papel crucial como um sinal endógeno que inibe a abertura estomática e induz o fechamento estomático (Zhang e Outlaw, 2001; Comstock, 2002). Os principais sítios de ação do ABA parecem ser os canais de íons na membrana plasmática e no tonoplasto das células-guarda que levam à perda de K^+ e ânions associados (Cl^- e malato 2^-) a partir do citosol e do vacúolo. Evidências experimentais indicam que o ABA induz um aumento no pH e no Ca^{2+} citosólico, que age como um segundo mensageiro nesse sistema (Grabov e Blatt, 1998; Leckie et al., 1998; Blatt, 2000a; Wood et al., 2000; Ng et al., 2001). Diversas fosfatases e quinases também estão envolvidas na regulação das atividades desses canais (MacRobbie, 1998, 2000). As células-guarda respondem a uma gama de estímulos ambientais, tais como luz, concentração de CO_2 e temperatura, além dos hormônios vegetais. O mecanismo complexo de movimentos estomáticos é objeto de estudos e discussões intensivas, que fornecem informações valiosas para o entendimento da transdução de sinais em plantas (Hartung et al., 1998; Allen et al., 1999; Assmann e Shimazaki, 1999; Blatt, 2000b; Eun e Lee, 2000; Hamilton et al., 2000; Li e Assmann, 2000; Schroeder et al., 2001).

Embora tenha sido suposto por muito tempo que o grau de abertura estomática é bastante homogêneo ao longo da superfície foliar, sabe-se agora que, apesar das condições ambientais praticamente idênticas, os estômatos podem estar abertos em algumas áreas foliares e fechados nas áreas adjacentes, resultando em uma condutância estomática desigual (Mott e Buckley, 2000). A **desigualdade estomática** tem sido observada em um grande número de espécies e famílias (Eckstein, 1997), e é especialmente comum, mas não limitada, às folhas que estão divididas em compartimentos pelas **extensões da bainha do feixe** – porções de tecido fundamental que se estendem da bainha do feixe para a epiderme – associadas com a rede de nervuras (Fig. 7.3A; Terashima, 1992; Beyschlag e Eckstein, 2001). Tais folhas são denominadas ***folhas heterobáricas***. Nessas folhas, pouca ou nenhuma troca gasosa ocorre entre o sistema de espaços intercelulares de diferentes compartimentos, visto que a folha é essencialmente uma coleção de unidades fotossintetizantes e transpirantes independentes. O padrão e a extensão de desigualdade podem diferir entre as superfícies superior e inferior em folhas anfiestomáticas (Mott et al., 1993). Fatores de estresse, particularmente aqueles que impõem estresse hídrico nas plantas, parecem desempenhar um papel fundamental na formação de desigualdades (Beyschlag e Eckstein, 2001; Buckley et al., 1999).

O desenvolvimento de complexos estomáticos envolve uma ou mais divisões celulares assimétricas

Os estômatos começam a se desenvolver nas folhas pouco antes do principal período de atividade meristemática na epiderme ser finalizado, e continuam a ser formados ao longo de uma considerável

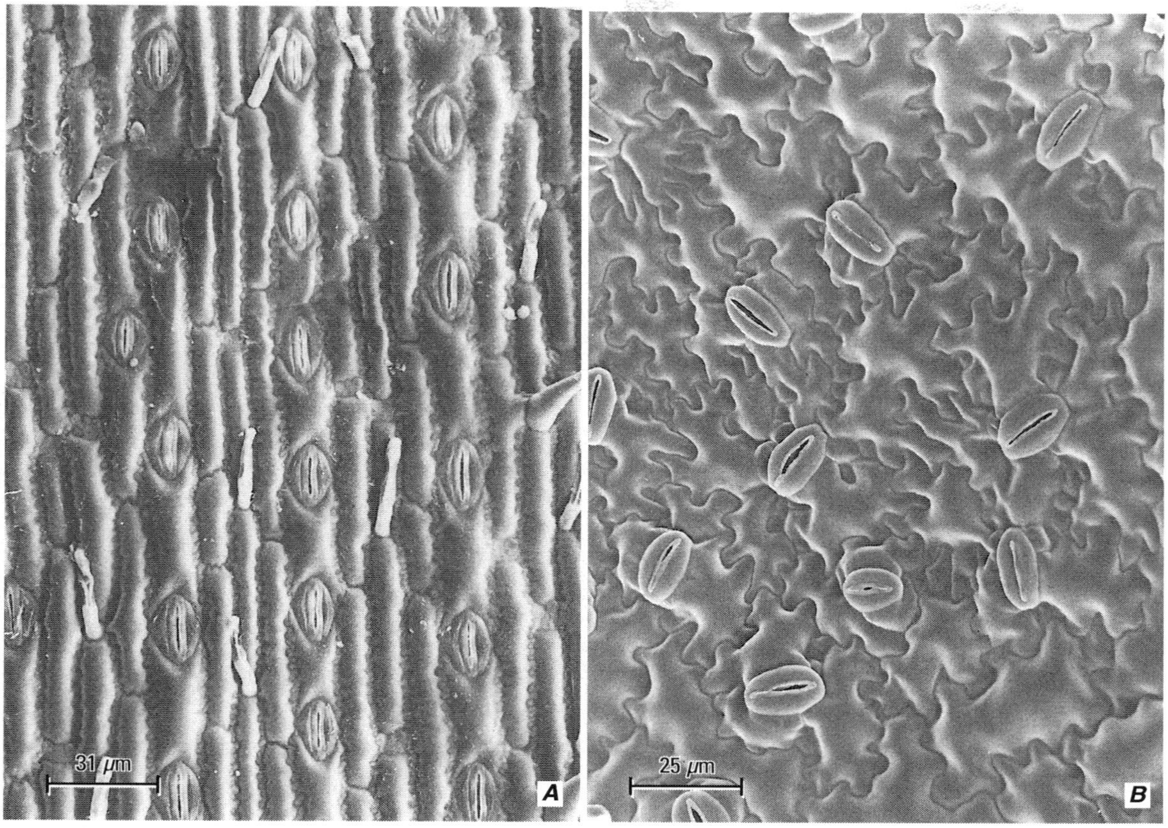

FIGURA 9.17

Vista frontal de estômatos em eletronmicrografias de varredura. **A**, folha de milho (*Zea mays*) mostrando o arranjo estomático paralelo típico das folhas de monocotiledôneas. No milho, cada par de células-guarda estreita está associado com duas células subsidiárias, uma de cada lado do estômato. **B**, folha de batata (*Solanum tuberosum*) mostrando arranjo estomático difuso ou aleatório típico das folhas de eudicotiledônea. As células-guarda riniformes da batata não estão associadas a células subsidiárias. (**B**, cortesia de M. Michelle McCauley.)

parte da expansão da folha por crescimento celular. Em folhas com venação paralela, como na maioria das monocotiledôneas, onde os estômatos são organizados em fileiras longitudinais (Fig. 9.17A), os estágios de desenvolvimento dos estômatos são observados em sequência nas porções sucessivamente mais diferenciadas da folha. Essa sequência é basípeta, isto é, do ápice para a base da folha. Os primeiros estômatos a atingirem a maturidade são encontrados no ápice foliar, e os recém-formados localizam-se próximos à base da folha. Em folhas com venação reticulada, como na maioria das eudicotiledôneas (Fig. 9.17B), estômatos em diferentes estágios de desenvolvimento ocorrem de modo difuso ou em mosaico. Um aspecto notável das folhas jovens de eudicotiledôneas é a tendência de maturação precoce de alguns estômatos nos dentes foliares (Payne, W. W., 1979). Esses estômatos podem funcionar como hidatódios (Capítulo 16).

O desenvolvimento dos estômatos começa com uma divisão anticlinal assimétrica ou desigual de uma célula protodérmica. Essa divisão resulta em duas células, uma delas geralmente maior e semelhante às outras células protodérmicas, e uma segunda célula menor, com citoplasma densamente corado e um núcleo grande. A célula menor é chamada de **meristemoide estomática**. Em algumas espécies, a célula-irmã da meristemoide pode se dividir novamente de forma assimétrica e originar outra célula meristemoide (Rasmussen, 1981). Dependendo da espécie, a meristemoide pode funcionar diretamente como a **célula-mãe das células-guarda** (célula-mãe do estômato) ou dar origem à célula-mãe da célula-guarda após divisões adicionais. A formação do complexo estomático requer a migração do núcleo para locais específicos

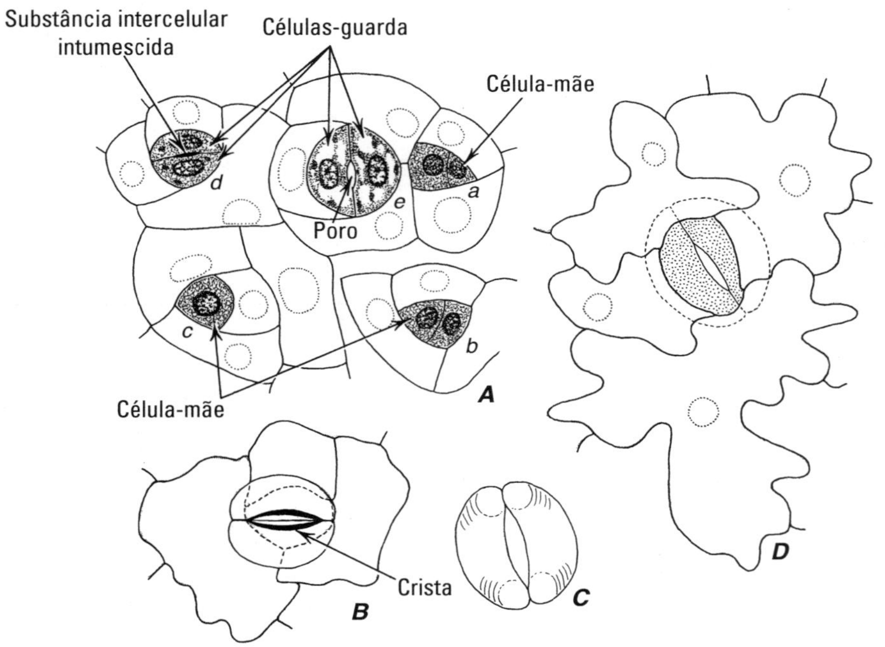

FIGURA 9.18

Estômato de *Nicotiana* (tabaco) em vista frontal. **A**, estágios de desenvolvimento: a, b, logo após a divisão que resultou na formação da célula-mãe da célula-guarda; c, a célula-mãe da célula-guarda aumentou de tamanho; d, a célula-mãe da célula-guarda se dividiu em duas células-guarda ainda completamente unidas, mas com substância intercelular intumescida no local do futuro poro; e, estômato jovem com poro entre células-guarda. **B**, estômato maduro na face externa da epiderme adaxial. **D**, estômato semelhante na face interna da epiderme abaxial. As células-guarda são elevadas e aparecem acima das células epidérmicas em **B** e abaixo delas em **D**. **C**, células-guarda na face interna da epiderme. (A, ×620; B-D, ×490.)

nas células parentais antes da divisão celular e da precisa localização dos planos de divisão. Dessa forma, o complexo estomático tem sido objeto de muitos estudos ultraestruturais, a fim de determinar o papel dos microtúbulos no posicionamento da placa celular e no formato das células (Palevitz e Hepler, 1976; Galatis, 1980, 1982; Palevitz, 1982; Sack, 1987).

Uma divisão simétrica da célula-mãe das células-guarda dá origem a duas células-guarda (Figs. 9.18A e 9.19A-C), que, por meio de deposição e expansão diferencial de parede, adquirem sua forma característica. A lamela média no local do futuro poro intumesce (Fig. 9.18A, d), e a conexão entre as células é enfraquecida nesse ponto. As células, então, se separam neste local e assim é formada a abertura estomática (Fig. 9.18A, e). A(s) causa(s) exata(s) da separação das paredes ventrais no local do poro ainda não foi(foram) identificada(s), mas três possibilidades têm sido consideradas: hidrólise enzimática da lamela média, tensão provocada pelo aumento no turgor na célula-guarda e formação da cutícula, que finalmente reveste o poro recém-formado (Sack, 1987). Em *Arabidopsis*, a formação do poro parece envolver o estiramento de material elétron-denso no espessamento em formato de lente no local do poro (Zhao e Sack, 1999). As células-mãe das células-guarda ocorrem no mesmo nível das demais células epidérmicas adjacentes. Vários reajustes espaciais ocorrem entre as células-guarda e as células epidérmicas adjacentes e entre a epiderme e o mesofilo (Fig. 9.19), de modo que as células-guarda podem estar elevadas ou em nível inferior na superfície da epiderme. Mesmo nas folhas das coníferas com suas células-guarda em depressões profundas, as células-mãe estão no mesmo nível das demais células epidérmicas (Johnson e Riding, 1981). A câmara subestomática se forma durante o desenvolvimento do estômato, antes da formação do poro estomático (Fig. 9.19E).

Embora os plasmodesmos ocorram em todas as paredes de células-guarda imaturas, eles se tornam obliterados com material de parede conforme

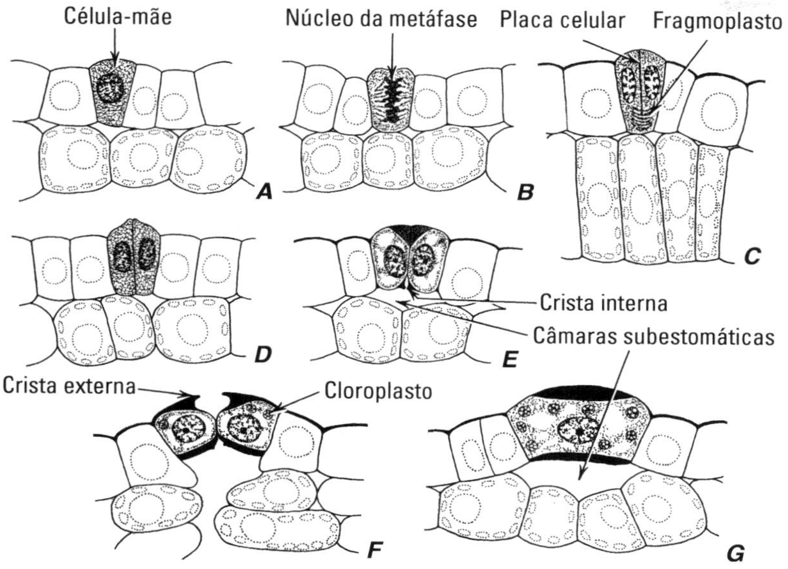

FIGURA 9.19

Desenvolvimento de estômato em folha de *Nicotiana* (tabaco) em secções. **C**, na epiderme adaxial com algumas células em paliçada; outros na epiderme abaxial. **A-C**, célula-mãe das células-guarda antes e durante sua divisão em duas células-guarda. **D**, células-guarda jovens com paredes delgadas. **E**, as células-guarda cresceram lateralmente e suas paredes começaram a espessar. A crista interna e a câmara subestomática foram formadas. **F**, células-guarda maduras com cristas superiores e inferiores e paredes desigualmente espessadas. **G**, uma célula-guarda madura seccionada paralelamente ao seu eixo maior e em ângulo reto com a superfície foliar. (Todas, ×490.)

as paredes se espessam (Willmer e Sexton, 1979; Wille e Lucas, 1984; Zhao e Sack, 1999). O isolamento simplástico das células-guarda maduras é bem ilustrado pela incapacidade de corantes fluorescentes microinjetados nas células-guarda ou nas células adjacentes se moverem através das paredes comuns entre elas (Erwee et al., 1985; Palevitz e Hepler, 1985).

Como mencionado previamente, as células subsidiárias ou células vizinhas podem se originar da mesma célula meristemoide que os estômatos ou a partir de células que não são diretamente relacionadas ontogeneticamente com a célula-mãe da célula-guarda. Com base nessas informações, três principais categorias de ontogenia estomática são reconhecidas (Pant, 1965; Baranova, 1987, 1992): **mesógena**, na qual todas as células subsidiárias ou células vizinhas têm origem comum com as células-guarda (Fig. 9.20); **perígena**, onde nenhuma das células subsidiárias ou células vizinhas têm a mesma origem que as células-guarda (Fig. 9.21); **mesoperígena**, na qual pelo menos uma das células subsidiárias ou vizinhas está diretamente relacionada ontogeneticamente às células-guarda, enquanto as outras possuem origem diferente.

No desenvolvimento de um estômato com células subsidiárias mesógenas (Fig. 9.20), a célula precursora do complexo estomático (meristemoide) é formada por uma divisão assimétrica de uma célula protodérmica, e duas divisões assimétricas subsequentes resultam na divisão da célula precursora em uma célula-mãe das células-guarda e duas células subsidiárias. Uma nova divisão simétrica leva à formação de duas células-guarda.

A origem das células subsidiárias perígenas é graficamente ilustrada na diferenciação de um estômato de gramínea (Fig. 9.21). A célula meristemoide, que funciona diretamente como célula-mãe da célula-guarda, é a menor das células-filhas formadas por uma divisão assimétrica de uma célula protodérmica. Antes da divisão da célula-mãe da célula-guarda, as células subsidiárias são formadas ao lado dessa célula menor por divisão assimétrica de duas células contíguas (células-mãe das células subsidiárias). A divisão da célula-mãe das células subsidiárias é precedida pela migração de seu núcleo para um agrupamento de actina ao longo da parede da célula-mãe das células subsidiárias que faceia a célula-mãe da célula-guarda. Nas folhas de milho, os fatores determinantes do destino das células subsidiárias estão aparentemente localizados nesse agrupamento de actina e subsequentemente são transferidos para o núcleo das células-filhas em contato com esse agrupamento, logo após o término da mitose. Consequentemente, a célula-filha que herda esse núcleo está determinada a se diferenciar como célula subsidiária (Gallagher e Smith, 2000). Ajustes no crescimento após a formação das células-guarda fazem que as células subsidiárias apareçam como partes integrais do complexo estomático.

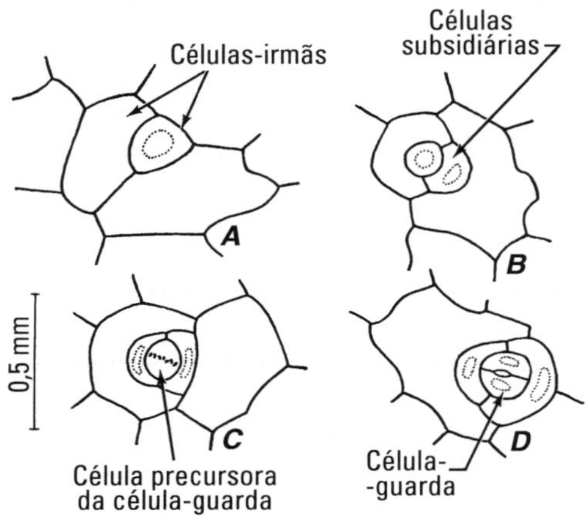

FIGURA 9.20

Desenvolvimento de estômato com células subsidiárias mesógenas em folha de *Thunbergia erecta*. **A**, a célula epidérmica se dividiu e originou uma pequena célula precursora do complexo estomático. **B**, a precursora se dividiu formando uma célula subsidiária. **C**, a segunda célula subsidiária e a precursora da célula-guarda se formaram. **D**, a formação do complexo estomático foi completada pela divisão da precursora da célula-guarda. (Obtido de Esau, 1977; adaptado de Paliwal, 1966.)

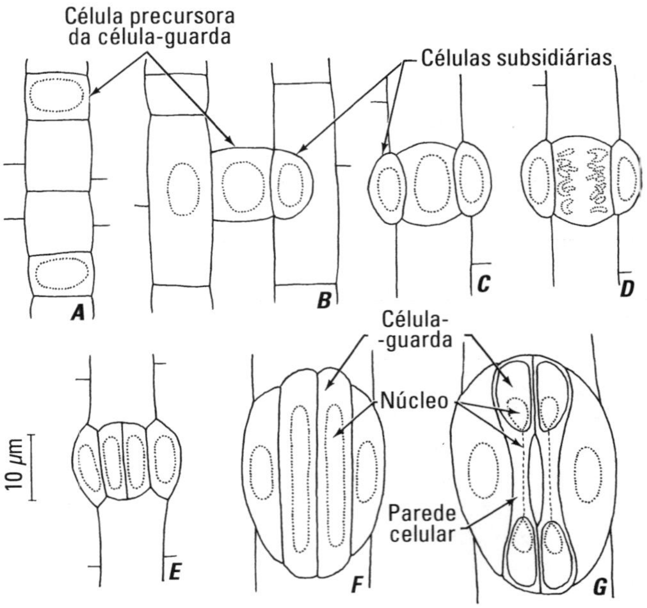

FIGURA 9.21

Desenvolvimento de complexo estomático no entrenó de aveia (*Avena sativa*). As células subsidiárias são perígenas. **A**, as duas células curtas são precursoras de células-guarda. **B**, à esquerda, o núcleo de uma célula longa está em posição para se dividir e formar uma célula subsidiária; à direita, a célula subsidiária foi formada. **C**, precursora da célula-guarda antes da mitose. **D**, precursora da célula-guarda na anáfase. **E**, o complexo estomático constituído por duas células-guarda e duas células subsidiárias ainda está imaturo. **F**, as células do complexo estomático se alongaram. **G**, o complexo estomático está maduro. (Obtido de Esau, 1977; de fotografias de Kaufman et al., 1970a.)

Diferentes sequências no desenvolvimento resultam em configurações diferentes de complexos estomáticos

Os padrões formados pelas células-guarda totalmente diferenciadas e pelas células ao redor, em vista frontal, são utilizados com propósitos taxonômicos. É importante notar, entretanto, que complexos estomáticos maduros semelhantes podem ter sido formados a partir de diferentes caminhos. Muitas classificações têm sido propostas para os complexos estomáticos maduros em eudicotiledôneas, com vários graus de complexidade (Metcalfe e Chalk, 1950; Fryns-Claessens e Van Cotthem, 1973; Wilkinson, 1979; Baranova, 1987, 1992). Entre os principais tipos de configurações estomáticas estão a ***anomocítica***, na qual as células epidérmicas ao redor das células-guarda não são distintas das demais células epidérmicas, isto é, células subsidiárias estão ausentes (Fig. 9.22A); ***anisocítica***, na qual o estômato é rodeado por três células subsidiárias, sendo uma delas bem menor que as outras duas (Fig. 9.22B; encontrado em *Arabidopsis* e representantes de Brassicaceae); ***paracítica***, na qual o estômato é acompanhado de cada lado por uma ou mais células subsidiárias paralelas ao eixo maior das células-guarda (Fig. 9.22C); ***diacítica***, na qual o estômato é rodeado por um par de células subsidiárias cujas paredes comuns formam ângulo reto com as células-guarda (Fig. 9.22D); ***actinocítica***, na qual o estômato é rodeado por um círculo de células em posição radial cujos eixos maiores são perpendiculares ao contorno das células-guarda (Fig. 9.22E); ***ciclocítica*** (enciclocítica), na qual o estômato é envolvido por um ou dois anéis estreitos de células subsidiárias (Fig. 9.22F); ***tetracítica***, na qual o estômato está envolvido por quatro células subsidiárias, duas laterais e duas polares (terminais), sendo encontrada em muitas monocotiledôneas (Fig. 9.23). Uma mesma espécie pode exibir mais de um tipo de complexo estomático, e o padrão pode mudar ao longo do desenvolvimento foliar.

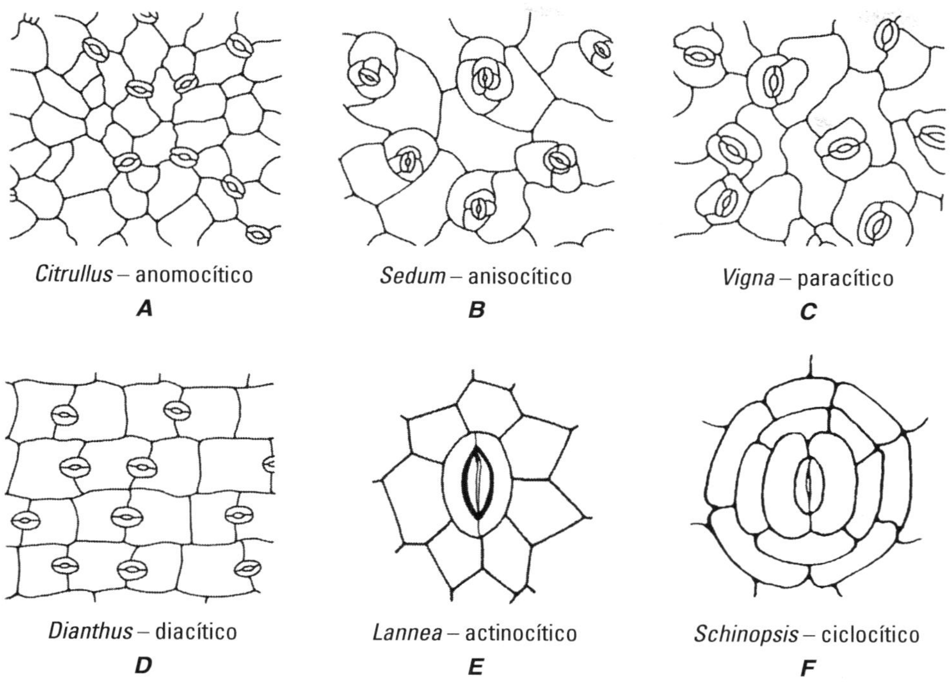

FIGURA 9.22

Epiderme em vista frontal mostrando os principais tipos de configurações estomáticas. (**A-D**, obtido de Esau, 1977; **E**, Fig. 10.3b e **F**, Fig. 10.3h redesenhados de Wilkinson, 1979, *Anatomy of the Dicotyledons*, 2. ed., vol. I, C. R. Metcalfe e L. Chalk, Eds., com permissão de Oxford University Press.)

Na maioria das monocotiledôneas, a configuração do complexo estomático está mais precisamente relacionada à sequência de desenvolvimento. Tendo examinado cerca de 100 espécies representantes da maioria das famílias de monocotiledôneas, Tomlinson (1974) reconheceu as principais configurações de complexo estomático resultantes das sequências de desenvolvimento específicas (Fig. 9.23). A célula meristemoide surge a partir de uma **divisão assimétrica** de uma célula protodérmica (A). A meristemoide é a célula menor das duas células originadas e parece sempre ser a mais distal (em direção ao ápice foliar). A célula meristemoide, que funciona diretamente como a célula-mãe da célula-guarda, normalmente está em contato com quatro **células vizinhas** (B). (Note que Tomlinson usou o termo células vizinhas para se referir às células localizadas próximas às meristemoides quando estas são formadas). Essas células podem não se dividir, tornando-se diretamente ***células de contato***, isto é, células que estão em contato com as células-guarda no complexo estomático maduro (F), como em Amaryllidaceae, Liliaceae e Iridaceae. Por outro lado, as células vizinhas podem se dividir anticlinalmente e produzir ***derivadas***. A orientação dessas paredes é de fundamental importância no desenvolvimento do complexo estomático: elas podem ser exclusivamente oblíquas (C-E) ou exclusivamente perpendiculares e/ou paralelas às fileiras de células protodérmicas (F-H). Com a divisão das células vizinhas, o complexo estomático passa a ser constituído pelas células-guarda e uma combinação de células vizinhas e suas derivadas (G) ou pelas células-guarda e derivadas das células-vizinhas (E, H). Assim, as células em contato com o estômato são também todas derivadas (E-H) ou uma combinação de derivadas e células vizinhas que não se dividiram (G). O tipo de complexo ilustrado em G é aquele da família das gramíneas (Poaceae). Ele também ocorre em várias outras famílias, incluindo as Cyperaceae e Juncaceae; H é o tipo característico de muitas Commelinaceae, e E de Palmae.

TRICOMAS

Os **tricomas** (do grego, significa um conjunto de pelos) são apêndices epidérmicos bastante variáveis (Figs. 9.24 e 9.25). Podem ocorrer em todas as partes

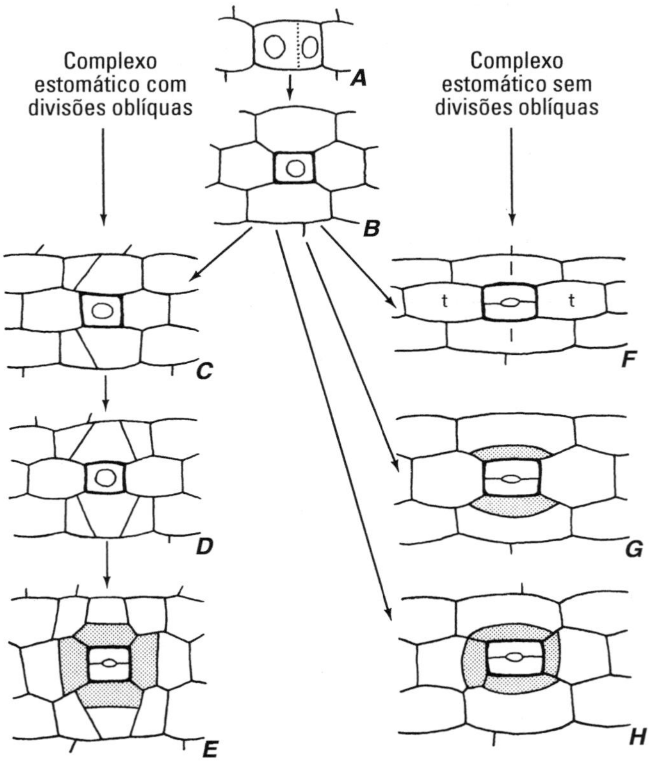

FIGURA 9.23

Exemplos dos tipos de desenvolvimento estomático em monocotiledôneas. Esquemático. **A**, divisão desigual resulta na formação de **B**, uma célula menor, precursora da célula-guarda, rodeada por quatro células vizinhas em um arranjo cruciforme. **C-E**, divisões oblíquas e em outros planos nas células vizinhas resultam na formação de quatro derivadas (pontilhadas) em contato com as células-guarda. **F-H**, nenhuma divisão oblíqua ocorre na formação dos complexos estomáticos: **F**, as células vizinhas originais, duas células laterais (l) e duas terminais (t) tornam-se células de contato; **G**, as derivadas (pontilhadas) de duas células vizinhas laterais e duas células vizinhas terminas indivisas se tornam células de contato; **H**, as derivadas (pontilhadas) de quatro células vizinhas se tornam células de contato. **E**, tipo palmeira; **G**, tipo gramínea. (Obtido de Esau, 1977; adaptado de Tomlinson, 1974.)

do corpo vegetal e podem permanecer ao longo de toda a vida de uma porção vegetal ou sofrer ablação precocemente. Alguns dos tricomas persistentes permanecem vivos; outros morrem e se tornam secos. Embora a estrutura dos tricomas varie bastante dentro de famílias e grupos vegetais menores, eles são uniformes em um determinado táxon e têm sido utilizados com propósitos taxonômicos (Uphof e Hummel, 1962; Theobald et al., 1979).

Geralmente, os tricomas são distintos de emergências (tais como verrugas e espinhos), as quais são formadas de tecidos epidérmicos e subepidérmicos e são geralmente mais compactas que os tricomas. A distinção entre tricomas e emergências não é clara, uma vez que alguns tricomas são elevados sobre uma base formada por células subepidérmicas. Assim, um estudo ontogenético pode ser necessário para determinar se algumas protuberâncias são somente de origem epidérmica ou de origem epidérmica e subepidérmica.

Os tricomas apresentam uma variedade de funções

As plantas que vivem em ambientes áridos tendem a apresentar folhas mais pilosas que plantas similares de ambientes mésicos (Ehleringer, 1984; Fahn 1986; Fahn e Cutler, 1992). Estudos com plantas de ambientes áridos indicam que o aumento na pubescência (pilosidade) foliar reduz a taxa de transpiração por (1) aumentar a reflexão dos raios solares, o que diminui a temperatura foliar, e (2) aumentar a camada superficial da folha (a camada de ar parado através da qual o vapor de água deve se difundir). Além disso, as células basais ou pedunculares dos tricomas foliares de algumas xerófitas são completamente cutinizadas, impedindo o fluxo apoplástico de água para dentro dos tricomas (Capítulo 16; Fahn, 1986). Muitas "plantas aéreas", como as bromélias epífitas, utilizam os tricomas foliares para a absorção de água e minerais (Owen e Thomson, 1991). Ao contrário, em *Atriplex*, os tricomas secretores de sal removem sais dos tecidos foliares, impedindo o acúmulo de sais tóxicos na planta (Mozafar e Goodin, 1970; Thomson e Healey, 1984). Durante os estágios iniciais do desenvolvimento foliar, tricomas contendo polifenóis podem desempenhar um papel protetor contra os danos causados pela radiação UV-B (Karabourniotis e Easseas, 1996). Os tricomas podem proporcionar defesa contra insetos (Levin, 1973; Wagner, 1991). Em muitas espécies, a densidade de tricomas está negativamente correlacionada com a resposta de insetos quanto à alimentação e oviposição e com a nutrição da larva. Tricomas em forma de gancho apreendem insetos e suas larvas (Eisner et al., 1998). Tricomas secretores (glandulares) podem proporcionar defesa química (Capítulo 16). Enquanto alguns insetos são envenenados pela secreção dos tricomas, outros se tornam inofensivos pela imobilização na secreção (Levin, 1973).

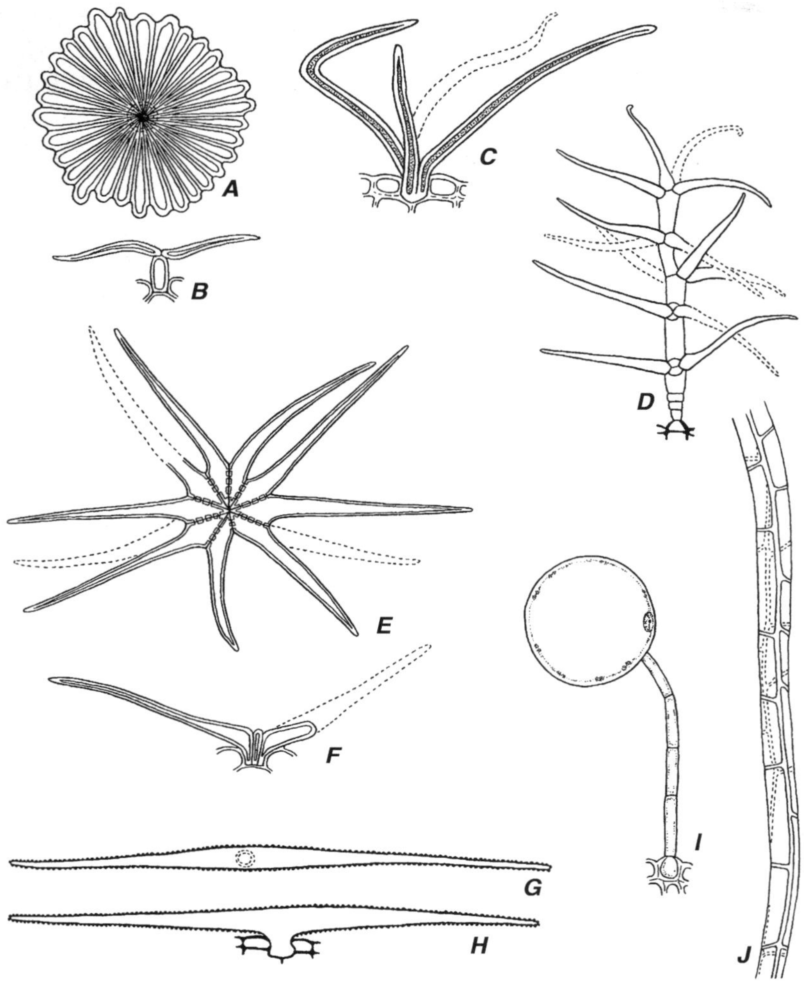

FIGURA 9.24

Tricomas. **A**, **B**, escamas peltadas de *Olea* em vistas frontal (**A**) e lateral (**B**). **C**, tricoma estelar em tufo em *Quercus*. **D**, tricoma dendrítico de *Platanus*. **E**, **F**, tricoma estelar de *Sida* em vistas frontal (**E**) e lateral (**F**). **G**, **H**, tricoma unicelular de *Lobularia* em formato de T com dois braços, em vistas frontal (**G**) e lateral (**H**). **I**, tricoma vesiculado de *Chenopodium*. **J**, parte de tricoma multicelular de *Portulaca*. (A-C, I, ×210; D-H, J, ×105.)

Os tricomas podem ser classificados em diferentes categorias morfológicas

Algumas das categorias morfológicas dos tricomas são (1) ***papilas***, que são pequenas protuberâncias epidérmicas, frequentemente consideradas distintas de tricomas; (2) ***tricomas simples (não ramificados)***, um grande grupo de tricomas unicelulares (Fig. 9.25C-F) e multicelulares (Figs. 9.24I, J e 9.25A, B) extremamente comuns; (3) tricomas ***com dois*** a ***cinco braços***; (4) ***tricomas estrelados***, com formato de estrela, variáveis em estrutura (Fig. 9.24C, E, F); (5) ***tricomas escamiformes ou peltados***, que consistem de um prato discoide de células arranjadas sobre uma haste ou ligadas diretamente ao pé (Figs. 9.24A, B e 9.25G, H); (6) ***tricomas dendríticos (ramificados)***, que se ramificam ao longo de um eixo (Fig. 9.24D; Theobald et al., 1979); e (7) ***pelos radiculares***. Além desses, existem muitos tipos especializados de tricomas, tais como os pelos urticantes, glândulas peroladas, pelos contendo cistólitos (Fig. 9.25C, E, F), e vesículas de água (Capítulo 16). Aspectos anatômicos podem ser utilizados para facilitar a descrição dos tricomas, como por exemplo, se glandulares (Fig. 9.25B, G, H) ou não glandulares; uni ou multicelulares; uni ou multisseriados; os aspectos da superfície; diferenças na espessura da parede; espessura da cutícula; diferenças nos tipos celulares na base ou pé (Fig. 9.25B, G), pedúnculo ou cabeça; e a presença de cristais, cistólitos ou outros conteúdos. Um glossário extensivo da terminologia dos tricomas em plantas foi compilado por W. W. Payne (1978).

Um tricoma é originado como uma protuberância a partir de uma célula epidérmica

O desenvolvimento dos tricomas varia em complexidade com relação ao seu formato e estrutura finais. Os tricomas multicelulares mostram padrões característicos de divisão e crescimento celular, alguns mais simples, outros mais complexos. Alguns aspectos do desenvolvimento de tricomas glandulares multicelulares são considerados no Capítulo 16. Aqui, nós consideramos os aspectos do desenvolvimento de três tricomas unicelulares: a fibra do algodão, os pelos radiculares e o tricoma ramificado de *Arabidopsis*.

A fibra do algodão

O tricoma unicelular do algodão (*Gossypium*), comumente conhecido como **fibra do algodão**, origina-se como uma protuberância a partir de uma célula protodérmica do tegumento externo do óvu-

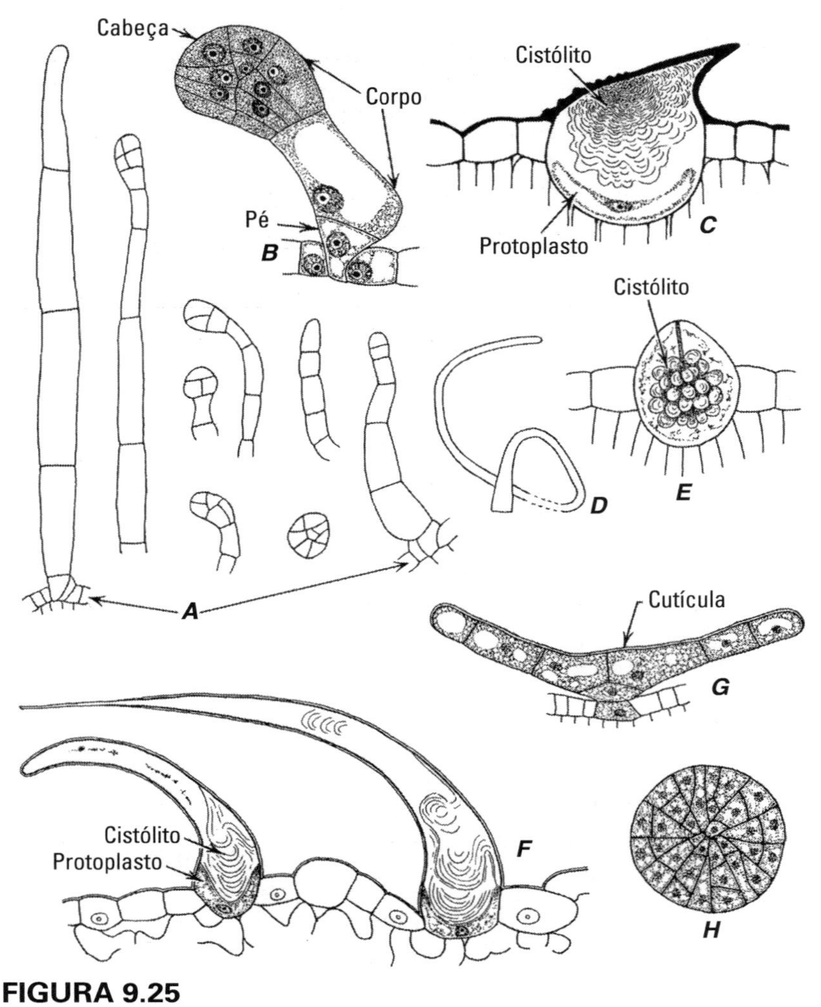

FIGURA 9.25

Tricomas. **A**, grupo de tricomas simples e glandulares (com cabeças multicelulares) de *Nicotiana* (tabaco). **B**, tricoma glandular de tabaco mostrando densidade característica dos conteúdos da cabeça secretora. **C**, tricoma em formato de gancho contendo cistólito em *Humulus*. **D**, tricoma unicelular longo enrolado e **E**, cerda curta com cistólito em *Boehmeria*. **F**, tricomas com formato de gancho contendo cistólitos em *Cannabis*. **G**, **H**, tricomas peltados glandulares de *Humulus* em vista transversal (**G**) e frontal (**H**). (**H** de tricomas mais jovens que **G**.) (A, F, ×100; B, D, E, ×310; C, G, ×245; H, ×490.)

lo (Ramsey e Berlin, 1976a, b; Stewart, 1975, 1986; Tiwari e Wilkins, 1995; Ryser, 1999). O desenvolvimento ocorre de forma sincrônica para a maioria dos tricomas e pode ser dividido em quatro fases que se sobrepõem. Fase 1, a ***origem da fibra*** ocorre na antese, quando as iniciais das fibras aparecem como protuberâncias distintas na superfície do óvulo (Fig. 9.26A). Fase 2, o ***alongamento da fibra*** começa logo depois (Fig. 9.26B) e continua por 12 a 16 dias após a antese, dependendo do cultivar. Os microtúbulos corticais são aleatoriamente orientados nas células iniciais das fibras, e se tornam orientados transversalmente ao eixo maior da célula, conforme a fibra começa a se alongar. As fibras passam por um alongamento intenso, alcançando um comprimento 1.000 a 3.000 vezes maior que seu diâmetro (Peeters et al., 1987; Song e Allen, 1997). Esse alongamento ocorre por um mecanismo difuso, isto é, ocorre em todo o comprimento da fibra (Fig. 9.27A), embora possa ser mais rápido na extremidade (Ryser, 1985). Um grande vacúolo central geralmente está presente na parte basal da célula, e as organelas parecem dispersas mais ou menos uniformemente por todo o citosol (Tiwari e Wilkins, 1995). As paredes primárias das fibras do algodão são biestratificadas, com uma camada externa mais elétron-densa constituída por pectinas e extensina e uma camada mais interna mais elétron-opaca de xiloglucanos e celulose (Vaughn e Turley, 1999). Como típico das células com crescimento difuso, novos materiais de parede são acrescentados ao longo de toda a superfície celular. Uma cutícula se estende sobre a parede de todas as células epidérmicas. Fase 3, a ***formação da parede secundária*** inicia conforme a fibra se aproxima do seu comprimento máximo e pode continuar por cerca de 20 a 30 dias mais. A transição de formação da parede primária durante o rápido alongamento celular para a desaceleração do alongamento e o início da formação da parede secundária está precisamente correlacionada com as mudanças nos padrões dos microtúbulos e das microfibrilas da parede (Seagull, 1986, 1992; Dixon et al., 1994). Com o início da formação da parede secundária, os microtúbulos corticais começam a mudar sua orientação de transversais para hélices bem-acentuadas. Além de celulose, a primeira camada da parede secundária contém calose (Maltby et al., 1979). Na maturidade, as paredes secundárias das fibras de algodão consistem de celulose pura (Basra e Malik, 1984; Tokumoto et al., 2002). As fibras verdes do mutante de algodão e de algumas espécies selvagens contêm quantidades variáveis de suberina associada com ceras,

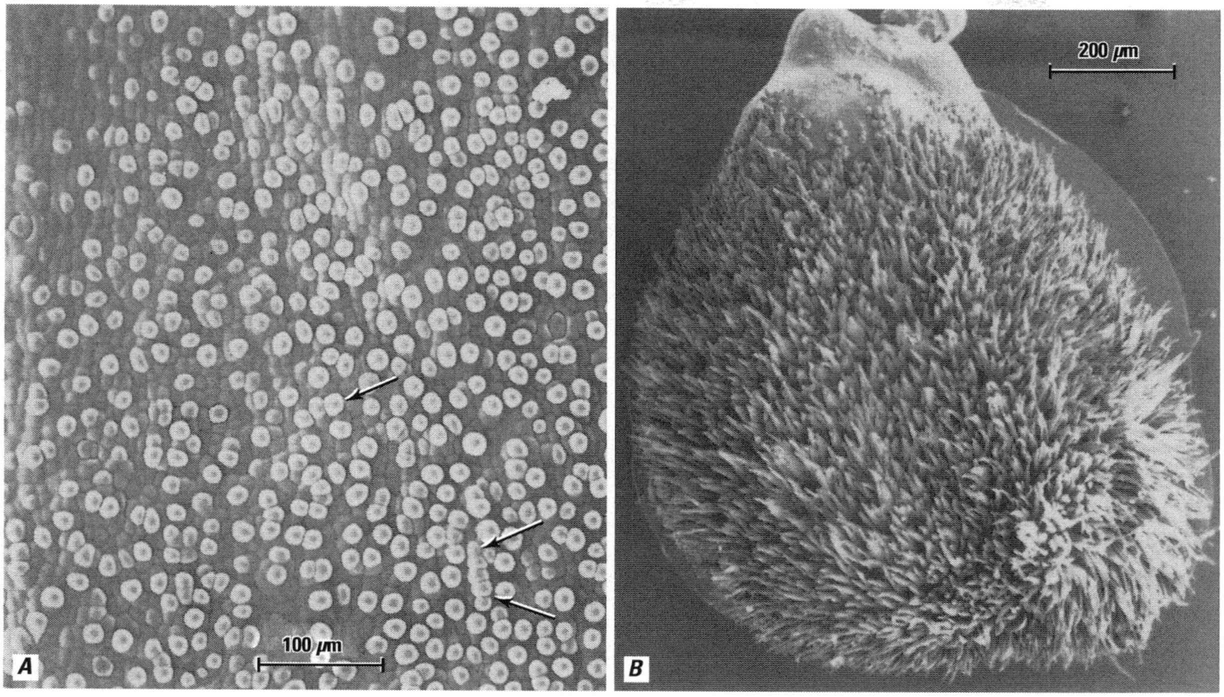

FIGURA 9.26

Eletronmicrografias de varredura de fibras de algodão (*Gossypium hirsutum*) em desenvolvimento. **A**, iniciais de fibras na metade calazal de um óvulo na noite da antese. As iniciais aparecem como minúsculas saliências. **B**, dois dias depois da antese, o óvulo está coberto por fibras jovens. (Obtido de Tiwari e Wilkins, 1995.)

que geralmente são depositadas em camadas concêntricas que se alternam com camadas de celulose (Ryser e Holloway, 1985; Schmutz et al., 1993). O peróxido de hidrogênio tem sido relacionado com um sinal na diferenciação das paredes secundárias da fibra do algodão (Potikha et al., 1999). Fase 4, a fase da ***maturação*** segue o espessamento das paredes. As fibras morrem, provavelmente por um processo de morte celular programada, e se tornam desidratadas.

Ruan et al. (2001) encontraram uma correlação entre a abertura dos plasmodesmos das fibras do algodão e a expressão dos transportadores de sacarose e K^+ e genes expansina. Os plasmodesmos que conectam as fibras do algodão com o tegumento da semente subjacente foram suprimidos no início da fase de alongamento, bloqueando completamente o movimento de carboxifluoresceína (CF) fluorescente impermeável à membrana. Como resultado, soluto vindo das fibras em desenvolvimento foi deslocado duma rota inicialmente simplástica para a via apoplástica. Durante a fase de alongamento, os genes transportadores de sacarose e de K^+ *GLSUT1* e *GhkT1* foram expressos em níveis máximos. Consequentemente, os potenciais osmótico e de turgor das fibras foram elevados, direcionando a fase de rápido alongamento. Esses resultados su-

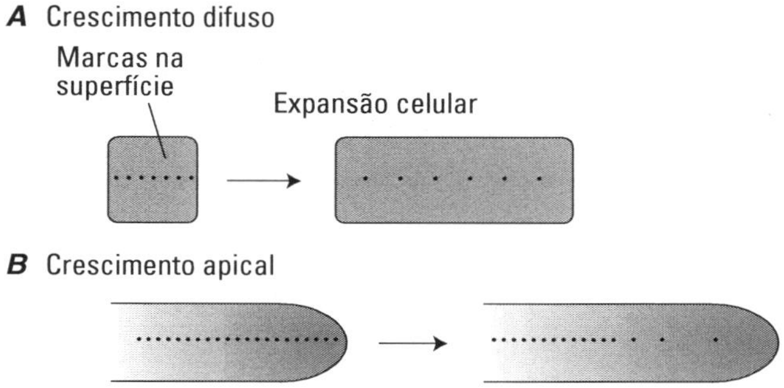

FIGURA 9.27

Alongamento celular por crescimento apical e difuso. O alongamento das fibras de algodão ocorre uniformemente ao longo de seu comprimento, isto é, por crescimento difuso (**A**). O alongamento de pelos radiculares e de tubos polínicos é apical (**B**). Se marcações são feitas na superfície de cada célula, a distância relativa entre as marcações antes e depois do alongamento reflete o mecanismo de alongamento. (Taiz e Zeiger, 2002. © Sinauer Associates.)

gerem que o alongamento das fibras de algodão é iniciado por um afrouxamento da parede celular e finalizado por um aumento da rigidez da parede e perda do alto turgor. Essa impermeabilidade dos plasmodesmos das fibras ao CF foi somente temporária; a continuidade simplástica foi restabelecida no final da fase de alongamento ou próximo desta. Durante o período de restrição do importe de CF, a maioria dos plasmodesmos não ramificados foi modificada em ramificados. As fibras de algodão em desenvolvimento representam um excelente sistema para o estudo da biossíntese de celulose e diferenciação e crescimento celular (Tiwari e Wilkins, 1995; Pear et al., 1996; Song e Allen, 1997; Dixon et al., 2000; Kim, H. J., e Triplett, 2001).

Pelos radiculares

Os tricomas das raízes, os **pelos radiculares**, são extensões tubulares das células epidérmicas. Em um estudo envolvendo 37 espécies em 20 famílias, o diâmetro dos pelos radiculares variou entre 5 e 17 micrômetros e seu comprimento entre 80 e 1.500 micrômetros (Dittmer, 1949). Os pelos radiculares são geralmente unicelulares e não ramificados (Linsbauer, 1930). As raízes adventícias aéreas de *Kalanchoë fedtschenkoi* apresentam pelos radiculares multicelulares, enquanto suas raízes adventícias terrestres apresentam pelos unicelulares (Popham e Henry, 1955). Os pelos absorventes são típicos de raízes, mas expansões tubulares idênticas a pelos radiculares podem se desenvolver a partir de células epidérmicas nas porções inferiores do hipocótilo de plântulas (Baranov, 1957; Haccius e Troll, 1961). Embora os pelos radiculares sejam geralmente de origem epidérmica, em Commelinaceae (que inclui *Rhoeo* e *Tradescantia*) "pelos radiculares secundários" se desenvolvem a partir de células da exoderme a vários centímetros a partir do ápice da raiz na região dos pelos radiculares epidérmicos (primários) mais velhos (Pinkerton, 1936). Em mutantes *schizoriza* (*scz*) de *Arabidopsis*, os pelos radiculares surgem a partir da camada subepidérmica de células (Mylona et al., 2002). Considera-se que a principal função dos pelos radiculares é a extensão da superfície de absorção da raiz para a entrada de água e nutrientes (Peterson e Farquhar, 1996). Os pelos radiculares têm sido identificados como os únicos produtores de exsudatos da raiz em espécies de *Sorghum* (Czarnota et al., 2003).

Os pelos radiculares se desenvolvem acropetamente, isto é, em direção ao ápice da raiz. Em virtude da sequência acrópeta de formação na maioria das raízes principais de plântulas, os pelos radiculares mostram uma gradação uniforme em tamanho, estando os menores mais próximos do ápice e os mais longos, em regiões mais distantes do ápice. Os pelos radiculares são originados como pequenas protuberâncias ou saliências (Fig. 9.28A) na região da raiz onde as divisões celulares estão diminuindo. Em *Arabidopsis*, os pelos radiculares sempre se formam na extremidade da célula mais próxima ao ápice da raiz (Schiefelbein e Somerville, 1990; Shaw et al., 2000), e seu intumescimento no local de origem está intimamente ligado à acidificação da parede celular (Bibikova et al., 1997). Os locais de origem dos pelos radiculares também mostram um acúmulo de expansinas (Baluška et al., 2000; Cho e Cosgrove, 2002) e um aumento de xiloglucanos e na ação da endotransglicosilase (Vissenberg et al., 2001).

Diferentemente das fibras de algodão, que exibem crescimento difuso, os pelos radiculares são células com crescimento apical (Fig. 9.27B; Galway et al., 1997). Como outras células que crescem pelo ápice, como os tubos polínicos (Taylor, L. P., e Hepler, 1997; Hepler et al., 2001), os pelos radiculares em alongamento mostram uma organização polarizada de seus conteúdos com localização preferencial de certas organelas em partes específicas da célula (Fig. 9.28). A parte apical possui vesículas secretoras derivadas dos corpos de Golgi. As vesículas conduzem precursores da parede celular que são liberados por exocitose na matriz da parede em desenvolvimento. O influxo de cálcio (Ca^{2+}) no ápice parece estar intimamente ligado à regulação do processo secretor por meio de seu efeito no citoesqueleto de actina (Gilroy e Jones, 2000). Nos pelos radiculares em crescimento, feixes de filamentos de actina se estendem no citoplasma cortical acompanhando o comprimento dos pelos radiculares e retornam através de um cordão citoplasmático que entremeia os vacúolos (Figs. 9.28E, F e 9.29A; Ketelaar e Emons, 2001). O arranjo dos filamentos de actina no ápice é controverso. Alguns relatos indicam que os filamentos de actina formam uma malha tridimensional – um ***capuz de actina*** – no ápice (Braun et al., 1999; Baluška et al., 2000), enquanto outros sugerem que os filamentos de actina estão desorganizados e em pequeno número ou au-

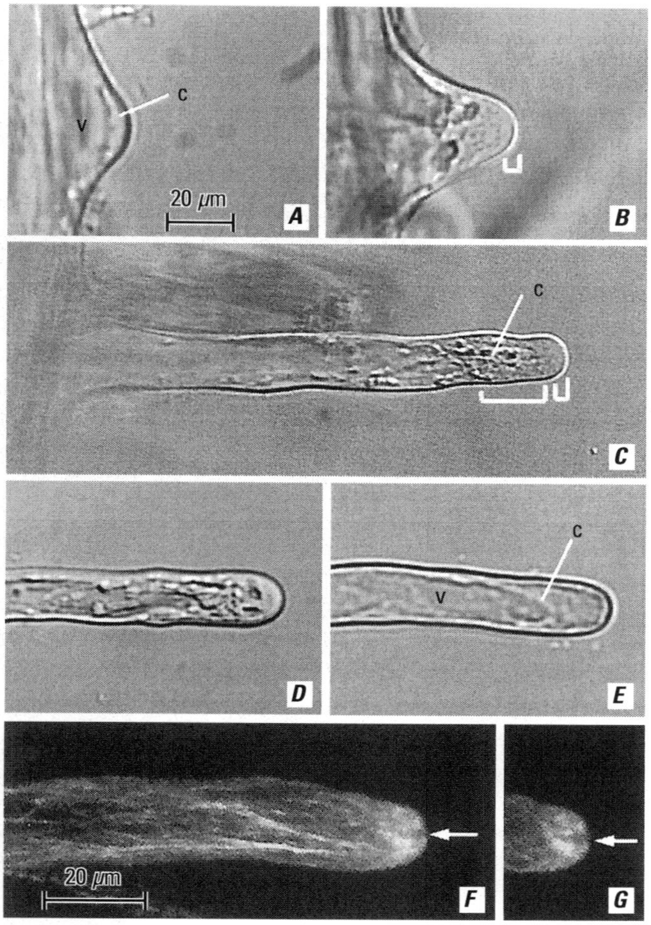

FIGURA 9.28

Imagens do desenvolvimento de pelos radiculares de *Vicia sativa* em microscopia de contraste interferencial (**A-E**) e confocal (**F, G**). **A**, pelo radicular emergindo, a maior parte do qual é ocupada por um grande vacúolo (v); c, cordões citoplasmáticos na periferia. **B**, **C**, pelos radiculares em crescimento. A região apical contém vesículas de Golgi (colchete pequeno). A região subapical em **C** é atravessada por cordões citoplasmáticos com muitas organelas (colchete grande). **D**, pelo radicular em fase final do crescimento com diversos vacúolos pequenos próximos do ápice. **E**, pelo radicular completamente desenvolvido com citoplasma periférico (c) e um grande vacúolo central (v). **F**, **G**, feixes de filamentos de actina imunomarcados. Os feixes estão orientados paralelamente ao eixo maior da célula. A região mais apical do pelo (fenda indicada por seta) parece ser desprovida de actina. (**A-E**, mesmo aumento; **F**, **G**, mesmo aumento. Obtido de Miller, D. D., et al., 1999. © Blackwell Publishing.)

sentes no ápice (Figs. 9.28F, G e 9.29A; Cárdenas et al., 1998; Miller, D. D., et al., 1999). A corrente citoplasmática em pelos radiculares e tubos polínicos em crescimento é descrita como **corrente de fonte reversa**, em que a corrente se move acropetamente nas laterais da célula e basipetamente no cordão central (Fig. 9.29B; Geitmann e Emons, 2000; Hepler et al., 2001). A parte subapical do pelo acumula um grande número de mitocôndrias, enquanto que a maioria das organelas encontra-se na região basal. O núcleo migra para o interior do pelo em desenvolvimento e se posiciona a certa distância do ápice enquanto o pelo está crescendo (Lloyd et al., 1987; Sato et al., 1995). O posicionamento do núcleo é um processo regulado por actina (Ketelaar et al., 2002). Próximo de completar o alongamento, o núcleo pode assumir uma posição aleatória (Meekes, 1985) ou migrar para a base (Sato et al., 1995), e a polaridade citoplasmática é perdida. Assim, os feixes de filamentos de actina se curvam no ápice (Miller, D. D., et al., 1999), como evidenciado pelo tipo de circulação da corrente citoplasmática que ocorre nos pelos que já finalizaram seu crescimento (Sieberer e Emons, 2000). Os microtúbulos são orientados longitudinalmente nos pelos radiculares em crescimento; conforme eles alcançam o ápice celular, tornam-se orientados aleatoriamente (Lloyd, 1983; Traas et al., 1985). Aparentemente, os microtúbulos são responsáveis pela organização dos filamentos de actina em feixes, que juntamente com a miosina, transportam as vesículas secretoras (Tominaga et al., 1997). Os microtúbulos agem na determinação da direção do crescimento da célula (Ketelaar e Emons, 2001). A extensão da parede do pelo radicular ocorre rapidamente (0,1 mm por hora na raiz de rabanete, Bonnet e Newcomb, 1966; 0,35 ± 0,03 µm por minuto em *Medicago truncatula*, Shaw, S. L., et al., 2000). Geralmente, os pelos radiculares têm vida curta, sendo sua longevidade medida em dias. Revisões excelentes de estrutura, desenvolvimento e função dos pelos radiculares foram realizadas por Ridge (1995), Peterson e Farquhar (1996), Gilroy e Jones (2000) e Ridge e Emons (2000).

O tricoma de *Arabidopsis*

Os tricomas são as primeiras células epidérmicas que começam a se diferenciar na epiderme do primórdio foliar em desenvolvimento, e os de *Arabidopsis* não são exceção (Hülskamp et al., 1994; Larkin et al., 1996). A iniciação e a maturação dos tricomas ocorrem em uma direção completamente basípeta (do ápice para a base) ao longo da super-

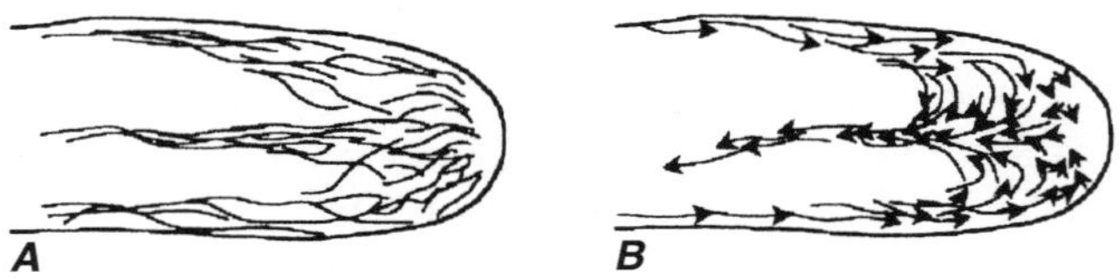

FIGURA 9.29

Representações esquemáticas do ápice de um pelo radicular em crescimento de *Nicotiana tabacum*. **A**, distribuição dos filamentos de actina. **B**, corrente reversa. (Obtido de Hepler et al., 2001. Reimpresso, com permissão, de *Annual Review of Cell and Developmental Biology*, vol. 17. © 2001 por Annual Reviews. www.annualreviews.org)

fície adaxial (superior) do primórdio foliar, embora tricomas adicionais comumente sejam iniciados entre os tricomas maduros nas porções da folha onde as células protodérmicas ao redor ainda estão se dividindo conforme ocorre o crescimento da folha. Na maturidade, os tricomas foliares de *Arabidopsis* normalmente possuem três braços (Figs. 9.30 e 9.31B).

O desenvolvimento dos tricomas na folha de *Arabidopsis* pode ser dividido em duas fases de crescimento (Hülskamp 2000; Hülskamp e Kirik, 2000). A ***primeira fase*** é iniciada quando o precursor do tricoma para de se dividir e começa a endorreduplicar (replicação de DNA na ausência de divisões nuclear e celular, Capítulo 5). Inicialmente, o tricoma incipiente aparece como uma pequena protuberância na superfície da folha (Fig. 9.31A). Após dois ou três ciclos de endorreduplicação, ele se projeta da superfície da folha e sofre dois eventos sucessivos de ramificação. A última ou quarta rodada de endorreduplicação ocorre após o primeiro evento de ramificação. Nesse estágio, o conteúdo de DNA do tricoma aumentou 16 vezes, de 2C (C é o conteúdo haploide de DNA) das células protodérmicas normais para 32C (Hülskamp et al., 1994). Os dois primeiros ramos são alinhados com o eixo longitudinal (basal-distal) da folha (Fig. 9.31A). O braço distal, então, divide-se perpendicularmente ao plano da primeira ramificação para produzir o tricoma com três braços (Fig. 9.31A, B). Presume-se que antes da ramificação – isto é, durante o estágio de crescimento tubular – o tricoma em desenvolvimento aumente seu tamanho principalmente por crescimento apical, e depois o tricoma se expanda por crescimento difuso. Durante a ***segunda fase***, que segue a iniciação

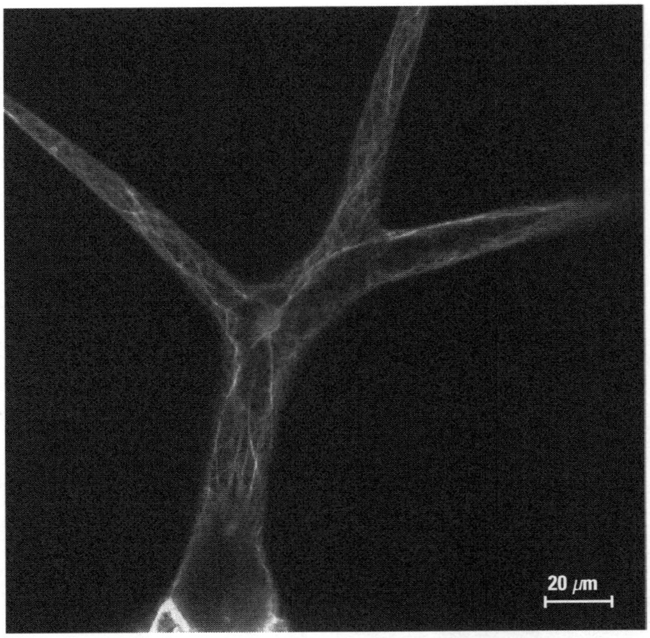

FIGURA 9.30

Filamentos de actina em tricoma de *Arabidopsis*. Actina-F é visualizada em tricomas vivos utilizando proteína verde fluorescente (GFP) ligada a um domínio de ligação à actina do gene Talin de rato. (Cortesia de Jaideep Mathur.)

dos três braços, o tricoma sofre rápida expansão e aumenta seu tamanho de 7 a 10 vezes (Hülskamp e Kirik, 2000). À medida que o tricoma se aproxima da maturidade, a parede celular se espessa e sua superfície se torna recoberta por verrugas de origem e função desconhecidas (Fig. 9.31B). A base do tricoma maduro é circundada por um anel de 8 a 12 células retangulares que se tornam visíveis no momento que se inicia a ramificação do tricoma (Hülskamp e Schnittger, 1998). A base do tricoma parece ser empurrada para baixo das células ao redor, formando uma concavidade, ou um soquete; consequentemente, as células ao redor podem ser chamadas de ***células soquetes***. Também chamada de ***células acessórias***, essas células não são relacionadas ontogeneticamente ao tricoma (Larkin et al., 1996).

O citoesqueleto desempenha um papel essencial na morfogênese do tricoma (Reddy e Day, I. S., 2000). O papel dos microtúbulos é predominante durante a primeira fase do desenvolvimento, e o dos filamentos de actina, na segunda fase. Os microtúbulos são responsáveis no estabelecimento do padrão espacial de ramificação dos tricomas,

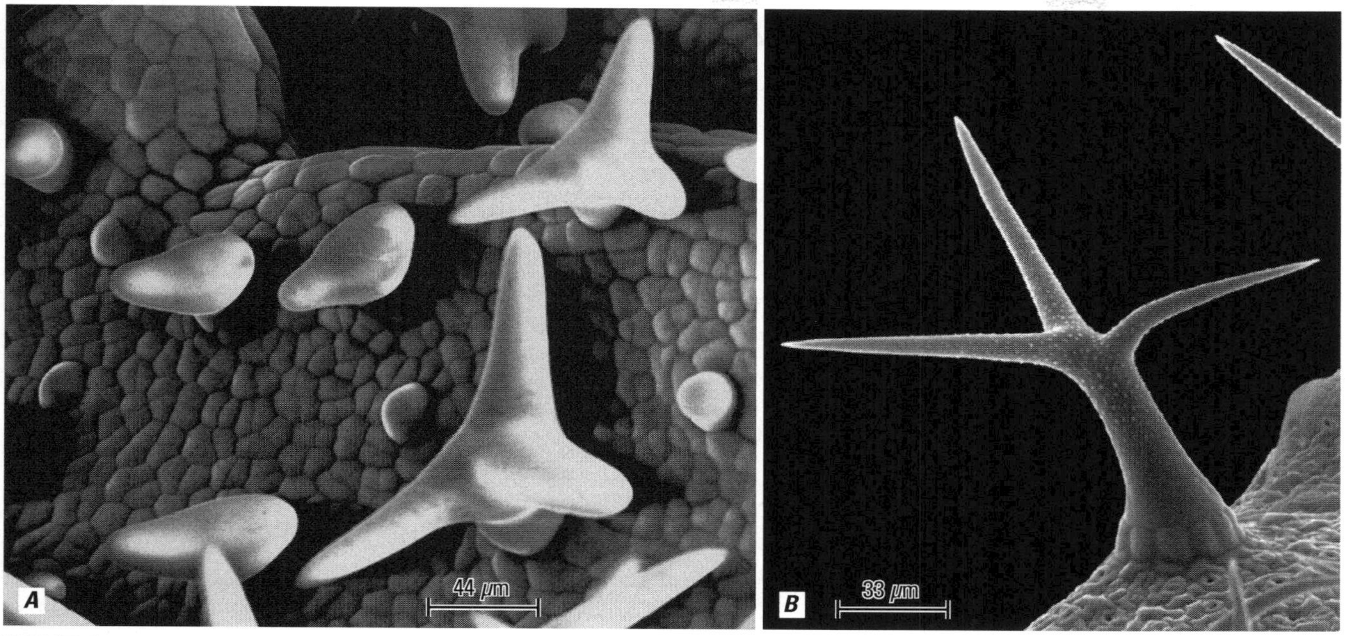

FIGURA 9.31

Micrografias eletrônicas de varredura da superfície adaxial da folha de *Arabidopsis* mostrando (**A**) estágios da morfogênese do tricoma em uma única folha, e (**B**) um tricoma maduro com superfície verrucosa. (Cortesia de Jaideep Mathur.)

sendo a orientação dos microtúbulos fundamental na determinação da direção do crescimento (Hülskamp, 2000; Mathur e Chua, 2000). Os filamentos de actina (Fig. 9.30) desempenham um papel dominante durante o crescimento das ramificações, orientando a distribuição dos componentes de parede celular necessários para o crescimento e atuando na elaboração e manutenção do padrão de ramificação já estabelecido (Mathur et al., 1999; Szymanski et al., 1999; Bouyer et al., 2001; Mathur e Hülskamp, 2002).

Em virtude de sua simplicidade e visibilidade, os tricomas foliares de *Arabidopsis* têm sido um modelo genético ideal para o estudo do destino celular e da morfogênese em plantas. Um número cada vez maior de genes necessários para o desenvolvimento de tricoma está sendo identificado. Com base em análises genéticas de fenótipos mutantes correspondentes, tem-se alcançado uma compreensão maior da sequência de passos reguladores e desenvolvimentais da morfogênese do tricoma. Algumas revisões excelentes da morfogênese de tricomas em *Arabidopsis* foram realizadas por Oppenheimer (1998), Glover (2000) e Hülskamp e colaboradores (Hülskamp, 2000; Hülskamp e Kirik, 2000; Schwab et al., 2000).

DISTRIBUIÇÃO ESPACIAL DAS CÉLULAS NA EPIDERME

A distribuição de estômatos e tricomas nas folhas não ocorre ao acaso

Há muito tempo se sabe que a distribuição espacial de estômatos e tricomas na epiderme foliar não ocorre ao acaso e que existe um espaçamento mínimo entre eles. No entanto, os mecanismos que governam a formação desses padrões de distribuição celular estão sendo agora elucidados. Dois mecanismos propostos têm recebido maior atenção: o mecanismo de linhagem celular e o mecanismo de inibição lateral. O **mecanismo de linhagem celular** baseia-se em uma série altamente ordenada de divisões celulares, geralmente assimétricas, que automaticamente resultam em diferentes categorias de células. O destino final de cada uma dessas células pode ser presumido por sua posição na linhagem. O **mecanismo de inibição lateral** não se baseia na linhagem de células, mas está fundamentado principalmente nas interações ou sinalização entre células epidérmicas em desenvolvimento para determinar o destino de cada célula. Um terceiro mecanismo, **o mecanismo dependente do ciclo celular**, propõe que a distribuição dos estômatos está ligada ao ciclo celular (Charlton, 1990; Croxdale, 2000).

Parece haver pouca dúvida de que um mecanismo dependente da linhagem celular seja a principal força que determina a distribuição dos estômatos nas folhas das eudicotiledôneas (Dolan e Okada, 1999; Glover, 2000; Serna et al., 2002). Em *Arabidopsis*, por exemplo, o padrão de divisão determinado das células meristemoides resulta em um par de células-guarda rodeadas por três células subsidiárias relacionadas ontogeneticamente ou de origem clonal, sendo uma delas bem menor que as outras duas (complexo estomático anisocítico; Fig. 9.22B). Consequentemente, cada par de células-guarda é separado de outro par por pelo menos uma célula epidérmica. Foram identificados dois mutantes de *Arabidopsis*, *two many mouths* (*tmm*) e *four lips* (*flp*), que interrompem a distribuição normal, resultando no agrupamento de estômatos (Yang e Sack, 1995; Geisler et al., 1998). Tem sido proposto que TMM é um componente de um complexo receptor, cuja função é perceber sinais de posicionamento durante o desenvolvimento da epiderme (Nadeau e Sack, 2002). Um terceiro mutante estomático de *Arabidopsis*, descoberto recentemente, *stomatal density and distribution1-1* (*sdd1-1*), exibe um aumento de duas a quatro vezes na densidade estomática, sendo que uma parte desses estômatos adicionais ocorre em agrupamentos (Berger e Altmann, 2000). Aparentemente, o gene *SDD1* atua na regulação do número de células que participam na formação de estômatos e o número de divisões celulares assimétricas que ocorrem antes do desenvolvimento estomático (Berger e Altmann, 2000; Serna e Fenoll, 2000). *SDD1* é expressado fortemente em células meristemoides/células-mãe das células-guarda e fracamente nas células que as circundam. Foi proposto que *SDD1* gera um sinal que se move das células meristemoides/células--mãe das células-guarda para as células vizinhas e também estimula o desenvolvimento das células vizinhas em células epidérmicas comuns ou inibe sua conversão em meristemoides adicionais (satélites) (von Groll et al., 2002). A função do *SDD1* depende da atividade do TMM (von Groll et al., 2002). (Eventualmente, enquanto a distribuição dos estômatos não é ao acaso nas folhas fotossintetizantes do tipo selvagem de *Arabidopsis*, nos cotilédones da mesma planta a distribuição estomática é aleatória; Bean et al., 2002).

Nas folhas da monocotiledônea *Tradescantia*, a atividade das células epidérmicas pode ser separada em quatro regiões ou zonas principais: uma zona de divisões proliferativas (o meristema basal), uma zona sem divisão, onde ocorre a distribuição estomática, uma zona de desenvolvimento estomático com divisões e uma zona em que ocorre somente expansão celular (Chin et al., 1995). À medida que novas células se afastam do meristema basal, sua posição no ciclo celular aparentemente determina se elas se tornarão estômatos ou células epidérmicas quando elas alcançarem a zona de distribuição espacial (Chin et al., 1995; Croxdale, 1998). A distribuição dos estômatos em *Tradescantia* também é afetada por eventos desenvolvimentais tardios que podem reprimir até 10% das iniciais estomáticas (células-mãe das células-guarda) em seu desenvolvimento (Boetsch et al., 1995). As iniciais estomáticas que são inibidas permanecem mais próximas de suas iniciais vizinhas que a distância média entre os estômatos. A inibição lateral pode estar envolvida nesse processo. As iniciais reprimidas interrompem suas vias de desenvolvimento e se tornam células epidérmicas ordinárias.

Diferentemente da distribuição espacial dos estômatos nas folhas de *Arabidopsis*, a distribuição dos tricomas foliares não depende de um mecanismo baseado na linhagem celular. Como mencionado anteriormente, os tricomas e as células acessórias ao redor não são relacionados ontogeneticamente. Não há divisão celular ordenada para formar as células localizadas entre os tricomas. É provável que interações, ou sinalizações entre as células epidérmicas em desenvolvimento, determinem qual célula irá se desenvolver em tricomas. Talvez, os tricomas em desenvolvimento estimulem um grupo de células acessórias e inibam outras células (Glover, 2000).

Dois genes, *GLABRA1* (*GL1*) e *TRANSPARENT TESTA GLABRA1* (*TTG1*), foram identificados como sendo necessários para a iniciação do desenvolvimento dos tricomas e a distribuição dos tricomas na folha de *Arabidopsis*. Ambos os genes funcionam como reguladores positivos do desenvolvimento de tricomas (Walker et al., 1999). Mutantes de *gl1* e *ttg1* não produzem tricomas na superfície de suas folhas (Larkin et al., 1994). Um terceiro gene, *GLABRA3* (*GL3*), também pode desempenhar um papel na iniciação de tricomas foliares (Payne, C. T., et al., 2000). Dois genes são conhecidos como reguladores negativos da distribuição de tricomas nas folhas de *Arabidopsis*, *TRIPTYCHON* (*TRY*) e *CAPRICE* (*CPC*) (Schellmann et al., 2002). Ambos os genes são expressos em tricomas e agem juntos durante a inibição lateral das células vizinhas aos tricomas incipientes.

Outro gene envolvido no desenvolvimento de tricomas é o *GLABRA2* (*GL2*), que é expresso em tricomas ao longo de seu desenvolvimento (Ohashi et al., 2002). Os tricomas são produzidos em mutantes *GL2*, mas seu crescimento é reduzido e a maioria deles não se ramifica (Hülskamp et al., 1994). Outro gene ainda foi identificado, o *TRANSPARENT TESTA GLABRA2* (*TTG2*), que controla o desenvolvimento inicial dos tricomas.

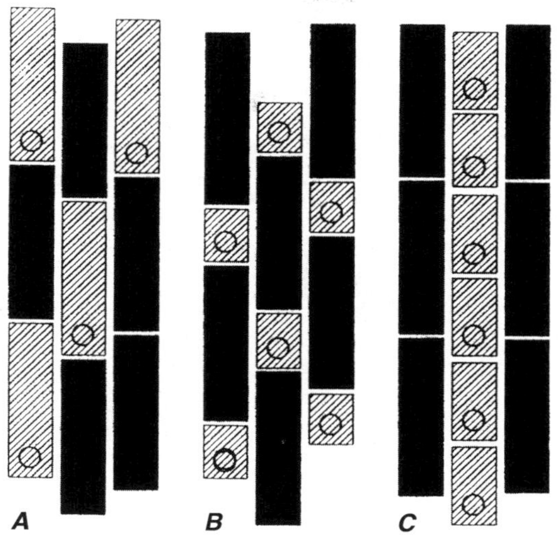

FIGURA 9.32

Três tipos principais de distribuição espacial de pelos radiculares na epiderme de angiospermas. As células hachuradas são pilíferas e as células não hachuradas não são pilíferas. O círculo indica a localização da base do pelo radicular. **A**, Tipo 1. Qualquer célula protodérmica pode formar um pelo radicular. **B**, Tipo 2. Os pelos radiculares se originam dos produtos menores (tricoblasto) de uma divisão assimétrica. **C**, Tipo 3. Existem fileiras verticais discretas compostas inteiramente por células pilíferas curtas e células não pilíferas longas. (Obtido de Dolan, 1996, com permissão de Oxford University Press.)

Há três principais tipos de distribuição espacial de células na epiderme da raiz de angiospermas

Tipo 1: Na maioria das angiospermas (quase todas as eudicotiledôneas e algumas monocotiledôneas), qualquer célula protodérmica da raiz tem potencial para formar pelos radiculares, os quais são distribuídos ao acaso (Fig. 9.32A). Entre as Poaceae, as subfamílias Arundinoideae, Bambusoideae, Chloridoideae e Panicoideae exibem esse padrão (Row e Reeder, 1957; Clarke et al., 1979).

Tipo 2: Na família de angiosperma basal Nympheaceae e algumas famílias de monocotiledôneas, os pelos radiculares se originam das células menores, originadas de uma divisão assimétrica (Fig. 9.32B). As células menores e mais densas formadoras de pelos radiculares são chamadas de **tricoblastos** (Leavitt, 1904). Em algumas famílias (Alismataceae, Araceae, Commelinaceae, Haemodoraceae, Hydrocharitaceae, Pontederiaceae, Typhaceae e Zingiberaceae), o tricoblasto localiza-se na extremidade proximal (longe do ápice da raiz) da célula protodérmica inicial. Em outras (Cyperaceae, Juncaceae, Poaceae e Restianaceae), o tricoblasto localiza-se na extremidade distal (em direção ao ápice da raiz) (Clowes, 2000). Antes da citocinese, o núcleo migra para a extremidade proximal ou distal da célula inicial. Os tricoblastos apresentam diferenciação citológica e bioquímica considerável. Em *Hydrocharis*, por exemplo, os tricoblastos diferem de suas células-irmãs alongadas (**atricoblastos**) por possuírem núcleo e nucléolo maiores, plastídios mais simples, atividade enzimática mais intensa e maiores quantidades de histonas nucleares, proteína total, RNA e DNA nuclear (Cutter e Feldman, 1970a, b).

Tipo 3: O terceiro tipo de distribuição celular, no qual as células estão arranjadas em fileiras verticais compostas inteiramente por **células pilíferas** menores ou por **células não pilíferas** mais longas (Fig. 9.32C), é exemplificado por *Arabidopsis* e outros membros de Brassicaceae (Cormack, 1935; Bünning, 1951). O ***padrão em faixas*** (Dolan e Costa, 2001) também ocorre em Acanthaceae, Aizoaceae, Amaranthaceae, Basellaceae, Boraginaceae, Capparaceae, Caryophyllaceae, Euphorbiaceae, Hydrophyllaceae, Limnanthaceae, Plumbaginaceae, Polygonaceae, Portulacaceae, Resedaceae e Salicaceae (Clowes, 2000; Pemberton et al., 2001). Ambos os padrões de distribuição, em faixas ou não, são encontrados em espécies de Onagraceae e Urticaceae (Clowes, 2000).

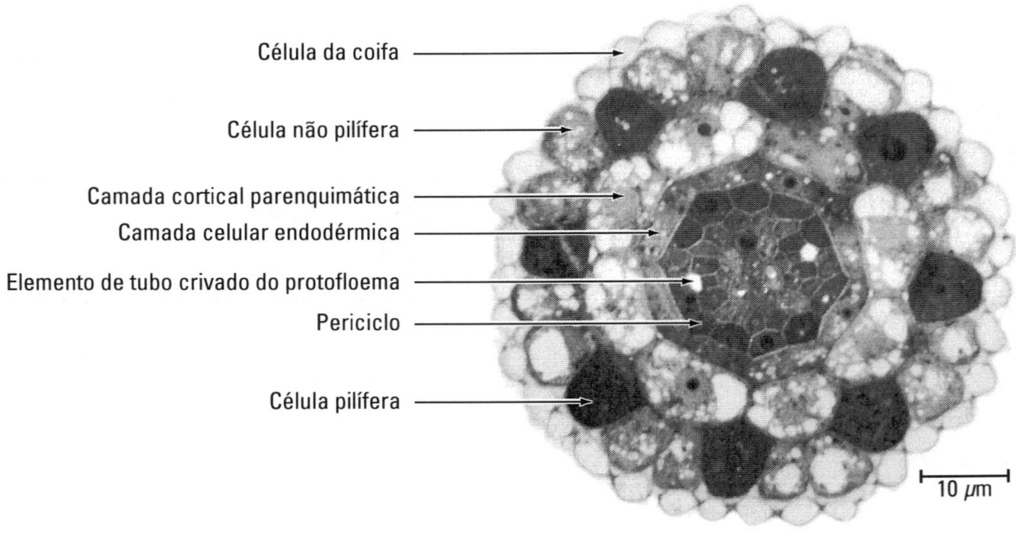

FIGURA 9.33

Secção transversal de uma raiz de *Arabidopsis*. Uma única camada de células da coifa circunda a epiderme. As células epidérmicas densamente coradas acima da junção das paredes radiais entre células corticais adjacentes são células que darão origem aos pelos radiculares. As células epidérmicas menos densas são células comuns. (Reimpresso com permissão de Schiefelbein et al., 1997. © American Society of Plant Biologists.)

Na raiz de *Arabidopsis*, os tipos de células pilíferas ou não pilíferas são determinados em um padrão distinto posição-dependente: células pilíferas sempre estão posicionadas sobre a junção das paredes radiais (anticlinais) de duas células corticais, enquanto as células não pilíferas localizam-se diretamente sobre as células corticais (Fig. 9.33; Dolan et al., 1994; Dolan, 1996; Schiefelbein et al., 1997). Diversos genes estão envolvidos no estabelecimento do padrão de distribuição celular na epiderme da raiz de *Arabidopsis*, incluindo *TTG1*, *GL2*, *WEREWOLF* (*WER*) e *CAPRICE* (*CPC*). Em mutantes de *TTG1*, *GL2* e *WER*, todas as células epidérmicas produzem pelos radiculares, indicando que *TTG1*, *GL2* e *WER* são reguladores negativos do desenvolvimento dos pelos radiculares (Galway et al., 1994; Masucci et al., 1996; Lee e Schiefelbein, 1999). De forma contrária, os mutantes de *CPC* não produzem pelos radiculares, enquanto plantas transgênicas que superexpressam o *CPC* convertem todas as células epidérmicas da raiz em células formadores de pelos, indicando que *CPC*, que é predominantemente expresso em células não pilíferas, é um regulador positivo do desenvolvimento dos pelos radiculares (Wada et al., 1997, 2002). A expressão do *CPC* é controlada por *TTG1* e *WER*, sendo que o *CPC* promove diferenciação de células formadoras de pelos por meio do controle do *GL2*. Foi demonstrado que proteína do *CPC* se move das células não pilíferas para as células formadoras de pelos que estão expressando o *CPC*, onde ela reprime a expressão do GL2 (Wada et al., 2002). Como verificado por Schiefelbein (2003), apesar da distribuição muito diferente de células pilíferas na raiz e no caule de *Arabidopsis*, um mecanismo molecular similar é responsável pela distribuição de ambos os tipos celulares.

Existe uma clara relação entre comunicação simplástica e diferenciação da epiderme na raiz de *Arabidopsis*. Experimentos com dupla coloração indicam que, inicialmente, as células epidérmicas da raiz são ligadas simplasticamente (Duckett et al., 1994). Entretanto, conforme essas células avançam pela zona de alongamento e ingressam na região de diferenciação, onde se diferenciam em células pilíferas ou não pilíferas, elas se tornam simplasticamente isoladas. Células maduras da epiderme de raiz são simplasticamente isoladas entre si e das células corticais subjacentes. A frequência de plasmodesmos em todos os tecidos da raiz de *Arabidopsis* diminui drasticamente com a idade da raiz (Zhu et al., 1998). As células da epiderme do hipocótilo de *Arabidopsis* são conectadas simplasticamente, mas são isoladas do córtex subjacente e da epiderme da raiz (Duckett et al., 1994).

OUTRAS CÉLULAS EPIDÉRMICAS ESPECIALIZADAS

Além das células-guarda e vários tipos de tricomas, a epiderme pode conter outros tipos de células especializadas. O sistema epidérmico foliar de Poaceae, por exemplo, geralmente contém ***células longas*** e dois tipos de ***células curtas***, as células silicosas e as células suberosas (Figs. 9.9 e 9.34). Em algumas partes da planta, as células curtas produzem protuberâncias com formato de papilas, cerdas, cristas ou pelos acima da superfície foliar. As células epidérmicas de Poaceae são arranjadas em fileiras paralelas, e a composição dessas fileiras varia em diferentes partes da planta (Prat, 1948, 1951). A face interna da região basal da bainha foliar, por exemplo, tem uma epiderme homogênea composta somente por células longas. Em outras regiões da folha, são encontradas combinações de diferentes tipos celulares. Fileiras contendo células longas e estômatos ocorrem acima do tecido assimilatório; somente células alongadas ou células alongadas combinadas com células suberosas ou com cerdas ou com pares mistos de células curtas acompanham as nervuras. No caule, a composição da epiderme também varia, dependendo do nível e da posição do entrenó na planta. As células buliformes representam outro tipo peculiar de células epidérmicas encontrado em Poaceae e outras monocotiledôneas.

As células silicosas e suberosas frequentemente ocorrem juntas

A sílica ($SiO_2.nH_2O$) é depositada em grandes quantidades no sistema caulinar de gramíneas, e as **células silicosas** são assim chamadas porque, quando estão completamente maduras, seu lúmen é preenchido com corpos isotrópicos de sílica. As **células suberosas** apresentam paredes suberizadas e geralmente contêm material orgânico sólido. Além da frequência e distribuição das células curtas, o formato dos **corpos de sílica** nas células silicosas é muito importante para fins taxonômicos e diagnósticos (Metcalfe, 1960; Ellis, 1979; Lanning e Eleuterius, 1989; Valdes-Reyna e Hatch, 1991; Ball et al., 1999). Também chamados de **fitólitos** (do grego, pedras vegetais), os corpos de sílica, ou mais exatamente seu formato variado, desempenham um papel importante em pesquisas de arqueobotânica e geobotânica (Piperno, 1988; Mulholland e Rapp, 1992; Bremond et al., 2004). De acordo com Prychid et al. (2004), o tipo mais comum de corpos de sílica em monocotiledôneas é o corpo esférico "semelhante à drusa". Outros formatos incluem o tipo "chapéu" ("coniforme truncado"), o tipo "em forma de calha" e um tipo amorfo fragmentado (areia silicosa). Os formatos dos corpos de sílica não necessariamente obedecem ao formato das células silicosas que os contêm.

Pares formados por uma célula suberosa e uma célula silicosa surgem de uma divisão simétrica de iniciais das células curtas no meristema basal (intercalar) da folha e do entrenó (Kaufman et al.,

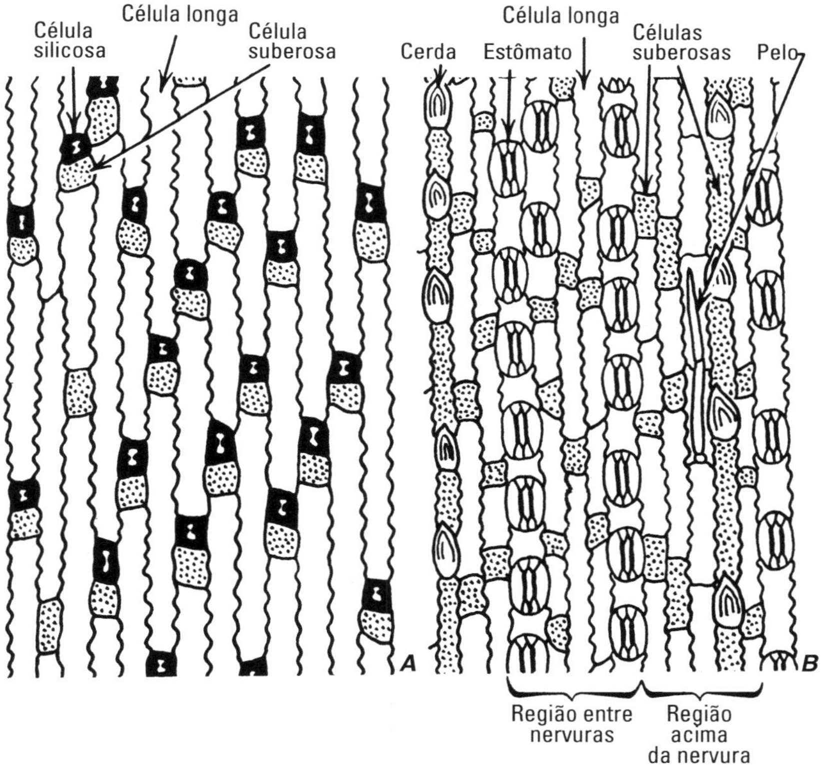

FIGURA 9.34

Epiderme de cana-de-açúcar (*Saccharum*) em vista frontal. **A**, epiderme do caule mostrando alternância de células longas com pares de células curtas: células suberosas e células silicosas. **B**, epiderme inferior de lâmina foliar, mostrando a distribuição de estômatos em relação a vários tipos de células epidérmicas. (A, ×500; B, ×320. Adaptado de Artschwager, 1940.)

1970b, c; Lawton, 1980). Dessa forma, as células-filhas inicialmente apresentam tamanhos iguais. A célula superior é a futura célula silicosa, e a inferior, a futura célula suberosa. A célula silicosa cresce mais rapidamente que a célula suberosa e geralmente se projeta para fora a partir da superfície da epiderme e para dentro da célula suberosa. Enquanto as paredes das celulosas silicosas permanecem relativamente delgadas, as paredes das células suberosas se tornam consideravelmente espessadas e suberizadas. Conforme a célula silicosa se aproxima da maturidade, seu núcleo se fragmenta e a célula se torna preenchida com um material fibrilar, podendo ocasionalmente apresentar gotículas de óleo, ambas as substâncias remanescentes do protoplasto. Finalmente, o lúmen da célula silicosa senescente se torna preenchido com sílica, que se polimeriza para formar corpos de sílica (Kaufman et al., 1985). A célula suberosa retém seu núcleo e citoplasma na maturidade. Tem sido demonstrado que, em *Sorghum*, as células suberosas secretam filamentos tubulares de cera epicuticular (Fig. 9.9; McWhorter et al., 1993; Jenks et al., 1994).

Corpos de sílica podem ocorrer em outras células epidérmicas, além das células silicosas, incluindo as células epidérmicas longas e as células buliformes (Ellis, 1979; Kaufman et al., 1981, 1985; Whang et al., 1998). Depósitos de sílica são abundantemente encontrados nas paredes das células epidérmicas. Além disso, os espaços entre as células subepidérmicas podem ser preenchidos com sílica. Várias funções foram propostas para os corpos de sílica e para a sílica depositada em paredes celulares. Uma função sugerida para a sílica das paredes celulares é a de sustentação foliar. No Japão, resíduos de sílica são amplamente utilizados como fertilizante no cultivo de arroz. As folhas das plantas de arroz que recebem o tratamento são mais eretas, permitindo que mais luz alcance as folhas mais basais, resultando no aumento da fotossíntese. A presença de sílica também aumenta a resistência a vários insetos, bactérias e fungos patogênicos (Agarie et al., 1996). A hipótese de que os corpos de sílica nas células silicosas podem atuar como "janelas" e tricomas silificados como "tubos de luz" para facilitar a transmissão da luz para o mesofilo fotossintetizante foi testada e não confirmada (Kaufman et al., 1985; Agarie et al., 1996).

As células buliformes são altamente vacuoladas

Células buliformes, literalmente "células com formato de bolhas", ocorrem em todas as ordens de monocotiledôneas, exceto em Helobiae (Metcalfe, 1960). Elas podem cobrir inteiramente a face superior da lâmina foliar ou ser restritas às reentrâncias entre as nervuras longitudinais (Fig. 9.35). Nesse último caso, as células buliformes formam faixas, geralmente de muitas células de largura, entre as nervuras. Em secções transversais, a distribuição das células nessa faixa mostra o formato de um leque devido ao fato de que as células medianas são as maiores e apresentam formato de cunha. As células buliformes podem ocorrer de ambos os lados da superfície foliar. Elas não são necessariamente restritas à epiderme, mas, às vezes, são acompanhadas por células incolores similares no mesofilo subjacente.

As células buliformes são, sobretudo, armazenadoras de água e são incolores porque contêm pouca ou nenhuma clorofila. Além disso, taninos e cristais raramente são encontrados nessas células, embora, como mencionado anteriormente, elas possam acumular sílica. Suas paredes radiais são delgadas, mas a parede externa pode ser tão espessa ou mais espessa que a das células epidérmicas comuns adjacentes. Suas paredes são compostas por celulose e substâncias pécticas. As paredes externas são cutinizadas e revestidas pro cutícula.

Controvérsias envolvem o funcionamento das células buliformes. Presume-se que sua súbita e rápida expansão durante certo estágio do desenvolvimento foliar promova o desdobramento das folhas, o que faz com que sejam chamadas de ***células de expansão***. Outra ideia é que, por mudanças de turgor, essas células desempenhem um papel nos movimentos de abertura e fechamento higroscópico de células maduras; consequentemente, são chamadas também de ***células motoras***. Outros pesquisadores duvidam que essas células tenham qualquer outra função além do armazenamento de água. Estudos sobre o desdobramento e movimentos higroscópicos das folhas de certas gramíneas têm mostrado que as células buliformes não estão ativamente ou especificamente relacionadas com esse fenômeno (Burström, 1942; Shields, 1651). Com base na observação de que as paredes externas das células buliformes geralmente são bem espessas e que seu lúmen pode estar preenchido com sílica, Metcalfe (1960) questionou o papel motor dessas células.

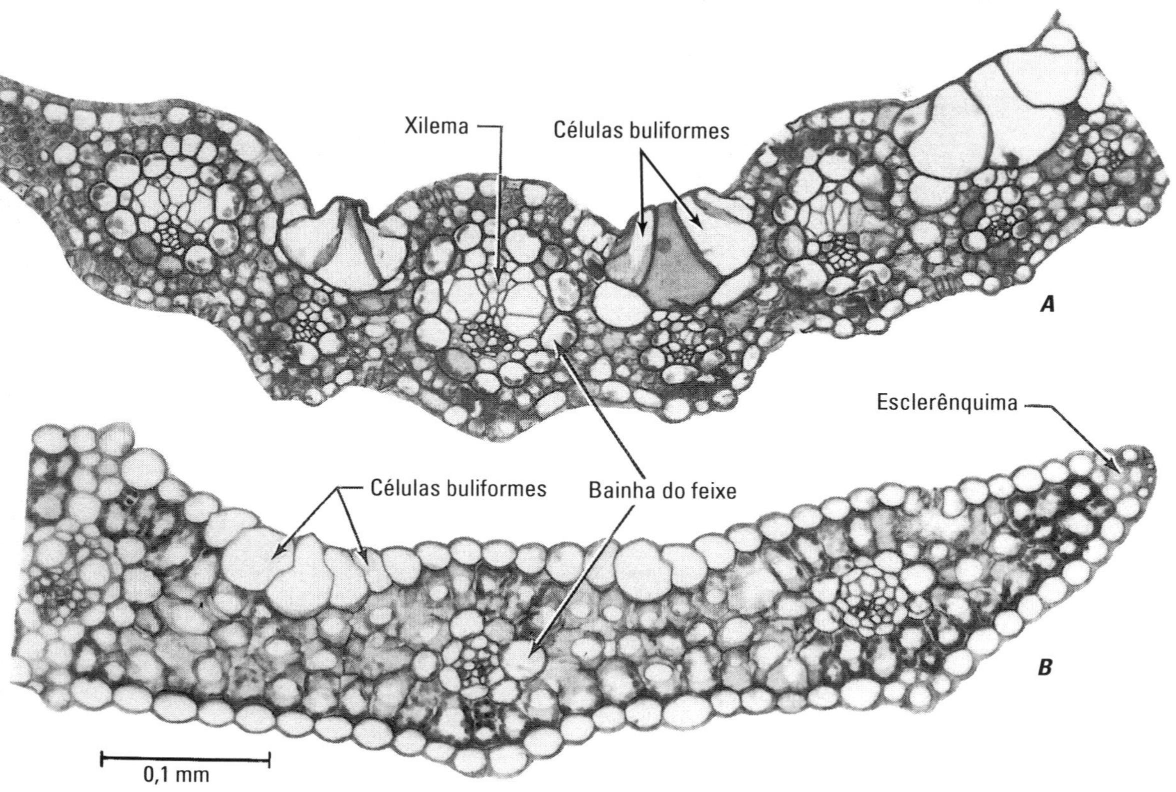

FIGURA 9.35

Secções transversais do limbo foliar de gramínea mostrando localização das células buliformes na face superior da folha. **A**, *Saccharum* (cana-de-açúcar), uma gramínea C_4, e **B**, *Avena* (aveia), uma gramínea C_3. Note que o mesofilo e os feixes vasculares estão mais próximos na cana-de-açúcar do que em aveia. (Obtido de Esau, 1977; cortesia de J. E. Sass.)

Algumas células epidérmicas contêm cistólitos

Sem dúvida, os cistólitos mais comuns são aqueles elipsoides encontrados em *Ficus*, que, como mencionado anteriormente, desenvolvem-se dentro de litocistos na epiderme foliar múltipla (Fig. 9.3). Esse tipo de formação de cistólito foi considerado por Solereder (1908) como o "cistólito verdadeiro". Cistólitos também ocorrem na epiderme unisseriada de folhas, muitos deles em pelos. **Pelos com cistólitos** (Fig. 9.25C, E, F), ou litocistos com formato de pelos, ocorrem em muitas famílias de eudicotiledôneas, principalmente em Moraceae (Wu e Kuo-Huang, 1997), Boraginaceae (Rao e Kumar, 1995; Rapisarda et al., 1997), Loasaceae, Ulmaceae e Cannabaceae (Dayanandan e Kaufman, 1976; Mahlberg e Kim, 2004). A maior parte da informação disponível sobre a distribuição e composição dos cistólitos em litocistos com formato de pelos vem de estudos envolvendo a identificação forense de *Cannabis sativa* (Nakamura, 1969; Mitosinka et al., 1972; Nakamura e Thornton, 1973) pela presença de pelos com cistólitos ser um importante caráter para sua identificação.

Embora os corpos da maioria dos cistólitos sejam formados principalmente por carbonato de cálcio, alguns contêm carbonato de cálcio e sílica (Setoguchi et al., 1989; Piperno, 1988). Outros consistem principalmente de sílica (algumas espécies de Boraginaceae, Ulmaceae, Urticaceae e Cecropiaceae) (Nakamura, 1969; Piperno, 1988; Setoguchi et al., 1993). Pelo fato de que esses últimos contêm pouco ou nenhum carbonato de cálcio, eles não são considerados cistólitos. Setoguchi et al. (1993), por exemplo, referem-se a tais células como "idioblastos silificados".

A maioria das informações detalhadas sobre o desenvolvimento de cistólitos-litocistos é originária de estudos com folhas e entrenós de *Pilea cadierei* (Urticaceae) (Fig. 9.36; Watt et al., 1987;

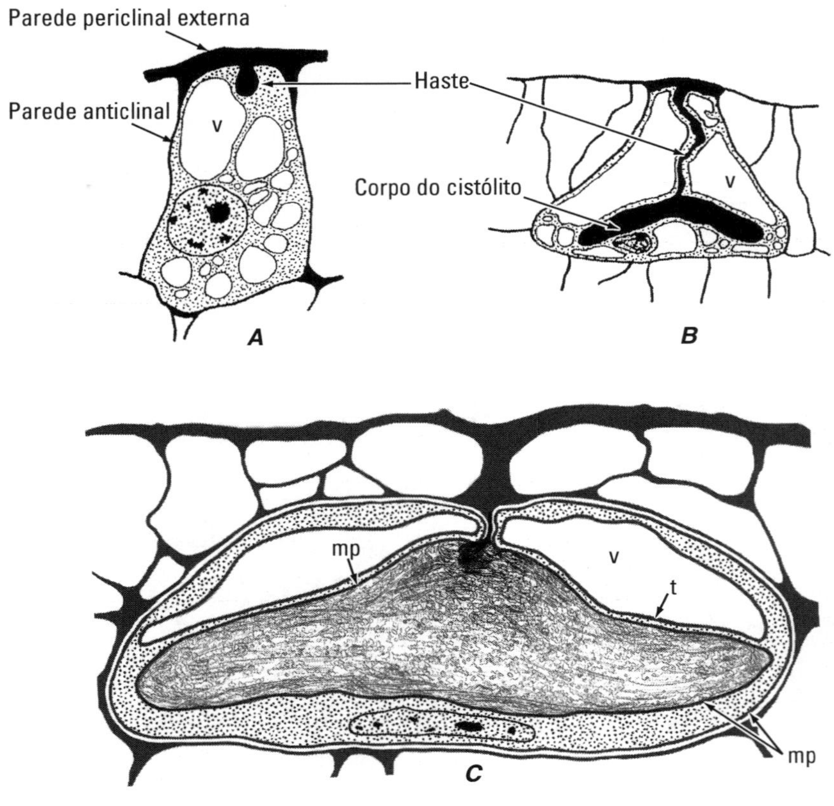

FIGURA 9.36

Desenvolvimento de litocisto em *Pilea cadierei*. **A**, a haste do cistólito é iniciada como uma projeção da parede periclinal externa espessada. **B**, a haste do cistólito cresce para baixo, empurrando a membrana plasmática à sua frente; o litocisto aumenta bastante de tamanho, e ambos, cistólito e litocisto, assumem formato de um fuso. **C**, litocisto próximo à maturidade. Na maturidade, o citoplasma do litocisto ocupa uma fina camada na periferia da célula envolvendo o cistólito e sua haste. Detalhes: mp, membrana plasmática; t, tonoplasto; v, vacúolo. (**A**, **B**, adaptado de Galatis et al., 1989; **C**, a partir de fotografia em Watt et al., 1987, com permissão de Oxford University Press.)

Galatis et al., 1989). Os litocistos em *P. cadierei* são iniciados por uma divisão assimétrica de uma célula protodérmica. A menor das células-filhas pode se diferenciar diretamente em um litocisto ou pode sofrer outra divisão para formar um litocisto. Em ambos os casos, o litocisto incipiente se torna polarizado conforme o núcleo e a maioria das organelas se posicionam próximas à parede periclinal interna e a parede periclinal externa começa a se espessar. Quando a parede periclinal externa do litocisto em diferenciação se torna cerca de duas vezes mais espessa que a das células protodérmicas ordinárias, a haste do cistólito é iniciada como um taco que cresce para baixo, empurrando a membrana plasmática à sua frente. Durante a formação da haste, o litocisto começa a vacuolizar rapidamente, sendo que o sistema vacuolar começa a ocupar todo o espaço celular, exceto na área em que a haste e o cistólito estão se desenvolvendo. Enquanto coordena seu crescimento com as células vizinhas em divisão, o litocisto se alonga bastante, aparentando se deslocar para baixo da epiderme. Assim, a célula que era pequena e retangular cresce bastante e se torna fusiforme. O desenvolvimento do cistólito é sincronizado com o do litocisto, sendo que ambos crescem em comprimento e em diâmetro juntos. O número e a organização dos microtúbulos muda continuamente conforme a diferenciação do litocisto progride, indicando que os microtúbulos desempenham um papel importante na morfogênese do litocisto (Galatis et al., 1989). Quando completamente formado, o corpo do cistólito fusiforme pode medir até 200 µm de comprimento e 30 µm de diâmetro, e permanece ligado à sua região mediana pela haste formada pela parede periclinal externa. Na maturidade, o corpo do cistólito é fortemente impregnado com carbonato de cálcio. Alguns corpos podem conter sílica e são revestidos por uma bainha de material silicoso (Watt et al., 1987).

O significado fisiológico dos cistólitos ainda não é claro. Tem sido sugerido que a formação dos cistólitos pode estimular a fotossíntese por aumentar o fornecimento de dióxido de carbono ou que eles podem ser o produto de um mecanismo de desintoxicação similar à formação de grânulos de cálcio em células de moluscos (Setoguchi et al., 1989).

REFERÊNCIAS

ABAGON, M. A. 1938. A comparative anatomical study of the needles of *Pinus insularis* Endlicher and *Pinus merkusii* Junghun and De Vriese. *Nat. Appl. Sci. Bull.* 6, 29–58.

AGARIE, S., W. AGATA, H. UCHIDA, F. KUBOTA e P. B. KAUFMAN. 1996. Function of silica bodies in the epidermal system of rice (*Oryza sativa* L.): Testing the window hypothesis. *J. Exp. Bot.* 47, 655–660.

ALLEN, G. J., K. KUCHITSU, S. P. CHU, Y. MURATA e J. I. SCHROEDER. 1999. *Arabidopsis abi1-1* and *abi2-1* phosphatase mutations reduce abscisic acid-induced cytoplasmic calcium rises in guard cells. *Plant Cell* 11, 1785–1798.

ANTON, L. H., F. W. EWERS, R. HAMMERSCHMIDT e K. L. KLOMPARENS. 1994. Mechanisms of deposition of epicuticular wax in leaves of broccoli, *Brassica oleracea* L. var. *capitata* L. *New Phytol.* 126, 505–510.

ARTSCHWAGER, E. 1940. Morphology of the vegetative organs of sugarcane. *J. Agric. Res.* 60, 503–549.

ASSMANN, S. M. e K.-I. SHIMAZAKI. 1999. The multisensory guard cell. Stomatal responses to blue light and abscisic acid. *Plant Physiol.* 119, 809–815.

ASSMANN, S. M. e X.-Q. WANG. 2001. From milliseconds to millions of years: Guard cells and environmental responses. *Curr. Opin. Plant Biol.* 4, 421–428.

AYLOR, D. E., J.-Y. PARLANGE e A. D. KRIKORIAN. 1973. Stomatal mechanics. *Am. J. Bot.* 60, 163–171.

BAKER, E. A. 1982. Chemistry and morphology of plant epicuticular waxes. In: *The Plant Cuticle*, pp. 135–165, D. F. Cutler, K. L. Alvin e C. E. Price, eds. Academic Press, London.

BALL, T. B., J. S. GARDNER e N. AndERSON. 1999. Identifying inflorescence phytoliths from selected species of wheat (*Triticum monococcum, T. dicoccon, T. dicoccoides,* and *T. aestivum*) and barley (*Hordeum vulgare* and *H. spontaneum*) (Gramineae). *Am. J. Bot.* 86, 1615–1623.

BALUŠKA, F., J. SALAJ, J. MATHUR, M. BRAUN, F. JASPER, J. ŠAMAJ, N.-H. CHUA, P. W. BARLOW e D. VOLKMANN. 2000. Root hair formation: F-actin-dependent tip growth is initiated by local assembly of profi lin-supported F-actin meshworks accumulated within expansin-enriched bulges. *Dev. Biol.* 227, 618–632.

BARANOV, P. A. 1957. Coleorhiza in Myrtaceae. *Phytomorphology* 7, 237–243.

BARANOVA, M. A. 1987. Historical development of the present classification of morphological types of stomates. *Bot. Rev.* 53, 53–79.

BARANOVA, M. 1992. Principles of comparative stomatographic studies of flowering plants. *Bot. Rev.* 58, 49–99.

BARTHLOTT, W. e C. NEINHUIS. 1997. Purity of the sacred lotus, or escape from contamination in biological surfaces. *Planta* 202, 1–8.

BARTHLOTT, W., C. NEINHUIS, D. CUTLER, F. DITSCH, I. MEUSEL, I. THEISEN e H. WILHELMI. 1998. Classification and terminology of plant epicuticular waxes. *Bot. J. Linn. Soc.* 126, 237–260.

BASRA, A. S. e C. P. MALIK. 1984. Development of the cotton fiber. *Int. Rev. Cytol.* 89, 65–113.

BEAN, G. J., M. D. MARKS, M. HÜLSKAMP, M. CLAYTON e J. L. CROXDALE. 2002. Tissue patterning of *Arabidopsis* cotyledons. *New Phytol.* 153, 461–467.

BECKER, M., G. KERSTIENS e J. SCHÖNHERR. 1986. Water permeability of plant cuticles: Permeance, diffusion and partition coefficients. *Trees* 1, 54–60.

BERGER, D. e T. ALTMANN. 2000. A subtilisin-like serine protease involved in the regulation of stomatal density and distribution in *Arabidopsis thaliana*. *Genes Dev.* 14, 1119–1131.

BEYSCHLAG, W. e J. ECKSTEIN. 2001. Towards a causal analysis of stomatal patchiness: The role of stomatal size variability and hydrological heterogeneity. *Acta Oecol.* 22, 161–173.

BEYSCHLAG, W., H. PFANZ e R. J. RYEL. 1992. Stomatal patchiness in Mediterranean evergreen sclerophylls. Phenomenology and consequences for the interpretation of the midday depression in photosynthesis and transpiration. *Planta* 187, 546–553.

BIBIKOVA, T. N., A. ZHIGILEI e S. GILROY. 1997. Root hair growth in *Arabidopsis thaliana* is directed by calcium and an endogenous polarity. *Planta* 203, 495–505.

BILGER, W., T. JOHNSEN e U. SCHREIBER. 2001. UV-excited chlorophyll fluorescence as a tool for the assessment of UV-protection by the epidermis of plants. *J. Exp. Bot.* 52, 2007–2014.

BIRD, S. M. e J. E. GRAY. 2003. Signals from the cuticle affect epidermal cell differentiation. *New Phytol.* 157, 9–23.

BLATT, M. R. 2000a. Ca2+ signalling and control of guard-cell volume in stomatal movements. *Curr. Opin. Plant Biol.* 3, 196–204.

BLATT, M. R. 2000b. Cellular signaling and volume control in stomatal movements in plants. *Annu. Rev. Cell Dev. Biol.* 16, 221–241.

BOETSCH, J., J. CHIN e J. CROXDALE. 1995. Arrest of stomatal initials in *Tradescantia* is linked to the proximity of neighboring stomata and results in the arrested initials acquiring properties of epidermal cells. *Dev. Biol.* 168, 28–38.

BONE, R. A., D. W. LEE e J. M. NORMAN. 1985. Epidermal cells functioning as lenses in leaves of tropical rain-forest shade plants. *Appl. Opt.* 24, 1408–1412.

BONGERS, J. M. 1973. Epidermal leaf characters of the Winteraceae. *Blumea* 21, 381–411.

BONNETT, H. T., JR. e E. H. NEWCOMB. 1966. Coated vesicles and other cytoplasmic components of growing root hairs of radish. *Protoplasma* 62, 59–75.

BOUYER, D., V. KIRIK e M. HÜLSKAMP. 2001. Cell polarity in *Arabidopsis* trichomes. *Semin. Cell Dev. Biol.* 12, 353–356.

BRAUN, M., F. BALUŠKA, M. VON WITSCH e D. MENZEL. 1999. Redistribution of actin, profilin and phosphatidylinositol-4,5- bisphosphate in growing and maturing root hairs. *Planta* 209, 435–443.

BREMOND, L., A. ALEXANDRE, E. VÉLA e J. GUIOT. 2004. Advantages and disadvantages of phytolith analysis for the reconstruction of Mediterranean vegetation: An assessment based on modern phytolith, pollen and botanical data (Luberon, France). *Rev. Palaeobot. Palynol.* 129, 213–228.

BRODRIBB, T. e R. S. HILL. 1997. Imbricacy and stomatal wax plugs reduce maximum leaf conductance in Southern Hemisphere conifers. *Aust. J. Bot.* 45, 657–668.

BROWNLEE, C. 2001. The long and short of stomatal density signals. *Trends Plant Sci.* 6, 441–442.

BRUCK, D. K., R. J. ALVAREZ e D. B. WALKER. 1989. Leaf grafting and its prevention by the intact and abraded epidermis. *Can. J. Bot.* 67, 303–312.

BUCHHOLZ, A. e J. SCHÖNHERR. 2000. Thermodynamic analysis of diffusion of non-electrolytes across plant cuticles in the presence and absence of the plasticiser tributyl phosphate. *Planta* 212, 103–111.

BUCHHOLZ, A., P. BAUR e J. SCHÖNHERR. 1998. Differences among plant species in cuticular permeabilities and solute mobilities are not caused by differential size selectivities. *Planta* 206, 322–328.

BUCKLEY, T. N., G. D. FARQUHAR e K. A. MOTT. 1999. Carbonwater balance and patchy stomatal conductance. *Oecologia* 118, 132–143.

BÜNNING, E. 1951. Über die Differenziernugsvorgänge in der Cruciferenwurzel. *Planta* 39, 126–153.

BURSTRÖM, H. 1942. Über die Entfaltung und Einrollen eines mesophilen Grassblattes. *Bot. Not.* 1942, 351–362.

CALVIN, C. L. 1970. Anatomy of the aerial epidermis of the mistletoe, *Phoradendron flavescens*. *Bot. Gaz.* 131, 62–74.

CÁRDENAS, L., L. VIDALI, J. DOMÍNGUEZ, H. PÉREZ, F. SÁNCHEZ, P. K. HEPLER e C. QUINTO. 1998. Rearrangement of actin microfilaments in plant root hairs responding to *Rhizobium etli* nodulation signals. *Plant Physiol.* 116, 871–877.

CARLQUIST, S. 1975. *Ecological Strategies of Xylem Evolution.* University of California Press, Berkeley.

CHARLTON, W. A. 1990. Differentiation in leaf epidermis of *Chlorophytum comosum* Baker. *Ann. Bot.* 66, 567–578.

CHIN, J., Y. WAN, J. SMITH e J. CROXDALE. 1995. Linear aggregations of stomata and epidermal cells in *Tradescantia* leaves: Evidence for their group patterning as a function of the cell cycle. *Dev. Biol.* 168, 39–46.

CHO, H.-T. e D. J. COSGROVE. 2002. Regulation of root hair initiation and expansin gene expression in *Arabidopsis. Plant Cell* 14, 3237–3253.

CHRISTODOULAKIS, N. S., J. MENTI e B. GALATIS. 2002. Structure and development of stomata on the primary root of *Ceratonia siliqua* L. *Ann. Bot.* 89, 23–29.

CLARKE, K. J., M. E. MCCULLY e N. K. MIKI. 1979. A developmental study of the epidermis of young roots of *Zea mays* L. *Protoplasma* 98, 283–309.

CLOWES, F. A. L. 1994. Origin of the epidermis in root meristems. *New Phytol.* 127, 335–347.

CLOWES, F. A. L. 2000. Pattern in root meristem development in angiosperms. *New Phytol.* 146, 83–94.

COMSTOCK, J. P. 2002. Hydraulic and chemical signalling in the control of stomatal conductance and transpiration. *J. Exp. Bot.* 53, 195–200.

CORMACK, R. G. H. 1935. Investigations on the development of root hairs. *New Phytol.* 34, 30–54.

CROXDALE, J. 1998. Stomatal patterning in monocotyledons: *Tradescantia* as a model system. *J. Exp. Bot.* 49, 279–292.

CROXDALE, J. L. 2000. Stomatal patterning in angiosperms. *Am. J. Bot.* 87, 1069–1080.

CUTTER, E. G. e L. J. FELDMAN. 1970a. Trichoblasts in *Hydrocharis*. I. Origin, differentiation, dimensions and growth. *Am. J. Bot.* 57, 190–201.

CUTTER, E. G. e L. J. FELDMAN. 1970b. Trichoblasts in *Hydrocharis*. II. Nucleic acids, proteins and a consideration of cell growth in relation to endopolyploidy. *Am. J. Bot.* 57, 202–211.

CZARNOTA, M. A., R. N. PAUL, L. A. WESTON e S. O. DUKE. 2003. Anatomy of sorgoleone-secreting root hairs of *Sorghum* species. *Int. J. Plant Sci.* 164, 861–866.

DAY, T. A., G. MARTIN e T. C. VOGELMANN. 1993. Penetration of UV-B radiation in foliage: Evidence that the epidermis behaves as a non-uniform filter. *Plant Cell Environ.* 16, 735–741.

DAYANANDAN, P. e P. B. KAUFMAN. 1976. Trichomes of *Cannabis sativa* L. (Cannabaceae). *Am. J. Bot.* 63, 578–591.

DE BARY, A. 1884. *Comparative Anatomy of the Vegetative Organs of the Phanerogams and Ferns.* Clarendon Press, Oxford.

DIETRICH, P., D. SANDERS e R. HEDRICH. 2001. The role of ion channels in light-dependent stomatal opening. *J. Exp. Bot.* 52, 1959–1967.

DIETZ, K.-J., B. HOLLENBACH e E. HELLWEGE. 1994. The epidermis of barley leaves is a dynamic intermediary storage compartment of carbohydrates, amino acids and nitrate. *Physiol. Plant.* 92, 31–36.

DITTMER, H. J. 1949. Root hair variations in plant species. *Am. J. Bot.* 36, 152–155.

DIXON, D. C., R. W. SEAGULL e B. A. TRIPLETT. 1994. Changes in the accumulation of ⟨- and ®-tubulin isotypes during cotton fiber development. *Plant Physiol.* 105, 1347–1353.

DIXON, D. C., W. R. MEREDITH JR. e B. A. TRIPLETT. 2000. An assessment of ⟨-tubulin isotype modifi cation in developing cotton fiber. *Int. J. Plant Sci.* 161, 63–67.

DOLAN, L. 1996. Pattern in the root epidermis: An interplay of diffusible signals and cellular geometry. *Ann. Bot.* 77, 547–553.

DOLAN, L. e S. COSTA. 2001. Evolution and genetics of root hair stripes in the root epidermis. *J. Exp. Bot.* 52, 413–417.

DOLAN, L. e K. OKADA. 1999. Signalling in cell type specification. *Semin. Cell Dev. Biol.* 10, 149–156.

DOLAN, L., C. M. DUCKETT, C. GRIERSON, P. LINSTEAD, K. SCHNEIDER, E. LAWSON, C. DEAN, S. POETHIG e K. ROBERTS. 1994. Clonal relationships and cell patterning in the root epidermis of *Arabidopsis*. *Development* 120, 2465–2474.

DUCKETT, C. M., K. J. OPARKA, D. A. M. PRIOR, L. DOLAN e K. ROBERTS. 1994. Dye-coupling in the root epidermis of *Arabidopsis* is progressively reduced during development. *Development* 120, 3247–3255.

ECKSTEIN, J. 1997. Heterogene Kohlenstoffassimilation in Blättern höherer Pflanzen als Folge der Variabilität stomatärer Öffnungsweiten. Charakterisierung und Kausalanalyse des Phänomens "stomatal patchiness." Ph.D. Thesis, Julius-Maximilians- Universität Würzburg.

EDWARDS, D., D. S. EDWARDS e R. RAYNER. 1982. The cuticle of early vascular plants and its evolutionary significance. In: *The Plant Cuticle*, pp. 341–361, D. F. Cutler, K. L. Alvin, and C. E. Price, eds. Academic Press, London.

EGLINTON, G. e R. J. HAMILTON. 1967. Leaf epicuticular waxes. *Science* 156, 1322–1335.

EHLERINGER, J. 1984. Ecology and ecophysiology of leaf pubescence in North American desert plants. In: *Biology and Chemistry of Plant Trichomes*, pp. 113–132, E. Rodriguez, P. L. Healey e I. Mehta, eds. Plenum Press, New York.

EISNER, T., M. EISNER e E. R. HOEBEKE. 1998. When defense backfires: Detrimental effect of a plant's protective trichomes on an insect beneficial to the plant. *Proc. Natl. Acad. Sci. USA* 95, 4410–4414.

ELLIS, R. P. 1979. A procedure for standardizing comparative leaf anatomy in the Poaceae. II. The epidermis as seen in surface view. *Bothalia* 12, 641–671.

ERWEE, M. G., P. B. GOODWIN e A. J. E. VAN BEL. 1985. Cellcell communication in the leaves of *Commelina cyanea* and other plants. *Plant Cell Environ.* 8, 173–178.

ESAU, K. 1977. *Anatomy of Seed Plants*, 2. ed. Wiley, New York.

EUN, S.-O. e Y. LEE. 2000. Stomatal opening by fusicoccin is accompanied by depolymerization of actin filaments in guard cells. *Planta* 210, 1014–1017.

FAHN, A. 1986. Structural and functional properties of trichomes of xeromorphic plants. *Ann. Bot.* 57, 631–637.

FAHN, A. e D. F. CUTLER. 1992. *Xerophytes. Encyclopedia of Plant Anatomy*, Band 13, Teil 3, Gebrüder Borntraeger, Berlin.

FEILD, T. S., M. A. ZWIENIECKI, M. J. DONOGHUE e N. M. HOLBROOK. 1998. Stomatal plugs of *Drimys winteri* (Winteraceae) protect leaves from mist but not drought. *Proc. Natl. Acad. Sci. USA* 95, 14256–14259.

FRANKE, W. 1971. Über die Natur der Ektodesmen und einen Vorschlag zur Terminologie. *Ber. Dtsch. Bot. Ges.* 84, 533–537.

FRANKS, P. J., I. R. COWAN e G. D. FARQUHAR. 1998. A study of stomatal mechanics using the cell pressure probe. *Plant Cell Environ.* 21, 94–100.

FREY-WYSSLING, A. e K. MÜHLETHALER. 1959. Über das submikroskopische Geschehen bei der Kutinisierung pflanzlicher Zellwände. *Vierteljahrsschr. Naturforsch. Ges. Zürich* 104, 294–299.

FRYNS-CLAESSENS, E. e W. VAN COTTHEM. 1973. A new classification of the ontogenetic types of stomata. *Bot. Rev.* 39, 71–138.

GALATIS, B. 1980. Microtubules and guard-cell morphogenesis in *Zea mays* L. *J. Cell Sci.* 45, 211–244.

GALATIS, B. 1982. The organization of microtubules in guard mother cells of *Zea mays*. *Can. J. Bot.* 60, 1148–1166.

GALATIS, B., P. APOSTOLAKOS e E. PANTERIS. 1989. Microtubules and lithocyst morphogenesis in *Pilea cadierei*. *Can. J. Bot.* 67, 2788–2804.

GALLAGHER, K. e L. G. SMITH. 2000. Roles for polarity and nuclear determinants in specifying daughter cell fates after an asymmetric cell division in the maize leaf. *Curr. Biol.* 10, 1229–1232.

GALWAY, M. E., J. D. MASUCCI, A. M. LLOYD, V. WALBOT, R. W. DAVIS e J. W. SCHIEFELBEIN. 1994. The *TTG* gene is required to specify epidermal cell fate and cell patterning in the *Arabidopsis* root. *Dev. Biol.* 166, 740–754.

GALWAY, M. E., J. W. HECKMAN JR. e J. W. SCHIEFELBEIN. 1997. Growth and ultrastructure of *Arabidopsis* root hairs: The *rhd3* mutation alters vacuole enlargement and tip growth. *Planta* 201, 209–218.

GEISLER, M., M. YANG e F. D. SACK. 1998. Divergent regulation of stomatal initiation and patterning in organ and suborgan regions of *Arabidopsis* mutants *too many mouths* and *four lips*. *Planta* 205, 522–530.

GEITMANN, A. e A. M. C. EMONS. 2000. The cytoskeleton in plant and fungal tip growth. *J. Microsc.* 198, 218–245.

GILROY, S. e D. L. JONES. 2000. Through form to function: root hair development and nutrient uptake. *Trends Plant Sci.* 5, 56–60.

GLOVER, B. J. 2000. Differentiation in plant epidermal cells. *J. Exp. Bot.* 51, 497–505.

GOURET, E., R. ROHR e A. CHAMEL. 1993. Ultrastructure and chemical composition of some isolated plant cuticles in relation to their permeability to the herbicide, diuron. *New Phytol.* 124, 423–431.

GRABOV, A. e M. R. BLATT. 1998. Co-ordination of signaling elements in guard cell ion channel control. *J. Exp. Bot.* 49, 351–360.

GUNNING, B. E. S. 1977. Transfer cells and their roles in transport of solutes in plants. *Sci. Prog. Oxf.* 64, 539–568.

GUTTENBERG, H. VON. 1940. *Der primäre Bau der Angiospermenwurzel. Handbuch der Pfl anzenanatomie,* Band 8, Lief 39. Gebrüder Borntraeger, Berlin.

HACCIUS, B. e W. TROLL. 1961. Über die sogenannten Wurzelhaare an den Keimpfl anzen von *Drosera-* und *Cuscuta*-Arten. *Beitr. Biol. Pflanz.* 36, 139–157.

HALL, R. D. 1998. Biotechnological applications for stomatal guard cells. *J. Exp. Bot.* 49, 369–375.

HALL, R. D., T. RIKSEN-BRUINSMA, G. WEYENS, M. LEFÈBVRE, J. M. DUNWELL e F. A. KRENS. 1996. Stomatal guard cells are totipotent. *Plant Physiol.* 112, 889–892.

HALLAM, N. D. 1982. Fine structure of the leaf cuticle and the origin of leaf waxes. In: *The Plant Cuticle*, pp. 197–214, D. F. Cutler, K. L. Alvin e C. E. Price, eds. Academic Press, London.

HAMILTON, D. W. A., A. HILLS, B. KÖHLER e M. R. BLATT. 2000. Ca2+ channels at the plasma membrane of stomatal guard cells are activated by hyperpolarization and abscisic acid. *Proc. Natl. Acad. Sci. USA* 97, 4967–4972.

HARTUNG, W., S. WILKINSON e W. J. DAVIES. 1998. Factors that regulate abscisic acid concentrations at the primary site of action at the guard cell. *J. Exp. Bot.* 49, 361–367.

HATTORI, K. 1992. The process during shoot regeneration in the receptacle culture of chrysanthemum (*Chrysanthemum morifolium* Ramat.). Ikushu-gaku Zasshi (*Jpn. J. Breed.*) 42, 227–234.

HEIDE-JØRGENSEN, H. S. 1991. Cuticle development and ultrastructure: Evidence for a procuticle of high osmium affinity. *Planta* 183, 511–519.

HEJNOWICZ, Z., A. RUSIN e T. RUSIN. 2000. Tensile tissue stress affects the orientation of cortical microtubules in the epidermis of sunfl ower hypocotyl. *J. Plant Growth Regul.* 19, 31–44.

HEMPEL, F. D., D. R. WELCH e L. J. FELDMAN. 2000. Floral induction and determination: where in flowering controlled? *Trends Plant Sci.* 5, 17–21.

HEPLER, P. K., L. VIDALI e A. Y. CHEUNG. 2001. Polarized cell growth in higher plants. *Annu. Rev. Cell Dev. Biol.* 17, 159–187.

HETHERINGTON, A. M. e F. I. WOODWARD. 2003. The role of stomata in sensing and driving environmental change. *Nature* 424, 901–908.

HOLLOWAY, P. J. 1982. Structure and histochemistry of plant cuticular membranes: An overview. In: *The Plant Cuticle*, pp. 1–32, D. F. Cutler, K. J. Alvin e G. E. Price, eds. Academic Press, London.

HÜLSKAMP, M. 2000. Cell morphogenesis: how plants spit hairs. *Curr. Biol.* 10, R308–R310.

HÜLSKAMP, M. e V. KIRIK. 2000. Trichome differentiation and morphogenesis in *Arabidopsis*. *Adv. Bot. Res.* 31, 237–260.

HÜLSKAMP, M. e A. SCHNITTGER. 1998. Spatial regulation of trichome formation in *Arabidopsis thaliana*. *Semin. Cell Dev. Biol.* 9, 213–220.

HÜLSKAMP, M., S. MISÉRA e G. JÜRGENS. 1994. Genetic dissection of trichome cell development in *Arabidopsis*. *Cell* 76, 555–566.

ICKERT-BOND, S. M. 2000. Cuticle micromorphology of *Pinus krempfii* Lecomte (Pinaceae) and additional species from Southeast Asia. *Int. J. Plant Sci.* 161, 301–317.

IYER, V. e A. D. BARNABAS. 1993. Effects of varying salinity on leaves of *Zostera capensis* Setchell. I. Ultrastructural changes. *Aquat. Bot.* 46, 141–153.

JEFFREE, C. E. 1986. The cuticle, epicuticular waxes and trichomes of plants, with reference to their structure, functions, and evolution. In: *Insects and the Plant Surface,* pp. 23–46, B. E. Juniper e R. Southwood, eds. Edward Arnold, London.

JEFFREE, C. E. 1996. Structure and ontogeny of plant cuticles. In: *Plant Cuticles: An Integrated* Functional Approach, pp. 33–82, G. Kerstiens, ed. BIOS Scientifi c Publishers, Oxford.

JEFFREE, C. E., R. P. C. JOHNSON e P. G. JARVIS. 1971. Epicuticular wax in the stomatal antechamber of Sitka spruce and its effects on the diffusion of water vapour and carbon dioxide. *Planta* 98, 1–10.

JENKS, M. A., P. J. RICH e E. N. ASHWORTH. 1994. Involvement of cork cells in the secretion of epicuticular wax fi laments on *Sorghum bicolor* (L.) Moench. *Int. J. Plant Sci.* 155, 506–518.

JOHNSON, R. W. e R. T. RIDING. 1981. Structure and ontogeny of the stomatal complex in *Pinus strobus* L. and *Pinus banksiana* Lamb. *Am. J. Bot.* 68, 260–268.

JORDAAN, A. e H. KRUGER. 1998. Notes on the v ultrastructure of six xerophytes from southern Africa. *S. Afr. J. Bot.* 64, 82–85.

JUNIPER, B. E. 1959. The surfaces of plants. *Endeavour* 18, 20–25.

JUNIPER, B. E. e C. E. JEFFREE. 1983. *Plant Surfaces.* Edward Arnold, London.

KARABOURNIOTIS, G. e C. EASSEAS. 1996. The dense indumentum with its polyphenol content may replace the protective role of the epidermis in some young xeromorphic leaves. *Can. J. Bot.* 74, 347–351.

KAUFMAN, P. B., L. B. PETERING, C. S. YOCUM e D. BAIC. 1970a. Ultrastructural studies on stomata development in internodes of *Avena sativa*. *Am. J. Bot.* 57, 33–49.

KAUFMAN, P. B., L. B. PETERING e J. G. SMITH. 1970b. Ultrastructural development of cork-silica cell pairs in *Avena* intermodal epidermis. *Bot. Gaz.* 131, 173–185.

KAUFMAN, P. B., L. B. PETERING e S. L. SONI. 1970c. Ultrastructural studies on cellular differentiation in internodal epidermis of *Avena sativa*. *Phytomorphology* 20, 281–309.

KAUFMAN, P. B., P. DAYANANDAN, Y. TAKEOKA, W. C. BIGELOW, J. D. JONES e R. ILER. 1981. Silica in shoots of higher plants. In: *Silicon and Siliceous Structures in Biological Systems*, pp. 409–449, T. L. Simpson e B. E. Volcani, eds. Springer-Verlag, New York.

KAUFMAN, P. B., P. DAYANANDAN, C. I. FRANKLIN e Y. TAKEOKA. 1985. Structure and function of silica bodies in the epidermal system of grass shoots. *Ann. Bot.* 55, 487–507.

KAUFMANN, K. 1927. Anatomie und Physiologie der Spaltöffnungsapparate mit Verholzten Schliesszellmembranen. *Planta* 3, 27–59.

KAUL, R. B. 1977. The role of the multiple epidermis in foliar succulence of *Peperomia* (Piperaceae). *Bot. Gaz.* 138, 213–218.

KETELAAR, T. e A. M. C. EMONS. 2001. The cytoskeleton in plant cell growth: Lessons from root hairs. *New Phytol.* 152, 409–418.

KETELAAR, T., C. FAIVRE-MOSKALENKO, J. J. ESSELING, N. C. A. DE RUIJTER, C. S. GRIERSON, M. DOGTEROM e A. M. C. EMONS. 2002. Positioning of nuclei in *Arabidopsis* root hairs: an actinregulated process of tip growth. *Plant Cell* 14, 2941–2955.

KIM, H. J. e B. A. TRIPLETT. 2001. Cotton fi ber growth in planta and in vitro. Models for plant cell elongation and cell wall biogenesis. *Plant Physiol.* 127, 1361–1366.

KIM, K., S. S. WHANG e R. S. HILL. 1999. Cuticle micromorphology of leaves of *Pinus* (Pinaceae) in east and south-east Asia. *Bot. J. Linn. Soc.* 129, 55–74.

KINOSHITA, T. e K.-I. SHIMAZAKI. 1999. Blue light activates the plasma membrane H+ -ATPase by phosphorylation of the C-terminus in stomatal guard cells. *EMBO J.* 18, 5548–5558.

KORN, R. W. 1972. Arrangement of stomata on the leaves of *Pelargonium zonale* and *Sedum stahlii*. *Ann. Bot.* 36, 325–333.

KREGER, D. R. 1958. Wax. In: Der Stoffwechsel sekundärer Pflanzenstoffe. In: *Handbuch der Pfl anzenphysiologie,* Band 10, pp. 249–269. Springer, Berlin.

KUIJT, J. e W.-X. DONG. 1990. Surface features of the leaves of *Balanophoraceae*—A family without stomata? *Plant Syst. Evol.* 170, 29–35.

KUNST, L. e A. L. SAMUELS. 2003. Biosynthesis and secretion of plant cuticular wax. *Prog. Lipid Res.* 42, 51–80.

KUTSCHERA, U. 1992. The role of the epidermis in the control of elongation growth in stems and coleoptiles. *Bot. Acta* 105, 246–252.

LAKE, J. A., W. P. QUICK, D. J. BEERLING e F. I. WOODWARD. 2001. Signals from mature to new leaves. *Nature* 411, 154.

LANNING, F. C. e L. N. ELEUTERIUS. 1989. Silica deposition in some C3 and C4 species of grasses, sedges and composites in the USA. *Ann. Bot.* 63, 395–410.

LARKIN, J. C., D. G. OPPENHEIMER, A. M. LLOYD, E. T. PAPAROZZI e M. D. MARKS. 1994. Roles of the *GLABROUS1* and *TRANSPARENT TESTA GLABRA* genes in *Arabidopsis* trichome development. *Plant Cell* 6, 1065–1076.

LARKIN, J. C., N. YOUNG, M. PRIGGE e M. D. MARKS. 1996. The control of trichome spacing and number in *Arabidopsis. Development* 122, 997–1005.

LAWTON, J. R. 1980. Observations on the structure of epidermal cells, particularly the cork and silica cells, from the flowering stem internode of *Lolium temulentum* L. (Gramineae). *Bot. J. Linn. Soc.* 80, 161–177.

LEAVITT, R. G. 1904. Trichomes of the root in vascular cryptogams and angiosperms. *Proc. Boston Soc. Nat. Hist.* 31, 273–313.

LECKIE, C. P., M. R MCAINSH, L. MONTGOMERY, A. J. PRIESTLEY, I. STAXEN, A. A. R. WEBB e A. M. HETHERINGTON. 1998. Second messengers in guard cells. *J. Exp. Bot.* 49, 339–349.

LEE, M. M. e J. SCHIEFELBEIN. 1999. WEREWOLF, a MYBrelated protein in *Arabidopsis*, is a position-dependent regulator of epidermal cell patterning. *Cell* 99, 473–483.

LEFEBVRE, D. D. 1985. Stomata on the primary root of *Pisum sativum* L. *Ann. Bot.* 55, 337–341.

LESSIRE, R., T. ABDUL-KARIM e C. CASSAGNE. 1982. Origin of the wax very long chain fatty acids in leek, *Allium porrum* L., leaves: A plausible model. In: *The Plant Cuticle*, pp. 167–179, D. F. Cutler, K. L. Alvin e C. E. Price, eds. Academic Press, London.

LEVIN, D. A. 1973. The role of trichomes in plant defense. *Q. Rev. Biol.* 48, 3–15.

LEVY, Y. Y. e C. DEAN. 1998. Control of fl owering time. *Curr. Opin. Plant Biol.* 1, 49–54.

LI, J. e S. M. ASSMANN. 2000. Protein phosphorylation and ion transport: A case study in guard cells. *Adv. Bot. Res.* 32, 459–479.

LINSBAUER, K. 1930. *Die Epidermis. Handbuch der Pflanzenanatomie,* Band 4, Lief 27. Borntraeger, Berlin.

LLOYD, C. W. 1983. Helical microtubular arrays in onion root hairs. *Nature* 305, 311–313.

LLOYD, C. W., K. J. PEARCE, D. J. RAWLINS, R. W. RIDGE e P. J. SHAW. 1987. Endoplasmic microtubules connect the advancing nucleus to the tip of legume root hairs, but F-actin is involved in basipetal migration. *Cell Motil. Cytoskel.* 8, 27–36.

LYSHEDE, O. B. 1982. Structure of the outer epidermal wall in xerophytes. In: *The Plant Cuticle*, pp. 87–98, D. F. Cutler, K. L. Alvin e C. E. Price, eds. Academic Press, London.

MACROBBIE, E. A. C. 1998. Signal transduction and ion channels in guard cells. *Philos. Trans. R. Soc. Lond. B* 353, 1475–1488.

MACROBBIE, E. A. C. 2000. ABA activates multiple Ca2+ fluxes in stomatal guard cells, triggering vacuolar K+(Rb+) release. *Proc. Natl. Acad. Sci. USA* 97, 12361–12368.

MAHLBERG, P. G. e E.-S. KIM. 2004. Accumulation of cannabinoids in glandular trichomes of *Cannabis* (Cannabaceae). *J. Indust. Hemp.* 9, 15–36.

MALIK, K. A., S. T. ALI-KHAN e P. K. SAXENA. 1993. Highfrequency organogenesis from direct seed culture in *Lathyrus*. *Ann. Bot.* 72, 629–637.

MALTBY, D., N. C. CARPITA, D. MONTEZINOS, C. KULOW e D. P. DELMER. 1979. ®-1,3-glucan in developing cotton fibers. *Plant Physiol.* 63, 1158–1164.

MANSFIELD, T. A. 1983. Movements of stomata. *Sci. Prog. Oxf.* 68, 519–542.

MARCUS, A. I., R. C. MOORE e R. J. CYR. 2001. The role of microtubules in guard cell function. *Plant Physiol.* 125, 387–395.

MARTIN, G., S. A. JOSSERAND, J. F. BORNMAN e T. C. VOGELMANN. 1989. Epidermal focussing and the light microenvironment within leaves of *Medicago sativa*. *Physiol. Plant.* 76, 485–492.

MARTIN, J. T. e B. E. JUNIPER. 1970. *The Cuticles of Plants*. St. Martin's, New York.

MASUCCI, J. D., W. G. RERIE, D. R. FOREMAN, M. ZHANG, M. E. GALWAY, M. D. MARKS e J. W. SCHIEFELBEIN. 1996. The homeobox gene GLABRA 2 is required for positiondependent positiondependent cell differentiation in the root epidermis of *Arabidopsis thaliana*. *Development* 122, 1253–1260.

MATHUR, J. e N.-H. CHUA. 2000. Microtubule stabilization leads to growth reorientation in *Arabidopsis* trichomes. *Plant Cell* 12, 465–477.

MATHUR, J. e M. HÜLSKAMP. 2002. Microtubules and microfilaments in cell morphogenesis in higher plants. *Curr. Biol.* 12, R669–R676.

MATHUR, J., P. SPIELHOFER, B. KOST e N.-H. CHUA. 1999. The actin cytoskeleton is required to elaborate and maintain spatial patterning during trichome cell morphogenesis in *Arabidopsis thaliana*. *Development* 126, 5559–5568.

MATZKE, E. B. 1947. The three-dimensional shape of epidermal cells of *Aloe aristata*. *Am. J. Bot.* 34, 182–195.

MAYER, W., I. MOSER e E. BÜNNING. 1973. Die Epidermis als Ort der Lichtperzeption für circadiane Laubblattbewegungen und photoperiodische Induktionen. *Z. Pfl anzenphysiol.* 70, 66–73.

MCWHORTER, C. G., C. OUZTS e R. N. PAUL. 1993. Micromorphology of Johnsongrass *(Sorghum halepense)* leaves. *Weed Sci.* 41, 583–589.

MEEKES, H. T. H. M. 1985. Ultrastructure, differentiation and cell wall texture of trichoblasts and root hairs of *Ceratopteris thalictroides* (L.) Brongn. (Parkeriaceae). *Aquat. Bot.* 21, 347–362.

MENG, F.-R., C. P. A. BOURQUE, R. F. BELCZEWSKI, N. J. WHITNEY e P. A. ARP. 1995. Foliage responses of spruce trees to long-term low-grade sulphur dioxide deposition. *Environ. Pollut.* 90, 143–152.

METCALFE, C. R. 1960. *Anatomy of the Monocotyledons*, vol. I. *Gramineae*. Clarendon Press, Oxford.

METCALFE, C. R. e L. CHALK. 1950. *Anatomy of the Dicotyledons*, vol. II. Clarendon Press, Oxford.

MEUSEL, I., C. NEINHUIS, C. MARKSTÄDTER e W. BARTHLOTT. 2000. Chemical composition and recrystallization of epicuticular waxes: Coiled rodlets and tubules. *Plant Biology* 2, 462–470.

MILLAR, A. A., S. CLEMENS, S. ZACHGO, E. M. GIBLIN, D. C. TAYLOR e L. KUNST. 1999. *CUT1*, an *Arabidopsis* gene required for cuticular wax biosynthesis and pollen fertility, encodes a very-long-chain fatty acid condensing enzyme. *Plant Cell* 11, 825–838.

MILLER, D. D., N. C. A. DE RUIJTER, T. BISSELING e A. M. C. EMONS. 1999. The role of actin in root hair morphogenesis: Studies with lipochito-oligosaccharide as a growth stimulator and cytochalasin as an actin perturbing drug. *Plant J.* 17, 141–154.

MILLER, R. H. 1985. The prevalence of pores and canals in leaf cuticular membranes. *Ann. Bot.* 55, 459–471.

MILLER, R. H. 1986. The prevalence of pores and canals in leaf cuticular membranes. II. Supplemental studies. *Ann. Bot.* 57, 419–434.

MITOSINKA, G. T., J. I. THORNTON e T. L. HAYES. 1972. The examination of cystolithic hairs of *Cannabis* and other plants by means of the scanning electron microscope. *J. Forensic Sci. Soc.* 12, 521–529.

MOTT, K. A., and T. N. BUCKLEY. 2000. Patchy stomatal conductance: Emergent collective behaviour of stomata. *Trends Plant Sci.* 5, 258–262.

MOTT, K. A., Z. G. CARDON e J. A. BERRY. 1993. Asymmetric patchy stomatal closure for the two surfaces of *Xanthium strumarium* L. leaves at low humidity. *Plant Cell Environ.* 16, 25–34.

MOZAFAR, A. e J. R. GOODIN. 1970. Vesiculated hairs: a mechanism for salt tolerance in *Atriplex halimus* L. *Plant Physiol.* 45, 62–65.

MULHOLLAND, S. C. e G. RAPP JR. 1992. A morphological classiflcation of grass silica-bodies. In: *Phytolith Systematics: Emerging Issues*, pp. 65–89, G. Rapp Jr. e S. C. Mulholland, eds. Plenum Press, New York.

MYLONA, P., P. LINSTEAD, R. MARTIENSSEN e L. DOLAN. 2002. *SCHIZORIZA* controls an asymmetric cell division and restricts epidermal identity in the *Arabidopsis* root. *Development* 129, 4327–4334.

NADEAU, J. A. e F. D. SACK. 2002. Control of stomatal distribution on the *Arabidopsis* leaf surface. *Science* 296, 1697–1700.

NAKAMURA, G. R. 1969. Forensic aspects of cystolith hairs of *Cannabis* and other plants. *J. Assoc. Off. Anal. Chem.* 52, 5–16.

NAKAMURA, G. R. e J. I. THORNTON. 1973. The forensic identification of marijuana: Some questions and answers. *J. Police Sci. Adm.* 1, 102–112.

NEINHUIS, C., K. KOCH e W. BARTHLOTT. 2001. Movement and regeneration of epicuticular waxes through plant cuticles. *Planta* 213, 427–434.

NG, C. K.-Y., M. R. MCAINSH, J. E. GRAY, L. HUNT, C. P. LECKIE, L. MILLS e A. M. HETHERINGTON. 2001. Calcium-based signalling systems in guard cells. *New Phytol.* 151, 109–120.

NIKLAS, K. J. e D. J. PAOLILLO JR. 1997. The role of the epidermis as a stiffening agent in *Tulipa* (Liliaceae) stems. *Am. J. Bot.* 84, 735–744.

OHASHI, Y., A. OKA, I. RUBERTI, G. MORELLI e T. AOYAMA. 2002. Entopically additive expression of *GLABRA2* alters the frequency and spacing of trichome initiation. *Plant J.* 29, 359–369.

OPPENHEIMER, D. G. 1998. Genetics of plant cell shape. *Curr. Opin. Plant Biol.* 1, 520–524.

OSBORN, J. M. e T. N. TAYLOR. 1990. Morphological and ultrastructural studies of plant cuticular membranes. I. Sun and shade leaves of *Quercus velutina* (Fagaceae). *Bot. Gaz.* 151, 465–476.

OWEN, T. P., JR. e W. W. THOMSON. 1991. Structure and function of a specialized cell wall in the trichomes of the carnivo carnivorous bromeliad *Brocchinia reducta*. *Can. J. Bot.* 69, 1700–1706.

PALEVITZ, B. A. 1981. The structure and development of stomatal cells. In: *Stomatal physiology*. pp. 1–23, P. G. Jarvis e T. A. Mansfi eld, eds. Cambridge University Press, Cambridge.

PALEVITZ, B. A. 1982. The stomatal complex as a model of cytoskeletal participation in cell differentiation. In: *The Cytoskeleton in Plant Growth and Development*, pp. 345–376, C. W. Lloyd, ed. Academic Press, London.

PALEVITZ, B. A. e P. K. HEPLER. 1976. Cellulose microfi bril orientation and cell shaping in developing guard cells of *Allium*: The role of microtubules and ion accumulation. *Planta* 132, 71–93.

PALEVITZ, B. A. e P. K. HEPLER. 1985. Changes in dye coupling of stomatal cells of *Allium* and *Commelina* demonstrated by microinjection of Lucifer yellow. *Planta* 164, 473–479.

PALIWAL, G. S. 1966. Structure and ontogeny of stomata in some Acanthaceae. *Phytomorphology* 16, 527–539.

PANT, D. D. 1965. On the ontogeny of stomata and other homologous structures. *Plant Sci. Ser.* 1, 1–24.

PANTERIS, E., P. APOSTOLAKOS e B. GALATIS. 1994. Sinuous ordinary epidermal cells: Behind several patterns of waviness, a common morphogenetic mechanism. *New Phytol.* 127, 771–780.

PAYNE, C. T., F. ZHANG e A. M. LLOYD. 2000. *GL3* encodes a bHLH protein that regulates trichome development in *Arabidopsis* through interaction with GL1 and TTG1. *Genetics* 156, 1349–1362.

PAYNE, W. W. 1978. A glossary of plant hair terminology. *Brittonia* 30, 239–255.

PAYNE, W. W. 1979. Stomatal patterns in embryophytes: their evolution, ontogeny and interpretation. *Taxon* 28, 117–132.

PEAR, J. R., Y. KAWAGOE, W. E. SCHRECKENGOST, D. P. DELMER e D. M. STALKER. 1996. Higher plants contain homologs of the bacterial *celA* genes encoding the catalytic subunit of cellulose synthase. *Proc. Natl. Acad. Sci. USA* 93, 12637– 12642.

PEETERS, M.-C., S. VOETS, G. DAYATILAKE e E. DE LANGHE. 1987. Nucleolar size at early stages of cotton fiber development in relation to final fiber dimension. *Physiol. Plant.* 71, 436–440.

PEMBERTON, L. M. S., S.-L. TSAI, P. H. LOVELL e P. J. HARRIS. 2001. Epidermal patterning in seedling roots of eudicotyledons. *Ann. Bot.* 87, 649–654.

PESACRETA, T. C. e K. H. HASENSTEIN. 1999. The internal cuticle of *Cirsium horridulum* (Asteraceae) leaves. *Am. J. Bot.* 86, 923–928.

PETERS, W. S. e D. TOMOS. 1996. The epidermis still in control? *Bot. Acta* 109, 264–267.

PETERSON, R. L. e M. L. FARQUHAR. 1996. Root hairs: Specialized tubular cells extending root surfaces. *Bot. Rev.* 62, 1–40.

PINKERTON, M. E. 1936. Secondary root hairs. *Bot. Gaz.* 98, 147–158.

PIPERNO, D. R. 1988. *Phytolith Analysis: An Archeological and Geological Perspective.* Academic Press, San Diego.

POPHAM, R. A. e R. D. HENRY. 1955. Multicellular root hairs on adventitious roots of *Kalanachoe fedtschenkoi. Ohio J. Sci.* 55, 301–307.

POSSINGHAM, J. V. 1972. Surface wax structure in fresh and dried Sultana grapes. *Ann. Bot.* 36, 993–996.

POTIKHA, T. S., C. C. COLLINS, D. I. JOHNSON, D. P. DELMER e A. LEVIN. 1999. The involvement of hydrogen peroxide in the differentiation of secondary walls in cotton fi bers. *Plant Physiol* 119, 849–858.

PRAT, H. 1948. Histo-physiological gradients and plant organogenesis. Part I. General concept of a system of gradients in living organisms. *Bot. Rev.* 14, 603–643.

PRAT, H. 1951. Histo-physiological gradients and plant organogenesis. Part II. Histological gradients. *Bot. Rev.* 17, 693–746.

PRYCHID, C. J., P. J. RUDALL e M. GREGORY. 2004. Systematics and biology of silica bodies in monocotyledons. *Bot. Rev.* 69, 377–440.

RAMESH, K. e M. A. PADHYA. 1990. In vitro propagation of neem, *Azadirachta indica* (A. Jus), from leaf discs. *Indian J. Exp. Biol.* 28, 932–935.

RAMSEY, J. C. e J. D. BERLIN. 1976a. Ultrastructural aspects of early stages in cotton fi ber elongation. *Am. J. Bot.* 63, 868–876.

RAMSEY, J. C. e J. D. BERLIN. 1976b. Ultrastructure of early stages of cotton fi ber differentiation. *Bot. Gaz.* 137, 11–19.

RAO, B. H. e K. V. KUMAR. 1995. Lithocysts as taxonomic markers of the species of *Cordia* L. (Boraginaceae). *Phytologia* 78, 260–263.

RAPISARDA, A., L. IAUK e S. RAGUSA. 1997. Micromorphological study on leaves of some *Cordia* (Boraginaceae) species used in traditional medicine. *Econ. Bot.* 51, 385–391.

RASCHKE, K. 1975. Stomatal action. *Annu. Rev. Plant Physiol* 26, 309–340.

RASMUSSEN, H. 1981. Terminology and classification of stomata and stomatal development—A critical survey. *Bot. J. Linn. Soc.* 83, 199–212.

REDDY, A. S. N. e I. S. DAY. 2000. The role of the cytoskeleton and a molecular motor in trichome morphogenesis. *Trends Plant Sci.* 5, 503–505.

REDWAY, F. A. 1991. Histology and stereological analysis of shoot formation in leaf callus of *Saintpaulia ionantha* Wendl. (African violet). *Plant Sci.* 73, 243–251.

RENTSCHLER, E. 1971. Die Wasserbenetzbarkeit von Blattoberflächen und ihre submikroskopische Wachsstruktur. *Planta* 96, 119–135.

RIDGE, R. W. 1995. Recent developments in the cell and molecular biology of root hairs. *J. Plant Res.* 108, 399–405.

RIDGE, R. W. e A. M. C. EMONS, eds. 2000. *Root Hairs: Cell and Molecular Biology.* Springer, Tokyo.

RIEDERER, M. 1989. The cuticles of conifers: structure, composition and transport properties. In: *Forest Decline and Air Pollution: A Study of Spruce (Picea abies) on Acid Soils,* pp. 157–192, E.-D. Schulze, O. L. Lange e R. Oren, eds. Springer-Verlag, Berlin.

RIEDERER, M. e G. SCHNEIDER. 1990. The effect of the environment on the permeability and composition of *Citrus* leaf cuticles. II. Composition of soluble cuticular lipids and correlation with transport properties. *Planta* 180, 154–165.

RIEDERER, M. e L. SCHREIBER. 2001. Protecting against water loss: Analysis of the barrier properties of plant cuticles. *J. Exp. Bot.* 52, 2023–2032.

ROBBERECHT, R. e M. M. CALDWELL. 1978. Leaf epidermal transmittance of ultraviolet radiation and its implications for plant sensitivity to ultraviolet-radiation induced injury. *Oecologia* 32, 277–287.

ROTH, I. 1963. Entwicklung der ausdauernden Epidermis sowie der primären Rinde des Stammes von *Cercidium torreyanum* in Laufe des sekunddären Dickenwachstums. *Österr. Bot. Z.* 110, 1–19.

ROTH, I. 1990. *Leaf Structure of a Venezuelan Cloud Forest in Relation to the Microclimate. Encyclopedia of Plant Anatomy*, Band 14, Teil 1. Gebrüder Borntraeger, Berlin.

ROW, H. C. e J. R. REEDER. 1957. Root-hair development as evidence of relationships among genera of Gramineae. *Am. J. Bot.* 44, 596–601.

RUAN, Y.-L., D. J. LLEWELLYN e R. T. FURBANK. 2001. The control of single-celled cotton fiber elongation by developmentally reversible gating of plasmodesmata and coordinated expression of sucrose and K+ transporters and expansin. *Plant Cell* 13, 47–60.

RUSSELL, S. H. e R. F. EVERT. 1985. Leaf vasculature in *Zea mays* L. *Planta* 164, 448–458.

RYSER, U. 1985. Cell wall biosynthesis in differentiating cotton fibres. *Eur. J. Cell Biol.* 39, 236–256.

RYSER, U. 1999. Cotton fiber initiation and histodifferentiation. In: *Cotton Fibers: Developmental Biology, Quality Improvement, and Textile Processing*, pp. 1–45, A. S. Basra, ed. Food Products Press, New York.

RYSER, U. e P. J. HOLLOWAY. 1985. Ultrastructure and chemistry of soluble and polymeric lipids in cell walls from seed coats and fibres of *Gossypium* species. *Planta* 163, 151–163.

SACK, F. D. 1987. The development and structure of stomata. In: *Stomatal Function*, pp. 59–89, E. Zeiger, G. D. Farquhar e I. R. Cowan, eds. Stanford University Press, Stanford.

SACK, F. D. 1994. Structure of the stomatal complex of the monocot *Flagellaria indica*. *Am. J. Bot.* 81, 339–344.

SAHGAL, P., G. V. MARTINEZ, C. ROBERTS e G. TALLMAN. 1994. Regeneration of plants from cultured guard cell protoplasts of *Nicotiana glauca* (Graham). *Plant Sci.* 97, 199–208.

SANTIER, S., and A. CHAMEL. 1998. Reassessment of the role of cuticular waxes in the transfer of organic molecules through plant cuticles. *Plant Physiol. Biochem* 36, 225–231.

SARGENT, C. 1978. Differentiation of the crossed-fi brillar outer epidermal wall during extension growth in *Hordeum vulgare* L. *Protoplasma* 95, 309–320.

SATIAT-JEUNEMAITRE, B., B. MARTIN e C. HAWES. 1992. Plant cell wall architecture is revealed by rapid-freezing and deepetching. *Protoplasma* 167, 33–42.

SATO, S., Y. OGASAWARA e S. SAKURAGI. 1995. The relationship between growth, nucleus migration and cytoskeleton in root hairs of radish. In: *Structure and Function of Roots*, pp. 69–74, F. Baluška, M. Cˇ iamporová, O. Gašparíková e P. W. Barlow, eds. Kluwer Academic, Dordrecht.

SAXE, H. 1979. A structural and functional study of the coordinated reactions of individual *Commelina communis* L. stomata (Commelinaceae). *Am. J. Bot.* 66, 1044–1052.

SCHELLMANN, S., A. SCHNITTGER, V. KIRIK, T. WADA, K. OKADA, A. BEERMANN, J. THUMFAHRT, G. JÜRGENS e M. HÜLSKAMP. 2002. *TRIPTYCHON* and *CAPRICE* mediate lateral inhibition during trichome and root hair patterning in *Arabidopsis*. *EMBO J.* 21, 5036–5046.

SCHIEFELBEIN, J. 2003. Cell-fate specification in the epidermis: A common patterning mechanism in the root and shoot. *Curr. Opin. Plant Biol.* 6, 74–78.

SCHIEFELBEIN, J. W. e C. SOMERVILLE. 1990. Genetic control of root hair development in *Arabidopsis thaliana*. *Plant Cell* 2, 235–243.

SCHIEFELBEIN, J. W., J. D. MASUCCI e H. WANG. 1997. Building a root: The control of patterning and morphogenesis during root development. *Plant Cell* 9, 1089–1098.

SCHMUTZ, A., T. JENNY, N. AMRHEIN e U. RYSER. 1993. Caffeic acid and glycerol are constituents of the suberin layers in green cotton fibres. *Planta* 189, 453–460.

SCHNABL, H. e K. RASCHKE. 1980. Potassium chloride as stomatal osmoticum in *Allium cepa* L., a species devoid of starch in guard cells. *Plant Physiol* 65, 88–93.

SCHNABL, H. e H. ZIEGLER. 1977. The mechanism of stomatal movement in *Allium cepa* L. *Planta* 136, 37–43.

SCHÖNHERR, J. 2000. Calcium chloride penetrates plant cuticles via aqueous pores. *Planta* 212, 112–118.

SCHÖNHERR, J. e M. RIEDERER. 1989. Foliar penetration and accumulation of organic chemicals in plant cuticles. *Rev. Environ. Contam. Toxicol.* 108, 2–70.

SCHREIBER, L. e M. RIEDERER. 1996. Ecophysiology of cuticular transpiration: comparative investigation of cuticular water permeability of plant species from different habitats. *Oecologia* 107, 426–432.

SCHREIBER, L., T. KIRSCH e M. RIEDERER. 1996. Transport properties of cuticular waxes of *Fagus sylvatica* L. and *Picea abies* (L.) Karst: Estimation of size selectivity and tortuosity from diffusion coefficients of aliphatic molecules. *Planta* 198, 104–109.

SCHREIBER, L., M. SKRABS, K. HARTMANN, P. DIAMANTOPOULOS, E. SIMANOVA e J. SANTRUCEK. 2001. Effect of humidity on cuticular water permeability of isolated cuticular membranes and leaf disks. *Planta* 214, 274–282.

SCHROEDER, J. I., J. M. KWAK e G. J. ALLEN. 2001. Guard cell abscisic acid signalling and engineeering drought hardiness in plants. *Nature* 410, 327–330.

SCHWAB, B., U. FOLKERS, H. ILGENFRITZ e M. HÜLSKAMP. 2000. Trichome morphogenesis in *Arabidopsis*. *Philos. Trans. R. Soc. Lond. B.* 355, 879–883.

SCULTHORPE, C. D. 1967. *The Biology of Aquatic Vascular Plants.* Edward Arnold, London.

SEAGULL, R. W. 1986. Changes in microtubule organization and wall microfibril orientation during *in vitro* cotton fiber development: An immunofl uorescent study. *Can. J. Bot.* 64, 1373–1381.

SEAGULL, R. W. 1992. A quantitative electron microscopic study of changes in microtubule arrays and wall microfibril orientation during *in vitro* cotton fiber development. *J. Cell Sci.* 101, 561–577.

SERNA, L. e C. FENOLL. 2000. Stomatal development in *Arabidopsis*: How to make a functional pattern. *Trends Plant Sci.* 5, 458–460.

SERNA, L., J. TORRES-CONTRERAS e C. FENOLL. 2002. Clonal analysis of stomatal development and patterning in *Arabidopsis* leaves. *Dev. Biol.* 241, 24–33.

SETOGUCHI, H., M. OKAZAKI e S. SUGA. 1989. Calcification in higher plants with special reference to cystoliths. In: *Origin, Evolution, and Modern Aspects of Biomineralization in Plants and Animals*, pp. 409–418, R. E. Crick, ed. Plenum Press, New York.

SETOGUCHI, H., H. TOBE, H. OHBA e M. OKAZAKI. 1993. Silicon-accumulating idioblasts in leaves of Cecropiaceae (Urticales). *J. Plant Res.* 106, 327–335. SHAW, S. L., J. DUMAIS e S. R. LONG. 2000. Cell surface expansion in polarly growing root hairs of *Medicago truncatula*. *Plant Physiol.* 124, 959–969.

SHIELDS, L. M. 1951. The involution in leaves of certain xeric grasses. *Phytomorphology* 1, 225–241.

SIEBERER, B. e A. M. C. EMONS. 2000. Cytoarchitecture and pattern of cytoplasmic streaming in root hairs of *Medicago truncatula* during development and deformation by nodulation factors. *Protoplasma* 214, 118–127.

SOLEREDER, H. 1908. *Systematic Anatomy of the Dicotyledons: A Handbook for Laboratories of Pure and Applied Botany.* 2 vols. Clarendon Press, Oxford.

SONG, P. e R. D. ALLEN. 1997. Identifi cation of a cotton fiberspecific acyl carrier protein cDNA by differential display. *Biochim. Biophy. Acta—Gene Struct. Express* 1351, 305–312.

SRIVASTAVA, L. M. e A. P. SINGH. 1972. Stomatal structure in corn leaves. *J. Ultrastruct. Res.* 39, 345–363.

STEWART, J. MCD. 1975. Fiber initiation on the cotton ovule (*Gossypium hirsutum* L.). *Am. J. Bot.* 62, 723–730.

STEWART, J. MCD. 1986. Integrated events in the fl ower and fruit. In: *Cotton Physiology*, pp. 261–300, J. R. Mauney e J. McD. Stewart, eds. Cotton Foundation, Memphis, TN.

STOCKEY, R. A., B. J. FREVEL e P. WOLTZ. 1998. Cuticle micromorphology of *Podocarpus,* subgenus *Podocarpus,* section *Scytopodium* (Podocarpaceae) of Madagascar and South Africa. *Int. J. Plant Sci.* 159, 923–940.

SZYMANSKI, D. B., M. D. MARKS, and S. M. WICK. 1999. Organized F-actin is essential for normal trichome morphogenesis in *Arabidopsis*. *Plant Cell* 11, 2331–2347.

TAIZ, L. e E. ZEIGER. 2002. *Plant Physiology*, 3. ed. Sinauer Associates, Sunderland, MA.

TAKEDA, K. e H. SHIBAOKA. 1978. The fine structure of the epidermal cell wall in Azuki bean epicotyl. *Bot. Mag. Tokyo* 91, 235–245.

TALBOTT, L. D. e E. ZEIGER. 1998. The role of sucrose in guard cell osmoregulation. *J. Exp. Bot.* 49, 329–337.

TARKOWSKA, J. A. e M. WACOWSKA. 1988. The significance of the presence of stomata on seedling roots. *Ann. Bot.* 61, 305–310.

TAYLOR, L. P. e P. K. HEPLER. 1997. Pollen germination and tube growth. *Annu. Rev. Plant Physiol. Plant Mol. Biol.* 48, 461–491.

TAYLOR, M. G., K. SIMKISS, G. N. GREAVES, M. OKAZAKI e S. MANN. 1993. An X-ray absorption spectroscopy study of the structure and transformation of amorphous calcium carbonate from plant cystoliths. *Proc. R. Soc. Lond. B.* 252, 75–80.

TERASHIMA, I. 1992. Anatomy of non-uniform leaf photosynthesis. *Photosyn. Res.* 31, 195–212.

THEOBALD, W. L., J. L. KRAHULIK e R. C. ROLLINS. 1979. Trichome description and classification. In: *Anatomy of the Dicotyledons*, 2. ed., vol. I, *Systematic Anatomy of Leaf and Stem, with a Brief History of the Subject*, pp. 40–53, C. R. Metcalfe e L. Chalk. Clarendon Press, Oxford.

THOMSON, W. W. e P. L. HEALEY. 1984. Cellular basis of trichome secretion. In: *Biology and Chemistry of Plant Trichomes*, pp. 113–130, E. Rodriguez, P. L. Healey e I. Mehta, eds. Plenum Press, New York.

TIETZ, A. e I. URBASCH. 1977. Spaltöffnungen an der keimwurzel von *Helianthus annuus* L. *Naturwissenschaften* 64, 533.

TIWARI, S. C. e T. A. WILKINS. 1995. Cotton (*Gossypium hirsutum*) seed trichomes expand via diffuse growing mechanism. *Can. J. Bot.* 73, 746–757.

TOKUMOTO, H., K. WAKABAYASHI, S. KAMISAKA e T. HOSON. 2002. Changes in the sugar composition and molecular mass distribution of matrix polysaccharides during cotton fi ber development. *Plant Cell Physiol* 43, 411–418.

TOMINAGA, M., K. MORITA, S. SONOBE, E. YOKOTA e T. SHIMMEN. 1997. Microtubules regulate the organization of actin fi laments at the cortical region in root hair cells of *Hydrocharis*. *Protoplasma* 199, 83–92.

TOMLINSON, P. B. 1974. Development of the stomatal complex as a taxonomic character in the monocotyledons. *Taxon* 23, 109–128.

TRAAS, J. A., P. BRAAT, A. M. EMONS, H. MEEKES e J. DERKSEN. 1985. Microtubules in root hairs. *J. Cell Sci.* 76, 303–320.

UPHOF, J. C. TH. e K. HUMMEL. 1962. *Plant Hairs. Encyclopedia of Plant Anatomy*, Band 4, Teil 5. Gebrüder Borntraeger, Berlin.

VALDES-REYNA, J. e S. L. HATCH. 1991. Lemma micromorphology in the Eragrostideae (Poaceae). *Sida* (*Contrib. Bot.*) 14, 531–549.

VAUGHN, K. C. e R. B. TURLEY. 1999. The primary walls of cotton fibers contain an ensheathing pectin layer. *Protoplasma* 209, 226–237.

VILLENA, J. F., E. DOMÍNQUEZ, D. STEWART e A. HEREDIA. 1999. Characterization and biosynthesis of non-degradable polymers in plant cuticles. *Planta* 208, 181–187.

VISSENBERG, K., S. C. FRY e J.-P. VERBELEN. 2001. Root hair initiation is coupled to a highly localized increase of xyloglucan endotransglycosylase action in *Arabidopsis* roots. *Plant Physiol* 127, 1125–1135.

VON GROLL, U., D. BERGER e T. ALTMANN. 2002. The subtilisin-like serine protease SDD1 mediates cell-to-cell signaling during *Arabidopsis* stomatal development. *Plant Cell* 14, 1527–1539.

WADA, T., T. TACHIBANA, Y. SHIMURA e K. OKADA. 1997. Epidermal cell differentiation in *Arabidopsis* determined by a *Myb* homolog, *CPC*. *Science* 277, 1113–1116.

WADA, T., T. KURATA, R. TOMINAGA, Y. KOSHINO-KIMURA, T. TACHIBANA, K. GOTO, M. D. MARKS, Y. SHIMURA e K. OKADA. 2002. Role of a positive regulator of roothair development, *CAPRICE*, in *Arabidopsis* root epidermal cell differentiation. *Development* 129, 5409–5419.

WAGNER, G. J. 1991. Secreting glandular trichomes: More than just hairs. *Plant Physiol.* 96, 675–679.

WALKER, A. R., P. A. DAVISON, A. C. BOLOGNESI-WINFIELD, C. M. JAMES, N. SRINIVASAN, T. L. BLUNDELL, J. J. ESCH, M. D. MARKS e J. C. GRAY. 1999. The *TRANSPARENT TESTA GLABRA1* locus, which regulates trichome differentiation and anthocyanin biosynthesis in *Arabidopsis*, encodes a WD40 repeat protein. *Plant Cell* 11, 1337–1350.

WATT, W. M., C. K. MORRELL, D. L. SMITH e M. W. STEER. 1987. Cystolith development and structure in *Pilea cadierei* (Urticaceae). *Ann. Bot.* 60, 71–84.

WEYERS, J. D. B. e H. MEIDNER. 1990. *Methods in Stomatal Research*. Longman Scientific & Technical, Harlow, Essex, England.

WHANG, S. S., K. KIM e W. M. HESS. 1998. Variation of silica bodies in leaf epidermal long cells within and among seventeen species of *Oryza* (Poaceae). *Am. J. Bot.* 85, 461–466.

WILKINSON, H. P. 1979. The plant surface (mainly leaf). Part I: Stomata. In: *Anatomy of the Dicotyledons*, 2. ed., vol. I, pp. 97–117, C. R. Metcalfe e L. Chalk. Clarendon Press, Oxford.

WILLE, A. C. e W. J. LUCAS. 1984. Ultrastructural and histochemical studies on guard cells. *Planta* 160, 129–142.

WILLMER, C. e M. FRICKER. 1996. *Stomata*, 2. ed. Chapman and Hall, London.

WILLMER, C. M. e R. SEXTON. 1979. Stomata and plasmodesmata. *Protoplasma* 100, 113–124.

WILSON, C. A. e C. L. CALVIN. 2003. Development, taxonomlic significannce and ecological role of the cuticular epithelium in the Santalales. *IAWA J.* 24, 129–138.

WOOD, N. T., A. C. ALLAN, A. HALEY, M. VIRY--MOUSSAÏD e A. J. TREWAVAS. 2000. The characterization of differential calcium signalling in tobacco guard cells. *Plant J.* 24, 335–344.

WOODWARD, F. I., J. A. LAKE e W. P. QUICK. 2002. Stomatal development and CO2: Ecological consequences. *New Phytol.* 153, 477–484.

WU, C.-C. e L.-L. KUO-HUANG. 1997. Calcium crystals in the leaves of some species of Moraceae. *Bot. Bull. Acad. Sin.* 38, 97–104.

YANG, M. e F. D. SACK. 1995. The *too many mouths* and *four lips* mutations affect stomatal production in *Arabidopsis*. *Plant Cell* 7, 2227–2239.

YU, R., R.-F. HUANG, X.-C. WANG e M. YUAN. 2001. Microtubule dynamics are involved in stomatal movement of *Vicia faba* L. *Protoplasma* 216, 113–118.

ZEIGER, E. 2000. Sensory transduction of blue light in guard cells. *Trends Plant Sci.* 5, 183–185.

ZELLNIG, G., J. PETERS, M. S. JIMÉNEZ, D. MORALES, D. GRILL e A. PERKTOLD. 2002. Three-dimensional reconstruction of the stomatal complex in *Pinus canariensis* needles using serial sections. *Plant Biol.* 4, 70–76.

ZHANG, S. Q. e W. H. OUTLAW JR. 2001. Abscisic acid introduced into the transpiration stream accumulates in the guardcell apoplast and causes stomatal closure. *Plant Cell Environ.* 24, 1045–1054.

ZHAO, L. e F. D. SACK. 1999. Ultrastructure of stomatal development in *Arabidopsis* (Brassicaceae) leaves. *Am. J. Bot.* 86, 929–939.

ZHU, T., R. L. O'QUINN, W. J. LUCAS e T. L. ROST. 1998. Directional cell-to-cell communication in the *Arabidopsis* root apical meristem. II. Dynamics of plasmodesmatal formation. *Protoplasma* 204, 84–93.

CAPÍTULO DEZ

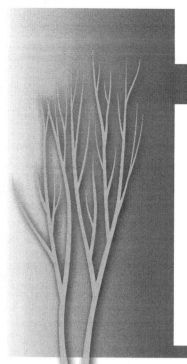

XILEMA: TIPOS CELULARES E ASPECTOS DO DESENVOLVIMENTO

Patricia Soffiatti e Marcelo Rodrigo Pace

O **xilema** é o principal tecido condutor de água em uma planta vascular. Também está envolvido no transporte de solutos, na sustentação e no armazenamento de nutrientes. Juntamente com o floema, o principal tecido condutor de nutrientes, o xilema forma um sistema vascular contínuo, que se estende através de todo o corpo da planta. Por serem componentes do sistema vascular, o xilema e o floema são denominados **tecidos vasculares**. Algumas vezes, os dois juntos são mencionados como *o* sistema vascular. O termo xilema foi introduzido por Nägeli (1858) e é derivado do grego *xylon*, madeira.

As plantas vasculares, também conhecidas como traqueófitas, formam um grupo monofilético, que consiste de dois clados que representam as plantas vasculares sem sementes (Monilophyta e Lycophyta[1], que compreendem as samambaias, incluindo *Psilotum* e as cavalinhas), além das gimnospermas e angiospermas, todas com representantes vivos (Raven et al., 2005). Paralelamente a isso, existem vários clados de plantas vasculares inteiramente extintos (Stewart e Rothwell, 1993; Taylor e Taylor, 1993). Os termos plantas vasculares e traqueófitas se referem aos elementos característicos de condução do xilema, os **elementos traqueais**. Por causa de suas paredes rígidas e persistentes, os elementos traqueais são mais conspícuos do que os elementos crivados do floema, e mais bem preservados em fósseis, podendo ser estudados com mais facilidade. Portanto, é o xilema, mais do que o floema, que permite a identificação das plantas vasculares.

Com relação ao desenvolvimento, o primeiro xilema se diferencia cedo na ontogenia da planta – no embrião ou plântula jovem (Gahan, 1988; Busse e Evert, 1999) – e à medida que a planta cresce, um novo xilema (juntamente com o floema que o acompanha) se desenvolve continuamente a partir das derivadas dos meristemas apicais. Desse modo, o corpo primário da planta, que é formado pela atividade dos meristemas apicais, é permeado por um sistema contínuo de tecidos vasculares. Os tecidos vasculares que se diferenciam no corpo primário da planta são o **xilema primário** e o **floema primário**. O tecido meristemático diretamente envolvido com a formação desses tecidos, que é seu precursor imediato, é o **procâmbio**. Plantas vasculares antigas, e muitas contemporâneas (pequenas eudicotiledôneas anuais e a maioria das monocotiledôneas), são constituídas inteiramente por tecidos primários.

Paralelamente ao crescimento primário, muitas plantas sofrem um crescimento adicional que

---

[1] No original, o autor se refere aos grupos Lycophyta e Pteridophyta, entretanto, estudos filogenéticos recentes (Pryer et al. 2001) modificaram esta classificação, e atualmente os grupos que incluem as antigas pteridófitas são Monilophyta e Lycophyta. Pryer, K. M., Schneider, H., Smith, A. R., Cranfill, R., Wolf, P. G., Hunt, J. S., & Sipes, S. D. 2001. Horsetails and ferns are a monophyletic group and the closest living relatives to seed plants. Nature 409: 618-622.

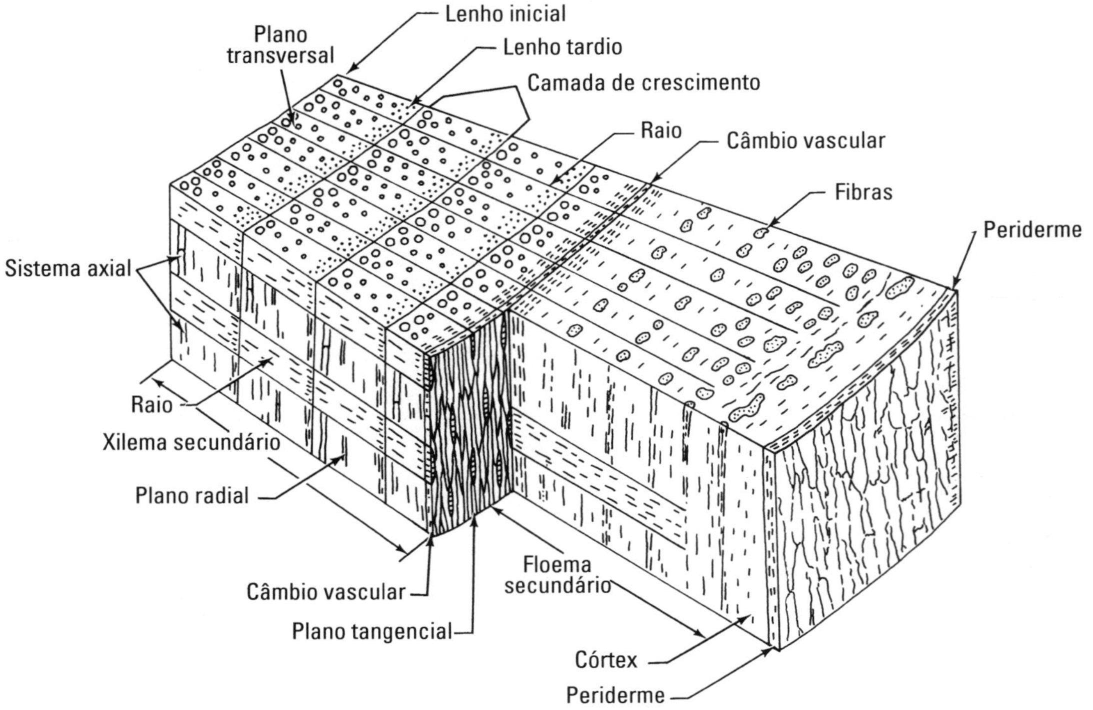

FIGURA 10.1

Diagrama de um bloco de madeira ilustrando as características básicas dos tecidos vasculares secundários – xilema e floema secundários – e a sua relação espacial um com o outro e com o câmbio que os origina. A periderme substituiu a epiderme como tecido de revestimento. (Obtido de Esau, 1977.)

promove o alargamento do caule e da raiz após o crescimento primário (crescimento em extensão) estar finalizado. Esse crescimento é denominado crescimento secundário, resultante, em parte, da atividade do **câmbio vascular**, o meristema lateral que produz os tecidos vasculares secundários, o **xilema secundário** e o **floema secundário** (Fig. 10.1).

Estruturalmente, o xilema é um tecido complexo, que contém, pelo menos, elementos traqueais e células parenquimáticas, mas normalmente contém outros tipos de células, especialmente células envolvidas na sustentação. Os tipos principais de células encontradas no xilema secundário estão listados na Tabela 10.1. O xilema primário e o secundário possuem diferenças histológicas, mas, em muitos aspectos, os dois tipos se sobrepõem (Esau, 1943; Larson, 1974, 1976). Desse modo, para que a classificação em xilema primário e secundário seja útil, esta deve ser considerada de modo abrangente, relacionando estes dois componentes do tecido xilemático ao desenvolvimento da planta como um todo.

TABELA 10.1 – Principais tipos celulares do xilema secundário

Tipos celulares	Funções principais
Sistema axial	
Elementos traqueais	
Traqueídes Elementos de vaso	Condução de água; transporte de solutos
Fibras	
Fibrotraqueídes Fibras libriformes	Suporte; armazenamento, algumas vezes
Células parenquimáticas Sistema radial (raio) Células parenquimáticas	Armazenamento de nutrientes; translocação de várias substâncias
Traqueídes em algumas coníferas	

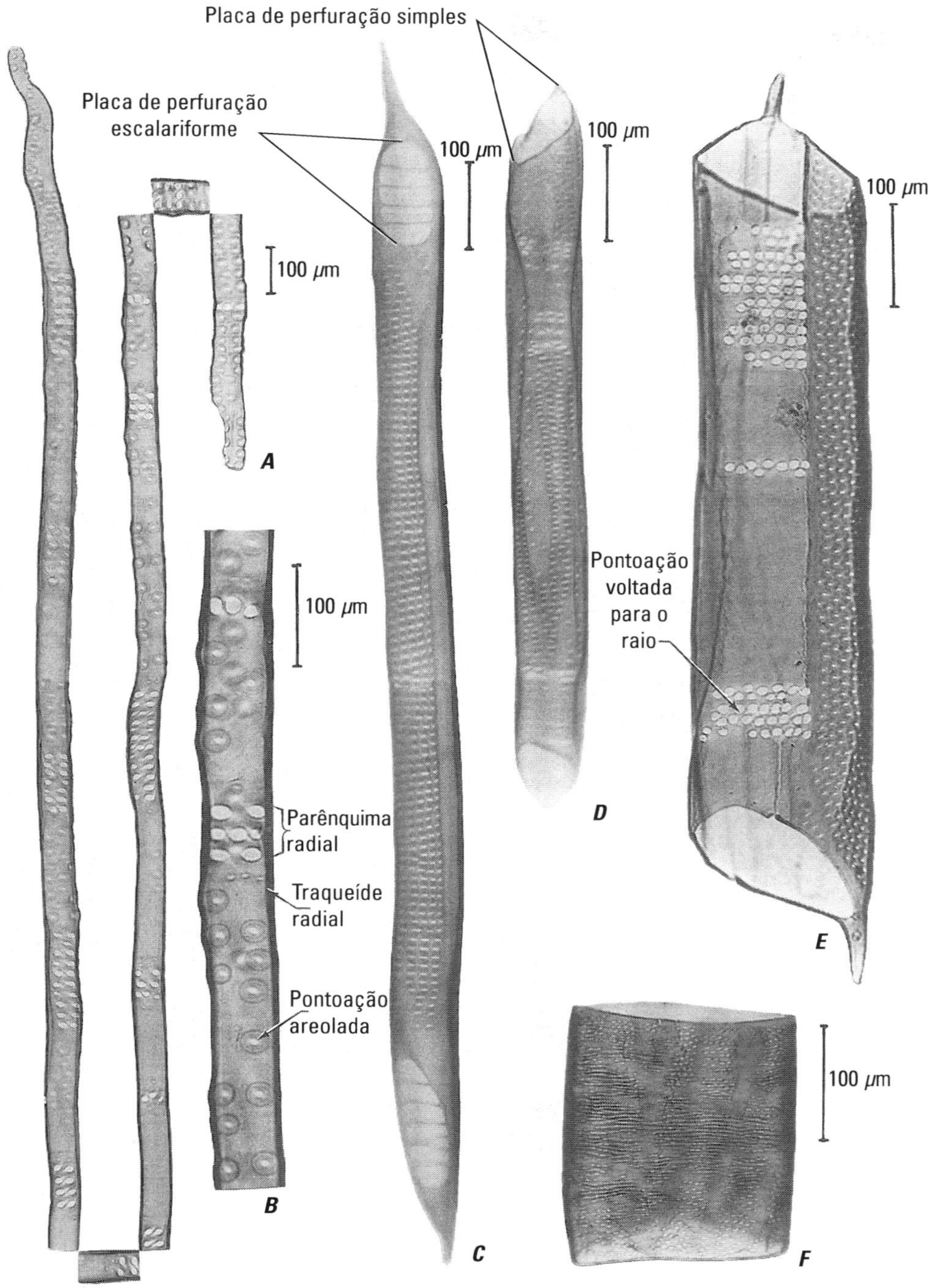

FIGURA 10.2

Elementos traqueais. **A**, traqueídes do lenho inicial de uma espécie de pinheiro "sugar pine" (*Pinus lambertiana*). **B**, parte aumentada de **A**. **C–F**, elementos de vaso do liriodendro, *Liriodendron tulipifera* (**C**), faia, *Fagus grandifolia* (**D**), choupo, *Populus trichocarpa* (**E**), ailanto, *Ailanthus altissima* (**F**). (Obtido de Carpenter, 1952; com permissão de SUNY-ESF.)

OS TIPOS CELULARES DO XILEMA

Elementos traqueais – traqueídes e elementos de vaso – são as células condutoras do xilema

O termo elemento traqueal é derivado de "trachea", um nome originalmente utilizado para alguns elementos do xilema primário que se parecem com as traqueias dos insetos (Esau, 1961). No xilema, ocorrem dois tipos fundamentais de elementos traqueais: as **traqueídes** (Fig. 10.2A, B) e os **elementos de vaso** (Fig. 10.2C-F). Ambas são células mais ou menos alongadas que possuem paredes secundárias lignificadas, mortas na maturidade. Estas diferem uma da outra pelo fato de as traqueídes serem células imperfuradas, que possuem apenas pares de pontoações em suas paredes adjacentes, enquanto os elementos de vaso possuem também perfurações, que são áreas onde as paredes primária e secundária estão ausentes, por meio das quais os elementos se interconectam.

A porção do elemento de vaso onde se encontra a perfuração ou perfurações é denominada **placa de perfuração** (IAWA Committee on Nomenclature, 1964; Wheeler et al., 1989). Uma placa de perfuração pode ter uma única perfuração (**placa de perfuração simples**; Figs. 10.2D-F e 10.3A) ou várias perfurações (**placa de perfuração múltipla**). As perfurações em uma placa de perfuração múltipla podem ser alongadas e arranjadas em séries paralelas (**placa de perfuração escalariforme**, do latim *scalaris*, escada; Figs. 10.2C e 10.3B, D), ou de modo reticulado (**placa de perfuração reticulada**, do latim *rete*, rede; Fig. 10.3D), ou como um grupo de orifícios aproximadamente circulares (**placa de perfuração foraminada**; Fig. 10.3C, ver Fig. 10.16). Placas de perfuração múltiplas raramente são encontradas em espécies arbóreas que ocorrem em florestas tropicais de baixa altitude. Estas são mais comuns em espécies arbóreas que ocorrem em florestas tropicais alto-montanas e em florestas temperadas e de climas mesotérmicos amenos, caracterizadas por baixas temperaturas durante o inverno, enquanto espécies que possuem placas de perfuração escalariformes tendem a ser restritas a ambientes mésicos relativamente não sazonais, como as florestas tropicais de neblina, florestas temperadas com verões úmidos ou ambientes boreais onde o solo jamais seca (Baas, 1986; Alves e Angyalossy-Alfonso, 2000; Carlquist, 2001).

As perfurações geralmente ocorrem nas paredes terminais, onde os elementos de vaso se conectam (Fig. 10.4), formando longas colunas contínuas, ou tubos, denominados **vasos**. As perfurações também podem estar presentes nas paredes laterais. Cada elemento de vaso que compõe um vaso possui uma placa de perfuração em cada porção terminal da parede, exceto os vasos que ocupam as posições terminais superior e inferior. O elemento de vaso que ocupa a posição terminal superior do vaso não possui placa de perfuração em sua extremidade superior, e o elemento de vaso que ocupa a posição terminal inferior não possui placa de perfuração em sua extremidade inferior. O movimento da água e dos solutos vaso a vaso ocorre através dos pares de pontoações nas suas paredes adjacentes. O comprimento de um vaso foi definido como a máxima distância que a água pode percorrer sem atravessar de um vaso para o vaso adjacente através da membrana de pontoação (Tyree, 1993).

Um único vaso pode ser constituído por, no mínimo, dois elementos de vaso (por exemplo, no xilema primário do caule de *Scleria*, Cyperaceae; Bierhost e Zamora, 1965) ou centenas, ou mesmo milhares, de elementos de vaso. No último caso, o comprimento do vaso não pode ser determinado por métodos de microscopia convencionais. O comprimento aproximado dos vasos mais longos em um segmento caulinar pode ser determinado forçando-se ar através de um pedaço de caule que contenha vasos que foram seccionados em ambas as extremidades (Zimmermann, 1982). Os vasos mais longos de uma espécie são ligeiramente mais longos do que o pedaço mais longo de caule através do qual o ar é forçado. A distribuição do comprimento dos vasos pode ser determinada forçando-se tinta látex diluída através de um pedaço de caule (Zimmermann e Jeje, 1981; Ewers e Fisher, 1989). As partículas de tinta se movem de elemento de vaso em elemento de vaso através das perfurações, mas são muito grandes para penetrarem os diminutos poros das membranas de pontoação. À medida que a água é perdida lateralmente, as partículas de tinta se acumulam nos vasos até que eles estejam completamente cheios. O caule, então, é cortado em segmentos de comprimentos iguais, e os vasos que contêm tinta, os quais são facilmente identificáveis com um estereomicroscópio, são contados a diferentes distâncias a partir do ponto de injeção. Presumindo-se que os vasos são distribuídos ao acaso, a distribuição dos compri-

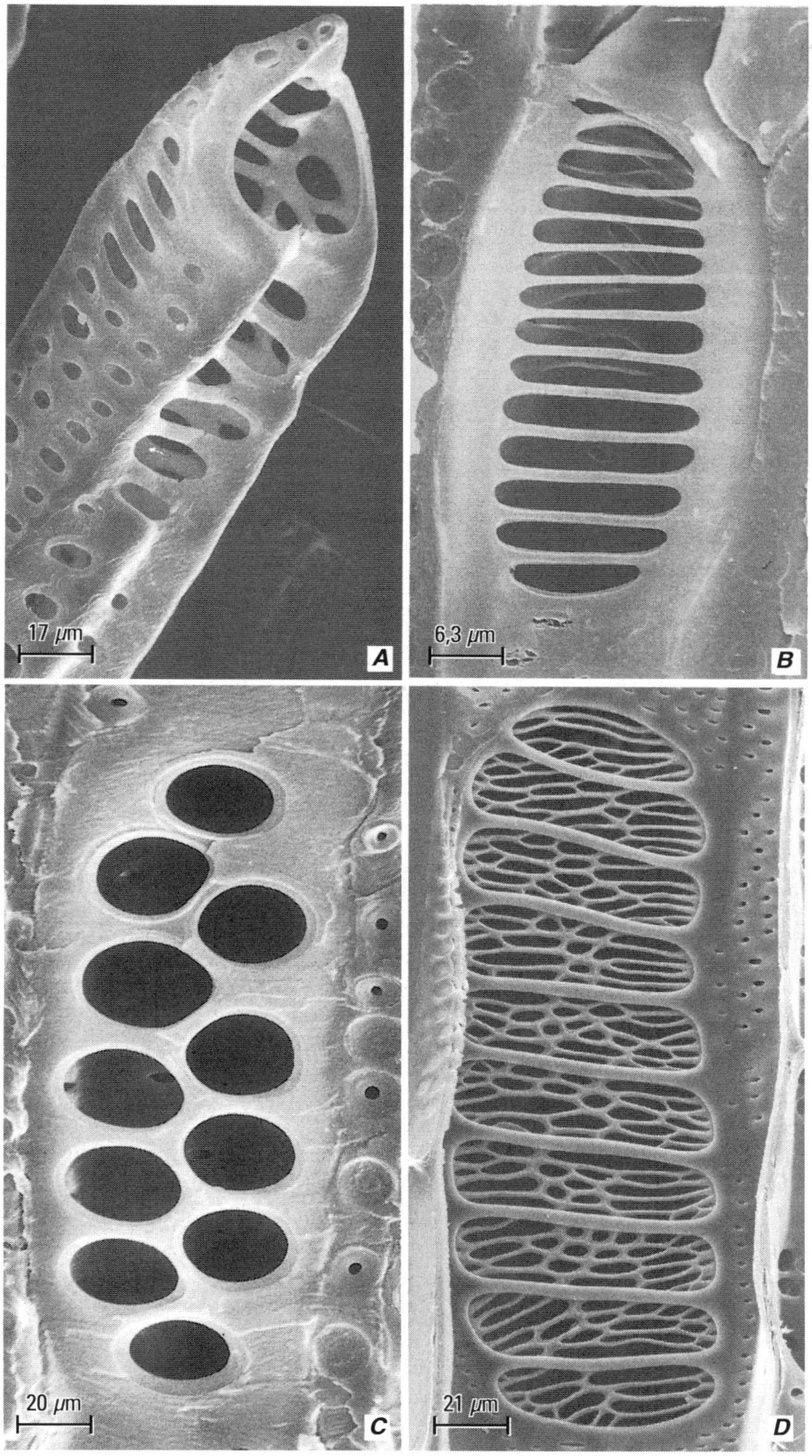

FIGURA 10.3

Placas de perfuração. Fotomicrografia eletrônica de varredura das paredes terminais perfuradas de elementos de vaso do xilema secundário. **A**, placa de perfuração simples, com uma única grande abertura simples, em um elemento de vaso de *Pelargonium*. **B**, barras em forma de escada de uma perfuração escalariforme entre elementos de vaso em *Rhododendron*. **C**, placa de perfuração foraminada, com perfurações circulares, em *Ephedra*. **D**, placas de perfuração escalariforme e reticulada contíguas em *Knema furfuracea*. (**A**–**C**, cortesia de P. Dayanandan; **D**, obtido de Ohtani et al., 1992.)

FIGURA 10.4

Fotomicrografia eletrônica de varredura mostrando partes de três elementos de vaso de um vaso no xilema secundário do carvalho vermelho americano (*Quercus rubra*). Note as elevações (setas) das paredes terminais entre os elementos de vaso, conectados um ao outro pelas extremidades. (Cortesia de Irvin B. Sachs.)

mentos dos vasos pode ser calculada. A medida da taxa de fluxo de ar em um determinado gradiente de pressão pode ser utilizada, em vez de tinta, para se determinar a distribuição dos comprimentos dos vasos (Zimmermann, 1983).

Os vasos mais longos ocorrem no lenho inicial de espécies de eudicotiledôneas com anel poroso. Nas espécies com anel poroso, os vasos (poros) do primeiro lenho formado (lenho inicial) de uma camada de crescimento são especialmente largos (Fig. 10.1; Capítulo 11). Observou-se que alguns desses vasos de grande diâmetro se estendiam por quase todo o comprimento do caule da árvore, embora muitos fossem bem mais curtos. Um comprimento máximo de 18 metros foi medido em *Fraxinus americana* (Greenidge, 1952) e de 10,5 a 11,0 metros em *Quercus rubra* (Zimmermann e Jeje, 1981). Geralmente, os comprimentos dos elementos de vaso estão correlacionados aos diâmetros: vasos largos são mais longos e vasos estreitos são mais curtos (Greenidge, 1952; Zimmermann e Jeje, 1981). Análises da distribuição dos comprimentos dos vasos demonstraram, contudo, que o xilema contém muito mais vasos curtos do que longos.

Um incremento gradual no tamanho dos elementos traqueais das folhas para as raízes foi reportado em árvores e arbustos (Ewers et al., 1997). Ambos, o diâmetro e o comprimento de traqueídes, aumentaram dos ramos para os caules e em direção às raízes de *Sequoia sempervirens* (Bailey, 1958). Em *Acer rubrum*, tanto o diâmetro quanto o comprimento dos vasos aumentaram gradualmente a partir dos ramos menores para os ramos maiores e em direção ao caule e raízes (Zimmermann e Potter, 1982). Do mesmo modo, em *Betula occidentalis*, os vasos foram mais estreitos nos ramos menores, intermediários no tronco e mais largos nas raízes (Sperry e Saliendra, 1994). Geralmente, as raízes possuem vasos mais largos que os caules. As lianas são exceções, pois os vasos do caule são tão ou mais largos do que os das raízes (Ewers et al., 1997). O incremento basípeto do diâmetro dos vasos é acompanhado por uma redução na sua densidade, ou seja, no número de vasos por unidade de área em secção transversal.

As paredes secundárias da maioria dos elementos traqueais contêm pontoações

Pontoações simples e areoladas são encontradas nas paredes secundárias de traqueídes e elementos de vaso do último xilema primário formado e do xilema secundário. O número e o arranjo dessas pontoações são altamente variáveis, mesmo nas faces distintas das paredes, ou superfícies, da mesma célula, porque essas pontoações dependem do tipo de célula que está adjacente àquela face em particular. Usualmente, ocorrem numerosos pares de pontoações entre elementos traqueais contíguos (**pontoações intervasculares**; Fig. 10.5); pouco ou nenhum par de pontoações pode ocorrer entre elementos traqueais e fibras; pares de pontoações areoladas, semiareoladas ou simples são encontradas entre elementos traqueais e células parenquimáticas. Nos pares de pontoações semiareoladas, a aréola se localiza voltada para o lado do elemento traqueal (Fig. 10.5K).

As pontoações areoladas dos elementos traqueais podem mostrar três tipos de arranjos principais: escalariforme, oposto e alterno. Se as pontoações são alongadas transversalmente e arranjadas em séries verticais semelhantes a uma escada, esse padrão é denominado **pontoação escalariforme** (Fig. 10.5A-C). Pontoações areoladas circulares ou ovais arranjadas em pares horizontais ou linhas curtas horizontais caracterizam as **pontoações**

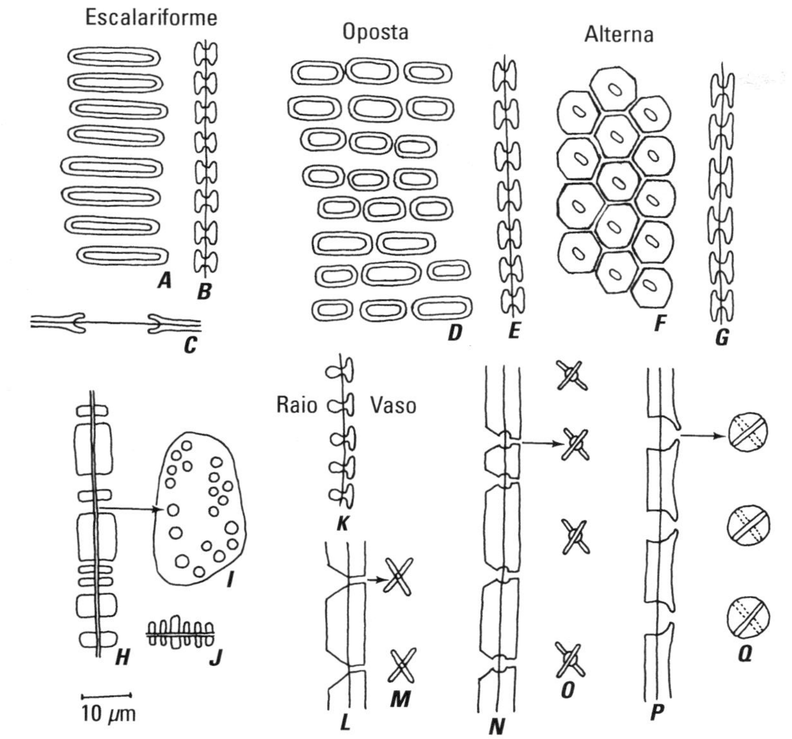

FIGURA 10.5

Pontoações e padrões de pontoação. **A–C**, pontoação escalariforne em vista superfícial (**A**) e lateral (**B**, **C**) (*Magnolia*). **D–E**, pontoação oposta em vista superficial (**D**) e lateral (**E**) (*Liriodendron*). **F–G**, pontoação alterna em vista superficial (**F**) e lateral (**G**) (*Acer*). **A–G**, pares de pontoações areoladas em membros de vasos. **H–J**, pares de pontoações simples em células parenquimáticas em vista superficial (**I**) e lateral (**H**, **J**); **H**, na parede lateral; **J**, na parede terminal (*Fraxinus*). **K**, pares de pontoação semiareoladas entre um elemento de vaso e uma célula de raio em vista lateral (*Liriodendron*). **L**, **M**, pares de pontoação simples com aberturas em forma de fenda em vista lateral (**L**) e superficial (**M**) (fibra libriforme). **N**, **O**, pares de pontoação areolada com aberturas internas em forma de fenda que se extendem além do contorno da aréola da pontoação; **N**, vista lateral; **O**, vista superficial (fibrotraqueíde). **P**, **Q**, pares de pontoação areoladas com aberturas internas em forma de fenda que não ultrapassam o contorno da aréola da pontoação; **P**, vista lateral; **Q**, vista superficial (traqueíde). **L–Q**, *Quercus*. (Obtido de Esau, 1977.)

opostas (Fig. 10.5D, E). Se essas pontoações estão muito aglomeradas, as suas aréolas assumem um contorno retangular em vista frontal. Quando as pontoações estão arranjadas em linhas diagonais, o arranjo é denominado **pontoações alternas** (Figs. 10.5F, G e 10.8), e a aglomeração resulta em aréolas com contorno poligonal (angular e com mais de quatro lados) em vista frontal. Pontoações alternas são notavelmente o tipo mais comum de pontoação em eudicotiledôneas.

Os pares de pontoação areolada de traqueídes de coníferas possuem uma estrutura particular e elaborada (Hacke et al., 2004). Nas traqueídes grandes do lenho inicial, com paredes relativamente delgadas, esses pares de pontoações são comumente circulares em vista frontal (Fig. 10.6A), e as aréolas compreendem uma cavidade conspícua (Fig. 10.6B). No centro da membrana de pontoação há um espessamento, o **toro** (plural: **toros**), que é mais largo em diâmetro do que a abertura da pontoação (Fig. 10.6A, B). O toro é circundado pela porção delgada da membrana da pontoação, a **margem** ou **margo**, que consiste de feixes de microfibrilas de celulose, a maioria delas radiadas a partir do toro (Figs. 10.6A e 10.7). A estrutura aberta do margo é resultante da remoção da matriz não celulósica da parede primária e lamela média durante a maturação da célula. Espessamentos da lamela média e parede primária, denominados *crassulae* (plural: *crassula*, do latim, pequeno espessamento), podem ocorrer entre pares de pontoações (não evidente na Fig. 10.6A). O margo é flexível e, sob certas condições de estresse, se move em direção a um ou outro lado da aréola, fechando a abertura juntamente com o toro (Fig. 10.6C). Quando o toro está nessa posição, o movimento da água através do par de pontoações é restrito. Esses pares de pontoação são, então, denominados **aspirados**. O toro é característico das pontoações areoladas das Gnetophyta e Coniferophyta, mas pode ser pouco desenvolvido. Toros ou estruturas parecidas com um toro foram encontradas em diversas espécies de eudicotiledôneas (Parameswaran e Liese, 1981; Wheeler, 1983; Dute et al., 1990, 1996; Coleman et al., 2004; Jansen et al., 2004). O margo dessas membranas de pontoação difere daqueles das coníferas pois, em vez de possuir as microfibrilas de celulose radiadas a partir do toro, essas formam um denso entrelaçamento que contém numerosos poros muito pequenos. Nenhum toro se desenvolve na membrana dos pares de pontoação semiareolados que ocorrem nas paredes entre traqueídes de coníferas e células de parênquima.

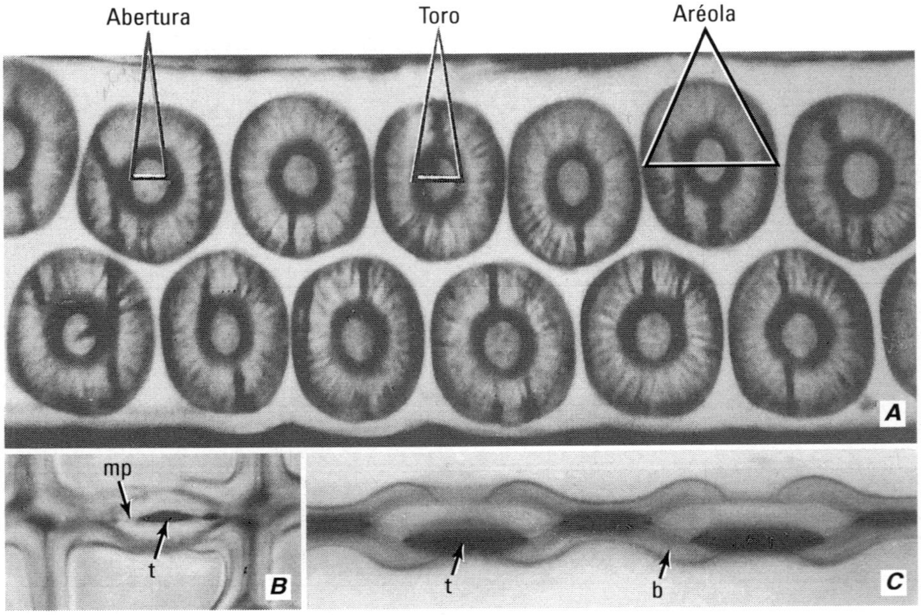

FIGURA 10.6

Pontoações areoladas em traqueídes de coníferas (**A**, *Tsuga*; **B**, *Abies*; **C**, *Pinus*). **A**, vista superficial de pontoações com espessamento (toro) na membrana da pontoação. **B**, **C**, pares de pontoação em secções com toro (t) na membrana da pontoação (mp) na posição mediana (**B**) e pressionado junto à aréola (b em **C**; par de pontoação aspirado). (A, ×1070; B, C, ×1425. **A**, obtido de Bannan, 1941.)

Em algumas eudicotiledôneas as cavidades da pontoação e/ou aberturas são inteiramente, ou em parte, margeadas com minúsculas protuberâncias na parede secundária (Jansen et al., 1998, 2001). A maioria delas ramificada ou com forma irregular, estas protuberâncias são denominadas **guarnições**, e essas pontoações denominadas **pontoações guarnecidas** (Fig. 10.8). As guarnições podem ocorrer em todos os tipos celulares do xilema secundário. Elas não estão apenas associadas às pontoações, mas podem ocorrer nas superfícies internas das paredes, nas placas de perfuração, e nos espessamentos helicoidais (ver a seguir) das paredes dos vasos (Bailey, 1933; Butterfield e Meylan, 1980; Metcalfe e Chalk, 1983; Carlquist, 2001). As guarnições também ocorrem nas paredes das traqueídes das gimnospermas e foram observadas em dois grupos de monocotiledôneas, em algumas espécies de bambus (Parameswaram e Liese, 1977) e de palmeiras (Hong e Killmann, 1992). Protuberâncias diminutas e não ramificadas, comumente denominadas **camadas verrucosas**, também ocorrem nas paredes das traqueídes em gimnospermas e nas paredes de vasos e fibras em angiospermas (Castro, 1988; Heady et al., 1994; Dute et al., 1996). Alguns pesquisadores consideram que não há diferenças entre as guarnições e as camadas verrucosas, e recomendam que ambos os termos relativos às camadas verrucosas sejam substituídos por guarnições e camadas guarnecidas (Ohtani et al., 1984).

Aparentemente, a maioria das guarnições é constituída principalmente por lignina (Mori et al., 1980; Ohtani et al., 1984; Harada e Côté, 1985). A ausência de lignina foi relatada para guarnições de alguns membros de Fabaceae (Ranjani e Krishnamurthy, 1988; Castro, 1991). Outros componentes das guarnições são hemicelulose e pequenas quantidades de pectina; a celulose é ausente (Meylan e Butterfield, 1974; Mori et al., 1983; Ranjani e Krishnamurthy, 1988).

Existe uma correlação marcante entre o tipo de placa de perfuração de um vaso e pontoações guarnecidas: praticamente todos os táxons que possuem pontoações guarnecidas possuem placas de perfuração simples (Jansen et al., 2003). Essa correlação, dentre outros fatores, levou à sugestão de que pontoações guarnecidas contribuem para a segurança hidráulica, corroborada pelos resultados de um estudo. Evidência mostrou de que as

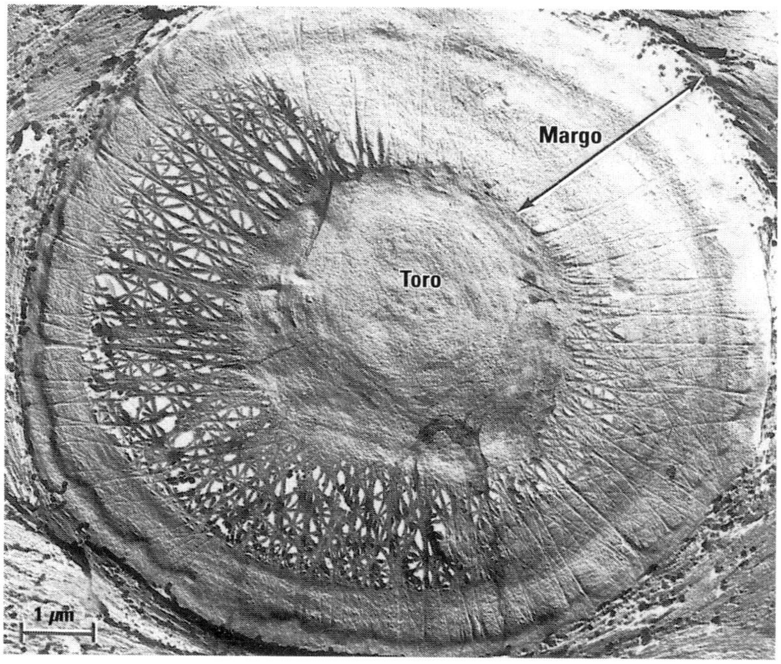

FIGURA 10.7

Fotomicrografia eletrônica de varredura de pontoação areolada no lenho inicial em traqueídes de *Pinus pungens*. *A aréola foi eliminada e a membrana da pontoação, exposta. A membrana da pontoação consiste de um toro impermeável e o margo muito poroso.* As microfibrilas no margo predominam em arranjo radial. (Cortesia de W. A. Côté Jr.)

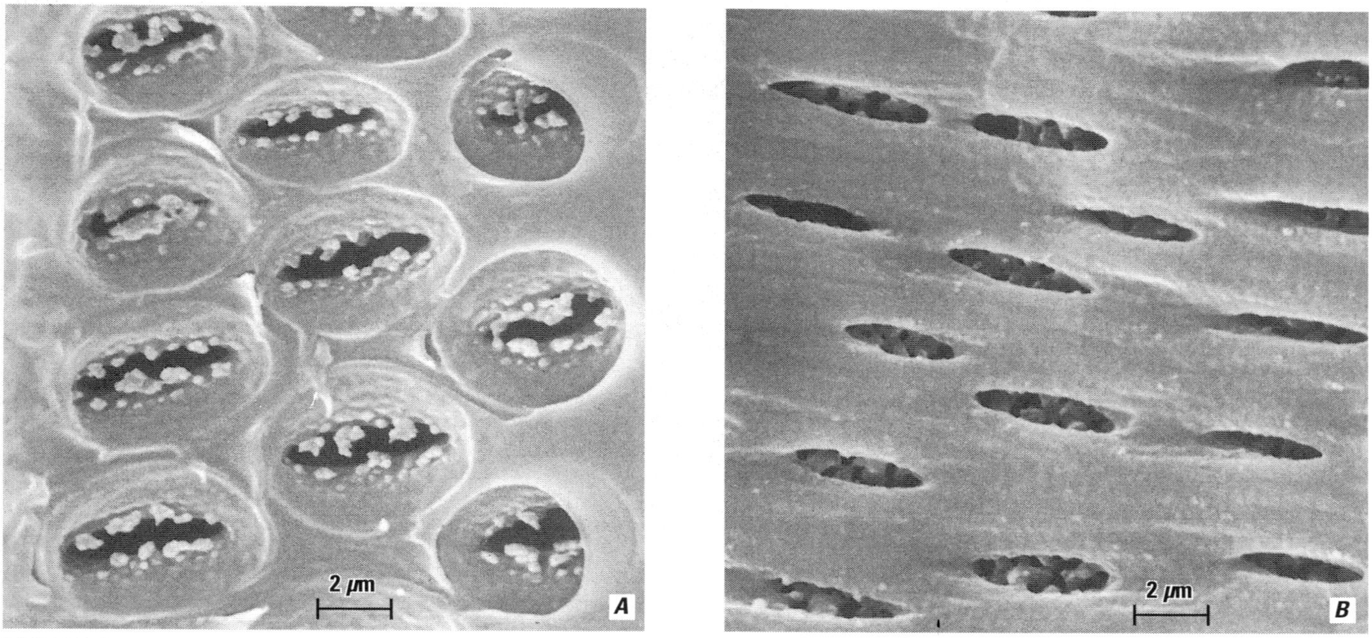

FIGURA 10.8

Pontoações guarnecidas em vasos de *Gleditsia triacantha*. **A**, vista da lamela média; **B**, vista a partir do lúmen do vaso. O arranjo dessas pontoações é alterno. (Cortesia de P. Dayanandan.)

guarnições restringem o grau de deslocamento das membranas da pontoação a partir do centro da cavidade da pontoação, limitando o aumento da porosidade da membrana da pontoação, resultante de um estresse mecânico e reduzindo, assim, a probabilidade da entrada de bolhas de ar (Choat et al., 2004).

As cristas, denominadas **espessamentos helicoidais**, ou **esculturas helicoidais**, podem se formar na superfície interna da parede do elemento de vaso, em um padrão ligeiramente helicoidal, sem cobrir as pontoações (Fig. 10.9). No xilema secundário, espessamentos helicoidais são mais comuns no lenho tardio (Carlquist e Hoekman, 1985). Espessamentos helicoidais são mais frequentes em espécies lenhosas de floras subtropicais e temperadas do que em espécies de floras tropicais (Van der Graaff e Baas, 1974; Baas, 1986; Alves e Angyalossy-Alfonso 2000; Carlquist, 2001).

Como observado por Sperry e Hacke (2004), as paredes das traqueídes e os elementos de vaso – as paredes dos conduítes do xilema – desempenham três importantes funções. Elas (1) permitem o fluxo de água entre conduítes adjacentes, (2) previnem a entrada de ar proveniente de conduítes cheios de ar (embolizados) para os funcionais adjacentes, cheios de água, e (3) evitam a implosão (colapso da parede; Cochard et al., 2004) sob pressões negativas significativas da corrente de transpiração. Essas funções são desempenhadas pelas paredes secundárias lignificadas que proveem força e pelas pontoações que permitem o fluxo entre os conduítes.

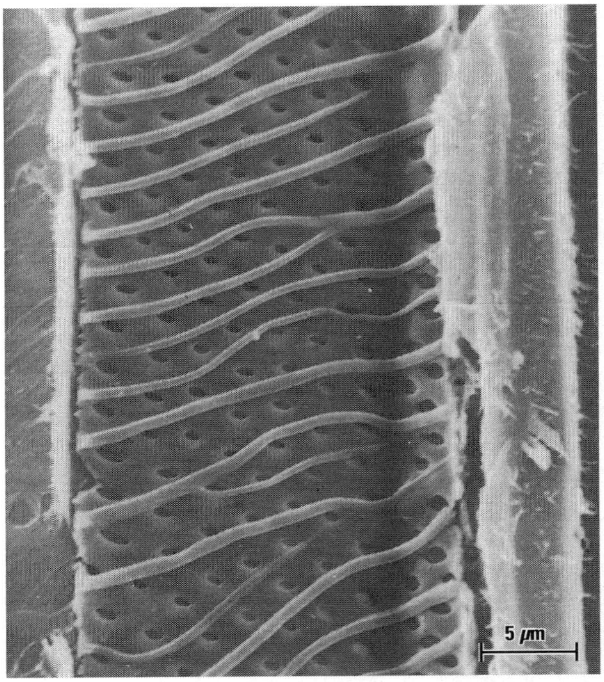

FIGURA 10.9

Fotomicrografia eletrônica de varredura da parede secundária de um vaso maduro do lenho de tília *(Tilia platyphyllos)* mostrando pontoações e espessamentos helicoidais. (Obtido de Vian et al.,1992.)

Os vasos são conduítes de água mais eficientes do que as traqueídes

A maior eficiência dos vasos como conduítes de água (Wang et al., 1992; Becker et al., 1999) se deve, em parte, ao fato de que a água pode fluir relativamente sem impedimento através das perfurações nas paredes terminais. Ao contrário, a água que flui de traqueíde em traqueíde deve passar através das membranas da pontoação dos pares de pontoações das paredes que se sobrepõem. A resistência ao fluxo de água das pontoações areoladas nas traqueídes de *Tsuga canadensis* foi estimada em um terço da resistência total ao fluxo de água através destes conduítes (Lancashire e Ennos, 2002). Entretanto, a membrana toro-margo da pontoação de coníferas é mais condutora do que a membrana de pontoação homogênea (Hacke et al., 2004; Sperry e Hacke, 2004). A razão dessa maior condutividade ou eficiência da membrana toro-margo é a presença de poros mais largos no margo do que nas membranas de pontoação dos vasos.

Quanto mais largos e longos são os vasos, maior é a condutividade hidráulica (ou menor é a resistência ao fluxo de água). Desses dois parâmetros, a largura dos vasos é o que possui o maior efeito na condutividade (Zimmermann, 1982, 1983). A condutividade hidráulica do vaso é aproximadamente proporcional à quarta potência do seu raio (ou diâmetro). Sendo assim, se os diâmetros relativos de três vasos são 1, 2, e 4, os volumes relativos do fluxo de água que flui através destes, em condições semelhantes, seriam de 1, 16 e 256, respectivamente. Consequentemente, vasos mais largos são condutores de água muito mais eficientes do que os estreitos. Entretanto, enquanto o diâmetro do vaso aumenta muito a eficiência da condução da água, ao mesmo tempo, isso diminui a segurança.

Observou-se que a cada aumento de 0,34 metros em altura no caule do crisântemo (*Dendranthema × grandiflorum*), a condutividade hidráulica decresceu 50% (Nijsse et al., 2001). A queda na condutividade se deveu a uma diminuição na área transversal e no comprimento dos elementos de vaso com o aumento em altura do caule. A respeito do último fator, quanto mais alto o caule, maior é o número de conexões entre os conduítes – pares de pontoações – que a coluna de água necessita atravessar, por unidade de comprimento do caule. O lúmen dos vasos respondeu por 70% da resistência à condutividade, e os pares de pontoação, por pelo menos parte dos 30% restantes (Nijsse et al., 2001).

As colunas de água nos conduítes (vasos e/ou traqueídes) do xilema estão normalmente sob tensão e, consequentemente, estão vulneráveis à **cavitação**, que é a formação de cavidades dentro dos conduítes, que resulta na quebra das colunas de água. A cavitação pode gerar uma **embolia**, ou bloqueio, do conduíte com ar. Começando com um único elemento de vaso, o vaso como um todo pode rapidamente se tornar preenchido com vapor de água e ar (Fig. 10.10). O vaso, agora, é disfuncional e não mais capaz de conduzir água. Do mesmo modo como os vasos largos tendem a ser mais longos do que vasos estreitos, seria mais seguro para a planta ter menos vasos largos do que estreitos (Comstock e Sperry, 2000). Em virtude do tamanho relativamente grande dos conduítes do xilema das raízes, estas tendem a ser mais vulneráveis ao estresse causado pela cavitação do que caules ou ramos (Mencuccini e Comstock, 1997; Linton et al., 1998; Kolb e Sperry, 1999; Martínez-Vilalta et al, 2002).

Embora as membranas de pontoação gerem uma resistência significativa ao fluxo de água entre os conduítes, essas membranas são muito importantes na segurança do transporte de água. A tensão superficial do menisco, que ocorre entre os pequenos poros na membrana da pontoação do par de pontoações areoladas entre vasos adjacentes, geralmente evita que as bolhas de ar atravessem os poros, auxiliando a restringi-las a um único vaso (Fig. 10.11; Sperry e Tyree, 1988). Nas traqueídes de coníferas, a passagem do ar é evitada pela aspiração dos pares de pontoações, resultando no bloqueio das aberturas da pontoação pelos toros. Os poros do margo são normalmente muito largos para conter uma bolha de ar.

Dois fenômenos – congelamento e seca – são largamente responsáveis por causar a cavitação (Hacke e Sperry, 2001). Durante o inverno e a estação de crescimento, a maior parte dos embolismos em plantas lenhosas temperadas está associada ao ciclo de congelamento-descongelamento (Cochard et al., 1997). A seiva xilemática contém ar dissolvido. À medida que essa seiva congela, os gases dissolvidos se descongelam em bolhas. Muitas evidências indicam que os vasos de maior diâmetro são mais vulneráveis ao embolismo induzido pelo congelamento do que vasos mais estreitos e, menos ainda do que todos, as traqueídes das coníferas (Sperry e Sullivan, 1992; Sperry et al., 1994; Tyree

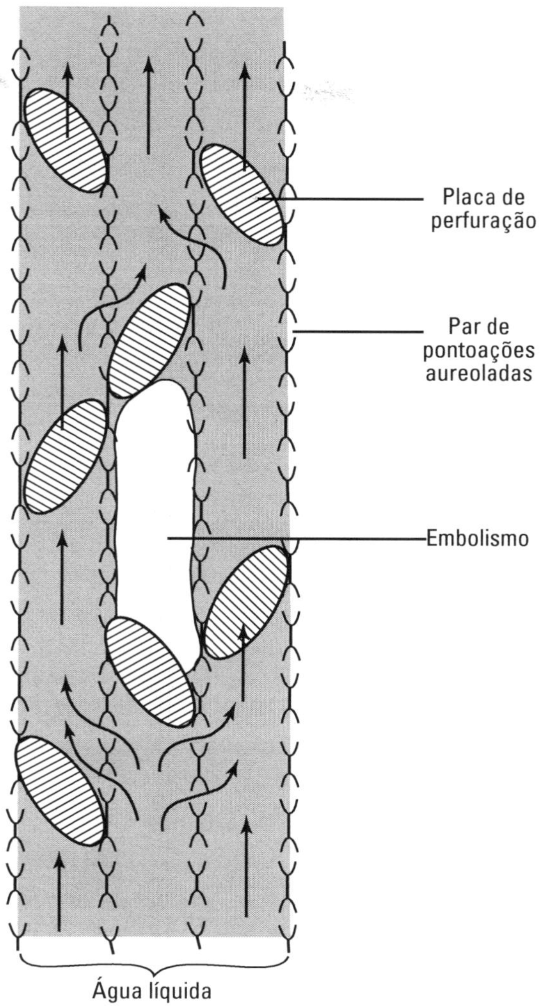

FIGURA 10.10

Elementos de vaso embolizados. Um embolismo consiste de vapor de água que bloqueou o movimento de água através de um único elemento de vaso. Entretanto, a água está disponível para fluir ao redor do elemento embolizado através dos pares de pontoação areolados entre vasos adjacentes. Os elementos de vaso mostrados aqui são caracterizados por placas de perfuração escalariformes. (Obtido de Raven et al., 2005.)

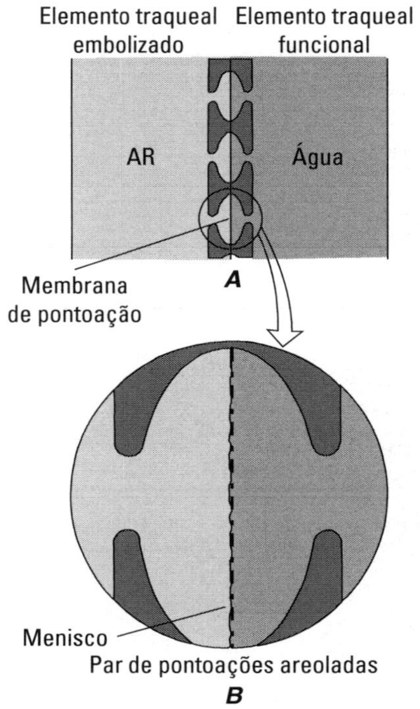

FIGURA 10.11

Diagrama mostrando par de pontoação areolada entre elementos traqueais, um dos quais está embolizado e, portanto, não funcional (**A**). **B**, detalhe da membrana da pontoação. Quando um elemento traqueal está embolizado, a dispersão do ar para os elementos traqueais adjacentes é evitada pela tensão superficial do menisco ar-água que alarga os poros da membrana da pontoação. (Obtido de Raven et al., 2005.)

et al., 1994). Como notado por Sperry e Sullivan (1992), isso pode explicar a tendência ao decréscimo no tamanho dos conduítes com o aumento da latitude e altitude (Baas, 1986), a raridade das lianas lenhosas, com seus vasos largos em latitudes elevadas (Ewers, 1985; Ewers et al., 1990), e a dominância das coníferas com suas traqueídes estreitas, em climas frios (ver Maherali e DeLucia, 2000, e Stout e Sala, 2003, e a literatura citada nesses artigos, para discussões sobre a vulnerabilidade do xilema em coníferas).

O estresse hídrico causado pela seca aumenta a tensão na seiva xilemática, ou seja, nos conteúdos fluidos do xilema. Quando essa tensão excede a tensão superficial do menisco que ocorre entre os poros na membrana, ar pode ser empurrado para um conduíte funcional (Sperry e Tyree, 1988). Esse processo é conhecido como **formação de bolhas de ar** (Zimmermann, 1983; Sperry e Tyree, 1988). Os poros maiores são os mais vulneráveis à entrada de ar. Uma planta está suscetível a esse modo de embolia a qualquer momento, como quando seus vasos ou traqueídes se tornam preenchidos com ar em decorrência de um ferimento físico (por exemplo, pelo vento ou herbivoria). Em coníferas, a formação de bolhas de ar provavelmente ocorre quando a diferença de pressão entre as traqueídes se torna grande o suficiente para deslocar o toro da sua posição (Sperry e Tyree, 1990).

Discussões consideráveis têm sido realizadas a respeito dos possíveis mecanismos envolvidos com a recuperação da condutância hidráulica após um embolismo no xilema (Salleo et al., 1996; Holbrook e Zwieniecki, 1999; Tyree et al., 1999; Tibbetts e Ewers, 2000; Zwienieck et al., 2001a; Hacke e Sperry, 2003). Dois mecanismos são relacionados à recuperação da condutividade hidráulica de árvores de faia (*Fagus sylvatica*) que sofreram embolismo pelo inverno (Cochard et al, 2001b). Um mecanismo opera no início da primavera, antes do início da brotação, e está relacionado com a ocorrência de pressões positivas no xilema na base do tronco. As pressões positivas no xilema dissolvem ativamente os embolismos. O segundo mecanismo de recuperação fica operativo após a brotação e está correlacionado à retomada da atividade cambial. Nesse momento, os vasos embolizados são substituídos por vasos novos, funcionais. Como percebido por Cochard et al. (2001b), os dois mecanismos são complementares: o primeiro ocorre principalmente na raiz e no tronco, e o segundo, principalmente nos ramos jovens terminais. Em outro estudo, os embolismos de inverno em ramos de bétula (*Betula* spp.) e amieiro (*Alnus* spp.) foram recuperados pela recarga dos vasos com a pressão positiva da raiz durante a primavera, enquanto em ramos de árvores do carvalho gambel (*Quercus gambelii*) ocorreu a recuperação pela produção de novos vasos funcionais para restaurar a condutância hidráulica (Sperry et al., 1994). Da mesma forma que a faia, a bétula e o amieiro também são árvores com porosidade difusa; o carvalho gambel possui anel poroso.

Embora seja sabido há muito tempo que as pressões positivas das raízes desempenham um papel na recarga dos conduítes embolizados do xilema (Milburn, 1979), existem trabalhos que mostram que vasos embolizados podem ser recarregados mesmo na ausência de pressão de raiz e quando a pressão no xilema é bastante negativa (Salleo et al., 1996; Tyree et al., 1999; Hacke e Sperry, 2003). Tem sido relatada a ocorrência de embolismos diários em muitos vasos em ramos (Canny, 1997a, b) e raízes (MacCully et al., 1998; Buchard et al., 1999; McCully, 1999) de plantas herbáceas, durante a transpiração. Embora seja genericamente aceito que a recarga de vasos embolizados com água ocorra após a parada da transpiração, a recarga de vasos embolizados nessas herbáceas ocorre enquanto as plantas estão ainda transpirando, e a seiva xilemática se encontra sob tensão. As conclusões obtidas a partir desses estudos foram criticadas por vários pesquisadores, que contestaram que os embolismos observados eram artefatos resultantes do procedimento de congelamento (criomicroscopia) utilizado nesses estudos (Cochard et al., 2001a; Richter, 2001; contudo, ver Canny et al., 2001).

As esculturas nas paredes dos vasos e a natureza das placas de perfuração podem influenciar na vulnerabilidade ao embolismo. Foi sugerido, por exemplo, que os espessamentos helicoidais podem reduzir a ocorrência de embolismo pelo aumento na área superficial dos vasos, deste modo, aumentando a ligação da água com as paredes dos vasos (Carlquist, 1983). Espessamentos helicoidais também podem aumentar a capacidade de condução de vasos estreitos, o que explicaria a sua prevalência em vasos estreitos do lenho tardio (Roth, 1996). Placas escalariformes são citadas como mecanismos que seguram as bolhas de ar em elementos de vaso individuais, evitando o bloqueio do vaso inteiro (Zimmermann, 1983; Sperry, 1985; Schulte et al., 1989; Ellerby e Ennos, 1998). Embora a resistência das placas de perfuração simples ao fluxo seja a menor dentre todas, placas de perfuração escalariformes com poucas barras – mesmo aquelas com perfurações estreitas – representam obstruções pequenas ao fluxo de água (Schulte et al., 1989). Independentemente do tipo de placa de perfuração, a maior parte da resistência ao fluxo nos elementos de vaso parece estar relacionada à parede (Ellerby e Ennos, 1998).

As fibras são especializadas como elementos de sustentação no xilema

Fibras são células longas, com paredes secundárias, comumente lignificadas. As paredes variam em espessura, mas são geralmente mais espessas do que as paredes das traqueídes em um mesmo lenho. Dois tipos principais de fibras são reconhecidos: as fibrotraqueídes e as fibras libriformes (Capítulo 8). Se ambas ocorrem no mesmo lenho, a fibra libriforme é mais longa e, comumente, possui paredes mais espessas do que as fibrotraqueídes. As fibrotraqueídes (Fig. 10.5N, O) possuem pontoações areoladas com cavidades menores do que as cavidades das traqueídes ou elementos de vaso (Fig. 10.5P, Q) no mesmo lenho. Essas pontoações possuem um canal de pontoação com uma abertura externa circular e uma interna alongada ou em forma de fenda (Capítulo 4).

A pontoação em uma fibra libriforme possui uma abertura em forma de fenda em direção ao lúmen da célula e um canal que se parece com um funil achatado, mas sem cavidade da pontoação (Fig. 10.5L, M). Em outras palavras, a pontoação não possui aréolas, é simples. A referência às pontoações das fibras libriformes como simples implica uma distinção mais acurada do que a que existe. As células fibrosas do xilema mostram uma gradação nas séries de pontoações entre aquelas com aréolas pronunciadas e aquelas com aréolas vestigiais ou ausentes. As formas intermediárias com pontoações areoladas reconhecíveis são colocadas, por conveniência, na categoria das fibrotraqueídes (Panshin e Zeeuw, 1980).

As fibras de ambas as categorias podem ser septadas (Capítulo 8). As fibras septadas (Fig. 8.6a; ver Fig. 10.15), amplamente distribuídas nas eudicotiledôneas e muito comuns em madeiras tropicais, geralmente retêm o seu protoplasto no lenho ativo maduro (Capítulo 11), onde estão envolvidas nas atividades de armazenamento de materiais de reserva (Frison, 1948; Fahn e Leshem, 1963). Assim sendo, as fibras vivas se aproximam das células parenquimáticas do xilema em estrutura e função. A distinção entre as duas é particularmente tênue quando as células de parênquima desenvolvem paredes secundárias e septos. A retenção do protoplasto pelas fibras é uma indicação de especialização evolutiva (Bailey, 1953; Bailey e Srivastava, 1962), e onde as fibras vivas estão presentes, o parênquima axial é pequeno em quantidade, ou ausente (Money et al., 1950).

Outra modificação das fibrotraqueídes e das fibras libriformes são as chamadas fibras gelatinosas (Capítulo 8). As fibras gelatinosas (Fig. 8.7; ver Fig. 10.15) são componentes comuns no lenho de reação (Capítulo 11) em eudicotiledôneas.

As células vivas do parênquima ocorrem tanto no xilema primário quanto no secundário

No xilema secundário, as células parenquimáticas estão comumente presentes em duas formas: **parênquima axial** e **parênquima radial** (ver Fig. 10.16). As células do parênquima axial são derivadas das iniciais fusiformes alongadas do câmbio, e, consequentemente, o seu eixo maior está orientado verticalmente no caule ou na raiz. Se a derivada dessa célula cambial se diferencia em uma célula parenquimática sem divisões transversais (ou oblíquas), uma **célula parenquimática fusiforme** é a resultante. Se essas divisões ocorrerem, uma **série parenquimática** será formada. Séries parenquimáticas são mais comuns do que células parenquimáticas fusiformes. Nenhum dos dois tipos sofre crescimento intrusivo. As células parenquimáticas do raio, derivadas das iniciais radiais relativamente curtas do câmbio, podem ter o seu maior eixo orientado tanto vertical quanto horizontalmente com relação ao eixo do caule ou da raiz (Capítulo 11).

As células parenquimáticas radiais e axiais do xilema secundário geralmente possuem paredes secundárias lignificadas. Os pares de pontoação entre as células parenquimáticas podem ser areolados, semiareolados ou simples (Carlquist, 2001), embora sejam quase sempre simples (Fig. 10.5H-J). Algumas células parenquimáticas depositam paredes secundárias espessas, tornando-se esclerificadas. Estas são células escleróticas ou esclereídes.

As células parenquimáticas do xilema possuem uma variedade de conteúdos. Estas são particularmente conhecidas pela reserva de nutrientes na forma de amido ou lipídios. Em muitas árvores decíduas de regiões temperadas, o amido se acumula no final do verão ou começo do outono, e declina durante a dormência à medida que o amido é convertido em sacarose nas baixas temperaturas de inverno (Zimmermann e Brown, 1971; Kozlowski e Pallardy, 1997a; Holl, 2000). A dissolução do amido durante a dormência plena pode ser uma ação protetora contra injúrias causadas pelo congelamento (Essiamah e Eschrich, 1985). O amido é ressintetizado e se acumula novamente no final da dormência, no início da primavera; subsequentemente sua quantidade diminui à medida que as reservas são utilizadas durante o início do período de crescimento. Os lipídios e as proteínas de reserva armazenados nas células parenquimáticas também variam sazonalmente (Fukuzawa et al., 1980; Kozlowski e Pallardy, 1997b; Höll, 2000).

Taninos e cristais são inclusões comuns (Scurfield et al., 1973; Wheeler et al., 1989; Carlquist, 2001). Os tipos de cristais e o seu arranjo podem ser característicos o suficiente para servir na identificação de madeiras. Os cristais prismáticos (romboidais) são o tipo de cristal mais comum no lenho. Células parenquimáticas que contêm cristais possuem frequentemente suas paredes lignificadas com espessamentos secundários e podem ser compartimentalizadas, ou subdivididas, por septos, onde cada câmara contém um único cristal. As células podem secretar uma camada de material de parede secundária ao redor dos cristais. Geralmente, essa camada de material de parede é relativamente delgada, mas, em alguns casos, a camada pode ser bem espessa e ocupar grande parte do lúmen da célula entre o cristal e a parede primária. Em plantas herbáceas e nos ramos jovens de plantas arbóreas, os cloroplastos frequentemente ocorrem nas células parenquimáticas do xilema, particularmente nos raios parenquimáticos (Wiebe, 1975).

Em algumas espécies as células de parênquima desenvolvem protrusões – tilos – que penetram nos vasos

No xilema secundário, ambas as células do parênquima axial e radial, localizadas próximas aos vasos, podem formar protrusões através das cavidades das pontoações, para o interior do lúmen dos vasos quando estes se tornam inativos e perdem a sua pressão interna (Fig. 10.12). Essas protrusões são denominadas **tilos** (singular: **tilo**), e as células de parênquima que as originam são denominadas **células de contato** (Braun, 1967, 1983), porque literalmente estão em contato direto com os vasos (as células de contato serão abordadas mais adiante, no Capítulo 11). As células de contato são caracterizadas pela presença de uma camada de parede composta por microfibrilas com pouca celulose, em arranjo frouxo, ricas em pectinas, depositadas pelo protoplasto após estar completa a formação da parede secundária (Czaninski, 1977; Gregory, 1978; Mueller e Beckman, 1984). Denominada **camada protetora**, essa camada é comumente depositada por toda a superfície da parede das células de contato, sendo mais espessa do lado da célula que está

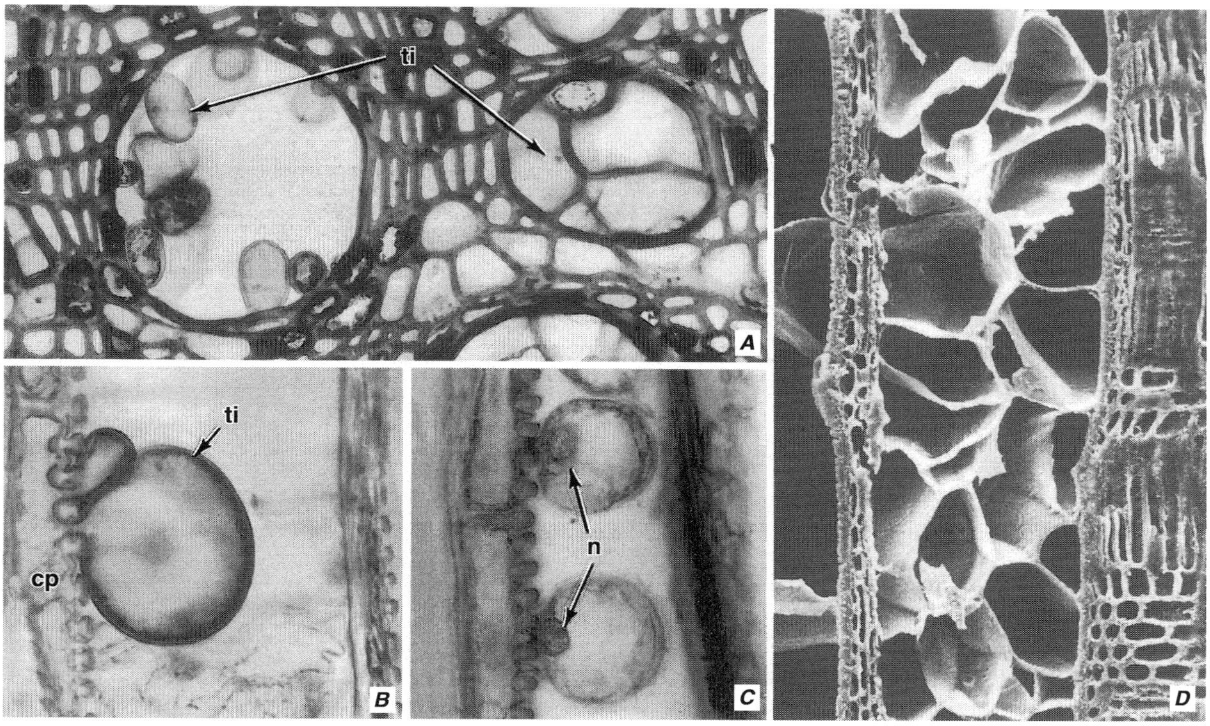

FIGURA 10.12

Tilos (ti) em *Vitis* (videira, **A–C**) e *Carya ovata* (uma espécie de nogueira, **D**) vasos em secção transversal (**A**) e longitudinal (**B–D**) do xilema. **A**, esquerda, tilos jovens; à direita, vasos preenchido por tilos. **B**, continuidade entre os lúmens dos tilos e célula de parênquima (cp). **C**, o núcleo (n) migrou das células de parênquima para os tilos. **D**, fotomicrografia eletrônica de varredura de vaso preenchido por tilos. (A, ×290; B, C, ×750; D, ×170. **D**, cortesia de Irvin B. Sachs.)

adjacente ao vaso, especialmente na membrana da pontoação.

Durante a formação dos tilos, ou tilo, a camada protetora infla como um tilo através do lúmen do vaso (Fig. 10.13). O núcleo e parte do citoplasma da célula parenquimática geralmente migram juntamente com o tilo. O crescimento do tilo parece ser hormonalmente controlado (VanderMolen et al., 1987). Os tilos armazenam uma variedade de substâncias, e podem desenvolver paredes secundárias. Algumas, até mesmo, se diferenciam em esclereídes. Os tilos são raramente encontrados quando a abertura da pontoação do lado do vaso é menor do que 10 μm de diâmetro (Chattaway, 1949), indicando que a formação do tilo pode ser fisicamente limitada pelo diâmetro da pontoação (van der Schoot, 1989). Além de ocorrer no xilema secundário, os tilos também ocorrem no xilema primário (Czaninski, 1973; Catesson et al., 1982; Canny, 1997c; Keunecke et al., 1997).

Os tilos podem ser tão numerosos que preenchem completamente o lúmen dos elementos de vaso. Em alguns lenhos, eles são formados conforme os vasos cessam a função (Fig. 10.12A, D). Os tilos são induzidos com frequência a se formar prematuramente por patógenos de plantas, e podem servir como um mecanismo de defesa, inibindo a disseminação do patógeno pela planta como um todo, através do xilema (Beckman e Talboys, 1981; Mueller e Beckman, 1984; VanderMolen et al., 1987; Clérivet et al., 2000). Na banana infectada por *Fusarium*, uma camada protetora não está associada à formação do tilo (VanderMolen et al., 1987).

ESPECIALIZAÇÃO FILOGENÉTICA DOS ELEMENTOS TRAQUEAIS E DAS FIBRAS

O xilema ocupa uma posição privilegiada dentre os tecidos vegetais pelo fato de que o estudo da sua anatomia veio a desempenhar um papel importante com relação à taxonomia e à filogenia. As linhas de especialização das várias características estruturais foram mais bem estabelecidas para o xilema do que para qualquer outro tecido. Dentro das li-

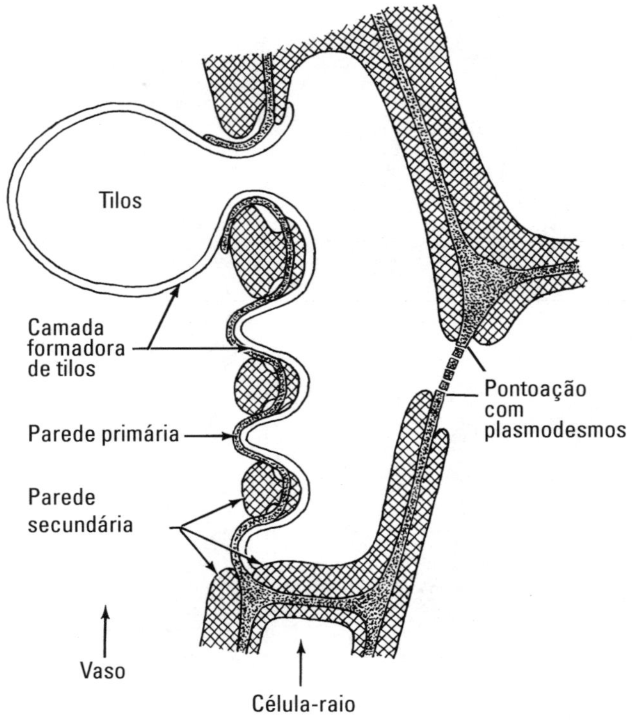

FIGURA 10.13

Diagrama de uma célula de raio que formou tilos, que protrudem através de uma pontoação para o lúmen de um vaso. Os tilos que formam uma camada são denominados camada de proteção. (Obtido de Esau, 1977.)

nhas individuais, aquelas pertencentes à evolução dos elementos traqueais têm sido estudadas com grande profundidade.

A traqueíde é um elemento mais primitivo do que o elemento de vaso, sendo o único elemento traqueal encontrado nos fósseis das plantas com sementes (Stewart e Rothwell, 1993; Taylor e Taylor, 1993) e na maioria das plantas vasculares sem sementes e gimnospermas viventes (Bailey e Tupper, 1918; Gifford e Foster, 1989).

A especialização dos elementos traqueais coincidiu com a separação das funções de condução e sustentação que ocorreram ao longo da evolução das plantas vasculares (Bailey, 1953). No estado menos especializado, a condução e o suporte estão combinados nas traqueídes. Com o aumento da especialização, os elementos condutores – elementos de vaso – evoluíram com maior eficiência na condução do que no suporte. Em contrapartida, as fibras evoluíram como elementos primariamente de suporte. Desse modo, a partir das traqueídes primitivas, duas linhas de especialização divergiram, uma em direção aos vasos e outra em direção às fibras (Fig. 10.14).

Os elementos de vaso evoluíram independentemente em algumas pteridófitas[2], incluindo as cavalinhas, *Psilotum nudum* e *Tmesipteris obliqua* (Schneider and Carlquist, 2000c; Carlquist and Schneider, 2001), *Equisetum* (Bierhorst, 1958), *Selaginella* (Schneider and Carlquist, 2000a, b), as Gnetophyta (Carlquist, 1996a), monocotiledôneas e "dicotiledôneas" (Austrobaileyales, magnoliídeas e eudicotiledôneas). Nas eudicotiledôneas, os elementos de vaso se originaram e sofreram especializações, primeiro no xilema secundário, depois no xilema primário tardio (metaxilema) e, por último, no xilema primário inicial (protoxilema). No xilema primário das monocotiledôneas, a origem e a especialização dos elementos de vaso ocorreram primeiro no metaxilema e depois no protoxilema; além disso, nas monocotiledôneas, os elementos de vaso surgiram primeiro na raiz e depois nos caules, escapo floral, e folhas, nessa ordem (Cheadle, 1953; Fahn, 1954). Em eudicotiledôneas, a relação entre o aparecimento dos primeiros vasos e o tipo de órgão foi explorada não completamente, mas alguns dados indicam um intervalo evolutivo nas folhas, apêndices florais e plântulas (Bailey, 1954).

No xilema secundário de eudicotiledôneas, espécies com elementos de vaso surgiram a partir de espécies com traqueídes com pontoações areoladas escalariformes (Bailey, 1944). A transição da condição sem vasos para com vasos envolveu a perda das membranas da pontoação de uma parte da parede contendo numerosas pontoações. Assim, uma parede pontoada se tornou uma placa de perfuração escalariforme (Fig. 10.14G, H). Remanescentes de membranas ocorrem nas perfurações de elementos de muitas eudicotiledôneas primitivas, e são consideradas como um caráter primitivo em eudicotiledôneas (Carlquist, 1992, 1996b, 2001). A transição traqueíde-elemento de vaso não é abrupta; todos os graus de formas intermediárias podem ser encontrados (Carlquist e Schneider, 2002).

2 Ver nota número 1, página 317.

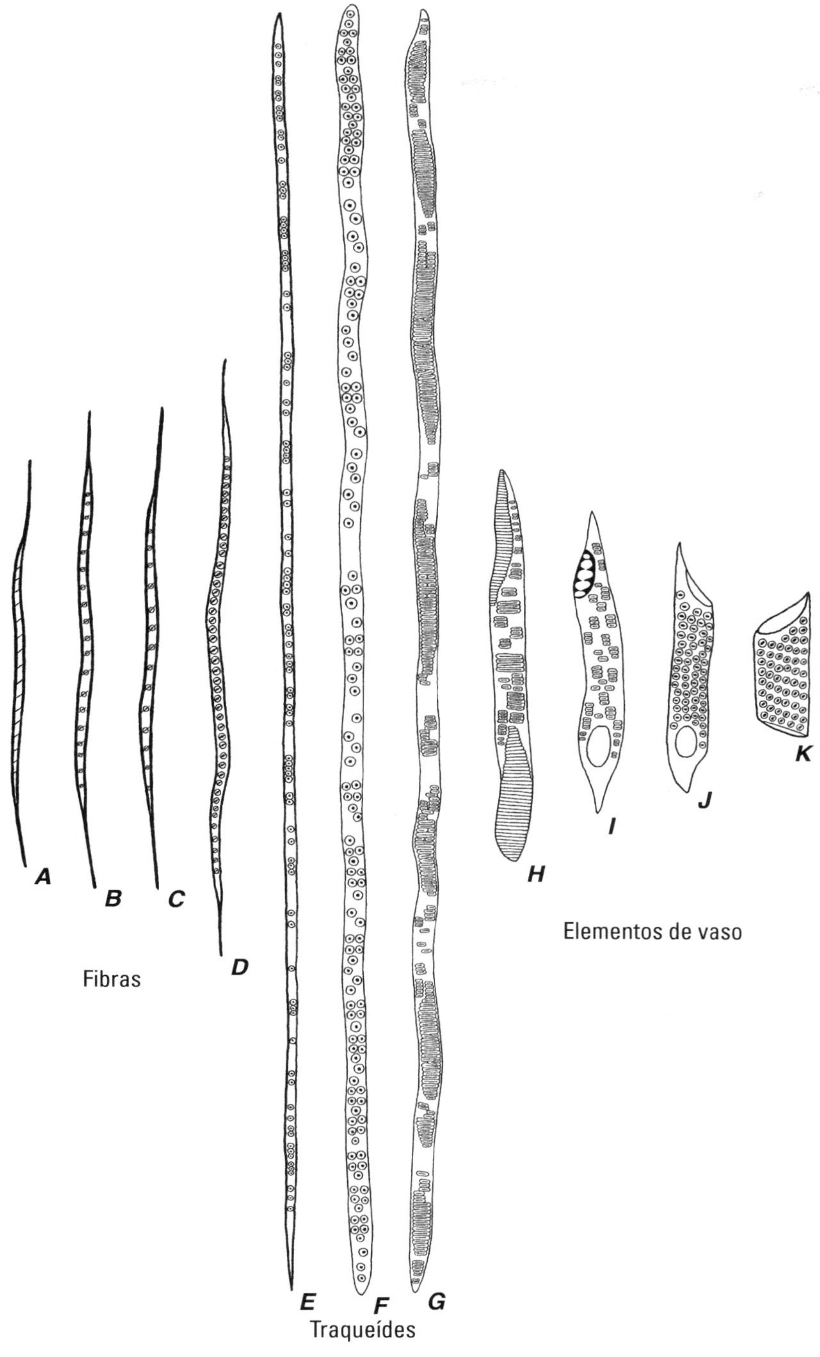

FIGURA 10.14

As principais linhas de especialização dos elementos traqueais e fibras. **E–G**, traqueídes longas de lenhos primitivos. (**G**, reduzida em escala.) **E**, **F**, pontoações areoladas circulares; **G**, pontoações areoladas alongadas em arranjo escalariforme. **D–A**, evolução das fibras: diminuição do comprimento, redução no tamanho das pontoações areoladas, e mudança na forma e tamanho das aberturas da pontoação. **H–K**, evolução dos elementos de vaso: diminuição em comprimento, redução da inclinação das paredes terminais, mudança de placa de perfuração escalariforme para simples, e de pontoações com arranjo oposto para alterno. (Baseado em Bailey and Tupper, 1918.)

As grandes tendências na evolução do elemento de vaso estão correlacionadas a uma diminuição no seu comprimento

1. *Diminuição no comprimento.* A tendência evolutiva mais claramente estabelecida do elemento de vaso é a diminuição no comprimento (Fig. 10.14H-K). Elementos de vaso mais longos são encontrados em grupos mais primitivos (aqueles com caracteres florais mais primitivos), e elementos de vaso curtos em grupos mais especializados (aqueles com caracteres florais mais especializados). A sequência evolutiva dos tipos de elemento de vaso no xilema secundário de eudicotiledôneas começa com traqueídes longas com pontoações escalariformes semelhantes àquelas encontradas em eudicotiledôneas primitivas. Estas foram sucedidas por elementos de vaso longos e estreitos com extremidades afiladas. Os elementos de vaso, então, sofreram uma progressiva redução em comprimento. O encurtamento filogenético dos elementos de vaso é uma característica particularmente consistente e ocorreu em todas as plantas vasculares que desenvolveram vasos (Bailey, 1944). Outras tendências evolutivas para o elemento de vaso são definidas pela correlação com a diminuição no seu comprimento.

2. *Paredes terminais inclinadas a transversais.* À medida que os elementos de vaso se encurtaram, as paredes terminais se tornaram menos inclinadas e, finalmente, transversais. Assim, os elementos de vaso gradualmente adquiririam paredes terminais definitivas com graus decrescentes de inclinação, em contraste com as extremidades afiladas das traqueídes.

3. *Placas de perfuração escalariformes a simples.* No estado mais primitivo, a placa de perfuração era escalariforme, com numerosas barras, semelhantes a uma parede com pontoações areoladas escalariformes sem membranas de pontoação. O aumento na especialização resultou na remoção das bordas e, então, na diminuição do número de barras até, finalmente, serem eliminadas. Então, parte de uma parede com pontoações se tornou uma perfuração escalariforme, que mais tarde evoluiu para uma placa de perfuração simples com apenas uma abertura (Fig. 10.14G-I).

4. *Pontoação areolada escalariforme a alterna.* As pontoações da parede dos vasos também se modificaram durante a evolução. Na pontoação intervascular, pares de pontoações areoladas em séries escalariformes foram substituídas por pares de pontoações areoladas, primeiro em arranjo oposto e, depois, alterno (Fig. 10.14H-K). Os pares de pontoação entre os elementos e células de parênquima se modificaram de areolados a semiareolados, e a simples.

5. *O contorno dos vasos de angular a arredondado (em secção transversal).* Nos vasos de eudicotiledôneas, o contorno angular é considerado o estado primitivo e o arredondado, a condição especializada. É interessante notar que existe uma correlação entre a angularidade e a estreiteza dos vasos. Vasos que possuem contorno arredondado têm uma tendência para serem mais largos.

Presumivelmente, a especialização filogenética do elemento de vaso ocorreu em direção a uma maior eficiência ou segurança na condução, embora a relação entre as tendências e o seu valor adaptativo não seja sempre óbvia. Por exemplo, há pouca concordância sobre o valor funcional da diminuição do comprimento do elemento de vaso, embora elementos mais curtos sejam encontrados em eudicotiledôneas de ambientes mais secos do que eudicotiledôneas relacionadas de ambientes mais úmidos (Carlquist, 2001). O valor adaptativo da tendência de pontoações escalariformes, a opostas e a alternas, parece ser um ganho em reforço mecânico da parede do vaso, mais do que segurança ou condução (Carlquist, 1975). Embora não tão bem definida como as demais tendências evolutivas dos vasos, o alargamento dos elementos de vaso obviamente resultou em uma melhor capacidade de condução.

Existem desvios nas tendências evolutivas do elemento de vaso

As diferentes tendências de especialização dos elementos traqueais discutidas nos parágrafos anteriores não estão necessariamente correlacionadas diretamente a grupos específicos de plantas. Algumas dessas tendências podem ser aceleradas e outras retardadas, portanto características mais e menos altamente especializadas ocorrem em combinações. Adicionalmente, as plantas podem adquirir características que parecem primitivas secundariamente, em virtude da reversão. Os vasos, por exemplo, podem ser perdidos pelo não desenvolvimento das perfurações em potencial nos elementos de vaso. Em plantas aquáticas, parasitas e suculentas, os vasos podem não se desenvolver ao passo que há uma redução de seus tecidos vasculares. Essas plantas sem vasos são altamente especializadas quando comparadas às primitivas angiospermas sem vasos, exemplificadas por *Trochodendron*,[3] *Tetracentron*, *Drimys*, *Pseudowintera* e outras (Bailey, 1953; Cheadle, 1956; Lemesle, 1956). Em algumas famílias, por exemplo, Cactaceae e Asteraceae, a degeneração evolutiva dos elementos de vaso envolveu um decréscimo em largura de células e o não desenvolvimento da perfuração (Bailey, 1957; Carlquist, 1961). As células imperfuradas resultantes, possuindo o mesmo tipo de pontoação que os elementos de vaso do mesmo lenho, são denominadas **traqueídes vasculares**. Outra tendência de especialização desviante pode ser a formação de placas de perfuração do tipo reticuladas em uma família filogeneticamente altamente avançada como as Asteraceae (Carlquist, 1961).

Apesar das inconsistências, as grandes tendências de especialização do elemento de vaso em angiospermas estão tão estabelecidas que desempenham um papel significativo na determinação da especialização de outras estruturas do xilema. Embora essas grandes tendências na evolução do xilema sejam geralmente consideradas irreversíveis, os resultados dos estudos de anatomia ecológica do xilema, que revelaram correlações fortes entre a estrutura do lenho e fatores ambientais macroclimáticos (por exemplo, temperatura, sazonalidade e disponibilidade hídrica), geram dúvidas sobre a irreversibilidade total das tendências evolutivas (ver discussão e referências em Endress et al., 2000). A ideia de irreversibilidade também foi desafiada por análises cladísticas que indicam que a ausência de vasos é um estado derivado, em vez de primitivo (por exemplo, Young, 1981; Donoghue e Doyle, 1989; Loconte e Stevenson, 1991).

3 *Trochodendron* (e a família a qual pertence, *Trochodendraceae*) era tido como um grupo basal dentro das angiospermas. Entretanto, estudos moleculares recentes demonstraram que este se trata, na verdade, de um grupo derivado, que pertence às Eudicotiledôneas (N.T.). An update of the Angiosperm Phylogeny Group classification for the orders and families of flowering plants: APG II. Botanical Journal of the Linnean Society, 2003, 141, 399–436

Tem sido levantada a hipótese de que a condição de ausência de vasos em Winteraceae resultou da perda dos vasos como uma adaptação a ambientes sujeitos a congelamentos (Feild et al., 2002). Defesas convincentes e elegantes em apoio ao conceito de irreversibilidade como um todo foram feitas por Baas e Wheeler (1996), e por Carlquist (1996b).

Se as Angiospermas eram ou não primitivamente sem vasos permanece uma questão controversa (Herendeen et al., 1999; Endress et al., 2000). Até o momento não há evidências no esparso registro fóssil de que as angiospermas originalmente não possuíam vasos. De fato, as angiospermas com vasos e lenho bastante avançado ocorrem no Cretáceo médio e superior (Wheeler e Baas, 1991), enquanto o lenho mais antigo de angiospermas com vasos ausentes são do Cretáceo superior (Poole e Francis, 2000). Dados paleobotânicos podem auxiliar a resolver esse problema. A aparente ausência de vasos em *Amborella* – considerada por muitos como grupo irmão de todas as angiospermas – sugere que a condição ancestral das angiospermas era a ausência de vasos (Parkinson et al., 1999; Zanis et al., 2002; Angiosperm Phylogeny Group, 2003).

Embora os elementos de vaso tenham evoluído nas angiospermas, as traqueídes foram retidas, e estas também sofreram mudanças filogenéticas, tornando-se mais curtas, mas não tão curtas quanto os elementos de vaso, e as pontoações de suas paredes se tornaram essencialmente similares àquelas dos elementos de vaso associados. De modo geral, as traqueídes não aumentaram em largura. Elas podem ter sido retidas por razões de segurança na condutividade, embora estejam presentes em uma proporção relativamente pequena nas madeiras de grupos atuais.

Como elementos de vaso e traqueídes, as fibras sofreram um encurtamento filogenético

Na especialização das fibras do xilema (Fig. 10.14D-A), a ênfase na função mecânica se tornou aparente no decréscimo da largura da célula e redução da área de parede ocupada pela membrana de pontoação. Concomitantemente, as aréolas das pontoações se tornaram reduzidas e acabaram desaparecendo. As aberturas internas das pontoações se tornaram alongadas e em forma de fenda, em paralelo às microfibrilas de celulose que compõem a parede. A sequência evolutiva foi de traqueídes, passando por fibrotraqueídes, a fibras libriformes. Os dois tipos de

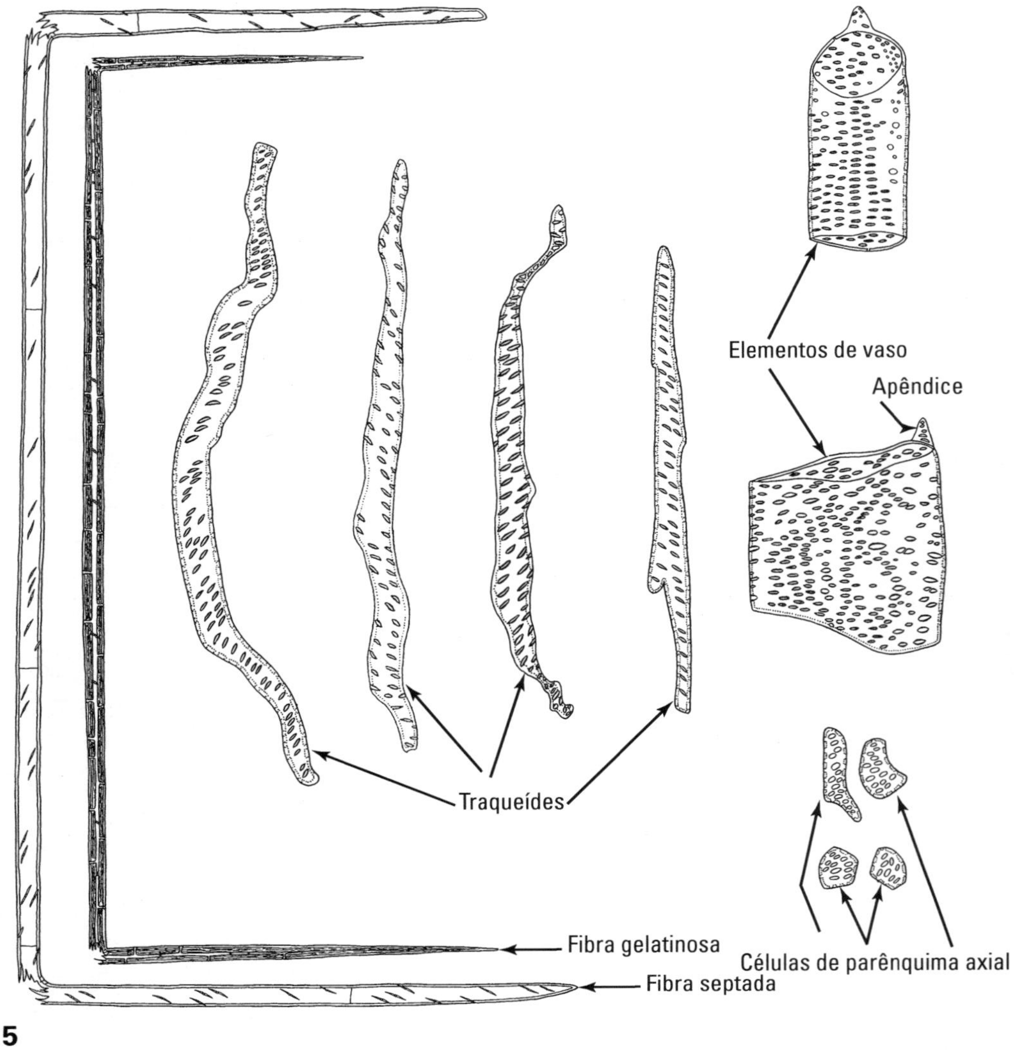

FIGURA 10.15

Elementos isolados do xilema secundário de *Aristolochia brasiliensis*, uma eudicotiledônea lianescente. Lenho especializado, com elementos do sistema axial de diversas formas. As fibras são libriformes, com aréolas reduzidas. Algumas possuem paredes delgadas e septos; outras possuem paredes espessas, gelatinosas. As traqueídes são alongadas e de forma irregular, com pontoações ligeiramente areoladas. Os elementos de vaso são curtos e possuem perfuração simples. As pontoações que conectam os elementos de vaso com outros elementos traqueais possuem pontoações ligeiramente areoladas; outras são simples. As células do parênquima axial são irregulares em forma e possuem pontoações. Células parenquimáticas de raio não são mostradas. Estas são relativamente grandes, com paredes primárias delgadas. (Todas, ×130.)

fibras se sobrepõem um com o outro e também com traqueídes. Por causa da ausência de uma separação clara entre fibras e traqueídes, os dois tipos de elementos foram, em alguns momentos, agrupados sob o termo **elementos traqueais imperfurados** (Bailey e Tupper, 1918; Carlquist, 1986). As fibras são os elementos de sustentação mais especializados nos lenhos que possuem elementos de vaso mais especializados (Fig. 10.15), enquanto tais fibras estão ausentes em lenhos com elementos de vaso semelhantes às traqueídes (Fig. 10.16). Um avanço ainda maior resulta na retenção dos protoplastos pelas fibras septadas (Money et al., 1950).

A questão das mudanças evolutivas no comprimento das fibras é muito complexa. O encurtamento dos elementos de vaso está correlacionado com um encurtamento das iniciais cambiais fusiformes (Capítulo 12), a partir das quais as células axiais do xilema são derivadas. Portanto, em lenhos com elementos de vaso mais curtos, as fibras são derivadas

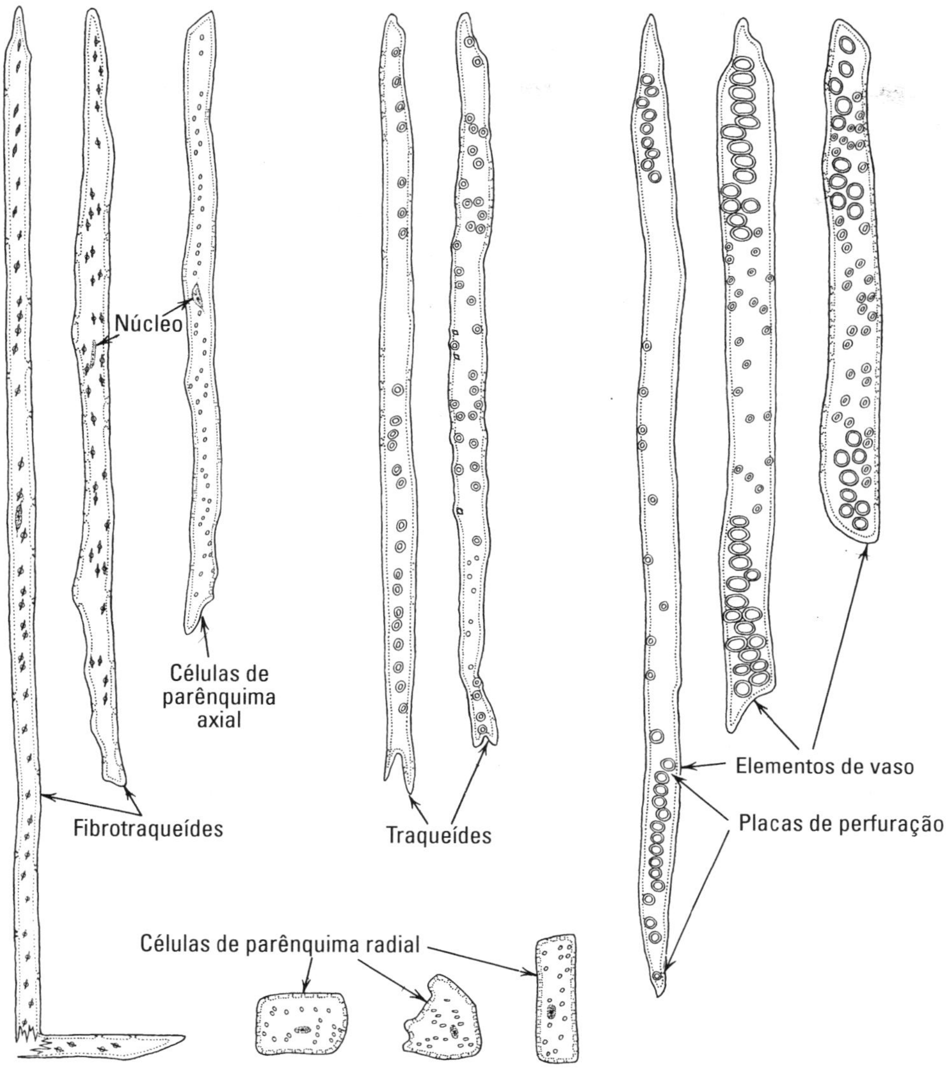

FIGURA 10.16

Elementos isolados do xilema secundário de *Ephedra californica* (Gnetales). Lenho primitivo com relativamente pouca diferenciação morfológica entre os elementos do sistema axial. Fibras típicas estão ausentes. Células de parênquima axial e radial possuem paredes secundárias com pontoações simples. As fibrotraqueídes possuem conteúdos vivos e pontoações com aréolas reduzidas. As traqueídes possuem pontoações com aréolas grandes. Os elementos de vaso são estreitos, alongados, e possuem placas de perfuração foraminadas. (Todas, ×155.)

ontogeneticamente de iniciais mais curtas do que em lenhos primitivos com elementos de vaso mais longos. Em outras palavras, com o aumento da especialização do xilema, as fibras se tornaram mais curtas. Entretanto, pelo fato de que, durante a sua ontogenia, as fibras sofrem crescimento intrusivo enquanto os elementos de vaso quase, ou praticamente, não sofrem esse tipo de crescimento, as fibras são mais longas do que os elementos de vaso no lenho maduro, e, das duas categorias de fibras, as libriformes são as mais longas. De qualquer maneira, as fibras de lenhos especializados são mais curtas do que as suas precursoras, as primitivas traqueídes.

O XILEMA PRIMÁRIO

Existem algumas diferenças estruturais e de desenvolvimento entre as porções iniciais e tardias formadas no xilema primário

Em termos de desenvolvimento, o xilema primário consiste usualmente de uma parte formada

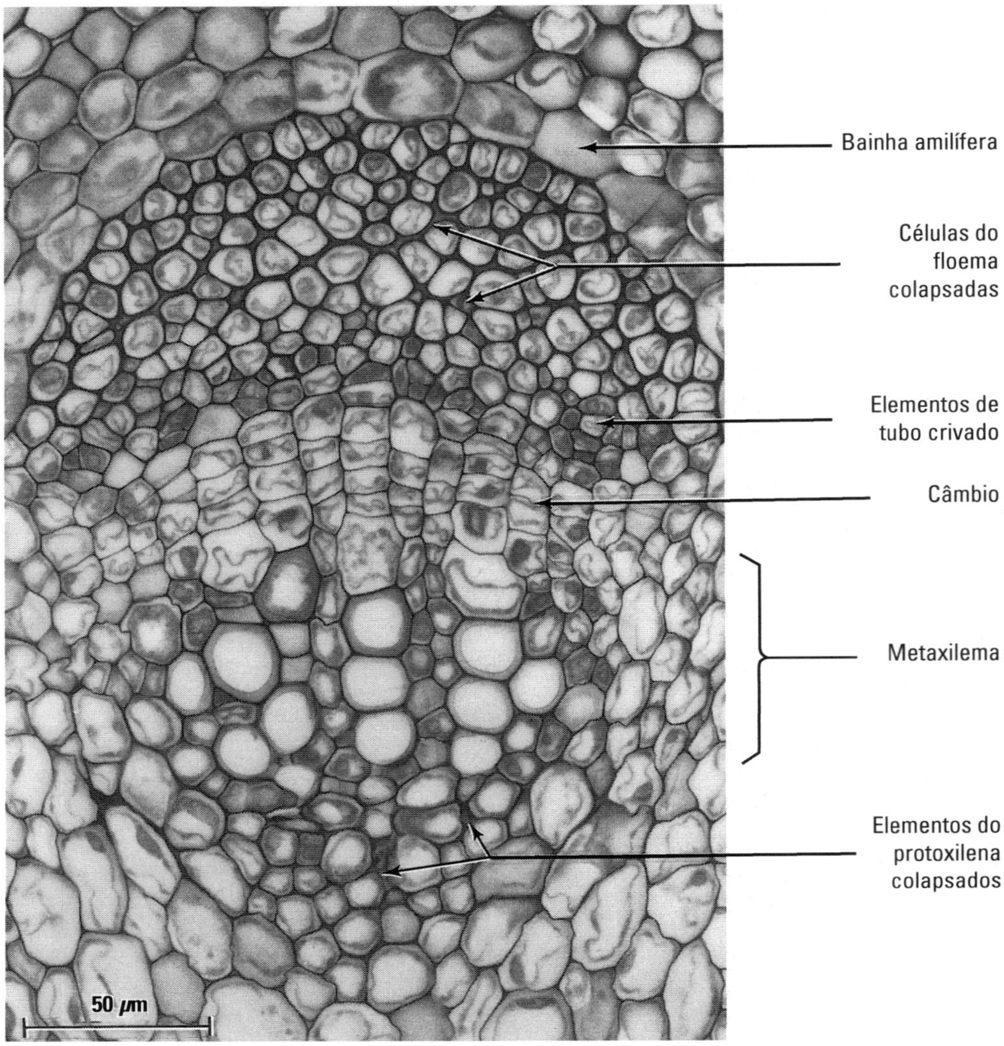

FIGURA 10.17

Feixes vasculares do caule de *Medicago sativa* (alfafa) em secção transversal. Ilustra floema e xilema primários. O câmbio não produziu ainda tecidos secundários. O xilema inicial (protoxilema) e o floema (protofloema) não são mais funcionais em condução. Suas células condutoras tornaram-se obliteradas. Os tecidos funcionais são o metaxilema e o metafloema. (Obtido de Esau, 1977.)

primeiro, o **protoxilema** (do grego, *proto*, primeiro), e a parte formada depois, o **metaxilema** (do grego, *meta*, após ou além) (Figs. 10.17 e 10.18B). Embora as duas partes possuam características distintas, essas se sobrepõem, uma a outra, imperceptivelmente, de modo que a delimitação entre as duas é apenas aproximada.

O protoxilema se diferencia nas partes primárias do corpo da planta que ainda não completaram o seu crescimento e diferenciação. Na verdade, no caule e na folha, o protoxilema geralmente amadurece antes de esses órgãos sofrerem um alongamento extensivo. Consequentemente, os elementos traqueais mortos e maduros do protoxilema são esticados e acabam sendo destruídos. Na raiz, os elementos do protoxilema frequentemente amadurecem além dessa região de alongamento maior e, portanto, persistem por mais tempo do que nos caules.

O metaxilema inicia a diferenciação comumente no corpo primário da planta que ainda está em crescimento, mas amadurece muito depois que o alongamento está completo. Esse é, portanto, menos afetado pela extensão primária dos tecidos ao redor do que o protoxilema.

O protoxilema geralmente contém relativamente poucos elementos traqueais (traqueídes ou ele-

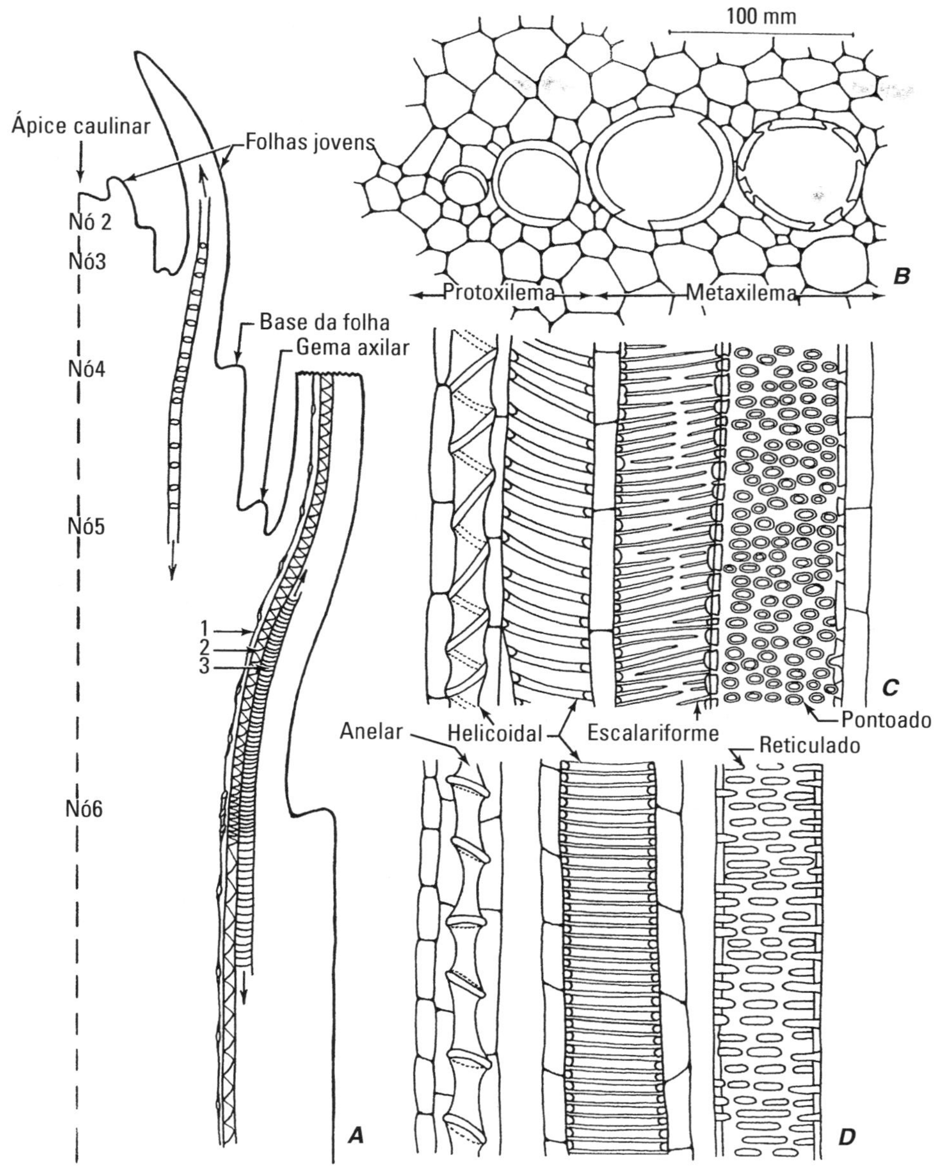

FIGURA 10.18

Detalhes da estrutura e do desenvolvimento do xilema primário. **A**, diagrama de um ápice caulinar mostrando estágios do desenvolvimento do xilema em diferentes níveis. **B–D**, xilema primário do mamona, *Ricinus*, em secção transversal (**B**) e longitudinal (**C**, **D**). (Obtido de Esau, 1977.)

mentos de vaso), imersos no parênquima, que é considerado parte do protoxilema. Quando os elementos traqueais são destruídos, estes podem se tornar obliterados pelas células do parênquima circundante. Estas células parenquimáticas podem permanecer com paredes delgadas ou se tornarem lignificados, com ou sem a deposição de paredes secundárias. Nos caules de muitas monocotiledôneas, os elementos não funcionais são parcialmente colapsados, mas não obliterados. Ao contrário, canais abertos, denominados **lacunas do protoxilema**, circundadas por células de parênquima, surgem em seu lugar (ver Fig. 13.33B). As paredes secundárias dos elementos traqueais não funcionais podem ser observadas ao longo da margem da lacuna.

O metaxilema, como regra, é um tecido mais complexo do que o protoxilema, e os seus elementos traqueais são geralmente mais largos. Paralelamente aos elementos traqueais e células de parênquima, o metaxilema contém fibras. As células de parênquima podem estar dispersas junto aos elementos traqueais ou podem ocorrer em fileiras radiais. Em secções transversais, as fileiras de células parenquimáticas se parecem com os raios, mas secções longitudinais revelam que são parênquima axial. As séries radiais frequentemente encontradas no metaxilema, e também no protoxilema, levaram pesquisadores a interpretar o xilema primário de muitas plantas como secundário, pois séries radiais são características do xilema secundário.

Os elementos traqueais do metaxilema são mantidos após o crescimento primário estar completo, mas se tornam não funcionais após algum xilema secundário ter sido produzido. Em plantas que não possuem crescimento secundário, o metaxilema permanece funcional nos órgãos maduros da planta.

Os elementos traqueais primários possuem uma variedade de espessamentos de parede secundária

As diferentes formas de parede que aparecem em séries ontogenéticas específicas indicam um progressivo aumento na extensão da área da parede recoberta por material de parede secundária (Fig. 10.18). Nos primeiros elementos traqueais formados, as paredes secundárias podem ocorrer na forma de anéis (espessamento ***anelar***), não conectados uns aos outros. Os elementos que se diferenciam em seguida possuem um espessamento ***helicoidal*** (***espiral***). Então, seguem células com espessamentos que podem ser caracterizados como helicoidais interconectados (espessamentos ***escalariformes***). Estes são sucedidos por células com espessamentos na forma de redes, ou ***reticulados***, e finalmente, por elementos ***pontoados***.

Nem todos os tipos de espessamentos secundários estão necessariamente representados no xilema primário de uma planta ou partes de uma planta, e os diferentes tipos de estrutura de parede sofrem uma gradação. Os espessamentos em anel podem se interconectar em algumas partes; espessamentos em anel e helicoidal, e helicoidal e escalariformes, podem estar combinados na mesma célula, assim como a diferença entre escalariforme e reticulada pode ser tão tênue que os espessamentos podem ser mais bem denominados escalariforme-reticulados. Os elementos pontoados também sofrem uma gradação com os tipos ontogenéticos iniciais. As aberturas de um retículo escalariforme da parede secundária podem ser comparadas a pontoações, especialmente se alguma aréola está presente. Inclinações da parede secundária em forma de aréola são comuns nos vários tipos de parede secundária do xilema primário. Anéis, hélices e as bandas dos espessamentos escalariforme-reticulados podem estar conectados à parede primária por bases estreitas, de maneira que as camadas de parede secundária se alargam em direção ao lúmen da célula e se inclinam sobre as partes expostas de partes da parede primária (ver Fig. 10.25A).

A natureza gradual dos espessamentos de parede no xilema primário torna impossível separar tipos distintos de espessamentos de parede do protoxilema e metaxilema com algum grau de consistência. Mais comumente, os primeiros elementos traqueais a amadurecer, ou seja, os elementos do protoxilema, possuem uma quantidade mínima de material de parede secundária. Os espessamentos anelares e helicoidais são predominantes. Esses tipos de espessamentos não impedem mecanicamente o alongamento dos elementos do protoxilema durante o crescimento em extensão do corpo primário da planta. A evidência de que tal extensão ocorre é facilmente perceptível no aumento da distância entre os anéis nos elementos de xilema mais antigos, a inclinação desses anéis e o encurvamento das hélices (Fig. 10.19).

O metaxilema, por ser um tecido de xilema que amadurece após o crescimento em extensão, pode ter elementos helicoidais, escalariformes, reticulados e pontoados; um ou mais tipos de espessamentos podem estar faltando. Se muitos elementos com espessamentos helicoidais estão presentes, as hélices dos elementos que se sucedem são menos inclinadas, uma condição que sugere que ocorre alguma extensão durante o desenvolvimento dos primeiros elementos do metaxilema.

Existem evidências convincentes de que o tipo de espessamento de parede no xilema primário é fortemente influenciado pelo ambiente interno em que estas células se diferenciam. Espessamentos em anel se desenvolvem quando o xilema inicia o seu amadurecimento antes da máxima extensão de parte da planta ocorrer, como, por exemplo, nos ápices caulinares de plantas com alongamento normal (Fig. 10.18A, nós 3–5); esses espessamentos podem estar ausentes se os primeiros elementos amadurecem após esse crescimento estar em

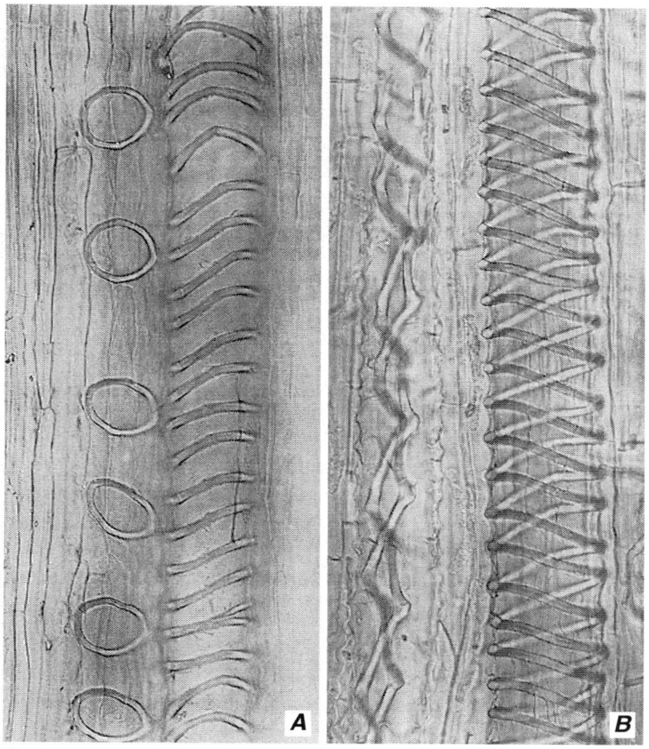

FIGURA 10.19

Partes de um elemento traqueal do primeiro xilema primário formado (protoxilema) da mamona (*Ricinus communis*). **A**, espessamentos da parede anelar inclinados (as formas em anel à esquerda) e helicoidais em elementos parcialmente estendidos. **B**, espessamentos em dupla hélice em elementos que foram distendidos. O elemento à esquerda foi muito distendido, e as curvas das hélices foram muito separadas. (A, ×275; B, ×390.)

grande parte completo, como é comum em raízes. Se o alongamento de parte de uma planta é suprimido antes da maturação dos primeiros elementos do xilema, um ou mais tipos de espessamentos iniciais da ontogenia serão omitidos. Ao contrário, se o alongamento é estimulado, como, por exemplo, no estiolamento, um número maior de elementos com espessamento anelar e helicoidal do que o usual estará presente.

De acordo com um amplo estudo sobre a maturação e o desenvolvimento do protoxilema e metaxilema de angiospermas (Bierhorst e Zamora, 1965), os elementos com um espessamento maior de parede secundária do que o representado pelo helicoidal depositam a parede secundária em dois estágios. Primeiro, um arcabouço helicoidal é construído (parede secundária de primeira ordem). Posteriormente, material de parede secundária adicional é depositado como camadas ou fileiras, ou ambos, entre os círculos das hélices (parede secundária de segunda ordem). Esse conceito pode ser utilizado para explicar o efeito do ambiente no padrão de parede secundária em termos de inibição ou indução da deposição da parede secundária de segunda ordem, dependendo das circunstâncias.

A gradação entre os diferentes tipos de espessamento dos elementos traqueais não é limitada ao xilema primário. A delimitação entre o xilema primário e o secundário também pode ser vaga. Para se reconhecer os limites dos dois tecidos, é necessário considerar muitos caracteres, dentre eles, o comprimento dos elementos traqueais – os últimos elementos primários são geralmente mais longos do que os primeiros secundários – e a organização do tecido, em particular a aparência da combinação dos sistemas axial e radial, característicos do xilema secundário. Algumas vezes, o aparecimento de um ou mais caracteres que identificam o xilema secundário é atrasado, fenômeno conhecido como ***pedomorfose*** (Carlquist, 1962, 2001).

No xilema primário, os elementos do protoxilema podem ser os mais estreitos, mas não necessariamente. Sucessivos elementos do metaxilema em diferenciação são frequentemente e progressivamente mais largos, enquanto as primeiras células do xilema secundário podem ser bem estreitas e, portanto, distintas das últimas células largas do metaxilema. Como um todo, entretanto, é difícil fazer distinções precisas entre as categorias sucessivas de tecidos em desenvolvimento.

A DIFERENCIAÇÃO DOS ELEMENTOS TRAQUEAIS

Os elementos traqueais se originam ontogeneticamente a partir de células procambiais (no caso dos elementos primários) ou das derivadas cambiais (no caso dos elementos secundários). Os elementos traqueais formados primeiro podem ou não se alongar antes de desenvolverem paredes secundárias, mas geralmente estes se expandem lateralmente. Primeiro, o alongamento dos elementos traqueais formados é restrito principalmente aos elementos primários e está associado ao alongamento, ou extensão, da parte da planta em que ocorrem.

Os elementos traqueais em diferenciação são células altamente vacuoladas, que contêm núcleo e

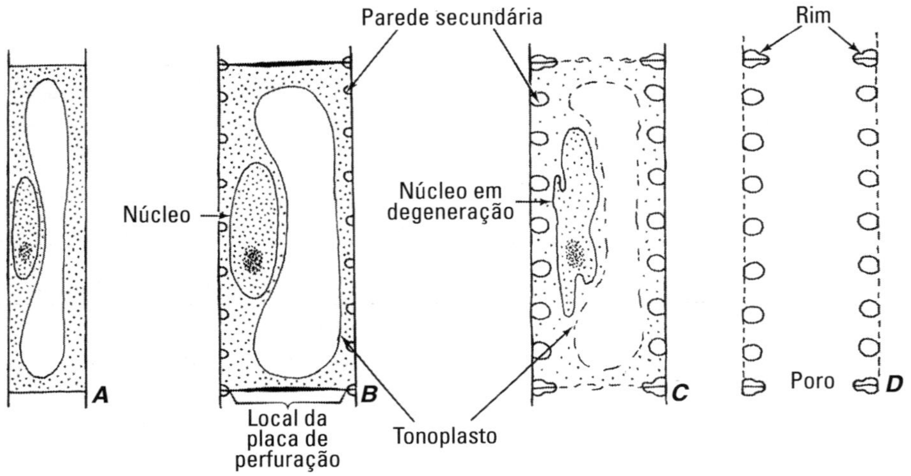

FIGURA 10.20

Diagramas ilustrando o desenvolvimento de um elemento de vaso com espessamento secundário em hélice. **A**, célula sem parede secundária. **B**, célula que alcançou largura plena, o núcleo alargado, a parede secundária começou a ser depositada, a parede primária no local da placa de perfuração aumentou em espessura. **C**, célula no estágio de lise: espessamento secundário está completo, o tonoplasto está rompido, o núcleo deformado, parede na local do poro está parcialmente desintegrada. **D**, célula madura sem protoplasto, placas de perfuração[4] abertas nas duas extremidades, parede primária parcialmente hidrolizada entre os espessamentos secundários. (Obtido de Esau, 1977.)

todas as organelas complementares (Figs. 10.20 e 10.21). Cedo na diferenciação de muitos elementos traqueais, o núcleo sofre mudanças drásticas em tamanho e nível de ploidia (Lai e Srivastava, 1976). A endorreduplicação é comum nos tecidos somáticos da planta (Capítulo 5; Gahan, 1988). Presumivelmente, isso provê a diferenciação dos elementos traqueais com cópias adicionais de genes para sustentar a alta demanda para a síntese da parede da célula e os componentes do citoplasma (O'Brien, 1981; Gahan, 1988).

Após o aumento da célula estar completo, camadas de parede secundária são depositadas em um padrão específico ao tipo de elemento traqueal em questão (Figs. 10.20B e 10.21). Um dos sinais iniciais de que o elemento traqueal primordial está prestes a iniciar a diferenciação é uma modificação na distribuição dos microtúbulos corticais (Abe et al., 1995a, b; Chaffey et al., 1997a). Em um primeiro momento, os microtúbulos estão arranjados desigualmente ao acaso e ao longo da parede como um todo (Chaffey, 2000; Funada et al., 2000; Chaffey et al., 2002); durante a diferenciação, a sua orientação muda dinamicamente. Em traqueídes de coníferas em expansão, por exemplo, a orientação dos microtúbulos corticais muda progressivamente de longitudinal para transversal, facilitando a expansão das paredes radiais (Funada et al., 2000; Funada, 2002). Mudanças posteriores na orientação dos microtúbulos ocorrem durante a formação da parede secundária, conforme os microtúbulos, agora arranjados em forma de hélice, mudam a orientação, várias vezes, finalizando em forma de uma S-hélice achatada (Funada et al., 2000; Funada, 2002). As mudanças na orientação dos microtúbulos se refletem em mudanças na orientação das microfibrilas de celulose.[4]

Nos elementos de vaso em diferenciação, os microtúbulos corticais estão concentrados em bandas nos locais de espessamento secundário (Fig. 10.22). O retículo endoplasmático é mais conspícuo durante a deposição dos espessamentos de parede secundária do que anteriormente, e suas saliências são frequentemente observadas entre os espessamentos (Fig. 10.21). Corpos golgianos e vesículas derivadas também são conspícuos durante a formação da parede secundária em elementos de vaso e traqueídes, pois o aparelho de Golgi desempenha um importante papel na síntese e envio de substâncias da matriz, notavelmente hemiceluloses, para a parede em formação (Awano et al., 2000, 2002; Samuels et al., 2002). O aparelho de Golgi

4 No original constava"poro", mas o tradutor, por razões didáticas, preferiu substituir por placas de perfuração, pois ele se refere à esta estrutura.

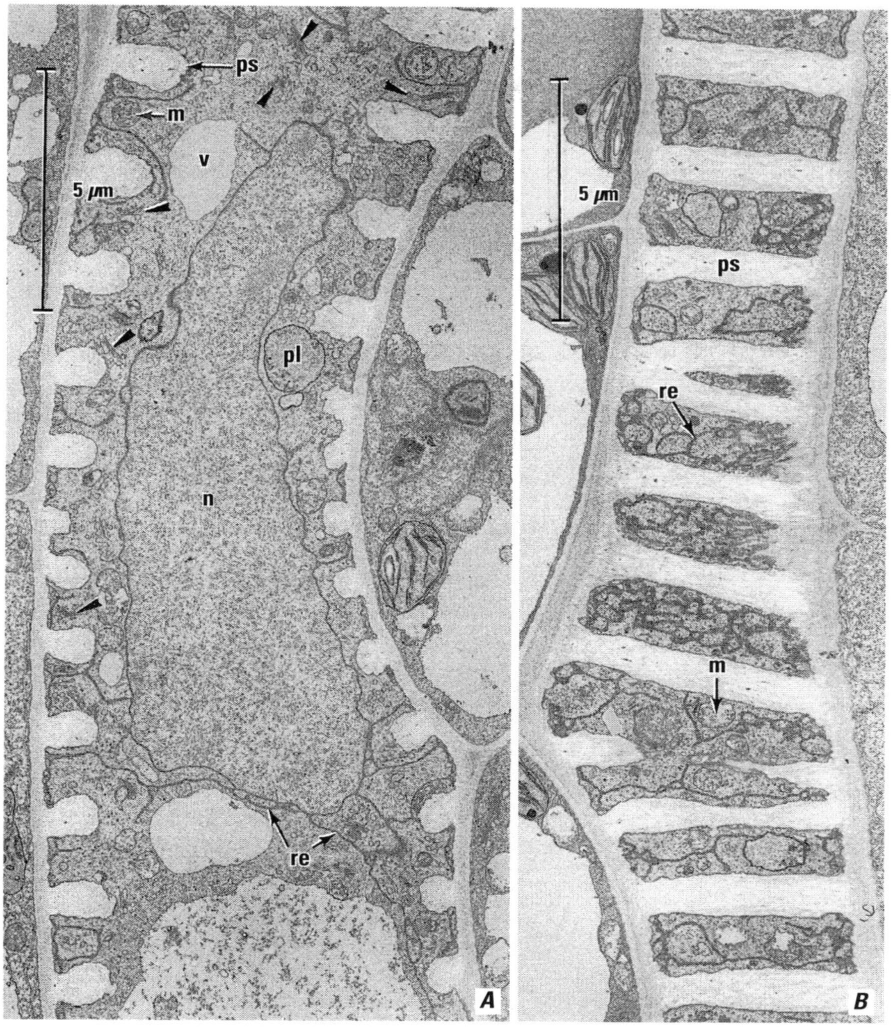

FIGURA 10.21

Elemento traqueal da lâmina foliar da beterraba (*Beta vulgaris*) em diferenciação. O espessamento secundário é helicoidal (**A**) com transição para escalariforme (**B**). **A**, secção através do lúmen da célula. **B**, secção através de um espessamento secundário. Detalhes: cabeça da seta, corpos de Golgi; re, retículo endoplasmático; m, mitocôndria; n, núcleo; pl, plastídio; ps, parede secundária; v, vacúolo. (Obtido de Esau, 1977.)

também envia as rosetas, ou complexos de celulose sintetases, envolvidas na síntese das microfibrilas de celulose, para a membrana plasmática (Haigler e Brown, 1986).

Hosoo et al. (2002) reportaram uma periodicidade diurna na deposição de hemicelulose (glucomananas) na diferenciação das traqueídes de *Cryptomeria japonica*. Enquanto muito material amorfo contendo glucomananas foi encontrado na superfície mais interna da parede secundária em desenvolvimento à noite, o material amorfo foi raramente observado durante o dia, quando as fibrilas de celulose eram claramente visíveis.

A deposição de parede secundária é acompanhada pela lignificação. No início da deposição de parede secundária, a parede primária do elemento traqueal primordial não é lignificada. Em elementos primários, a parede primária geralmente permanece não lignificada (O'Brien, 1981; Wardrop, 1981). Isso contradiz a situação dos elementos traqueais do xilema secundário, em que todas as suas paredes, exceto pelas membranas de pontoação entre os elementos traqueais, e os locais da perfuração entre os elementos de vaso, se tornam lignificados conforme a diferenciação continua (O'Brien, 1981; Czaninski, 1973; Chaffey et al., 1997b).

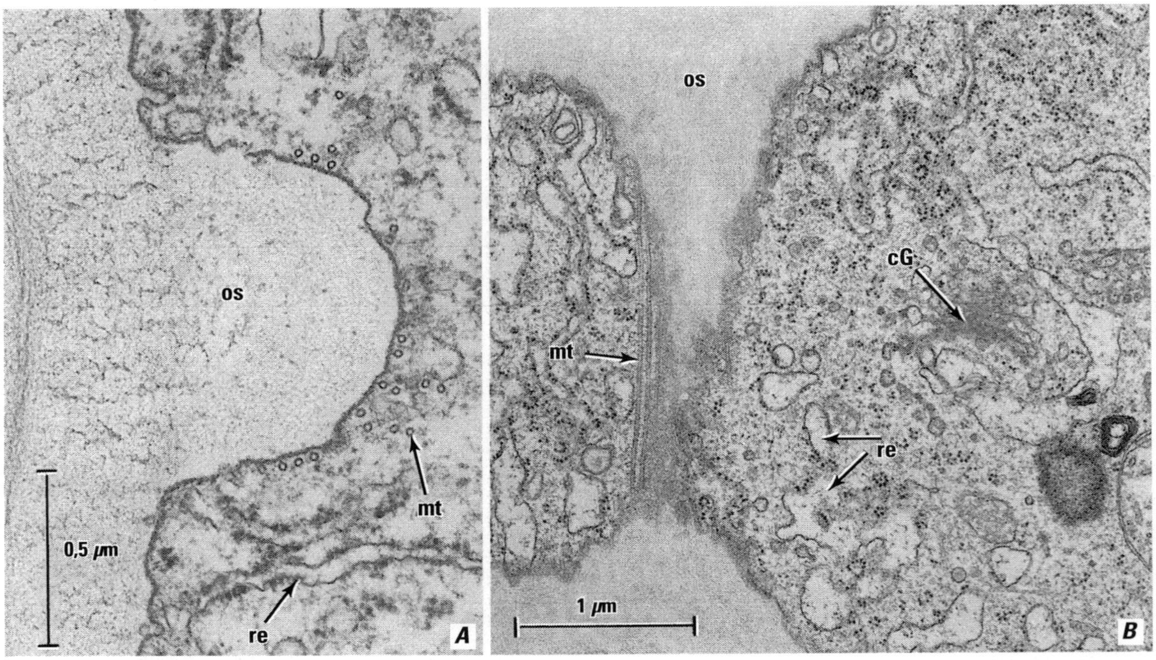

FIGURA 10.22

Partes de elementos traqueais em diferenciação de **A**, feijão (*Phaseolus vulgaris*) e, **B**, beterraba (*Beta vulgaris*). Microtúbulos associados com os espessamentos secundários são vistos em secção transversal em **A**, e em secção longitudinal em **B**. Detalhes: re, retículo endoplasmático; cG, corpos de Golgi; mt, microtúbulo; ps, parede secundária. (Obtido de Esau, 1977.)

O desenvolvimento das aréolas das pontoações se inicia antes do início do espessamento da parede secundária (Liese, 1965; Leitch e Savidge, 1995). A aréola inicial pode ser detectada como fibrilas orientadas concentricamente na periferia do anel da pontoação (Liese, 1965; Murmanis e Sachs, 1969; Imamura e Harada, 1973). Durante o início dos estudos de imunofluorescência, bandas circulares de microtúbulos corticais foram encontradas ao redor das margens internas das pontoações areoladas em desenvolvimento em traqueídes de *Abies* e *Taxus* (Fig. 10.23; Uehara e Hogetsu, 1993; Abe et al., 1995a; Funada et al., 1997) e os elementos de vaso de *Aesculus* (Chaffey et al., 1997b). Subsequentemente, filamentos de actina e, depois, filamentos de actina e miosina foram encontrados em conjunto com os anéis de microtúbulos nas pontoações areoladas de elementos de vaso de *Aesculus* e *Populus*, e traqueídes de *Pinus* (Fig. 10.23; Chaffey et al., 1999, 2000, 2002; Chaffey, 2002; Chaffey e Barlow, 2002).

Um indicador inicial do desenvolvimento das pontoações em traqueídes de coníferas (Funada et al., 1997, 2000) e elementos de vaso de *Aesculus* (Chaffey et al., 1997b, 1999; Chaffey, 2000) é o desaparecimento dos microtúbulos nos locais onde as aréolas da pontoação serão formadas. O padrão alterno do arranjo das pontoações nos elementos de vaso de *Aesculus* já é detectável desde este momento inicial (Fig. 10.24). Cada aréola de pontoação incipiente é subsequentemente delimitada pelo anel de microtúbulos, filamentos de actina e miosina. Conforme ocorre o depósito de parede secundária ao redor da abertura e da membrana da pontoação preexistente, o diâmetro do anel e a abertura da pontoação decrescem, possivelmente pela atividade dos componentes de actina e miosina que, como sugerido, podem constituir um sistema contrátil actomiosina (Chaffey e Barlow, 2002). Em *Aesculus*, os locais das pontoações de contato dos vasos podem ser detectados cedo pela presença de regiões livres de microtúbulos dentro de um conjunto de microtúbulos arranjados ao acaso (Chaffey et al., 1999). Diferentemente do anel de microtúbulos associados com as aréolas da pontoação em desenvolvimento, associadas às pontoações de contato em desenvolvimento, uma pontoação sem aréolas (simples) entre o elemento de vaso e a

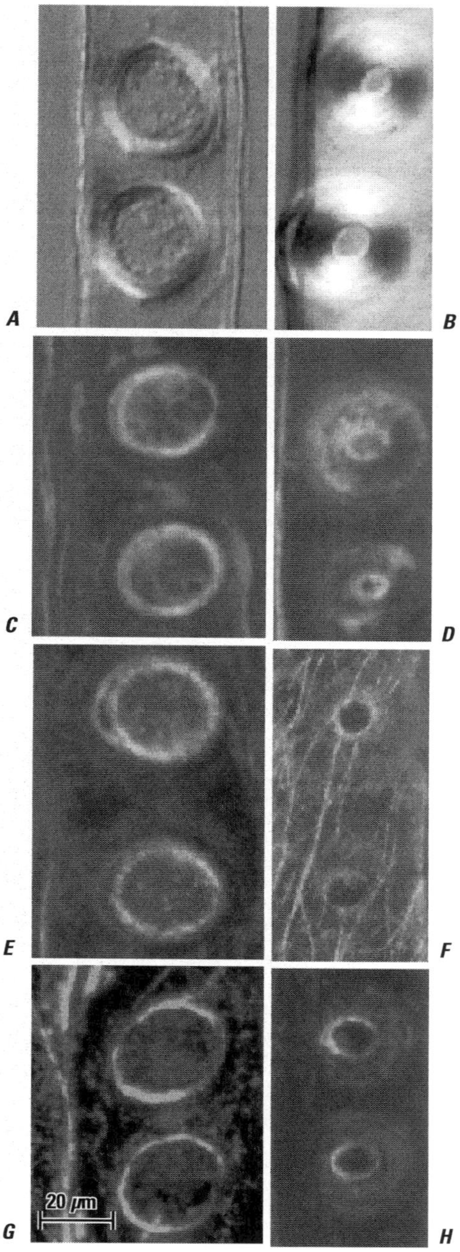

FIGURA 10.23

Imunolocalização por fluorescência de proteínas do citoesqueleto durante o desenvolvimento das pontoações areoladas nas paredes radiais das traqueídes do pinheiro (*Pinus pinea*). **A**, **B**, imagens de contraste diferencial de traqueídes mostrando estágio inicial (**A**) e final (**B**) do desenvolvimento da pontoação areolada. Inicialmente larga em diâmetro (**A**), com o desenvolvimento da aréola, a abertura da pontoação torna-se reduzida a uma abertura estreita na traqueíde madura. **C**–**H**, imunolocalização por fluorescência da tubulina (**C**, **D**), actina (**E**, **F**) e miosina (**G**, **H**) em estágio inicial (**C**, **E**, **G**) e final (**D**, **F**, **H**) do desenvolvimento da pontoação areolada. (Todas com mesmo aumento. Obtido de Chaffey, 2002; reproduzido com permissão do New Phytologist Trust.)

célula de raio adjacente (contato) não decresce em diâmetro conforme a formação da parede secundária continua.

Porções da parede primária, que mais tarde serão perfuradas nos elementos de vaso, não são cobertas por material de parede secundária (Figs. 10.20B e 10.25C). A parede que ocupa o local da futura perfuração é claramente separada da parede secundária. Esta é mais espessa do que a parede primária de outros locais e, em secções delgadas e não coradas, é muito mais clara em aparência sob microscopia de transmissão do que outras partes da parede da mesma célula (Fig. 10.25C; Esau e Charvat, 1978). Foi demonstrado que o espessamento nos locais da perfuração nos elementos de vaso em diferenciação de *Populus italica* e *Dianthus caryophyllus* é principalmente devido à adição de pectinas e hemiceluloses (Benayoun et al., 1981). Os anéis de microtúbulos são também associados ao desenvolvimento das placas de perfuração simples em *Aesculus* e *Populus* (Chaffey, 2000; Chaffey et al., 2002). Os filamentos de actina não acompanham estes microtúbulos, mas os locais da perfuração nos elementos de vaso de *Populus* são revestidos por uma trama proeminente de filamentos de actina (Chaffey et al., 2002).

Seguindo a deposição da parede secundária, a célula sofre autólise, afetando o protoplasto e algumas partes da parede primária (Fig. 10.20C). O processo da morte dos elementos traqueais é um excelente exemplo de morte celular programada (Capítulo 5; Groover et al., 1997; Pennell e Lamb, 1997; Fukuda et al., 1998; Mittler, 1998; Groover e Jones, 1999). A morte celular programada em elementos traqueais envolve o colapso e a ruptura do largo vacúolo central, resultando na liberação de enzimas hidrolíticas (Fig. 10.20C). A degradação de ambos, o citoplasma e o núcleo, se inicia após a ruptura do tonoplasto. As hidrolases também atingem as paredes celulares e atacam partes da parede primária não cobertas pelas camadas de parede secundária lignificadas, incluindo as membranas da pontoação entre os elementos traqueais e a parede primária nos locais da perfuração entre elementos de vaso. A hidrólise da parede resulta na remoção dos componentes não celulósicos (pectinas e hemiceluloses), deixando uma trama fina de microfibrilas de celulose (Figs. 10.20D e 10.25A). Todas as paredes lignificadas parecem ser resistentes à hidrólise. A hidrólise cessa mais

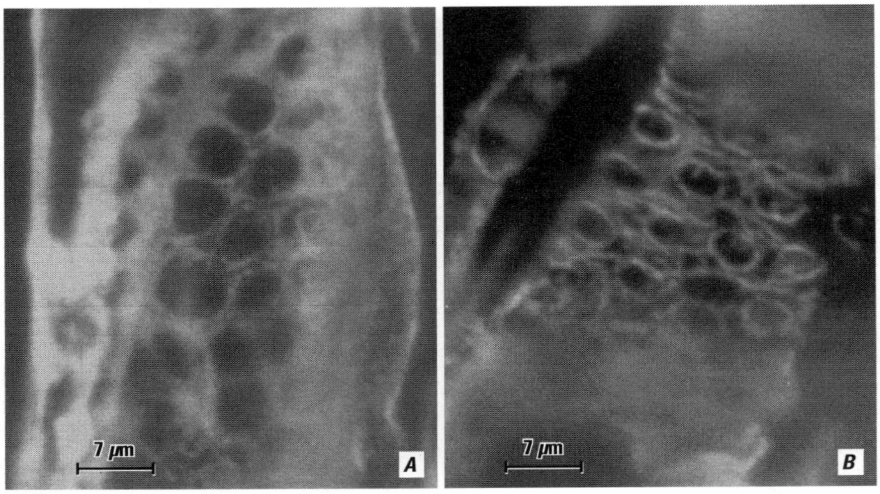

FIGURA 10.24

Imunolocalização da tubulina em elementos de vaso de *Aesculus hippocastanum* (castanha-da-índia) em desenvolvimento. **A**, estágio relativamente inicial do desenvolvimento da pontoação areolada. Um anel de microtúbulos marca o local de desenvolvimento da aréola, que circunda um zona grande livre de microtúbulos. Note que o padrão alterno de arranjo da pontoação já está aparente. **B**, em um estágio mais tardio de desenvolvimento do que em **A**, o diâmetro do anel de microtúbulos associados à aréola é muito reduzido. (Obtido de Chaffey et al., 1997b.)

ou menos na região da lamela média, onde os elementos traqueais estão em contato com células de parênquima. A remoção das pectinas por hidrólise, nas membranas da pontoação entre vasos, parece evitar a presença de hidrogéis nessa região, cujo papel, sugere-se, é o controle do fluxo da seiva através do xilema (Zwieniecki et al., 2001b).

A hidrólise das paredes primárias não lignificadas dos elementos do protoxilema de *Phaseolus vulgaris* e de *Glycine* é precedida pela secreção e incorporação de uma proteína rica em glicina (GRP1.8) nas paredes hidrolisadas (Ryser et al., 1997). Deste modo, as paredes dos elementos de protoxilema não são apenas remanescentes de alongamento passivo e hidrólise parcial. Sendo não comumente ricas em proteínas, essas paredes possuem propriedades químicas e físicas especiais. A proteína rica em glicina também foi observada nas paredes das células isoladas do mesofilo de *Zinnia*, que regeneraram em elementos traqueais (ver a seguir) (Taylor e Haigler, 1993).

Nos locais da perfuração, a parede primária como um todo desaparece (Figs. 10.20D e 10.25A). O processo exato pelo qual a trama microfibrilar localizada nos locais da perfuração é removida permanece pouco conhecido. Em placas de perfuração escalariformes que sofreram lise, finas tramas de fibrilas podem ser observadas comprimidas através das perfurações estreitas e nas extremidades laterais das largas. Uma vez que as tramas geralmente não estão presentes no tecido condutor, é provável que sejam removidas pela corrente de transpiração (Meylan e Butterfield, 1981). Esse mecanismo não explica, contudo, a formação da perfuração em elementos traqueais isolados em cultura (Nakashima et al., 2000).

Os hormônios da planta estão envolvidos na diferenciação dos elementos traqueais

É bastante conhecido que o fluxo polar de auxina, a partir das gemas em desenvolvimento e folhas jovens em direção às raízes, induz a diferenciação dos elementos traqueais (Capítulo 5; Aloni, 1987, 1995; Mattsson et al., 1999; Sachs, 2000). Foi sugerido que um gradiente decrescente na concentração da auxina é responsável pelo incremento geral no diâmetro dos elementos traqueais e um decréscimo na sua densidade das folhas para as raízes (Aloni e Zimmermann, 1983). Como determinado na hipótese dos seis pontos (Aloni e Zimmermann, 1983), enquanto os altos níveis de auxina próximos às folhas jovens induzem vasos estreitos, porque estes se diferenciam rápido, baixas concentrações de auxina levam a uma lenta diferenciação, com maior expansão da célula antes do início do depósito da parede secundária e, consequentemente, vasos mais largos.

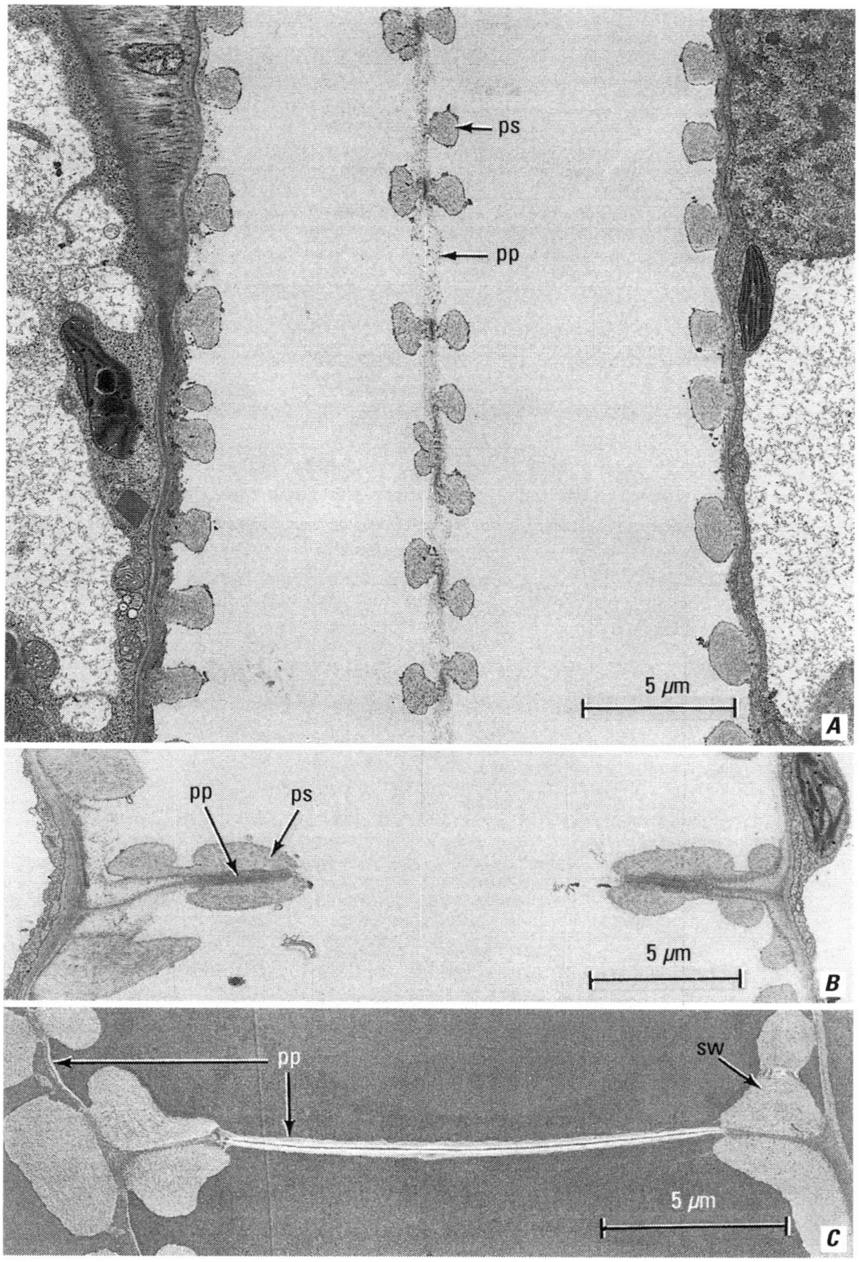

FIGURA 10.25

Partes de elementos traqueais em secções longitudinais de folhas de **A**, **B**, tabaco (*Nicotiana tabacum*) e **C**, feijão (*Phaseolus vulgaris*) mostrando detalhes das paredes. Em **A**, a parede entre dois elementos traqueais (centro) ilustra o efeito da hidrólise da parede primária entre os espessamentos secundários: a parede primária é reduzida a fibrilas. Em **B**, a perfuração da parede terminal é delimitada por uma borda elevada, na qual o espessamento secundário está presente. Em **C**, a parede primária no local da placa de perfuração[3] ainda não desapareceu. Esta é consideravelmente mais espessa do que a parede primária em outros locais, e é sustentada pela borda elevada secundariamente espessada. Detalhes: pp, parede primária; ps, parede secundária. (Retirado de Esau, 1977.)

Estudos com plantas transgênicas com níveis alterados de auxina confirmam essas relações gerais entre o nível da auxina e a diferenciação dos elementos traqueais (Klee e Estelle, 1991). Plantas que produzem muita auxina contêm muito mais elementos pequenos no xilema do que as plantas-controle (Klee et al., 1987). Do mesmo modo, plantas com níveis baixos de auxina contêm menos e geralmente maiores elementos traqueais (Romano et al., 1991).

A citocinina das raízes pode também ser um fator limitante e de controle na diferenciação vascular. Ela promove a diferenciação dos elementos traqueais em uma variedade de espécies de plantas, mas age somente em combinação com a auxina (Aloni, 1995). Na presença da auxina, a citocinina estimula os estágios iniciais de diferenciação vascular. Os estágios posteriores de diferenciação, entretanto, ocorrem na ausência de citocinina. Estudos com plantas transgênicas que produzem muita citocinina confirmam o envolvimento da citocinina como um fator de controle na diferenciação dos vasos (Aloni, 1995; Fukuda, 1996). Em outro estudo, plantas que produzem muita citocinina continham mais e menores vasos do que as plantas controle (Li et al., 1992); em outro, a maior produção de citocinina promoveu um cilindro vascular mais espesso e com mais elementos traqueais do que os controles (Medford et al., 1989). Coletivamente, Kuriyama e Fukuda (2001), Aloni (2001) e Dengler (2001) geraram uma revisão abrangente sobre os fatores envolvidos na regulação do desenvolvimento dos elementos traqueais e vasculares.

As células isoladas do mesofilo em cultura podem se transdiferenciar diretamente em elementos traqueais

A diferenciação dos elementos traqueais gerou um modelo útil para o estudo da diferenciação e da morte programada celular em plantas. Particularmente útil tem sido o sistema experimental de *Zinnia elegans*, onde uma única célula do mesofilo – na presença de auxina e citocinina – pode ser induzida a se transdiferenciar (ou seja, desdiferenciar e então rediferenciar) em elementos semelhantes a elementos traqueais sem divisão celular (Fukuda, 1996, 1997b; Groover et al., 1997; Groover e Jones, 1999; Milioni et al., 2001). Notando-se, entretanto, que existem diferenças significativas no comportamento dos microtúbulos corticais e filamentos de actina durante os estágios iniciais da diferenciação vascular das derivadas cambiais em *Aesculus hippocastanum* e na transdiferenciação das células do mesofilo de *Zinnia*, Chaffey e colaboradores (Chaffey et al., 1997b) advertiram que é questionável se um sistema *in vitro* será capaz de validar as descobertas de sistemas mais naturais.

Um número de marcadores citológicos, bioquímicos e moleculares ligados à diferenciação dos elementos traqueais foi identificado no sistema *Zinnia*, facilitando a divisão do processo de transdiferenciação em três estágios (Fig. 10.26) (Fukuda, 1996, 1997b). O ***estágio I*** inicia imediatamente após a indução da diferenciação e corresponde ao processo de diferenciação. Esse último envolve eventos de ferimentos induzidos e a ativação da síntese de proteínas, ambos regulados por hormônios em um estágio mais avançado no processo de transdiferenciação. O ***estágio II*** é definido pelo acúmulo de genes transcritos TED2, TED3 e TED4, relacionados à diferenciação dos elementos traqueais. Este também inclui um aumento marcante na transcrição de outros genes que codificam para os componentes do aparato de síntese de proteínas.

Durante os estágios I e II ocorrem mudanças drásticas no citoesqueleto. A expressão de genes da tubulina começa no estágio I e continua durante o estágio II, gerando um aumento no número de microtúbulos envolvidos com a formação da parede secundária no estágio III. As modificações na organização da actina durante o estágio II resultam na formação de cabos espessos de actina que funcionam na corrente citoplasmática (Kobayashi et al., 1987).

No ***estágio III***, a fase de maturação, envolve a formação da parede secundária e autólise, sendo precedido por um aumento rápido dos brassinosteroides, necessários para a iniciação desse estágio final da diferenciação dos elementos traqueais (Yamamoto et al., 2001). Somado a isso, o sistema cálcio/cálcio calmodulina (Ca/CaM) pode estar envolvido na entrada do estágio III (Fig. 10.26). Durante o estágio III, várias enzimas associadas com a formação da parede secundária e autólise celular são ativadas (Fukuda, 1996; Endo et al., 2001).

As enzimas hidrolíticas se acumulam no vacúolo onde são sequestradas do citossol. Estas são liberadas do vacúolo com a sua ruptura. Dentre as enzimas hidrolíticas está a *Zinnia* endonuclease 1, cuja função direta na degeneração do DNA foi demonstrada (Ito e Fukuda, 2002). Duas enzimas proteolíticas foram detectadas especificamente nos elementos tra-

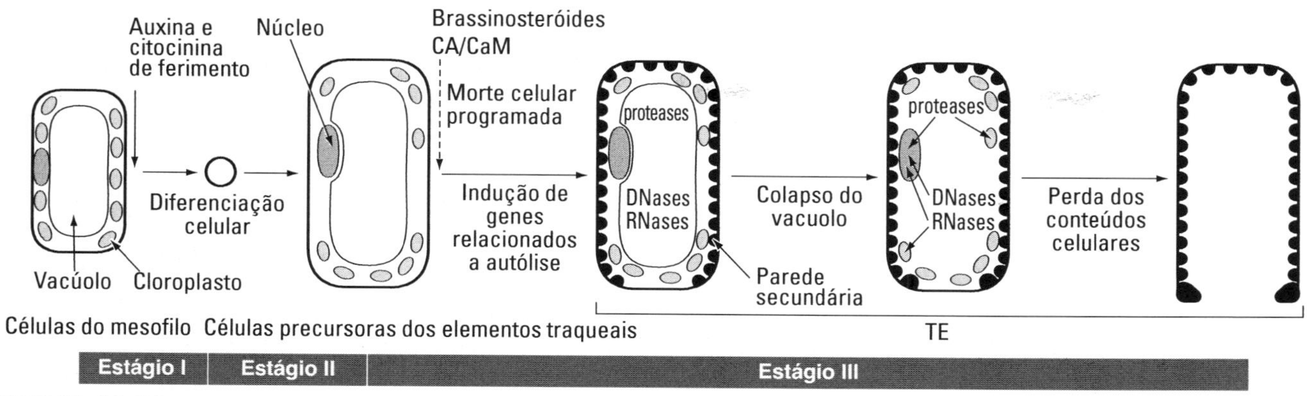

FIGURA 10.26

Modelo de diferenciação de elemento traqueal baseado no sistema *Zinnia*. Células do mesofilo são induzidas a se desdiferenciar e, então, se diferenciar em elementos traqueais (ET) por ferimento e uma combinação de auxina e citocinina. O processo de transdiferenciação é dividido nos três estágios mostrados aqui, e resulta em um elemento traqueal maduro, com uma perfuração em uma das extremidades. (Adaptado de Fukuda, 1997a. Reproduzido com permissão de *Cell Death and Differentiation* 4, 684–688. © 1997 Macmillan Publishers Ltd.)

queais de *Zinnia* em diferenciação, denominadas cisteína protease e serina protease. Estas, sem dúvida, são apenas duas de um conjunto complexo de proteases envolvidas no processo autolítico. Foi sugerido que uma serina de 40-kDa, secretada durante a síntese da parede secundária, poderia servir como o fator de coordenação entre a síntese de parede secundária e a morte celular programada (Groover e Jones, 1999). O estudo subsequente de *Arabidopsis gapped xylem* mutante indica, contudo, que o processo de formação da parede secundária e morte celular são independentemente regulados nos elementos do xilema em desenvolvimento (Turner e Hall, 2000). Durante a fase de maturação, muitas hidrolases são liberadas dos elementos traqueais no espaço extracelular. Evidências indicam que a proteína TED4 liberada no apoplasto naquele momento serve para inibir aquelas hidrolases, protegendo as células vizinhas de injúrias indesejadas (Endo et al., 2001). A perfuração da parede primária ocorre em uma extremidade de um único elemento; em elementos duplos, onde ambos foram derivados de uma única célula do mesofilo, a perfuração ocorre na parede comum entre eles e na parede terminal de um dos dois elementos, indicando que esses elementos formados *in vitro* possuem o seu próprio programa para formar as perfurações (Nakashima et al., 2000).

A duração do período de diferenciação do elemento traqueal foi determinada para as células de *Zinnia* em cultura em meio indutor (Groover et al., 1997). A formação da parede secundária leva, em média, 6 horas para se completar em uma célula típica. A corrente citoplasmática continua por todo o período da formação da parede secundária, mas cessa abruptamente quando esta se completa. O colapso do vacúolo central se inicia com o término da formação da parede secundária, e leva apenas 3 minutos para ser alcançado em uma célula típica. Após a ruptura do tonoplasto, o núcleo rapidamente se degrada – dentro de 10 a 20 minutos (Obara et al., 2001). Após várias horas do rompimento do tonoplasto, a célula morta é limpa dos seus conteúdos. Remanescentes dos cloroplastos podem persistir, entretanto, por mais de 24 horas.

REFERÊNCIAS

ABE, H., R. FUNADA, H. IMAIZUMI, J. OHTANI e K. FUKAZAWA. 1995a. Dynamic changes in the arrangement of cortical microtubules in conifer tracheids during differentiation. *Planta* 197, 418–421.

ABE, H., R. FUNADA, J. OHTANI, e K. FUKAZAWA. 1995b. Changes in the arrangement of microtubules and microfibrils in differentiating conifer tracheids during the expansion of cells. *Ann. Bot.* 75, 305–310.

ALONI, R. 1987. Differentiation of vascular tissues. *Annu. Rev. Plant Physiol.* 38, 179–204.

ALONI, R. 1995. The induction of vascular tissues by auxin and cytokinin. In: *Plant Hormones.*

Physiology, Biochemistry, and Molecular Biology, pp. 531–546, P. J. Davies, ed. Kluwer Academic Dordrecht.

ALONI, R. 2001. Foliar and axial aspects of vascular differentiation: hypotheses and evidence. *J. Plant Growth Regul.* 20, 22–34.

ALONI, R. e M. H. ZIMMERMANN. 1983. The control of vessel size and density along the plant axis. A new hypothesis. *Differentiation* 24, 203–208.

ALVES, E. S. e V. ANGYALOSSY-ALFONSO. 2000. Ecological trends in the wood anatomy of some Brazilian species. 1. Growth rings and vessels. *IAWA J.* 21, 3–30.

ANGIOSPERM PHYLOGENY GROUP. 2003. An update of the Angiosperm Phylogeny Group classification for the orders and families of flowering plants: APGII. *Bot. J. Linn. Soc.* 141, 399–436.

AWANO, T., K. TAKABE, M. FUJITA e G. DANIEL. 2000. Deposition of glucuronoxylans on the secondary cell wall of Japanese beech as observed by immuno-scanning electron microscopy. *Protoplasma* 212, 72–79.

AWANO, T., K. TAKABE e M. FUJITA. 2002. Xylan deposition on secondary wall of *Fagus crenata* fiber. *Protoplasma* 219, 106–115.

BAAS, P. 1986. Ecological patterns in xylem anatomy. In: *On the Economy of Plant Form and Function*, pp. 327–352, T. J. Givnish, ed. Cambridge University Press, Cambridge, New York.

BAAS, P. e E. A. WHEELER. 1996. Parallelism and reversibility in xylem evolution. A review. *IAWA J.* 17, 351–364.

BAILEY, I. W. 1933. The cambium and its derivative tissues. No. VIII. Structure, distribution, and diagnostic significance of vestured pits in dicotyledons. *J. Arnold Arbor.* 14, 259–273.

BAILEY, I. W. 1944. The development of vessels in angiosperms and its signifi cance in morphological research. *Am. J. Bot.* 31, 421–428.

BAILEY, I. W. 1953. Evolution of the tracheary tissue of land plants. *Am. J. Bot.* 40, 4–8.

BAILEY, I. W. 1954. *Contributions to Plant Anatomy.* Chronica Botanica, Waltham, MA.

BAILEY, I. W. 1957. Additional notes on the vesselless dicotyledon, *Amborella trichopoda* Baill. *J. Arnold Arbor.* 38, 374–378.

BAILEY, I. W. 1958. The structure of tracheids in relation to the movement of liquids, suspensions and undissolved gases. In: *The Physiology of Forest Trees*, pp. 71–82, K. V. Thimann, ed. Ronald Press, New York.

BAILEY, I. W. e L. M. SRIVASTAVA. 1962. Comparative anatomy of the leaf-bearing Cactaceae. IV. The fusiform initials of the cambium and the form and structure of their derivatives. *J. Arnold Arbor.* 43, 187–202.

BAILEY, I. W. e W. W. TUPPER. 1918. Size variation in tracheary elements. I. A comparison between the secondary xylem of vascular cryptogams, gymnosperms and angiosperms. *Proc. Am. Acad. Arts Sci.* 54, 149–204.

BANNAN, M. W. 1941. Variability in wood structure in roots of native Ontario conifers. *Bull. Torrey Bot. Club* 68, 173–194.

BECKER, P., M. T. TYREE e M. TSUDA. 1999. Hydraulic conductances of angiosperms versus conifers: Similar transport sufficiency at the whole-plant level. *Tree Physiol.* 19, 445–452.

BECKMAN, C. H. e P. W. TALBOYS. 1981. Anatomy of resistance. In: *Fungal Wilt Diseases of Plants*, pp. 487–521, M. E. Mace, A. A. Bell e C. H. Beckman, eds. Academic Press, New York.

BENAYOUN, J., A. M. CATESSON e Y. CZANINSKI. 1981. A cytochemical study of differentiation and breakdown of vessel end walls. *Ann. Bot.* 47, 687–698.

BIERHORST, D. W. 1958. Vessels in *Equisetum*. *Am. J. Bot.* 45, 534–537.

BIERHORST, D. W. e P. M. ZAMORA. 1965. Primary xylem elements and element associations of angiosperms. *Am. J. Bot.* 52, 657–710.

BRAUN, H. J. 1967. Entwicklung und Bau der Holzstrahlen unter dem Aspekt der Kontakt—Isolations—Differenzierung

gegenüber dem Hydrosystem. I. Das Prinzip der Kontakt— Isolations—Differenzierung. *Holzforschung* 21, 33–37.

BRAUN, H. J. 1983. Zur Dynamik des Wassertransportes in Bäumen. *Ber. Dtsch. Bot. Ges.* 96, 29–47.

BUCHARD, C., M. MCCULLY e M. CANNY. 1999. Daily embolism and refi lling of root xylem vessels in three dicotyledonous crop plants. *Agronomie* 19, 97–106.

BUSSE, J. S. e R. F. EVERT. 1999. Pattern of differentiation of the first vascular elements in the embryo and seedling of *Arabidopsis thaliana*. *Int. J. Plant Sci.* 160, 1–13.

BUTTERFIELD, B. G. e B. A. MEYLAN. 1980. *Three-dimensional Structure of Wood: An Ultrastructural Approach*, 2. ed. Chapman and Hall, London.

CANNY, M. J. 1997a. Vessel contents of leaves after excision—A test of Scholander's assumption. *Am. J. Bot.* 84, 1217–1222.

CANNY, M. J. 1997b. Vessel contents during transpiration—Embolisms and refilling. *Am. J. Bot.* 84, 1223–1230.

CANNY, M. J. 1997c. Tyloses and the maintenance of transpiration. *Ann. Bot.* 80, 565–570.

CANNY, M. J., C. X. HUANG e M. E. MCCULLY. 2001. The cohesion theory debate continues. *Trends Plant Sci.* 6, 454–455.

CARLQUIST, S. J. 1961. *Comparative Plant Anatomy: A Guide to Taxonomic and Evolutionary Application of Anatomical Data in Angiosperms.* Holt, Rinehart and Winston, New York.

CARLQUIST, S. 1962. A theory of paedomorphosis in dicotyledonous woods. *Phytomorphology* 12, 30–45.

CARLQUIST, S. J. 1975. *Ecological Strategies of Xylem Evolution.* University of California Press, Berkeley.

CARLQUIST, S. 1983. Wood anatomy of Onagraceae: Further species; root anatomy; significance of vestured pits and allied structures in dicotyledons. *Ann. Mo. Bot. Gard.* 69, 755–769.

CARLQUIST, S. 1986. Terminology of imperforate tracheary elements. *IAWA Bull.* n.s. 7, 75–81.

CARLQUIST, S. 1992. Pit membrane remnants in perforation plates of primitive dicotyledons and their significance. *Am. J. Bot.* 79, 660–672.

CARLQUIST, S. 1996a. Wood, bark, and stem anatomy of Gnetales: A summary. *Int. J. Plant Sci.* 157 (6; supl.), S58–S76.

CARLQUIST, S. 1996b. Wood anatomy of primitive angiosperms: New perspectives and syntheses. In: *Flowering Plant Origin, Evolution and Phylogeny*, pp. 68–90, D. W. Taylor e L. J. Hickey, eds. Chapman and Hall, New York.

CARLQUIST, S. J. 2001. *Comparative Wood Anatomy: Systematic, Ecological, and Evolutionary Aspects of Dicotyledon Wood*, rev. 2. ed. Springer, Berlin.

CARLQUIST, S. e D. A. HOEKMAN. 1985. Ecological wood anatomy of the woody southern California flora. *IAWA Bull.* n.s. 6, 319–347.

CARLQUIST, S. e E. L. SCHNEIDER. 2001. Vessels in ferns: structural, ecological, and evolutionary significance. *Am. J. Bot.* 88, 1–13.

CARLQUIST, S. e E. L. SCHNEIDER. 2002. The tracheid-vessel element transition in angiosperms involves multiple independent features: Cladistic consequences. *Am. J. Bot.* 89, 185–195.

CARPENTER, C. H. 1952. *382 Photomicrographs of 91 Papermaking Fibers*, rev. ed. Tech. Publ. 74. State University of New York, College of Forestry, Syracuse.

CASTRO, M. A. 1988. Vestures and thickenings of the vessel wall in some species of *Prosopis* (Leguminosae). *IAWA Bull.* n.s. 9, 35–40.

CASTRO, M. A. 1991. Ultrastructure of vestures on the vessel wall in some species of *Prosopis* (Leguminosae-Mimosoideae). *IAWA Bull.* n.s. 12, 425–430.

CATESSON, A. M., M. MOREAU e J. C. DUVAL. 1982. Distribution and ultrastructural characteristics of vessel contact cells in the stem xylem of carnation *Dianthus caryophyllus*. *IAWA Bull.* n.s. 3, 11–14.

CHAFFEY, N. J. 2000. Cytoskeleton, cell walls and cambium: New insights into secondary xylem differentiation. In: *Cell and Molecular Biology of Wood Formation*, pp. 31–42, R. A. Savidge, J. R. Barnett e R. Napier, eds. BIOS Scientific, Oxford.

CHAFFEY, N. 2002. Why is there so little research into the cell biology of the secondary vascular system of trees? *New Phytol.* 153, 213–223.

CHAFFEY, N. e P. BARLOW. 2002. Myosin, microtubules, and microfilaments: Co-operation between cytoskeletal components during cambial cell division and secondary vascular differentiation in trees. *Planta* 214, 526–536.

CHAFFEY, N., P. BARLOW e J. BARNETT. 1997a. Cortical microtubules rearrange during differentiation of vascular cambial derivatives, microfilaments do not. *Trees* 11, 333–341.

CHAFFEY, N. J., J. R. BARNETT e P. W. BARLOW. 1997b. Cortical microtubule involvement in bordered pit formation in secondary xylem vessel elements of *Aesculus hippocastanum* L. (Hippocastanaceae): A correlative study using electron microscopy and indirect immunofl uorescence microscopy. *Protoplasma* 197, 64–75.

CHAFFEY, N., J. BARNETT e P. BARLOW. 1999. A cytoskeletal basis for wood formation in angiosperm trees: The involvement of cortical microtubules. *Planta* 208, 19–30. CHAFFEY, N., P. BARLOW e J. BARNETT. 2000. A cytoskeletal basis for wood formation in angiosperms trees: The involvement of microfi laments. *Planta* 210, 890–896.

CHAFFEY, N., P. BARLOW e B. SUNDBERG. 2002. Understanding the role of the cytoskeleton in wood formation in angiosperm trees: Hybrid aspen *(Populus tremula* x *P. tremuloides)* as the model species. *Tree Physiol.* 22, 239–249.

CHATTAWAY, M. M. 1949. The development of tyloses and secretion of gum in heartwood formation. *Aust. J. Sci. Res. B, Biol. Sci.* 2, 227–240.

CHEADLE, V. I. 1953. Independent origin of vessels in the monocotyledons and dicotyledons. *Phytomorphology* 3, 23–44.

CHEADLE, V. I. 1956. Research on xylem and phloem—Progress in fifty years. *Am. J. Bot.* 43, 719–731.

CHOAT, B., S. JANSEN, M. A. ZWIENIECKI, E. SMETS e N. M. HOLBROOK. 2004. Changes in pit membrane porosity due to deflection and stretching: The role of vestured pits. *J. Exp. Bot.* 55, 1569–1575.

CLÉRIVET, A., V. DÉON, I. ALAMI, F. LOPEZ, J.-P. GEIGER e M. NICOLE. 2000. Tyloses and gels associated with cellulose accumulation in vessels are responses of plane tree seedlings *(Platanus* x *acerifolia)* to the vascular fungus *Ceratocystis fimbriata* f. sp *platani. Trees* 15, 25–31.

COCHARD H., M. PEIFFER, K. LE GALL e A. GRANIER. 1997. Developmental control of xylem hydraulic resistances and vulnerability to embolism in *Fraxinus excelsior* L.: Impacts on water relations. *J. Exp. Bot.* 48, 655–663.

COCHARD, H., T. AMÉGLIO e P. CRUIZIAT. 2001a. The cohesion theory debate continues. *Trends Plant Sci.* 6, 456.

COCHARD, H., D. LEMOINE, T. AMÉGLIO e A. GRANIER. 2001b. Mechanisms of xylem recovery from winter embolism in *Fagus sylvatica. Tree Physiol.* 21, 27–33.

COCHARD, H., F. FROUX, S. MAYR, e C. COUTAND. 2004. Xylem wall collapse in water-stressed pine needles. *Plant Physiol.* 134, 401–408.

COLEMAN, C. M., B. L. PRATHER, M. J. VALENTE, R. R. DUTE e M. E. MILLER. 2004. Torus lignification in hardwoods. *IAWA J.* 25, 435–447.

COMSTOCK, J. P. e J. S. SPERRY. 2000. Theoretical considerations of optimal conduit length for water transport in vascular plants. *New Phytol.* 148, 195–218.

CZANINSKI, Y. 1973. Observations sur une nouvelle couche pariétale dans les cellules associées aux vaisseaux du Robinier et du Sycomore. *Protoplasma* 77, 211–219.

CZANINSKI, Y. 1977. Vessel-associated cells. *IAWA Bull.* 1977, 51–55.

DENGLER, N. G. 2001. Regulation of vascular development. *J. Plant Growth Regul.* 20, 1–13.

DONOGHUE, M. J. e J. A. DOYLE. 1989. Phylogenetic studies of seed plants and angiosperms based on morphological characters. In: *The Hierarchy of Life: Molecules and Morphology in Phylogenetic Analysis*, pp. 181–193, B. Fernholm, K. Bremer e H. Jörnvall, eds. *Excerpta Medica,* Amsterdam.

DUTE, R. R., A. E. RUSHING e J. W. PERRY. 1990. Torus structure and development in species of *Daphne. IAWA Bull.* n.s. 11, 401–412.

DUTE, R. R., J. D. FREEMAN, F. HENNING e L. D. BARNARD. 1996. Intervascular pit membrane structure in *Daphne* and *Wikstroemia*—Systematic implications. *IAWA J.* 17, 161–181.

ELLERBY, D. J. e A. R. ENNOS. 1998. Resistances to fluid fl ow of model xylem vessels with simple and scalariform perforation plates. *J. Exp. Bot.* 49, 979–985.

ENDO, S., T. DEMURA e H. FUKUDA. 2001. Inhibition of proteasome activity by the TED4 protein in extracellular space: A novel mechanism for protection of living cells from injury caused by dying cells. *Plant Cell Physiol.* 42, 9–19

ENDRESS, P. K., P. BAAS e M. GREGORY. 2000. Systematic plant morphology and anatomy—50 years of progress. *Taxon* 49, 401–434.

ESAU, K. 1943. Origin and development of primary vascular tissues in seed plants. *Bot. Rev.* 9, 125–206.

ESAU, K. 1961. *Plants, Viruses, and Insects.* Harvard University Press, Cambridge, MA.

ESAU, K. 1977. *Anatomy of Seed Plants*, 2. ed. Wiley, New York.

ESAU, K. e I. CHARVAT. 1978. On vessel member differentiation in the bean (*Phaseolus vulgaris* L.). *Ann. Bot.* 42, 665–677.

ESSIAMAH, S. e W. ESCHRICH. 1985. Changes of starch content in the storage tissues of deciduous trees during winter and spring. *IAWA Bull.* n.s. 6, 97–106.

EWERS, F. W. 1985. Xylem structure and water conduction in conifer trees, dicot trees, and lianas. *IAWA Bull.* n.s. 6, 309–317.

EWERS, F. W. e J. B. FISHER. 1989. Techniques for measuring vessel lengths and diameters in stems of woody plants. *Am. J. Bot.* 76, 645–656.

EWERS, F. W., J. B. FISHER e S.-T. CHIU. 1990. A survey of vessel dimensions in stems of tropical lianas and other growth forms. *Oecologia* 84, 544–552.

EWERS, F. W., M. R. CARLTON, J. B. FISHER, K. J. KOLB e M. T. TYREE. 1997. Vessel diameters in roots versus stems of tropical lianas and other growth forms. *IAWA J.* 18, 261–279.

FAHN, A. 1954. Metaxylem elements in some families of the Monocotyledoneae. *New Phytol.* 53, 530–540.

FAHN, A. e B. LESHEM. 1963. Wood fibres with living protoplasts. *New Phytol.* 62, 91–98.

FEILD, T. S., T. BRODRIBB e N. M. HOLBROOK. 2002. Hardly a relict: Freezing and the evolution of vesselless wood in Winteraceae. *Evolution* 56, 464–478.

FOSTER, R. C. 1967. Fine structure of tyloses in three species of the Myrtaceae. *Aust. J. Bot.* 15, 25–34

FRISON, E. 1948. De la présence d'Amidon dans le Lumen des Fibres du Bois. *Bull. Agric. Congo Belge, Brussels*, 39, 869–874.

FUKAZAWA, K., K. YAMAMOTO e S. ISHIDA. 1980. The season of heartwood formation in the genus *Pinus*. In: *Natural Variations of Wood Properties, Proceedings*, pp. 113–130. J. Bauch ed. Hamburg.

FUKUDA, H. 1996. Xylogenesis: Initiation, progression, and cell death. *Annu. Rev. Plant Physiol. Plant Mol. Biol.* 47, 299–325.

FUKUDA, H. 1997a. Programmed cell death during vascular system formation. *Cell Death Differ.* 4, 684–688.

FUKUDA, H. 1997b. Tracheary element differentiation. *Plant Cell* 9, 1147–1156.

FUKUDA, H., Y. WATANABE, H. KURIYAMA, S. AOYAGI, M. SUGIYAMA, R. YAMAMOTO, T. DEMURA e A. MINAMI. 1998. Programming of cell death during xylogenesis. *J. Plant Res.* 111, 253–256.

FUNADA, R. 2002. Immunolocalisation and visualization of the cytoskeleton in gymnosperms using confocal laser scanning microscopy. In: *Wood Formation in Trees. Cell and Molecular Biology Techniques*, pp. 143–157, N. Chaffey, ed. Taylor e Francis, London.

FUNADA, R., H. ABE, O. FURUSAWA, H. IMAIZUMI, K. FUKAZAWA e J. OHTANI. 1997. The orientation and localization of cortical microtubules in differentiating conifer tracheids during cell expansion. *Plant Cell Physiol.* 38, 210–212.

FUNADA, R., O. FURUSAWA, M. SHIBAGAKI, H. MIURA, T. MIURA, H. ABE e J. OHTANI. 2000. The role of cytoskeleton in secondary xylem differentiation in conifers. In: *Cell and Molecular Biology of Wood Formation*, pp. 255–264, R. A. Savidge, J. R. Barnett e R. Napier, eds. BIOS Scientific Oxford.

GAHAN, P. B. 1988. Xylem and phloem differentiation in perspective. In: *Vascular Differentiation and Plant Growth Regulators*, pp. 1–21, L. W. Roberts, P. B. Gahan e R. Aloni, eds. Springer-Verlag, Berlin.

GIFFORD, E. M. e A. S. FOSTER. 1989. *Morphology and Evolution of Vascular Plants*, 3. ed. Freeman, New York.

GREENIDGE, K. N. H. 1952. An approach to the study of vessel length in hardwood species. *Am. J. Bot.* 39, 570–574.

GREGORY, R. A. 1978. Living elements of the conducting secondary xylem of sugar maple (*Acer saccharum* Marsh.). *IAWA Bull.* 1978, 65–69.

GROOVER, A. e A. M. JONES. 1999. Tracheary element differentiation uses a novel mechanism coordinating programmed cell death and secondary cell wall synthesis. *Plant Physiol.* 119, 375–384.

GROOVER, A., N. DEWITT, A. HEIDEL e A. JONES. 1997. Programmed cell death of plant tracheary elements differentiating in vitro. *Protoplasma* 196, 197–211.

HACKE, U. G. e J. S. SPERRY. 2001. Functional and ecological xylem anatomy. *Perspect. Plant Ecol. Evol. Syst.* 4, 97–115.

HACKE, U. G. e J. S. SPERRY. 2003. Limits to xylem refilling under negative pressure in *Laurus nobilis* and *Acer negundo*. *Plant Cell Environ.* 26, 303–311.

HACKE, U. G., J. S. SPERRY e J. PITTERMANN. 2004. Analysis of circular bordered pit function. II. Gymnosperm tracheids with torus-margo pit membranes. *Am. J. Bot.* 91, 386–400. HAIGLER, C. H. e R. M. BROWN JR. 1986. Transport of rosettes from the Golgi apparatus to the plasma membrane in isolated mesophyll cells of *Zinnia elegans* during differentiation to tracheary elements in suspension culture. *Protoplasma* 134, 111–120.

HARADA, H. e W. A. CÔTÉ 1985. Structure of wood. In: *Biosynthesis and Biodegradation of Wood Components*, pp. 1–42, T. Higuchi, ed. Academic Press, Orlando, FL.

HEADY, R. D., R. B. CUNNINGHAM, C. F. DONNELLY e P. D. EVANS. 1994. Morphology of warts in the tracheids of cypress pine (*Callitris* Vent.). *IAWA J.* 15, 265–281.

HERENDEEN, P. S., E. A. WHEELER e P. BAAS. 1999. Angiosperm wood evolution and the potential contribution of paleontological data. *Bot. Rev.* 65, 278–300.

HOLBROOK, N. M. e M. A. ZWIENIECKI. 1999. Embolism repair and xylem tension: Do we need a miracle? *Plant Physiol.* 120, 7–10.

HÖLL, W. 2000. Distribution, fluctuation and metabolism of food reserves in the wood of trees. In: *Cell and Molecular Biology of Wood Formation*, pp. 347–362, R. A. Savidge, J. R. Barnett e R. Napier, eds. BIOS Scientific, Oxford.

HONG, L. T. e W. KILLMANN. 1992. Some aspects of parenchymatous tissues in palm stems. In: *Proceedings, 2nd Pacific Regional Wood Anatomy Conference*, pp. 449–455, J. P. Rojo, J. U. Aday, E. R. Barile, R. K. Araral e W. M. America, eds. The Institute, Laguna, Philippines.

HOSOO, Y., M. YOSHIDA, T. IMAI e T. OKUYAMA. 2002. Diurnal difference in the amount of immunogold-labeled glucomannans detected with field emission scanning electron microscopy at the innermost surface of developing secondary walls of differentiating conifer tracheids. *Planta* 215, 1006–1012.

IAWA COMMITTEE ON NOMENCLATURE. 1964. International glossary of terms used in wood anatomy. *Trop. Woods* 107, 1–36.

IMAMURA, Y. e H. HARADA. 1973. Electron microscopic study on the development of the bordered pit in coniferous tracheids. *Wood Sci. Technol.* 7, 189–205.

ITO, J. e H. FUKUDA. 2002. ZEN1 is a key enzyme in the degradation of nuclear DNA during programmed cell death of tracheary elements. *Plant Cell* 14, 3201–3211.

JANSEN, S., E. SMETS e P. BAAS. 1998. Vestures in woody plants: a review. *IAWA J.* 19, 347–382.

JANSEN, S., P. BAAS e E. SMETS. 2001. Vestured pits: Their occurrence and systematic importance in eudicots. *Taxon* 50, 135–167.

JANSEN, S., P. BAAS, P. GASSON e E. SMETS. 2003. Vestured pits: Do they promote safer water transport? *Int. J. Plant Sci.* 164, 405–413.

JANSEN, S., B. CHOAT, S. VINCKIER, F. LENS, P. SCHOLS e E. SMETS. 2004. Intervascular pit membranes with a torus in the wood of *Ulmus* (Ulmaceae) and related genera. *New Phytol.* 163, 51–59.

KEUNECKE, M., J. U. SUTTER, B. SATTELMACHER e U. P. HANSEN. 1997. Isolation and patch clamp measurements of xylem contact cells for the study of their role in the exchange between apoplast and symplast of leaves. *Plant Soil* 196, 239–244.

KLEE, H. e M. ESTELLE. 1991. Molecular genetic approaches to plant hormone biology. *Annu. Rev. Plant Physiol. Plant Mol. Biol.* 42, 529–551.

KLEE, H. J., R. B. HORSCH, M. A. HINCHEE, M. B. HEIN e N. L. HOFFMANN. 1987. The effects of overproduction of two *Agrobacterium tumefaciens* T-DNA auxin biosynthetic gene products in transgenic petunia plants. *Genes Dev.* 1, 86–96.

KOBAYASHI, H., H. FUKUDA e H. SHIBAOKA. 1987. Reorganization of actin filaments associated with the differentiation of tracheary elements in *Zinnia* mesophyll cells. *Protoplasma* 138, 69–71.

KOLB, K. J. e J. S. SPERRY. 1999. Transport constraints on water use by the Great Basin shrub, *Artemisia tridentata*. *Plant Cell Environ.* 22, 925–935.

KOZLOWSKI, T. T. e S. G. PALLARDY. 1997a. *Growth Control in Woody Plants*. Academic Press, San Diego.

KOZLOWSKI, T. T. e S. G. PALLARDY. 1997b. *Physiology of Woody Plants*, 2. ed. Academic Press, San Diego.

KURIYAMA, H. e H. FUKUDA. 2001. Regulation of tracheary element differentiation. *J. Plant Growth Regul.* 20, 35–51.

LAI, V. e L. M. SRIVASTAVA. 1976. Nuclear changes during the differentiation of xylem vessel elements. *Cytobiologie* 12, 220–243.

LANCASHIRE, J. R. e A. R. ENNOS. 2002. Modelling the hydrodynamic resistance of bordered pits. *J. Exp. Bot.* 53, 1485–1493.

LARSON, P. R. 1974. Development and organization of the vascular system in cottonwood. In: *Proceedings, 3. North American Forest Biology Workshop*, pp. 242–257, C. P. P. Reid e G. H. Fechner, eds. College of Forestry and Natural Resources, Colorado State University, Fort Collins.

LARSON, P. R. 1976. Development and organization of the secondary vessel system in *Populus grandidentata*. *Am. J. Bot.* 63, 369–381.

LEITCH, M. A. e R. A. SAVIDGE. 1995. Evidence for auxin regulation of bordered-pit positioning during tracheid differentiation in *Larix laricina*. *IAWA J.* 16, 289–297.

LEMESLE, R. 1956. Les éléments du xylème dans les Angiospermes à charactères primitifs. *Bull. Soc. Bot. Fr.* 103, 629–677.

LI, Y., G. HAGEN e T. J. GUILFOYLE. 1992. Altered morphology in transgenic tobacco plants that overproduce cytokinins in specific tissues and organs. *Dev. Biol.* 153, 386–395.

LIESE, W. 1965. The fine structure of bordered pits in softwoods. In: *Cellular Ultrastructure of Woody Plants*, pp. 271–290, W. A. Côté Jr., ed. Syracuse University Press, Syracuse.

LINTON, M. J., J. S. SPERRY e D. G. WILLIAMS. 1998. Limits to water transport in *Juniperus osteosperma* and *Pinus edulis:* Implications for drought tolerance and regulation of transpiration. *Funct. Ecol.* 12, 906–911.

LOCONTE, H. e D. W. STEVENSON. 1991. Cladistics of the Magnoliidae. *Cladistics* 7, 267–296.

MAHERALI, H. e E. H. DELUCIA 2000. Xylem conductivity and vulnerability to cavitation of ponderosa pine growing in contrasting climates. *Tree Physiol.* 20, 859–867.

MARTÍNEZ-VILALTA, J., E. PRAT, I. OLIVERAS e J. PIÑOL. 2002. Xylem hydraulic properties of roots and stems of nine Mediterranean woody species. *Oecologia* 133, 19–29.

MATTSSON, J., Z. R. SUNG e T. BERLETH. 1999. Responses of plant vascular systems to auxin transport inhibition. *Development* 126, 2979–2991.

MCCULLY, M. E. 1999. Root xylem embolisms and refilling. Relation to water potentials of soil, roots, and leaves, and osmotic potentials of root xylem sap. *Plant Physiol.* 119, 1001–1008.

MCCULLY, M. E., C. X. HUANG e L. E. C. LING. 1998. Daily embolism and refilling of xylem vessels in the roots of fieldgrown maize. *New Phytol.* 138, 327–342.

MEDFORD, J. I., R. HORGAN, Z. EL-SAWI e H. J. KLEE. 1989. Alterations of endogenous cytokinins in transgenic plants using a chimeric isopentenyl transferase gene. *Plant Cell* 1, 403–413.

MENCUCCINI, M. e J. COMSTOCK. 1997. Vulnerability to cavitation in populations of two desert species, *Hymenoclea salsola* and *Ambrosia dumosa,* from different climatic regions. *J. Exp. Bot.* 48, 1323–1334.

METCALFE, C. R. e L. CHALK, eds. 1983. *Anatomy of the Dicotyledons*, 2. ed., vol. II. *Wood Structure and Conclusion of the General Introduction.* Clarendon Press, Oxford.

MEYER, R. W. e W. A. CÔTÉ JR. 1968. Formation of the protective layer and its role in tyloses development. *Wood Sci. Technol.* 2, 84–94.

MEYLAN, B. A. e B. G. BUTTERFIELD. 1974. Occurrence of vestured pits in the vessels and fibres of New Zealand woods. *N. Z. J. Bot.* 12, 3–18.

MEYLAN, B. A. e B. G. BUTTERFIELD. 1981. Perforation plate differentiation in the vessels of hardwoods. In: *Xylem Cell Development*, pp. 96–114, J. R. Barnett, ed. Castle House Publications, Tunbridge Wells, Kent.

MILBURN, J. A. 1979. *Water Flow in Plants.* Longman, London. MILIONI, D., P.-E. SADO, N. J. STACEY, C. DOMINGO, K. ROBERTS e M. C. MC-CANN. 2001. Differential expression of cellwall--related genes during the formation of tracheary elements in the *Zinnia* mesophyll cell system. *Plant Mol. Biol.* 47, 221–238.

MITTLER, R. 1998. Cell death in plants. In: *When cells Die: A Comprehensive Evaluation of Apoptosis and Programmed Cell Death,* pp. 147–174, R. A. Lockshin, Z. Zakeri, and J. L. Tilly, eds. Wiley-Liss, New York.

MONEY, L. L., I. W. BAILEY e B. G. L. SWAMY. 1950. The morphology and relationships of the Monimiaceae. *J. Arnold Arbor.* 31, 372–404.

MORI, N., M. FUJITA, H. HARADA e H. SAIKI. 1983. Chemical composition of vestures and warts examined by selective extraction on ultrathin sections (in Japanese). *Kyoto Daigaku Nogaku bu Enshurin Hohoku* (*Bull. Kyoto Univ. For.*) 55, 299–306.

MUELLER, W. C. e C. H. BECKMAN. 1984. Ultrastructure of the cell wall of vessel contact cells in the xylem of xylem of tomato stems. *Ann. Bot.* 53, 107–114.

MURMANIS, L. e I. B. SACHS. 1969. Structure of pit border in *Pinus strobus* L. *Wood Fiber* 1, 7–17.

NÄGELI, C. W. 1858. Das Wachsthum des Stammes und der Wurzel bei den Gefässpfl anzen und die Anordnung der Gefässstränge im Stengel. *Beitr. Wiss. Bot.* 1, 1–56.

NAKASHIMA, J., K. TAKABE, M. FUJITA e H. FUKUDA. 2000. Autolysis during in vitro tracheary element differentiation: Formation and location of the perforation. *Plant Cell Physiol.* 41, 1267–1271.

NIJSSE, J., G. W. A. M. VAN DER HEIJDEN, W. VAN IEPEREN, C. J. KEIJZER e U. VAN MEETEREN. 2001. Xylem hydraulic conductivity related to conduit dimensions along chrysanthemum stems. *J. Exp. Bot.* 52, 319–327.

OBARA, K., H. KURIYAMA e H. FUKUDA. 2001. Direct evidence of active and rapid nuclear degradation triggered by vacuole rupture during programmed cell death in zinnia. *Plant Physiol.* 125, 615–626.

O'BRIEN, T. P. 1981. The primary xylem. In: *Xylem Cell Development*, pp. 14–46, J. R. Barnett, ed. Castle House, Tunbridge Wells, Kent.

OHTANI, J., B. A. MEYLAN e B. G. BUTTERFIELD. 1984. Vestures or warts—Proposed terminology. *IAWA Bull.* n.s. 5, 3–8.

OHTANI, J., Y. SAITOH, J. WU, K. FUKAZAWA e S. Q. XIAO. 1992. Perforation plates in *Knema furfuracea* (Myristicaceae). *IAWA Bull.* n.s., 13, 301–306.

PANSHIN, A. J. e C. DE ZEEUW. 1980. *Textbook of Wood Technology: Structure, Identifi cation, Properties, and Uses of the Commercial Woods of the United States and Canada*, 4. ed. McGraw-Hill, New York.

PARAMESWARAN, N. e W. LIESE. 1977. Occurrence of warts in bamboo species. *Wood Sci. Technol.* 11, 313–318.

PARAMESWARAN, N. e W. LIESE. 1981. Torus-like structures in interfi bre pits of *Prunus* and *Pyrus*. *IAWA Bull.* n.s. 2, 89–93.

PARKINSON, C. L., K. L. ADAMS e J. D. PALMER. 1999. Multigene analyses identify the three earliest lineages of extant flowering plants. *Curr. Biol.* 9, 1485–1488.

PENNELL, R. I. e C. LAMB. 1997. Programmed cell death in plants. *Plant Cell* 9, 1157–1168.

POOLE, I. e J. E. FRANCIS. 2000. The first record of fossil wood of Winteraceae from the Upper Cretaceous of Antarctica. *Ann. Bot.* 85, 307–315.

RANJANI, K. e K. V. KRISHNAMURTHY. 1988. Nature of vestures in the vestured pits of some Caesalpiniaceae. *IAWA Bull.* n.s. 9, 31–33. RAVEN, P. H., R. F. EVERT e S. E. EICHHORN. 2005. *Biology of Plants*, 7. ed. Freeman, New York.

RICHTER, H. 2001. The cohesion theory debate continues: The pitfalls of cryobiology. *Trends Plant Sci.* 6, 456–457.

ROMANO, C. P., M. B. HEIN e H. J. KLEE. 1991. Inactivation of auxin in tobacco transformed with the indoleacetic acidlysine synthetase gene of *Pseudomonas savastanoi*. *Genes Dev.* 5, 438–446.

ROTH, A. 1996. Water transport in xylem conduits with ring thickenings. *Plant Cell Environ.* 19, 622–629.

RYSER, U., M. SCHORDERET, G.-F. ZHAO, D. STUDER, K. RUEL, G. HAUF e B. KELLER. 1997. Structural cell-wall proteins in protoxylem development: Evidence for a repair process mediated by a glycine-rich protein. *Plant J.* 12, 97–111.

SACHS, T. 2000. Integrating cellular and organismic aspects of vascular differentiation. *Plant Cell Physiol.* 41, 649–656.

SALLEO, S., M. A. Lo GULLO, D. DE PAOLI e M. ZIPPO. 1996. Xylem recovery from cavitation-induced embolism in young plants of *Laurus nobilis*: A possible mechanism. *New Phytol.* 132, 47–56.

SAMUELS, A. L., K. H. RENSING, C. J. DOUGLAS, S. D. MANSFIELD, D. P. DHARMAWARDHANA e B. E. ELLIS. 2002. Cellular machinery of wood production: Differentiation of secondary xylem in *Pinus contorta* var. *latifolia*. *Planta* 216, 72–82.

SCHNEIDER, E. L. e S. CARLQUIST. 2000a. SEM studies on vessels of the homophyllous species of *Selaginella*. *Int. J. Plant Sci.* 161, 967–974.

SCHNEIDER, E. L. e S. CARLQUIST. 2000b. SEM studies on the vessels of heterophyllous species of *Selaginella*. *J. Torrey Bot. Soc.* 127, 263–270.

SCHNEIDER, E. L. e S. CARLQUIST. 2000c. SEM studies on vessels in ferns. 17. Psilotaceae. *Am. J. Bot.* 87, 176–181.

SCHULTE, P. J., A. C. GIBSON e P. S. NOBEL. 1989. Water fl ow in vessels with simple or compound perforation plates. *Ann. Bot.* 64, 171–178.

SCURFIELD, G., A. J. MICHELL e S. R. SILVA. 1973. Crystals in woody stems. *Bot. J. Linn. Soc.* 66, 277–289.

SPERRY, J. S. 1985. Xylem embolism in the palm *Rhapis excelsa*. *IAWA Bull.* n.s. 6, 283–292.

SPERRY, J. S. e U. G. HACKE. 2004. Analysis of circular bordered pit function. I. Angiosperm vessels with homogeneous pit membranes. *Am. J. Bot.* 91, 369–385.

SPERRY, J. S. e N. Z. SALIENDRA. 1994. Intra- and inter-plant variation in xylem cavitation in *Betula occidentalis*. *Plant Cell Environ.* 17, 1233–1241.

SPERRY, J. S. e J. E. M. SULLIVAN. 1992. Xylem embolism in response to freeze-thaw cycles and water stress in ringporous, diffuse-porous, and conifer species. *Plant Physiol.* 100, 605–613.

SPERRY, J. S. e M. T. TYREE. 1988. Mechanism of water stress induced xylem embolism. *Plant Physiol.* 88, 581–587. SPERRY, J. S. e M. T. TYREE. 1990. Water-stress-induced xylem cavitation in three species of conifers. *Plant Cell Environ.* 13, 427–436.

SPERRY, J. S., K. L. NICHOLS, J. E. M. SULLIVAN e S. E. EASTLACK. 1994. Xylem embolism in ring-

-porous, diffuse-porous, and coniferous trees of northern Utah and interior Alaska. *Ecology* 75, 1736–1752.

STEWART, W. N. e G. W. ROTHWELL. 1993. *Paleobotany and the Evolution of Plants*, 2. ed. Cambridge University Press, New York.

STOUT, D. L. e A. SALA. 2003. Xylem vulnerability to cavitation in *Pseudotsuga menziesii* and *Pinus ponderosa* from contrasting habitats. *Tree Physiol.* 23, 43–50.

TAYLOR, J. G. e C. H. HAIGLER. 1993. Patterned secondary cell-wall assembly in tracheary elements occurs in a self-perpetuating cascade. *Acta Bot. Neerl.* 42, 153–163.

TAYLOR, T. N. e E. L. TAYLOR. 1993. *The Biology and Evolution of Fossil Plants.* Prentice Hall, Englewood Cliffs, NJ.

TIBBETTS, T. J. e F. W. EWERS. 2000. Root pressure and specific conductivity in temperate lianas: Exotic *Celastrus orbiculatus* (Celastraceae) vs. native *Vitis riparia* (Vitaceae). *Am. J. Bot.* 87, 1272–1278.

TURNER, S. R. e M. HALL. 2000. The *gapped xylem* mutant identifies a common regulatory step in secondary cell wall deposition. *Plant J.* 24, 477–488.

TYREE, M. T. 1993. Theory of vessel-length determination: The problem of nonrandom vessel ends. *Can. J. Bot.* 71, 297–302.

TYREE, M. T., S. D. DAVIS e H. COCHARD. 1994. Biophysical perspectives of xylem evolution: Is there a tradeoff of hydraulic effi ciency for vulnerability to dysfunction? *IAWA J.* 15, 335–360.

TYREE, M. T., S. SALLEO, A. NARDINI, M. A. Lo GULLO e R. MOSCA. 1999. Refilling of embolized vessels in young stems of laurel. Do we need a new paradigm? *Plant Physiol.* 120, 11–21.

UEHARA, K. e T. HOGETSU. 1993. Arrangement of cortical microtubules during formation of bordered pit in the tracheids of *Taxus. Protoplasma* 172, 145–153.

VAN DER GRAAFF, N. A. e P. BAAS. 1974. Wood anatomical variation in relation to latitude and altitude. *Blumea* 22, 101–121.

VANDERMOLEN, G. E. , C. H. BECKMAN e E. RODEHORST. 1987. The ultrastructure of tylose formation in resistant banana following inoculation with *Fusarium oxysporum* f. sp. *cubense*. *Physiol. Mol. Plant Pathol.* 31. 185–200.

VAN DER SCHOOT, C. 1989. Determinates of xylem-to-phloem transfer in tomato. Ph.D. Dissertation. Rijksuniversiteit te Utrecht, The Netherlands.

VIAN, B., J.-C. ROLAND, D. REIS e M. MOSINIAK. 1992. Distribution and possible morphogenetic role of the xylans within the secondary vessel wall of linden wood. *IAWA Bull.* n.s. 13, 269–282.

WANG, J., N. E. IVES e M. J. LECHOWICZ. 1992. The relation of foliar phenology to xylem embolism in trees. *Funct. Ecol.* 6, 469–475.

WARDROP, A. B. 1981. Lignification and xylogenesis. In: *Xylem Cell Development*, pp. 115–152. J. R. Barnett, ed. Castle House, Tunbridge Wells, Kent.

WHEELER, E. A. 1983. Intervascular pit membranes in *Ulmus* and *Celtis* native to the United States. *IAWA Bull.* n.s. 4, 79–88.

WHEELER, E. A. e P. BAAS. 1991. A survey of the fossil record for dicotyledonous wood and its significance for evolutionary and ecological wood anatomy. *IAWA Bull.* n.s. 12, 275–332.

WHEELER, E. A., P. BAAS e P. E. GASSON, eds. 1989. IAWA list of microscopic features for hardwood identification. *IAWA Bull.* n.s. 10, 219–332.

WIEBE, H. H. 1975. Photosynthesis in wood. *Physiol. Plant.* 33, 245–246.

YAMAMOTO, R., S. FUJIOKA, T. DEMURA, S. TAKATSUTO, S. YOSHIDA e H. FUKUDA. 2001. Brassinosteroid levels increase drastically prior to morphogenesis of tracheary elements. *Plant Physiol.* 125, 556–563.

YOUNG, D. A. 1981. Are the angiosperms primitively vesselless? *Syst. Bot.* 6, 313–330.

ZANIS, M. J., D. E. SOLTIS, P. S. SOLTIS, S. MATHEWS e M. J. DONOGHUE. 2002. The root of the angiosperms revisited. *Proc. Natl. Acad. Sci. USA* 99, 6848–6853.

ZIMMERMANN, M. H. 1982. Functional xylem anatomy of angiosperm trees. In: *New Perspectives in Wood Anatomy*, pp. 59–70, P. Baas, ed. Martinus Nijhoff/W. Junk, The Hague.

ZIMMERMANN, M. H. 1983. *Xylem Structure and the Ascent of Sap.* Springer-Verlag, Berlin.

ZIMMERMANN, M. H. e C. L. BROWN. 1971. *Trees: Structure and Function.* Springer-Verlag, New York.

ZIMMERMANN, M. H. e A. JEJE. 1981. Vessel-length distribution in stems of some American woody plants. *Can. J. Bot.* 59, 1882–1892.

ZIMMERMANN, M. H. e D. POTTER. 1982. Vessel-length distributions in branches, stem, and roots of *Acer rubrum* L. *IAWA Bull.* n.s. 3, 103–109.

ZWIENIECKI, M. A., P. J. MELCHER e N. M. HOLBROOK. 2001a. Hydraulic properties of individual xylem vessels of *Fraxinus americana*. *J. Exp. Bot.* 52, 257–264.

ZWIENIECKI, M. A., P. J. MELCHER e N. M. HOLBROOK. 2001b. Hydrogel control of xylem hydraulic resistance in plants. *Science* 291, 1059–1062.

CAPÍTULO ONZE

XILEMA: XILEMA SECUNDÁRIO E VARIAÇÕES NA ESTRUTURA DA MADEIRA

Patricia Soffiatti e Carmen Regina Marcati

O **xilema secundário** é formado a partir de um meristema relativamente complexo, o câmbio, que consiste de iniciais fusiformes verticalmente alongadas e iniciais radiais quadradas ou horizontalmente (radialmente) alongadas (Capítulo 12). O xilema secundário é, portanto, constituído por dois sistemas, o **axial** (vertical) e o **radial** (horizontal) (Fig. 11.1), uma arquitetura que não é característica do xilema primário. Nas angiospermas, o xilema secundário é comumente mais complexo do que o primário, por ter uma variedade mais ampla de componentes celulares.

As esculturas das paredes secundárias dos elementos traqueais do xilema primário e secundário foram abordadas no Capítulo 10. Ali se percebeu que os elementos do metaxilema formados posteriormente geralmente se sobrepõem aos elementos do xilema secundário, pois ambos podem ser similarmente pontoados. Desse modo, o tipo de pontoação pode ter pouco ou nenhum valor na distinção entre os últimos elementos formados no metaxilema e os primeiros formados no xilema secundário.

O arranjo das células, observado em secções transversais, frequentemente é considerado um critério na distinção do xilema primário do secundário. Diz-se que o procâmbio e o xilema primário possuem um arranjo celular ao acaso, enquanto o câmbio e o xilema secundário possuem um arranjo ordenado, com as células alinhadas paralelamente com os raios do corpo secundário. Esta distinção não é confiável, pois para muitas plantas o xilema primário mostra uma seriação radial das células tal como o secundário (Esau, 1943).

Em muitas angiospermas lenhosas, o comprimento dos elementos traqueais permite separar com confiabilidade o xilema primário do secundário, sendo o comprimento dos elementos traqueais do xilema primário formados por último consideravelmente maior do que os primeiros elementos traqueais formados no xilema secundário (Bailey, 1944). Embora os elementos traqueais com espessamentos helicoidais sejam geralmente mais longos do que os pontoados do mesmo xilema primário, esses elementos pontoados são consideravelmente mais longos do que os primeiros elementos traqueais secundários. A diferença no comprimento entre os últimos elementos primários formados e os primeiros elementos secundários pode ser causada tanto pelo incremento em comprimento das células do metaxilema durante a sua diferenciação quanto pela ausência de um incremento comparável do comprimento das derivadas cambiais, além de possíveis divisões transversais das células procambiais envolvidas na sua conversão em células cambiais no momento imediatamente anterior à iniciação da atividade cambial. Em gimnospermas, também os últimos elementos primários são geralmente mais longos do que os primeiros elementos secundários (Bailey, 1920).

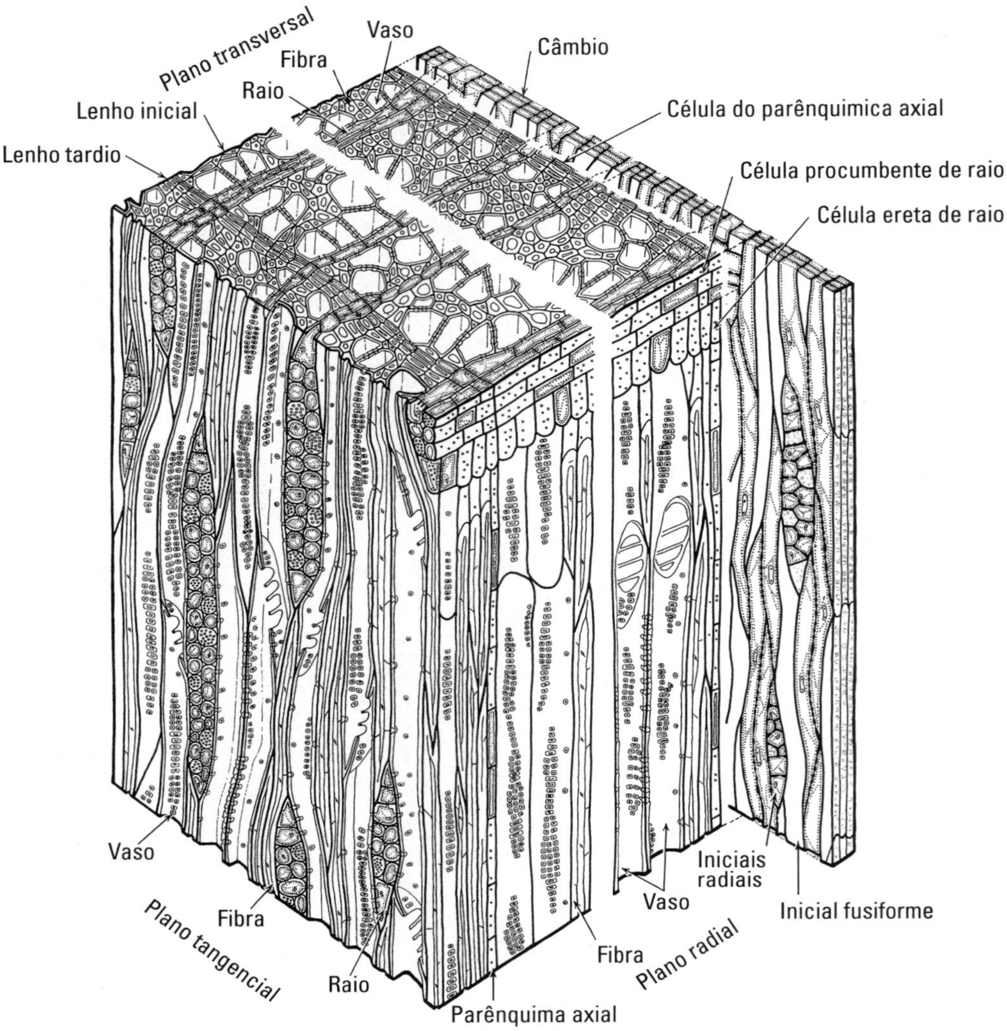

FIGURA 11.1

Diagrama do bloco de xilema secundário e câmbio vascular de *Liriodendron tulipifera* L. (tulipeiro), uma angiosperma lenhosa. O sistema axial consiste de elementos de vaso com pontoações areoladas em arranjo oposto, e paredes terminais inclinadas com placas de perfuração escalariforme; fibrotraqueídes com pontoações ligeiramente areoladas; séries parenquimáticas em posição terminal. O sistema radial contém raios heterocelulares (células eretas na margem, as outras, procumbentes), unisseriados e bisseriados, de várias alturas. (Cortesia de I. W. Bailey; desenhado por Mrs. J. P. Rogerson, sob a supervisão de L. G. Livingston. Redesenhado.)

A mudança de elementos traqueais mais longos para mais curtos no início do crescimento secundário é um dos passos para o estabelecimento das características maduras do xilema secundário. Várias outras mudanças acompanham esse passo, por exemplo, aquelas que envolvem as pontoações, a estrutura dos raios e a distribuição do parênquima axial. Com essas modificações, o xilema secundário acaba por refletir o nível evolutivo característico da espécie. Pelo fato de as especializações evolutivas do xilema progredirem do xilema secundário para o primário, em uma determinada espécie este último pode ser menos avançado. Parece que as eudicotiledôneas que não são verdadeiramente arbóreas – mesmo que possuam crescimento secundário – demonstram uma retenção das características do xilema primário no xilema secundário (**pedomorfose**, Carlquist, 1962, 2001). Uma das expressões da pedomorfose é uma gradual, em vez de abrupta, mudança no comprimento dos elementos traqueais.

ESTRUTURA BÁSICA DO XILEMA SECUNDÁRIO

O xilema secundário consiste de dois sistemas distintos de células, o axial e o radial

O arranjo das células no sistema de fileiras verticais, ou axial, por um lado, e no sistema horizontal, ou radial, por outro, constitui uma das características conspícuas do xilema secundário, ou madeira. O sistema axial e os raios são arranjados em dois sistemas que se interpenetram, intimamente integrados um ao outro na origem, estrutura e função. No xilema ativo, os raios comumente consistem de células vivas. O sistema axial, dependendo da espécie da planta, contém um ou mais tipos diferentes de elementos traqueais, fibras e células de parênquima. As células vivas dos raios e aquelas do sistema axial são interconectadas umas às outras por numerosos plasmodesmos, portanto a madeira é permeada por um sistema tridimensional contínuo – um simplasto contínuo – de células vivas (Chaffey e Barlow, 2001). Além disso, este sistema geralmente é conectado, pelos raios, com as células vivas da medula, do floema e do córtex (van Bel, 1990b; Sauter, 2000).

Cada um dos sistemas possui uma aparência característica nos três tipos de secções empregadas no estudo da madeira. Na **secção transversal**, ou seja, aquela cortada formando um ângulo reto com relação ao eixo principal do caule ou raiz, as células do sistema axial são cortadas transversalmente e revelam as suas menores dimensões (Figs. 11.2A e 11.3A). Em contrapartida, os raios – caracterizados por possuir comprimento, largura e altura – são expostos em sua extensão longitudinal em uma secção transversal. Quando raízes e caules são cortados ao longo do seu comprimento, dois tipos de secções longitudinais são obtidos: **radial** (Figs. 11.2B e 11.3B; paralelo ao raio) e **tangencial** (Figs. 11.2C e 11.3C; perpendicular ao raio). Ambos mostram a extensão longitudinal das células do sistema axial, mas proporcionam vistas muito diferentes dos raios.

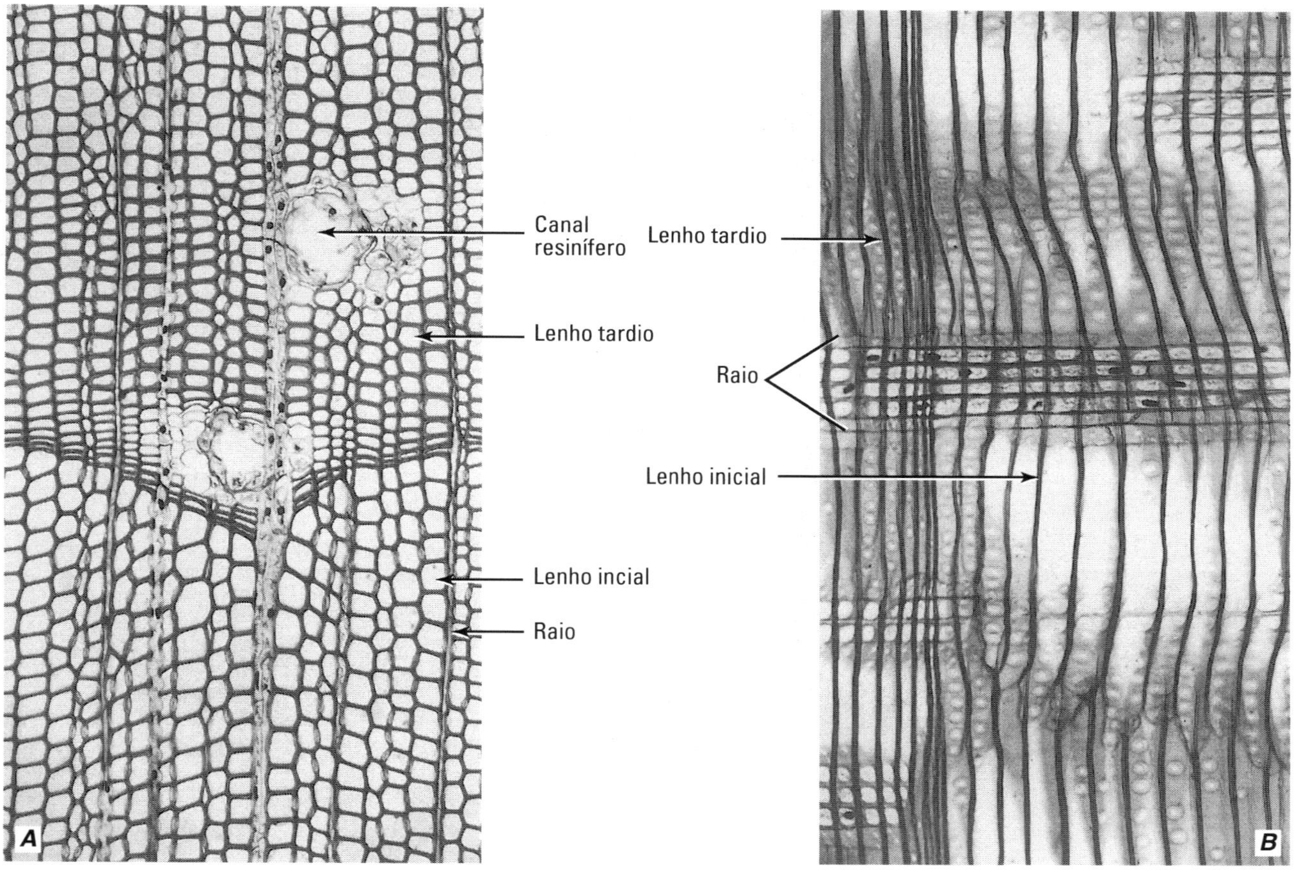

FIGURA 11.2

Lenho do pinheiro-bravo (*Pinus strobus*), uma conífera, em secções transversal (**A**), radial (**B**) e tangencial (**C**). O lenho do pinheiro-bravo é não estratificado. (Todas, ×110.)

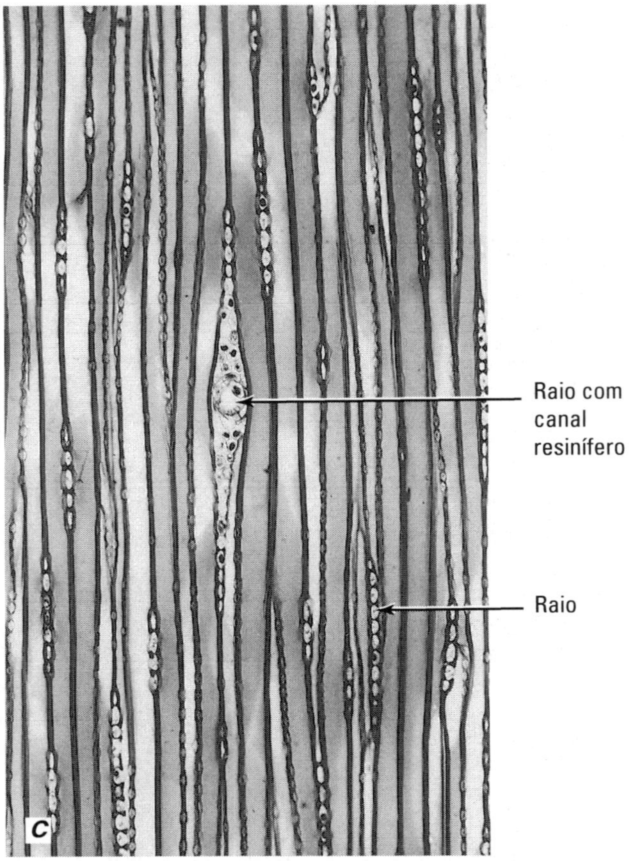

FIGURA 11.2

(Continuação)

Secções radiais expõem os raios como faixas horizontais que se distribuem pelo sistema axial. Quando uma secção radial corta um raio no seu plano mediano, esta revela a altura do raio. Uma secção tangencial corta um raio aproximadamente perpendicular à sua extensão horizontal e revela sua altura e largura. Portanto, em secções tangenciais, é fácil medir a altura do raio – isto é geralmente feito em termos de número de células – e determinar se o raio possui uma ou mais células de largura.

Algumas madeiras são estratificadas e outras, não

A seriação radial de células mais ou menos ordenada do xilema secundário, observada em secção transversal, é resultado da origem dessas células a partir de divisões periclinais ou tangenciais das iniciais cambiais. Na madeira de coníferas essas séries são mais evidentes; na madeira das angiospermas com vasos essas séries podem ser obscurecidas pelo aumento ontogenético dos elementos de vaso, resultando no deslocamento das células adjacentes. As secções radiais também revelam a ocorrência de séries radiais; nessas secções, as séries radiais do sistema axial aparecem sobrepostas, uma sobre a outra, em fileiras horizontais ou camadas. As secções tangenciais variam em aparência nas diversas madeiras. Em algumas, as fileiras horizontais estão claramente visíveis, e essa madeira é denominada **estratificada** (Fig. 11.4; *Aesculus, Cryptocarya, Diospyros, Ficus, Mansonia, Swietenia, Tabebuia, Tilia*, muitas *Asteraceae* e *Fabaceae*). Em outras, as células de uma camada se sobrepõem irregularmente umas sobre as outras. Esse tipo de madeira é denominada **não estratificada** (Figs. 11.2C e 11.3C; *Acer, Fraxinus, Juglans, Mangifera, Manilkara, Ocotea, Populus, Pyrus, Quercus, Salix*, coníferas). Secções tangenciais devem ser utilizadas para determinar se uma madeira é estratificada ou não estratificada.

Sob o aspecto evolutivo, as madeiras estratificadas são mais especializadas do que as não estratificadas. As estratificadas são derivadas de um câmbio com iniciais fusiformes curtas e, portanto, possuem elementos de vaso mais curtos. Em virtude do pequeno alongamento dos elementos de vaso e células do parênquima axial, se presente algum, após a sua origem a partir das iniciais cambiais fusiformes, essas madeiras demonstram muito mais a estratificação do que as fibras libriformes, fibrotraqueídes ou traqueídes. Os ápices dos elementos traqueais imperfurados se estendem por crescimento intrusivo além dos limites da sua camada e, dessa maneira, parcialmente obliteram a demarcação das outras camadas. A condição estratificada é especialmente pronunciada quando a altura dos raios combinam com aquelas das fileiras horizontais do sistema axial, isto é, quando os raios são também estratificados (Fig. 11.4B). Vários padrões intermediários são encontrados entre as madeiras estritamente estratificadas e aquelas estritamente não estratificadas, derivadas de longas iniciais fusiformes. As madeiras estratificadas são encontradas na eudicotiledôneas, e são desconhecidas em coníferas.

Os anéis de crescimento resultam da atividade periódica do câmbio vascular

A atividade periódica do câmbio (Capítulo 12), que é um fenômeno sazonal em regiões temperadas, relacionado às mudanças no comprimento

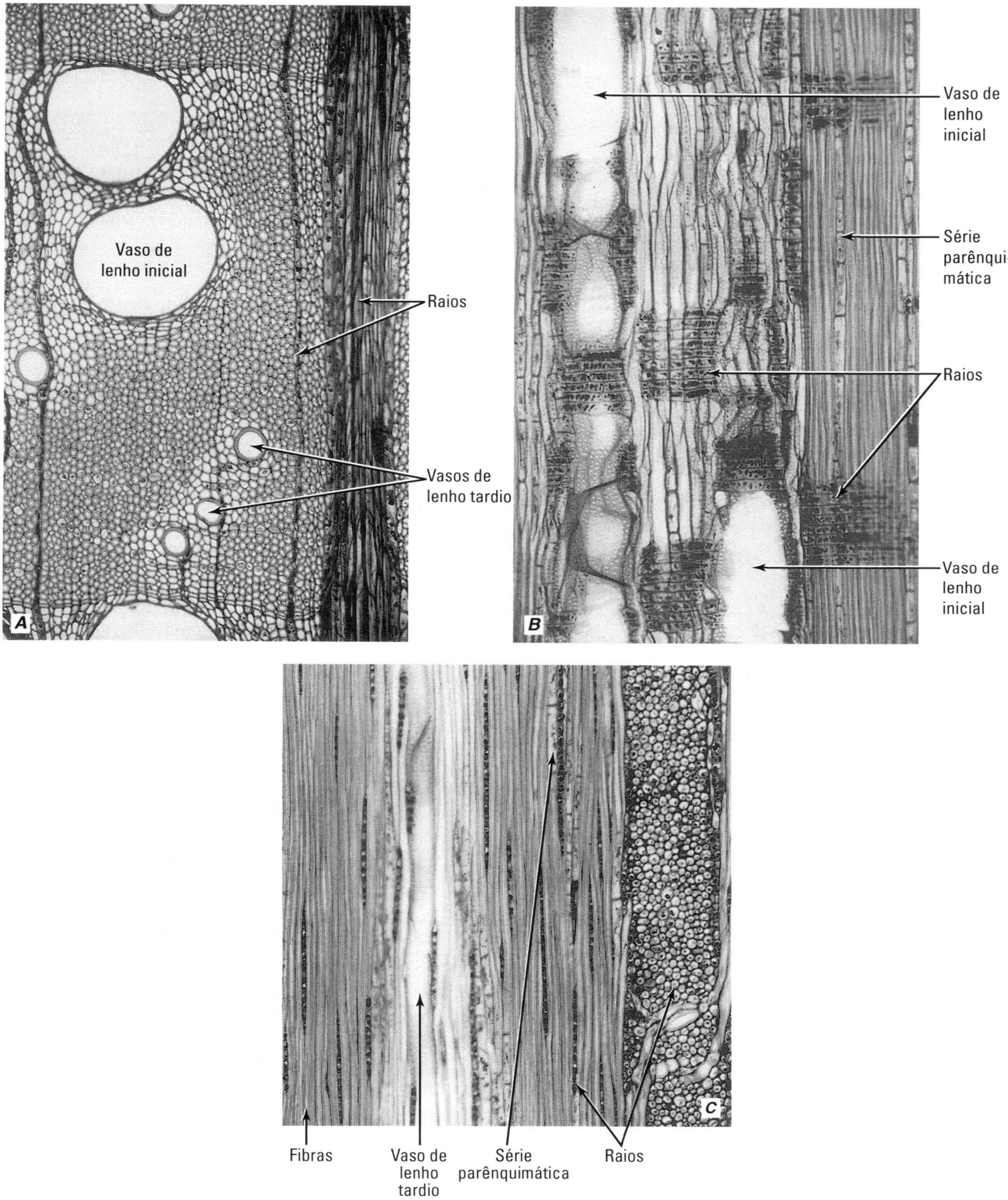

FIGURA 11.3

Lenho do carvalho americano (*Quercus rubra*) em secções transversal (**A**), radial (**B**) e tangencial (**C**). A madeira do carvalho americano é não estratificada. (Todas, ×100.)

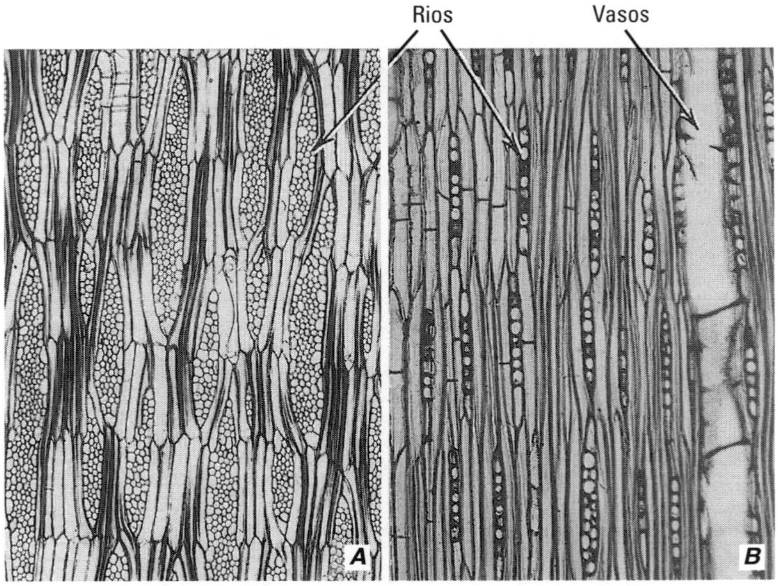

FIGURA 11.4

Lenho estratificado, revelado em secção tangencial. **A**, em *Triplochiton*, raios altos multisseriados que se estendem através de mais de uma fileira horizontal. **B**, em *Canavalia*, raios unisseriados curtos, limitados a apenas uma fileira horizontal. (A, ×50; B, ×100. Obtido de Barghoorn, 1940, 1941.)

dos dias e das temperaturas, produz **camadas de crescimento**, ou **anéis de crescimento** (Fig. 11.5), no xilema secundário. Se uma camada de crescimento representa uma estação de crescimento, ele pode ser denominado **camada anual**. Mudanças abruptas na disponibilidade de água e outros fatores ambientais podem ser responsáveis pela produção de mais de um anel de crescimento num determinado ano. Anéis adicionais também podem ser resultantes de injúrias causadas por insetos, fungos ou fogo. Tal camada de crescimento adicional é denominada de **falsa camada anual**, e o incremento de crescimento anual que consiste de dois ou mais anéis é denominado **anel de crescimento múltiplo**. Em árvores muito suprimidas ou velhas, as porções mais baixas do caule ou de alguns ramos podem falhar na produção de xilema em um determinado ano. Desse modo, embora a idade de uma dada porção de um ramo lenhoso ou caule possa ser estimada pela contagem dos anéis de crescimento, a estimativa pode ser inexata se alguns dos anéis estiverem "perdidos" ou se falsos anéis estão presentes. Árvores que exibem uma atividade cambial contínua, como essas que ocorrem em florestas tropicais perpetuamente úmidas, podem não ter anéis de crescimento (Alves e Angyalossy-Alfonso, 2000). Torna-se difícil, dessa maneira, julgar a idade destas árvores.

Os anéis de crescimento ocorrem em árvores decíduas e sempre-verdes. Além disso, esses anéis não estão confinados à zona temperada, com seu contraste marcante entre a estação de crescimento e de dormência. Uma sazonalidade distinta também ocorre em muitas regiões nos trópicos que passam por estações secas anuais severas, como em grande parte da Amazônia (Vetter e Botosso, 1989; Alves e Angyalossy-Alfonso, 2000) e em Queensland, Austrália (Ash, 1983), ou alagamentos anuais causado por grandes rios como o Amazonas e o Rio Negro (Worbes, 1985, 1989). Nas primeiras regiões, a maioria das árvores perde as folhas durante a estação seca e produz novas logo após o início da estação chuvosa, período durante o qual ocorre o crescimento. Inundações resultam em uma condição de anoxia no solo, o que leva à redução da atividade da raiz, à absorção de água para a copa e, consequentemente, à dormência do câmbio e à formação de anéis de crescimento (Worbes, 1985, 1995).

Os fatores responsáveis pela periodicidade dos anéis de crescimento podem diferir entre espécies que crescem lado a lado. Tome-se como exemplo a periodicidade dos anéis de crescimento de quatro espécies crescendo em um remanescente de uma formação alagada de floresta Atlântica no Rio de Janeiro, Brasil (Callado et al., 2001). Embora as quatro formem anéis de crescimento anuais, estes apresentam diferentes padrões de crescimento radial. Em três dessas espécies, a formação do lenho tardio foi correlacionada com o período de queda de folhas, mas ocorreu em momentos diferentes em cada espécie. O alagamento foi um fator determinante no crescimento periódico de *Tabebuia cassinoides*, a única espécie que demonstrou um ritmo de crescimento esperado para uma espécie de locais alagados; o fotoperíodo foi indiretamente responsável pelo ritmo do crescimento radial em *T. umbellata*, e foi atribuído aos ritmos endógenos a periodicidade do crescimento radial em *Symphonia globulifera* e *Alchornea sidifolia*.

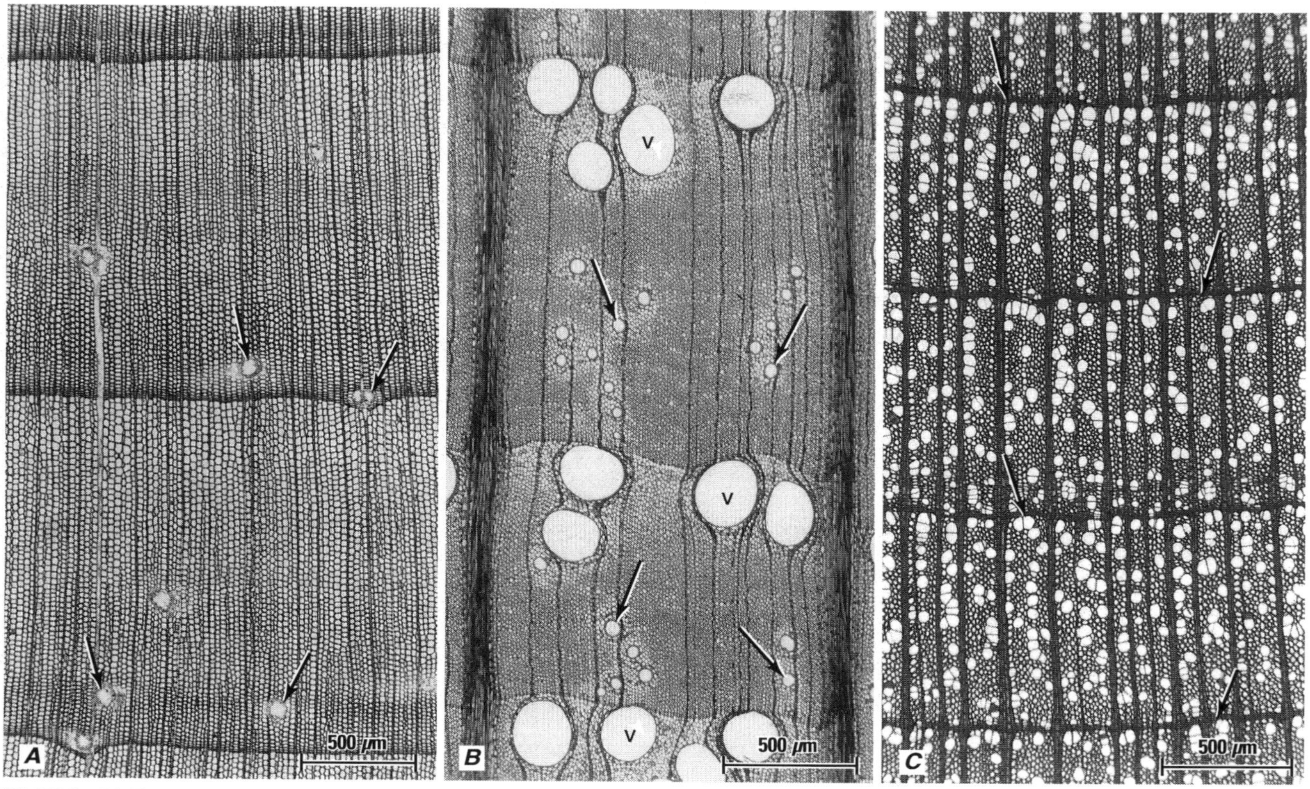

FIGURA 11.5

Anéis de crescimento da madeira, em secções transversais. **A**, pinheiro-branco (*Pinus strobus*). Com os vasos ausentes, o lenho de coníferas é não poroso. Note os canais resiníferos (setas), que ocorrem, em grande quantidade, no lenho tardio. **B**, carvalho americano (*Quercus rubra*). Como é característico de uma madeira com anel poroso, os poros, ou vasos (v) do lenho inicial são distintamente maiores do que aqueles do lenho tardio (setas). **C**, tulipeiro (*Liriodendron tulipifera*), uma madeira com porosidade difusa. No tulipeiro, os limites do anel são demarcados por faixas de células de parênquima marginal (setas).

Os anéis de crescimento são distintos em variados graus, dependendo da espécie de madeira e também das condições de crescimento (Schweingruber, 1988). A causa da visibilidade do anel de crescimento em uma secção de madeira é a diferença estrutural entre o xilema produzido na parte inicial e na tardia da estação de crescimento. Em madeiras temperadas, o **lenho inicial** é menos denso (com células mais largas e paredes proporcionalmente mais delgadas) do que o **lenho tardio** (com células mais estreitas e paredes proporcionalmente mais espessas) (Figs. 11.2A, 11.3A e 11.5). Na maioria das espécies, o lenho inicial em uma determinada estação se combina gradualmente com o lenho tardio da mesma estação, mas o limite entre o lenho tardio de uma estação e o lenho inicial da estação seguinte é bem demarcado. Essas modificações pronunciadas na espessura da parede e nas dimensões são incomuns em madeiras tropicais. Nessas, os limites entre os anéis são demarcados por faixas de parênquima axial produzidas no início e/ou término de uma estação de crescimento (Boninsegna et al., 1989; Détienne, 1989; Gourlay, 1995; Mattos et al., 1999; Tomazello e da Silva Cardoso, 1999). Tais faixas são denominadas **faixas de parênquima marginal**. Suas células são frequentemente preenchidas por várias substâncias amorfas ou cristais. Faixas marginais de parênquima axial também ocorrem em muitas árvores temperadas (Fig. 11.5C).

Os fatores que determinam a mudança das características de lenho inicial para aquelas do lenho tardio são de contínuo interesse para os fisiologistas de espécies arbóreas (Higuchi, 1997). Embora muitos hormônios vegetais estejam associados na formação do lenho inicial e tardio, o caso da auxina (AIA) foi o mais explorado. Foi observado que a concentração de auxina na zona cambial de uma árvore sofre mudanças sazonais, aumentando da primavera para o verão e, então, decrescendo para os níveis da primavera com a aproximação do outono. No inverno, a concentração de AIA no câmbio dormente está em um nível relativamente baixo. A transição de lenho inicial para tardio tem sido atribuída aos níveis decrescentes de AIA (Larson, 1969). Do mesmo modo, quando modificações nas condições de crescimento resultam em um decréscimo na concentração endógena de AIA mais cedo do que o normal, a transição na formação do lenho inicial para tardio ocorre mais cedo. Contudo, a formação do lenho tardio não pode ser atribuída ao decréscimo de AIA na região cambial em caules de *Picea abies* (Eklund et al., 1998), e em *Pinus sylvestris*, onde foi observado que a concentração de auxina aumenta durante a transição do lenho inicial para tardio (Uggla et al., 2001). A formação do lenho tardio em *Pinus radiata* e *P. sylvestris* foi atribuída por alguns pesquisadores a um aumento no nível do ácido absicíco endógeno na zona cambial (Jenkins e Shepherd, 1974; Wodzicki e Wodzicki, 1980).

A largura de anéis de crescimento individuais varia muito de ano para ano em função de fatores ambientais, como luz, temperatura, chuvas, disponibilidade de água no solo e duração da estação de crescimento (Kozlowski e Pallardy, 1997). A largura de um anel de crescimento pode ser um índice bem acurado da chuva de um ano em particular. Sob condições favoráveis – ou seja, durante períodos de chuva adequada ou abundante – os anéis de crescimento são largos; sob condições desfavoráveis, eles são estreitos. O reconhecimento dessas relações levou ao desenvolvimento da **dendrocronologia**, que é o estudo dos padrões de crescimento anuais em árvores e o uso dessa informação para avaliar as flutuações no clima do passado e na datação de eventos em pesquisa histórica (Schweingruber, 1988, 1993). As quantidades relativas de lenho inicial e tardio são afetadas pelas condições ambientais e diferenças específicas.

Conforme a madeira se torna mais velha, gradualmente se torna não funcional em condução e armazenamento

Os elementos do xilema secundário possuem várias especializações em relação às suas funções. Os elementos traqueais e as fibras, envolvidos, respectivamente, com a condução de água e suporte, perdem o seu protoplasto antes de começarem a desempenhar seus papéis principais na planta. As células vivas, que armazenam e transportam nutrientes (células de parênquima e algumas fibras), são vivas no ápice da atividade do xilema, mas terminam morrendo. Esse estágio é precedido por numerosas modificações na madeira, que visivelmente diferenciam o alburno ativo do cerne inativo (Hillis, 1987; Higuchi, 1997).

Alburno, por definição, é a parte da madeira em uma árvore viva que contém células vivas e materiais de reserva. Pode ou não ser totalmente funcional na condução de água. Por exemplo, em uma árvore de 45 anos de *Quercus phellos*, os 21 anéis de crescimento mais externos contêm células de armazenamento vivas, mas apenas os dois anéis mais externos estão envolvidos com a condução (Ziegler, 1968). Todos os 21 anéis são parte do alburno.

A modificação mais crítica que ocorre durante a conversão de alburno em cerne é a morte das células de parênquima e outras células vivas da madeira. Esta é precedida pela remoção das substâncias de reserva ou a sua conversão em outras substâncias características do cerne. Assim, o **cerne** é caracterizado pela ausência de células vivas e substâncias de reserva. O alburno mais interno – a parte da madeira onde ocorre a formação do cerne – é denominado **zona de transição**. A formação do cerne, um tipo de morte celular programada, é um fenômeno normal na vida de uma árvore, e resulta da morte fisiológica devida a fatores internos. Esta ocorre em raízes, tanto quanto em caules de muitas espécies, mas somente na região próxima ao caule (Hillis, 1987). Uma vez iniciada, esta é contínua por toda a vida da árvore. Com o aumento da idade, o cerne se torna impregnado por muitos compostos orgânicos, como fenóis, óleos, gomas, resinas, materiais aromáticos e corantes. Esses compostos são denominados coletivamente por ***extrativos***, porque podem ser extraídos da madeira com solventes orgânicos (Hillis, 1987). Algumas dessas substâncias impregnam as paredes; outras também penetram no lúmen da célula.

Pelo menos dois tipos de formação do cerne podem ser distintos (Magel, 2000 e literatura aí citada). No tipo 1, também denominado **tipo-*Robinia***, a acumulação de extrativos fenólicos se inicia no tecido da zona de transição. No tipo 2, ou **tipo-*Juglans***, os precursores dos fenóis dos extrativos do cerne se acumulam gradualmente nos tecidos do alburno que estão envelhecendo. Enzimas-chave envolvidas na biossíntese de flavonoides (o maior grupo de compostos fenólicos vegetais) e genes que os codificam estão agora sendo identificados no tempo e no espaço (Magel, 2000; Beritognolo et al., 2002 e literatura aí citada). Duas dessas enzimas são a fenilalanina amônia-liase (PAL) e chalcona sintase (CHS). Na verdade, a PAL está envolvida em dois eventos separados, um relacionado à formação de lignina na madeira recém-formada e o outro relacionado à formação dos extrativos do cerne. A CHS, ao contrário, está ativa exclusivamente na zona de transição. A ativação da PAL e da CHS é correlacionada com a acumulação de flavonoides, os quais são sintetizados novamente nas células do alburno que estão sofrendo transformação em cerne (Magel, 2000; Beritognolo et al., 2002). Embora a hidrólise do amido de reserva proveja algum carbono para a formação dos compostos fenólicos, a maior parte da síntese destes é dependente da importação de sucrose. Em *Robinia*, o aumento da degradação enzimática da sucrose coincidiu com o aumento das atividades da PAL e da CHS e com a acumulação dos compostos fenólicos dos extrativos do cerne, o que indica um íntimo envolvimento do metabolismo da sucrose com a formação do cerne (Magel, 2000).

A conversão do alburno em cerne pode também ser acompanhada por uma mudança no conteúdo de umidade. Na maioria das coníferas, o conteúdo de umidade do cerne é consideravelmente menor do que aquele do alburno. A situação nas angiospermas lenhosas varia dentre as espécies e com a estação. Em muitas espécies, o conteúdo de umidade do cerne difere pouco daquele do alburno. Em algumas espécies de certos gêneros (por exemplo, *Betula, Carya, Eucalyptus, Fraxinus, Juglans, Morus, Populus, Quercus, Ulmus*), o cerne contém mais umidade do que o alburno.

Em muitas angiospermas lenhosas, a formação do cerne é acompanhada pelo desenvolvimento de tilos nos vasos (Capítulo 10; Chattaway, 1949). Exemplos de madeiras com abundante desenvolvimento de tilos são aquelas de *Astronium,Catalpa, Dipterocarpus, Juglans nigra, Maclura, Morus, Quercus* (espécies de carvalho branco), *Robinia* e *Vitis*. Muitos gêneros nunca desenvolvem tilos. Na madeira de coníferas, as membranas de pontoação que possuem toros podem se tornar fixas de modo que os toros são pressionados às aréolas e fecham as aberturas (par de pontoação aspirado, Capítulo 10) e podem se tornar incrustadas por substâncias semelhantes à lignina e outras (Krahmer e Côté, 1963; Yamamoto, 1982; Fujii et al., 1997; Sano e Nakada, 1998). A aspiração das pontoações areoladas parece estar relacionada aos processos que causam a secagem da porção central da madeira (Harris, 1954). As várias mudanças que ocorrem durante a formação do cerne não afetam a dureza da madeira, mas a tornam mais durável do que o alburno, menos atacada por vários organismos decompositores e menos penetrável a vários líquidos (incluindo preservativos artificiais).

A proporção de alburno e cerne e o grau de visibilidade das diferenças entre os dois é altamente variável em espécies distintas e em diferentes condições de crescimento. Na maioria das árvores, o cerne é normalmente mais escuro em coloração do que o alburno ao redor. Quando recém-cortado, a cor de vários cernes cobre um amplo espectro, incluindo o negro (ébano) de algumas espécies de *Diospyros* e em *Dalbergia melanoxylon*; roxa em espécies de *Peltogyne*; vermelha em *Simira* (*Sickingia*) e *Brosimum rubescens*; amarela em espécies de *Berberis* e *Cladrastis*; e laranja em *Dalbergia retusa, Pterocarpus* e *Soyauxia* (Hillis, 1987). Algumas árvores não possuem um cerne claramente diferenciado (*Abies, Ceiba, Ochroma, Picea, Populus, Salix*), outras possuem um alburno estreito (*Morus, Robinia, Taxus*), e outras, ainda, possuem um alburno largo (*Acer, Dalbergia, Fagus, Fraxinus*).

Em algumas espécies, o alburno é convertido em cerne cedo; em outras, demonstra uma grande longevidade. A formação do cerne geralmente se inicia, em espécies de *Robinia*, entre 3 e 4 anos; em algumas espécies de *Eucalyptus*, por volta de 5 anos; em muitas espécies de pinho, entre 15 e 20 anos; no freixo europeu (*Fraxinus excelsior*), entre 60 e 70 anos; na faia, entre 80 e 100 anos, e em *Alstonia scholaris* (Apocynaceae, África Ocidental) em mais de 100 anos (Dadswell e Hillis, 1962; Hillis, 1987).

A determinação da profundidade do alburno e o padrão de velocidade da seiva ao longo do raio do xilema são problemas críticos para os pesquisadores interessados em estimar a transpiração das copas e o uso da água da floresta (Wullschleger e King, 2000; Nadezhdina et al., 2002). Como notado por Wullschleger e King (2000), a "A falha no reconhecimento de que nem toda a seiva xilemática é funcional no transporte de água vai introduzir um erro sistemático nas estimativas do uso da água tanto pela árvore quanto pelo povoamento de árvores".

O lenho de reação é um tipo de madeira que se desenvolve em ramos e caules inclinados ou curvados

A formação do **lenho de reação** presumidamente resulta da tendência do ramo ou caule de reagir contra a força que induz à posição inclinada (Boyd, 1977; Wilson e Archer, 1977; Timell, 1981; Hejnowicz, 1997; Huang et al., 2001). Em coníferas, o lenho de reação se desenvolve do lado mais baixo do ramo ou caule, onde os estresses compressivos são elevados, e é denominado **lenho de compressão**. O lenho de compressão é também formado em *Ginkgo* e nas Taxales (Timell, 1983). Nas angiospermas e em *Gnetum*, o lenho de reação se desenvolve no lado superior dos ramos e caules em zonas onde um grande estresse de tração existe e é denominado **lenho de tração**. Uma exceção notável dentre as angiospermas é *Buxus microphylla*, que forma lenho de compressão em vez de lenho de tração em caules inclinados (Yoshizawa et al., 1992).

O lenho de reação difere do lenho normal na anatomia e na química. Não é um componente comum da madeira de raízes. Quando encontrado em raízes, o lenho de tração é distribuído desigualmente ao redor da circunferência (Zimmermann et al., 1968; Höster e Liese, 1966). O lenho de compressão se forma, em algumas raízes de gimnospermas, somente quando estas estão expostas à luz e, então, ocorre no lado de baixo (Westing, 1965; Fayle, 1968).

O lenho de compressão é produzido pelo aumento na atividade do câmbio no lado mais baixo do ramo ou caule inclinado, e resulta, geralmente, na formação de anéis de crescimento excêntricos. As porções dos anéis de crescimento localizados no lado inferior são geralmente muito mais largas do que aquelas do lado superior (Fig. 11.6A). Deste modo, o lenho de compressão causa o estiramento pela expansão ou empurrando o caule ou ramo para a posição ereta. O lenho de compressão nas coníferas é geralmente mais denso e mais escuro do que os tecidos ao redor, frequentemente com uma aparência marrom-avermelhada da superfície lenhosa. Anatomicamente pode ser identificado pelas traqueídes relativamente curtas, que pare-

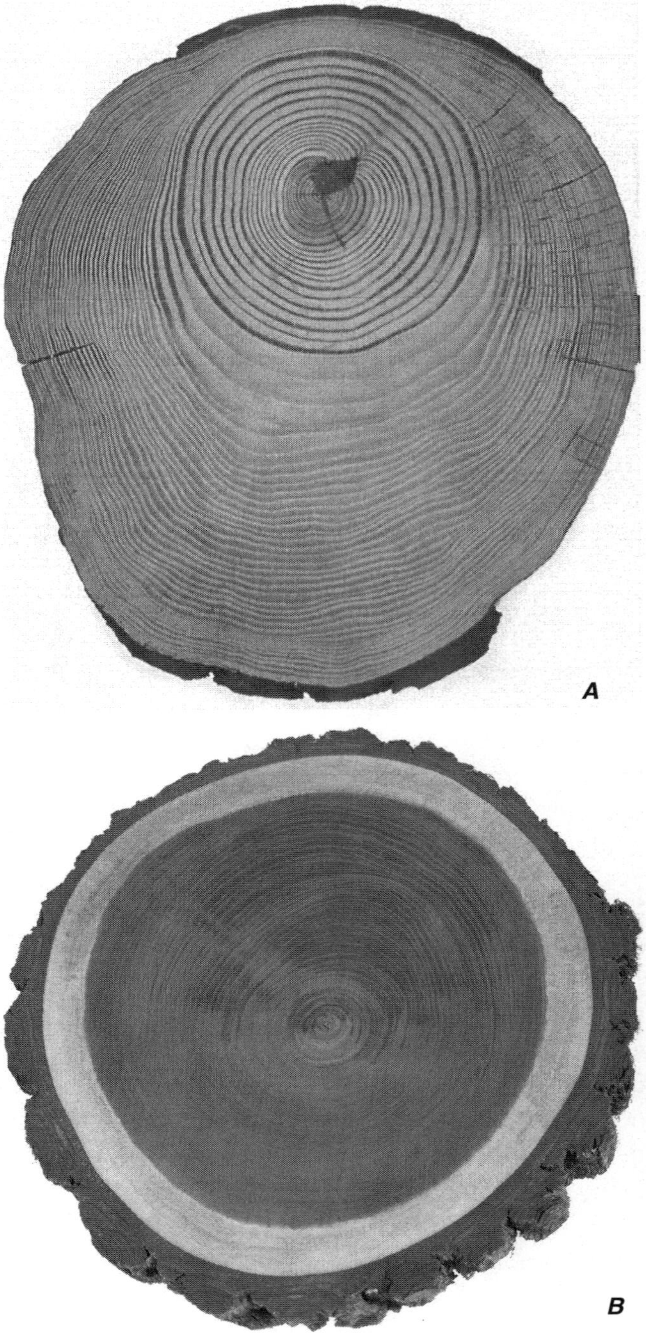

FIGURA 11.6

Lenho de reação. **A**, secção transversal do caule de um pinheiro (*Pinus* sp.) demonstrando o lenho de compressão, com anéis de crescimento maiores no lado inferior. **B**, secção transversal do caule da nogueira negra (*Juglans nigra*), demonstrando o lenho de tração com anéis de crescimento maiores no lado superior. As rachaduras em ambos os caules ocorrem em viturde à secagem. (Cortesia de Regis B. Miller.)

cem arredondadas em secções transversais (Fig. 11.7). As traqueídes do lenho de compressão assumem a forma arredondada durante o estágio final da formação da parede primária, no momento em que numerosos espaços intercelulares esquizógenos surgem no tecido, exceto no limite dos anéis de crescimento (Lee e Eom, 1988; Takabe et al., 1992). Ocasionalmente, as extremidades das traqueídes são distorcidas. As traqueídes do lenho de compressão geralmente não possuem a camada S_3, e a porção da camada S_2 é profundamente fissurada com cavidades helicoidais (Figs. 11.7 e 11.8). Quimicamente, o lenho de compressão contém mais lignina e menos celulose do que o lenho normal. A lamela média composta e as partes externas da camada S_2 são altamente lignificadas. A contração do lenho de compressão quando seco é geralmente 10 ou mais vezes alta do que a do lenho normal. O lenho normal geralmente contrai não mais do que 0,1 a 0,3%. A diferença relativa entre a contração do lenho normal e de compressão em uma tábua de secagem geralmente causa a sua torção e o seu empenamento. Tal madeira não é utilizável, exceto como combustível. Foi demonstrada que a formação do lenho de compressão reduz a eficiência do transporte no xilema (Spicer e Gartner, 2002).

O lenho de tração é produzido pelo aumento da atividade do câmbio do lado superior do ramo ou caule que, como no caso do lenho de compressão, resulta em anéis de crescimento excêntricos. Para endireitar o caule, o lenho de tração deve exercer um puxamento. O lenho de tração é geralmente difícil ou impossível de identificar sem um exame microscópico de secções. A característica mais distinguível do lenho de tração é a presença de **fibras gelatinosas** (Fig. 11.9; Capítulo 8), sendo que a parede secundária interna, ou camada gelatinosa (camada G), são não lignificadas e ricas em polissacarídeos ácidos, somado ao fato de possuir grandes quantidades de celulose (Hariharan e Krishnamurthy, 1995; Jourez, 1997; Pilate et al., 2004). As fibras gelatinosas podem ter de duas (S_1 + G) até quatro (S_1, S_2, S_3, G) camadas de parede secundária, sendo a camada gelatinosa usualmente a mais interna. Os vasos do lenho de tração são geralmente reduzidos em largura e em número. O parênquima axial e radial também pode ser afetado durante a produção do lenho de tração (Hariharan e Krishnamurthy, 1995). A contração do lenho de tração raramente excede 1%, mas as tábuas onde

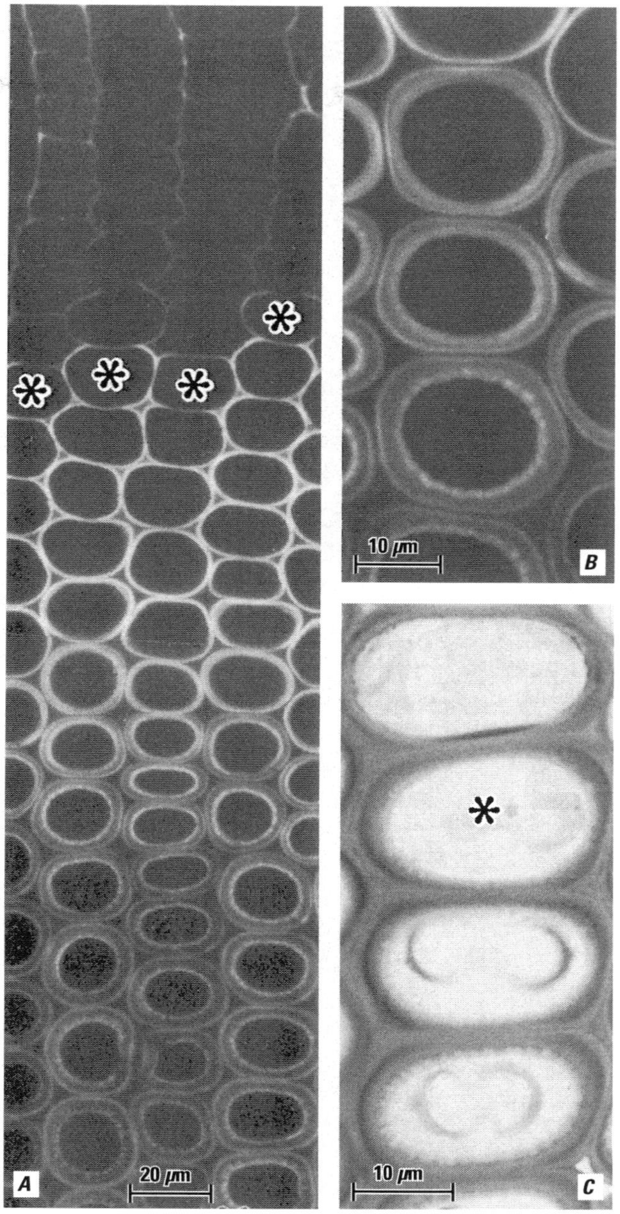

FIGURA 11.7

Traqueídes do lenho de compressão de uma espécie de abeto (*Abies sachalinensis*, uma conífera). **A**, fotomicrografia de fluorescência do lenho de compressão em diferenciação. A fluorescência é intensa somente durante a deposição de parede secundária e é observada por último na superfície interna da parede celular. Os asteriscos marcam as traqueídes no início da deposição da camada S_1. **B**, fotomicrografia de fluorescência, mostrando a deposição da camada S_2 nas traqueídes. **C**, fotomicrografia de luz de traqueídes em diferenciação, coradas para polissacarídios. O surgimento de espessamentos helicoidais e cavidades na porção mais interna da camada S_2 coincide com a lignificação ativa das porções mais externas da camada S_2 (asterisco). Todas secções transversais. (Obtido de Takabe et al., 1992.)

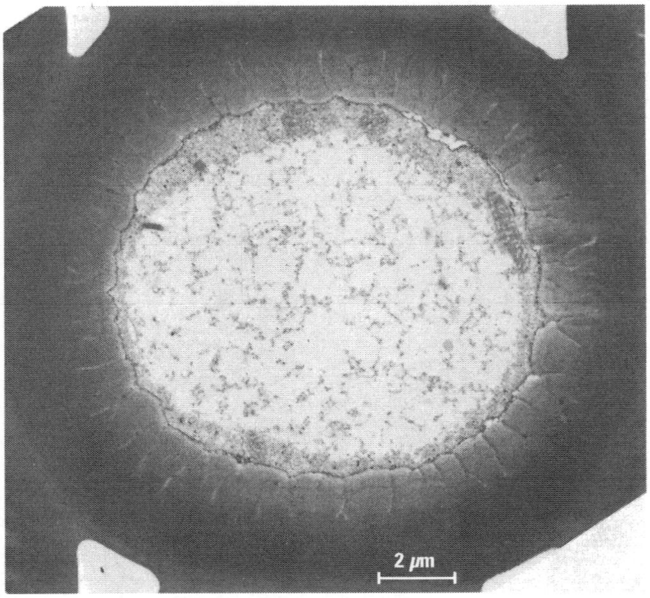

FIGURA 11.8

Eletronmicrografia de transmissão do lenho de compressão de uma espécie de abeto (*Abies sacharinensis*), próxima ao estágio final de formação da parede celular. Note os espessamentos helicoidais e cavidades na porção mais interna da camada S_2. (Obtido de Takabe et al., 1992.)

isso ocorre sofrem torção quando secas. Quando estas madeiras são cortadas verdes, o lenho de tração as rompe em feixes e fibras soltas, dando uma aparência lanosa às tábuas.

O floema secundário adjacente, ou ligado ao lenho de tração, também pode conter fibras gelatinosas (Nanko et al., 1982; Krishnamurthy et al., 1997). No floema de *Populus euroamericana*, as paredes das fibras gelatinosas consistem de duas camadas externas lignificadas, a S_1 e a S_2, e quatro não lignificadas, alternadamente arranjadas com camadas mais internas lignificadas (Nanko et al., 1982).

Há algumas angiospermas lenhosas – como, por exemplo, *Lagunaria patersonii* (Scurfield, 1964), *Tilia cordata* e *Liriodendron tulipifera* (Scurfield, 1965) – onde não se forma um típico lenho de tração. Nessas árvores, os caules inclinados sofrem crescimento radial assimétrico pelo aumento na produção de floema e xilema no lado superior dos caules. Fibras gelatinosas estão ausentes, e o conteúdo de lignina do lenho de tração é semelhante ao do lenho normal. Claramente, as fibras gelatinosas não são necessárias para a reorientação do eixo nessas espécies arbóreas (Fisher e Stevenson, 1981; Wilson e Gartner, 1996).

As fibras gelatinosas não são restritas aos ramos e caules inclinados. Elas também são encontradas em caules verticais de algumas espécies de *Fagus* (Fisher e Stevenson, 1981), *Populus* (Isebrands e Bensend, 1972), *Prosopis* (Robnett e Morey, 1973), *Salix* (Robards, 1966) e *Quercus* (Burkart e Cano-Capri, 1974). Esse lenho de reação, com suas fibras gelatinosas, está provavelmente associado com estresses internos que surgem à medida que

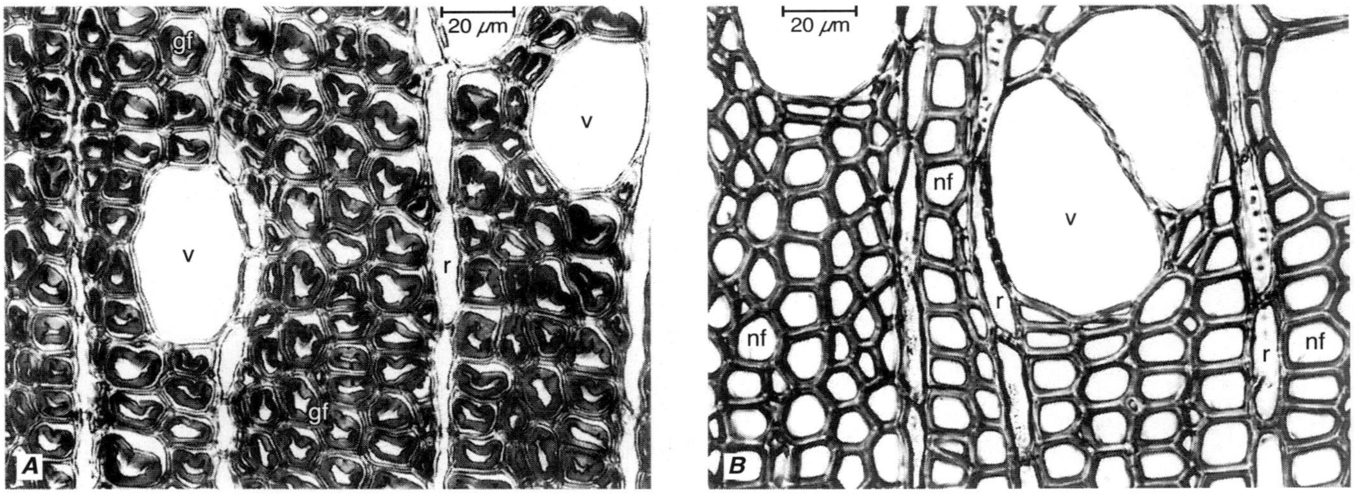

FIGURA 11.9

Secções transversais do lenho de tração (**A**) e do lenho normal (**B**) de uma espécie híbrida de álamo (*Populus euramericana*). As camadas escuras gelatinosas se separaram do resto da parede secundária como fibras gelatinosas (fg). Outros detalhes: fn, fibra normal; r, raio; v, vaso. (Obtido de Jourez, 1997.)

as novas células são adicionadas pelo câmbio e tendem a encolher longitudinalmente durante o amadurecimento de suas paredes (Hejnowicz, 1997). Realmente, como notado por Huang et al. (2001), em um tronco de uma arbórea com crescimento normal vertical, à medida que novos elementos do xilema se tornam lignificados, estes geram um estresse de tração, na direção longitudinal, e estresse de compressão, na direção tangencial. Essa combinação de estresses é repetida em cada novo incremento de crescimento, resultando em uma distribuição regular de estresses que se opõem ao redor da circunferência do tronco. Como resultado, os estresses de tração surgem na parte mais externa do tronco, e o estresse de compressão, na parte mais interna. Tem sido atribuído a esses estresses um auxílio aos troncos das árvores para aguentar as forças das rajadas de vento e dar resistência contra o rompimento do xilema por congelamento durante os invernos severos (Mattheck e Kubler, 1995).

Pesquisa envolvendo modificações experimentais na posição dos eixos das plantas tem provido evidências de que o estímulo da gravidade e a distribuição endógena das substâncias de crescimento são fatores importantes que causam o desenvolvimento do lenho de reação (Casperson, 1965; Westing, 1968; Boyd, 1977). Os primeiros experimentos com auxinas e antiauxinas indicaram que o lenho de tração em angiospermas é formado quando a concentração de auxina é baixa (Morey e Cronshaw, 1968; Boyd, 1977). Em contrapartida, foi encontrado que o lenho de compressão das coníferas se forma em regiões com alta concentração de auxina (Westing, 1968; Sundberg et al., 1994). Em um estudo mais recente, utilizando uma análise de alta resolução da distribuição do AIA endógeno através dos tecidos da região cambial em árvores de *Populus tremula* e *Pinus sylvestris*, foi demonstrado que o lenho de reação é formado sem qualquer alteração óbvia no equilíbrio do AIA (Hellgren et al., 2004). O ácido giberélico (GA_3) e o etileno também foram relacionados na formação do lenho de reação (Baba et al., 1995; Dolan, 1997; Du et al., 2004). Quando o lenho de reação é induzido por apenas um curto tempo, nas células formadas no começo e no final do período de indução, podem faltar algumas das características típicas do lenho de tração ou compressão, indicando que a diferenciação das características do lenho de reação podem ser iniciadas ou paradas durante o desenvolvimento da célula (Boyd, 1977; Wilson e Archer, 1977). Por outro lado, Caperson (1960) conclui que a resposta que leva à formação do lenho de tração no hipocótilo de *Aesculus* ocorreu apenas nos precursores das fibras estimulados em um estágio inicial da sua separação do câmbio. Em Acer saccharum, algumas das características anatômicas do lenho de tração já estavam aparentes no xilema primário (Kang e Soh, 1992).

MADEIRAS

As madeiras são classificadas como **madeira de coníferas (softwoods)** ou **madeira de folhosas (hardwoods)**,[1] estas últimas são as madeiras de angiospermas. Os dois tipos de madeira possuem diferenças estruturais básicas, mas os termos "softwood" e "hardwood" não expressam acuradamente a densidade relativa (peso por unidade de volume) ou dureza da madeira. Por exemplo, uma das madeiras mais leves e macias é a balsa (*Ochroma lagopus*), uma madeira de folhosa tropical. Em contrapartida, a madeira de algumas coníferas, como o pinos (*Pinus elliotti*), são mais duras do que a madeira de muitas folhosas. A madeira de coníferas é mais homogênea em estrutura – com o predomínio de elementos longos e retos. É altamente indicada para a produção de papel, onde uma alta dureza e resistência são necessárias. Muitas madeiras de folhosas comercialmente utilizadas são especialmente fortes, densas, e pesadas por causa de uma alta proporção de fibrotraqueídes e fibras libriformes (*Astronium, Carya, Carpinus, Diospyros, Guaiacum, Manilkara, Ostrya, Quercus*). As principais fontes de madeiras comerciais são as coníferas, dentre as gimnospermas, e as eudicotiledôneas, dentre as angiospermas. As monocotiledôneas arbóreas, ou arborescentes, não produzem um corpo de xilema secundário homogêneo de importância comercial (Tomlinson e Zimmermann, 1967; Butterfield e Meylan, 1980). Dentre as monocotiledôneas, o colmo do bambu, que possui uma alta relação entre força e peso e é mais resiliente do que as madeiras comerciais, tem servido há muito tempo como a "madeira" da Ásia mais proeminen-

1 Os termos softwood (madeira macia) e hardwood (madeira dura) são aceitos sem tradução em nível internacional, e portanto, não são traduzidos literalmente para o português. Em português, os anatomistas de madeira utilizam os termos *madeira de coníferas* para *softwoods*, e *madeira de folhosas* para *hardwoods*.

te. O colmo do bambu é utilizado na construção de casas, móveis, utensílios, para fazer papel, cobertura de assoalhos e como combustível (Liese, 1996; Chapman, 1997; ver Liese, 1998, para a anatomia dos colmos de bambu).

A madeira das coníferas é relativamente simples em estrutura

A madeira das coníferas é mais simples e mais homogênea do que a da maioria das angiospermas (Figs. 11.2, 11.10 e 11.11). A distinção mais importante entre os dois tipos de madeira é a ausência de vasos em coníferas e a sua presença na maioria das angiospermas. Outra característica marcante da madeira de coníferas é a quantidade relativamente pequena de parênquima, particularmente de parênquima axial.

O sistema axial das coníferas é constituído principalmente ou inteiramente por traqueídes

As traqueídes são células longas, que medem cerca de 2 a 5 mm de comprimento (variação: 0,5 a 11 mm; Bailey e Tupper, 1918), com suas extremidades se sobrepondo às de outras traqueídes (Fig. 11.2B; Capítulo 10). As extremidades que se sobrepõem podem ser curvadas e ramificadas decorrentes do crescimento intrusivo. Basicamente, as extremidades são em forma de cunha, com suas faces pontudas expostas em secções tangenciais e as partes sem pontas em secções radiais. As fibrotraqueídes podem ocorrer no lenho tardio, mas as fibras libriformes são ausentes.

As traqueídes são interconectadas por pares de pontoações areoladas circulares ou ovais em arranjo simples, oposto (traqueídes com lúmen largo do lenho inicial de Taxodiaceae e Pinaceae) ou alterno (Araucariaceae). O número de pontoações em cada traqueíde pode variar aproximadamente de 50 a 300 (Stamm, 1946). Os pares de pontoação são mais abundantes nas extremidades das traqueídes que se sobrepõem, e a maioria está confinada às paredes radiais. As traqueídes do lenho tardio podem apresentar pontoações nas paredes tangenciais. Espessamentos helicoidais (Capítulo 10) nas paredes pontoadas foram encontrados nas traqueídes de *Pseudotsuga, Taxus, Cephalotaxus*, e *Torreya* (Phillips, 1948).

As traqueídes possuem espessamentos – **crássula** – da lamela média e parede primária ao longo das margens superior e inferior dos pares de pontoação (Fig. 11.11A, B; Capítulo 10). Outras esculturas de parede encontradas pouco frequentemente são as **trabéculas**, pequenas barras que se estendem através do lúmen das traqueídes de uma parede tangencial até a outra.

O parênquima axial pode ou não estar presente no lenho de coníferas. Em Podocarpaceae, Taxodiaceae e Cupressaceae, o parênquima está ocasionalmente presente em séries na zona de transição entre o lenho inicial e o tardio. Como séries unisseriadas, são escassos ou ausentes em Pinaceae, Araucariaceae e Taxaceae. Em alguns gêneros, o parênquima axial ou células epiteliais são restritas àquelas associadas aos canais de resina (*Cedrus, Keteleeria, Picea, Pinus, Larix, Pseudotsuga*). As paredes secundárias ocorrem nas células epiteliais de *Larix, Picea*, e *Pseudotsuga*.

Os raios de coníferas podem ser constituídos por células de parênquima e traqueídes

Os raios de coníferas são constituídos por células de parênquima, apenas, ou por células de parênquima e traqueídes. Aqueles compostos apenas por células de parênquima são denominados **homocelulares**; aqueles que contêm células de parênquima e traqueídes são **heterocelulares** (Figs. 11.11D e 11.12). As traqueídes radiais parecem células de parênquima na forma, mas os protoplastos estão ausentes na maturidade e possuem paredes secundárias com pontoações areoladas. Elas estão normalmente presentes nas Pinaceae, exceto em *Abies*, *Keteleeria* e *Pseudolarix*, e, ocasionalmente, em *Sequoia* e na maioria das Cupressaceae (Philips, 1948). As traqueídes radiais ocorrem comumente ao longo das margens (superior e/ou inferior) dos raios, com uma ou mais células em profundidade, mas podem estar dispersas dentre as camadas de células parenquimáticas.

As traqueídes radiais possuem paredes lignificadas. Em algumas coníferas estas paredes são mais espessas e com esculturas, com projeções em forma de dentes ou bandas que se estendem através do lúmen da célula. As células parenquimáticas de raio possuem protoplastos vivos no alburno e, frequentemente, depósitos resinosos escuros no cerne. Possuem apenas paredes primárias em Taxodiaceae, Araucariaceae, Taxaceae, Podocarpaceae, Cupressaceae e Cephalotaxaceae (embora a

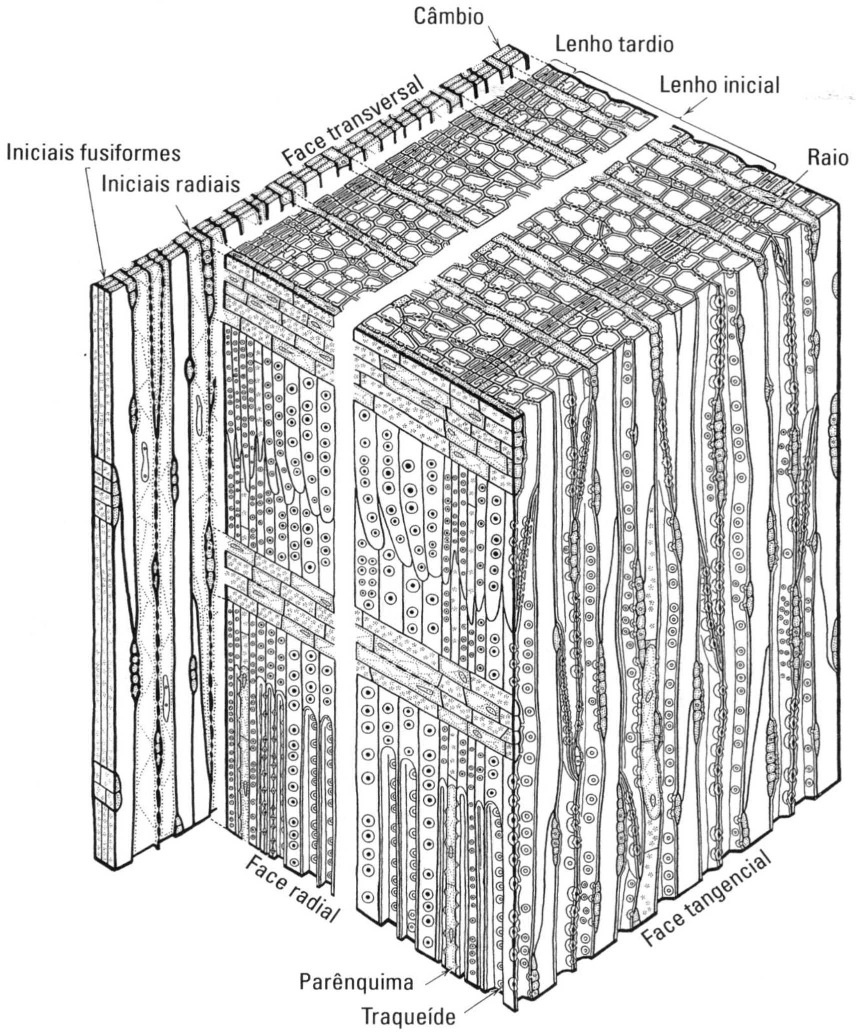

FIGURA 11.10

Diagrama de bloco do câmbio vascular e xilema secundário da tuia vulgar (*Thuja occidentalis* L.), uma conífera. O sistema axial consiste de traqueídes e uma pequena quantidade de parênquima. O sistema radial consiste de raios unisseriados curtos, compostos por células de parênquima. (Cortesia de I. W. Bailey; desenhado por J. P. Rogerson, sob a supervisão de L. G. Livingston. Redesenhado.)

orientação microfibrilar da parede das células do parênquima radial de *Podocarpus amara* e *Tsuga canadensis* sejam interpretadas como típicas de parede secundária; Wardrop e Dadswell, 1953) e também possuem paredes secundárias em Abietoideae (Bailey e Faull, 1934).

Os raios das coníferas têm, frequentemente, uma célula de largura (Fig. 11.2C; **unisseriado**), ocasionalmente com duas células de largura (**bisseriados**) e com 1 a 20, ou algumas vezes mais de 50, células de altura. A presença de um canal resinífero em um raio faz com que o raio normalmente unisseriado apareça com várias células de largura, com exceção dos limites superior e inferior (Fig. 11.2C). Os raios que contêm canais resiníferos são denominados **raios fusiformes**. Os raios de coníferas compõem, na média, cerca de 8% do volume da madeira.

Cada traqueíde axial está em contato com um ou mais raios (Fig. 11.11A, B). Os pares de pontoação entre as traqueídes axiais e as células de parênquima radial são semiareolados, com a aréola no lado da traqueíde; aquelas entre as traqueídes axiais e radiais são completamente areoladas. As pontoações entre as células de parênquima radial e as traqueídes axiais formam um padrão tão característico em secções radiais que o **campo de**

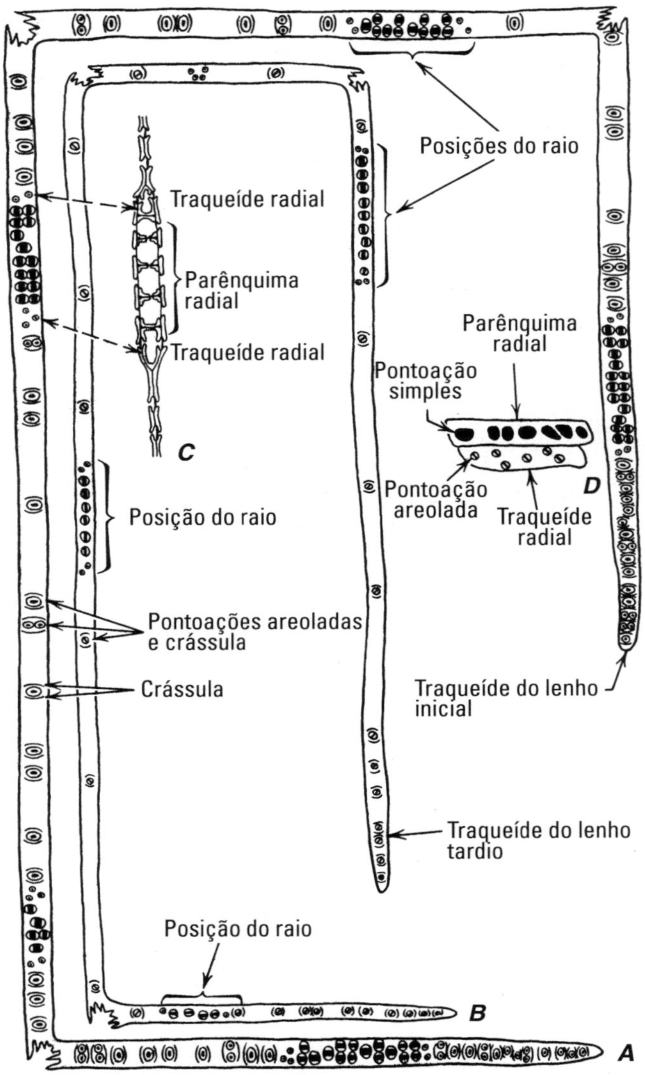

FIGURA 11.11

Elementos do xilema secundário de *Pinus*. **A**, traqueídes de lenho inicial e, **B** do lenho tardio. Paredes radiais em vista frontal. **C**, raio em vista transversal como observado em uma secção tangencial da madeira. **D**, duas células de raio como vistas em secção radial da madeira. Traqueídes em **A**, **B**, mostram áreas de contato com os raios. Pequenas pontoações nessas áreas conectam as traqueídes axiais com as radiais. Pontoações grandes semiareoladas conectam as células de parênquima radial com as traqueídes axiais. Em outros locais, as traqueídes possuem pontoações com as aréolas completas. (Todas, ×100. **A**, **B**, **D**, adaptadas de Forsaith, 1926; com permissão de SUNY-ESF.)

cruzamento, isso é, o retângulo formado pela parede radial de uma célula de raio contra uma traqueíde axial é utilizado na classificação e identificação de madeiras em coníferas. Os contatos da pontoação entre as células do parênquima radial e as traqueídes axiais são grandes, como aqueles entre as células do parênquima axial e traqueídes axiais quando esta combinação de células está presente. Desse modo, ambos, o parênquima axial e o radial, são células de contato (Braun, 1970, 1984).

As madeiras de muitas coníferas contêm canais resiníferos

Canais resiníferos aparecem como uma característica constante nos sistemas axial e radial das madeiras de gêneros como *Pinus* (Figs. 11.2A, C e 11.5A), *Picea*, *Cathaya*, *Larix* e *Pseudotsuga* (Wu e Hu, 1997). Em contraste, canais resiníferos nunca ocorrem nas madeiras de *Juniperus* e *Cupressus* (Fahn e Zamski, 1970). Em outros gêneros, ainda, como *Abies*, *Cedrus*, *Pseudolarix*, e *Tsuga*, estes surgem apenas em resposta à injúria. Canais normais são alongados e ocorrem isolados (Figs. 11.2A e 11.5A); canais traumáticos são geralmente parecidos com cistos e ocorrem em séries tangenciais (Fig. 11.13; Kuroda e Shimaji, 1983; Nagy et al., 2000). Alguns pesquisadores consideram todos os canais resiníferos da madeira como traumáticos (Thomson e Sifton, 1925; Bannan, 1936). Os fenômenos que induzem o desenvolvimento dos canais traumáticos são numerosos. Alguns deles são a formação de ferimentos e injúrias abertos e pressão causada por congelamento e vento. Os diferentes grupos de coníferas não são parecidos nas suas respostas às injúrias. O gênero *Pinus* parece ser o menos sensível aos fatores externos (Bannan, 1936).

Canais resiníferos axiais estão comumente localizados na transição do lenho inicial e tardio ou nas porções do lenho tardio dos anéis de crescimento (Figs. 11.2A e 11.5A; Wimmer et al., 1999 e literatura aí citada). A sua localização e frequência pode ser influenciada pela idade cambial e por fatores climáticos. Em *Picea abies*, por exemplo, a maioria dos canais resiníferos axiais em anéis de crescimento superiores a 10 anos tem mais probabilidade de ser encontrada na zona de transição entre o lenho inicial e o tardio, e aqueles em anéis de crescimento com uma idade cambial jovem, no lenho tardio (Wimmer et al., 1999). Foi observado que temperaturas de verão afetam mais a formação dos canais, existindo uma relação direta entre as altas temperaturas de verão e alta frequência de canais axiais.

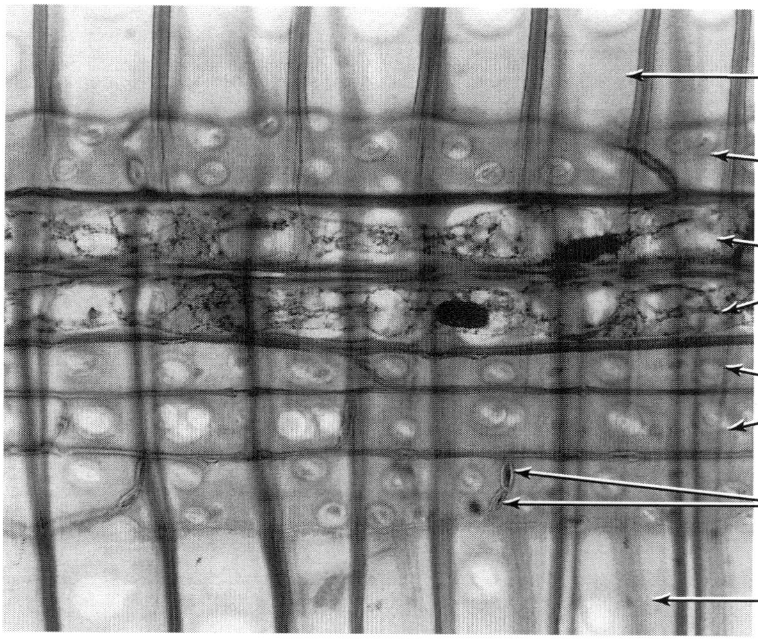

FIGURA 11.12

Secção radial da madeira do pinheiro-branco (*Pinus strobus*), mostrando uma porção de um raio que consiste de células de parênquima com protoplastos (os corpos escuros são os núcleos) e por traqueídes radiais com pontoações areoladas nas suas paredes. (×450.)

Geralmente, os canais resiníferos surgem como espaços intercelulares esquizógenos pela separação das células de parênquima recém-derivadas do câmbio. Cada canal radial se origina de um canal axial e é contínuo do xilema para o floema, embora os canais possam não ser abertos na região cambial de espécies alinhadas com células de paredes delgadas (Chattaway, 1951; Werker e Fahn, 1969; Wodzicki e Brown, 1973). A formação de canais radiais do lado floemático da zona cambial pode preceder aquela dos seus equivalentes do lado xilemático. Foi sugerido que o estímulo para a formação do canal afeta primeiro as iniciais radiais e, então, é conduzido para o interior pelos raios para as células-mãe das células do sistema axial do xilema. Aí o estímulo se espalha verticalmente por certa distância, causando a modificação dos componentes axiais em células de canal (Werker e Fahn, 1969). Os canais radiais podem continuar a aumentar em comprimento com a atividade cambial. Aqueles do sistema axial são variáveis em altura. Nos anéis de crescimento mais externos da árvore de pinheiro com 10 a 23 anos de idade (*Pinus taeda*), os canais resiníferos axiais variam em comprimento de 20 a 510 mm (LaPasha e Wheeler, 1990).

Durante o seu desenvolvimento, os canais resiníferos formam uma cobertura, o **epitélio**, que é geralmente circundado por uma bainha de células de parênquima axial que recebe várias denominações, como células da bainha, células acompanhantes ou células subsidiárias (Wiedenhoeft e Miller, 2002). Em *Pinus*, as células epiteliais possuem paredes delgadas (Fig. 11.2A), permanecem ativas por vários anos e produzem abundante resina. Em *Pinus halepensis* e *Pinus taeda*, algumas das células axiais que margeiam o epitélio são de vida curta e depositam uma camada interna suberizada antes de colapsar (Werker e Fahn, 1969; LaPasha e Wheeler, 1990). Em *Larix* e *Picea*, as células epiteliais possuem paredes espessas lignificadas, e a maioria destas morre durante o ano de origem. Esses gêneros produzem pouca resina. Paredes espessas, lignificadas, também foram reportadas para o epitélio e as células axiais da margem em *Pseudotsuga* (Fig. 11.14) e Cathaya (Wu e Hu, 1997). Os canais de resina terminam por se tornar fechados pelo aumento das células epiteliais. As intrusões semelhantes a tilos são denominadas **tiloides** (Record, 1934). Estas diferem dos tilos pelo fato de não crescerem através das pontoações.

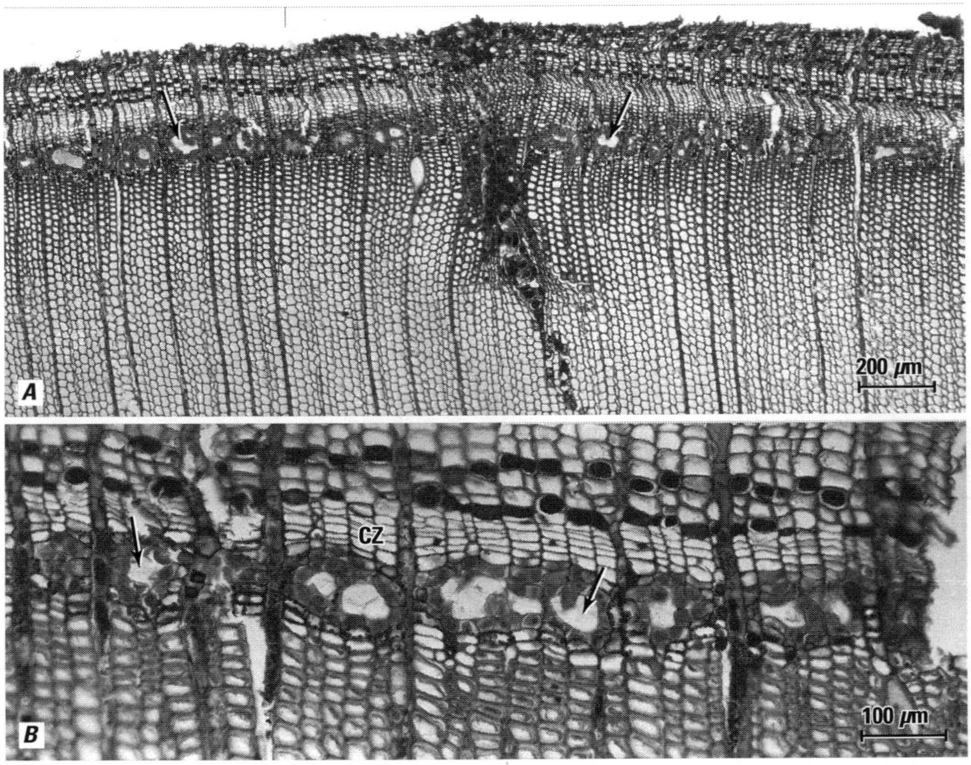

FIGURA 11.13

Canais resiníferos traumáticos (setas), circundando a zona cambial (zc), no xilema secundário do espruce japonês (*Tsuga sieboldii*). Os canais foram induzidos pela inserção de pinos de metal na casca. **A**, 36 dias após a inserção dos pinos, com tecido anormal no centro; **B**, vista mais detalhada, 20 dias após a inserção. (Reproduzido com permissão de K. Kuroda e K. Shimaji. 1983. Traumatic resin canal formation as a marker of xylem growth. *Forest Science* 29, 653–659. © 1983 Society of American Foresters.)

Os primeiros estudos das conexões entre os canais resiníferos radiais e axiais levaram ao conceito de um sistema tridimensional anastomosado de canais resiníferos dentro da madeira. Estudos mais recentes indicam que esse sistema extensivo pode não existir, pelo menos não nas madeiras de todas as coníferas. Em *Pinus halepensis*, por exemplo, conexões existem apenas entre os canais radiais e axiais situados no mesmo plano radial, e não em todos os casos onde os dois tipos se unem (Werker e Fahn, 1969). Desse modo, em *Pinus halepensis*, existem muitas redes bidimensionais, cada uma situada em um plano radial diferente. Em *Pinus taeda*, canais axiais e radiais frequentemente estão em íntima proximidade e podem compartilhar células epiteliais, mas aberturas diretas entre os dois são raras (LaPasha e Wheeler, 1990).

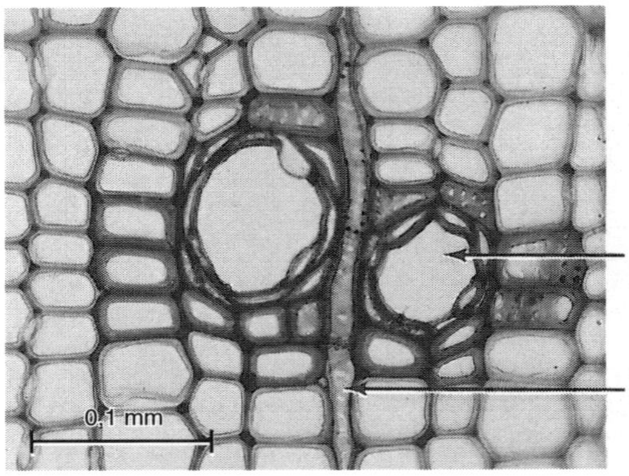

FIGURA 11.14

Secção transversal da madeira da *Pseudotsuga taxifolia*, mostrando dois canais resiníferos com células epiteliais com paredes espessas. (Obtido de Esau, 1977.)

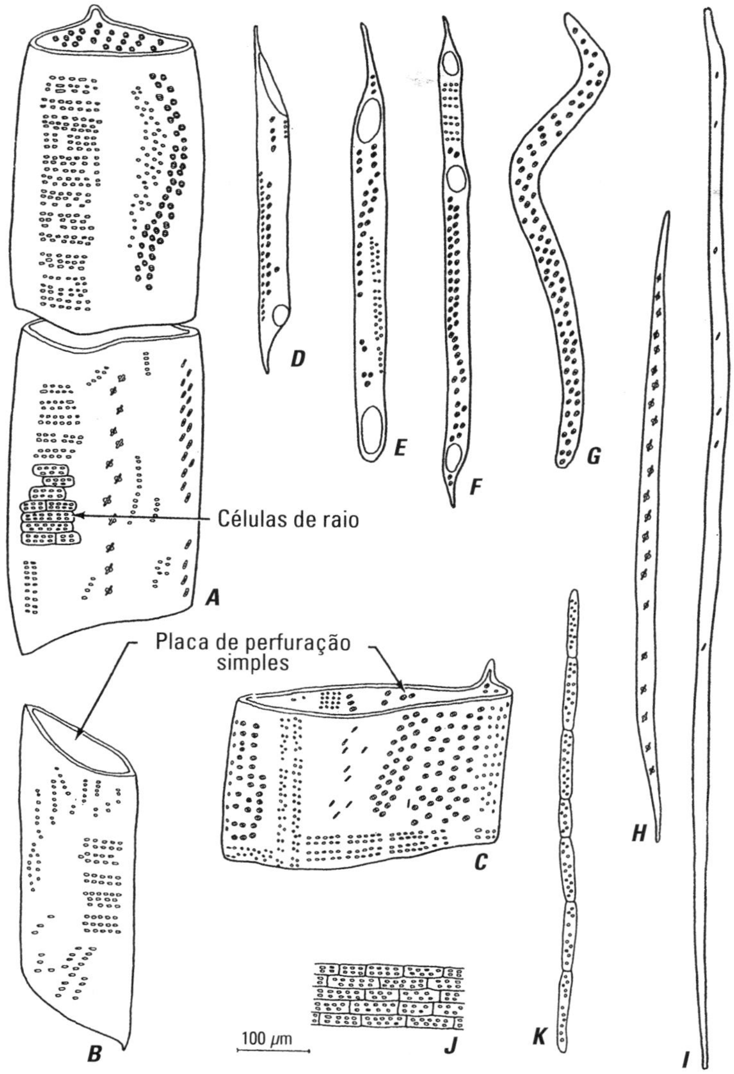

FIGURA 11.15

Tipos celulares do xilema secundário como ilustrado pelos elementos dissociados da madeira do *Quercus*, carvalho. Várias pontoações aparecem nas paredes celulares. **A–C**, elementos de vaso largos. **D–F**, elementos de vaso estreitos. **G**, traqueíde. **H**, fibrotraqueíde. **I**, fibra libriforme. **J**, células de parênquima radial. **K**, série de parênquima axial. (Obtido de Esau, 1977; **A–I**, a partir de fotografias de Carpenter, 1952; com permissão de SUNY-ESF.)

A madeira das angiospermas é mais complexa e variada do que a das coníferas

A complexidade da madeira de angiospermas se deve à grande variedade de tipos, tamanhos, formas e arranjos dos seus elementos. A madeira de angiosperma mais complexa, como aquela do carvalho, pode conter elementos de vaso, traqueídes, fibrotraqueídes, fibras libriformes, parênquima axial e raios de diferentes tamanhos (Figs. 11.3 e 11.15). Algumas madeiras de angiospermas são, entretanto, menos complicadas em estrutura. Muitas Juglandaceae, por exemplo, contêm somente fibrotraqueídes dentre os elementos imperforados não vivos (Heimsch e Wetmore, 1939). A madeira das angiospermas que não possuem vasos (Amborellaceae, Tetracentraceae, Trochodendraceae,[2] Winteraceae) parece tão semelhante àquela das coníferas que algumas vezes foram interpretadas erroneamente como madeira de conífera. As madeiras das angiospermas que não possuem vasos

2 Ver nota número 3, Capítulo 10.

podem, contudo, ser distinguidas da madeira das coníferas pelos seus raios altos e largos (Wheeler et al., 1989).

Em virtude da complexidade da estrutura da madeira das angiospermas, muitas características podem ser utilizadas em sua identificação (Wheeler et al., 1989; Wheeler e Baas, 1998). Algumas das características principais são o tamanho dos vasos distribuídos em uma camada de crescimento (porosidade), o arranjo e o agrupamento dos vasos, o arranjo e a abundância do parênquima axial, a presença ou ausência de fibras septadas, a presença ou ausência de estrutura estratificada, tamanho e tipos de raios, tipos de placas de perfuração nos vasos e tamanho, arranjo e abundância de cristais.

Com base na porosidade, dois tipos principais de madeiras de angiospermas são reconhecidos: com porosidade difusa e anéis porosos ou semiporosos

A palavra **porosidade** é utilizada pelos anatomistas de madeira para se referir à aparência dos vasos em secção transversal (Tabela 11.1). As madeiras com **porosidade difusa** são aquelas nas quais os vasos, ou poros, são mais uniformes em tamanho e distribuição no anel de crescimento (Figs. 11.1 e 11.5C). Nas madeiras com **anéis porosos (porosidade em anel)**, os poros do lenho inicial são distintamente maiores do que os do lenho tardio, resultando em uma zona semelhante a um anel no lenho inicial e uma transição abrupta entre o lenho inicial e o tardio do mesmo anel de crescimento (Figs. 11.3A e 11.5B). Padrões de gradações ocorrem entre os tipos, e madeiras que mostram uma condição intermediária entre porosidade em anel e porosidade difusa podem ser denominadas **como anéis semiporosos** ou **porosidade semidifusa**. Além disso, em uma dada espécie, a distribuição dos vasos pode variar em relação às condições ambientais e podem mudar com o aumento de idade da árvore. Em *Populus euphratica*, a única espécie de *Populus* nativa de Israel, um crescimento vigoroso do caule sob condições de amplo suprimento hídrico foi associado a anéis anuais largos e madeira de porosidade difusa, enquanto que o alongamento restrito do caule de árvores em locais secos foi associado com anéis anuais estreitos e porosidade em anel (Liphschitz e Waisel, 1970; Liphschitz, 1995). No carvalho com porosidade em anel, *Quercus ithaburensis*, o intensivo crescimento em extensão resultou em anéis largos com madeira de porosidade difusa, enquanto, sob crescimento extensivo restrito, anéis estreitos e madeira com porosidade em anel foram produzidos (Liphschitz, 1995). Carlquist (1980, 2001) tentou lidar com esses problemas levando em consideração todas as possibilidades de variação de todos os tipos celu-

TABELA 11.1 – Exemplos de madeiras com distintas distribuições dos vasos

Com porosidade em anel
Carya pecan (nogueira-pecã)
Castanea dentata (castanheiro americano)
Catalpa speciosa
Celtis occidentalis (lódão-bastardo)
Fraxinus americana (freixo americano)
Gleditsia triacanthos (espinheiro-da-virgínia)
Gymnocladus dioicus
Maclura pomifera (laranjeira-de-osage)
Morus rubra (amoreira-preta)
Paulownia tomentosa
Quercus spp. (carvalho)
Robinia pseudoacacia (falsa-acácia)
Sassafras albidum
Ulmus americana (olmo-americano)
Com porosidade semidifusa
Diospyros virginiana (caqui)
Juglans cinerea (nogueira-branca)
Juglans nigra (nogueira-negra)
Lithocarpus densiflora (um tipo de carvalho)
Populus deltoides (algodão americano)
Prunus serotina (cerejeira-negra americana)
Quercus virginiana (um tipo de carvalho)
Salix nigra (salgueiro-negro)
Com porosidade difusa
Acer saccharinum (bordo-de-prata)
Acer saccharum (bordo)
Aesculus glabra (um tipo de castanha-da-índia)
Aesculus hippocastanum (castanha-da-índia)
Alnus rubra (amieiro-vermelho)
Betula nigra (bétula nigra)
Carpinus caroliniana (uma espécie de choupo)
Cornus florida
Fagus grandifolia (faia americana)
Ilex opaca (holly americano)
Liquidambar styraciflua (carvalho canadense)
Liriodendron tulipifera (tulipeiro)
Magnolia grandiflora (magnólia-branca)
Nyssa sylvatica (tupelo)
Platanus occidentalis (plátano)
Tilia americana (álamo americano)
Umbellularia californica (louro-da-califórnia)

lares conhecidos observados nos anéis de crescimento. Ele reconhece 15 tipos diferentes de anéis de crescimento.

A condição porosa parece ser altamente especializada e ocorre em um número relativamente pequeno de madeiras (Metcalfe e Chalk, 1983), sendo a maioria das espécies da zona temperada do norte. Alguns anatomistas de madeira consideram o lenho inicial – a denominada zona porosa – de madeiras com anel poroso como um tecido adicional sem um equivalente nas madeiras de porosidade difusa (Studhalter, 1955), e o lenho tardio, comparável ao incremento de crescimento como um todo das espécies de porosidade difusa (Chalk, 1936). Foi proposto que espécies com anel poroso se originaram de espécies de porosidade difusa (Aloni, 1991; Wheeler e Baas, 1991). De acordo com a hipótese do crescimento limitado de Aloni (1991), espécies com anel poroso evoluíram de espécies de porosidade difusa sob pressões seletivas de ambientes limitantes, resultando em uma intensidade diminuída do crescimento vegetativo. Esta última foi acompanhada por uma redução nos níveis de auxina e no aumento da sensibilidade do câmbio ao estímulo relativamente baixo da auxina. Lev-Yadun (2000), percebendo que várias espécies da flora lenhosa de Israel mudam a porosidade de acordo com as condições de crescimento, questionou os aspectos de sensibilidade da hipótese do crescimento limitado porque esta iria requerer que o câmbio de tal árvore modificasse sua sensibilidade à auxina conforme as mudanças na porosidade.

Os aspectos fisiológicos também apontam para a natureza especializada das madeiras com anel poroso. Estas conduzem água quase que inteiramente no incremento de crescimento mais externo, com mais de 90% da água sendo conduzida nos vasos largos do lenho inicial (Zimmermann, 1983; Ellmore e Ewers, 1985) em velocidades de pico frequentemente 10 vezes maiores do que nas espécies de porosidade difusa (Hüber, 1935). Por causa das grandes larguras, os vasos do lenho inicial de espécies com anel poroso são especialmente vulneráveis à formação de embolismo (Capítulo 10), e geralmente tornam-se não funcionais durante o mesmo ano em que são formados. Consequentemente, os novos vasos do lenho inicial são produzidos rapidamente a cada ano antes da emergência de novas folhas (Ellmore e Ewers, 1985; Suzuki et al., 1996; Utsumi et al., 1996). Em espécies de porosidade difusa, vários incrementos de crescimento estão envolvidos ao mesmo tempo na condução de água, e a formação de novos vasos é iniciada após o final da expansão foliar (Suzuki et al., 1996).

A porosidade em anel, com a formação de vasos largos no início da estação de crescimento, tem sido há muito tempo considerada uma adaptação para acomodar a alta transpiração e os fluxos que prevalecem nesse momento do ano. Os vasos estreitos do lenho tardio são mais importantes mais tarde no ano, quando os estresses hídricos são maiores e os largos vasos do lenho inicial são mais fáceis de se tornar embolizados.

Dentro dos padrões principais de distribuição dos vasos, ocorrem pequenas variações na relação espacial dos poros uns com os outros. Um poro é denominado ***solitário*** quando o vaso é completamente circundado por outros tipos de células. Um grupo de dois ou mais poros juntos formam um ***poro múltiplo***. Este pode ser um ***poro múltiplo radial***, com os poros em uma fileira radial, ou um ***grupo de poros*** agrupados irregularmente. Embora os vasos ou grupos de vasos possam aparecer isolados em secções transversais da madeira, no espaço tridimensional, os vasos são interconectados em vários planos (Fig. 11.16). Em algumas espécies, os vasos são interconectados somente dentro dos incrementos de crescimento individuais; em outras conexões ocorrem através dos limites dos incrementos de crescimento (Braun, 1959; Kitin et al., 2004). De acordo com Zimmermann (1983), grupos de vasos (vasos múltiplos) são mais seguros do que vasos solitários porque estes proveem caminhos alternativos para a seiva xilemática ultrapassar os embolismos.

Em um número de angiospermas lenhosas, os vasos estão associados às **traqueídes vasicêntricas**, geralmente traqueídes com forma irregular que ocorrem ao redor e adjacentes aos vasos (Fig. 11.3B; Carlquist, 1992, 2001). Embora mais conhecidas nas madeiras com porosidade em anel de *Quercus* e *Castanea*, as traqueídes vasicêntricas também ocorrem em madeiras de porosidade difusa (por exemplo, muitas espécies de *Shorea* e *Eucalyptus*). Elas podem ser consideradas como células condutoras subsidiárias que assumem o papel no transporte de água quando muitos dos vasos embolizam em tempos de grande estresse hídrico. Provavelmente, as células condutoras mais seguras (aquelas menos propensas à cavitar e embolizar) encontradas em madeiras que possuem vasos são as traqueídes vasculares, que parecem elemen-

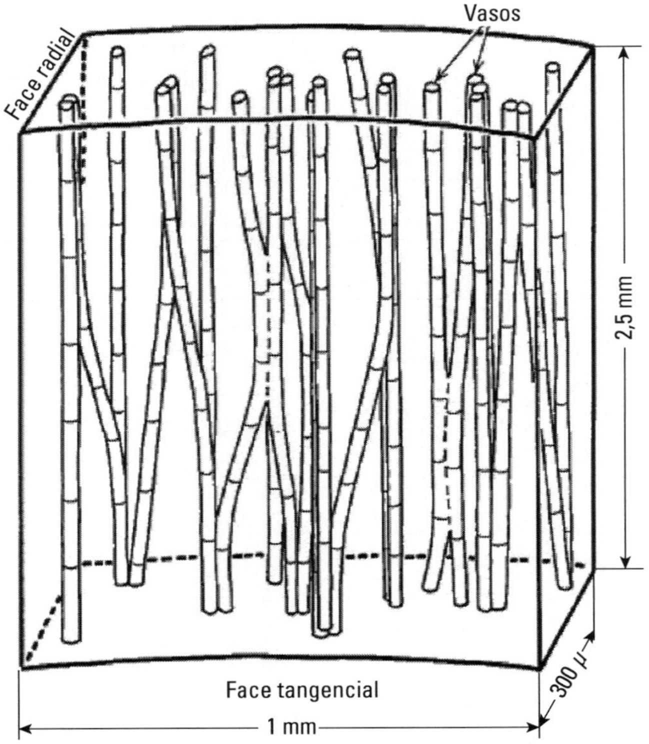

FIGURA 11.16

Rede de vasos na madeira do *Populus* com conexões laterais entre os vasos em ambos os planos, radial e tangencial. As dimensões horizontais estão representadas em uma escala maior do que as verticais. As delimitações dos elementos de vaso são aproximadas. (Adaptado de Braun, 1959. © 1959, com permissão de Elsevier.)

tos de vasos estreitos e são formadas no final de um anel de crescimento (Carlquist, 1992, 2001). Traqueídes vasculares proveem máxima segurança para angiospermas encontradas em regiões com condições severas de estresse hídrico ao final de uma estação de crescimento.

A distribuição do parênquima axial mostra muitos padrões de gradação

Três padrões gerais, ou de distribuição, do parênquima axial podem ser reconhecidos em secções transversais: apotraqueal, paratraqueal e em faixas (Wheller et al., 1989). Várias combinações desses três tipos podem estar presentes em uma dada madeira. No tipo **apotraqueal** (*apo* significa, nesse caso, independência de, em grego), o parênquima axial não está associado aos vasos, embora alguns contatos ao acaso possam existir. O parênquima apotraqueal é dividido posteriormente em: ***difuso***, séries parenquimáticas solitárias, ou pares de séries espalhados entre as fibras (Fig. 11.17A) e ***difuso-em-agregados***, séries parenquimáticas agrupadas em linhas tangenciais curtas descontínuas ou oblíquas (Fig. 11.17B). O parênquima apotraqueal difuso pode ser ***esparso***. No tipo **paratraqueal** (*para* significa ao lado, em grego), o parênquima axial está associado aos vasos. As células de parênquima paratraqueal em contato direto com os vasos – as ***células de contato*** – possuem numerosas e proeminentes pontoações (pontoações de contato) com os vasos. O significado fisiológico das células de contato paratraqueais será considerado junto com as células radiais de contato, abaixo. O parênquima paratraqueal aparece nas seguintes formas: ***paratraqueal escasso***, células de parênquima ocasionais associadas aos vasos ou em uma bainha incompleta de parênquima ao redor dos vasos (Fig. 11. 17C); ***vasicêntrico***, parênquima formando bainhas completas ao redor dos vasos (Fig. 11.17D); ***aliforme***, parênquima circundando ou de um lado do vaso, e com expansões laterais (Fig. 11.17E); e ***confluente***, parênquima vasicêntrico ou aliforme coalescido formando faixas tangenciais irregulares ou diagonais (Fig. 11.17F). O **parênquima em faixa** pode ser principalmente independente dos vasos (Fig. 11.17G; apotraqueal), associado aos vasos (Fig. 11.17H; paratraqueal) ou ambos. Este pode ser reto, ondulado, diagonal, contínuo ou descontínuo, e com uma a várias células de largura. Faixas com mais de três células de largura são geralmente visíveis a olho nu. Faixas de parênquima ao final de anéis de crescimento são denominadas **parênquima marginal** (Fig. 11.5C) e podem ser restritas ao final do anel de crescimento (***parênquima terminal***) ou ao começo de um (***parênquima inicial***). De acordo com Carlquist (2001), o parênquima terminal é a forma predominante. O parênquima axial pode estar ausente ou raro em uma dada madeira. Sob o ponto de vista evolutivo, os padrões apotraqueal e difuso são primitivos.

Os raios de angiospermas geralmente contêm somente células de parênquima

As células do parênquima radial de angiospermas variam em forma, mas duas formas fundamentais podem ser distinguidas: procumbentes e eretas (Fig. 11.18). As **células procumbentes de raio** possuem seus maiores eixos orientados radialmente, e as **células eretas de raio** possuem seus maiores eixos orientados verticalmente, ou retas.

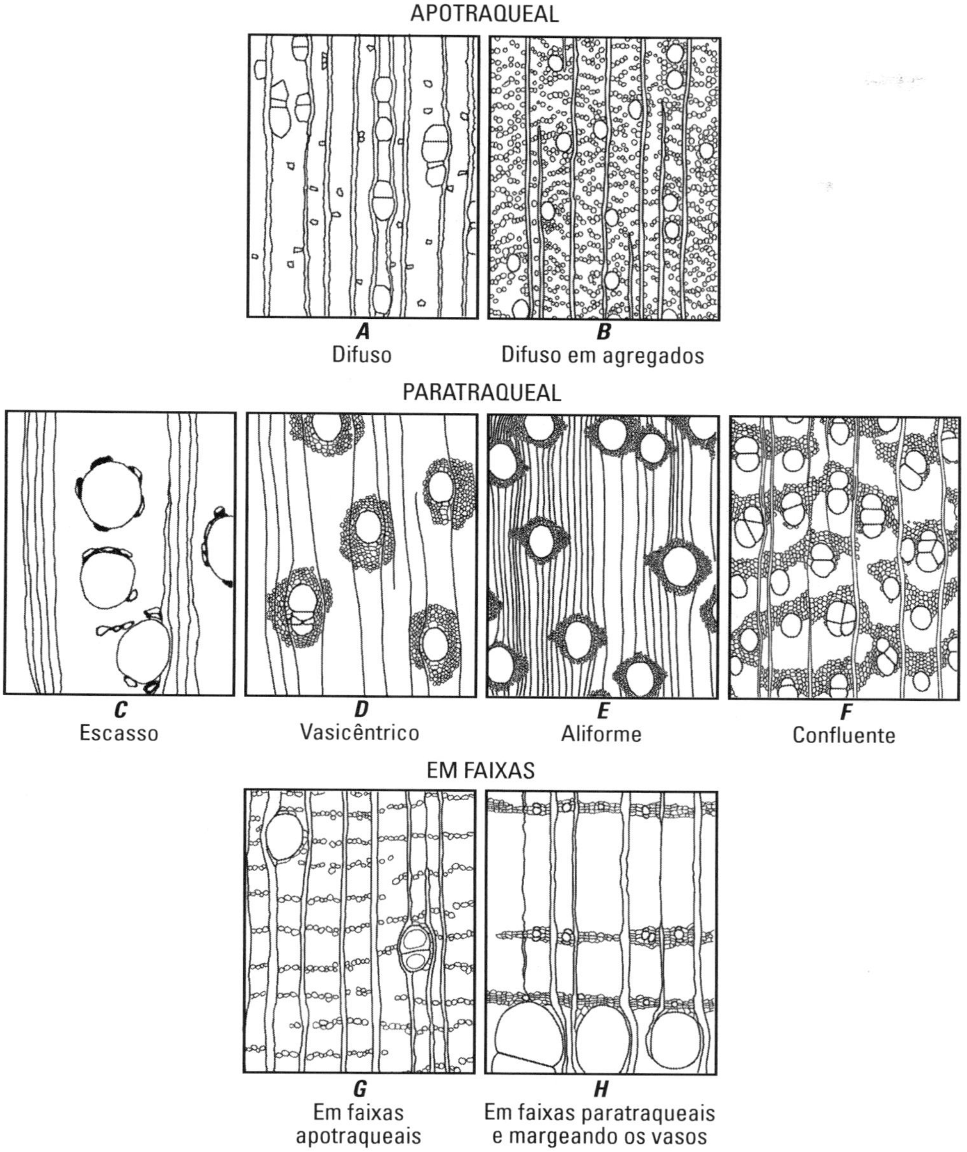

FIGURA 11.17

Distribuição do parênquima axial nas madeiras de **A**, *Alnus glutinosa*; **B**, *Agonandra brasiliensis*; **C**, *Dillenia pulcherrima*; **D**, *Piptadeniastrum africanum*; **E**, *Microberlinia brazzavillensis*; **F**, *Peltogyne confertifolora*; **G**, *Carya pecan*; **H**, *Fraxinus* sp. Todas secções transversais. (**A**–**F**, a partir de fotografias de Wheeler et al., 1989; **G**, **H**, a partir da Fig. 9.8C, D, em Esau, 1977.)

As células radiais que aparecem quadradas em secções radiais da madeira são denominadas **células quadradas de raio**, uma modificação das células eretas. Os dois tipos principais de células do parênquima radial são frequentemente combinados no mesmo raio, sendo que as células eretas ocorrem nas margens superior e inferior do raio. Nas angiospermas, os raios compostos por apenas um tipo de célula são denominados **homocelulares** (Fig. 11.18A, B), e aqueles que contêm células procumbentes e eretas são denominados **heterocelulares** (Fig. 11.18C, D).

Em contrapartida aos raios predominantemente unisseriados das coníferas, os das angiospermas podem ter de uma a mais células de largura (Fig. 11.3C); isto é, podem ser **unisseriados** ou **multisseriados** (raios multisseriados com duas células de largura são comumente denominados raios **bis-**

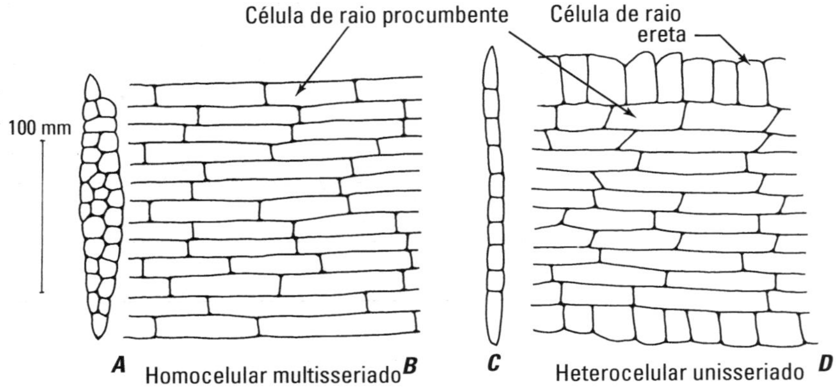

FIGURA 11.18

Dois tipos de raios como observado em secções tangencial (**A**, **C**) e radial (**B**, **D**, **A**, **B**, *Acer saccharum*; **C**, **D**, *Fagus grandifolia*). (Obtido de Esau, 1977.)

seriados; Fig. 11.1), e variam em altura de uma a muitas células (de uns poucos mm a 3 cm ou mais). Os raios multisseriados frequentemente possuem margens unisseriadas. Vários raios individuais podem estar tão intimamente associados uns com os outros que parecem um único raio grande. Estes grupos são denominados **raios agregados** (por exemplo, muitas espécies de *Alnus*, *Carpinus*, *Corylus*, *Casuarina* e algumas espécies sempre-verdes de *Quercus*). De um modo geral, os raios das angiospermas correspondem, em média, a 17% do volume da madeira, comparado com os cerca de 8% da madeira de coníferas. Constituindo uma parte grande da madeira, os raios das angiospermas contribuem substancialmente para o fortalecimento radial da madeira (Burgert e Eckstein, 2001).

A aparência dos raios em secções radiais e tangenciais pode ser utilizada como base para a sua classificação. Secções radiais devem ser utilizadas para se determinar a composição celular dos raios, e secções tangenciais para se determinar a largura e a altura dos raios. Raios individuais podem ser homocelulares ou heterocelulares. O sistema inteiro de raios de uma madeira pode ser constituído por raios homocelulares ou heterocelulares, ou de combinações dos dois tipos.

As diferentes combinações possuem um significado filogenético. O tecido radial primitivo pode ser exemplificado por aquele de Winteraceae (*Drimys*). Os raios são de dois tipos: homocelular – unisseriados compostos por células eretas; e heterocelular – multisseriado, composto por células radialmente alongadas ou quase isodiamétricas na porção multisseriada, e células eretas nas partes marginais unisseriadas. Ambos os tipos de raios possuem muitas células em altura. A partir dessa estrutura primitiva de raio, outros sistemas radiais mais especializados se derivaram. Por exemplo, raios multisseriados podem ser eliminados (*Aesculus hippocastanum*) ou aumentados em tamanho (*Quercus*), ou ambos os raios multisseriados e unisseriados podem decrescer de tamanho (*Fraxinus*).

A evolução dos raios ilustra de modo marcante a ideia de que as mudanças filogenéticas dependem de sucessivas modificações na ontogenia. Em uma dada madeira, a estrutura especializada do raio pode aparecer gradualmente. As camadas de crescimento iniciais podem ter uma estrutura radial mais primitiva do que as posteriores, porque o câmbio comumente sofre modificações sucessivas antes de começar a produzir o padrão de raio mais especializado. Em algumas espécies especializadas com iniciais fusiformes curtas, a madeira pode não ter raios ou pode desenvolvê-los apenas tardiamente (Carlquist, 2001). A ausência de raios é um indicador de pedomorfose. Esta resulta de um atraso nas subdivisões horizontais das iniciais cambiais que fariam a distinção entre as iniciais fusiformes e as radiais. Virtualmente, em espécies onde a ausência de raios é total, nenhuma divisão como essa ocorre na duração da atividade cambial, e a maioria, se não todas, são pequenos arbustos ou ervas.

As células do raio compartilham algumas funções com as células do parênquima axial, e também estão envolvidas no transporte radial de substâncias entre o xilema e o floema (van der Schoot, 1989; van Bel, 1990a, b; Lev-Yadun, 1995; Keunecke et al., 1997; Sauter, 2000; Chaffey e Barlow, 2001). Como mencionado anteriormente, as células de parênquima radial e axial formam um longo tridimensional contínuo simplástico que permeia os tecidos vasculares, e é contínuo via raios do xilema para o floema. O citoesqueleto (microtúbulos e filamentos de actina) está envolvido no transporte de substâncias dentro dessas células e associado com a actomiosina dos plasmodesmos nas suas paredes comuns, com o transporte intercelular (Chaffey e Barlow, 2001). As células radiais – ambas as procumbentes e eretas – que estão conectadas pelas pontoações com os elementos traqueais, como seus equivalentes dentre as células do parênquima paratraqueal, funcionam como células de contato que controlam a troca de solutos (minerais, carboidratos e substâncias orgânicas nitrogenadas) entre o parênquima de armazenamento e os vasos. Geralmente, as células de contato não funcionam como células de armazenamento, embora pequenas quantidades de amido possam ser encontradas em algumas células de contato em certas épocas do ano (Czaninski, 1968; Braun, 1970; Sauter, 1972; Sauter et al., 1973; Catesson e Moreau, 1985). São as células de parênquima paratraqueal e dos raios que não possuem contato com os vasos (**células isolantes**) que funcionam como células de armazenamento. Durante a mobilização do amido na primavera, em árvores decíduas da zona temperada, as células de contato secretam açúcares nos vasos para um rápido transporte até as gemas. Esse processo também pode desempenhar um papel na recarga com água dos vasos que acumularam gases durante o inverno (Améglio et al., 2004).

Durante as épocas de secreção de açúcar – mais notavelmente um pouco antes e durante o período de floração – as células de contato exibem altos níveis de atividade respiratória e, nas pontoações de contato, altos níveis de atividade da fosfatase. A secreção nos vasos e o transporte dos solutos a partir destes pelas células de contato são aparentemente realizados pelo mecanismo de substrato/próton de transporte em conjunto (van Bel e van Erven, 1979; Bonnemain e Fromard, 1987; Fromard et al., 1995). Dessa forma, as células de contato são análogas às células companheiras que atuam na troca de açúcares com os elementos crivados no floema (Capítulo 13; Czaninski, 1987). Estas diferem das células companheiras, entretanto, pela presença das paredes lignificadas e pela camada protetora de pectocelulose, envolvida na formação dos tilos (Capítulo 10). Muitas funções foram sugeridas para a camada protetora, além da formação de tilos (Schaffer e Wisniewski, 1989; van Bel e van der Schoot, 1988; Wisniewski e Davis, 1989). O mais relevante para a presente discussão é que a camada protetora é um meio de manutenção da continuidade apoplástica ao longo da superfície do protoplasto como um todo, trazendo toda a superfície da membrana plasmática, não apenas a parte desta que está em contato com a membrana porosa da pontoação, em contato com o apoplasto (Barnett et al., 1993). As células de contato também diferem das células companheiras pela ausência de plasmodesmos nas pontoações de contato; as células companheiras possuem numerosas conexões poros-plasmodesmos nas suas paredes comuns com os elementos crivados (Capítulo 13). As paredes tangenciais das células de raio contêm numerosos plasmodesmos, indicando que o transporte radial de sucrose e outros metabólitos nos raios seja simplástico (Sauter e Kloth, 1986; Krabel, 2000; Chaffey e Barlow, 2001).

Espaços intercelulares semelhantes aos canais resiníferos de gimnospermas ocorrem na madeira de angiospermas

Os espaços intercelulares ou canais, nas madeiras de angiospermas, contêm produtos secundários vegetais, como gomas e resinas (Capítulo 17). Estes ocorrem em ambos os sistemas, axial e radial (Wheeler et al., 1989) e variam em extensão; alguns são mais apropriadamente denominados cavidades intercelulares. Os canais e cavidades podem ser esquizógenos, mas aqueles formados em resposta à injúria – **canais traumáticos** e **cavidades** – são comumente lisígenos.

ALGUNS ASPECTOS DO DESENVOLVIMENTO DO XILEMA SECUNDÁRIO

As derivadas que surgem na face interna do câmbio por divisões tangenciais das iniciais cambiais sofrem complexas mudanças durante o seu desenvolvimento nos variados elementos do xilema. O padrão básico do xilema secundário, com seus sistemas axial e radial, é determinado pela estrutura do câmbio, a partir do momento em que o câmbio é composto por iniciais fusiformes e radiais. Também todas as mudanças na proporção relativa entre esses dois sistemas – por exemplo, a adição e eliminação dos raios (Capítulo 12) – se originam no câmbio.

As derivadas das iniciais radiais geralmente sofrem relativamente poucas modificações durante a sua diferenciação. As células do raio aumentam radialmente à medida que emergem do câmbio, mas a distinção entre as células eretas e as procumbentes é evidente no câmbio. A maioria das células de raio permanece parenquimática e embora algumas desenvolvam paredes secundárias, os conteúdos não mudam muito. Uma óbvia exceção são as **células perfuradas de raio**, células que pertencem aos raios que se diferenciam como elementos de vaso e conectam os vasos axiais por intermédio dos raios (Fig. 11.19; Carlquist, 1988; Nagai et al., 1994; Otegui, 1994; Machado e Angyalossy-Alfonso, 1995; Eom e Chung, 1996), e as **fibras radiais** como as encontradas nos raios agregados de *Quercus calliprinos* (Lev-Yadun, 1994b). Mudanças profundas também ocorrem nas traqueídes radiais de coníferas, pois estas desenvolvem paredes secundárias com pontoações areoladas e perdem seus protoplastos durante a maturação.

As mudanças ontogenéticas que ocorrem no sistema axial variam de acordo com o tipo de célula, e cada tipo possui suas taxas e duração do processo de diferenciação característicos. Geralmente, os elementos de vaso e as células em contato com estes amadurecem mais rapidamente do que as outras células do xilema em desenvolvimento (Ridoutt e Sands, 1994; Murakami et al., 1999; Kitin et al., 2003). As fibras demoram mais tempo do que outros tipos celulares, particularmente os elementos de vaso, para amadurecer (Doley e Leyton, 1968; Ridoutt e Sands, 1994; Murakami et al., 1999; Chaffey et al., 2002). Os elementos de vaso em desenvolvimento alongam só um pouco, se o fazem, mas expandem tanto lateralmente que geralmente a largura final excede o seu comprimento. Elementos de vaso curtos e largos são característicos de um xilema altamente especializado. Em muitas espécies de angiospermas, os elementos de vaso se expandem nas partes medianas, mas não nas extremidades, que se sobrepõem com as dos elementos adjacentes. Essas extremidades não são ocupadas pela perfuração e são como um alongamento da parede, ***apêndices***, com ou sem pontoações.

A expansão dos elementos de vaso afeta o arranjo e a forma das células adjacentes. Essas células se tornam deslocadas das suas posições originais, agrupadas tão junto, que não refletem mais a seriação radial presente na zona cambial. Os raios também podem ser deslocados da sua posição original. As células vizinhas a um elemento de vaso em expansão se tornam paralelas à superfície desse vaso e assumem uma aparência achatada. Mas, frequentemente, essas células não acompanham o aumento na circunferência do vaso e se tornam parcialmente ou completamente separadas umas das outras. Como resultado, o elemento de vaso em expansão entra em contato com novas células. A expansão de um elemento de vaso pode ser visualizada como um fenômeno que envolve o crescimento coordenado e intrusivo. À medida que as células próximas aos elementos de vaso se expandem em uníssono, as paredes comuns de várias células sofrem crescimento coordenado. Durante a separação das células adjacentes, a parede do elemento de vaso penetra por entre as paredes das outras células. Quando o futuro elemento de vaso começa a se expandir na zona de células-mãe do xilema, a produção de células cessa em uma ou mais séries adjacentes àquela que contém a célula em expansão. As divisões recomeçam nessas séries após o vaso ter se expandido e o câmbio ter sido deslocado para fora.

A separação das células localizadas próximas a um vaso em expansão causa o desenvolvimento de células diferentes, com formas irregulares. Algumas permanecem parcialmente ligadas às outras e, à medida que o elemento de vaso continua a se expandir, essas conexões se estendem em estruturas tubulares. As células de parênquima e as traqueídes que são assim afetadas por ajustes que ocorrem durante o desenvolvimento são denominadas **células disjuntivas de parênquima** (Fig. 11.20) e **traqueídes disjuntivas**, respectivamente. Estas são formas de crescimento modificadas das células de parênquima do xilema e traqueídes do sistema axial.

Diferentemente dos elementos de vaso, as traqueídes e as fibras sofrem relativamente pouco

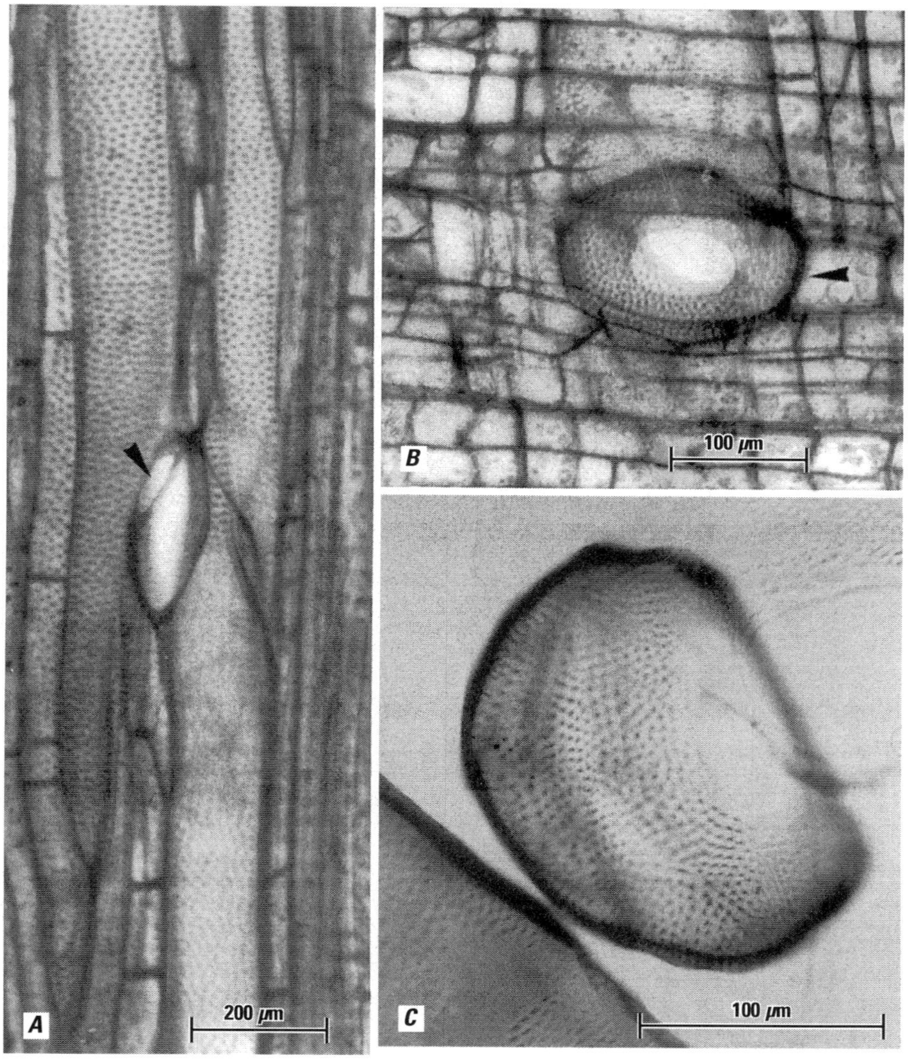

FIGURA 11.19

Células perfuradas de raio, com perfurações simples, na madeira da raiz de *Styrax camporum*. **A**, secção tangencial mostrando célula perfurada de raio (ponta de seta) conectando dois vasos verticais. **B**, secção radial, mostrando célula de raio (ponta de seta) com perfuração na parede radial. **C**, célula perfurada de raio a partir da madeira macerada. (Obtido de Machado et al., 1997.)

incremento em largura, mas geralmente se alongam muito mais durante a diferenciação. O grau de alongamento desses elementos nos diferentes grupos de plantas varia muito. Nas coníferas, por exemplo, as iniciais fusiformes são muito longas, e as derivadas alongam apenas um pouco. Nas angiospermas, ao contrário, as traqueídes e fibras se tornam consideravelmente mais longas do que as células meristemáticas. Se o xilema contém traqueídes, fibrotraqueídes e fibras libriformes, estas últimas são as que se alongam mais, embora as traqueídes atinjam os maiores volumes por causa de sua maior largura. O alongamento ocorre por crescimento apical intrusivo. Nas madeiras extremamente estratificadas pode haver muito pouco alongamento, ou mesmo nenhum, de qualquer tipo de elemento (Record, 1934).

As madeiras que não contêm vasos mantêm um arranjo bem simétrico das células, pois na ausência das células que sofrem muita expansão, a seriação radial original, característica da região cambial, não é muito perturbada. Ocorre alguma mudança no alinhamento como resultado do crescimento apical intrusivo das traqueídes axiais.

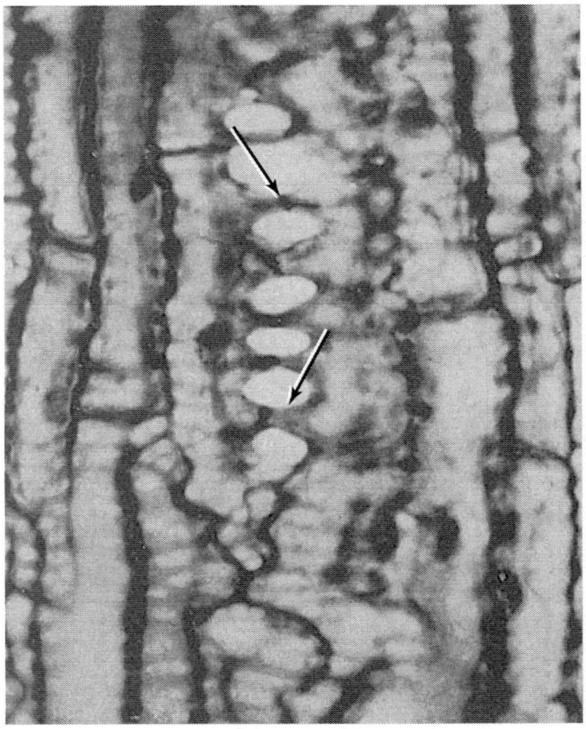

FIGURA 11.20

Secção longitudinal do xilema da *Cucurbita* mostrando o resultado da separação das células parenquimáticas que ocorreu próximo a um vaso em expansão. As setas apontam para estruturas tubulares que conectam as células parenquimáticas disjuntivas. (×600. Obtido de Esau e Hewitt, 1940. *Hilgardia* 13 (5), 229–244. © 1940 Regents, University of California.)

Elementos de vaso, traqueídes e fibrotraqueídes desenvolvem paredes secundárias, e as paredes terminais dos elementos de vaso se tornam perfuradas. Ao final, o protoplasto dessas células, que não são vivas na maturidade, se desintegra.

As células meristemáticas fusiformes que se diferenciam em células do parênquima axial geralmente não se alongam. Se uma série parenquimática é formada, as células fusiformes se dividem transversalmente. Tal divisão não ocorre durante o desenvolvimento de uma célula fusiforme de parênquima. Em algumas plantas, as células do parênquima desenvolvem paredes secundárias, mas não morrem até a formação do cerne. As células de parênquima associadas com canais de resinas e gomas no sistema axial surgem como células de parênquima axial por divisões transversais das células fusiformes.

Durante a formação, cada célula do xilema deve receber informação sobre a sua posição dentro do tecido e expressar os genes apropriados. O principal sinal hormonal envolvido no controle da atividade cambial e no desenvolvimento vascular é a auxina (AIA) (Little e Pharis, 1995). O evidente papel da auxina na diferenciação dos elementos traqueais, na transição do lenho inicial para o tardio e na formação de lenho de reação já foi considerado. Na planta intacta, o fluxo polar da auxina a partir das gemas em crescimento e folhas jovens em desenvolvimento é essencial na manutenção do câmbio e na iniciação do padrão espacial organizado do tecido vascular (Aloni, 1987). Aparentemente, nem toda a auxina envolvida no crescimento secundário é derivada dos ramos em desenvolvimento. Os tecidos vasculares que estão em diferenciação, especificamente o xilema, parecem ser fontes importantes de auxina que mantêm a atividade cambial, após a sua reativação inicial sob a influência das gemas em expansão (Sheldrake, 1971). Enquanto a auxina induz os elementos de vaso, a giberelina, em presença da auxina, pode ser o sinal para a diferenciação das fibras (Capítulo 8; Aloni, 1979; Roberts et al., 1988).

Tem sido proposto que a difusão radial do transporte polar da auxina cria um gradiente de auxina através da zona cambial e suas derivadas, e este gradiente estabelece um sistema de sinalização posicional a partir do qual as derivadas cambiais interpretam a sua posição radial e, assim, expressam os seus genes (Sundberg et al., 2000; Mellerowicz et al., 2001 e literatura aí citada). Um alto gradiente de concentração de AIA foi demonstrado por meio do xilema e do floema em desenvolvimento de *Pinus sylvestris* (Uggla et al., 1996) e no híbrido do álamo (*Populus tremula* ×*P. tremuloides*) (Tuominen et al., 1997). Entretanto, está bem claro que o gradiente de auxina sozinho não fornece informação suficiente para o posicionamento de ambas as células-mãe de xilema e de floema, ou para as iniciais cambiais. Altos gradientes de concentração de carboidratos solúveis também ocorrem por meio do câmbio (Uggla et al., 2001). Como observado por Mellerowicz et al. (2001), a presença desses gradientes, juntamente com a evidência acumulada para a presença da sensibilidade ao açúcar nas plantas (Sheen et al., 1999), fornece suporte substancial para o conceito de que a razão auxina/sucrose são fatores determinantes na diferenciação do xilema e do floema (Warren Wilson e Warren Wilson, 1984).

Um fluxo radial de sinal, independente do fluxo axial, também foi atribuído para a regulação do desenvolvimento dos raios (Lev-Yadun, 1994a; Lev-Yadun e Aloni, 1995). Supõe-se que o fluxo do sinal seja bidirecional, com o etileno se originando no fluxo do xilema para o exterior, que controla a iniciação dos novos raios e o alargamento dos já existentes, e o fluxo da auxina para o interior a partir do floema, envolvido na indução dos elementos vasculares (traqueídes radiais, células perfuradas de raio) e fibras. Contudo, o fluxo radial do etileno causaria o "distúrbio" do transporte radial de auxina e limitaria a formação dos elementos vasculares e das fibras nos raios geralmente parenquimáticos (Lev-Yadun, 2000).

Uma grande quantidade de informação é necessária antes de podermos entender a complexidade do fenômeno do crescimento anual e a determinação dos diferentes tipos de células nos tecidos vasculares. Sem dúvida, outros reguladores do crescimento estão envolvidos e a atividade dessas substâncias é modificada pelas condições nutricionais e pela disponibilidade de água.

IDENTIFICAÇÃO DE MADEIRA

O uso da madeira para fins de identificação requer um conhecimento muito bom da sua estrutura e dos fatores que a modificam. A busca por características de diagnose é melhor se baseada no exame de coleções provenientes de mais de uma árvore da mesma espécie, com apropriada atenção ao local de coleta da amostra na árvore. A madeira adquire suas características maduras não no início da atividade cambial, mas nos incrementos de crescimento posteriores. Isso se deve ao fato de que a madeira produzida no início da vida de uma parte da árvore irá sofrer incrementos progressivos em dimensões e mudanças correspondentes na forma, estrutura e disposição das células nas sucessivas camadas de crescimento (Rendle, 1960). Esta **madeira juvenil** é produzida na região ativa da copa, associada com a influência prolongada dos meristemas apicais no câmbio. À medida que a copa se move para cima com o crescimento contínuo, o câmbio próximo à base da árvore se torna menos influenciado pela região de alongamento da região da copa e começa a produzir o **lenho maduro**. Com o movimento para cima da copa que produz o lenho juvenil, a produção do lenho maduro progride para cima. Assim sendo, a madeira de um ramo possui uma idade ontogenética diferente da do tronco da mesma árvore. Além disso, em alguns locais, a madeira possui propriedades do lenho de reação que desviam mais ou menos fortemente das características consideradas como típicas do táxon em questão. Condições ambientais diversas ou não usuais e métodos impróprios de preparação de amostras para microscopia também podem obscurecer as características de diagnose.

Um aspecto complicador adicional da identificação de madeira é que as características anatômicas das madeiras são geralmente menos diferenciadas do que as características externas dos taxa envolvidos. Embora madeiras de categorias taxonômicas compostas por muitos taxa sejam consideravelmente diferentes umas das outras, dentro de grupos de taxa intimamente relacionados, como espécies, ou mesmo gêneros, a madeira pode ser tão uniforme que nenhuma diferença consistente é detectada. Nessas circunstâncias, é imperativo usar uma combinação de características da madeira organolépticas, ou macroscópicas, e microscópicas, assim como odor e gosto.

Algumas das características organolépticas da madeira são cor, grã, textura e desenho (ou figura). A **cor** é variável entre diferentes tipos de madeira e dentro de uma mesma espécie. A cor do cerne pode ser importante na identificação de uma madeira em particular.

A **grã** se refere à direção do alinhamento dos componentes axiais – fibras, traqueídes, elementos de vaso e células de parênquima – quando considerados em conjunto. Por exemplo, quando todos os componentes axiais estão orientados mais ou menos em paralelo ao eixo longitudinal do tronco, a grã é dita ***direita***. O termo ***grã espiralada*** é aplicado ao arranjo espiralado dos elementos em uma tábua ou tronco, que possui uma aparência torcida após a remoção da casca (Fig. 11.21). (Foi sugerido que a grã espiralada seja uma adaptação das árvores para evitar a quebra do caule causada pela torção induzida por ventos; Skatter e Kucera, 1997). Se a orientação da espiral é reversa em intervalos mais ou menos regulares ao longo do mesmo raio, a grã é dita ***entrecruzada***. O alinhamento dos componentes axiais reflete o alinhamento das iniciais cambiais (fusiformes) que os originam (Capítulo 12).

A **textura** da madeira se refere ao tamanho relativo e ao grau de variação do tamanho dos elementos dentro dos anéis de crescimento. A textura de madeiras com faixas largas de vasos largos e raios largos, como em algumas madeiras com po-

FIGURA 11.21

Tronco morto de uma árvore de carvalho branco (*Quercus alba*) a partir do qual a casca caiu, revelando a grã espiralada da madeira.

rosidade em anel, pode ser descrita como ***grossa***, e aquela de madeiras com vasos pequenos e raios estreitos, como ***fina***. Madeiras onde não há diferenças perceptíveis entre o lenho inicial e o lenho tardio podem ser descritas como possuindo uma textura ***uniforme***, enquanto aquelas com diferenças distintas entre o lenho inicial e o tardio em um anel de crescimento podem ser descritas como ***não uniformes***.

O **desenho** (ou figura) se refere aos padrões encontrados nas superfícies longitudinais da madeira, e depende da grã, da textura e da orientação da superfície que resultam da serragem. Em um sentido restrito, o termo "desenho" é utilizado com referência às madeiras decorativas, como o olho-de-passarinho, valorizadas na indústria de móveis e armários.

Para referências sobre guias de identificação anatômica de madeira, veja Schweingruber e Bosshard (1978) e Schweingruber (1990), para Europa; Meylan e Butterfield (1978), para Nova Zelândia; Panshin e de Zeeuw (1980) para América do Norte; e Fahn et al. (1986) para Israel e regiões adjacentes. Adicionalmente, veja Wheeler e Baas (1998), a IAWA List of Microscopic Features for Hardwood Identification (Wheeler et al., 1989), e a IAWA List of Microscopic Features for Softwood Identification (Richter et al., 2004).[3]

REFERÊNCIAS

ALONI, R. 1979. Role of auxin and gibberellin in differentiation of primary phloem fi bers. *Plant Physiol.* 63, 609–614.

ALONI, R. 1987. The induction of vascular tissues by auxin. In: *Plant Hormones and Their Role in Plant Growth and Development*, pp. 363–374, P. J. Davies, ed. Martinus Nijhoff, Dordrecht.

ALONI, R. 1991. Wood formation in deciduous hardwood trees. In: *Physiology of Trees*, pp. 175–197, A. S. Raghavendra, ed. Wiley, New York.

ALVES, E. S. e V. ANGYALOSSY-ALFONSO. 2000. Ecological trends in the wood anatomy of some Brazilian species. 1. Growth rings and vessels. *IAWA J.* 21, 3–30.

AMÉGLIO, T., M. DECOURTEIX, G. ALVES, V. VALENTIN, S. SAKR, J.-L. JULIEN, G. PETEL, A. GUILLIOT e A. LACOINTE. 2004. Temperature effects on xylem sap osmolarity in walnut trees: Evidence for a vitalistic model of winter embolism repair. *Tree Physiol.* 24, 785–793.

ASH, J. 1983. Tree rings in tropical *Callitris macleayana*. F. Muell. *Aust. J. Bot.* 31, 277–281.

BABA, K.-I., K. ADACHI, T. TAKE, T. YOKOYAMA, T. ITOH e T. NAKAMURA. 1995. Induction of tension wood in GA3-treated branches of the we-

3 Há duas publicações brasileiras relevantes na identificação de madeira, que os tradutores julgaram conveniente acrescentar. São estas: CORADIN, V. T. R.; MUNIZ, G.I.B. 1992. Normas e procedimentos em estudos de anatomia da madeira: I – Angiospermae, II – Gimnospermae. Brasília. IBAMA, DIRPED, LPF. 19p. (Série Técnica, 15); e MAINIERI, C., CHIMELO, J. P. & ALFONSO, V. A. 1983. Manual de identificação das principais madeiras comerciais brasileiras. São Paulo: Companhia de Promoção de Pesquisa Científica e Tecnológica do Estado de São Paulo.

eping type of Japanese cherry, *Prunus spachiana. Plant Cell Physiol.* 36, 983–988.

BAILEY, I. W. 1920. The cambium and its derivative tissues. II. Size variations of cambial initials in gymnosperms and angiosperms. *Am. J. Bot.* 7, 355–367.

BAILEY, I. W. 1944. The development of vessels in angiosperms and its significance in morphological research. *Am. J. Bot.* 31, 421–428.

BAILEY, I. W. e A. F. FAULL. 1934. The cambium and its derivative tissues. IX. Structural variability in the redwood *Sequoia sempervirens*, and its significance in the identification of the fossil woods. *J. Arnold Arbor.* 15, 233–254.

BAILEY, I. W. e W. W. TUPPER. 1918. Size variation in tracheary cells. I. A comparison between the secondary xylems of vascular cryptogams, gymnosperms and angiosperms. *Am. Acad. Arts Sci. Proc.* 54, 149–204.

BANNAN, M. W. 1936. Vertical resin ducts in the secondary wood of the Abietineae. *New Phytol.* 35, 11–46.

BARGHOORN, E. S., JR. 1940. The ontogenetic development and phylogenetic specialization of rays in the xylem of dicotyledons. I. The primitive ray structure. *Am. J. Bot.* 27, 918–928.

BARGHOORN, E. S., JR. 1941. The ontogenetic development and phylogenetic specialization of rays in the xylem of dicotyledons. II. Modification of the multiseriate and uniseriate rays. *Am. J. Bot.* 28, 273–282.

BARNETT, J. R., P. COOPER e L. J. BONNER. 1993. The protective layer as an extension of the apoplast. *IAWA J.* 14, 163–171.

BERITOGNOLO, I., E. MAGEL, A. ABDEL-LATIF, J.-P. CHARPENTIER, C. JAY-ALLEMAND e C. BRETON. 2002. Expression of genes encoding chalcone synthase, flavanone 3-hydroxylase and dihydrofl avonal 4-reductase correlates with flavanol accumulation during heartwood formation in *Juglans nigra. Tree Physiol.* 22, 291–300.

BONINSEGNA, J. A., R. VILLALBA, L. AMARILLA e J. OCAMPO. 1989. Studies on tree rings, growth rates and age-size relationships of tropical tree species in Misiones, Argentina. *IAWA Bull.* n.s. 10, 161–169.

BONNEMAIN, J.-L. e L. FROMARD. 1987. Physiologie compare des cellules compagnes du phloème et des cellules associées aux vaisseaux. *Bull. Soc. Bot. Fr. Actual. Bot.* 134 (3/4), 27–37.

BOYD, J. D. 1977. Basic cause of differentiation of tension wood and compression wood. *Aust. For. Res.* 7, 121–143.

BRAUN, H. J. 1959. Die Vernetzung der Gefässe bei *Populus. Z. Bot.* 47, 421–434.

BRAUN, H. J. 1970. *Funktionelle Histologie der sekundären Sprossachse. I. Das Holz. Handbuch der Pflanzenanatomie*, Band 9, Teil 1. Gebrüder Borntraeger, Berlin.

BRAUN, H. J. 1984. The significance of the accessory tissues of the hydrosystem for osmotic water shifting as the second principle of water ascent, with some thoughts concerning the evolution of trees. *IAWA Bull.* n.s. 5, 275–294.

BURGERT, I. e D. ECKSTEIN. 2001. The tensile strength of isolated wood rays of beech (*Fagus sylvatica* L.) and its signifycance for the biomechanics of living trees. *Trees* 15, 168–170.

BURKART, L. F. e J. CANO-CAPRI. 1974. Tension wood in southern red oak *Quercus falcata* Michx. *Univ. Tex. For. Papers* 25, 1–4.

BUTTERFIELD, B. G. e B. A. MEYLAN. 1980. *Three-dimensional Structure of Wood: An Ultrastructural Approach*, 2. ed. Chapman and Hall, London.

CALLADO, C. H., S. J. DA SILVA NETO, F. R. SCARANO e C. G. COSTA. 2001. Periodicity of growth rings in some flood-prone trees of the Atlantic rain forest in Rio de Janeiro, Brazil. *Trees* 15, 492–497.

CARLQUIST, S. 1962. A theory of paedomorphosis in dicotyledonous woods. *Phytomorphology* 12, 30–45.

CARLQUIST, S. 1980. Further concepts in ecological wood anatomy, with comments on recent work in wood anatomy and evolution. *Aliso* 9, 499–553.

CARLQUIST, S. J. 1988. Comparative wood anatomy: systematic, ecological, and evolutionary aspects of dicotyledon wood. Springer-Verlag, Berlin, Heidelberg, New York.

CARLQUIST, S. 1992. Wood anatomy of Lamiaceae. A survey, with comments on vascular and vasicentric tracheids. *Aliso* 13, 309–338.

CARLQUIST, S. 2001. *Comparative Wood Anatomy: Systematic, Ecological, and Evolutionary Aspects of Dicotyledon Wood*, rev. 2. ed. Springer, Berlin.

CARPENTER, C. H. 1952. *382 Photomicrographs of 91 Papermaking Fibers*, rev. ed. Tech. Publ. 74, State University of New York, College of Forestry, Syracuse.

CASPERSON, G. 1960. Über die Bildung von Zellwänden bei Laubhölzern I. Mitt. Festellung der Kambiumaktivität durch Erzeugen von Reaktionsholz. *Ber. Dtsch. Bot. Ges.* 73, 349–357.

CASPERSON, G. 1965. Zur Kambiumphysiologie von *Aesculus hippocastanum* L. *Flora* 155, 515–543.

CATESSON, A. M. e M. MOREAU. 1985. Secretory activities in vessel contact cells. *Isr. J. Bot.* 34, 157–165.

CHAFFEY, N. e P. BARLOW. 2001. The cytoskeleton facilitates a three-dimensional symplasmic continuum in the long-lived ray and axial parenchyma cells of angiosperm trees. *Planta* 213, 811–823.

CHAFFEY, N., E. CHOLEWA, S. REGAN e B. SUNDBERG. 2002. Secondary xylem development in *Arabidopsis:* A model for wood formation. *Physiol. Plant.* 114, 594–600.

CHALK, L. 1936. A note on the meaning of the terms early wood and late wood. *Proc. Leeds Philos. Lit. Soc., Sci. Sect.*, 3, 325–326. CHAPMAN, G. P., ed. 1997. *The Bamboos.* Academic Press, San Diego.

CHATTAWAY, M. M. 1949. The development of tyloses and secretion of gum in heartwood formation. *Aust. J. Sci. Res., Ser. B, Biol. Sci.* 2, 227–240.

CHATTAWAY, M. M. 1951. The development of horizontal canals in rays. *Aust. J. Sci. Res., Ser. B, Biol. Sci.* 4, 1–11.

CZANINSKI, Y. 1968. Étude du parenchyme ligneux du Robiner (parenchyme à réserves et cellules associées aux vaisseau) au cours du cycle annuel. *J. Microscopie* 7, 145–164.

CZANINSKI, Y. 1987. Généralité et diversité des cellules associées aux éléments conducteurs. *Bull. Soc. Bot. Fr. Actual. Bot.* 134 (3/4), 19–26.

DADSWELL, H. E. e W. E. HILLIS. 1962. Wood. In: *Wood Extractives and Their Signifi cance to the Pulp and Paper Industries*, pp. 3–55, W. E. Hillis, ed. Academic Press, New York.

DÉTIENNE, P. 1989. Appearance and periodicity of growth rings in some tropical woods. *IAWA Bull.* n.s. 10, 123–132.

DOLAN, L. 1997. The role of ethylene in the development of plant form. *J. Exp. Bot.* 48, 201–210. DOLEY, D. e L. LEYTON. 1968. Effects of growth regulating substances and water potential on the development of secondary xylem in *Fraxinus. New Phytol.* 67, 579–594.

DU, S., H. UNO e F. YAMAMOTO. 2004. Roles of auxin and gibberellin in gravity-induced tension wood formation in *Aesculus turbinata* seedlings. *IAWA J.* 25, 337–347.

EKLUND, L., C. H. A. LITTLE e R. T. RIDING. 1998. Concentrations of oxygen and indole-3-acetic acid in the cambial region during latewood formation and dormancy development in *Picea abies* stems. *J. Exp. Bot.* 49, 205–211.

ELLMORE, G. S. e F. W. EWERS. 1985. Hydraulic conductivity in trunk xylem of elm, *Ulmus americana. IAWA Bull.* n.s. 6, 303–307.

EOM, Y. G. e Y. J. CHUNG. 1996. Perforated ray cells in Korean Caprifoliaceae. *IAWA J.* 17, 37–43.

ESAU, K. 1943. Origin and development of primary vascular tissues in seed plants. *Bot. Rev.* 9, 125–206.

ESAU, K. 1977. *Anatomy of Seed Plants*, 2. ed. Wiley, New York.

ESAU, K. e WM. B. HEWITT. 1940. Structure of end walls in differentiating vessels. *Hilgardia* 13, 229–244.

FAHN, A. e E. ZAMSKI. 1970. The infl uence of pressure, wind, wounding and growth substances on the rate of resin duct formation in *Pinus halepensis* wood. *Isr. J. Bot.* 19, 429–446.

FAHN, A., E. WERKER e P. BAAS. 1986. *Wood Anatomy and Identification of Trees and Shrubs from Israel and Adjacent Regions.* Israel Academy of Sciences and Humanities, Jerusalem.

FAYLE, D. C. F. 1968. *Radial Growth in Tree Roots.* University of Toronto Faculty of Forestry. Tech. Rep. 9.

FISHER, J. B. e J. W. STEVENSON. 1981. Occurrence of reaction wood in branches of dicotyledons and its role in tree architecture. *Bot. Gaz.* 142, 82–95.

FORSAITH, C. C. 1926. *The Technology of New York State Timbers.* New York State College of Forestry, Syracuse University Tech. Publ. 18.

FROMARD, L., V. BABIN, P. FLEURAT-LESSARD, J. C. FROMONT, R. SERRANO e J. L. BONNEMAIN. 1995. Control of vascular sap pH by the vessel-associated cells in woody species (physiological and immunological studies). *Plant Physiol.* 108, 913–918.

FUJII, T., Y. SUZUKI e N. KURODA. 1997. Bordered pit aspiration in the wood of *Cryptomeria japonica* in relation to air permeability. *IAWA J.* 18, 69–76.

GOURLAY, I. D. 1995. Growth ring characteristics of some African *Acacia* species. *J. Trop. Ecol.* 11, 121–140.

HARIHARAN, Y. e K. V. KRISHNAMURTHY. 1995. A cytochemical study of cambium and its xylary derivatives on the normal and tension wood sides of the stems of *Prosopis juliflora* (S. W.) DC. *Beitr. Biol. Pfl anz.* 69, 459–472.

HARRIS, J. M. 1954. Heartwood formation in *Pinus radiata* (D. Don.). *New Phytol.* 53, 517–524.

HEIMSCH, C., JR. e R. H. WETMORE. 1939. The significance of wood anatomy in the taxonomy of the Juglandaceae. *Am. J. Bot.* 26, 651–660.

HEJNOWICZ, Z. 1997. Graviresponses in herbs and trees: A major role for the redistribution of tissue and growth stresses. *Planta* 203 (suppl. 1), S136–S146.

HELLGREN, J. M., K. OLOFSSON e B. SUNDBERG. 2004. Patterns of auxin distribution during gravitational induction of reaction wood in poplar and pine. *Plant Physiol.* 135, 212–220.

HIGUCHI, T. 1997. *Biochemistry and Molecular Biology of Wood.* Springer-Verlag, Berlin.

HILLIS, W. E. 1987. *Heartwood and Tree Exudates.* Springer-Verlag, Berlin.

HÖSTER, H.-R. e W. LIESE. 1966. Über das Vorkommen von Reaktionsgewebe in Wurzeln und Ästen der Dikotyledonen. *Holzforschung* 20, 80–90.

HUANG, Y. S., S. S. CHEN, T. P. LIN e Y. S. CHEN. 2001. Growth stress distribution in leaning trunks of *Cryptomeria japonica. Tree Physiol.* 21, 261–266.

HÜBER, B. 1935. Die physiologische Bedeutung der Ring- und Zerstreutporigkeit. *Ber. Dtsch. Bot. Ges.* 53, 711–719.

ISEBRANDS, J. G. e D. W. BENSEND. 1972. Incidence and structure of gelatinous fi bers within rapid-growing eastern cottonwood. *Wood Fiber* 4, 61–71.

JENKINS, P. A. e K. R. SHEPHERD. 1974. Seasonal changes in levels of indoleacetic acid and abscisic acid in stem tissues of *Pinus radiata. N. Z. J. For. Sci.* 4, 511–519.

JOUREZ, B. 1997. Le bois de tension. 1. Définition et distribution das l'arbre. *Biotechnol. Agron. Soc. Environ.* 1, 100–112.

KANG, K. D. e W. Y. SOH. 1992. Differentiation of reaction tissues in the first internode of *Acer saccharinum* L. seedling positioned horizontally. *Korean J. Bot. (Singmul Hakhoe chi)* 35, 211–217.

KEUNECKE, M., J. U. SUTTER, B. SATTELMACHER e U. P. HANSEN. 1997. Isolation and patch clamp measurements of xylem contact cells for the study of their role in the exchange between apoplast and symplast of leaves. *Plant Soil* 196, 239–244.

KITIN, P., Y. SANO e R. FUNADA. 2003. Three-dimensional imaging and analysis of differentiating secondary xylem by confocal microscopy. *IAWA J.* 24, 211–222.

KITIN, P. B., T. FUJII, H. ABE e R. FUNADA. 2004. Anatomy of the vessel network within and between tree rings of *Fraxinus lanuginosa* (Oleaceae). *Am. J. Bot.* 91, 779–788.

KOZLOWSKI, T. T. e S. G. PALLARDY. 1997. *Growth Control in Woody Plants.* Academic Press, San Diego.

KRABEL, D. 2000. Influence of sucrose on cambial activity. In: *Cell and Molecular Biology of Wood Formation*, pp. 113–125, R. A. Savidge, J. R. Barnett e R. Napier, eds. BIOS Scientific, Oxford.

KRAHMER, R. L. e W. A. CÔTÉ JR. 1963. Changes in coniferous wood cells associated with heartwood formation. *TAPPI* 46, 42–49.

KRISHNAMURTHY, K. V., N. VENUGOPAL, V. NANDAGOPALAN, U. HARIHARAN e A. SIVAKUMARI. 1997. Tension phloem in some legumes. *J. Plant Anat. Morphol.* 7, 20–23.

KURODA, K. e K. SHIMAJI. 1983. Traumatic resin canal formation as a marker of xylem growth. *For. Sci.* 29, 653–659.

LAPASHA, C. A. e E. A. WHEELER. 1990. Resin canals in *Pinus taeda*: Longitudinal canal lengths and interconnections between longitudinal and radial canals. *IAWA Bull.* n.s. 11, 227–238.

LARSON, P. R. 1969. Wood formation and the concept of wood quality. *Bull. Yale Univ. School For.* 74, 1–54.

LEE, P. W. e Y. G. EOM. 1988. Anatomical comparison between compression wood and opposite wood in a branch of Korean pine (*Pinus koraiensis*). *IAWA Bull.* n.s. 9, 275–284.

LEV-YADUN, S. 1994a. Experimental evidence for the autonomy of ray differentiation in *Ficus sycomorus* L. *New Phytol.* 126, 499–504.

LEV-YADUN, S. 1994b. Radial fibres in aggregate rays of *Quercus calliprinos* Webb.—Evidence for radial signal flow. *New Phytol.* 128, 45–48.

LEV-YADUN, S. 1995. Short secondary vessel members in branching regions in roots of *Arabidopsis thaliana. Aust. J. Bot.* 43, 435–438.

LEV-YADUN, S. 2000. Cellular patterns in dicotyledonous woods: their regulation. In: *Cell and Molecular Biology of Wood Formation*, pp.

315–324, R. A. Savidge, J. R. Barnett e R. Napier, eds. BIOS Scientific, Oxford.

LEV-YADUN, S. e R. ALONI. 1995. Differentiation of the ray system in woody plants. *Bot. Rev.* 61, 45–84.

LIESE, W. 1996. Structural research on bamboo and rattan for their wider utilization. *J. Bamboo Res. (Zhu zi yan jiu hui kan)* 15, 1–14.

LIESE, W. 1998. *The Anatomy of Bamboo Culms.* Tech. Rep. 18. International Network for Bamboo and Rattan (INBAR), Beijing.

LIPHSCHITZ, N. 1995. Ecological wood anatomy: Changes in xylem structure in Israeli trees. In: *Wood Anatomy Research* 1995. Proceedings of the International Symposium on Tree Anatomy and Wood Formation, pp. 12–15, S. Wu, ed. International Academic Publishers, Beijing.

LIPHSCHITZ, N. e Y. WAISEL. 1970. Effects of environment on relations between extension and cambial growth of *Populus euphratica* Oliv. *New Phytol.* 69, 1059–1064.

LITTLE, C. H. A. e R. P. PHARIS. 1995. Hormonal control of radial and longitudinal growth in the tree stem. In: *Plant Stems: Physiology and Functional Morphology*, pp. 281–319, B. L. Gartner, ed. Academic Press, San Diego.

MACHADO, S. R. e V. ANGYALOSSY-ALFONSO. 1995. Occurrence of perforated ray cells in wood of *Styrax camporum* Pohl. (Styracaceae). *Rev. Brasil. Bot.* 18, 221–225.

MACHADO, S. R., V. ANGYALOSSY-ALFONSO e B. L. DE MORRETES. 1997. Comparative wood anatomy of root and stem in *Styrax camporum* (Styracaceae). *IAWA J.* 18, 13–25.

MAGEL, E. A. 2000. Biochemistry and physiology of heartwood formation. In: *Cell and Molecular Biology of Wood Formation*, pp. 363–376, R. A. Savidge, J. R. Barnett e N. Napier, eds. BIOS Scientific, Oxford.

MATTHECK, C. e H. KUBLER. 1995. *Wood: The Internal Optimization of Trees.* Springer-Verlag, Berlin.

MATTOS, P. PÓVOA DE, R. A. SEITZ e G. I. BOLZON DE MUNIZ. 1999. Identification of annual growth rings based on periodical shoot growth. In: *Tree-Ring Analysis. Biological, Methodological, and Environmental Aspects*, pp. 139–145, R. Wimmer e R. E. Vetter, eds. CABI Publishing, Wallingford, Oxon.

MELLEROWICZ, E. J., M. BAUCHER, B. SUNDBERG e W. BOERJAN. 2001. Unraveling cell wall formation in the woody dicot stem. *Plant Mol. Biol.* 47, 239–274.

METCALFE, C. R. e L. CHALK, eds. 1983. *Anatomy of the Dicotyledons*, 2. ed., vol. II. *Wood Structure and Conclusion of the General Introduction.* Clarendon Press, Oxford.

MEYLAN, B. A. e B. G. BUTTERFIELD. 1978. *The Structure of New Zealand Woods. Bull.* 222, NZDSIR, Wellington.

MOREY, P. R. e J. CRONSHAW. 1968. Developmental changes in the secondary xylem of *Acer rubrum* induced by gibberellic acid, various auxins and 2,3,5-tri-iodobenzoic acid. *Protoplasma* 65, 315–326.

MURAKAMI, Y., R. FUNADA, Y. SANO e J. OHTANI. 1999. The differentiation of contact cells and isolation cells in the xylem ray parenchyma of *Populus maximowiczii. Ann. Bot.* 84, 429–435.

NADEZHDINA, N., J. CERMÁK e R. CEULEMANS. 2002. Radial patterns of sap flow in woody stems of dominant and understory species: Scaling errors associated with positioning of sensors. *Tree Physiol.* 22, 907–918.

NAGAI, S., J. OHTANI, K. FUKAZAWA e J. WU. 1994. SEM observations on perforated ray cells. *IAWA J.* 15, 293–300.

NAGY, N. E., V. R. FRANCESCHI, H. SOLHEIM, T. KREKLING e E. CHRISTIANSEN. 2000. Wound-induced traumatic resin duct development in stems of Norway spruce (Pinaceae): Anatomy and cytochemical traits. *Am. J. Bot.* 87, 302–313.

NANKO, H., H. SAIKI e H. HARADA. 1982. Structural modification of secondary phloem fibers in the reaction phloem of *Populus euramericana. Mokuzai Gakkaishi (J. Jpn. Wood Res. Soc.)* 28, 202–207.

OTEGUI, M. S. 1994. Occurrence of perforated ray cells and ray splitting in *Rapanea laetevirens* and *R. lorentziana* (Myrsinaceae). *IAWA J.* 15, 257–263.

PANSHIN, A. J. e C. DE ZEEUW. 1980. *Textbook of Wood Technology: Structure, Identification, Properties, and Uses of the Commercial Woods of the United States and Canada,* 4. ed. McGraw-Hill, New York.

PHILLIPS, E. W. J. 1948. Identification of softwoods by their microscopic structure. *Dept. Sci. Ind. Res. For. Prod. Res. Bull.* No. 22. London.

PILATE, G., B. CHABBERT, B. CATHALA, A. YOSHINAGA, J.-C. LEPLÉ, F. LAURANS, C. LAPIERRE e K. RUEL. 2004. Lignification and tension wood. *C.R. Biologies* 327, 889–901.

RECORD, S. J. 1934. *Identification of the timbers of temperate North America, including anatomy and certain physical properties of wood.* Wiley, New York.

RENDLE, B. J. 1960. Juvenile and adult wood. *J. Inst. Wood Sci.* 5, 58–61.

RICHTER, H. G., D. GROSSER, I. HEINZ e P. E. GASSON, eds. 2004. IAWA list of microscopic features for softwood identification. *IAWA J.* 25, 1–70.

RIDOUTT, B. G. e R. SANDS. 1994. Quantification of the processes of secondary xylem fibre development in *Eucalyptus globulus* at two height levels. *IAWA J.* 15, 417–424.

ROBARDS, A. W. 1966. The application of the modified sine rule to tension wood production and eccentric growth in the stem of crack willow (*Salix fragilis* L.). *Ann. Bot.* 30, 513–523.

ROBERTS, L. W., P. B. GAHAN e R. ALONI. 1988. *Vascular Differentiation and Plant Growth Regulators.* Springer-Verlag, Berlin.

ROBNETT, W. E. e P. R. MOREY. 1973. Wood formation in *Prosopis:* Effect of 2,4-D, 2,4,5-T, and TIBA. *Am. J. Bot.* 60. 745–754.

SANO, Y. e R. NAKADA. 1998. Time course of the secondary deposition of incrusting materials on bordered pit membranes in *Cryptomeria japonica. IAWA J.* 19, 285–299.

SAUTER, J. J. 1972. Respiratory and phosphatase activities in contact cells of wood rays and their possible role in sugar secretion. *Z. Pfl anzenphysiol.* 67, 135–145.

SAUTER, J. J. 2000. Photosynthate allocation to the vascular cambium: facts and problems. In: *Cell and Molecular Biology of Wood Formation*, pp. 71–83, R. A. Savidge, J. R. Barnett e R. Napier, eds. BIOS Scientific, Oxford.

SAUTER, J. J. e S. KLOTH. 1986. Plasmodesmatal frequency and radial translocation rates in ray cells of poplar (*Populus* x *canadensis* Moench "robusta"). *Planta* 168, 377–380.

SAUTER, J. J., W. ITEN e M. H. ZIMMERMANN. 1973. Studies on the release of sugar into the vessels of sugar maple (*Acer saccharum*) *Can. J. Bot.* 51, 1–8.

SCHAFFER, K. e M. WISNIEWSKI. 1989. Development of the amorphous layer (protective layer) in xylem parenchyma of cv. Golden Delicious apple, cv. Loring Peach, and willow. *Am. J. Bot.* 76, 1569–1582.

SCHWEINGRUBER, F. H. 1988. *Tree Rings. Basics and Applications of Dendrochronology.* Reidel, Dordrecht.

SCHWEINGRUBER, F. H. 1990. *Anatomie europäischer Hölzer: Ein Atlas zur Bestimmung europäischer Baum-, Strauch-, und Zwergstrauchhölzer* (Anatomy of European woods: An atlas for the identification of European trees, shrubs, and dwarf shrubs). Verlag P. Haupt, Bern.

SCHWEINGRUBER, F. H. 1993. *Trees and Wood in Dendrochronology: Morphological, Anatomical, and Tree-ring Analytical Characteristics Characteristics of Trees Frequently Used in Dendrochronology.* Springer-Verlag, Berlin.

SCHWEINGRUBER, F. H. e W. BOSSHARD. 1978. *Mikroskopische Holzanatomie: Formenspektren mitteleuropäischer Stamm-, und Zweighölzer zur Bestimmung von rezentem und subfossilem Material* (Microscopic wood anatomy: Structural variability of stems and twigs in recent and subfossil woods from Central Europe). Eidgenössische Anstalt für das Forstliche Versuchswesen, Birmensdorf.

SCURFIELD, G. 1964. The nature of reaction wood. IX. Anomalous cases of reaction anatomy. *Aust. J. Bot.* 12, 173–184.

SCURFIELD, G. 1965. The cankers of *Exocarpos cupressiformis* Labill. *Aust. J. Bot.* 13, 235–243.

SHEEN, J., L. ZHOU e J.-C. JANG. 1999. Sugars as signaling molecules. *Curr. Opin. Plant Biol.* 2, 410–418.

SHELDRAKE, A. R. 1971. Auxin in the cambium and its differentiating derivatives. *J. Exp. Bot.* 22, 735–740.

SKATTER, S. e B. KUCERA. 1997. Spiral grain—an adaptation of trees to withstand stem breakage caused by wind-induced torsion. *Holz Roh-Werks.* 55, 207–213.

SPICER, R. e B. L. GARTNER. 2002. Compression wood has little impact on the water relations of Douglas-fir (*Pseudotsuga menziesii*) seedlings despite a large effect on shoot hydraulic properties. *New Phytol.* 154, 633–640.

STAMM, A. J. 1946. Passage of liquids, vapors, and dissolved materials through softwoods. *USDA Tech. Bull.* 929.

STUDHALTER, R. A. 1955. Tree growth. I. Some historical chapters. *Bot. Rev.* 21, 1–72.

SUNDBERG, B., H. TUOMINEN e C. H. A. LITTLE. 1994. Effects of indole-3-acetic acid (IAA) transport inhibitors *N*-1- naphthylphthalamic acid and morphactin on endogenous IAA dynamics in relation to compression wood formation in 1-year--old *Pinus sylvestris* (L.) shoots. *Plant Physiol.* 106, 469–476.

SUNDBERG, B., C. UGGLA e H. TUOMINEN. 2000. Cambial growth and auxin gradients. In: *Cell and Molecular Biology of Wood Formation*, pp. 169–188, R. A. Savidge, J. R. Barnett e R. Napier, eds. BIOS Scientific, Oxford.

SUZUKI, M., K. YODA e H. SUZUKI. 1996. Phenological comparison of the onset of vessel formation between ring-porous and diffuse-porous deciduous trees in a Japanese temperate forest. *IAWA J.* 17, 431–444.

TAKABE, K., T. MIYAUCHI e K. FUKAZAWA. 1992. Cell wall formation of compression wood in Todo fir (*Abies sachalinensis*)— I. Deposition of polysaccharides. *IAWA Bull.* n.s. 13, 283–296.

THOMSON, R. G. e H. B. SIFTON. 1925. Resin canals in the Canadian spruce (*Picea canadensis* (Mill.) B. S. P.)—An anatomical study, especially in relation to traumatic effects and their bearing on phylogeny. *Philos. Trans. R. Soc. Lond. Ser. B* 214, 63–111.

TIMELL, T. E. 1981. Recent progress in the chemistry, ultrastructure, and formation of compression wood. *The Ekman-Days 1981, Chemistry and Morphology of Wood and Wood Components, SPCI, Stockholm Rep. 38*, vol. 1, 99–147.

TIMELL, T. E. 1983. Origin and evolution of compression wood. *Holzforschung* 37, 1–10.

TOMAZELLO, M. e N. DA SILVA CARDOSO. 1999. Seasonal variations of the vascular cambium of teak (*Tectona grandis* L.) in Brazil. In: *Tree--ring Analysis: Biological, Methodological, and Environmental Aspects*, pp. 147–154, R. Wimmer and R. E. Vetter, eds. CABI Publishing, Wallingford, Oxon.

TOMLINSON, P. B. e M. H. ZIMMERMANN. 1967. The "wood" of monocotyledons. Bulletin [IAWA] 1967/2, 4–24.

TUOMINEN, H., L. PUECH, S. FINK e B. SUNDBERG. 1997. A radial concentration gradient of indole-3-acetic acid is related to secondary xylem development in hybrid aspen. *Plant Physiol.* 115, 577–585.

UGGLA, C., T. MORITZ, G. SANDBERG e B. SUNDBERG. 1996. Auxin as a positional signal in pattern formation in plants. *Proc. Natl. Acad. Sci. USA* 93, 9282–9286.

UGGLA, C., E. MAGEL, T. MORITZ e B. SUNDBERG. 2001. Function and dynamics of auxin and carbohydrates during earlywood/latewood transition in Scots pine. *Plant Physiol.* 125, 2029–2039.

UTSUMI, Y., Y. SANO, J. OHTANI e S. FUJIKAWA. 1996. Seasonal changes in the distribution of water in the outer growth rings of *Fraxinus mandshurica* var. *japonica:* A study by cryo-scanning electron microscopy. *IAWA J.* 17, 113–124.

VAN BEL, A. J. E. 1990a. Vessel-to-ray transport: Vital step in nitrogen cycling and deposition. In: *Fast Growing Trees and Nitrogen Fixing Trees*, pp. 222–231, D. Werner and P. Müller, eds. Gustav Fischer Verlag, Stuttgart.

VAN BEL, A. J. E. 1990b. Xylem-phloem exchange via the rays: the undervalued route of transport. *J. Exp. Bot.* 41, 631–644.

VAN BEL, A. J. E. e C. VAN DER SCHOOT. 1988. Primary function of the protective layer in contact cells: Buffer against oscillations in hydrostatic pressure in the vessels? *IAWA Bull.* n.s. 9, 285–288.

VAN BEL, A. J. E. e A. J. VAN ERVEN. 1979. A model for proton and potassium co-transport during the uptake of glutamine and sucrose by tomato internode disks. *Planta* 145, 77–82.

VAN DER SCHOOT, C. 1989. Determinates of xylem-to-phloem transfer in tomato. Ph.D. Dissertation. Rijksuniversiteit te Utrecht, The Netherlands.

VETTER, R. E. e P. C. BOTOSSO. 1989. Remarks on age and growth rate determination of Amazonian trees. *IAWA Bull.* n.s. 10, 133–145.

WARDROP, A. B. e H. E. DADSWELL. 1953. The development of the conifer tracheid. *Holzforschung* 7, 33–39.

WARREN WILSON, J. e P. M. WARREN WILSON. 1984. Control of tissue patterns in normal development and in regeneration. In: *Positional Controls in Plant Development*, pp. 225–280, P. Barlow and D. J. Carr, eds. Cambridge University Press, Cambridge.

WERKER, E. e A. FAHN. 1969. Resin ducts of *Pinus halepensis* Mill.: Their structure, development and pattern of arrangement. *Bot. J. Linn. Soc.* 62, 379–411.

WESTING, A. H. 1965. Formation and function of compression wood in gymnosperms. *Bot. Rev.* 31, 381–480.

WESTING, A. H. 1968. Formation and function of compression wood in gymnosperms. II. *Bot. Rev.* 34, 51–78.

WHEELER, E. A. e P. BAAS. 1991. A survey of the fossil record for dicotyledonous wood and its significance for evolutionary and ecological wood anatomy. *IAWA Bull.* n.s. 12, 275–332.

WHEELER, E. A. e P. BAAS. 1998. Wood identification—A review. *IAWA J.* 19, 241–264.

WHEELER, E. A., P. BAAS e P. E. GASSON, eds. 1989. IAWA list of microscopic features for hardwood identification. *IAWA Bull.* n.s. 10, 219–332.

WIEDENHOEFT, A. C. e R. B. MILLER. 2002. Brief comments on the nomenclature of softwood axial resin canals and their associated cells. *IAWA J.* 23, 299–303.

WILSON, B. F. e R. R. ARCHER. 1977. Reaction wood: induction and mechanical action. *Annu. Rev. Plant Physiol.* 28, 23–43

WILSON, B. F. e B. L. GARTNER. 1996. Lean in red alder (*Alnus rubra*): Growth stress, tension wood, and righting response. *Can. J. For. Res.* 26, 1951–1956.

WIMMER, R., M. GRABNER, G. STRUMIA e P. R. SHEPPARD. 1999. Significance of vertical resin ducts in the tree rings of spruce. In: *Tree-ring Analysis: Biological, Methodological and Environmental Aspects*, pp. 107–118, R. Wimmer and R. E. Vetter, eds. CABI Publishing, Wallingford, Oxon.

WISNIEWSKI, M. e G. DAVIS. 1989. Evidence for the involvement of a specific cell wall layer in regulation of deep supercooling of xylem parenchyma. *Plant Physiol.* 91, 151–156.

WODZICKI, T. J. e C. L. BROWN. 1973. Cellular differentiation of the cambium in the Pinaceae. *Bot. Gaz.* 134, 139–146.

WODZICKI, T. J. e A. B. WODZICKI. 1980. Seasonal abscisic acid accumulation in stem and cambial region of *Pinus sylvestris*, and its contribution to the hypothesis of a late-wood control system in conifers. *Physiol. Plant.* 48, 443–447.

WORBES, M. 1985. Structural and other adaptations to long-term flooding by trees in Central Amazonia. *Amazoniana* 9, 459–484.

WORBES, M. 1989. Growth rings, increment and age of trees in inundation forests, savannas and a mountain forest in the Neotropics. *IAWA Bull.* n.s. 10, 109–122.

WORBES, M. 1995. How to measure growth dynamics in tropical trees—A review. *IAWA J.* 16, 337–351.

WU, H. e Z.-H. HU. 1997. Comparative anatomy of resin ducts of the Pinaceae. *Trees* 11, 135–143.

WULLSCHLEGER, S. D. e A. W. KING. 2000. Radial variation in sap velocity as a function of stem diameter and sapwood thickness in yellow-poplar trees. *Tree Physiol.* 20, 511–518.

YAMAMOTO, K. 1982. Yearly and seasonal process of maturation of ray parenchyma cells in *Pinus* species. *Res. Bull. Coll. Exp. For. Hokkaido Univ.* 39, 245–296.

YOSHIZAWA, N., M. SATOH, S. YOKOTA e T. IDEI. 1992. Formation and structure of reaction wood in *Buxus microphylla* var. *insularis* Nakai. *Wood Sci. Technol.* 27, 1–10. ZIEGLER, H. 1968. Biologische Aspekte der Kernholzbildung (Biological aspects of heartwood formation). *Holz Roh- Werks.* 26, 61–68.

ZIMMERMANN, M. H. 1983. *Xylem Structure and the Ascent of Sap.* Springer-Verlag, Berlin.

ZIMMERMANN, M. H., A. B. WARDROP e P. B. TOMLINSON. 1968. Tension wood in aerial roots of *Ficus benjamina* L. *Wood Sci. Technol.* 2, 95–104.

CAPÍTULO DOZE

CÂMBIO VASCULAR

Carmen Regina Marcati e Patricia Soffiatti

O câmbio vascular é o meristema que produz os tecidos vasculares secundários. É um meristema lateral que, diferentemente dos meristemas apicais que estão localizados nas extremidades dos caules e raízes, ocupa uma posição lateral nesses órgãos. O câmbio vascular, como os meristemas apicais (Capítulo 6), consiste de células iniciais e suas derivadas recentes. No aspecto tridimensional, o câmbio vascular comumente forma uma bainha cilíndrica contínua externamente ao xilema de caules e raízes e seus ramos (Fig. 12.1). Quando os tecidos vasculares secundários de um eixo estão em cordões distintos, o câmbio pode permanecer restrito aos cordões na forma de faixas. O câmbio também aparece em faixas na maioria dos pecíolos e nervuras de folhas que passam por crescimento secundário. Nas folhas (acículas) de coníferas, os feixes vasculares aumentam um pouco em espessura depois do primeiro ano por meio da atividade do câmbio vascular (Strasburger, 1891; Ewers, 1982). Nas angiospermas, as nervuras maiores podem ter tecidos vasculares primários e secundários; as menores geralmente são primários. A atividade cambial é mais pronunciada nas folhas das espécies sempre-verdes do que nas decíduas (Shtromberg, 1959).

ORGANIZAÇÃO DO CÂMBIO

As células do câmbio vascular não se encaixam na descrição usual das células meristemáticas, como aquelas que têm citoplasma denso, núcleo grande, e uma forma aproximadamente isodiamétrica. Embora as células dormentes do câmbio tenham um citoplasma denso, estas contêm muitos vacúolos pequenos. As células ativas do câmbio são extremamente vacuoladas, consistindo essencialmente de um vacúolo único grande central circundado por uma camada fina parietal, de citoplasma denso.

O câmbio vascular contém dois tipos de células iniciais: iniciais fusiformes e iniciais radiais

Morfologicamente as iniciais cambiais ocorrem em dois formatos. Um tipo de inicial, a **inicial fusiforme** (Fig. 12.2A), é várias vezes mais longa do que larga; a outra, a **inicial radial** (Fig. 12.2B), é levemente alongada para quase isodiamétrica. O termo fusiforme implica que a célula tem formato de fuso. Uma célula fusiforme, entretanto, é uma célula aproximadamente prismática em sua parte mediana e em forma de cunha nas extremidades. A ponta da cunha é vista nas secções tangenciais, e tem uma terminação truncada nas secções radiais (Fig. 12.2A). Os lados tangenciais da célula são mais largos do que os lados radiais. O formato exato das iniciais fusiformes de *Pinus sylvestris*

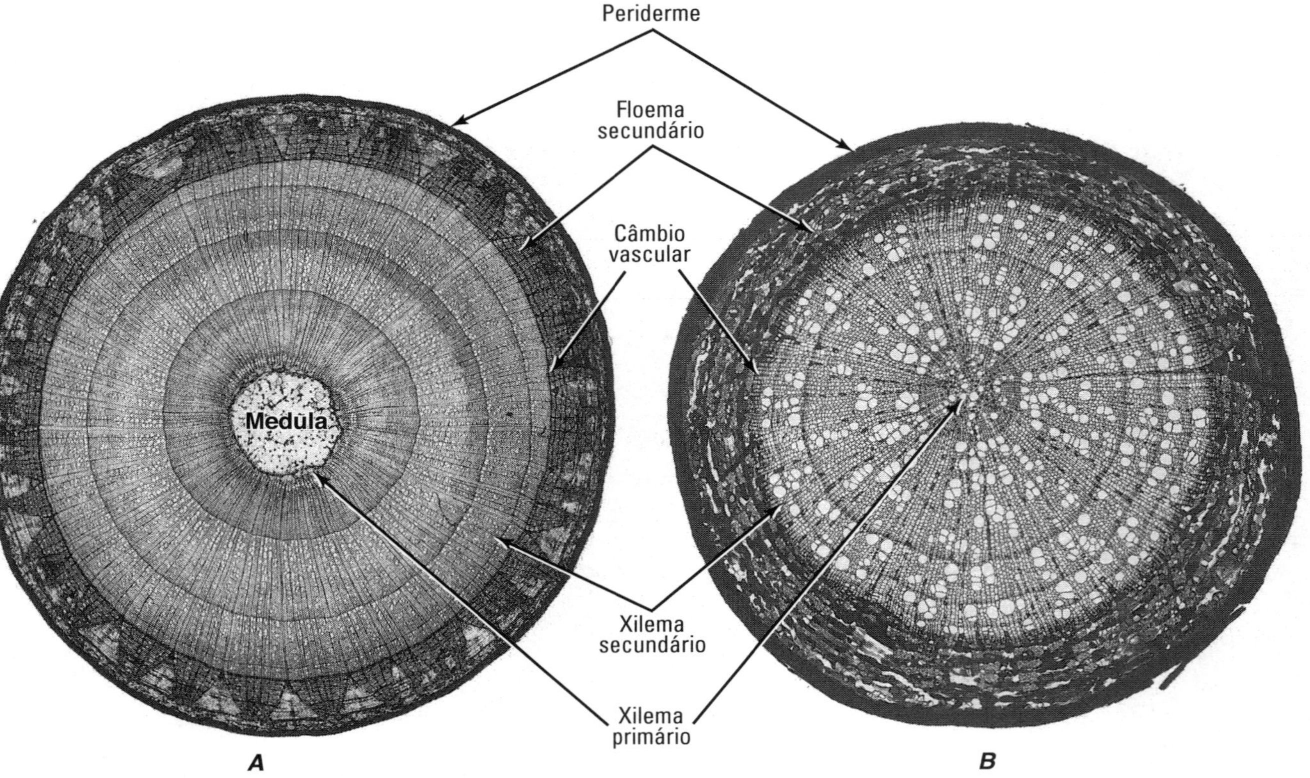

FIGURA 12.1

Secções transversais do caule (**A**) e raiz (**B**) de *Tilia*, cada um com periderme e vários incrementos de tecidos vasculares secundários. O câmbio vascular forma uma bainha cilíndrica contínua sobre o xilema secundário. (A, ×9.7; B, ×27.)

foi determinado como células longas, pontiagudas, achatadas tangencialmente, com uma média de 18 faces (Dodd, 1948).

As iniciais fusiformes dão origem a todas as células do xilema e do floema que estão arranjadas com o seu eixo longo paralelo ao eixo longo do órgão no qual estas ocorrem; em outras palavras, elas dão origem ao sistema longitudinal ou axial do xilema e do floema (Fig. 12.2D). Exemplos de elementos nesses sistemas são os elementos traqueais, as fibras, e as células do parênquima axial no xilema; elementos crivados, fibras, e células do parênquima axial no floema. As iniciais radiais dão origem às células do raio que são os elementos do sistema radial (o sistema dos raios) do xilema e do floema (Fig. 12.2E; Capítulos 11, 14).

As iniciais fusiformes mostram uma ampla gama de variação nas suas dimensões e volume. Algumas dessas variações dependem da espécie de planta. Os números seguintes, expressados em milímetros, exemplificam diferenças nos comprimentos das iniciais fusiformes em várias plantas: *Sequoia sempervirens*, 8,70 (Bailey, 1923); *Pinus strobus*, 3,20; *Ginkgo*, 2,20; *Myristica*, 1,31; *Pyrus*, 0,53; *Populus*, 0,49; *Fraxinus*, 0,29; *Robinia*, 0,17 (Bailey, 1920a). As iniciais fusiformes variam em comprimento nas espécies, em parte em relação às condições de crescimento (Pomparat, 1974). Elas também mostram modificações no comprimento associadas aos fenômenos de desenvolvimento em uma única planta. Geralmente, o comprimento das iniciais fusiformes aumenta com a idade do eixo, mas depois de alcançar um certo máximo, permanece relativamente estável (Bailey, 1920a; Boβhard, 1951; Bannan, 1960b; Ghouse e Yunus, 1973; Ghouse e Hashmi, 1980a; Khan, K. K., et al., 1981; Iqbal e Ghouse, 1987; Ajmal e Iqbal, 1992). Após alcançar o máximo em comprimento, as iniciais fusiformes em algumas espécies (por exemplo, *Citrus sinensis*, Khan, M. A., et al., 1983) podem passar por um decréscimo gradual, mas lento, no comprimento, com o aumento da circunferência do eixo. Em algumas espécies o comprimento da inicial fusiforme tende a aumentar do

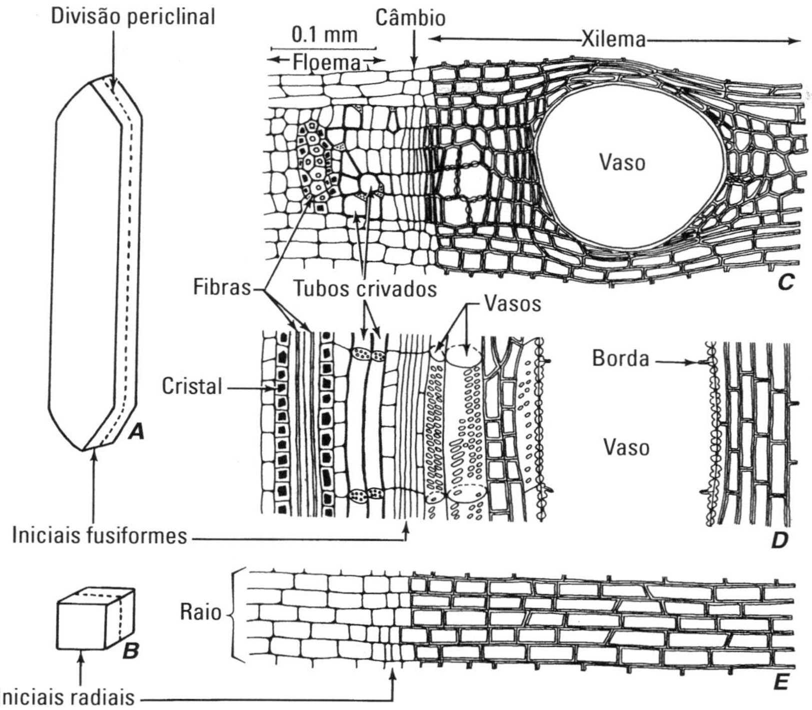

FIGURA 12.2

O câmbio vascular em relação aos tecidos derivados. **A**, diagrama da inicial fusiforme; **B**, da inicial radial. Em ambos, a orientação da divisão com a formação de células de floema e de xilema (divisão periclinal) está indicada por linhas tracejadas. **C**, **D**, **E**, *Robinia pseudoacacia*; secções do caule incluem floema, câmbio e xilema. **C**, transversal; **D**, radial (sistema axial somente), **E**, radial (somente raio). (Fonte: Esau, 1977.)

topo para a base do caule, alcançando um máximo e então declinando ligeiramente na base (Iqbal e Ghouse, 1979; Ridoutt e Sands, 1993). O tamanho das iniciais fusiformes também pode variar durante a estação de crescimento (Paliwal et al., 1974; Sharma et al., 1979). As mudanças no tamanho das iniciais fusiformes trazem mudanças similares nas células do xilema e do floema derivadas dessas iniciais. O tamanho final de suas derivadas, entretanto, depende, somente em parte, das iniciais cambiais porque mudanças no tamanho também ocorrem durante a diferenciação das células.

O câmbio pode ser estratificado ou não estratificado

O câmbio pode ser estratificado ou não estratificado, como *visto em sec*ções tangenciais, dependendo se as células estão arranjadas em faixas horizontais. Em um **câmbio estratificado** as iniciais fusiformes estão arranjadas em faixas horizontais, com as terminações das células de uma faixa aproximadamente no mesmo nível (Fig. 12.3). É característico de plantas com iniciais fusiformes curtas. Os câmbios não estratificados são comuns em plantas com iniciais fusiformes longas, que têm as terminações fortemente sobrepostas (Fig. 12.4). Tipos intermediários de arranjo ocorrem em diferentes plantas. O câmbio de *Fraxinus excelsior* é um mosaico de áreas estratificadas e não estratificadas (Krawczyszyn, 1977). O câmbio estratificado, que é mais comum em espécies tropicais do que em temperadas, é considerado filogeneticamente mais avançado do que o não estratificado, sendo que a evolução do não estratificado para o estratificado foi acompanhada pelo encurtamento das iniciais fusiformes (Bailey, 1923). Como as iniciais fusiformes, as radiais podem ser estratificadas ou não estratificadas.

As células fusiformes do câmbio vascular são arranjadas compactamente. Se os espaços intercelulares via raios continuam radialmente entre o xilema e o floema, isso tem sido, há muito tempo, objeto de debate (Larson, 1994). Espaços intercelulares foram encontrados entre as iniciais radiais

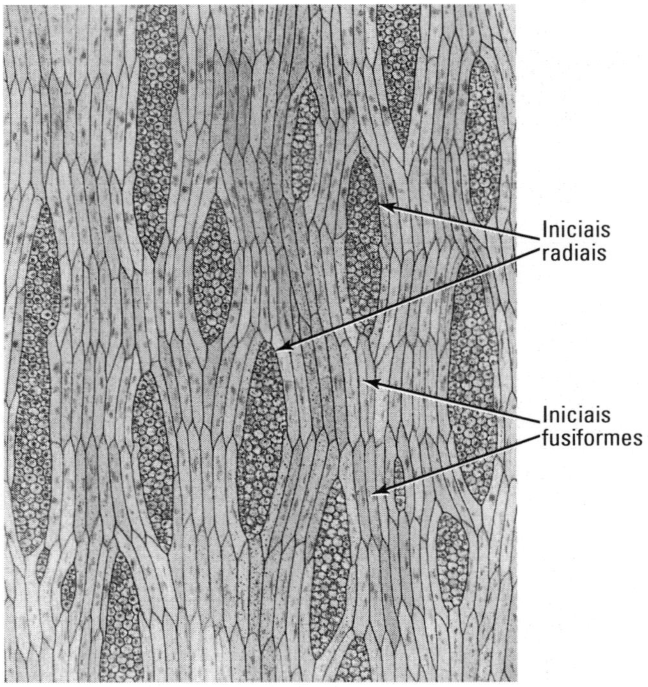

FIGURA 12.3

Câmbio estratificado em *Robinia pseudoacacia*, visto em secção tangencial. Em um câmbio tal como esse, as iniciais fusiformes estão arranjadas em camadas horizontais nas superfícies tangenciais. (×125.)

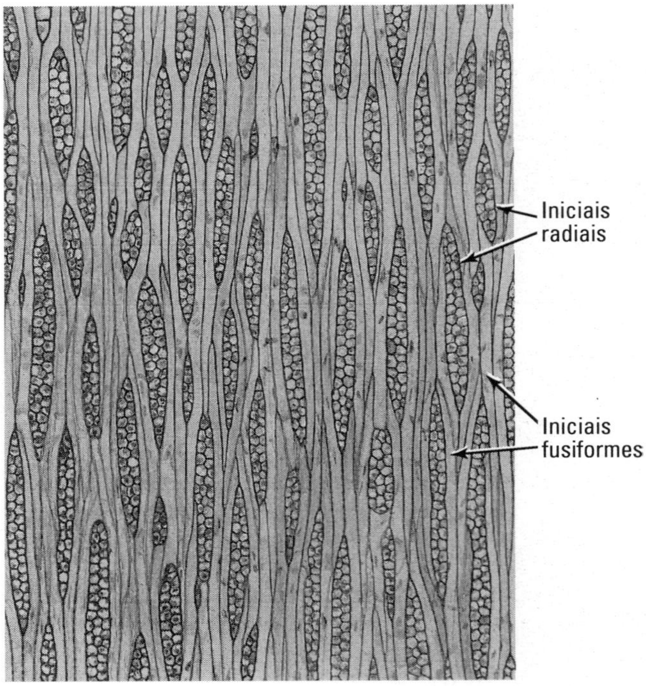

FIGURA 12.4

Câmbio não estratificado em maçã (*Malus domestica*), visto em secção tangencial. Em um câmbio tal como esse, as iniciais fusiformes não estão arranjadas em camadas horizontais como visto nas superfícies tangenciais. (×125.)

em *Tectona grandis*, *Azadirachta indica*, e *Tamarindus indica*, mas somente quando o câmbio estava inativo (Rajput e Rao, 1998a). No câmbio ativo as células apareceram arranjadas compactamente. Num esforço para resolver essa questão foram examinados tanto o câmbio ativo quanto o dormente em 15 espécies de zona temperada, incluindo tanto eudicotiledôneas (*Acer negundo*, *Acer saccharum*, *Cornus racemosa*, *Cornus stolonifera*, *Malus domestica*, *Pyrus communis*, *Quercus alba*, *Rhus glabra*, *Robinia pseudoacacia*, *Salix nigra*, *Tilia americana*, *Ulmus americana*) quanto coníferas (*Metasequoia glyptostroboides*, *Picea abies*, *Pinus pinea*). Em todas as 15 espécies, os espaços intercelulares estreitos, radialmente orientados, foram encontrados dentro dos raios e/ou nas interfaces entre as células do raio contíguas verticalmente e as células fusiformes, tanto do câmbio ativo quanto do câmbio dormente (Evert, dados não publicados). Um sistema de espaços intercelulares foi contínuo entre o xilema e o floema secundários via raios.

FORMAÇÃO DO XILEMA SECUNDÁRIO E DO FLOEMA SECUNDÁRIO

Quando as iniciais cambiais produzem células do xilema e do floema elas se dividem periclinalmente (tangencialmente; Fig. 12.2A, B). Em um determinado momento, uma célula derivada é produzida para o lado de dentro, para o lado do xilema, em outro momento, para fora, para o lado do floema, embora não necessariamente em alternância. Assim, cada inicial cambial (Figs. 12.2C e 12.5) produz fileiras radiais de células, uma para o lado de dentro, e outra para o lado de fora, e as duas fileiras se encontram na inicial cambial. Tal seriação radial pode persistir no xilema e no floema em desenvolvimento, ou pode ser perturbada por vários tipos de reajustes no crescimento durante a diferenciação desses tecidos (Fig.12.2C). Essas divisões cambiais, que adicionam células para os tecidos vasculares secundários, também são chamadas **divisões aditivas**.

As divisões aditivas não estão limitadas às iniciais, mas são encontradas também em um variado

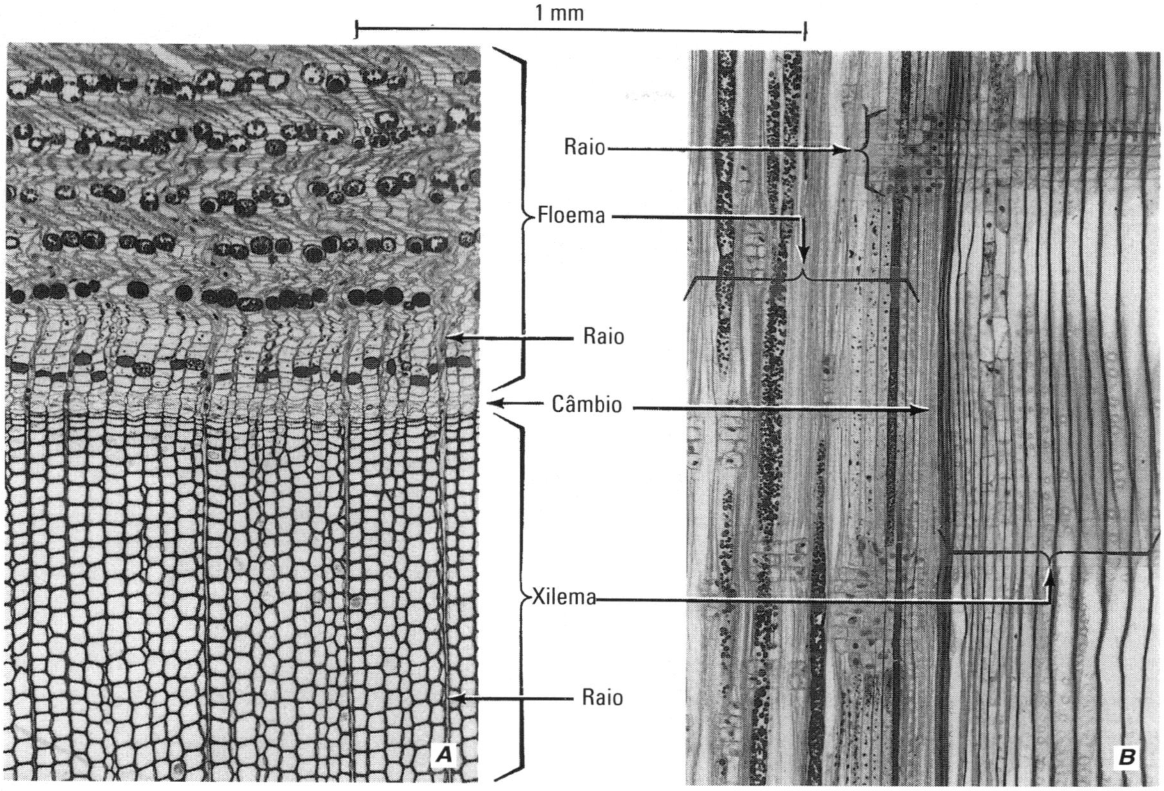

FIGURA 12.5

Tecidos vasculares e câmbio em caule de pinos (*Pinus* sp., uma conífera) em secção transversal (**A**) e radial (**B**). (Fonte: Esau, 1977.)

número de derivadas. Durante o período de dormência, as células do xilema e do floema amadurecem mais ou menos próximas às iniciais; às vezes somente uma camada cambial é deixada entre os elementos maduros do xilema e do floema (Fig. 12.6A). Mas algum tecido vascular – frequentemente ocorre somente o floema – pode se manter em repouso em um estado imaturo (Fig. 12.6B).

Durante o máximo da atividade cambial, a adição de células ocorre tão rapidamente que células mais velhas ainda estão meristemáticas quando novas células são produzidas pelas iniciais. Assim, uma zona larga de células mais ou menos indiferenciadas se acumula. Dentro dessa zona, a **zona cambial**, somente uma célula em uma dada fileira radial é considerada inicial, no sentido que irá se dividir periclinalmente; uma das duas células resultantes permanece como inicial e a outra será uma célula do xilema ou do floema. As iniciais são difíceis de se distinguirem das suas derivadas recentes em parte porque essas derivadas se dividem periclinalmente uma ou mais vezes antes de começarem a se diferenciar em xilema ou floema. A inicial é, entretanto, a única célula capaz de produzir derivadas para ambos os lados, do xilema e do floema.

A zona cambial ativa constitui um estrato mais ou menos largo de células que se dividem periclinalmente organizando-se nos sistemas axial e radial. Dentro desse estrato, alguns pesquisadores visualizam uma camada única de iniciais cambiais acompanhada de suas duas paredes tangenciais pelas **células-mãe do floema** (**iniciais floemáticas**) para o lado de fora e **células-mãe do xilema** (**iniciais xilemáticas**) para o lado de dentro, e eles restringem o uso do termo câmbio para essa suposta camada unisseriada de iniciais. Outros, incluindo o autor deste livro, usam os termos "câmbio" e "zona cambial" intercambiavelmente. É bem claro que a inicial de uma dada fileira radial de células na zona cambial pode não ter um alinhamento tangencial acurado com as iniciais nas fileiras radiais vizinhas (Evert, 1963a; Bannan, 1968; Mahmood, 1968; Catesson, 1987); bem pro-

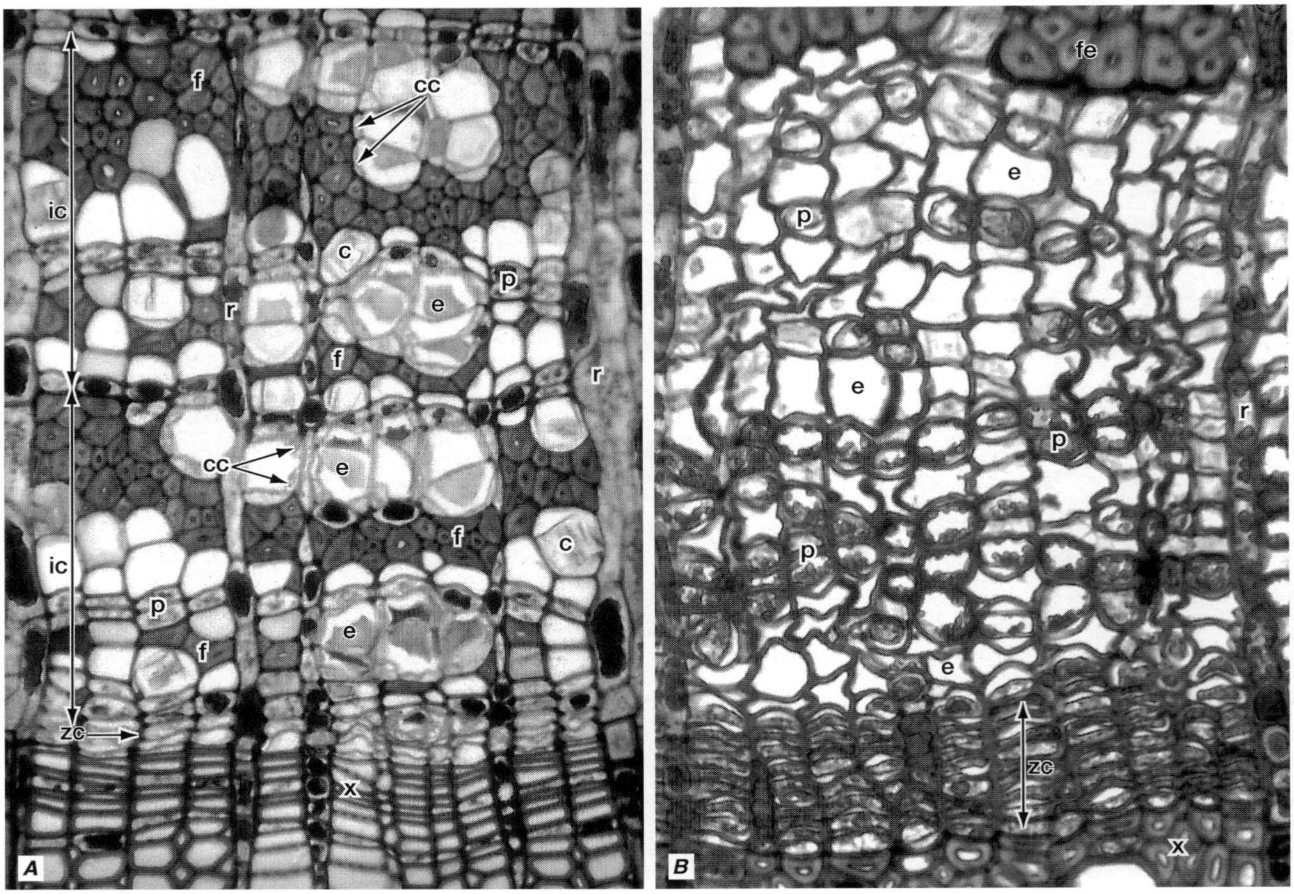

FIGURA 12.6

Secções transversais de tecidos vasculares e câmbio dormente em caules de (**A**) *Tilia americana* e (**B**) maçã (*Malus domestica*). A zona cambial dormente em *T. americana* consiste de apenas uma ou duas camadas de células, em maçã consiste de várias camadas (5 a 11). Dois incrementos de crescimento (ic) do floema secundário, com células vivas, elementos de tubo crivados e suas células companheiras (floema condutor), em repouso podem ser vistos na secção de *T. americana* (**A**). Um único incremento do floema – delimitado acima por uma faixa de fibro esclereídes (fe) – está presente na secção de maçã (**B**). O incremento na secção da maçã consiste totalmente de floema não condutor: seus elementos crivados estão mortos e suas células companheiras (não discerníveis) se colapsaram. Outros detalhes: c, células que contêm cristais; cc, células companheiras; zc, zona cambial; f, fibras; p, célula parenquimática; r, raio; e, elemento crivado; x, xilema. (A, ×300; B, ×394.)

vavelmente nunca há uma camada de iniciais cambiais sem interrupção ao redor do eixo (Timell, 1980; Włoch, 1981). Além disso, uma dada inicial pode parar de participar nas divisões aditivas e ser deslocada pela sua derivada, que, então, assume o papel de uma inicial cambial.

As iniciais cambiais não são entidades permanentes no câmbio, mas temporárias, transientes de duração relativamente curta, cada uma das quais executa uma "função de inicial" (Newman, 1956; Mahmood, 1990), função que é perpetuada e herdada por um "herdeiro" ou uma inicial cambial, uma depois da outra (Newman, 1956). O câmbio assim tem muitas características em comum com os meristemas apicais (Capítulo 6). Em ambos, é extremamente difícil de distinguir as iniciais de suas derivadas recentes, as derivadas em ambos sendo mais ou menos meristemáticas, e as iniciais em ambos estão continuamente trocando de posições e sendo deslocadas. Tem sido sugerido que a passagem da função de inicial de uma célula cambial para outra pode ajudar a evitar o acúmulo de mutações prejudiciais que potencialmente poderiam ocorrer após centenas ou milhares de ciclos mitóticos em iniciais permanentes de espécies de vida longa (Gahan, 1988, 1989).

INICIAIS *VERSUS* SUAS DERIVADAS DIRETAS

As iniciais não podem ser diferenciadas de suas derivadas diretas por características citológicas. Isso é verdade tanto para o câmbio que se divide ativamente quanto para o câmbio dormente em que mais de uma camada de células indiferenciadas ocorre entre os elementos completamente diferenciados de xilema e floema. A maioria das tentativas para identificar as iniciais cambiais tem sido feita para coníferas. A primeira tentativa nesse sentido foi baseada em diferenças na espessura das paredes tangenciais nas células do câmbio de *Pinus sylvestris* (Sanio, 1873). Sanio notou que após a formação da placa celular cada uma das novas células-filhas fechou seu protoplasto com uma parede primária nova esclarecendo o porquê de as paredes radiais na zona cambial serem sempre muito mais espessas do que as paredes tangenciais, e o porquê de as paredes tangenciais variarem em espessura. A célula inicial em cada fileira radial tinha uma parede tangencial extra espessa. Sanio também notou que os locais onde as paredes tangenciais se encontram com as paredes radiais e que formam ângulos arredondados são mais velhos do que aqueles que se unem às paredes radiais em ângulos agudos. Usando esse critério, Sanio reconheceu grupos distintos de quatro células na zona cambial. Agora chamado de "***quatro de Sanio***", cada grupo de quatro células consiste da inicial, sua derivada direta, e duas células-filhas. Quando o xilema está sendo formado, as células-filhas se dividem uma vez mais produzindo quatro células do xilema, conhecidas como as ***quatro*** que se ***expandem*** ou ***alargam*** (Fig. 12.7; Mahmood, 1968). A presença das quatro de Sanio na zona cambial e de grupos de quatro que se expandem no xilema em diferenciação de coníferas tem, desde então, sido confirmada (Murmanis e Sachs, 1969; Murmanis, 1970; Timell, 1980). Grupos de quatro não têm sido reconhecidos no lado do floema; lá, as células parecem ocorrer em pares.

Exceto para *Quercus rubra* (Murmanis, 1977) e *Tilia cordata* (Włoch, 1989, como citado por Larson, 1994), as quatro de Sanio têm sido identificadas somente em coníferas (Timell, 1980; Larson, 1994). Grupos de quatro células se expandindo têm sido encontradas no lado do xilema em *Populus deltoides* (Isebrands e Larson, 1973) e em *Tilia cordata* (Włoch e Zagórska-Marek, 1982; Włoch e Polap, 1994) e pares de células no lado do floema em *Tilia cordata* (Włoch e Zagórska-Marek, 1982; Włoch e Polap, 1994). Uma evidência para a presença de pares de células também tem sido encontrada no floema secundário de *Pyrus malus* (*Malus domestica*) (Evert, 1963a). A falha ou dificuldade na identificação das quatro de Sanio ou grupos de quatro que estão se expandindo em outras angiospermas lenhosas (folhosas) pode ser atribuída a uma combinação de fatores, incluindo a relativamente poucas camadas de células encontradas no câmbio dormente de algumas espécies de folhosas, a maneira menos ordenada de divisão celular que ocorre no câmbio ativo das folhosas (comparado com a sucessão regular de divisão celular encontrada no câmbio de coníferas), e a distorção das fileiras radiais de células que ocorrem externamente às células do câmbio ativamente em divisão, de folhosas com extensivo crescimento intrusivo e expansão lateral das derivadas do xilema.

O "encaixotamento" dos protoplastos-filhos, que tem sido usado efetivamente em coníferas para identificar iniciais cambiais, foi questionado por Catesson e Roland (1981) em seus estudos com várias folhosas decíduas. Eles não encontraram evidência para a deposição de uma parede primária completa ao redor de cada protoplasto-filho após a divisão periclinal (ou seja, após a formação de uma nova parede tangencial). Em vez disso, eles encontraram uma distribuição heterogênea de polissacarídeos ao redor de cada um dos protoplastos-filhos, com lise e deposição de polissacarídeos ocorrendo simultaneamente. Utilizando uma extração leve e técnicas citoquímicas a um nível ultraestrutural, Catesson e Roland (1981; ver também Roland, 1978) encontraram paredes tangenciais de células cambiais jovens compostas de um esqueleto de microfibrilas soltas e uma matriz rica em pectinas altamente "metiladas" e a maior parte das paredes radiais compostas de hemiceluloses. As paredes tangenciais jovens não apresentavam uma lamela média reconhecível, enquanto as paredes radiais apresentavam uma estrutura clássica em três partes (parede primária-lamela média-parede primária), a lamela média contendo uma grande quantidade de pectinas acídicas (Catesson e Roland, 1981; Catesson, 1990). Grandes porções de paredes radiais ativamente se expandindo – porções provavelmente plásticas e extensíveis – apareceram completamente desprovidas de celulose.

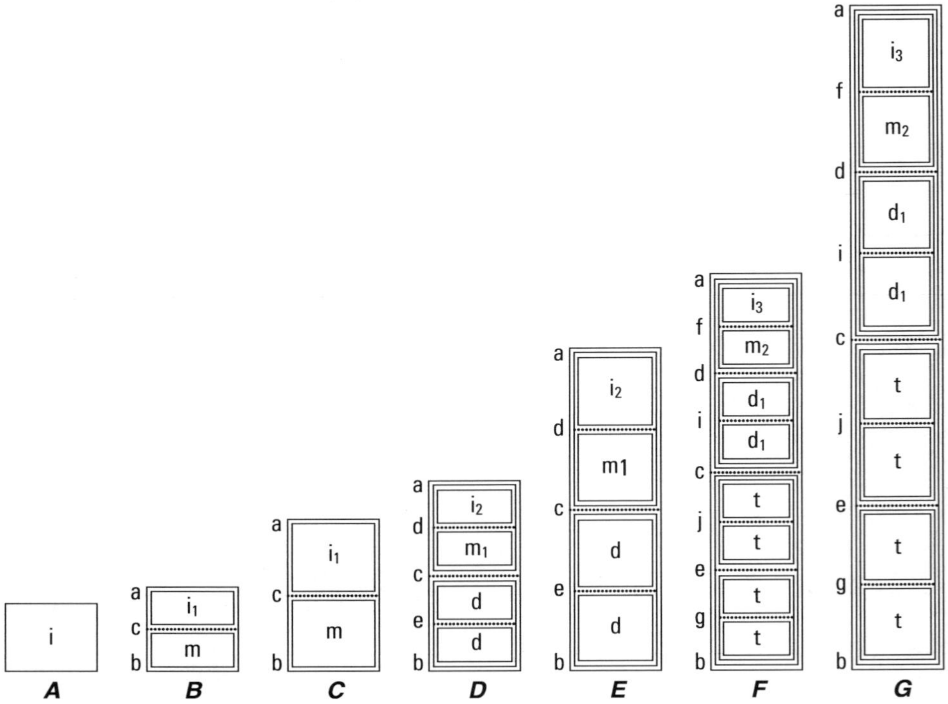

FIGURA 12.7

Sequência teórica de eventos durante a produção de xilema secundário em cada um dos protoplastos das novas células-filhas que está fechado por uma nova parede primária. As iniciais sucessivas na produção do xilema são designadas como *i*, i_1, i_2, e i_3; as células-mãe do xilema como *d* e d_1; e as células derivadas de um par de células-filhas como *t*. A inicial original antes da divisão é encontrada na coluna **A**. Sua divisão dá origem à inicial que a sucede i_1 e na célula-mãe *m* (coluna **B**), cada uma dessas então se expande para um tamanho de pré-divisão (coluna **C**). Na coluna **D**, i_1 já se dividiu em i_2 e m_1, e *m* se dividiu para produzir um par de células-filhas *d*. O grupo de quatro células nas colunas **D** e **E** correspondem às quatro de Sanio. Nas colunas **F** e **G** podem ser reconhecidas tanto as quatro de Sanio quanto as quatro em expansão. (Redesenhado de A. Mahmood. 1968. *Australian Journal of Botany* 16, 177-195, com permissão da publicação CSIRO, Melbourne, Australia. © CSIRO.)

Estudos de imunolocalização no câmbio vascular de raízes principais de *Aesculus hippocastanum* (Chaffey et al., 1997a) suportam os pontos de vista de Catesson e seus colegas (Catesson et al., 1994), com respeito à composição das paredes das células cambiais.

Outros critérios, além da espessura diferencial da parede celular, têm sido utilizados na tentativa de identificar as iniciais cambiais. Bannan (1955) relatou que a inicial em funcionamento poderia ser identificada nas secções radiais de *Thuja occidentalis* por serem ligeiramente mais curtas do que as contíguas derivadas células-mãe do xilema. Newman (1956) usou a célula menor no raio, a qual ele considerou como a inicial radial, para identificar as iniciais nas fileiras vizinhas de células fusiformes em *Pinus radiata*. As células cambiais que sofreram recentemente divisão anticlinal têm sido utilizadas para identificar as iniciais (Newman, 1956; Philipson et al., 1971), mas divisões anticlinais das iniciais cambiais nunca são frequentes, e as derivadas cambiais podem também se dividir anticlinalmente (Cumbie, 1963; Bannan, 1968; Murmanis, 1970; Catesson, 1964, 1974).

Como notado por Catesson (1994), a dificuldade em reconhecer as iniciais cambiais é consequência de uma quase total ignorância dos eventos moleculares ligados à produção das derivadas e dos passos iniciais da diferenciação das derivadas. Os primeiros marcadores reconhecíveis, no nível de microscopia de luz e eletrônica, são o alargamento e o espessamento da parede celular. Durante o alargamento e o espessamento os processos bioquímicos que levam à determinação e diferenciação celular já estão em curso. Estudos preliminares da estrutura, composição e desenvolvimento da parede celular têm fornecido alguma ideia das primeiras mudanças na parede celular das derivadas cambiais, incluindo as diferenças na biossíntese inicial do esqueleto microfibrilar nas paredes das células das derivadas dos lados do xilema e do floema (Catesson, 1989; Catesson et al., 1994; Baïer et al., 1994), e mudanças no arranjo dos microtúbulos corticais das células dormentes do câmbio, de paredes espessas, para as células que estão se dividindo ativamente, de paredes finas, e para as derivadas cambiais em diferenciação (Chaffey et al., 1997b, 1998).

Estudos bioquímicos e de imunolocalização da pectina no câmbio vascular de *Populus* spp, indicam que diferenças na distribuição e composição da pectina podem ser utilizadas como marcadores iniciais da diferenciação celular tanto do xilema quanto do floema (Guglielmino et al., 1997b; Ermel et al., 2000; Follet-Gueye et al., 2000). Esses estudos confirmam os resultados de um estudo anterior indicando que a distribuição da pectina e a localização do cálcio nas células do lado do xilema diferem das do lado do floema em um estágio muito inicial (Baïer et al., 1994). A imunolocalização de pectina metil esterase, que controla o grau de metilação e a plasticidade das paredes celulares, também revelou uma distribuição diferente das enzimas nas células cambiais e suas derivadas diretas que estão se dividindo ativamente (Guglielmino et al., 1997a). Inicialmente, as enzimas ocorreram exclusivamente nos corpúsculos de Golgi, mais tarde, tanto nos corpúsculos de Golgi quanto nas junções das células, indicando que a atividade da pectina metil esterase neutra pode também ser considerada um marcador precoce de diferenciação nas derivadas cambiais (Micheli et al., 2000).

MUDANÇAS NO DESENVOLVIMENTO

Como o xilema secundário aumenta em espessura, o câmbio é deslocado para fora e sua circunferência aumenta. Esse aumento é acompanhado pela divisão das células, mas em espécies arbóreas também envolve um fenômeno complexo de crescimento intrusivo, perda de iniciais, e formação de iniciais radiais a partir das iniciais fusiformes. As mudanças no câmbio são refletidas pelas mudanças nas fileiras radiais das células no xilema ou floema como visto em secções tangenciais seriadas. Acompanhando essas mudanças, é possível reconstruir os eventos passados no câmbio.

Eventos no câmbio das coníferas podem ser seguramente inferidos a partir de mudanças no número e orientação de traqueídes porque as traqueídes sofrem relativamente pouco alongamento (crescimento intrusivo apical) e expansão lateral durante a diferenciação. Diferentemente, o padrão cambial, em geral, não é bem preservado no xilema secundário das folhosas. O alongamento das fibras nas folhosas é geralmente muito maior do que o alongamento das traqueídes nas coníferas. Esse alongamento, juntamente com uma expansão lateral considerável dos elementos de vaso em diferenciação, impede a observação completa na continuidade das mudanças cambiais em tal xilema secundário. Em algumas folhosas, entretanto, a camada terminal do xilema em cada anel anual preserva um padrão celular que existia no câmbio quando aquela camada foi formada (Hejnowicz e Krawczyszyn, 1969; Krawczyszyn, 1977; Włoch et al., 1993). Assim, as camadas terminais do xilema dos anéis anuais sucessivos podem ser usadas para determinar mudanças estruturais periódicas que tenham ocorrido no câmbio. Nas folhosas, mudanças podem ser seguidas por meio da orientação e posições relativas (separação e união) dos raios do xilema (Krawczyszyn, 1977; Włoch e Szendera, 1992). Em ainda outras, mudanças no desenvolvimento do câmbio podem ser determinadas a partir de estudos de secções tangenciais seriadas do floema, que fornecem grandes quantidades de floema relativamente não distorcido com incrementos em crescimento facilmente distintos que se acumulam na casca (Evert, 1961).

As divisões que aumentam o número de iniciais são chamadas **divisões multiplicativas** (Bannan, 1955). Em espécies que têm o câmbio estratificado (câmbio que tem iniciais fusiformes curtas), as divisões multiplicativas são, em sua maioria, divisões anticlinais radiais (Fig. 12.8A; Zagórska-Marek, 1984). Assim, duas células aparecem lado a lado onde uma estava presente anteriormente, e cada uma delas aumenta tangencialmente. Um leve crescimento intrusivo apical recupera as extremidades pontiagudas das células-filhas. Nas eudicotiledoneas herbáceas e arbustivas as divisões anticlinais são frequentemente laterais; o que significa que elas se interceptam duas vezes com a mesma parede celular-mãe (Fig. 12.8B; Cumbie, 1969). Nas espécies que têm o câmbio não estratificado (câmbio com iniciais longas), as iniciais se divi-

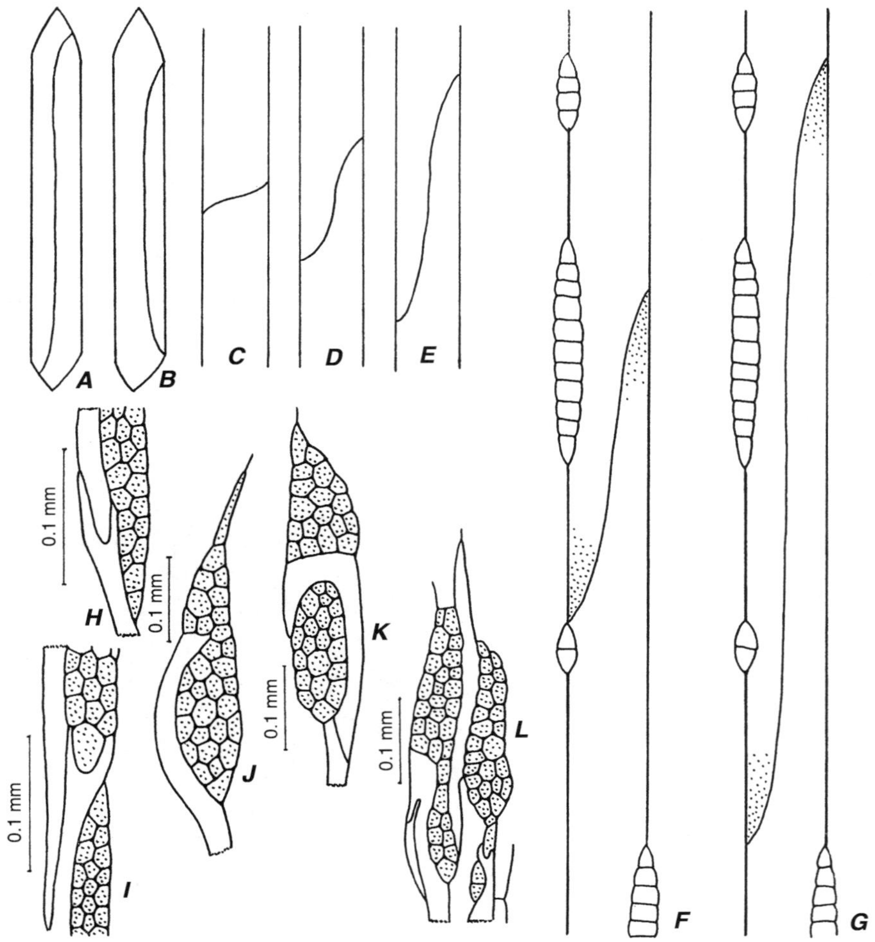

FIGURA 12.8

Divisão e crescimento das iniciais fusiformes. Inicial dividida: **A**, por parede anticlinal radial; **B**, por parede anticlinal lateral; **C-E**, por várias paredes anticlinais oblíquas. **F**, **G**, divisão anticlinal oblíqua é seguida por crescimento intrusivo apical (os ápices crescendo estão pontilhados). **H**, **I**, bifurcação das iniciais fusiformes durante crescimento intrusivo (*Juglans*). **J-L**, intrusão de iniciais fusiformes dentro dos raios (*Liriodendron*). (Todas em vista tangencial.) (Obtido de Esau, 1977.)

dem pela formação de paredes anticlinais mais ou menos inclinadas ou oblíquas (Fig. 12.8C-E; ***divisões pseudotransversais***), e cada nova célula se alonga por crescimento intrusivo apical. Como resultado desse crescimento, as novas células irmãs se depositam lado a lado no plano tangencial (Fig. 12.8 F, G) e assim elas aumentam a circunferência do câmbio. Durante o crescimento intrusivo, as extremidades das células podem se bifurcar (Fig. 12.8H, I). As iniciais radiais também se dividem anticlinalmente radialmente nas espécies que têm raios multisseriados. Embora tanto as células-mãe do xilema quanto as do floema possam, algumas vezes, se dividir anticlinalmente, divisões anticlinais criando novas iniciais cambiais estão restritas às iniciais cambiais: somente iniciais cambiais podem gerar iniciais cambiais.

Existe uma ampla gama de variação na razão das iniciais radiais para iniciais fusiformes; por exemplo, as iniciais fusiformes constituem 25% da área cambial em *Dillenia indica* (Ghouse e Yunus, 1974) e 100% nas sem raio *Alseuosmia macrophylla* e *A. pusilla* (Paliwal e Srivastava, 1969). A razão das iniciais radiais para iniciais fusiformes tende a aumentar com a idade do caule, mas alcança um limite além do qual este não muda, resultando em uma proporção de células de raio característica das espécies (Ghouse e Yunus, 1976; Gregory, 1977).

A formação de novas iniciais radiais a partir de iniciais fusiformes ou de seus segmentos é um fenômeno comum

A adição de novas iniciais radiais mantém uma constância relativa na razão entre os raios e os componentes axiais do cilindro vascular (Braun, 1955). Essa constância resulta da adição de novos raios à medida que a coluna do xilema aumenta em circunferência; ou seja, novas iniciais radiais aparecem no câmbio. Essas novas iniciais radiais são derivadas das iniciais fusiformes.

As iniciais dos novos raios unisseriados podem surgir como células únicas que são destacadas das extremidades ou das laterais das iniciais fusiformes (coníferas, Braun, 1955) ou por divisões transversais dessas iniciais (eudicotiledôneas herbáceas e arbustivas, Cumbie, 1967a, b, 1969). A origem dos raios, entretanto, pode ser um processo altamente complicado que envolve subdivisão transversal das iniciais fusiformes em várias células, perda de alguns dos produtos dessas divisões, e a transformação de outras em iniciais radiais (Braun, 1955; Evert, 1961; Rao, 1988). Em coníferas e eudicotiledôneas, novos raios unisseriados começam como raios de uma a duas células de altura e somente gradualmente atingem a altura típica para a espécie (Braun, 1955; Evert, 1961).

O aumento em altura dos raios ocorre pela união de iniciais radiais recém-formadas com as já existentes, por meio de divisões transversais de iniciais radiais, e por meio da fusão de raios localizados um em cima do outro (Fig. 12.9). Na formação de raios multisseriados estão envolvidas divisões radiais anticlinais e fusões de raios lateralmente próximos. Há indicação de que, no processo de fusão, algumas iniciais fusiformes que se intervêm entre os raios são convertidas em iniciais radiais por divisões transversais; outras são deslocadas para o xilema ou floema e são assim perdidas da zona inicial. O processo reverso, divisão de raios, também ocorre. Um método comum de tal divisão envolve o rompimento de um painel de iniciais radiais por uma inicial fusiforme que se intromete entre as iniciais do raio (Fig. 12.8I-L). Em algumas espécies, os raios são cortados por meio da expansão de iniciais do raio para o tamanho de uma fusiforme.

O fenômeno de perda de iniciais tem sido estudado extensivamente em coníferas (Bannan, 1951-1962; Forward e Nolan, 1962; Hejnowicz, 1961) e menos em angiospermas (Evert, 1961; Cumbie, 1963, 1984; Cheadle e Esau, 1964). A perda de iniciais fusiformes é normalmente gradual. Antes que uma inicial seja eliminada do câmbio, seus precursores falham ao se expandirem de forma normal – possivelmente pela diminuição em tamanho por meio da perda de turgor – e se tornam anormais no seu formato. As divisões periclinais desiguais separam tais células em derivadas menores e maiores, sendo a menor a que permanece como inicial (Fig. 12.10C, G). Assim, gradualmente, a inicial em declínio é reduzida em tamanho, particularmente em comprimento (Fig. 10.10D-F). Algumas das iniciais curtas falham na maturidade; o que significa que elas são perdidas totalmente do câmbio por amadurecerem em elementos do xilema ou do floema. Outras se tornam iniciais radiais com ou sem divisões adicionais. Nas secções transversais a perda de iniciais é revelada por descontinuidades nas fileiras radiais de células (Fig. 12.10A). O espaço deixado por uma inicial em declínio é preenchido pela expansão lateral e/ou pelo crescimento intrusivo das iniciais sobreviventes. Em *Hibiscus lassiocarpus* (Cumbie, 1963), *Aeschynomene hispida* (Butterfield, 1972), e *Aeschynomene virginica* (Cumbie, 1984) – todas as três eudicotiledôneas herbáceas – não há perda total de iniciais fusiformes, somente a conversão de iniciais fusiformes em iniciais radiais.

A perda de iniciais fusiformes está associada com as divisões anticlinais que dão surgimento às novas iniciais. A produção de novas iniciais resulta geralmente em um número de células muito acima do necessário para a expansão adequada em circunferência. Esse excesso em produção é acompanhado por uma perda massiva, de tal forma que o ganho líquido representa somente uma parte pequena do número produzido. A perda parece estar relacionada ao vigor de crescimento. Em *Thuja occidentalis* a taxa de sobrevivência foi de 20% quando o incremento anual de xilema foi de 3mm de largura, enquanto com incrementos mais baixos a taxa de perda e a de nova produção foi quase igual (Bannan, 1960a). A acomodação para o aumento em circunferência provavelmente ocorreu por meio do alongamento das células. Em *Pyrus communis*, a perda total de novas iniciais fusiformes foi calculada em 50%; aproximadamente outros 15% foram transformados em iniciais radiais (Fig. 12.11; Evert, 1961). Consequentemente, so-

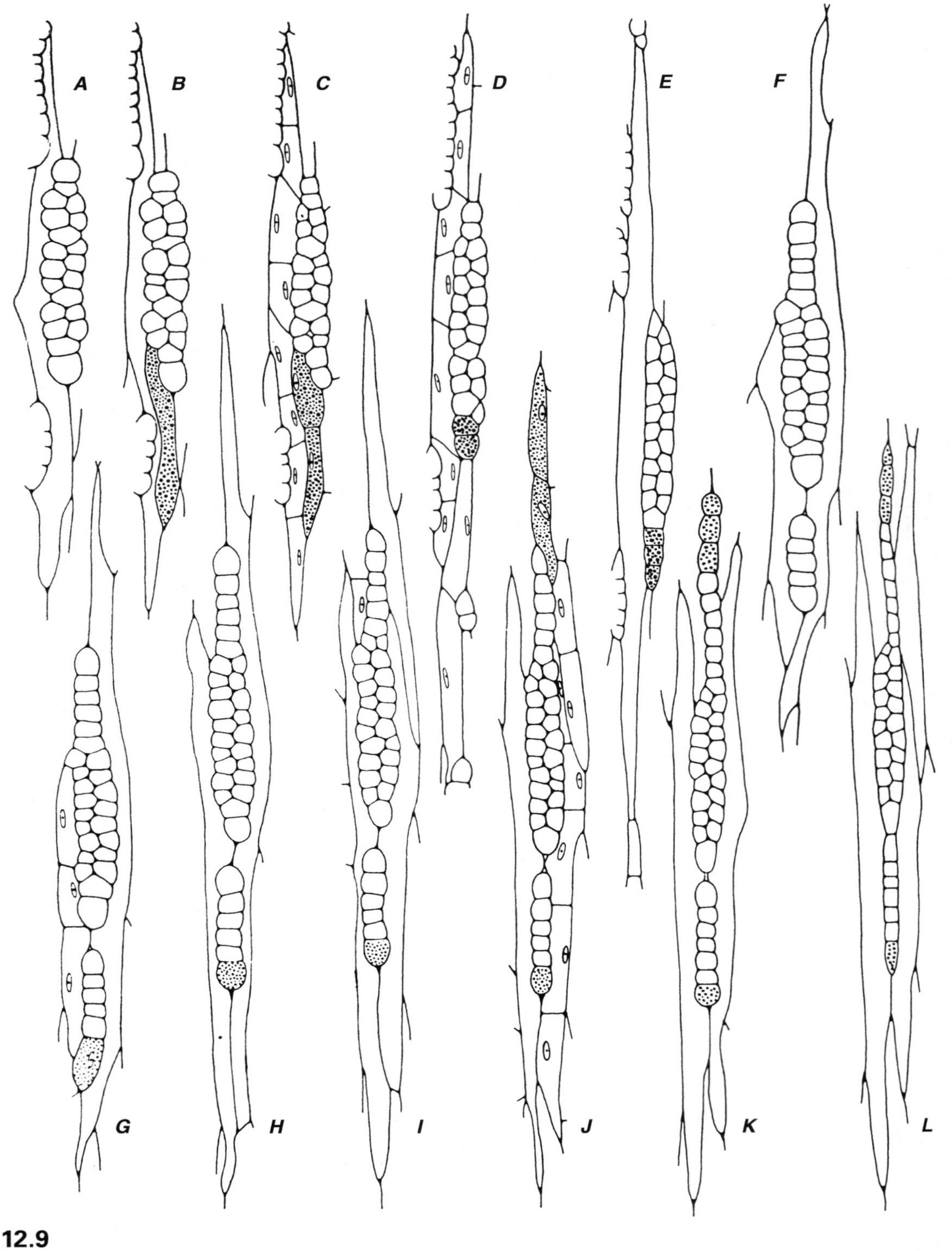

FIGURA 12.9

Desenhos de secções tangenciais seriadas do floema de pera (*Pyrus communis*) para ilustrar as mudanças do desenvolvimento no câmbio. Em ambas as séries (**A**-**E**; **F**-**L**) cada secção sucessiva está mais próxima do câmbio. **A**-**D**; **F**-**K** representam as derivadas das iniciais cambiais; **E** e **L** estão no câmbio. Células pontilhadas marcam a origem da inicial radial. As células do parênquima estão com núcleo; elementos de tubo crivados, células do raio, e células cambiais estão sem núcleo. Nas séries **A**-**E**, novos raios iniciais surgem de um segmento cortado do lado de uma inicial fusiforme (**B**). Nas séries **F**-**L**, novas iniciais do raio surgem de dois modos: de um segmento cortado da extremidade de uma inicial fusiforme (**G**) e através de uma redução no comprimento de uma inicial fusiforme relativamente curta seguido pela sua conversão para iniciais radiais (**J**, **K**). Notar a maneira pela qual o raio atingiu sua altura em **L**. (Todas, ×260. A partir de Evert, 1961.)

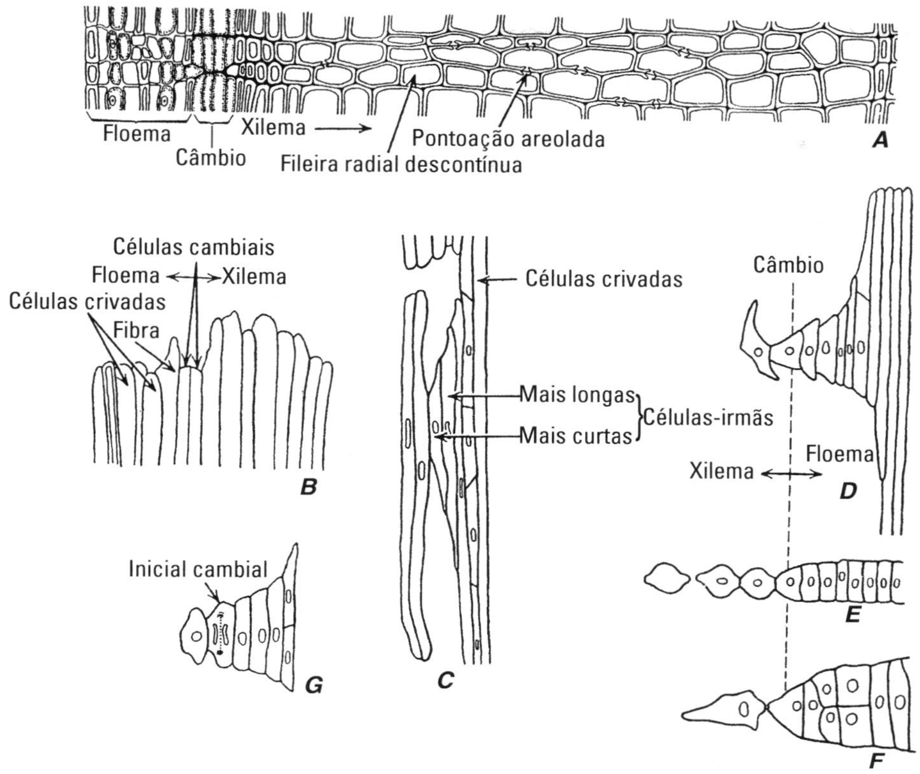

FIGURA 12.10

Câmbio vascular de *Thuja occidentalis*. **A**, secção transversal mostrando relação do xilema e floema para o câmbio. A fileira radial descontínua é representada no xilema e no floema mas não no câmbio – perda da inicial fusiforme. **B**-**G**, secções radiais. **B**, diferenças nos comprimentos das células na zona cambial. **C**, estágio inicial do encurtamento das células cambiais por divisão periclinal assimétrica. **D**, estágio anterior, e **E**-**G**, estágios posteriores no encurtamento das iniciais fusiformes para as dimensões das iniciais radiais. (A partir de Bannan, 1953, 1955.)

mente em torno de 35% das novas iniciais que surgiram por meio de divisão anticlinal sobreviveram e repetiram o ciclo de alongamento e divisão. Em *Liriodendron*, a perda de iniciais por amadurecimento e pela conversão em iniciais radiais quase se igualou à adição de novas iniciais fusiformes para o câmbio (Cheadle e Esau, 1964). Uma evidência considerável indica que após divisão anticlinal, tanto em coníferas quanto em angiospermas lenhosas, as células-irmãs mais longas e com os contatos mais extensivos com raios são as que tendem a sobreviver (Bannan, 1956, 1968; Bannan e Bayly, 1956; Evert, 1961; Cheadle e Esau, 1964). Tem sido sugerido que as iniciais fusiformes com maior contato com raios sobrevivem porque estão em melhor posição para competir por água, alimento e outras substâncias necessárias para o crescimento (Bannan, 1951), e que a seleção das iniciais fusiformes irmãs mais longas contribui para a manutenção de um comprimento celular eficiente nos tecidos vasculares secundários (Bannan e Bayly, 1956). Como mencionado anteriormente, as divisões anticlinais são seguidas pelo alongamento intrusivo das células resultantes. A direção desse alongamento pode ser polar. Em *Thuja occidentalis*, por exemplo, foi encontrado um alongamento consideravelmente maior para baixo do que para cima (Bannan, 1956). Em um estudo posterior com 20 espécies de coníferas, Bannan (1968) encontrou que em algumas áreas do câmbio a menor das duas células-irmãs foi a mais provável de sobreviver, enquanto que em outras áreas o reverso foi o verdadeiro. Embora variação considerável tenha ocorrido dentro de uma única árvore, existiu uma tendência geral dentro da espécie para manter as células-irmãs menores ou maiores que tinham a melhor chance de sobrevivência. O alongamento da célula é predominantemente basípeto quando a célula menor tende a sobreviver e predominantemente acrópeto quando a célula maior sobrevive.

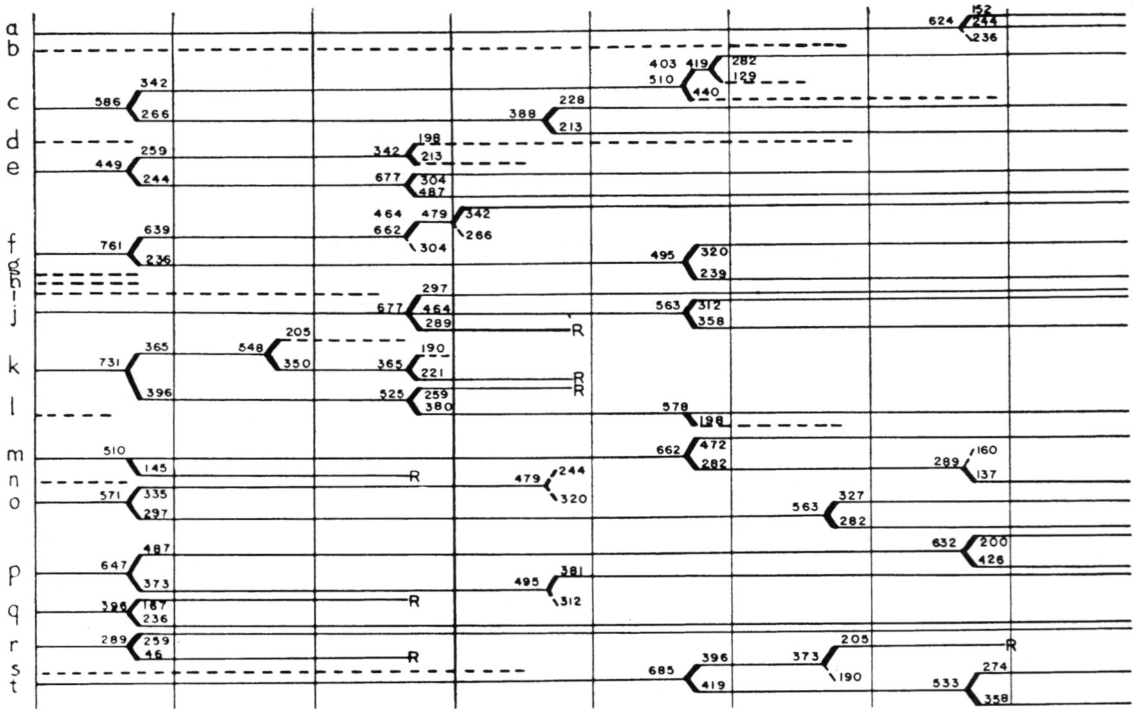

FIGURA 12.11

Diagrama ilustrando as mudanças no desenvolvimento que ocorreram acima de um período de sete anos em uma área do câmbio vascular de pera (*Pyrus communis*) como determinado de secções tangenciais seriadas do floema secundário. Cada série linear horizontal retrata as mudanças que ocorreram dentro de um grupo de iniciais relacionadas durante o período de sete anos. A bifurcação de uma linha horizontal representa a divisão de uma inicial; um ramo lateral indica uma divisão que produziu um segmento do lado de uma inicial. As linhas tracejadas marcam as iniciais que faltam, e a terminação dessas linhas denota o desaparecimento das iniciais do câmbio. A letra R significa a transformação de uma inicial fusiforme para uma ou mais iniciais radiais. As linhas verticais identificam os incrementos de crescimento anuais. Nenhuma tentativa foi feita para indicar diferenças nas larguras dos incrementos de crescimento. O incremento de crescimento mais velho (mais distante do câmbio) está à esquerda. (Obtido de Evert, 1961.)

O crescimento intrusivo das iniciais cambiais fusiformes é geralmente pensado como um fenômeno que ocorre entre as paredes radiais, com pouca ou nenhuma mudança na inclinação da célula. Sob tais circunstâncias os pacotes de células originados de uma dada inicial estariam localizados na mesma fileira radial. Entretanto, o crescimento intrusivo das terminações das células iniciais pode ocorrer entre as paredes periclinais das fileiras de células vizinhas, trazendo mudanças na inclinação da célula o que resulta no deslocamento dos pacotes nos planos tangenciais. Sob essas circunstâncias uma fileira única de células pode consistir de pacotes com origens de diferentes iniciais cambiais (Włoch et al., 2001).

Nas árvores com taxas de crescimento moderado, a maioria das divisões multiplicativas (anticlinais) ocorre ao final do período de máximo crescimento relacionado com a produção sazonal de xilema e floema (Braun, 1955; Evert, 1961, 1963b; Bannan, 1968). Nas plantas com câmbio não estratificado, esse tempo, com relação às divisões, indica que o câmbio contém, em média, iniciais fusiformes mais curtas logo depois que essas divisões acontecem e mais compridas antes. Posteriormente, as novas células sobreviventes se alongam de tal forma que o comprimento médio das iniciais aumenta até um novo período de divisões que se segue próximo ao término da estação de crescimento. Essa flutuação no comprimento médio das iniciais fusiformes é refletida na variação do comprimento de suas derivadas (Tabela 12.1). Em árvores jovens e que estão crescendo vigorosamente, as divisões anticlinais são menos restritas ao final da estação de crescimento e podem ser frequentes durante todo o período de crescimento.

Os domínios podem ser reconhecidos dentro do câmbio

Como mencionado anteriormente, no câmbio não estratificado, o aumento na sua circunferência envolve divisões pseudotransversais, ou anticlinais oblíquas, seguidas por crescimento intrusivo apical das duas células-filhas. A orientação desses dois eventos pode ser ou para a direita (Z) ou para a esquerda (S) (Zagórska-Marek, 1995). A distribuição das configurações Z e S na superfície cambial tende a não ser aleatórea, assim existem áreas em que uma ou outra configuração prevalece. Tais áreas são chamadas **domínios cambiais** (Fig. 12.12). Geralmente, a inclinação das iniciais nos mesmos domínios apresenta ciclos ou alterações com o tempo, de Z a S, e vice-versa. A escala e os aspectos temporais dessas mudanças determinam se a grã da madeira é direita, espiral, ondulada, ou entrecruzada, ou mesmo com um padrão mais complexo (Krawczyszyn e Romberger, 1979; Harris, 1989; Włoch et al., 1993). Nos câmbios que produzem madeira com grã direita, o efeito de eventos não aleatórios é minimizado pelas suas baixas frequências (Hejnowicz, 1971).

Nas espécies com câmbio estratificado, o mecanismo de reorientação, para a direita (Z) ou para a esquerda (S), depende principalmente do crescimento intrusivo e da eliminação de partes das iniciais, como um resultado de divisões periclinais desiguais (Hejnowicz e Zagórska-Marek, 1974; Włoch, 1976, 1981). O crescimento intrusivo produz uma extremidade nova ao lado da original, resultando na formação de uma extremidade bifurcada. Finalmente a divisão periclinal desigual divide a inicial em duas células desiguais em tamanho. A célula com a extremidade velha perde a função de inicial, tornando-se ou uma célula-mãe do xilema ou do floema (Włoch e Polap, 1994).

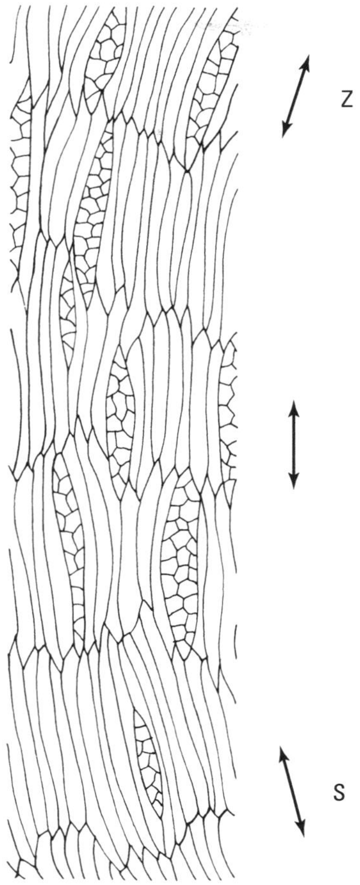

FIGURA 12.12

Diagrama do câmbio vascular, visto em secção tangencial, mostrando domínios que se alternam. Abaixo, os eixos da célula são inclinados para a esquerda (S), no meio do diagrama paralelo ao eixo do caule, e, acima, para a direita (Z). (A partir de Catesson, 1984. © Masson, Paris.)

Tabela 12.1 – Comprimentos médios dos primeiros e dos últimos elementos formados (elementos de tubo crivados e séries parenquimáticas) de 7 incrementos de crescimento sucessivos em uma área definida do floema secundário de *Pyrus communis*

Comprimentos Médios (μm)	
Primeiros Elementos Formados	Últimos Elementos Formados
299	461
409	462
367	479
420	476
369	475
362	467
384	462

Fonte: Evert, 1961.

MUDANÇAS SAZONAIS NA ULTRAESTRUTURA DA CÉLULA CAMBIAL

Virtualmente toda a informação disponível sobre as mudanças que acompanham o ciclo sazonal da atividade meristemática no câmbio vascular no nível ultraestrutural vem de estudos das espécies arbóreas temperadas (Barnett, 1981, 1992; Rao, 1985; Sennerby-Forsse, 1986; Fahn e Werker, 1990; Catesson, 1994; Larson, 1994; Farrar e Evert, 1997a; Lachaud et al., 1999; Rensing e Samuels, 2004). Em geral, as

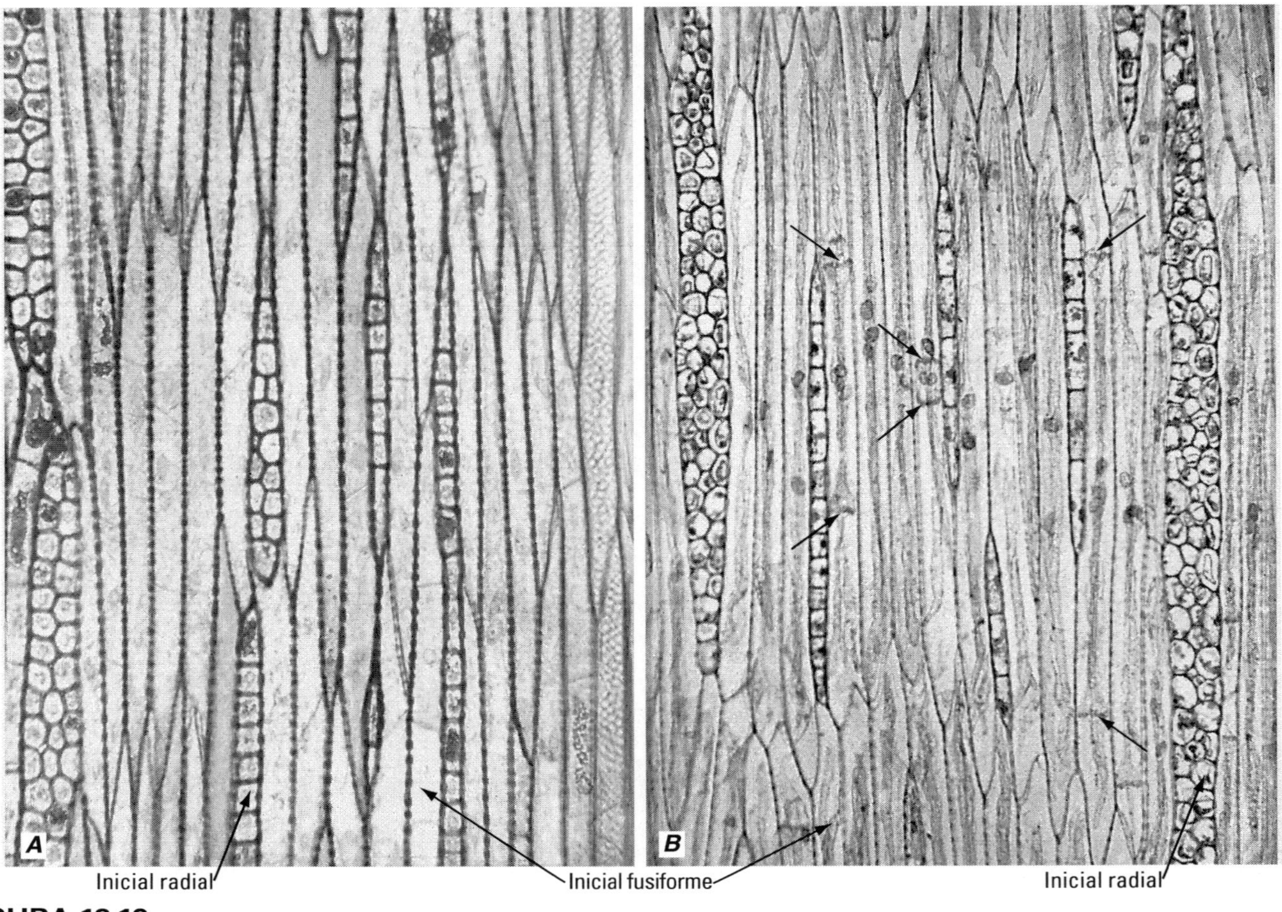

FIGURA 12.13

Câmbio dormente (**A**) e ativo (**B**) de *Tilia americana* visto em secções tangenciais. Notar a aparência de contas das paredes radiais das células fusiformes dormentes em **A**, e o fragmoplasto (setas) em células fusiformes se dividindo em **B**. (Ambas, ×400.)

mudanças são basicamente similares, tanto para as espécies folhosas quanto para as coníferas. Algumas mudanças – tais como o grau de vacuolação e armazenamento de produtos – estão associadas com a aclimatação ao frio (endurecimento) ou desaclimatação (perda de dureza) e têm sido descritas para outros tecidos (Wisniewski e Ashworth, 1986; Sagisaka et al., 1990; Kuroda e Sagisaka, 1993).

As células do câmbio dormente são caracterizadas pela densidade de seus protoplastos e pela espessura de suas paredes, mais notavelmente das suas paredes radiais, que têm uma aparência de contas quando vistas nas secções tangenciais (Fig. 12.13A). A aparência de contas é devida à presença de campos de pontoação primária que se alternam com as áreas espessadas da parede.

Tanto as células fusiformes quanto as radiais do câmbio dormente contêm numerosos vacúolos pequenos (Fig. 12.14). Os vacúolos comumente contêm material proteináceo, outros podem conter polifenóis (taninos). Lipídios na forma de gotas são produtos comuns armazenados nas células cambiais dormentes. Geralmente seu ciclo é o oposto ao do amido. Por exemplo, enquanto as gotas de lipídios são numerosas nas células cambiais dormentes em *Robinia pseudoacacia*, os grãos de amido estão ausentes nessas células (Farrar e Evert, 1997a). O reverso é verdadeiro nas células do câmbio ativo. A hidrólise do amido durante a transição para a dormência pode ser um componente de um mecanismo de tolerância ao congelamento nas árvores de zona temperada, os açúcares resultantes servindo como crioprotetores.

Durante a transição para a dormência e espessamento das paredes das células do câmbio, a atividade do Golgi é alta e a membrana plasmática

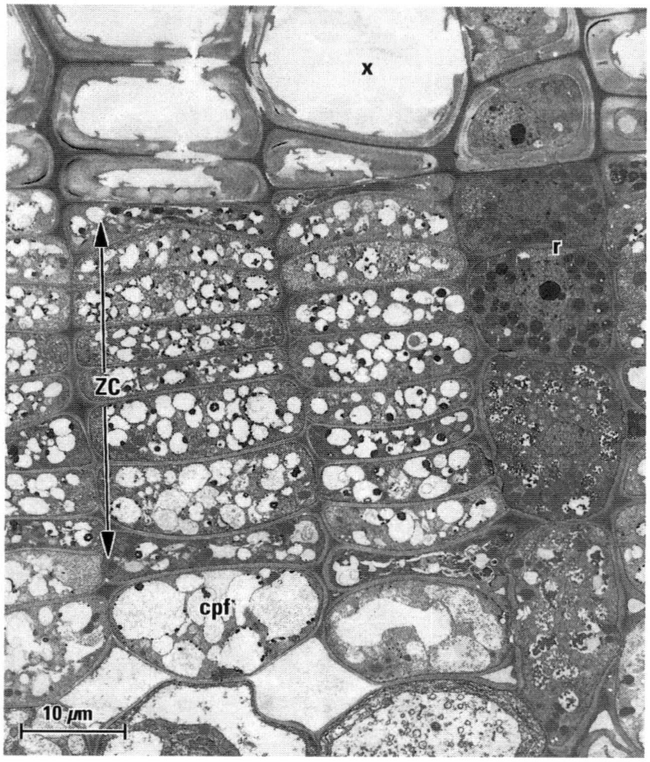

FIGURA 12.14

Micrografia eletrônica da secção transversal do câmbio dormente de *Robinia pseudoacacia*. A zona cambial (zc) está delimitada por xilema maduro (x) acima e por células do parênquima do floema (cpf) imediatamente abaixo. As duas séries de células fusiformes são delimitadas por um raio (r) à direita. Notar os numerosos vacúolos pequenos (áreas claras) nas células fusiformes. (Obtido de Farrar e Evert, 1997a, Fig. 2. © 1997, Springer-Verlag.)

contém numerosas invaginações. Gradualmente os corpúsculos de Golgi tornam-se inativos, e a membrana plasmática assume um contorno liso. A ciclose para. As células cambiais dormentes contêm numerosos ribossomos livres que não estão agregados como polissomos e, principalmente, retículo endoplasmático tubular liso. As células cambiais contêm todos os componentes citoplasmáticos típicos das células parenquimatosas.

A reativação do câmbio é precedida pela retomada da ciclose seguida pela hidrólise dos produtos que estão armazenados, e a união de numerosos pequenos vacúolos para formar poucos vacúolos maiores. A formação de poucos vacúolos maiores nas células cambiais de *Populus trichocarpa* durante a reativação tem sido mostrada estar associada com um aumento na absorção de K^+, provavelmente mediado pela atividade de uma H^+-ATPase de membrana plasmática (Arend e Fromm, 2000). Concomitantemente, a membrana plasmática se torna de contorno irregular e começa a formar numerosas invaginações pequenas. Algumas invaginações aumentam em tamanho, sobressaem no vacúolo, e empurram o tonoplasto para dentro. Essas invaginações, com seus conteúdos, finalmente são comprimidas para dentro do vacúolo. Esse é um período de muito transporte na membrana. A reativação cambial é também precedida por uma perda parcial da espessura das paredes radiais, especialmente nas junções das células (Rao, 1985; Funada e Catesson, 1991). Com a renovação da atividade cambial, as paredes radiais das células cambiais afinam (Fig. 12.13B).

Os microtúbulos corticais das células cambiais fusiformes estão arranjados aleatoriamente (Chaffey, 2000; Chaffey et al., 2000; Funada et al., 2000; Chaffey et al., 2002). Feixes de filamentos de actina foram observados nas células cambiais fusiformes (Chaffey, 2000; Chaffey e Barlow, 2000; Funada et al., 2000). Estes são mais ou menos orientados longitudinalmente ou arranjados como uma série de hélices paralelas de tamanho pequeno. Os feixes de filamento de actina aparentemente se estendem até o comprimento da célula. Os microtúbulos corticais nas células radiais da zona cambial são também arranjados aleatoriamente. Em contraste, feixes de filamentos de actina são menos frequentes nas células cambiais dos raios do que nas células cambiais fusiformes, e eles estão arranjados aleatoriamente (Chaffey e Barlow, 2000). Esses arranjos dos microtúbulos e filamentos de actina persistem por todo o ciclo sazonal em ambos os tipos celulares cambiais.

A característica mais conspícua das células fusiformes do câmbio ativo é a presença de um vacúolo grande central (Fig. 12.15A). Essas células também são caracterizadas pela presença de retículo endoplasmático, principalmente rugoso, ribossomos principalmente agregados como polissomos, e considerável atividade do Golgi. A Tabela 12.2 sumariza, em geral, algumas das mudanças citológicas que ocorrem no câmbio durante o ciclo sazonal.

Os núcleos das células cambiais fusiformes também exibem variações sazonais. Nas coníferas, os núcleos tendem a ser muito mais longos e mais estreitos durante o outono e o inverno do que du-

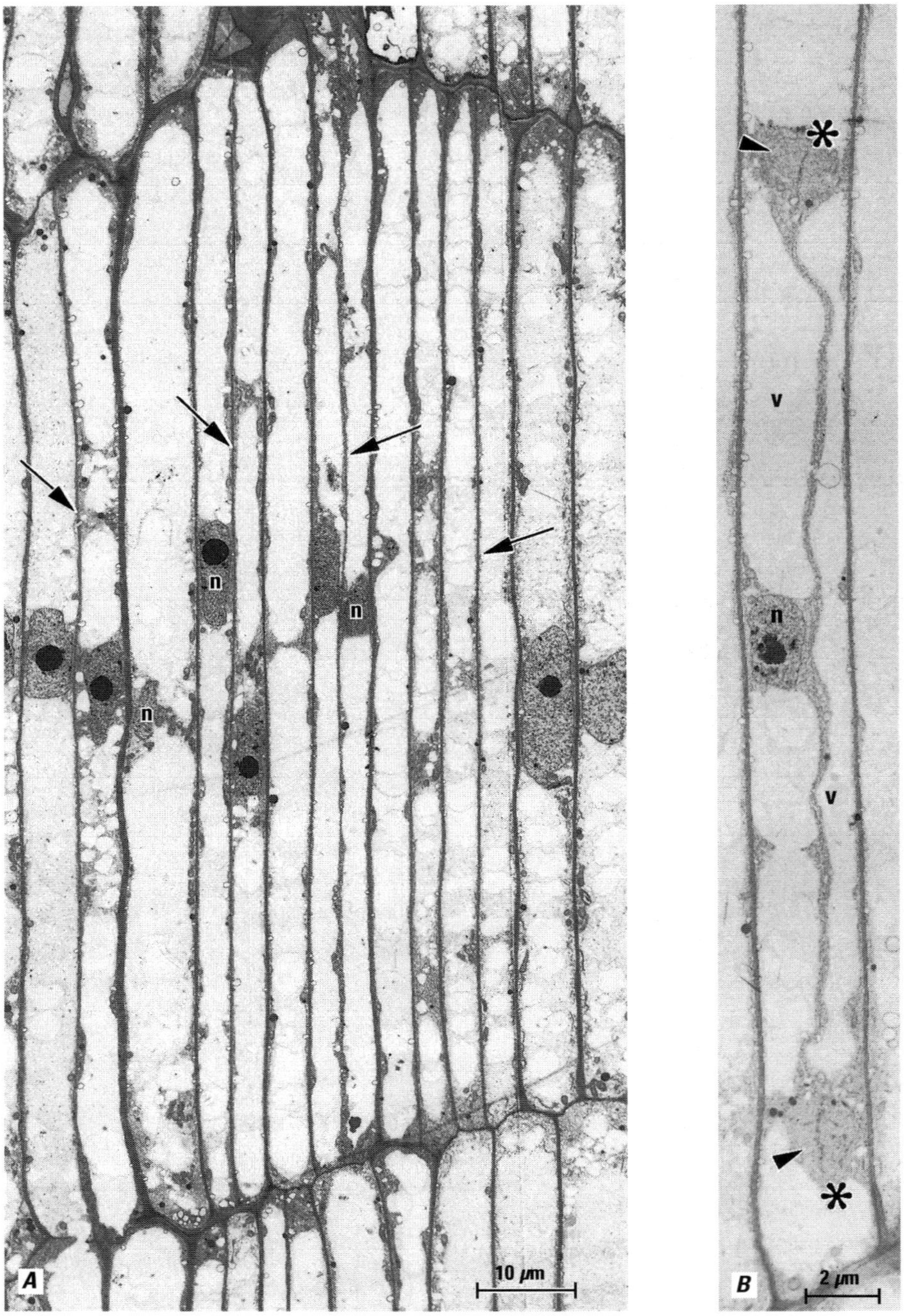

FIGURA 12.15

Vistas radiais de células fusiformes no câmbio ativo de *Robinia pseudoacacia*. **A**, vista da zona cambial mostrando células fusiformes altamente vacuoladas, uninucleadas. Setas apontam para paredes tangenciais recentemente formadas. **B**, vista do fragmoplasto (cabeças de seta) e placa celular em desenvolvimento em células fusiformes em divisão. O fragmossomo é representado pela região do citoplasma antes do fragmoplasto (asterisco). Outros detalhes: n, núcleo; v, vacúolo. (Obtido de Farrar e Evert, 1997b, Figs. 2 e 17. © 1997, Springer-Verlag.)

rante a primavera e o verão (Bailey, 1920b). Nas folhosas *Acer pseudoplatanus* (Catesson, 1980) e *Tectona grandis* (Dave e Rao, 1981), o cessar da atividade cambial é seguido por um decréscimo no diâmetro dos nucléolos que assumem uma aparência de repouso, indicativo de um estado de baixa síntese de RNA. Mudanças similares no comportamento nuclear foram observadas em *Abies*

Tabela 12.2 – Mudanças citológicas no câmbio durante o ciclo sazonal

Estágio Fisiológico	Atividade	Transição para Dormência	Dormência	Reativação
Núcleo	Dividindo	Estágio G_1	Estágio S	Estágio S ou G_2
Diâmetro do Nucléolo	Bem grande	Decrescente	Bem pequeno	Aumentando
Vacúolos	Poucos, grandes	Vários, fragmentando	Pequenos, numerosos	Numerosos, coalescentes
Ciclose	Sim	Sim	Não	Sim
Corpúsculos de Golgi	Numerosos, ativo	Numerosos, ativo	Poucos, na maioria inativos	Retomada de atividade
RE	Rugoso	Rugoso	Na maioria lisos	Rugoso
Ribossomos	Polissomos	Polissomos	Livres	Polissomos
Filamentos de Actina	Feixes em algumas espécies	NR	Feixes em algumas espécies	NR
Microtúbulos Corticais	Ao acaso	NR	Arranjados helicoidalmente	NR
Membrana Plasmática	Irregular, com algumas invaginações	Geralmente grandes invaginações	Lisa	Irregular, algumas invaginações
Mitocôndria	Circular a oval	Circular a alongado	Circular a oval	Circular a alongado
Plastídios	Pequenos com túbulos ou um pouco de tilacoides	Pequenos com túbulos ou um pouco de tilacoides	Pequenos com túbulos ou um pouco de tilacoides	Pequenos com túbulos ou um pouco de tilacoides

Fonte: Adaptado de Lachaud et al., 1999.
Nota: A presença de fitoferritina ou de inclusões densas e a presença e a distribuição sazonal de amido nos plastídeos depende da espécie. NR = não registrado.

balsamea (Mellerowicz et al., 1993). Flutuações no conteúdo do DNA também foram demonstradas nas células cambiais fusiformes de abeto (Mellerowicz et al., 1989, 1990, 1992; Lloyd et al., 1996). Ao final da estação de crescimento (setembro em Central New Brunswick, Canada) a interfase do núcleo no abeto permaneceu na fase G_1 e no nível DNA 2C até depois de dezembro, quando a síntese de DNA (fase S) foi retomada. Os níveis de DNA foram máximos no início da atividade cambial em abril. Eles decresceram durante a estação de crescimento cambial e alcançaram níveis mínimos em setembro.

A condição uninucleada das células cambiais fusiformes foi primeiro reconhecida por Bailey (1919, 1920c) e, desde então, tem sido aceita de modo geral por outros pesquisadores. Relatos ocasionais de células fusiformes multinucleadas têm aparecido na literatura (Patel, 1975; Ghouse e Khan, 1977; Hashmi e Ghouse, 1978; Dave e Rao, 1981; Iqbal e Ghouse, 1987; Venugopal e Krishnamurthy, 1989). Em tais casos a suposta condição multinucleada foi detectada em secções tangenciais do câmbio vista ao microscópio de luz. É provável que a aparência multinucleada resulte de diâmetros radiais estreitos de células fusiformes exatamente sobrepostas, cujos núcleos se encontram próximos, no mesmo plano focal (Farrar e Evert, 1997b). Utilizando microscopia de varredura confocal a laser, que claramente permitiu que fossem distinguidas as camadas de células adjacentes no câmbio, e a determinação o número de núcleos por célula, Kitin e colaboradores (Kitin et al., 2002) foram capazes de mostrar que as células fusiformes no câmbio de *Kalopanax pictus* são exclusivamente uninucleadas. A condição supostamente multinucleada das células fusiformes nas espécies arbóreas precisa ser reexaminada criticamente.

Pouca informação está disponível sobre a distribuição e frequência de plasmodesmos nas paredes das células cambiais. Em *Fraxinus excelsior*, a frequência de plasmodesmos tem sido relatada ser maior nas paredes tangenciais entre as células fusiformes (Goosen-de Roo, 1981). Em *Robinia pseudoacacia* (Farrar, 1995), plasmodesmos estão espalhados por todas as paredes tangenciais entre as células fusiformes; ou seja, não estão agregados em campos de pontoação primária. Diferentemente, os plasmodesmos, nas paredes tangenciais entre as células de raio, estão agregados em campos de pontoação primária. Além disso, os plasmodesmos estão agregados, em campos de pontoação primária nas paredes radiais, entre todas as combinações de células na região cambial: entre células fusiformes, entre células radiais, e entre células fusiformes e radiais. A frequência de plasmodesmos (plasmodesmos por micrômetro de interface da parede celular) é maior nas paredes tangenciais entre as células do raio. As menores frequências plasmodesmatais ocorrem nas paredes tangenciais entre as células fusiformes.

CITOCINESE DAS CÉLULAS FUSIFORMES

Como discutido previamente (Capítulo 4), muito antes da iniciação da citocinese em células vegetais relativamente pouco vacuoladas, o núcleo migra para o centro da célula. Os filamentos de citoplasma que suportam o núcleo então se agregam em uma placa citoplasmática, o fragmossomo, que corta a célula no plano que passa a ter posteriormente placa celular. Além do posicionamento nuclear e formação do fragmossomo, uma banda pré-profase de microtúbulos é geralmente formada, marcando o plano da placa celular futura. Assim, tanto o fragmossomo quanto a banda pré-profase definem o mesmo plano.

A citocinese das células fusiformes no câmbio vascular é de interesse especial por causa do maior comprimento dessas células, que são altamente vacuoladas, comparadas com as de menores dimensões que são a maioria das células vacuoladas das plantas. (As células fusiformes podem ser centenas de vezes mais longas do que são largas radialmente.) Ainda, quando uma célula cambial fusiforme se divide longitudinalmente, deve formar uma nova parede celular ao longo do seu comprimento total. Em tal divisão, inicialmente o diâmetro do fragmoplasto é muito mais curto do que o comprimento da célula (Fig. 12.16). Consequentemente o fragmoplasto e a placa celular alcançam as paredes longitudinais da célula fusiforme logo após a mitose, mas o progresso do fragmoplasto e da placa celular para as extremidades da célula é um processo extenso. Antes que as paredes laterais sejam alcançadas, o fragmoplasto aparece como uma aréola sobre os núcleos-filhos nas secções tangenciais do câmbio (Fig. 12.16A). Depois que as paredes laterais são cortadas pela placa celular – mas antes que as extremidades das células sejam alcançadas – o fragmoplasto aparece como duas barras que cortam as paredes laterais (Fig. 12.16A). Nas secções radiais, os fragmoplastos são vistos em vista seccional. Lá, eles têm um contorno quase do formato de uma cunha, sendo claramente convexo de frente e afilado na parte de trás ao longo da placa celular (Figs. 12.15B e 12.16B-D).

Tanto a calose quanto a miosina têm sido imunolocalizadas na placa celular das células cambiais fusiformes, mas não na porção da placa que se forma dentro do fragmoplasto, nas raízes e ápices caulinares de *Populus tremula* x *P. tremuloides*, *Aesculus hippocastanum*, e *Pinus pinea* (Chaffey e Barlow, 2002). Tubulina e actina, diferentemente, foram amplamente confinadas ao fragmoplasto, enquanto que os filamentos de actina estavam localizados ao lado da placa celular em crescimento, exceto para a porção da placa que se forma dentro do fragmoplasto. Foi sugerido que um sistema contráctil actomiosina pode desempenhar um papel de empurrar o fragmoplasto em direção às paredes da célula parental (Chaffey e Barlow, 2002).

Poucos estudos ultraestruturais foram publicados sobre a divisão celular em células fusiformes grandes, altamente vacuoladas, do câmbio vascular (Evert e Deshpande, 1970; Goosen-de Roo et al., 1980; Farrar e Evert, 1997b; Rensing et al., 2002). Esses estudos revelaram que a ultraestrutura e a sequência de eventos da mitose e da citocinese em dividir as células fusiformes são essencialmente similares aqueles observados durante a divisão de células mais curtas, com duas exceções. Em cinco das espécies examinadas – *Tilia americana*, *Ulmus americana* (Evert e Deshpande, 1970), *Robinia pseudoacacia* (Farrar e Evert, 1997b), *Pinus ponderosa* e *P. contorta* (Rensing et al., 2002) – bandas pré-profase parecem não existir nas células fusiformes, embora tais bandas tenham sido encontradas em células do raio em divisão de três espécies de folhosas. Além disso, nas mesmas cinco espécies, fragmossomos não se estendem em todo o comprimento das células em divisão. Em vez disso, nas células fusiformes dessas espécies, o fragmossomo é representado por uma placa citoplasmática larga que migra para as extremidades da célula antes da formação do fragmoplasto. É

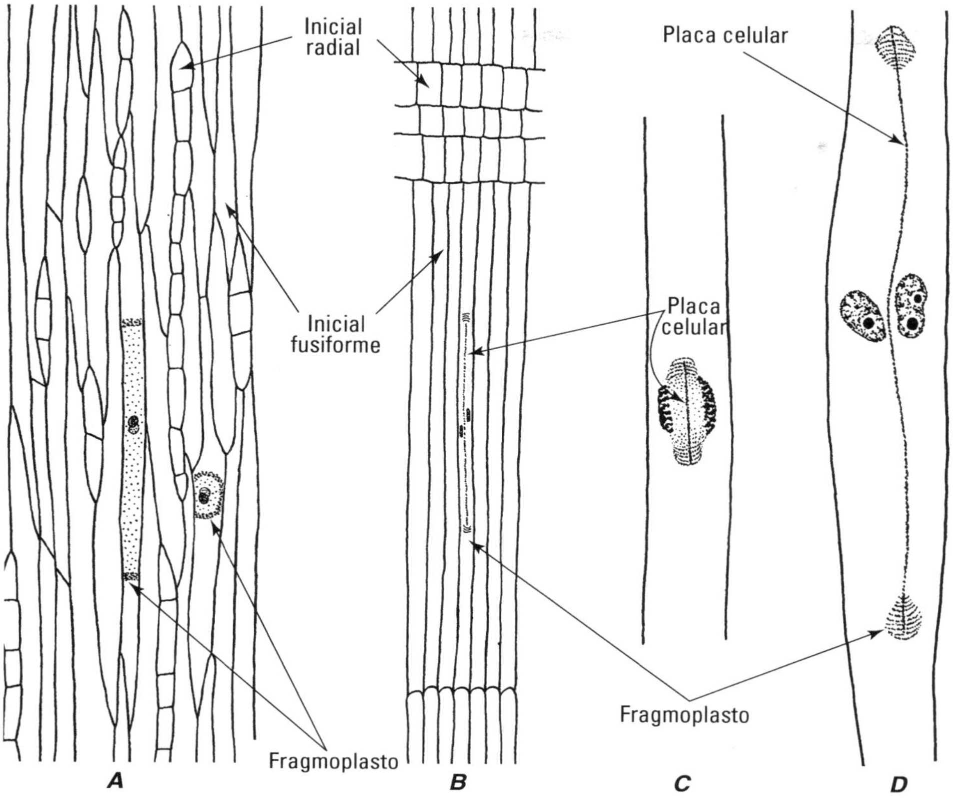

FIGURA 12.16

Citocinese em câmbio vascular de *Nicotiana tabacum* vista em secções tangencial (**A**) e radial (**B-D**) do caule. Placas celulares parcialmente formadas em superfície (**A**) e de lado (**B**). **C**, estágio inicial da divisão; **D**, estágio posterior. (A, B, ×120; C, D, ×600.)

pertinente notar que Oribe et al. (2001), utilizando imunofluorescência e microscopia de varredura confocal à laser, também não encontraram evidência da presença de bandas pré-profase nas células cambiais fusiformes de *Abies sachalinensis*; por outro lado, bandas pré-profase foram observadas nas células cambiais radiais.

Bandas pré-profase, que consistem por relativamente de um pequeno número de microtúbulos, têm tido ocorrência relatada nas células fusiformes de *Fraxinus excelsior* (Goosen-de Roo et al., 1980). Grupos de microtúbulos semelhantes, relativamente pequenos, foram encontrados ao longo das paredes radiais das células fusiformes em *Robinia pseudoacacia*, mas não foram interpretados como bandas pré-profase (Farrar e Evert, 1997b). Por outro lado, fragmossomos aparentemente estendidos foram ilustrados em secções radiais de células fusiformes no câmbio vascular de *Fraxinus excelsior* (Goosen-de Roo et al., 1984). Os fragmossomos ligados ao tonoplasto consistiam de uma camada citoplasmática perfurada, fina localizada no plano da futura placa celular e continham tanto microtúbulos quanto feixes de filamentos de actina. Embora Arend e Fromm (2003) tenham estabelecido que nas células fusiformes de *Populus trichocarpa* "o fragmossomo forma um filamento citoplasmático longo, dilatado por toda a célula", ainda se faz necessária a documentação adequada que apoie essa declaração.

ATIVIDADE SAZONAL

Nas espécies lenhosas perenes de regiões temperadas, períodos de crescimento e reprodução se alternam com períodos de relativa inatividade durante o inverno. A periodicidade sazonal também encontra sua expressão na atividade cambial, e ocorre tanto em espécies decíduas quanto em sempre-verdes. A produção de novas células pelo câmbio vascular diminui ou cessa totalmente durante a dormência, e os tecidos vasculares amadurecem mais ou menos próximos às iniciais cambiais.

Na primavera, o período de dormência é sucedido pela reativação do câmbio vascular. Pesquisadores há tempos têm reconhecido duas fases na retomada da atividade cambial: (1) uma fase de expansão radial das células cambiais ("inchaço" do câmbio), durante o qual as células fusiformes se tornam altamente vacuoladas, seguido por (2) início da divisão celular (Larson, 1994). Embora a retomada da atividade cambial possa ser antecedida por um decréscimo na densidade de seus protoplastos, as células cambiais não se expandem radialmente antes da divisão celular em todas as espécies de zona temperada (Evert, 1961, 1963b; Derr e Evert, 1967; Deshpande, 1967; Davis e Evert, 1968; Tucker e Evert, 1969). Em *Robinia pseudoacacia*, a divisão celular começa antes da expansão da célula, quando muitas células cambiais ainda estão com citoplasma denso, contêm numerosos vacúolos pequenos, e têm gotas lipídicas abundantes – em outras palavras, quando as células cambiais ainda têm muitas características de um câmbio dormente (Fig. 12.17; Farrar e Evert, 1997b).

Quando as células cambiais se expandem, suas paredes radiais se tornam mais finas e mais fracas. Como resultado, a casca (todos os tecidos externos ao câmbio vascular) pode ser facilmente separada, ou retirada, do caule. Tal separação da casca com relação à madeira é comumente chamada de "deslizamento da casca". O deslizamento da casca ocorre não somente na zona cambial, mas também – e talvez mais frequentemente – no xilema em diferenciação onde os elementos traqueais tenham atingido seus diâmetros máximos, mas ainda estão sem as paredes secundárias. O deslizamento raramente ocorre no floema em diferenciação. O inchaço do câmbio e o deslizamento da casca são geralmente usados como uma indicação de crescimento radial, ou de atividade cambial. O deslizamento pode ocorrer, entretanto, antes que a atividade cambial comece (Wilcox et al., 1956).

Alguns pesquisadores se valem do número de camadas de células indiferenciadas na zona cambial para reconhecer a reativação cambial ou o grau de atividade cambial (por exemplo, Paliwal e Prasad, 1970; Paliwal et al., 1975; Villalba e Boninsegna, 1989; Rajput e Rao, 2000). É difícil, entretanto, distinguir entre as células que ainda são meristemáticas e aquelas que estão nos estágios iniciais de diferenciação.

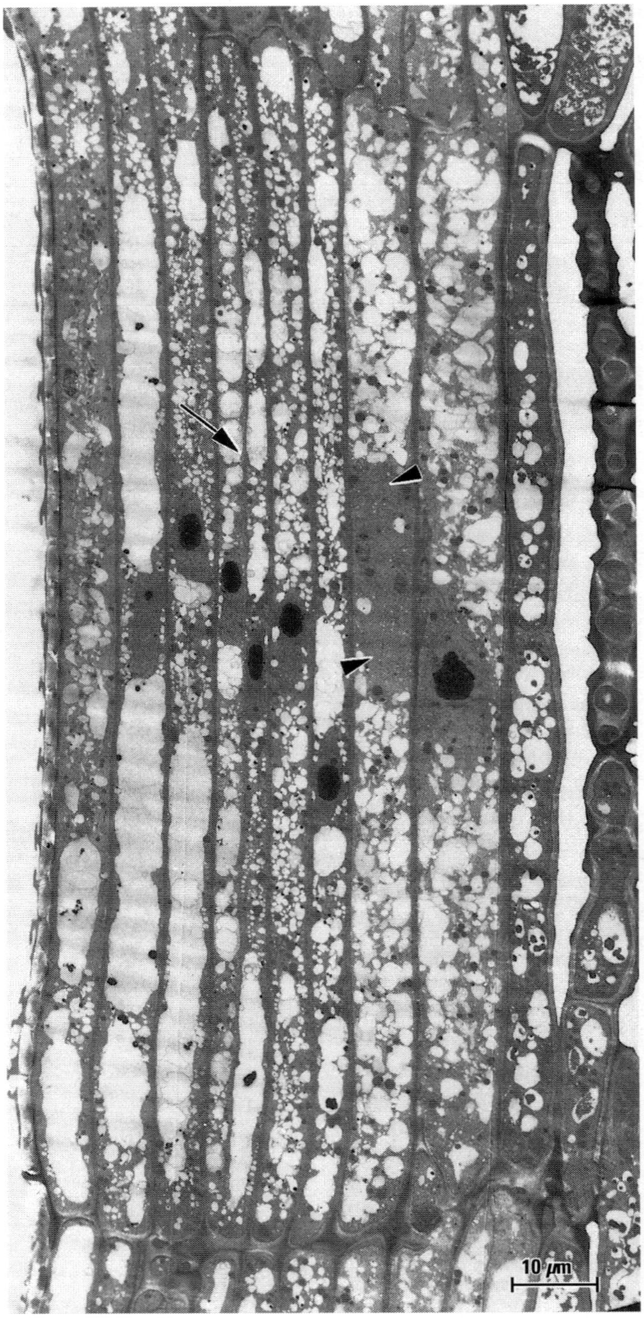

FIGURA 12.17

Vista radial das células fusiformes na zona cambial de *Robinia pseudoacacia*. A divisão celular começou recentemente neste câmbio, onde as células ainda contêm numerosos vacúolos pequenos e gotas de lipídio abundantes, ambos característicos do câmbio dormente. A seta aponta para a parede celular recentemente formada e as cabeças de seta para um fragmoplasto numa célula fusiforme no processo de divisão. (Obtido de Farrar e Evert, 1997b, Fig. 1. © 1997, Springer-Verlag.)

A presença de xilema em diferenciação tem também sido utilizada como indicação de atividade cambial por um conceito de longa data, em que a produção de xilema e floema começa simultaneamente, ou que a produção do xilema antecede a do floema. Em muitas espécies não há uma regularidade na localização das primeiras divisões periclinais, e duas ou mais células fusiformes em uma dada fileira radial podem começar a se dividir simultaneamente. As primeiras divisões aditivas podem ocorrer tanto na direção do xilema quanto na direção do floema, dependendo da espécie. Qualquer estudo abrangente da atividade cambial, entretanto, exige consideração tanto da produção do xilema quanto da produção do floema.

O reconhecimento dos tempos relativos do iniciar e cessar da produção do xilema e do floema é geralmente confundido pela presença, na zona cambial, de células-mãe do floema (ver a seguir) e/ou do xilema que estão em repouso (Tepper e Hollis, 1967; Zasada e Zahner, 1969; Imagawa e Ishida, 1972; Suzuki et al., 1996), e que não se distinguem das iniciais, só completando a sua diferenciação na primavera. É geralmente incerto se os autores distinguem entre a maturação de elementos que estavam em repouso e a produção, e subsequente diferenciação, das células formadas por nova atividade cambial. Além disso, com relação ao cessar da produção de tecido vascular, os termos produção e diferenciação são geralmente usados intercambiavelmente, assim uma distinção clara nem sempre é feita entre a produção de novas células pela divisão celular e a subsequente diferenciação dessas células. A diferenciação do xilema e do floema pode continuar por algum tempo depois que a divisão celular tenha terminado e por isso a presença de células em diferenciação não pode ser utilizada com segurança como indicação de atividade cambial. Somente a presença de figuras mitóticas e/ou fragmoplastos pode seguramente ser utilizada como sinal da atividade cambial.

O tamanho do incremento de xilema produzido durante um ano geralmente excede ao do floema

Em *Eucalyptus camaldulensis* a produção celular para o xilema foi cerca de quatro vezes a produção para o floema (Waisel et al., 1966), e em *Carya pecan* cerca de cinco vezes (Artschwager, 1950). A razão xilema para floema observada para algumas coníferas foi 6:1 em *Cupressus sempervirens* (Liphschitz et al., 1981), 10:1 em *Pseudotsuga menziesii* (Grillos e Smith, 1959), 14:1 em *Abies concolor* (Wilson, 1963), e 15:1 em uma *Thuja occidentalis* que cresce vigorosamente (Bannan, 1955). Por outro lado, na folhosa tropical *Mimusops elengi* (Ghouse e Hashmi, 1983), quantidades quase iguais de xilema e floema foram produzidas, e em *Polyalthia longifolia*, a produção de floema excedeu a do xilema por pelo menos 500 micrômetros por ano (Ghouse e Hashmi, 1978). A Figura 12.18 mostra o tamanho relativo dos últimos incrementos formados de xilema e floema em *Populus tremuloides* e *Quercus alba*. Em ambas as espécies a razão xilema para floema foi 10:1.

O tamanho do incremento em crescimento pode variar muito ao redor da circunferência de um caule, de uma parte de uma secção transversal para outra. Em *Pyrus communis*, o tamanho do incremento de floema produzido durante um ano variou pouco de uma parte de uma secção transversal para outra, enquanto a quantidade sazonal de xilema variou muito (Evert, 1961). Similarmente, em *Thuja occidentalis*, o incremento anual de floema foi mais ou menos o mesmo, independentemente do tamanho do incremento correspondente em xilema (Bannan, 1955).

Embora o tamanho relativo dos incrementos de xilema e floema não tenha sido registrado, o número de traqueídes produzidos anualmente por árvores de *Picea glauca* crescendo no Alaska e New England foram os mesmos, mesmo embora o período da atividade cambial tenha sido muito mais curto no Alaska (65° N) do que em New England (43° N) (Gregory e Wilson, 1968). O abeto branco do Alaska se adaptou à estação de crescimento mais curta aumentando a taxa de divisão celular na zona cambial.

A taxa de divisão periclinal de iniciais radiais é geralmente baixa quando comparada com a das iniciais fusiformes. Em *Pyrus malus* (*Malus domestica*) a divisão periclinal das iniciais radiais não iniciou até cerca de um mês e meio após o início das divisões periclinais nas células fusiformes (Evert, 1963b). Isso coincidiu com o início da produção do xilema. Antes disso as células radiais da zona cambial apenas alongaram-se radialmente, mantendo-se com o aumento no crescimento radial que ocorreu principalmente para o lado do floema. O máximo de divisões das iniciais radiais ocorreu em junho, e o cessar das divisões ocorreu no início de julho. Após esse período as células dos raios recentemente formadas alongaram radialmente até que o crescimento radial tivesse sido concluído.

Na maioria das espécies com porosidade difusa e coníferas de regiões temperadas, o início da produção e diferenciação do novo floema antecede a nova produção e diferenciação do xilema. Isto pode ser observado nas Tabelas 12.3 e 12.4, em que, com exceção de *Pyrus communis* (de Davis, California) e *Malus domestica* (de Bozeman, Montana), inclui muitas árvores que cresceram, em sua maioria, dentro de um raio de 5 quilômetros no campus de Madison da Universidade de Wisconsin. Note que nas espécies de folhosas faltam os elementos crivados maduros durante o inverno, e os primeiros elementos crivados a se diferenciarem na primavera surgem das células-mãe do floema que estavam em repouso (Tabela 12.3). Embora alguns elementos crivados maduros estejam presentes por todo o ano nas coníferas, os primeiros elementos crivados a se diferenciarem na primavera também são representados pelas células-mãe do floema que estavam em repouso (Tabela 12.4).

O início da produção do floema também antecede à produção do xilema nas folhosas temperadas de porosidade difusa *Acer pseudoplatanus* (Cockerham, 1930; Elliott, 1935; Catesson, 1964), *Salix fragilis* (Lawton, 1976), *Salix viminalis* (Sennerby-Forsse, 1986), e *Salix dasyclados* (Sennerby-Forsse e von Fircks, 1987). Diferente das coníferas listadas na Tabela 12.4, o início da produção do xilema antecede à produção do floema em *Thuja occidentalis* (Bannan, 1955), *Pseudotsuga menziesii* (Grillos e Smith, 1959; Sisson, 1968), e *Juniperus californica* (Alfieri e Kemp, 1983).

Nas espécies folhosas de anéis porosos, a nova produção e a diferenciação do floema e do xilema começam quase simultaneamente (Tabela 12.3). Isso também é verdadeiro para as espécies de porosidade difusa *Tilia americana* e *Vitis riparia*, que diferem das outras folhosas de porosidade difusa listadas na Tabela 12.3 por possuírem um

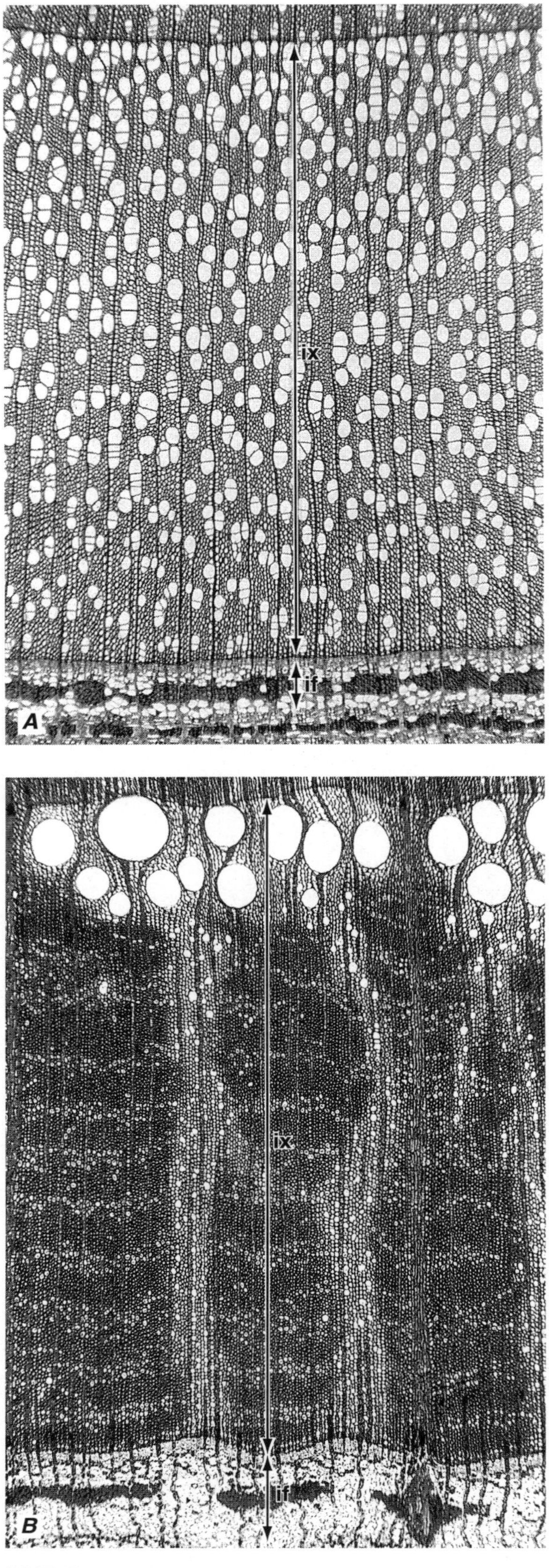

FIGURA 12.18

Secções transversais mostrando incrementos de xilema e floema nos caules de árvores de (**A**) *Populus tremuloides* e (**B**) carvalho branco (*Quercus alba*). Notar que o tamanho dos incrementos de xilema excedem muito aos incrementos de floema. Detalhes: if, incremento de floema; ix, incremento de xilema. (Ambos, ×32. **A**. Obtido de Evert e Kozlowski, 1967.)

Tabela 12.3 – Atividade cambial e períodos de iniciação da produção do novo floema (F) e xilema (X) em angiospermas lenhosas de zona temperada

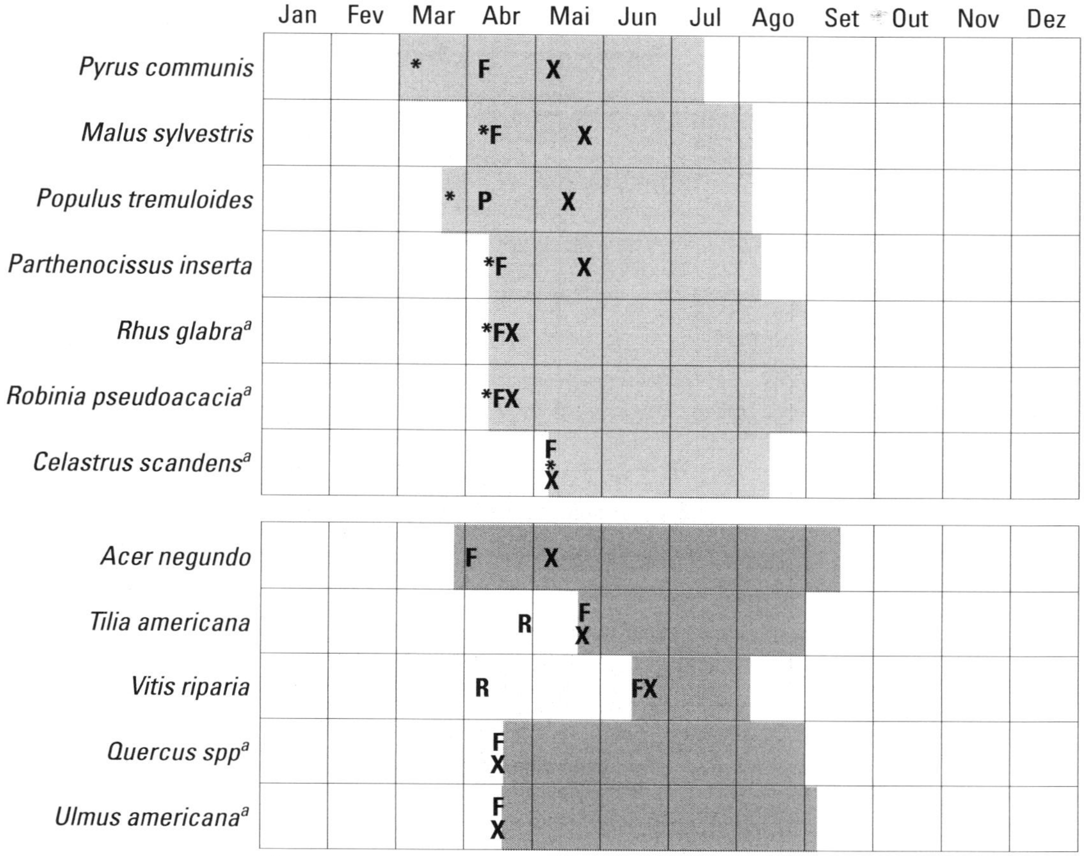

[a] Espécies de anéis porosos

* Primeiros elementos crivados funcionais surgem das células-mãe do floema que ficam em repouso na margem mais externa da zona cambial

R Reativação

Nenhum elemento crivado maduro em repouso

Alguns elementos crivados maduros estão presentes por todo o ano

Fontes: *Pyrus communis* – Evert, 1960; *Pyrus malus* – Evert, 1963b; *Populus tremuloides* – Davis e Evert, 1968; *Parthenocissus inserta* – Davis e Evert, 1970; *Rhus glabra* – Evert, 1978; *Robinia pseudoacacia* – Derr e Evert, 1967; *Celastrus scandens* – Davis e Evert, 1970; *Acer negundo* – Tucker e Evert, 1969; *Tilia americana* – Evert, 1962; *Deshpande*, 1967; *Vitis riparia* – Davis e Evert, 1970; *Quercus* spp. – Anderson e Evert, 1965; *Ulmus americana* – Tucker, 1968.

Nota: Nas espécies com nenhum elemento crivado em repouso, os primeiros elementos crivados funcionais na primavera se originam das células-mãe do floema que estão em repouso na margem mais externa da zona cambial. Em duas espécies (*Tilia americana* e *Vitis riparia*), que têm alguns elementos crivados maduros presentes por todo o ano, os elementos crivados que estão em repouso desenvolvem calose de dormência nas suas placas crivadas e áreas laterais crivadas no final do outono; os elementos crivados dormentes são reativados na primavera antes da renovação da atividade cambial. Os períodos de cessar da produção e da diferenciação de xilema e floema não estão indicados.

grande número de elementos crivados maduros que estão em repouso e são funcionais por um ou mais anos (Capítulo 14). Ao contrário de suas homólogas folhosas de anéis porosos, na gimnosperma de porosidade em anel, *Ephedra californica*, a produção e diferenciação do xilema antecede a produção e diferenciação do floema (Alfieri e Mottola, 1983).

Uma sazonalidade distinta na atividade cambial também ocorre em muitas regiões tropicais

Como mencionado anteriormente (Capítulo 11), uma sazonalidade distinta na atividade cambial também ocorre em muitas regiões tropicais que apresentam estações secas anuais severas. A maioria dos estudos detalhados dessas regiões tem sido conduzida em árvores da Índia. A Tabela 12.5 mos-

Tabela 12.4 – Atividade cambial e períodos de iniciação da produção e diferenciação do novo floema (f) e xilema (x) em algumas coníferas de zona temperada

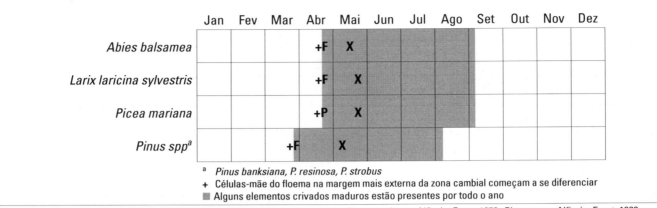

	Jan	Fev	Mar	Abr	Mai	Jun	Jul	Ago	Set	Out	Nov	Dez
Abies balsamea				+F	X							
Larix laricina sylvestris				+F	X							
Picea mariana				+P	X							
Pinus spp[a]			+F		X							

[a] *Pinus banksiana, P. resinosa, P. strobus*
\+ Células-mãe do floema na margem mais externa da zona cambial começam a se diferenciar
■ Alguns elementos crivados maduros estão presentes por todo o ano

Fontes: *Abies balsamea* – Alfieri e Evert, 1973; *Larix laricina* – Alfieri e Evert, 1973; *Picea mariana* – Alfieri e Evert, 1973; *Pinus* spp. – Alfieri e Evert, 1968.
Nota: Nessas espécies algumas das últimas células crivadas formadas permanecem funcionais no inverno até novos elementos crivados se diferenciarem na primavera. Os primeiros elementos crivados novos na primavera surgem das células-mãe do floema que estão em repouso na margem mais externa da zona cambial. Os tempos do cessar da produção e diferenciação do floema e do xilema não estão indicados.

tra os resultados de alguns desses estudos. É instrutivo comparar os resultados desses estudos em contrapartida como aqueles das folhosas temperadas (Tabela 12.2). Nota: (1) Os períodos de atividade cambial são relativamente mais longos nas espécies tropicais, comparados com as espécies temperadas; (2) somente *Liquidambar formosana*, uma espécie subtropical de Taiwan, não tem elementos crivados maduros presentes no floema por todo o ano; (3) nas espécies tropicais de porosidade difusa, variabilidade considerável existe nos tempos relativos de iniciação da produção do novo xilema e floema. *Polyalthia* exibe dois períodos de produção do floema, um antes e outro depois de um período de produção de xilema. Em *Mimusops* e *Delonix* nova produção de xilema é iniciada antes da de floema, por pouco mais de um mês em *Mimusops,* mas por cinco meses em *Delonix*; e (4) nas espécies tropicais de anéis porosos nova produção e diferenciação de xilema e floema começam quase simultaneamente da mesma forma que as espécies temperadas de anéis porosos.

Em algumas espécies de plantas tropicais, as células cambiais se dividem mais ou menos continuamente e os elementos de xilema e floema passam por diferenciação gradual. Com base na ausência de anéis de crescimento distintos no xilema, tem se estimado que cerca de 75% das árvores que crescem em florestas tropicais úmidas da Índia exibem atividade cambial contínua (Chowdhury, 1961). A porcentagem dessas árvores cai para 43% na floresta tropical úmida da Bacia Amazônica (Mainiere et al., 1983) e para apenas 15% nas da Malásia (Koriba, 1958). Em um estudo da flora lenhosa do Sul da Flórida, com um elemento predominante do Oeste Indiano, em 59% das espécies tropicais faltavam anéis de crescimento, aparentemente como resultado de uma atividade cambial contínua, mesmo embora o clima fosse marcantemente sazonal (Tomlinson e Craighead, 1972). Em algumas espécies tropicais (por exemplo *Shorea* spp.; Fujii et al., 1999) a divisão celular no câmbio, embora contínua por todo o ano, desacelera sazonalmente o suficiente de tal forma que os limites de crescimento são indistintos no xilema. Virtualmente nenhuma informação está disponível com relação aos tempos relativos de produção de xilema e floema nas espécies tropicais que exibem atividade cambial contínua.

O curso anual da atividade cambial pode servir como um indicador da origem geográfica de uma espécie (Fahn, 1962, 1995; Liphschitz e Lev-Yadun, 1986). Isso é exemplificado pelo curso anual de atividade cambial em várias plantas lenhosas que crescem em regiões do Mediterrâneo e de deserto (Negev) de Israel. A faixa de temperatura nessas regiões é tal que a atividade cambial pode ocorrer o ano todo, desde que tal atividade seja uma característica genética da planta. Em regiões de deserto, entretanto, a quantidade de água disponível no solo se torna o fator principal no controle da atividade cam-

Tabela 12.5 – Atividade cambial e períodos de iniciação da produção e diferenciação do novo floema (F) e xilema (X) em algumas folhosas tropicais.

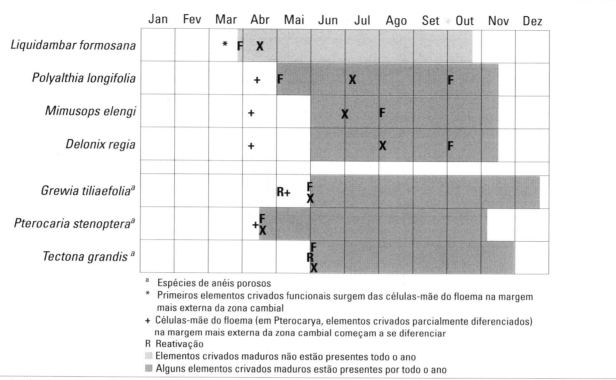

	Jan	Fev	Mar	Abr	Mai	Jun	Jul	Ago	Set	Out	Nov	Dez
Liquidambar formosana			* F	X								
Polyalthia longifolia				+	F		X			F		
Mimusops elengi				+		X		F				
Delonix regia				+				X		F		
Grewia tiliaefolia[a]					R+ F X							
Pterocaria stenoptera[a]				+ F X								
Tectona grandis[a]					F R X							

[a] Espécies de anéis porosos

* Primeiros elementos crivados funcionais surgem das células-mãe do floema na margem mais externa da zona cambial

\+ Células-mãe do floema (em Pterocarya, elementos crivados parcialmente diferenciados) na margem mais externa da zona cambial começam a se diferenciar

R Reativação

▒ Elementos crivados maduros não estão presentes todo o ano

▓ Alguns elementos crivados maduros estão presentes por todo o ano

Fontes: *Liquidambar formosana* – Lu e Chang, 1975; *Polyalthia longifolia* – Ghouse e Hashmi, 1978; *Mimusops elengi* – Ghouse e Hashmi, 1980b, 1983; *Delonix regia* – Ghouse e Hashmi, 1980c; *Grewia tiliaefolia* – Deshpande e Rajendrababu, 1985; *Pterocarya stenoptera* – Zhang et al., 1992; *Tectona grandis* – Rao e Dave, 1981; Rajput e Rao, 1998b; Rao e Rajput, 1999.

Nota: Das espécies representadas aqui, somente *Liquidambar formosana* não tem elementos crivados maduros presentes todo o ano. *Polyalthia longifolia* exibe dois períodos de produção do floema. Os tempo de cessar da produção e da diferenciação do floema e xilema não estão indicados.

bial. Plantas de origem do Mediterrâneo temperado (*Cedrus libani*, *Crataegus azarolus*, *Quercus calliprinos*, *Q. ithaburensis*, *Q. boissieri*, *Pistacia lentiscus*, e *P. palaestina*), que crescem na região Mediterrânea de Israel, exibem um ciclo anual de atividade cambial, com um período dormente, similar aquele de seus homólogos crescendo na zona temperada fria do Norte (Fahn, 1995). Duas plantas de origem australiana (*Acacia saligna* e *Eucalyptus camaldulensis*), que também crescem em região Mediterrânea, exibem atividade cambial durante a maior parte ou o ano todo, como suas homólogas do Hemisfério Sul. Plantas de origem Sudaniana e Sahara Árabe, que crescem em Negev também exibem uma atividade cambial mais ou menos contínua. Elas sobrevivem no deserto, ou porque têm raízes profundas e crescem em leitos que estão secos, exceto na época das chuvas, ou crescem em dunas de areia ou salinas.

O ritmo anual da atividade cambial foi comparado em *Proustia cuneifolia* e *Acacia caven*, dois arbustos típicos de matorral na região semiárida do Chile central (Aljaro et al., 1972). *Proustia*, um arbusto decíduo de local seco, mostra um ritmo cambial típico do deserto, altamente sensível à precipitação, e com atividade limitada em períodos de precipitação adequada (Fahn, 1964). Eles perdem suas folhas no início da estação seca, início do verão, e permanecem dormentes até o início da estação úmida no inverno. *Acacia*, uma sempre-verde, exibe atividade cambial por quase todo o ano. Acredita-se que a adaptação em *Acacia* consiste no desenvolvimento de raízes longas capazes de tocar a água subterrânea. Embora ambos os arbustos cresçam juntos, eles têm estratégias diferentes para as mesmas condições xéricas.

RELAÇÕES CAUSAIS EM ATIVIDADE CAMBIAL

Vários aspectos do envolvimento hormonal na atividade cambial e na diferenciação das derivadas cambiais foram considerados em capítulos anteriores e não serão reconsiderados aqui. Todos os cinco dos principais grupos de hormônios de plantas (auxinas, giberelinas, citocininas, ácido abscísico, etileno) têm se mostrado presentes na região cambial e cada um, em um momento ou outro, tem sido implicados no controle da atividade cambial (Savidge, 1993; Little e Pharis, 1995; Ridoutt et al., 1995; Savidge, 2000; Sundberg et al., 2000; Mellerowicz et al., 2001; Helariutta e Bhaleroo, 2003). Evidência experimental considerável indica, entretanto, que a auxina exerce um papel predominante (Kozlowski e Pallardy, 1997).

A variação sazonal nos níveis de AIA tem sido descrita frequentemente como o fator fisiológico principal que regula a atividade sazonal do câmbio – a biossíntese de AIA na primavera pelo alongamento dos ápices caulinares e as folhas se expandindo como os responsáveis pela retomada da divisão celular, e declínio nos níveis de AIA no final do verão e outono resultando no cessar da atividade cambial (Savidge e Wareing, 1984; Little e Pharis, 1995). Experimentos com várias espécies indicam que a transição da atividade para a dormência no câmbio não é regulada por mudanças na concentração de AIA ou AAB, que são conhecidos por estimular e inibir a atividade cambial, respectivamente; mas por mudanças na sensibilidade das células do câmbio ao AIA (Lachaud, 1989; Lloyd et al., 1996).

O cessar da atividade cambial e o início da dormência nas espécies lenhosas de regiões temperadas são induzidas por dias curtos e temperaturas baixas (Kozlowski e Pallardy, 1997). No final do verão, início do outono, os dias curtos induzem o estágio inicial de dormência chamado repouso, durante o qual o câmbio é incapaz de responder ao AIA, mesmo embora as condições ambientais possam ser favoráveis para o crescimento. Então, no início do inverno, o câmbio entra em estágio quiescente de dormência, que é induzido pelo frio. Dadas as condições ambientais favoráveis (temperaturas adequadas, água adequada), o câmbio quiescente é capaz de responder ao AIA.

Foi demonstrado que a sacarose desempenha um papel importante no metabolismo cambial, sendo a demanda maior durante o período de rápida divisão celular e crescimento da célula na primavera e verão (Sung et al., 1993a, b; Krabel, 2000). A H^+ -ATPase de membrana plasmática foi localizada na zona cambial, em elementos do xilema em diferenciação, e nas células do raio que circundam os vasos no xilema maduro de *Populus* spp. (Arend et al., 2002). Foi sugerido que a H^+ -ATPase de membrana plasmática, que é regulada e ativada pela auxina desempenha um papel na absorção de sacarose via simporte nas células cambiais que estão crescendo rapidamente (Arend et al., 2002). Por toda a estação de crescimento, a sacarose sintetase é a enzima dominante para o metabolismo da sacarose (Sung et al., 1993a, b).

A retomada da atividade cambial há muito tem sido relacionada ao novo crescimento primário a partir das gemas. Em muitas folhosas de porosidade difusa a atividade cambial geralmente é descrita como começando logo abaixo das gemas em expansão e de lá lentamente se espalhando basipetamente para os ramos principais, tronco e raízes. Por outro lado, em folhosas de anel poroso e coníferas, os eventos de reativação são descritos como ocorrendo bem antes do rompimento das gemas e se espalhando rapidamente por todo o tronco.

A diferença nos padrões de crescimento entre as folhosas de porosidade difusa por um lado e coníferas e folhosas de porosidade em anel por outro não está clara. Nenhuma diferença fundamental no padrão de reativação cambial foi encontrada na espécie de anel poroso, *Quercus robur*, e na de porosidade difusa *Fagus sylvatica* (Lachaud e Bonnemain, 1981). Em ambas as espécies, a reativação cambial foi encontrada ocorrendo de forma descendente a partir das gemas intumescidas nos ramos e ocorrer simultaneamente por todo o tronco. Padrões similares foram encontrados para a espécie de anéis porosos *Castanea sativa* e as de porosidade difusa *Betula verrucosa* e *Acer campestre* (Boutin, 1985). Na espécie de porosidade difusa, *Salix viminalis*, a atividade cambial precedeu o rompimento das gemas em quase dois meses (Sennerby-Forsse, 1986). Relatos ocasionais de exceções a uma propagação basípeta de reativação cambial são encontrados em toda a literatura mais recente. Em vários exemplos o crescimento radial foi relatado começar simultaneamente em muitas partes da árvore e, em outras, em partes mais velhas antes das partes mais jovens (Hartig, 1892,

1894; Mer, 1892; Chalk, 1927; Lodewick, 1928; Fahn, 1962). Muito das pesquisas em crescimento cambial foi realizado com o interesse principal na formação da madeira (Atkinson e Denne, 1988; Suzuki et al., 1996). Desde que a formação da madeira seja uma consequência da atividade cambial, não é improvável que muitos dos relatos que descrevem o início do crescimento radial realmente descrevam o início da produção do xilema.

Um estudo detalhado sobre a iniciação da atividade cambial na espécie de porosidade difusa *Tilia americana* revelou que o início da divisão celular e o início da diferenciação vascular não estão restritos às regiões vizinhas às gemas (Deshpande, 1967). A iniciação da divisão celular ocorreu em muitas áreas diferentes no câmbio em todos os níveis da árvore. As primeiras mitoses foram poucas, espalhadas e descontínuas, e difíceis de se detectar em secções transversais, requerendo a observação de muitas secções longitudinais. As primeiras divisões celulares ocorreram no câmbio ao mesmo tempo em que a atividade mitótica começou nas gemas. O início da diferenciação das derivadas recentemente produzidas pelo câmbio em elementos de xilema e floema foram também generalizadas e ocorreram por todo o sistema caulinar em áreas anteriormente "despertadas". Aparentemente, a atividade cambial adicional foi influenciada pelos ápices caulinares que estavam se expandindo. Uma aceleração acentuada na atividade cambial ocorreu em ápices caulinares de um ano de idade abaixo das gemas foliares (locais de formação de folhas), mais notadamente abaixo dos traços de gema. Logo, um gradiente de atividade cambial foi estabelecido ao longo do eixo, com maior atividade ocorrendo no caule de um ano de idade e menor atividade ocorrendo em caules sucessivamente mais velhos. Gradualmente, a aceleração da atividade cambial se espalha para os níveis mais baixos da árvore. O que no passado se considerava uma iniciação basípeta da atividade cambial pode, em vez disso, ser uma aceleração basípeta da atividade cambial.

A atividade cambial podendo ser iniciada sem auxina ou com um estímulo emanando das gemas encontra suporte nos resultados de estudos de anelamento e isolamento da casca. Em um caule de *Pinus sylvestris* de nove anos de idade, anelado durante o inverno, a atividade cambial ocorreu abaixo do anelamento na primavera seguinte (Egierszdorff, 1981). Foi concluído que a auxina armazenada no tronco durante o inverno permitiu a iniciação de divisões independentemente do suprimento de auxina do topo. Estudos envolvendo o isolamento de pedaços de casca em vários lados de árvores de *Populus tremuloides* (Evert e Kozlowski, 1967) e *Acer saccharum* (Evert et al., 1972) à altura do peito, em vários períodos durante as estações de dormência e crescimento, também indicaram que um estímulo se movendo para baixo das gemas em expansão não é necessário para iniciar a atividade cambial. Em todas as árvores de álamo e em metade dos bordo-açucareiros, o isolamento da casca durante a estação dormente (em novembro, fevereiro, ou março) não evitou a iniciação da atividade cambial nas áreas isoladas. A atividade cambial normal e o desenvolvimento do floema e do xilema foram impedidos nas áreas isoladas, entretanto, indicando que a atividade normal e o desenvolvimento necessitam de um suprimento de substâncias reguladoras translocadas dos ápices caulinares.

REFERÊNCIAS

AJMAL, S. e M. IQBAL. 1992. Structure of the vascular cambium of varying age and its derivative tissues in the stem of *Ficus rumphii* Blume. *Bot. J. Linn. Soc.* 109, 211-222.

ALFIERI, F. J. e R. F. EVERT. 1968. Seasonal development of the secondary phloem in *Pinus*. *Am. J. Bot.* 55, 518-528.

ALFIERI, F. J. e R. F. EVERT. 1973. Structure and seasonal development of the secondary phloem in the Pinaceae. *Bot. Gaz.* 134, 17-25.

ALFIERI, F. J. e R. I. KEMP. 1983. The seasonal cycle of phloem development in *Juniperus californica*. *Am. J. Bot.* 70, 891-896.

ALFIERI, F. J. e P. M. MOTTOLA. 1983. Seasonal changes in the phloem of *Ephedra californica* Wats. *Bot. Gaz.* 144, 240-246.

ALJARO, M. E., G. AVILA, A. HOFFMANN e J. KUMMEROW. 1972. The annual rhythm of cambial activity in two woody species of the Chilean "matorral." *Am. J. Bot.* 59, 879-885.

ANDERSON, B. J. e R. F. EVERT. 1965. Some aspects of phloem development in *Quercus alba*. *Am. J. Bot.* 52 (Abstr.), 627.

AREND, M. e J. FROMM. 2000. Seasonal variation in the K, Ca and P content and distribution of plasma membrane H^+-ATPase in the cambium of *Populus trichocarpa*. In: *Cell and Molecular Biology of Wood Formation*, pp. 67-70, R. A. Savidge, J. R. Barnett e R. Napier, eds. BIOS Scientific, Oxford.

AREND, M. e J. FROMM. 2003. Ultrastructural changes in cambial cell derivatives during xylem differentiation in poplar. *Plant Biol.* 5, 255-264.

AREND, M., M. H. WEISENSEEL, M. BRUMMER, W. OSSWALD e J. H. FROMM. 2002. Seasonal changes of plasma membrane H^+-ATPase and endogenous ion current during cambial growth in poplar plants. *Plant Physiol.* 129, 1651-1663.

ARTSCHWAGER, E. 1950. The time factor in the differentiation of secondary xylem and secondary phloem in pecan. *Am. J. Bot.* 37, 15-24.

ATKINSON, C. J. e M. P. DENNE. 1988. Reactivation of vessel production in ash (*Fraxinus excelsior* L.) trees. *Ann. Bot.* 61, 679-688.

BAÏER, M., R. GOLDBERG, A.-M. CATESSON, M. LIBERMAN, N. BOUCHEMAL, V. MICHON e C. HERVÉ DU PENHOAT. 1994. Pectin changes in samples containing poplar cambium and inner bark in relation to the seasonal cycle. *Planta* 193, 446-454.

BAILEY, I. W. 1919. Phenomena of cell division in the cambium of arborescent gymnosperms and their cytological signifi cance. *Proc. Natl. Acad. Sci. USA* 5, 283-285.

BAILEY, I. W. 1920A. The cambium and its derivative tissues. II. Size variations of cambial initials in gymnosperms and angiosperms. *Am. J. Bot.* 7, 355-367.

BAILEY, I. W. 1920B. The cambium and its derivative tissues. III. A reconnaissance of cytological phenomena in the cambium. *Am. J. Bot.* 7, 417-434.

BAILEY, I. W. 1920C. The formation of the cell plate in the cambium of higher plants. *Proc. Natl. Acad. Sci. USA* 6, 197-200.

BAILEY, I. W. 1923. The cambium and its derivatives. IV. The increase in girth of the cambium. *Am. J. Bot.* 10, 499-509.

BANNAN, M. W. 1951. The annual cycle of size changes in the fusiform cambial cells of *Chamaecyparis* and *Thuja*. *Can. J. Bot.* 29, 421-437.

BANNAN, M. W. 1953. Further observations on the reduction of fusiform cambial cells in *Thuja occidentalis* L. *Can. J. Bot.* 31, 63-74.

BANNAN, M. W. 1955. The vascular cambium and radial growth in *Thuja occidentalis* L. *Can. J. Bot.* 33, 113-138.

BANNAN, M. W. 1956. Some aspects of the elongation of fusiform cambial cells in *Thuja occidentalis* L. *Can. J. Bot.* 34, 175-196.

BANNAN, M. W. 1960A. Cambial behavior with reference to cell length and ring width in *Thuja occidentalis* L. *Can. J. Bot.* 38, 177-183.

BANNAN, M. W. 1960B. Ontogenetic trends in conifer cambium with respect to frequency of anticlinal division and cell length. *Can. J. Bot.* 38, 795-802.

BANNAN, M. W. 1962. Cambial behavior with reference to cell length and ring width in *Pinus strobus* L. *Can. J. Bot.* 40, 1057-1062.

BANNAN, M. W. 1968. Anticlinal divisions and the organization of conifer cambium. *Bot. Gaz.* 129, 107-113.

BANNAN, M. W. e I. L. BAYLY. 1956. Cell size and survival in conifer cambium. *Can. J. Bot.* 34, 769-776.

BARNETT, J. R. 1981. Secondary xylem cell development. In: *Xylem Cell Development*, pp. 47-95, J. R. Barnett, ed. Castle House, Tunbridge Wells, Kent.

BARNETT, J. R. 1992. Reactivation of the cambium in *Aesculus hippocastanum* L.: A transmission electron microscope study. *Ann. Bot.* 70, 169-177.

BOßHARD, H. H. 1951. Variabilität der Elemente des Eschenholzes in Funktion von der Kambiumtätigkeit. *Schweiz. Z. Forstwes.* 102, 648-665.

BOUTIN, B. 1985. Étude de la réactivation cambiale chez un arbre ayant un bois à zones poreuses (*Castanea sativa*) et deux autres au bois à pores diffus (*Betula verrucosa, Acer campestre*). *Can. J. Bot.* 63, 1335-1343.

BRAUN, H. J. 1955. Beiträge zur Entwicklungsgeschichte der Markstrahlen. *Bot. Stud.* 4, 73-131.

BUTTERFIELD, B. G. 1972. Developmental changes in the vascular cambium of *Aeschynomene hispida* Willd. *N. Z. J. Bot.* 10, 373-386.

CATESSON, A.-M. 1964. Origine, fonctionnement et variations cytologiques saisonnières du cambium de *l'Acer pseudoplatanus* L. (Acéracées). *Ann. Sci. Nat. Bot. Biol. Vég. Sér. 12*, 5, 229-498.

CATESSON, A. M. 1974. Cambial cells. In: *Dynamic Aspects of Plant Ultrastructure*, pp. 358-390, A. W. Robards, ed. McGraw-Hill, New York.

CATESSON, A.-M. 1980. The vascular cambium. In: *Control of Shoot Growth in Trees*, pp. 12-40, C. H. A. Little, ed. Maritimes Forest Research Centre, Fredericton, N. B.

CATESSON, A.-M. 1984. La dynamique cambiale. *Ann. Sci. Nat. Bot. Biol. Vég. Sér. 13*, 6, 23-43.

CATESSON, A. M. 1987. Characteristics of radial cell walls in the cambial zone. A means to locate the so-called initials? *IAWA Bull.* n.s. 8 (Abstr.), 309.

CATESSON, A.-M. 1989. Specific characters of vessel primary walls during the early stages of wood differentiation. *Biol. Cell.* 67, 221-226.

CATESSON, A. M. 1990. Cambial cytology and biochemistry. In: *The Vascular Cambium*, pp. 63-112, M. Iqbal, ed. Research Studies Press, Taunton, Somerset, England.

CATESSON, A.-M. 1994. Cambial ultrastructure and biochemistry: Changes in relation to vascular tissue differentiation and the seasonal cycle. *Int. J. Plant Sci*, 155, 251-261.

CATESSON, A. M. e J. C. ROLAND. 1981. Sequential changes associated with cell wall formation and fusion in the vascular cambium. *IAWA Bull.* n.s. 2, 151-162.

CATESSON, A. M., R. FUNADA, D. ROBERT-BABY, M. QUINET-SZÉLY, J. CHU-BÂ e R. GOLDBERG. 1994. Biochemical and cytochemical cell wall changes across the cambial zone. *IAWA J.* 15, 91-101.

CHAFFEY, N. J. 2000. Cytoskeleton, cells walls and cambium: New insights into secondary xylem differentiation. In: *Cell and Molecular Biology of Wood Formation*, pp. 31-42, R. A. Savidge, J. R. Barnett e R. Napier, eds. BIOS Scientific, Oxford.

CHAFFEY, N. e P. W. BARLOW. 2000. Actin in the secondary vascular system of woody plants. In: *Actin: A Dynamic Framework for Multiple Plant Cell Functions*, pp. 587–600, C. J. Staiger, F. Baluška, D. Volkman e P. W. Barlow. eds. Kluwer Academic, Dordrecht.

CHAFFEY, N. e P. BARLOW. 2002. Myosin, microtubules, and microfi laments: Co-operation between cytoskeletal components during cambial cell division and secondary vascular differentiation in trees. *Planta* 214, 526-536.

CHAFFEY, N., J. BARNETT e P. BARLOW. 1997A. Endomembranes, cytoskeleton, and cell walls: Aspects of the ultrastructure of the vascular cambium of taproots of *Aesculus hippocastanum* L. (Hippocastanaceae). *Int. J. Plant Sci.* 158, 97-109.

CHAFFEY, N., J. BARNETT e P. BARLOW. 1997B. Arrangement of microtubules, but not microfilaments, indicates determination of cambial derivatives. In: *Biology of Root Formation and Development*, pp. 52-54, A. Altman and Y. Waisel, eds. Plenum Press, New York.

CHAFFEY, N. J., P. W. BARLOW e J. R. BARNETT. 1998. A seasonal cycle of cell wall structure is accompanied by a cyclical rearrangement of cortical microtubules in fusiform cambial cells within taproots of *Aesculus hippocastanum* (Hippocastanaceae). *New Phytol.* 139, 623-635.

CHAFFEY, N., P. BARLOW e J. BARNETT. 2000. Structurefunction relationships during secondary phloem development in an angiosperm tree, *Aesculus hippocastanum:* Microtubules and cell walls. *Tree Physiol.* 20, 777-786.

CHAFFEY, N., P. BARLOW e B. SUNDBERG. 2002. Understanding the role of the cytoskeleton in wood formation in angiosperm trees: Hybrid aspen (*Populus tremula* × *P. tremuloides*) as the model species *Tree Physiol.* 22, 239–249.

CHALK, L. 1927. The growth of the wood of ash (*Fraxinus excelsior* L. and *F. oxycarpa* Willd.) and Douglas fi r (*Pseudotsuga Douglasii* Carr.). *Q. J. For.* 21, 102-122.

CHEADLE, V. I. e K. ESAU. 1964. Secondary phloem of *Liriodendron tulipifera. Calif. Univ. Publ. Bot.* 36, 143-252.

CHOWDHURY, K. A. 1961. Growth rings in tropical trees and taxonomy. *10. Pacific Science Congress Abstr.*, 280.

COCKERHAM, G. 1930. Some observations on cambial activity and seasonal starch content in sycamore (*Acer pseudo platanus*). *Proc. Leeds Philos. Lit. Soc., Sci. Sect.*, 2, 64-80.

CUMBIE, B. G. 1963. The vascular cambium and xylem development in *Hibiscus lasiocarpus. Am. J. Bot.* 50, 944-951.

CUMBIE, B. G. 1967a. Development and structure of the xylem in *Canavalia* (Leguminosae). *Bull. Torrey Bot. Club* 94, 162-175.

CUMBIE, B. G. 1967B. Developmental changes in the vascular cambium in *Leitneria floridana. Am. J. Bot.* 54, 414-424.

CUMBIE, B. G. 1969. Developmental changes in the vascular cambium of *Polygonum lapathifolium. Am. J. Bot.* 56, 139-146.

CUMBIE, B. G. 1984. Origin and development of the vascular cambium in *Aeschynomene virginica. Bull. Torrey Bot. Club* 111, 42-50.

DAVE, Y. S. e K. S. RAO. 1981. Seasonal nuclear behavior in fusiform cambial initials of *Tectona grandis* L. f. *Flora* 171, 299-305.

DAVIS, J. D. e R. F. EVERT. 1968. Seasonal development of the secondary phloem in *Populus tremuloides*. *Bot. Gaz.* 129, 1-8.

DAVIS, J. D. e R. F. EVERT. 1970. Seasonal cycle of phloem development in woody vines. *Bot. Gaz.* 131, 128-138.

DERR, W. F. e R. F. EVERT. 1967. The cambium and seasonal development of the phloem in *Robinia pseudoacacia*. *Am J. Bot.* 54, 147-153.

DESHPANDE, B. P. 1967. Initiation of cambial activity and its relation to primary growth in *Tilia americana* L. Ph.D. Dissertation. University of Wisconsin, Madison.

DESHPANDE, B. P. e T. RAJENDRABABU. 1985. Seasonal changes in the structure of the secondary phloem of *Grewia tiliaefolia*, a deciduous tree from India. *Ann. Bot.* 56, 61-71.

DODD, J. D. 1948. On the shapes of cells in the cambial zone of *Pinus silvestris* L. *Am. J. Bot.* 35, 666-682.

EGIERSZDORFF, S. 1981. The role of auxin stored in scotch pine trunk during spring activation of cambial activity. *Biol. Plant.* 23, 110-115.

ELLIOTT, J. H. 1935. Seasonal changes in the development of the phloem of the sycamore, *Acer Pseudo Platanus* L. *Proc. Leeds Philos. Lit. Soc., Sci. Sect.*, 3, 55-67.

ERMEL, F. F., M.-L. FOLLET-GUEYE, C. CIBERT, B. VIAN, C. MORVAN, A.-M. CATESSON e R. GOLDBERG. 2000. Differential localization of arabinan and galactan side chains of rhamnogalacturonan 1 in cambial derivatives. *Planta* 210, 732-740.

ESAU, K. 1977. *Anatomy of Seed Plants*, 2. ed. Wiley, New York.

EVERT, R. F. 1960. Phloem structure in *Pyrus communis* L. and its seasonal changes. *Univ. Calif. Publ. Bot.* 32, 127-194.

EVERT, R. F. 1961. Some aspects of cambial development in *Pyrus communis*. *Am. J. Bot.* 48, 479-488.

EVERT, R. F. 1962. Some aspects of phloem development in *Tilia americana*. *Am. J. Bot.* 49 (Abstr.), 659.

EVERT, R. F. 1963a. Ontogeny and structure of the secondary phloem in *Pyrus malus*. *Am. J. Bot.* 50, 8-37.

EVERT, R. F. 1963b. The cambium and seasonal development of the phloem in *Pyrus malus*. *Am. J. Bot.* 50, 149-159.

EVERT, R. F. 1978. Seasonal development of the secondary phloem in *Rhus glabra* L. *Botanical Society of America, Miscellaneous Series*, Publ. 156 (Abstr.), 25.

EVERT, R. F. e B. P. DESHPANDE. 1970. An ultrastructural study of cell division in the cambium. *Am. J. Bot.* 57, 942-961.

EVERT, R. F. e T. T. KOZLOWSKI. 1967. Effect of isolation of bark on cambial activity and development of xylem and phloem in trembling aspen. *Am. J. Bot.* 54, 1045-1055.

EVERT, R. F., T. T. KOZLOWSKI e J. D. DAVIS. 1972. Influence of phloem blockage on cambial growth of sugar maple. *Am. J. Bot.* 59, 632-641.

EWERS, F. W. 1982. Secondary growth in needle leaves of *Pinus longaeva* (bristlecone pine) and other conifers: Quantitative data. *Am. J. Bot.* 69, 1552-1559.

FAHN, A. 1962. Xylem structure and the annual rhythm of cambial activity in woody species of the East Mediterranean regions. *News Bull.* [IAWA] 1962/1, 2-6.

FAHN, A. 1964. Some anatomical adaptations of desert plants. *Phytomorphology* 14, 93-102.

FAHN, A. 1995. Seasonal cambial activity and phytogeographic origin of woody plants: A hypothesis. *Isr. J. Plant Sci.* 43, 69-75.

FAHN, A. e E. WERKER. 1990. Seasonal cambial activity. In: *The Vascular Cambium*, pp. 139-157, M. Iqbal, ed. Research Studies Press, Taunton, Somerset, England.

FARRAR, J. J. 1995. Ultrastructure of the vascular cambium of *Robinia pseudoacacia*. Ph.D. Dissertation. University of Wisconsin, Madison.

FARRAR, J. J. e R. F. EVERT. 1997a. Seasonal changes in the ultrastructure of the vascular cambium of *Robinia pseudoacacia*. *Trees* 11, 191-202.

FARRAR, J. J. e R. F. EVERT. 1997b. Ultrastructure of cell division in the fusiform cells of the vascular cambium of *Robinia pseudoacacia*. *Trees* 11, 203-215.

FOLLET-GUEYE, M. L., F. F. ERMEL, B. VIAN, A. M. CATESSON e R. GOLDBERG. 2000. Pectin remodelling during cambial derivative differentiation. In: *Cell and Molecular Biology of Wood Formation*, pp. 289-294, R. A. Savidge, J. R. Barnett e R. Napier, eds. BIOS Scientific, Oxford.

FORWARD, D. F. e N. J. NOLAN. 1962. Growth and morphogenesis in Canadian forest species. VI. The significance of specific increment of cambial area in *Pinus resinosa* Ait. *Can. J. Bot.* 40, 95-111.

FUJII, T., A. T. SALANG e T. FUJIWARA. 1999. Growth periodicity in relation to the xylem development in three *Shorea* spp. (Dipterocarpaceae) growing in Sarawak. In: *Tree-ring Analysis: Biological, Methodological and Environmental Aspects*, pp. 169-183, R. Wimmer e R. E. Vetter, eds. CABI Publishing, Wallingford, Oxon.

FUNADA, R. e A. M. CATESSON. 1991. Partial cell wall lysis and the resumption of meristematic activity in *Fraxinus excelsior* cambium. *IAWA Bull.* n.s. 12, 439-444.

FUNADA, R., O. FURUSAWA, M. SHIBAGAKI, H. MIURA, T. MIURA, H. ABE e J. OHTANI. 2000. The role of cytoskeleton in secondary xylem differentiation in conifers. In: *Cell and Molecular Biology of Wood Formation*, pp. 255-264, R. A. Savidge, J. R. Barnett e R. Napier, eds. BIOS Scientific, Oxford.

GAHAN, P. B. 1988. Xylem and phloem differentiation in perspective. In: *Vascular Differentiation and Plant Growth Regulators*, pp. 1-21, L. W. Roberts, P. B. Gahan e R. Aloni, eds. Springer-Verlag, Berlin.

GAHAN, P. B. 1989. How stable are cambial initials? *Bot. J. Linn. Soc.* 100, 319-321.

GHOUSE, A. K. M. e S. HASHMI. 1978. Seasonal cycle of vascular differentiation in *Polyalthia longifolia* (Annonaceae). *Beitr. Biol. Pfl anz.* 54, 375-380.

GHOUSE, A. K. M. e S. HASHMI. 1980A. Changes in the vascular cambium of *Polyalthia longifolia* Benth. et Hook. (*Annonaceae*) in relation to the girth of the tree. *Flora* 170, 135-143.

GHOUSE, A. K. M. e S. HASHMI. 1980B. Seasonal production of secondary phloem and its longevity in *Mimusops elengi* L. *Flora* 170, 175-179.

GHOUSE, A. K. M. e S. HASHMI. 1980C. Longevity of secondary phloem in *Delonix regia* Rafin. *Proc. Indian Acad. Sci. B, Plant Sci.* 89, 67-72.

GHOUSE, A. K. M. e S. HASHMI. 1983. Periodicity of cambium and of the formation of xylem and phloem in *Mimusops elengi* L., an evergreen member of tropical India. *Flora* 173, 479-487.

GHOUSE, A. K. M. e M. I. H. KHAN. 1977. Seasonal variation in the nuclear number of fusiform cambial initials in *Psidium guajava* L. *Caryologia* 30, 441-444.

GHOUSE, A. K. M. e M. YUNUS. 1973. Some aspects of cambial development in the shoots of *Dalbergia sissoo* Roxb. *Flora* 162, 549-558.

GHOUSE, A. K. M. e M. YUNUS. 1974. The ratio of ray and fusiform initials in some woody species of the Ranalian complex. *Bull. Torrey Bot. Club* 101, 363-366.

GHOUSE, A. K. M. e M. YUNUS. 1976. Ratio of ray and fusiform initials in the vascular cambium of certain leguminous trees. *Flora* 165, 23-28.

GOOSEN-DE ROO, L. 1981. Plasmodesmata in the cambial zone of *Fraxinus excelsior* L. *Acta Bot. Neerl.* 30, 156.

GOOSEN-DE ROO, L., C. J. VENVERLOO e P. D. BURGGRAAF. 1980. Cell division in highly vacuolated plant cells. In: *Electron Microscopy 1980*, vol. 2, *Biology: Proc. 7. Eur. Congr. Electron Microsc.*, pp. 232-233. Hague, The Netherlands.

GOOSEN-DE ROO, L., R. BAKHUIZEN, P. C. VAN SPRONSEN e K. R. LIBBENGA. 1984. The presence of extended phragmosomes containing cytoskeletal elements in fusiform cambial cells of *Fraxinus excelsior* L. *Protoplasma* 122, 145-152.

GREGORY, R. A. 1977. Cambial activity and ray cell abundance in *Acer saccharum. Can J. Bot.* 55, 2559-2564.

GREGORY, R. A. e B. F. WILSON. 1968. A comparison of cambial activity of white spruce in Alaska and New England. *Can. J. Bot.* 46, 733-734.

GRILLOS, S. J. e F. H. SMITH. 1959. The secondary phloem of Douglas fir. *For. Sci.* 5, 377-388.

GUGLIELMINO, N., M. LIBERMAN, A. M. CATESSON, A. MARECK, R. PRAT, S. MUTAFTSCHIEV e R. GOLDBERG. 1997A. Pectin methylesterases from poplar cambium and inner bark: Localization, properties and seasonal changes. *Planta* 202, 70-75.

GUGLIELMINO, N., M. LIBERMAN, A. JAUNEAU, B. VIAN, A. M. CATESSON e R. GOLDBERG. 1997b. Pectin immunolocalization and calcium visualization in differentiating derivatives from poplar cambium. *Protoplasma* 199, 151-160.

HARRIS, J. M. 1989. *Spiral Grain and Wave Phenomena in Wood Formation.* Springer-Verlag, Berlin.

HARTIG, R. 1892. Ueber Dickenwachsthum und Jahrringbildung. *Bot. Z.* 50, 176–180, 193–196.

HARTIG, R. 1894. Untersuchungen über die Entstehung und die Eigenschaften des Eichenholzes. *Forstlich-Naturwiss. Z.* 3, 1-13, 49-68, 172-191, 193-203.

HASHMI, S. e A. K. M. GHOUSE. 1978. On the nuclear number of the fusiform initials of *Polyalthia longifolia* Benth. and Hook. *J. Indian Bot. Soc.* 57 (suppl.; Abstr.), 24.

HEJNOWICZ, Z. 1961. Anticlinal divisions, intrusive growth, and loss of fusiform initials in nonstoried cambium. *Acta Soc. Bot. Pol.* 30, 729-748.

HEJNOWICZ, Z. 1971. Upward movement of the domain pattern in the cambium producing wavy grain in *Picea excelsa*. *Acta Soc. Bot. Pol.* 40, 499-512.

HEJNOWICZ, Z. e J. KRAWCZYSZYN. 1969. Oriented morphogenetic phenomena in cambium of broadleaved trees. *Acta Soc. Bot. Pol.* 38, 547-560.

HEJNOWICZ, Z. e B. ZAGÓRSKA-MAREK. 1974. Mechanism of changes in grain inclination in wood produced by storeyed cambium. *Acta Soc. Bot. Pol.* 43, 381-398.

HELARIUTTA, Y. e R. BHALERAO. 2003. Between xylem and phloem: The genetic control of cambial activity in plants. *Plant Biol.* 5, 465-472.

IMAGAWA, H. e S. ISHIDA. 1972. Study on the wood formation in trees. Report III. Occurrence of the overwintering cells in cambial zone in several ring-porous trees. *Res. Bull. Col. Exp. For. Hokkaido Univ.* (*Enshurin Kenkyu hohoku*) 29, 207-221.

IQBAL, M. e A. K. M. GHOUSE. 1979. Anatomical changes in *Prosopis spicigera* with growing girth of stem. *Phytomorphology* 29, 204-211.

IQBAL, M. e A. K. M. GHOUSE. 1987. Anatomy of the vascular cambium of *Acacia nilotica* (L.) Del. var. *telia* Troup (Mimosaceae) in relation to age and season. *Bot. J. Linn. Soc.* 94, 385-397.

ISEBRANDS, J. G. e P. R. LARSON. 1973. Some observations on the cambial zone in cottonwood. *IAWA Bull.* 1973/3, 3-11.

KHAN, K. K., Z. AHMAD e M. IQBAL. 1981. Trends of ontogenetic size variation of cambial initials and their derivatives in the stem of *Bauhinia parviflora* Vahl. *Bull. Soc. Bot. Fr. Lett. Bot.* 128, 165-175.

KHAN, M. I. H., T. O. SIDDIQI e A. H. KHAN. 1983. Ontogenetic changes in the cambial structure of *Citrus sinensis* L. *Flora* 173, 151-158.

KITIN, P., Y. SANO e R. FUNADA. 2002. Fusiform cells in the cambium of *Kalopanax pictus* are exclusively mononucleate. *J. Exp. Bot.* 53, 483-488.

KORIBA, K. 1958. On the periodicity of tree-growth in the tropics, with reference to the mode of branching, the leaf-fall, and the formation of the resting bud. *Gardens' Bull. Straits Settlements* 17, 11–81.

KOZLOWSKI, T. T. e S. G. PALLARDY. 1997. *Growth Control in Woody Plants.* Academic Press, San Diego.

KRABEL, D. 2000. Influence of sucrose on cambial activity. In: *Cell and Molecular Biology of Wood Formation*, pp. 113-125, R. A. Savidge, J. R. Barnett e R. Napier, eds. BIOS Scientific, Oxford.

KRAWCZYSZYN, J. 1977. The transition from nonstoried to storied cambium in *Fraxinus excelsior*. I. The occurrence of radial anticlinal divisions. *Can J. Bot.* 55, 3034-3041.

KRAWCZYSZYN, J. e J. A. ROMBERGER. 1979. Cyclical cell length changes in wood in relation to storied structure and interlocked grain. *Can. J. Bot.* 57, 787-794.

KURODA, H. e S. SAGISAKA. 1993. Ultrastructural changes in cortical cells of apple (*Malus pumila* Mill.) associated with cold hardiness. *Plant Cell Physiol.* 34, 357-365.

LACHAUD, S. 1989. Participation of auxin and abscisic acid in the regulation of seasonal variations in cambial activity and xylogenesis. *Trees* 3, 125-137.

LACHAUD, S. e J.-L. BONNEMAIN. 1981. Xylogenèse chez les Dicotylédones arborescentes. I. Modalités de la remise en activité du cambium et de la xylogenèse chez les Hêtres et les Chênes âgés. *Can. J. Bot.* 59, 1222-1230.

LACHAUD, S., A.-M. CATESSON e J.-L. BONNEMAIN. 1999. Structure and functions of the vascular cambium. *C.R. Acad. Sci. Paris, Sci. de la Vie* 322, 633-650.

LARSON, P. R. 1994. *The Vascular Cambium: Development and Structure.* Springer-Verlag. Berlin.

LAWTON, J. R. 1976. Seasonal variation in the secondary phloem from the main trunks of willow and sycamore trees. *New Phytol.* 77, 761-771.

LIPHSCHITZ, N. e S. LEV-YADUN. 1986. Cambial activity of evergreen and seasonal dimorphics around the Mediterranean. *IAWA Bull.* n.s. 7, 145-153.

LIPHSCHITZ, N., S. LEV-YADUN e Y. WAISEL. 1981. The annual rhythm of activity of the lateral meristems (cambium and phellogen) in *Cupressus sempervirens* L. *Ann. Bot.* 47, 485-496.

LITTLE, C. H. A. e R. P. PHARIS. 1995. Hormonal control of radial and longitudinal growth in the tree stem. In: *Plant Stems: Physiology and*

Functional Morphology, pp. 281-319, B. L. Gartner, ed. Academic Press, San Diego.

LLOYD, A. D., E. J. MELLEROWICZ, R. T. RIDING e C. H. A. LITTLE. 1996. Changes in nuclear genome size and relative ribosomal RNA gene content in cambial region cells of *Abies balsamea* shoots during the development of dormancy. *Can. J. Bot.* 74, 290-298.

LODEWICK, J. E. 1928. *Seasonal activity of the cambium in some northeastern trees*. Bull. N.Y. State Col. For. Syracuse Univ. Tech. Publ. No. 23.

LU, C.-Y. e S.-H. T. CHANG. 1975. Seasonal activity of the cambium in the young branch of *Liquidambar formosana* Hance. *Taiwania* 20, 32-47.

MAHMOOD, A. 1968. Cell grouping and primary wall generations in the cambial zone, xylem, and phloem in *Pinus*. *Aust. J. Bot.* 16, 177-195.

MAHMOOD, A. 1990. The parental cell walls. In: *The Vascular Cambium*, pp. 113-126, M. Iqbal, ed. Research Studies Press, Taunton, Somerset, England.

MAINIERE, C., J. P. CHIMELO e V. A. ALFONSO. 1983. *Manual de identificação das principais madeiras comerciais brasileiras*. Ed. Promocet., Publicação IPT 1226, São Paulo.

MELLEROWICZ, E. J., R. T. RIDING e C. H. A. LITTLE. 1989. Genomic variability in the vascular cambium of *Abies balsamea*. *Can. J. Bot.* 67, 990-996.

MELLEROWICZ, E. J., R. T. RIDING e C. H. A. LITTLE. 1990. Nuclear size and shape changes in fusiform cambial cells of *Abies balsamea* during the annual cycle of activity and dormancy. *Can J. Bot.* 68, 1857-1863.

MELLEROWICZ, E. J., R. T. RIDING e C. H. A. LITTLE. 1992. Periodicity of cambial activity in *Abies balsamea*. II. Effects of temperature and photoperiod on the size of the nuclear genome in fusiform cambial cells. *Physiol. Plant.* 85, 526-530.

MELLEROWICZ, E. J., R. T. RIDING e C. H. A. LITTLE. 1993. Nucleolar activity in the fusiform cambial cells of *Abies balsamea* (Pinaceae): Effect of season and age. *Am. J. Bot.* 80, 1168-1174.

MELLEROWICZ, E. J., M. BAUCHER, B. SUNDBERG e W. BOERJAN. 2001. Unravelling cell wall formation in the woody dicot stem. *Plant Mol. Biol.* 47, 239-274.

MER, E. 1892. Reveil et extinction de l'activité cambiale dans les arbres. *C.R. Séances Acad. Sci.* 114, 242-245.

MICHELI, F., M. BORDENAVE e L. RICHARD. 2000. Pectin methylesterases: Possible markers for cambial derivative differentiation? In: *Cell and Molecular Biology of Wood Formation*, pp. 295-304, R. A. Savidge, J. R. Barnett e R. Napier, eds. BIOS Scientific, Oxford.

MURMANIS, L. 1970. Locating the initial in the vascular cambium of *Pinus strobus* L. by electron microscopy. *Wood Sci. Technol.* 4, 1-14.

MURMANIS, L. 1977. Development of vascular cambium into secondary tissue of *Quercus rubra* L. *Ann. Bot.* 41, 617-620.

MURMANIS, L. e I. B. SACHS. 1969. Seasonal development of secondary xylem in *Pinus strobus* L. *Wood Sci. Technol.* 3, 177-193.

NEWMAN, I. V. 1956. Pattern in meristems of vascular plants—1. Cell partition in the living apices and in the cambial zone in relation to the concepts of initial cells and apical cells. *Phytomorphology* 6, 1-19.

ORIBE, Y., R. FUNADA, M. SHIBAGAKI e T. KUBO. 2001. Cambial reactivation in locally heated stems of the evergreen conifer *Abies sachalinensis* (Schmidt) Masters. *Planta* 212, 684-691.

PALIWAL, G. S. e N. V. S. R. K. PRASAD. 1970. Seasonal activity of cambium in some tropical trees. I. *Dalbergia sissoo*. *Phytomorphology* 20, 333–339.

PALIWAL, G. S. e L. M. SRIVASTAVA. 1969. The cambium of *Aleuosmia*. *Phytomorphology* 19, 5-8.

PALIWAL, G. S., V. S. SAJWAN e N. V. S. R. K. PRASAD. 1974. Seasonal variations in the size of the cambial initials in *Polyalthia longifolia*. *Curr. Sci.* 43, 620-621.

PALIWAL, G. S., N. V. S. R. K. PRASAD, V. S. SAJWAN e S. K. AGGARWAL. 1975. Seasonal activity of cambium in some tropical trees. II. *Polyalthia longifolia*. *Phytomorphology* 25, 478-484.

PATEL, J. D. 1975. Occurrence of multinucleate fusiform initials in *Solanum melongea* L. *Curr. Sci.* 44, 516-517.

PHILIPSON, W. R., J. M. WARD e B. G. BUTTERFIELD. 1971. *The Vascular Cambium: Its Development and Activity.* Chapman and Hall, London.

POMPARAT, M. 1974. Étude des variations de la longueur des trachéides de la tige et de la racine du *Pin maritime* au cours de l'année: Influence des facteurs édaphiques sur l'activité cambiale. Ph.D. Thèse. Université de Bordeaux.

RAJPUT, K. S. e K. S. RAO. 1998A. Occurrence of intercellular spaces in cambial rays. *Isr. J. Plant Sci.* 46, 299-302.

RAJPUT, K. S. e K. S. RAO. 1998B. Seasonal anatomy of secondary phloem of teak (*Tectona grandis* L. Verbenaceae) growing in dry and moist deciduous forests. *Phyton (Horn)* 38, 251-258.

RAJPUT, K. S. e K. S. RAO. 2000. Cambial activity and development of wood in *Acacia nilotica* (L.) Del. growing in different forests of Gujarat State. *Flora* 195, 165-171.

RAO, K. S. 1985. Seasonal ultrastructural changes in the cambium of *Aesculus hippocastanum* L. *Ann. Sci. Nat. Bot. Biol. Vég., Sér 13*, 7, 213-228.

RAO, K. S. 1988. Cambial activity and developmental changes in ray initials of some tropical trees. *Flora* 181, 425-434.

RAO, K. S. e Y. S. DAVE. 1981. Seasonal variations in the cambial anatomy of *Tectona grandis* (Verbenaceae). *Nord. J. Bot.* 1, 535-542.

RAO, K. S. e K. S. RAJPUT. 1999. Seasonal behaviour of vascular cambium in teak (*Tectona grandis*) growing in moist deciduous and dry deciduous forests. *IAWA J.* 20, 85-93.

RENSING, K. H. e A. L. SAMUELS. 2004. Cellular changes associated with rest and quiescence in winter-dormant vascular cambium of *Pinus contorta*. *Trees* 18, 373-380.

RENSING, K. H., A. L. SAMUELS e R. A. SAVIDGE. 2002. Ultrastructure of vascular cambial cell cytokinesis in pine seedlings preserved by cryofixation and substitution. *Protoplasma* 220, 39-49.

RIDOUTT, B. G. e R. SANDS. 1993. Within-tree variation in cambial anatomy and xylem cell differentiation in *Eucalyptus globulus*. *Trees* 8, 18-22.

RIDOUTT, B. G., R. P. PHARIS e R. SANDS. 1995. Identification and quantification of cambial region hormones of *Eucalyptus globulus*. *Plant Cell Physiol.* 36, 1143-1147.

ROLAND, J.-C. 1978. Early differences between radial walls and tangential walls of actively growing cambial zone. *IAWA Bull.* 1978/1, 7-10.

SAGISAKA, S., M. ASADA e Y. H. AHN. 1990. Ultrastructure of poplar cortical cells during the transition from growing to wintering stages and vice versa. *Trees* 4, 120-127.

SANIO, K. 1873. Anatomie der gemeinen Kiefer (*Pinus silvestris* L.). II. 2. Entwickelungsgeschichte der Holzzellen. *Jahrb. Wiss. Bot.* 9, 50-126.

SAVIDGE, R. A. 1993. Formation of annual rings in trees. In: *Oscillations and Morphogenesis*, pp. 343-363, L. Rensing, ed. Dekker, New York.

SAVIDGE, R. A. 2000. Biochemistry of seasonal cambial growth and wood formation—An overview of the challenges. In: *Cell and Molecular Biology of Wood Formation*, pp. 1–30, R. A. Savidge, J. R. Barnett e R. Napier, eds. BIOS Scientifi c, Oxford.

SAVIDGE, R. A. e P. F. WAREING. 1984. Seasonal cambial activity and xylem development in *Pinus contorta* in relation to endogenous indol-3--yl-acetic and (S)-abscisic acid levels. *Can. J. For. Res.* 14, 676-682.

SENNERBY-FORSSE, L. 1986. Seasonal variation in the ultrastructure of the cambium in young stems of willow (*Salix viminalis*) in relation to phenology. *Physiol. Plant.* 67, 529-537.

SENNERBY-FORSSE, L. e H. A. VON FIRCKS. 1987. Ultrastructure of cells in the cambial region during winter hardening and spring dehardening in *Salix dasyclados* Wim. grown at two nutrient levels. *Trees* 1, 151-163.

SHARMA, H. K., D. D. SHARMA e G. S. PALIWAL. 1979. Annual rhythm of size variations in cambial initials of *Azadirachta indica* A. Juss. *Geobios* 6, 127–129.

SHTROMBERG, A. YA. 1959. Cambium activity in leaves of several woody dicotyledenous plants. *Dokl. Akad. Nauk SSSR* 124, 699-702.

SISSON, W. E., JR. 1968. Cambial divisions in *Pseudotsuga menziesii*. *Am. J. Bot.* 55, 923-926.

STRASBURGER, E. 1891. *Ueber den Bau und die Verrichtungen der Leitungsbahnen in den Pfl anzen. Histologische Beiträge*, Heft 3. Gustav Fischer, Jena.

SUNDBERG, B., C. UGGLA e H. TUOMINEN. 2000. *Cambial growth and auxin gradients*. In: *Cell and Molecular Biology of Wood Formation*, pp. 169–188, R. A. Savidge, J. R. Barnett e R. Napier, eds. BIOS Scientific, Oxford.

SUNG, S.-J. S., P. P. KORMANIK e C. C. BLACK. 1993A. Vascular cambial sucrose metabolism and growth in loblolly pine (*Pinus taeda* L.) in relation to transplanting trees. *Tree Physiol.* 12, 243-258.

SUNG, S.-J. S., P. P. KORMANIK e C. C. BLACK. 1993B. Understanding sucrose metabolism and growth in a developing sweetgum plantation. In: *Proc. 22. Southern Forest Tree Improvement Conference*, June 14-17, 1993, pp. 114-123. Sponsored Publ. No. 44 of the Southern Forest Tree Improvement Committee.

SUZUKI, M., K. YODA e H. SUZUKI. 1996. Phenological comparison of the onset of vessel formation between ring-porous and diffuse-porous deciduous trees in a Japanese temperate forest. *IAWA J.* 17, 431-444.

TEPPER, H. B. e C. A. HOLLIS. 1967. Mitotic reactivation of the terminal bud and cambium of white ash. *Science* 156, 1635-1636.

TIMELL, T. E. 1980. Organization and ultrastructure of the dormant cambial zone in compression wood of *Picea abies*. *Wood Sci. Technol.* 14, 161-179.

TOMLINSON, P. B. e F. C. CRAIGHEAD SR. 1972. Growth-ring studies on the native trees of sub-tropical Florida. In: *Research Trends in Plant Anatomy—K.A. Chowdhury Commemoration Volume*, pp. 39-51, A. K. M. Ghouse e Mohd Yunus, eds. Tata McGraw-Hill, Bombay.

TUCKER, C. M. 1968. Seasonal phloem development in *Ulmus americana*. *Am. J. Bot.* 55 (Abstr.), 716.

TUCKER, C. M. e R. F. EVERT. 1969. Seasonal development of the secondary phloem in *Acer negundo Am. J. Bot.* 56, 275-284.

VENUGOPAL, N. e K. V. KRISHNAMURTHY. 1989. Organisation of vascular cambium during different seasons in some tropical timber trees. *Nord. J. Bot.* 8, 631-638.

VILLALBA, R. e J. A. BONINSEGNA. 1989. Dendrochronological studies on *Prosopis fl exuosa* DC. *IAWA Bull.* n.s. 10, 155-160.

WAISEL, Y., I. NOAH e A. FAHN. 1966. Cambial activity in *Eucalyptus camaldulensis* Dehn.: II. The production of phloem and xylem elements. *New Phytol.* 65, 319-324.

WILCOX, H., F. J. CZABATOR, G. GIROLAMI, D. E. MORELAND e R. F. SMITH. 1956. *Chemical debarking of some pulpwood species*. State Univ. N.Y. Col. For. Syracuse. Tech. Publ. 77.

WILSON, B. F. 1963. Increase in cell wall surface area during enlargement of cambial derivatives in *Abies concolor*. *Am. J. Bot.* 50, 95-102.

WISNIEWSKI, M. e E. N. ASHWORTH. 1986. A comparison of seasonal ultrastructural changes in stem tissues of peach (*Prunus persica*) that exhibit contrasting mechanisms of cold hardiness. *Bot. Gaz.* 147, 407-417.

WŁOCH, W. 1976. Cell events in cambium, connected with the formation and existence of a whirled cell arrangement. *Acta Soc. Bot. Pol.* 45, 313-326.

WŁOCH, W. 1981. Nonparallelism of cambium cells in neighboring rows. *Acta Soc. Bot. Pol.* 50, 625-636.

WŁOCH, W. T. 1989. Chiralne zderzenia komórkowe i wzór domenowy w kambium lipy (Chiral cell events and domain pattern in the cambium of lime). Dr. Hab. Univ. S´ la¸ski w Katowicach.

WŁOCH, W. e E. POLAP. 1994. The intrusive growth of initial cells in re-arrangement of cells in cambium of *Tilia cordata* Mill. *Acta Soc. Bot. Pol.* 63, 109-116.

WŁOCH, W. e W. SZENDERA. 1992. Observation of changes of cambial domain patterns on the basis of primary ray development in *Fagus silvatica* L. *Acta Soc. Bot. Pol.* 61, 319-330.

WŁOCH, W. e B. ZAGÓRSKA-MAREK. 1982. Reconstruction of storeyed cambium in the linden. *Acta Soc. Bot. Pol.* 51, 215-228.

WŁOCH, W., J. KARCZEWSKI e B. OGRODNIK. 1993. Relationship between the grain pattern in the wood, domain pattern and pattern of growth activity in the storeyed cambium of trees. *Trees* 7, 137-143.

WŁOCH, W., E. MAZUR e P. KOJS. 2001. Intensive change of inclination of cambial initials in *Picea abies* (L.) Karst. tumours. *Trees* 15, 498-502.

ZAGÓRSKA-MAREK, B. 1984. Pseudotransverse divisions and intrusive elongation of fusiform initials in the storeyed cambium of *Tilia*. *Can. J. Bot.* 62, 20-27.

ZAGÓRSKA-MAREK, B. 1995. Morphogenetic waves in cambium and fi gured wood formation. In: *Encyclopedia of Plant Anatomy* Band 9, Teil 4, *The Cambial Derivatives*, pp. 69-92, M. Iqbal, ed. Gebrüder Borntraeger, Berlin.

ZASADA, J. C. e R. ZAHNER. 1969. Vessel element development in the earlywood of red oak (*Quercus rubra*). *Can. J. Bot.* 47, 1965-1971.

ZHANG, Z.-J., Z.-R. CHEN, J.-Y. LIN e Y.-T. ZHANG. 1992. Seasonal variations of secondary phloem development in *Pterocarya stenoptera* and its relation to feeding of *Kerria yunnanensis*. *Acta Bot. Sin.* (*Chih wu hsüeh pao*) 34, 682-687.

CAPÍTULO TREZE

FLOEMA: TIPOS CELULARES E ASPECTOS DO DESENVOLVIMENTO

Veronica Angyalossy e Patricia Soffiatti

O floema, embora corretamente denominado de principal tecido condutor de nutrientes das plantas vasculares, tem, na vida da planta, uma função muito maior que essa. Uma vasta gama de substâncias é transportada no floema. Entre essas substâncias estão os açúcares, aminoácidos, micronutrientes, lipídios (principalmente na forma de ácidos graxos livres; Madey et al., 2002), hormônios (Baker, 2000), estímulos florais (florígeno; Hoffmann-Benning et al., 2002), e numerosas proteínas e RNAs (Schobert et al., 1998), sendo que algumas delas, junto com os hormônios, os estímulos florais e a sacarose (Chiou e Bush, 1998; Lalonde et al., 1999), atuam como moléculas informativas ou sinalizadoras (Ruiz-Medrano et al., 2001). Apelidado de "super via expressa de informação" (Jorgensen et al., 1998), o floema desempenha um papel importante na comunicação entre os órgãos e na coordenação dos processos de crescimento da planta. A sinalização à longa distância nas plantas ocorre predominantemente através do floema (Crawford e Zambryski, 1999; Thompson e Schulz, 1999; Ruiz-Medrano et al., 2001; van Bel e Gaupels, 2004). O floema também transporta um grande volume de água para frutos, folhas jovens e órgãos de armazenamento, como os tubérculos. (Ziegler, 1963; Pate, 1975; Lee, 1989, 1990; Araki et al., 2004; Nerd e Neumann, 2004).

Como regra, o floema está associado espacialmente ao xilema no sistema vascular (Fig. 13.1) e, como o xilema, pode ser classificado como primário ou secundário com base no tempo de seu aparecimento em relação ao desenvolvimento da planta ou o órgão como um todo. O **floema primário** inicia-se no embrião ou plântulas jovens (Gahan, 1988; Busse e Evert, 1999), é adicionado constantemente durante o desenvolvimento do corpo primário da planta, e completa a sua diferenciação quando o corpo primário da planta está inteiramente formado. O floema primário é derivado do procâmbio. O **floema secundário** (Capítulo 14) origina-se do câmbio vascular e reflete a organização desse meristema em possuir os sistemas axial e radial. Os raios floemáticos são contínuos através do câmbio, com os do xilema fornecendo um caminho para o transporte radial de substâncias entre os dois tecidos vasculares.

Embora o floema geralmente ocupe uma posição externa ao xilema, no caule e na raiz, ou abaxial (na superfície inferior) em folhas e órgãos semelhantes às folhas, em muitas famílias de eudicotiledôneas (por exemplo, Apocynaceae, Asclepiadaceae, Convolvulaceae, Cucurbitaceae, Myrtaceae, Solanaceae, Asteraceae) parte do floema também está localizado no lado oposto (Fig. 13.1). Os dois tipos de floema são denominados de **floema externo** e **floema interno**, ou **floema intraxilemático**, respectivamente. O floema interno é, em grande parte, primário em desenvolvimento (em algumas espécies perenes a

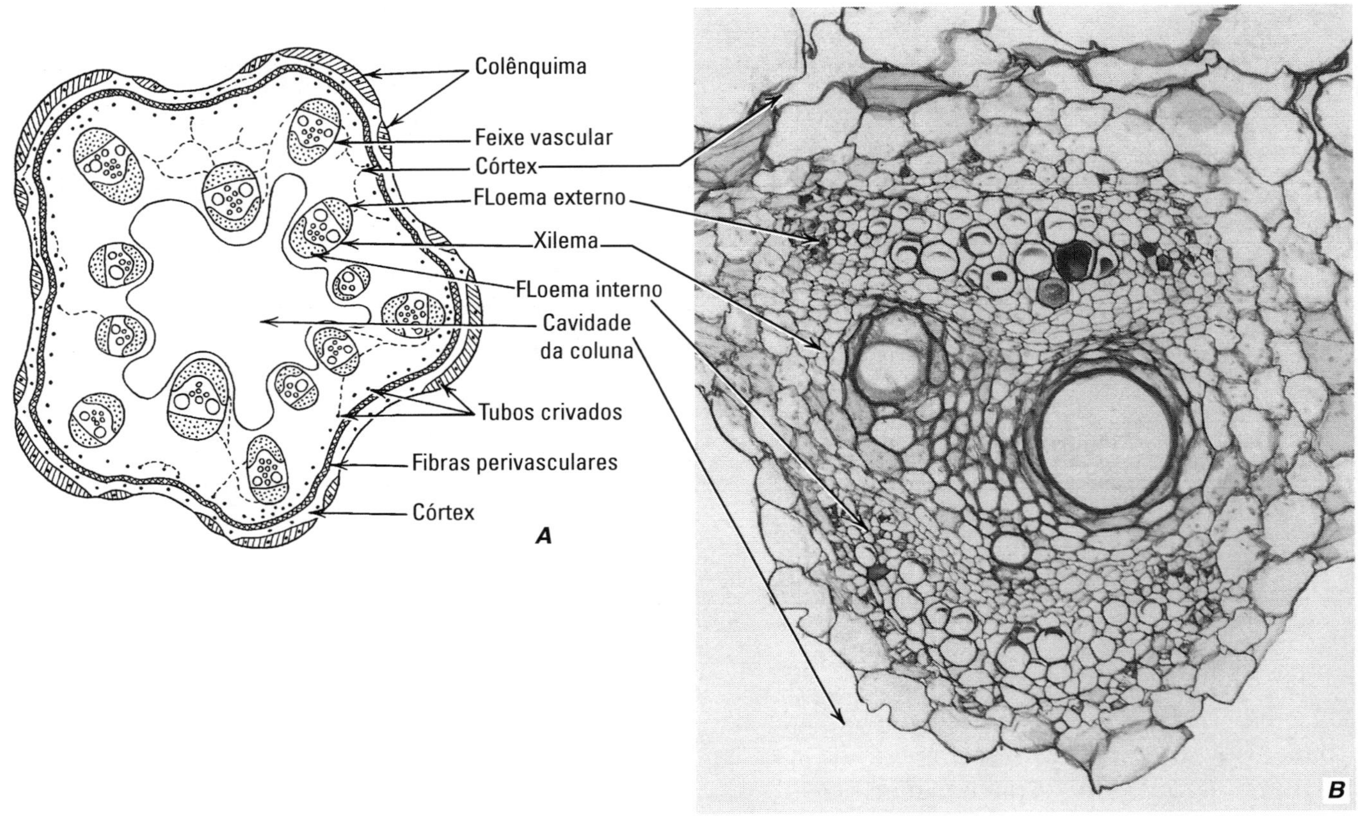

FIGURA 13.1

A, secção transversal do caule de *Cucurbita*. Trepadeira herbácea com feixes vasculares separados, cada um com floema nos lados opostos ao xilema (feixes bicolaterais). A região vascular é delimitada na parte externa por esclerênquima (fibras perivasculares). O córtex é composto de parênquima e colênquima. Há uma epiderme. Uma cavidade substituiu a medula. Pequenos cordões extrafasciculares de tubos crivados e células companheiras atravessam o parênquima da região vascular e do córtex. **B**, secção transversal do feixe vascular de *Cucurbita* mostrando o floema externo e interno. Geralmente um câmbio vascular se desenvolve entre o floema externo e o xilema, mas não entre o floema interno e o xilema. (A, ×8; B, ×130.)

adição de floema interno continua no estágio secundário de crescimento do eixo) e começa a se diferenciar posteriormente ao floema externo e geralmente também posteriormente ao protoxilema (Esau, 1969). Uma notável exceção é encontrada nas nervuras de pequeno porte das folhas de *Cucurbita pepo*, nas quais o floema adaxial (na superfície superior) se diferencia antes do floema abaxial (Turgeon e Webb, 1976). Em certas famílias (por exemplo, Amaranthaceae, Chenopodiaceae, Nyctaginaceae, Salvadoraceae), o câmbio, além de produzir floema externamente e xilema internamente, periodicamente forma cordões ou camadas de floema para o interior do caule, de modo que os cordões de floema ficam imersos no xilema. Tais cordões de floema são referidos como **floema incluso**, ou **floema interxilemático.**

Tubos crivados, que formam conexões laterais entre seus similares do floema primário de feixes vasculares longitudinais, são comuns nos entrenós e pecíolos de muitas espécies de plantas com sementes (Figs. 13.1A e 13.2; Aloni e Sachs, 1973; Oross e Lucas, 1985; McCauley e Evert, 1988; Aloni e Barnett, 1996). Esses tubos, mencionados como **anastomoses floemáticas**, também conectam o floema interno com o externo em caules (Esau, 1938; Fukuda, 1967; Bonnemain, 1969) e o floema adaxial com o abaxial em folhas (Artschwagner, 1918; Hayward, 1938; McCauley e Evert, 1988). Em um estudo sobre o significado funcional das anastomoses floemáticas em caules de *Dahlia pinnata* (Aloni e Peterson, 1990), descobriu-se que elas não atuam sob condições normais. Entretanto, quando os cordões longitudinais foram injuriados,

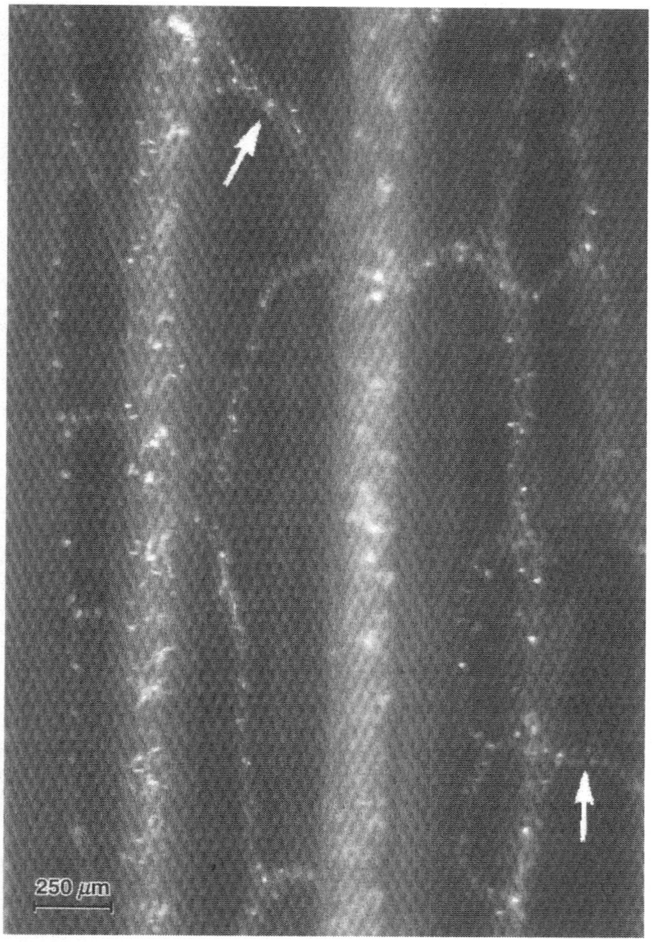

FIGURA 13.2

Anastomoses floemáticas (duas marcadas com setas) vistas em uma secção espessa do entrenó de *Dahlia pinnata* após clareamento e coloração com azul de anilina. A fotografia foi tirada em um microscópio de epifluorescência. Os numerosos pontos indicam os sítios de calose, que ocorrem nas áreas crivadas laterais e nas placas crivadas dos tubos crivados. Dois feixes vasculares longitudinais, interconectados por meio das anastomoses floemáticas, podem ser vistos aqui. Em *Dahlia* há cerca de 3.000 anastomoses floemáticas por entrenó. (Cortesia de Roni Aloni.)

as anastomoses começaram a funcionar no transporte. Conclui-se que, embora as anastomoses floemáticas dos entrenós de *Dahlia* sejam capazes de funcionar, elas atuam principalmente como um sistema emergencial, que fornece caminhos alternativos para os assimilados ao redor do caule (Aloni e Peterson, 1990).

O desenvolvimento como um todo e a estrutura do tecido floemático é similar àqueles do xilema, mas a sua função distinta está associada às características estruturais peculiares a esse tecido. O tecido floemático é menos esclerificado e menos persistente do que o tecido xilemático. Em virtude de sua usual posição próxima à periferia do caule e da raiz, o floema modifica-se mais em relação ao aumento em circunferência do eixo durante o crescimento secundário, e porções não mais envolvidas com a condução, ao final, podem ser descartadas por uma periderme (Capítulo 15). O xilema mais velho, ao contrário, permanece relativamente imutável em sua estrutura básica.

TIPOS CELULARES DO FLOEMA

O tecido floemático primário e secundário contêm as mesmas categorias de células. O floema primário, entretanto, não está organizado em dois sistemas, o axial e o radial; ele não tem raios. Os componentes básicos do floema são os elementos crivados e os vários tipos de células parenquimáticas. Fibras e esclereídes são componentes comuns do floema. Laticíferos, canais resiníferos, e vários idioblastos, especializados morfológica e fisiologicamente, também podem estar presentes no floema. Neste capítulo, somente os tipos celulares principais são considerados em detalhe. A ilustração sumarizada (Fig. 13.3) e a lista de células floemáticas na Tabela 13.1 estão baseadas na composição característica do floema secundário.

As principais células condutoras do floema são os **elementos crivados**, assim denominados em virtude da presença de áreas penetradas por poros (áreas crivadas) em suas paredes. Entre as plantas com sementes, os elementos crivados podem ser separados em **células crivadas** menos especializadas (Fig. 13.4A) e em **elementos de tubo crivado** mais especializados (Fig. 13.4B-H). Esta classificação corresponde à dos elementos traqueais, em traqueídes menos especializadas e elementos de vaso mais especializados. O termo **tubo crivado** designa uma série longitudinal de elementos de tubo crivado, assim como o termo vaso denota uma série longitudinal de elementos de vaso. Em ambas as classificações, as características da estrutura da parede – pontoações e placas de perfuração nos elementos traqueais, e áreas crivadas e placas crivadas (ver abaixo) em elementos crivados – podem servir para distinguir os elementos dos dois tipos de categorias. Entretanto, enquanto elementos de vaso são encontrados em angiospermas, em Gnetophyta, e algumas plantas vasculares

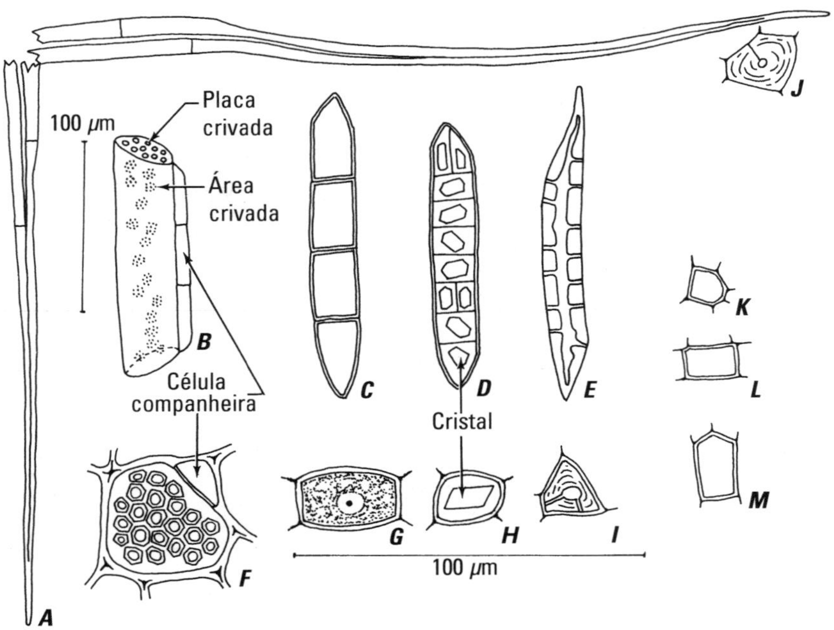

FIGURA 13.3

Tipos celulares do floema secundário de uma eudicotiledônea, *Robinia pseudoacacia*. **A-E**, vistas longitudinais; **F-J**, secções transversais. **A**, **J**, fibra. **B**, elemento de tubo crivado e células companheiras. **F**, elemento de tubo crivado no plano da placa crivada e célula companheira. **C**, **G**, células parenquimáticas do floema (série parenquimática em **C**). **D**, **H**, células parenquimáticas com cristal. **E**, **I**, esclereídes. **K-M**, células de raio em secções tangencial (**K**), radial (**L**) e transversal (**M**) do floema. (Obtido de Esau, 1977.)

sem sementes[1], elementos de tubo crivado ocorrem somente em angiospermas. Além disso, o uso do termo célula crivada é restrito aos elementos crivados de gimnospermas[2], que – tratado posteriormente neste capítulo – são notavelmente uniforme em estrutura e desenvolvimento. Os elementos crivados das plantas vasculares sem sementes, ou criptógamas vasculares[3], mostram muita variação em estrutura e desenvolvimento e são simplesmente referidos pelo termo geral de elemento crivado (Evert, 1990a).

Elementos crivados indiferenciados contêm todos os componentes celulares de uma célula vegetal indiferenciada. À medida que se diferenciam, os elementos crivados sofrem profundas mudanças, sendo que as principais são a quebra do núcleo e do tonoplasto e a formação de áreas nas paredes, isto é, as áreas crivadas, com poros que aumentam o grau de continuidade entre os elementos crivados conectados no sentido vertical e lateral. Enquanto os elementos traqueais sofrem morte celular programada – uma total autofagia – resultando na perda integral dos conteúdos protoplasmáticos, nos elementos crivados ocorre uma **autofagia seletiva** (Fig. 13.5). Na maturidade, o protoplasto do elemento crivado retém a membrana plasmática, o retículo endoplasmático, plastídios, e mitocôndrias, todos ocupando uma posição parietal (ao longo da parede) dentro da célula.

TABELA 13.1 – Principais tipos celulares do floema secundário

Tipos celulares	Funções principais
Sistema axial	
Elementos crivados	
Células crivadas (em gimnospermas); Elementos de tubo crivado com células companheiras (em angiospermas)	Condução de nutrientes a longa distância; Sinalização a longa distância
Célula de esclerênquima	
Fibras; Esclereídes	Suporte; Algumas vezes armazenamento de nutrientes
Células parenquimáticas	
Sistema radial (raio); Parênquima	Armazenamento e translocação radial de nutrientes

Fonte: Esau, 1977.

O ELEMENTO DE TUBO CRIVADO DAS ANGIOSPERMAS

O elemento de tubo crivado das angiospermas caracteriza-se pela presença de **placas crivadas**, que são porções da parede que apresentam áreas crivadas com poros maiores que os das áreas crivadas

1 Plantas vasculares sem sementes, ou pteridófitas, correspondem atualmente a dois clados parafiléticos: Monilophyta e Lycophyta.

2 Ver nota número 1, Capítulo 1.

3 Criptógamas vasculares = pteridófitas.

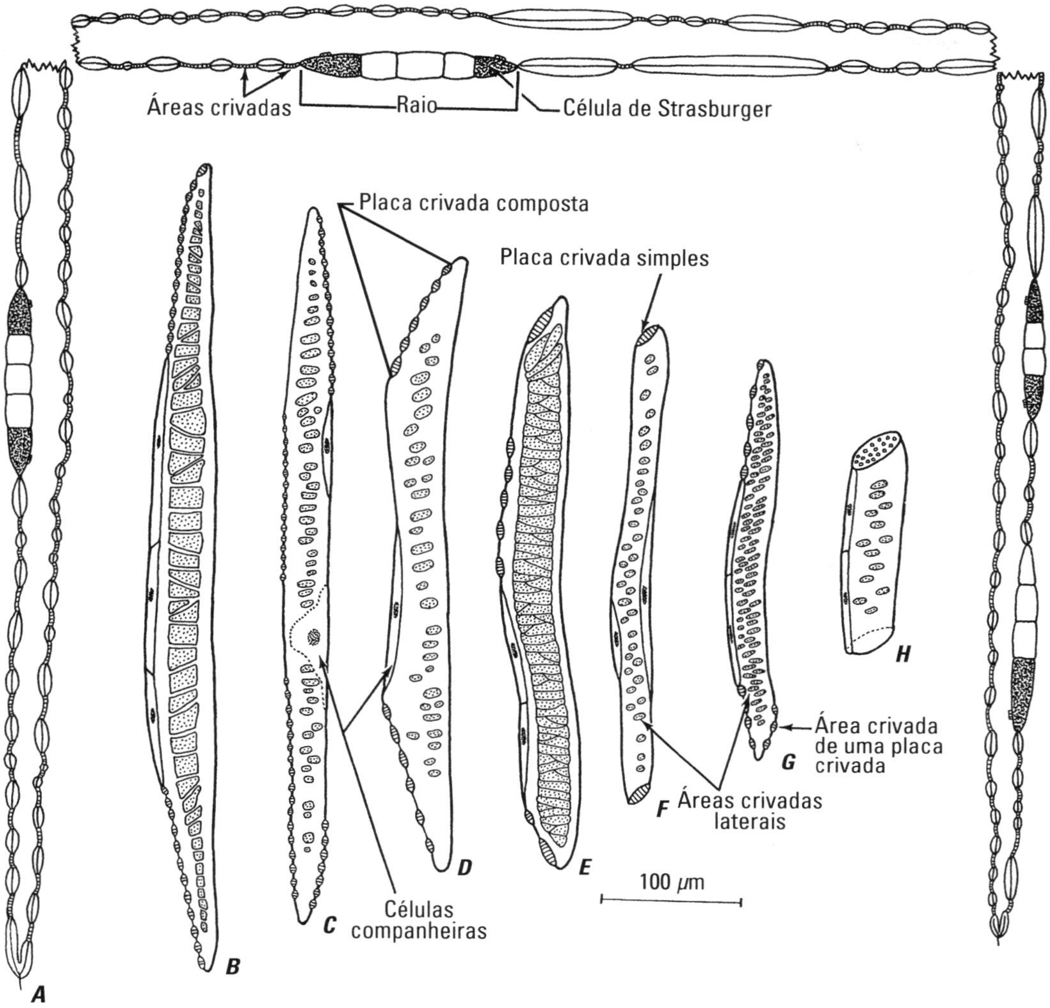

FIGURA 13.4

Variações na estrutura dos elementos crivados. **A**, célula crivada de *Pinus pinea*, com raios associados, em secção tangencial. Os outros são elementos de tubo crivado com células companheiras em secções tangenciais das seguintes espécies: **B**, *Juglans hindsii*; **C**, *Malus domestica;* **D**, *Liriodendron tulipifera*; **E**, *Acer pseudoplatanus*; **F**, *Cryptocarya rubra*; **G**, *Fraxinus americana*; **H**, *Wisteria* sp. Em **B-G**, as placas crivadas aparecem em vista lateral e as áreas crivadas são mais espessas do que as outras regiões da parede em decorrência da deposição de calose. (Obtido de Esau, 1977.)

de outras partes da parede da mesma célula. Com relativas poucas exceções (por exemplo, elementos de protofloema em raízes de *Nicotiana tabacum*, Esau e Gill, 1972; elementos de metafloema em caule aéreo da holoparasita *Epifagus virginiana*, Walsh e Popovich, 1977; elementos crivados em muitas palmeiras, Parthasarathy, 1974a, b; *Lemna minor*, Melaragno e Walsh, 1976; e todos os membros de Poaceae, Evert et al., 1971b; Kuo et al., 1972; Eleftheriou, 1990), os protoplastos dos elementos de tubo crivado contêm **proteína-P** (proteína floemática, inicialmente denominada de mucilagem[4]). Juntamente com as placas crivadas e a proteína-P, os elementos de tubo crivado estão associados às **células companheiras**, que são células parenquimáticas especializadas, intimamente relacionadas ontogênica e funcionalmente aos elementos de tubo crivado. O termo **complexo elemento de tubo-célula companheira**, ou **complexo elemento**

4 O termo "slime", cuja tradução é mucilagem, é mantido pelo autor neste texto original, mais adiante, com a conotação de 'slime plugs".

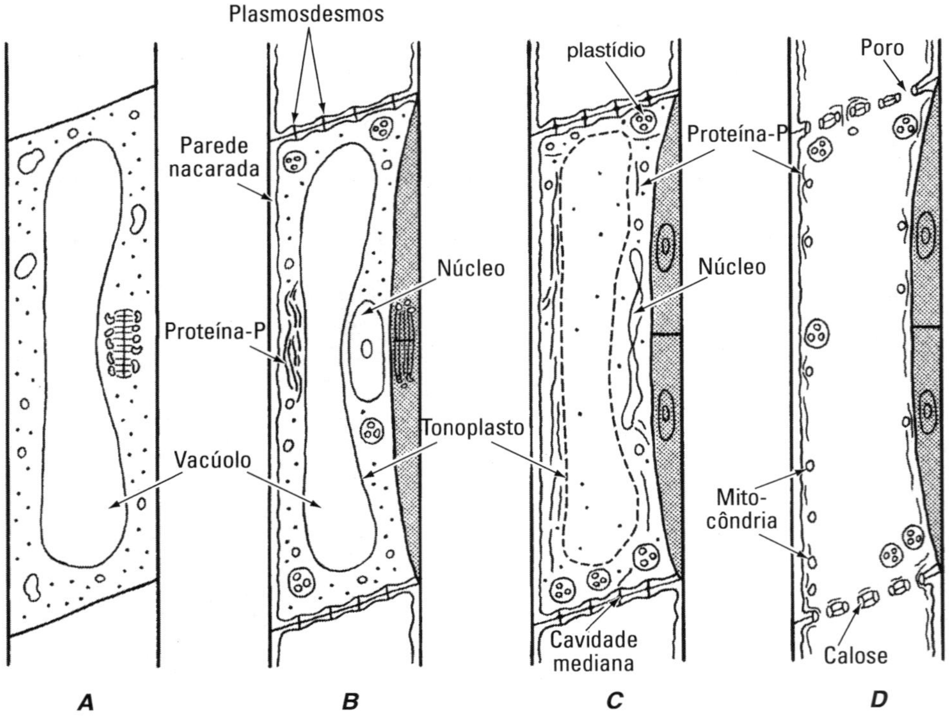

FIGURA 13.5

Diagramas que ilustram a diferenciação de um elemento de tubo crivado. **A**, precursor do elemento de tubo crivado em divisão. **B**, após a divisão: elemento de tubo crivado com parede nacarada e corpúsculo de proteína-P; precursor da célula companheira em divisão (pontilhado). **C**, núcleo em degeneração, tonoplasto em parte rompido, proteína-P dispersa; cavidades medianas nas futuras placas crivadas; duas células companheiras (pontilhado). **D**, elemento de tubo crivado maduro; poros abertos nas placas crivadas; estes estão margeados pela calose e alguma proteína-P. Além dos plastídios, estão presentes mitocôndrias. Nenhum retículo endoplasmático é mostrado. (Obtido de Esau, 1977.)

crivado-célula companheira, é geralmente usado para se referir a um elemento de tubo crivado e sua(s) célula(s) companheira(s) associada(s).

Em alguns táxons as paredes do elemento de tubo crivado são notavelmente espessas

As paredes dos elementos de tubo crivado geralmente são descritas como primárias e, com testes microquímicos padrão, geralmente dão reações positivas somente para celulose e pectina (Esau, 1969). Nas folhas de gramíneas, os últimos tubos crivados formados dos feixes longitudinais têm geralmente paredes celulares relativamente espessas (Fig. 13.6). Em algumas espécies – *Triticum aestivum* (Kuo e O'Brien, 1974), *Aegilops comosa* (Eleftheriou, 1981), *Saccharum officinarum* (Colbert e Evert, 1982), *Hordeum vulgare* (Dannenhoffer et al., 1990) – essas paredes são lignificadas. Embora variáveis em espessura, as paredes dos elementos de tubo crivado usualmente são distintamente mais espessas do que as das células parenquimáticas vizinhas, um caráter que pode facilitar o reconhecimento do elemento de tubo crivado.

Em muitas espécies, as paredes dos elementos de tubo crivado consistem de duas camadas distintas morfologicamente, uma camada mais externa relativamente fina e uma camada mais interna mais ou menos espessa. Em secções frescas, a camada interna diferenciada exibe uma aparência brilhante ou cintilante e, por isso, recebeu o nome de parede **nacarada** (tendo um brilho perolado). A camada nacarada contém menos celulose do que a camada externa da parede, e é pobre em pectina (Esau e Cheadle, 1958; Botha e Evert, 1981). Às vezes, a camada nacarada é tão espessa que quase obstrui o lúmen da célula. Embora alguns pesquisadores tenham classificado essa camada como secundária, seu comportamento é bem variável. Em

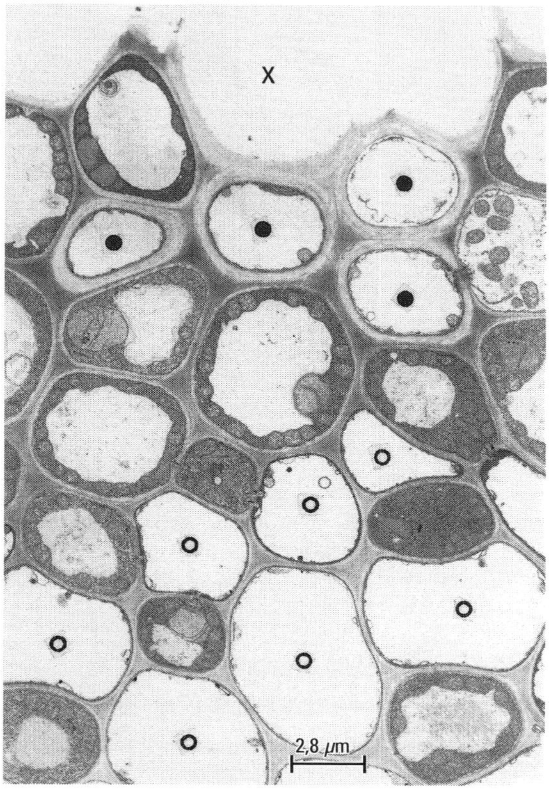

FIGURA 13.6

Eletronmicrografia da porção de um feixe vascular grande da folha da cevada (*Hordeum vulgare*). Note as paredes espessas dos quatro tubos crivados recém-formados (pontos sólidos) adjacentes ao xilema, e as paredes relativamente delgadas dos tubos crivados formados anteriormente (pontos aberto). Outros detalhes: x, xilema. (Obtido de Dannenhoffer et al., 1990.)

elementos de tubo crivado primários, a camada nacarada geralmente é transitória em natureza e torna-se reduzida em espessura quando a célula se aproxima da maturidade, desaparecendo quando a célula alcança a maturidade. Em elementos de tubo crivado do floema secundário, a camada nacarada pode ou não ser reduzida em espessura com a idade (Fig. 13.7; Esau e Cheadle, 1958; Gilliland et al., 1984). A camada nacarada não se estende para a região das áreas crivadas e placas crivadas.

Por meio do uso de procedimentos suaves de extração para remover os componentes não celulósicos da parede e de microscopia eletrônica, foi demonstrado que os espessamentos nacarados de certas eudicotiledôneas têm uma estrutura polilamelada, as lamelas arranjadas concentricamente consistindo de microfibrilas densamente agrupadas (Deshpande, 1976; Catesson, 1982). As paredes nacaradas dos elementos de tubos crivados de angiospermas marinhas também exibem uma aparência polilamelada, sem extração (Kuo, 1983).

Após a fixação com glutaraldeído – tetróxido de ósmio e coloração com acetato de uranila e citrato de chumbo, a superfície interna da parede dos elementos de tubo crivado frequentemente aparece consideravelmente mais elétron-densa do que o resto da parede (Fig. 13.8; Evert e Mierzwa, 1989). Essa região, que frequentemente mostra padrões reticulados e/ou estriados, é aparentemente uma camada rica em pectina de material não microfibrilar e, diferentemente do espessamento nacarado, se estende para o interior das áreas crivadas e placas crivadas (Lucas e Franceschi, 1982; Evert e Mierzwa, 1989). Nos tubos crivados das nervuras da lâmina foliar de *Hordeum vulgare*, essa região elétron-densa da parede interna é mais espessa nas áreas crivadas laterais e placas crivadas, onde é permeada por um labirinto de túbulos formados pela membrana plasmática (Evert e Mierzwa, 1989). Entre as áreas crivadas ao longo das paredes laterais, essa região interna da parede é permeada por numerosas invaginações da membrana plasmática, semelhantes a microvilosidades, aumentando em muito a interface parede celular – membrana plasmática e dando a aparência da superfície de uma escova.

As placas crivadas geralmente ocorrem nas paredes terminais

Como mencionado previamente, nas angiospermas, o tamanho dos poros das áreas crivadas varia consideravelmente nas paredes de uma mesma célula (Fig. 13.9A-C). O diâmetro dos poros nas áreas crivadas varia de uma fração de micrômetro (um pouco mais largo do que um plasmodesmo) a 15μm e, provavelmente mais, em algumas eudicotiledôneas (Esau e Cheadle, 1959). Áreas crivadas com poros maiores geralmente ocorrem na parede terminal, aquelas com poros menores ocorrem nas paredes laterais. Como as placas crivadas geralmente ocorrem nas paredes terminais, os elementos de tubo crivado são arranjados de extremidade a extremidade, formando um tubo crivado. As placas crivadas podem ocorrer nas paredes laterais. Algumas placas crivadas possuem uma única área crivada (Fig. 13.9A; **placa crivada simples**), enquanto outras possuem duas ou mais (Fig.13.9D, E; **placa crivada composta**).

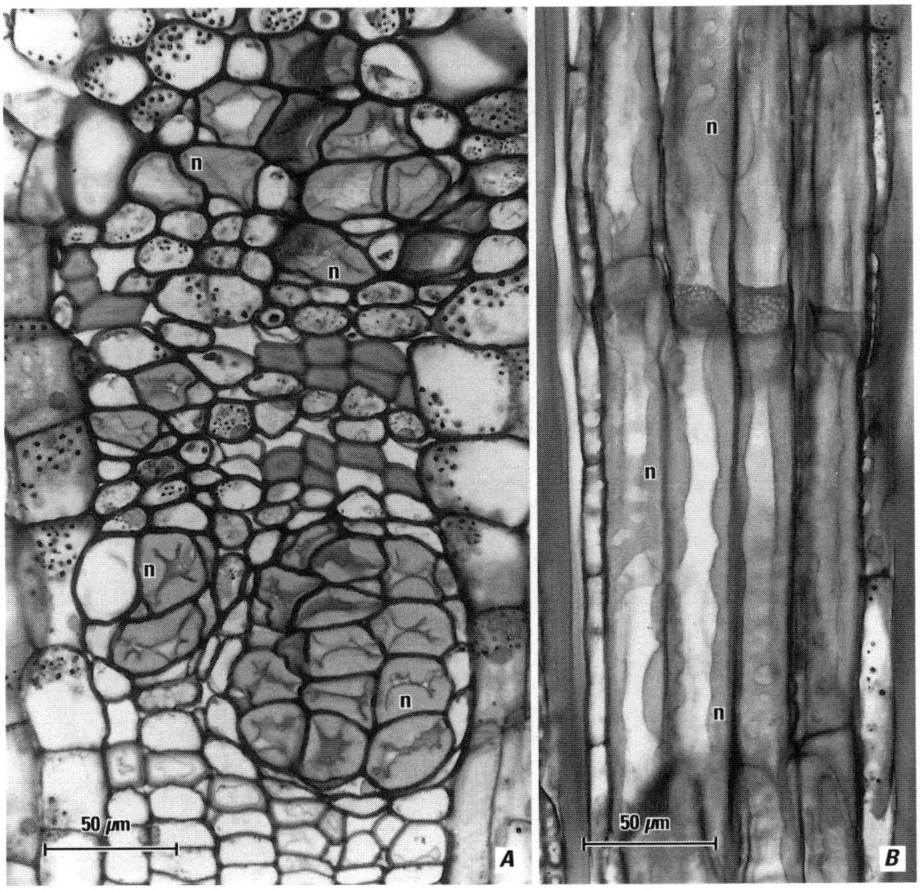

FIGURA 13.7

Secções transversal (**A**) e longitudinal radial (**B**) do floema secundário de *Magnolia kobus*. Note a espessa camada interna da parede (n, camada nacarada) dos tubos crivados. (Obtido de Evert, 1990b, Figs. 16.19 e 16.20. © 1990, Springer-Verlag.)

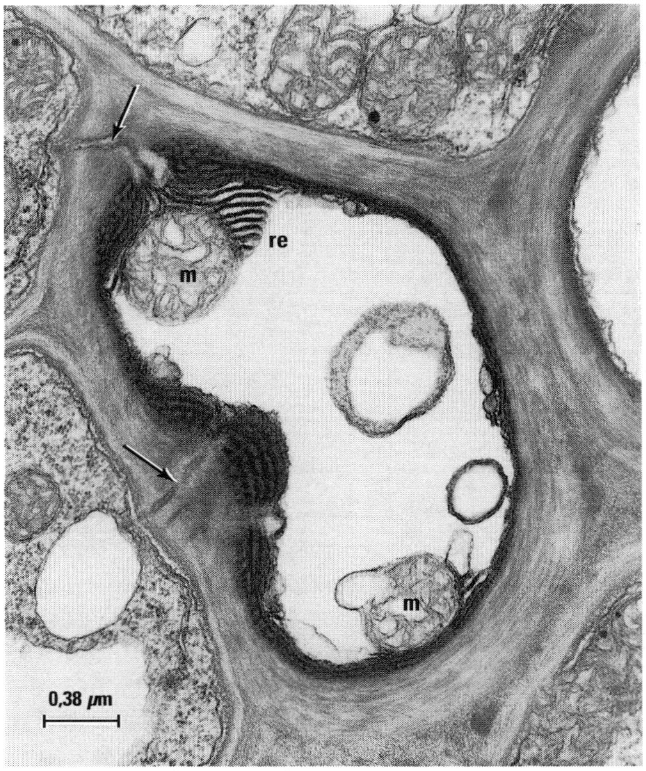

FIGURA 13.8

Eletronmicrografia de um tubo crivado da cevada (*Hordeum vulgare*), como visto em secção transversal de um feixe longitudinal da folha. A superfície mais interna da parede, marcadamente mais elétron-densa do que o resto da parede, é mais espessa nos sítios das conexões poro-plasmodesmos (setas) com elementos parenquimáticos. Outros detalhes: re, retículo endoplasmático; m, mitocôndria. (Obtido de Evert e Mierzwa, 1989, Fig. 2. © 1989, Springer-Verlag.)

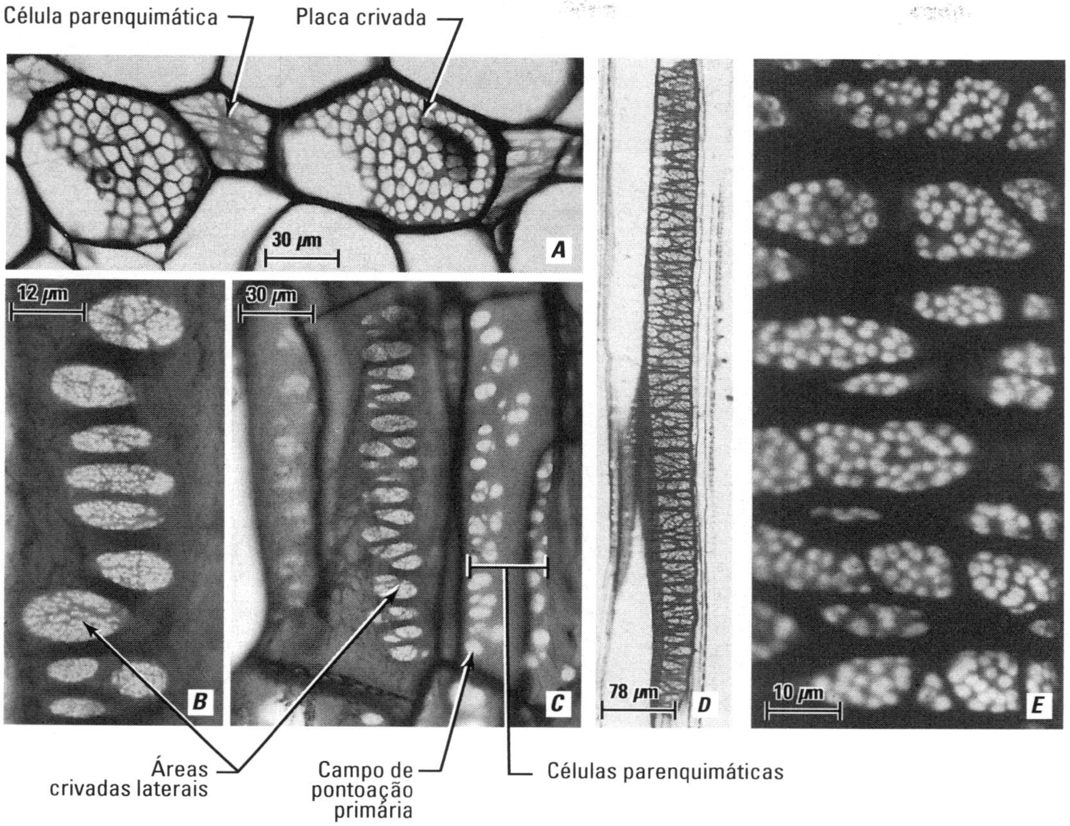

FIGURA 13.9

A, placas crivadas simples de *Cucurbita* em vista superficial. **B**, **C**, áreas crivadas laterais nos elementos de tubo crivado e campos de pontoação primária nas células parenquimáticas de *Cucurbita* em vista superficial. **D**, vista superficial da placa crivada composta de *Cocos*, uma monocotiledônea, com áreas crivadas em arranjo reticulado. **E**, parte de uma placa crivada semelhante. Os pontos claros são cilindros de calose. (**A-C**, obtido de Esau et al., 1953; **D**, **E**, obtido de Cheadle e Whitford, 1941.)

Em preparações rotineiras do floema condutor, os poros das áreas crivadas são envolvidos pela **calose**, um constituinte de parede (Capítulo 4). A maioria da calose, se não toda, associada aos elementos condutores de tubo crivado é depositada em resposta à injúria mecânica ou outro tipo de estímulo (Evert e Derr, 1964; Esau, 1969; Eschrich, 1975). Nem toda a calose associada aos poros das áreas crivadas é a tal **calose de injúria**. A calose normalmente se acumula nas placas crivadas e áreas crivadas laterais de elementos crivados em senescência (Fig. 13.10). Essa **calose definitiva** desaparece algum tempo depois da morte do elemento crivado. A calose geralmente é acumulada nas placas crivadas e áreas crivadas laterais dos elementos de tubo crivado do floema secundário que funcionam por mais de uma estação de crescimento (Davis e Evert, 1970). Nas regiões temperadas, essa **calose de dormência** é depositada no outono e depois removida no início da primavera durante a reativação dos elementos crivados dormentes, que estavam em repouso.

A calose aparentemente atua no desenvolvimento dos poros das áreas crivadas

Nos elementos de tubo crivado jovens, a área crivada (ou áreas) da placa crivada incipiente é penetrada por um número variável de plasmodesmos, cada qual associado a uma cisterna de retículo endoplasmático em ambos os lados da parede (Fig. 13.11A). As regiões dos poros incialmente tornam-se distinguíveis do resto da parede com o surgimento da calose abaixo da membrana plasmática em torno de cada plasmodesmo, em ambos os lados da parede. O depósito de calose pareado, usualmente denominado de **plaquetas**, assume a forma

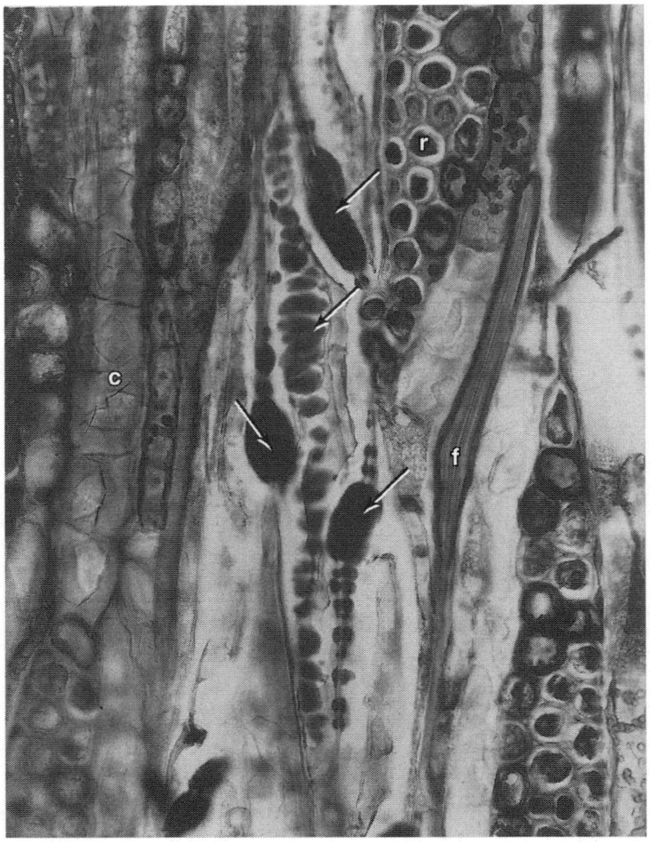

FIGURA 13.10

Vista longitudinal (secção tangencial) de elementos de tubo crivado não funcionais com depósitos massivos de calose definitiva (setas) nas placas crivadas e áreas crivadas laterais no floema secundário do olmo (*Ulmus americana*). Outros detalhes: c, células cristalíferas; f, fibra; r, raio. (×400. Obtido de Evert et al., 1969.)

de colares ou cones interrompidos no centro, onde o plasmodesmo está localizado (Fig. 13.11B, C). As plaquetas passam por um rápido alargamento e inicialmente podem exceder o resto da parede quanto à sua taxa de espessamento. O espessamento da porção pectino-celulósica da parede pode sobrepor ao das plaquetas de calose; então as regiões dos poros aparecem como depressões na placa. A presença de plaquetas de calose nas regiões dos poros aparentemente impossibilita futura deposição de celulose nessas regiões, de forma que partes da parede celulósica permanecem finas entre as plaquetas. A localização de plaquetas de calose nas regiões dos poros e o espessamento da parede estão entre as primeiras indicações do desenvolvimento do elemento crivado.

A perfuração das regiões dos poros começa concomitantemente com a degeneração nuclear. A remoção de material de parede inicia-se na região da lamela média que envolve o plasmodesmo (Fig. 13.11D, E). Em alguns casos, inicialmente se forma uma cavidade mediana e, então, uma posterior remoção das plaquetas de calose e de substâncias de parede prensadas entre elas resulta na formação do poro (Deshpande, 1974, 1975). Em outros, lise na região da lamela média resulta na fusão de placas de calose opostas, de forma que inicialmente o poro jovem é envolto pela calose (Esau e Thorsch, 1984, 1985). As cisternas de retículo endoplasmático ficam intimamente aderidas à membrana plasmática contornando as placas de calose durante o desenvolvimento do poro, sendo removidas somente quando os poros alcançam o seu tamanho máximo (Fig. 13.11F). O desenvolvimento dos poros das áreas crivadas laterais é essencialmente similar ao dos poros da placa crivada (Evert et al., 1971a).

Se a calose está ou não universalmente envolvida na formação do poro das áreas crivadas é uma questão problemática. Calose não foi encontrada em nenhum estágio de desenvolvimento de poro da área crivada no protofloema de raiz da pequena monocotiledônea aquática *Lemna minor* (Walsh e Melaragno, 1976). Entretanto, a calose pode ser induzida a ser formada em resposta à injúria.

Mudanças na aparência dos plastídios e na aparência da proteína-P são indicadores iniciais do desenvolvimento do elemento de tubo crivado

Inicialmente, o protoplasto do elemento de tubo crivado jovem (Fig. 13.12) se assemelha ao protoplasto de outras células procambiais ou de derivadas cambiais recentes. Os elementos de tubo crivado nucleados e suas células vizinhas nucleadas, ambos jovens, contêm corpúsculos de Golgi, plastídios e mitocôndrias. Um número variável de vacúolos está isolado do citosol pelos tonoplastos. O citoplasma é rico em ribossomos e contém uma rede de retículo endoplasmático rugoso. Microtúbulos, a maioria orientada em ângulo reto em relação ao eixo axial da célula, ocorrem próximos à membrana plasmática, contornando a fina parede celular. Feixes de filamentos de actina orientados longitudinalmente são razoavelmente numerosos. Com exceção dos microtúbulos, os vários componentes celulares são distribuídos mais ou menos ao acaso pela célula.

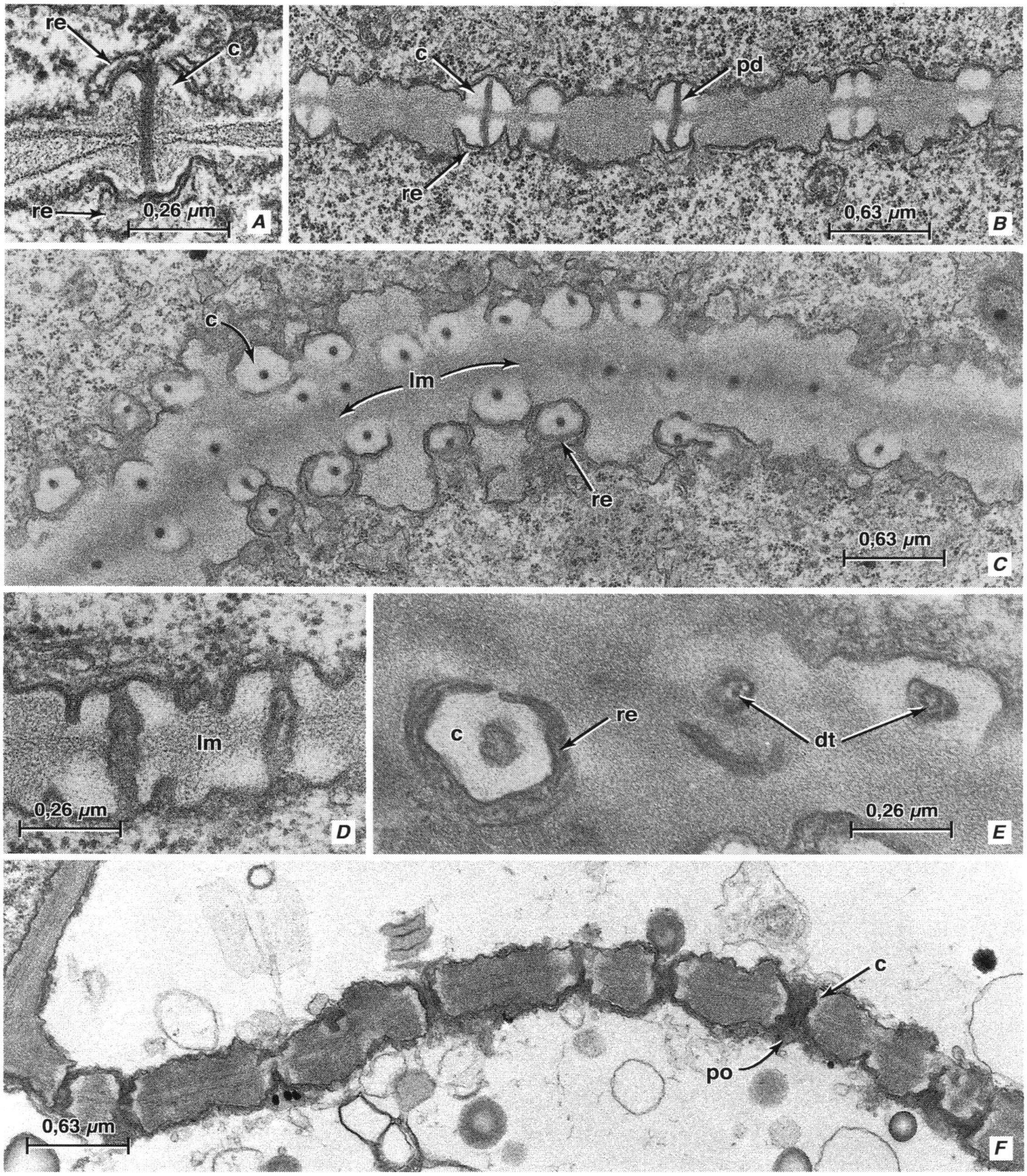

FIGURA 13.11

Placas crivadas em desenvolvimento em elementos de tubo crivado dos entrenós do algodão (*Gossypium hirsutum*), como visto em secções (**A**, **B**, **D**, **F**) e em vista superficial (**C**, **E**). **A**, um plasmodesmo, que marca a região de um futuro poro. Alguma calose (c) foi depositada abaixo das cisternas do retículo endoplasmático (re). **B**, **C**, plaquetas de calose (c) circundam os plasmodesmos (pd) nas regiões dos poros. **D**, **E**, poros iniciaram o seu desenvolvimento com o alargamento do canal do plasmodesmo. **F**, placa crivada madura com poros abertos (po), envoltos por pequenas quantidades de calose e preenchida com proteína-P. Outros detalhes: dt, desmotúbulo; lm, lamela média. (Obtido de Esau e Thorsch, 1985.)

As mudanças na aparência dos plastídios, que inicialmente são similares na aparência aos das células vizinhas, são indicadores iniciais do desenvolvimento do tubo crivado. Conforme o plastídio do tubo crivado amadurece, seu estroma torna-se menos denso, e podem surgir inclusões

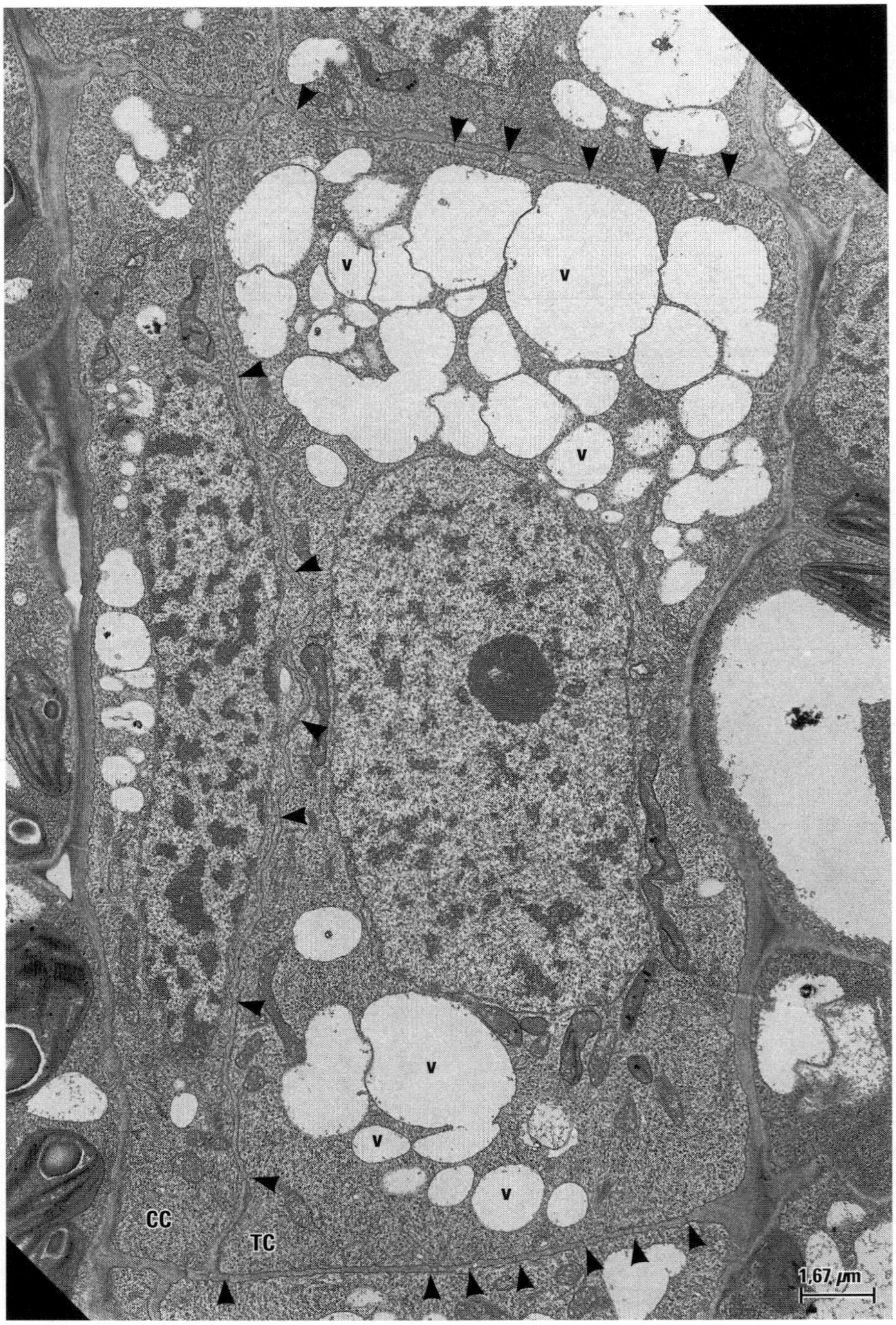

FIGURA 13.12

Vista longitudinal de elemento de tubo crivado jovem (TC) e célula companheira (CC) da folha do tabaco (*Nicotiana tabacum*). Pontas de seta marcam os plasmodesmos que podem ser discernidos nas duas extremidades (futuras placas crivadas) do elemento de tubo crivado e na parede comum entre o elemento de tubo crivado e a célula companheira (regiões das futuras conexões poro-plasmodesmos). Numerosos vacúolos pequenos (v) ocorrem acima e abaixo do núcleo do elemento de tubo crivado. (Obtido de Esau e Thorsch, 1985.)

características dos plastídios (Fig. 13.13A-D). Até esse momento, é frequentemente difícil distinguir os plastídios das mitocôndrias. Nos elementos de tubo crivados maduros, o estroma é elétron-transparente, e frequentemente as membranas internas (tilacoides) são esparsas. Os plastídios dos tubos

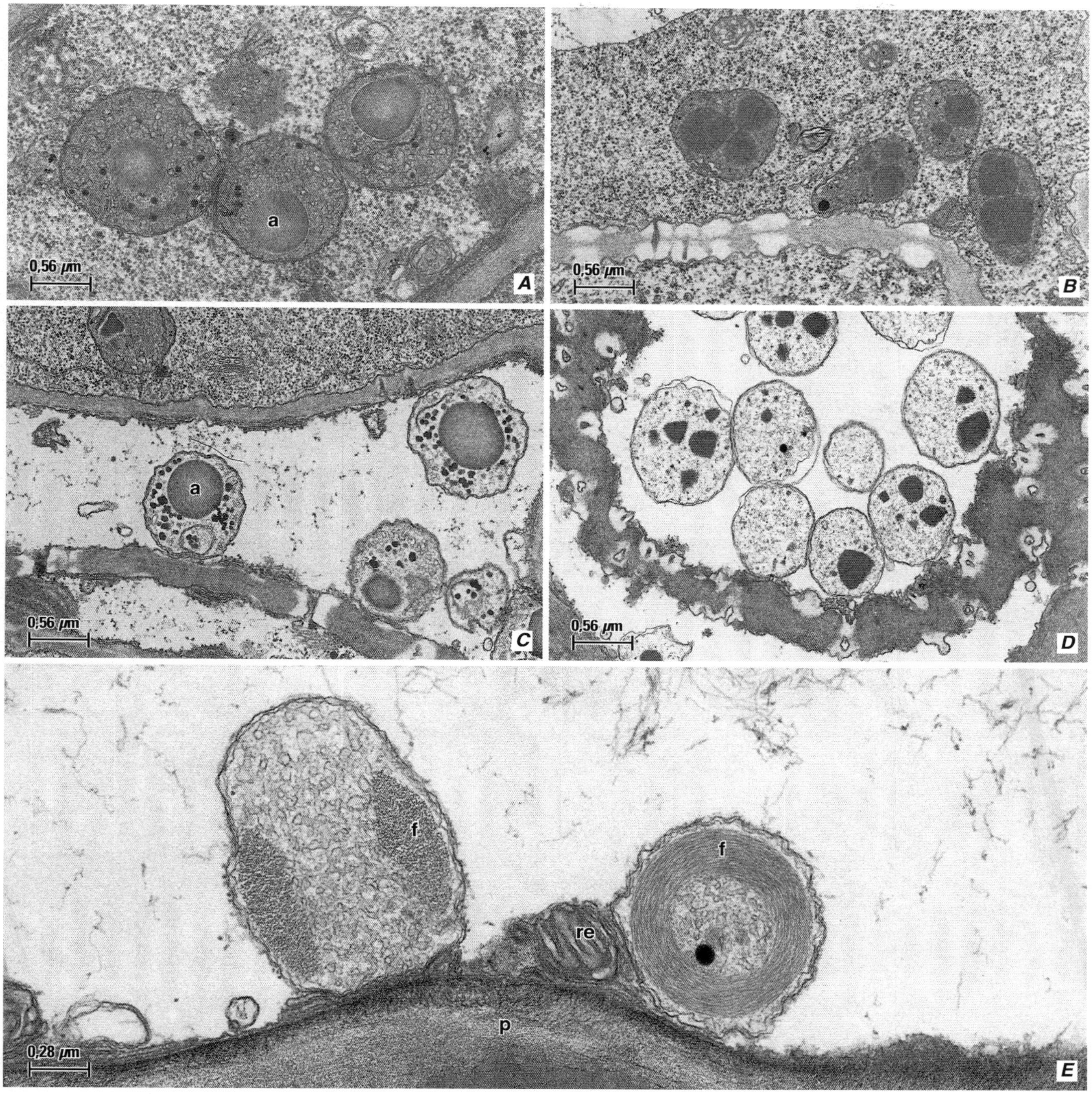

FIGURA 13.13

Plastídios do tubo crivado. Plastídios tipo-S imaturo (**A**) e maduro (**C**) do ápice radicular do feijão (*Phaseolus*); plastídios do tipo-P imaturo (**B**) e maduro (**D**) com cristais proteicos cuneiformes (inclusões densas), no ápice radicular da cebola (*Allium*). **E**, plastídios do tipo-P, com inclusões de proteínas filamentosas (f), no tubo crivado da folha do espinafre (*Spinacia*). Outros detalhes: re, retículo endoplasmático; a, amido; p, parede.

crivados ocorrem em dois tipos básicos, tipo-S (S,[5] amido) e tipo-P (P, proteína) (Behnke, 1991a). O **tipo-S** ocorre em duas formas, uma delas contém somente amido (Fig. 13.13A, C); a outra é destituída de qualquer inclusão. O **tipo-P** existe em seis formas e contém um ou dois tipos de inclusões

5 S correspondente a "starch", ou seja, amido.

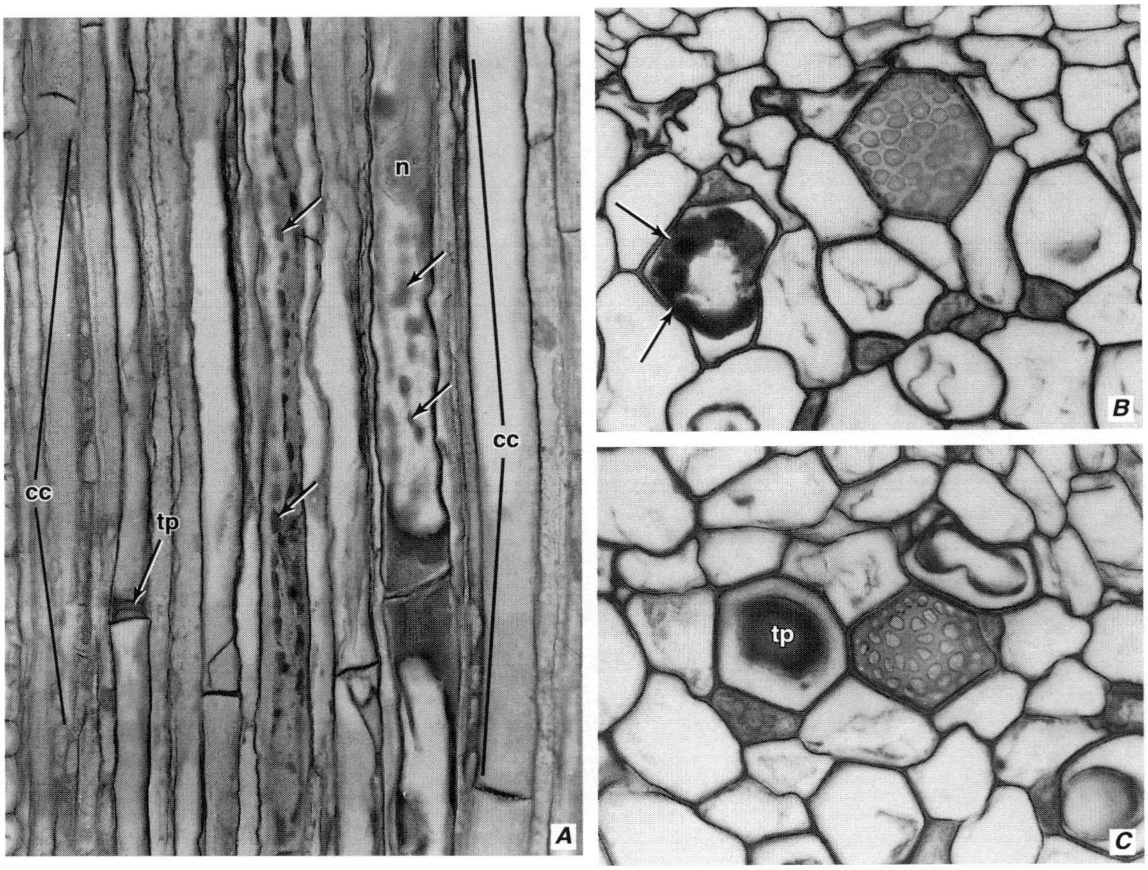

FIGURA 13.14

Elementos de tubo crivado imaturos e maduros no floema do caule da abóbora (*Cucurbita maxima*), como visto em secções longitudinal (**A**) e transversal (**B**, **C**). **A**, dois elementos de tubo crivado imaturos (à direita e no centro) contêm numerosos corpúsculos de proteína-P (setas). Os corpúsculos de proteína-P no elemento de tubo crivado à direita começaram a se dispersar na camada parietal do citoplasma. O núcleo (n) neste elemento começou a degenerar e é pouco discernível. Série de células companheiras (cc) acompanha os elementos de tubo crivado maduros, na extrema direita e à esquerda. O tampão de proteína-P (tp) pode ser visto no elemento de tubo crivado abaixo, à esquerda. **B**, dois tubos crivados imaturos. Corpúsculos grandes de proteína-P (setas) podem ser vistos no tubo crivado à esquerda, e uma placa crivada imatura (simples) em vista frontal no elemento à direita, acima. As células densas, pequenas, são células companheiras. **C**, dois elementos de tubo crivado maduros. Um tampão de proteína-P (tp) pode ser visto no elemento de tubo crivado à esquerda, uma placa crivada madura no elemento à direita. As células densas pequenas são células companheiras. (A, ×300; B, C, ×750.)

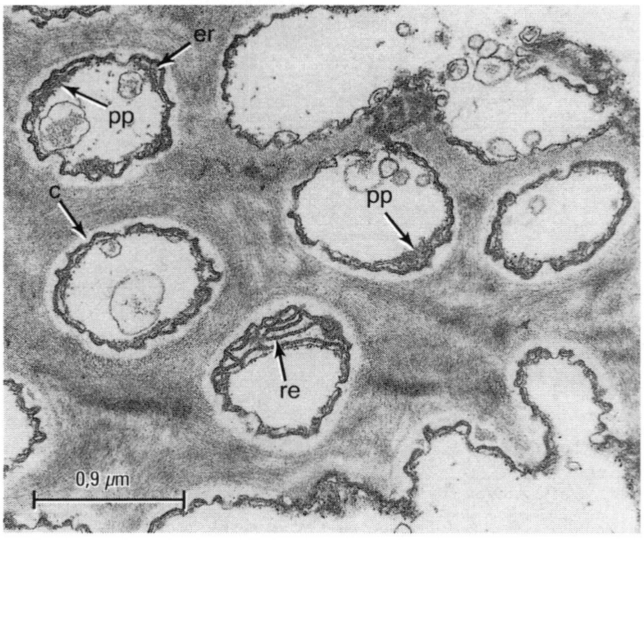

FIGURA 13.15

Eletronmicrografia de porção da placa crivada madura de *Cucurbita* em vista superficial. Os poros estão envolvidos por um cilindro de calose (c) e membrana plasmática (não indicada). Elementos do retículo endoplasmático (re) e proteína-P (pp) são também encontrados ao longo das margens dos poros. (Obtido de Evert et al., 1973c, Fig. 2. © 1973, Springer-Verlag.)

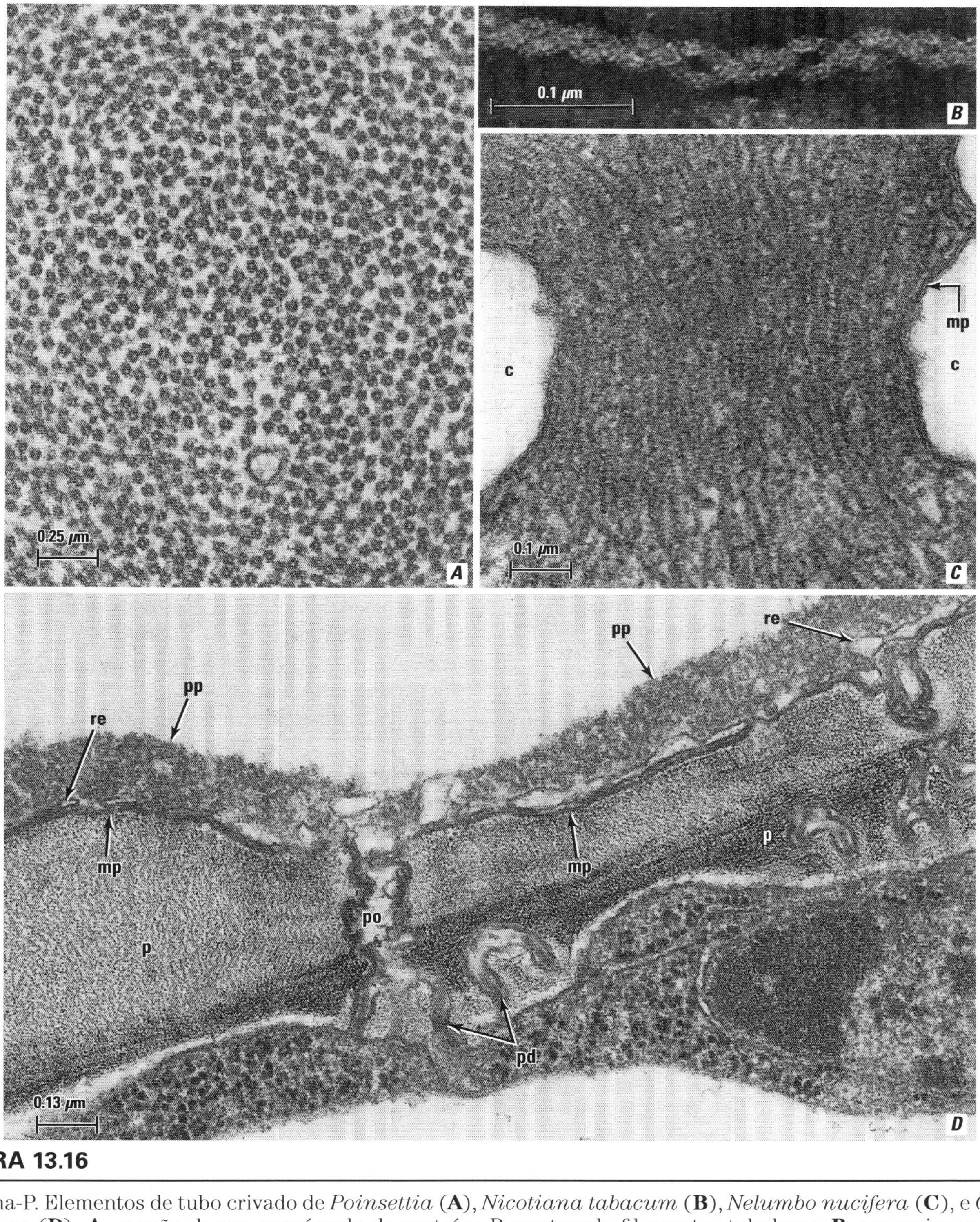

FIGURA 13.16

Proteína-P. Elementos de tubo crivado de *Poinsettia* (**A**), *Nicotiana tabacum* (**B**), *Nelumbo nucifera* (**C**), e *Cucurbita pepo* (**D**). **A**, porção de um corpúsculo de proteína-P mostrando filamentos tubulares. **B**, em maior aumento, exudato de floema corado negativamente revela a estrutura em dupla hélice do filamento de proteína-P. **C**, Proteína-P acumulada em um poro da placa crivada mostra estrias horizontais nos filamentos estendidos; calose (c) envolvendo o poro abaixo da membrana plasmática (mp). **D**, secção transversal mostrando porções da parede (p) e a camada parietal de citoplasma do elemento de tubo crivado maduro (acima). A camada parietal nesta vista consiste da membrana plasmática (mp), porções descontínuas do retículo endoplasmático (re), e proteína-P (pp). Conexões poro-plasmodesmos podem ser vistas na parede do elemento de tubo crivado (lado do poro)-célula companheira (lado dos plasmodesmos). Outros detalhes: po, poro; pd, plasmodesmos. (**B**, reimpresso de Cronshaw et al., 1973. © 1973, com permissão de Elsevier; **C**, obtido de Esau, 1977; **D**, obtido de Evert et al., 1973c, Fig. 6. © 1973, Springer-Verlag.)

proteicas (cristais, Fig. 13.13B, D, e/ou filamentos, Fig. 13.13E). Duas das seis formas também contêm amido. Todas as monocotiledôneas têm plastídios tipo-P, e aqueles que contêm somente cristais proteicos cuneados (Fig. 13.13B, D) são dominantes (Eleftheriou, 1990). Diferentemente do amido comum, o amido do tubo crivado cora mais para o vermelho-amarronzado do que para o azul-enegrecido com iodo (I_2KI). O amido do tubo crivado de *Phaseolus vulgaris* é uma molécula altamente ramificada, do tipo amilopectina, com numerosas ligações $\alpha(1 \rightarrow 6)$ (Palevitz e Newcomb, 1970). Diferenças dos plastídios nos elementos crivados são taxonomicamente úteis (Behnke, 1991a, 2003).

Outro indicador do início do desenvolvimento do elemento de tubo crivado é a aparência da proteína-P, que inicialmente se torna perceptível com o microscópio de luz como corpúsculos discretos, um ou mais por célula (Fig. 13.14A, B). Os corpúsculos de proteína-P surgem depois que o precursor do elemento de tubo crivado se divide e dá origem a uma ou mais células companheiras. A maioria das espécies tem **corpúsculos dispersos de proteína-P**. Pequenos inicialmente, esses corpúsculos de proteína-P aumentam de tamanho (Fig. 13.14A, B) e, por fim, começam a se dispersar, formando séries ou redes na camada parietal do citoplasma. Nesse momento, o núcleo começa a degenerar. Depois que o tonoplasto desaparece, a proteína-P dispersa é encontrada em uma posição parietal no lúmen celular e nos poros da placa crivada (Figs. 13.15 e 13.16D; Evert et al., 1973c; Fellows e Geiger, 1974; Fisher, D. B., 1975; Turgeon et al., 1975; Lawton, D. M., e Newman, 1979; Deshpande, 1984; Deshpande e Rajendrababu, 1985; Russin e Evert, 1985; Knoblauch e van Bel, 1998; Ehlers et al., 2000), tendo-se tomado os cuidados em perturbar o floema o menos possível durante a amostragem. Se não, com a liberação dos conteúdos do elemento de tubo crivado pela alta pressão hidrostática no momento em que os tubos crivados são injuriados, a proteína-P pode se dispersar pelo lúmen ou acumular, por força da corrente, como **tampão de proteína-P**[6] no lado da placa crivada afastado da região de liberação da pressão.

Em nível de microscopia eletrônica, a proteína-P geralmente aparece em filamentos de forma tubular, com subunidades arranjadas em hélice (Fig. 13.16A-C). Os filamentos de proteína-P em *Cucurbita maxima* são compostos de duas proteínas muito abundantes: proteína floemática 1 (PP1), um filamento proteico de 96kDa, e a proteína floemática 2 (PP2), uma lecitina dimérica de 25kDa que se liga de forma covalente à PP1. Os padrões de localização da proteína e do RNAm indicam que a PP1 e PP2 são sintetizadas nas células companheiras de complexos elemento crivado-célula companheira em diferenciação e maduros e que formas polimerizadas de proteína-P se acumulam nos elementos de tubo crivado durante a diferenciação (Bostwick et al., 1992; Clark et al., 1997; Dannenhoffer et al., 1997; Golecki et al., 1999). Aparentemente as subunidades de PP1 e PP2, sintetizadas nas células companheiras, são transportadas para os elementos de tubo crivado via conexões poro-plasmodesmos de suas paredes em comum. Até o momento a função dos filamentos de proteína-P permanece incerta. Foi sugerido que a PP1 atua em selar os poros da placa crivada de elementos injuriados, representando a primeira linha de defesa dos tubos crivados contra a perda de assimilados, com a calose de injúria suportando as defesas em taxas variáveis (Evert, 1990b). A função da lecitina (PP2) não é menos incerta. Subunidades de PP2 foram encontradas em movimento na corrente de assimilados da fonte para o dreno (ver a seguir) e circulando entre elementos crivados e células companheiras (Golecki et al., 1999; Dinant et al., 2003). Genes do tipo PP2[7] foram identificados em 16 gêneros de plantas com sementes, incluindo uma gimnosperma (*Picea taeda*) e quatro gêneros de Poaceae, e nenhum deles contém PP1. Um gene tipo PP2 também foi encontrado em uma planta não vascular, o musgo *Physcomitrella patens*. Parece que proteínas expressas pelo gene tipo PP2 podem ter propriedades que não são exclusivamente relacionadas à PP1 ou a funções vasculares específicas (Dinant et al., 2003). Foi sugerido que PP2 pode atuar na imobilização de bactérias e fungos em regiões lesadas ou como uma âncora para as organelas que persistem ao longo das paredes em elementos de tubo crivado maduros e condutores. Estruturas pequenas, similares a grampos, sugeridas como responsáveis pela

6 O autor mantém a terminologia "slime plugs", que na tradução foi modificada para tampão de proteína-P, termo mais aceito em nosso idioma (N.T.).

7 Do original em inglês: Genes PP2-Like = genes que expressam uma proteína quinase PP2.

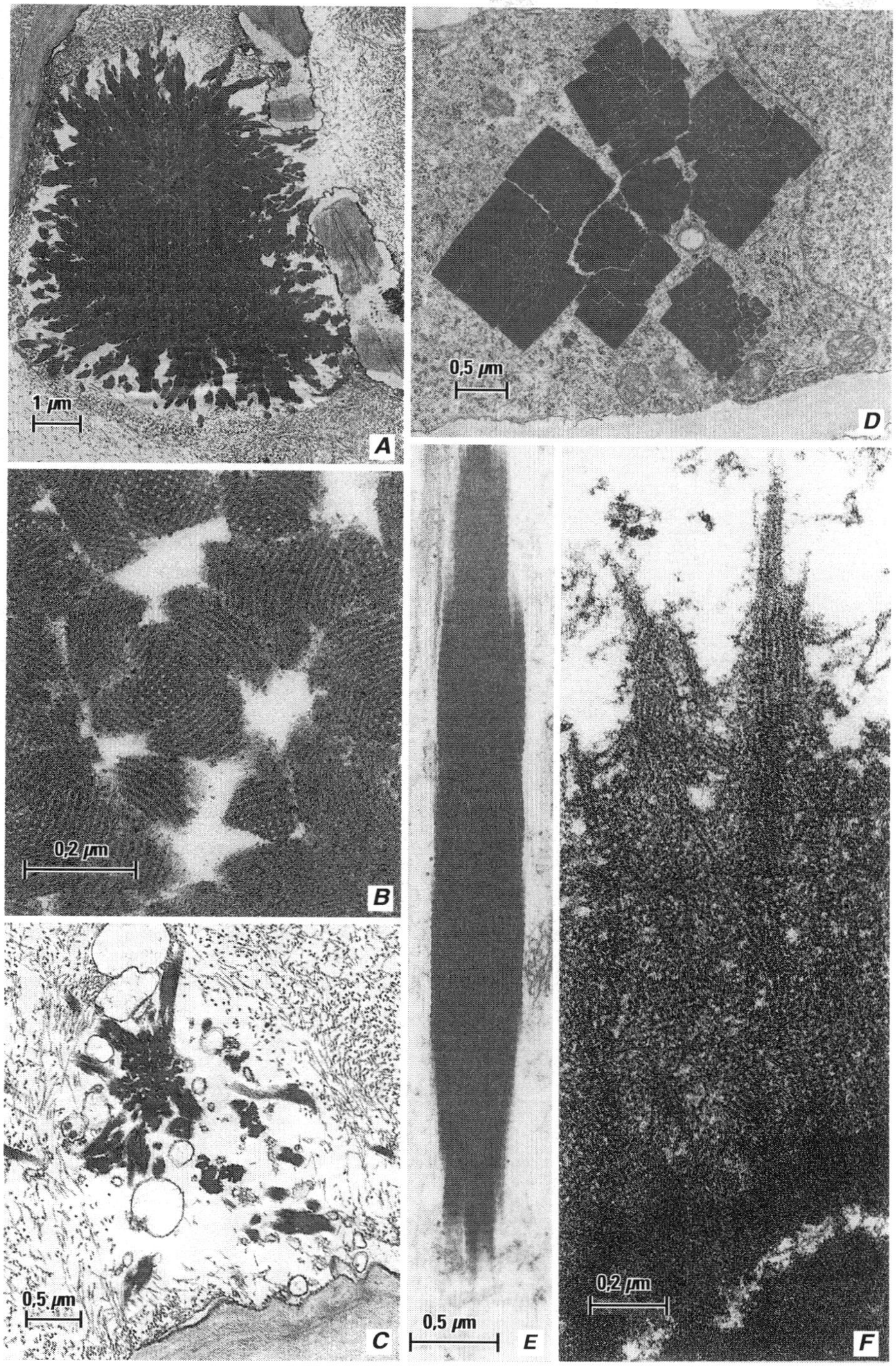

FIGURA 13.17

Corpúsculos não dispersos de proteína-P. **A**, *Quercus alba*. Corpúsculo esférico composto próximo à placa crivada em um elemento de tubo crivado maduro. **B**, *Quercus alba*. Detalhe do corpúsculo esférico. **C**, *Rhus glabra*. Corpúsculo esférico composto em um elemento de tubo crivado maduro. Descritos como "estrelados" por Deshpande e Evert (1970). **D**, *Robinia pseudoacacia*. Vista transversal de corpúsculo em forma de fuso em um elemento de tubo crivado imaturo. **E**, *R. pseudoacacia*. Vista longitudinal do corpúsculo em forma de fuso em um elemento de tubo crivado maduro. **F**, *Tilia americana*. Porção de corpúsculo esférico composto. A região periférica (acima) é composta por componentes em forma de bastão; a região central, mais densa, (abaixo) mostra pouca ou nenhuma subestrutura. Os corpúsculo esféricos de *Quercus* e *Tilia* já foram considerados como um nucléolo extrudado. (**A-C**, e **F**, reimpresso de Deshpande e Evert, 1970. © 1970, com permissão de Elsevier; **D**, **E**, obtido de Evert, 1990b, Figs. 6.16 e 6.17. © 1990, Springer-Verlag.)

posição periférica dos componentes nos elementos crivados maduros, foram encontradas nos elementos de tubo crivado de *Vicia faba* e *Lycopersicum esculentum* (Ehlers et al., 2000). A natureza química destes "grampos" é desconhecida.

Em alguns táxons (principalmente famílias lenhosas), a proteína-P dispersa parcialmente ou não (**corpúsculos não dispersos de proteína-P**, Fig. 13.17; ver também 13.36A; Behnke, 1991b). Inclusões citoplasmáticas, uma vez consideradas como nucléolos extravasados, são exemplos desse tipo de proteína-P (Deshpande e Evert, 1970; Esau, 1978a; Behnke e Kiristis, 1983). Frequentemente citados como exemplos de corpúsculos não dispersos de proteína-P são os corpúsculos cristalíferos de proteína-P fusiformes, com ou sem cauda, encontrados em Fabaceae, anteriormente denominados de corpúsculos persistentes de mucilagem pelos microscopistas de luz (Esau, 1969). Foi demonstrado, entretanto, que esses corpúsculos de proteína-P são capazes de sofrer rápidas e reversíveis conversões, controladas pelo cálcio, do "estado dormente" condensado para o estado disperso, no qual obstruem os tubos crivados (Knoblauch et al., 2001). A dispersão dos cristaloides é engatilhada pelo deslocamento da membrana plasmática e mudança abrupta do turgor. Foi sugerido que a habilidade da proteína-P em mudar entre dispersa e condensada pode fornecer um mecanismo eficiente no controle da condutividade do elemento crivado (Knoblauch et. al., 2001). Quatro formas principais de corpúsculos não dispersivos de proteína-P podem ser reconhecidas nos elementos de tubo crivado de eudicotiledôneas: fusiformes, esférico composto, em forma de haste, e semelhante a roseta (Behnke, 1991b). A grande maioria dos corpúsculos proteicos não dispersos é de origem citoplasmática. Corpúsculos proteicos nucleares não dispersos foram encontrados em duas famílias de eudicotiledôneas, Boraginaceae e Myristicaceae (Behnke, 1991b), e na família de monocotiledônea Zingiberaceae (Behnke, 1994).

A degeneração nuclear pode ser cromatolítica ou picnótica

Um dos principais eventos das etapas finais da ontogênese do elemento crivado é a degeneração do núcleo. Na maioria das angiospermas – tanto em eudicotiledôneas (Evert, 1990b) quanto em monocotiledôneas (Eleftheriou, 1990) – a degeneração nuclear é por **cromatólise**, um processo envolvendo a perda de conteúdos coráveis (cromatina e nucléolo) e consequente ruptura do envelope nuclear (Fig. 13.18B). A **degeneração picnótica**, durante a qual a cromatina forma uma massa muito densa antes da ruptura do envelope nuclear, foi reportada ocorrer, principalmente, na diferenciação dos elementos de tubo crivado do protofloema.

No momento em que os núcleos começam a degenerar, as cisternas do retículo endoplasmático começam a formar pilhas (Figs. 13.18A e 13.19A). Durante o processo de empilhamento, o retículo endoplasmático começa a migrar em direção à parede e os ribossomos desaparecem das superfícies que estão frente a frente em uma pilha, embora material elétron-denso, possivelmente enzimas, se acumule entre as cisternas (Fig. 13.19A, B). Os ribossomos das superfícies externas das membranas das pilhas desaparecem concomitantemente com os ribossomos livres do citoplasma. Com o prosseguimento da maturação do elemento de tubo crivado, o retículo endoplasmático, agora completamente liso, pode sofrer modificações adicionais assumindo formas do tipo enrolada, entrelaçada ou tubular. Na maioria dos elementos de tubo crivado totalmente maduros, o retículo endoplasmático está representado predominantemente por uma rede complexa – um sistema anastomosado parietal – que se situa próximo à membrana plasmática, junto com as organelas sobreviventes e a proteína-P. Somente dois tipos de organelas são mantidos, os plastídios e as mitocôndrias (Fig. 13.19C). Nem microtúbulos nem filamentos de actina foram vistos em microfotografias eletrônicas de elementos de tubo crivados maduros, embora ambas, actina e profilina, que estariam envolvidas na regulação da polimerização dos filamentos de actina (Staiger et al., 1997), foram encontradas em altos níveis no exsudado de tubo crivado (Guo et al., 1998; Schobert et al., 1998).

As duas membranas limitantes, membrana plasmática e tonoplasto, mostram comportamentos contrastantes. Enquanto a membrana plasmática persiste como uma membrana seletivamente permeável, o tonoplasto se rompe e a delimitação entre vacúolo e citoplasma parietal desaparece. Com o ajuste do lúmen dos elementos de tubo crivado sobrepostos e o desenvolvimento dos poros da placa crivada desobstruídos entre eles, os tubos crivados tornam-se um conduto ideal para o fluxo de solução da corrente de assimilados (Fig. 13.15 e 13.20).

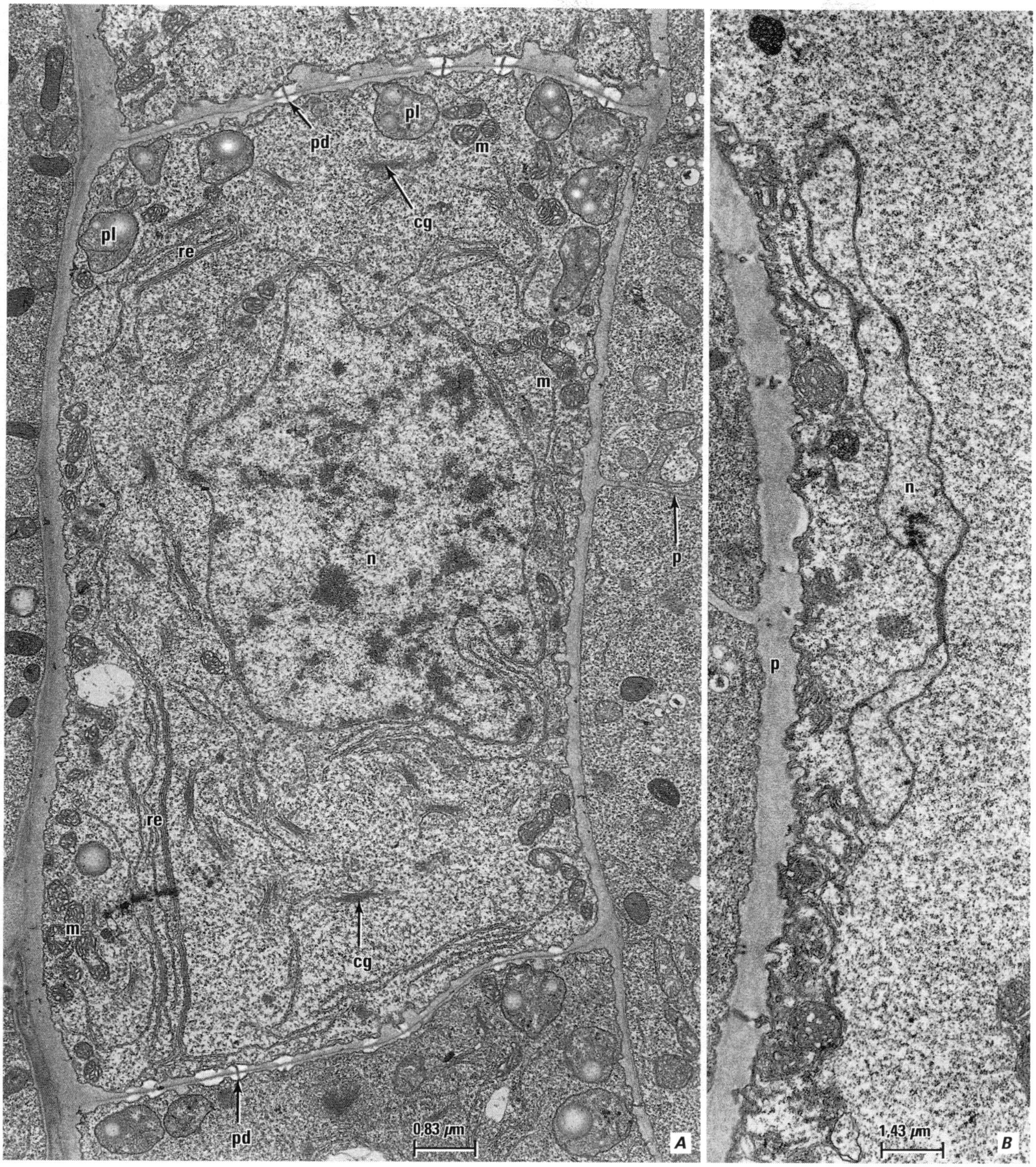

FIGURA 13.18

A, elemento de tubo crivado imaturo do protofloema na raiz do tabaco (*Nicotiana tabacum*). O empilhamento do retículo endoplasmático (re) começou, e a maioria dos plastídios (pl) e mitocôndrias (m) está começando a se distribuir ao longo da parede. O núcleo (n) começou a perder os conteúdos coráveis, e as regiões dos poros das placas crivadas em desenvolvimento, em ambas as extremidades, estão marcadas pela presença de pares de plaquetas de calose. Um único plasmodesmo (pd) atravessa as plaquetas, uma plaqueta de cada lado da parede. Outros detalhes: cg, corpúsculo de Golgi; p, parede entre células de parênquima. **B**, núcleo parcialmente colapsado (n) em elemento de tubo crivado imaturo em um estágio posterior em relação a **A**. As organelas estão agora localizadas ao longo da parede (p). (Reimpresso de Esau e Gill, 1972. © 1972, com permissão de Elsevier.)

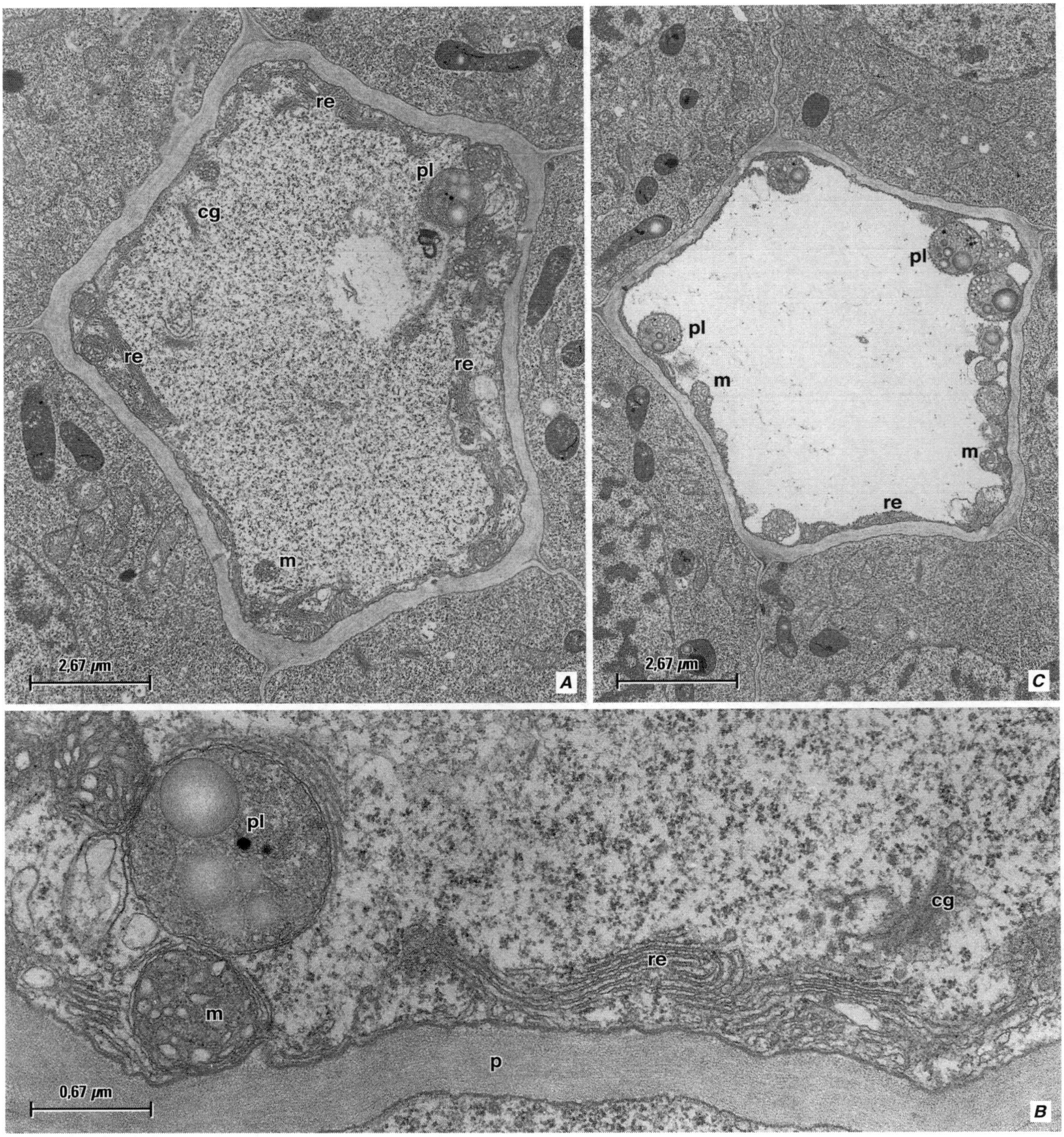

FIGURA 13.19

Secções transversais de elementos de tubo crivado do protofloema da raiz de tabaco, imaturos (**A**, **B**) e maduros (**C**) (*Nicotiana tabacum*). **A**, as cisternas do retículo endoplasmático (re) e as organelas (mitocôndria, m, e plastídios, pl) já se encontram em uma posição periférica. Corpúsculos de Golgi (cg) e ribossomos abundantes ainda estão presentes. **B**, detalhe das cisternas do retículo endoplasmático. **C**, o elemento de tubo crivado maduro possui uma aparência transparente. Outro detalhe: p, parede. (**A**, **B**, reimpresso de Esau e Gill, 1972. © 1972, com permissão de Elsevier.)

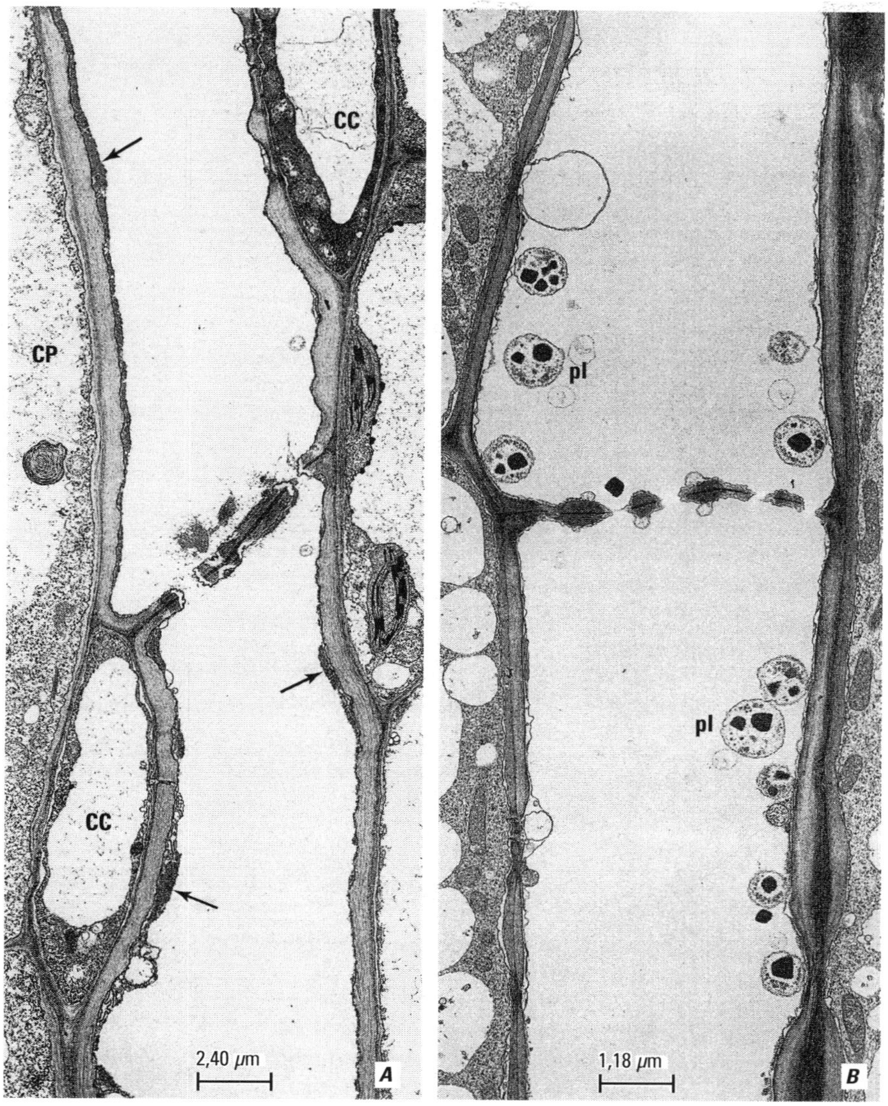

FIGURA 13.20

Secções longitudinais de porções de elementos de tubo crivado maduros, mostrando a distribuição parietal dos componentes citoplasmáticos e placas crivadas com poros desobstruídos. **A**, *Cucurbita maxima*. Setas apontam para a proteína-P. Outros detalhes: CC, célula companheira; CP, célula parenquimática. **B**, *Zea mays*. Elementos de tubo crivado típicos de monocotiledôneas, como os do milho, que contêm plastídios de tipo-P (pl), com cristais de proteína cuneados. O milho, um membro de Poaceae, não possui proteína-P. (**A**, obtido de Evert et al., 1973c, Fig. 11. © 1973, Springer-Verlag; **B**, cortesia de Michael A. Walsh.)

CÉLULAS COMPANHEIRAS

Elementos de tubo crivado estão caracteristicamente associados a células parenquimáticas especializadas denominadas de **células companheiras**. Geralmente, células companheiras são derivadas da mesma célula-mãe que os elementos de tubo crivado a elas associados, de forma que os dois tipos de células estão relacionados ontogeneticamente (Fig. 13.5). Na formação das células companheiras o precursor meristemático do elemento de tubo crivado divide-se longitudinalmente uma ou mais vezes. Uma das células resultantes, geralmente distinguida por ser maior, se diferencia em elemento de tubo crivado. Uma ou mais células companheiras podem estar associadas com um único elemento de tubo crivado, e as células companheiras podem ocorrer em um ou mais lados da parede do elemento de tubo crivado. Em alguns táxons as células companheiras

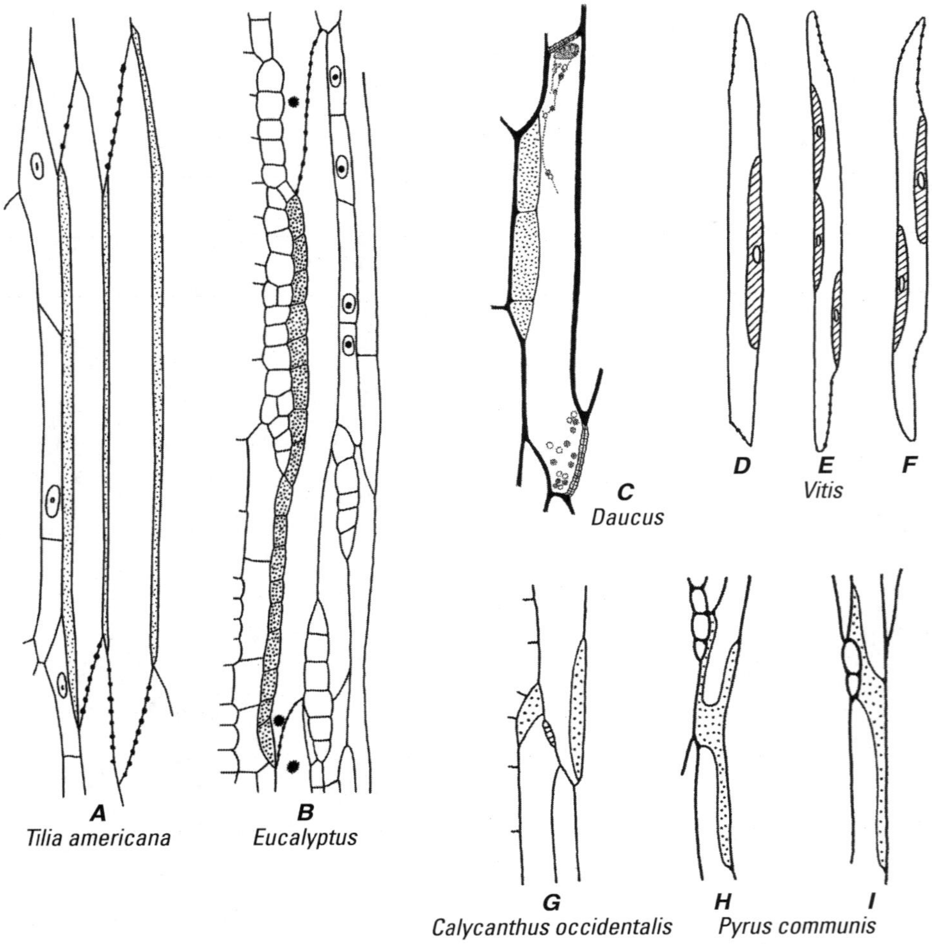

FIGURA 13.21

Células companheiras (vistas longitudinais). **A**, elementos de tubo crivado de *Tilia americana* com células companheiras (pontilhadas) que se estendem por todo o comprimento do elemento, de placa a placa crivada. **B**, elemento de tubo crivado de *Eucalyptus*, com uma série longa de células companheiras. Os corpúsculos densos próximos às placas crivadas são corpúsculos não dispersos de proteína-P, uma vez considerados nucléolos extrudados. **C**, elemento de tubo crivado de *Daucus* (cenoura), com uma série com três células companheiras. Os pequenos corpos próximos às placas crivadas são plastídios com amido; o corpo grande é proteína-P. **D-F**, porções de elementos de tubo crivado de *Vitis*; células companheiras hachuradas. **G**, elementos de tubo crivado com células companheiras de *Calycanthus occidentalis*; **H**, **I**, porções de elementos de tubo crivado de *Pyrus communis*, com células companheiras. (A, ×255; B, ×230; C, ×390; D-F, ×95; G-I, ×175. **A**, obtido de Evert, 1963. © 1963 pela University of Chicago. Todos os direitos reservados; **B**, obtido de Esau, 1947; **C**, adaptado de Esau, 1940. *Hilgardia* 13(5), 175-226. © 1940 Regents, University of California; **D-F**, obtido de Esau, 1948. *Hilgardia* 18(5), 217-296. © 1948 Regents, University of California; **G**, reproduzido com permissão da University of California Press: Cheadle e Esau, 1958. *Univ. Calif. Publ. Bot.* © 1958, The Regents of the University of California; **H**, **I**, reproduzido com permissão da University of California Press: Evert, 1960. *Univ. Calif. Publ. Bot.* © 1960, The Regents of the University of California.)

ocorrem em séries verticais (**séries de células companheiras**; Fig. 13.21B, C), que é o resultado de divisões de sua precursora imediata. As células companheiras também variam em tamanho. Algumas – tanto as células individuais como as em séries – são do mesmo comprimento que o elemento de tubo crivado com as quais estão relacionadas (Fig. 13.21A); outras são mais curtas que o elemento de tubo crivado (Fig. 13.21D-I; Esau, 1969). A relação ontogenética das células companheiras com os elementos de tubo crivado geralmente é considerada como uma característica específica dessas células, embora alguns elementos parenquimáticos frequentemente considerados como células companheiras podem não serem derivados da mesma célula-mãe que seus elementos de tubo crivado associados (por exemplo, em nervuras longitudinais da lâmina foliar de milho; Evert et al., 1978). A relação, entretanto, é típica em angiospermas, e a presença de células companheiras está incluída na definição do elemento de tubo crivado contrapondo-se com a célula crivada.

Enquanto o protoplasto do elemento de tubo crivado sofre uma autofagia seletiva e assume uma aparência transparente durante sua ontogenia, o protoplasto da célula companheira geralmente aumenta em densidade conforme chega à maturidade. O aumento em densidade é devido, em parte, a um aumento na densidade da população de ribossomos (polissomo) e em parte ao aumento na densidade do próprio citosol (Behnke, 1975; Esau, 1978b). A célula companheira madura também contém numerosas mitocôndrias, retículo endoplasmático rugoso, plastídios, e um núcleo proeminente. Nos plastídios das células companheiras caracteristicamente falta amido, embora existam algumas exceções: (por exemplo, em *Cucurbita*, Esau e Cronshaw, 1968; *Amaranthus*, Fisher, D. G., e Evert, 1982; *Solanum*, McCauley e Evert, 1989). As células são vacuoladas em vários graus.

As células companheiras estão intimamente conectadas com seus elementos de tubo crivado por numerosas conexões citoplasmáticas, consistindo de um poro do lado da parede do elemento de tubo crivado e plasmodesmos muito ramificados no lado da célula companheira (Fig. 13.22). Durante o desenvolvimento dessas conexões, uma calose aparece na região do futuro poro na parede do lado do elemento de tubo crivado (Fig. 13.22A). A formação do poro é iniciada com o desenvolvimento de uma cavidade mediana na região da lamela média, e a formação de plasmodesmos ramificados está associada com o incremento da parede celular no lado da célula companheira (Deshpande, 1975; Esau e Thorsch, 1985). Portanto, esses plasmodesmos ramificados não são plasmodesmos secundários, mas sim plasmodesmos primários modificados (Capítulo 4). Presume-se geralmente que a rede parietal de retículo endoplasmático do elemento de tubo crivado maduro esteja conectada com o retículo endoplasmático da célula companheira via desmotúbulos na parede da célula companheira.

Caracteristicamente, as paredes das células companheiras não são nem esclerificadas nem lignificadas e, geralmente, as células companheiras colapsam quando seus elementos de tubo crivado associados morrem. A esclerificação de células companheiras foi referida no floema não condutor de *Carpodetus serratus* (Brook, 1951) e *Tilia americana* (Evert, 1963). Nas nervuras de pequeno porte de folhas maduras de várias eudicotiledôneas herbáceas, as células companheiras possuem projeções irregulares de material de parede, que é típico de células de transferência (ver a seguir; Pate e Gunning, 1969).

Considerando que no elemento de tubo crivado maduro falta o núcleo e ribossomos, há muito se pressupõe que esses elementos dependam das células companheiras para sua subsistência, e que as moléculas informacionais, proteínas e ATP necessários para sua manutenção são liberados via conexões poro-plasmodesmos (referidas como "unidades poro-plasmodesmos" por alguns pesquisadores; van Bel et al., 2002) das paredes tubo crivado-células companheiras. A interdependência dessas duas células é ainda apoiada pelo fato de que ambas param de funcionar e morrem ao mesmo tempo. Claramente a célula companheira é o sistema de suporte da vida do elemento de tubo crivado.

Microinjeções com sondas fluorescentes marcadas nas células companheiras ou nos tubos crivados revelaram que o tamanho limite de exclusão dos plasmodesmos nos complexos maduros de tubo crivado-célula companheira é relativamente grande – entre 10 e 40 kDa – e que o movimento entre a célula companheira e o elemento de tubo crivado ocorre em ambas as direções (Kempers e van Bel, 1997). Uma forte evidência indica que as proteínas sintetizadas nas células companheiras circulam entre as células companheiras e os elementos de tubo crivado (Thompson, 1999), e que plantas transgênicas que expressam a proteína verde-fluorescente (PVF) – presumivelmente sintetizada nas células companheiras – demonstraram o movimento da PVF através da planta pela corrente de assimilados (Imlau et al., 1999). Somente foram identificadas poucas das estimadas 200 proteínas endógenas solúveis presentes no exsudado do floema ou seiva do tubo crivado. Entre elas estão as ubiquitinas e as chaperonas, que estariam envolvidas na movimentação de proteínas nos elementos de tubo crivado maduros (Schobert et al., 1995). Enquanto algumas proteínas floemá-

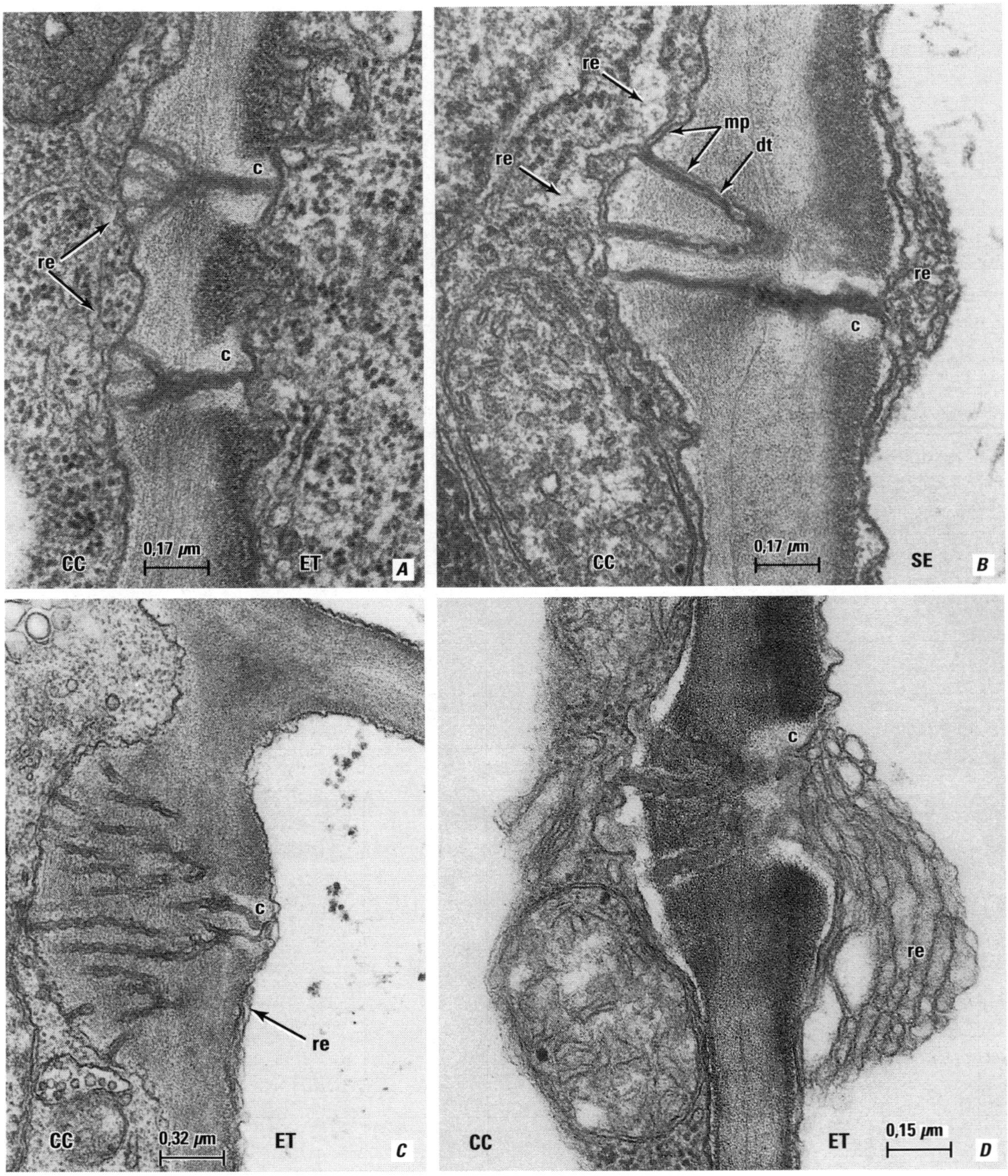

FIGURA 13.22

Vistas longitudinais de conexões poro-plasmodesmos. **A**, conexões imaturas e **B**, maduras nas paredes dos elementos de tubo crivado e células companheiras nos entrenós do algodão (*Gossypium hirsutum*). Note os plasmodesmos ramificados no lado da parede da célula companheira. **A**, durante o desenvolvimento, a deposição de calose é limitada aos plasmodesmos (futuros poros) no lado da parede do elemento de tubo crivado. **B**, neste elemento de tubo crivado maduro o poro é parcialmente contraído pela (presumivelmente) calose de injúria. **C**, conexões poro-plasmodesmos nas porções espessadas da parede celular do elemento de tubo crivado-célula companheira numa nervura de menor porte da folha do algodão americano (*Populus deltoides*). Os plasmodemos são altamente ramificados na parede da célula companheira. **D**, conexões poro-plasmodesmos na parede em comum entre um elemento de tubo crivado e a célula companheira em uma nervura da folha da cevada (*Hordeum vulgare*). Um agregado do retículo endoplasmático associado com os poros do lado do elemento de tubo crivado. Detalhes: c, calose; CC, célula companheira; dt, desmotúbulo; re, retículo endoplasmático; mp, membrana plasmática; ET, elemento de tubo crivado. (**A**, **B**, obtido de Esau e Thorsch, 1985; **C**, obtido de Russin e Evert, 1985; **D**, obtido de Evert et al., 1971b, Fig. 4. © 1971, Springer-Verlag.)

ticas podem atuar como moléculas de sinalização a longa distância, muitas provavelmente têm função na manutenção dos elementos de tubo crivado.

O MECANISMO DE TRANSPORTE FLOEMÁTICO EM ANGIOSPERMAS

Originalmente proposto por Ernst Münch (1930) e modificado por outros (ver a seguir; Crafts e Crisp, 1971; Eschrich et al., 1972; Young et al., 1973; van Bel, 1993), o **mecanismo de fluxo sob pressão gerado osmoticamente** é amplamente aceito para explicar o fluxo de assimilados através dos tubos crivados das angiospermas entre as **fontes** dos assimilados e os sítios de utilização, ou os **drenos**, desses assimilados. Os assimilados seguem um padrão fonte-dreno. As principais fontes (rede de exportadores) de assimilados são as folhas fotossintetizantes, embora os tecidos de reserva possam atuar como importantes fontes. Todas as partes da planta incapazes em adquirir sua própria nutrição podem atuar como drenos, incluindo tecidos meristemáticos, partes subterrâneas (por exemplo raízes, tubérculos, rizomas), frutos, sementes, e a maioria das células parenquimáticas do córtex, medula, xilema e floema.

Explicando de maneira simplificada, o mecanismo de fluxo sob pressão gerado osmoticamente opera como segue (Fig. 13.23). Açúcares entram nos tubos crivados na fonte promovendo um aumento de concentração de soluto nesses tubos. Com o aumento da concentração do soluto, o potencial hídrico diminui, e a água do xilema entra no tubo crivado por osmose. A remoção do açúcar no dreno tem o efeito oposto. Lá, a concentração do soluto cai, o potencial hídrico aumenta e a água deixa o tubo crivado. Com o movimento da água para o interior do tubo crivado na fonte e a sua saída no dreno, as moléculas de açúcar são carregadas passivamente pela água ao longo de um gradiente de concentração por um fluxo de volume, ou massa, entre a fonte e o dreno (Eschrich et al., 1972).

No modelo original do fluxo sob pressão de Münch, os tubos crivados foram considerados como condutos impermeáveis. Na verdade, o tubo crivado entre a fonte e o dreno é delimitado por uma membrana de permeabilidade seletiva, a membrana plasmática, não somente na fonte e no dreno, mas ao longo de todo o caminho (Eschrich et al., 1972; Phillips e Dungan, 1993). A presença de uma membrana de permeabilidade seletiva é essencial para a osmose, que é a força geradora para o mecanismo operar; daí a necessidade de um conduto vivo. Em relação ao mecanismo de fluxo sob pressão gerado osmoticamente, a membrana plasmática é o componente celular mais importante. A água entra e sai do tubo crivado por osmose ao longo de todo seu comprimento. Poucas, se algumas, das moléculas de água originais que entram no tubo crivado na fonte encontram seu caminho até o dreno, porque elas são trocadas por outras moléculas de água que entram no tubo crivado a partir do apoplasto floemático ao longo do caminho (Eschrich et al., 1972; Phillips e Dungan, 1993). A água que sai do tubo crivado no dreno é recirculada no xilema (Köckenberger et al., 1997). Ao longo de todo o caminho, os fotoassimilados originados das folhas são removidos para manter os tecidos maduros e suprir as necessidades de tecidos em crescimento (por exemplo, o câmbio vascular e suas derivadas imediatas). Além disso, quantidades substanciais de fotoassimilados geralmente escapam, ou vazam, dos tubos crivados ao longo do caminho (Hayes et al., 1987; Minchin e Thorpe, 1987).

O funcionamento do floema na distribuição de fotoassimilados por toda a planta depende da cooperação entre os elementos de tubo crivado e suas células companheiras (van Bel, 1996; Schulz, 1998; Oparka e Turgeon, 1999). A natureza da cooperação é refletida em parte pelo tamanho relativo dos tubos crivados e células companheiras ao longo do caminho. No **floema coletor** das nervuras de pequeno porte de folhas fontes (as pequenas nervuras embebidas no mesofilo ou tecido fundamental fotossintetizante) as células companheiras são geralmente maiores que os seus elementos de tubo crivado, geralmente diminutos (Fig. 13.24-13.26; Evert, 1977, 1990b). A diferença de tamanho é considerada um reflexo da ativa atuação das células companheiras na coleta ou retirada (contra um gradiente de concentração) de fotoassimilados, que serão, então, transferidos para os elementos de tubo crivado via conexões poro-plasmodesmos das paredes tubo crivado-célula companheira. Esse processo ativo é denominado **carregamento do floema** (ver a seguir).

No **descarregamento do floema** dos drenos terminais, as células companheiras são muito reduzidas ou totalmente ausentes (Offler e Patrick,

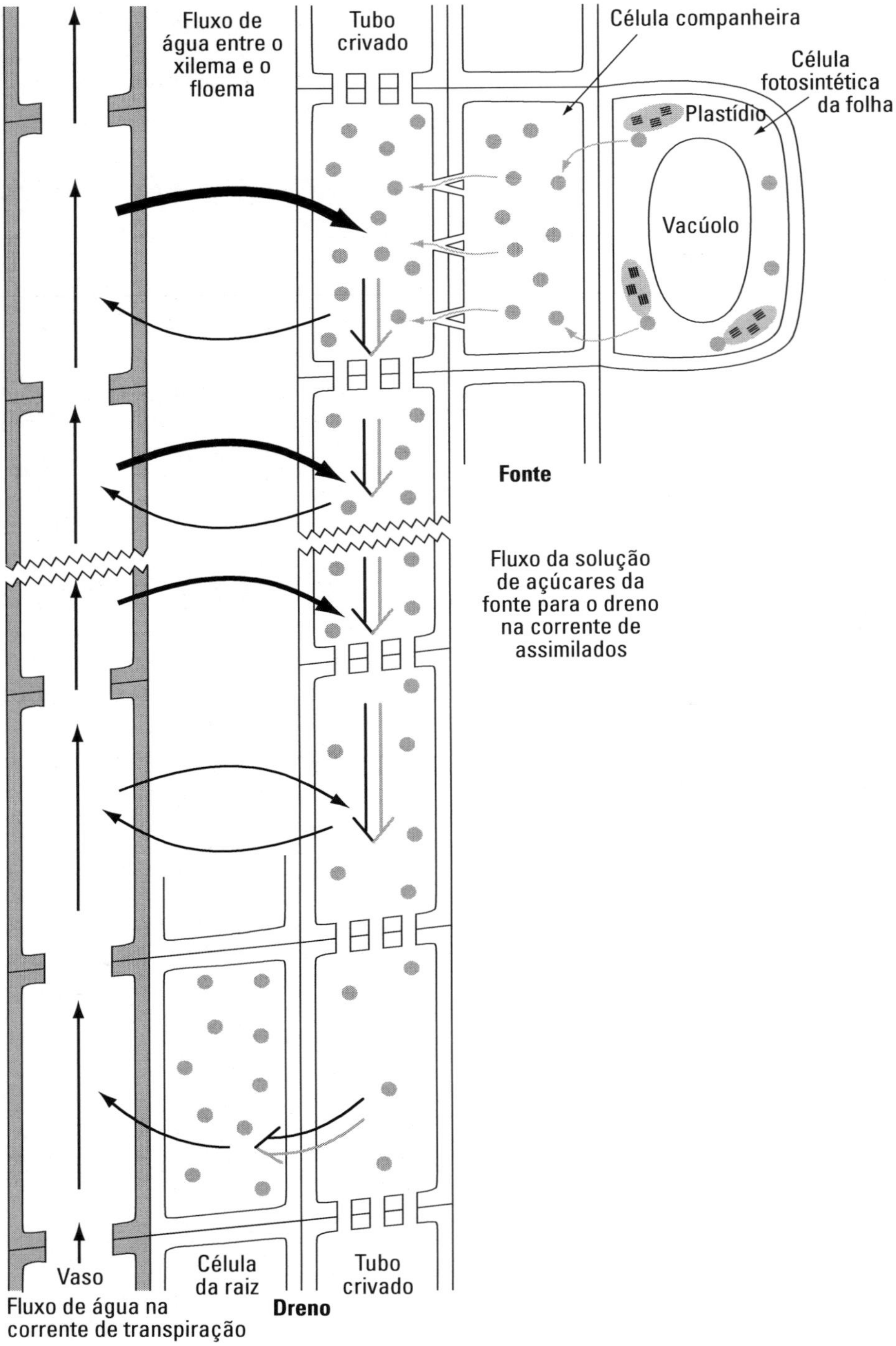

FIGURA 13.23

Diagrama do mecanismo da pressão de fluxo osmoticamente gerada. Os pontos representam as moléculas de açúcar que têm sua origem nas células fotossintetizantes da folha (fonte). O açúcar é carregado no tubo crivado via células companheiras da fonte. Com o aumento na concentração de açúcares, o potencial da água diminui e a água entra no tubo crivado por osmose. O açúcar é removido (descarregado) no dreno, e a concentração de açúcar cai; como resultado, o potencial da água aumenta, e a água sai do tubo crivado. Com o movimento da água para dentro do tubo crivado na fonte e para fora dele no dreno, as moléculas de açúcar são transportadas passivamente ao longo do gradiente de concentração entre a fonte e o dreno. A água entra e sai do tubo crivado ao longo da rota da fonte para o dreno. Evidências indicam que poucas, se alguma, das moléculas originais de água que entram nos tubos crivados na fonte o fazem em direção ao dreno, porque estas são trocadas com outras moléculas de água que entram no tubo crivado a partir do apoplasto do floema ao longo dessa rota. (A partir de Raven et al., 2005.)

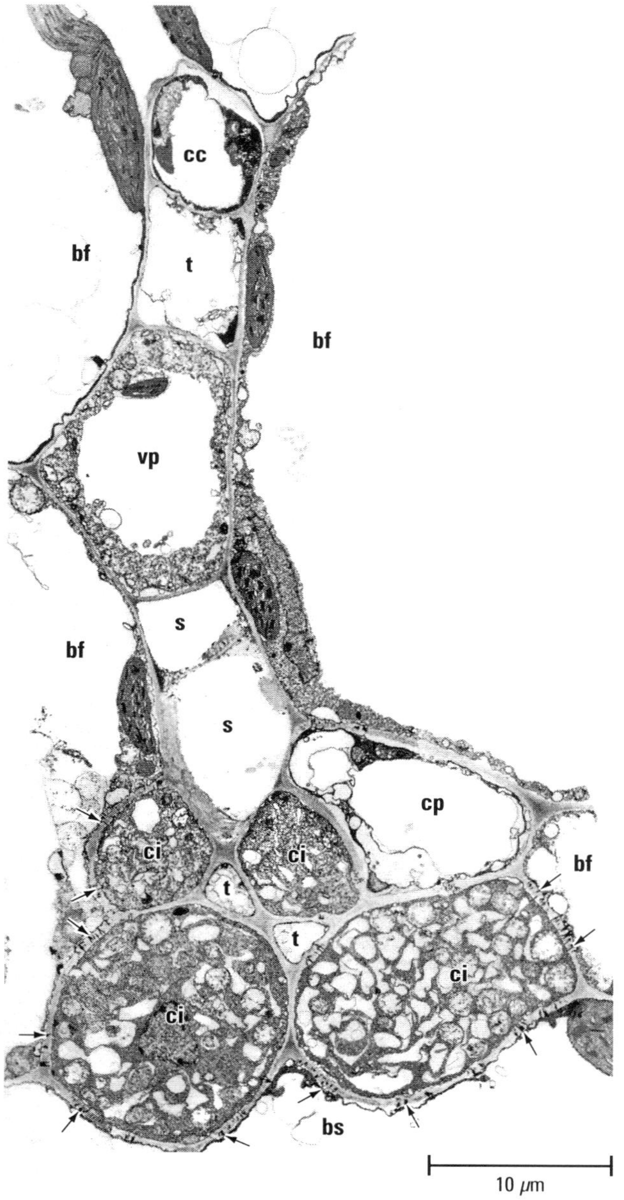

FIGURA 13.24

Secção transversal através de uma nervura de menor porte da folha do *Cucumis melo*. No plano dessa secção o floema abaxial (inferior) contém dois pequenos tubos crivados (t) circundados por quatro células intermediárias (ci) somadas a uma célula parenquimática (cp). O floema adaxial consiste de um único tubo crivado (t) e célula companheira (cc). Note os numerosos plasmodesmos (setas) na parede em comum entre as células intermediárias e as células da bainha do feixe (bf). Esta é uma nervura de menor calibre do tipo 1, e um carreador simplástico. Outros detalhes: et, elemento traqueal; pv, célula parenquimática vascular. (Obtido de Schmitz et al., 1987, Fig. 1. © 1987, Springer-Verlag.)

1984; Warmbrodt, 1985a, b; Hayes et al., 1985). Na maioria dos tecidos drenos (por exemplo, de raízes e folhas em desenvolvimento) o descarregamento ocorre simplasticamente. O processo de descarregamento é provavelmente passivo, sem exigir um gasto de energia pelas células companheiras. Entretanto, o transporte para os tecidos drenos, denominado **transporte pós-floema** ou **transporte pós-tubo crivado** (Fisher, D. B., e Oparka, 1996; Patrick, 1997) depende da energia metabólica. Em descarregamentos simplásticos, é necessária energia para manter o gradiente de concentração entre os complexos de tubo crivado-célula companheira e células dreno. Em descarregamentos apoplásticos, é necessária energia para acumular açúcares em alta concentração em células dreno, como nas de raízes de beterraba e caules de cana-de-açúcar, embora o descarregamento apoplástico em entrenós maduros de cana-de-açúcar tenha sido questionado (Jacobsen et al., 1992). Na batata, observou-se que o descarregamento apoplástico predomina nos estolões sujeitos a extensivo crescimento; entretanto, durante os primeiros sinais visíveis de tuberização, ocorre uma transição do descarregamento apoplástico para o simplástico (Viola et al., 2001; ver também Kühn et al., 2003).

No **floema de transporte**, a área transversal dos tubos crivados é maior do que em seus pares no floema coletor e no floema de descarregamento, e as células companheiras são intermediárias em tamanho entre as do floema coletor e as do descarregamento ou são completamente ausentes (Figs. 13.1B e 13.14B, C). O floema de transporte tem duas tarefas. Uma é entregar fotoassimilados aos drenos terminais. Isso necessita a retenção de fotoassimilados suficiente para manter o fluxo de pressão. Como mencionado anteriormente, o vazamento de fotoassimilados a partir dos tubos crivados é um fenômeno comum ao longo do floema de transporte, ou caminho, entre fonte e dreno. Acredita-se que as células companheiras estejam envolvidas com a recuperação de fotoassimilados. A retenção dos fotoassimilados no floema de transporte é melhorada pelo isolamento simplástico dos complexos de tubo crivado-célula companheira próximos a ele (van Bel e van Rijen, 1994; van Bel, 1996). A segunda tarefa do floema de transporte é a de fornecer nutrientes aos tecidos heterotróficos ao longo do caminho, incluindo drenos axiais como tecidos cambiais.

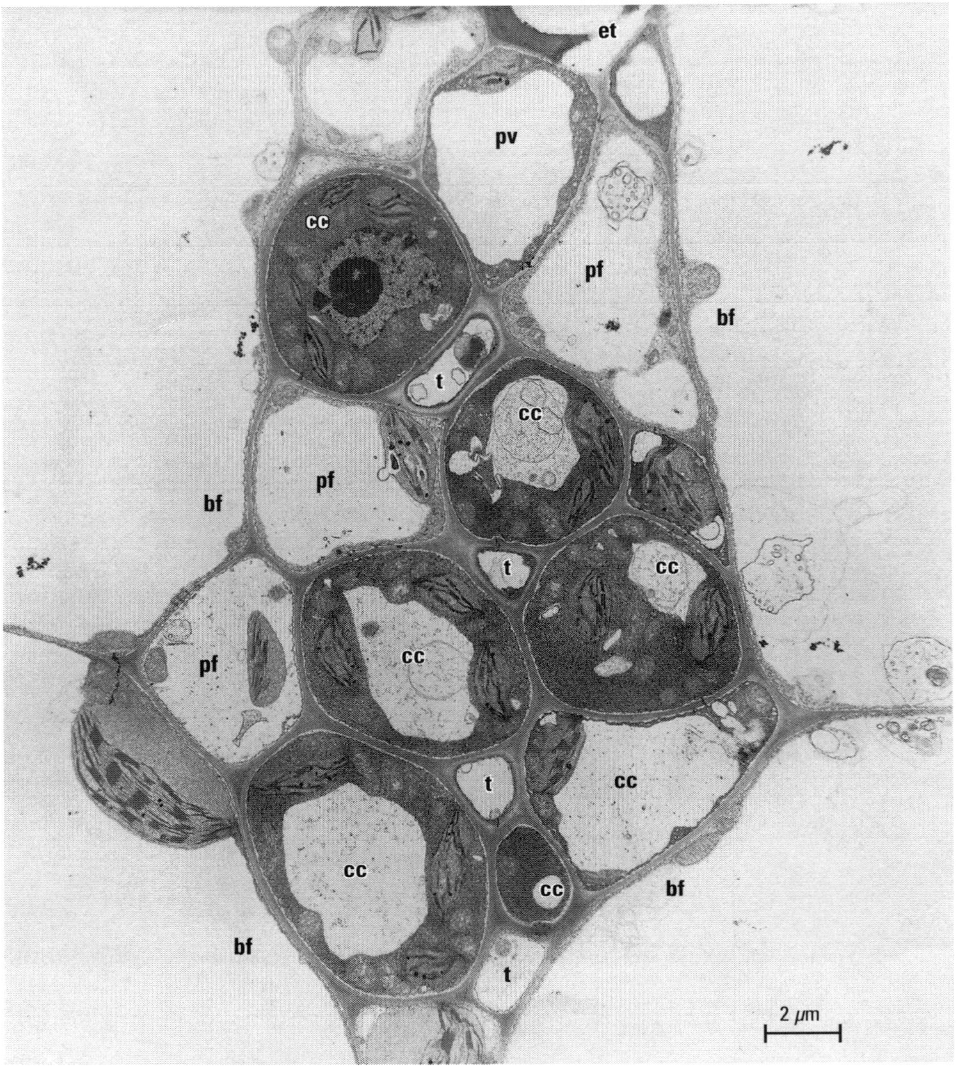

FIGURA 13.25

Secção transversal de porção da nervura de menor porte da folha da beterraba (*Beta vulgaris*). Neste plano de secção a nervura contém quatro tubos crivados (t) e sete células companheiras "ordinárias" (cc), isto é, células companheiras sem projeções da parede. Esta é uma nervura de menor calibre do tipo 2 e um carreador do floema apoplástico. Outros detalhes: bf, célula da bainha do feixe; pf, célula do parênquima floemático; et, elemento traqueal; pv, célula do parênquima vascular. (Obtido de Evert e Mierzwa, 1986.)

A FOLHA FONTE E O FLOEMA DA NERVURA DE PEQUENO PORTE

Como mencionado anteriormente, folhas maduras fotossintetizantes são as principais fontes da planta. Na maioria das angiospermas, que não monocotiledôneas, os feixes vasculares, ou nervuras, da folha estão arranjados em um padrão ramificado, com sucessivas nervuras ramificando-se de outras um pouco maiores. Esse tipo de arranjo das nervuras é conhecido como **venação reticulada**. Frequentemente, a maior nervura se estende ao longo do eixo da folha como uma nervura mediana. A nervura mediana, junto com seu tecido fundamental associado, forma a assim denominada nervura central de tais folhas. Outras nervuras um pouco menores ramificando-se a partir da nervura mediana também estão geralmente associadas ao tecido da nervura central. Todas as nervuras associadas com as saliências que se sobressaem na superfície da folha (mais comuns na superfície inferior da folha) são denominadas **nervuras principais**. As pequenas

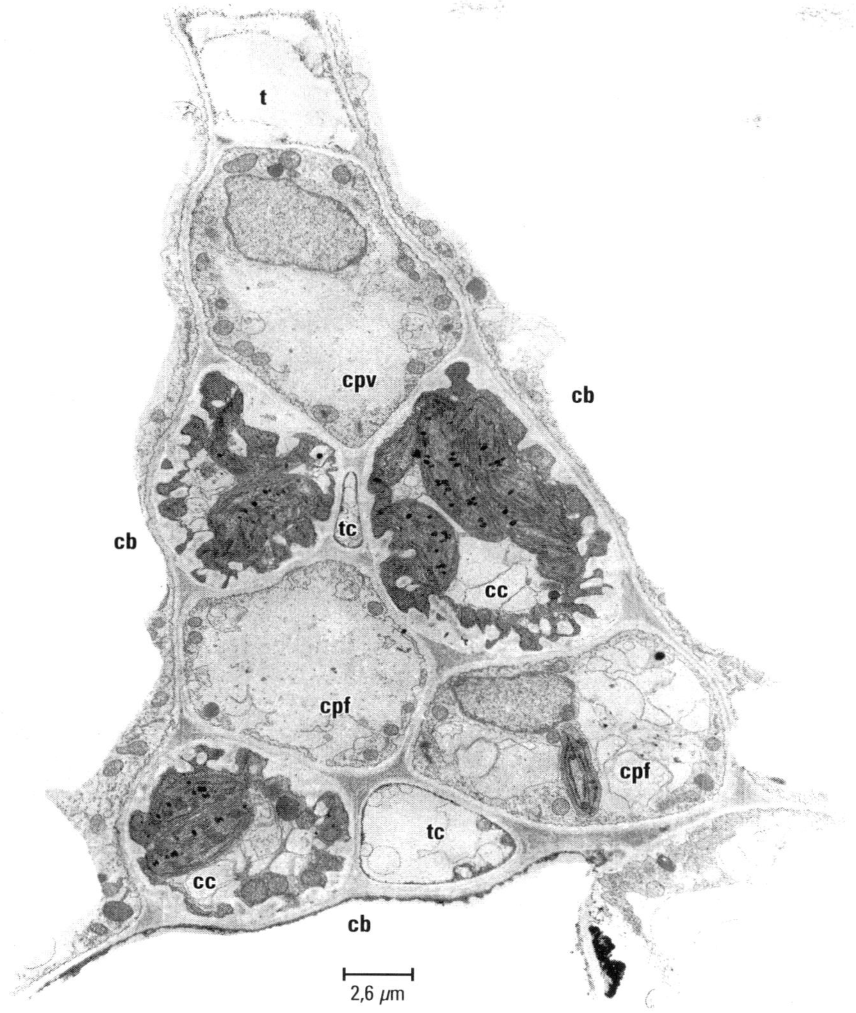

FIGURA 13.26

Secção transversal de uma porção de uma nervura de pequeno porte da folha da tagete (*Tagetes patula*). Neste plano de secção, a nervura contém dois tubos crivados (tc) e três células companheiras (cc) com invaginações da parede, isto é, as células companheiras são células de transferência, ou células do tipo-A (Pate e Gunning, 1969). Esta é uma nervura de pequeno porte tipo 2b e um carregador apoplástico do floema. Outros detalhes: cb, célula da bainha do feixe; cpf, célula parenquimática do floema; t, elemento traqueal; cpv, célula parenquimática vascular.

nervuras da folha que estão mais ou menos embebidas no tecido do mesofilo e não estão associadas com as saliências são denominadas de **nervuras de pequeno porte**. As nervuras de pequeno porte estão completamente envolvidas pela bainha do feixe consistindo de células compactamente arranjadas. Em folhas de eudicotiledôneas, as células da bainha do feixe comumente são parenquimáticas e podem ou não ter cloroplastos. O xilema geralmente ocorre na superfície superior da nervura e o floema na superfície inferior (Figs. 13.25 e 13.26).

As nervuras de pequeno porte cumprem o principal papel na coleta de fotoassimilados. Antes de serem retirados pelos complexos de tubo crivado-célula companheira das nervuras de pequeno porte, os fotoassimilados produzidos nas células do mesofilo e destinados a serem exportados a partir da folha precisam antes atravessar as bainhas dos feixes que os envolvem. A partir dos tubos crivados das nervuras de pequeno porte, os fotoassimilados, que estão em solução na seiva do tubo crivado, flui pelas nervuras sucessivamente mais largas e finalmente pelas nervuras principais – transporte nas nervuras – para a exportação a partir da folha. Portanto, a corrente de assimilados é análoga à uma bacia hidrográfica onde pequenas correntes vão alimentando sucessivamente maiores correntes.

Vários tipos de nervuras de pequeno porte ocorrem em folhas de dicotiledôneas

As nervuras de pequeno porte das folhas de "dicotiledôneas" (magnoliídeas e eudicotiledôneas) variam em sua estrutura e no grau da continuidade simplástica de seus complexos de tubo crivado-célula companheira com outros tipos de células da folha. Em algumas plantas, a frequência dos plasmodesmos entre as células da bainha do feixe e as células companheiras é abundante ou moderada, enquanto em outras, os plasmodesmos não são frequentes nessa interface (Gamalei, 1989, 1991). Nesse sentido, dois tipos básicos de nervuras de pequeno porte foram reconhecidos (Gamalei, 1991). Aqueles com abundantes plasmodesmos na interface bainha do feixe-célula companheira (>10 plasmodesmos por μm^2 de interface) são denominados de **tipo 1** e aqueles com poucos plasmodesmos na interface são denominados **tipo 2**. As nervuras de pequeno porte tipo 1 são denominadas de **abertas**, e as do tipo 2, **fechadas**. As nervuras com moderado contato plasmodesmático entre as células da bainha do feixe e as células companheiras (<10 plasmodesmos por μm^2 de interface) são intermediárias entre os tipos 1 e 2 e são denominadas **tipo 1-2a** (*Arabidopsis thaliana* é uma espécie tipo 1-2a; Haritatos et al., 2000). Duas subcategorias do tipo 2 são distinguidas: **tipo 2a**, com esporádicos contatos plasmodesmáticos (<1 por μm^2 de interface), e **tipo 2b**, com quase sem contatos plasmodesmáticos (<0,1 por μm^2 de interface). Assim, o intervalo da frequência plasmodesmática na interface bainha do feixe-célula companheira entre o tipo 1 e o tipo 2b é cerca de 3 ordens de magnitude.

Em virtude da grande variação, entre espécies, na frequência de plasmodesmos na interface bainha do feixe – célula companheira das nervuras de pequeno porte – se originou o conceito de que existem dois mecanismos de carregamento do floema: o simplástico e o apoplástico (van Bel, 1993). As espécies tipo 1, com abundantes plasmodesmos conectando as células companheiras das nervuras de pequeno porte com as bainhas dos feixes, são consideradas como carregadoras simplásticas, e as espécies do tipo 2, com escassez de tais conexões, como carregadoras apoplásticas (Gamalei, 1989, 1991, 2000; van Bel, 1993; Grusak et al., 1996; Turgeon, 1996).

Embora o mecanismo do carregamento apoplástico há muito seja bem conhecido (ver a seguir), uma explicação para o carregamento simplástico envolvendo transporte ativo através dos plasmodesmos é inexistente. Como observado por Turgeon e Medville (2004), "o transporte ativo de pequenas moléculas através dos plasmodesmos é desconhecido, e a difusão contra um gradiente de concentração é impossível".

As espécies tipo 1 com células companheiras especializadas, denominadas células intermediárias, são carregadoras simplásticas

As nervuras de pequeno porte de algumas espécies do tipo 1 são caracterizadas pela presença de células companheiras especializadas denominadas **células intermediárias** (Fig. 13.24). Geralmente são células grandes tendo citoplasma denso com um extensivo labirinto de retículo endoplasmático, numerosos vacúolos pequenos, plastídios imaturos e campos de plasmosdemos altamente ramificados que se conectam às células da bainha do feixe (Turgeon et al., 1993). Somente oito famílias com células intermediárias "verdadeiras" foram identificadas até o momento: Acanthaceae, Celastraceae, Cucurbitaceae, Hydrangaceae, Lamiaceae, Oleaceae, Scrophulariacae e Verbenaceae (ver referências em Turgeon e Medville, 1998, e Turgeon et al., 2001).

A presença de células intermediárias sempre está correlacionada com o transporte de grandes quantidades de rafinose, estaquiose, além de alguma sacarose (Turgeon et al., 1993). As espécies com células intermediárias são consideradas como carregadoras simplásticas (Turgeon, 1996; Beebe e Russin, 1999), e foi proposto um mecanismo de **armadilha de polímero** para explicar o carregamento do floema envolvendo as células intermediárias (Turgeon, 1991; Haritatos et al., 1996). Resumindo, a sacarose sintetizada no mesofilo se difunde via plasmodesmos, das células do mesofilo para as células da bainha do feixe, e, em seguida, para as células intermediárias. Nas células intermediárias, a rafinose e a estaquiose são sintetizadas a partir da sacarose, mantendo, assim, o gradiente de concentração entre as células do mesofilo e as células intermediárias. As moléculas de rafinose e estaquiose são muito grandes para se difundirem de volta, por meio dos plasmodesmos, para as células da bainha do feixe e, portanto, se acumulam de forma a aumentar a concentração nas células intermediárias. Das células intermediárias, a rafinose e a estaquiose se difundem para os tubos crivados por meio das conexões poro-plasmodesmos de suas paredes em comum e são levadas para a corrente de assimilados pelo fluxo de massa.

Os dados sobre espécies tipo 1 que não apresentam células intermediárias são limitados. As poucas espécies desse tipo que foram investigadas são carregadoras apoplásticas. Nestas, incluem-se *Liriodendron tulipifera* (Magnoliaceae) (Goggin et al., 2001), *Clethra barbinervis*[8] e *Liquidambar stryraciflua* (ambas Altingiaceae) (Turgeon e Medville, 2004). As três espécies transportam sacarose quase exclusivamente. Obviamente, somente a frequência dos plasmosdesmos não pode ser usada como uma indicadora da estratégia de carregamento do floema. Os resultados de tais estudos motivaram Turgeon e Medville (2004) a proporem que o carregamento simplástico pode estar restrito a espécies que transportam polímeros em quantidade, tais como os oligossacarídeos, da família rafinose, e que outras espécies, não importando o número de plasmodesmos de suas nervuras de pequeno porte, podem carregar via apoplasto.

As espécies com nervuras de pequeno porte tipo 2 são carregadoras apoplásticas

Como mencionado anteriormente, o mecanismo de carregamento apoplástico está bem estabelecido. A sacarose é o principal açúcar a ser transportado por carregadores apoplásticos. O carregamento apoplástico de moléculas de sacarose envolve o cotransporte sacarose-próton, que é energizado pela ATPase da membrana plasmática e mediado pelo transportador da sacarose localizado na membrana plasmática (Lalonde et al., 2003). Na batata, no tomate e no tabaco, o transportador de sacarose da folha (SUT1) se localiza na membrana plasmática do elemento crivado, não na da célula companheira (Kühn et al., 1999), enquanto em *Arabidopsis* (Stadler e Sauer, 1996; Gottwald et al., 2000) e *Plantago major* (Stadler et al., 1995), o transportador de sacarose (SUC2) é especificamente expressado nas células companheiras. A H^+-ATPase da membrana plasmática também foi localizada nas células companheiras de *Arabidopsis* (DeWitt e Sussman, 1995). A localização diferenciada do transportador de sacarose pode indicar que, em alguns carregadores apoplásticos, a retirada de sacarose ocorre via membrana plasmática do elemento crivado e em outros, via membrana plasmática das células companheiras. Assim, ao contrário daquelas espécies tipo 1, nas quais o açúcar é concentrado pela energia usada na síntese de rafinose e estaquiose nas células intermediárias, as espécies tipo 2 usam a energia para concentrar o açúcar via um cotransporte sacarose-próton na membrana plasmática.

As células companheiras das nervuras de pequeno porte do tipo 2a têm paredes lisas e frequentemente são referidas como células companheiras comuns (Fig. 13.25). Aquelas das nervuras de pequeno porte do tipo 2b têm projeções das paredes e, portanto, são células de transferência (Fig. 13.26).

Em algumas espécies, dois tipos de células de transferência ocorrem no floema das nervuras de pequeno porte. Designadas tipo-A e tipo-B (Pate e Gunning, 1969), as primeiras são células companheiras e as últimas são células de parênquima floemático. Ou células-A ou células-B, ou ambas, podem estar presentes na nervura de pequeno porte (Fig. 7.5), dependendo da espécie.

As nervuras de pequeno porte de *Arabidopsis thaliana*, uma espécie tipo 2a, têm células tipo-B e células companheiras comuns (Haritatos et al., 2000). Observando que células tipo-B formam numerosos contatos tanto com as células da bainha quanto com as células companheiras, Haritatos et al. (2000) sugeriram que a rota mais provável de transporte de sacarose nas nervuras de pequeno porte em *Arabidopsis* é da bainha do feixe para as células do parênquima floemático (células tipo-B) por meio dos plasmodesmos, seguida pelo fluxo para o apoplasto através da membrana plasmática que delimita as projeções da parede e é carregada por um mediador para os complexos elemento de tubo-célula crivada.

8 *Clethra barbinervis* pertence atualmente à família Clethraceae.

A coleta de fotoassimilados pelas nervuras de pequeno porte pode não envolver um passo ativo em algumas folhas

Em algumas plantas o mecanismo pelo qual a sacarose entra nos complexos tubo crivado-célula companheira das nervuras de pequeno porte parece não envolver um passo ativo, ou seja, não envolve o carregamento do floema por si. Estas são plantas com nervuras de pequeno porte abertas, que transportam grandes quantidades de sacarose e somente pequenas quantidades de rafinose e estaquiose. O salgueiro (*Salix babylonica*; Turgeon e Medville, 1998) e o choupo (*Populus deltoides*; Russin e Evert, 1985) são representantes dessas plantas. Ambas são plantas tipo 1, de acordo com Gamalei (1989). No salgueiro e no choupo, nenhuma evidência foi encontrada para o acúmulo de sacarose contra um gradiente de concentração no floema da nervura de pequeno porte. Aparentemente, a sacarose se difunde simplasticamente ao longo de um gradiente de concentração a partir do mesofilo para os complexos tubo crivado-célula companheira das nervuras de pequeno porte (Turgeon e Medville, 1998). A falta de uma etapa de carregamento corresponde ao modelo de Münch (1930) para o transporte do floema. Münch considerou os cloroplastos das células do mesofilo como "fonte" do gradiente de concentração, e supôs que, uma vez que o açúcar entrasse nos tubos crivados das nervuras de pequeno porte, seria transportado por um fluxo de massa da solução, presumivelmente porque a pressão hidrostática nos tubos crivados do caule seria inferior que a dos tubos crivados na folha.

Algumas nervuras de pequeno porte contêm mais do que um tipo de célula companheira

Até o momento a nossa discussão sobre as nervuras de pequeno porte as colocou em categorias bem definidas, cada uma caracterizada pela presença de um tipo específico de célula companheira. Entretanto, em algumas espécies, as nervuras de pequeno porte contêm mais de um tipo de célula companheira. Por exemplo, tanto as células intermediárias quanto as células companheiras comuns são encontradas nas nervuras de pequeno porte de Cucurbitaceae (Fig. 13.24; *Cucurbita pepo*, Turgeon et al., 1975; *Cucumis melo*, Schmitz et al., 1987), *Coleus blumei* (Fisher, D. G., 1986) e *Euonymus fortunei* (Turgeon et al., 2001). Essa combinação de tipos de células companheiras também é encontrada em várias Scrophulariaceae (*Alonsoa meridionalis*, Knop et al., 2001; e *Alonsoa warscewiczii*, *Mimulus cardinalis*, *Verbascum chaixi*, Turgeon et al., 1993). As nervuras de pequeno porte de algumas Scrophulariaceae apresentam células intermediárias e de transferência (*Nemesia strumosa*, *Rhodochiton atrosanguineum*, Turgeon et al., 1993), e as de outras espécies contêm células intermediárias modificadas e células de transferência (*Ascarina* spp., Turgeon et al., 1993; Knop et al., 2001). Algumas células intermediárias modificadas em *Ascarina scandens* têm até algumas projeções de parede (Turgeon et al., 1993). A presença de nervuras de pequeno porte com mais de um tipo de célula companheira sugere que mais de um mecanismo de carregamento do floema pode operar em uma única nervura de algumas plantas (Knop et al., 2004).

As nervuras de pequeno porte de lâminas foliares de Poaceae contêm dois tipos de tubos crivados de metafloema

O sistema vascular de folhas de gramíneas, diferentemente daquele das folhas de "dicotiledôneas", com seu arranjo reticulado, consiste de cordões longitudinais interconectados por feixes transversais. Esse arranjo das nervuras é chamado **venação estriada ou paralela**. Em qualquer secção transversal da lâmina foliar, três tipos de feixes vasculares longitudinais podem ser reconhecidos – grande, intermediário e pequeno – com base em seu tamanho, na composição de seu xilema e floema e na natureza de seus tecidos contíguos (Colbert e Evert, 1982; Russell e Evert, 1985; Dannenhoffer et al., 1990). Embora todos os feixes longitudinais sejam capazes de transportar fotoassimilados lâmina abaixo por alguma distância, são principalmente os feixes de grande porte que estão envolvidos com o transporte longitudinal e a exportação dos fotoassimilados da folha. Os feixes pequenos, por outro lado, são principais feixes envolvidos no carregamento do floema e na coleta de fotoassimilados. Os fotoassimilados coletados nos feixes pequenos, que não se prolongam para dentro da bainha da folha, são transferidos lateralmente para os feixes grandes via nervuras transversais para exportação para fora da lâmina (Fritz et al., 1983, 1989). Na lâmina, os feixes intermediários também estão envolvidos com a coleta de fotoassimilados; portanto, tanto os feixes intermediários como os pequenos podem ser considerados como nervuras de pequeno porte.

O metafloema das nervuras de pequeno porte contém dois tipos de tubos crivados: com paredes finas e com paredes espessas (Fig. 13.27; Kuo e O'Brien, 1974; Miyake e Maeda, 1976; Evert et al., 1978; Colbert e Evert, 1982; Eleftheriou, 1990; Botha, 1992; Evert et al., 1996b). Mais importante do que a espessura relativa de suas paredes é o fato de que os **tubos crivados de paredes finas**, que se formam primeiro, estão associados com células companheiras. Os **tubos crivados de paredes espessas**, que são os últimos elementos vasculares a se diferenciarem, não possuem células companheiras.

Nas folhas do milho adulto (Evert et al., 1978) e da cana-de-açúcar (Robinson-Beers e Evert, 1991), os tubos crivados de paredes finas e suas células companheiras – os complexos de tubo crivado-célula companheira – são virtualmente isolados simplasticamente do resto da folha. Os tubo crivados de paredes espessas não possuem células companheiras, mas estão conectados simplasticamente às células parenquimáticas vasculares, que também estão adjacentes aos elementos de vaso do xilema. Estudos microautoradiográficos na folha do milho indicam que os tubos crivados de paredes finas são capazes de acumular fotoassimilados a partir do apoplasto, enquanto os tubos crivados de paredes espessas estão envolvidos com a recuperação da sacarose transferida a eles pelas células parenquimáticas vasculares que tangenciam os vasos (Fritz et al., 1983).

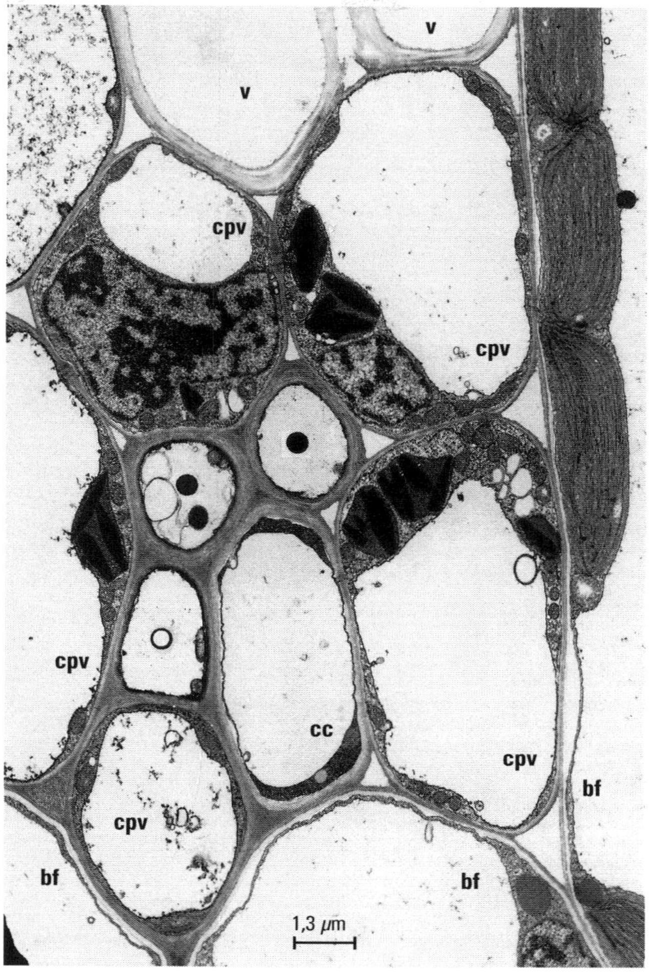

FIGURA 13.27

Secção transversal de uma nervura de pequeo porte da folha do milho (*Zea mays*). Esse pequeno feixe contém um único tubo crivado com parede delgada (ponto branco) e sua célula companheira associada (cc) e dois tubos crivados com paredes espessas (pontos pretos), os quais estão separados dos vasos (v) pelas células do parênquima vascular (cpv). O feixe está circundado pela bainha do feixe (bf). (Obtido de Evert et al., 1996a. © 1996 por The University of Chicago. Todos os direitos reservados.)

A CÉLULA CRIVADA DE GIMNOSPERMA

Células crivadas são consideravelmente alongadas (no floema secundário de coníferas, com 1,5 a 5 mm de comprimento) com paredes terminais cuneiformes, dificilmente distinguidas das paredes laterais (Fig. 13.4A). As áreas crivadas são mais numerosas nas extremidades sobrepostas das células crivadas, mas possuem essencialmente o mesmo grau de diferenciação daquelas das paredes laterais. Em outras palavras, diferente dos elementos de tubo crivado, as células crivadas não possuem placas crivadas. Além disso, diferente dos poros abertos das áreas crivadas dos elementos de tubo crivado, os poros das áreas crivadas das células crivadas são atravessados por numerosos elementos do retículo endoplasmático tubular. Adicionalmente, enquanto os elementos de tubo crivado geralmente contêm proteína-P, as células crivadas não possuem proteína-P em nenhum estágio de seu desenvolvimento. As células crivadas também não possuem células companheiras, mas estão associadas funcionalmente às **células de Strasburger** ou **células albuminosas** (Fig. 13.28), que são análogas às células companheiras. As células

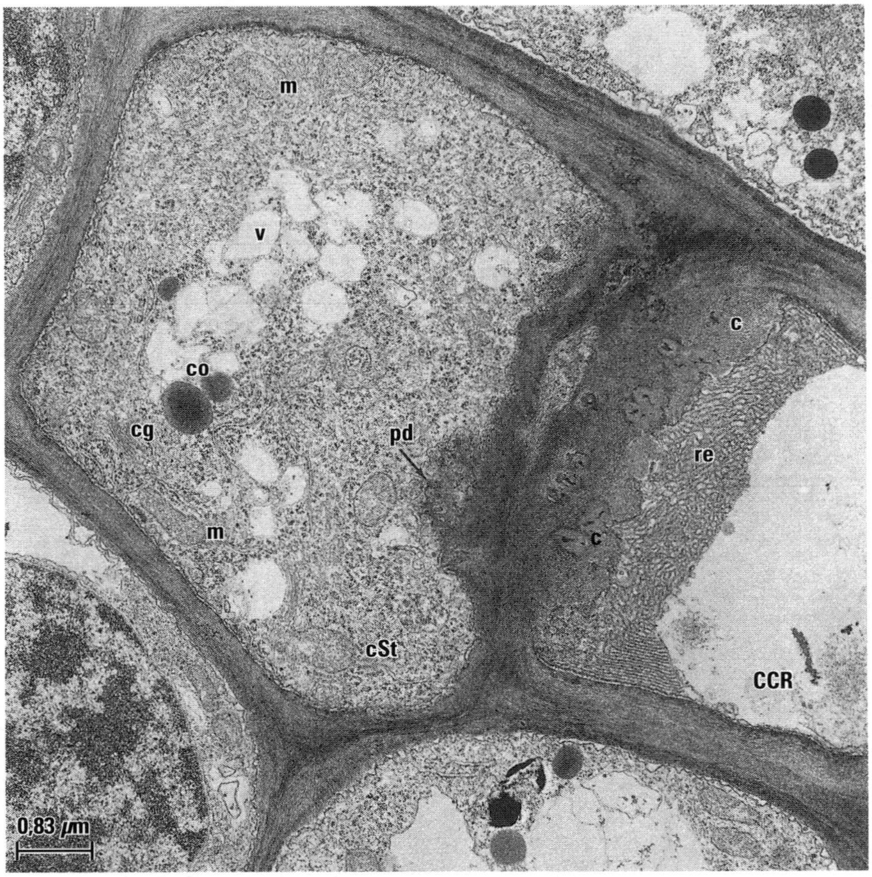

FIGURA 13.28

Secção transversal mostrando as conexões entre as células de strasburger (cSt) e uma célula crivada madura (CCR) no hipocótilo do *Pinus resinosa*. Plasmodesmos (pd) ocorrem do lado da parede da célula de strasburger e os poros do lado da célula crivada. Os poros estão ocluídos com calose (c) e margeados por um agregado massivo de retículo endoplasmático (re). Outros detalhes: cg, corpos de Golgi; m, mitocôndrias; co, corpos de óleo. (Obtido de Neuberger e Evert, 1975.)

de Strasburger raramente são ontogeneticamente relacionadas às suas células crivadas associadas.

A maioria da informação sobre as células crivadas provém de estudos sobre o floema secundário das coníferas. Contudo, em relação à maioria dos aspectos, o desenvolvimento e a estrutura de outras células crivadas de gimnospermas são similares àqueles das células crivadas de coníferas (Behnke, 1990; Schulz, 1990).

As paredes das células crivadas são caracterizadas como primárias

Existe uma variação considerável na espessura das paredes de células crivadas. Com exceção de Pinaceae, as paredes das células crivadas de gimnospermas são caracterizadas como primárias. Nas células crivadas do floema secundário das Pinaceae as paredes são espessas e são interpretadas como possuindo um espessamento secundário (Abbe e Crafts, 1939). Esse espessamento, que possui uma aparência lamelada (Fig. 13.29), não cobre as áreas crivadas, mas forma uma borda ao seu redor. Paredes secundárias distintas não foram documentadas nas células crivadas de nenhum outro táxon de gimnosperma.

A calose não desempenha um papel no desenvolvimento do poro da área crivada em gimnospermas

As áreas crivadas de gimnospermas se desenvolvem a partir de porções das paredes atravessadas por numerosos plasmodesmos. Diferentemente do desenvolvimento da área crivada em angiospermas, nem pequenas cisternas do retículo endoplasmático, nem plaquetas de calose estão envolvidas com o desenvolvimento do poro da área crivada em gimnospermas (Evert et al., 1973b; Neuberger e Evert, 1975, 1976; Cresson e Evert, 1994).

Anteriormente à formação dos poros, a deposição seletiva de material de parede, semelhante em aparência àquele da parede primária, resulta no espessamento da parede da área crivada. Muito precocemente na diferenciação das células crivadas, cavidades medianas aparecem na região da lamela média em associação com os plasmodesmos. Conforme a diferenciação da área crivada prossegue, as cavidades medianas gradualmente crescem em tamanho e se fundem, formando uma única cavidade mediana grande (composta). Concomitantemente, os plasmodesmos se alargam de forma mais ou menos uniforme ao longo de seu comprimento e agregados de retículo endoplasmático tubular liso surgem no lado oposto ao do poro em desenvolvimento. Esses agregados de membrana persistem nas áreas crivadas ao lon-

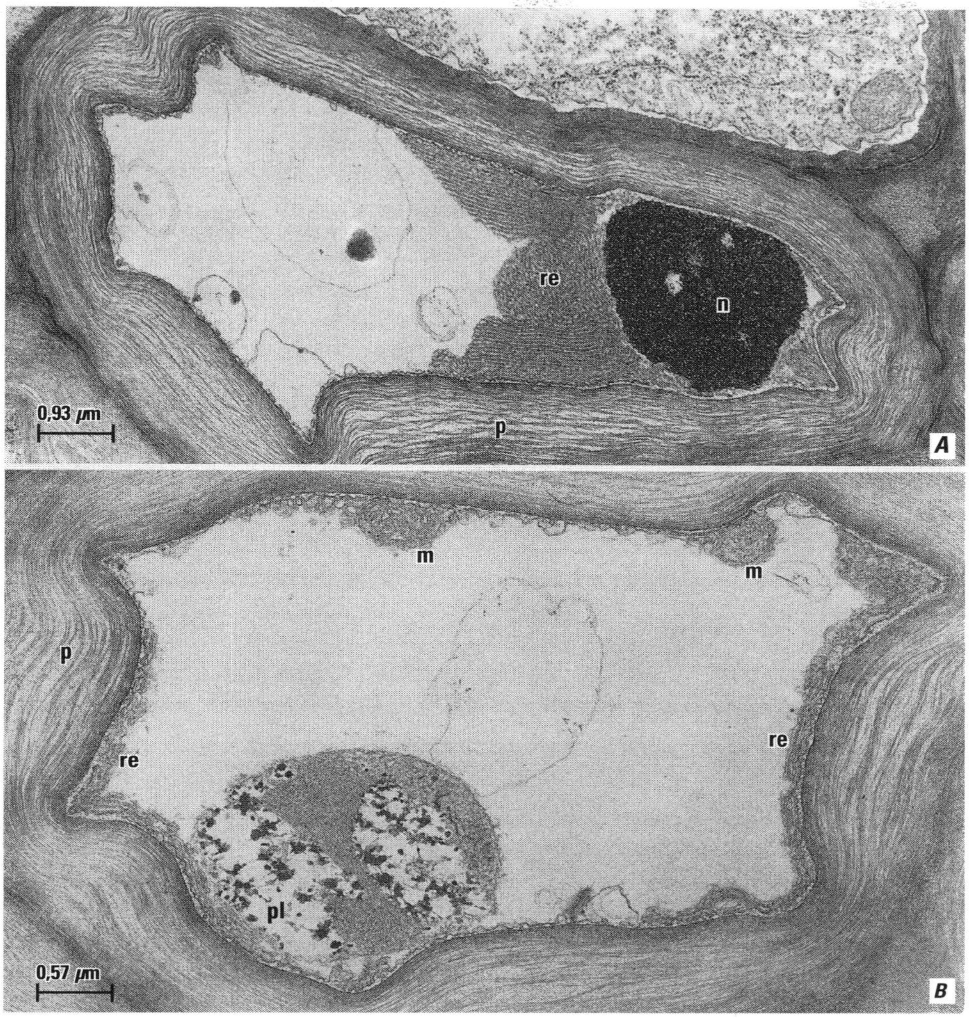

FIGURA 13.29

Secções transversais de células crivadas maduras no hipocótilo de *Pinus resinosa*. **A**, mostra núcleo necrótico (n) margeado por um grande agregado de retículo endoplasmático (re). **B**, ilustra a distribuição típica dos componentes celulares das células crivadas maduras, incluindo retículo endoplasmático (re), mitocôndria (m), e plastídios (pl). Note a aparência lamelar das paredes (p). (Obtido de Neuberger e Evert, 1974.)

go da vida da célula crivada (Neuberger e Evert, 1975, 1976; Schulz, 1992). Numerosos elementos do retículo endoplasmático tubular atravessam os poros delineados pela membrana plasmática e cavidades medianas, unificando os agregados de ambos os lados da parede (Fig. 13.30). Note que diferente dos poros das áreas crivadas das angiospermas, que são contínuos através da parede em comum, os poros das áreas crivadas das gimnospermas se prolongam apenas até a metade da cavidade mediana. A calose pode ou não contornar os poros das células crivadas condutoras e, quando presente, provavelmente é uma calose de injúria. A calose definitiva geralmente se acumula nas áreas crivadas das células crivadas senescentes, e finalmente desaparece após a morte da célula crivada.

Entre as gimnospermas há pouca variação na diferenciação das células crivadas

Da mesma forma como ocorre com os elementos de tubo crivado jovens, as células crivadas jovens contêm todos os componentes característicos de células vegetais nucleadas jovens. De forma semelhante, a célula crivada passa por uma autofagia seletiva durante a maturação, resultando em desorganização e/ou desaparecimento da maioria dos componentes celulares, incluindo núcleo, ribosso-

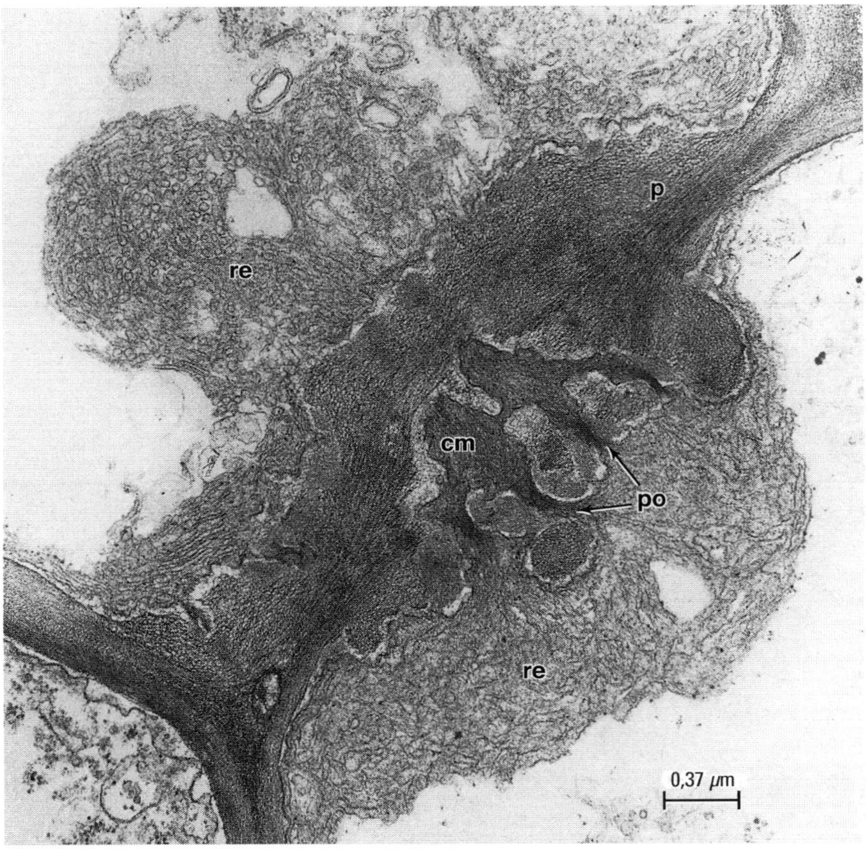

FIGURA 13.30

Secção oblíqua da área crivada na parede (p) entre as células crivadas maduras no hipocótilo de *Pinus resinosa*. Agregados massivos de retículo endoplasmático (re) margeiam as áreas crivadas em ambos os lados. O retículo endoplasmático (re) pode ser visto atravessando os poros (po) e entrando na cavidade mediana (cm), que contém muito retículo endoplasmático. (Obtido de Neuberger e Evert, 1975.)

mos, corpúsculos de Golgi, filamentos de actina, microtúbulos e tonoplasto.

O primeiro indicador visível da diferenciação das células crivadas é um aumento da espessura da parede (Evert et al., 1973a; Neuberger e Evert, 1976; Cresson e Evert, 1994). Entre os componentes protoplásmicos, os plastídios são os que primeiro mostram as mudanças mais acentuadas. Essas duas características permitem distinguir entre células crivadas muito jovens e seus elementos parenquimáticos circundantes. Os plastídios, tanto do tipo-S quanto do tipo-P, ocorrem nas células crivadas. Os do tipo-S são encontrados em todos os táxons, exceto em Pinaceae, que contém apenas o tipo-P (Fig. 13.29B; Behnke, 1974, 1990; Schulz, 1990).

A degeneração nuclear em células crivadas é picnótica, com o núcleo degenerado comumente persistindo como uma massa elétron-densa (Fig. 13.29A), algumas vezes com partes do envelope nuclear intactas (Behnke e Paliwal, 1973; Evert et al., 1973a; Neuberger e Evert, 1974, 1976). Além da picnose nuclear e modificação dos plastídios, as mudanças mais impressionantes que ocorrem com os componentes citoplasmáticos durante a diferenciação das células crivadas envolvem o retículo endoplasmático. O retículo endoplasmático rugoso original das células crivadas jovens perde seus ribossomos e é incorporado em um recém-formado e extensivo sistema de retículo endoplasmático tubular liso. Como indicado anteriormente, agregados do retículo endoplasmático tubular aparecem precocemente no lado oposto ao das áreas crivadas em desenvolvimento e ali persistem ao longo da vida da célula madura. Em *Pinus* (Neuberger e Evert, 1975) e *Ephedra* (Cresson e Evert, 1994), os agregados associados às áreas crivadas são interconectados uns aos outros longitudinalmente por uma rede de retículo endoplasmático parietal. Assim, o retículo endoplasmático da célula crivada madura forma um extenso sistema, que também é contínuo com aquele das células crivadas vizinhas através dos poros das áreas crivadas e cavidades medianas.

CÉLULAS DE STRASBURGER

A contraparte da célula companheira no floema das gimnospermas é a **célula de Strasburger**, batizada em homenagem a Eduard Strasburger, que lhe deu o nome de "Eiweisszellen", ou ***célula albuminosa***. A principal característica que distingue a célula de Strasburger de outros elementos parenquimáticos do floema são suas conexões simplásticas com as células crivadas. Essas conexões relembram as conexões entre os elementos de tubo crivado e as células companheiras: poros no lado das células crivadas e plasmodesmos ramificados

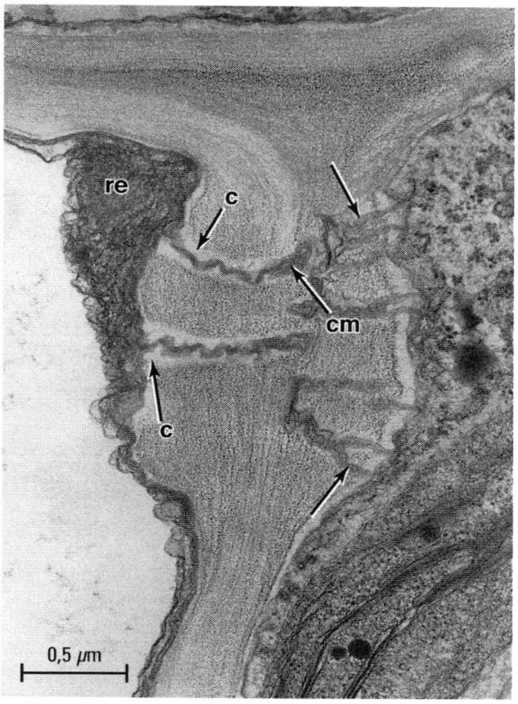

FIGURA 13.31

Conexões poro-plasmodesmos entre uma célula crivada (esquerda) e uma célula de Strasburger (direita) no caule jovem de *Ephedra viridis*. As setas apontam para um plasmodesmo ramificado na parede da célula de Strasburger. A calose (c) reduz os poros, obscurecendo os seus conteúdos, mas não se estendem para o interior da cavidade mediana (cm). Um agregado de retículo endoplasmático (re) está associado aos poros. (Obtido de Cresson e Evert, 1994.)

no lado da célula de Strasburger (Figs. 13.28 e 13.31). As conexões células de Strasburger-células crivadas possuem cavidades medianas relativamente grandes contendo numerosos elementos do retículo endoplasmático tubular liso, que é contínuo com a rede parietal do retículo endoplasmático do lado da célula crivada via os grandes agregados de retículo endoplasmático tubular circundando os poros. No lado das células de Strasburger, túbulos de retículo endoplasmático são contínuos com os desmotúbulos dos plasmodesmos da parede da célula Strasburger.

Como as células companheiras, as células de Strasburger contêm numerosas mitocôndrias e uma grande população de ribossomos (polissomo), além de outros componentes celulares característicos de células vegetais nucleadas. Como mencionado previamente, diferente das células companheiras, a célula de Strasburger raramente é ontogeneticamente relacionada à sua célula crivada associada.

Presumivelmente, o papel da célula de Strasburger é semelhante àquele das células companheiras: manutenção dos seus elementos crivados associados. Os dados histoquímicos relacionam fortemente a célula de Strasburger com um papel no transporte a longa distância de substâncias para as células crivadas (Sauter e Braun, 1968, 1972; Sauter, 1974). Um aumento marcante nas atividades, tanto dos processos respiratórios (Sauter e Braun, 1972; Sauter, 1974), quanto da fosfatase ácida (Sauter e Braun, 1968, 1972; Sauter, 1974), ocorre nas células de Strasburger quando as suas células crivadas associadas atingem a maturidade. Nenhum aumento na atividade pôde ser detectado em células de Strasburger adjacentes às células crivadas imaturas ou em outros elementos parenquimáticos do floema que não possuem conexão com as células crivadas. As células de Strasburger morrem quando sua célula crivada associada morre.

O MECANISMO DE TRANSPORTE DO FLOEMA NAS GIMNOSPERMAS

O mecanismo de transporte do floema nas gimnospermas ainda está por ser elucidado. Com as áreas crivadas cobertas com agregados de retículo endoplasmático e a maioria do espaço dos poros ocupada por elementos tubulares do retículo endoplasmático, a resistência resultante para o fluxo de um volume parece ser incompatível com o mecanismo de fluxo de pressão. Ainda assim, a velocidade de transporte de assimilados no floema da conífera *Metasequoia glyptostroboides*, de 48 a 60 cm por hora (Willenbrink e Kollmann, 1966), se encaixa essencialmente dentro dos parâmetros de velocidade, de 50 a 100 cm por hora, comumente citados para angiospermas (Crafts e Crisp, 1971; Kursanov, 1984). A resposta para o quebra-cabeças será, sem dúvida, obtida quando for descoberto o papel do retículo endoplasmático da célula crivada. Sendo um componente tão proeminente do protoplasto da célula crivada, é inconcebível que o retículo endoplasmático, que forma um sistema contínuo que se estende de uma célula crivada à outra, não exerça um papel proeminente no transporte a longa distância.

Um papel ativo para o retículo endoplasmático é sustentado pela localização das enzimas nucleosídeo-trifosfatase e glicerofosfatase nos agregados do retículo endoplasmático que circundam as áreas crivadas (Sauter, 1976, 1977). Tal papel para o retículo endoplasmático ainda é sustentado pelo seu tingimento com o corante catiônico DiOC (Schulz, 1992). O DiOC presumivelmente marca membranas que possuem um significativo potencial de membrana com uma carga negativa em seu interior (Matzke e Matzke, 1986). Foi sugerido que o retículo endoplasmático das células crivadas é capaz de regular o gradiente a longa distância de assimilados reestabelecendo o gradiente em cada dreno (Schulz, 1992). Schulz (1992) notou que (1) a atividade dos nucleosídeos trifosfatases nos complexos ou agregados de retículo endoplasmático, (2) a presença de um gradiente de prótons através dessas membranas e (3) a grande superfície de membrana sugerem que o transporte do floema em gimnospermas não apenas dependa do carregamento na fonte folhas e descarregamento nos drenos, mas também necessita de passos que consomem energia ao longo do caminho do transporte.

CÉLULAS PARENQUIMÁTICAS

O floema possui uma quantidade variável de células parenquimáticas diferentes das células companheiras e das células de Strasburger. Células parenquimáticas contendo várias substâncias, tais como amido, taninos e cristais, são componentes comuns no floema. Células parenquimáticas que formam cristais podem ser subdivididas em células menores, cada qual contendo um único cristal (Fig. 13.3D). Tais **células cristalíferas** subdivididas estão comumente associadas a fibras ou esclereídes e possuem paredes secundárias lignificadas (Nanko et al., 1976).

As células parenquimáticas do floema primário são alongadas e estão orientadas, como os elementos crivados, com o seu maior eixo paralelo com a extensão longitudinal do tecido vascular. No floema secundário (Capítulo 14), as células parenquimáticas ocorrem em dois sistemas: o sistema axial e o radial, e são classificadas como **células do parênquima axial**, ou **células parenquimáticas do floema** e **células do parênquima radial**. O parênquima axial pode ocorrer em série parenquimáticas ou como células parenquimáticas únicas, fusiformes. Uma série parenquimática resulta de divisões de uma célula precursora em duas ou mais células. As células parenquimáticas radiais constituem os raios floemáticos.

Em muitas eudicotiledôneas algumas células parenquimáticas podem se originar das mesmas células-mãe que os elementos de tubo crivado (mas antes que as células companheiras sejam formadas). Células parenquimáticas, principalmente aquelas relacionadas ontogeneticamente com os elementos de tubo crivado, podem morrer no final do período funcional dos elementos de tubo crivados a que estão associadas. Assim, as células parenquimáticas podem interagir junto com as células companheiras na sua relação com os elementos de tubo crivado, e ambas não são sempre distinguíveis uma da outra mesmo em nível de microscópio eletrônico (Esau, 1969). As células parenquimáticas quanto mais próximas ontogeneticamente aos elementos de tubo crivado, tanto mais se assemelham às células companheiras tanto em aparência quanto em frequência das conexões citoplasmáticas com os elementos de tubo crivado. A conexão simplástica das células parenquimáticas com os elementos de tubo crivado é ampliada largamente, porém, através das células companheiras.

No floema condutor, o parênquima floemático e as células do parênquima radial aparentemente apresentam paredes primárias não lignificadas. Em alguns casos, onde as células parenquimáticas estão em contato com as fibras, estas podem desenvolver paredes secundárias lignificadas. Após o tecido parar de conduzir, as células parenquimáticas podem permanecer imutáveis ou podem se tornar esclerificadas. Em muitas plantas, eventualmente o felogênio origina-se no floema (Capítulo 15). Este é formado pelo parênquima floemático e pelo parênquima radial.

CÉLULAS ESCLERENQUIMÁTICAS

A estrutura fundamental de fibras e esclereídes, sua origem e seu desenvolvimento foram abordados no Capítulo 8. As fibras são componentes comuns tanto do floema primário quanto do secundário. No floema primário, as fibras ocorrem na porção mais externa do tecido; no floema secundário, ocorrem em vários padrões de distribuição entre as outras células floemáticas do sistema axial. Em algumas plantas, as fibras são geralmente lignificadas; em outras, não. As pontoações em suas paredes são geralmente simples, mas podem ser levemente areoladas. As fibras podem ser septadas ou não septadas e podem ser vivas ou não na maturidade.

As fibras vivas funcionam como células de reserva como são no xilema. Fibras gelatinosas também ocorrem no floema. Em muitas espécies, as fibras primárias e secundárias são longas e usadas como fonte comercial de fibra (*Linum*, *Cannabis*, *Hibiscus*).

As esclereídes também são frequentemente encontradas no floema. Podem ocorrer em combinação com fibras ou estarem isoladas, e podem estar presentes tanto no sistema axial quanto no radial do floema secundário. As esclereídes geralmente se diferenciam em porções mais velhas do floema, como resultado da esclerificação das células parenquimáticas. Essa esclerificação pode ou não ser precedida pelo crescimento intrusivo das células. Durante tal crescimento, as esclereídes tornam-se geralmente ramificadas ou podem se alongar. A distinção entre fibras e esclereídes nem sempre é precisa, especialmente se as esclereídes são longas e afiladas. As células intermediárias são denominadas de fibroesclereídes.

LONGEVIDADE DOS ELEMENTOS CRIVADOS

O comportamento dos elementos crivados e células vizinhas, durante a transição da condição de floema condutor a não condutor, foi identificado há muito tempo (Esau, 1969). Frequentemente o primeiro sinal do término da função dos elementos crivados é o surgimento da calose definitiva nas áreas crivadas. A calose, que pode ser acumulada em grandes quantidades, geralmente desaparece completamente algum tempo depois que os conteúdos protoplasmáticos do elemento crivado se degeneraram. Como mencionado previamente, a morte dos elementos crivados é acompanhada pela morte de suas células companheiras ou de Strasburger e algumas vezes também de outras células parenquimáticas. Com a perda da pressão de turgor pela degeneração dos elementos crivados e ajustes de crescimento dentro do tecido, os elementos crivados e as células parenquimáticas intimamente relacionadas podem colapsar e se tornarem obliterados. Entretanto, os elementos crivados podem permanecer abertos e se encherem de ar. **Tiloides** (protrusões de células parenquimáticas contíguas, semelhantes à tilos) podem invadir os lúmens dos elementos crivados mortos ou simplesmente empurrar a parede do elemento crivado para um lado, provocando o colapso do elemento crivado (por exemplo em *Vitis*, Esau, 1948; no metafloema de palmeiras, Parthasarathy e Tomlinson, 1967). Em *Smilax rotundifolia* é a célula companheira que forma tiloides, que posteriormente pode se tornar esclerificada (Ervin e Evert, 1967). Em um estudo sobre o floema secundário de seis árvores florestais da Nigéria, foram encontrados tiloides no floema secundário de todas as árvores que normalmente formam tilos (Lawton e Lawton, 1971).

Os elementos crivados de vida mais curta são aqueles do protofloema, que em seguida são substituídos pelos elementos crivados do metafloema. Em partes da planta com pouco ou nenhum crescimento secundário, a maioria dos elementos crivados do metafloema permanece funcional pelo tempo de vida da parte onde ocorrem, uma questão de meses. Nos rizomas de *Polygonatum canaliculatum* e *Typha latifolia* e nos caules aéreos de *Smilax hispida* e *Smilax latifolia* (todas as quatro espécies são monocotiledôneas perenes), muitos elementos de tubo crivado do metafloema permanecem funcionais por dois ou mais anos (Ervin e Evert, 1967, 1970). Em *Smilax hispida* alguns elementos de tubo crivado maduros de 5 anos ainda estavam vivos (Ervin e Evert, 1970). Isto é inexpressivo quando comparado com os elementos de tubo crivados viventes por décadas de algumas palmeiras (Parthasarathy, 1974b).

Em muitas espécies de angiospermas lenhosas de região temperada, os elementos de tubo crivado do floema secundário funcionam somente durante a estação na qual são formados, tornando-se não funcionais no outono, de forma que no floema faltam tubos crivados maduros vivos durante o inverno (Capítulo 14). Padrões similares de crescimento foram reportados para algumas espécies subtropicais e tropicais. Por outro lado, em algumas angiospermas lenhosas um grande número de elementos de tubo crivado secundários pode funcionar por duas ou mais estações (por exemplo, por cinco anos em *Tilia americana*, Evert, 1962; 10 anos em *Tilia cordata*, Holdheide, 1951), tornando-se dormentes no final do outono e reativados na primavera. No floema secundário das folhas aciculares de *Pinus longaeva*, células crivadas individuais vivem 3,8 a 6,5 anos (Ewers, 1982).

TENDÊNCIAS NA ESPECIALIZAÇÃO DOS ELEMENTOS DE TUBO CRIVADO

As mudanças evolutivas dos elementos de tubo crivado foram estudadas detalhadamente no metafloema das monocotiledôneas (Cheadle e Whitford, 1941; Cheadle, 1948; Cheadle e Uhl, 1948). Em 219 espécies, pertencentes à 158 gêneros e 33 famílias, de monocotiledôneas, somente foram encontrados elementos de tubo crivado. Esses elementos de tubo crivado mostraram as seguintes tendências na especialização evolutiva: (1) uma mudança gradual na orientação das paredes terminais de muito oblíqua, ou inclinada, para transversal, (2) uma localização progressiva de áreas crivadas altamente especializadas (áreas com poros mais largos) nas paredes terminais, (3) uma mudança gradual de placas crivadas compostas para simples e (4) uma diminuição progressiva da visibilidade das áreas crivadas nas paredes laterais. A especialização progrediu das folhas para as raízes; isto é, os elementos de tubo mais especializados ocorrem nas folhas, eixos de inflorescências, cormos e rizomas, e os menos especializados nas raízes. Resultados similares foram obtidos em um extensivo estudo do metafloema das palmeiras (Parthasarathy, 1966). Assim, a direção da especialização dos elementos de tubo crivado em monocotiledôneas é o oposto do que ocorreu com a evolução dos elementos traqueais (Capítulo 10).

Discussões sobre as tendências filogenéticas na especialização dos elementos de tubo crivado de angiospermas lenhosas (maioria eudicotiledôneas) se aplicam àquelas do floema secundário (Zahur, 1959; Roth, 1981; den Outer, 1983, 1986). Entre as tendências na especialização desses elementos se inclui a diminuição no comprimento, que é a mensuração mais confiável e consistente do grau de especialização para os elementos de vaso do xilema secundário das angiospermas lenhosas (Capítulo 10; Bailey, 1944; Cheadle, 1956). O encurtamento filogenético no comprimento dos elementos de vaso está correlacionado com a redução no comprimento das iniciais fusiformes, levando a câmbios estratificados. De fato, uma análise dos caracteres associados com a estrutura estratificada do floema secundário de 49 espécies de eudicotiledôneas lenhosas demonstrou elementos de tubo crivado altamente especializados. Esses elementos eram geralmente curtos com placas crivadas simples em paredes terminais levemente oblíquas a transversais e tinham áreas crivadas pouco desenvolvidas e relativamente poucas nas paredes laterais (den Outer, 1986). Entretanto, o encurtamento filogenético do comprimento, tão bem estabelecido para os elementos de vaso, é menos direto e menos consistente na evolução dos elementos de tubo crivado. Isso porque, em muitas espécies, de angiospermas lenhosas uma diminuição ontogenética no comprimento das células-mãe do floema por divisões transversais (partições secundárias) obscurece a relação do comprimento entre os elementos de tubo crivado e as iniciais fusiformes (Esau e Cheadle, 1955; Zahur, 1959).

Tem-se a expectativa de que os elementos de tubo crivado menos especializados se assemelham às células crivadas das gimnospermas. Isso é verdade no âmbito de que os elementos de tubo crivado primitivos são relativamente longos e têm uma fraca distinção entre as áreas crivadas das paredes terminais e laterais. Entretanto, nenhum elemento de tubo crivado tem áreas crivadas similares às células crivadas das gimnospermas com áreas crivadas contendo retículo endoplasmático. A estrutura das células crivadas entre as gimnospermas é consideravelmente uniforme e contrasta fortemente com os elementos de tubo crivado contendo proteína-P, que geralmente estão associados com as células companheiras ontogeneticamente relacionadas. Somente os elementos crivados do floema secundário de *Austrobaileya scandens*, entre as angiospermas, foram reportados como não apresentando placas crivadas (Srivastava, 1970). Os poros das áreas crivadas das paredes terminais extremamente inclinadas dessas células são similares em tamanho àqueles da parede lateral (ver Fig. 14.7B). Note-se, entretanto, que os poros das áreas crivadas dos elementos crivados de *Austrobaileya* não estão interconectados por uma cavidade mediana comum na região da lamela média, como estão aqueles das células crivadas de gimnospermas (ver a seguir), mas Behnke (1986) escolheu em designar as paredes terminais, com suas múltiplas áreas crivadas, de placas crivadas compostas. Apesar disso, esses elementos crivados contêm proteína-P e possuem células companheiras. Tendo pelo menos duas das três características compartilhadas com os elementos de tubo crivado – a outra é a placa crivada – os elementos crivados de *Austrobaileya* podem ser considerados como elementos de tubo crivados primitivos.

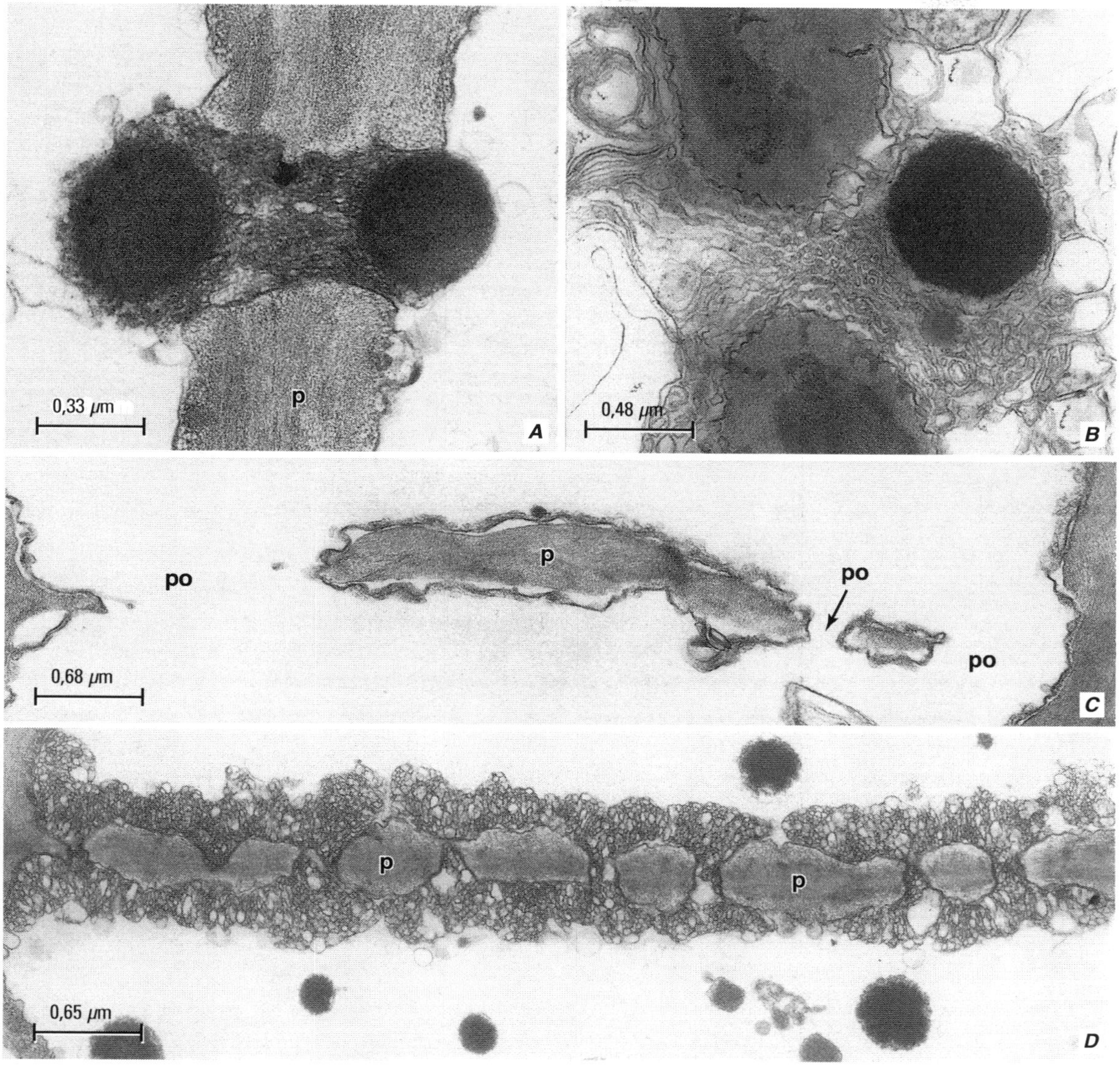

FIGURA 13.32

Eletromicrografia dos poros das áreas crivadas de algumas plantas vasculares sem sementes. **A**, na pteridófita eusporangiada *Botrychium virginianum* os poros são preenchidos por numerosas membranas, aparentemente do retículo endoplasmático tubular. **B**, poro preenchido por retículo endoplasmático na parede entre os elementos crivados maduros no caule aéreo da cavalinha *Equisetum hyemale*. **C**, poros não ocluídos (po) na parede entre os elementos crivados maduros do cormo de *Isoetes muricata*. **D**, poro preenchido por retículo endoplasmático na parede entre os elementos crivados no caule aéreo de *Psilotum nudum*. Os corpos elétron-densos em **A**, **B**, e **D** são esferas refrativas. (**A**, obtido de Evert, 1976. Reproduzido com permissão da editora; **B**, obtido de Dute e Evert, 1978. Com permissão da Oxford University Press; **C**, obtido de Kruatrachue e Evert, 1977; **D**, obtido de Perry e Evert, 1975.)

ELEMENTOS CRIVADOS DE PLANTAS VASCULARES SEM SEMENTES

Antes do uso do microscópio eletrônico no estudo do tecido floemático, a distinção entre elementos de tubo crivado e células crivadas era feita, principalmente, com as diferenças no tamanho e na distribuição dos poros das áreas crivadas, isto é, na presença (elementos de tubo crivado) ou na ausência (células crivadas) de placas crivadas. Com poucas exceções, nos elementos crivados das plantas vasculares sem sementes, ou criptógamas vasculares, claramente faltam placas crivadas e, por conseguinte, foram designados como células cri-

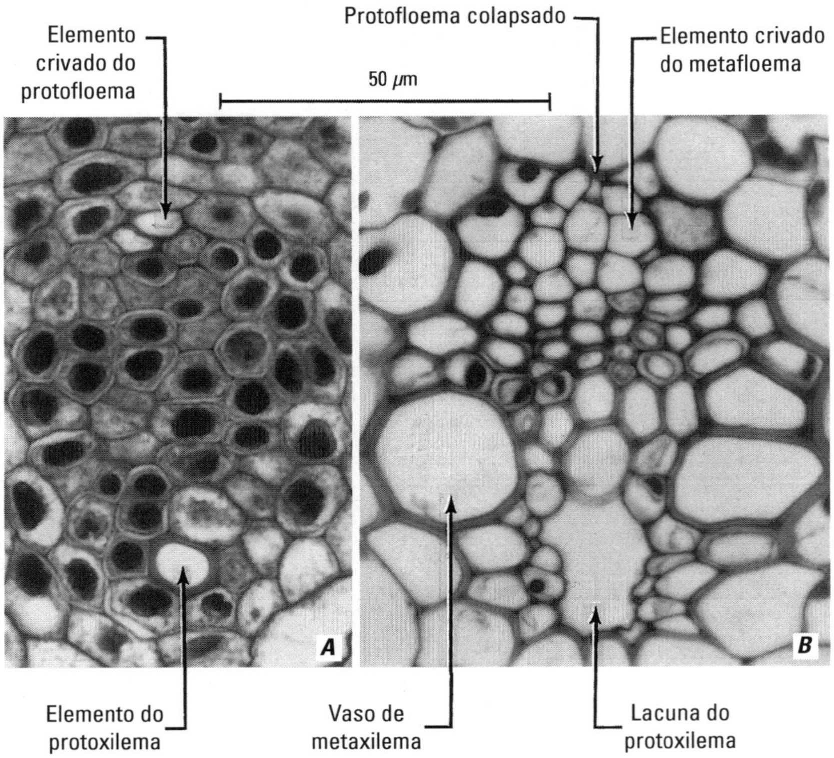

FIGURA 13.33

Secções transversais dos feixes vasculares da aveia (*Avena sativa*) em dois estágios de diferenciação. **A**, primeiros elementos do protofloema e protoxilema amadureceram. **B**, metafloema e metaxilema estão maduros; o protofloema está colapsado; o protoxilema foi substituído por uma lacuna. (**A**, obtido de Esau, 1957a; **B**, obtido de Esau, 1957b. *Hilgardia* 27 (1), 15-69. © 1957 Regents, University of California.)

vadas. Com o microscópio eletrônico, descobriu-se que existe considerável variação na distribuição, tamanho, conteúdo e desenvolvimento dos poros dos elementos crivados nas criptógamas vasculares e que nenhuma das áreas crivadas, nesse diverso grupo de plantas, é similar àquelas das células crivadas das gimnospermas, com cavidade mediana e poros que se estendem somente até a metade do caminho. Embora os poros das áreas crivadas nas paredes dos elementos crivados de algumas criptógamas vasculares (as samambaias, incluindo os *Psilotum* e as cavalinhas) são atravessados por várias membranas de retículo endoplasmático (Fig. 13.32A, B, D), essas membranas não são similares em aparência à massa de elementos tubulares associados com as áreas crivadas das células crivadas das gimnospermas. Em algumas criptógamas vasculares (os licopódios), os poros das áreas crivadas são virtualmente livres de quaisquer membranas do retículo endoplasmático (Fig. 13.32C). Além disso, nas criptógamas vasculares faltam células parenquimáticas análogas às células de Strasburger. Levando-se tudo em consideração, os elementos crivados das criptógamas vasculares não são similares àqueles das gimnospermas, daí a razão em se restringir o uso do termo "célula crivada" para os elementos crivados das gimnospermas. Os elementos crivados das criptógamas vasculares também não são similares aos elementos de tubo crivado das angiospermas, tanto pela ausência de proteína-P em todos os estágios de seu desenvolvimento, quanto pela ausência de células parenquimáticas análogas às células companheiras.

Os elementos crivados das criptógamas vasculares sofrem uma autofagia seletiva, resultando na degeneração do núcleo e na perda de alguns componentes citoplasmáticos, como ocorre em seus correspondentes nas gimnospermas e angiospermas. Com exceção dos licopódios, a característica mais distintiva dos elementos crivados em todos os outros grupos das plantas vasculares sem sementes é a presença de **esférulas refrativas**, que são corpos proteicos elétron-densos, envolvidos por uma membrana (Fig. 13.32A, B, D) que aparecem altamente refratários em microscopia de luz, quando observados em secções não coradas. Tanto o retículo endoplasmático quanto o aparelho de Gogi estão envolvidos na formação das esférulas refrativas. (Ver Evert, 1990a e a literatura aí citada para considerações detalhadas dos elementos crivados das criptógamas vasculares).

FLOEMA PRIMÁRIO

O floema primário é classificado em protofloema e metafloema no mesmo princípio em que o xilema primário é classificado em protoxilema e metaxilema. O **protofloema** se diferencia em partes da planta que ainda crescem em extensão, e seus elementos crivados são alongados e logo se tornam não funcionais. Finalmente, eles são completamente obliterados (Figs. 13.33 e 13.34). O **meta-**

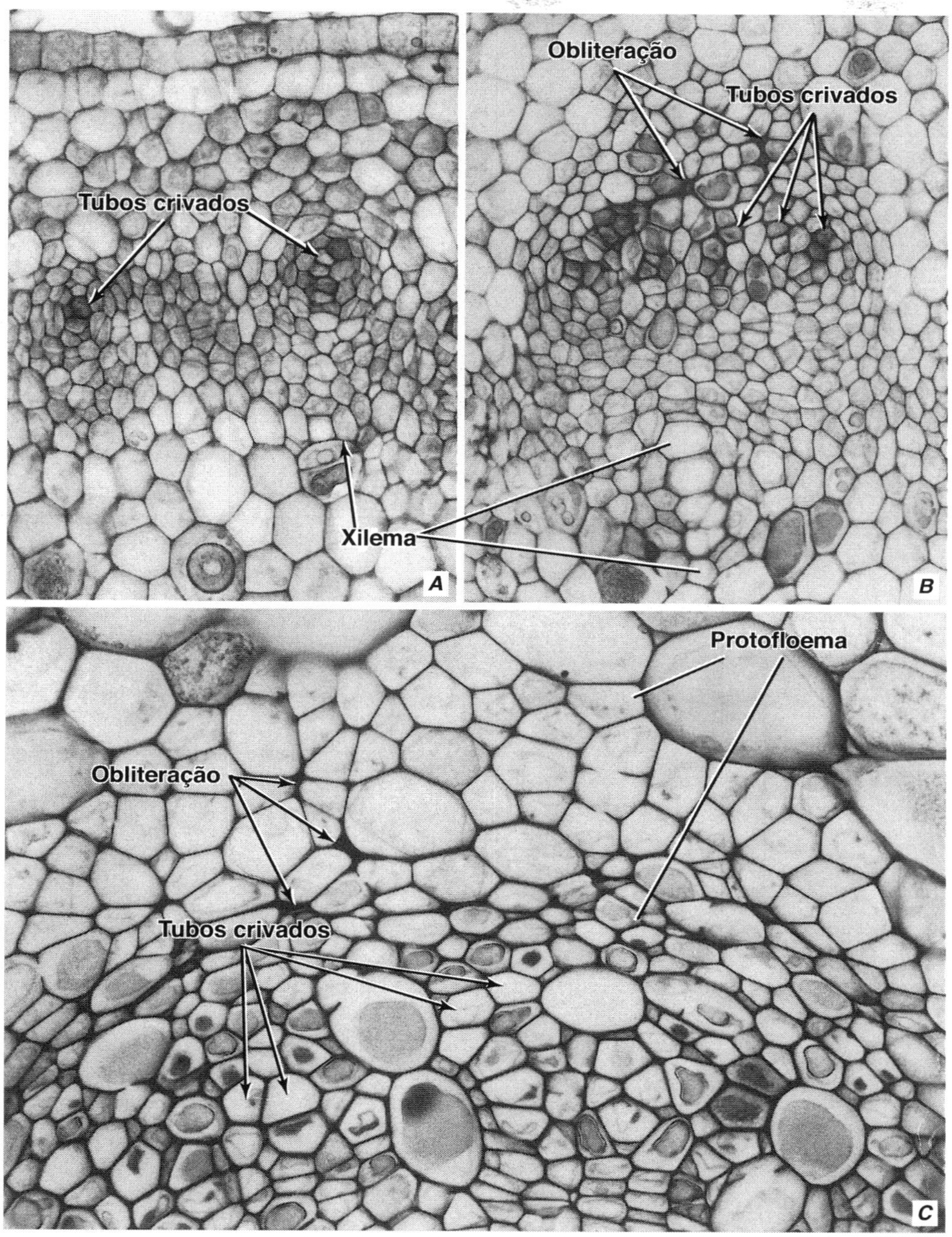

FIGURA 13.34

Diferenciação do floema primário, em secções transversais dos ápices caulinares *Vitis vinifera*. **A**, dois cordões procambiais, um com um tubo crivado e o outro com vários. **B**, feixe vascular com muitos tubos crivados de protofloema. Alguns destes estão obliterados. Protoxilema presente em **A**, **B**. **C**, tubos crivados do protofloema estão obliterados e o metafloema está diferenciado (metade inferior da figura). O protofloema está representado por primórdios de fibras. O metafloema consiste por tubos crivados, células companheiras, parênquima floemático e células parenquimáticas de maior tamanho contendo taninos. (Todas, ×600. Obtido de Esau, 1948. *Hilgardia* 18 (5), 217-296. © 1948 Regents, University of California.)

floema se diferencia mais tarde e, em planta sem crescimento secundário, constitui o único floema condutor em partes das plantas adultas.

Os elementos crivados do protofloema de angiospermas são normalmente estreitos e inconspícuos, mas eles são enucleados e possuem áreas crivadas com calose. Células companheiras podem estar ausentes do protofloema tanto na raiz quan-

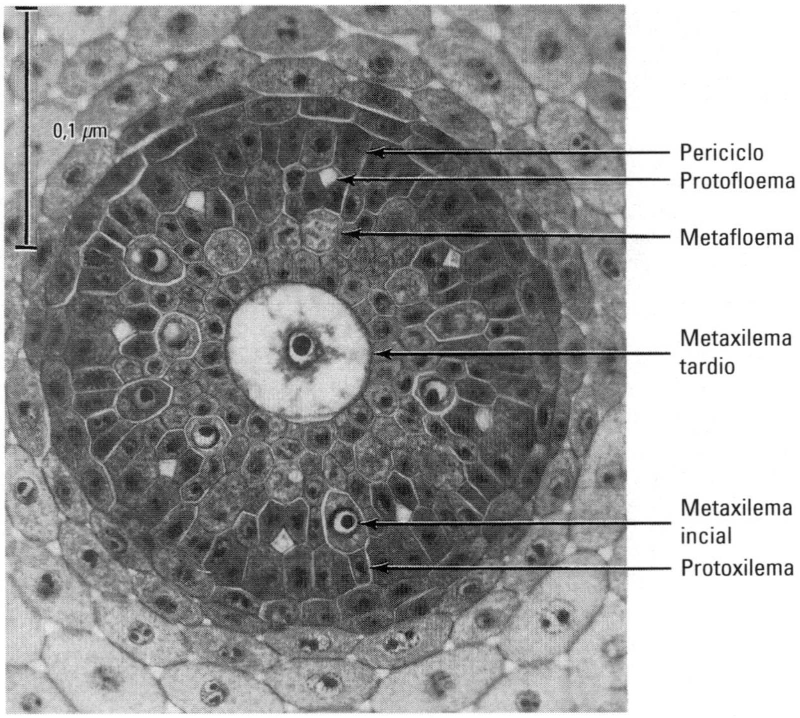

FIGURA 13.35

Secção transversal do cilindro vascular em diferenciação da raiz da cevada (*Hordeum vulgare*). O cilindro vascular possui oito tubos crivados do protofloema maduros, cada um acompanhado por duas células companheiras. Os tubos crivados do metafloema estão imaturos. No xilema, que está todo imaturo, os elementos do metaxilema são mais vacuolados do que os elementos do protoxilema. (Obtido de Esau, 1957b. *Hilgardia* 27 (1), 15–69. © 1957 Regents, University of California.)

to nos ápices caulinares. Frequentemente as células nucleadas associadas aos primeiros elementos crivados não são suficientemente distintas para serem reconhecidas como células companheiras, mas mesmo assim podem ter sido derivadas do mesmo precursor que o elemento crivado (Esau, 1969). Muitas raízes de gramíneas desenvolvem **polos de protofloema** que consistem de um elemento crivado de protofloema e duas células companheiras distintas que cercam o elemento crivado internamente, ou seja, na superfície oposta ao periciclo (Fig.13.35; Eleftheriou, 1990). A ausência de células companheiras em um dado cordão de protofloema não é necessariamente consistente. Alguns elementos crivados de protofloema podem ter células companheiras e outros não, como no protofloema das raízes das *Lepidium sativum, Sinapsis alba* e *Cucurbita pepo* (Resch, 1961), também no dos grandes feixes vasculares do milho (Evert e Russin, 1993) e das folhas da cevada (Evert et al., 1996b).

Em muitas eudicotiledôneas os elementos crivados do protofloema ocorrem entre células vivas perceptivelmente alongadas. Em numerosas espécies essas células alongadas são primórdios de fibras. Enquanto os elementos crivados deixam de funcionar e são obliterados, os primórdios de fibras crescem em comprimento, desenvolvem paredes secundárias, e amadurecem como fibras chamadas **fibras floemáticas primárias**, ou **fibras protofloemáticas** (Fig. 13.36). Tais fibras são encontradas na periferia da região floemática e em numerosos caules de eudicotiledôneas, frequentemente e erroneamente denominadas como fibras pericíclicas (Capítulo 8). Nas lâminas das folhas e nos pecíolos de eudicotiledôneas as células do protofloema que permanecem após a destruição dos tubos crivados frequentemente se diferenciam em células longas com paredes não lignificadas colenquimaticamente espessas. Os feixes dessas células aparecem, em secções transversais, como cordões delimitando os feixes vasculares nos seus lados abaxiais. Esse tipo de transformação do protofloema nas folhas é vastamente distribuído e ocorre também naquelas espécies que possuem fibras floemáticas primárias no caule (Esau, 1939). As fibras floemáticas ocorrem também em raízes. Com sua transformação, o protofloema perde toda a semelhança com o tecido floemático.

Os primeiros elementos floemáticos formados em gimnospermas têm causado dificuldade em seu reconhecimento como elementos crivados. Referidas como **células floemáticas precursoras** (liber précurseur, Chauveaud, 1902a, b), essas células se intercalam tanto com células parenquimáticas quanto com elementos crivados. Chauveaud (1910) reconheceu o floema precursor apenas em raízes, hipocótilos e cotilédones. Subsequentemente foi descoberto que os primeiros elementos floemáticos podem não apresentar áreas crivadas prontamente distinguíveis nos ápices caulinares de gimnospermas, e estes foram comparados com as células floemáticas precursoras de Chauveaud (Esau, 1969).

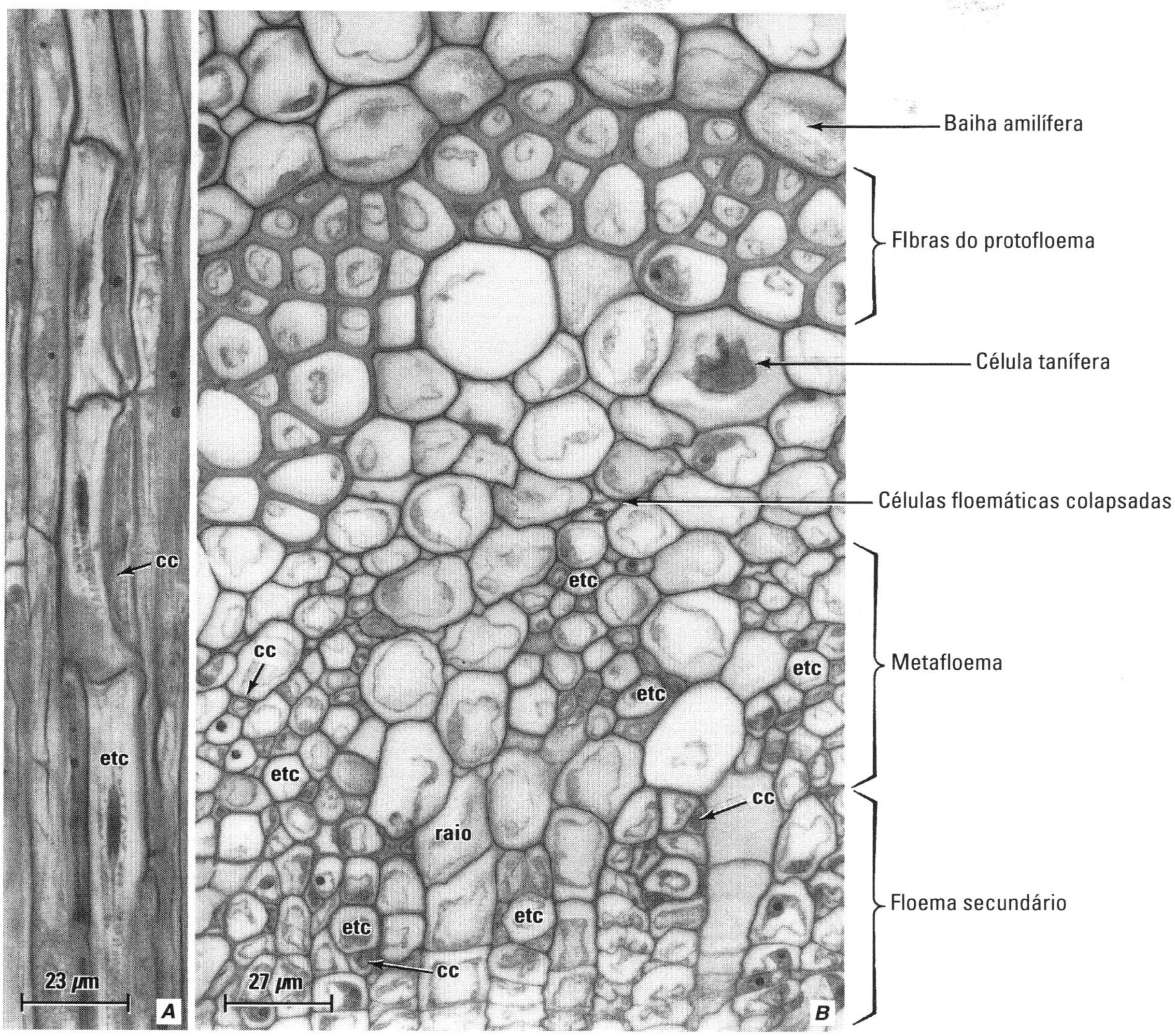

FIGURA 13.36

Floema da folha do feijão (*Phaseolus vulgaris*). **A**, secção longitudinal mostrando parte de um tubo crivado com dois elementos de tubo crivado completos e dois incompletos (etc). Célula companheira em cc. Corpos de proteína-P não dispersivos, em forma de fuso em três dos elementos. **B**, secção transversal incluindo o protofloema não mais conductor com fibras, metafloema e pouco floema secundário. Elementos crivados em etc, células companheiras em cc. (Obtido de Esau, 1977.)

Como o metafloema amadurece após o crescimento em comprimento dos tecidos circundantes ter sido completado, este permanece como um tecido condutor por mais tempo que o protofloema. Algumas eudicotiledôneas herbáceas e a maioria das monocotiledôneas não produzem tecidos secundários e dependem inteiramente do metafloema para o transporte do assimilado depois que seus corpos se encontram plenamente desenvolvidos. Em espécies lenhosas e herbáceas que possuem crescimento secundário, os elementos crivados do metafloema tornam-se inativos após a diferenciação dos elementos condutores secundários. Em tais plantas, os elementos crivados do metafloema podem ser parcialmente esmagados ou completamente obliterados.

Os elementos crivados do metafloema são comumente mais longos e mais largos do que aqueles do protofloema, e suas áreas crivadas são mais distintas. Células companheiras e parênquima floemático estão presentes regularmente no metafloema de eudicotiledôneas (Fig. 13.36A). Nas monocotiledôneas os tubos crivados e células companheiras frequentemente formam cordões que não contêm parênquima floemático, ainda que tais células possam estar presentes na periferia dos cordões (Cheadle e Uhl, 1948). Em tal floema os elementos crivados e células companheiras formam um padrão regular, uma característica considerada avançada filogeneticamente (Carlquist, 1961). O tipo de metafloema de monocotiledônea, sem células parenquimáticas floemáticas entre os tubos crivados, pode ser encontrado em eudicotiledôneas herbáceas (Ranunculaceae).

O metafloema de eudicotiledôneas normalmente não possui fibras (Esau, 1950). Se fibras do floema primário ocorrem em eudicotiledôneas, estas surgem no protofloema (Figs. 13.34C e 13.36B), mas não no metafloema, mesmo que tais elementos se formem mais tarde no floema secundário. Em espécies herbáceas o metafloema antigo pode se tornar fortemente esclerificado. Se as células que sofrem tal esclerificação devem ser classificadas como fibras ou como parênquima floemático esclerificado é uma questão problemática. Em monocotiledôneas, o esclerênquima envolve os feixes vasculares como bainhas do feixe e podem também estar presentes no metafloema (Cheadle e Uhl, 1948).

A delimitação entre o protofloema e o metafloema algumas vezes é muito clara, por exemplo, nas raízes aéreas de monocotiledôneas que possuem apenas tubos crivados no protofloema e nítidas células companheiras associadas com os tubos crivados no metafloema. Em eudicotiledôneas, os dois tecidos normalmente se confundem de forma gradual, e sua delimitação deve ser baseada em um estudo de desenvolvimento.

Em plantas que possuem floema secundário, a distinção entre esse tecido e o metafloema pode ser bastante incerta. A delimitação dos dois tecidos é particularmente difícil se a seriação radial das células ocorre em ambos os tecidos. Uma exceção foi encontrada nas espécies de *Prunus* e em *Citrus limonia*, nas quais as últimas células formadas no lado do floema pelo procâmbio amadurecem como células parenquimáticas grandes e nitidamente delimitam o floema primário do secundário (Schneider, 1945, 1955).

REFERÊNCIAS

ABBE, L. B. e A. S. CRAFTS. 1939. Phloem of white pine and other coniferous species. *Bot. Gaz.* 100, 695-722.

ALONI, R. J. R. BARNETT. 1996. The development of phloem anastomoses between vascular bundles and their role in xylem regeneration after wounding in *Cucurbita* and *Dahlia*. *Planta* 198, 595-603.

ALONI, R. e C. A. PETERSON. 1990. The functional significance of phloem anastomoses in stems of *Dahlia pinnata* Cav. *Planta* 182, 583-590.

ALONI, R. e T. SACHS. 1973. The three-dimensional structure of primary phloem systems. *Planta* 113, 345–353.

ARAKI, T., T. EGUCHI, T. WAJIMA, S. YOSHIDA e M. KITANO. 2004. Dynamic analysis of growth, water balance and sap fluxes through phloem and xylem in a tomato fruit: Short-term effect of water stress. *Environ. Control Biol.* 42, 225-240.

ARTSCHWAGER, E. F. 1918. Anatomy of the potato plant, with special reference to the ontogeny of the vascular system. *J. Agric. Res.* 14, 221-252.

BAILEY, I. W. 1944. The development of vessels in angiosperms and its significance in morphological research. *Am. J. Bot.* 31, 421-428.

BAKER, D. A. 2000. Long-distance vascular transport of endogenous hormones in plants and their role in source-sink regulation. *Isr. J. Plant Sci.* 48, 199-203.

BEEBE, D. U. e W. A. RUSSIN. 1999. Plasmodesmata in the phloem-loading pathway. In: *Plasmodesmata: Structure, Function, Role in Cell Communication*, pp. 261-293, A. J. E. van Bel e W. J. P. van Kesteren, eds. Springer, Berlin.

BEHNKE, H.-D. 1974. Sieve-element plastids of Gymnospermae: their ultrastructure in relation to systematics. *Plant Syst. Evol.* 123, 1-12.

BEHNKE, H.-D. 1975. Companion cells and transfer cells. In: *Phloem Transport*, pp. 187-210, S. Aronoff, J. Dainty, P. R. Gorham, L. M. Srivastava e C. A. Swanson, eds. Plenum Press, New York.

BEHNKE, H.-D. 1986. Sieve element characters and the systematic position of *Austrobaileya*, Austrobaileyaceae—With comments to the distinction and definition of sieve cells and sieve-tube members. *Plant Syst. Evol.* 152, 101-121.

BEHNKE, H.-D. 1990. Cycads and gnetophytes. In: *Sieve Elements. Comparative Structure, Induction and Development*, pp. 89-101, H.-D.

Behnke, and R. D. Sjolund, eds. Springer-Verlag, Berlin.
BEHNKE, H.-D. 1991a. Distribution and evolution of forms and types of sieve-element plastids in dicotyledons. *Aliso* 13, 167-182.
BEHNKE, H.-D. 1991b. Nondispersive protein bodies in sieve elements: A survey and review of their origin, distribution and taxonomic significance. *IAWA Bull.* n.s. 12, 143-175.
BEHNKE, H.-D. 1994. Sieve-element plastids, nuclear crystals and phloem proteins in the Zingiberales. *Bot. Acta* 107, 3-11.
BEHNKE, H.-D. 2003. Sieve-element plastids and evolution of monocotyledons, with emphasis on Melanthiaceae sensu lato and Aristolochiaceae--Asaroideae, a putative dicotyledon sister group. *Bot. Rev.* 68, 524-544.
BEHNKE, H.-D. e U. KIRITSIS. 1983. Ultrastructure and differentiation of sieve elements in primitive angiosperms. I. Winteraceae. *Protoplasma* 118, 148-156.
BEHNKE, H.-D. e G. S. PALIWAL. 1973. Ultrastructure of phloem and its development in *Gnetum gnemon*, with some observations on *Ephedra campylopoda*. *Protoplasma* 78, 305-319.
BONNEMAIN, J.-L. 1969. Le phloème interne et le phloème inclus des dicotylédones: Leur histogénèse leur physiologie. *Rev. Gén. Bot.* 76, 5-36.
BOSTWICK, D. E., J. M. DANNENHOFFER, M. I. SKAGGS, R. M. LISTER, B. A. LARKINS e G. A. THOMPSON. 1992. Pumpkin phloem lectin genes are specifically expressed in companion cells. *Plant Cell* 4, 1539-1548.
BOTHA, C. E. J. 1992. Plasmodesmatal distribution, structure and frequency in relation to assimilation in C3 and C4 grasses in southern Africa. *Planta* 187, 348-358.
BOTHA, C. E. J. e R. F. EVERT. 1981. Studies on *Artemisia afra* Jacq.: The phloem in stem and leaf. *Protoplasma* 109, 217-231.
BROOK, P. J. 1951. Vegetative anatomy of *Carpodetus serratus* Forst. *Trans. R. Soc. N. Z.* 79, 276-285.
BUSSE, J. S. e R. F. EVERT. 1999. Pattern of differentiation of the first vascular elements in the embryo and seedling of *Arabidopsis thaliana*. *Int. J. Plant Sci.* 160, 1-13.
CARLQUIST, S. 1961. *Comparative Plant Anatomy: A Guide to Taxonomic and Evolutionary Application of Anatomical Data in Angiosperms*. Holt, Rinehart and Winston, New York.
CATESSON, A.-M. 1982. Cell wall architecture in the secondary sieve tubes of *Acer* and *Populus*. *Ann. Bot.* 49, 131-134.
CHAUVEAUD, G. 1902a. De l'existénce d'éléments précurseurs des tubes criblés chez les Gymnospermes. *C.R. Acad. Sci.* 134, 1605-1606.
CHAUVEAUD, G. 1902b. Développement des éléments précurseurs des tubes criblés dans le *Thuia orientalis*. *Bull. Mus. Hist. Nat.* 8, 447-454.
CHAUVEAUD, G. 1910. Recherches sur les tissus transitoires du corps végétatif des plantes vasculaires. *Ann. Sci. Nat. Bot. Sér. 9*, 12, 1-70.
CHEADLE, V. I. 1948. Observations on the phloem in the Monocotyledoneae. II. Additional data on the occurrence and phylogenetic specialization in structure of the sieve tubes in the metaphloem. *Am. J. Bot.* 35, 129-131.
CHEADLE, V. I. 1956. Research on xylem and phloem—Progress in fifty years. *Am. J. Bot.* 43, 719-731.
CHEADLE, V. I. e K. ESAU. 1958. Secondary phloem of the Calycanthaceae. *Univ. Calif. Publ. Bot.* 24, 397-510.
CHEADLE, V. I. e N. W. UHL. 1948. The relation of metaphloem to the types of vascular bundles in the Monocotyledoneae. *Am. J. Bot.* 35, 578-583.
CHEADLE, V. I. e N. B. WHITFORD. 1941. Observations on the phloem in the Monocotyledoneae. I. The occurrence and phylogenetic specialization in structure of the sieve tubes in the metaphloem. *Am. J. Bot.* 28, 623-627.
CHIOU, T.-J. e D. R. BUSH. 1998. Sucrose is a signal molecule in assimilate partitioning. *Proc. Natl. Acad. Sci. USA* 95, 4784-4788.
CLARK, A. M., K. R. JACOBSEN, D. E. BOSTWICK, J. M. DANNENHOFFER, M. I. SKAGGS e G. A. THOMPSON. 1997. Molecular characterization of a phloem-specifi c gene encoding the filament protein, phloem protein 1 (PP1), from *Cucurbita maxima*. *Plant J.* 12, 49-61.
COLBERT, J. T. e R. F. EVERT. 1982. Leaf vasculature in sugarcane (*Saccharum officinarum* L.). *Planta* 156, 136-151.
CRAFTS, A. S. e C. E. CRISP. 1971. *Phloem transport in plants*. Freeman, San Francisco.
CRAWFORD, K. M. e P. C. ZAMBRYSKI. 1999. Plasmodesmata signaling: Many roles, sophisticated statutes. *Curr. Opin. Plant Biol.* 2, 382-387.
CRESSON, R. A. e R. F. EVERT. 1994. Development and ultrastructure of the primary phloem in the

shoot of *Ephedra viridis* (Ephedraceae). *Am. J. Bot.* 81, 868-877.

CRONSHAW, J., J. GILDER e D. STONE. 1973. Fine structural studies of P-proteins in *Cucurbita, Cucumis,* and *Nicotiana. J. Ultrastruct. Res.* 45, 192-205.

DANNENHOFFER, J. M., W. EBERT Jr. e R. F. EVERT. 1990. Leaf vasculature in barley, *Hordeum vulgare* (Poaceae). *Am. J. Bot.* 77, 636-652.

DANNENHOFFER, J. M., A. SCHULZ, M. I. SKAGGS, D. E. BOSTWICK e G. A. THOMPSON. 1997. Expression of the phloem lectin is developmentally linked to vascular differentiation in cucurbits. *Planta* 201, 405-414.

DAVIS, J. D. e R. F. EVERT. 1970. Seasonal cycle of phloem development in woody vines. *Bot. Gaz.* 131, 128-138.

DEN OUTER, R. W. 1983. Comparative study of the secondary phloem of some woody dicotyledons. *Acta Bot. Neerl.* 32, 29-38.

DEN OUTER, R. W. 1986. Storied structure of the secondary phloem. *IAWA Bull.* n.s. 7, 47-51.

DESHPANDE, B. P. 1974. Development of the sieve plate in *Saxifraga sarmentosa* L. *Ann. Bot.* 38, 151-158.

DESHPANDE, B. P. 1975. Differentiation of the sieve plate of *Cucurbita:* A further view. *Ann. Bot.* 39, 1015-1022.

DESHPANDE, B. P. 1976. Observations on the fi ne structure of plant cell walls. III. The sieve tube wall in *Cucurbita. Ann. Bot.* 40, 443-446.

DESHPANDE, B. P. 1984. Distribution of P-protein in mature sieve elements of *Cucurbita maxima* seedlings subjected to prolonged darkness. *Ann. Bot.* 53, 237-247.

DESHPANDE, B. P. e R. F. EVERT. 1970. A reevaluation of extruded nucleoli in sieve elements. *J. Ultrastruct. Res.* 33, 483-494.

DESHPANDE, B. P. e T. RAJENDRABABU. 1985. Seasonal changes in the structure of the secondary phloem of *Grewia tiliaefolia*, a deciduous tree from India. *Ann. Bot.* 56, 61-71.

DEWITT, N. D. e M. R. SUSSMAN. 1995. Immunocytological localization of an epitope-tagged plasma membrane proton pump (H^+-ATPase) in phloem companion cells. *Plant Cell* 7, 2053–2067.

DINANT, S., A. M. CLARK, Y. ZHU, F. VILAINE, J.-C. PALAUQUI, C. KUSIAK e G. A. THOMPSON. 2003. Diversity of the superfamily of phloem lectins (phloem protein 2) in angiosperms. *Plant Physiol.* 131, 114-128.

DUTE, R. R. e R. F. EVERT. 1978. Sieve-element ontogeny in the aerial shoot of *Equisetum hyemale L. Ann. Bot.* 42, 23-32.

EHLERS, K., M. KNOBLAUCH e A. J. E. van BEL. 2000. Ultrastructural features of well-preserved and injured sieve elements: Minute clamps keep the phloem transport conduits free for mass flow. *Protoplasma* 214, 80-92.

ELEFTHERIOU, E. P. 1981. A light and electron microscopy study on phloem differentiation of the grass *Aegilops comosa* var. *thessalica*. Ph.D. Thesis. University of Thessaloniki. Thessaloniki, Greece.

ELEFTHERIOU, E. P. 1990. Monocotyledons. In: *Sieve Elements. Comparative Structure, Induction and Development*, pp. 139-159, H.-D. Behnke and R. D. Sjolund, eds. Springer-Verlag, Berlin.

ERVIN, E. L. e R. F. EVERT. 1967. Aspects of sieve element ontogeny and structure in *Smilax rotundifolia. Bot. Gaz.* 128, 138-144.

ERVIN, E. L. e R. F. EVERT. 1970. Observations on sieve elements in three perennial monocotyledons. *Am. J. Bot.* 57, 218-224.

ESAU, K. 1938. Ontogeny and structure of the phloem of tobacco. *Hilgardia* 11, 343-424.

ESAU, K. 1939. Development and structure of the phloem tissue. *Bot. Rev.* 5, 373-432.

ESAU, K. 1940. Developmental anatomy of the fl eshy storeage organ of *Daucus carota. Hilgardia* 13, 175–226.

ESAU, K. 1947. A study of some sieve-tube inclusions. *Am. J. Bot.* 34, 224-233.

ESAU, K. 1948. Phloem structure in the grapevine, and its seasonal changes. *Hilgardia* 18, 217-296.

ESAU, K. 1950. Development and structure of the phloem tissue. II. *Bot. Rev.* 16, 67-114.

ESAU, K. 1957a. Phloem degeneration in Gramineae affected by the barley yellow-dwarf virus. *Am. J. Bot.* 44, 245-251.

ESAU, K. 1957b. Anatomic effects of barley yellow dwarf virus and maleic hydrazide on certain Gramineae. *Hilgardia* 27, 15-69.

ESAU, K. 1969. *The Phloem. Encyclopedia of Plant Anatomy. Histologie*, Band 5, Teil 2. Gebrüder Borntraeger, Berlin.

ESAU, K. 1977. *Anatomy of Seed Plants*, 2. ed. Wiley, New York. ESAU, K. 1978a. The protein inclusions in sieve elements of cotton (*Gossypium hirsutum* L.). *J. Ultrastruct. Res.* 63, 224-235.

ESAU, K. 1978b. Developmental features of the primary phloem in *Phaseolus vulgaris* L. *Ann. Bot.* 42, 1-13.

ESAU, K. e V. I. CHEADLE. 1955. Significance of cell divisions in differentiating secondary phloem. *Acta Bot. Neerl.* 4, 348-357.

ESAU, K. e V. I. CHEADLE. 1958. Wall thickening in sieve elements. *Proc. Natl. Acad. Sci. USA* 44, 546-553.

ESAU, K. e V. I. CHEADLE. 1959. Size of pores and their contents in sieve elements of dicotyledons. *Proc. Natl. Acad. Sci. USA* 45, 156-162.

ESAU, K. e J. CRONSHAW. 1968. Plastids and mitochondria in the phloem of *Cucurbita*. *Can. J. Bot.* 46, 877-880.

ESAU, K. e R. H. GILL. 1972. Nucleus and endoplasmic reticulum in differentiating root protophloem of *Nicotiana tabacum*. *J. Ultrastruct. Res.* 41, 160-175.

ESAU, K. e J. THORSCH. 1984. The sieve plate of *Echium* (Boraginaceae): Developmental aspects and response of P-protein to protein digestion. *J. Ultrastruct. Res.* 86, 31-45.

ESAU, K. e J. THORSCH. 1985. Sieve plate pores and plasmodesmata, the communication channels of the symplast: Ultrastructural aspects and developmental relations. *Am. J. Bot.* 72, 1641-1653.

ESAU, K., V. I. CHEADLE e E. M. GIFFORD JR. 1953. Comparative structure and possible trends of specialization of the phloem. *Am. J. Bot.* 40, 9-19.

ESCHRICH, W. 1975. Sealing systems in phloem. In: *Encyclopedia of Plant Physiology*, n.s. vol. 1. *Transport in plants*. I. *Phloem Transport*, pp. 39-56, Springer-Verlag, Berlin.

ESCHRICH, W., R. F. EVERT e J. H. YOUNG. 1972. Solution fl ow in tubular semipermeable membranes. *Planta* 107, 279-300.

EVERT, R. F. 1960. Phloem structure in *Pyrus communis* L. and its seasonal changes. *Univ. Calif. Publ. Bot.* 32, 127-196.

EVERT, R. F. 1962. Some aspects of phloem development in *Tilia americana*. *Am. J. Bot.* 49 (Abstr.), 659.

EVERT, R. F. 1963. Sclerifi ed companion cells in *Tilia americana*. *Bot. Gaz.* 124, 262-264.

EVERT, R. F. 1976. Some aspects of sieve-element structure and development in *Botrychium virginianum*. *Isr. J. Bot.* 25, 101-126.

EVERT, R. F. 1977. Phloem structure and histochemistry. *Annu. Rev. Plant Physiol.* 28, 199-222.

EVERT, R. F. 1980. Vascular anatomy of angiospermous leaves, with special consideration of the maize leaf. *Ber. Dtsch. Bot. Ges.* 93, 43-55.

EVERT, R. F. 1990a. Seedless vascular plants. In: *Sieve Elements. Comparative Structure, Induction and Development*, pp. 35-62, H.-D. Behnke, and R. D. Sjolund, eds. Springer-Verlag, Berlin.

EVERT, R. F. 1990b. Dicotyledons. In: *Sieve Elements. Comparative Structure, Induction and Development*, pp. 103-137, H.-D. Behnke e R. D. Sjolund, eds. Springer-Verlag, Berlin.

EVERT, R. F. e W. F. DERR. 1964. Callose substance in sieve elements. *Am. J. Bot.* 51, 552-559.

EVERT, R. F. e R. J. MIERZWA. 1986. Pathway(s) of assimilate movement from mesophyll cells to sieve tubes in the *Beta vulgaris* leaf. In: *Plant Biology*, vol. 1, *Phloem Transport*, pp. 419-432, J. Cronshaw, W. J. Lucas e R. T. Giaquinta, eds. Alan R. Liss, New York.

EVERT, R. F. e R. J. MIERZWA. 1989. The cell wall-plasmalemma interface in sieve tubes of barley. *Planta* 177, 24-34.

EVERT, R. F. e W. A. RUSSIN. 1993. Structurally, phloem unloading in the maize leaf cannot be symplastic. *Am. J. Bot.* 80, 1310-1317.

EVERT, R. F., C. M. TUCKER, J. D. DAVIS e B. P. DESHPANDE. 1969. Light microscope investigation of sieve-element ontogeny and structure in *Ulmus americana*. *Am. J. Bot.* 56, 999-1017.

EVERT, R. F., B. P. DESHPANDE e S. E. EICHHORN. 1971a. Lateral sieve-area pores in woody dicotyledons. *Can. J. Bot.* 49, 1509-1515.

EVERT, R. F., W. ESCHRICH e S. E. EICHHORN. 1971b. Sieveplate pores in leaf veins of *Hordeum vulgare*. *Planta* 100, 262-267.

EVERT, R. F., C. H. BORNMAN, V. BUTLER e M. G. GILLILAND. 1973a. Structure and development of the sieve-cell protoplast in leaf veins of *Welwitschia*. *Protoplasma* 76, 1-21.

EVERT, R. F., C. H. BORNMAN, V. BUTLER e M. G. GILLILAND. 1973b. Structure and development of sieve areas in leaf veins of *Welwitschia*. *Protoplasma* 76, 23-34.

EVERT, R. F., W. ESCHRICH e S. E. EICHHORN. 1973c. P-protein distribution in mature sieve elements of *Cucurbita maxima*. *Planta* 109, 193-210.

EVERT, R. F., W. ESCHRICH e W. HEYSER. 1978. Leaf structure in relation to solute transport and phloem loading in *Zea mays* L. *Planta* 138, 279-294.

EVERT, R. F., W. A. RUSSIN e A. M. BOSABALIDIS. 1996a. Anatomical and ultrastructural changes associated with sink-tosource transition in developing maize leaves. *Int. J. Plant Sci.* 157, 247–261.

EVERT, R. F., W. A. RUSSIN e C. E. J. BOTHA. 1996b. Distribution and frequency of plasmodesmata in relation to photoassimilate pathways and phloem loading in the barley leaf. *Planta* 198, 572-579.

EWERS, F. W. 1982. Developmental and cytological evidence for mode of origin of secondary phloem in needle leaves of *Pinus longaeva* (bristlecone pine) and *P. flexilis*. *Bot. Jahrb. Syst. Pflanzengesch. Pflanzengeogr.* 103, 59-88.

FELLOWS, R. J. e D. R. GEIGER. 1974. Structural and physiological changes in sugar beet leaves during sink to source conversion. *Plant Physiol.* 54, 877-885.

FISHER, D. B. 1975. Structure of functional soybean sieve elements. *Plant Physiol.* 56, 555-569.

FISHER, D. B. e K. J. OPARKA. 1996. Post-phloem transport: Principles and problems. *J. Exp. Bot.* 47, 1141-1154.

FISHER, D. G. 1986. Ultrastructure, plasmodesmatal frequency, and solute concentration in green areas of variegated *Coleus blumei* Benth. leaves. *Planta* 169, 141-152.

FISHER, D. G. e R. F. EVERT. 1982. Studies on the leaf of *Amaranthus retrofl exus* (Amaranthaceae): ultrastructure, plasmodesmatal frequency and solute concentration in relation to phloem loading. *Planta* 155, 377-387.

FRITZ, E., R. F. EVERT e W. HEYSER. 1983. Microautoradiographic studies of phloem loading and transport in the leaf of *Zea mays* L. *Planta* 159, 193-206.

FRITZ, E., R. F. EVERT e H. NASSE. 1989. Loading and transport of assimilates in different maize leaf bundles. Digital image analysis of 14C-microautoradiographs. *Planta* 178, 1-9.

FUKUDA, Y. 1967. Anatomical study of the internal phloem in the stems of dicotyledons, with special reference to its histogenesis. *J. Fac. Sci. Univ. Tokyo, Sect. III. Bot.* 9, 313-375.

GAHAN, P. B. 1988. Xylem and phloem differentiation in perspective. In: *Vascular Differentiation and Plant Growth Regulators*, pp. 1-21, L. W. Roberts, P. B. Gahan e R. Aloni, eds. Springer--Verlag, Berlin.

GAMALEI, Y. 1989. Structure and function of leaf minor veins in trees and shrubs. A taxonomic review. *Trees* 3, 96-110.

GAMALEI, Y. 1991. Phloem loading and its development related to plant evolution from trees to herbs. *Trees* 5, 50-64.

GAMALEI, Y. 2000. Comparative anatomy and physiology of minor veins and paraveinal parenchyma in the leaves of dicots. *Bot. Zh.* 85, 34-49.

GILLILAND, M. G., J. VAN STADEN e A. G. BRUTON. 1984. Studies on the translocation system of guayule (*Parthenium argentatum* Gray). *Protoplasma* 122, 169-177.

GOGGIN, F. L., R. MEDVILLE e R. TURGEON. 2001. Phloem loading in the tulip tree: Mechanisms and evolutionary implications. *Plant Physiol.* 125, 891-899.

GOLECKI, B., A. SCHULZ e G. A. THOMPSON. 1999. Translocation of structural P proteins in the phloem. *Plant Cell* 11, 127-140.

GOTTWALD, J. R., P. J. KRYSAN, J. C. YOUNG, R. F. EVERT e M. R. SUSSMAN. 2000. Genetic evidence for the *in planta* role of phloem-specifi c plasma membrane sucrose transporters. *Proc. Natl. Acad. Sci. USA* 97, 13979-13984.

GRUSAK, M. A., D. U. BEEBE e R. TURGEON. 1996. Phloem loading. In: *Photoassimilate Distribution in Plants and Crops: Source-Sink Relationships*, pp. 209-227, E. ZAMSKI e A. A. SCHAFFER, eds. Dekker, New York.

GUO, Y. H., B. G. HUA, F. Y. YU, Q. LENG e C. H. LOU. 1998. The effects of microfilament and microtubule inhibitors and periodic electrical impulses on phloem transport in pea seedling. *Chinese Sci. Bull. (Kexue tongbao)* 43, 312-315.

HARITATOS, E., F. KELLER e R. TURGEON. 1996. Raffinose oligosaccharide concentrations measured in individual cell and tissue types in *Cucumis melo* L. leaves: Implications for phloem loading. *Planta* 198, 614-622.

HARITATOS, E., R. MEDVILLE e R. TURGEON. 2000. Minor vein structure and sugar transport in *Arabidopsis thaliana*. *Planta* 211, 105-111.

HAYES, P. M., C. E. OFFLER e J. W. PATRICK. 1985. Cellular structures, plasma membrane surface areas and plasmodesmatal frequencies of the stem of *Phaseolus vulgaris* L. in relation to radial photosynthate transfer. *Ann. Bot.* 56, 125-138.

HAYES, P. M., J. W. PATRICK e C. E. OFFLER. 1987. The cellular pathway of radial transfer of photosynthates in stems of *Phaseolus vulgaris* L.: Effects of cellular plasmolysis and *p*chloromercuribenzene sulphonic acid. *Ann. Bot.* 59, 635-642.

HAYWARD, H. E. 1938. Solanaceae. *Solanum tuberosum.* In: *The Structure of Economic Plants*, pp. 514-549. Macmillan, New York.

HOFFMANN-BENNING, S., D. A. GAGE, L. MCINTOSH, H. KENDE e J. A. D. ZEEVAART. 2002. Comparison of peptides in the phloem sap of flowering and non-flowering *Perilla* and lupine plants using microbore HPLC followed by matrix-assisted laser desorption/ionization time-of--flight spectrometry. *Planta* 216, 140-147.

HOLDHEIDE, W. 1951. Anatomie mitteleuropäischer Gehölzrinden (mit mikrophotographischem Atlas). In: *Handbuch der Mikroskopie in der Technik*, Band 5, Heft 1, pp. 193-367, H. Freund, ed. Umschau Verlag, Frankfurt am Main.

IMLAU, A., E. TRUERNIT e N. SAUER. 1999. Cell--to-cell and long-distance trafficking of the green fluorescent protein in the phloem and symplasmic unloading of the protein into sink tissues. *Plant Cell* 11, 309-322.

JACOBSEN, K. R., D. G. FISHER, A. MARETZKI e P. H. MOORE. 1992. Developmental changes in the anatomy of the sugarcane stem in relation to phloem unloading and sucrose storage. *Bot. Acta* 105, 70-80.

JORGENSEN, R. A., R. G. ATKINSON, R. L. S. FORSTER e W. J. LUCAS. 1998. An RNA-based information superhighway in plants. *Science* 279, 1486-1487.

KEMPERS, R. e A. J. E. VAN BEL. 1997. Symplasmic connections between sieve element and companion cell in the stem phloem of *Vicia faba* have a molecular exclusion limit of at least 10 kDa. *Planta* 201, 195-201.

KNOBLAUCH, M. e A. J. E. VAN BEL. 1998. Sieve tubes in action. *Plant Cell* 10, 35-50.

KNOBLAUCH, M., W. S. PETERS, K. EHLERS e A. J. E. VAN BEL. 2001. Reversible calcium-regulated stopcocks in legume sieve tubes. *Plant Cell* 13, 1221-1230.

KNOP, C., O. VOITSEKHOVSKAJA e G. LOHAUS. 2001. Sucrose transporters in two members of the Scrophulariaceae with different types of transport sugar. *Planta* 213, 80-91.

KNOP, C., R. STADLER, N. SAUER e G. LOHAUS. 2004. AmSUT1, a sucrose transporter in collection and transport phloem of the putative symplastic phloem loader *Alonsoa meridionalis. Plant Physiol.* 134, 204-214.

KÖCHENKERGER, W., J. M. POPE, Y. XIA, K. R. JEFFREY, E. KOMOR e P. T. CALLAGHAN. 1997. A non-invasive measurement of phloem and xylem water flow in castor bean seedlings by nuclear magnetic resonance microimaging. *Planta* 201, 53-63.

KRUATRACHUE, M. e R. F. EVERT. 1977. The lateral meristem and its derivatives in the corm of *Isoetes muricata. Am. J. Bot.* 64, 310-325.

KÜHN, C., L. BARKER, L. BURKLE e W. B. FROMMER. 1999. Update on sucrose transport in higher plants. *J. Exp. Bot.* 50 (spec. iss.), 935-953.

KÜHN, C., M.-R. HAJIREZAEI, A. R. FERNIE, U. ROESSNER-TUNALI, T. CZECHOWSKI, B. HIRNER e W. B. FROMMER. 2003. The sucrose transporter *StSUT1* localizes to sieve elements in potato tuber phloem and influences tuber physiology and development. *Plant Physiol.* 131, 102-113.

KUO, J. 1983. The nacreous walls of sieve elements in sea grasses. *Am. J. Bot.* 70, 159-164.

KUO, J. e T. P. O'BRIEN. 1974. Lignified sieve elements in the wheat leaf. *Planta* 117, 349-353.

KUO, J., T. P. O'BRIEN e S.-Y. ZEE. 1972. The transverse veins of the wheat leaf. *Aust. J. Biol. Sci.* 25, 721-737.

KURSANOV, A. L. 1984. *Assimilate Transport in Plants*, 2. rev. ed. Elsevier, Amsterdam.

LALONDE, S., E. BOLES, H. HELLMANN, L. BARKER, J. W. PATRICK, W. B. FROMMER e J. M. WARD. 1999. The dual function of sugar carriers: transport and sugar sensing. *Plant Cell* 11, 707-726.

LALONDE, S., M. TEGEDER, M. THORNE-HOLST, W. B. FROMMER e J. W. PATRICK. 2003. Phloem loading and unloading of sugars and aminoacids. *Plant Cell Environ.* 26, 37-56.

LAWTON, D. M. e Y. M. NEWMAN. 1979. Ultrastructure of phloem in young runner-bean stem: Discovery, in old sieve elements on the brink of collapse, of parietal bundles of P-protein tubules linked to the plasmalemma. *New Phytol.* 82, 213-222.

LAWTON, J. R. e J. R. S. LAWTON. 1971. Seasonal variations in the secondary phloem of some forest trees from Nigeria. *New Phytol.* 70, 187–196.

LEE, D. R. 1989. Vasculature of the abscission zone of tomato fruit: implications for transport. *Can. J. Bot.* 67, 1898-1902.

LEE, D. R. 1990. A unidirectional water fl ux model of fruit growth. *Can. J. Bot.* 68, 1286-1290.

LUCAS, W. J. e V. R. FRANCESCHI, 1982. Organization of the sieve-element walls of leaf minor veins. *J. Ultrastruct. Res.* 81, 209-221.

MADEY, E., L. M. NOWACK e J. E. THOMPSON. 2002. Isolation and characterization of lipid in phloem sap of canola. *Planta* 214, 625-634.

MATZKE, M. A. e A. J. M. MATZKE. 1986. Visualization of mitochondria and nuclei in living plant cells by the use of a potential-sensitive fluorescent dye. *Plant Cell Environ.* 9, 73-77.

MCCAULEY, M. M. e R. F. EVERT. 1988. The anatomy of the leaf of potato, *Solanum tuberosum* L. "Russet Burbank." *Bot. Gaz.* 149, 179-195.

MCCAULEY, M. M. e R. F. EVERT. 1989. Minor veins of the potato (*Solanum tuberosum* L.) leaf: Ultrastructure and plasmodesmatal frequency. *Bot. Gaz.* 150, 351-368.

MELARAGNO, J. E. e M. A. WALSH. 1976. Ultrastructural features of developing sieve elements in *Lemna minor* L.—The protoplast. *Am. J. Bot.* 63, 1145-1157.

MINCHIN, P. E. H. e M. R. THORPE. 1987. Measurement of unloading and reloading of photo-assimilate within the stem of bean. *J. Exp. Bot.* 38, 211-220.

MIYAKE, H. e E. MAEDA. 1976. The fi ne structure of plastids in various tissues in the leaf blade of rice. *Ann. Bot.* 40, 1131-1138.

MÜNCH, E. 1930. *Die Stoffbewegungen in der Pfl anze.* Gustav Fischer, Jena.

NANKO, H., H. SAIKI e H. HARADA. 1976. Cell wall development of chambered crystalliferous cells in the secondary phloem of *Populus euroamericana. Bull. Kyoto Univ. For. (Kyoto Daigaku Nogaku bu Enshurin hokoku)* 48, 167-177.

NERD, A. e P. M. NEUMANN. 2004. Phloem water transport maintains stem growth in a drought--stressed crop cactus *(Hylocereus undatus). J. Am. Soc. Hortic. Sci.* 129, 486-490.

NEUBERGER, D. S. e R. F. EVERT. 1974. Structure and development of the sieve-element protoplast in the hypocotyl of *Pinus resinosa. Am. J. Bot.* 61, 360-374.

NEUBERGER, D. S. e R. F. EVERT. 1975. Structure and development of sieve areas in the hypocotyl of *Pinus resinosa. Protoplasma* 84, 109-125.

NEUBERGER, D. S. e R. F. EVERT. 1976. Structure and development of sieve cells in the primary phloem of *Pinus resinosa. Protoplasma* 87, 27-37.

OFFLER, C. E. e J. W. PATRICK. 1984. Cellular structures, plasma membrane surface areas and plasmodesmatal frequencies of seed coats of *Phaseolus vulgaris* L. in relation to photosynthate transfer. *Aust. J. Plant Physiol.* 11, 79-99.

OPARKA, K. J. e R. TURGEON. 1999. Sieve elements and companion cells—Traffic control centers of the phloem. *Plant Cell* 11, 739-750.

OROSS, J. W. e W. J. LUCAS. 1985. Sugar beet petiole structure: Vascular anastomoses and phloem ultrastructure. *Can. J. Bot.* 63, 2295-2304.

PALEVITZ, B. A. e E. H. NEWCOMB. 1970. A study of sieve element starch using sequential enzymatic digestion and electron microscopy. *J. Cell Biol.* 45, 383-398.

PARTHASARATHY, M. V. 1966. Studies on metaphloem in petioles and roots of Palmae. Ph.D. Thesis. Cornell University, Ithaca.

PARTHASARATHY, M. V. 1974a. Ultrastructure of phloem in palms. I. Immature sieve elements and parenchymatic elements. *Protoplasma* 79, 59-91.

PARTHASARATHY, M. V. 1974b. Ultrastructure of phloem in palms. II. Structural changes, and fate of the organelles in differentiating sieve elements. *Protoplasma* 79, 93-125.

PARTHASARATHY, M. V. e P. B. Tomlinson. 1967. Anatomical features of metaphloem in stems of *Sabal*, *Cocos* and two other palms. *Am. J. Bot.* 54, 1143-1151.

PATE, J. S. 1975. Exchange of solutes between phloem and xylem and circulation in the whole plant. In: *Encyclopedia of Plant Physiology*, n.s. vol. 1. *Transport in Plants.* I. *Phloem Transport*, pp. 451-473, Springer-Verlag, Berlin.

PATE, J. S. e B. E. S. GUNNING. 1969. Vascular transfer cells in angiosperm leaves. A taxonomic and morphological survey. *Protoplasma* 68, 135-156.

PATRICK, J. W. 1997. Phloem unloading: Sieve element unloading and post-sieve element transport. *Annu. Rev. Plant Physiol. Plant Mol. Biol.* 48, 191-222.

PERRY, J. W. e R. F. EVERT. 1975. Structure and development of the sieve elements in *Psilotum nudum. Am. J. Bot.* 62, 1038-1052.

PHILLIPS, R. J. e S. R. DUNGAN. 1993. Asymptotic analysis of flow in sieve tubes with semi-permeable walls. *J. Theor. Biol.* 162, 465-485.

RAVEN, P. H., R. F. EVERT e S. E. EICHHORN. 2005. *Biology of Plants*, 7. ed. Freeman, New York.

RESCH, A. 1961. Zur Frage nach den Geleitzellen im Protophloem der Wurzel. *Z. Bot.* 49, 82-95.

ROBINSON-BEERS, K. e R. F. EVERT. 1991. Ultrastructure of and plasmodesmatal frequency in mature leaves of sugarcane. *Planta* 184, 291-306.

ROTH, I. 1981. Structural patterns of tropical barks. In: *Encyclopedia of Plant Anatomy*, Band 9, Teil 3. Gebrüder Borntraeger, Berlin.

RUIZ-MEDRANO, R., B. XOCONOSTLE-CÁZARES e W. J. LUCAS. 2001. The phloem as a conduit for inter-organ communication. *Curr. Opin. Plant Biol.* 4, 202-209.

RUSSELL, S. H. e R. F. EVERT. 1985. Leaf vasculature in *Zea mays* L. *Planta* 164, 448-458.

RUSSIN, W. A. e R. F. EVERT. 1985. Studies on the leaf of *Populus deltoides* (Salicaceae): Ultrastructure, plasmodesmatal frequency, and solute concentrations. *Am. J. Bot.* 72, 1232-1247.

SAUTER, J. J. 1974. Structure and physiology of Strasburger cells. *Ber. Dtsch. Bot. Ges.* 87, 327-336.

SAUTER, J. J. 1976. Untersuchungen zur Lokalisation von Glycerophosphatase-und Nucleosidtriphosphatase-Aktivität in Siebzellen von *Larix*. *Z. Pfl anzenphysiol.* 79, 254-271.

SAUTER, J. J., 1977. Electron microscopical localization of adenosine triphosphatase and ®-glycerophosphatase in sieve cells of *Pinus nigra* var. *austriaca* (Hoess) Battoux. *Z. Pflanzenphysiol.* 81, 438-458.

SAUTER, J. J. e H. J. BRAUN. 1968. Histologische und cytochemische Untersuchungen zur Funktion der Baststrahlen von *Larix decidua* Mill., unter besonderer Berücksichtigung der Strasburger-Zellen. *Z. Pflanzenphysiol.* 59, 420-438.

SAUTER, J. J. e H. J. BRAUN. 1972. Cytochemische Untersuchung der Atmungsaktivität in den Strasburger-Zellen von *Larix* und ihre Bedeutung für den Assimilattransport. *Z. Pflanzenphysiol.* 66, 440-458.

SCHMITZ, K., B. CUYPERS e M. MOLL. 1987. Pathway of assimilate transfer between mesophyll cells and minor veins in leaves of *Cucumis melo* L. *Planta* 171, 19-29.

SCHNEIDER, H. 1945. The anatomy of peach and cherry phloem. *Bull. Torrey Bot. Club* 72, 137-156.

SCHNEIDER, H. 1955. Ontogeny of lemon tree bark. *Am. J. Bot.* 42, 893-905.

SCHOBERT, C., P. GROßMANN, M. GOTTSCHALK, E. KOMOR, A. PECSVARADI e U. ZUR MIEDEN. 1995. Sieve-tube exudate from *Ricinus communis* L. seedlings contains ubiquitin and chaperones. *Planta* 196, 205-210.

SCHOBERT, C., L. BAKER, J. SZEDERKÉNYI, P. GROßMANN, E. KOMOR, H. HAYASHI, M. CHINO e W. J. LUCAS. 1998. Identification of immunologically related proteins in sieve-tube exudate collected from monocotyledonous and dicotyledonous plants. *Planta* 206, 245-252.

SCHULZ, A. 1990. Conifers. In: *Sieve Elements. Comparative Structure, Induction and Development*, pp. 63-88, H.-D. Behnke e R. D. Sjolund, eds. Springer-Verlag, Berlin.

SCHULZ, A. 1992. Living sieve cells of conifers as visualized by confocal, laser-scanning fluorescence microscopy. *Protoplasma* 166, 153-164.

SCHULZ, A. 1998. Phloem. Structure related to function. *Prog. Bot.* 59, 429-475.

SRIVASTAVA, L. M. 1970. The secondary phloem of *Austrobaileya scandens*. *Can. J. Bot.* 48, 341-359.

STADLER, R. e N. SAUER. 1996. The *Arabidopsis thaliana AtSUC2* gene is specifically expressed in companion cells. *Bot. Acta* 109, 299-306.

STADLER, R., J. BRANDNER, A. SCHULZ, M. GAHRTZ e N. SAUER. 1995. Phloem loading by the PmSUC2 sucrose carrier from *Plantago major* occurs into companion cells. *Plant Cell* 7, 1545-1554.

STAIGER, C. J., B. C. GIBBON, D. R. KOVAR e L. E. ZONIA. 1997. Profilin and actin-depolymerizing factor: Modulators of actin organization in plants. *Trends Plant Sci.* 2, 275-281.

THOMPSON, G. A. 1999. P-protein trafficking through plasmodesmata. In: *Plasmodesmata: Structure, Function, Role in Cell Communication*, pp. 295-313, A. J. E. van Bel e W. J. P. van Kesteren, eds. Springer, Berlin.

THOMPSON, G. A. e A. SCHULZ. 1999. Macromolecular trafficcking in the phloem. *Trends Plant Sci.* 4, 354-360.

TURGEON, R. 1991. Symplastic phloem loading and the sinksource transition in leaves: A model. In: *Recent Advances in Phloem Transport and Assimilate Compartmentation*, pp. 18-22, J. L. Bonnemain, S. Delrot, W. J. Lucas e J. Dainty, eds. Ouest Editions, Nantes, France.

TURGEON, R. 1996. Phloem loading and plasmodesmata. *Trends Plant Sci.* 1, 413-423.

TURGEON, R. e R. MEDVILLE. 1998. The absence of phloem loading in willow leaves. *Proc. Natl. Acad. Sci. USA* 95, 12055-12060.

TURGEON, R. e R. MEDVILLE. 2004. Phloem loading. A reevaluation of the relationship between plasmodesmatal frequencies and loading strategies. *Plant Physiol.* 136, 3795-3803.

TURGEON, R. e J. A. WEBB. 1976. Leaf development and phloem transport in *Cucurbita pepo*: Maturation of the minor veins. *Planta* 129, 265–269.

TURGEON, R., J. A. WEBB e R. F. EVERT. 1975. Ultrastructure of minor veins of *Cucurbita pepo* leaves. *Protoplasma* 83, 217-232.

TURGEON, R., D. U. BEEBE e E. GOWAN. 1993. The intermediary cell: Minor-vein anatomy and raffinose oligosaccharide synthesis in Scrophulariaceae. *Planta* 191, 446-456.

TURGEON, R., R. MEDVILLE e K. C. NIXON. 2001. The evolution of minor vein phloem and phloem goading. *Am. J. Bot.* 88, 1331-1339.

VAN BEL, A. J. E. 1993. The transport phloem. Specifics of its functioning. *Prog. Bot.* 54, 134–150.

VAN BEL, A. J. E. 1996. Interaction between sieve element and companion cell and the consequences for photoassimilate distribution. Two structural hardware frames with associated physiological software packages in dicotyledons? *J. Exp. Bot.* 47 (spec. iss.), 1129-1140.

VAN BEL, A. J. E. e F. GAUPELS. 2004. Pathogen-induced resistance and alarm signals in the phloem. *Mol. Plant Pathol.* 5, 495–504.

VAN BEL, A. J. E. e H. V. M. VAN RIJEN. 1994. Microelectroderecorded development of the symplasmic autonomy of the sieve element/companion cell complex in the stem phloem of *Lupinus luteus* L. *Planta* 192, 165–175.

VAN BEL, A. J. E., K. EHLERS e M. KNOBLAUCH. 2002. Sieve elements caught in the act. *Trends Plant Sci.* 7, 126–132.

VIOLA, R., A. G. ROBERTS, S. HAUPT, S. GAZZANI, R. D. HANCOCK, N. MARMIROLI, G. C. MACHRAY e K. J. OPARKA. 2001. Tuberization in potato involves a switch from apoplastic to symplastic phloem unloading. *Plant Cell* 13, 385–398.

WALSH, M. A. e J. E. MELARAGNO. 1976. Ultrastructural features of developing sieve elements in *Lemna minor* L.—Sieve plate and lateral sieve areas. *Am. J. Bot.* 63, 1174–1183.

WALSH, M. A. e T. M. POPOVICH. 1977. Some ultrastructural aspects of metaphloem sieve elements in the aerial stem of the holoparasitic angiosperm *Epifagus virginiana* (Orobanchaceae). *Am. J. Bot.* 64, 326–336.

WARMBRODT, R. D. 1985a. Studies on the root of *Hordeum vulgare* L.—Ultrastructure of the seminal root with special reference to the phloem. *Am. J. Bot.* 72, 414–432.

WARMBRODT, R. D. 1985b. Studies on the root of *Zea mays* L.—Structure of the adventitious roots with respect to phloem unloading. *Bot. Gaz.* 146, 169–180.

WILLENBRINK, J. e R. KOLLMANN. 1966. Über den Assimilattransport im Phloem von *Metasequoia*. *Z. Pflanzenphysiol.* 55, 42–53.

YOUNG, J. H., R. F. EVERT e W. ESCHRICH. 1973. On the volume-flow mechanism of phloem transport. *Planta* 113, 355–366.

ZAHUR, M. S. 1959. Comparative study of secondary phloem of 423 species of woody dicotyledons belonging to 85 families. Cornell Univ. Agric. Exp. Stan. Mem. 358. New York State College of Agriculture, Ithaca.

ZIEGLER, H. 1963. Die Ferntransport organischer Stoffe in den Pflanzen. *Naturwissenschaften* 50, 177–186.

CAPÍTULO CATORZE

FLOEMA: FLOEMA SECUNDÁRIO E VARIAÇÕES NA SUA ESTRUTURA

Veronica Angyalossy e Patricia Soffiatti

Pelo fato de o floema secundário ser derivado do câmbio, o arranjo das células é similar àquele do xilema secundário. Um sistema vertical ou axial de células, derivado das iniciais fusiformes do câmbio, é atravessado pelo sistema horizontal ou radial derivado das iniciais radiais (Fig. 14.1). Os principais componentes do sistema axial são os elementos crivados (células crivadas ou elementos de tubo crivado, estes últimos com células companheiras), células parenquimáticas e fibras. Aqueles do sistema radial são as células parenquimáticas radiais.

Arranjos estratificados, não estratificados e tipos intermediários de células do floema podem ser encontrados em diferentes espécies de plantas. Como no xilema, o tipo de arranjo é determinado, primeiro, pela morfologia do câmbio (ou seja, se é ou não estratificado) e, segundo, pelo grau de alongamento dos vários elementos do sistema axial durante a diferenciação do tecido.

Muitas coníferas e angiospermas lenhosas mostram uma divisão do floema secundário em camadas anuais de crescimento (Huber, 1939; Holdheide, 1951; Srivastava, 1963), embora essa divisão seja menos clara do que no xilema secundário e possa ser obscurecida por condições de crescimento. As camadas de crescimento do floema são distinguíveis se as células do floema inicial se expandem mais intensamente do que aquelas do floema tardio. Em Pinaceae, são formadas várias camadas de células crivadas relativamente largas de floema inicial, seguidas por uma faixa tangencial mais ou menos contínua de parênquima e, finalmente, por várias camadas de células crivadas do floema tardio, consideravelmente mais estreitas (Holdheide, 1951; Alfieri e Evert, 1968, 1973). Em *Ulmus americana*, uma folhosa[1] de zona temperada, os elementos de tubo crivado, que ocorrem em faixas tangenciais mais ou menos distintas, variam gradualmente em largura, de elementos do floema inicial relativamente largos até elementos do floema tardio mais estreitos. Em *Citharexylum myrianthum* (Verbenaceae) e *Cedrela fissilis* (Meliaceae), ambas folhosas tropicais brasileiras, os elementos crivados formados no floema tardio, que ocorrem em grupos esparsos, são distintamente mais estreitos radialmente do que os elementos formados no floema inicial, e podem ser usados de forma confiável para delimitar as camadas de crescimento no floema (Veronica Angyallossy, comunicação pessoal). Em *Pyrus communis* e *Malus domestica*, uma faixa de futuras fibroesclereídes e células cristalíferas fica em repouso, em um estado meristemático, próximo ao câmbio e, quando amadurece, pode servir como um marcador para delimitar as sucessivas camadas de crescimento (Evert, 1960, 1963). Muitas gimnospermas[2]

1 Ver nota número 1, Capítulo 11.

2 Ver nota número 1, Capítulo 1.

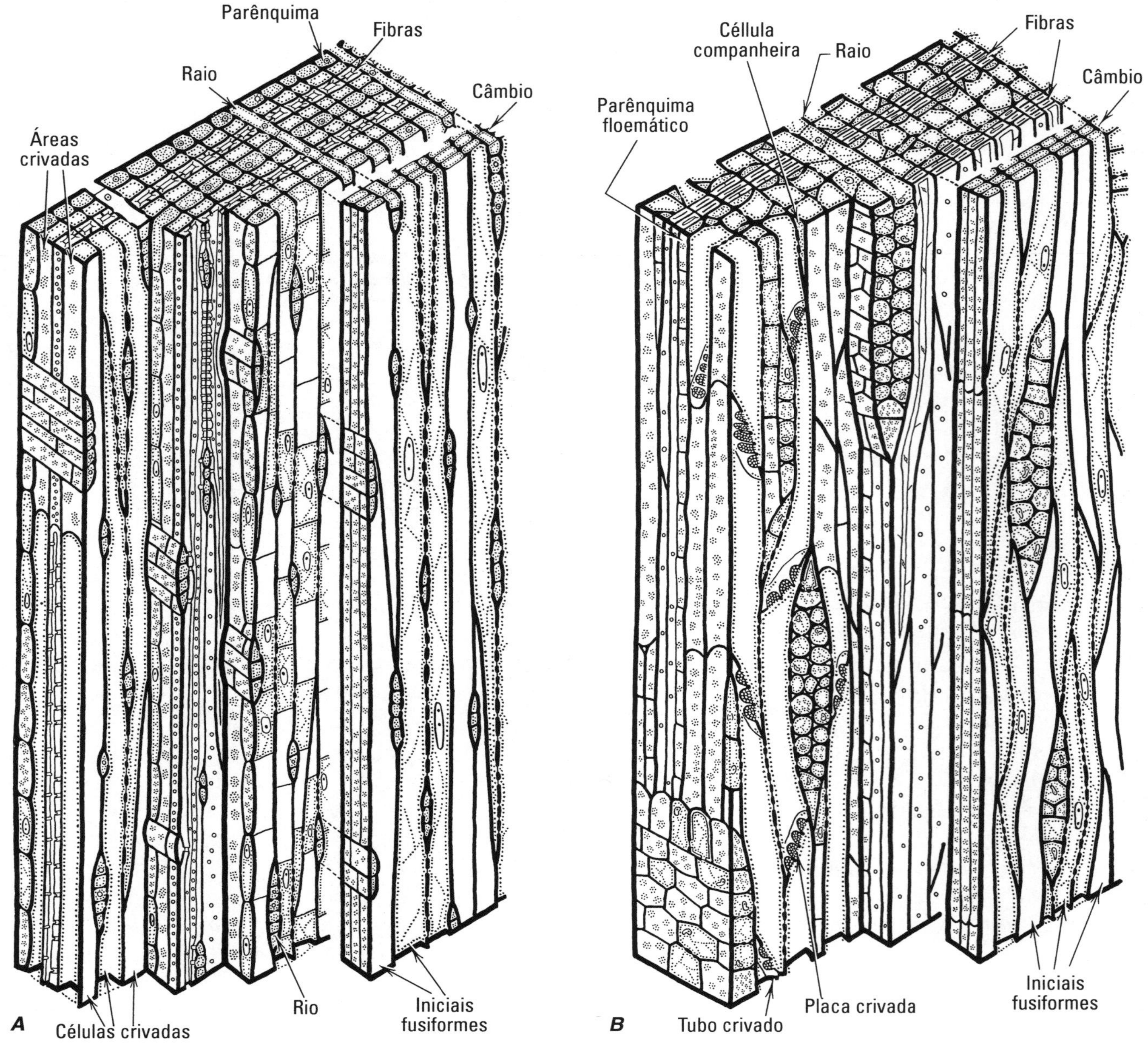

FIGURA 14.1

Diagrama de bloco do floema secundário e câmbio vascular de **A**, *Thuja occidentalis* (tuia), uma conífera, e de **B**, *Liriodendron tulipifera* (tulipeiro), uma folhosa. (Cortesia de I. W. Bailey; desenhado por J. P. Rogerson sob a supervisão de L. G. Livingston. Redesenhado.)

e angiospermas formam faixas tangenciais de fibras no floema secundário. O número dessas faixas não é necessariamente constante de estação em estação e, portanto, elas não podem ser utilizadas de modo seguro para determinar a idade do tecido floemático. Nas coníferas com fibras floemáticas, contudo, as fibras podem ser mais largas e possuir paredes mais espessas no floema inicial, e mais estreitas e com paredes mais finas no floema tardio. Tal padrão foi observado em *Chamaecyparis lawsoniana* (Huber, 1949), *Juniperus communis* (Holdheide, 1951) e *Thuja occidentalis* (Bannan, 1955). Em angiospermas, a primeira faixa de fibras de floema formada em uma dada camada de crescimento é frequentemente mais larga que a faixa formada por último (por exemplo, em *Robinia pseudoacacia*, Derr e Evert, 1967; e *Tilia americana,* nas quais as primeiras faixas de elementos de tubo crivado formadas são também frequentemente mais largas do que as faixas formadas subsequentemente, Evert, 1962). O colapso dos elementos crivados no floema não condutor e as modificações concomitantes em algumas outras células – notavelmente o aumento em largura das células parenquimáticas – contribuem para obscurecer as diferenças estruturais que possam existir nas diferentes partes de uma camada de crescimento no seu início.

Os raios do floema são contínuos em relação aos raios do xilema, já que ambos surgem de um grupo comum de iniciais radiais no câmbio. Juntos, eles constituem os raios vasculares. Próximo ao câmbio, os raios do xilema e do floema, de origem comum, são normalmente idênticos em altura e largura. Contudo, a parte mais velha do raio floemático, que é deslocada para fora pela expansão do corpo secundário da planta, pode crescer consideravelmente em largura. Antes que os raios floemáticos se dilatem, suas variações em forma e tamanho são semelhantes àquelas dos raios xilemáticos na mesma espécie. Os raios floemáticos podem ser unisseriados, bisseriados ou multisseriados. Eles variam em altura, e raios baixos e altos podem estar presentes na mesma espécie.

Os raios podem ser compostos de um tipo de célula ou podem conter ambos os tipos de célula, procumbentes ou eretas. Os raios floemáticos não atingem o mesmo comprimento que os raios xilemáticos porque o câmbio produz menos floema do que xilema. Esses raios também não são tão longos porque as porções externas do floema são comumente eliminadas por meio da atividade do felogênio, ou câmbio da casca, o meristema lateral que produz a periderme (Capítulo 15).

Algumas vezes, quando se trata de caules e raízes, é conveniente tratar o floema e todos os tecidos localizados ao seu exterior como uma unidade. O termo não técnico **casca** é empregado para esse propósito (Fig. 14.2). Em caules e raízes que possuem apenas tecidos primários, casca se refere geralmente ao floema primário e ao córtex. Nos eixos em um estado secundário de crescimento, a casca pode incluir o floema primário e secundário, quantidades variadas de córtex e a periderme. Em caules e raízes velhos, a casca pode consistir inteiramente de tecidos secundários, de camadas de floema secundário morto, comprimidas entre camadas de periderme, e de tecidos vivos dentro da periderme mais interna (ver Fig. 15.1). A periderme mais interna e os tecidos do eixo isolados por ela podem ser combinados sob a designação de **casca externa**. O floema vivo subjacente pode ser designado como **casca interna**. As cascas interna e externa não podem ser distinguidas em cascas que possuem apenas uma periderme superficial. Apenas a casca interna é considerada neste capítulo.

FLOEMA DE CONÍFERA

Em coníferas, o floema secundário é similar ao xilema secundário na relativa simplicidade de sua estrutura (Fig. 14.1A; Srivastava, 1963; den Outer, 1967). O sistema axial contém células crivadas e células parenquimáticas, algumas das quais podem ser diferenciadas como células de Strasburger. Em Pinaceae, as células de Strasburger do sistema axial comumente ocorrem como placas radiais de células, que são derivadas de iniciais fusiformes em declínio de comprimento (Srivastava, 1963). Fibras e esclereídes também podem estar presentes. Os raios são unisseriados e contêm células parenquimáticas e células de Strasburger, se estas células estiverem presentes na espécie. Mais comumente, as células de Strasburger estão localizadas nas margens dos raios, contudo, ocasionalmente elas podem ser encontradas no meio do raio. Onde células radiais de Strasburger ocorrem no lado do floema em relação ao câmbio, traqueídes radiais ocorrem no lado do xilema, exceto em *Abies*, que raramente possui traqueídes radiais. A disposição das células é não estratificada. Canais resiníferos normalmente estão presentes tanto no sistema axial como no radial. Canais de resina também podem ser induzidos a se formarem em reação a ferimentos mecânicos ou químicos ou por injúrias causadas por insetos ou patógenos. Esses canais de resina traumáticos formam redes tangenciais que se anastomosam (Yamanaka, 1984, 1989; Kuroda, 1998).

As células crivadas das coníferas são elementos delgados e alongados, comparáveis às iniciais fusiformes das quais são derivadas (Fig. 13.4A e 14.1A). As células crivadas se sobrepõem umas às outras em suas extremidades finais, e cada uma está em contato com vários raios. As áreas crivadas ocorrem quase exclusivamente nas paredes radiais. São particularmente abundantes nas extremidades finais, que se sobrepõem às das outras

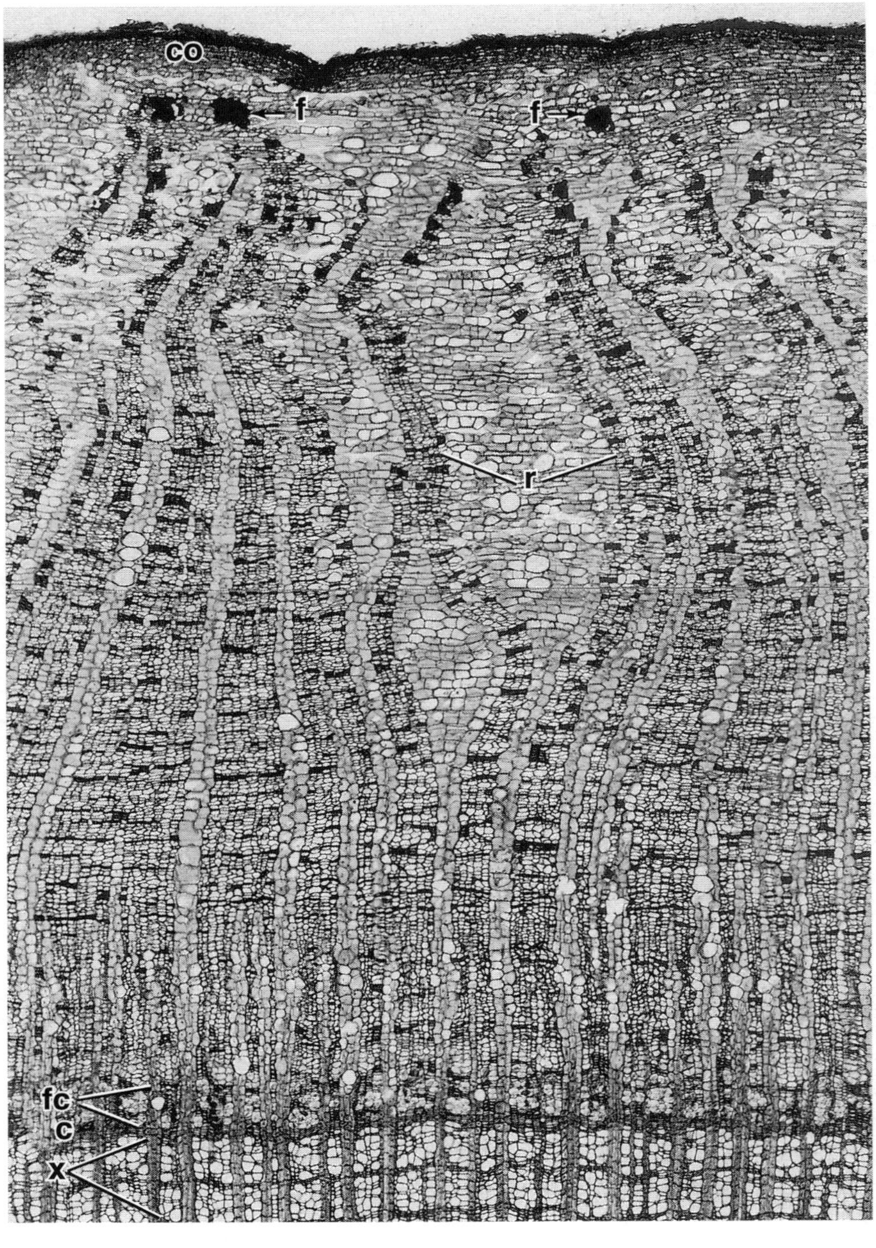

FIGURA 14.2

Secção transversal da casca de caule de um *Liriodendron tulipifera* com 18 anos de idade. Exceto pelo córtex (co) e remanescentes do floema primário, como evidenciado pela presença das fibras do floema primário (f), essa casca – todos os tecidos externos ao câmbio vascular – consiste quase inteiramente por floema secundário; a periderme original ainda está presente externamente ao córtex. Somente uma porção muito estreita (0,1 mm de largura) do floema próximo ao câmbio (c) contém tubos crivados vivos, maduros, correspondendo ao floema condutor (fc), o resto do floema é não condutor. Alguns raios (r) são dilatados. Outro detalhe: x, xilema. (×37. Reproduzido com permissão da University of California Press: Cheadle e Esau, 1964. *Univ. Calif. Publ. Bot.* © 1964, The Regents of the University of California.)

células crivadas. Diferentemente do sistema axial do floema secundário de angiospermas, o das coníferas consiste principalmente de elementos crivados, compreendendo mais de 90% do sistema axial em algumas Pinaceae.

As células parenquimáticas axiais ocorrem principalmente em cordões longitudinais. Armazenam amido em certos períodos do ano, mas são particularmente conspícuas quando contêm inclusões resiníferas e polifenólicas. As substâncias

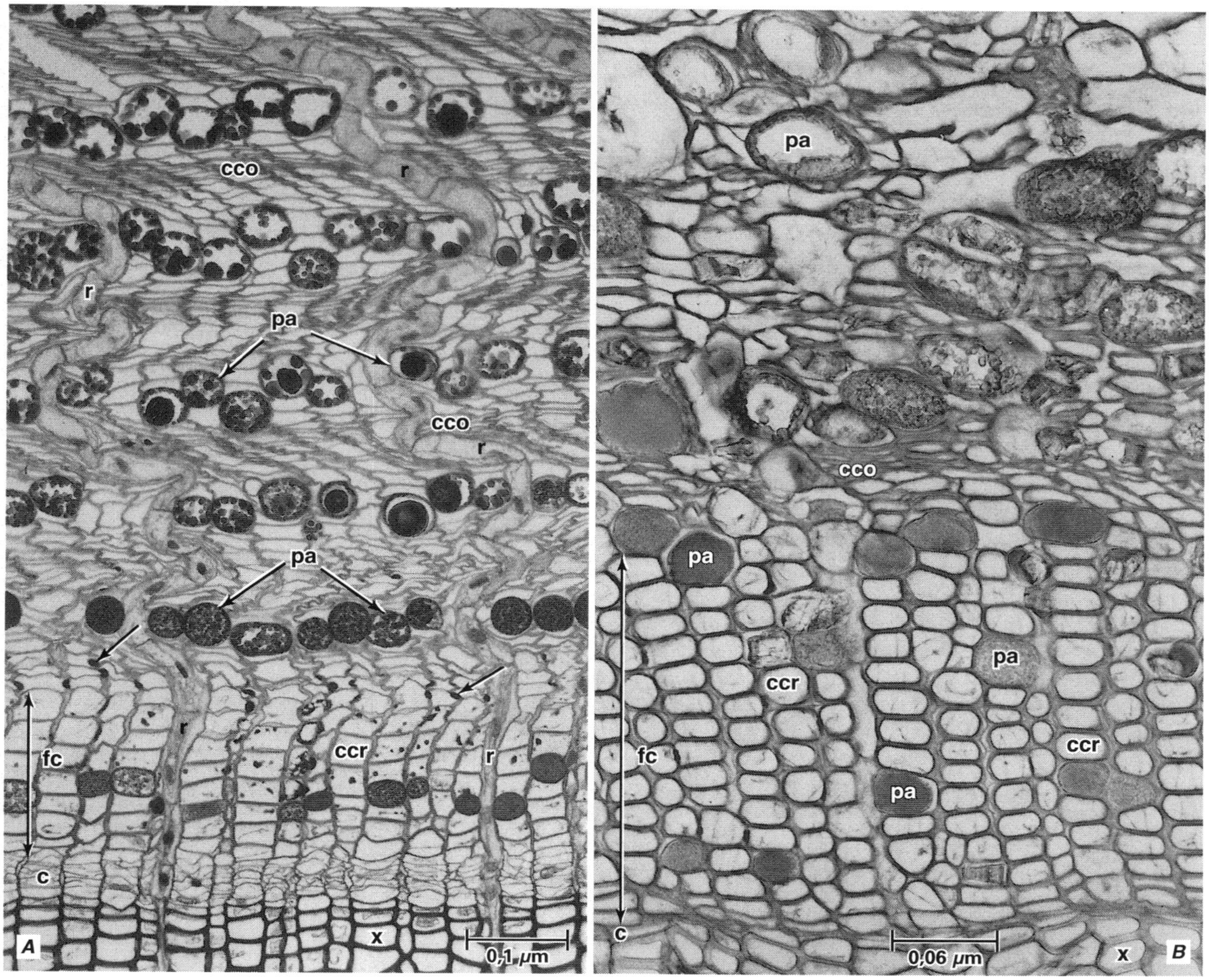

FIGURA 14.3

Secções transversais do floema secundário de *Pinus*. O floema condutor (fc) é muito menor em quantidade do que o não condutor (apenas uma parte dele é mostrada nestas figuras), onde todas as células crivadas estão colapsadas (cco) e somente as células do parênquima axial (pa) e radial (r) estão intactas. Em **A** (*Pinus strobus*), as células do parênquima axial estão arranjadas em faixas tangenciais e separam o floema inicial do floema tardio em cada incremento. Porções de 7 incrementos de crescimento podem ser vistas aqui. Em **B** (*Pinus* sp.), as células do parênquima axial estão espalhadas. Outros detalhes: c, câmbio; ccr, célula crivada; x, xilema; em **A**, as setas apontam para a calose definitiva. (**A**, obtido de Esau, 1977; **B**, obtido de Esau, 1969. www.schweizerbart.de)

polifenólicas nas células parenquimáticas axiais de *Picea abies* desempenham comprovadamente um papel fundamental na defesa contra organismos invasivos tais como o fungo da mancha azul, *Ceratocystis polonica* (Franceschi et al., 1998). Cristais de oxalato de cálcio são comuns no floema secundário de coníferas (Hudgins et al., 2003). Nas Pinaceae, os cristais se acumulam intracelularmente no parênquima cristalífero; nas não Pinaceae o acúmulo de cristal é extracelular, nas paredes celulares. Nos caules de coníferas, os cristais em combinação com as fileiras de fibras (onde estão presentes) fornecem uma barreira eficiente contra pequenos insetos perfuradores de casca (Hudgins et al., 2003). A distribuição das células no floema das coníferas apresenta dois padrões principais. Nas Pinaceae, que apresentam uma consistente ausência de fibras, o padrão é determinado pelo arranjo relativo das células crivadas e das células parenquimáti-

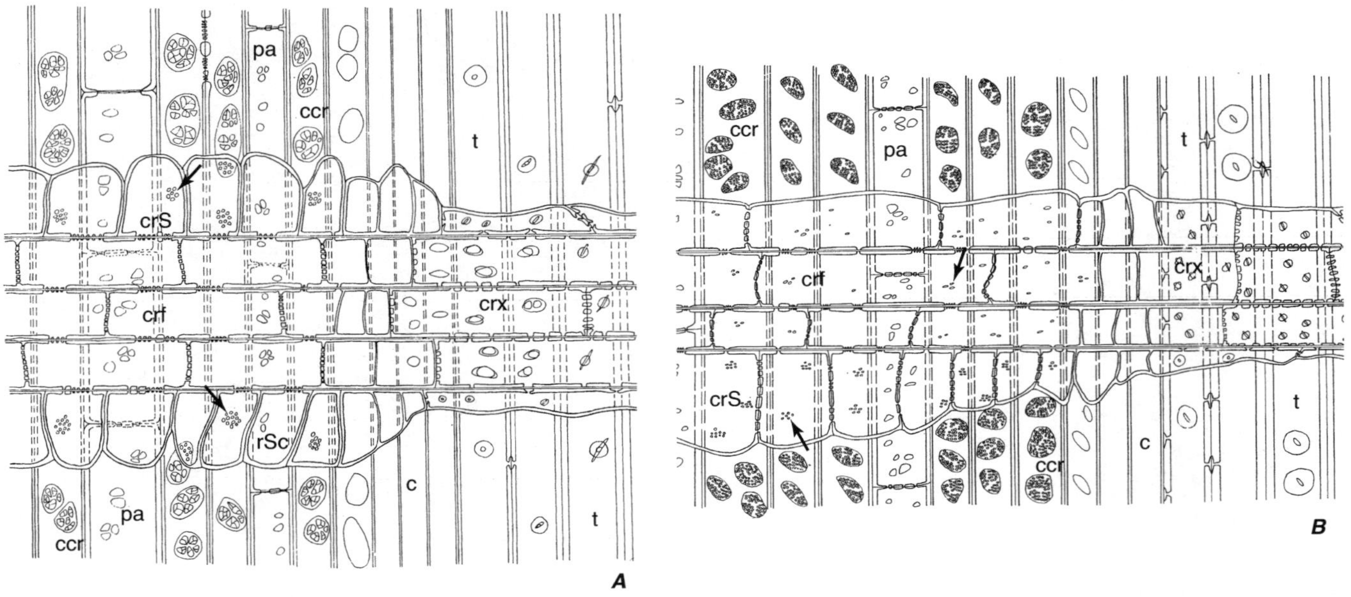

FIGURA 14.4

Vistas radiais mostrando a distribuição das conexões simplásticas entre as células crivadas (ccr) e as células radiais próximas ao câmbio. **A**, em *Pseudotsuga taxifolia* tais conexões (setas) ocorrem entre as células crivadas e – as células radiais de Strasburger (crS), mas não entre as células crivadas e as células de raio do floema (crf). **B**, em *Tsuga canadensis* as conexões simplásticas (setas) ocorrem entre as células crivadas e todas as células radiais, tanto as de Strasburger quanto as radiais comuns do floema. Outros detalhes: c, câmbio; pa, célula de parênquima axial; t, traqueíde; crx, célula de parênquima do xilema. (Obtido de den Outer, 1967.)

cas axiais. As células parenquimáticas axiais podem formar faixas tangenciais unisseriadas com faixas de células crivadas tão largas que as células crivadas tornam-se os elementos básicos do sistema axial (Fig. 14.3A). As células crivadas podem formar faixas muito mais estreitas, com apenas uma a três células em largura. As faixas parenquimáticas algumas vezes são irregulares, ou as células parenquimáticas estão distribuídas de maneira tão esparsa, que uma alternância radial com faixas de células crivadas mal é distinguível. Nas Taxodiaceae, Cupressaceae, e partes das Podocarpaceae e Taxaceae, as fibras estão presentes de forma consistente, e o padrão característico é baseado em uma sequência regular de faixas tangenciais unisseriadas alternadas entre fibras, células crivadas, células parenquimáticas, células crivadas, fibras, e assim por diante, nessa ordem (ver Fig. 14.5B). Ocorrem distúrbios no padrão e a sequência é menos regular em algumas famílias do que em outras. Um padrão específico pode não ser discernível (algumas Araucariaceae, por exemplo, *Agathis australis,* Chan, 1986) ou este pode se desenvolver conforme o caule envelhece. Considerando as gimnospermas como um todo, den Outer (1967) reconheceu uma tendência evolutiva no floema secundário em direção a uma maior organização, regularidade e repetição. O autor agrupou os tecidos em três tipos:

1. Tipo *Pseudotsuga taxifolia* (algumas Pinaceae pertencem a esse tipo), com o subtipo *Tsuga canadensis* (as outras Pinaceae estão agrupadas neste subtipo). O sistema axial consiste principalmente de células crivadas, entre as quais as poucas células parenquimáticas ocorrem em faixas tangenciais descontínuas (Fig. 14.3A) ou difusas, formando uma rede de células parenquimáticas (Fig.14.3B). No tipo *Pseudotsuga taxifolia* as células parenquimáticas radiais são conectadas simplasticamente às células crivadas apenas indiretamente por meio das células de Strasburger (Fig. 14.4A), enquanto que, no subtipo *Tsuga canadensis,* tanto as células parenquimáticas radiais quantos as células Strasburger são conectadas diretamente às células crivadas (Fig. 14.4B). Com exceção das placas radiais de células, as células de Strasburger ocorrem quase exclusivamente nos raios.

2. Tipo *Ginkgo biloba* (inclui, além de *Ginkgo biloba*, Cycadaceae, Araucariaceae, e partes de Podocarpaceae e Taxaceae). O sistema axial consiste de faixas de células crivadas e faixas de células parenquimáticas em proporções quase iguais (Fig. 14.5A). Apenas ocorrem células floemáticas axiais de Strasburger; estas formam longas séries longitudinais dentro das faixas de células parenquimáticas do floema.

3. Tipo *Chamaecyparis pisifera* (inclui Cupressaceae, Taxodiaceae e partes de Podocarpaceae e Taxaceae). O sistema axial consiste de uma sequência regular de tipos celulares alternados (Fig. 14.5B). As células de Strasburger ficam geralmente espalhadas entre as células parenquimáticas, isoladas, nunca em longas séries longitudinais.

Assim, nesta suposta série evolutiva, o nível de organização do floema secundário aumenta. Este começa com um sistema axial que consiste principalmente de células crivadas e uma dispersão de células parenquimáticas e esclereídes e culmina em um composto por uma sequência regular repetida de camadas tangenciais unisseriadas de fibras, células crivadas, células parenquimáticas, fibras e assim por diante.

FLOEMA DE ANGIOSPERMA

O floema secundário das angiospermas mostra uma maior variedade de padrões de arranjos celulares e mais variações nos componentes do que o floema das coníferas. São encontrados arranjos estratificados, intermediários, e não estratificados das células, e os raios podem ser unisseriados, bisseriados ou multisseriados. Elementos de tubo crivado, células companheiras e células parenquimáticas são elementos constantes do sistema axial, mas fibras podem estar ausentes (Fig. 14.6A; *Aristolochia, Austrobaileya, Calycanthus* spp., *Drimys* spp., *Rhus typhina*). Ambos os sistemas podem conter esclereídes, estruturas secretoras de origem esquizógena e lisígena, laticíferos e variados idioblastos, células individualizadas com conteúdos especializados, tais como óleo, mucilagem, tanino e cristais. A formação de cristais é comum e pode ocorrer em série de células parenquimáticas, células parenquimáticas radiais ou em células esclerenquimáticas. Séries subdivididas de parênquima cristalífero geralmente circundam feixes de fibras no floema secundário. Os cristais podem ser tão abundantes que contribuem consideravelmente para o suporte mecânico da casca, resultando até mesmo em uma casca dura na ausência de esclerênquima (Roth, 1981). A casca das árvores de florestas tropicais úmidas, em particular, tem sistemas secretores bem desenvolvidos (Roth, 1981).

Os padrões formados pelas fibras podem ser de significância taxonômica

Uma das diferenças mais conspícuas na aparência da casca e do floema secundário de diferentes espécies resulta da distribuição das fibras, e os padrões formados por estas são úteis para identificação (Holdheide, 1951; Chattaway, 1953; Chang, 1954; Zahur, 1959; Roth, 1981; Archer e van Wyk, 1993; den Outer, 1993). Em certas angiospermas, as fibras são difusas ou irregularmente dispersas entre outras células do sistema axial (Fig. 14.6B; *Campsis*, *Tecoma*, *Nicotiana*, *Cephalanthus*, *Laurus*). Em outras, as fibras ocorrem em faixas tangenciais, alternando mais ou menos regularmente com faixas que contêm os tubos crivados e componentes parenquimáticos do sistema axial (Fig. 14.6C; *Castanea*, *Corchorus*, *Liriodendron*, *Magnolia*, *Robinia*, *Tilia*, *Vitis*) ou podem estar, de certa forma, espalhadas. As fibras podem ser tão abundantes que os tubos crivados e células parenquimáticas ocorrem como grupos pequenos cercados por fibras (Fig. 14.6D; *Carya*, *Eucalyptus*, *Ursiniopsis*). Em algumas espécies, células esclerenquimáticas, geralmente esclereídes ou fibroesclereídes, diferenciam-se apenas na porção não condutora do floema (*Prunus*, *Pyrus*, *Sorbus*, *Laburnum*, *Aesculus*). As fibras septadas de *Vitis* são células vivas relacionadas com o armazenamento de amido.

Os elementos de tubo crivado secundários mostram variação considerável em forma e distribuição

Os tubos crivados e células parenquimáticas axiais mostram inter-relações axiais variadas. Algumas vezes os tubos crivados ocorrem em fileiras radiais longas e contínuas, ou podem formar faixas tangenciais com faixas similares de parênquima. Quando o floema possui faixas tangenciais de fibras alternadas com faixas de elementos de tubo crivado e parênquima associado, os tubos crivados são comumente separados das fibras e dos raios por parên-

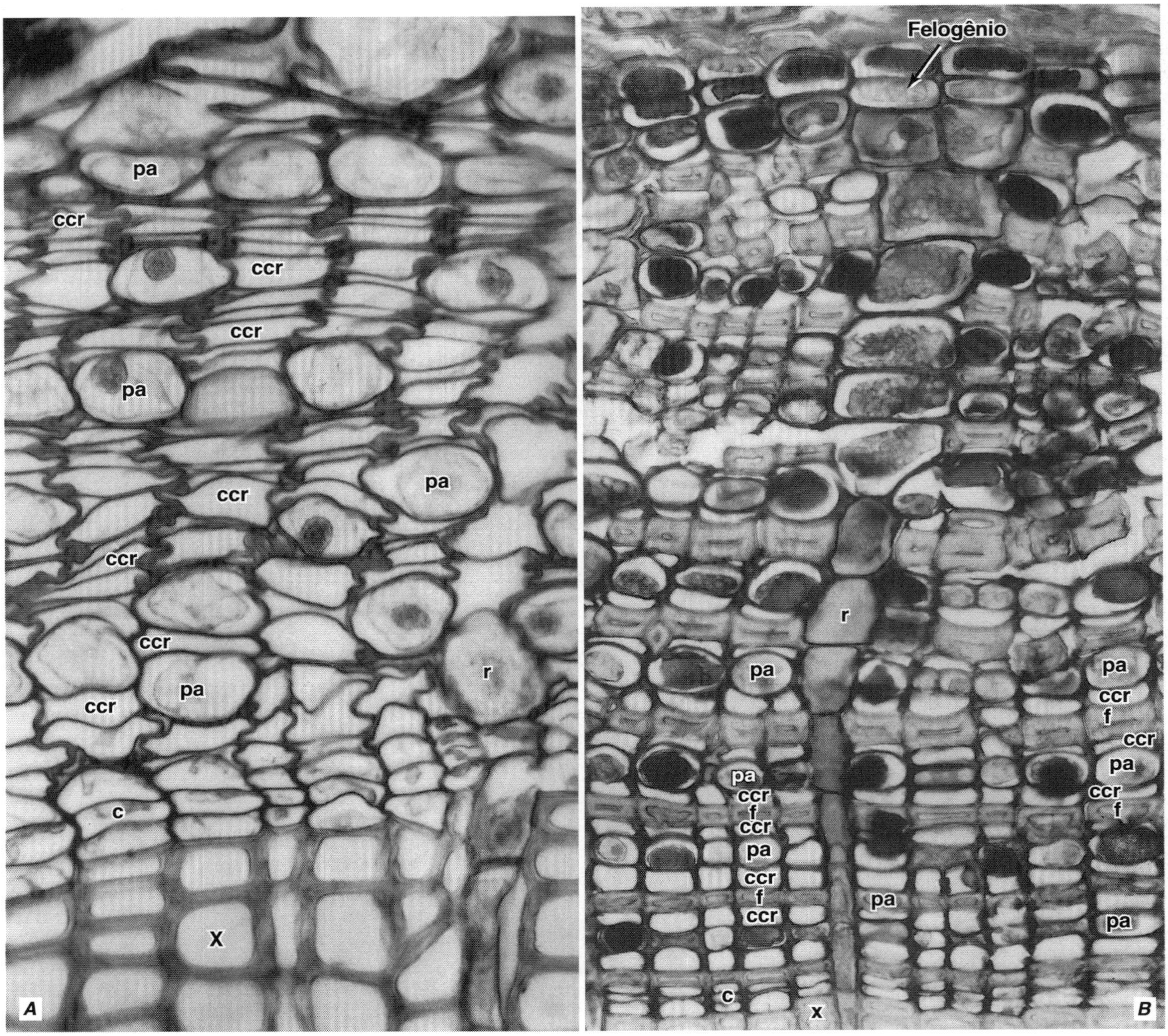

FIGURA 14.5

Secções transversais de floema secundário. **A**, de um ramo de *Ginkgo biloba*. Células crivadas (ccr) e células de parênquima axial (pa) em camadas. Células crivadas parcialmente colapsadas, principalmente no floema mais antigo. Células de parênquima túrgidas. Em caules mais velhos, as camadas, ou faixas, de células crivadas e parênquima axial são mais óbvias do que aqui. **B**, do caule de *Taxodium distichum*. Células se alternam radialmente em sequência de fibra (f), célula crivada (ccr), célula parenquimática (pa), célula crivada (ccr), fibra (f), e assim por diante. No floema não condutor (acima), as células crivadas estão colapsadas pelas células de parênquima aumentadas. Outros detalhes: c, câmbio; r, raio; x, xilema. (**A**, ×600; **B**, ×400. Obtido de Esau, 1969. www.schweizerbart.de)

quima. As faixas de parênquima axial formam uma rede contínua em conjunto com os raios (Ziegler, 1964; Roth, 1981). Existem variações consideráveis na proporção das células parenquimáticas em relação a outros tipos celulares do sistema axial. Em lianas tropicais, tais como *Datura*, as células parenquimáticas são tão abundantes que constituem a matriz do floema condutor (den Outer, 1993). Muitas angiospermas lenhosas possuem floema não estratificado, com elementos de tubo crivado alongados contendo predominantemente placas crivadas compostas nas paredes terminais inclinadas

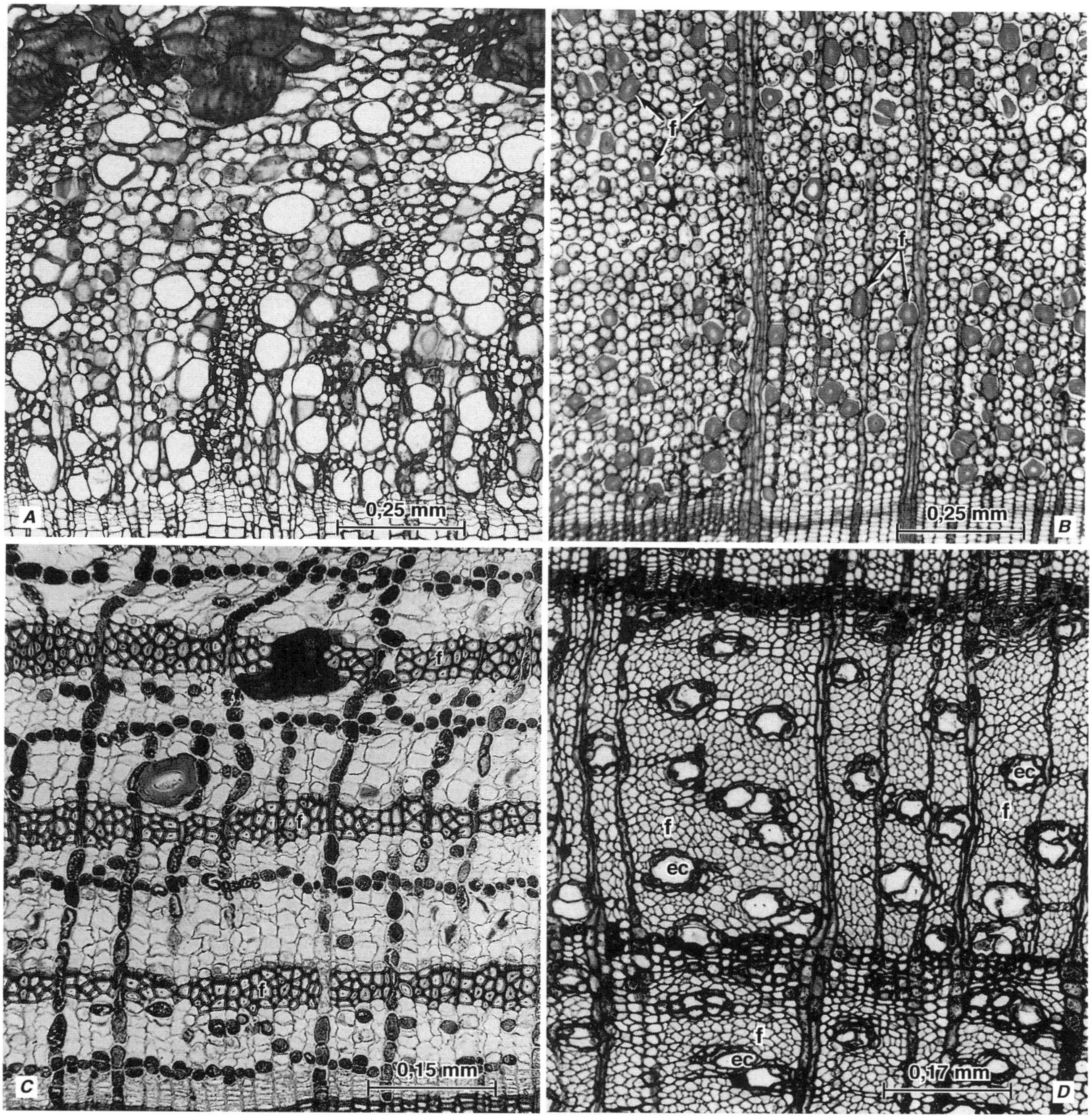

FIGURA 14.6

Floema secundário de uma angiosperma lenhosa em secções transversais. **A**, *Drimys winteri*, que não possui fibras. As células grandes são células secretoras. **B**, *Campsis*, fibras (f) isoladas espalhadas. **C**, *Castanea*, fibras (f) em faixas paralelas tangenciais. **D**, *Carya*, fibras (f) circundam grupos de elementos crivados (ec) e células parenquimáticas.

(Fig. 14.7A; *Betula*, *Quercus*, *Populus*, *Aesculus*, *Tilia*, *Juglans*, *Liriodendron*). Em alguns gêneros, as áreas crivadas das placas crivadas são distintamente mais diferenciadas do que as áreas crivadas laterais. Em outras, com paredes terminais muito inclinadas, como naquelas de *Austrobaileya* (Fig. 14.7B; Behnke, 1986) Winteraceae (Behnke e Kiritsis, 1983) e Pomoideae (Evert, 1960, 1963), há uma distinção menor entre os dois tipos de áreas crivadas. Paredes terminais levemente inclinadas (*Fagus*, *Acer*) e transversais (Fig.14.8; *Fraxinus*, *Umus*, *Robinia*) geralmente possuem placas cri-

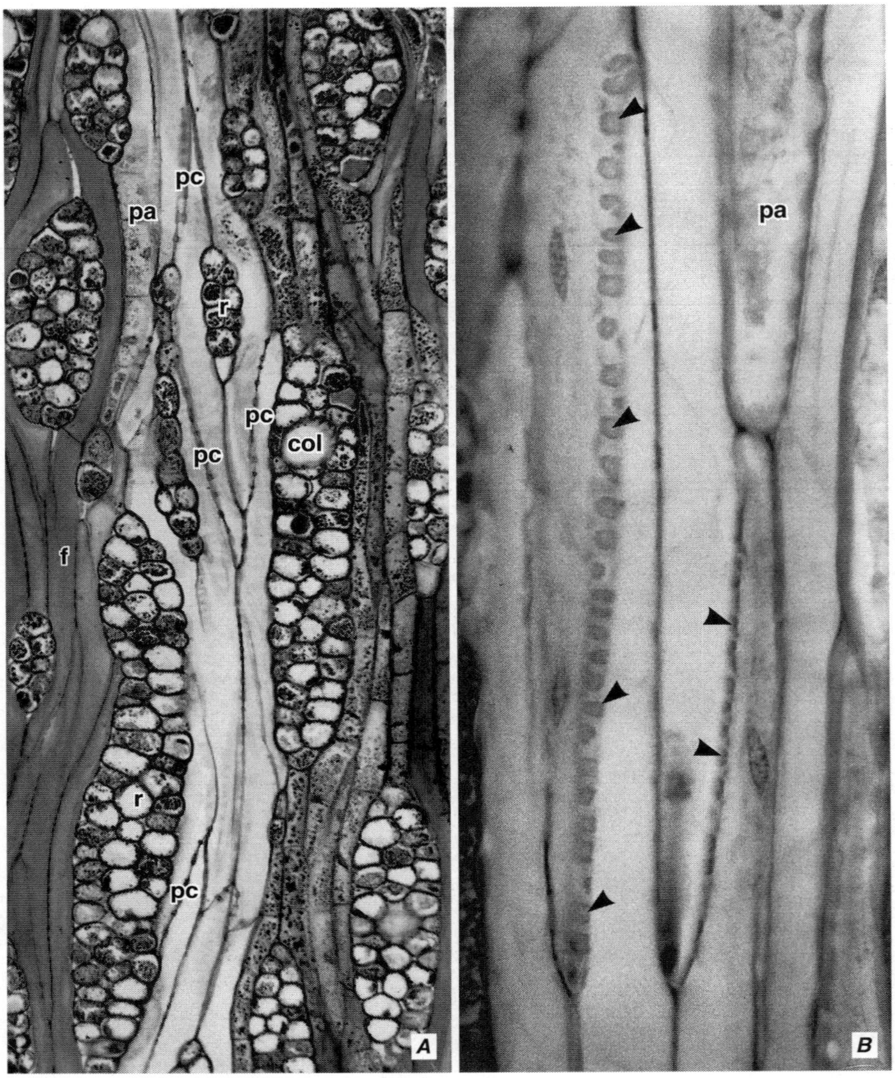

FIGURA 14.7

Secções tangenciais do floema secundário não estratificado de *Liriodendron tulipifera* (**A**) e *Austrobaileya scandens* (**B**), ambas com elementos de tubo crivado com placas crivadas compostas (pc) nas paredes terminais inclinadas. Várias placas crivadas podem ser vistas em **A**, uma única placa crivada em **B**. As placas crivadas muito inclinadas de *Austrobaileya* possuem numerosas áreas crivadas (pontas de setas). Outros detalhes: f, fibra; pa, célula de parênquima axial; col, célula oleífera no raio; r, raio. (**A**, ×100; **B**, ×413. **B**, Prancha 3D obtida de Esau, 1979, *Anatomy of the Dicotyledons*, 2. ed., vol. I, C. R. Metcalfe e L. Chalk, eds., com permissão da Oxford University Press.)

vadas simples. Os elementos de tubo crivado individuais são relativamente curtos em tais plantas, e se o floema é derivado de um câmbio com iniciais curtas, o floema pode ser mais ou menos nitidamente estratificado (Fig. 14.8B; den Outer, 1986). Se os elementos de tubo crivado possuem paredes terminais inclinadas, as extremidades das células têm uma forma aproximada de cunha e são de tal forma orientadas que o lado largo da cunha fica exposto na seção radial, e o estreito na tangencial. As placas crivadas compostas são formadas nos lados largos das extremidades em formato de cunha e são, portanto, observadas em vistas frontais nas secções radiais, e em vistas laterais em secções tangenciais. Como mencionado previamente, os raios do floema secundário são comparáveis aos raios do xilema da mesma espécie, mas podem se tornar dilatados nas partes mais velhas do tecido. O grau dessa dilatação é altamente variável. A extrema dilatação de certos raios é uma das características mais cons-

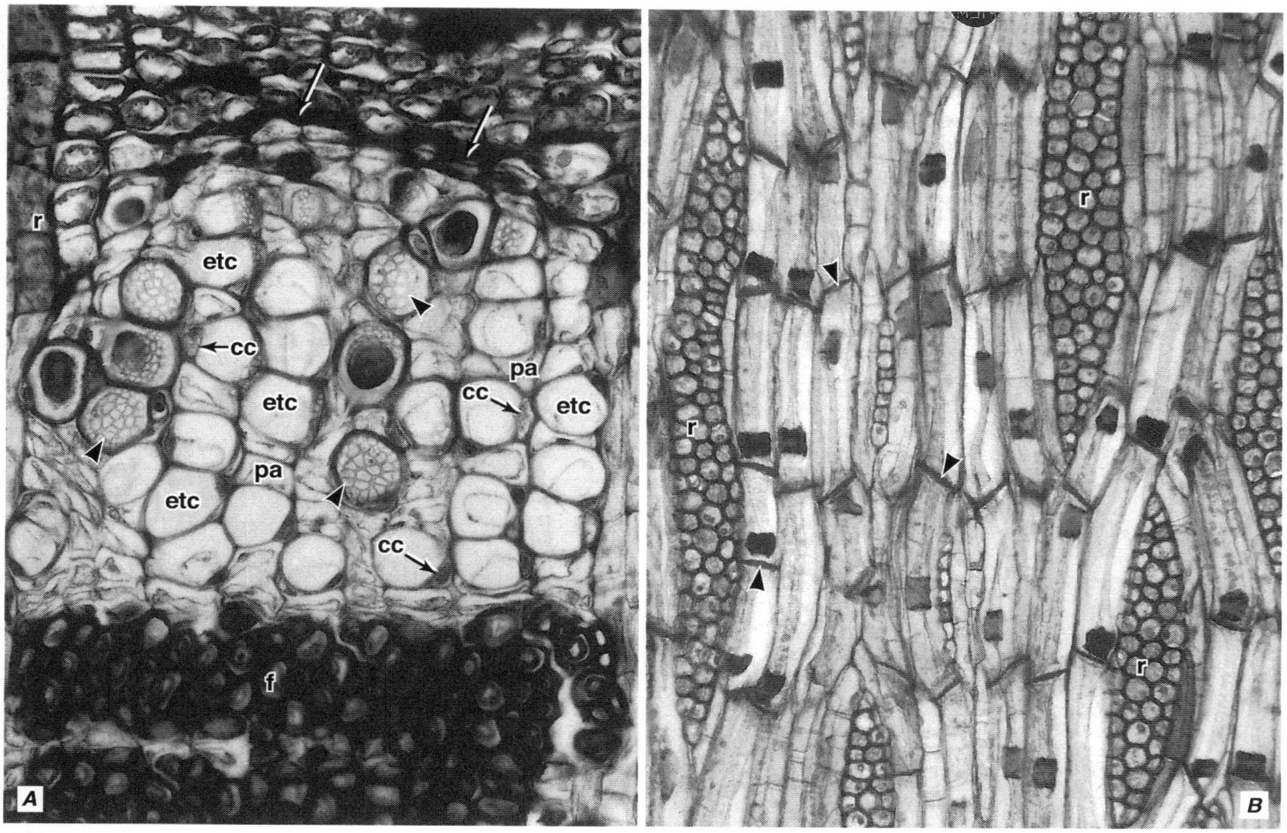

FIGURA 14.8

Floema secundário da falsa-acácia (*Robinia pseudoacacia*). **A**, secção transversal mostrando parte de uma faixa de tubos crivados funcionais. Muitos dos elementos de tubo crivado (etc) foram seccionados próximos ao plano de suas paredes terminais, revelando as placas crivadas simples (pontas de seta). Os elementos de tubo crivado do incremento de floema do ano anterior (acima) estão colapsados e obliterados (setas); abaixo está uma faixa de fibras (f). **B**, secção tangencial, revelando a natureza estratificada desse floema. As pontas de seta apontam as placas crivadas. Os corpos escuros nos elementos de tubo crivado são corpos de proteína-P não dispersos. Outros detalhes: cc, célula companheira; pa, célula parenquimática; r, raio. (**A**, ×370; **B**, ×180. **A**, obtido de Evert, 1990b, Fig. 6.1. © 1990, Springer-Verlag; **B**, cortesia de William F. Derr.)

pícuas do floema de *Tilia* (ver Fig. 14.16). Os raios largos separam em blocos o sistema axial junto com os raios não dilatados se estreitando em direção à periferia do caule.

Elementos de tubo crivado, tanto solitários como em grupos, são encontrados nos raios do floema de alguns eudicotiledôneas (por exemplo, na Fig.14.9, *Vitis vinifera*, Esau, 1948; *Calycanthus occidentalis,* Cheadle e Esau, 1958; *Strychnos nux-vomica*, *Leucosceptrum cannum*, *Dahlia imperialis*, *Gynura angulosa*, Chavan et al., 1983; *Erythrina indica*, *Acacia nilotica*,*Tectona grandis*, Rajput e Rao, 1997). Esses "elementos crivados de raio" são análogos às assim chamadas células perfuradas de raio (elementos de vaso) encontradas nos raios xilemáticos de algumas espécies (Capítulo 11). Ambos os tipos de elementos podem servir para interconectar os seus respectivos elementos condutores em qualquer lado de um raio. Elementos de tubo crivado arranjados radialmente também ocorrem em alguns raios do floema (Rajput e Rao, 1997; Rajput, 2004). Se os elementos de tubo crivado têm a sua origem a partir de células de raio propriamente ditas ou de células potencialmente radiais (Cheadle e Esau, 1958) é uma questão problemática. Células semelhantes foram encontradas nos raios do floema de *Malus domestica* e, por meio do exame de secções tangenciais seriadas, descobriu-se que são derivadas de iniciais fusiformes que reduziram gradualmente seu comprimento e sua forma alongada, algumas das quais finalmente se converteram em iniciais de raio que, então, deram origem apenas às células parenquimáticas de raio (Evert, 1963). Talvez o mesmo seja verdadeiro para as células perfuradas de raio.

Eudicotiledôneas herbáceas que possuem crescimento secundário (*Nicotiana*, *Gossypium*) podem ter floema secundário semelhante àquele das espécies lenhosas. Algumas espécies herbáceas, como a trepadeira *Cucurbita*, possuem um floema secundário pouco distinguível do primário exceto por possuírem células maiores. *Cucurbita* tem um floema externo e interno (Fig. 13.1) e, comumente, apenas o floema externo é aumentado pelo crescimento secundário. O floema secundário consiste de tubos crivados largos, células companheiras estreitas, e células parenquimáticas do floema[3] de tamanho intermediário. Não há fibras nem raios. As placas crivadas são simples com poros grandes. As paredes laterais possuem áreas crivadas que lembram campos de pontoações primárias (Fig. 13.9C). Elas são muito menos especializadas do que as áreas crivadas das placas crivadas simples. Nas secções transversais, as células companheiras pequenas frequentemente aparecem como se estivessem cortadas das laterais dos tubos crivados. Longitudinalmente, as células companheiras normalmente se estendem de placa a placa crivada, algumas vezes como uma célula única, outras vezes como uma série de duas ou mais células.

Floema secundário com uma estrutura relativamente simples é encontrado em órgãos de armazenamento de eudicotiledôneas, tais como aqueles da cenoura, do dente-de-leão e da beterraba. O parênquima de armazenamento predomina nesse tipo de floema, e os tubos crivados e células companheiras aparecem como cordões anastomosados dentro do parênquima.

DIFERENCIAÇÃO NO FLOEMA SECUNDÁRIO

As derivadas do câmbio vascular comumente passam por algumas divisões antes que os vários elementos do floema comecem a se diferenciar. Como mencionado no Capítulo 12, evidências indicam que a maioria das derivadas cambiais se divide periclinalmente pelo menos uma vez, dando origem a pares de células no lado do floema. Em *Thuja occidentalis*, que produz uma sequência regular de tipos celulares que se alternam no sistema axial, a derivada de uma inicial cambial comumente se divide periclinalmente uma vez para produzir duas células das quais a exterior geralmente se torna uma célula crivada e a interior, ou uma série parenquimática, ou uma fibra, de acordo com a sequência do padrão (Fig. 14.10; Bannan, 1955). Ocasionalmente uma derivada cambial se diferencia em uma célula floemática sem se dividir periclinalmente. Em angiospermas lenhosas, as divisões precedendo a diferenciação de elementos de tubo crivado são variadas em número e orientação. Pelo menos ocorrem as divisões (uma ou mais) formando a célula companheira. Em *Malus domestica* as derivadas cambiais se dividem periclinalmente pelo menos uma vez. Essas divisões podem render pares de elementos de tubo crivado (com suas células companheiras), pares de séries parenquimáticas, ou um par consistindo de um elemento de tubo crivado (com célula companheira) e uma série parenquimática (Fig. 14.11; Evert, 1963). Em algumas espécies as divisões das derivadas cambiais são principalmente anticlinais, incluindo transversal, oblíqua, e/ou lon-

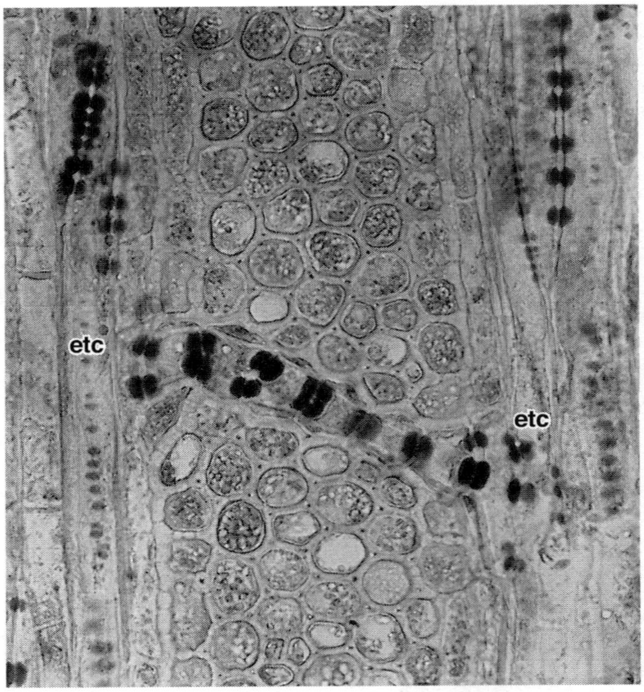

FIGURA 14.9

Secção tangencial do floema secundário de *Vitis vinifera* mostrando uma série de elementos de tubo crivado curtos em um raio. Um grande acúmulo de calose (em escuro) demarca as placas crivadas. Detalhe: etc, elementos de tubo crivado do sistema axial. (×290. Obtido de Esau, 1948. *Hilgardia* 18 (5), 217–296. © 1948 Regents, University of California.)

3 São as células do parênquima axial.

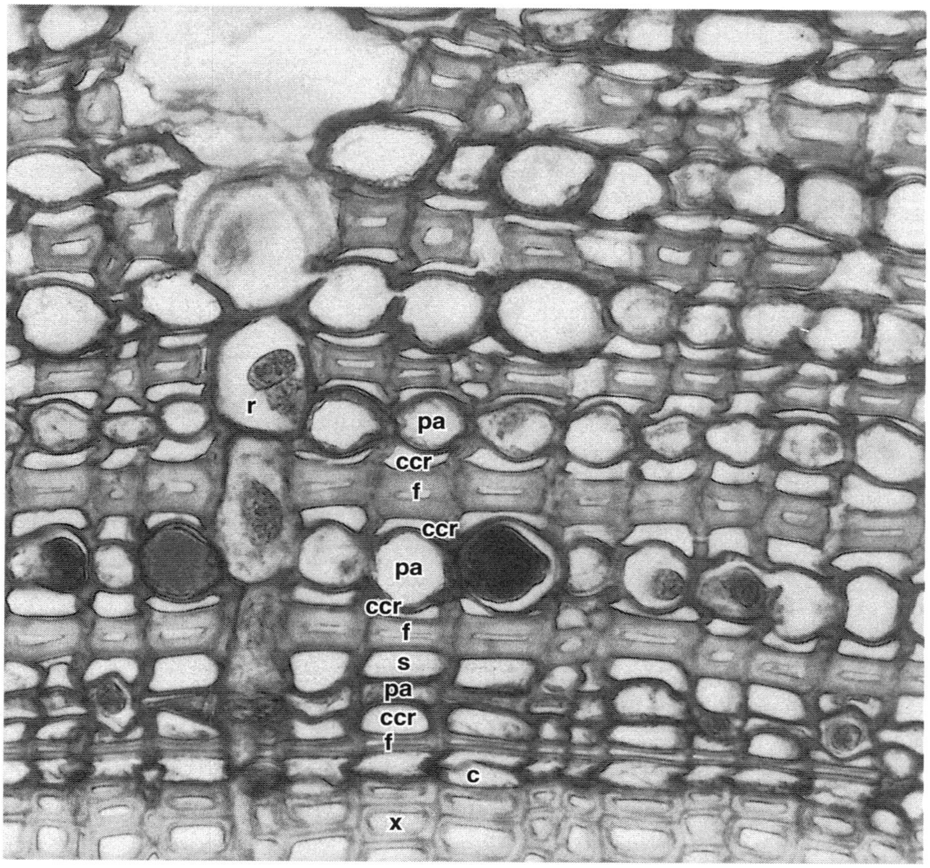

FIGURA 14.10

Secção transversal do floema secundário do caule de *Thuja occidentalis*. O sistema axial consiste de uma sequência regular de tipos celulares alternados: fibra (f), célula crivada (ccr), célula parenquimática (pa), célula crivada (ccr), fibra (f), e assim por diante. A última divisão periclinal de uma derivada cambial comumente origina ou uma célula crivada e uma fibra, ou uma célula crivada e a precursora de uma série parenquimática. A célula crivada é a célula mais externa nas duas situações. Outros detalhes: c, câmbio; r, raio; x, xilema. (×600. Obtido de Esau, 1969. www.schweizerbart.de)

gitudinal, resultando em agrupamentos que contêm várias combinações de elementos de tubo crivado (com células companheiras) e células parenquimáticas, ou apenas de elementos de tubo crivado e células companheiras (Esau e Cheadle, 1955; Cheadle e Esau, 1958, 1964; Esau, 1969). Entre as divisões anticlinais estão algumas que resultam em uma redução ontogenética do comprimento potencial dos elementos de tubo crivado.

A diferenciação de uma célula floemática como um elemento específico do tecido floemático começa após o término das variadas divisões celulares e quando a célula já foi programada para diferenciação. As células fusiformes que dão origem às células parenquimáticas axiais comumente se subdividem por divisões transversais ou oblíquas (formação da série parenquimática), ou elas se diferenciam diretamente em células parenquimáticas longas e fusiformes. Geralmente as várias células floemáticas aumentam em tamanho, mas as células parenquimáticas e elementos crivados passam principalmente por expansão lateral, enquanto as fibras podem se alongar por crescimento intrusivo apical. Tanto nas gimnospermas quanto nas angiospermas, os elementos crivados passam por pouco ou nenhum crescimento em comprimento, de forma que na maturidade os elementos crivados são aproximadamente tão longos quanto as iniciais cambiais. Assim, nas angiospermas, os elementos de tubo crivado também correspondem em comprimento aos elementos de vaso do xilema secundário. Células de raio geralmente mudam pouco durante a diferenciação, exceto pelo fato de que podem sofrer alguma expansão.

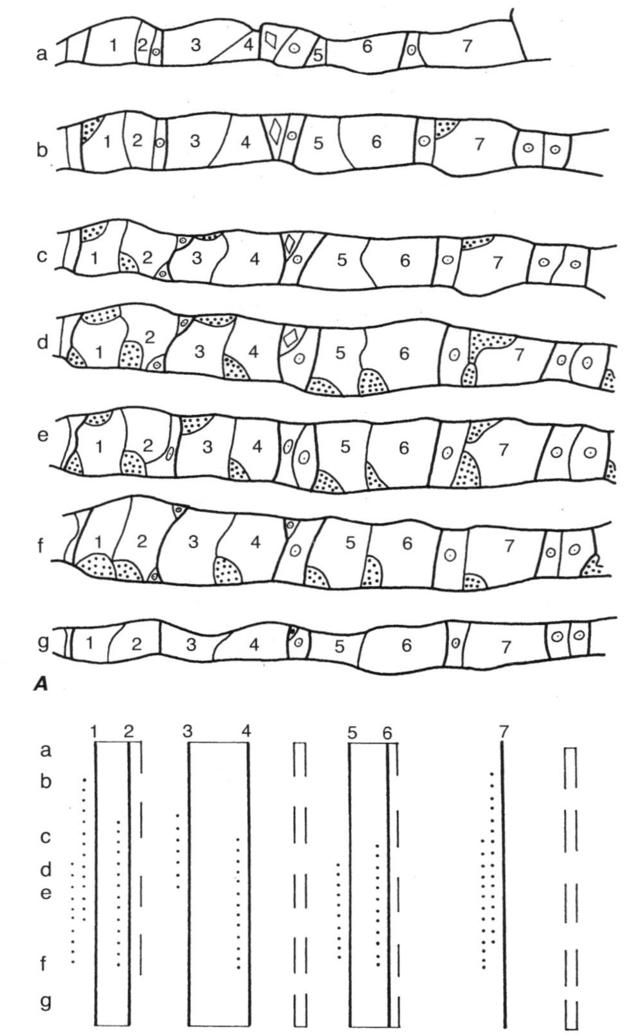

FIGURA 14.11

Floema secundário de *Malus domestica*. Análise de uma fileira radial de derivadas cambiais. **A**, desenhos a-g ilustram a fileira radial em secções transversais realizadas nos níveis indicados pelas posições de a-g em **B**. Em **A**, células parenquimáticas estão com núcleos, elementos crivados numerados, e células companheiras com pontinhos. Em **B**, as linhas sólidas numeradas representam os elementos crivados, as linhas pontilhadas as células companheiras, e as linhas tracejadas as células parenquimáticas. Agrupamentos estão indicados, em parte, pelas linhas horizontais que conectam as células relacionadas. (×393. Obtido de Evert, 1963.)

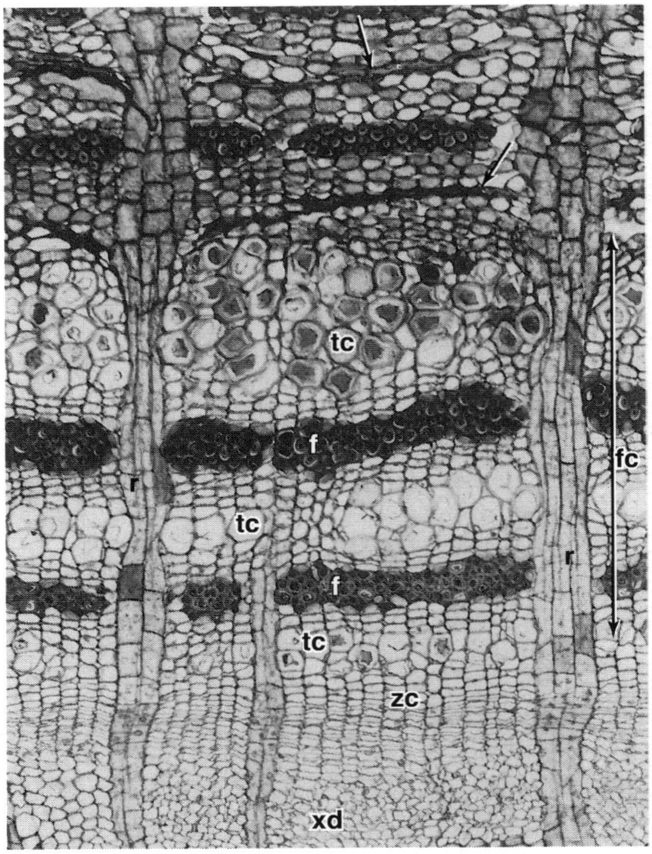

FIGURA 14.12

Secção transversal do floema secundário da falsa-acácia (*Robinia pseudoacacia*) mostrando em grande parte o floema condutor (fc). A atividade cambial resultou na produção de três novas faixas de tubos crivados (tc) e duas de fibras (f). Os tubos crivados do floema não condutor (indicados por setas) colapsaram. Outros detalhes: zc, zona cambial; xd, xilema em diferenciação; r, raio. (×150.)

As células esclerenquimáticas no floema secundário comumente são classificadas como fibras, esclereídes, e fibroesclereídes

Existe considerável discussão sobre a classificação das células esclerenquimáticas do floema secundário porque não há critérios adequados para categorizá-las, tanto com base no seu tempo de maturação quanto em suas características morfológicas (Esau, 1969). Embora existam muitos tipos intermediários, as células esclerenquimáticas do floema secundário comumente são classificadas como fibras, esclereídes e fibroesclereídes, como segue:

Fibras são células esclerenquimáticas estreitas e alongadas, que se desenvolvem próximas ao câmbio e alcançam a maturidade no floema condutor (Fig. 14.12). Estas podem ou não sofrer crescimento intrusivo, podem ou não ter paredes lignificadas, e podem ou não reter seus protoplastos na

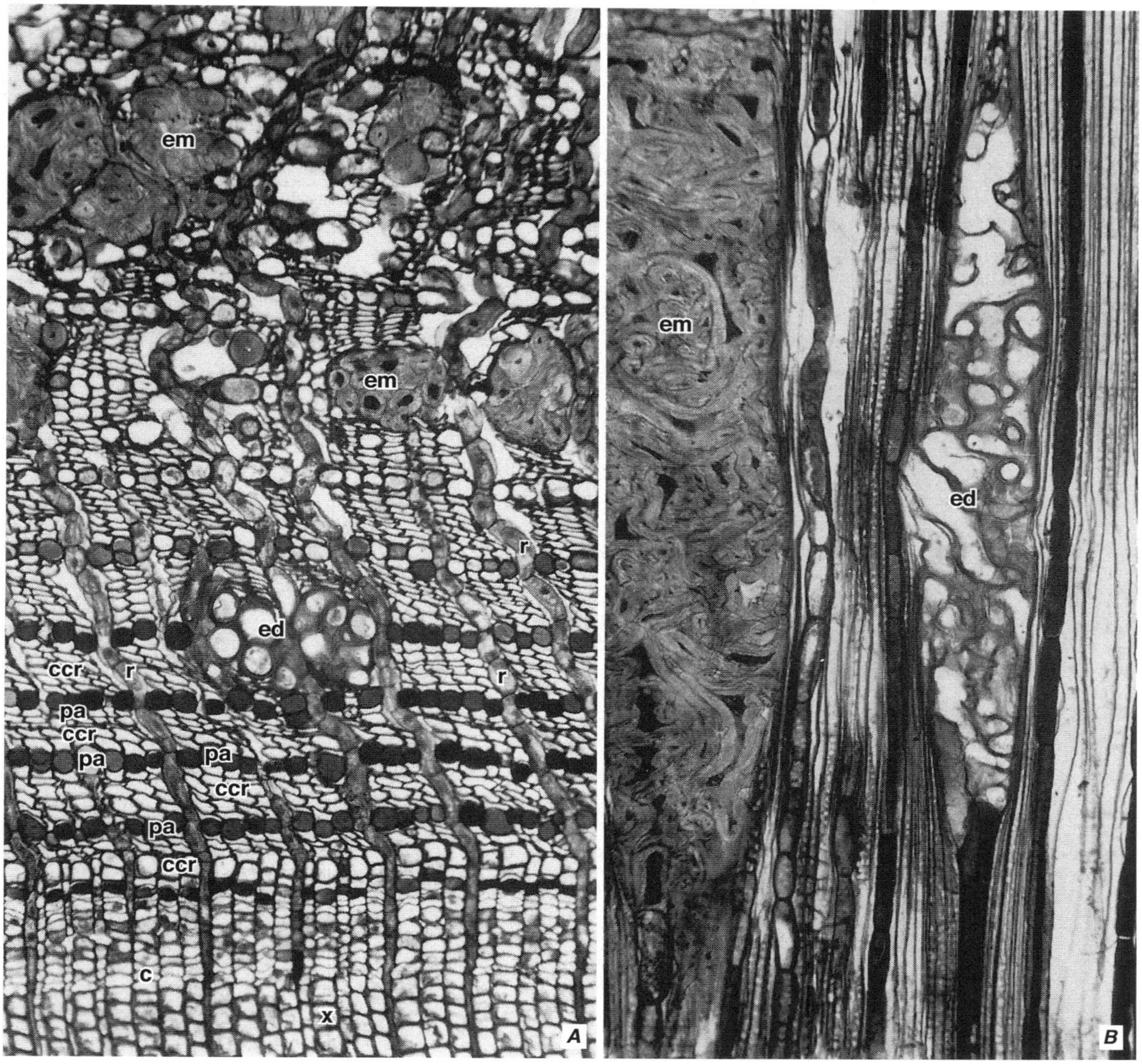

FIGURA 14.13

Floema secundário de *Abies sachalinensis* var. *mayriana* em secções transversal (**A**) e longitudinal radial (**B**) do caule. Camadas tangenciais com uma célula de largura de células parenquimáticas axiais (pa) se alternam com camadas de células crivadas (ccr). No floema não condutor, as células parenquimáticas originam esclereídes torcidas. Outros detalhes: c, câmbio; ed, esclereídes em diferenciação; em, esclereídes maduras; r, raios; x, xilema. (Ambas, ×92. Obtido de Esau, 1969. www.schweizerbart.de)

maturidade. Ainda que células contendo cristais possam acompanhar esclereídes ou fibroesclereídes, células cristalíferas subdivididas são geralmente encontradas ao longo das margens das faixas de fibras.

Esclereídes se desenvolvem principalmente no floema não condutor pela modificação das células parenquimáticas axiais ou radiais já diferenciadas. Algumas, contudo, são logo individualizadas como primórdios de esclereídes próximos ao câmbio e maturam no floema condutor. A esclereíde típica é mais curta que uma fibra, tem um lúmen celular mais largo, e uma parede celular grossa, frequentemente com múltiplas camadas atravessadas por pontoações simples conspícuas que se ramificam (pontoações ramificadas). Variam de braquiesclereídes não ramificadas (células pétreas) a formas torcidas irregularmente, tais como aquelas encontradas em *Abies* (Fig. 14.13) e casca de *Eucalyptus* (Chattaway, 1953,1955a).

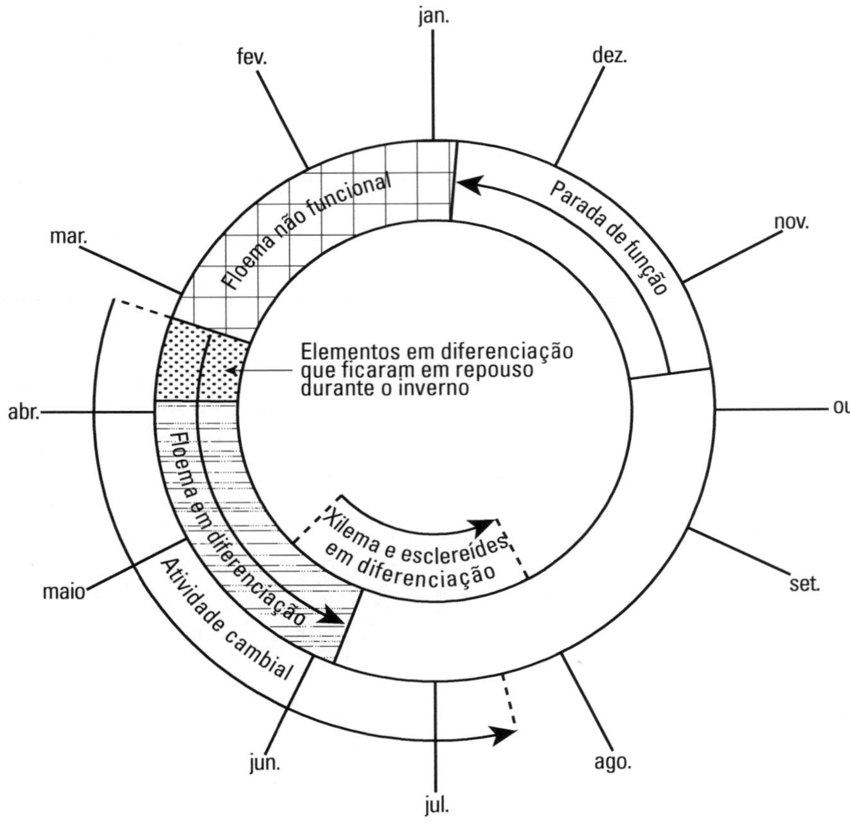

FIGURA 14.14

Diagrama que interpreta o crescimento sazonal do floema secundário do caule de *Pyrus communis* (pera). (Reproduzido com permissão da University of California Press: Evert, 1960. *Univ. Calif. Publ. Bot.* © 1960, The Regents of the University of California.)

Fibroesclereídes se originam de células parenquimáticas axiais no floema não condutor. Essas células passam por crescimento intrusivo, assim, na maturidade, elas podem ser indistintas das fibras verdadeiras.

O floema condutor constitui apenas uma pequena parte da casca interna

O floema é considerado diferenciado em um tecido condutor envolvido com o transporte a longa distância quando os elementos crivados se tornam anucleados e desenvolvem as outras características especializadas dos elementos crivados maduros, incluindo os poros abertos das áreas crivadas. A largura da camada de crescimento anual do **floema condutor** produzido em uma estação varia de acordo com a espécie e condições de crescimento e, como discutido no Capítulo 12, é geralmente consideravelmente mais estreita que a camada de crescimento do xilema correspondente. Além disso, em muitas espécies decíduas de angiospermas lenhosas de zonas temperadas, uma dada camada de crescimento do floema funciona por apenas uma estação. Durante o inverno em tais espécies não há elementos crivados maduros vivos e, portanto, nenhum floema condutor (ver Tabela 12.3). Nessas espécies, na primavera, os primeiros elementos crivados funcionais derivam de células-mãe floemáticas que ficam em repouso na margem externa da zona cambial (Fig. 14.14).

Em outras espécies de angiospermas lenhosas – tanto decíduas como sempre-verdes de zonas temperadas e tropicais – e em coníferas (ver Tabelas 12.3, 12.4 e 12.5), ao menos alguns elementos crivados funcionais estão presentes no floema ao longo do ano. Os detalhes variam. Na maioria das coníferas, todas, exceto as células crivadas formadas por último, cessam de funcionar durante a mesma estação na qual foram derivadas do câmbio vascular. Entretanto, estas formadas por

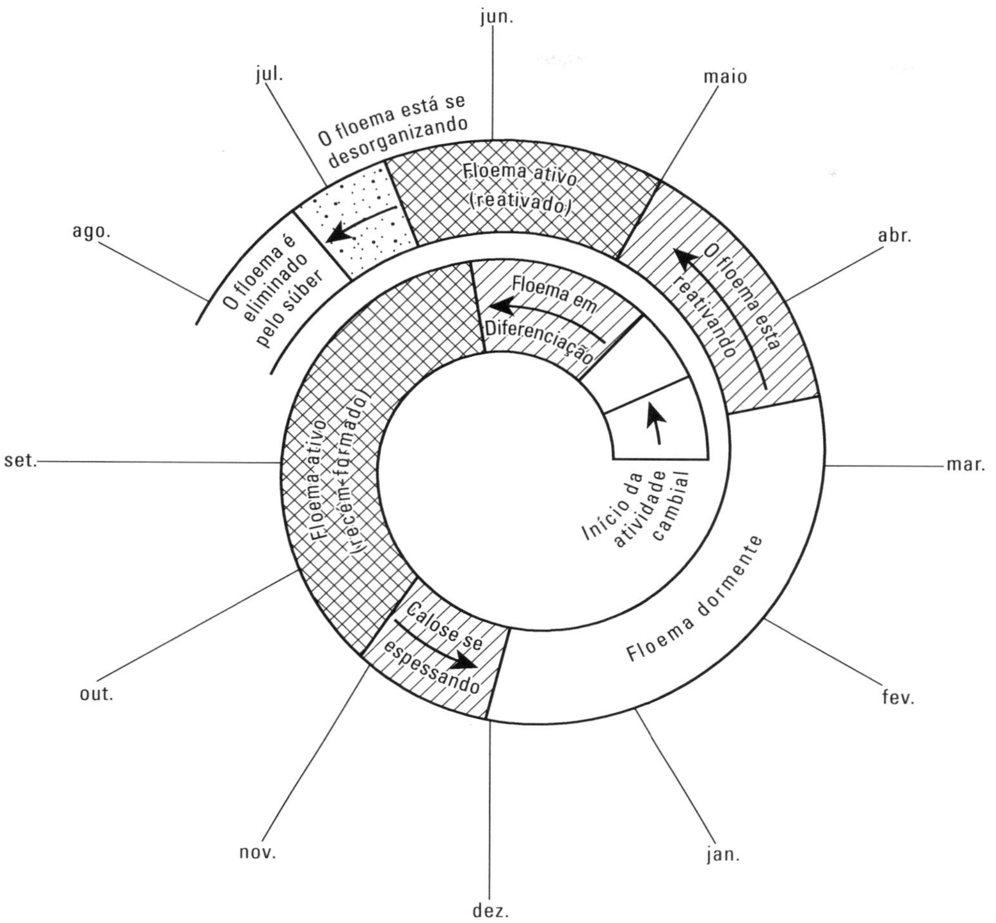

FIGURA 14.15

Diagrama que interpreta o crescimento sazonal do floema secundário do caule de *Vitis vinifera* (videira). (Obtido de Esau, 1948. *Hilgardia* 18 (5), 217-296. © 1948 Regents, University of California.)

último permanecem vivas e funcionais durante o inverno até novas células crivadas se diferenciarem na primavera (Alfieri e Evert, 1968, 1973). Em *Juniperus californica*, todas as células crivadas da camada floemática do ano anterior permanecem em um estado maduro e funcional durante o inverno (Alfieri e Kemp, 1983). Um padrão similar ao encontrado na maioria das coníferas é demonstrado pelas folhosas de regiões temperadas com anéis porosos, *Quercus alba* (Anderson e Evert, 1965) e *Ulmus americana* (Tucker, 1968). Um número relativamente grande de elementos crivados pode permanecer funcional por uma ou duas estações em certas espécies. Em algumas espécies temperadas a calose de dormência se forma no outono nas áreas crivadas dos elementos crivados que irão permanecer em um estado dormente durante o inverno. Quando os elementos crivados são reativados na primavera, a calose de dormência é removida. Esse padrão ocorre, por exemplo, no floema de *Tilia*, cujos elementos crivados podem funcionar por cerca de 5 anos em *T. americana* (Evert, 1962) e 10 anos em *T. cordata* (Holdheide, 1951), em *Carya ovata*, com elementos crivados funcionando por 2 a 6 anos (Davis, 1993b), e em *Vitis* (Esau, 1948; Davis e Evert, 1970) e nos caules bianuais de *Rubus allegheniensis* (Davis, 1993a), com elementos crivados que funcionam por 2 anos (Fig. 14.15). Um padrão similar de dormência e reativação aparentemente ocorre no floema de *Grewia tiliaefolia*, uma árvore decídua tropical da Índia (Deshpande e Rajendrababu, 1985). A auxina está envolvida na remoção da calose de dormência dos tubos crivados secundários de *Magnolia kobus* (Aloni e Peterson, 1997).

Em virtude da largura relativamente estreita do incremento anual do floema e sua vida funcional geralmente curta, a camada de floema condutor ocupa somente uma pequena proporção da casca. Huber (1939) encontrou que a espessura, em milímetros, do floema condutor é de 0,23 a 0,325 para *Larix* e 0,14 a 0,27 para *Picea*. Alguns exemplos da largura em milímetros para o floema condutor em espécies decíduas são 0,2 para *Fraximus americana* e 0,35 para *Tectona grandis* (Zimmermann, 1961); 0,2 a 0,3 para *Quercus*, *Fagus*, *Acer*, e *Betula*; 0,4 a 0,7 para *Ulmus* e *Juglans*; e 0,8 a 1,0 para *Salix* e *Populus* (Holdheide, 1951). Todos esses exemplos são para árvores de zona temperada exceto para a *Tectona grandis* (teca), cuja casca contém uma quantidade modesta de floema condutor. Teca aparentemente contrasta fortemente com Dipterocarpaceae, que foram citadas por possuírem faixa de floema condutor de 5 a 6 mm de largura (Whitmore, 1962). Esta última informação serviu para alimentar a crença de que a casca de árvores tropicais geralmente continha faixas substancialmente mais largas de floema condutor do que suas correspondentes de zona temperada. Entretanto, a acurácia das medidas de Whitmore (1962) foi questionada (Esau, 1969). Roth (1981) observou que o floema condutor ocupa somente uma porção muito pequena da espessura da casca interna de árvores da Guiana Venezuelana[4]. O mesmo é verdadeiro para a casca de *Citharexylum myrianthum* e *Cedrela fissilis* do Brasil (Veronica Angyallossy, comunicação pessoal). Elementos de tubo ocupam de 25% a 50% do floema condutor de angiospermas lenhosas.

FLOEMA NÃO CONDUTOR

A parte do floema na qual os elementos crivados cessaram de funcionar pode ser referida como **floema não condutor**. Esse termo é preferível ao ambíguo termo "floema não funcional" porque parte da casca interna, na qual os elementos crivados estão mortos e não conduzem mais, comumente retém células parenquimáticas axiais e radiais. Essas células continuam a armazenar amido, taninos e outras substâncias até que o tecido é separado da parte viva da casca pela atividade do felogênio.

4 Território guianês reinvindicado pela Venezuela, denominado de Guaiana Essequiba.

Pode haver uma defasagem entre o tempo em que os elementos crivados param de conduzir e sua efetiva morte, mas os vários sinais do estado inativo dos elementos crivados são prontamente identificados. As áreas crivadas ou estão cobertas por uma massa de calose (calose definitiva) ou inteiramente livres dessa substância; a calose finalmente desaparece dos elementos crivados velhos e inativos. Os conteúdos dos elementos crivados podem estar completamente desorganizados ou podem estar ausentes e as células preenchidas por gás. As células companheiras e algumas células parenquimáticas das angiospermas, e as células de Strasburger das coníferas, cessam de funcionar quando seus elementos crivados associados morrem. A determinação do estado não condutor do floema é particularmente certa se os elementos crivados estão mais ou menos colapsados ou obliterados. Em algumas espécies não há um limite óbvio entre o floema colapsado e não colapsado (por exemplo, em *Euonymus bungeamus*, Lin e Gao, 1993; Leguminosae arborescentes, Costa et al., 1997; *Eucalyptus globulus*, Quilhó et al., 1999). Em outras, os elementos crivados permanecem intactos por vários anos depois que morrem e podem não colapsar até que sejam separados da casca interna pela atividade do felogênio. Portanto, a sugestão de os termos "floema colapsado" e "não colapsado" serem usados no lugar de "floema condutor" e "não condutor" (Trockenbrodt, 1990) não foi adotada neste livro.

O floema não condutor difere estruturalmente do floema condutor

Os fenômenos responsáveis pelas diferenças estruturais do floema condutor e não condutor podem ser colocados em quatro categorias: (1) o colapso dos elementos crivados e algumas das células associadas a eles; (2) o crescimento por dilatação resultado da expansão e divisão celular das células parenquimáticas, axiais ou radiais ou ambas (pode ocorrer somente expansão celular); (3) a esclerificação, isto é, o desenvolvimento de parede secundária nas células parenquimáticas; e (4) o acúmulo de cristais (Esau, 1969). As características do floema não condutor como um todo são variáveis nas diferentes plantas, refletindo a forma e o grau no qual cada um dos quatro fenômenos é expresso. Em certas angiospermas, como *Liriodendron*, *Tilia*, *Populus* e *Juglans*, a forma dos tubos crivados sem função muda pouco, embora suas células companheiras colapsem. Em outras, como *Aristolochia* e *Robinia,* os elementos de tubo crivado e células associadas colapsam completamente, e como ocorrem em faixas tangenciais, as células esmagadas alternam-se mais ou menos regularmente com faixas tangenciais de células parenquimáticas túrgidas (Fig. 14.12). E, ainda em outras, o colapso dos elementos crivados é acompanhado por um conspícuo encolhimento do tecido e curvatura dos raios. Em coníferas, o colapso das células crivadas velhas é bem marcado. O floema não condutor de *Pinus* exibe uma massa de células crivadas colapsadas entremeadas com células intactas parenquimáticas do floema (Fig. 14.3), e os raios são curvos e dobrados. Em coníferas que apresentam fibras no floema, as células crivadas são esmagadas entre as fibras e as células parenquimáticas do floema em expansão (Fig. 14.5B). Em *Vitis vinifera* os tubos crivados inativos se tornam preenchidos por proliferações semelhantes a tilos (tiloides) a partir de células do parênquima axial (Esau, 1948).

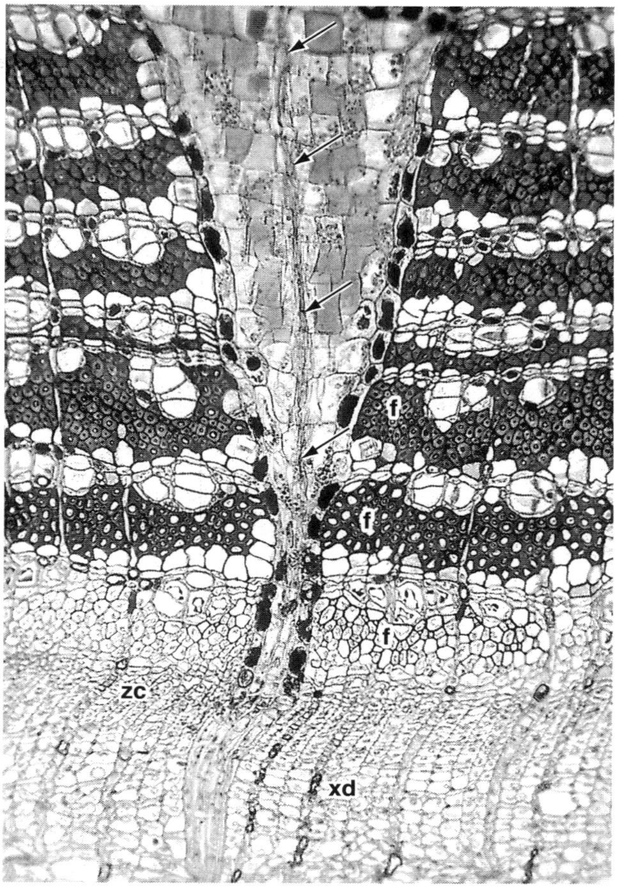

FIGURA 14.16

Secção transversal do caule de *Tilia americana* (tília) em crescimento secundário. No floema do ano corrente foram produzidas três novas faixas tangenciais de fibras floemáticas (f); as duas mais próximas à zona cambial (zc) larga ainda estão se diferenciando. Uma faixa de elementos de tubo crivados em diferenciação, com corpúsculos de proteína-P, podem ser vistas margeando (para o exterior) a nova faixa de fibras. O meristema de dilatação (setas) se estende pelo comprimento do raio dilatado. Outros detalhes: xd, xilema em diferenciação. (×125.)

A dilatação é o meio pelo qual o floema se ajusta ao aumento em circunferência do eixo como resultado do crescimento secundário

Tanto o parênquima axial quanto o radial podem participar do crescimento por dilatação, mas a participação uniforme de ambos é rara (Holdheide, 1951). Às vezes as células radiais somente se estendem tangencialmente, mas mais frequentemente o número de células é aumentado na direção tangencial por meio de divisões radiais. Essas divisões podem estar restritas à parte mediana de um raio, dando a impressão de um meristema aí localizado (de dilatação) (Fig. 14.16; Holdheide, 1951; Schneider, 1955). Geralmente somente alguns raios se tornam dilatados; outros permanecem com a largura que tinham no momento em que se originaram do câmbio.

O crescimento por dilatação do parênquima axial é frequentemente um fenômeno menos conspícuo do que o dos raios, mas é bastante comum (Esau, 1969). Nas coníferas, a expansão e a proliferação das células do parênquima axial é a principal forma de dilatação (Liese e Matte, 1962) e pode continuar por muitos anos. Alguma expansão das células parenquimáticas axiais ocorre em conexão com o colapso dos elementos crivados. As células do parênquima axial podem proliferar formando cunhas de tecido semelhante a raios dilatados como em *Eucalyptus* (Chattaway, 1955b) e Dipterocarpaceae (Whitmore, 1962). A expansão do parênquima axial pode continuar por um período mesmo depois que o floema foi eliminado por uma periderme (Chattaway, 1955b; Esau, 1964). A dilatação do floema geralmente é interrompida quando o felogênio surge no floema e o separa da casca interna.

A esclerificação do floema não condutor quase sempre está associada com o crescimento por dilatação. Ambas as células do parênquima axial e radial podem se tornar esclerificadas. Um tipo de esclerificação é o desenvolvimento de fibroesclereídes a partir de células do parênquima axial que sofrem crescimento intrusivo e depósito de paredes secundárias na porção mais interna do floema não condutor. Alguns exemplos de espécies com fibroesclereídes, como mencionado por Holdheide (1951), são *Ulmus scabra*, *Pyrus communis*, *Malus domestica*, *Sorbus aucuparia*, *Prunus padus*, *Fraxinus excelsior* e *Fagus sylvatica*. O desenvolvimento de esclereídes é comum nos raios e no tecido de dilatação do sistema axial. Na maioria dos casos a esclerificação é precedida pela expansão celular. Crescimento intrusivo também pode ocorrer, resultando em paredes curvas e onduladas. A esclerificação do floema não condutor pode continuar indefinitivamente, produzindo massas de esclereídes. O esclerênquima em *Fagus* pode constituir 60% do tecido (Holdheide, 1951). Em certas cascas tropicais, como a do tipo *Licania*, o esclerênquima pode cobrir mais de 90% da área transversal no floema não condutor (Roth, 1973).

O floema não condutor também acumula várias substâncias como cristais e substâncias fenólicas. Embora cristais ocorram no floema condutor, eles geralmente se acumulam em células que delimitam as que estão sofrendo esclerificação e, portanto, os cristais podem ser particularmente conspícuos no floema não condutor. Os tipos e distribuição dos cristais são suficientemente característicos para serem usados em estudos comparativos (Holdheide, 1951; Patel e Shand, 1985; Archer e van Wyk, 1993).

REFERÊNCIAS

ALFIERI, F. J. e R. F. EVERT. 1968. Seasonal development of the secondary phloem in *Pinus*. *Am. J. Bot.* 55, 518-528.

ALFIERI, F. J. e R. F. EVERT. 1973. Structure and seasonal development of the secondary phloem in the Pinaceae. *Bot. Gaz.* 134, 17-25.

ALFIERI, F. J. e R. I. KEMP. 1983. The seasonal cycle of phloem development in *Juniperus californica*. *Am. J. Bot.* 70, 891-896.

ALONI, R. e C. A. PETERSON. 1997. Auxin promotes dormancy callose removal from the phloem of *Magnolia kobus* and callose accumulation and earlywood vessel differentiation in *Quercus robur*. *J. Plant Res.* 110, 37-44.

ANDERSON, B. J. e R. F. EVERT. 1965. Some aspects of phloem development in *Quercus alba*. *Am. J. Bot.* 52 (Abstr.), 627.

ARCHER, R. H. e A. E. VAN WYK. 1993. Bark structure and intergeneric relationships of some southern African Cassinoideae (Celastraceae). *IAWA J.* 14, 35-53.

BANNAN, M. W. 1955. The vascular cambium and radial growth in *Thuja occidentalis* L. *Can. J. Bot.* 33, 113-138.

BEHNKE, H.-D. 1986. Sieve element characters and the systematic position of *Austrobaileya*, *Austrobaileyaceae*—With comments to the distribution and defi nition of sieve cells and sieve-tube members. *Plant Syst. Evol.* 152, 101-121.

BEHNKE, H.-D. e U. KIRITSIS. 1983. Ultrastructure and differentiation of sieve elements in primitive angiosperms. I. Winteraceae. *Protoplasma* 118, 148-156.

CHAN, L.-L. 1986. The anatomy of the bark of *Agathis* in New Zealand. *IAWA Bull.* n.s. 7, 229-241.

CHANG, Y.-P. 1954. Anatomy of common North American pulpwood barks. TAPPI Monograph Ser. No. 14. Technical Association of the Pulp and Paper Industry, New York.

CHATTAWAY, M. M. 1953. The anatomy of bark. I. The genus *Eucalyptus*. *Aust. J. Bot.* 1, 402-433.

CHATTAWAY, M. M. 1955a. The anatomy of bark. III. Enlarged fi bres in the bloodwoods (*Eucalyptus* spp.) *Aust. J. Bot.* 3, 28-38.

CHATTAWAY, M. M. 1955b. The anatomy of bark. VI. Peppermints, boxes, ironbarks, and other eucalypts with cracked and furrowed barks. *Aust. J. Bot.* 3, 170-176.

CHAVAN, R. R., J. J. SHAH e K. R. PATEL. 1983. Isolated sieve tube(s)/elements in the barks of some angiosperms. *IAWA Bull.* n.s. 4, 255-263.

CHEADLE, V. I. e K. ESAU. 1958. Secondary phloem of the Calycanthaceae. *Univ. Calif. Publ. Bot.* 24, 397-510.

CHEADLE, V. I. e K. ESAU. 1964. Secondary phloem of *Liriodendron tulipifera*. *Univ. Calif. Publ. Bot.* 36, 143-252.

COSTA, C. G., V. T. RAUBER CORADIN, C. M. CZARNESKI e B. A. DA S. PEREIRA. 1997. Bark anatomy of arborescent Leguminosae of cerrado and gallery forest of Central Brazil. *IAWA J.* 18, 385-399.

DAVIS, J. D. 1993a. Secondary phloem development cycle in biennial canes of *Rubus allegheniensis*. *Am. J. Bot.* 80 (Abstr.), 22.

DAVIS, J. D. 1993b. Seasonal secondary phloem development in *Carya ovata*. *Am. J. Bot.* 80 (Abstr.), 23.

DAVIS, J. D. e R. F. EVERT. 1970. Seasonal cycle of phloem development in woody vines. *Bot. Gaz.* 131, 128-138.

DEN OUTER, R. W. 1967. Histological investigations of the secondary phloem of gymnosperms. *Meded. Landbouwhogesch. Wageningen* 67-7, 1-119.

DEN OUTER, R. W. 1986. Storied structure of the secondary phloem. *IAWA Bull.* n.s. 7, 47-51.

DEN OUTER, R. W. 1993. Evolutionary trends in secondary phloem anatomy of trees, shrubs and climbers from Africa (mainly Ivory Coast). *Acta Bot. Neerl.* 42, 269-287.

DERR, W. F. e R. F. EVERT. 1967. The cambium and seasonal development of the phloem in *Robinia pseudoacacia*. *Am. J. Bot.* 54, 147–153.

DESHPANDE, B. P. e T. RAJENDRABABU. 1985. Seasonal changes in the structure of the secondary phloem of *Grewia tiliaefolia*, a deciduous tree from India. *Ann. Bot.* 56, 61-71.

ESAU, K. 1948. Phloem structure in the grapevine, and its seasonal changes. *Hilgardia* 18, 217-296.

ESAU, K. 1964. Structure and development of the bark in dicotyledons. In: *The Formation of Wood in Torest Trees*, pp. 37-50, M. H. Zimmermann, ed. Academic Press, New York.

ESAU, K. 1969. *The Phloem. Encyclopedia of Plant Anatomy. Histology*, Band. 5, Teil 2. Gebrüder Borntraeger, Berlin.

ESAU, K. 1977. *Anatomy of Seed Plants*, 2. ed. Wiley, New York.

ESAU, K. 1979. Phloem. In: *Anatomy of the Dicotyledons*, 2nd ed., vol. I. *Systematic Anatomy of Leaf and Stem, with a Brief History of the Subject*, pp. 181–189, C. R. Metcalfe e L. Chalk, eds. Clarendon Press, Oxford.

ESAU, K. e V. I. CHEADLE. 1955. Significance of cell divisions in differentiating secondary phloem. *Acta Bot. Neerl.* 4, 348-357.

EVERT, R. F. 1960. Phloem structure in *Pyrus communis* L. and its seasonal changes. *Univ. Calif. Publ. Bot.* 32, 127-196.

EVERT, R. F. 1962. Some aspects of phloem development in *Tilia americana*. *Am. J. Bot.* 49 (Abstr.), 659.

EVERT, R. F. 1963. Ontogeny and structure of the secondary phloem in *Pyrus malus*. *Am. J. Bot.* 50, 8-37.

EVERT, R. F. 1990. Dicotyledons. In: *Sieve Elements. Comparative Structure, Induction and Development*, pp. 103-137, H.-D. Behnke e R. D. Sjolund, eds. Springer-Verlag, Berlin.

FRANCESCHI, V. R., T. KREKLING, A. A. BERRYMAN e E. CHRISTIANSEN. 1998. Specialized phloem parenchyma cells in Norway spruce (Pinaceae) bark are an important site of defense reactions. *Am. J. Bot.* 85, 601-615.

HOLDHEIDE, W. 1951. Anatomie mitteleuropäischer Gehölzrinden (mit mikrophotographischem Atlas). In: *Handbuch der Mikroskopie in der Technik,* Band 5, Heft 1, pp. 193–367, H. Freund, ed. Umschau Verlag, Frankfurt am Main.

HUBER, B. 1939. Das Siebröhrensystem unserer Bäume und seine jahrezeitlichen Veränderungen. *Jahrb. Wiss. Bot.* 88, 176-242.

HUBER, B. 1949. Zur Phylogenie des Jahrringbaues der Rinde. *Svensk Bot. Tidskr.* 43, 376-382.

HUDGINS, J. W., T. KREKLING e V. R. FRANCESCHI. 2003. Distribution of calcium oxalate crystals in the secondary phloem of conifers: a constitutive defense mechanism? *New Phytol.* 159, 677-690.

KURODA, K. 1998. Seasonal variation in traumatic resin canal formation in *Chamaecyparis obtusa* phloem. *IAWA J.* 19, 181-189.

LIESE, W. e V. MATTE. 1962. Beitrag zur Rindenanatomie der Gattung *Dacrydium*. *Forstwiss. Centralbl.* 81, 268-280.

LIN, J.-A. e X.-Z. GAO. 1993. Anatomical studies on secondary phloem of *Euonymus bungeanus*. *Acta Bot. Sin. (Chih wu hsüeh pao)* 35, 506–512.

PATEL, R. N. e J. E. SHAND. 1985. Bark anatomy of *Nothofagus* species indigenous to New Zealand. *N. Z. J. Bot.* 23, 511-532.

QUILHÓ, T., H. PEREIRA e H. G. RICHTER. 1999. Variability of bark structure in plantation-grown *Eucalyptus globulus*. *IAWA J.* 20, 171-180.

RAJPUT, K. S. 2004. Occurrence of radial sieve elements in the secondary phloem rays of some tropical species. *Isr. J. Plant Sci.* 52, 109-114.

RAJPUT, K. S. e K. S. RAO. 1997. Occurrence of sieve elements in phloem rays. *IAWA J.* 18, 197–201.

ROTH, I. 1973. Estructura anatómica de la corteza de algunas especies arbóreas Venezolanas de *Rosaceae*. *Acta Bot. Venez.* 8, 121-161.

ROTH, I. 1981. Structural patterns of tropical barks. In: *Encyclopedia of Plant Anatomy*, Band. 9, Teil 3. Gebrüder Borntraeger, Berlin.

SCHNEIDER, H. 1955. Ontogeny of lemon tree bark. *Am. J. Bot.* 42, 893-905.

SRIVASTAVA, L. M. 1963. Secondary phloem in the Pinaceae. *Univ. Calif. Publ. Bot.* 36, 1-142.

TROCKENBRODT, M. 1990. Survey and discussion of the terminology used in bark anatomy. *IAWA Bull.* n.s. 11, 141-166.

TUCKER, C. M. 1968. Seasonal phloem development in *Ulmus americana*. *Am. J. Bot.* 55 (Abstr.), 716.

WHITMORE, T. C. 1962. Studies in systematic bark morphology. I. Bark morphology in Dipterocarpaceae. *New Phytol.* 61, 191-207.

YAMANAKA, K. 1984. Normal and traumatic resin--canals in the secondary phloem of conifers. *Mokuzai gakkai shi (J. Jpn. Wood Res. Soc.)* 30, 347-353.

YAMANAKA, K. 1989. Formation of traumatic phloem resin canals in *Chamaecyparis obtusa*. *IAWA Bull.* n.s. 10, 384-394.

ZAHUR, M. S. 1959. Comparative study of secondary phloem of 423 species of woody dicotyledons belonging to 85 families. Cornell Univ. Agric. Expt. Stan. Mem. 358. New York State College of Agriculture, Ithaca.

ZIEGLER, H. 1964. Storage, mobilization and distribution of reserve material in trees. In: *The Formation of Wood in Forest Trees*, pp. 303-320, M. H. Zimmermann, ed. Academic Press, New York.

ZIMMERMANN, M. H. 1961. Movement of organic substances in trees. *Science* 133, 73-79.

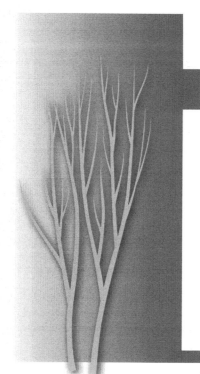

CAPÍTULO QUINZE

PERIDERME

Veronica Angyalossy e Patricia Soffiatti

A **periderme** é um tecido protetor de origem secundária. Substitui a epiderme em caules e raízes, que aumentam em espessura por meio do crescimento secundário. Estruturalmente, a periderme consiste de três partes: o **felogênio**, ou **câmbio da casca**, que é o meristema que produz a periderme; o **felema**, comumente chamado **súber**, produzido pelo felogênio para o exterior; e a **feloderme**, um tecido que por vezes se assemelha ao parênquima cortical ou floemático e consiste dos derivados internos do felogênio.

O termo periderme deve ser distinguido do termo não técnico casca (Capítulo 14). Embora a palavra casca seja usada, muitas vezes de forma imprópria, é um termo útil se devidamente definido. **Casca** pode ser mais apropriadamente usada para designar todos os tecidos externos ao câmbio vascular. No estágio secundário, a casca inclui o floema secundário, o tecido primário, que pode ainda estar presente externamente ao floema secundário, a periderme e os tecidos mortos externos à periderme. À medida que a periderme se desenvolve, esta separa, por meio de uma camada morta de células do súber, quantidade variável de tecido primário e secundário do eixo da planta, dos tecidos vivos subjacentes. As camadas de tecido que se separam morrem, diferenciando a **casca externa** morta da **casca interna** viva (Fig. 15.1). O termo técnico para a casca externa é **ritidoma**. O floema condutor é a porção mais interna da casca viva. Como mencionado no Capítulo 14, o termo casca é, às vezes, usado para caules e raízes, no estágio primário de crescimento. Nesse caso, inclui o floema primário, o córtex, e a epiderme. Entretanto, em virtude do arranjo radialmente alternado do xilema e do floema em raízes em estágio primário de crescimento, o floema primário de uma raiz não pode ser adequadamente incluído com o córtex sob o termo casca.

A estrutura e o desenvolvimento da periderme são mais bem conhecidos em caules e raízes. Logo, a maior parte da informação sobre periderme presente neste capítulo se refere a caules, exceto quando as raízes são mencionadas explicitamente.

OCORRÊNCIA

A formação de periderme é um fenômeno comum em raízes e caules de angiospermas e gimnospermas[1] lenhosas. A periderme também ocorre em eudicotiledôneas herbáceas, especialmente nas partes mais velhas do caule e da raiz. Algumas monocotiledôneas têm periderme, e outras um tipo diferente de tecido protetor secundário. As folhas normalmente não produzem periderme, embora catafilos de gemas de inverno sejam exceções em algumas gimnospermas e angiospermas lenhosas.

A formação da periderme em caules de plantas lenhosas pode ser consideravelmente retardada, se

1 Ver nota número 1, Capítulo 1.

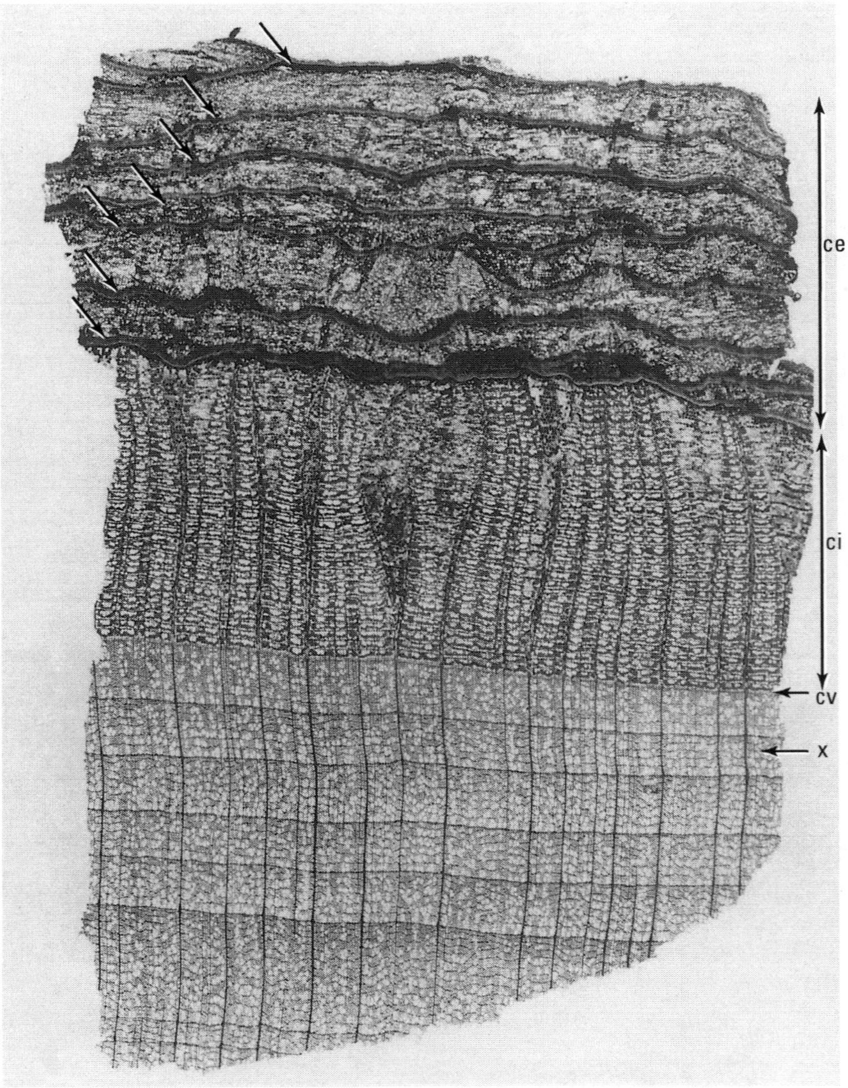

FIGURA 15.1

Secção transversal da casca e parte do xilema secundário de um caule velho de tília (*Tilia americana*). Várias peridermes (setas) podem ser vistas na casca mais externa (ce) na porção superior da secção. As peridermes na tília formam camadas que se sobrepõem, característica de uma casca em escama. Para o interior da casca mais externa está a casca mais interna (ci), que consiste principalmente por floema não condutor. O floema condutor compreende uma camada pequena de células contíguas ao câmbio vascular (cv). A casca mais interna é bem distinta do xilema (x) que cora mais suavemente no terço inferior da secção. (×11.)

comparada com a dos tecidos vasculares secundários. É possível que nem sequer se desenvolva, embora o caule continue a aumentar em espessura. Em tais casos, os tecidos exteriores ao câmbio vascular, incluindo a epiderme, aumentam no mesmo ritmo do eixo da circunferência (espécies de *Acacia*, *Acer*, *Citrus*, *Eucalyptus*, *Ilex*, *Laurus*, *Menispermum*, *Viscum*). As células individuais se dividem radialmente e se expandem tangencialmente.

A periderme se desenvolve em superfícies que são expostas após a abscisão de partes das plantas, como folhas e ramos. A formação da periderme é, também, um importante estágio no desenvolvimento de camadas protetoras perto de tecidos danificados ou necrosados (periderme de cicatrização ou súber de cicatrização), seja como resultado de dano mecânico (Tucker, 1975; Thomson et al., 1995; Oven et al., 1999) ou invasão de parasitas (Achor et al.,

1997; Dzerefos e Witkowski, 1997; Geibel, 1998). Em diversas famílias de eudicotiledôneas, a periderme é formada no xilema – súber interxilemático – e está relacionada com a retomada normal da atividade de ápices caulinares anuais ou com o fendilhamento de raízes e caules perenes (Moss e Gorham, 1953; Ginsburg, 1963). A separação longitudinal das folhas em tiras de *Welwitschia mirabilis* se dá em áreas de rompimento do mesofilo com formação de periderme (Salema, 1967). Peridermes, na forma de tubos, podem se formar dentro da casca sob condições naturais ou como resposta a ferimento, isolando cordões de fibras floemáticas (Evert, 1963; Aloni e Peterson, 1991; Lev-Yadun e Aloni, 1991). Em maçãs e peras, a coloração vermelha amarronzada resulta da substituição das camadas externas da fruta por periderme em parte ou por toda sua superfície (Gil et al., 1994).

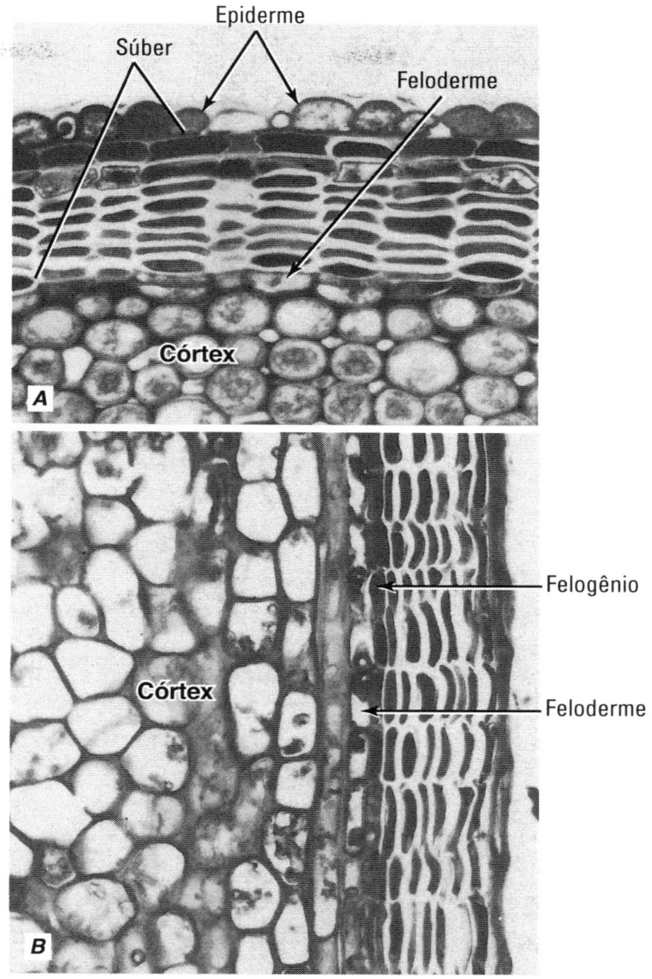

FIGURA 15.2

Periderme constituída principalmente por súber em secções transversal (**A**) e longitudinal (**B**) do ramo dormente de *Betula*. (Ambas, ×430.)

CARACTERÍSTICAS DE SEUS COMPONENTES

O felogênio é relativamente simples em estrutura

Ao contrário do câmbio vascular, o felogênio possui somente um tipo de célula. Em secção transversal, o felogênio frequentemente aparece como uma camada tangencial contínua (meristema lateral) de células retangulares (Fig. 15.2A), cada qual com suas derivadas em uma fileira radial que se estende para fora como células do súber e para dentro como células da feloderme. Em secções longitudinais, as células do felogênio possuem contorno retangular ou poligonal (Fig. 15.2B), às vezes um tanto irregulares. Por vezes, é difícil distinguir células do felogênio de células da feloderme recém-formadas (Wacowska, 1985).

Vários tipos de células do felema podem surgir do felogênio

As células do felema são geralmente prismáticas quanto à forma (Fig. 15.3A, B), embora possam ser um tanto irregulares no plano tangencial (Fig. 15.3F). Podem ser alongadas verticalmente (Fig. 15.3E, F), radialmente (Fig. 15.3B-E), ou tangencialmente (Fig. 15.3A, células estreitas). Possuem geralmente um arranjo compacto, ou seja, o tecido não possui espaços intercelulares. Exceções importantes são encontradas em algumas árvores de florestas tropicais úmidas (por exemplo, *Alseis labatioides* e *Coutarea hexandra*, Rubiaceae; *Parkia pendula*, Mimosaceae), nas quais surgem espaços intercelulares entre as fileiras radiais de células do súber, formando um aerênquima (Roth, 1981). Uma inundação pode resultar em um aumento da atividade do felogênio e na produção de fileiras radiais de células do súber arranjadas frouxamente (Fig. 15.4; Angeles et al., 1986; Angeles, 1992). Em caules submersos de *Ulmus americana*, o sistema de espaços intercelulares do súber era contínuo ao do córtex via espaços intercelulares no felogênio (Angeles et al., 1986). Células do súber são mortas na maturidade. São geralmente preenchidas com ar, fluido, ou componentes sólidos; algumas são incolores e outras pigmentadas.

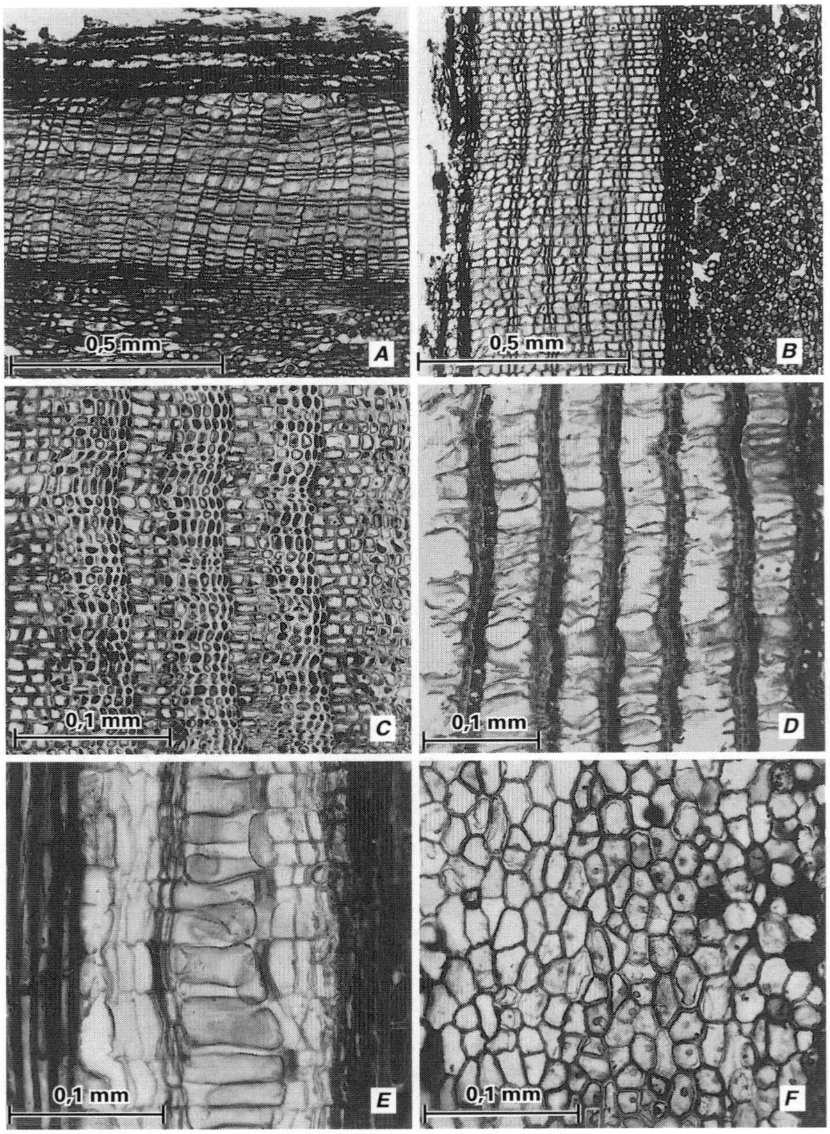

FIGURA 15.3

Variação em estrutura do felema em caules. **A**, **B**, *Rhus typhina*. Felema em secções transversal (**A**) e radial (**B**) do caule mostram camadas de crescimento reveladas pela alternância de células mais estreitas e células mais largas. **C**, bétula (*Betula populifolia*). Felema com células de paredes espessas e camadas de crescimento conspícuas; secção radial. **D**, *Rhododendron maximum*. Felema heterogêneo que consiste por células de diferentes tamanhos; esclereídes compõem algumas das camadas de células pequenas; secção radial. **E**, **F**, *Vaccinium corymbosum*. Felema em secções radial (**E**, células com coloração clara no meio) e tangencial (**F**). As células do felema variam em forma em **E**. (Obtido de Esau, 1977.)

Células do súber possuem, geralmente, paredes celulares suberizadas. A suberina geralmente ocorre como uma lamela distinta que cobre a superfície interna da parede primária de celulose original. A suberina possui uma aparência lamelada sob o microscópio eletrônico porque consiste de uma alternância de camadas elétron-densas com camadas elétron-lucentes (Fig. 4.5; Thomson et al., 1995). Células do súber podem ter paredes espessas ou finas. Em células de paredes espessas, uma camada de celulose lignificada ocorre na superfície interna da lamela de suberina, que é então embebida entre duas camadas de celulose. Células do súber podem ter paredes espessadas de forma regular ou irregu-

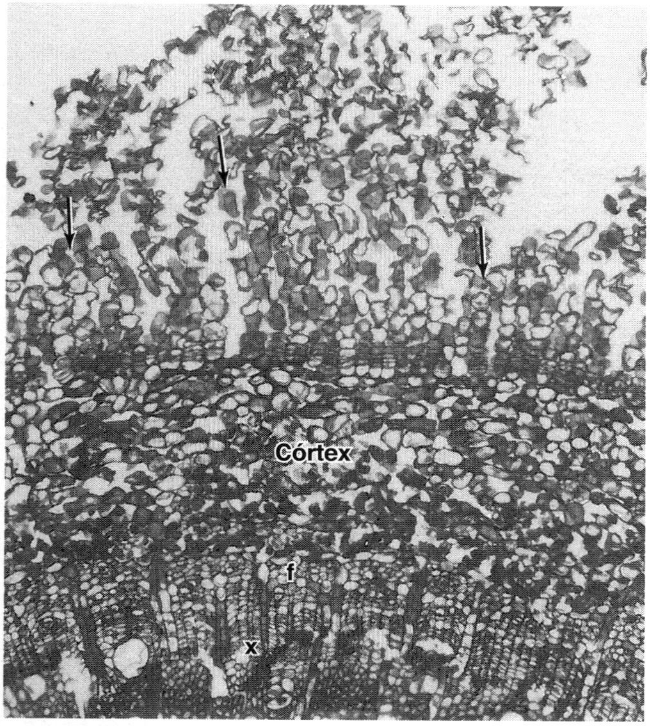

FIGURA 15.4

Secção transversal do caule de *Ulmus americana* que foi submetido a alagamento por 15 dias. A atividade do felogênio aumentou em resposta ao alagamento, formando séries filamentosas de células do súber em arranjo frouxo (setas). Outros detalhes: f, floema; x, xilema. (×80. Obtido de Angeles et al., 1986.)

lar. Algumas têm o espessamento das paredes em forma de U, com a parede tangencial interna ou a externa sendo espessada junto com as partes justapostas das paredes radiais. Em muitas espécies de *Pinus*, as células de paredes espessas se transformam em células pétreas altamente lignificadas (Fig. 15.5). As paredes distintamente lameladas contêm várias pontoações simples ramificadas e possuem muitas projeções irregulares ao longo de suas margens. Nas secções tangenciais essas esclereídes se assemelham a engrenagens irregularmente arredondadas e entrelaçadas (Howard, 1971; Patel, 1975). As paredes das células do súber podem ser marrons ou amarelas, ou podem permanecer incolores.

Em muitas espécies o felema é formado por células suberizadas e células não suberizadas chamadas **feloides**, ou seja, similares às células do felema. Como as células do súber, essas células não suberizadas podem ter paredes espessas ou delgadas e podem se diferenciar como esclereídes (Fig. 15.3D). Na casca de *Melaleuca*, o felogênio dá origem a camadas alternadas de células suberizadas e não suberizadas (Chiang e Wang, 1984). As células suberizadas permanecem achatadas radialmente, mas as não suberizadas se alongam radialmente logo após serem produzidas pelo felogênio. As células suberizadas se caracterizam pela presença de estrias de Caspary em suas paredes anticlinais.

Em algumas plantas o felema é formado por células de paredes delgadas e células de paredes espessas, geralmente dispostas em faixas tangenciais alternadas de uma ou mais camadas de células (espécies de *Eucalyptus* e *Eugenia*, Chattaway, 1953, 1959; espécies de *Pinus*, *Picea*, *Larix*, Srivastava, 1963; *Betula populifolia*; *Robinia pseudoacacia*, Waisel et al., 1967; algumas Cassinoideae da África do Sul, Archer e Van Wyk, 1993). Há vários exemplos de súber em camadas entre as árvores tropicais (Roth, 1981). Em algumas, as camadas podem simplesmente ser distinguidas por seu conteúdo celular. O felema pode estar constituído inteiramente por células de paredes espessadas (*Ceratonia siliqua*; *Torrubia cuspidata*, *Diplotropis purpurea*, Roth, 1981) ou somente por células de paredes delgadas (espécies de *Abies*, *Cedrus*, Srivastava, 1963; *Pseudotsuga*, Srivastava, 1963; Krahmer e Wellons, 1973).

A aparência em camadas do felema geralmente torna possível distinguir camadas de crescimento em seu tecido. Em algumas espécies como a *Betula populifolia*, as camadas de crescimento são discerníveis pois cada uma consiste de duas camadas ou faixas de células, uma com paredes espessas e a outra com paredes delgadas (Fig. 15.3C). Em outras espécies que possuem apenas um tipo de célula, as camadas de crescimento podem ser discerníveis em virtude das diferenças nas dimensões radiais das células, como mostra o felema de *Betula papyrifera* (Chang, 1954) e *Rhus typhina* (Fig. 15.3A, B). Em *Pseudotsuga menziesii*, camadas de crescimento são discerníveis por causa da presença de zonas mais densas e mais escuras das células do súber no final das camadas, resultado de severo dobramento e esmagamento de suas paredes radiais (Krahmer e Wellons, 1973; Patel, 1975). Em *Picea glauca*, cada camada de crescimento, que é formada por faixas de células de paredes espessas e delgadas, termina com uma ou mais camadas de células cristalíferas (Grozdits et al., 1982). É questionável se todas as camadas de crescimento representam incrementos anuais.

O súber usado comercialmente como rolha de cortiça vem do sobreiro, *Quercus suber*, que é nativo da região Mediterrânea. Esse súber, que consiste de células de paredes delgadas com lúmen preenchido por ar, é altamente impermeável à água e gases e resistente a óleo. É leve e possui a qualidade de ser isolante térmico. O primeiro felogênio surge no primeiro ano de crescimento da planta, na camada celular imediatamente sob a epiderme (Graça e Pereira, 2004). O primeiro súber produzido pela árvore do sobreiro possui pouco valor comercial. Quando a árvore tem cerca de 20 anos, a periderme original é removida, e um novo felogênio é formado no córtex, a somente alguns milímetros do local do primeiro. O súber produzido pelo novo felogênio acumula-se rapidamente, e após cerca de nove anos é espesso o suficiente para ser desprendido da árvore (Costa et al., 2001). Novamente, um novo felogênio surge abaixo do anterior e, somente após outros nove anos, o súber pode ser retirado novamente. Esse procedimento pode ser repetido em intervalos de aproximadamente nove anos até a árvore completar cerca de 150 anos. Após várias retiradas, os novos felogênios surgem no floema não condutor. O súber maduro é um tecido compressível e resiliente. As valiosas propriedades comerciais – impermeabilidade à água e qualidades isolantes – também tornam o súber eficiente como uma camada protetora na superfície da planta. O tecido morto, que se isola por meio da periderme, se soma ao efeito isolante do súber.

Existe considerável variação na largura e composição da feloderme

A feloderme é geralmente retratada como constituída por células que se assemelham às células corticais ou células parenquimáticas do floema, e distinguível das últimas somente por sua posição nas mesmas fileiras radiais que as células do felema. Na realidade, células semelhantes em aparência àquelas do felema podem ser encontradas na feloderme, embora as da feloderme não possuam paredes suberizadas. Muitas coníferas possuem felodermes que consistem tanto de elementos parenquimáticos quanto esclerenquimáticos (Fig. 15.5). A esclerificação de toda ou parte da feloderme é comum em cascas de árvores tropicais. As escléreídes podem ter paredes uniformemente espessadas ou paredes espessadas em forma de U, e camadas de células de paredes delgadas não lignificadas e podem se alternar com camadas de células esclerenquimáticas lignificadas.

Algumas plantas não possuem feloderme alguma. Em outras, esse tecido tem uma a três, ou mais, células em espessura (Fig. 15.6). O número de células da feloderme na mesma camada de periderme pode mudar um pouco, à medida que o caule envelhece. Em *Tilia*, por exemplo, a feloderme pode ter uma célula em espessura no primeiro ano, duas no segundo, e três ou quatro posteriormente. As peridermes subsequentes formadas abaixo da primeira, nos últimos anos, contêm a mesma quantidade de feloderme quanto a primeira, ou menos. Uma feloderme relativamente espessa foi observada em caules e raízes de certas Cucurbitaceae (Dittmer e Roser, 1963). Em certas gimnospermas, a feloderme é muito larga; em *Ginkgo*, podem ser contadas até 40 camadas de células. Nas cascas de várias árvores tropicais, as peridermes têm felemas muito finos e a feloderme é a principal camada protetora. Em *Myrcia amazonia*, por exemplo, o felema tem somente uma camada de célula em espessura. Felodermes extremamente espessas foram observadas em algumas árvores tropicais. Por exemplo, em *Ficus* sp. a feloderme ocupava mais de um terço de toda a espessura da casca, e em *Brosimum* sp. dois terços de toda sua espessura (Roth, 1981).

Ao contrário dos arranjos geralmente compactos das células do felema, as células da feloderme possuem inúmeros espaços intercelulares. Além disso, as células da feloderme – especialmente aquelas das primeiras peridermes – podem conter numerosos cloroplastos e serem fotossinteticamente ativas. Essa é uma característica aparentemente comum em coníferas (Godkin et al., 1983). Também foram encontrados cloroplastos na feloderme de *Alstonia scholaris* (Santos, 1926), *Citrus limon* (Schneider, 1955) e *Populus tremuloides* (Pearson e Lawrence, 1958). Os elementos parenquimáticos da feloderme podem exercer a função de depósito, principalmente de amido. A feloderme pode também originar novas camadas de felogênio, como mencionado no caso do limoeiro (Schneider, 1955).

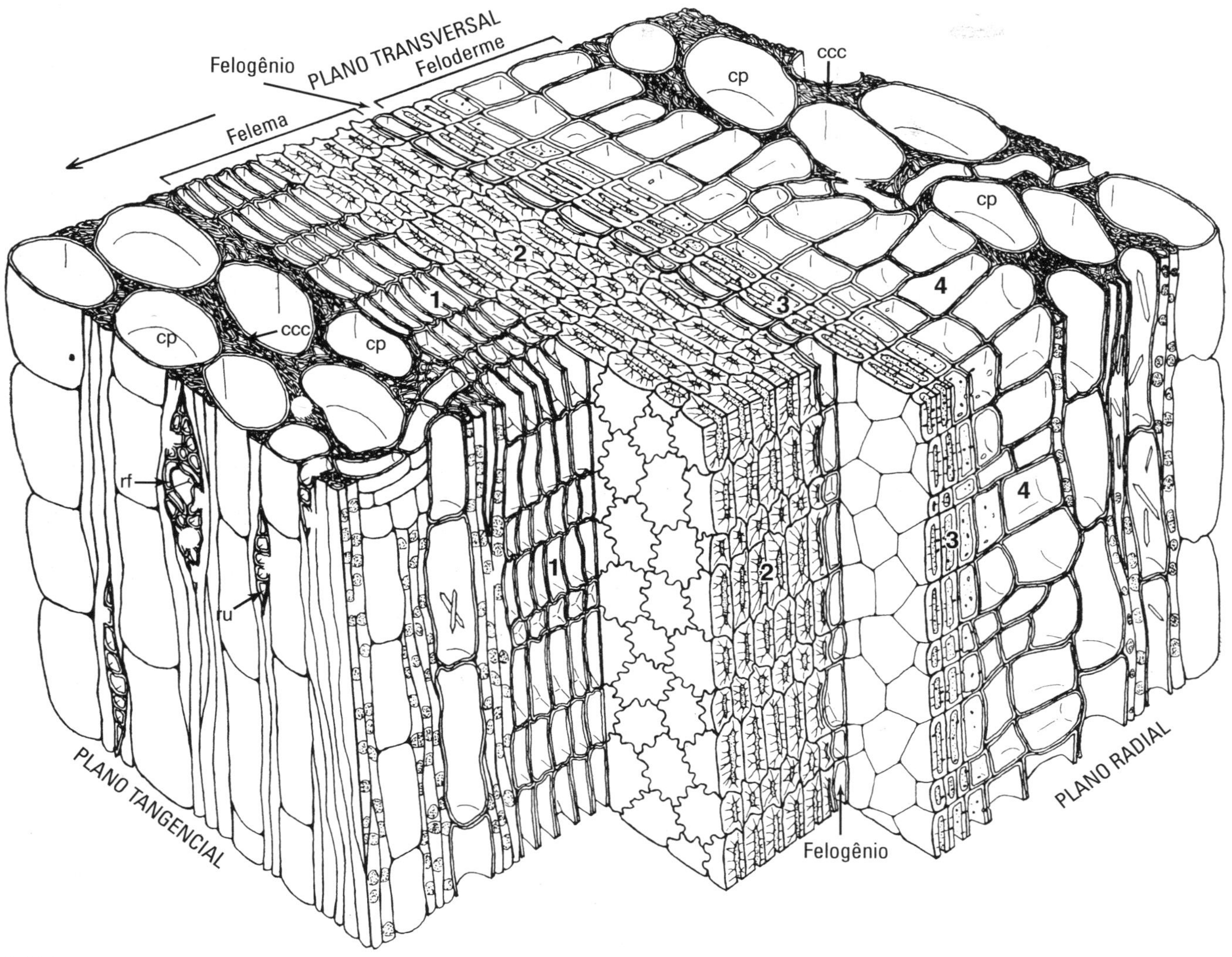

FIGURA 15.5

Diagrama de bloco da porção mais externa de tecidos da casca (ritidoma) do caule de uma espécie de *Pinus*. A seta aponta para o exterior do caule. Uma única periderme, que consiste de felema, felogênio e feloderme, está mostrada aqui, onde em ambos os lados o floema não condutor consiste de células crivadas colapsadas (ccc) e células de parênquima axial alargadas (cp). O felema consiste de células com paredes delgadas (1) e células pétreas com paredes espessas (2), que em vista tangencial se parecem com rodas de engrenagem entrelaçadas. A feloderme consiste de células não expandidas com paredes espessas (3) e de células expandidas com paredes delgadas (4). Outros detalhes: rf, raio fusiforme; ru, raio unisseriado. (Obtido de Howard, 1971.)

DESENVOLVIMENTO DA PERIDERME

Os locais de origem do felogênio são variáveis

Em relação à origem do felogênio, faz-se necessário distinguir a primeira periderme das peridermes subsequentes, que se originam sob a primeira e a substituem à medida que o eixo da planta continua a aumentar sua circunferência. No caule, o felogênio da primeira periderme pode se originar em diferentes profundidades externamente ao câmbio vascular. Na maioria dos caules o primeiro felogênio se origina na camada subepidérmica (Fig. 15.7A). Em poucas plantas as células epidérmicas dão origem ao felogênio (*Malus*, *Pyrus*, *Nerium oleander*, *Myrsine australis*, *Viburnum lantana*). Às vezes, o felogênio se forma parcialmente a partir da epiderme, parcialmente a partir das células subepidérmicas. Em alguns caules, a segunda ou ter-

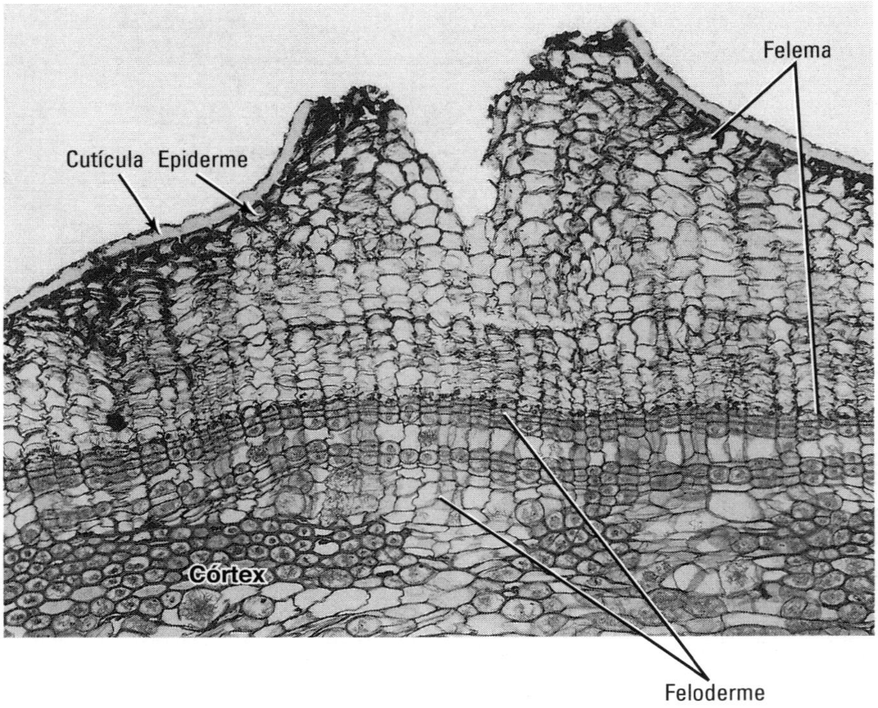

FIGURA 15.6

Secção transversal do caule de *Aristolochia* (Papo-de-peru), mostrando a periderme, onde a feloderme consiste de várias camadas de células. (×140.)

ceira camada cortical inicia o desenvolvimento da periderme (*Quercus suber*, *Robinia pseudoacacia*, *Gleditschia triancanthos* e outras Fabaceae; espécies de *Aristolochia*, *Pinus* e *Larix)*. Em outras ainda, o felogênio se origina perto da região vascular ou diretamente no floema (Fig. 15.8; Caryophyllaceae, Cupressaceae, Ericaceae, Chenopodiaceae, *Berberis*, *Camellia*, *Punica*, *Vitis*). Se a primeira periderme é seguida por outras, estas se formam repetidamente – mas raramente em cada estação – em camadas do córtex ou do floema sucessivamente mais profundas. Como mencionado anteriormente, o desenvolvimento do súber pode ocorrer no interior do xilema (súber interxilemático, Moss e Gorham, 1953; Ginsburg, 1963).

O primeiro felogênio origina-se ou de maneira uniforme em volta da circunferência do eixo vegetal ou em áreas localizadas e se torna contínuo em decorrência da expansão da atividade meristemática. Quando a atividade inicial é localizada, as primeiras divisões são frequentemente aquelas relacionadas com a formação de lenticelas (ver a seguir). A partir das margens dessas estruturas, as divisões se espalham em volta da circunferência do caule. Em *Acer negundo*, quatro a seis anos são necessários antes que o felogênio forme um anel contínuo em volta do caule (Wacowska, 1985). Em algumas espécies há relação positiva entre as primeiras regiões de surgimento do felogênio e a localização de tricomas, com as primeiras divisões envolvidas com a origem do felogênio ocorrendo imediatamente abaixo dos tricomas (Arzee et al., 1978). As peridermes sequenciais aparecem geralmente como camadas descontínuas, mas sobrepostas (Figs. 15.1 e 15.9B). Essas camadas com forma aproximada de conchas se originam próximas às fendas de peridermes que se sobrepõem (Fig. 15.9A). As peridermes sequenciais também podem ser contínuas ao redor da circunferência ou, pelo menos, em partes consideráveis da circunferência (Fig. 15.9C).

O crescimento secundário dos tecidos vasculares e a formação de periderme são comuns em raízes lenhosas de angiospermas e coníferas. Na maioria das raízes, a primeira periderme se origina em uma região profunda do eixo, geralmente no periciclo, porém pode surgir perto da superfície por exemplo, em algumas árvores e plantas herbáceas

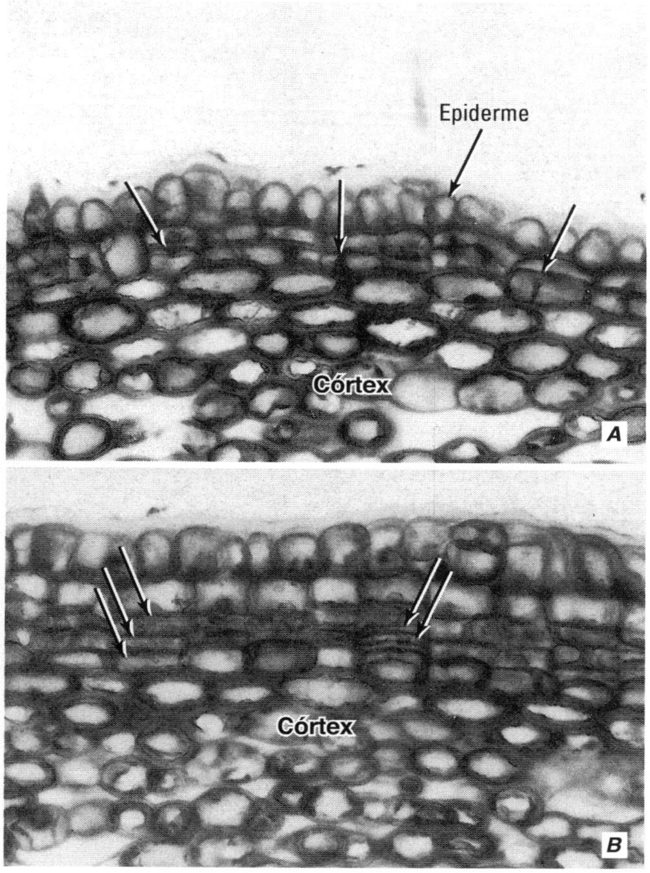

FIGURA 15.7

Secções transversais do caule do *Prunus* mostrando estágios iniciais (**A**) e finais (**B**) do desenvolvimento da periderme por divisões periclinais (setas) de camada subepidérmica. (Ambas, ×430.)

perenes nas quais o córtex radicular serve como armazenamento de alimento. Como os caules, as raízes também podem produzir camadas de periderme sucessivamente mais profundas em relação ao seu eixo.

O felogênio tem origem por divisões de vários tipos de células

Dependendo da posição do felogênio, as células envolvidas com sua iniciação podem ser células da epiderme, do parênquima subepidérmico ou do colênquima, do parênquima do periciclo ou do floema, incluindo o dos raios floemáticos. Geralmente, essas células são indistinguíveis de outras células das mesmas categorias. Todas são células vivas e, portanto, potencialmente meristemáticas. As divisões iniciais podem começar na presença de cloroplastos e substâncias de reserva variadas, tais como amido ou taninos, e enquanto as células ainda possuem paredes primárias espessas, como no colênquima. Finalmente os cloroplastos se transformam em leucoplastos, e o amido, os taninos e os espessamentos da parede desaparecem. Às vezes, as células subepidérmicas, das quais o felogênio se origina, não possuem espessamento colenquimático e exibem um arranjo ordenado e compacto.

O felogênio se inicia por divisões periclinais (Fig. 15.7). A primeira divisão periclinal em uma determinada célula forma duas células aparentemente similares. Frequentemente, a célula interna dessas duas células não se divide mais e é, então, considerada como uma célula da feloderme, enquanto a externa atua como célula do felogênio e se divide. A célula externa dos dois produtos da segunda divisão diferencia-se como a primeira célula do súber, ao passo que a interna permanece meristemática e se divide novamente. Algumas vezes, a primeira divisão resulta na formação de uma célula do súber e de uma célula do felogênio. Embora a maioria das sucessivas divisões seja periclinal, o felogênio mantém o mesmo ritmo de aumento da circunferência do eixo vegetativo por meio de divisões periódicas de suas células no plano radial anticlinal.

O tempo de surgimento da primeira e subsequentes peridermes varia

A primeira periderme geralmente surge durante o primeiro ano de crescimento do caule e da raiz. As peridermes subsequentes, mais profundas, podem se originar mais tarde no mesmo ano, ou muitos anos depois, como podem nunca surgir. Além de diferenças específicas, condições ambientais influenciam no surgimento tanto da periderme inicial quanto das subsequentes. A disponibilidade de água, temperatura e intensidade de luz afetam o momento do início do desenvolvimento das peridermes (De Zeeuw, 1941; Borger e Kozlowski, 1972a, b, c; Morgensen, 1968; Morgensen e David, 1968; Waisel, 1995).

A primeira periderme pode preservar-se por toda sua vida ou por muitos anos em espécies como *Betula*, *Fagus*, *Abies*, *Carpinus*, *Anabasis*, *Haloxylon Quercus* e em muitas espécies de árvores tropicais (Roth, 1981). Na árvore de alfarrobeira (*Ceratonia siliqua*) o surgimento de peridermes sequenciais é restrita a partes da árvore que se

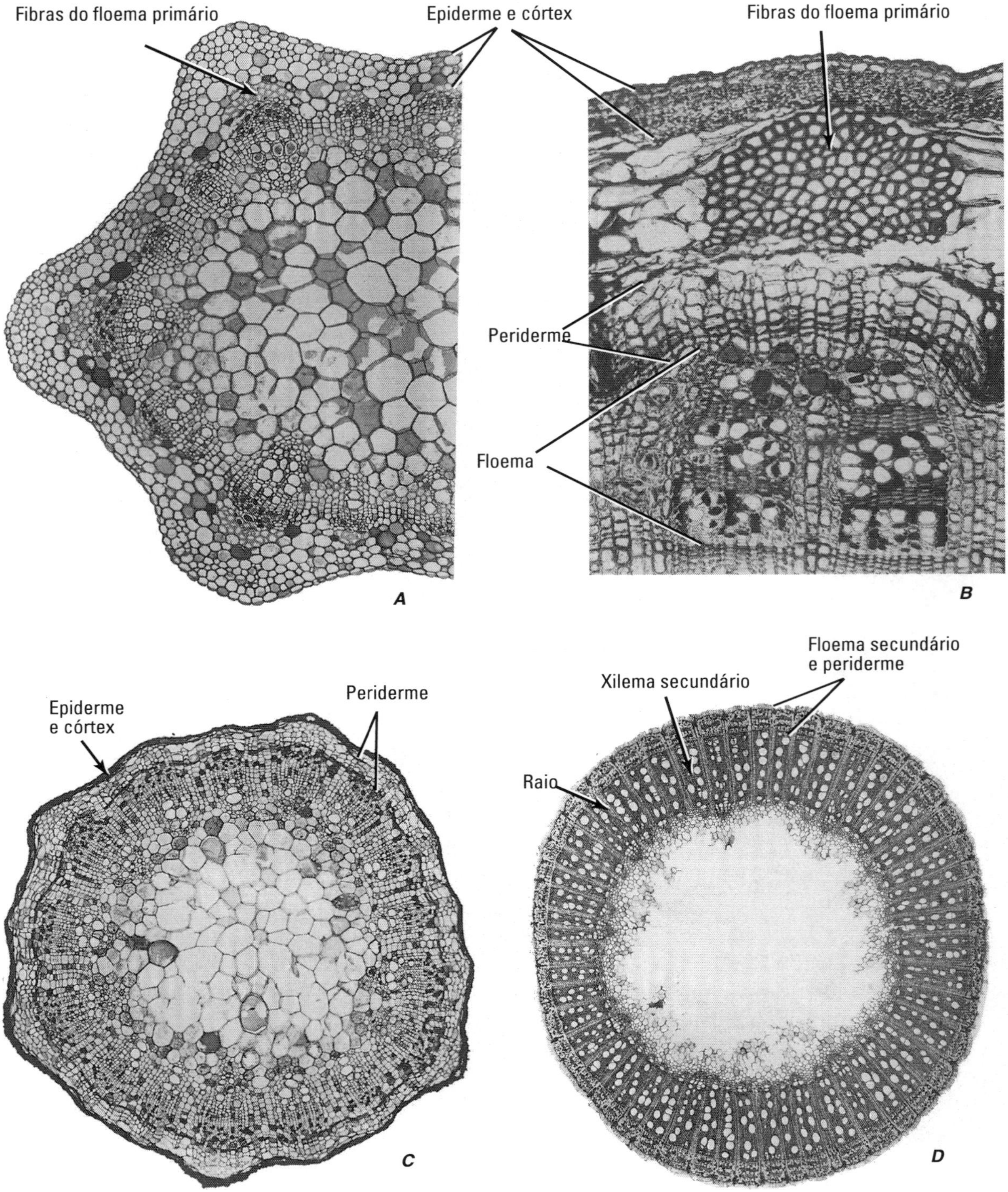

FIGURA 15.8

Origem da primeira periderme na videira (*Vitis vinifera*) como visto em secções transversais. **A**, caule de planta jovem sem periderme. **B**, caule mais velho, de planta jovem, com periderme originada no floema primário. As séries de células com paredes espessas são fibras do floema primário. As células não esclerificadas externas à periderme morreram e colapsaram. **C**, caule mais velho de planta jovem com periderme, formando um cilindro completo ao redor do caule. A epiderme e o córtex foram obliterados. **D**, caule com um ano de idade com periderme externa ao floema secundário. (**A**, ×90; **B**, ×115; **C**, ×50; **D**, ×10. **A**, Prancha 4**B** e **C**, **D**, Prancha 5**A**, **B** obtido de Esau, 1948. *Hilgardia* 18 (5), 217-296. © 1948 Regents, University of California.)

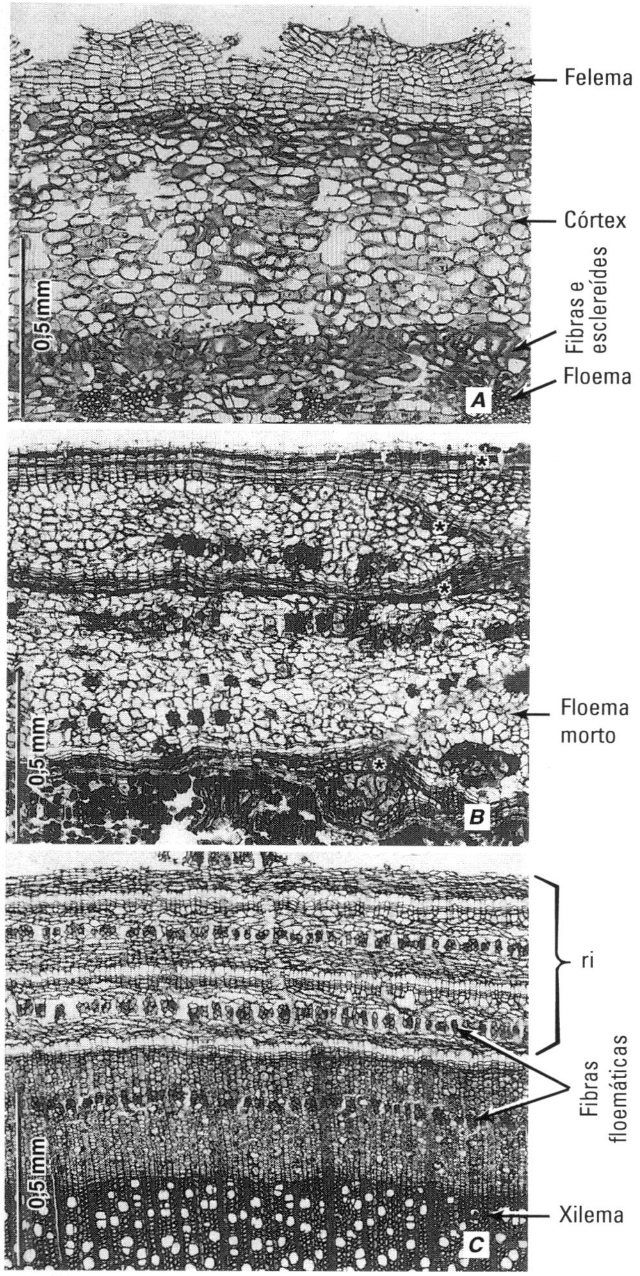

FIGURA 15.9

Periderme e ritidoma em secções transversais de caules. **A**, *Talauma*. Felema com aberturas profundas. **B**, *Quercus alba* (carvalho branco). Ritidoma com camadas estreitas de peridermes sequenciais (asteriscos) e camadas largas de tecido floemático morto. **C**, *Lonicera tatarica*. Ritidoma (ri) no qual as camadas de periderme se alternam com camadas derivadas do floema secundário contendo fibras floemáticas. (Obtido de Esau, 1977.)

estima ter mais de 40 anos (Arzee et al., 1977). Em *Fagus sylvatica*, a periderme original e a porção mais velha do floema podem permanecer na casca por um período de até 200 anos. Uma periderme inicial, formada em partes mais profundas do eixo da planta, também pode perdurar por um longo período (*Ribes*, *Berberis*, *Punica*). Em *Melaleuca*, três a quatro peridermes sequenciais são formadas durante o primeiro ano, cada uma originando-se no floema secundário (Chiang e Wang, 1984). Na maioria das árvores, as primeiras peridermes são substituídas por peridermes subsequentes em um período de poucos anos. Em macieiras e pereiras, a primeira periderme é geralmente substituída do sexto ao oitavo ano de crescimento, e em *Pinus sylvestris* do oitavo ao décimo ano. As árvores de zona temperada tendem a produzir mais peridermes subsequentes do que árvores tropicais.

O(s) período(s) de atividade do felogênio e do câmbio vascular podem ou não ser correspondentes. A atividade dos dois meristemas laterais ocorre de forma independente em *Robinia pseudoacacia* (Waisel et al., 1967), *Acacia raddiana* (Arzee et al., 1970), *Abies alba* (Golinowski, 1971), *Cupressus sempervirens* (Liphschitz et al., 1981), *Pinus pinea*, *Pinus halepensis* (Liphschitz et al., 1984) e *Pistacia lentiscus* (Liphschitz et al., 1985). Em *Ceratonia siliqua* (Arzee et al., 1977), *Quercus boissieri* e *Quercus ithaburensis* (Arzee et al., 1978), ao contrário, a atividade de ambos os meristemas coincide.

A primeira e as subsequentes peridermes há muito são consideradas diferentes umas das outras somente quanto ao momento de sua origem. Uma série de estudos usando criofixação e técnicas químicas na casca de diversas coníferas mostraram, entretanto, que dois tipos de peridermes estão envolvidas na formação do ritidoma (Mullick, 1971). A periderme inicial e algumas subsequentes são marrons, outras peridermes sequenciais são vermelho-púrpura. Além da cor, os dois tipos de periderme possuem outras características físicas e químicas específicas e também diferem em relação a sua posição no ritidoma. As peridermes sequenciais vermelho-púrpura ocorrem próximo ao floema morto imerso no ritidoma e parecem servir como proteção aos tecidos vivos dos efeitos associados à morte celular. As peridermes sequenciais marrons aparecem esporadicamente e são separadas do floema morto pelas peridermes vermelho-púrpura. A primeira periderme marrom e as peridermes subsequentes marrons são similares em todas suas características. Ambas atuam na proteção de tecidos vivos contra o ambiente externo, onde a primeira periderme atua antes da formação do ritidoma e as peridermes subsequentes marrons atuam após o descamar das camadas do ritidoma.

Em um estudo posterior descobriu-se, em quatro espécies de coníferas, que peridermes de injúria e patológicas e peridermes formadas nas zonas de abscisão e em regiões de velhos bolsões de resina eram do tipo vermelho-purpúrea. Como todas as peridermes de pigmentação vermelho-purpúrea, incluindo a periderme sequencial típica, encontram-se em tecidos necrosados, sugeriu-se que constituam uma única categoria de periderme, a **necrofilática**. As peridermes marrons, a primeira e as subsequentes, que protegem tecidos vivos contra o ambiente externo, constituem uma segunda categoria, a **exofilática** (Mullick e Jense, 1973).

MORFOLOGIA DA PERIDERME E DO RITIDOMA

A aparência externa dos eixos vegetativos portadores de periderme ou ritidoma é altamente variável (Fig. 15.10). Essa variação depende parcialmente das características e forma de crescimento da própria periderme e parcialmente da quantidade e do tipo de tecido separado do eixo pela periderme. A aparência externa característica da casca pode prover valiosa informação taxonômica, especialmente na identificação de árvores tropicais (Whitmore, 1962a, b; Roth, 1981; Yunus et al., 1990; Khan, 1996).

A formação de ritidoma se dá pelo desenvolvimento sucessivo de peridermes. Consequentemente, as cascas que possuem somente uma periderme superficial não formam um ritidoma. Em tais cascas, somente uma pequena quantidade de tecido primário é eliminada, envolvendo uma parte ou toda a epiderme ou, possivelmente, uma a duas camadas corticais. Esse tecido é finalmente eliminado e o felema é exposto. Se o tecido do súber exposto é fino, geralmente possui uma superfície lisa. Em bétula (*Betula papyrifera*), por exemplo, a periderme é descartada em camadas finas semelhantes a papel (Fig. 15.10C) no limite entre as células estreitas e largas do felema (Chang, 1954). Se o tecido do súber exposto é espesso, a superfície é rachada e fissurada. Um súber maciço geralmente apresenta camadas que parecem caracterizar incrementos anuais.

O caule de algumas eudicotiledôneas (*Ulmus* sp.) produz a assim chamada casca alada, uma forma que resulta de um fendilhamento longitudinal simétrico do súber em relação à expansão desigual de diferentes partes do caule (Smithson, 1954). A casca alada pode também ser formada por uma intensa atividade localizada no felogênio, consideravelmente adiantada em relação à formação da periderme em outra parte (*Euonymus alatus*, Bowen, 1963). As cascas aculeadas, que se formam em caules de algumas árvores tropicais (algumas Rutaceae, Bombacaceae, Euphorbiaceae, Fabaceae), são o resultado da produção, pelo felogênio, de felema em excesso em alguns pontos. São pura formação de súber e consistem de células com paredes espessas lignificadas. Em virtude de sua rara ocorrência, são uma excelente característica na identificação de casca (Roth, 1981).

Com base no modo de origem das camadas sucessivas da periderme, duas formas de ritidoma, ou casca externa, são distinguíveis, casca escamosa e casca anelar. A **casca escamosa** ocorre quando as peridermes sequenciais são formadas como camadas sobrepostas, cada uma excluindo uma "escama" de tecido (*Pinus, Pyrus, Quercus, Tilia*). A **casca anelar** é menos comum e é o resultado da formação de sucessivas peridermes, aproximadamente concêntricas, ao redor do eixo (Cupressaceae, *Lonicera, Clematis, Vitis*). Esse tipo de casca externa está associado a plantas nas quais a primeira periderme se origina em camadas profundas do eixo vegetativo. A casca com grandes escamas individuais (*Platanus*) pode ser considerada como sendo intermediária entre a casca escamosa e a casca anelar.

Em alguns ritidomas predominam células parenquimáticas e células do súber não lignificadas. Outros contêm grande quantidade de fibras geralmente derivadas do floema. A presença de tecido fibroso garante um aspecto característico à casca (Holdheide, 1951; Roth, 1981). Se não houver fibras, a casca se rompe em forma de escamas ou conchas individuais (*Pinus, Acer pseudoplatanus*). Em cascas fibrosas, ocorrem fendas com padrão reticulado (*Tilia, Fraxinus*).

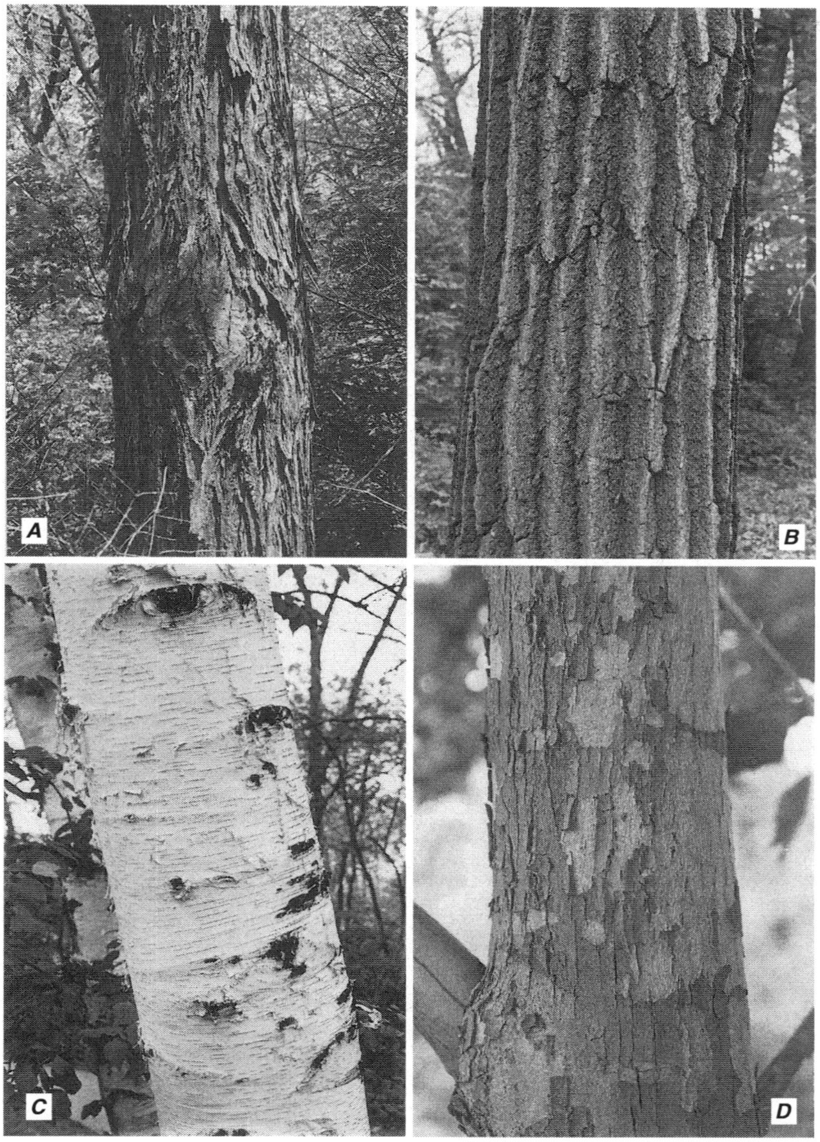

FIGURA 15.10

Casca de quatro espécies de folhosas decíduas. **A**, casca em placas da nogueira americana (*Carya ovata*). **B**, casca profundamente sulcada do carvalho negro (*Quercus velutina*). **C**, "casca" fina, que se desprende da bétula (*Betula papyrifera*). As camadas que se desprendem da bétula, na verdade, ocorrem no limite entre as células estreitas e as largas do felema. As marcas horizontais na superfície da casca são lenticelas. **D**, casca em escama do plátano (*Platanus occidentalis*).

O descamamento pode ter diferentes bases estruturais. Se células de parede delgada do súber ou de feloides estão presentes nas peridermes do ritidoma, as escamas podem esfoliar ao longo dessas regiões. Rompimentos no ritidoma podem acontecer também por meio de células de tecidos que não da periderme. Em *Eucalyptus*, quebras podem acontecer por meio de células parenquimáticas do floema (Chattaway, 1953), e em *Lonicera trataria*, entre fibras e parênquima do floema. O súber é geralmente um tecido forte e mantém a casca persistente, mesmo se ocorrerem profundas fendas (espécies de *Betula, Pinus, Quercus, Robinia, Salix, Sequoia*). Tais cascas se desgastam sem formar escamas.

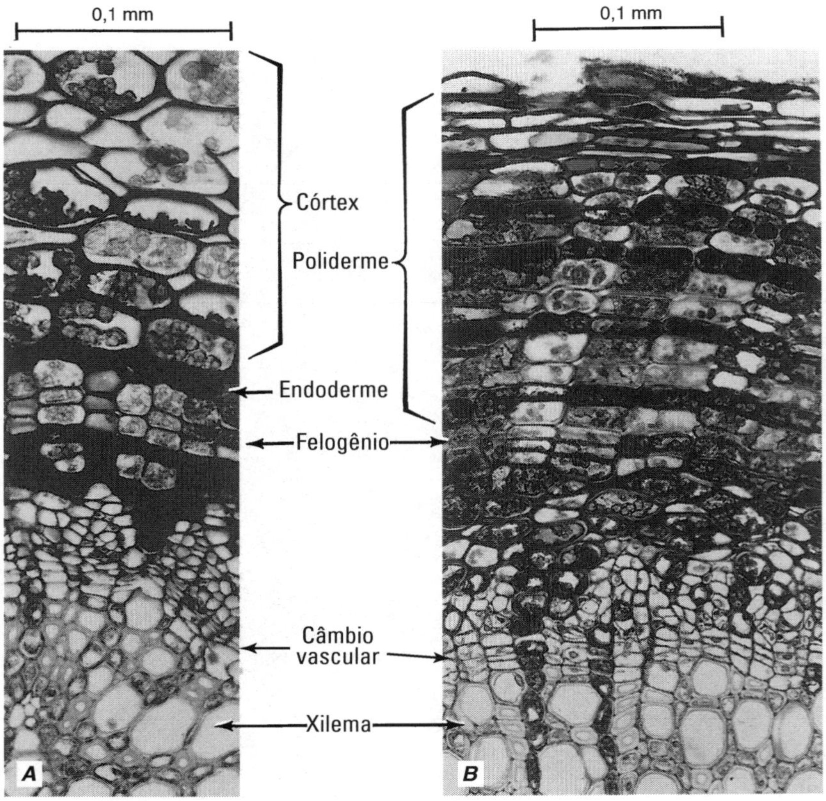

FIGURA 15.11

Poliderme da raiz do morango (*Fragaria*) em secções transversais. **A**, raiz no estágio inicial do crescimento secundário. O felogênio está sendo originado, mas o córtex permanece intacto. **B**, raiz mais velha. A camada larga de poliderme foi formada pelo felogênio. As células que compõem as faixas coradas em escuro na poliderme são suberizadas. Essas células se alternam com células não suberizadas. Ambos os tipos de células são vivos. Células suberizadas mortas formam a cobertura mais externa. Não há córtex presente. (Obtido de Nelson e Wilhelm, 1957. *Hilgardia* 26 (15), 631-642. © 1957 Regents, University of California.)

POLIDERME

Um tipo especial de tecido protetor chamado **poliderme** ocorre em raízes e caules subterrâneos de Hypericaceae, Myrtaceae, Onagraceae e Rosaceae (Nelson e Wilhelm, 1957; Tippett e O'Brien, 1976; Rühl e Stösser, 1988; McKenzie e Peterson, 1995). Esse tecido surge a partir de um meristema que se origina no periciclo e consiste de camadas alternadas de células suberizadas, com uma célula em espessura, e de células não suberizadas, com várias células em espessura (Fig. 15.11). A poliderme pode acumular 20 ou mais dessas camadas alternadas, mas somente as camadas mais externas estão mortas. Na parte viva, as células não suberizadas funcionam como células de armazenamento. Em partes submersas de plantas aquáticas, a poliderme pode desenvolver espaços intercelulares e, então, atuar como aerênquima.

TECIDO PROTETOR EM MONOCOTILEDÔNEAS

Em monocotiledôneas herbáceas, a epiderme é permanente e serve como único tecido protetor no eixo da planta. Caso a epiderme seja rompida, as células corticais abaixo da epiderme tornam-se suberizadas secundariamente, visto que lamelas de suberina, típicas de células do súber, são depositadas nas paredes celulósicas. Tal comportamento é comum na Poaceae, Juncaceae, Typhaceae e outras famílias.

As monocotiledôneas raramente produzem uma periderme similar à de outras angiospermas (Solereder e Meyer, 1928). A palmeira *Roystonea* produz uma periderme, cujo felema consiste de células compactamente arranjadas com paredes espessas e lignificadas. Algumas células da feloderme também se tornam esclerificadas e lignificadas (Chiang e Lu, 1979).

Na maioria das monocotiledôneas lenhosas, incluindo as palmeiras, um tipo especial de tecido protetor se forma por meio de repetidas divisões das células parenquimáticas corticais e subsequente suberização dos produtos da divisão (Tomlinson, 1961, 1969). Células parenquimáticas em posições sucessivamente mais profundas passam por divisões similares e suberização. Portanto, o súber surge sem a formação de uma camada inicial, ou felogênio. Uma vez que as fileiras lineares de células formam camadas tangenciais, como visto em secções transversais, esse tecido é referido como **súber estratificado** (Fig. 15.12). À medida que a formação do súber progride internamente, as células não suberizadas podem se tornar imersas junto às células do súber. Assim, é formado um tecido análogo ao ritidoma de angiospermas lenhosas (*Dracaena, Cordyline, Yucca*).

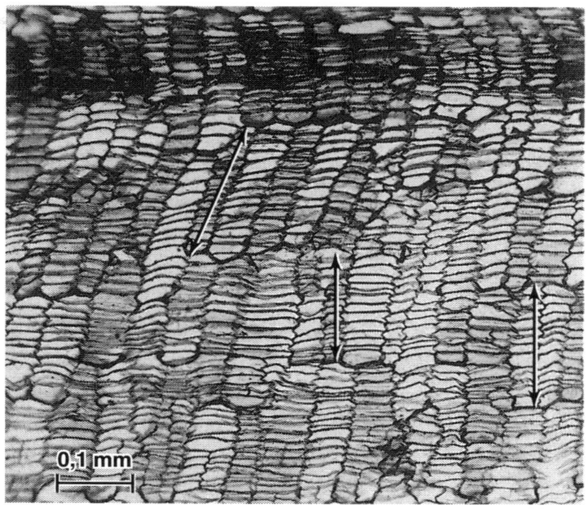

FIGURA 15.12

Síber estratificado de *Cordyline terminalis* em secção transversal. (Obtido de Esau, 1977; cortesia da lâmina de Vernon I. Cheadle.)

PERIDERME DE CICATRIZAÇÃO

Ferimentos induzem uma série de eventos metabólicos e respostas citológicas relacionadas que levam, sob condições favoráveis, a uma cicatrização completa (Bostock e Sterner, 1989). A cicatrização é um processo de desenvolvimento que requer a síntese de DNA e proteínas (Borchert e McChesney, 1973). Mudanças ultraestruturais drásticas evidentes em células que limitam a camada celular danificada (Barckhausen, 1978) coletivamente indicam elevada atividade de transcrição, tradução e secreção. A sequência de eventos que ocorrem durante a cicatrização nos caules de gimnospermas (Mullick e Jensen, 1976; Oven et al., 1999) e angiospermas lenhosas (Biggs e Stobbs, 1986; Trockenbrodt, 1994; Hawkins e Boudet, 1996; Woodward e Pocock, 1996; Oven et al., 1999) é similar à exibida por um tubérculo de batata com injúria, provavelmente o objeto mais extensivamente estudado a este respeito (Thomson et al., 1995; Schreiber et al., 2005).

A formação de periderme de cicatrização, ou necrofilática, é precedida pelo selamento da superfície recém-exposta por meio de uma camada impermeável de células, geralmente chamadas de **camada limitante**. A camada limitante deriva de células presentes no momento do ferimento. Desenvolve-se imediatamente abaixo das células mortas (necrosadas) na superfície do ferimento (Fig. 15.13). A primeira resposta visível ao ferimento (dentro de 15 minutos) no tubérculo da batata é o depósito de calose nos plasmodesmos das paredes das células limitantes que são adjacentes às células necrosadas (Thomson et al., 1995). Essa calose de cicatrização então sela as conexões simplásticas nessa interface.

A lignificação precede a suberização das paredes das células limitantes. Inicialmente, as lamelas médias e as paredes primárias das camadas de células limitantes se tornam lignificadas. À lignificação segue-se a suberização das paredes, ou seja, a formação de uma lamela de suberina ao longo das superfícies internas das paredes previamente lignificadas. A camada limitante ligno-suberizada garante uma barreira impermeável à perda de umidade e invasão de microrganismos no tecido abaixo, vivo, e ajuda a manter as condições favoráveis para a formação da periderme de cicatrização. Por que a lignificação precede a suberização na cicatrização? Evidências acerca do papel de compostos fenólicos em resistência a doenças indicam uma estreita correlação entre a deposição de lignina e compostos relacionados à lignina nas paredes celulares e resistência à infecção por patógenos vegetais (fungos e bactérias) (Nicholson e Hammerschmidt, 1992). Essa resistência foi atribuída principalmente à suposta toxicidade de precursores relacionados à lignina aos patógenos, bem como ao efeito barreira como consequência da lignificação das paredes celulares.

Divisões periclinais abaixo da camada limitante marcam o início de um felogênio de cicatriza-

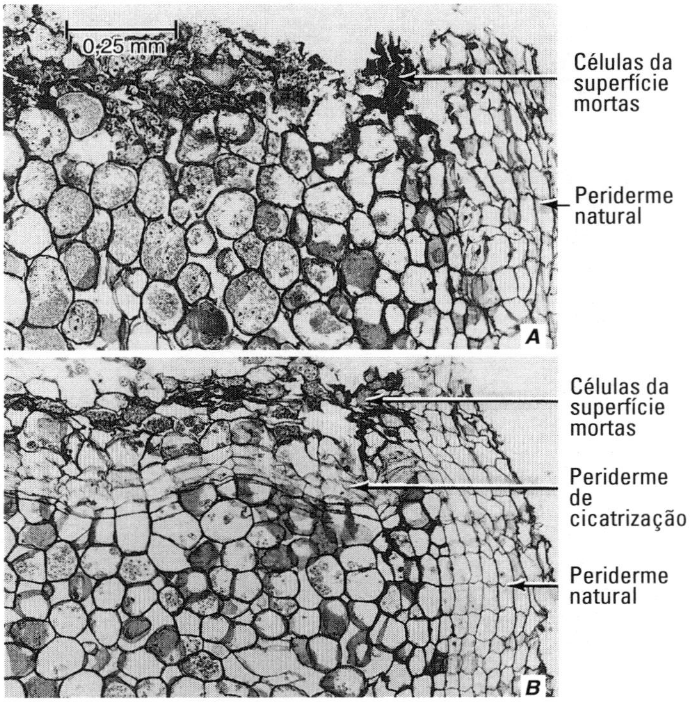

FIGURA 15.13

Periderme de cicatrização na raiz da batata doce (*Ipomoea batatas*). **A**, a extremidade rompida do ferimento coberta por células mortas. **B**, a periderme de cicatrização foi desenvolvida sob a superfície morta e se tornou conectada (à direita) com a periderme natural. (Ambas, mesmo aumento. Obtido de Morris e Mann, 1955. *Hilgardia* 24 (7), 143-183. © 1955 Regents, University of California.)

ção. Células do súber recém-formadas podem ser distinguíveis de células limitantes por seu alinhamento radial na periderme de cicatrização em desenvolvimento. A lignificação e a suberização das células de cicatrização do súber seguem a mesma sequência demonstrada para as células da camada limitante.

O desenvolvimento bem-sucedido da periderme de cicatrização é importante na prática de horticultura quando devem ser cortadas partes das plantas usadas na propagação (por exemplo, tubérculo de batata, raízes de batata-doce). Experimentos nos quais fenômenos de cicatrização em tubérculos de batata seccionados foram retardados por tratamento químico mostraram a importância da periderme de cicatrização na proteção contra infecções por organismos decompositores (Audia et al., 1962). Condições ambientais influenciam acentuadamente o desenvolvimento da periderme de cicatrização (Doster e Bostock, 1988; Bostock e Stermer, 1989). A habilidade em desenvolver periderme de cicatrização em resposta à invasão de parasitas pode separar as plantas resistentes das suscetíveis.

Os diferentes táxons vegetais variam em relação aos aspectos anatômicos da cicatrização, como o fazem no desenvolvimento natural do tecido protetor (El Hadidi, 1969; Swamy e Sivaramakrishna, 1972; Barckhausen, 1978). Em geral, monocotiledôneas respondem menos à injúria que eudicotiledôneas. Em eudicotiledôneas e algumas monocotiledôneas (Liliales, Araceae, Pandanaceae), a cicatrização inclui a formação tanto da camada limitante quanto da periderme de cicatrização. Em outras monocotiledôneas, nenhuma periderme de cicatrização é detectada. Entre estas, as Zingiberales produzem uma camada limitante levemente suberizada, ao passo que as Arecaceae e as Poaceae formam uma camada limitante lignificada.

LENTICELAS

Uma **lenticela** pode ser definida como uma parte específica da periderme na qual o felogênio é mais ativo e produz um tecido que, ao contrário do felema, possui numerosos espaços intercelulares. O próprio felogênio da lenticela também possui espaços intercelulares. Devido a esse arranjo relativamente frouxo das células, as lenticelas são consideradas estruturas que permitem a entrada de ar apesar da presença da periderme (Groh et al., 2002).

As lenticelas são componentes comuns da periderme de raízes e caules. Exceções são encontradas entre caules com formação regular de periderme ao redor de toda circunferência e nos que desprendem anualmente as camadas externas de casca (espécies de *Vitis, Lonicera, Tecoma, Clematis, Rubus*, e algumas outras, principalmente trepadeiras). As lenticelas (verrugas do súber, do inglês *cork warts*) ocorrem nas superfícies das folhas de certos táxons (Roth, 1992, 1995). Os pontos pequenos na superfície de maçãs, peras e ameixas são exemplos de lenticelas em frutas.

Externamente, a lenticela comumente se assemelha a uma massa de células frouxas alongada vertical ou horizontalmente, que se projeta acima da superfície através de uma fissura na periderme (Fig. 15.10C). As lenticelas variam em tamanho,

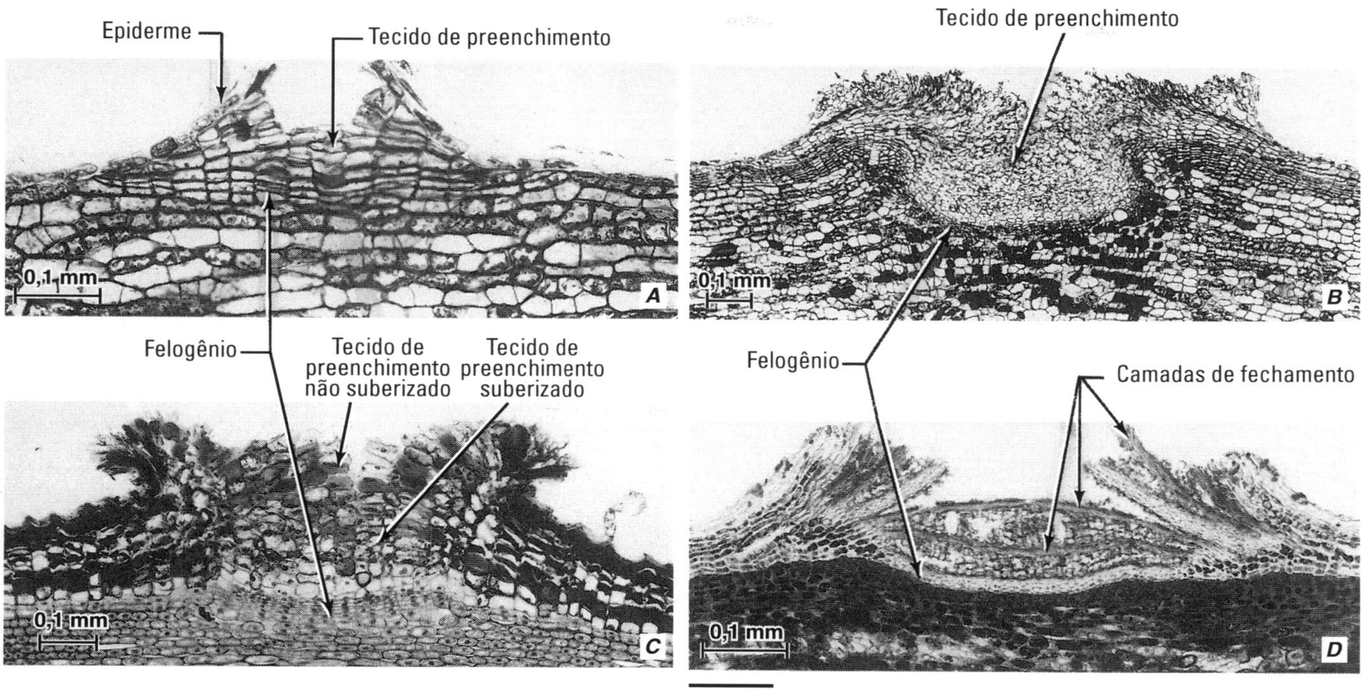

FIGURA 15.14

Lenticelas em secções transversais de caules. **A**, **B**, abacate (*Persea americana*). Lenticela jovem em **A**, mais velha em **B**. Não há camadas de fechamento presentes. **C**, sabugueiro (*Sambucus canadensis*). Lenticela com uma camada compacta de células suberizadas interior ao tecido de preenchimento frouxo não suberizado. **D**, faia americana (*Fagus grandifolia*). Lenticela com camadas de fechamento. (**A**, **B**, **D**, obtido de Esau, 1977.)

desde estruturas pouco visíveis sem ampliação àquelas com 1 cm ou mais em comprimento. Elas ocorrem sozinhas ou em fileiras. Fileiras verticais de lenticelas frequentemente ocorrem opostas aos raios vasculares largos, mas, em geral, não há uma relação quanto à uma posição fixa entre lenticelas e raios.

O felogênio de uma lenticela é contínuo com o da periderme suberificada, mas geralmente se curva para o interior de forma a aparecer localizada mais profundamente (Fig. 15.14). O tecido frouxo formado pelo felogênio da lenticela em direção ao exterior é o **tecido complementar** ou **de preenchimento** (Wutz, 1955); o tecido formado em direção ao interior é a feloderme.

O grau de diferença entre o tecido de preenchimento e o felema vizinho varia nas diferentes espécies. Nas gimnospermas o tecido de preenchimento é composto dos mesmos tipos de células do felema. A principal diferença entre os dois consiste em que o tecido da lenticela possui espaços intercelulares. As células das lenticelas também podem apresentar paredes mais finas e serem radialmente alongadas, em vez de apresentarem o achatamento radial como as células do felema de muitas espécies. Nas lenticelas do tubérculo de batata, a microscopia eletrônica de varredura revelou a presença de projeções de cera nas paredes das células em frente aos espaços intercelulares (Hayward, 1974). Essa cera pode atuar na regulação da perda de água do tubérculo e no impedimento de entrada de água, e possíveis patógenos, através das lenticelas.

Três tipos estruturais de lenticelas são reconhecidos nas angiospermas lenhosas

O primeiro e mais simples tipo de lenticela em angiospermas lenhosas é exemplificado em espécies de *Liriodendron*, *Magnolia*, *Malus*, *Persea* (Fig. 15.14A, B), *Populus*, *Pyrus* e *Salix*, e possui um tecido de preenchimento composto de células suberizadas. Esse tecido, embora possua espaços intercelulares, pode ser mais ou menos compacto e pode apresentar camadas de crescimento anuais, com tecido mais frouxo de paredes mais delgadas surgindo inicialmente e tecido mais compacto com paredes mais espessas posteriormente.

Lenticelas do segundo tipo, como as encontradas em espécies de *Fraxinus*, *Quercus*, *Sambucus* (Fig. 15.14C) e *Tilia*, consistem principalmente em uma massa de tecido de preenchimento não suberizado, estruturado mais ou menos frouxamente. No fim da estação, o tecido de preenchimento é substituído por uma camada de células suberizadas mais compacta.

O terceiro tipo, ilustrado por lenticelas de espécies de *Betula*, *Fagus* (Fig. 15.14D), *Prunus* e *Robinia*, apresenta o maior grau de especialização. O tecido de preenchimento é composto de camadas, onde o tecido frouxo não suberificado se alterna regularmente com o tecido compacto suberificado. O tecido compacto forma as **camadas de oclusão**, ou de **fechamento**, cada qual com uma a várias células em espessura, que mantém unido o tecido frouxo, geralmente em camadas com várias células em espessura. Vários estratos de cada tipo de tecido podem ser produzidos anualmente. As camadas de oclusão são sucessivamente rompidas pelo novo crescimento.

Em *Picea abies*, uma conífera, o felogênio geralmente produz uma camada nova e única de oclusão por ano (Rosner e Kartush, 2003). A produção de novo tecido de preenchimento, que começa na primavera, finalmente rompe a camada de oclusão formada durante a estação de crescimento anterior. A diferenciação de uma nova camada de oclusão se dá no fim do verão. Assim, as lenticelas são mais permeáveis entre o período de ruptura da camada de oclusão previamente formada e o de diferenciação de uma nova camada. Esse período corresponde ao período mais ativo de produção de madeira do *P. abies* (Rosner e Kartush, 2003).

A primeira lenticela frequentemente surge abaixo do estômato

Em peridermes originadas nas camadas subepidérmicas, a primeira lenticela geralmente surge sob os estômatos. Podem surgir antes que o caule termine seu crescimento primário e antes que a periderme se origine (Fig. 15.14A), ou lenticelas podem surgir simultaneamente ao término do crescimento primário. As células parenquimáticas ao redor da câmara subestomática dividem-se em vários planos, a clorofila desaparece, e um tecido frouxo e sem cor se forma. As divisões se dão cada vez mais profundamente no parênquima cortical e se tornam orientadas periclinalmente. Assim, estabelece-se um meristema que se divide periclinalmente, ou seja, o felogênio da lenticela. À medida que o tecido de preenchimento aumenta em quantidade, esse rompe a epiderme e se projeta acima da superfície. As células expostas morrem, mas são substituídas por outras que se desenvolvem a partir do felogênio. Por meio de divisões que produzem células para o interior, o felogênio abaixo da lenticela forma a feloderme, geralmente mais do que o felogênio que está abaixo do súber.

As lenticelas são mantidas na periderme enquanto esta continua a crescer, e novas surgem, de tempos em tempos, por meio da mudança na atividade do felogênio, substituindo a formação do felema pela do tecido da lenticela. As peridermes mais profundas também possuem lenticelas. Em cascas que se separam em forma de escamas, as lenticelas se desenvolvem na periderme recém-exposta. Se a casca é aderente e fissurada, as lenticelas ocorrem na porção inferior dos sulcos. As lenticelas em cascas de superfície ásperas não são facilmente vistas. As lenticelas do ritidoma são basicamente similares àquelas da periderme inicial, mas seu felogênio é menos ativo e, portanto, não são tão diferenciadas. Se o súber é maciço, as lenticelas são contínuas por toda a espessura do tecido, uma característica bem representada pelo súber comercial (*Quercus suber*), no qual as lenticelas são visíveis como finas linhas marrons em secções transversais e radiais. Uma vez que essas lenticelas são porosas, as rolhas de garrafas são cortadas verticalmente a partir das peças de súber, de modo que as lenticelas se estendam transversalmente através delas.

REFERÊNCIAS

ACHOR, D. S., H. BROWNING e L. G. ALBRIGO. 1997. Anatomical and histochemical effects of feeding by *Citrus* leafminer larvae (*Phyllocnistis citrella* Stainton) in *Citrus* leaves. *J. Am. Soc. Hortic. Sci.* 122, 829-836.

ALONI, R. e C. A. PETERSON. 1991. Naturally occurring periderm tubes around secondary phloem fibres in the bark of *Vitis vinifera* L. *IAWA Bull.* n.s. 12, 57-61.

ANGELES, G. 1992. The periderm of flooded and non-flooded *Ludwigia octovalvis* (Onagraceae). *IAWA Bull.* n.s. 13, 195-200.

ANGELES, G., R. F. EVERT e T. T. KOZLOWSKI. 1986. Development of lenticels and adventitious roots in flooded *Ulmus americana* seedlings. *Can. J. For. Res.* 16, 585-590.

ARCHER, R. H. e A. E. VAN WYK. 1993. Bark structure and intergeneric relationships of some southern African Cassinoideae (Celastraceae). *IAWA J.* 14, 35-53.

ARZEE, T., Y. WAISEL e N. LIPHSCHITZ. 1970. Periderm development and phellogen activity in the shoots of *Acacia raddiana* Savi. *New Phytol.* 69, 395-398.

ARZEE, T., E. ARBEL e L. COHEN. 1977. Ontogeny of periderm and phellogen activity in *Ceratonia siliqua* L. *Bot. Gaz.* 138, 329-333.

ARZEE, T., D. KAMIR e L. COHEN. 1978. On the relationship of hairs to periderm development in *Quercus ithaburensis* and *Q. infectoria*. *Bot. Gaz.* 139, 95-01.

AUDIA, W. V., W. L. SMITH JR. e C. C. CRAFT. 1962. Effects of isopropyl *N*-(3-chlorophenyl) carbamate on suberin, periderm decay development by Katahdin potato slices. *Bot. Gaz.* 123, 255-258

BARCKHAUSEN, R. 1978. Ultrastructural changes in wounded plant storage tissue cells. In: *Biochemistry of Wounded Plant Tissues*, pp. 1-42, G. Kahl, ed. Walter de Gruyter, Berlin.

BIGGS, A. R. e L. W. STOBBS. 1986. Fine structure of the suberized cell walls in the boundary zone and necrophylactic periderm in wounded peach bark. *Can. J. Bot.* 64, 1606-1610.

BORCHERT, R. e J. D. MCCHESNEY. 1973. Time course and localization of DNA synthesis during wound healing of potato tuber tissue. *Dev. Biol.* 35, 293-301.

BORGER, G. A. e T. T. KOZLOWSKI. 1972a. Effects of water defi cits on fi rst periderm and xylem development in *Fraxinus pennsylvanica. Can. J. For. Res.* 2, 144-151.

BORGER, G. A. e T. T. KOZLOWSKI. 1972b. Effects of light intensity on early periderm and xylem development in *Pinus resinosa, Fraxinus pennsylvanica.* and *Robinia pseudoacacia. Can. J. For. Res.* 2, 190-197.

BORGER, G. A. e T. T. KOZLOWSKI. 1972c. Effects of temperature on fi rst periderm and xylem development in *Fraxinus pennsylvanica, Robinia pseudoacacia*, and *Ailanthus altissima. Can. J. For. Res.* 2, 198-205.

BOSTOCK, R. M. e B. A. STERMER. 1989. Perspectives on wound healing in resistance to pathogens. *Annu. Rev. Phytopathol.* 27, 343–371.

BOWEN, W. R. 1963. Origin and development of winged cork in *Euonymus alatus. Bot. Gaz.* 124, 256-261.

CHANG, Y.-p. 1954. *Anatomy of common North American pulpwood barks.* TAPPI Monograph Ser. No. 14. Technical Association of the Pulp and Paper Industry, New York.

CHATTAWAY, M. M. 1953. The anatomy of bark. I. The genus *Eucalyptus. Aust. J. Bot.* 1, 402-433.

CHATTAWAY, M. M. 1959. The anatomy of bark. VII. Species of *Eugenia (sens. lat.). Trop. Woods* 111, 1-14.

CHIANG, S. H. T. [TSAI-CHIANG, S. H.] e C. Y. LU. 1979. Lateral thickening of the stem of *Roystonea regia. Proc. Natl. Sci. Council Rep. China* 3, 404-413.

CHIANG, S. H. T. e S. C. WANG. 1984. The structure and formation of *Melaleuca* bark. *Wood Fiber Sci.* 16, 357-373.

COSTA, A., H. PEREIRA e A. OLIVEIRA. 2001. A dendroclimatological approach to diameter growth in adult cork-oak trees under production. *Trees* 15, 438-443.

DE ZEEUW, C. 1941. *Influence of exposure on the time of deep cork formation in three northeastern trees.* Bull. N.Y. State Col. For. Syracuse Univ. Tech. Publ. No. 56.

DITTMER, H. J. e M. L. ROSER. 1963. The periderm of certain members of the Cucurbitaceae. *Southwest. Nat.* 8, 1-9.

DOSTER, M. A. e R. M. BOSTOCK. 1988. Effects of low temperature on resistance of almond trees to *Phytophthora* pruning wound cankers in relation to lignin and suberin formation in wounded bark tissue. *Phytopathology* 78, 478-483.

DZEREFOS, C. M. e E. T. F. WITKOWSKI. 1997. Development and anatomy of the attachment structure of woodrose-producing mistletoes. *S. Afr. J. Bot.* 63, 416-420.

EL HADIDI, M. N. 1969. Observations on the wound--healing process in some flowering plants. *Mikroskopie* 25, 54-69.

ESAU, K. 1948. Phloem structure in the grapevine, and its seasonal changes. *Hilgardia* 18, 217-296.

ESAU, K. 1977. *Anatomy of Seed Plants*, 2. ed. Wiley, New York.

EVERT, R. F. 1963. Ontogeny and structure of the secondary phloem in *Pyrus malus. Am. J. Bot.* 50, 8-37.

GEIBEL, M. 1998. Die Valsa—Krankheit beim Steinobst—biologische grundlagen und Resistenzforschung. *Erwerbsobstbau* 40, 74-79.

GIL, G. F., D. A. URQUIZA, J. A. BOFARULL, G. MONTENEGRO e J. P. ZOFFOLI. 1994. Russet development in the "Beurre Bosc" pear. *Acta Hortic.* 367, 239-247.

GINSBURG, C. 1963. Some anatomic features of splitting of desert shrubs. *Phytomorphology* 13, 92-97.

GODKIN, S. E., G. A. GROZDITS e C. T. KEITH. 1983. The periderms of three North American conifers. Part 2. Fine structure. *Wood Sci. Technol.* 17, 13-30.

GOLINOWSKI, W. O. 1971. The anatomical structure of the common fi r (*Abies alba* Mill.). I. Development of bark tissues. *Acta Soc. Bot. Pol.* 40, 149-181.

GRAÇA, J. e H. PEREIRA. 2004. The periderm development in *Quercus suber. IAWA J.* 25, 325-335.

GROH, B., C. HÜBNER e K. J. LENDZIAN. 2002. Water and oxygen permeance of phellems isolated from trees: The role of waxes and lenticels. *Planta* 215, 794-801.

GROZDITS, G. A., S. E. GODKIN e C. T. KEITH. 1982. The periderms of three North American conifers. Part I. Anatomy. *Wood Sci. Technol.* 16, 305-316.

HAWKINS, S. e A. BOUDET. 1996. Wound-induced lignin and suberin deposition in a woody angiosperm (*Eucalyptus gunnii* Hook.): Histochemistry of early changes in young plants. *Protoplasma* 191, 96-104.

HAYWARD, P. 1974. Waxy structures in the lenticels of potato tubers and their possible effects on gas exchange. *Planta* 120, 273-277.

HOLDHEIDE, W. 1951. Anatomie mitteleuropäischer Gehölzrinden (mit mikrophotographischem Atlas). In: *Handbuch der Mikroskopie in der Technik*, Band 5, Heft 1, pp. 195-367, H. Freund, ed. Umschau Verlag, Frankfurt am Main.

HOWARD, E. T. 1971. Bark structure of the southern pines. *Wood Sci.* 3, 134-148.

KHAN, M. A. 1996. Bark: A pointer for tree identification in fi eld conditions. *Acta Bot. Indica* 24, 41-44.

KRAHMER, R. L. e J. D. WELLONS. 1973. Some anatomical and chemical characteristics of Douglas-fir cork. *Wood Sci.* 6, 97-105.

LEV-YADUN, S. e R. ALONI. 1991. Wound-induced periderm tubes in the bark of *Melia azedarach, Ficus sycomorus*, and *Platanus acerifolia. IAWA Bull.* n.s. 12, 62-66.

LIPHSCHITZ, N., S. LEV-YADUN e Y. WAISEL. 1981. The annual rhythm of activity of the lateral meristems (cambium and phellogen) in *Cupressus sempervirens* L. *Ann. Bot.* 47, 485-496.

LIPHSCHITZ, N., S. LEV-YADUN, E. ROSEN e Y. WAISEL. 1984. The annual rhythm of activity of the lateral meristems (cambium and phellogen) in *Pinus halepensis* Mill. and *Pinus pinea* L. *IAWA Bull.* n.s. 5, 263-274.

LIPHSCHITZ, N., S. LEV-YADUN e Y. WAISEL. 1985. The annual rhythm of activity of the lateral meristems (cambium and phellogen) in *Pistacia lentiscus* L. *IAWA Bull.* n.s. 6, 239-244.

MCKENZIE, B. E. e C. A. PETERSON. 1995. Root browning in *Pinus banksiana* Lamb. and *Eucalyptus pilularis* Sm. 2. Anatomy and permeability of the cork zone. *Bot. Acta* 108, 138-143.

MORGENSEN, H. L. 1968. Studies on the bark of the cork bark fir: *Abies lasiocarpa* var. *arizonica* (Merriam) Lemmon. I. Periderm ontogeny. *J. Ariz. Acad. Sci.* 5, 36-40.

MORGENSEN, H. L. e J. R. DAVID. 1968. Studies on the bark of the cork fi r: *Abies lasiocarpa* var. *arizonica* (Merriam) Lemmon. II. The effect of exposure on the time of initial rhytidome formation. *J. Ariz. Acad. Sci.* 5, 108-109.

MORRIS, L. L. e L. K. MANN. 1955. Wound healing, keeping quality, and compositional changes during curing and storage of sweet potatoes. *Hilgardia* 24, 143-183.

MOSS, E. H. e A. L. GORHAM. 1953. Interxylary cork and fi ssion of stems and roots. *Phytomorphology* 3, 285-294.

MULLICK, D. B. 1971. Natural pigment differences distinguish fi rst and sequent periderms of conifers through a cryofixation and chemical techniques. *Can. J. Bot.* 49, 1703-1711.

MULLICK, D. B. e G. D. JENSEN. 1973. New concepts and terminology of coniferous periderms: Necrophylactic and exophylactic periderms. *Can. J. Bot.* 51, 1459-1470.

MULLICK, D. B. e G. D. JENSEN. 1976. Rates of non--suberized impervious tissue development after wounding at different times of the year in three conifer species. *Can J. Bot.* 54, 881-892.

NELSON, P. E. e S. WILHELM. 1957. Some anatomic aspects of the strawberry root. *Hilgardia* 26, 631–642.

NICHOLSON, R. L. e R. HAMMERSCHMIDT. 1992. Phenolic compounds and their role in disease resistance. *Annu. Rev. Phytopathol.* 30, 369-389.

OVEN, P., N. TORELLI, W. C. SHORTLE e M. ZUPANC ˇ ICˇ . 1999. The formation of a ligno-suberized layer and necrophylactic periderm in beech bark (*Fagus sylvatica* L.). *Flora* 194, 137-144.

PATEL, R. N. 1975. Bark anatomy of radiata pine, Corsican pine, and Douglas fir grown in New Zealand. *N. Z. J. Bot.* 13, 149–167.

PEARSON, L. C. e D. B. LAWRENCE. 1958. Photosynthesis in aspen bark. *Am. J. Bot.* 45, 383-387.

ROSNER, S. e B. KARTUSH. 2003. Structural changes in primary lenticels of Norway spruce over the seasons. *IAWA J.* 24, 105-116.

ROTH, I. 1981. *Structural Patterns of Tropical Barks. Encyclopedia of Plant Anatomy*, Band 9, Teil 3. Gebrüder Borntraeger, Berlin.

ROTH, I. 1992. *Leaf Structure: Coastal Vegetation and Mangroves of Venezuela. Encyclopedia of Plant Anatomy*, Band 14, Teil 2. Gebrüder Borntraeger, Berlin.

ROTH, I. 1995. *Leaf Structure: Montane Regions of Venezuela with an Excursion into Argentina. Encyclopedia of Plant Anatomy*, Band 14, Teil 3. Gebrüder Borntraeger, Berlin.

RÜHL, K. e R. STÖSSER. 1988. Peridermausbildung und Wundreaktion an Ruten verschiedener Himbeersorten (*Rubus idaeus* L.). Mitt. Klosterneuburg 38, 21-29.

SALEMA, R. 1967. On the occurrence of periderm in the leaves of *Welwitschia mirabilis. Can. J. Bot.* 45, 1469-1471.

SANTOS, J. K. 1926. Histological study of the bark of *Alstonia scholaris* R. Brown from the Philippines. *Philipp. J. Sci.* 31, 415-425.

SCHNEIDER, H. 1955. Ontogeny of lemon tree bark. *Am. J. Bot.* 42, 893-905.

SCHREIBER, L., R. FRANKE e K. HARTMANN. 2005. Wax and suberin development of native and wound periderm of potato (*Solanum tuberosum* L.) and its relation to peridermal transpiration. *Planta* 220, 520-530.

SMITHSON, E. 1954. Development of winged cork in *Ulmus* x *hollandica* Mill. *Proc. Leeds Philos. Lit. Soc., Sci. Sect.*, 6, 211-220.

SOLEREDER, H. e F. J. MEYER. 1928. *Systematische Anatomie der Monokotyledonen.* Heft III. Gebrüder Borntraeger, Berlin.

SRIVASTAVA, L. M. 1963. Secondary phloem in the Pinaceae. *Univ. Calif. Publ. Bot.* 36, 1-142.

SWAMY, B. G. L. e D. SIVARAMAKRISHNA. 1972. Wound healing responses in monocotyledons. I. Responses in vivo. *Phytomorphology* 22, 305–314.

THOMSON, N., R. F. EVERT e A. KELMAN. 1995. Wound healing in whole potato tubers: A cytochemical, fl uorescence, and ultrastructural analysis of cut and bruise wounds. *Can. J. Bot.* 73, 1436-1450.

TIPPETT, J. T. e T. P. O'BRIEN. 1976. The structure of eucalypt roots. *Aust. J. Bot.* 24, 619-632.

TOMLINSON, P. B. 1961. *Anatomy of the Monocotyledons.* II. *Palmae.* Clarendon Press, Oxford.

TOMLINSON, P. B. 1969. *Anatomy of the Monocotyledons.* III. *Commelinales-Zingiberales.* Clarendon Press, Oxford.

TROCKENBRODT, M. 1994. Light and electron microscopic investigations on wound reactions in the bark of *Salix caprea* L. and *Tilia tomentosa* Moench. *Flora* 189, 131-140.

TUCKER, S. C. 1975. Wound regeneration in the lamina of magnoliaceous leaves. *Can. J. Bot.* 53, 1352-1364.

WACOWSKA, M. 1985. Ontogenesis and structure of periderm in *Acer negundo* L. and x *Fatshedera lizei* Guillaum. *Acta Soc. Bot. Pol.* 54, 17-27.

WAISEL, Y. 1995. Developmental and functional aspects of the periderm. In: *Encyclopedia of Plant Anatomy*, Band 9, Teil 4, *The Cambial Derivatives*, pp. 293–315. Gebrüder Borntraeger, Berlin.

WAISEL, Y., N. LIPHSCHITZ e T. ARZEE. 1967. Phellogen activity in *Robinia pseudoacacia* L. *New Phytol.* 66, 331-335.

WHITMORE, T. C. 1962a. Studies in systematic bark morphology. I. Bark morphology in Dipterocarpaceae. *New Phytol.* 61, 191-207.

WHITMORE, T. C. 1962b. Studies in systematic bark morphology. III. Bark taxonomy in Dipterocarpaceae. *Gardens' Bull. Singapore* 19, 321-371.

WOODWARD, S. e S. POCOCK. 1996. Formation of the lignosuberized barrier zone and wound periderm in four species of European broad-leaved trees. *Eur. J. For. Pathol.* 26, 97-105.

WUTZ, A. 1955. Anatomische Untersuchungen über System und periodische Veränderungen der Lenticellen. *Bot. Stud.* 4, 43-72.

YUNUS, M., D. YUNUS e M. IQBAL. 1990. Systematic bark morphology of some tropical trees. *Bot. J. Linn. Soc.* 103, 367-377.

CAPÍTULO DEZESSEIS

ESTRUTURAS SECRETORAS EXTERNAS

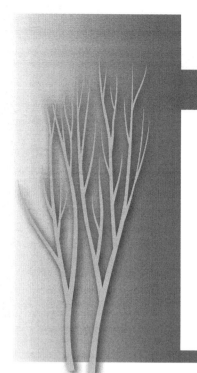

Silvia Rodrigues Machado e Tatiane Maria Rodrigues

Secreção se refere ao fenômeno complexo de separação de substâncias do protoplasto ou seu isolamento em partes do protoplasto. As substâncias secretadas podem ser íons excedentes que são removidos na forma de sais, assimilados excedentes que são eliminados como açúcares ou como substâncias da parede celular, produtos secundários do metabolismo que não são utilizáveis ou apenas parcialmente utilizáveis fisiologicamente (alcaloides, taninos, óleos essenciais, resinas, vários cristais), ou substâncias que têm uma função fisiológica especial após serem secretadas (enzimas, hormônios). A remoção de substâncias que não mais participam no metabolismo de uma célula é, às vezes, referida como **excreção**. Na planta, contudo, não é possível fazer uma clara distinção entre excreção e secreção (Schnepf, 1974). A mesma célula pode acumular metabólitos secundários não utilizáveis e metabólitos primários que são reutilizados. Além do mais, o exato papel de muitos metabólitos secundários, talvez da maioria, é desconhecido. Neste livro o termo secreção inclui a secreção no sentido estrito e excreção. Secreção abrange a remoção de material da célula (tanto para a superfície da planta ou para espaços intercelulares) e o acúmulo de material secretado em alguns compartimentos da célula.

As discussões do fenômeno da secreção em plantas geralmente enfatizam atividades de estruturas secretoras especializadas como pelos glandulares, nectários, canais de resina, laticíferos e outras. Na realidade, as atividades secretoras ocorrem em todas as células vivas como parte do metabolismo normal. Secreção caracteriza várias etapas no acúmulo de depósitos temporários em vacúolos e outras organelas, na mobilização de enzimas envolvidas na síntese e quebra de componentes celulares, na troca de materiais entre organelas e no fenômeno de transporte entre células. A ocorrência generalizada do processo secretor nas células vivas não pode ser perdida de vista quando as estruturas secretoras especializadas são estudadas.

As estruturas secretoras visivelmente diferenciadas ocorrem em várias formas. Estruturas secretoras altamente diferenciadas constituídas de muitas células são referidas como **glândulas** (Fig. 16.1F); as mais simples são qualificadas como glandular, tais como pelos glandulares, epiderme glandular ou células glandulares (Fig. 16.1A-E). A distinção, no entanto, é vaga e uma variedade de estruturas secretoras, grandes e pequenas, simples ou mais elaboradas, são geralmente denominadas glândulas.

As glândulas variam amplamente com relação ao tipo de substância que secretam. As substâncias que são secretadas podem ser supridas direta ou indiretamente às glândulas pelos tecidos vasculares, como no caso das glândulas de sal, hidatódios e nectários. Tais substâncias são nada ou muito pouco modificadas pelas próprias estruturas

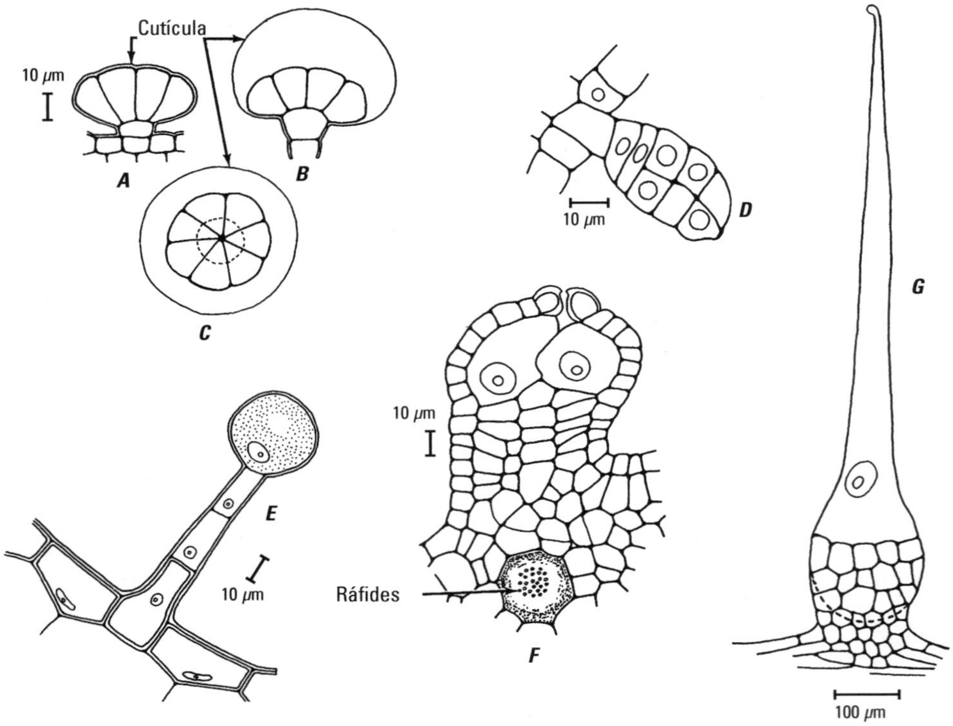

FIGURA 16.1

Estruturas secretoras. **A-C** tricomas glandulares da folha de lavanda (*Lavandula vera*) com cutícula não distendida (**A**) e distendida (**B, C**) pelo acúmulo de secreção. **D**, tricoma glandular da folha de algodão (*Gossypium*). **E**, tricoma glandular com cabeça unicelular no caule de *Pelargonium*. **F**, glândula perolada da folha de videira (*Vitis vinifera*). **G**, tricoma urticante de urtiga (*Urtica urens*). (Obtido de Esau, 1977.)

secretoras. Contrariamente, as substâncias secretadas podem ser sintetizadas pelas células que constituem a estrutura secretora, como as células de mucilagem, as glândulas de óleo e as células epiteliais dos canais de resina. As glândulas podem ser bastante específicas em suas atividades, como indicado pelo predomínio de um composto ou um grupo de compostos no material exportado por uma determinada glândula (Fahn, 1979a, 1988; Kronestedt-Robards e Robards, 1991). Algumas glândulas secretam principalmente ***substâncias hidrofílicas*** (afinidade pela água), outras liberam principalmente ***substâncias lipofílicas*** (aversão a água). E, ainda, outras glândulas secretam quantidades iguais de substâncias hidrofílicas e lipofílicas; assim, nem sempre é possível classificar uma determinada glândula como estritamente hidrofílica ou estritamente lipofílica (Corsi e Bottega, 1999; Werker, 2000).

As células envolvidas com processos de secreção geralmente possuem protoplasto denso com mitocôndrias abundantes. A frequência de outros componentes celulares varia de acordo com a substância particular secretada (Fahn, 1988). Por exemplo, células secretoras de mucilagem são caracterizadas pela abundância de corpos de Golgi, que estão envolvidos na produção de mucilagem e na eliminação da mucilagem a partir do protoplasto via exocitose. A característica ultraestrutural mais comum das células que secretam substâncias lipofílicas é a abundância de retículo endoplasmático, em grande parte associado espacialmente com plastídios portadores de material osmiofílico. Ambos, plastídios e retículo endoplasmático (e possivelmente outros componentes celulares) participam na síntese de substâncias lipofílicas. O retículo endoplasmático pode também estar envolvido com o transporte intracelular de substâncias lipofílicas de seus locais de síntese para a membrana plasmática.

Nosso entendimento dos processos envolvidos com a eliminação de secreções a partir de células é proveniente, em grande parte, do estudo das mudanças ultraestruturais associadas com o desenvolvimento das células secretoras. Os métodos de eliminação da secreção a partir do protoplasto da célula secretora podem ocorrer de várias maneiras. Um dos métodos, chamado **secreção granulócrina**, ocorre quando a eliminação da secreção se dá por meio da fusão de vesículas secretoras com a membrana plasmática, ou seja, por exocitose. O segundo método, denominado **secreção écrina**, envolve a passagem direta de moléculas pequenas ou íons através da membrana plasmática. Esse processo é passivo quando controlado por gradientes de concentração, ou ativo quando requer energia metabólica. Células que secretam substâncias hidrofílicas, por exemplo, aquelas em glândulas secretoras de sal ou de carboidratos, podem estar diferenciadas como células de transferência caracterizadas por projeções da parede que aumentam a superfície da membrana plasmática (Pate e Gunning, 1972). A secreção granulócrina e a secreção ecrina são classificadas como sendo do tipo **merócrina** (separar). As substâncias secretadas de algumas glândulas são completamente liberadas somente mediante a degeneração ou lise das células secretoras. Esse tipo de secreção, denominado **holócrino**, pode ser precedido por secreção merócrina.

Em muitas plantas o fluxo de substâncias secretadas de volta para a planta via apoplasto, ou parede celular, é impedido pela cutinização das paredes de uma camada de células semelhante à endoderme, localizada abaixo das células secretoras. Em tricomas secretores as paredes laterais das células do pedúnculo são geralmente cutinizadas. A presença dessa barreira apoplástica, semelhante a uma vedação (semelhante à calafetagem), indica que o fluxo de substâncias secretadas ou seus precursores para o interior das células secretoras deve seguir uma via simplástica. Essas células cutinizadas têm sido denominadas "células de barreira", um nome descritivo.

O restante deste capítulo será dedicado a exemplos específicos de estruturas secretoras encontradas na superfície da planta. No capítulo seguinte (Capítulo 17), serão apresentados exemplos de estruturas secretoras internas (isto é, estruturas secretoras embutidas nos diferentes tecidos).

GLÂNDULAS DE SAL

Plantas que crescem em hábitats salinos desenvolveram inúmeras adaptações ao estresse salino (Lüttge, 1983; Batanouny, 1993). A secreção de íons pelas glândulas de sal é o mecanismo mais bem conhecido para a regulação do conteúdo de sal da parte aérea das plantas. A composição da solução salina secretada depende da composição do ambiente radicular. Além do Na^+ e Cl^-, outros íons encontrados nas soluções secretadas pelas glândulas de sal incluem o Mg^{2+}, K^+, SO_4^{2-}, NO_3, PO_4^{3-}, Br^- e HCO_3^- (Thomson et al., 1988). Não existe uma clara distinção entre glândulas de sal e hidatódios, uma vez que o fluido secretado pelos hidatódios frequentemente também contém sais. Ao contrário dos hidatódios, não existe conexão direta entre as glândulas de sal e os feixes vasculares. Glândulas de sal geralmente são encontradas nas halófitas (plantas que crescem em ambientes salinos), e ocorrem em pelo menos 11 famílias de eudicotiledôneas e em uma família de monocotiledônea, nas Poaceae (Gramineae) (Fahn, 1988, 2000; Batanouny, 1993). Elas variam em estrutura e nos métodos de liberação do sal.

Vesículas de sal secretam em um grande vacúolo central

As glândulas de sal das Chenopodiaceae, incluindo essencialmente todas as espécies de *Atriplex* (do inglês, *saltbush*, arbusto de sal), são tricomas compostos de um **pedúnculo** com uma ou mais células e uma grande **célula vesicular** terminal, que na maturidade contêm um grande vacúolo central (Fig. 16.2). A vesícula e as células do pedúnculo são cobertas externamente por cutícula e as paredes laterais da célula do pedúnculo (ou a célula peduncular mais basal, se o pedúnculo consiste de mais que uma célula) tornam-se completamente cutinizadas (Thomson e Platt-Aloia, 1979). Existe continuidade simplástica entre as células da glândula e as células do mesofilo das folhas. Parte dos íons transportados na corrente transpiratória ao final chega até a célula terminal da glândula através do protoplasto e plasmodesmos. Lá, os íons são secretados no vacúolo central. Finalmente a célula vesicular colapsa e o sal é depositado na superfície da folha (secreção holócrina). Existe um considerável gradiente positivo de concentração de sal das células do mesofilo em direção às células da glândula, indicando que a deposição de íons no vacúolo da célula vesicular é um processo que consome energia (Lüttge, 1971; Schirmer e Breckle, 1982; Batanouny, 1993).

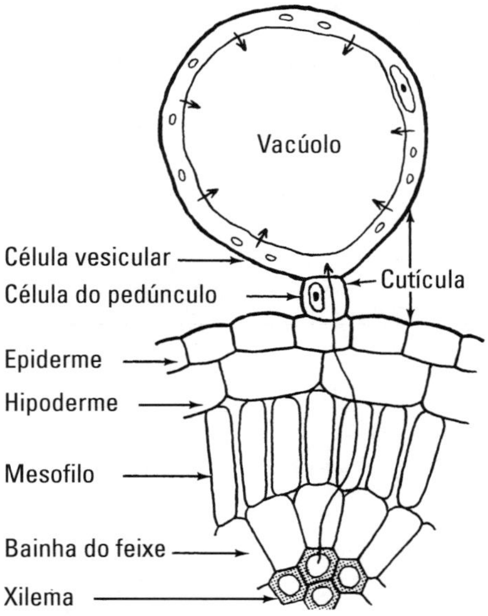

FIGURA 16.2

Diagrama de tricoma secretor de sal em parte da folha de *Atriplex* (erva-sal). A seta longa indica o caminho do movimento de íons a partir do xilema para a célula vesicular do tricoma. As setas curtas indicam liberação de íons para dentro do vacúolo. (Obtido de Esau, 1977.)

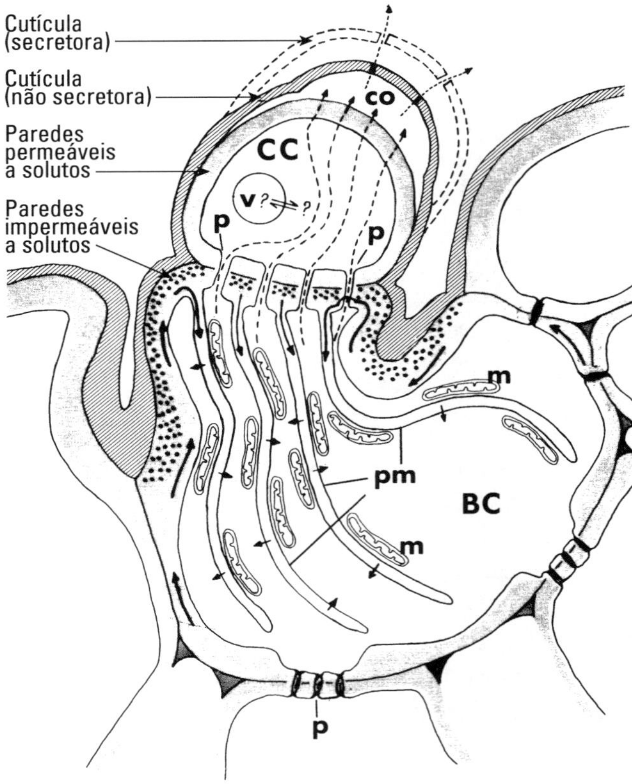

FIGURA 16.3

Modelo da relação estrutura-função em glândula de sal bicelular de *Cynodon*. Plasmodesmos (p) ocorrem entre a célula basal (CB) e todas as células adjacentes, incluindo a célula capuz (CC). A única parte impermeável da parede da glândula ocorre na região do pescoço da célula basal, onde a parede é lignificada. O protoplasto da célula basal é caracterizado pela presença de numerosas invaginações longas da membrana plasmática (mp) que se originam perto da junção das duas células glandulares. Essas membranas de particionamento estão intimamente associadas com muitas mitocôndrias (m) e microtúbulos (não mostrados aqui). A célula capuz, que é relativamente não especializada se comparada com a célula basal, contém um complemento normal de organelas, incluindo vacúolo (v) de tamanhos variáveis. As setas curtas indicam fluxo de solutos transmembrana dependente de energia do lúmen das membranas de particionamento para o citoplasma da célula basal; as setas longas, a rota de transporte passivo para as membranas de particionamento; os traços longos, o caminho do fluxo de difusão através do simplasto; os traços curtos, fluxo pressurizado da solução de sal a partir da câmara coletora (co) através dos poros na cutícula distendida. (Obtido de Oross et al., 1985; reproduzido com a permissão do editor).

Outras glândulas secretam sal diretamente para o exterior

As glândulas bicelulares das Poaceae

As glândulas anatomicamente mais simples que eliminam sal diretamente para o exterior, são aquelas das Poaceae. As mais extensivamente estudadas sob o ponto de vista ultraestrutural são aquelas de *Spartina*, *Cynodon*, *Distichlis* (Thomson et al., 1988) e *Sporobolus* (Naidoo e Naidoo, 1998). Também denominado micropelos, as glândulas consistem apenas de duas células, uma **célula basal** e uma **célula apical** em forma de capuz (do inglês, *cap cell*) (Fig. 16.3). Uma cutícula contínua cobre a parte saliente externa da glândula e suas células epidérmicas adjacentes. Ao contrário de outras glândulas de sal e tricomas secretores em geral, as paredes laterais da célula basal não são cutinizadas. Ambas as células não contêm um grande vacúolo central. As duas principais características distintivas da célula apical são um grande núcleo e uma cutícula expandida, que se separa sob pressão do fluido da parede da célula apical, formando uma **câmara coletora**. Aberturas finas ou poros, através dos quais a água salgada é eliminada, penetram a cutícula nessa região. A principal característica distintiva da célula basal é a presença de numerosas e extensivas invaginações da membrana plasmática, denominadas **membranas de particionamento**, que se estendem para dentro da célula basal a partir da parede entre as células basal e apical. As membranas de particionamento estão intimamente associadas com mitocôndrias. Presume-se que essas membranas desempenhem um papel no processo geral de secreção e que a secreção do protoplasto da célula apical para a parede celular permeável e câmara coletora seja écrina. Localização citoquímica da atividade de ATPase nas glândulas de sal de *Sporobolus* indica que a absorção de íons na célula basal e a secreção a partir da célula apical são processos ativos (Naidoo e Naidoo, 1999). A continuidade simplástica, como indicada pela presença de plasmodesmos, ocorre entre a célula basal, o mesofilo adjacente e as células epidérmicas, assim como entre a célula basal e a célula apical (Oross et al., 1985).

As glândulas multicelulares das eudicotiledôneas

As glândulas de sal de muitas eudicotiledôneas são multicelulares. Aquelas de *Tamarix aphylla* (Tamaricaceae) consistem de oito células cada, seis das quais são **secretoras** e duas são **células coletoras** basais (Fig. 16.4; Thomson e Liu, 1967; Shimony e Fahn, 1968; Bosabalidis e Thomson, 1984). O grupo de células secretoras é revestido por cutícula, exceto onde as células secretoras mais abaixo estão conectadas por plasmodesmos com as células coletoras. As porções não cutinizadas das células secretoras são contínuas com aquelas das células coletoras subjacentes, razão pela qual elas são denominadas **zonas de transfusão**. A continuidade simplástica existe entre as células do mesofilo subjacente e todas as células da glândula. As projeções da parede amplificam a área de superfície da membrana plasmática das células secretoras, e a porção da cutícula no topo da glândula contém poros através dos quais a água salgada é exsudada.

Existem muitas semelhanças entre as glândulas de sal do mangue *Avicennia* e aquelas de *Tamarix*. As glândulas de sal de *Avicennia* consistem de 2 a 4 células coletoras, 1 célula peduncular e 8 a 12 células secretoras (Drennan et al., 1987). A cutícula se distende no topo da glândula formando uma câmara coletora entre as células secretoras e a face interna da cutícula, que contém numerosos poros estreitos. As paredes laterais da célula peduncular são completamente cutinizadas e o protoplasto adere firmemente a elas. Uma evidência coletiva indica que a via simplástica é o percurso predominante seguido pelo sal para e através do complexo glandular, e que a secreção da água salgada é um processo ativo, envolvendo H^+-ATPase da membrana onde a hidrólise do ATP direciona o transporte de íons através da membrana plasmática das células secretoras (Drennan et al., 1992; Dschida et al., 1992; Balsamo et al., 1995).

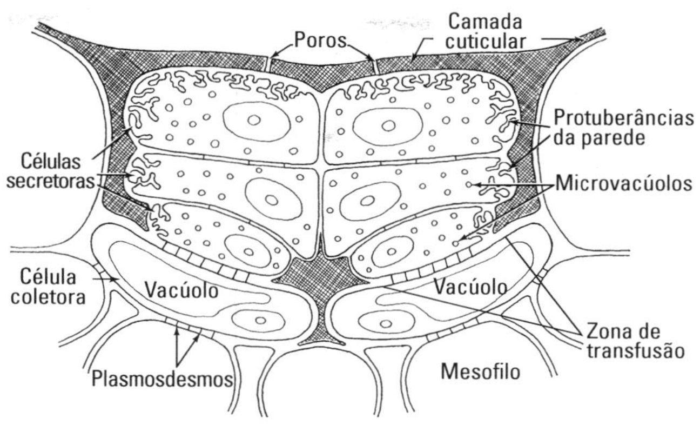

FIGURA 16.4

Diagrama de uma glândula secretora de sal de *Tamarix aphylla* (tamarisco). O complexo de oito células – seis das quais são secretoras e duas as chamadas células coletoras – está embebido na epiderme e está em contato com o mesofilo (abaixo). A cutícula e a parede cutinizada são indicadas juntamente (camada cuticular) pela marcação em cruz. (Obtido de Esau, 1977; formulado a partir dos dados de Thomson et al., 1969.)

HIDATÓDIOS

Hidatódios são estruturas que eliminam água líquida com várias substâncias dissolvidas a partir do interior da folha para a sua superfície, um processo denominado **gutação**. A água da gutação é forçada a sair da folha pela pressão da raiz. Estruturalmente, os hidatódios são partes modificadas das folhas, geralmente localizadas nas pontas das folhas ou margens, especialmente nos dentes. De modo geral, o hidatódio consiste de (1) traqueídes terminais de uma a três terminações vasculares, (2) **epitema**, composto de células parenquimáticas aclorofiladas, de paredes delgadas, localizadas acima ou distal às terminações vasculares, (3) uma bainha – uma continuação da bainha do feixe – que se estende até a epiderme e (4) aberturas, denominadas **poros de água**, na epiderme (Fig. 16.5). O epitema pode apresentar espaços intercelulares proeminentes ou pode ser compactamente arranjado, com espaços

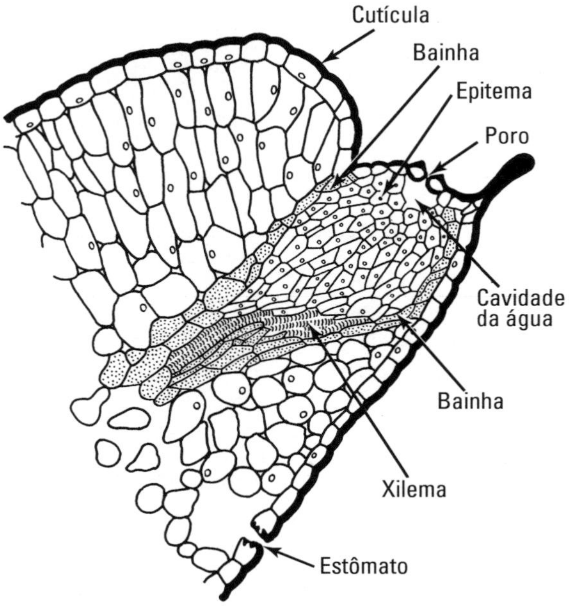

FIGURA 16.5

Hidatódio da folha de *Saxifraga lingulata* em secção longitudinal. As células da bainha que contêm tanino estão pontilhadas. (A partir de Häusermann e Frey-Wyssling, 1963.)

intercelulares pequenos (Brouillet et al., 1987). Algumas células epiteliais podem estar diferenciadas em células de transferência providas com invaginações de parede (Perrin, 1971). As células da bainha frequentemente contêm substâncias tipo tanino; em algumas plantas suas paredes são suberizadas ou possuem estrias de Caspary (Sperlich, 1939). Os poros de água são geralmente estômatos diminutos que estão permanentemente abertos e são incapazes de abertura e fechamento.

Existe variação considerável na estrutura do hidatódio (Perrin, 1972). Em algumas folhas o epitema é escasso (por exemplo, em *Sparganium emersum*, Pedersen et al., 1977, e *Solanum tuberosum*, McCauley e Evert, 1988; Fig. 16.6) ou está ausente, como em *Triticum aestivum* e *Oryza sativa* (Maeda e Maeda, 1987, 1988) e em outras Poaceae. As terminações das nervuras no hidatódio de trigo e arroz também não possuem bainha. Em algumas plantas aquáticas submersas, tanto eudicotiledôneas e monocotiledôneas, as aberturas dos hidatódios não são representadas por estômatos não funcionais (poros de água), mas por

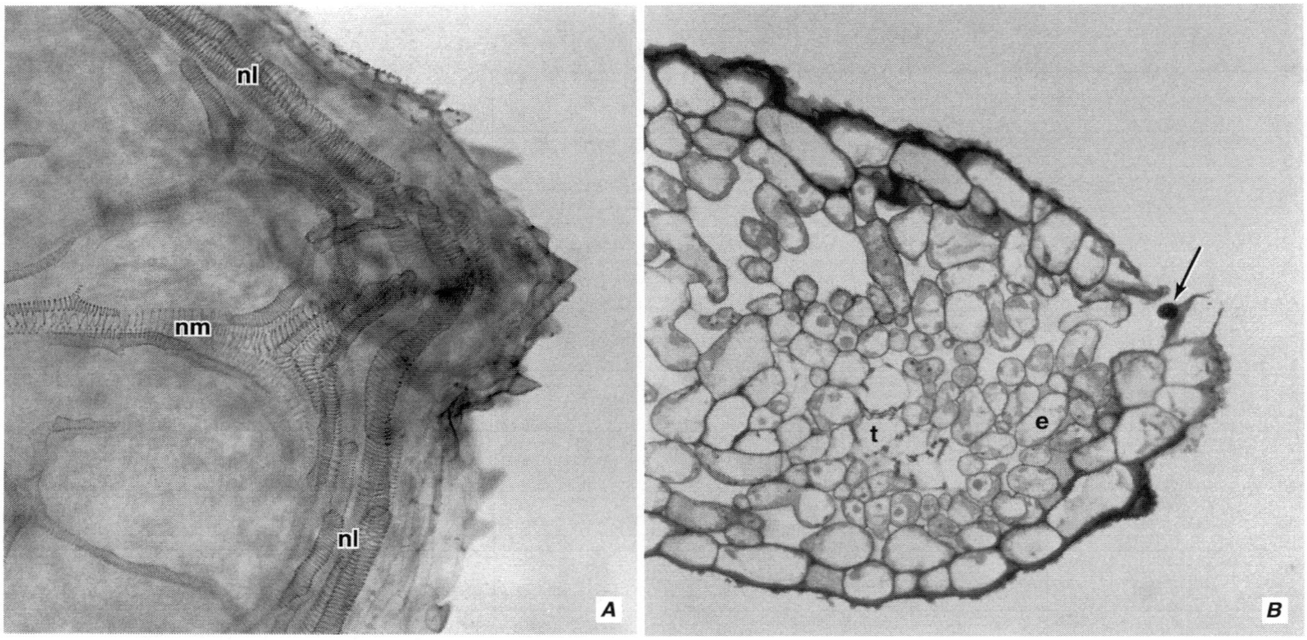

FIGURA 16.6

Hidatódio na folha de batata (*Solanum tuberosum*). **A**, clarificação do ápice de um folíolo terminal mostrando nervura mediana (nm) e nervuras terminais (nt) convergindo para formar um hidatódio. **B**, secção transversal de hidatódio no ápice do folíolo terminal. O estômato gigante associado com hidatódio está aberto (seta); uma célula-guarda está colapsada. Outros detalhes: e, epitema; t, elemento traqueal. (A, ×161; B, ×276. Obtido de McCauley e Evert, 1988. *Bot. Gaz.* © 1988 pela University of Chicago. Todos os direitos reservados.)

aberturas apicais que resultam da degradação de um ou diversos poros de água ou de muitas células epidérmicas comuns (Pedersen et al., 1977).

Ao longo das margens foliares ocorrem hidatódios típicos, geralmente isolados na ponta da folha ou na ponta de um dente. Em algumas espécies de Crassulaceae e Moraceae, e quase todas as espécies de Urticaceae, os hidatódios estão distribuídos por toda a superfície da folha, não somente na margem. Em algumas espécies de Crassulaceae uma terminação vascular em qualquer lugar na lâmina pode se dirigir (principalmente para cima) em direção à superfície da folha e terminar em um **hidatódio laminar**. Existem cerca de 300 hidatódios em uma folha típica de *Crassula argentea* (Rost, 1969). Nas Urticaceae, hidatódios laminares estão associados com junções de terminações vasculares (Lersten e Curtis, 1991). De acordo com Tucker e Hoefert (1968), os únicos hidatódios conhecidos que se desenvolvem a partir de um ápice caulinar são aqueles encontrados nas pontas das gavinhas de *Vitis vinifera*.

A água proveniente de hidatódios pode conter vários sais, açúcares e outras substâncias orgânicas. A água eliminada pelos hidatódios das folhas de *Populus deltoides* contém concentrações variáveis de açúcares, que Curtis e Lersten (1974) chamaram de néctar. Os autores consideraram que *Populus* possui um tipo bastante especializado de hidatódio que pode também funcionar como um nectário sob certas condições. Produtos da gutação podem causar injúria às plantas por meio da acumulação e concentrações ou através da interação com pesticidas (Ivanoff, 1963).

Haberlandt (1918) fez uma distinção entre hidatódios passivos, como aqueles descritos acima, e hidatódios ativos. Os hidatódios ativos, denominados **hidatódios tipo tricomas**, são tricomas glandulares que secretam soluções de sais e outras substâncias (Fig. 16.7; Heinrich, 1973; Ponzi e Pizzolongo, 1992).

Embora os hidatódios geralmente estejam associados com a eliminação de água da planta, tem sido mostrado que em muitas espécies xerofíticas de *Crassula* os hidatódios funcionam na absorção de névoa condensada ou água de orvalho (Martin e von Willert, 2000). Além disso, tem sido proposto que os hidatódios na margem dentada da folha de *Populus balsamifera* funcionam na recuperação de solutos a partir da corrente de transpiração (Wilson et al., 1991). Após um evento de gutação, como no início da manhã, bactérias patogênicas suspensas no líquido gutado podem ser trazidas de volta para o interior do hidatódio onde elas se multiplicam e então invadem o xilema, causando doenças (Guo e Leach, 1989; Carlton et al., 1998; Hugouvieux et al., 1998). A gutação de hidatódios de plantas aquáticas submersas está envolvida no mecanismo de transporte acrópeto (para cima) de água através da planta (Pedersen et al., 1977).

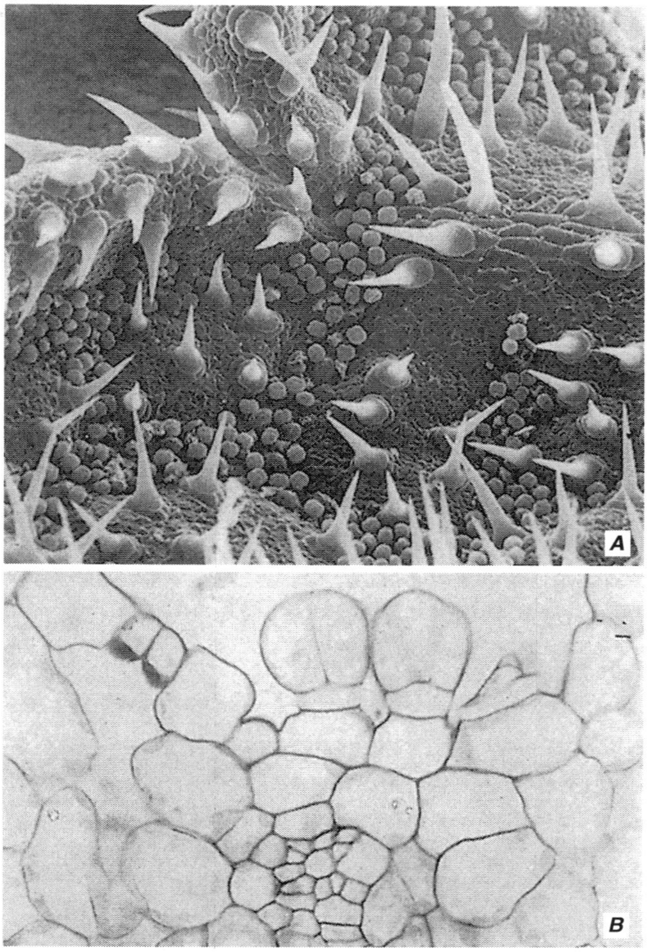

FIGURA 16.7

Hidatódios tipo tricomas na folha de *Rhinanthus minor*. **A**, micrografia eletrônica de varredura mostrando numerosos hidatódios tipo tricomas na superfície inferior da folha. As estruturas maiores apontadas são tricomas unicelulares. **B**, secção longitudinal mostrando hidatódios tipo tricomas maduros, os quais são estruturas com seis células. Cada tricoma consiste de quatro células capuz, uma célula do pé e uma célula epidérmica basal. (A, ×125; B, ×635. Obtido de Ponzi e Pizzolongo, 1992.)

NECTÁRIOS

Nectários são estruturas secretoras que liberam um fluido aquoso (néctar) com um elevado conteúdo de açúcar. Duas principais categorias de nectários podem ser distinguidas: nectários florais e nectários extraflorais. Os **nectários florais** estão associados diretamente com a polinização. Por meio do néctar secretado, eles fornecem uma recompensa aos insetos e outros animais que servem como polinizadores (Baker e Baker, 1983a, b; Cruden et al., 1983; Galetto e Bernardello, 2004; Raven et al., 2005). Os nectários florais ocupam vários locais na flor (Fig. 16.8; Fahn, 1979a, 1998). Nectários florais são encontrados nas sépalas, pétalas, estames, ovários ou no receptáculo. Uma tendência geral de migração do nectário do perianto em direção ao ovário, estilete e, em alguns casos, para o estigma, durante a evolução, tem sido deduzida a partir de estudos comparativos (Fahn, 1953, 1979a). Os **nectários extraflorais** geralmente não estão associados com polinização. Esses nectários atraem insetos, particularmente formigas, que atacam ou excluem os herbívoros da planta (Pemberton, 1998; Pemberton e Lee, 1996; Keeler e Kaul, 1984; Heil et al., 2004). Em *Stryphnodendron microstachyum*, uma árvore neotropical, as formigas também coletam os esporos do fungo da ferrugem *Pestalotia*, reduzindo assim a incidência do ataque do patógeno nas folhas (de la Fuente e Marquis, 1999). Os nectários extraflorais ocorrem nas partes vegetativas da planta, no pedicelo das flores e na superfície externa de partes externas da flor (Zimmermann, 1932; Elias, 1983). Nos membros Australianos do gênero *Acacia,* que não possuem nectários florais, os nectários extraflorais atraem formigas e polinizadores (Marginson et al., 1985).

Nas flores de eudicotiledôneas o néctar pode ser secretado pelas partes basais dos estames (Fig. 16.8C) ou por um nectário semelhante a um anel abaixo dos estames (Fig. 16.8E; Caryophyllales, Polygonales, Chenopodiales). O nectário pode ser um anel ou um disco na base do ovário (Fig. 16.8D, F; Theales, Ericales, Polemoniales, Solanales, lamiales) ou um disco entre os estames e o ovário (Fig. 16.8G). Diversas glândulas discretas podem ocorrer na base dos estames (Fig. 16.8L). Nas Tiliales, os nectários consistem de pelos glandulares multicelulares, geralmente agrupados formando uma excrescência tipo almofada (Fig. 16.8I). Tais nectários ocorrem em várias partes florais, frequentemente nas sépalas. Nas Rosaceae perígina, o nectário está localizado entre o ovário e os estames, forrando o interior do receptáculo floral em forma de taça (Fig. 16.8J). Nas flores epíginas das Umbellales, o nectário ocorre na parte superior do ovário (Fig. 16.8H). Nas Asteraceae, o nectário é uma estrutura tubular na parte superior do ovário, que circunda a base do estilete. Na maioria dos gêneros de Lamiales, Berberidales e Ranunculales polinizados por insetos os nectários são estames modificados, ou ***estaminódios*** (Fig. 16.8K). O nectário nas pétalas de *Frasera* consiste de uma taça com um fundo glandular e parede lateral com numerosas estruturas esclerificadas semelhantes a pelos que se conectam com a abertura apical e fazem com que a abelha (*Bombus* spp.) trabalhe ao longo das laterais da glândula (Davies, 1952). Nas espécies de *Euphorbia* (Euphorbiaceae), o nectário extrafloral lobado (***nectário do ciátio***) está ligado ao invólucro que reveste a inflorescência (Fig. 16.9; Arumugasamy et al., 1990). Em algumas espécies de *Ipomoea* (Convolvulaceae), os nectários extraflorais consistem de reentrâncias forradas com tricomas secretores e conectadas a superfície por um ducto (Keeler e Kaul, 1979, 1984). Esses **nectários crípticos** são uma reminiscência dos **nectários septais** (Fig. 16.8A, B; Rudall, 2002; Sajo et al., 2004) encontrados somente em monocotiledôneas. Os nectários septais possuem a estrutura de bolsas com um revestimento glandular composto de tricomas. Eles surgem em partes do ovário onde as paredes carpelares não estão completamente fundidas. Se eles estão profundamente embebidos no ovário, eles têm pontos de saída na forma de canais que levam à superfície do ovário.

O tecido secretor de um nectário pode ser restrito à epiderme ou possuir diversas camadas de células em profundidade. Células epidérmicas secretoras podem ser morfologicamente semelhantes às células comuns da epiderme, ser representadas por tricomas ou ainda alongadas como as células em paliçada. A maioria dos nectários consiste de epiderme e parênquima especializado. O tecido que compõe o nectário é denominado **tecido nectarífero**. A epiderme de muitos nectários florais contém estômatos que estão permanentemente abertos e, neste aspecto, são semelhantes aos poros de água dos hidatódios. Em nectários, tais estômatos são denominados **estômatos modificados** (Davis

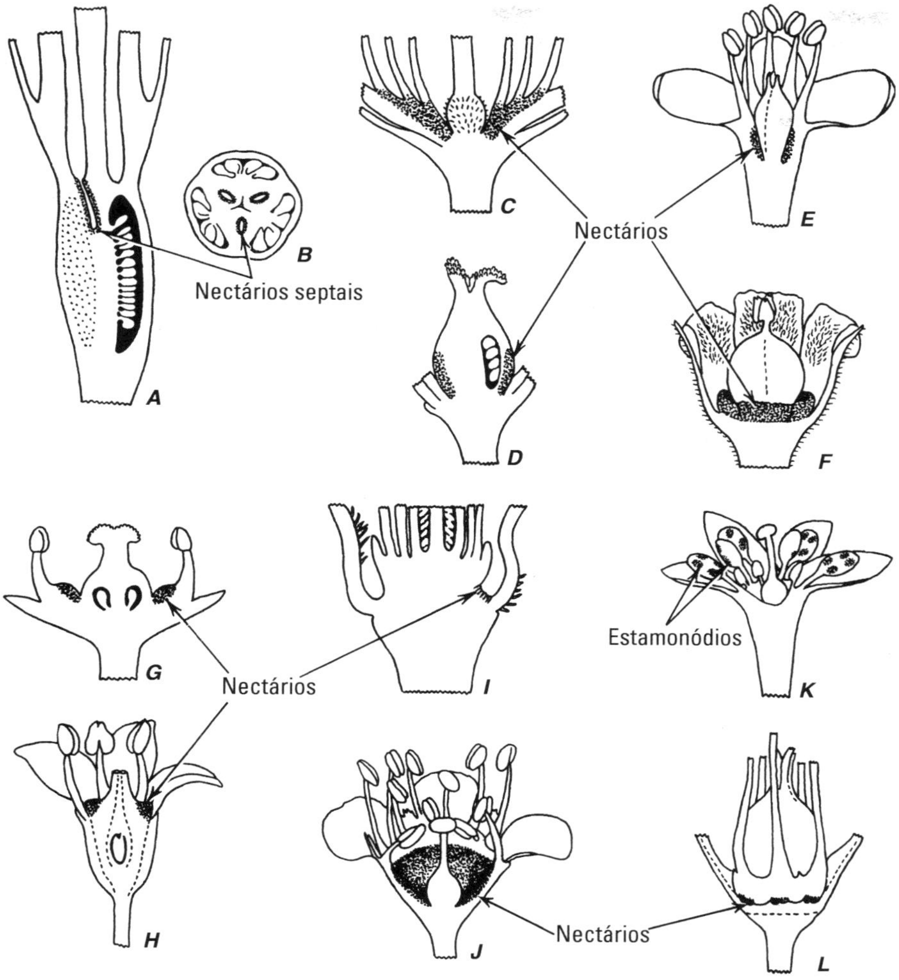

FIGURA 16.8

Nectários. Secções longitudinais (**A**, **C-L**) e transversais (**B**) de flores. Septais, em Liliales, *Narcissus* (**A**) e *Gladiolus* (**B**); **C**, externos, na base dos estames (*Thea*, Theales); **D**, anel na base do ovário (*Euyra*, Theales); **E**, anel abaixo dos estames (*Coccoloba*, Polygonales); **F**, disco abaixo do ovário (*Jatropha*, Euphorbiales); **G**, disco entre o ovário e os estames (*Perrottetia*, Celastrales); **H**, disco acima do ovário ínfero (*Mastixia*, Umbellales); **I**, agrupamento de tricomas na base da sépala (*Corchorus*, Tiliales); **J**, revestindo o receptáculo floral (*Prunnus*, Rosales); **K**, estames modificados, estaminódios (*Cinnamomum*, Laurales); **L**, glândulas nas bases dos estames (*Linus*, Geraniales). (Adaptado de Brown, 1938.)

e Gunning, 1992; 1993). Os estômatos modificados fornecem o meio para a liberação do néctar secretado pelo tecido nectarífero subjacente para a superfície. Nos nectários extraflorais de *Sambucus nigra* (Caprifoliaceae), o néctar é secretado no interior de uma cavidade lisígina e liberado por meio de uma ruptura na epiderme (Fahn, 1987). Os tecidos vasculares ocorrem mais ou menos próximos ao tecido secretor. Algumas vezes o tecido vascular é representado simplesmente pelo feixe vascular do órgão onde o nectário está localizado, porém muitos nectários possuem feixes vasculares próprios, frequentemente compostos unicamente de floema. Laticíferos podem estar presentes nos nectários (Tóth-Soma et al., 1995/96).

Células secretoras ativas em nectários possuem citoplasma denso e pequenos vacúolos frequentemente com taninos. Mitocôndrias numerosas com cristas bem desenvolvidas indicam que essas células respiram intensivamente. Na maioria dos nectários o retículo endoplasmático é muito desenvolvido e pode se apresentar empilhado ou convoluto. Esse retículo endoplasmático atinge seu máximo volume e possui vesículas associadas no estágio de secreção do néctar. Numerosos corpos de Golgi ativos podem também estar presentes. Em alguns nectários (*Lonicera japonica*, Caprifoliaceae; Fahn e Rachmilevitz, 1970) as vesículas derivadas do retículo endoplasmático, em vez daquelas liberadas pelos corpos de Golgi, é que estão relacionadas com a secreção de açúcar. As paredes das células secretoras frequentemente possuem invaginações indicativas de células de transferência (Fahn, 1979a, b, 2000). As células secretoras em *Maxillaria coccinea* (Orchidaceae) são colenquimatosas (Stpiczyńska et al., 2004).

Os dois principais mecanismos citados em literatura para o transporte de néctar a partir do protoplasto das células secretoras são granulócrino e écrino. A secreção holócrina raramente é citada para nectários, porém foi bem documentada para os nectários florais de duas espécies de *Helleborus* (Vesprini et al., 1999). Nesses nectários o néctar é liberado pela ruptura da parede e cutícula de cada célula epidérmica. Esse néctar possui um elevado conteúdo de açúcar, principalmente sacarose, e também contém lipídios e proteínas.

A superfície externa dos nectários é coberta por cutícula. Em nectários que secretam através de tricomas, as paredes laterais da parte inferior dos tricomas unicelulares ou das células menores (células pedunculares) dos tricomas multicelulares são completamente cutinizadas (Fahn, 1979a, b), sendo essa uma característica de quase todos os tricomas secretores. Os três nectários florais aqui descritos demonstram algumas das variações na estrutura de nectários e nos modos de secreção.

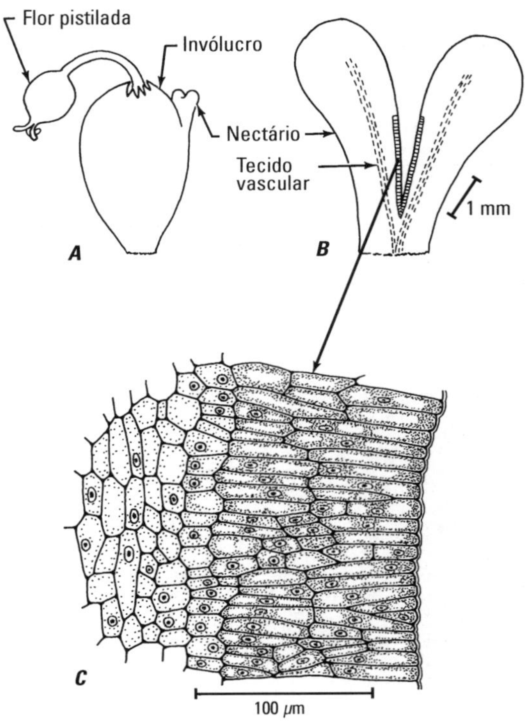

FIGURA 16.9

Nectário extrafloral de *Euphorbia pulcherrima*. **A**, flores pistiladas e invólucro com nectário. **B**, nectário lobado está ligado ao invólucro da inflorescência. **C**, detalhe do tecido secretor. Os nectários extraflorais dessa espécie atraem polinizadores. (Obtido de Esau, 1977.)

Os nectários de *Lonicera japonica* exudam néctar dos tricomas unicelulares

Nos nectários florais de *Lonicera japonica*, as células secretoras de néctar são pelos unicelulares curtos, ou tricomas, localizados em uma área limitada da epiderme inferior do tubo da corola (Fahn e Rachmilevitz, 1970). Cada tricoma consiste de uma parte similar a um pedúnculo estreito e uma cabeça superior esférica (Fig. 16.10). O pedúnculo protrude acima das células epidérmicas vizinhas. Além da epiderme secretora, o tecido nectarífero consiste de parênquima subepidérmico onde os feixes vasculares do tubo da corola estão imersos. Os tricomas jovens têm um único vacúolo grande e uma cutícula composta por áreas espessas e áreas delgadas. Em tricomas ativamente secretores, o volume do vacúolo é reduzido, pequenos vacúolos substituem o único vacúolo grande e a cutícula da cabeça é destacada. Presume-se que a expansão da cutícula ocorra nas áreas delgadas e que o néctar difunda-se através dessas áreas. Nesse estágio, a parte superior da parede da célula secretora apresenta numerosas invaginações que formam um extensivo labirinto revestido pela membrana plasmática. Pilhas de cisternas de retículo endoplasmático aparentemente originam vesículas que se fundem com a membrana plasmática e liberam o néctar (secreção granulócrina).

Os nectários de *Abutilon striatum* exudam néctar a partir de tricomas multicelulares

Os nectários florais de *Abutilon striatum* (Malvaceae) consistem de tricomas multicelulares localizados na face inferior (abaxial) das sépalas fusionadas (Fig. 16.11; Findlay e Mercer, 1971). Cada tricoma possui base, pedúnculo e ápice unicelular, mas é multisseriado entre o pedúnculo e o ápice

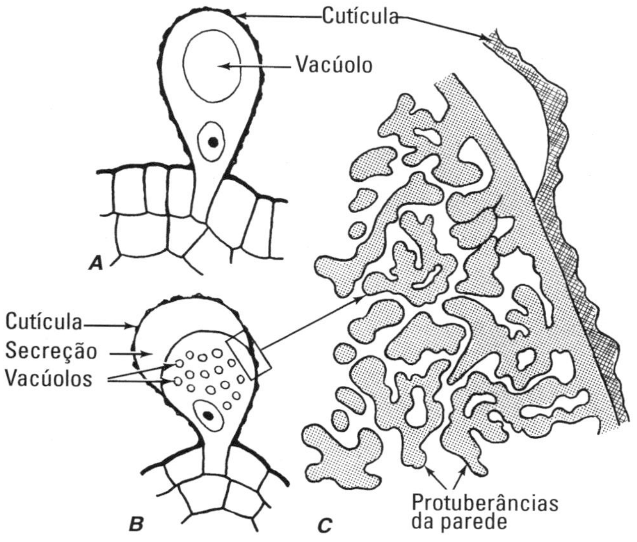

FIGURA 16.10

Detalhes do nectário de *Lonicera japonica*. **A**, **B**, tricomas secretores de néctar na epiderme interna do tubo da corola antes da secreção (**A**) e durante a secreção (**B**). **C**, parte da parede celular com protuberâncias que caracterizam um tricoma ativamente secretor. A linha preta ao redor das protuberâncias indica a membrana plasmática. As protuberâncias aparentemente distendidas parecem como conectadas à parede em outros níveis além daqueles do desenho. (Obtido de Esau, 1977; elaborado a partir de dados de Fahn e Rachmilevitz, 1970.)

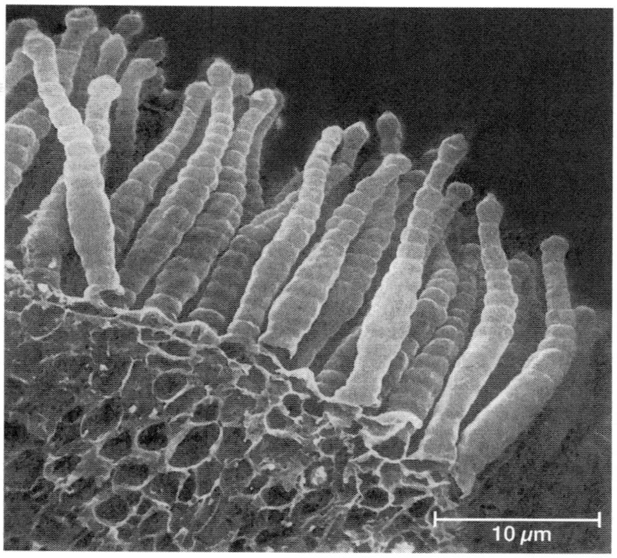

FIGURA 16.11

Tricomas secretores de néctar de *Abutilon pictum*. (Obtido de Fahn, 2000. © 2000, com permissão da Elsevier.)

(Fig. 16.12A). Um sistema extensivo de cordões vasculares, onde o floema predomina, é subjacente a cada nectário. Somente duas camadas de células do parênquima subglandular separam os tricomas dos tubos crivados mais próximos. Os tricomas nectaríferos de *Abutilon* secretam quantidades elevadas de sacarose, frutose e glicose, sendo que o néctar é liberado através de poros transitórios (de vida curta) na cutícula do ápice do tricoma (Findlay e Mercer, 1971; Gunning e Hughes, 1976). Uma vez que os plasmodesmos conectam todas as células desde o floema até o ápice do tricoma, é provável que o pré-néctar se mova simplasticamente por todo o trajeto, isto é, do floema para o ápice do tricoma, onde ele é secretado como néctar. Durante a fase secretora, as células do tricoma apresentam um sistema extensivo de retículo endoplasmático, denominado "retículo secretor" por Robards e Stark (1988). Robards e Stark (1988) sugeriram que a secreção dos nectários de *Abutilon* não é écrina ou granulócrina. A presença do retículo secretor juntamente com dados fisiológicos levou esses autores a concluir que o pré-néctar é ativamente acumulado no retículo secretor de todas as células do tricoma (Fig. 16.12B). O aumento resultante na pressão hidrostática dentro do retículo causa, então, a abertura de "esfíncteres", que conectam o lúmen do retículo com a superfície externa da membrana plasmática. O néctar liberado, então, move-se apoplasticamente sob a cutícula até que alcance os poros cuticulares transitórios que revestem a célula apical. Os nectários florais de *Hibiscus rosa-sinensis* exibem similaridade morfológica, estrutural e possivelmente fisiológica aos tricomas nectaríferos de *Abutilon* (Sawidis et al., 1987a, b, 1989; Sawidis, 1991).

Os nectários de *Vicia faba* exudam néctar via estômatos

O nectário floral de *Vicia faba* consiste de um disco que envolve a base do gineceu e possui uma projeção proeminente no lado sem estame da flor (Fig. 16.13A; Davis et al., 1988). (Em muitas leguminosas, incluindo *Vicia*, 9 dos 10 estames são unidos em um único feixe e o décimo estame é solitário, ou livre). (Em muitas Papilionoideae, os nectários florais ocorrem mais frequentemente como um disco, embora exista variação considerável em sua morfologia; Waddle e Lersten, 1973. Diversos

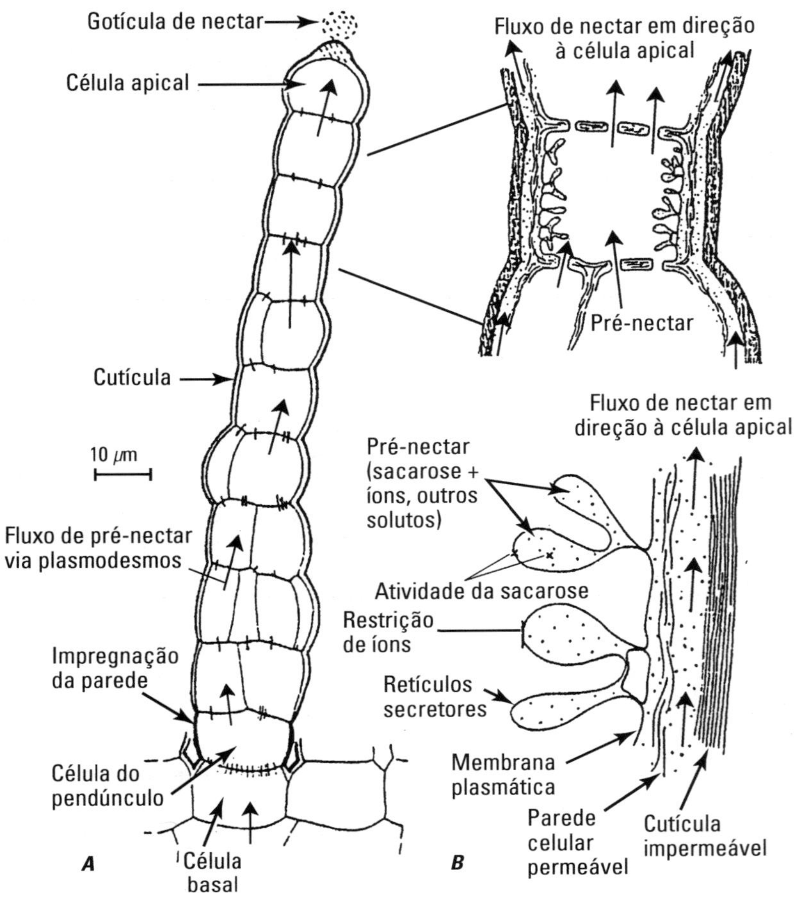

FIGURA 16.12

Modelo da relação estrutura-função nos tricomas secretores de néctar de *Abutilon striatum*. **A**, foi proposto que o pré-nectar se move para o simplasto do tricoma via numerosos plasmodesmos na parede transversal da célula do pedúnculo, cujas paredes laterais são cutinizadas e consequentemente impermeáveis. **B**, em cada célula do tricoma, pré-nectar é transportado a partir do citoplasma em direção ao retículo secretor. Nesse estágio, ocorre uma filtração definindo a composição química dos produtos secretados. A sacarose é parcialmente hidrolisada em glicose e frutose. Não foi determinado se isso ocorre na membrana ou dentro da cavidade da cisterna. Conforme o carregamento para dentro do retículo secretor continua, uma pressão hidrostática se acumula até que o néctar é compelido em direção a parede celular permeável (apoplasto) entre a membrana plasmática e a cutícula. O acúmulo contínuo da pressão nesse compartimento alcança o nível em que um poro se abre na cutícula na célula apical o néctar é liberado para o exterior. (Obtido de Robards e Stark, 1988.)

estômatos grandes e modificados ocorrem no ápice da projeção (Fig. 16.13B), estando ausentes nos demais locais da projeção e no disco. As células epidérmicas da projeção possuem invaginações ao longo de suas paredes externas. O disco consiste de 9 ou 10 camadas subepidérmicas de células nectaríferas relativamente pequenas e com arranjo compacto. As invaginações parietais se desenvolvem nas proximidades dos espaços intercelulares na base da projeção e nas células da própria projeção, onde os espaços intercelulares são maiores e as invaginações parietais são mais abundantes do que no disco. O nectário é vascularizado exclusivamente por floema que se origina a partir dos feixes vasculares destinados aos estames. Alguns tubos crivados terminam no disco, mas a maior parte do floema penetra a projeção formando um cordão central (Fig. 16.14) que se estende para até 12 células abaixo da extremidade da projeção. Os elementos de tubo crivado são acompanhados por células companheiras grandes, densamente coradas e com paredes labirínticas. Embora o aparato de Golgi não seja bem desenvolvido nas células epidérmicas e nectaríferas da projeção, as cisternas

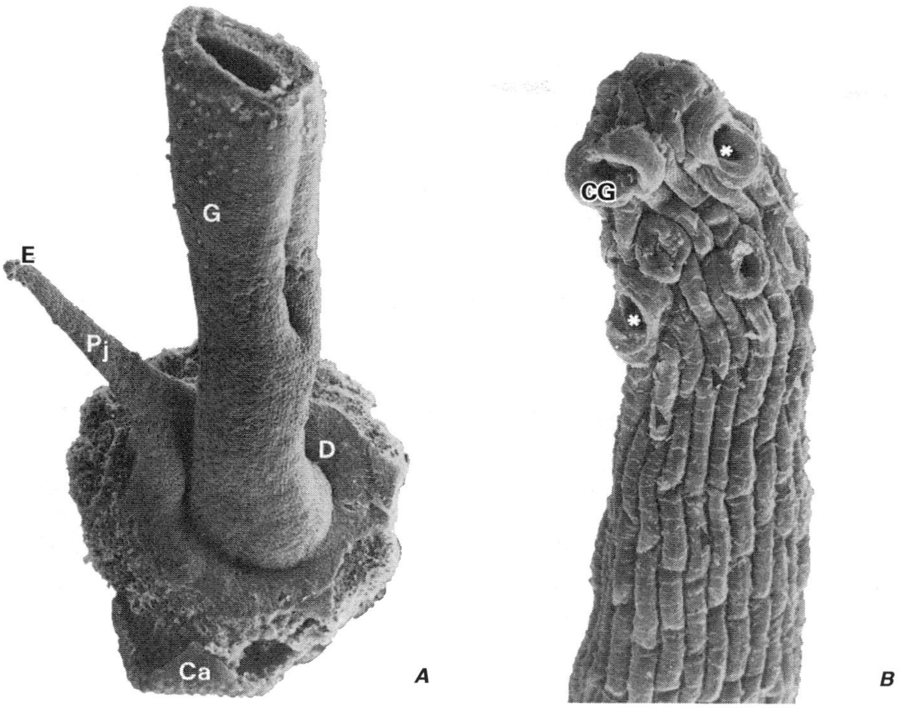

FIGURA 16.13

Eletronmicrografias de varredura do nectário floral de *Vicia faba*. **A**, base de uma flor dissecada, mostrando um disco nectarífero (D) ao redor do gineceu (G), dando origem a uma projeção (Pj) com numerosos estômatos (E) em seu ápice; parte do cálice (Ca) está evidente. **B**, ápice da projeção do nectário mostrando muitos estômatos. As células-guarda (CG) estão ao redor de poros grandes (asteriscos). (Ambas, ×310. Obtido de Davis et al., 1988.)

do retículo endoplasmático são bem proeminentes e frequentemente estão em íntima associação com a membrana plasmática dessas células. Essas características ultraestruturais favorecem a existência de um mecanismo de secreção granulócrina. Isso contrasta com a condição no nectário foliar de *Trifolium pratense*, outra leguminosa, na qual parece não ocorrer a proliferação do retículo endoplasmático. Assim, Eriksson (1977) concluiu que um mecanismo secretor écrino ocorre no nectário de *Trifolium*. Razem e Davis (1999) chegaram a uma conclusão similar para o nectário floral de *Pisum sativum*. Somente sacarose foi encontrada no néctar floral de *Vicia faba* (Davis et al., 1988).

Os açúcares mais comuns no néctar são sacarose, glicose e frutose

Com base em relações quantitativas entre a sacarose e glicose/frutose, três tipos de néctar podem ser distintos: (1) sacarose-dominante, (2) glicose-dominante e (3) aquele com uma taxa igual de sacarose para glicose/frutose (Fahn, 1979a, 2000). Pequenas quantidades de outras substâncias como aminoácidos, ácidos orgânicos, proteínas (principalmente enzimas), lipídios, íons minerais, fosfatos, alcaloides, fenólicos e antioxidantes também pode estar presentes (Baker e Baker, 1983a, b; Fahn, 1979a; Bahadur et al., 1998).

O néctar tem sua origem no floema como a seiva do tubo crivado, que se move simplasticamente dos tubos crivados para as células secretoras. Ao longo do caminho, o pré-néctar pode ser modificado no tecido nectarífero por atividade enzimática ou mesmo após sua secreção pela reabsorção de néctar (Nicolson, 1995; Nepi et al., 1996; Koopowitz e Marchant, 1998; Vesprini et al., 1999). A reabsorção de néctar ajuda a minimizar o roubo de néctar por oportunistas não polinizadores e recuperar alguma energia armazenada nos açúcares.

Uma única maneira de liberação do néctar é encontrada em alguns gêneros neotropicais, principalmente andinos, de Melastomataceae (Vogel, 1997). A maioria dos membros dessa família não possui nectários florais, porém, a maioria deles

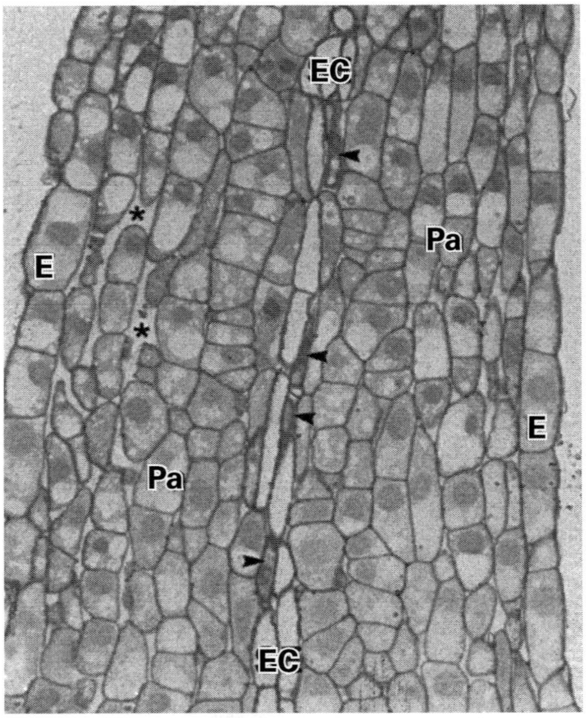

FIGURA 16.14

Secção longitudinal da projeção do nectário de *Vicia faba* mostrando um cordão central de elementos crivados (EC) com células companheiras (pontas de setas) associadas. As células parenquimáticas (Pa) e os espaços intercelulares (asteriscos) ficam ao redor do cordão de floema. Outro detalhe: E, epiderme. (×315. Obtido de Davis et al., 1988.)

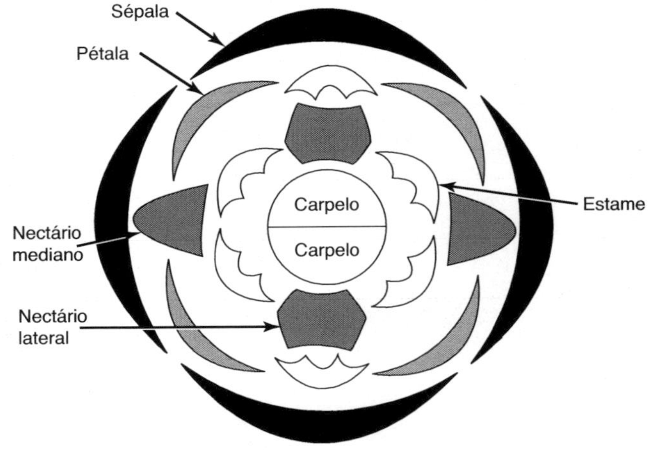

FIGURA 16.15

Diagrama floral estilizado de *Brassica rapa* e *B. napus*, mostrando localização dos nectários laterais e medianos. (Davis et al., 1966, com permissão de Oxford University Press.)

exsuda néctar a partir dos filetes dos estames. O néctar tem sua origem na seiva do tubo crivado que escoa do feixe vascular central do filete. Ele é liberado do filete através de rupturas como fendas no tecido do filete. Quando a seiva do tubo crivado é mais ou menos pura, o néctar consiste predominantemente de sacarose. A composição desse néctar contrasta com aquela do néctar de *Capsicum annuum* (Solanaceae; Rabinowitch et al., 1993) e *Thryptomene calycina* (Myrtaceae; Beardsell et al., 1989), que contém somente frutose e glicose. Poucas plantas produzem néctar sem sacarose.

Existe uma relação entre o tipo de tecido vascular que supre os nectários e a concentração de açúcar. Nectários supridos somente pelo floema apresentam secreção com concentrações mais elevadas do que aqueles vascularizados por xilema e floema ou principalmente por xilema. Nas flores de muitas espécies de Brassicaceae, incluindo *Arabidopsis thaliana*, com dois pares de nectários (Fig. 16.15; lateral e mediana), foi observado que os nectários laterais produzem uma média de 95% do total de carboidrato do néctar (Davis et al., 1998). Os nectários laterais são supridos com maior abundância de floema (Fig. 16.16), enquanto os nectários medianos recebem um número comparativamente pequeno de tubos crivados. Foi mostrado que os genes *CRABS CLAW* (*CRC*) são necessários para a iniciação do desenvolvimento dos nectários em *Arabidopsis thaliana*; as flores *crc* perdem os nectários (Bowman e Smyth, 1999). Entretanto, enquanto *CRABS CLAW* é essencial para a formação do nectário, sua expressão ectópica não é suficiente para induzir a formação do nectário ectópico (Baum et al., 2001). Múltiplos fatores agem na restrição dos nectários às flores de *Arabidopsis*, surpreendentemente, os genes *LEAFY* e *UNUSUAL FLORAL ORGANS* (Baum et al., 2001).

A composição do néctar secretado pode diferir entre flores masculinas e femininas da mesma planta e até mesmo entre nectários da mesma flor. Além disso, a composição do açúcar pode mudar consideravelmente durante o período de secreção do néctar, como demonstrado para os nectários florais de *Strelitzia reginae* (Kronestedt-Robards et al., 1989). No estudo de flores individuais de espécies de Brassicaceae, o néctar dos nectários laterais mostrou maiores quantidades de glicose do que de frutose, enquanto que o néctar dos nectários medianos possuía maiores quantidades de frutose (Davis et al., 1998). Em *Cucurbita pepo*, a

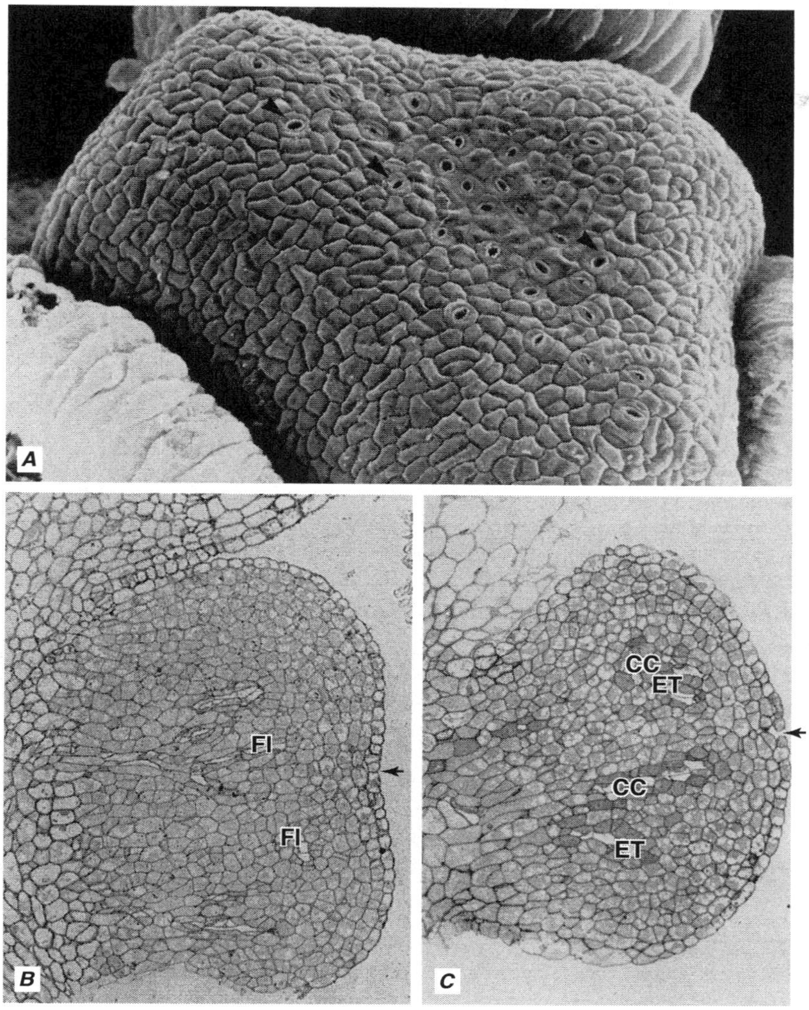

FIGURA 16.16

Nectário floral lateral de *Brassica napus*. **A**, eletronmicrografia de varredura de nectário lateral mostrando numerosas estômatos abertos na superfície do nectário. Note a discreta depressão na região mediana do nectário. **B**, secção longitudinal mostrando que cordões de floema (Fl) penetram o interior da glândula. As pontas de setas apontam para a depressão da superfície do nectário. **C**, secção oblíqua de um dos lóbulos do nectário mostrando elementos de tubo crivado (ET) e células companheiras (CC) densamente coradas. Note estômato aberto (ponta de seta) na superfície do nectário. (A, ×200; B, ×110; C, ×113. Obtido de Davis et al., 1986.)

flor feminina produz néctar mais doce com menor conteúdo proteico que a flor masculina (Nepi et al., 1996).

Em muitas plantas, o pré-néctar em formação no floema se acumula como grãos de amido nos plastídios das células nectaríferas. Em consequência da hidrólise, o amido fornece a principal fonte de açúcar durante a antese (Durkee et al., 1981; Zer e Fahn, 1992; Belmonte et al., 1994; Nepi et al., 1996; Gaffal et al., 1998).

Estruturas intermediárias entre nectários e hidatódios

Como mencionado anteriormente, os hidatódios nas folhas de *Populus deltoides*, que gutam água contendo concentrações variáveis de açúcar, agem como nectários sob certas condições, como considerado por Curtis e Lersten (1974). Os hidatódios e nectários extraflorais são estrutural e funcionalmente intermediários em muitas plantas (Janda, 1937; Frey-Wyssling e Häusermann, 1960; Pate e Gunning, 1972; Elias e Gelband, 1977; Belin-Depoux, 1989). Nas folhas de *Impatiens balfourii* ocorre uma gradação de nectários a hidatódios nas estruturas presentes nos dentes foliares (Elias e Gelband, 1977). Essas estruturas intermediárias têm a forma alongada e estômatos de hidatódios, além de um ápice arredondado com ráfides e células características de nectários, o que levou Elias e Gelband (1977) a postular que os nectários foliares de *Impatiens* evoluíram a partir de hidatódios. (O leitor é remetido à discussão de Vogel, 1998 sobre hidatódios como os prováveis precursores evolutivos de nectários florais.) Independentemente de qualquer relação evolutiva possível entre hidatódios e nectários, a fonte principal de solutos secretados nos hidatódios é a corrente transpiratória, e o tecido vascular predominante nessas estruturas é o xilema. Em nectários, a fonte principal de açúcares é a corrente assimilatória, e em muitos nectários o floema é o único tecido vascular.

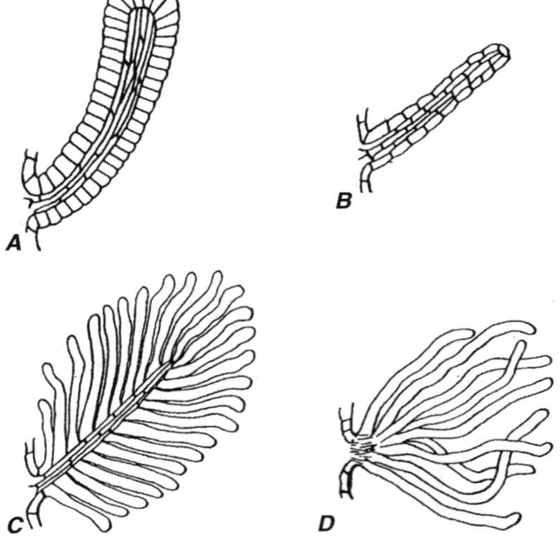

FIGURA 16.17

Diferentes tipos de coléteres. **A**, o mais comum, tipo padrão. **B**, o padrão reduzido. **C**, o dendroide. **D**, o escova. (Obtido de Lersten, 1974a. © Blackwell Publishing.)

COLÉTERES

Coléteres – o termo é derivado do Grego *colla*, cola, referindo-se a secreções pegajosas produzidas por essas estruturas – são comuns em gemas e folhas jovens (Thomas, 1991). O fluido que eles produzem é de natureza mucilaginosa ou resinosa e insolúvel em água. Coléteres se desenvolvem em órgãos foliares jovens e sua secreção pegajosa permeia e cobre a gema inteira. Quando a gema se desenvolve e as folhas se expandem, os coléteres comumente secam e caem. A função provável dos coléteres é fornecer uma cobertura protetora para as gemas dormentes e proteger o meristema e as folhas jovens em diferenciação ou suas estípulas.

Os coléteres não são tricomas. Eles são emergências formadas de tecidos epidérmicos e subepidérmicos. Com base na morfologia, são reconhecidos diversos tipos de coléteres. O tipo mais comum, designado **tipo padrão** por Lersten (1974a, b) em seu estudo com coléteres de Rubiaceae, consiste de um eixo multisseriado de células alongadas envolvidas por uma epiderme em paliçada (a camada epitelial secretora) cujas células são dispostas compactamente e cobertas com uma fina cutícula (Fig. 16.17A). Os coléteres do tipo padrão das Apocynaceae são diferenciados em uma cabeça longa e um pedúnculo curto, que é desprovido de células secretoras. Em *Allamanda* o pedúnculo é verde e fotossintetizante, enquanto a cabeça é pálida, amarelada e de natureza glandular (Ramayya e Bahadur, 1968). Tipos adicionais de coléteres reconhecidos por Lersten (1974a, b) nas Rubiaceae com base em sua morfologia são o **coléter padrão reduzido**, com células epidérmicas bem curtas (Fig. 16.17B); o **coléter dendroide**, com um eixo estreito a partir do qual irradiam muitas células epidérmicas alongadas (Fig. 16.17C); e o **coléter tipo escova** com eixo curto e células epidérmicas alongadas (Fig. 16.17D). Outros tipos morfológicos de coléteres foram reconhecidos nas Rubiaceae (Robbrecht, 1987) e em outros taxa. Em algumas espécies de *Piriqueta* (Turneraceae) uma transição morfológica é evidente entre os coléteres e nectários extraflorais das folhas (González, 1998). Contudo, nenhum desses coléteres é vascularizado ou secreta solução açucarada em abundância. Diferentes tipos de cristais comumente ocorrem em coléteres e apresentam significado taxonômico.

As células secretoras dos coléteres contêm corpos de Golgi e mitocôndrias abundantes e um extensivo sistema de retículo endoplasmático (liso e rugoso) (Klein et al., 2004). Sem dúvida, o mecanismo envolvido na liberação do material secretado é granulócrino. Geralmente, o material se acumula abaixo da cutícula que finalmente se rompe, embora existam outros modos de exudação dos coléteres (Thomas, 1991).

Uma relação simbiótica interessante existe entre bactérias e as folhas de certas espécies de Rubiaceae e Myrsinaceae (Lersten e Horner, 1976;

Lersten, 1977). Essa relação se manifesta na forma de **nódulos foliares bacterianos**. A bactéria vive no fluido mucilaginoso secretado pelos coléteres. Algumas das bactérias imersas na mucilagem penetram a câmara subestomática de folhas jovens e tem início o desenvolvimento do nódulo. Mucilagem contendo bactérias fica aderida nos óvulos de flores em desenvolvimento e as bactérias se tornam incorporadas à semente. As bactérias, assim, são transmitidas internamente de uma geração para a outra.

OSMÓFOROS

A fragrância das flores é comumente produzida por substâncias voláteis – principalmente terpenoides e compostos aromáticos – distribuídos na epiderme de partes do perianto (Weichel, 1956; Vainstein et al., 2001). Em algumas plantas, no entanto, a fragrância se origina em glândulas especiais conhecidas como **osmóforos**, um termo derivado da palavra Grega *osmo*, odor, e *pherein*, carregar. O termo foi primeiro usado por Arcangeli em 1883 (como citado em Vogel, 1990) para a espádice perfumada de certos membros de Araceae. As fragrâncias são atrativas aos polinizadores. Algumas abelhas (machos de euglossine) presumivelmente usam a fragrância produzida por osmóforos da subtribo Stanhopeinae (Orchidaceae) como um precursor para um ferormônio sexual (Dressler, 1982).

Exemplos de osmóforos são encontrados em Asclepiadaceae, Aristolochiaceae, Calycanthaceae, Saxifragaceae, Solanaceae, Araceae, Brumanniaceae, Iridaceae e Orchidaceae. Várias partes flores podem ser diferenciadas em osmóforos, os quais podem assumir a forma de abas, cílios ou escovas. A extensão da espádice das Araceae chamada apêndice (Weryszko-Chmielewska e Stpiczyńka, 1995; Skubatz et al., 1996) e o tecido que atrai insetos nas flores de Orchidaceae (Pridgeon e Stern, 1983, 1985; Curry et al., 1991; Stpiczyńka, 1993) são osmóforos. Os osmóforos podem ser identificados pela coloração com vermelho neutro em flores totalmente submersas em uma solução do corante (Fig. 16.18; Stern et al., 1986).

Os osmóforos consistem de tecido glandular geralmente com diversas camadas celulares em profundidade (Fig. 16.19). A camada mais externa é formada pela epiderme que é coberta por uma fina cutícula. A densidade das duas a cinco camadas subepidérmicas pode diferir consideravelmente daquela do tecido fundamental subjacente ou pode ocorrer variação gradual imperceptível entre elas (Curry et al., 1991). O tecido glandular pode ser compacto ou ser permeado por espaços intercelulares. Em *Ceropegia elegans* (Asclepiadaceae), as camadas glandulares mais internas são vascularizadas com terminações vasculares formadas apenas por floema, uma condição encontrada em outros osmóforos, de acordo com Vogel (1990). Vogel (1990) sugeriu que, em *Ceropegia*, a camada epidérmica do osmóforo tenha a função de acumular e liberar as fragrâncias e que a maior parte da síntese dessas substâncias ocorra em outras camadas glandulares. Os estômatos ocorrem na superfície do osmóforo.

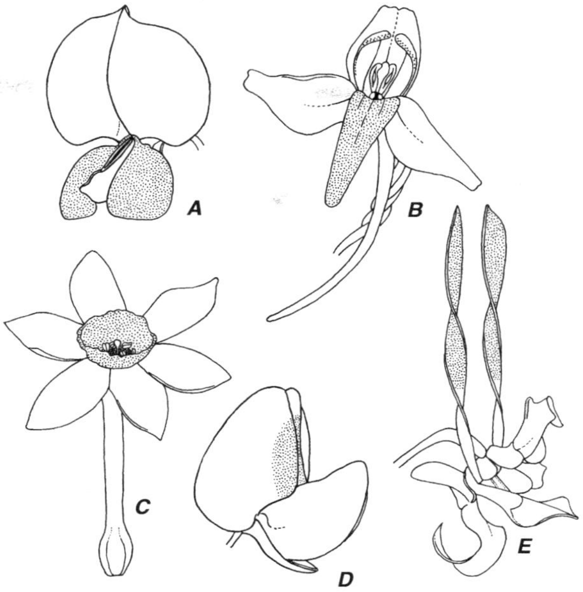

FIGURA 16.18

Flores tratadas com vermelho-neutro para localização dos osmóforos (pontilhados) – partes florais contendo tecido secretor responsável pela emissão de fragrância. **A**, *Spartium junceum*; **B**, *Platanthera bifolia*; **C**, *Narcissus jonquilla*; **D**, *Lupinus cruckshanksii*; **E**, *Dendrobium minax*. (A partir de Vogel, 1962.)

As células do osmóforo contêm numerosos amiloplastos e mitocôndrias. O retículo endoplasmático, particularmente o liso, é abundante, mas os corpos de Golgi são escassos. Grãos de amido e gotículas de lipídio são abundantes nas células glandulares no início da atividade secretora. A presença de gotas de lipídio no citosol e de plastoglóbulos nos amiloplastos comumente está associada com a produção da fragrância (Curry et al., 1991).

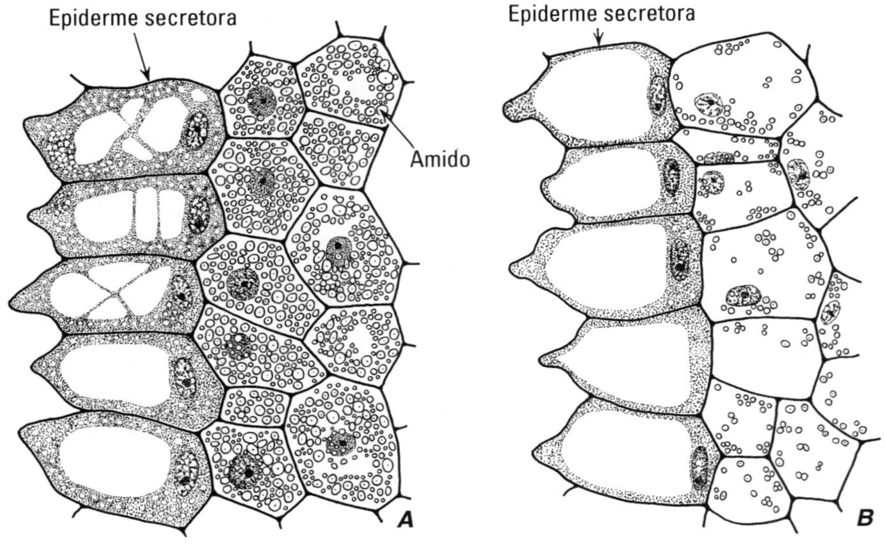

FIGURA 16.19

Secções ao longo do tecido secretor do osmóforo de uma flor de *Ceropegia stapeliaeformis*. **A**, no início da atividade secretora, com muito amido. **B**, após emissão da fragrância: células secretoras com densidade citoplasmática reduzida e depleção de grãos de amido no tecido abaixo da epiderme. (A partir das fotografias de Vogel, 1962.)

A emissão de secreções voláteis é de curta duração e está associada com a utilização de grandes quantidades de produtos armazenados. Na pós-antese, as células do osmóforos são extremamente vacuoladas (Fig. 16.19B), e apresentam poucos amiloplastos, mitocôndrias e retículo endoplasmático (Pridgeon e Stern, 1983; Stern et al., 1987).

Diversos componentes celulares – retículo endoplasmático rugoso e liso, plastídios e mitocôndrias – estão envolvidos na síntese dos componentes terpenoides das fragrâncias (Pridgeon e Stern 1983, 1985; Curry, 1987). Ambos os processos de secreção, granulócrino e écrino, foram relatados (Kronestedt-Robards e Robards, 1991). Além disso, uma evidência ultraestrutural indica que, no osmóforo de *Sauromatum guttatum*, o retículo endoplasmático pode fundir com a membrana plasmática formando um canal para a liberação de voláteis para o exterior da célula (Skubatz et al., 1996). Acredita-se que o calor liberado pela inflorescência de membros de Araceae durante a antese serve para volatilizar os lipídios (Meeuse e Raskin, 1988; Skubatz et al., 1993; Skubatz e Kunkel, 1999). Pelo menos nove classes químicas diferentes são liberadas durante a atividade termogênica em *Sauromatum guttatum* (Skubatz et al., 1996).

TRICOMAS GLANDULARES QUE SECRETAM SUBSTÂNCIAS LIPOFÍLICAS

Os tricomas glandulares que secretam substâncias lipofílicas são encontrados em muitas famílias de eudicotiledôneas (por exemplo, Asteraceae, Cannabaceae, Fagaceae, Geraniaceae, Lamiaceae, Plumbaginaceae, Scrophulariaceae, Solanaceae e Zygophyllaceae). Entre as substâncias lipofílicas secretadas pelos tricomas estão os terpenoides (tais como óleos essenciais e resinas), gorduras, ceras e agliconas flavonoides. Os terpenoides são as substâncias lipofílicas mais comumente encontradas nesses tricomas. Eles exercem uma variedade de funções nas plantas, incluindo deterrência de herbívoros e atração de polinizadores (Duke, 1991; Lerdau et al., 1994; Paré e Tumlinson, 1999; Singsaas, 2000), e, em virtude de sua consistência viscosa, auxiliam na dispersão de certos frutos (Heinrich et al., 2002).

Provavelmente os tricomas glandulares secretores de substâncias lipofílicas mais bem estudados são aqueles da família da menta, Lamiaceae. Dois tipos principais de tricomas glandulares foram encontrados em Lamiaceae, peltado e capitado (Fig. 16.20). Os **tricomas peltados** consistem de uma célula basal, uma célula peduncular curta com paredes laterais completamente cutinizadas, e uma ampla cabeça com 4 a 18 células secreto-

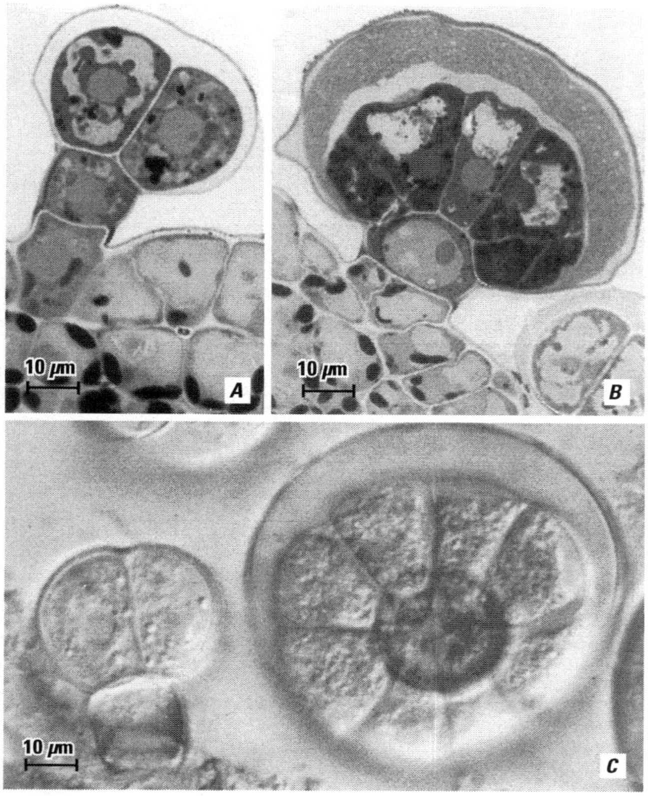

FIGURA 16.20

Tricomas glandulares de *Leonotis leonurus* (Lamiaceae). **A**, secção de um tricoma capitado totalmente desenvolvido. **B**, secção de um tricoma peltado maduro mostrando material de secreção no espaço subcuticular. **C**, corte foliar fresco mostrando vista lateral de tricoma capitado (esquerda) e vista superficial de tricoma peltado (direita). (Obtido de Ascensão et al., 1995, com permissão de Oxford University Press.)

ras arranjadas em uma única camada, em um ou dois anéis concêntricos. O produto da secreção do tricoma peltado se acumula em um grande espaço subcuticular formado pela distensão da cutícula juntamente com a camada mais externa da parede celular (Danilova e Kashina, 1988; Werker et al., 1993; Ascensão et al., 1995; Ascensão et al., 1999; Gersbach, 2002). Geralmente, a secreção permanece nesse espaço até que alguma força externa cause a ruptura da cutícula. Os **tricomas capitados** consistem de uma célula basal, um pedúnculo com uma a diversas células de altura e uma cabeça ovoide ou esférica com 1 a 4 células. A maioria das espécies de Lamiaceae tem dois tipos de tricomas capitados, curto e longo-pedunculado (Mattern e Vogel, 1994; Bosabalidis, 2002). Na melhor das hipóteses, somente uma ligeira elevação da cutícula foi observada acima das células da cabeça dos tricomas capitados. A presença de poros na cutícula de alguns tricomas é conhecida (Amelunxen, 1964; Ascensão e Pais, 1998). As células da cabeça em pelo menos duas espécies de *Nepeta* (*N. racemosa*, Bourett et al., 1994; *N. cataria*, Kolalite, 1998) exibem paredes labirínticas típicas de células de transferência. Algumas Lamiaceae possuem tipos adicionais de tricomas glandulares. *Plectranthus ornatus*, por exemplo, tem cinco tipos morfológicos (Ascensão et al., 1999). Em *Plectranthus ornatus* (Ascensão et al., 1999) e *Leonotis leonurus* (Ascensão et al., 1997) secretam óleo-resina constituído por óleos essenciais e ácidos resiníferos e agliconas flavonoicas. Em *Leonotis*, os tricomas capitados secretam polissacarídios, proteínas e pequenas quantidades de óleos essenciais e flavonoides.

Monoterpenos são constituintes frequentes de óleos essenciais e resinas. Eles compreendem os principais componentes dos óleos essenciais das Lamiaceae (Lawrence, 1981). A biossíntese de monoterpenos foi especificamente localizada nas células secretoras dos tricomas glandulares em folhas de hortelã (*Mentha spicata*) e menta (*Mentha piperita*) (Gershenzon et al., 1989; McCaskill et al., 1992; Lange et al., 2000). Em menta, o acúmulo de monoterpenos está restrito às folhas com 12 a 20 dias de idade, o período de máxima expansão foliar (Gershenzon et al., 2000). Durante esse estágio secretor ativo, numerosos leucoplastos circundados por abundante retículo endoplasmático liso são encontrados nas células da cabeça, uma síndrome ultraestrutural compartilhada com outras glândulas secretoras de resina e óleo essencial. Nos tricomas glandulares de menta, foi demonstrado que a rota de biossíntese dos monoterpenos se origina nos leucoplastos (Turner, G., et al., 1999, 2000). Aparentemente, a maioria das enzimas da biossíntese dos monoterpenos em menta é regulada no nível de expressão gênica (Lange e Croteau, 1999; McConkey et al., 2000).

DESENVOLVIMENTO DOS TRICOMAS GLANDULARES

Os tricomas glandulares começam a se desenvolver nos estágios iniciais do desenvolvimento foliar. Em *Ocinum basilicum* (Lamiaceae), tricomas glandulares morfologicamente bem desenvolvidos intercalados entre outros tricomas mais jovens estavam presentes em primórdios foliares com exatamente 0,5 mm de comprimento (Werker et al., 1993). Por causa de sua iniciação assíncrona, os tricomas glandulares em diferentes estágios de desenvolvimento ocorrem lado a lado (Danilova e Kashina, 1988). O desenvolvimento de novos tricomas continua enquanto uma porção da protoderme permanece meristemática. A produção de novas glândulas geralmente cessa em uma dada porção da folha assim que ela começa a se expandir. Pelo fato de que a base da folha é a última porção a se expandir, essa é a última porção foliar onde se encontram glândulas imaturas. O gênero *Fagonia*, que pertence à família Zygophyllaceae, do deserto, pode ser uma exceção. Foi relatado que tricomas glandulares em vários estágios de desenvolvimento ocorrem lado a lado em folhas jovens e folhas totalmente expandidas de *Fagonia* (Fahn e Shimony, 1998). Em algumas espécies, a expansão foliar é acompanhada por um decréscimo na densidade de tricomas glandulares (Werker et al., 1993; Ascensão et al., 1997; Fahn e Shimony, 1996). Alguns pesquisadores argumentam que o número de iniciais glandulares é fixado na época da emergência da folha (Werker e Fahn, 1981; Figueiredo e Pais, 1994; Ascensão et al., 1997), enquanto outros relatam que ocorre um aumento no número de tricomas durante o desenvolvimento da folha (Turner, J. C., et al., 1980; Croteau et al., 1981; Maffei et al., 1989).

O desenvolvimento dos tricomas glandulares peltados é razoavelmente uniforme entre as Lamiaceae, e é exemplificado aqui pelos tricomas de *Origanum* (Fig. 16.21; Bosabalidis e Exarchou, 1995; Bosabalidis, 2002). O tricoma se origina de uma única célula protodérmica. Após algum crescimento, a célula protodérmica se divide periclinalmente e assimetricamente duas vezes, originando uma célula basal, uma célula peduncular e a célula inicial da cabeça do tricoma. A última célula, então, se divide anticlinalmente para formar a cabeça, enquanto as células basal e peduncular aumentam em tamanho. Uma vez formadas, as células da cabeça passam a sintetizar e secretar óleo essencial que se acumula abaixo da cutícula. Durante secreção intensa, a cutícula sobre o ápice das células da cabeça se torna completamente distendida e uma grande cavidade subcuticular em forma de domo se torna preenchida com o óleo essencial. Quando a secreção é finalizada, as células da cabeça e a célula do pedúnculo degeneram. A célula basal retém seu protoplasto.

Ascensão e Pais (1998) e Figueiredo e Pais (1994) distinguiram três estágios no desenvolvimento dos tricomas glandulares em *Leonotis leonurus* (Lamiaceae) e *Achillea millefolium* (Asteraceae), respectivamente: pré-secretor, secretor e pós-secretor. O estágio pré-secretor começa com a célula protodérmica e termina quando o tricoma está totalmente formado. Os eventos associados com os estágios secretor e pós-secretor são, por si só, óbvios.

AS ESTRUTURAS GLANDULARES DAS PLANTAS CARNÍVORAS

Plantas carnívoras são aquelas que podem atrair e apreender insetos e, então, digeri-los e absorver os produtos da digestão (Fahn, 1979a; Joel, 1986; Juniper et al., 1989). Diversas armadilhas ou mecanismos evoluíram para a captura da presa, incluindo jarros (*Nepenthes*, *Darlingtonia*, *Sarracenia*), armadilhas de sucção (*Utricularia*, *Biovularia*, *Polypompholyx*), armadilhas adesivas (*Pinguicula*, *Drosera*) e armadilhas dentadas (*Dionaea*, *Aldrovanda*). Além disso, muitos tipos de glândulas ocorrem nas plântulas carnívoras, mais comumente glândulas de atração, glândulas de mucilagem e glândulas digestivas. As glândulas de atração geralmente são nectários. Em algumas plantas, mucilagem e enzimas digestivas são secretadas pelo mesmo tipo de glândula; em *Drosera*, por exemplo, as glândulas pedunculadas ou tentáculos secretam mucilagem e enzimas e funcionam também na absorção dos produtos da digestão. Diversos tricomas glandulares diferentes ocorrem na armadilha de *Utricularia* (Fineran, 1985), incluindo tricomas com quatro braços (quadrífidos) e dois braços (bífidos) no lado interno da armadilha, glândulas externas em forma de domo no lado de fora, e células epiteliais justapostas que revestem a porta de entrada (Fig. 16.22). As glândulas internas funcionam na remoção do excesso de água do lúmen da armadilha após sua ativação (isto é, após a sucção repentina da presa e um consequente aumento no volume da armadilha) e no transporte de soluto e atividades digestivas. As glândulas externas da armadilha excretam água e aquelas da porta de entrada secretam mucilagem, que sela a porta após ativação. A mucilagem pode também atrair presa.

As folhas de *Pinguicula* possuem dois tipos de glândulas: pedunculadas e sésseis. As glândulas pedunculadas produzem mucilagem, que é usada

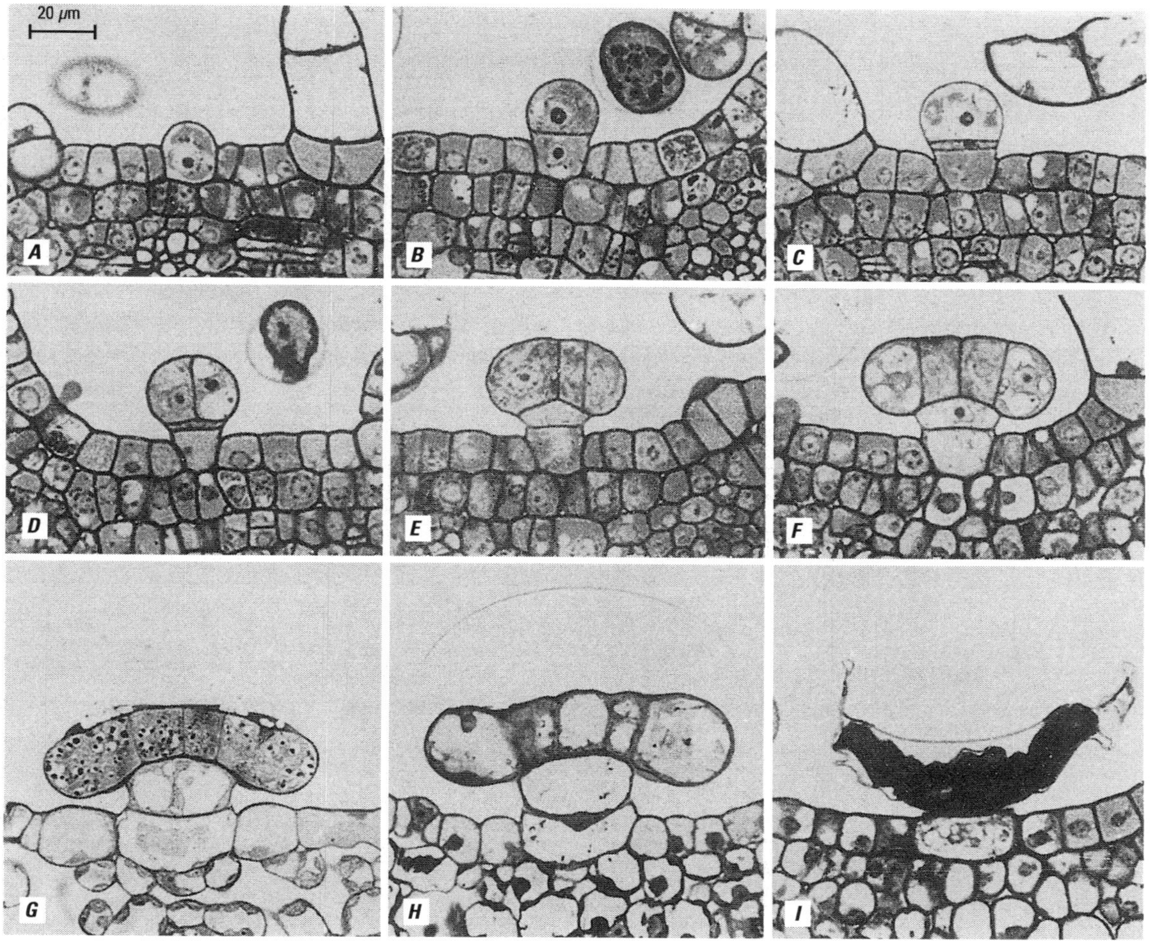

FIGURA 16.21

Estágios sucessivos do desenvolvimento de tricoma glandular de folha de *Origanum* × *intercedens*, em secções transversais. (Obtido de Bosabalidis e Exarchou, 1995. © 1995 por The University of Chicago. Todos os direitos reservados.)

para capturar a presa. Elas consistem em uma grande célula basal localizada na epiderme, uma célula longa peduncular e uma célula columelar que sustenta uma cabeça geralmente composta de 16 células secretoras dispostas radialmente. As células da cabeça são caracterizadas pela presença de grandes mitocôndrias com cristas bem desenvolvidas, uma população conspícua de corpos de Golgi com muitas vesículas associadas e paredes radiais labirínticas. Enquanto a superfície externa das células secretoras tem, na melhor das hipóteses, uma cutícula pouco desenvolvida, as paredes laterais da célula basal são completamente cutinizadas.

Tem sido dada uma atenção maior às glândulas sésseis, digestivas de *Pinguicula* (Heslop-Harrison e Heslop-Harrison, 1980, 1981; Vassilyev e Muravnik, 1998a, b). Essas glândulas são compostas de três compartimentos funcionais: (1) uma célula basal reservatório, (2) uma célula intermediária com características endodérmicas e (3) um grupo de células da cabeça secretora. As paredes laterais da célula intermediária (endodermoide) são completamente cutinizadas formando "estrias de Caspary", às quais a membrana plasmática está fortemente aderida. A célula intermediária contém depósitos de lipídios em abundância e numerosas mitocôndrias. Na maturidade, a cutícula das células secretoras da cabeça é descontínua. Durante a maturação, as células da cabeça secretora formam uma camada especial, chamada camada viscosa, entre a membrana plasmática e a parede celular. Essa camada atua na estocagem de enzimas digestivas aparentemente sintetizadas no retículo endoplasmático rugoso das células da cabeça e transfe-

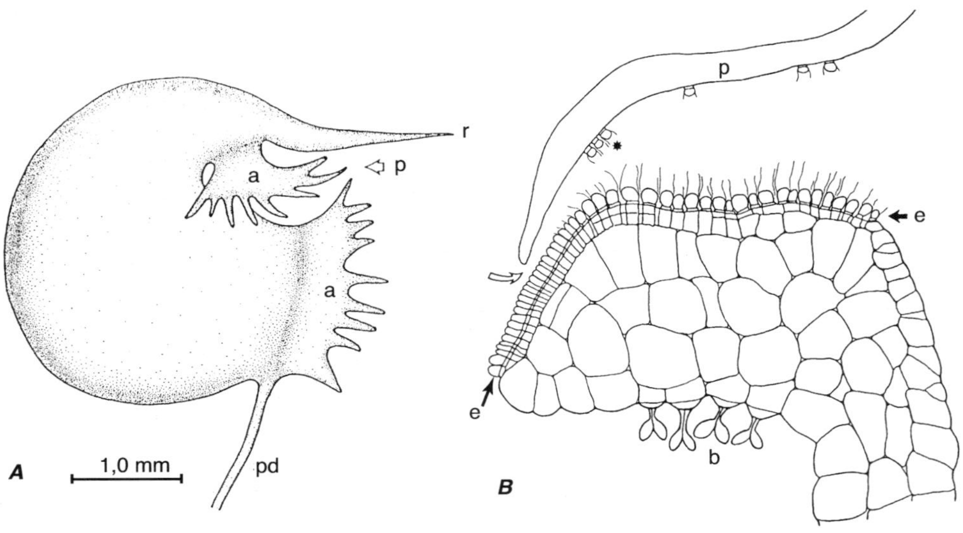

FIGURA 16.22

A armadilha de *Utricularia*. **A**, diagrama da morfologia externa da armadilha. A porta de entrada (p) está no lado dorsal distal do pedúnculo (pd). Diversas asas (a) e um rostro (r) ocorrem próximos à porta de entrada; acredita-se que essas estruturas podem direcionar a presa para a entrada. **B**, estrutura da porta de entrada em secção longitudinal (exterior da armadilha para a direita, interior para a esquerda). A porta (p) consiste em duas camadas de células (não mostradas) com grupos de glândulas em formato de domo em sua superfície externa. A porta é mostrada entreaberta (seta clara) como se a presa estive começando a ativá-la. O epitélio (e) de revestimento consiste de tricomas glandulares justapostos ordenadamente dispostos, os quais formam uma camada de pseudoepiderme que se estende da entrada da porta em direção à sua aba interna. As glândulas da porta e as células terminais do epitélio apresentam cutícula rompida após a liberação da mucilagem. A entrada apresenta várias células em espessura e carrega tricomas bífidos (b) em sua superfície. (Obtido de Fineran, 1985. Reproduzido com permissão do editor.)

ridas para a camada viscosa e vacúolos. Durante a maturação, o retículo endoplasmático rugoso das células secretoras quadriplica seu volume. Tem sido sugerido que enzimas digestivas podem ser transferidas diretamente do retículo endoplasmático para vacúolos e camada viscosa através da continuidade das membranas do retículo com o tonoplasto e membrana plasmática (Vassilyev e Muravnik, 1988a). Acredita-se que o aparato de Golgi esteja envolvido com a secreção de enzimas em *Pinguicula*. As células secretoras permanecem altamente ativas durante o período da digestão da presa e absorção de nutrientes. Após o ciclo de digestão e absorção, processos destrutivos característicos de células senescentes são iniciados nas glândulas (Vassilyev e Muravnik, 1988b).

TRICOMAS URTICANTES

Os **tricomas urticantes** ocorrem em quatro famílias de eudicotiledôneas: Urticaceae, Euphorbiaceae, Loasaceae e Hydrophyllaceae. Embora comumente interpretados como tricomas, eles são considerados emergências por envolverem camadas celulares epidérmicas e subepidérmicas (Thurston, 1974, 1976).

Os tricomas urticantes de *Urtica* (urtiga) consistem em quatro regiões morfologicamente distintas: (1) um ápice esférico, (2) um pescoço, (3) uma haste que lembra um tubo capilar fino e (4) uma base bulbosa sustentada por um pedestal derivado de células epidérmicas e subepidérmicas (Fig. 16.1G; Thurston, 1974; Corsi e Garbari, 1990). A parede da célula apical dos tricomas urticantes é silicificada e extremamente frágil, de modo que quando o pelo é tricoma, o ápice esférico quebra no pescoço deixando uma borda afiada. Essa borda prontamente penetra a pele e a pressão sobre a base bulbosa não silicificada força o líquido para o interior do ferimento.

Os tricomas urticantes de *Urtica* contêm histamina, acetilcolina e serotonina. É questionável, no entanto, se essas substâncias são as responsáveis pela irritação (Thurston e Lersten, 1969; Pollard e Briggs, 1984). Tem-se presumido que os tricomas urticantes atuem na proteção contra herbívoros.

REFERÊNCIAS

AMELUNXEN, F. 1964. Elektronenmikroskopische Untersuchungen an den DRÜSENHAAREN VON *Mentha piperita* L. *Planta Med.* 12, 121-139.

ARUMUGASAMY, K., R. B. SUBRAMANIAN e J. A. INAMDAR. 1990. Cyathial nectaries of *Euphorbia neriifolia* L.: ultrastructure and secretion. *Phytomorphology* 40, 281-288.

ASCENSÃO, L. e M. S. PAIS. 1998. The leaf capitate trichomes of *Leonotis leonurus*: Histochemistry, ultrastructure, and secretion. *Ann. Bot.* 81, 263-271.

ASCENSÃO, L., N. MARQUES e M. S. PAIS. 1995. Glandular trichomes on vegetative and reproductive organs of *Leonotis leonurus* (Lamiaceae). *Ann. Bot.* 75, 619-626.

ASCENSÃO, L., N. MARQUES e M. S. PAIS. 1997. Peltate glandular trichomes of *Leonotis leonurus* leaves: Ultrastructure and histochemical characterization of secretions. *Int. J. Plant Sci.* 158, 249-258.

ASCENSÃO, L., L. MOTA e M. DE M. CASTRO. 1999. Glandular trichomes on the leaves and fl owers of *Plectranthus ornatus*: Morphology, distribution and histochemistry. *Ann. Bot.* 84, 437-447.

BAHADUR, B., C. S. REDDI, J. S. A. RAJU, H. K. JAIN e N. R. SWAMY. 1998. Nectar chemistry. In: *Nectary Biology: Structure, Function and Utilization*, pp. 21-39, B. Bahadur, ed. Dattsons, Nagpur, India.

BAKER, H. G. e I. BAKER. 1983a. A brief historical review of the chemistry of fl oral nectar. In: *The Biology of Nectaries*, pp. 126-152, B. Bentley e T. Elias, eds. Columbia University Press, New York.

BAKER, H. G. e I. BAKER. 1983b. Floral nectar sugar constituents in relation to pollinator type. In: *Handbook of Experimental Pollination Biology*, pp. 117-141, C. E. Jones e R. J. Little, eds. Scientific and Academic Editions, New York.

BALSAMO, R. A., M. E. ADAMS e W. W. THOMSON. 1995. Electrophysiology of the salt glands of *Avicennia germinans*. *Int. J. Plant Sci.* 156, 658-667.

BATANOUNY, K. H. 1993. Adaptation of plants to saline conditions in arid regions. In: *Towards the Rational Use of High Salinity Tolerant Plants*, vol. 1, *Deliberations about high salinity tolerant plants and ecosystems*, pp. 387-401, H. Lieth e A. A. Al Masoom, eds. Kluwer Academic, Dordrecht.

BAUM, S. F., Y. ESHED e J. L. BOWMAN. 2001. The *Arabidopsis* nectary is an ABC-independent fl oral structure. *Development* 128, 4657-4667.

BEARDSELL, D. V., E. G. WILLIAMS e R. B. KNOX. 1989. The structure and histochemistry of the nectary and anther secretory tissue of the flowers of *Thryptomene calycina* (Lindl.) Stapf (Myrtaceae). *Aust. J. Bot.* 37, 65-80.

BELIN-DEPOUX, M. 1989. Des hydathodes aux nectaires chez les plantes tropicales. *Bull. Soc. Bot. Fr. Actual. Bot.* 136, 151-168.

BELMONTE, E., L. CARDEMIL e M. T. K. ARROYO. 1994. Floral nectary structure and nectar composition in *Eccremocarpus scaber* (Bignoniaceae), a hummingbird-pollinated plant of central Chile. *Am. J. Bot.* 81, 493-503.

BOSABALIDIS, A. M. 2002. Structural features of *Origanum* sp. In: *Oregano: The Genera Origanum and Lippia*, pp. 11-64, S. E. Kintzios, ed. Taylor e Francis, London.

BOSABALIDIS, A. M. e F. EXARCHOU. 1995. Effect of NAA and GA3 on leaves and glandular trichomes of *Origanum · intercedens* Rech.: Morphological and anatomical features. *Int. J. Plant Sci.* 156, 488-495.

BOSABALIDIS, A. M. e W. W. THOMSON. 1984. Light microscopical studies on salt gland development in *Tamarix aphylla* L. *Ann. Bot.* 54, 169-174.

BOURETT, T. M., R. J. HOWARD, D. P. O'KEEFE e D. L. HALLAHAN. 1994. Gland development on leaf surfaces of *Nepeta racemosa*. *Int. J. Plant Sci.* 155, 623-632.

BOWMAN, J. L. e D. R. SMYTH. 1999. *CRABS CLAW*, a gene that regulates carpel and nectary development in *Arabidopsis*, encodes a novel protein with zinc finger and helix-loop-helix domains. *Development* 126, 2387-2396.

BROUILLET, L., C. BERTRAND, A. CUERRIER e D. BARABÉ. 1987. Les hydathodes des genres *Begonia* et *Hillebrandia* (Begoniaceae). *Can. J. Bot.* 65, 34-52.

BROWN, W. H. 1938. The bearing of nectaries on the phylogeny of fl owering plants. *Proc. Am. Philos. Soc.* 79, 549-595.

CARLTON, W. M., E. J. BRAUN e M. L. GLEASON. 1998. Ingress of *Clavibacter michiganensis* subsp. *michiganensis* into tomato leaves through hydathodes. *Phytopathology* 88, 525-529.

CORSI, G. e S. BOTTEGA. 1999. Glandular hairs of *Salvia officinalis*: New data on morphology, localization and histochemistry in relation to function. *Ann. Bot.* 84, 657-664.

CORSI, G. e F. GARBARI. 1990. The stinging hair of *Urtica membranacea* Poiret (Urticaceae). I. Morphology and ontogeny. *Atti Soc. Tosc. Sci. Nat., Mem., Ser. B*, 97, 193-199.

CROTEAU, R., M. FELTON, F. KARP e R. KJONAAS. Relationship of camphor biosynthesis to leaf development in sage (*Salvia officinalis*). 1981. *Plant Physiol.* 67, 820-824.

CRUDEN, R. W., S. M. HERMANN e S. PETERSON. 1983. Patterns of nectar production and plant animal coevolution. In: *The Biology of Nectaries*, pp. 80-125, B. Bentley e T. Elias, eds. Columbia University Press, New York.

CURRY, K. J. 1987. Initiation of terpenoid synthesis in osmophores of *Stanhopea anfracta* (Orchidaceae): A cytochemical study. *Am. J. Bot.* 74, 1332-1338.

CURRY, K. J., L. M. MCDOWELL, W. S. JUDD e W. L. STERN. 1991. Osmophores, floral features, and systematics of *Stanhopea* (Orchidaceae). *Am. J. Bot.* 78, 610-623.

CURTIS, J. D. e N. R. LERSTEN. 1974. Morphology, seasonal variation, and function of resin glands on buds and leaves of *Populus deltoides* (Salicaceae). *Am. J. Bot.* 61, 835-845.

DANILOVA, M. F. e T. K. KASHINA, 1988. Ultrastructure of peltate glands in *Perilla ocymoides* and their possible role in the synthesis of steroid hormones and gibberellins. *Phytomorphology* 38, 309-320.

DAVIES, P. A. 1952. Structure and function of the mature glands on the petals of *Frasera carolinensis. Kentucky Acad. Sci. Trans.* 13, 228-234.

DAVIS, A. R. e B. E. S. GUNNING. 1992. The modified stomata of the fl oral nectary of *Vicia faba* L. 1. Development, anatomy and ultrastructure. *Protoplasma* 166, 134-152.

DAVIS, A. R. e B. E. S. GUNNING. 1993. The modifi ed stomata of the floral nectary of *Vicia faba* L. 3. Physiological aspects, including comparisons with foliar stomata. *Bot. Acta* 106, 241-253.

DAVIS, A. R., R. L. PETERSON e R. W. SHUEL. 1986. Anatomy and vasculature of the floral nectaries of *Brassica napus* (Brassicaceae). *Can. J. Bot.* 64, 2508-2516.

DAVIS, A. R., R. L. PETERSON e R. W. SHUEL. 1988. Vasculature and ultrastructure of the floral and stipular nectaries of *Vicia faba* (Leguminosae). *Can. J. Bot.* 66, 1435-1448.

DAVIS, A. R., L. C. FOWKE, V. K. SAWHNEY e N. H. LOW. 1996. Floral nectar secretion and ploidy in *Brassica rapa* and *B. napus* (Brassicaceae). II. Quantified variability of nectary structure and function in rapid-cycling lines. *Ann. Bot.* 77, 223-234.

DAVIS, A. R., J. D. PYLATUIK, J. C. PARADIS e N. H. LOW. 1998. Nectar-carbohydrate production and composition vary in relation to nectary anatomy and location within individual flowers of several species of Brassicaceae. *Planta* 205, 305-318.

DE LA FUENTE, M. A. S. e R. J. MARQUIS. 1999. The role of ant-tended extrafloral nectaries in the protection and benefit of a Neotropical rainforest tree. *Oecologia* 118, 192-202.

DRENNAN, P. M., P. BERJAK, J. R. LAWTON e N. W. PAMMENTER. 1987. Ultrastructure of the salt glands of the mangrove, *Avicennia marina* (Forssk.) Vierh., as indicated by the use of selective membrane staining. *Planta* 172, 176-183.

DRENNAN, P. M., P. BERJAK e N. W. PAMMENTER. 1992. Ion gradients and adenosine triphosphatase localization in the salt glands of *Avicennia marina* (Forsskål) Vierh. *S. Afr. J. Bot.* 58, 486-490.

DRESSLER, R. L. 1982. Biology of the orchid bees (Euglossini). *Annu. Rev. Ecol. Syst.* 13, 373–394.

DSCHIDA, W. J., K. A. PLATT-ALOIA e W. W. THOMSON. 1992. Epidermal peels of *Avicennia germinans* (L.) Stearn: A useful system to study the function of salt glands. *Ann. Bot.* 70, 501-509.

DUKE, S. O. 1991. Plant terpenoids as pesticides. In: *Handbook of Natural Toxins*, vol. 6, *Toxicology of Plant and Fungal Compounds*, pp. 269-296, R. F. Keeler e A. T. Tu, eds. Dekker, New York.

DURKEE, L. T., D. J. GAAL e W. H. REISNER. 1981. The fl oral and extra-floral nectaries of *Passiflora*. I. The floral nectary. *Am. J. Bot.* 68, 453-462.

ELIAS, T. S. 1983. Extrafloral nectaries: their structure and distribution. In: *The Biology of Nectaries*, pp. 174-203, B. Bentley e T. Elias, eds. Columbia University Press, New York.

ELIAS, T. S. e H. GELBAND. 1977. Morphology, anatomy, and relationship of extrafloral nectaries and hydathodes in two species of *Impatiens* (Balsaminaceae). *Bot. Gaz.* 138, 206-212.

ERIKSSON, M. 1977. The ultrastructure of the nectary of red clover (*Trifolium pratense*). *J. Apic. Res.* 16, 184-193.

ESAU, K. 1977. *Anatomy of Seed Plants*, 2. ed. Wiley, New York.
FAHN, A. 1953. The topography of the nectary in the flower and its phylogenetic trend. *Phytomorphology* 3, 424-426.
FAHN, A. 1979a. *Secretory Tissues in Plants*. Academic Press, London.
FAHN, A. 1979b. Ultrastructure of nectaries in relation to nectar secretion. *Am. J. Bot.* 66, 977-985.
FAHN, A. 1987. Extrafloral nectaries of *Sambucus niger* L. *Ann. Bot.* 60, 299-308.
FAHN, A. 1988. Secretory tissues in vascular plants. *New Phytol.* 108, 229-257.
FAHN, A. 1998. Nectaries structure and nectar secretion. In: *Nectary Biology: Structure, Function and Utilization*, pp. 1-20, B. Bahadur, ed. Dattsons, Nagpur, India.
FAHN, A. 2000. Structure and function of secretory cells. *Adv. Bot. Res.* 31, 37-75.
FAHN, A. e T. RACHMILEVITZ. 1970. Ultrastructure and nectar secretion in *Lonicera japonica*. In: *New Research in Plant Anatomy*, pp. 51-56, N. K. B. Robson, D. F. Cutler e M. Gregory, eds. Academic Press, London.
FAHN, A. e C. SHIMONY. 1996. Glandular trichomes of *Fagonia* L. (Zygophyllaceae) species: Structure, development and secreted materials. *Ann. Bot.* 77, 25-34.
FAHN, A. e C. SHIMONY. 1998. Ultrastructure and secretion of the secretory cells of two species of *Fagonia* L. (Zygophyllaceae). *Ann. Bot.* 81, 557-565.
FIGUEIREDO, A. C. e M. S. S. PAIS. 1994. Ultrastructural aspects of the glandular cells from the secretory trichomes and from the cell suspension cultures of *Achillea millefolium* L. ssp. *millefolium*. *Ann. Bot.* 74, 179-190.
FINDLAY, N. e F. V. MERCER. 1971. Nectar production in *Abutilon*. I. Movement of nectar through the cuticle. *Aust. J. Biol. Sci.* 24, 647-656.
FINERAN, B. A. 1985. Glandular trichomes in *Utricularia*: a review of their structure and function. *Isr. J. Bot.* 34, 295-330.
FREY-WYSSLING, A. e E. HÄUSERMANN. 1960. Deutung der gestaltlosen Nektarien. *Ber. Schweiz. Bot. Ges.* 70, 150-162.
GAFFAL, K. P., W. HEIMLER e S. EL-GAMMAL. 1998. The floral nectary of *Digitalis purpurea* L., structure and nectar secretion. *Ann. Bot.* 81, 251-262.
GALETTO, L. e G. BERNARDELLO. 2004. Floral nectaries, nectar production dynamics and chemical composition in six *Ipomoea* species (Convolvulaceae) in relation to pollinators. *Ann. Bot.* 94, 269-280.
GERSBACH, P. V. 2002. The essential oil secretory structures of *Prostanthera ovalifolia* (Lamiaceae). *Ann. Bot.* 89, 255-260.
GERSHENZON, J., M. MAFFEI e R. CROTEAU. 1989. Biochemical and histochemical localization of monoterpene biosynthesis in the glandular trichomes of spearmint (*Mentha spicata*). *Plant Physiol.* 89, 1351-1357.
GERSHENZON, J., M. E. MCCONKEY e R. B. CROTEAU. 2000. Regulation of monoterpene accumulation in leaves of peppermint. *Plant Physiol.* 122, 205-213.
GONZÁLEZ, A. M. 1998. Colleters in *Turnera* and *Piriqueta* (Turneraceae). *Bot. J. Linn. Soc.* 128, 215-228.
GUNNING, B. E. S. e J. E. HUGHES. 1976. Quantitative assessment of symplastic transport of pre-nectar into the trichomes of *Abutilon* nectaries. *Aust. J. Plant Physiol.* 3, 619-637.
GUO, A. e J. E. LEACH. 1989. Examination of rice hydathode water pores exposed to *Xanthomonas campestris* pv. *oryzae*. *Phytopathology* 79, 433-436.
HABERLANDT, G. 1918. Physiologische Pflanzenanatomie, 5. ed. W. Engelman, Leipzig.
HÄUSERMANN, E. e A. FREY-WYSSLING. 1963. Phosphatase-Aktivität in Hydathoden. *Protoplasma* 57, 371-380.
HEIL, M., A. HILPERT, R. KRÜGER e K. E. LINSENMAIR. 2004. Competition among visitors to extrafloral nectaries as a source of ecological costs of an indirect defence. *J. Trop. Ecol.* 20, 201-208.
HEINRICH, G. 1973. Die Feinstruktur der Trichom-Hydathoden von *Monarda fi stulosa*. *Protoplasma* 77, 271-278.
HEINRICH, G., H. W. PFEIFHOFER, E. STABENTHEINER e T. SAWIDIS. 2002. Glandular hairs of *Sigesbeckia jorullensis* Kunth (Asteraceae): Morphology, histochemistry and composition of essential oil. *Ann. Bot.* 89, 459-469.
HESLOP-HARRISON, Y. e J. HESLOP-HARRISON. 1980. Chloride ion movement and enzyme secretion from the digestive glands of *Pinguicula*. *Ann. Bot.* 45, 729-731.
HESLOP-HARRISON, Y. e J. HESLOP-HARRISON. 1981. The digestive glands of *Pinguicula*: Structure and cytochemistry. *Ann. Bot.* 47, 293-319.

HUGOUVIEUX, V., C. E. BARBER e M. J. DANIELS. 1998. Entry of *Xanthomonas campestris* pv. *campestris* into hydathodes of *Arabidopsis thaliana* leaves: A system for studying early infection events in bacterial pathogenesis. *Mol. Plant-Microbe Interact.* 11, 537-543.

IVANOFF, S. S. 1963. Guttation injuries in plants. *Bot. Rev.* 29, 202-229.

JANDA, C. 1937. Die extranuptialen Nektarien der Malvaceen. *Österr. Bot. Z.* 86, 81-130.

JOEL, D. M. 1986. Glandular structures in carnivorous plants: Their role in mutual and unilateral exploitation of insects. In: *Insects and the Plant Surface*, pp. 219-234, B. Juniper e R. Southwood, eds. Edward Arnold, London.

JUNIPER, B. E., R. J. ROBINS e D. M. JOEL. 1989. *The Carnivorous Plants.* Academic Press, London.

KEELER, K. H. e R. B. KAUL. 1979. Morphology and distribution of petiolar nectaries in *Ipomoea* (Convolvulaceae). *Am. J. Bot.* 66, 946-952.

KEELER, K. H. e R. B. KAUL. 1984. Distribution of defense nectaries in *Ipomoea* (Convolvulaceae). *Am. J. Bot.* 71, 1364-1372.

KLEIN, D. E., V. M. GOMES, S. J. DA SILVA-NETO e M. DA CUNHA. 2004. The structure of colleters in several species of *Simira* (Rubiaceae). *Ann. Bot.* 94, 733-740.

KOLALITE, M. R. 1998. Comparative analysis of ultrastructure of glandular trichomes in two *Nepeta cataria* chemotypes (*N. cataria* and *N. cataria* var. *citriodora*). *Nord. J. Bot.* 18, 589-598.

KOOPOWITZ, H. e T. A. MARCHANT. 1998. Postpollination nectar reabsorption in the African epiphyte *Aerangis verdickii*. *Am. J. Bot.* 85, 508-512.

KRONESTEDT-ROBARDS, E. e A. W. ROBARDS. 1991. Exocytosis in gland cells. In: *Endocytosis, Exocytosis and Vesicle Traffi c in Plants*, pp. 199-232, C. R. Hawes, J. O. D. Coleman e D. E. Evans, eds. Cambridge University Press, Cambridge.

KRONESTEDT-ROBARDS, E. C., M. GREGER e A. W. ROBARDS. 1989. The nectar of the *Strelitzia reginae* flower. *Physiol. Plant.* 77, 341-346.

LANGE, B. M. e R. CROTEAU. 1999. Isopentenyl diphosphate biosynthesis via a mevalonate-independent pathway: Isopentenyl monophosphate kinase catalyzes the terminal enzymatic step. *Proc. Natl. Acad. Sci. USA* 96, 13714-13719.

LANGE, B. M., M. R. WILDUNG, E. J. STAUBER, C. SANCHEZ, D. POUCHNIK e R. CROTEAU. 2000. Probing essential oil biosynthesis and secretion by functional evaluation of expressed sequence tags from mint glandular trichomes. *Proc. Natl. Acad. Sci. USA* 97, 2934-2939.

LAWRENCE, B. M. 1981. Monoterpene interrelationships in the *Mentha* genus: A biosynthetic discussion. In: *Essential Oils*, pp. 1-81, B. D. Mookherjee e C. J. Mussinan, eds. Allured Publishing, Wheaton, IL.

LERDAU, M., M. LITVAK e R. MONSON. 1994. Plant chemical defense: Monoterpenes and the growth-differentiation balance hypothesis. *Trends Ecol. Evol.* 9, 58-61.

LERSTEN, N. R. 1974a. Colleter morphology in *Pavetta*, *Neorosea* and *Tricalysia* (Rubiaceae) and its relationship to the bacterial leaf nodule symbiosis. *Bot. J. Linn. Soc.* 69, 125-136.

LERSTEN, N. R. 1974b. Morphology and distribution of colleters and crystals in relation to the taxonomy and bacterial leaf nodule symbiosis of *Psychotria* (Rubiaceae). *Am. J. Bot.* 61, 973-981.

LERSTEN, N. R. 1977. Trichome forms in *Ardisia* (Myrsinaceae) in relation to the bacterial leaf nodule symbiosis. *Bot. J. Linn. Soc.* 75, 229-244.

LERSTEN, N. R. e J. D. CURTIS. 1991. Laminar hydathodes in Urticaceae: Survey of tribes and anatomical observations on *Pilea pumila* and *Urtica dioica*. *Plant Syst. Evol.* 176, 179-203.

LERSTEN, N. R. e H. T. HORNER JR. 1976. Bacterial leaf nodule symbiosis in angiosperms with emphasis on Rubiaceae and Myrsinaceae. *Bot. Rev.* 42, 145-214.

LÜTTGE, U. 1971. Structure and function of plant glands. *Annu. Rev. Plant Physiol.* 22, 23-44.

LÜTTGE, U. 1983. Mineral nutrition: salinity. *Prog. Bot.* 45, 76-88.

MAEDA, E. e K. MAEDA. 1987. Ultrastructural studies of leaf hydathodes: I. Wheat (*Triticum aestivum*) leaf tips. *Nihon Sakumotsu Gakkai kiji* (*Jpn. J. Crop Sci.*) 56, 641-651.

MAEDA, E. e K. MAEDA. 1988. Ultrastructural studies of leaf hydathodes: II. Rice (*Oryza sativa*) leaf tips. *Nihon Sakumotsu Gakkai kiji* (*Jpn. J. Crop Sci.*) 57, 733-742.

MAFFEI, M., F. CHIALVA e T. SACCO. 1989. Glandular trichomes and essential oils in developing peppermint leaves. I. Variation of peltate trichome number and terpene distribution within leaves. *New Phytol.* 111, 707-716.

MARGINSON, R., M. SEDGLEY, T. J. DOUGLAS e R. B. KNOX. 1985. Structure and secretion of the extrafl oral nectaries of Australian acacias. *Isr. J. Bot.* 34, 91-102.

MARTIN, C. E. e D. J. VON WILLERT. 2000. Leaf epidermal hydathodes and the ecophysiological consequences of foliar water uptake in species of *Crassula* from the Namib Desert in Southern Africa. *Plant Biol.* 2, 229-242.

MATTERN, V. G. e S. VOGEL. 1994. Lamiaceen-Blüten duften mit dem Kelch—Prüfung einer Hypothese. I. Anatomische Untersuchungen: Vergleich der Laub-und Kelchdrüsen. *Beitr. Biol. Pfl anz.* 68, 125-156.

MCCASKILL, D., J. GERSHENZON e R. CROTEAU. 1992. Morphology and monoterpene biosynthetic capabilities of secretory cell clusters isolated from glandular trichomes of peppermint (*Mentha piperita* L.). *Planta* 187, 445-454.

MCCAULEY, M. M. e R. F. EVERT. 1988. The anatomy of the leaf of potato, *Solanum tuberosum* L. 'Russet Burbank.' *Bot. Gaz.* 149, 179-195.

MCCONKEY, M. E., J. GERSHENZON e R. B. CROTEAU. 2000. Developmental regulation of monoterpene biosynthesis in the glandular trichomes of peppermint. *Plant Physiol.* 122, 215-223.

MEEUSE, B. J. D. e I. RASKIN. 1988. Sexual reproduction in the arum lily family, with emphasis on thermogenicity. *Sex. Plant Reprod.* 1, 3-15.

NAIDOO, Y. e G. NAIDOO. 1998. *Sporobolus virginicus* leaf salt glands: Morphology and ultrastructure. *S. Afr. J. Bot.* 64, 198-204.

NAIDOO, Y. e G. NAIDOO. 1999. Cytochemical localisation of adenosine triphosphatase activity in salt glands of *Sporobolus virginicus* (L.) Kunth. *S. Afr. J. Bot.* 65, 370-373.

NEPI, M., E. PACINI e M. T. M. WILLEMSE. 1996. Nectary biology of *Cucurbita pepo:* Ecophysiological aspects. *Acta Bot. Neerl.* 45, 41-54.

NICOLSON, S. W. 1995. Direct demonstration of nectar reabsorption in the flowers of *Grevillea robusta* (Proteaceae). *Funct. Ecol.* 9, 584-588.

OROSS, J. W., R. T. LEONARD e W. W. THOMSON. 1985. Flux rate and a secretion model for salt glands of grasses. *Isr. J. Bot.* 34, 69-77.

PARÉ, P. W. e J. H. TUMLINSON. 1999. Plant volatiles as a defense against insect herbivores. *Plant Physiol.* 121, 325-331.

PATE, J. S. e B. E. S. GUNNING. 1972. Transfer cells. *Annu. Rev. Plant Physiol.* 23, 173-196.

PEDERSEN, O., L. B. JØRGENSEN e K. SAND-JENSEN. 1977. Through-flow of water in leaves of a submerged plant is influenced by the apical opening. *Planta* 202, 43-50.

PEMBERTON, R. W. 1998. The occurrence and abundance of plants with extrafloral nectaries, the basis for antiherbivore defensive mutualisms, along a latitudinal gradient in east Asia. *J. Biogeogr.* 25, 661-668.

PEMBERTON, R. W. e J.-H. LEE. 1996. The influence of extrafloral nectaries on parasitism of an insect herbivore. *Am. J. Bot.* 83, 1187-1194.

PERRIN, A. 1971. Présence de "cellules de transfert" au sein de l'épithème de quelques hydathodes. *Z. Pfl anzenphysiol.* 65, 39-51.

PERRIN, A. 1972. Contribution à l'étude de l'organization et du fonctionnement des hydathodes; recherches anatomiques, ultrastructurales et physiologiques Thesis. Univ. Claude Bernard, Lyon, France.

POLLARD, A. J. e D. BRIGGS. 1984. Genecological studies of *Urtica dioica* L. III. Stinging hairs and plant-herbivore interactions. *New Phytol.* 97, 507-522.

PONZI, R. e P. PIZZOLONGO. 1992. Structure and function of *Rhinanthus minor* L. trichome hydathode. *Phytomorphology* 42, 1-6.

PRIDGEON, A. M. e W. L. STERN. 1983. Ultrastructure of osmophores in *Restrepia* (Orchidaceae). *Am. J. Bot.* 70, 1233-1243.

PRIDGEON, A. M. e W. L. STERN. 1985. Osmophores of *Scaphosepalum* (Orchidaceae). *Bot. Gaz.* 146, 115-123.

RABINOWITCH, H. D., A. FAHN, T. MEIR e Y. LENSKY. 1993. Flower and nectar attributes of pepper (*Capsicum annuum* L.) plants in relation to their attractiveness to honeybees (*Apis mellifera* L.) *Ann. Appl. Biol.* 123, 221-232.

RAMAYYA, N. e B. BAHADUR. 1968. Morphology of the "Squamellae" in the light of their ontogeny. *Curr. Sci.* 37, 520-522.

RAVEN, P. H., R. F. EVERT e S. E. EICHHORN. 2005. *Biology of Plants*, 7. ed. Freeman, New York.

RAZEM, F. A. e A. R. DAVIS. 1999. Anatomical and ultrastructural changes of the floral nectary of *Pisum sativum* L. during flower development. *Protoplasma* 206, 57-72.

ROBARDS, A. W. e M. STARK. 1988. Nectar secretion in *Abutilon:* a new model. *Protoplasma* 142, 79-91.

ROBBRECHT, E. 1987. The African genus *Tricalysia* A. Rich. (Rubiaceae). 4. A revision of the species of sectio *Tricalysia* and sectio *Rosea*. *Bull. Jard. Bot. Natl. Belg.* 57, 39-208.

ROST, T. L. 1969. Vascular pattern and hydathodes in leaves of *Crassula argentea* (Crassulaceae). *Bot. Gaz.* 130, 267-270.

RUDALL, P. 2002. Homologies of inferior ovaries and septal nectaries in monocotyledons. *Int. J. Plant Sci.* 163, 261-276.

SAJO, M. G., P. J RUDALL e C. J. PRYCHID. 2004. Floral anatomy of Bromeliaceae, with particular reference to the evolution of epigyny and septal nectaries in commelinid monocots. *Plant Syst. Evol.* 247, 215-231.

SAWIDIS, TH. 1991. A histochemical study of nectaries of *Hibiscus rosa-sinensis*. *J. Exp. Bot.* 42, 1477-1487.

SAWIDIS, TH., E. P. ELEFTHERIOU e I. TSEKOS. 1987a. The floral nectaries of *Hibiscus rosa--sinensis*. I. Development of the secretory hairs. *Ann. Bot.* 59, 643-652.

SAWIDIS, TH., E. P. ELEFTHERIOU e I. TSEKOS. 1987b. The floral nectaries of *Hibiscus rosa-sinensis*. II. Plasmodesmatal frequencies. *Phyton (Horn)* 27, 155-164.

SAWIDIS, TH., E. P. ELEFTHERIOU e I. TSEKOS. 1989. The floral nectaries of *Hibiscus rosa-sinensis*. III. A morphometric and ultrastructural approach. *Nord. J. Bot.* 9, 63-71.

SCHIRMER, U. e S.-W. BRECKLE. 1982. The role of bladders for salt removal in some Chenopodiaceae (mainly *Atriplex* species). In: *Contributions to the Ecology of Halophytes*, pp. 215-231, D. N. Sen e K. S. Rajpurohit, eds. W. Junk, The Hague.

SCHNEPF, E. 1974. Gland cells. In: *Dynamic Aspects of Plant Ultrastructure*, pp. 331-357, A. W. Robards, ed. McGraw-Hill, London.

SHIMONY, C. e A. FAHN. 1968. Light- and electron-microscopical studies on the structure of salt glands of *Tamarix aphylla* L. *Bot. J. Linn. Soc.* 60, 283-288.

SINGSAAS, E. L. 2000. Terpenes and the thermotolerance of photosynthesis. *New Phytol.* 146, 1-3.

SKUBATZ, H. e D. D. KUNKEL. 1999. Further studies of the glandular tissue of the *Sauromatum guttatum* (Araceae) appendix. *Am. J. Bot.* 86, 841-854.

SKUBATZ, H., D. D. KUNKEL e B. J. D. MEEUSE. 1993. Ultrastructural changes in the appendix of the *Sauromatum guttatum* inflorescence during anthesis. *Sex. Plant Reprod.* 6, 153-170.

SKUBATZ, H., D. D. KUNKEL, W. N. HOWALD, R. TRENKLE e B. MOOKHERJEE. 1996. The *Sauromatum guttatum* appendix as an osmophore: Excretory pathways, composition of volatiles and attractiveness to insects. *New Phytol.* 134, 631-640.

SPERLICH, A. 1939. *Das trophische Parenchym. B. Exkretionsgewebe. Handbuch der Pflanzenanatomie*, Heft 3, Band 4, *Histologie*. Gebrüder Borntraeger, Berlin.

STERN, W. L., K. J. CURRY e W. M. WHITTEN. 1986. Staining fragrance glands in orchid fl owers. *Bull. Torrey Bot. Club* 113, 288-297.

STERN, W. L., K. J. CURRY e A. M. PRIDGEON. 1987. Osmophores of *Stanhopea* (Orchidaceae). *Am. J. Bot.* 74, 1323-1331.

STPICZYN SKA, M. 1993. Anatomy and ultrastructure of osmophores of *Cymbidium tracyanum* Rolfe (Orchidaceae). *Acta Soc. Bot. Pol.* 62, 5-9.

STPICZYN ´ SKA, M., K. L. DAVIES e A. GREGG. 2004. Nectary structure and nectar secretion in *Maxillaria coccinea* (Jacq.) L. O. Williams ex Hodge (Orchidaceae). *Ann. Bot.* 93, 87-95.

THOMAS, V. 1991. Structural, functional and phylogenetic aspects of the colleter. *Ann. Bot.* 68, 287-305.

THOMSON, W. W. e L. L. LIU. 1967. Ultrastructural features of the salt gland of *Tamarix aphylla* L. *Planta* 73, 201-220.

THOMSON, W. W. e K. PLATT-ALOIA. 1979. Ultrastructural transitions associated with the development of the bladder cells of the trichomes of *Atriplex*. *Cytobios* 25, 105-114.

THOMSON, W. W., W. L. BERRY e L. L. LIU. 1969. Localization and secretion of salt by the salt glands of *Tamarix aphylla*. *Proc. Natl. Acad. Sci. USA* 63, 310-317.

THOMSON, W. W., C. D. FARADAY e J. W. OROSS. 1988. Salt glands. In: *Solute Transport in Plant Cells and Tissues*, pp. 498-537, D. A. Baker e J. L. Hall, eds. Longman Scientific and Technical, Harlow, Essex.

THURSTON, E. L. 1974. Morphology, fine structure, and ontogeny of the stinging emergence of *Urtica dioica*. *Am. J. Bot.* 61, 809-817.

THURSTON, E. L. 1976. Morphology, fine structure and ontogeny of the stinging emergence of *Tragia ramosa* and *T. saxicola* (Euphorbiaceae). *Am. J. Bot.* 63, 710-718.

THURSTON, E. L. e N. R. LERSTEN. 1969. The morphology and toxicology of plant stinging hairs. *Bot. Rev.* 35, 393-412.

TÓTH-SOMA, L. T., N. M. DATTA e Z. SZEGLETES. 1995/1996. General connections between latex and nectar secretional systems of *Asclepias syriaca* L. *Acta Biol. Szeged.* 41, 37-44.

TUCKER, S. C. e L. L. HOEFERT. 1968. Ontogeny of the tendril in *Vitis vinifera*. *Am. J. Bot.* 55, 1110-1119.

TURNER, G., J. GERSHENZON, E. E. NIELSON, J. E. FROELICH e R. CROTEAU. 1999. Limonene synthase, the enzyme responsible for monoterpene biosynthesis in peppermint, is localized to leucoplasts of oil gland secretory cells. *Plant Physiol.* 120, 879-886.

TURNER, G. W., J. GERSHENZON e R. B. CROTEAU. 2000. Development of peltate glandular trichomes of peppermint. *Plant Physiol.* 124, 665-679.

TURNER, J. C., J. K. HEMPHILL e P. G. MAHLBERG. 1980. Trichomes and cannabinoid content of developing leaves and bracts of *Cannabis sativa* L. (Cannabaceae). *Am. J. Bot.* 67, 1397-1406.

VAINSTEIN, A., E. LEWINSOHN, E. PICHERSKY e D. WEISS. 2001. Floral fragrance: New inroads into an old commodity. *Plant Physiol.* 127, 1383-1389.

VASSILYEV, A. E. e L. E. MURAVNIK. 1988a. The ultrastructure of the digestive glands in *Pinguicula vulgaris* L. (Lentibulariaceae) relative to their function. I. The changes during maturation. *Ann. Bot.* 62, 329-341.

VASSILYEV, A. E. e L. E. MURAVNIK. 1988b. The ultrastructure of the digestive glands in *Pinguicula vulgaris* L. (Lentibulariaceae) relative to their function. II. The changes on stimulation. *Ann. Bot.* 62, 343-351.

VESPRINI, J. L., M. NEPI e E. PACINI. 1999. Nectary structure, nectar secretion patterns and nectar composition in two *Helleborus* species. *Plant Biol.* 1, 560-568.

VOGEL, S. 1962. Duftdrüsen im Dienste der Bestäubung. Über Bau und Funktion der Osmophoren. Mainz: Abh. Mathematisch-Naturwiss. Klasse 10, 1-165.

VOGEL, S. 1990. The role of scent glands in pollination. On the structure and function of osmophores. S. S. Renner, sci. ed. Smithsonian Institution Libraries and National Science Foundation, Washington, DC.

VOGEL, S. 1997. Remarkable nectaries: structure, ecology, organophyletic perspectives. I. Substitutive nectaries. *Flora* 192, 305-333.

VOGEL, S. 1998. Remarkable nectaries: Structure, ecology, organophyletic perspectives. IV. Miscellaneous cases. *Flora* 193, 225-248.

WADDLE, R. M. e N. R. LERSTEN, 1973. Morphology of discoid floral nectaries in Leguminosae, especially tribe Phaseoleae (Papilionoideae). *Phytomorphology* 23, 152-161.

WEICHEL, G. 1956. Natürliche Lagerstätten ätherischer Öle. In: *Die ätherischen Öle*, 4. ed., Band 1, pp. 233-254, E. Gildemeister e Fr. Hoffmann, eds. Akademie-Verlag, Berlin.

WERKER, E. 2000. Trichome diversity and development. *Adv. Bot. Res.* 31, 1-35.

WERKER, E. e A. FAHN. 1981. Secretory hairs of *Inula viscosa* (L.) Ait.—Development, ultrastructure, and secretion. *Bot. Gaz.* 142, 461-476.

WERKER, E., E. PUTIEVSKY, U. RAVID, N. DUDAI e I. KATZIR. 1993. Glandular hairs and essential oil in developing leaves of *Ocimum basilicum* L. (Lamiaceae). *Ann. Bot.* 71, 43-50.

WERYSZKO-CHMIELEWSKA, E. e M. STPICZYN ´ SKA. 1995. Osmophores of *Amorphophallus rivieri* Durieu (*Araceae*). *Acta Soc. Bot. Pol.* 64, 121-129.

WILSON, T. P., M. J. CANNY e M. E. MCCULLY. 1991. Leaf teeth, transpiration and the retrieval of apoplastic solutes in balsam poplar. *Physiol. Plant.* 83, 225-232.

ZER, H. e A. FAHN. 1992. Floral nectaries of *Rosmarinus officinalis* L. Structure, ultrastructure and nectar secretion. *Ann. Bot.* 70, 391-397.

ZIMMERMANN, J. G. 1932. Über die extrafloralen Nektarien der Angiospermen. *Beih. Bot. Centralbl.* 49, 99-196.

CAPÍTULO DEZESSETE

ESTRUTURAS SECRETORAS INTERNAS

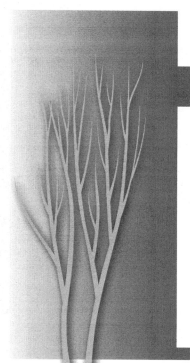

Silvia Rodrigues Machado e Tatiane Maria Rodrigues

No capítulo anterior, foram descritos exemplos específicos de estruturas secretoras encontradas na superfície da planta. Este capítulo é dedicado às estruturas secretoras internas (Fig. 17.1), iniciando com os tipos específicos de células secretoras internas.

CÉLULAS SECRETORAS INTERNAS

Com base na variabilidade e localização dos tecidos secretores no corpo das plantas vasculares, Fahn (2002) sugeriu que durante o curso da evolução tecidos secretores com função de proteção tenham sido originados a partir do mesofilo foliar – como em algumas pteridófitas – em duas direções. Uma das direções foi do mesofilo para fora, em direção da epiderme e seus tricomas, como em muitas angiospermas; a outra foi do mesofilo para dentro, em direção ao floema primário e secundário, e em algumas coníferas, para o xilema secundário também.

As células secretoras internas possuem uma ampla variedade de conteúdos: óleos, resinas, mucilagens, gomas, taninos e cristais. As células secretoras geralmente aparecem como células especializadas. Tais células são, então, chamadas de idioblastos, mais especificamente **idioblastos secretores**. As células secretoras podem ser grandes, especialmente em comprimento, sendo chamadas de **sacos** ou **tubos**. As células secretoras geralmente são classificadas com base em seus conteúdos, mas muitas células secretoras contêm uma mistura de substâncias, sendo muitas delas não identificadas. De qualquer forma, as células secretoras, assim como as cavidades e os canais secretores, são importantes como caracteres diagnósticos em estudos taxonômicos (Metcalfe e Chalk, 1950, 1979).

Células com cristais (Capítulo 3) são frequentemente tratadas como idioblastos secretores (Foster, 1956; Metcalfe e Chalk, 1979). Algumas delas não são diferentes das outras células parenquimáticas ao redor, mas outras são consideravelmente modificadas, por exemplo, os litocistos (células com cistólitos) das folhas de *Ficus elastica* (Capítulo 9) e células com ráfides contendo mucilagem (Fig. 17.1B). As células com cristais podem morrer após a deposição do cristal ou cristais ser finalizada. Nos tecidos vasculares secundários uma célula que forma cristais pode se dividir em células menores. Em outro tipo de modificação, o cristal é envolto por parede celulósica que o segrega da parte viva do protoplasto.

Células com enzima mirosinase foram identificadas nas famílias Capparidaceae, Resedaceae e Brassicaceae, mas são principalmente encontradas em Brassicaceae (Fahn, 1979; Bones e Iversen, 1985; Rask et al., 2000). A mirosinase se localiza em um grande vacúolo central de idioblastos chamados **células de mirosina**. A mirosinase hidrolisa glicosinolatos em agliconas que se decompõem para formar produtos tóxicos como isotiocianatos (gás

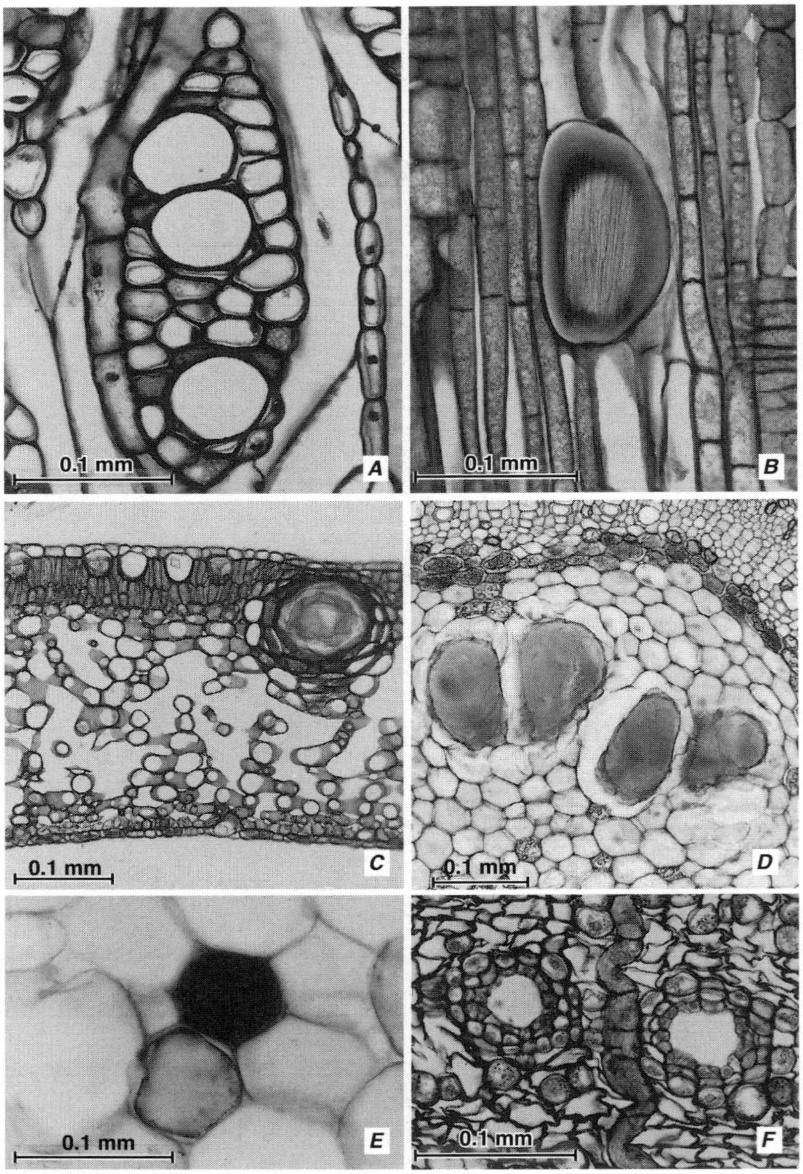

FIGURA 17.1

Várias estruturas secretoras internas. **A**, células de óleo em secção tangencial de raio floemático de *Liriodendron*. **B**, idioblasto contendo mucilagem e ráfides em secção radial do floema de *Hydrangea paniculata*. **C**, cavidade secretora (glândula de óleo) em folha de limão (*Citrus*) (porção superior da folha à direita). **D**, canais de mucilagem na medula do caule de tília americana (*Tilia*) em secção transversal. **E**, células de tanino na medula caulinar de sabugueiro (*Sambucus*) em secção transversal. **F**, canais secretores esquizógenos em secção transversal do floema não condutor de *Rhus typhina*. (**A**-**C**, **E**, **F**, Esau, 1977.)

mostarda), nitritos e epitionitritos que podem desempenhar importantes papéis na defesa da planta contra insetos e microrganismos (Rask et al., 2000). Somente danos aos tecidos podem levar a essa reação porque enzima e substrato ocorrem em diferentes células, a mirosinase na célula de mirosina e os tioglicosídeos aparentemente em células parenquimáticas comuns. Em *Arabidopsis*, as células de mirosina ocorrem no parênquima do floema e as células contendo glicosinolatos, chamadas **células S** por serem ricas em enxofre, localizam-se no tecido fundamental externo ao floema (Fig. 17.2; Koroleva et al., 2000; Andréasson et al., 2001). As duas células, entretanto, podem estar em contato direto uma

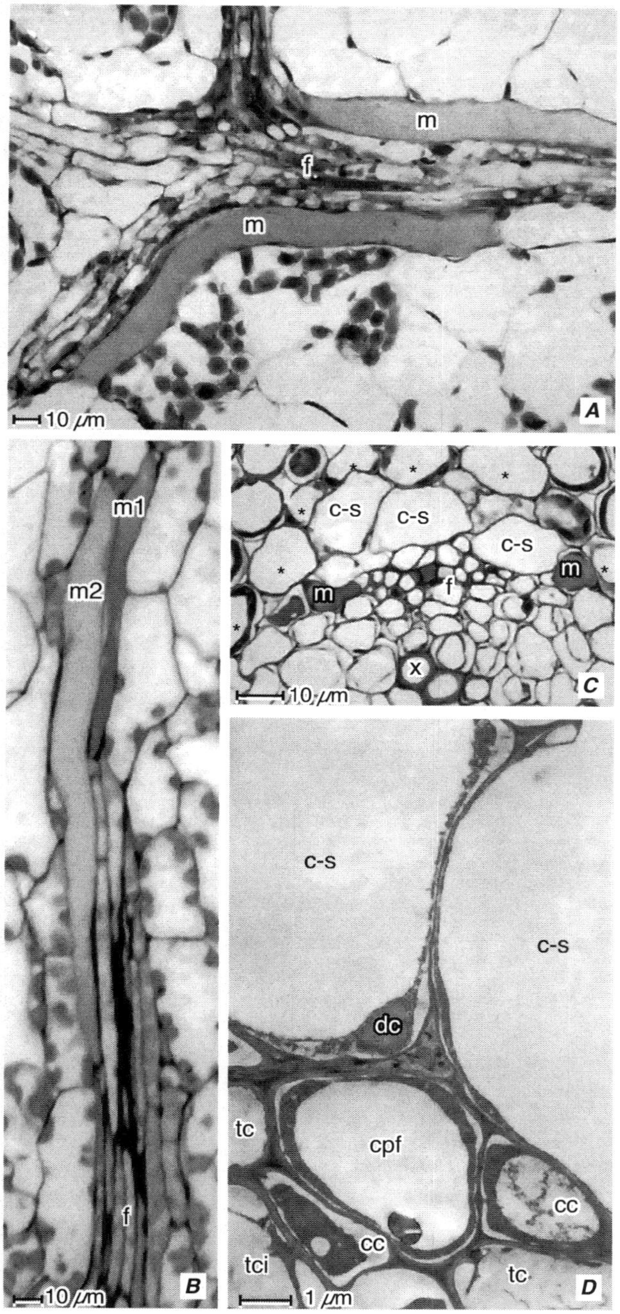

FIGURA 17.2

Células de mirosina (m) em limbo de folha jovem (**A**, **B**) e no pecíolo (**C**, **D**) de *Arabidopsis*. Células-S (c-s) são mostradas em **C** e **D** (**A-C**, micrografias de luz; **D**, eletronmicrografia). **A**, corte paradérmico do limbo foliar mostrando floema (f) e duas células de mirosina alongadas e relativamente amplas. **B**, corte paradérmico do limbo foliar mostrando feixe vascular seccionado obliquamente com porção do floema (f) e duas células de mirosina adjacentes (m1 e m2). **C**, secção transversal mostrando células de mirosina associadas com o floema (f) de um feixe vascular. As células-S estão localizadas entre as células do floema (f) e da bainha amilífera (asterisco); x, xilema. **D**, secção transversal mostrando porções de duas células-S, altamente vacuoladas, limitando a superfície externa do floema. Três elementos de tubo crivado (tc), um deles imaturo (tci), duas células companheiras (cc) e uma célula parenquimática do floema (cpf) podem ser vistos aqui. (Reimpresso com permissão de Andréasson et al., 2001. © American Society of Plant Biologists.)

com a outra (Andréasson et al., 2001). Atividade mirosinase foi detectada também em células-guarda de *Arabidopsis* (Husebye et al., 2002).

As células de óleo secretam seus óleos em uma cavidade de óleo

Algumas famílias vegetais, por exemplo, Calycanthaceae, Lauraceae, Magnoliaceae, Winteraceae e Simaroubaceae, possuem células secretoras de óleo (Metcalfe e Chalk, 1979; Baas e Gregory, 1985). (As primeiras quatro famílias são magnoliídeas). Superficialmente, essas células parecem grandes células parenquimáticas (Fig. 17.1A) e ocorrem nos tecidos vasculares e fundamentais de caule e folha. A parede das **células de óleo** maduras tem três camadas distintas: uma camada externa (parede primária), uma camada suberizada (lamela de suberina) e uma camada mais interna (parede terciária) (Maron e Fahn, 1979; Baas e Gregory, 1985; Mariani et al., 1989; Bakker e Gerritsen, 1990; Bakker et al., 1991; Platt e Thomson, 1992). Após a deposição da camada mais interna da parede, uma **cavidade de óleo** é formada. Essa cavidade é envolvida por membrana plasmática e ligada a uma protrusão da camada parietal mais interna com formato de um sino, chamada de **cúpula** (Fig. 17.3; Maron e Fahn, 1979; Bakker e Gerritsen, 1990; Platt e Thomson, 1992). O óleo, que muito provavelmente é sintetizado nos plastídios e liberado para o citosol, é secretado para dentro da cavidade de óleo via membrana plasmática. Conforme a cavidade de óleo aumenta em tamanho, o protoplasto gradualmente se torna comprimido contra a camada parietal interna. Na maturidade, as grandes células de óleo mostram completa degeneração do protoplasto e o óleo, misturado aos resquícios dos componentes citoplasmáticos, ocupa todo o volume da célula (Fig. 17.4A). A camada parietal suberizada (Fig. 17.4B) isola a célula de óleo, evitando o vazamento de substâncias potencialmente tóxicas para as células ao redor.

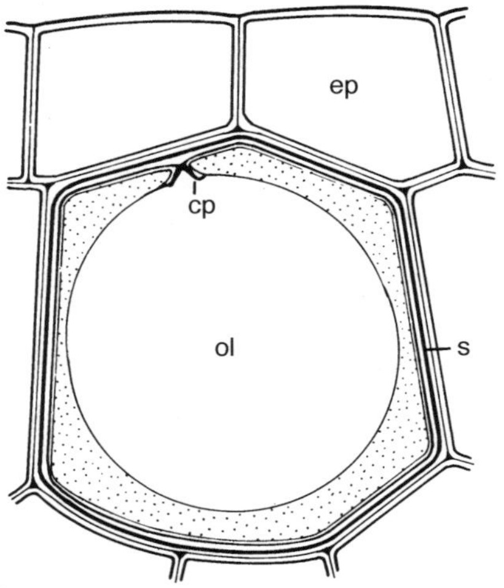

FIGURA 17.3

Desenho esquemático de uma célula de óleo em folha de *Laurus nobiolis* (Lauraceae). Detalhes: cp: cúpula; ep: célula epidérmica; ol: gota de óleo; s, camada de suberina na parede. (Maron e Fahn, 1979. © Blackwell Publishing.)

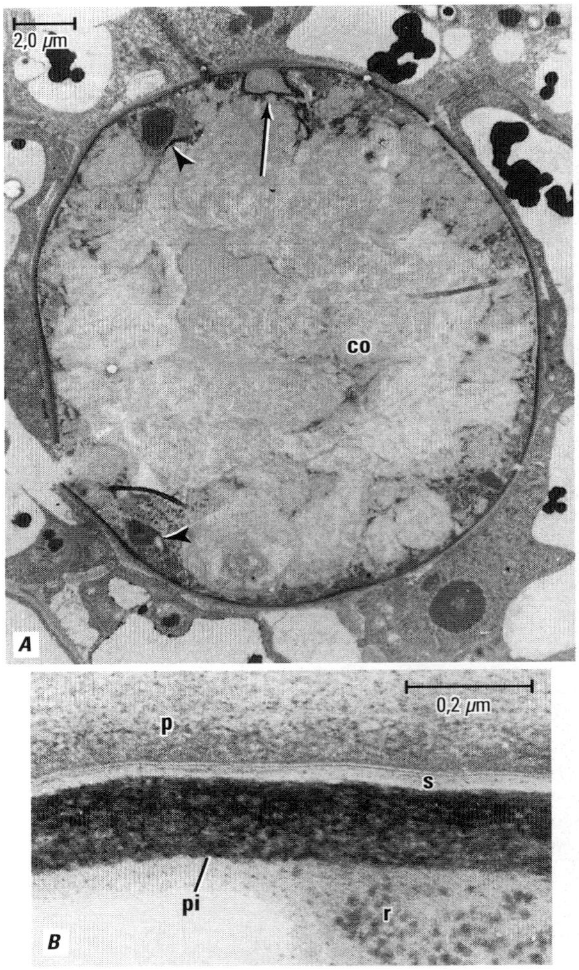

FIGURA 17.4

Eletronmicrografias de célula de óleo madura em folha de *Cinnamomum burmanni* (Lauraceae). **A**, essa célula de óleo, com uma cavidade de óleo (co) volumosa e restos de citoplasma, não mais apresenta membrana plasmática. Uma cúpula (seta) e algumas organelas em degeneração (pontas de seta) são evidentes; **B**, detalhe de parede celular mostrando camada suberizada (s). Outros detalhes: pi: camada parietal interna elétron-densa; p, parede. (Bakker et al., 1991.)

O abacate (*Persea americana*) contém células de óleo em suas folhas, sementes, raízes e frutos (Platt e Thomson, 1992). Durante o amadurecimento do fruto, enzimas hidrolíticas (celulase e poligalacturonase) degradam as paredes primárias das células parenquimáticas levando ao amolecimento do fruto. A parede suberizada dos idioblastos de óleo, entretanto, é imune à atividade dessas enzimas e permanece intacta durante o amadurecimento (Platt e Thomson, 1992). Muitos compostos inseticidas foram identificados no óleo dos frutos de abacate (Rodriguez-Saona et al., 1998; Rodriguez-Saona e Trumble, 1999).

As células de mucilagem depositam sua secreção entre o protoplasto e a parede celulósica

As **células de mucilagem** ocorrem em muitas famílias de "dicotiledôneas" (magnolídeas e eudicotiledôneas), incluindo Annonaceae, Cactaceae, Lauraceae, Magnoliaceae, Malvaceae e Tiliaceae (Metcalfe e Chalk, 1979; Gregory e Baas, 1989). Elas podem ocorrer em todas as partes do corpo da planta e geralmente se diferenciam bem próximo das regiões meristemáticas. Suas paredes celulósicas geralmente são delgadas e não lignificadas. Somente os corpos de Golgi estão envolvidos na secreção da mucilagem, sendo que a mucilagem transportada pelas vesículas do Golgi atravessa a membrana plasmática por exocitose (Trachtenberg e Fahn, 1981). Com progressiva deposição de mucilagem, o lúmen da célula pode se tornar quase obliterado pela mucilagem e o protoplasto confinado a estreitas regiões (Fig. 17.5). O protoplasto finalmente degenera.

As células de óleo e de mucilagem compartilham vários aspectos idênticos nas magnolídeas (Magnoliales e Laurales), sendo a presença de uma camada suberizada na parede celular um dos

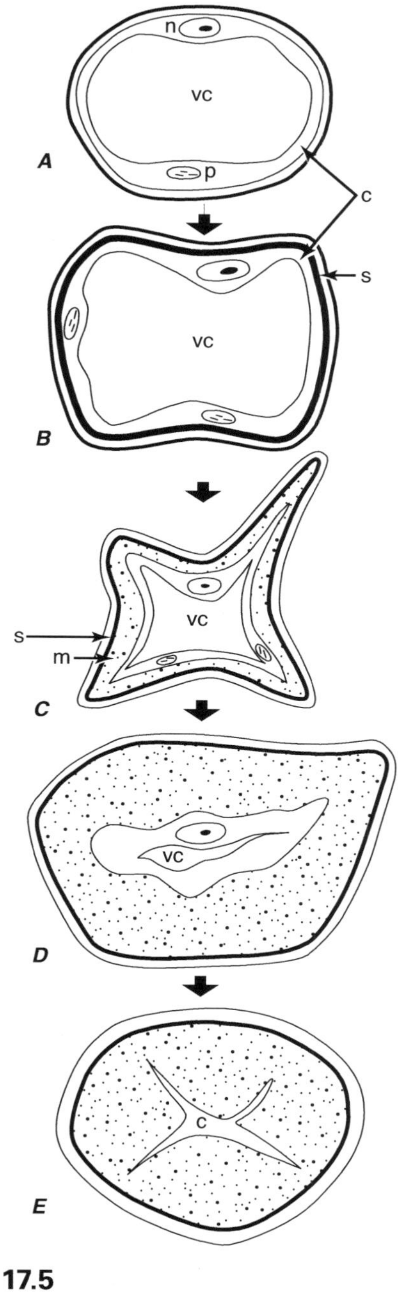

FIGURA 17.5

Representação esquemática dos estágios de desenvolvimento de célula de mucilagem em *Cinnamomum burmanni*. **A**, estágio 1: célula jovem com componentes citoplasmáticos típicos e vacúolo central (vc) desprovido de depósitos. **B**, estágio 2: idioblasto com camada parietal suberizada (s). **C**, estágio 3a: célula colapsada com mucilagem (m) depositada próximo a parede suberizada. **D**, estágio 3b: o protoplasto se move em direção ao interior por causa da prolongada deposição de mucilagem. O vacúolo central desaparece. **E**, estágio 3c: célula quase madura com mucilagem ao redor do citoplasma em degeneração. Outros detalhes: c, citoplasma; n, núcleo; p, plastídio. (Redesenhado a partir de Bakker et al., 1991.)

mais importantes (Bakker e Gerritsen, 1989, 1990; Bakker et al., 1991). Nesses dois tipos de células secretoras, a presença de uma camada suberizada tem sido comumente aceita como sendo típica somente de células de óleo (Baas e Gregory, 1985). As eudicotiledôneas, como *Hibiscus* (Malvales), não possuem uma camada parietal suberizada nas células de mucilagem. Foi sugerido que as magnolídeas que apresentam células de mucilagem com paredes suberizadas herdaram essa habilidade de depositar uma camada parietal suberizada das magnolídeas que originalmente apresentavam células de óleo. A presença de uma camada suberizada nas células de mucilagem atuais é considerada um resquício ancestral sem função. As eudicotiledôneas mais avançadas aparentemente perderam a capacidade de depositar uma camada suberizada em suas células de mucilagem (Bakker e Baas, 1993).

As células de mucilagem geralmente contêm ráfides. Nesses **idioblastos de mucilagem e cristal**, ambos os produtos (mucilagem e cristal) ocorrem no grande vacúolo central da célula (Fig. 17.1B). Os cristais são formados antes, e só depois a mucilagem se acumula ao redor deles (Kausch e Horner, 1983, 1984; Wang et al., 1994).

Têm sido atribuídas diversas funções às células de mucilagem, mas praticamente nenhum dado experimental está disponível para sustentá-las (para revisão, ver Gregory e Baas, 1989).

O tanino é a inclusão mais notável em numerosas células secretoras

O tanino é um metabólito secundário comum em células parenquimáticas (Capítulo 3), mas algumas células contêm essa substância de forma abundante. Tais células podem ser bem grandes. As células de tanino geralmente formam sistemas conectados e podem estar associadas com feixes vasculares. **Idioblastos taníferos** ocorrem em muitas famílias (Crassulaceae, Ericaceae, Fabaceae, Myrtaceae, Rosaceae, Vitaceae). Exemplos de células taníferas podem ser encontrados em folhas de *Sempervivum tectorum* e de espécies de *Echeveria* e exemplos de células taníferas tubulares na medula (Fig. 17.1E) e floema do caule de *Sambucus*. As células taníferas tubulares em *Sambucus* são cenocíticas (multinucleadas). Elas se originam a partir de células uninucleadas (células-mãe das células taníferas) no primeiro entrenó por divisões

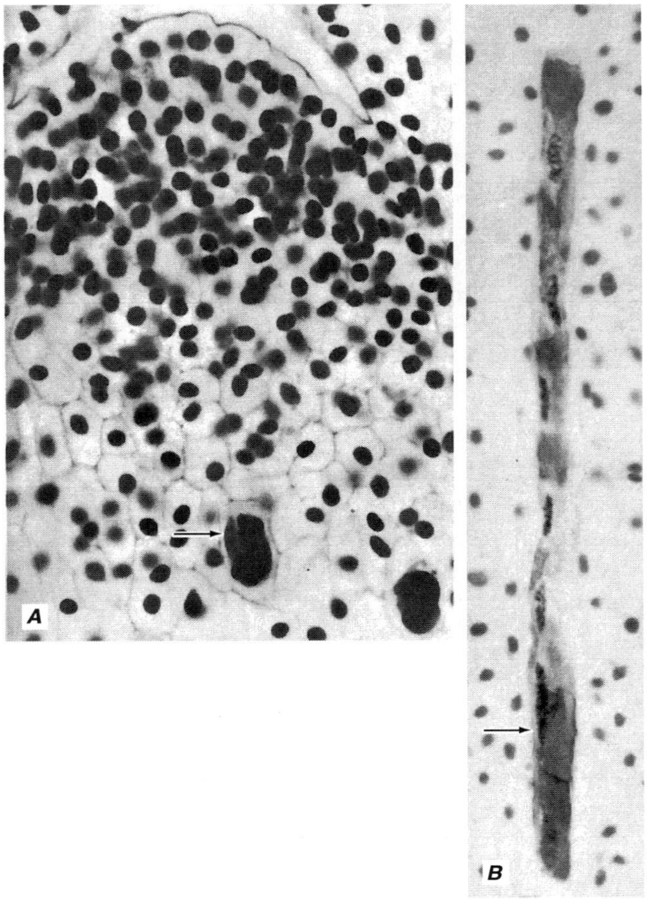

FIGURA 17.6

Células tubulares de tanino em *Sambucus racemosa*. **A**, as células tubulares de tanino se originam a partir de células taníferas mononucleadas como aquelas do primeiro entrenó caulinar. O núcleo é perceptível em uma das duas células taníferas mostradas aqui (seta). **B**, uma célula tanífera multinucleada com núcleo profásico. O núcleo maior (seta) nessa célula provavelmente seja resultado da fusão de dois núcleos menores. (A, ×185; B, ×170. Zobel, 1985a, com permissão de Oxford University Press.)

mitóticas sincrônicas sem que haja citocinese (Fig. 17.6; Zobel, 1985a, b). Os tubos taníferos maduros tão longos quanto os entrenós foram encontrados em *Sambucus racemosa*, os mais longos medindo 32,8cm (Zobel, 1986b).

Os compostos de tanino nas células taníferas são oxidados em flobafenos de coloração marrom ou marrom avermelhado, os quais são facilmente identificados ao microscópio. Os taninos são isolados nos vacúolos das células. O sítio mais provável de síntese do tanino é o retículo endoplasmático rugoso (Parham e Kaustinen, 1977; Zobel, 1986a; Rao, K. S. 1988). Pequenas vesículas contendo tanino aparentemente derivadas do retículo endoplasmático se fundem com o tonoplasto e seus conteúdos, os taninos, são depositados no vacúolo. As células no tecido fundamental do fruto de *Ceratonia siliqua* contêm tanoides sólidos, inclusões de taninos combinadas com outras substâncias. Os taninos são provavelmente os deterrentes mais importantes contra herbivoria nas angiospermas.

CAVIDADES E CANAIS SECRETORES

As cavidades e os canais secretores diferem das células secretoras por secretarem substâncias em espaços intercelulares. Essas glândulas consistem de espaços intercelulares relativamente grandes delimitados por células secretoras especializadas (epitélio). As **cavidades secretoras** são espaços secretores curtos, enquanto os **canais secretores** são espaços secretores longos. Em algumas plantas (*Lysimachia*, *Myrsine*, *Ardisia*), material resinoso é secretado por células parenquimáticas para dentro de espaços intercelulares e forma uma camada granular ao longo da parede. O conteúdo das cavidades e dos canais pode consistir de terpenos ou carboidratos ou de terpenos e carboidratos e outras substâncias.

Três diferentes padrões de desenvolvimento de cavidades e canais secretores foram reconhecidos: esquizógeno, lisígeno e esquizolisígeno. Cavidades e canais **esquizógenos** são formados pela separação de células, resultando em um espaço delimitado por células secretoras que constituem o epitélio. Cavidades e canais **lisígenos** resultam da dissolução (autólise) de células. Nessas cavidades e canais, o produto da secreção é formado no interior das células, as quais se rompem e liberam o produto no espaço resultante (secreção holócrina). Células parcialmente desintegradas ocorrem ao longo da periferia do espaço. O desenvolvimento de cavidades e canais **esquizolisígenos** é inicialmente esquizógeno, mas ocorre lisigenia em estágios mais tardios, conforme as células epiteliais sofrem autólise, ampliando o espaço. Há alguma inconsistência no uso da categoria esquizolisígena de desenvolvimento de canais nos casos em que somente algumas células epiteliais sofrem autólise depois da fase secretora. Alguns pesquisadores consideram tais canais como esquizolisígenos, mas outros os classificam como esquizógenos.

Os canais secretores mais conhecidos são os canais de resina das coníferas

Os canais de resina das coníferas ocorrem nos tecidos vasculares (Capítulo 10) e nos tecidos fundamentais de todos os órgãos da planta e são, estruturalmente, espaços intercelulares longos delimitados por células epiteliais secretoras de resina (Werker e Fahn, 1969; Fahn e Benayoun, 1976; Fahn, 1979; Wu e Hu, 1994). Com uma possível exceção, seu desenvolvimento é bem uniforme: em todo o corpo da planta, em tecidos primários e secundários, os canais se formam esquizogenamente. Somente os canais de resina das escamas das gemas de *Pinus pinaster* foram relatados como esquizolisígenos (Charon et al., 1986).

Canais semelhantes aos de coníferas ocorrem em Anacardiaceae (Figs. 17.1F e 17.7), Asteraceae, Brassicaceae, Fabaceae, Hypericaceae e Simaroubaceae (Metcalfe e Chalk, 1979). Existem divergências entre os pesquisadores a respeito do padrão de formação dos canais em alguns táxons. Como exemplo, podemos citar os canais de resina em *Parthenium argentatum* (Asteraceae). A maioria dos relatos sobre a formação de canais nessa espécie – assim como para membros de Asteraceae, em geral – indica que eles são exclusivamente esquizógenos (Lloyd, 1911; Artschwager, 1945; Gilliland et al., 1988; Łotocka e Geszprych, 2004). Joseph et al. (1988) relatam, entretanto, que enquanto os canais que se originam no câmbio de *P. argentatum* são esquizógenos, aqueles formados nos tecidos primários são esquizolisígenos.

O desenvolvimento dos canais secretores em Anacardiaceae aparentemente varia entre os órgãos da planta e de espécie para espécie. Em *Lannea coromandelica*, por exemplo, o desenvolvimento dos canais no floema primário do caule é esquizógeno, enquanto no floema secundário e na feloderme é lisígeno (Venkaiah e Shah, 1984; Venkaiah, 1992). O desenvolvimento esquizógeno foi relatado para os canais de goma-resina no floema secundário de *Rhus glabra* (Fahn e Evert, 1974) e o esquizolisígeno para os canais do floema primário de *Anacardium occidentale* (Nair et al., 1983) e *Semecarpus anacardium* (Bhatt e Ram, 1992). De acordo com Joel e Fahn (1980), os canais de resina do floema primário e medula de *Mangifera indica* se desenvolvem lisigenamente. Em seu trabalho, Joel e Fahn (1980) indicaram três principais características de canais lisígenos que podem ser utilizadas para distinguir claramente canais esquizógenos e lisígenos: (1) a presença de material citoplasmático desorganizado no lúmen do canal, (2) a presença de restos de parede no lúmen do canal ligados às células epiteliais vivas, (3) a presença de espaços intercelulares específicos nos ângulos entre as células que delimitam o lúmen do canal.

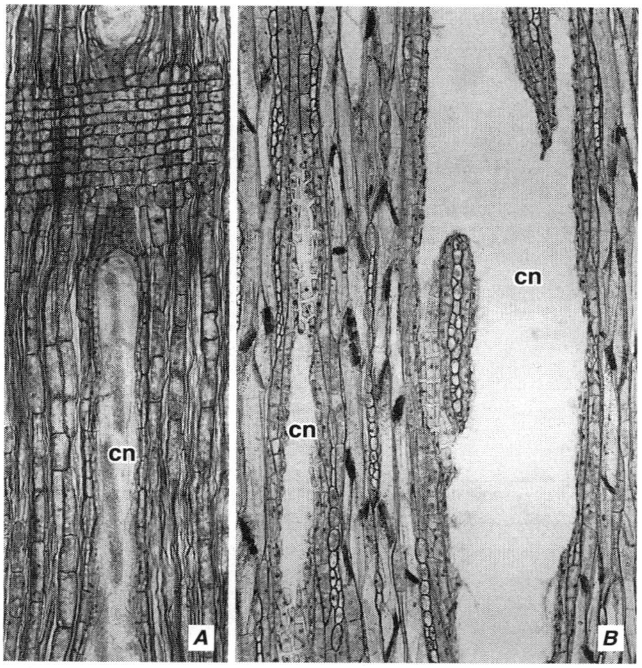

FIGURA 17.7

Canais secretores (cn) de *Rhus glabra* (Anacardiaceae) em secções radial (**A**) e tangencial (**B**). (Ambos, ×120. Fahn e Evert, 1974.)

Aparentemente, existem certas tendências no padrão de distribuição de cavidades e canais de goma e goma-resina nos diferentes tecidos do corpo vegetal (Babu e Menon, 1990). Geralmente, canais formados na medula não são ramificados ou anastomosados, enquanto os canais e cavidades formados no xilema e floema secundários tendem a se ramificar e anastomosar tangencialmente (Fig. 17.7B).

Diversas organelas parecem estar envolvidas na síntese de resina. As mais comumente envolvidas são os plastídios que são envoltos por retículo endoplasmático. Gotas osmiofílicas foram observadas no estroma dos plastídios, no envelope plastidial, no retículo endoplasmático ao redor do plastídio e em ambos os lados da membrana plasmática. Gotas osmiofílicas também foram observadas em mi-

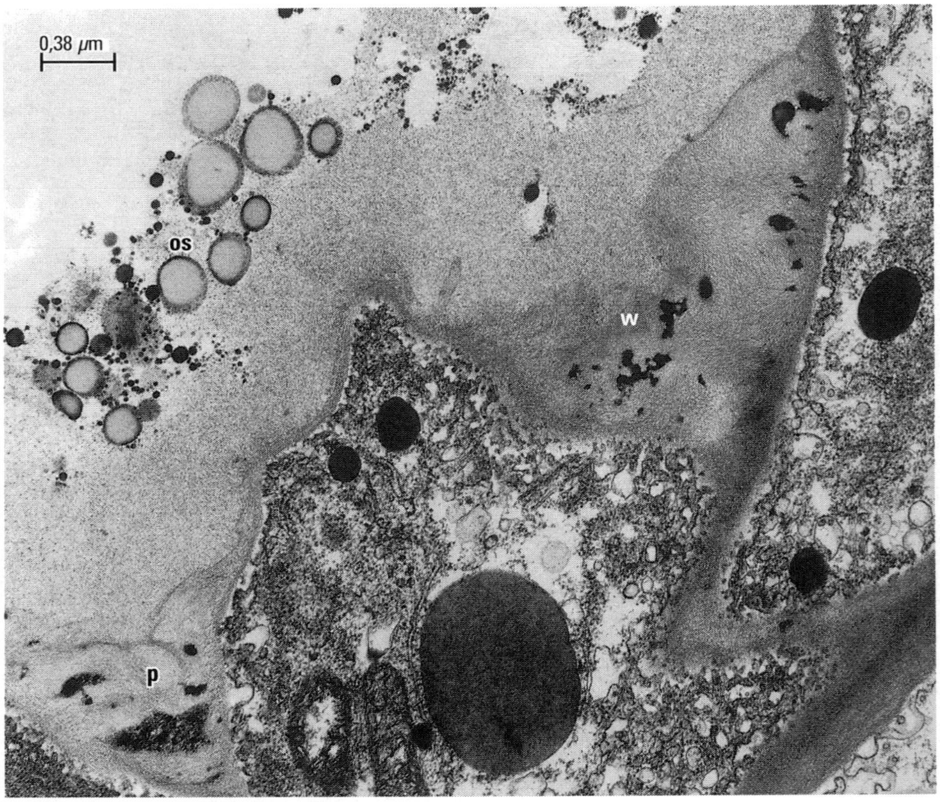

FIGURA 17.8

Secção transversal de célula epitelial após recente divisão em canal secretor maduro de *Rhus glabra*. As gotas osmiofílicas (os) tais como aquelas observadas nessas células são secretadas para o lúmen do canal. Concomitantemente, as camadas parietais (p) que faceiam o lúmen se desintegram e formam, juntamente com as gotas osmiofílicas secretadas, a goma-resina. (Fahn e Evert, 1974.)

tocôndrias e, em alguns casos, no envelope nucler (Fahn e Evert, 1974; Fahn, 1979, 1988b; Wu, H., e Hu, 1994; Castro e DeMagistris, 1999). A maioria dos pesquisadores aponta o método granulócrino de secreção de resina, seja por exocitose, seja por invaginações da membrana plasmática que circundam as gotículas de resina e as separam do protoplsto (Fahn, 1988a; Babu et al., 1990; Arumugasamy et al., 1993; Wu, H., e Hu, 1994). Eliminação écrina também pode ocorrer (Bhatt e Ram, 1992; Nair e Subrahmanyam, 1998). O complexo de Golgi claramente está envolvido com a síntese e secreção de goma polissacarídica que é depositada por exocitose como novas camadas de parede. A goma no lúmen dos canais se origina diretamente das camadas parietais mais externas (Fig. 17.8), enquanto ao mesmo tempo, novos materiais de parede são adicionados à superfície interna da parede celular (Fahn e Evert, 1974; Bhatt e Shah, 1985; Bhatt, 1987; Venkaiah, 1990, 1992). Em um estudo ultraestrutural quantitativo das células epiteliais dos canais secretores no floema primário de *Rhus toxicodendron*, Vassilyev (2000) concluiu que o retículo endoplasmático rugoso e o aparato de Golgi estão envolvidos na secreção de glicoproteínas por exocitose de grandes vesículas, e o retículo endoplasmático liso tubular é o principal responsável pela síntese e transporte intracelular de terpenos. Os peroxissomos estão supostamente envolvidos na regulação da síntese de terpenos. Os plastídios, aparentemente, não participam ativamente do processo secretor.

O desenvolvimento das cavidades secretoras parece ser esquizógeno

As cavidades secretoras ocorrem nas famílias Apocynaceae, Asclepiadaceae, Asteraceae, Euphorbiaceae, Fabaceae, Malvaceae, Myrtaceae, Rutaceae e Tiliaceae (Metcalfe e Chalk, 1979). Assim como para o desenvolvimento de canais, existem opiniões diferentes sobre o padrão de desenvolvimento das cavidades em alguns taxa. Exemplos primordiais são as cavidades secretoras (glândulas de óleo) em *Citrus*, que foram relatadas como esquizógenas por alguns autores, esquizolisígenas por outros ou ainda lisíginas pelos demais pesquisadores (Thomson et al., 1976; Fahn, 1979; Bosabilidis e Tsekos, 1982; Turner et al., 1998).

O conceito de desenvolvimento lisígeno para cavidades foi questionado por Turner e colaboradores (Turner et al., 1998; Turner, 1999). Durante o estudo do desenvolvimento das cavidades secretoras em *Citrus limon*, eles observaram que a aparência lisígena dessas cavidades é resultado de artefatos de fixação (Turner et al., 1998). Em fixadores aquosos, as células epiteliais sofrem rápido intumescimento destrutivo, fazendo com que as cavidades secretoras esquizógenas de limão pareçam lisígenas. Em um estudo anterior, Turner (1994) comparou cavidades ou canais montados à seco ou em meio úmido, de 10 espécies de plantas com sementes (uma espécie de *Cycas*, *Gingko*, *Sequoia*, *Hibiscus*, *Hypericum*, *Myoporum*, *Philodendron*, *Prunus* e duas espécies de *Eucalyptus*). Enquanto todos os espécimes montados em meio seco pareciam cavidades ou canais esquizógenos, intumescimento significante das células epiteliais foi observado nas montagens aquosas de sete espécies. Além disso, um intumescimento destrutivo rápido das células epiteliais foi evidente nas cavidades secretoras de *Myoporum*. A questão do desenvolvimento glandular lisígeno, em geral, merece reavaliação.

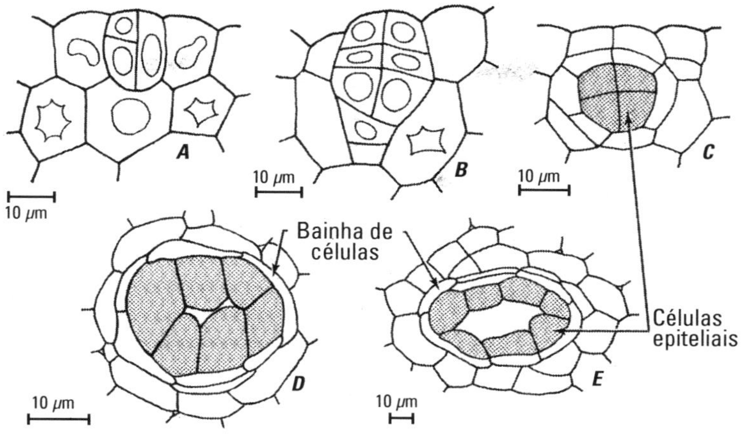

FIGURA 17.9

Desenvolvimento das glândulas de óleo epidérmicas no embrião de *Eucalyptus* em secções longitudinais (**A**-**C**) e transversais (**D**, **E**). **A**, **B**, dois estágios na divisão de uma inicial glandular e suas derivadas. **C**, após a finalização das divisões: as células secretoras (pontilhadas) são envoltas por uma bainha de células. **D**, formação esquizógena da cavidade entre células secretoras. **E**, glândula madura com células secretoras formando o epitélio ao redor da cavidade de óleo. (Fotomicrografias de D. J. Carr e G. M. Carr. 1970. *Australian Journal of Botany* 18, 191-212, com permissão de CSIRO Publishing, Melbourne, Austrália. © CSIRO.)

Durante o estudo do desenvolvimento das glândulas de óleo (cavidades) no embrião de *Eucalyptus* (Myrtaceae), Carr e Carr (1970) observaram que, ao contrário da literatura da época, o desenvolvimento das glândulas de óleo em *Eucalyptus* é inteiramente esquizógeno, e não esquizolisígeno (Fig. 17.9). A glândula surge por divisão de uma única célula epidérmica e se torna diferenciada em células epiteliais e células da bainha. Algumas células da bainha podem ser originadas por uma célula subepidérmica. A formação da cavidade de óleo como um espaço intercelular resulta da separação das células epiteliais. Não há reabsorção de células. Carr e Carr (1970) notaram que as células epiteliais maduras têm paredes muito delicadas e de difícil fixação, embebição e seccionamento sem que haja danos extensivos. Em preparações bem preservadas, todas as células da glândula de óleo, incluindo as células epiteliais, ainda estão presentes em cotilédones maduros e senescentes. Durante a senescência, todas as células da glândula de óleo, assim como aquelas das demais partes dos cotilédones, sofrem modificações degenerativas.

As cavidades de óleo esquizógenas em *Psoralea bituminosa* e *P. macrostachya* (Fabaceae), que aparecem como pontuações nas folhas, são atravessadas por muitas células alongadas. O desenvolvimento das cavidades começa com divisões anticlinais em grupos localizados de células protodérmicas (Turner, 1986). Essas células, então, se alongam (as células centrais se alongam mais) e formam uma protuberância hemisférica na superfície da folha (Fig. 17.10). Conforme o desenvolvimento progride, essas células alongadas, ou trabéculas, se separam umas das outras (esquizogenia) no centro da protuberância, mas permanecem ligadas entre si no ápice e na base. Durante a expansão foliar, a protuberância se aprofunda até que sua superfície externa fique nivelada com a superfície da folha. O resultado é uma cavidade secretora

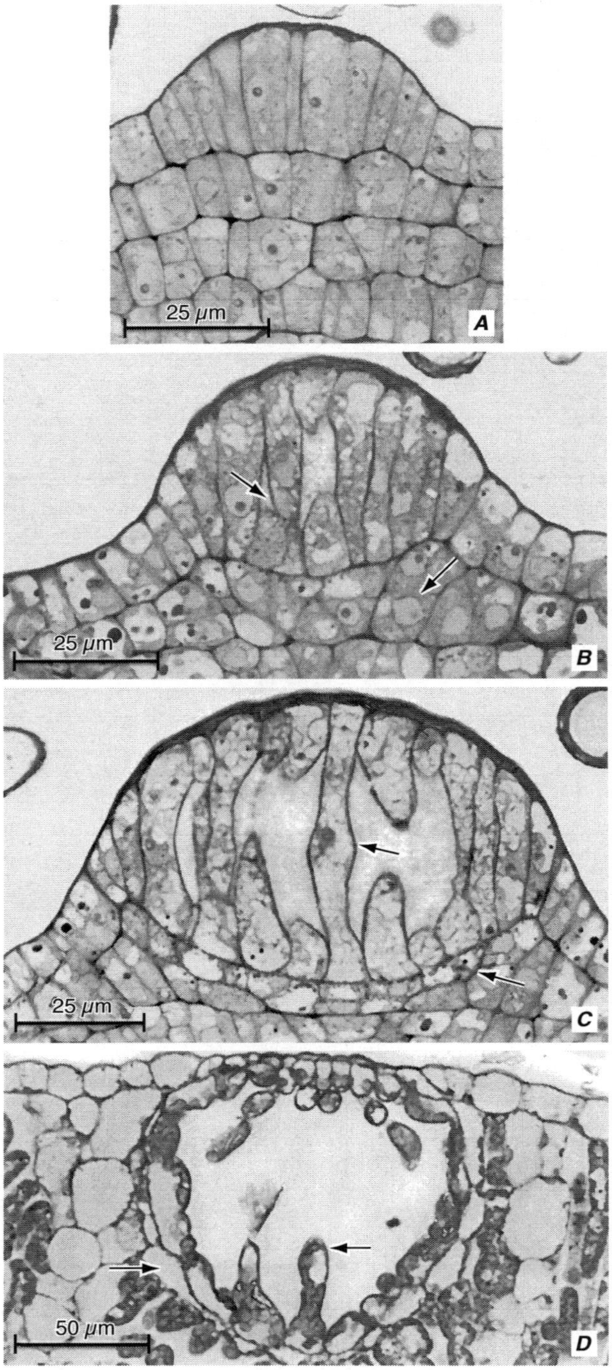

FIGURA 17.10

Estágios do desenvolvimento esquizógeno das cavidades secretoras trabeculares das folhas de *Psoralea macrostachya*. **A**, células protodérmicas em paliçada no estágio inicial do desenvolvimento. **B**, as células protodérmicas alongadas começam a se separar esquizogenamente (seta superior). Abaixo das trabéculas em desenvolvimento, as futuras células hipodérmicas (seta inferior) se dividiram recentemente. **C**, a separação das trabéculas (seta superior) continua a ocorrer e as células da camada hipodérmica (seta inferior) se expandem lateralmente. **D**, cavidade madura em secção transversal mostrando porções da trabécula (seta à direita) e bainha hipodérmica (seta à esquerda). (Turner, 1986).

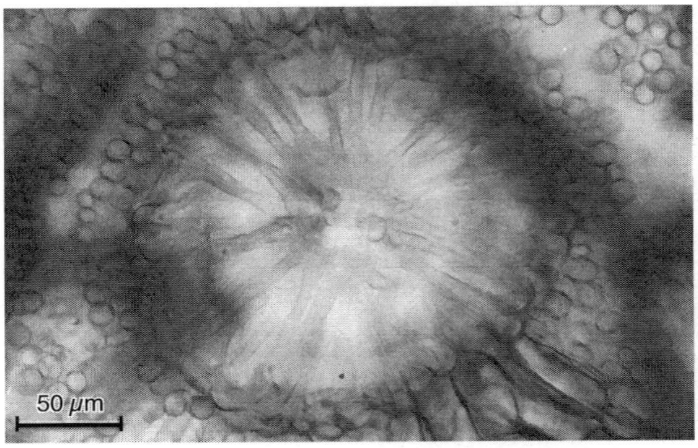

FIGURA 17.11

Uma cavidade trabecular madura em folha clarificada de *Psoralea macrostachya*. (Turner, 1986.)

delimitada por um epitélio de células modificadas (Fig. 17.11). Outro exemplo de cavidades de óleo de origem e composição epidérmica é encontrado em algumas espécies de *Polygonum* (Polygonaceae) (Curtis e Lersten, 1994).

Como mencionado anteriormente, espaços secretores esquizógenos são comuns em Asteraceae e a maioria foi descrita como canais. Lersten e Curtis (1987) salientam que tais descrições geralmente são baseadas somente em secções transversais, o que não é adequado para descrever os canais. Em *Solidago canadensis* os espaços secretores foliares têm início como discretas cavidades separadas umas das outras por células epiteliais. O alongamento dessas cavidades, acompanhado pelo estiramento e separação dos septos, dá uma falsa impressão de um canal longo na maturidade, em vez de uma série de cavidades tubulares (Lersten e Curtis, 1989).

Os canais e cavidades secretores podem surgir sob estímulo de injúria

Pode ser difícil distinguir canais e cavidades secretores resultantes do desenvolvimento normal daqueles originados sob estímulo gerado por injúria (ferimento, pressão mecânica, ataque de insetos ou microrganismos, distúrbios fisiológicos como estresse hídrico, fatores ambientais). Os canais e cavidades de resina, goma e goma-resina são frequentemente **formações traumáticas** no floema secundário (Fig. 17.12) e no xilema secundário (Fig. 11.13) de coníferas e angiospermas lenhosas. O desenvolvimento e o conteúdo dessas estruturas podem apresentam aspectos semelhantes aos dos tecidos normais (isto é, canais de resina verticais normais e traumáticos em *Pinus halepensis*; Fahn e Zamski, 1970). Em *Picea abies*, os canais de resina traumáticos formados em resposta a ferimentos e infecções fúngicas parecem exercem um papel importante no desenvolvimento e manutenção da maior resistência ao fungo patogênico *Ceratocystis polonica* (Christiansen et al., 1999).

Os canais traumáticos de goma-resina no xilema secundário de *Ailanthus excelsa* (Simaroubaceae) e os canais traumáticos de goma no floema secundário de *Moringa oleifera* (Moringaceae) são iniciados por autólise das células do parênquima axial (Babu et al., 1987; Subrahmanyam e Shah, 1988). O lúmen de ambos os canais é revestido por células epiteliais que finalmente sofrem autólise e liberam seus conteúdos para o interior do canal. Os canais traumáticos de goma formados no xilema secundário de *Sterculia urens* (Sterculiaceae) também resultam da degradação das células do xilema, mas seu lúmen irregular não apresenta células epiteliais distintas (Setia, 1984). Nos caules jovens de plantas de *Citrus* infectadas com o fungo *Phytophthora citrophthora* os canais de goma são iniciados esquizogenamente nas células-mães do xilema e as células que revestem o lúmen do canal diferenciam-se em células epiteliais (Gedalovich e Fahn, 1985a). Ao final da fase secretora, as paredes de muitas células epiteliais quebram e a goma ainda presente nas células é liberada para o interior do lúmen. Acredita-se que a produção de etileno pelo tecido infectado seja a causa direta da formação dos canais de goma (Gedalovich e Fahn, 1985b).

A secreção de goma como resultado de injúria é conhecida como **gomose**, e diferentes opiniões têm sido expressadas sobre a maneira pela qual a goma é produzida (Gedalovich e Fahn, 1985a; Hillis, 1987; Fahn, 1988b). Alguns investigadores atribuíram a formação da goma à decomposição da parede celular; outros concluíram que a goma é o produto das células secretoras que revestem o lúmen do canal.

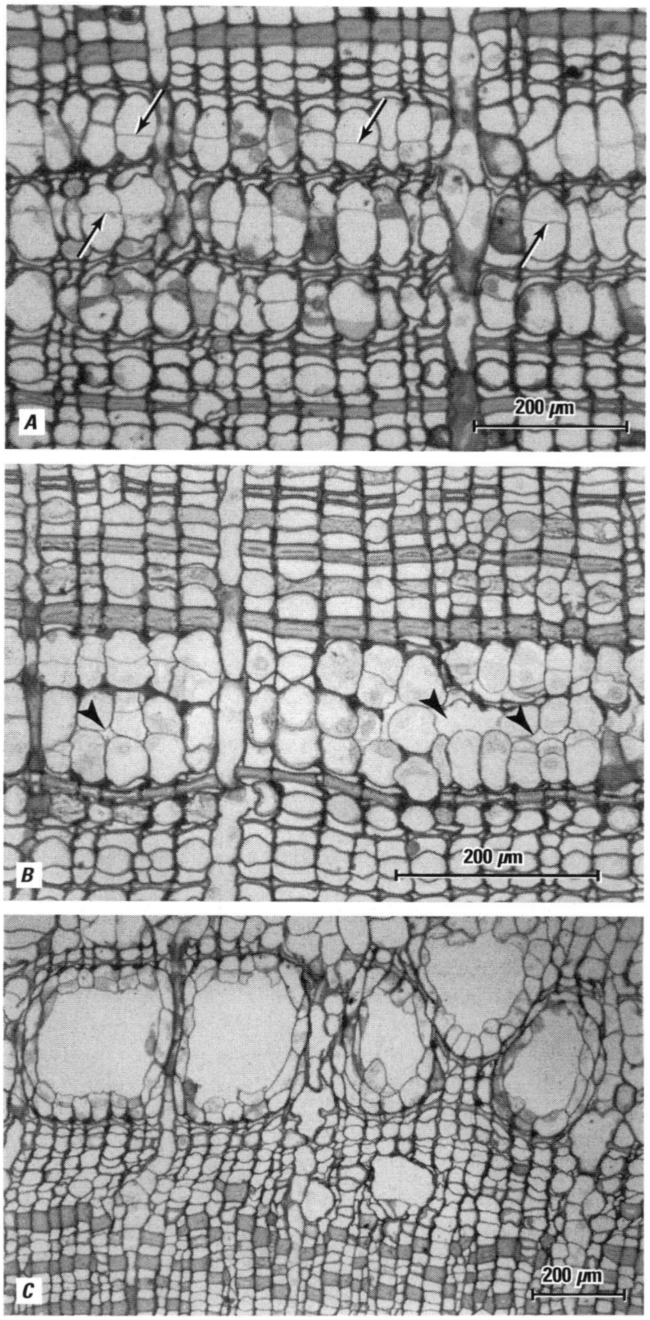

FIGURA 17.12

Canais traumáticos de resina no floema secundário de *Chamaecyparis obtusa*, em secção transversal. A formação dos canais foi induzida por ferimento mecânico. **A**, entre 7 a 9 dias após o ferimento, as células parenquimáticas axiais em expansão começam a se dividir periclinalmente; as setas apontam as paredes periclinais recém formadas. **B**, 15 dias após o ferimento, as células centrais começam a se separar esquizogenamente (pontas de seta), formando canais. **C**, canais traumáticos de resina no floema após 45 dias do ferimento. (Yamanaka, 1989.)

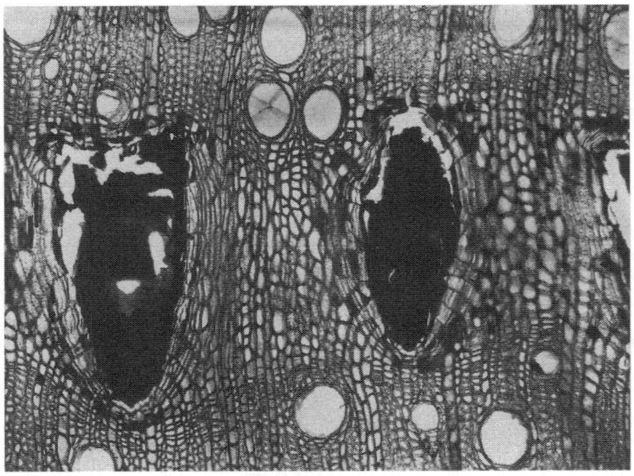

FIGURA 17.13

Kino veias maduras em secção transversal do lenho de *Eucalyptus*. (×43. Cortesia de Jugo Ilic, CSIRO, Austrália.)

As kino veias são um tipo especial de canais traumáticos

Qualquer discussão sobre canais traumáticos estaria incompleta sem a menção às **kino veias**, que se formam frequentemente no lenho do gênero *Eucalyptus* em resposta a ferimento ou infecção fúngica (Fig. 17.13; Hillis, 1987). As kino veias também ocorrem no floema secundário de alguns membros do subgênero *Symphyomyrtus* de *Eucalyptus* (Tippett, 1986). No xilema e no floema, as kino veias são iniciadas pela lise das faixas de parênquima produzidas pelo câmbio vascular. Embora referido como goma no passado, a **kino** contém polifenóis, alguns dos quais são taninos. Os polifenóis se acumulam no parênquima traumático e são liberados no futuro lúmen do canal quando as células do parênquima se rompem (secreção holócrina). As kino veias comumente formam uma rede tangencialmente anastomosada densa. No mesmo período em que a primeira kino está sendo liberada, as células do parênquima ao redor do lúmen do canal se dividem repetidamente e formam um "câmbio" periférico. As derivadas desse "câmbio" acumulam polifenóis. Elas finalmente também se rompem adicionando seu conteúdo ao kino já presente no lúmen do canal. No estágio final, o "câmbio" periférico produz diversas camadas de células suberizadas na forma de uma periderme típica (Skene, 1965). O etileno, de origem microbiana ou do hospedeiro, pode estimular a formação de kino veia após injúria (Wilkes et al., 1989).

LATICÍFEROS

Os **laticíferos** são células ou séries de células interligadas que contêm um fluido chamado **látex** (plural, **látices**) e formam sistemas que permeiam vários tecidos do corpo da planta. A palavra laticífero e sua forma adjetivada são derivadas da palavra látex, que significa suco em latim.

Embora as estruturas contendo látex sejam células isoladas ou séries de células conectadas, ambos os tipos frequentemente produzem sistemas complexos de estruturas em forma de tubo nos quais o reconhecimento dos limites das células individuais é altamente problemático. O termo laticífero, portanto, parece mais útil se aplicado tanto para uma célula isolada ou uma estrutura resultante da fusão de células. Um laticífero unicelular pode ser qualificado, com base na origem, como um **laticífero simples**, e a estrutura derivada da união de células, como um **laticífero composto**.

Os laticíferos variam muito em sua estrutura, da mesma forma como o látex varia em sua composição. O látex pode estar presente nas células comuns do parênquima – no pericarpo de *Decaisnea insignis* (Hu e Tien, 1973), na folha de *Solidago* (Bonner e Galston, 1947) – ou pode ser formado em sistemas de tubos ramificados (*Euphorbia*) ou anastomosados (*Hevea*). As células comuns do parênquima com látex e os sistemas laticíferos elaborados apresentam uma variação gradual entre si com tipos intermediários de estruturas que apresentam vários graus de especialização morfológica. Os idioblastos com látex (*Jatropha*, Dehgan e Craig, 1978) também intergradam com certos idioblastos que contêm taninos, mucilagem, proteínas e outros compostos. A situação é complicada ainda mais pela ocorrência de tubos taníferos (Myristicaceae, Fujii, 1988) e canais esquizógenos (Kisser, 1958) e lisígenos (*Mammilaria*, Wittler e Mauseth, 1984a, b) contendo látex. Assim, laticíferos não podem ser precisamente delimitados.

As plantas que contêm látex incluem cerca de 12.500 espécies em 900 gêneros. As plantas em questão incluem mais de 22 famílias, a maioria eudicotiledôneas e poucas monocotiledôneas (Metcalfe, 1983). Os laticíferos também ocorrem na gimnosperma *Gnetum* (Behnke e Herrmann, 1978; Carlquist, 1996; Tomlinson, 2003; Tomlinson e Fisher, 2005) e na pteridófita *Regnellidium* (Labouriau, 1952). As plantas que contêm látex variam de pequenas herbáceas anuais (*Euphorbia*) a gran-

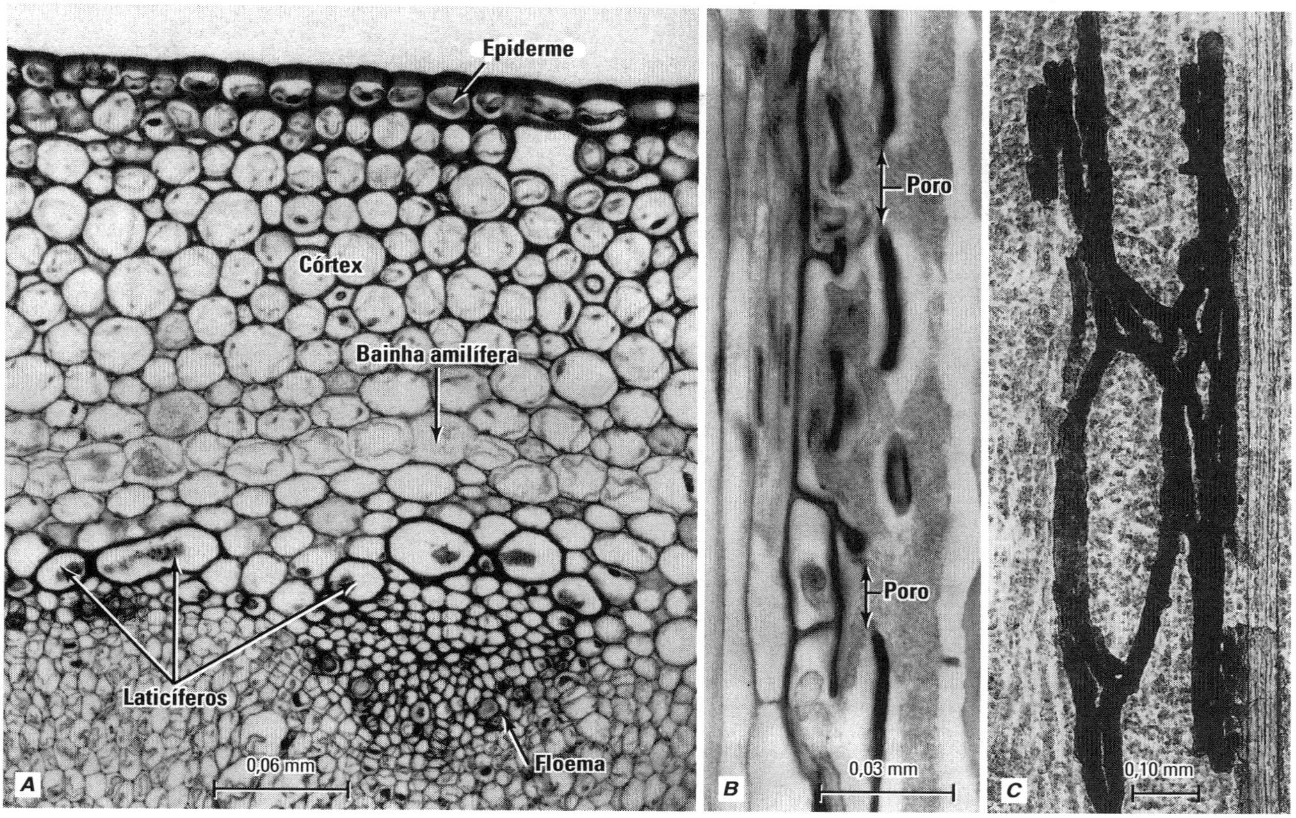

FIGURA 17.14

Laticíferos anastomosados articulados em *Lactuca scariola*. **A**, secção transversal do caule. Os laticíferos estão externos ao floema. **B**, **C**, aspectos longitudinais dos laticíferos em tecido parcialmente macerado (**B**) e secção (**C**) do caule. Podem ser observadas perfurações nas paredes dos laticíferos em **B**. (**C**, de Esau, 1977.)

des árvores como a seringueira (*Hevea*). As plantas portadoras de látex ocorrem em todas as partes do mundo, porém os tipos arborescentes são mais comuns na flora tropical.

Com base na sua estrutura, os laticíferos são agrupados em duas classes principais: articulados e não articulados

Os **laticíferos articulados** (isto é, laticíferos interligados) são compostos quanto à origem e consistem de cadeias longitudinais de células em que as paredes que separam as células individuais ou permanecem intactas, tornam-se perfuradas ou são completamente removidas (Fig. 17.14). A perfuração ou reabsorção das paredes transversais origina laticíferos em forma de tubos e, quanto sua origem, assemelham-se aos vasos do xilema. Os laticíferos articulados podem se originar tanto no corpo primário e secundário das plantas. Os **laticíferos não articulados** se originam a partir de células individuais que, por meio de crescimento contínuo, se desenvolvem em estruturas semelhantes a tubos, frequentemente muito ramificados, mas normalmente eles não sofrem fusões com outras células semelhantes (Fig. 17.15). Eles são simples quanto à origem, e geralmente surgem no corpo primário da planta.

Ambos os laticíferos, articulados e não articulados, variam no grau de complexidade de sua estrutura. Alguns dos laticíferos articulados consistem de cadeias longas de células ou tubos compostos não ligados entre si lateralmente; outros formam anastomoses laterais com cadeias de células semelhantes ou tubos, todos unidos em uma estrutura em rede ou retículo. As duas formas de laticíferos são denominadas **laticíferos articulados não anastomosados** e **laticíferos articulados anastomosados**, respectivamente.

Os laticíferos não articulados também variam no grau de complexidade de sua estrutura. Alguns se desenvolvem em tubos longos, mais ou menos

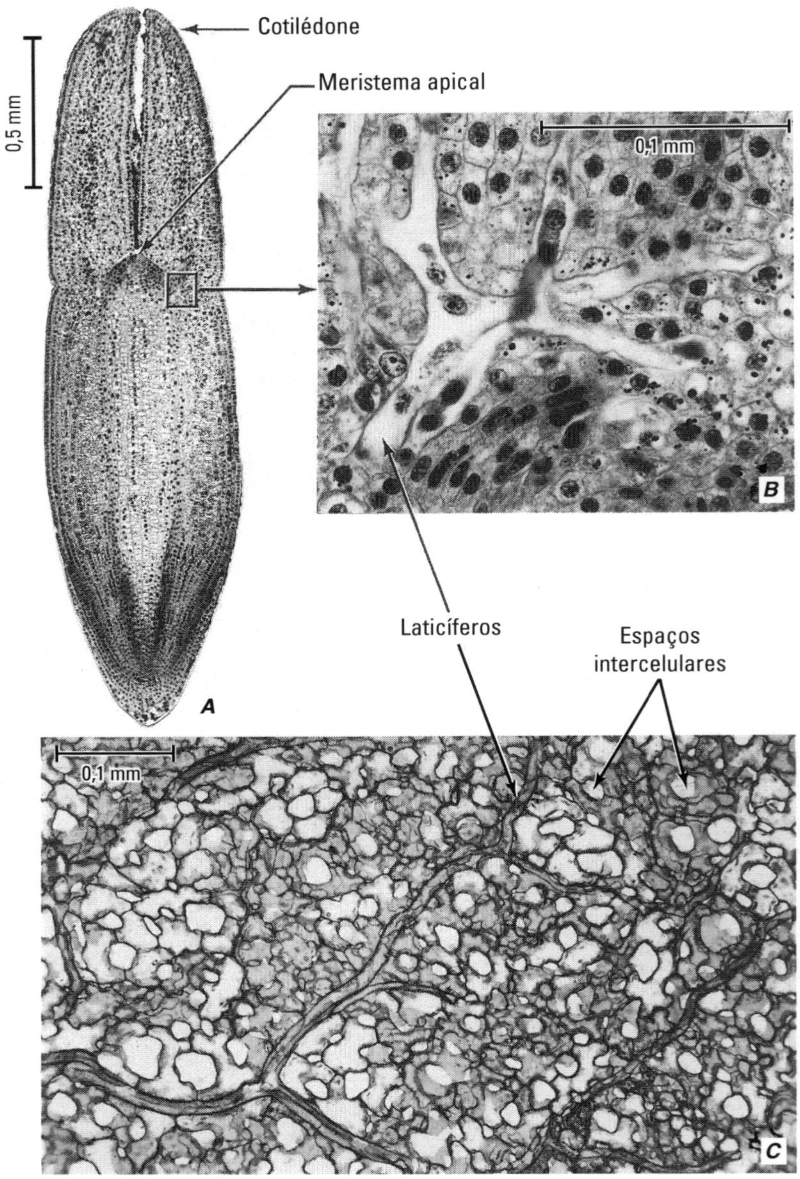

FIGURA 17.15

Laticíferos ramificados não articulados de *Euphorbia* sp. **A**, embrião. O retângulo indica o local de origem dos laticíferos. **B**, secção dos laticíferos mostrando a condição multinucleada. **C**, secção paradérmica de uma folha mostrando laticíferos se ramificando no parênquima esponjoso. (Esau, 1977; **A**, **B**, cortesia de K. C. Baker.)

retos, enquanto outros ramificam repetidamente, cada célula assim formando um sistema imenso de tubos. Os nomes apropriados para essas duas formas de laticíferos são: **laticíferos não articulados não ramificados** e **laticíferos não articulados ramificados**, respectivamente. Os últimos incluem as mais longas das células vegetais.

A lista dos vários tipos de laticíferos na Tabela 17.1 mostra que o tipo de elemento laticífero não é constante em uma determinada família. Nas Euphorbiaceae, por exemplo, *Euphorbia* tem laticíferos não articulados, enquanto *Hevea* possui laticíferos articulados. As folhas da maioria das espécies de *Jatropha* (também uma Euphorbiaceae) contêm laticíferos articulados e não articulados, além de idioblastos, que contêm látex que são intermediários com os laticíferos (Dehgan e Craig, 1978). Em *Hevea*, *Manihot* e *Cnidoscolus* os laticíferos articulados nas folhas formam ramos que crescem de modo intrusivo e se ramificam por todo o meso-

TABELA 17.1 Exemplos dos vários tipos de laticíferos por família e gênero

Anastomosado articulado
Asteraceae, tribo Cichorieae (*Cichorium, Lactuca, Scorzonera, Sonchus, Taraxacum, Tragopogon*)
Campanulaceae, as Lobelioideae
Caricaceae (*Carica papaya*)
Paraveraceae (*Argemone, Papaver*)
Euphorbiaceae (*Hevea, Manihot*)
Araceae, as Colocasioideae

Não anastomosado articulado
Convolvulaceae (*Convolvulus, Dichondra, Ipomoea*)
Papaveraceae (*Chelidonium*)
Sapotaceae (*Achras sapota, Manilkara zapota*)
Araceae, as Calloideae, Aroideae, Lasioideae, Philodendroideae
Liliaceae (*Allium*)
Musaceae (*Musa*)

Ramificado não articulado
Euphorbiaceae (*Euphorbia*)
Asclepiadaceae (*Asclepias, Cryptostegia*)
Apocynaceae (*Nerium oleander, Allamanda violaceae*)
Moraceae (*Ficus, Broussonetia, Maclura, Morus*)
Cyclanthaceae (*Cyclanthus bipartitus*)

Não ramificado não articulado
Apocynaceae (*Vinca*)
Urticaceae (*Urtica*)
Cannabaceae (*Humulus, Cannabis*)

filo (Rudall, 1987). Esses ramos não possuem septos e virtualmente não é possível distingui-los dos laticíferos não articulados em *Euphorbia*. Ramos igualmente ramificados também ocorrem na medula e no córtex dos caules.

Estudos sistemáticos comparativos de laticíferos são escassos, e o possível significado filogenético das variações no grau de sua especialização ainda é obscuro. Uma pesquisa sistemática da ocorrência de laticíferos articulados, anastomosados em folhas e inflorescências de 75 gêneros de Araceae, a maior família de monocotiledôneas laticíferas, afirmou a importância da morfologia dos laticíferos na sistemática desta família (French, 1988). Os laticíferos anastomosados são limitados à subfamília Colocasioideae e a *Zomicarpa* (Aroideae). As características químicas dos laticíferos, além das morfológicas, são de aplicação potencial como um auxílio na delimitação dos taxa e na interpretação de tendências evolutivas (Mahlberg et al., 1987; Fox e French, 1988). Presume-se, no geral, que laticíferos articulados e não articulados tenham evoluído independentemente um do outro e representem origens polifiléticas dentro das plantas vasculares. No entanto, à medida em que ambos os tipos de laticíferos podem sofrer crescimento intrusivo, como indicado aqui, eles não podem ser tão divergentes como comumente se acredita (Rudall, 1987). Embora os laticíferos sejam considerados recentemente como tipos celulares evoluídos, os registros fósseis indicam que formas não articuladas já estavam presentes em uma planta arborescente do Eoceno (Mahlberg et al., 1984).

O látex varia no aspecto e na composição

O termo látex se refere ao fluído que pode ser extraído de um laticífero. O látex pode ser transparente (*Morus*, *Humulus*, *Nerium oleander*, a maioria das Araceae) ou leitoso (*Asclepia*, *Euphorbia*, *Ficus*, *Lactuca*). Apresenta cor marrom-amarelada em *Cannabis* e amarela ou laranja nas Papaveraceae. O látex contém várias substâncias em solução e suspensão coloidal: carboidratos, ácidos orgânicos, sais, esteróis, gorduras e mucilagens. Entre os componentes mais comuns do látex estão os terpenoides, sendo a borracha (*cis*-1,4-poli-isopreno) um dos seus representantes mais conhecidos. A borracha se origina como partículas no citosol (Coyvaerts et al., 1991; Bouteau et al. 1999), enquanto outras partículas contendo terpenoides se originam em pequenas vesículas. À medida em que os laticíferos se aproximam da maturidade, as várias partículas são liberadas para o interior de um grande vacúolo central (d'Auzac et al., 1982). Muitas outras substâncias são encontradas nos látices, tais como glicosídeos cardíacos (em representantes de Apocynales), alcaloides (morfina, codeína e papaverina na papoula, *Papaver somniferum*), canabinoides (*Cannabis sativa*), açúcar (em representantes de Asteraceae), grandes quantidades de proteínas (*Ficus callosa*) e taninos (*Musa*, Aroideae). Cristais de oxalato e malato podem ser abundantes no látex. Grãos de amido ocorrem em laticíferos de alguns gêneros de Euphorbiaceae (Biesboer e Mahlberg, 1981a; Mahlberg, 1982; Rudall, 1987; Mahlberg e Assi, 2002) e naqueles de *Thevetia peruviana* (Apocynaceae, Kumar e Tandon, 1990). Os grãos de amido em *Thevetia* são osteoides (forma de osso), enquanto

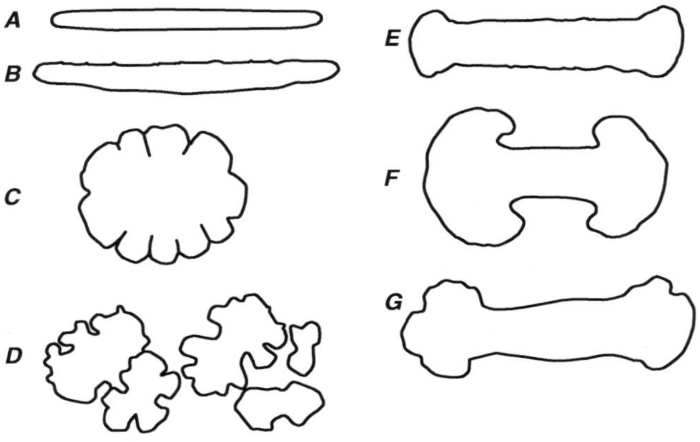

FIGURA 17.16

Formatos dos grãos de amido em laticíferos não articulados de Euphorbiaceae. **A**, grão em forma de bastonete de *Euphorbia lathuris*. **B**, grão fusiforme de *E. myrsinites*. **C**, **D**, grãos discoides de *E. lactea*. **E**, grão em formato de osso de *E. heterophylla*. **F**, **G**, grãos em formato de osso de *E. pseudocactus* e *Pedilanthus tithymaloides*, respectivamente. (Obtidos das fotografias de Biesboer e Mahlberg, 1981b).

em Euphorbiaceae assumem várias formas – bastão, fuso, osso, discos e formas intermediárias – e podem se tornar muito grandes (Fig. 17.16). Grãos de amido pequenos foram observados nos plastídios de laticíferos em diferenciação de *Allamanda violacea* (Apocynaceae; Inamdar et al., 1988). Assim, os látices contêm uma ampla gama de metabólitos secundários, nenhum dos quais é mobilizável ou capaz de voltar a participar do metabolismo da célula. Além disso, nunca foi observada a mobilização do amido do látex (Nissen e Foley, 1986; Spilatro e Mahlberg, 1986).

No látex há uma variedade de enzimas , incluindo a enzima proteolítica papaína em *Carica papaya* e hidrolases lisossomais como fosfatase ácida, RNAase ácida, e protease ácida em *Asclepias curassavica* (Giordani et al., 1982). Foi detectada atividade da celulase e da pectinase no látex dos laticíferos articulados de *Lactuca sativa* (Giordani et al., 1987). Em outros estudos, no entanto, a atividade da celulase foi encontrada exclusivamente no látex de laticíferos articulados (*Carica papaya*, *Musa textilis*, *Achras sapota* e varias espécies de *Hevea*; Sheldrake, 1969; Sheldrake e Moir, 1970) e atividade da pectinase em látex de laticíferos não articulados (*Asclepias syriaca*, Wilson et al., 1976; *Nerium oleander*, Allen e Nessler, 1984). Esses resultados levaram à sugestão de que a celulase está relacionada com a remoção das paredes terminais durante a diferenciação dos laticíferos articulados, e a pectinase com o crescimento intrusivo dos laticíferos não articulados (Sheldrake, 1969; Sheldrake e Moir, 1970; Wilson et al., 1976; Allen e Nessler, 1984).

Os laticíferos frequentemente abrigam bactérias e tripanossomatídeos flagelados do gênero *Phytomonas*. Os laticíferos de plantas de *Chamaesyce thymifolia* aparentemente saudáveis abrigam ambos os tipos de organismos (Da Cunha et al., 1998; 2000). Uma bactéria obrigatória do laticífero (um parente de *Rickettsia*) foi encontrada em associação com uma doença de papaia (*papaya bunchy top - PBT*), uma das principais doenças de *Carica papaya* na América tropical, a qual durante muito tempo foi considerada ser causada por um fitoplasma (Davis et al., 1998a, b). Caso seja comprovado que esta é a causa do PBT, isso representaria o primeiro exemplo de um patógeno de plantas habitando laticífero. Parasitas tripanossômicos de laticíferos de *Euphorbia pinea* são transmitidos pelo "bicho da abóbora" (*Stenocephaens agilis*) e têm sido cultivados com sucesso *in vitro* em meio líquido. Nem todas as tentativas de cultivo de flagelados tripanossômicos que habitam laticíferos têm sido bem-sucedidas. A associação de *Phytomonas staheli* residente de laticífero com doenças dos coqueiros e dendezeiros foi claramente estabelecida (Parthasarathy et al., 1976; Doller et al., 1977), mas a patogenicidade desse organismo ainda não foi provada.

O conteúdo dos laticíferos está sob considerável turgor (Tibbitts et al., 1985; Milburn e Ranasinghe, 1996). Assim, se um laticífero é cortado, um gradiente de turgor é estabelecido e o látex flui em direção a extremidade aberta (Bonner e Galston, 1947). Esse fluxo afinal cessa, e subsequentemente, o turgor é restaurado. O fluxo do látex do laticífero cortado é semelhante à exudação da seiva do tubo crivado quando um tubo crivado é cortado (Capítulo 13). Em ambos os casos esse fenômeno contribui para a dificuldade na obtenção de preservação do protoplasto maduro (Condon e Fineran, 1989a).

Os laticíferos articulados e não articulados aparentemente diferem citologicamente uns dos outros

Inicialmente, os laticíferos articulados e não articulados exibem núcleo proeminente e citoplasma denso rico em ribossomos, retículo endoplasmático rugoso, corpos de Golgi e plastídios. A diferenciação dos laticíferos não articulados é acompanhada por divisões nucleares que resultam em uma condição cenocítica (Stockstill e Nessler, 1986; Murugan e Inamdar, 1987; Roy e De, 1992; Balaji et al., 1993). Os laticíferos articulados, nos quais as séries de células se uniram pela dissolução de suas paredes comuns, comumente são caracterizados como multinucleados, porém a chamada condição multinucleada nesses laticíferos não é o resultado de multiplicação do núcleo, mas sim da fusão de seus protoplastos.

À medida que o desenvolvimento avança, numerosas vesículas, frequentemente denominadas vacúolos pequenos, aparecem em ambos os tipos de laticíferos (Fig. 17.17). Aparentemente originadas do retículo endoplasmático, elas contêm uma variedade de substâncias – algumas contêm partículas de látex, outras alcaloides, papaína – dependendo da espécie. Muitas são vesículas lisossomais envolvidas com a degeneração gradual da maioria, ou de todas as organelas citoplasmáticas por processos autofágicos. As vesículas lisossomais, ou microvacúolos, no látex de *Hevea* são geralmente referidas como **lutoides** (Wu, J. -L., e Hao, 1990; d'Auzac et al., 1995). Conforme a autofagia continua, os componentes citoplasmáticos remanescentes assumem distribuição periférica, resultando na formação de um grande vacúolo central preenchido com uma variedade de substâncias.

A extensão da degeneração dos componentes citoplasmáticos difere entre laticíferos articulados e não articulados, embora essa variação aparentemente exista entre laticíferos não articulados. A maioria dos laticíferos não articulados maduros possui um grande vacúolo central, sendo observada a presença de membrana plasmática e tonoplasto nos laticíferos de *Nelumbo nucifera* (Esau e Kosakai, 1975), *Asclepias syriaca* (Wilson e Mahlberg, 1980), *Euphorbia pulcherrima* (Fig. 17.17D; Fineran, 1982, 1983) e *Nerium oleander* (Stockstill e Nessler, 1986). Nesses laticíferos a matriz líquida do látex pode ser considerada o suco celular do laticífero. Somente em *Chamaesyce thymifolia* foram relatados laticíferos não articulados sem um tonoplasto quando "completamente diferenciados" (Da Cunha et al., 1998). Embora em número reduzido, algumas organelas e núcleos aparentemente persistem nas porções maduras dos laticíferos não articulados. Os núcleos persistentes em *Euphorbia pulcherrima* foram descritos como degenerados (Fineran, 1983). Em *Nerium oleander* o protoplasto maduro é descrito como contendo núcleos de aspecto normal e o "complemento usual de organelas" (Stochstill e Nessler, 1986). Em contraste, em *Chamaesyce thymifolia* foi relatada a degeneração total dos núcleos e organelas (Da Cunha et al., 1998). É perfeitamente possível que alguma da variação citológica relatada para laticíferos não articulados seja um reflexo do grau de preservação de seus protoplastos.

Os relatos sobre a diferenciação de laticíferos articulados são bastante uniformes. A autofagia resulta em total eliminação dos núcleos e organelas celulares. Conforme os laticíferos articulados atingem a maturidade o tonoplasto desaparece e o lúmen das células se torna preenchido com vesículas e partículas de látex (Fig. 17.18; Condon e Fineran, 1989a, b; Griffing e Nessler, 1989). Somente a membrana plasmática permanece intacta e funcional (Zhang et al., 1983; Alva et al., 1990; Zeng et al., 1994).

A maioria dos laticíferos apresenta paredes primárias não lignificadas de espessura variável. A lignificação das paredes dos laticíferos foi registrada por alguns pesquisadores (Dressler, 1957; Carlquist, 1996). Em umas poucas espécies os laticíferos desenvolvem paredes muito grossas (nos caules de *Euphorbia abdelkuri*, Rudall, 1987) consideradas por alguns pesquisadores como secundárias (Solereder, 1908). Em *Codiaeum variegatum* os laticíferos em folhas jovens se transformam em esclereídes nas folhas velhas (Rao e Tewari, 1960) e A. R. Rao e Malaviya (1964) sugeriram que as esclereídes nas folhas de muitas Euphorbiaceae podem ser laticíferos esclerificados. Rudall (1994), observando que as folhas de muitos gêneros de euforbiáceas não possuem laticíferos, mas possuem esclereídes altamente ramificadas com estrutura e distribuição semelhantes a dos laticíferos, sugeriu que, em algumas ocasiões, essas esclereídes podem ser homólogas aos laticíferos. As paredes dos laticíferos articulados nas Convolvulaceae são suberizadas, isto é, contêm lamelas de suberina (Fineran et al., 1988). Muito raramente, foram observados plasmodesmos nas paredes comuns entre laticíferos e outros tipos de células.

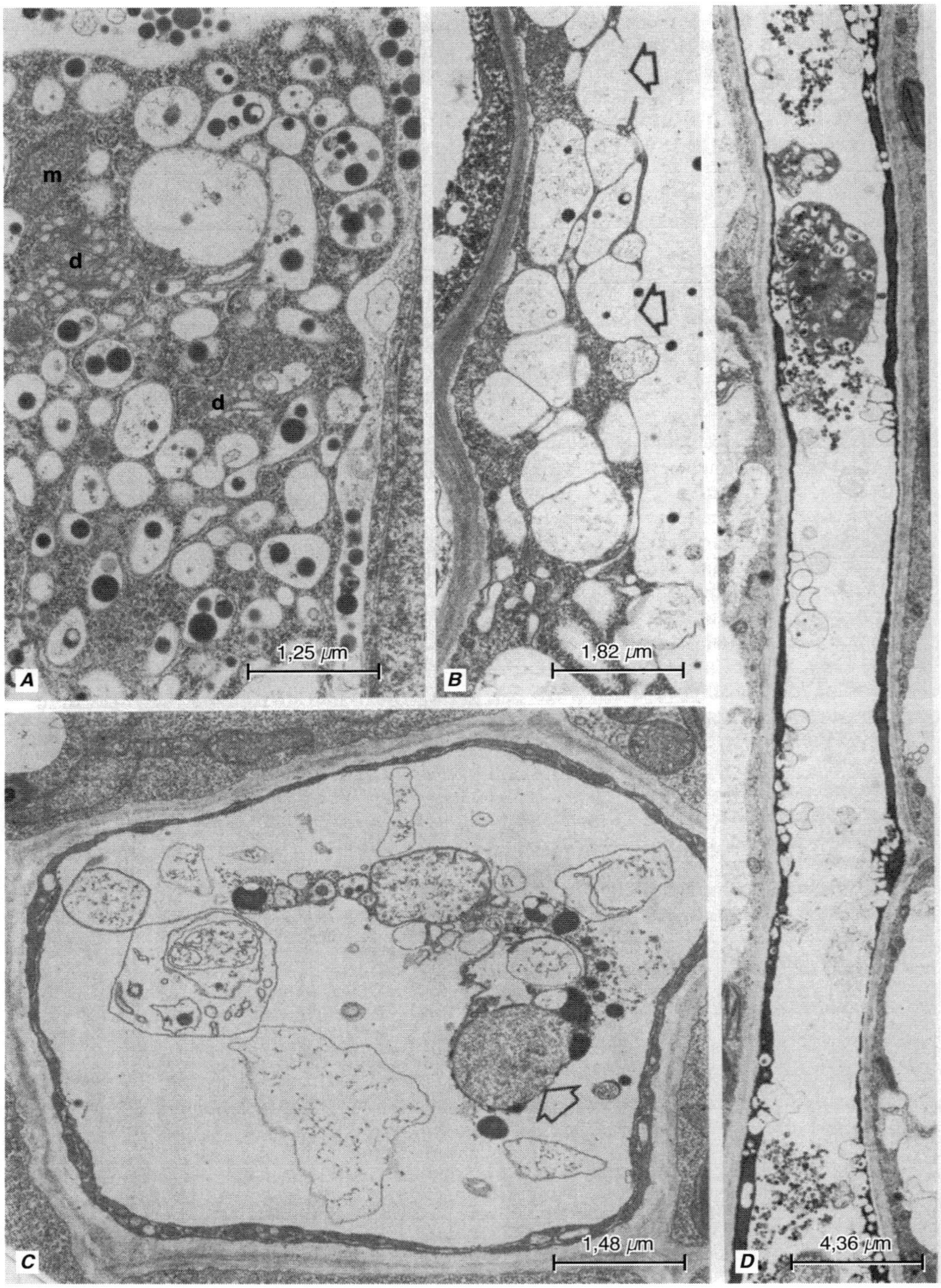

FIGURA 17.17

Estágios tardios do desenvolvimento dos laticíferos não articulados de *Euphorbia pulcherrima*. **A**, massa citoplasmática isolada no vacúolo central. Numerosas partículas de látex ocorrem em pequemos vacúolos e no vacúolo central (acima à direita). Mitocôndria (m), dictiossomos (d) ou corpos de Golgi e ribossomos também estão presentes no citoplasma. **B**, porção do citoplasma periférico adjacente ao vacúolo central em um laticífero próximo da maturidade. Alguns pequenos vacúolos periféricos se fundiram ao vacúolo central (setas) e liberaram suas partículas de látex. **C**, secção transversal de um laticífero próximo ao estágio final da diferenciação, com restos citoplasmáticos em degeneração, incluindo um núcleo (seta) no grande vacúolo central. **D**, secção longitudinal de região madura de um laticífero. O vacúolo central contínuo contém agrupamentos de partículas de látex e restos do citoplasma em degeneração. O citoplasma periférico do laticífero é mais elétron-denso que o citoplasma das células parenquimáticas adjacentes. (Fineran, 1983, com permissão de Oxford University Press.)

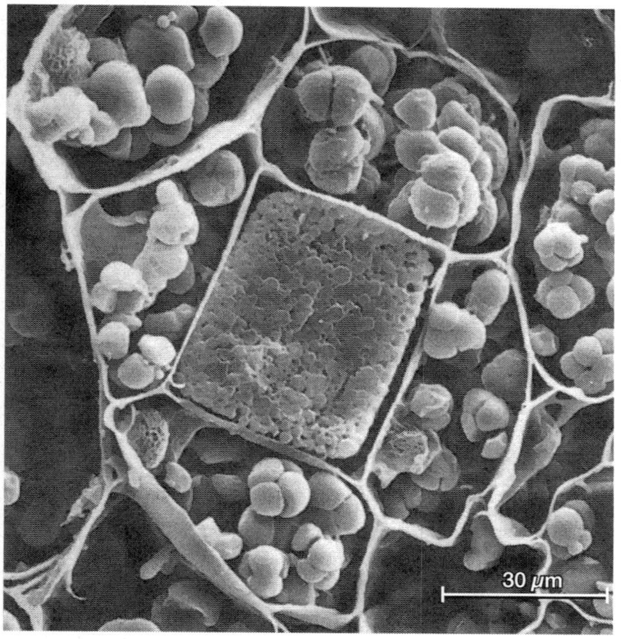

FIGURA 17.18

Eletronmicrografia de varredura de um laticífero articulado maduro no córtex do rizoma de *Calystegia silvatica* (Convolvulaceae). O laticífero túrgido está repleto de partículas esféricas de látex. Amiloplastos abundantes são observados nas células parenquimáticas vizinhas. (Condon e Fineran, 1989b. © 1989 por The University of Chicago. Todos os direitos reservados.)

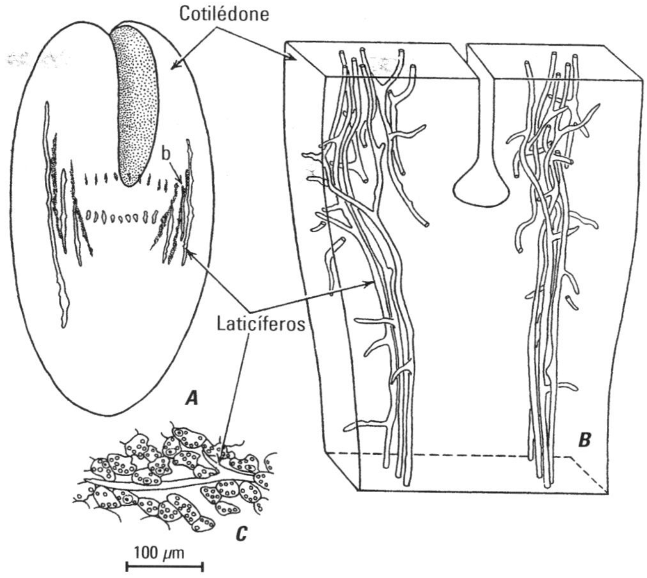

FIGURA 17.19

Laticíferos não articulados de *Nerium oleander*. **A**, embrião imaturo com 550 μm de comprimento. Laticíferos jovens nos nós cotiledonares. Eles ocorrem na periferia da região vascular. Início da ramificação do laticífero em b. **B**, secção com 75 μm de largura de embrião maduro com 5 mm de comprimento. Os laticíferos se estendem do nó para os cotilédones e hipocótilo. Ramificações curtas se estendem para o mesofilo dos cotilédones e para o córtex do hipocótilo. **C**, ramificação de laticífero em mesofilo proliferado de embrião. Ele se estende através dos espaços intercelulares. (**A**, **B**, conforme Mahlberg, 1961; **C**, fotografia em Mahlberg, 1959.)

Os laticíferos estão amplamente distribuídos no corpo da planta, refletindo seu modo de desenvolvimento

Laticíferos não articulados

Os laticíferos não articulados ramificados das Euphorbiaceae, Asclepiadaceae, Apocynaceae e Moraceae se originam durante o desenvolvimento do embrião na forma de relativamente poucos primórdios, ou iniciais, crescendo concomitantemente com a planta em sistemas ramificados permeando o corpo da planta inteira (Fig. 17.15) (Mahlberg, 1961, 1963; Cass, 1985; Murugan e Inamdar, 1987; Rudall, 1987, 1994; van Veenendaal e den Outer, 1990; Roy e De, 1992; Da Cunha et al., 1998). As iniciais do laticífero aparecem no embrião à medida que os cotilédones são iniciados, e estão localizados no plano do embrião que mais tarde representa o nó cotiledonar. Em algumas espécies, as iniciais se originam na região externa do futuro cilindro vascular (isto é, do procâmbio que irá se desenvolver em protofloema); em outras, eles se originam fora do futuro cilindro vascular. Em ambos os casos, as iniciais do laticífero são intimamente associadas espacialmente com o floema. O número de iniciais varia entre e dentro das espécies. Em algumas espécies de *Euphorbia*, foram reconhecidas somente 4 iniciais; em outras, 8 e 12; e ainda em outras, muitas iniciais distribuídas em arcos ou em um círculo completo. Cinco a 7 iniciais ocorrem em *Jatropha dioica* (Cass, 1985). Oito iniciais foram reconhecidas em *Morus nigra* (Moraceae, van Veenendaal e den Outer, 1990). Em *Nerium oleander* (Apocynaceae) geralmente estão presentes 28 iniciais de laticíferos (Fig. 17.19; Mahlberg, 1961). As iniciais formam protrusões em várias direções, e os ápices dessas protrusões abrem seu caminho intercelular entre as células vizinhas por crescimento intrusivo, de maneira semelhante ao crescimento de hifa dos fungos. Geralmente, as iniciais dos laticíferos penetram para baixo na raiz e para cima nos cotilédones e em direção ao ápice caulinar. Ramos adicionais penetram rapidamente o córtex, estendendo-se até a camada subepidérmica; outros penetram a medula.

Quando a semente está madura, o embrião tem um sistema de tubos arranjados de maneira característica. Em *Euphorbia*, por exemplo, um conjunto de tubos se estende do nó cotiledonar para baixo, seguindo a periferia do cilindro vascular do hipocótilo. Um outro conjunto passa para dentro do córtex, geralmente perto de sua periferia. Os dois conjuntos de tubos terminam perto do meristema radicular na base do eixo hipocotiledonar. Um terceiro conjunto prolonga para o interior dos cotilédones onde os tubos se ramificam, às vezes, profusamente. Um quarto conjunto de tubos se estende para dentro e para cima das iniciais nodais em direção ao ápice caulinar do epicótilo onde os tubos formam uma rede em forma de anel. As terminações dessa rede atingem a terceira ou quarta camadas abaixo da superfície do meristema apical. Assim, existem terminações dos laticíferos nas imediações de ambos os meristemas apicais. Poucos ramos, se houver, penetram em direção ao centro da futura medula do embrião de *Euphorbia*.

Quando uma semente germina e o embrião se desenvolve em uma planta, os laticíferos acompanham o ritmo desse crescimento pela contínua penetração dos tecidos meristemáticos formados pelos meristemas apicais. Quando as gemas axilares ou raízes laterais se formam, eles também são penetrados pelos ápices dos laticíferos que crescem intrusivamente. Nas regiões nodais, os laticíferos entram nas folhas e medula via lacuna do traço foliar. Uma vez que os ápices dos laticíferos penetram os tecidos próximos aos meristemas apicais, as porções do tubo abaixo dos ápices ocorrem por um tempo nos tecidos em crescimento e se estendem em uníssono com eles. Assim, os laticíferos alongam pelos seus ápices via crescimento intrusivo e se estendem subsequentemente com os tecidos circundantes por meio de crescimento coordenado (Lee e Mahlberg, 1999).

Nas folhas, os laticíferos não articulados se ramificam por todo o mesofilo, mas tendem a seguir o curso das nervuras. Em algumas espécies os laticíferos se estendem diretamente para a epiderme, frequentemente crescendo por entre as células epidérmicas (*Baloghia lucida*, *Codiaeum variegatum*; Fig. 17.20A), ou no interior das bases dos tricomas (*Croton* spp; Fig. 17.20B) (Rudall, 1987, 1994).

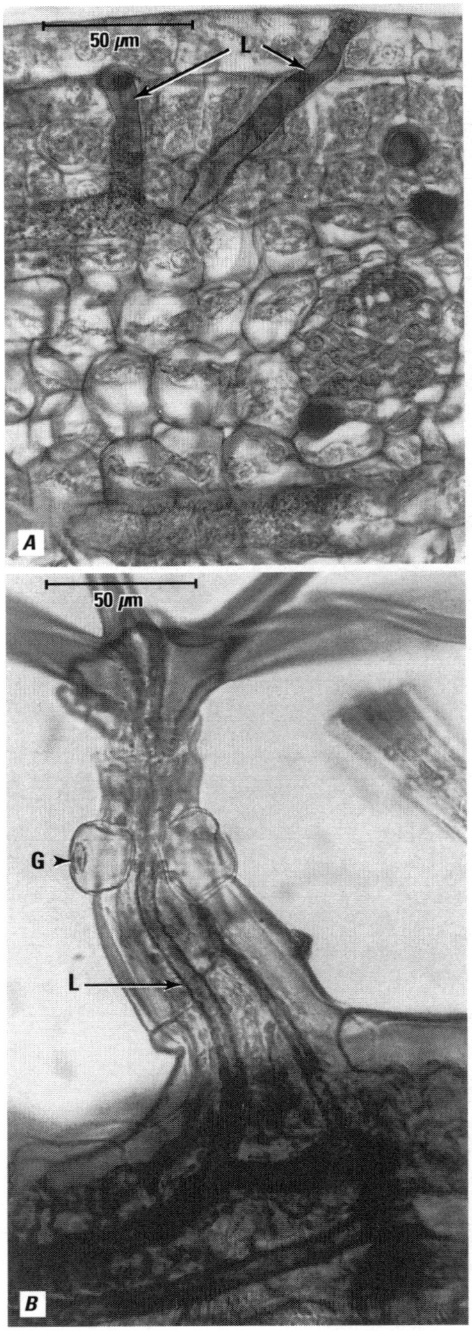

FIGURA 17.20

Laticíferos (L) não articulados ramificados penetrando (**A**) entre células epidérmicas da folha de *Codiaceum variegatum* e (**B**) na base de tricoma estrelado com região glandular (G) em *Croton* sp. (Rudall, 1994.)

Se a planta produz tecidos secundários, os laticíferos não articulados crescem no interior deles também. Em *Cryptostegia* (Asclepiadaceae), por exemplo, o floema secundário é penetrado pelos prolongamentos dos laticíferos corticais e daqueles do floema primário (Artschwager, 1946). Além disso, a continuidade entre os ramos dos laticíferos na medula e córtex, estabelecido através das regiões interfasciculares durante o crescimento primário, aparentemente não é rompida pela atividade do câmbio vascular durante o crescimento secundário. As partes do laticífero localizadas no câmbio parecem alongar por crescimento localizado (crescimento intercalar) e finalmente tornam-se incorporadas no floema e xilema secundários (Blaser, 1945). Em *Croton* spp., foram registrados laticíferos dos tecidos primários penetrando o câmbio vascular e o xilema secundário (Rudall, 1989). Em *Croton conduplicatus*, as iniciais do raio no câmbio vascular ocasionalmente são convertidas a iniciais laticíferas e crescem intrusivamente entre as células dos raios floemáticos de modo semelhante a um laticífero não articulado (Rudall, 1989). Um sistema laticífero secundário, produzido pelo câmbio vascular, foi registrado em *Morus nigra* (van Veenendaal e den Outer, 1990). Anteriormente a esses dois relatos, geralmente se aceitava que laticíferos não articulados se originavam somente em tecidos primários, de modo distinto dos laticíferos articulados, que podem ter origem primária e secundária.

Os laticíferos não articulados são comuns nos raios do xilema secundário e ocorrem em gêneros de Apocynaceae, Asclepiadaceae, Euphorbiaceae e Moraceae (Wheeler et al., 1989). Geralmente, presume-se que os laticíferos penetrem os raios a partir da medula. Os laticíferos não articulados axiais (dispersos entre as fibras) são conhecidos somente para o xilema secundário de Moraceae. Em algumas espécies lianescentes de *Gnetum*, os laticíferos não articulados foram observados no tecido conjuntivo – parênquima entre cilindros vasculares sucessivos – onde eles seguem um curso vertical (Carlquist, 1996).

Os laticíferos não articulados não ramificados mostram um padrão mais simples de crescimento que o tipo ramificado (Zander, 1928; Schaffstein, 1932; Sperlich, 1939). Os primórdios desses laticíferos foram reconhecidos, não no embrião, mas no caule em desenvolvimento (*Vinca*, *Cannabis*) ou no caule e raiz (*Eucommia*). Novos primórdios se originam repetidamente abaixo dos meristemas apicais e cada um alonga em um tubo não ramificado, aparentemente por uma combinação de crescimento intrusivo e crescimento coordenado. Na parte aérea os tubos podem se estender por alguma distância no caule e também divergir para as folhas (*Vinca*). Os laticíferos também podem se originar nas folhas, independentemente daqueles formados no caule (*Cannabis*, *Eucommia*).

Laticíferos articulados

As iniciais dos laticíferos articulados podem ou não ser visíveis no embrião maduro, mas elas se tornam claramente visíveis logo após o início da germinação da semente. Nas Cichorieae (Scott, 1882; Baranova, 1935), Euphorbiaceae (Scott, 1886; Rudall, 1994) e Papaveraceae (Thureson-Klein, 1970), as iniciais aparecem na região do protofloema do tecido procambial ou periférico a ele nos cotilédones e eixo hipocotiledonar. As iniciais nos cotilédones estão mais desenvolvidas nesse estágio. As iniciais são organizadas em fileiras longitudinais mais ou menos discretas, porém a formação de protuberâncias laterais resulta em um sistema anastomosado. Em *Hevea brasiliensis*, as paredes entre as protuberâncias laterais tornam-se perfuradas antes das paredes transversais entre as iniciais (Scott, 1886). Onde as fileiras de iniciais ficam lado a lado, partes da parede comum tornam-se reabsorvidas. Com a quebra das paredes laterais e transversais, as células são unidas em um sistema de tubos compostos. Conforme a planta se desenvolve a partir do embrião, os tubos se estendem pela diferenciação de mais células meristemáticas em elementos laticíferos. Assim, os laticíferos se diferenciam acropetamente nas partes da planta recentemente formadas, e se prolongam no próprio eixo e nas folhas, nas flores e nos frutos. A direção da diferenciação é semelhante àquela dos laticíferos ramificados não articulados, porém, ocorre pela conversão sucessiva de células em elementos laticíferos, em vez de por crescimento apical intrusivo. Como mencionado previamente, os laticíferos articulados de *Hevea*, *Manihot* e *Cnidoscolus* formam ramos intrusivos alongados da mesma maneira que os laticíferos não articulados. Esses ramos, que se ramificam por todo o mesofilo foliar, também penetram o córtex e a medula de plantas desses três gêneros (Rudall, 1987). O desenvolvimento de laticíferos articulados do tipo não anastomosado é semelhante àquele de laticíferos anastomosados, exceto pela ausência de conexões laterais entre os vários tubos (Fig. 17.21; Karling, 1929). Em alguns gêneros (*Allium*, Fig. 17.22, Hayward, 1938; *Ipo-*

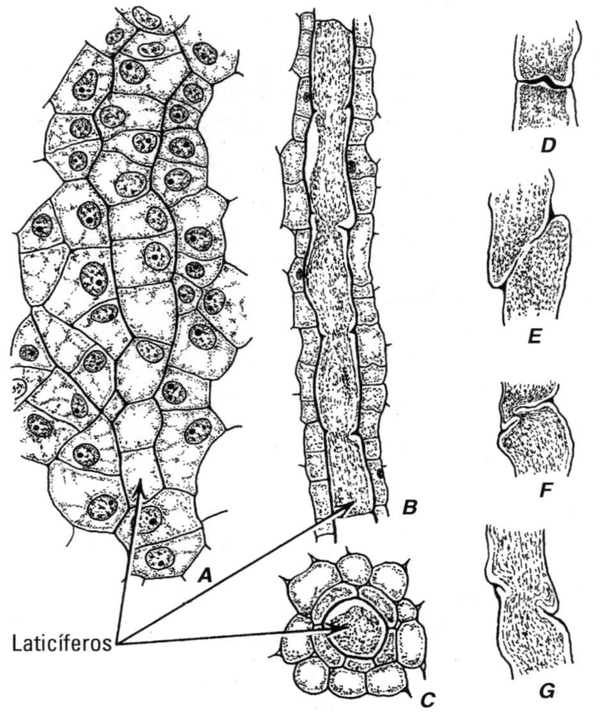

FIGURA 17.21

Desenvolvimento de laticífero articulado em *Achras sapota* (Sapotaceae) em secções longitudinal (**A**, **B**, **D-G**) e transversal (**C**). **A**, fileira vertical de células laticíferas jovens (a partir das setas em diante) com paredes terminais intactas. **B**, a fileira de células se converteu em vaso laticífero pela dissolução parcial das paredes terminais. Remanescentes das paredes terminais indicam articulação entre membros do laticífero. Em **C**, células achatadas circundam o laticífero. **D-G**, estágios n perfuração das paredes terminais. A parede que será perfurada se torna intumescida (**D**) e então se rompe (**E-G**). (Adaptado de Karling, 1929.)

moea, Hayward, 1938; Alva et al., 1990), as células do tipo não anastomosado retêm suas paredes terminais.

Laticíferos articulados, assim como os não articulados, mostram vários arranjos dentro do corpo da planta e uma frequente associação com o floema. No corpo primário das Cichorieae (Asteraceae), os laticíferos aparecem na periferia externa do floema e dentro do próprio floema. Nas espécies com floema interno, os laticíferos também estão associados com esse tecido. Os laticíferos externos e internos são interconectados através das áreas interfasciculares.

As Cichorieae também produzem laticíferos durante o crescimento secundário, principalmente no floema secundário. Esse desenvolvimento foi investigado em algum detalhe nas raízes carnosas de *Tragopogon* (Scott, 1882), *Scorzonera* (Baranova, 1935) e *Taraxacum* (Fig. 17.23; Artschwager e McGuire, 1943; Krotkov, 1945). Fileiras longitudinais de derivadas de iniciais cambiais fusiformes fundem-se em tubos por meio da reabsorção das paredes terminais. Conexões laterais são estabelecidas – diretamente ou por meio de protuberâncias – entre os tubos em diferenciação no mesmo plano tangencial. O tecido formado pelo câmbio consiste de uma série de camadas concêntricas de laticíferos, células parenquimáticas e tubos crivados (com células companheiras). Os laticíferos de uma camada concêntrica raramente se juntam com aqueles de outra camada concêntrica. Os raios do parênquima atravessam todo o tecido em uma direção radial. O sistema laticífero que faz com que *Hevea brasiliensis* seja uma proeminente produtora de borracha é o sistema secundário que se desenvolve no floema secundário (Fig. 17.24), que também consiste de camadas alternadas de laticíferos articulados, células de parênquima e tubos crivados (Hébant e de Faÿ, 1980; Hébant et al., 1981). No floema secundário de *Manilkara zapota* (Sapotaceae), a fonte do látex comercial da qual o chiclete é obtido, alguns raios são compostos inteiramente de laticíferos (Mustard, 1982). Com a dilatação desses raios nos ramos mais velhos, suas terminações anastomosam, perdem sua identidade e formam uma massa de laticíferos secundários interna à periderme. Os laticíferos dos sistemas axial e radial são interconectados.

Os laticíferos de *Papaver somniferum* ocorrem no floema e se tornam particularmente bem desenvolvidos no mesocarpo cerca de duas semanas após a queda das pétalas (Fairbairn e Kapoor, 1960). Nesse período, as cápsulas são coletadas para a extração do ópio. Nas folhas de Cichorieae, os laticíferos acompanham os feixes vasculares, ramificam mais ou menos profusamente no mesofilo e alcançam a epiderme. Os pelos do invólucro floral das Cichorieae são diretamente conectados com laticíferos pela quebra das paredes em comum, e como resultado, o látex prontamente é liberado desses pelos quando eles são quebrados (Sperlich, 1939). De fato, na realidade, esses pelos representam terminações do sistema laticífero.

Entre as monocotiledôneas, os laticíferos de *Musa* estão associados com os tecidos vasculares

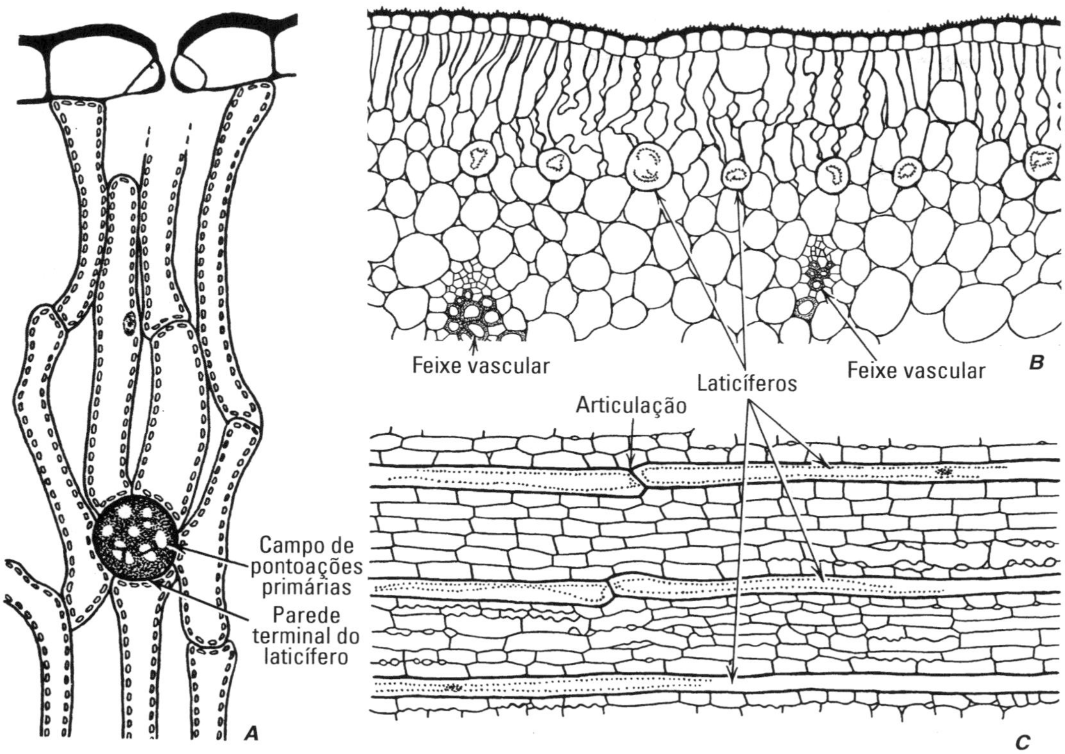

FIGURA 17.22

Laticíferos articulados em *Allium*. **A**, secção transversal do catafilo carnoso de *A. cepa*, mostrando epiderme com estômato e poucas células do mesofilo e um laticífero com uma parede terminal em vista frontal. **B, C**, laticíferos em folhas de *A. sativum* em secções transversal (**B**) e tangencial (**C**). **B**, parênquima paliçádico abaixo da epiderme. Os laticíferos ocorrem na terceira camada do mesofilo, não estando em contato com os feixes vasculares. **C**, os laticíferos aparecem como tubos contínuos, exceto nos locais onde as paredes terminais (articulação) entre as células superpostas são visíveis. A parede terminal não é perfurada. (**A**, ×300; **B**, **C**, ×79. **B**, **C**, desenho a partir de fotomicrografias cedidas por L. K. Mann.)

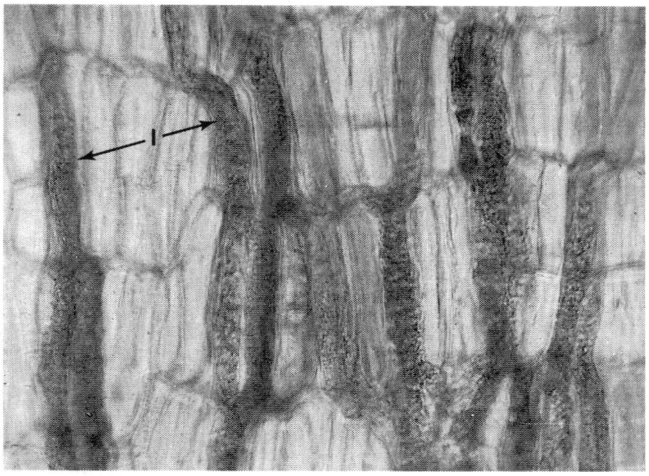

FIGURA 17.23

Laticíferos (l) anastomosados articulados de *Taraxacum kok-saghyz* em secção longitudinal do floema secundário da raiz. (×280. Artschwager e McGuire, 1943.)

e também ocorrem no córtex (Skutch, 1932). Em *Allium*, os laticíferos são totalmente separados do tecido vascular (Fig. 17.21; Hayward, 1938). Eles ficam perto da superfície abaxial, ou inferior, das folhas ou escamas, entre a segunda e terceira camadas de parênquima. Os laticíferos de *Allium* têm a forma de cadeias longitudinais de células arranjadas paralelamente nas partes superiores dos órgãos foliares e convergem em direção à base desses órgãos. As células individuais são consideravelmente alongadas. As paredes terminais, que não são perfuradas, possuem campos de pontoações primárias conspícuos. Embora os laticíferos de *Allium* sejam classificados como não anastomosados, eles formam algumas interconexões nas bases das folhas ou escamas.

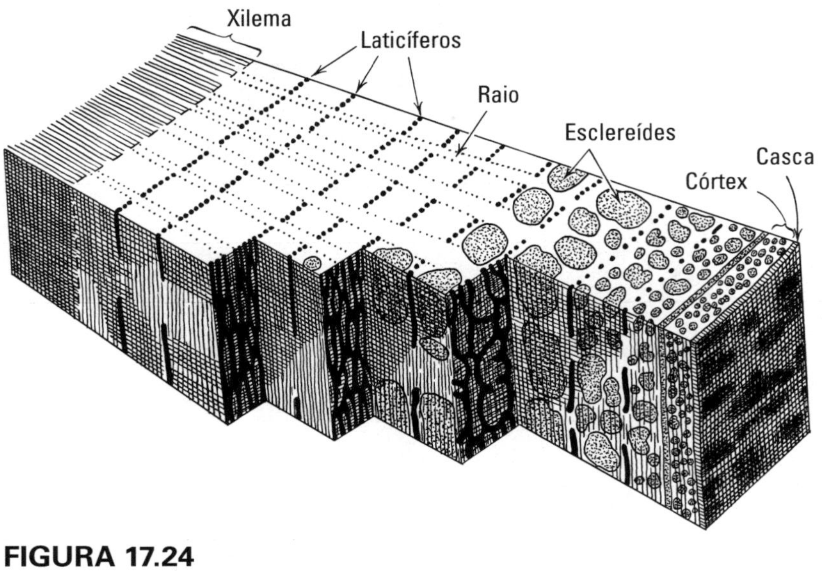

FIGURA 17.24

Diagrama da casca de *Hevea brasiliensis* representando o arranjo dos laticíferos articulados no floema secundário. Camadas contendo tubos crivados e células parenquimáticas associadas se alternam com aquelas onde os laticíferos (mostrados em preto sólido) se diferenciam. Os raios parenquimáticos do floema secundário atravessam o tecido radialmente. Em secções tangenciais, os laticíferos de uma zona de crescimento formam um retículo. Esclereídes ocorrem nas porções mais velhas do floema onde os tubos crivados e laticíferos não são funcionais. (Adaptado de Vischer, 1923.)

A principal fonte da borracha comercial é a casca da árvore da seringueira, *Hevea brasiliensis*

A borracha natural é produzida em mais de 2.500 espécies de plantas (Bonner, 1991), porém, poucas produzem o suficiente para extração comercial. Entre as plantas de importância secundária como produtoras de borracha estão *Taraxacum kok-saghyz* (Asteraceae), *Manihot glaziovii* (Euphorbiaceae), *Funtunia elastica*, *Landolphia*, *Clitandra* e *Carpodinus* (Apocynaceae), *Cryptostegia grandiflora* (Asclepiadaceae), que é nativa de Madagáscar, mas bastante difundida como erva daninha e *Parthenium argentatum* (Asteraceae), um arbusto lenhoso do deserto que tem sido cultivado em regiões áridas do mundo. *Hevea brasiliensis* permanece a única fonte importante de borracha natural.

A maior parte do látex que contém borracha obtida por incisão da casca de *H. brasiliensis* provém das camadas de laticíferos localizadas no floema não condutor. O floema condutor é restrito a uma faixa estreita com cerca de 0,2 a 1,0 mm de largura, próxima ao câmbio vascular (Hébant e de Faÿ, 1980; Hébant et al., 1981). Durante a incisão, deve-se ter cuidado para não atingir-se o floema condutor, de modo a evitar injúria ao câmbio.

A alta pressão de turgor nos laticíferos é essencial para o fluxo de látex durante a incisão, e requer a transferência imediata da água do apoplasto do floema para o laticífero (Jacob et al., 1998). Os lutoides, microvacúolos contendo enzimas, que representam um componente do látex, desempenham um papel importante na cessação do fluxo do látex após a incisão (Siswanto, 1994; Jacob et al., 1998). A maior parte dos lutoides é destruída durante incisão por estresse físico, liberando fatores de coagulação que, por fim, interrompem o fluxo. A regeneração do látex entre incisões depende do influxo de carboidratos – principalmente sacarose, a molécula inicial para a síntese de polisopreno – dos tubos crivados do floema condutor.

Um estudo sobre a distribuição de plasmodesmos no floema secundário de *Hevea* indica que plasmodesmos numerosos ocorrem entre as células do parênquima radial e axial, porém, são raros ou ausentes entre laticíferos e as células do parênquima que os circundam (de Faÿ et al., 1989). Consequentemente, embora a sacarose possa seguir uma rota simplástica do floema condutor para a vizinhança dos laticíferos do floema não condutor, na interface célula de parênquima-laticífero a sacarose precisa entrar no apoplasto antes que ele seja incorporado no laticífero. Uma evidência considerável indica que a entrada ativa de açúcar nos laticíferos envolve cotransportadores sacarose-H^+ e glicose-H^+ mediados pela ATPase-H^+ na membrana plasmática do laticífero (Jacob et al., 1998; Bouteau et al., 1999). É notável que a membrana dos lutoides contém bombas de próton (Cretin, 1982; d'Auzac et al., 1995). Enquanto os lutoides se originam do retículo endoplasmático, a borracha primeiro aparece como partículas no citosol do laticífero jovem. Estudos moleculares começaram a fornecer informações sobre expressão gênica nos laticíferos de *Hevea* (Coyvaerts et al., 1991; Chye et al., 1992; Adiwilaga e Kush, 1996) e outras espécies (Song et al., 1991;

Pancoro e Hughes, 1992; Nessler, 1994; Facchini e De Luca, 1995; Han et al., 2000). O ácido jasmônico está relacionado com o desenvolvimento de laticíferos articulados anastomosados em *Hevea* (Hao e Wu, 2000) e citocininas e auxinas, no desenvolvimento de laticíferos não articulados em *Calotropis* (Datta e De, 1986; Suri e Ramawat, 1995, 1996).

Parthenium argentatum difere em parte de *Hevea* e outras plantas produtoras de borracha acima listadas pela ausência de laticíferos. A formação de borracha nessa planta ocorre no citosol de células parenquimáticas do caule e raiz, e aparentemente todas as células do parênquima têm potencial para sintetizar borracha (Gilliland e van Staden, 1983; Backhaus, 1985). Partículas de borracha foram encontradas no tecido meristemático de ápices caulinares, além do parênquima do córtex e medula e nos raios floemáticos do caule. No córtex e medula, as partículas de borracha primeiro aparecem nas células epiteliais circundando os canais de resina. Na maturidade, a maior parte das partículas de borracha das células associadas com os canais de resina ocorre no vacúolo (Fig. 17.25; Backhaus e Walsh, 1983).

Embora o conteúdo de borracha do látex de *Hevea* some quase 25% do peso seco por volume, ele é responsável por apenas cerca de 2% do peso seco total da planta (Leong et al., 1982). De forma contrária, *Parthenium argentatum* pode acumular até 22% de seu peso como borracha em muitas células parenquimáticas (Anonymous, 1977). Todavia, a produção de *Hevea* é muito maior do que a de *Parthenium argentatum* (Leong et al., 1982) em decorrência do reabastecimento de borracha que ocorre após a extração ser mais eficiente que a regeneração e enchimento de novos tecidos como em *Parthenium argentatum*.

O diâmetro médio das partículas de borracha em *Hevea* é 0,96 µm e em *Parthenium argentatum*, 1,41 µm (Cornish et al., 1993). As partículas são compostas de um centro homogêneo esférico de borracha envolto por uma camada de biomembrana que serve como uma interface entre a borracha hidrofóbica e o citosol aquoso (Cornish et al., 1999). A biomembrana também evita a agregação das partículas.

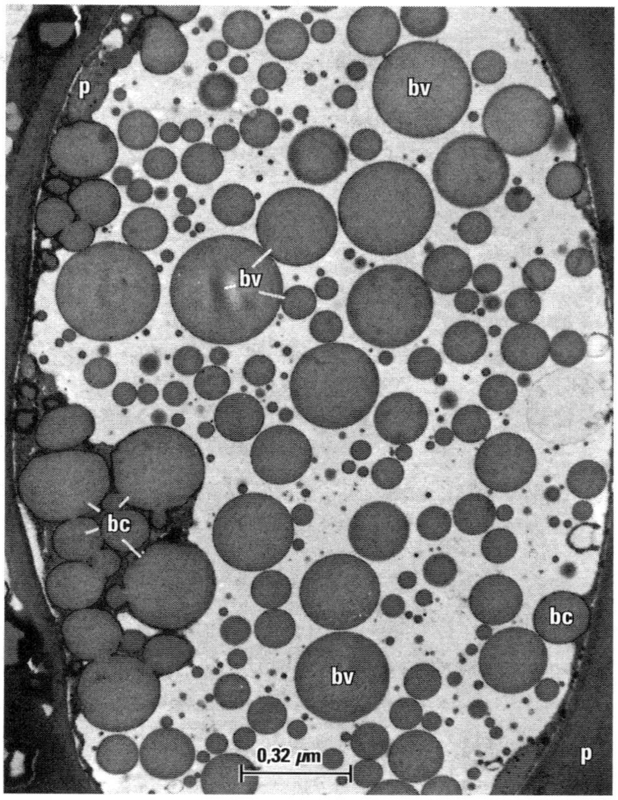

FIGURA 17.25

Partículas de borracha em célula epitelial de *Parthenium argentatum*. A maioria das partículas de borracha ocorre no vacúolo (bv), em comparação com o número daquelas encontradas no citoplasma periférico (bc). Outros detalhes: p, plastídio; pc, parede celular. (Backhaus e Walsh, 1983. © 1983 por The University of Chicago. Todos os direitos preservados.)

A função dos laticíferos não é clara

Os laticíferos têm sido objeto de estudos intensivos desde o início da anatomia vegetal (de Bary, 1884; Sperlich, 1939). Em virtude de sua distribuição no corpo da planta e seu conteúdo, frequentemente um líquido leitoso que extravasa rapidamente quando a planta é cortada, o sistema laticífero foi comparado pelos primeiros botânicos com o sistema circulatório dos animais. Uma das opiniões mais comuns era que os laticíferos estavam relacionados com a condução de alimento. Contudo, nenhum movimento de substâncias foi observado nos laticíferos, somente um movimento local e espasmódico. Os laticíferos também foram descritos como elementos de estocagem de alimentos, mas está claro que as substâncias alimentícias encontradas em alguns látices, mais provavelmente amido, não são facilmente mobilizadas (Spilatro e Mahlberg, 1986; Nissen e Foley, 1986). Pelo fato de que grãos de amido comumente se acumularem nos ferimentos foi sugerido que o amiloplasto do laticífero pode ter desenvolvido uma função secundária como um componente no mecanismo de cicatrização do ferimento (Spilatro e Mahlberg, 1990). A borracha, cuja síntese despende muita energia representa outro enigma. Uma vez que ela não pode ser metabolizada, qual seu valor para a planta? Foi sugerido que a borracha ocorre como uma resposta à produção de fotossintatos em excesso e, assim, representaria um "transbordamento" metabólico (Paterson-Jones et al., 1990). O potencial de utilização das plantas produtoras de borracha e de látex como dreno para dióxido de carbono atmosférico, um gás estufa, tem sido observado por Hunter (1994). Os laticíferos, sem dúvida, servem como sistemas para sequestrar metabólitos secundários tóxicos que podem funcionar como proteção contra herbívoros (Da Cunha et al., 1998; Raven et al., 2005). Na medida em que acumulam muitas substâncias que são comumente reconhecidas como excretas, os laticíferos parecem se encaixar melhor na classe de estruturas excretoras.

REFERÊNCIAS

ADIWILAGA, K. e A. KUSH. 1996. Cloning and characterization of cDNA encoding farnesyl diphosphate synthase from rubber tree (*Hevea brasiliensis*). *Plant Mol. Biol.* 30, 935-946.

ALLEN, R. D. e C. L. NESSLER. 1984. Cytochemical localization of pectinase activity in laticifers of *Nerium oleander* L. *Protoplasma* 119, 74-78.

ALVA, R., J. MÁRQUEZ-GUZMÁN, A. MARTÍNEZ-MENA e E. M. ENGLEMAN. 1990. Laticifers in the embryo of *Ipomoea purpurea* (Convolvulaceae). *Phytomorphology* 40, 125-129.

ANDRÉASSON, E., L. B. JØRGENSEN, A.-S. HÖGLUND, L. RASK e J. MEIJER. 2001. Different myrosinase and idioblast distribution in *Arabidopsis* and *Brassica napus. Plant Physiol.* 127, 1750-1763.

ANONYMOUS. 1977. Guayule: *An Alternative Source of Natural Rubber.* [National Research Council (U. S.). Panel on Guayule.] National Academy of Sciences, Washington, DC.

ARTSCHWAGER, E. 1945. Growth studies on guayule (*Parthenium argentatum*). *USDA, Washington, DC.* Tech. Bull. No. 885.

ARTSCHWAGER, E. 1946. Contribution to the morphology and anatomy of *Cryptostegia* (*Cryptostegia grandiflora*). *USDA, Washington, DC.* Tech. Bull. No. 915.

ARTSCHWAGER, E. e R. C. MCGUIRE. 1943. Contribution to the morphology and anatomy of the Russian dandelion (*Taraxacum kok-saghyz*). *USDA, Washington, DC.* Tech. Bull. No. 843.

ARUMUGASAMY, K., K. UDAIYAN, S. MANIAN e V. SUGAVANAM. 1993. Ultrastructure and oil secretion in *Hiptage sericea* Hook. *Acta Soc. Bot. Pol.* 62, 17-20.

D'AUZAC, J., H. CRÉTIN, B. MARIN e C. LIORET. 1982. A plant vacuolar system: The lutoids from *Hevea brasiliensis* latex. *Physiol. Vég.* 20, 311-331.

D'AUZAC, J., J.-C. PRÉVÔT e J.-L. JACOB. 1995. What's new about lutoids? A vacuolar system model from *Hevea* latex. *Plant Physiol. Biochem.* 33, 765-777.

BAAS, P. e M. GREGORY. 1985. A survey of oil cells in the dicotyledons with comments on their replacement by and joint occurrence with mucilage cells. *Isr. J. Bot.* 34, 167-186.

BABU, A. M. e A. R. S. MENON. 1990. Distribution of gum and gum-resin ducts in plant body: Certain familiar features and their significance. *Flora* 184, 257-261.

BABU, A. M., G. M. NAIR e J. J. SHAH. 1987. Traumatic gumresin cavities in the stem of *Ailanthus excelsa* Roxb. *IAWA Bull.* n.s. 8, 167-174.

BABU, A. M., P. JOHN e G. M. NAIR. 1990. Ultrastructure of gum-resin secreting cells in the pith of *Ailanthus excelsa* Roxb. *Acta Bot. Neerl.* 39, 389-398.

BACKHAUS, R. A. 1985. Rubber formation in plants—A minireview. *Isr. J. Bot.* 34, 283-293.

BACKHAUS, R. A. e S. WALSH. 1983. The ontogeny of rubber formation in guayule, *Parthenium argentatum* Gray. *Bot. Gaz.* 144, 391-400.

BAKKER, M. E. e P. BAAS. 1993. Cell walls in oil and mucilage cells. *Acta Bot. Neerl.* 42, 133-139.

BAKKER, M. E. e A. F. GERRITSEN. 1989. A suberized layer in the cell wall of mucilage cells of *Cinnamomum. Ann. Bot.* 63, 441-448.

BAKKER, M. E. e A. F. GERRITSEN. 1990. Ultrastructure and development of oil idioblasts in *Annona muricata* L. *Ann. Bot.* 66, 673-686.

BAKKER, M. E., A. F. GERRITSEN e P. J. VAN DER SCHAAF. 1991. Development of oil and mucilage cells in *Cinnamomum burmanni.* An ultrastructural study. *Acta Bot. Neerl.* 40, 339-356.

BALAJI, K., R. B. SUBRAMANIAN e J. A. INAMDAR. 1993. Occurrence of non-articulated laticifers in *Streblus asper* Lour. (Moraceae). *Phytomorphology* 43, 235-238.

BARANOVA, E. A. 1935. Ontogenez mlechnoc systemy tau-sagyza (*Scorzonera tau-saghyz* Lipsch. et Bosse.) (Ontogenese des Milchsaftsystems bei *(Scorzonera tau-saghyz* Lipsch. et Bosse.) *Bot. Zh.* SSSR 20, 600-616.

BEHNKE, H.-D. e S. HERRMANN. 1978. Fine structure and development of laticifers in *Gnetum gnemon* L. *Protoplasma* 95, 371-384.

BHATT, J. R. 1987. Development and structure of primary secretory ducts in the stem of *Commiphora wightii* (Burseraceae). *Ann. Bot.* 60, 405-416.

BHATT, J. R. e H. Y. M. RAM. 1992. Development and ultrastructure of primary secretory ducts in the stem of *Semecarpus anacardium* (Anacardiaceae). *IAWA Bull.* n.s. 13, 173-185.

BHATT, J. R. e J. J. SHAH. 1985. Ethephon (2-chloroethylphosphonic acid) enhanced gum-resinosis in mango, *Mangifera indica* L. *Indian J. Exp. Biol.* 23, 330-339.

BIESBOER, D. D. e P. G. MAHLBERG. 1981a. A comparison of alpha-amylases from the latex of three selected species of *Euphorbia* (Euphorbiaceae). *Am. J. Bot.* 68, 498-506.

BIESBOER, D. D. e P. G. MAHLBERG. 1981b. Laticifer starch grain morphology and laticifer evolution in *Euphorbia* (Euphorbiaceae). *Nord. J. Bot.* 1, 447-457.

BLASER, H. W. 1945. Anatomy of *Cryptostegia grandifl ora* with special reference to the latex system. *Am. J. Bot.* 32, 135-141.

BONES, A. e T.-H. IVERSEN. 1985. Myrosin cells and myrosinase. *Isr. J. Bot.* 34, 351-376.

BONNER, J. 1991. The history of rubber. In: *Guayule: Natural Rubber. A Technical Publication with Emphasis on Recent Findings*, pp. 1-16, J. W. Whitworth e E. E. Whitehead, eds. Offi ce of Arid Lands Studies, University of Arizona, Tucson, and USDA, Washington, DC.

BONNER, J. e A. W. GALSTON. 1947. The physiology and biochemistry of rubber formation in plants. *Bot. Rev.* 13, 543-596.

BOSABALIDIS, A. e I. TSEKOS. 1982. Ultrastructural studies on the secretory cavities of *Citrus deliciosa* Ten. II. Development of the essential oil-accumulating central space of the gland and process of active secretion. *Protoplasma* 112, 63-70.

BOUTEAU, F., O. DELLIS, U. BOUSQUET e J. P. RONA. 1999. Evidence of multiple sugar uptake across the plasma membrane of laticifer protoplasts from *Hevea. Bioelectrochem. Bioenerg.* 48. 135-139.

CARLQUIST, S. 1996. Wood, bark and stem anatomy of New World species of *Gnetum. Bot. J. Linn. Soc.* 120, 1-19.

CARR, D. J. e S. G. M. CARR. 1970. Oil glands and ducts in *Eucalyptus* l'HÉrit. II. Development and structure of oil glands in the embryo. *Aust. J. Bot.* 18, 191-212.

CASS, D. D. 1985. Origin and development of the nonarticulated laticifers of *Jatropha dioica. Phytomorphology* 35, 133-140.

CASTRO, M. A. e A. A. DE MAGISTRIS. 1999. Ultrastructure of foliar secretory cavity in *Cupressus arizonica* var. *glabra* (Sudw.) Little (Cupressaceae). *Biocell* 23, 19-28.

CHARON, J., J. LAUNAY e E. VINDT-BALGUERIE. 1986. Ontogenèse des canaux sécréteurs d'origine primaire dans le bourgeon de *Pin maritime. Can. J. Bot.* 64, 2955-2964.

CHRISTIANSEN, E., P. KROKENE, A. A. BERRYMAN, V. R. FRANCESCHI, T. KREKLING, F. LIEUTIER, A. LÖNNEBORG e H.

SOLHEIM. 1999. Mechanical injury and fungal infection induce acquired resistance in Norway spruce. *Tree Physiol.* 19, 399-403.

CHYE, M.-L., C.-T. TAN e N.-H. CHUA. 1992. Three genes encode 3-hydroxy-3-methylglutaryl-coenzyme A reductase in *Hevea brasiliensis: hmg1* and *hmg3* are differentially expressed. *Plant Mol. Biol.* 19, 473-484.

CONDON, J. M. e B. A. FINERAN. 1989a. The effect of chemical fixation and dehydration on the preservation of latex in *Calystegia silvatica* (Convolvulaceae). Examination of exudate and latex *in situ* by light and scanning electron microscopy. *J. Exp. Bot.* 40, 925-939.

CONDON, J. M. e B. A. FINERAN. 1989b. Distribution and organization of articulated laticifers in *Calystegia silvatica* (Convolvulaceae). *Bot. Gaz.* 150, 289-302.

CORNISH, K., D. J. SILER, O.-K. GROSJEAN e N. GOODMAN. 1993. Fundamental similarities in rubber particle architecture and function in three evolutionarily divergent plant species. *J. Nat. Rubb. Res.* 8, 275-285.

CORNISH, K., D. F. WOOD e J. J. WINDLE. 1999. Rubber particles from four different species, examined by transmission electron microscopy and electron-paramagnetic-resonance spin labeling, are found to consist of a homogeneous rubber core enclosed by a contiguous, monolayer biomembrane. *Planta* 210, 85-96.

COYVAERTS, E., M. DENNIS, D. LIGHT e N.-H. CHUA. 1991. Cloning and sequencing of the cDNA encoding the rubber elongation factor of *Hevea brasiliensis*. *Plant Physiol.* 97, 317-321.

CRETIN, H. 1982. The proton gradient across the vacuo-lysosomal membrane of lutoids from the latex of *Hevea brasiliensis*. I. Further evidence for a proton-translocating ATPase on the vacuo-lysosomal membrane of intact lutoids. *J. Membrane Biol.* 65, 175-184.

CURTIS, J. D. e N. R. LERSTEN. 1994. Developmental anatomy of internal cavities of epidermal origin in leaves of *Polygonum* (Polygonaceae). *New Phytol.* 127, 761-770.

DA CUNHA, M., C. G. COSTA, R. D. MACHADO e F. C. MIGUENS. 1998. Distribution and differentiation of the laticifer system in *Chamaesyce thymifolia* (L.) Millsp. (Euphorbiaceae). *Acta Bot. Neerl.* 47, 209-218.

DA CUNHA, M., V. M. GOMES, J. XAVIER-FILHO, M. ATTIAS, W. DE SOUZA e F. C. MIGUENS. 2000. The laticifer system of *Chamaesyce thymifolia*: a closed environment for plant trypanosomatids. *Biocell* 24, 123-132.

DATTA, S. K. e S. DE. 1986. Laticifer differentiation of *Calotropis gigantea*. R. Br. Ex Ait. in cultures. *Ann. Bot.* 57, 403-406.

DAVIS, M. J., J. B. KRAMER, F. H. FERWERDA e B. R. BRUNNER. 1998a. Association of a bacterium and not a phytoplasma with papaya bunchy top disease. *Phytopathology* 86, 102-109.

DAVIS, M. J., Z. YING, B. R. BRUNNER, A. PANTOJA e F. H. FERWERDA. 1998b. Rickettsial relative associated with papaya bunchy top disease. *Curr. Microbiol.* 36, 80-84.

DE BARY, A. 1884. *Comparative Anatomy of the Vegetative Organs of the Phanerogams and Ferns*. Clarendon Press, Oxford.

DE FAŸ, E., C. SANIER e C. HÉBANT. 1989. The distribution of plasmodesmata in the phloem of *Hevea brasiliensis* in relation to laticifer loading. *Protoplasma* 149, 155-162.

DEHGAN, B. e M. E. CRAIG. 1978. Types of laticifers and crystals in *Jatropha* and their taxonomic implications. *Am. J. Bot.* 65, 345-352.

DOLLET, M., J. GIANNOTTI e M. OLLAGNIER. 1977. Observation de protozaires fl agellés dans les tubes cribles de Palmiers à huile malades. *C. R. Acad. Sci., Paris, Sér. D* 284, 643-645.

DOLLET, M., D. CAMBRONY e D. GARGANI. 1982. Culture axénique *in vitro* de *Phytomonas* sp. (Trypanosomatidae) d'*Euphorbe*, transmis par *Stenocephalus agilis* Scop (Coreide). *C. R. Acad. Sci., Paris, Sér. III* 295, 547-550.

DRESSLER, R. 1957. The genus *Pedilanthus* (Euphorbiaceae). *Contributions from the Gray Herbarium of Harvard University* 182, 1-188.

ESAU, K. 1977. *Anatomy of Seed Plants*, 2. ed. Wiley, New York.

ESAU, K. e H. KOSAKAI. 1975. Laticifers in *Nelumbo nucifera* Gaertn.: Distribution and structure. *Ann. Bot.* 39, 713-719.

FACCHINI, P. J. e V. DE LUCA. 1995. Phloem-specifi c expression of tyrosine/dopa decarboxylase genes and the biosynthesis of isoquinoline alkaloids in opium poppy. *Plant Cell* 7, 1811-1821.

FAHN, A. 1979. *Secretory Tissues in Plants*. Academic Press, London.

FAHN, A. 1988a. Secretory tissues in vascular plants. *New Phytol.* 108, 229-257.

FAHN, A. 1988b. Secretory tissues and factors infl uencing their development. *Phyton (Horn)* 28, 13-26.

FAHN, A. 2002. Functions and location of secretory tissues in plants and their possible evolutionary trends. *Isr. J. Plant Sci.* 50 (suppl. 1), S59-S64.

FAHN, A. e J. BENAYOUN. 1976. Ultrastructure of resin ducts in *Pinus halepensis*. Development, possible sites of resin synthesis, and mode of its elimination from the protoplast. *Ann. Bot.* 40, 857-863.

FAHN, A. e R. F. EVERT. 1974. Ultrastructure of the secretory ducts of *Rhus glabra* L. *Am. J. Bot.* 61, 1-14.

FAHN, A. e E. ZAMSKI. 1970. The infl uence of pressure, wind, wounding and growth substances on the rate of resin duct formation in *Pinus halepensis* wood. *Isr. J. Bot.* 19, 429-446.

FAIRBAIRN, J. W. e L. D. KAPOOR. 1960. The laticiferous vessels of *Papaver somniferum* L. *Planta Med.* 8, 49-61.

FINERAN, B. A. 1982. Distribution and organization of non-articulated laticifers in mature tissues of poinsettia (*Euphorbia pulcherrima* Willd.). *Ann. Bot.* 50, 207-220.

FINERAN, B. A. 1983. Differentiation of non-articulated laticifers in poinsettia (*Euphorbia pulcherrima* Willd.). *Ann. Bot.* 52, 279-293.

FINERAN, B. A., J. M. CONDON e M. INGERFELD. 1988. An impregnated suberized wall layer in laticifers of the Convolvulaceae, and its resemblance to that in walls of oil cells. *Protoplasma* 147, 42-54.

FOSTER, A. S. 1956. Plant idioblasts: Remarkable examples of cell specialization. *Protoplasma* 46, 184-193.

FOX, M. G. e J. C. FRENCH. 1988. Systematic occurrence of sterols in latex of Araceae: Subfamily Colocasioideae. *Am. J. Bot.* 75, 132-137.

FRENCH, J. C. 1988. Systematic occurrence of anastomosing laticifers in Araceae. *Bot. Gaz.* 149, 71-81.

FUJII, T. 1988. Structure of latex and tanniniferous tubes in tropical hardwoods. (Japanese with English summary.) *Bull. For. For. Prod. Res. Inst.* No. 352, 113-118

GEDALOVICH, E. e A. FAHN. 1985a. The development and ultrastructure of gum ducts in *Citrus* plants formed as a result of brown-rot gummosis. *Protoplasma* 127, 73-81.

GEDALOVICH, E. e A. FAHN. 1985b. Ethylene and gum duct formation in *Citrus*. *Ann. Bot.* 56, 571-577.

GILLILAND, M. G. e J. VAN STADEN. 1983. Detection of rubber in guayule (*Parthenium argentatum* Gray) at the ultrastructural level. *Z. Pflanzenphysiol.* 110, 285-291.

GILLILAND, M. G., M. R. APPLETON e J. VAN STADEN. 1988. Gland cells in resin canal epithelia in guayule (*Parthenium argentatum*) in relation to resin and rubber production. *Ann. Bot.* 61, 55-64.

GIORDANI, R., F. BLASCO e J.-C. BERTRAND. 1982. Confirmation biochimique de la nature vacuolaire et lysosomale du latex des laticifères non articulés d'*Asclepias curassavica*. *C. R. Acad. Sci., Paris, Sér. III* 295, 641-646.

GIORDANI, R., G. NOAT e F. MARTY. 1987. Compartmentation of glycosidases in a light vacuole fraction from the latex of *Lactuca sativa* L. In: *Plant Vacuoles: Their Importance in Solute* Compartmentation in Cells and Their Applications in Plant Biotechnology. NATO ASI Series, vol. 134, pp. 383–391. B. Marin, ed. Plenum Press, New York.

GREGORY, M. e P. BAAS. 1989. A survey of mucilage cells in vegetative organs of the dicotyledons. *Isr. J. Bot.* 38, 125-174.

GRIFFING, L. R. e G. L. NESSLER. 1989. Immunolocalization of the major latex proteins in developing laticifers of opium poppy (*Papaver somniferum*). *J. Plant Physiol.* 134, 357-363.

HAN, K.-H., D. H. SHIN, J. YANG, I. J. KIM, S. K. OH e K. S. CHOW. 2000. Genes expressed in the latex of *Hevea brasiliensis*. *Tree Physiol.* 20, 503–510.

HAO, B.-Z. e J.-L. WU. 2000. Laticifer differentiation in *Hevea brasiliensis:* Induction by exogenous jasmonic acid and linolenic acid. *Ann. Bot.* 85, 37-43.

HAYWARD, H. E. 1938. *The Structure of Economic Plants*. Macmillan, New York.

HÉBANT, C. e E. DE FAŸ. 1980. Functional organization of the bark of *Hevea brasiliensis* (rubber tree): A structural and histoenzymological study. *Z. Pflanzenphysiol.* 97, 391-398.

HÉBANT, C., C. DEVIC e E. DE FAŸ. 1981. Organisation fonctionnelle du tissu producteur de l'*Hevea brasiliensis*. *Caoutchoucs et Plastiques* 614, 97-100.

HILLIS, W. E. 1987. *Heartwood and Tree Exudates*. Springer-Verlag, Berlin.

HU, C.-H. e L.-H. TIEN. 1973. The formation of rubber and differentiation of cellular structures in the secretory epidermis of fruits of *Decaisnea fargesii* Franch. *Acta Bot. Sin.* 15, 174-178.

HUNTER, J. R. 1994. Reconsidering the functions of latex. *Trees* 9, 1-5.

HUSEBYE, H., S. CHADCHAWAN, P. WINGE, O. P. THANGSTAD e A. M. BONES. 2002. Guard cell- and phloem idioblast-specific expression of thioglucoside glucohydrolase 1 (myrosinase) in *Arabidopsis*. *Plant Physiol.* 128, 1180-1188.

INAMDAR, J. A., V. MURUGAN e R. B. SUBRAMANIAN. 1988. Ultrastructure of non-articulated laticifers in *Allamanda violacea*. *Ann. Bot.* 62, 583-588.

JACOB, J. L., J. C. PRÉVÔT, R. LACOTE, E. GOHET, A. CLÉMENT, R. GALLOIS, T. JOET, V. PUJADE-RENAUD e J. D'AUZAC. 1998. Les mécanismes biologiques de la production de caoutchouc par *Hevea brasiliensis*. *Plant. Rech. Dév.* 5, 5–13.

JOEL, D. M. e A. FAHN. 1980. Ultrastructure of the resin ducts of *Mangifera indica* L. (Anacardiaceae). 1. Differentiation and senescence of the shoot ducts. *Ann. Bot.* 46, 225-233.

JOSEPH, J. P., J. J. SHAH e J. A. INAMDAR. 1988. Distribution, development and structure of resin ducts in guayule (*Parthenium argentatum* Gray). *Ann. Bot.* 61, 377-387.

KARLING, J. S. 1929. The laticiferous system of *Achras zapota* L. I. A preliminary account of the origin, structure, and distribution of the latex vessels in the apical meristem. *Am. J. Bot.* 16, 803-824.

KASTELEIN, P. e M. PARSADI. 1984. Observations on cultures of the protozoa *Phytomonas* sp. (Trypanosomatidae) associated with the laticifer *Allamanda cathartica* L. (Apocynaceae). *De Surinaamse Landbouw* 32, 85-89.

KAUSCH, A. P. e H. T. HORNER. 1983. The development of mucilaginous raphide crystal idioblasts in young leaves of *Typha angustifolia* L. (Typhaceae). *Am. J. Bot.* 70, 691-705.

KAUSCH, A. P. e H. T. HORNER. 1984. Differentiation of raphide crystal idioblasts in isolated root cultures of *Yucca torreyi* (Agavaceae). *Can. J. Bot.* 62, 1474-1484.

KISSER, J. G. 1958. Die Ausscheidung von ätherischen Ölen und Harzen. In: *Handbuch der Pfl anzenphysiologie*, Band 10, *Der Stoffwechsel sekundärer Pfl anzenstoffe*, pp. 91-131, Springer-Verlag, Berlin.

KOROLEVA, O. A., A. DAVIES, R. DEEKEN, M. R. THORPE, A. D. TOMOS e R. HEDRICH. 2000. Identification of a new glucosinolate-rich cell type in *Arabidopsis* flower stalk. *Plant Physiol.* 124, 599-608.

KROTKOV, G. A. 1945. A review of literature on *Taraxacum koksaghyz* Rod. *Bot. Rev.* 11, 417–461.

KUMAR, A. e P. TANDON. 1990. Investigation on the in vitro laticifer differentiation in *Thevetia peruviana* L. *Phytomorphology* 40, 113-117.

LABOURIAU, L. G. 1952. On the latex of *Regnellidium diphyllum* Lindm. *Phyton (Buenos Aires)* 2, 57-74.

LEE, K. B. e P. G. MAHLBERG. 1999. Ultrastructure and development of nonarticulated laticifers in seedlings of *Euphorbia maculata* L. *J. Plant Biol. (Singmul Hakhoe chi)* 42, 57-62.

LEONG, S. K., W. LEONG e P. K. YOON. 1982. Harvesting of shoots for rubber extraction in *Hevea*. *J. Rubb. Res. Inst. Malaysia* 30, 117-122.

LERSTEN, N. R. e J. D. CURTIS. 1987. Internal secretory spaces in Asteraceae: A review and original observations on *Conyza canadensis* (Tribe Astereae). *La Cellule* 74, 179-196.

LERSTEN, N. R. e J. D. CURTIS. 1989. Foliar oil reservoir anatomy and distribution in *Solidago canadensis* (Asteraceae, tribe Astereae). *Nord. J. Bot.* 9, 281-287.

LLOYD, F. E. 1911. Guayule (*Parthenium argentatum* Gray): A rubber-plant of the Chihuahuan Desert. Carnegie Institution of Washington, Washington, DC., Publ. No. 139.

ŁOTOCKA, B. e A. GESZPRYCH. 2004. Anatomy of the vegetative organs and secretory structures of *Rhaponticum carthamoides* (Asteraeae). *Bot. J. Linn. Soc.* 144, 207-233.

MAHLBERG, P. G. 1959. Karyokinesis in the non--articulated laticifers of *Nerium oleander* L. *Phytomorphology* 9, 110-118.

MAHLBERG, P. G. 1961. Embryogeny and histogenesis in *Nerium oleander*. II. Origin and development of the non-articulated laticifer. *Am. J. Bot.* 48, 90-99.

MAHLBERG, P. G. 1963. Development of non-articulated laticifer in seedling axis of *Nerium oleander*. *Bot. Gaz.* 124, 224-231.

MAHLBERG, P. G. 1982. Comparative morphology of starch grains in latex from varieties of poinsettia, *Euphorbia pulcherrima* Willd. (Euphorbiaceae). *Bot. Gaz.* 143, 206-209.

MAHLBERG, P. G. e L. A. ASSI. 2002. A new shape of plastid starch grains from laticifers of *Anthostema* (Euphorbiaceae). *S. Afr. J. Bot.* 68, 231-233.

MAHLBERG, P. G., D. W. FIELD e J. S. FRYE. 1984. Fossil laticifers from Eocene brown coal deposits of the Geiseltal. *Am. J. Bot.* 71, 1192-1200.

MAHLBERG, P. G., D. G. DAVIS, D. S. GALÌTZ e G. D. MANNERS. 1987. Laticifers and the classification of *Euphorbia*: The chemotaxonomy of *Euphorbia esula* L. *Bot. J. Linn. Soc.* 94, 165-180.

MANN, L. K. 1952. Anatomy of the garlic bulb and factors affecting bulb development. *Hilgardia* 21, 195-251.

MARIANI, P., E. M. CAPPELLETTI, D. CAMPOCCIA e B. BALDAN. 1989. Oil cell ultrastructure and development in *Liriodendron tulipifera* L. *Bot. Gaz.* 150, 391-396.

MARON, R. e A. FAHN. 1979. Ultrastructure and development of oil cells in *Laurus nobilis* L. leaves. *Bot. J. Linn. Soc.* 78, 31-40.

METCALFE, C. R. 1983. Laticifers and latex. In: *Anatomy of the Dicotyledons*, 2. ed., vol. II, *Wood Structure and Conclusion of the General Introduction*, pp. 70-81, C. R. Metcalfe e L. Chalk, eds. Clarendon Press, Oxford.

METCALFE, C. R. e L. CHALK. 1950. *Anatomy of the Dicotyledons,* 2 vols. Clarendon Press, Oxford.

METCALFE, C. R. e L. CHALK, eds. 1979. *Anatomy of the Dicotyledons.* vol. I. *Systematic Anatomy of Leaf and Stem, with a Brief History of the Subject.* Clarendon Press, Oxford.

MILBURN, J. A. e M. S. RANASINGHE. 1996. A comparison of methods for studying pressure and solute potentials in xylem and also in phloem laticifers of *Hevea brasiliensis*. *J. Exp. Bot.* 47, 135-143.

MURUGAN, V. e J. A. INAMDAR. 1987. Studies in the laticifers of *Vallaris solanacea* (Roth) O. Ktze. *Phytomorphology* 37, 209-214.

MUSTARD, M. J. 1982. Origin and distribution of secondary articulated anastomosing laticifers in *Manilkcara zapota* van Royen (Sapotaceae). *J. Am. Soc. Hortic. Sci.* 107, 355-360.

NAIR, M. N. B. e S. V. SUBRAHMANYAM. 1998. Ultrastructure of the epithelial cells and oleo-gumresin secretion in *Boswellia serrata* (Burseraceae). *IAWA J.* 19, 415-427.

NAIR, G. M., K. VENKAIAH e J. J. SHAH. 1983. Ultrastructure of gum-resin ducts in cashew *(Anacardium occidentale)*. *Ann. Bot.* 51, 297-305.

NESSLER, C. L. 1994. Sequence analysis of two new members of the major latex protein gene family supports the triploid-hybrid origin of the opium poppy. *Gene* 139, 207-209.

NISSEN, S. J. e M. E. FOLEY. 1986. No latex starch utilization in *Euphorbia esula* L. *Plant Physiol.* 81, 696-698.

PANCORO, A. e M. A. HUGHES. 1992. *In-situ* localization of cyanogenic ®-glucosidase (linamarase) gene expression in leaves of cassava (*Manihot esculenta* Cranz) using non-isotopic riboprobes. *Plant J.* 2, 821-827.

PARHAM, R. A. e H. M. KAUSTINEN. 1977. On the site of tannin synthesis in plant cells. *Bot. Gaz.* 138, 465-467.

PARTHASARATHY, M. V., W. G. VAN SLOBBE e C. SOUDANT. 1976. Trypanosomatid flagellate in the phloem of diseased coconut palms. *Science* 192, 1346-1348.

PATERSON-JONES, J. C., M. G. GILLILAND e J. VAN STADEN. 1990. The biosynthesis of natural rubber. *J. Plant Physiol.* 136, 257-263.

PLATT, K. A. e W. W. THOMSON. 1992. Idioblast oil cells of avocado: Distribution, isolation, ultrastructure, histochemistry, and biochemistry. *Int. J. Plant Sci.* 153, 301-310.

RAO, A. R. e M. MALAVIYA. 1964. On the latex-cells and latex of *Jatropha*. *Proc. Indian Acad. Sci., Sect. B*, 60, 95-106.

RAO, A. R. e J. P. TEWARI. 1960. On the morphology and ontogeny of the foliar sclereids of *Codiaeum variegatum* Blume. *Proc. Natl. Inst. Sci. India, Part B, Biol. Sci.* 26, 1-6.

RAO, K. S. 1988. Fine structural details of tannin accumulations in non-dividing cambial cells. *Ann. Bot.* 62, 575-581.

RASK, L., E. ANDRÉASSON, B. EKBOM, S. ERIKSSON, B. PONTOPPIDAN e J. MEIJER. 2000. Myrosinase: Gene family evolution and herbivore defense in Brassicaceae. *Plant Mol. Biol.* 42, 93-114.

RAVEN, P. H., R. F. EVERT e S. E. EICHHORN. 2005. *Biology of Plants*, 7. ed. Freeman, New York.

RODRIGUEZ-SAONA, C. R. e J. T. TRUMBLE. 1999. Effect of avocadofurans on larval survival, growth, and food preference of the generalist herbivore, *Spodoptera exigua*. *Entomol. Exp. Appl.* 90, 131-140.

RODRIGUEZ-SAONA, C., J. G. MILLAR, D. F. MAYNARD e J. T. TRUMBLE. 1998. Novel antifeedant and insecticidal compounds from avocado idioblast cell oil. *J. Chem. Ecol.* 24, 867-889.

ROY, A. T. e D. N. DE. 1992. Studies on differentiation of laticifers through light and electron microscopy in *Calotropis gigantea* (Linn.) R. Br. *Ann. Bot.* 70, 443-449.

RUDALL, P. J. 1987. Laticifers in Euphorbiaceae—A conspectus. *Bot. J. Linn. Soc.* 94, 143-163.

RUDALL, P. 1989. Laticifers in vascular cambium and wood of *Croton* spp. (Euphorbiaceae). *IAWA Bull.* n.s. 10, 379-383.

RUDALL, P. 1994. Laticifers in Crotonoideae (Euphorbiaceae): Homology and evolution. *Ann. Mo. Bot. Gard.* 81, 270-282.

SCHAFFSTEIN, G. 1932. Untersuchungen an ungegliederten Milchröhren. *Beih. Bot. Zentralbl.* 49, 197-220.

SCOTT, D. H. 1882. The development of articulated laticiferous vessels. *Q. J. Microsc. Sci.* 22, 136-153.

SCOTT, D. H. 1886. On the occurrence of articulated laticiferous vessels in *Hevea*. *J. Linn. Soc. Lond., Bot.* 21, 566-573.

SETIA, R. C. 1984. Traumatic gum duct formation in *Sterculia urens* Roxb. in response to injury. *Phyton (Horn)* 24, 253-255.

SHELDRAKE, A. R. 1969. Cellulase in latex and its possible significance in cell differentiation. *Planta* 89, 82-84.

SHELDRAKE, A. R. e G. F. J. MOIR. 1970. A cellulase in *Hevea* latex. *Physiol. Plant.* 23, 267-277.

SISWANTO. 1994. Physiological mechanism related to latex production of *Hevea brasiliensis*. *Bul. Biotek. Perkebunan* 1, 23-29.

SKENE, D. S. 1965. The development of kino veins in *Eucalyptus obliqua* L'Hérit. *Aust. J. Bot.* 13, 367-378.

SKUTCH, A. F. 1932. Anatomy of the axis of the banana. *Bot. Gaz.* 93, 233-258.

SOLEREDER, H. 1908. *Systematic Anatomy of the Dicotyledons: A Handbook for Laboratories of Pure and Applied Botany.* 2 vols. Clarendon Press, Oxford.

SONG, Y.-H., P.-F. WONG e N.-H. CHUA. 1991. Tissue culture and genetic transformation of dandelion. *Acta Horti.* 289, 261-262.

SPERLICH, A. 1939. *Das trophische Parenchym.* B. *Exkretionsgewebe. Handbuch der Pflanzenanatomie*, Band 4, Teil 2, *Histologie*. Gebrüder Borntraeger, Berlin.

SPILATRO, S. R. e P. G. MAHLBERG. 1986. Latex and laticifer starch content of developing leaves of *Euphorbia pulcherrima. Am. J. Bot.* 73, 1312-1318.

SPILATRO, S. R. e P. G. MAHLBERG. 1990. Characterization of starch grains in the nonarticulated laticifer of *Euphorbia pulcherrima* (Poinsettia). *Am. J. Bot.* 77, 153-158.

STOCKSTILL, B. L. e C. L. NESSLER. 1986. Ultrastructural observations on the nonarticulated, branched laticifers in *Nerium oleander* L. (Apocynaceae). *Phytomorphology* 36, 347-355.

SUBRAHMANYAM, S. V. e J. J. SHAH. 1988. The metabolic status of traumatic gum ducts in *Moringa oleifera* Lam. *IAWA Bull.* n. s. 9, 187-195.

SURI, S. S. e K. G. RAMAWAT. 1995. *In vitro* hormonal regulation of laticifer differentiation in *Calotropis procera. Ann. Bot.* 75, 477-480.

SURI, S. S. e K. G. RAMAWAT. 1996. Effect of *Calotropis* latex on laticifers differentiation in callus cultures of *Calotropis procera. Biol. Plant.* 38, 185-190.

THOMSON, W. W., K. A. PLATT-ALOIA e A. G. ENDRESS. 1976. Ultrastructure of oil gland development in the leaf of *Citrus sinensis* L. *Bot. Gaz.* 137, 330-340.

THURESON-KLEIN, Å. 1970. Observations on the development and fine structure of the articulated laticifers of *Papaver somniferum. Ann. Bot.* 34, 751-759.

TIBBITTS, T. W., J. BENSINK, F. KUIPER e J. HOBÉ. 1985. Association of latex pressure with tipburn injury of lettuce. *J. Am. Soc. Hortic. Sci.* 110, 362-365.

TIPPETT, J. T. 1986. Formation and fate of kino veins in *Eucalyptus* L'Hérit. *IAWA Bull.* n.s. 7, 137-143.

TOMLINSON, P. B. 2003. Development of gelatinous (reaction) fi bers in stems of *Gnetum gnemon* (Gnetales). *Am. J. Bot.* 90, 965-972.

TOMLINSON, P. B. e J. B. FISHER. 2005. Development of nonlignified fibers in leaves of *Gnetum gnemon* (Gnetales). *Am. J. Bot.* 92, 383-389.

TRACHTENBERG, S. e A. FAHN. 1981. The mucilage cells of *Opuntia fi cus-indica* (L.) Mill.—Development, ultrastructure, and mucilage secretion. *Bot. Gaz.* 142, 206-213.

TURNER, G. W. 1986. Comparative development of secretory cavities in tribes Amorpheae and Psoraleeae (Leguminosae: Papilionoideae). *Am. J. Bot.* 73, 1178-1192.

TURNER, G. W. 1994. Development of essential oil secreting glands from leaves of *Citrus limon* Burm. f., and a reexamination of the lysigenous gland hypothesis. Ph.D. Dissertation, University of California, Davis.

TURNER, G. W. 1999. A brief history of the lysigenous gland hypothesis. *Bot. Rev.* 65, 76-88.

TURNER, G. W., A. M. BERRY e E. M. GIFFORD. 1998. Schizogenous secretory cavities of *Citrus limon* (L.) Burm. f. and a reevaluation of the lysigenous gland concept. *Int. J. Plant Sci.* 159, 75-88.

VAN VEENENDAAL, W. L. H. e R. W. DEN OUTER. 1990. Distribution and development of the non-articulated branched laticifers of *Morus nigra* L. (Moraceae). *Acta Bot. Neerl.* 39, 285-296.

VASSILYEV, A. E. 2000. Quantitative ultrastructural data of secretory duct epithelial cells in *Rhus toxicodendron. Int. J. Plant Sci.* 161, 615-630.

VENKAIAH, K. 1990. Ultrastructure of gum-resin ducts in *Ailanthus excelsa* Roxb. *Fedds. Repert.* 101, 63-68.

VENKAIAH, K. 1992. Development, ultrastructure and secretion of gum ducts in *Lannea coromandelica* (Houtt.) Merr. (Anacardiaceae). *Ann. Bot.* 69, 449-457.

VENKAIAH, K. e J. J. SHAH. 1984. Distribution, development and structure of gum ducts in *Lannea coromandelica* (Houtt.) Merr. *Ann. Bot.* 54, 175–186.

VISCHER, W. 1923. Über die konstanz anatomischer und physiologischer Eigenschaften von *Hevea brasiliensis* Müller Arg. (Euphorbiaceae). *Verh. Natforsch. Ges. Basel* 35 (1), 174-185.

WANG, Z.-Y., K. S. GOULD e K. J. PATTERSON. 1994. Structure and development of mucilage--crystal idioblasts in the roots of five *Actinidia* species. *Int. J. Plant Sci.* 155, 342-349.

WERKER, E. e A. FAHN. 1969. Resin ducts of *Pinus halepensis* Mill.—Their structure, development and pattern of arrangement. *Bot. J. Linn. Soc.* 62, 379-411.

WHEELER, E. A., P. BAAS e P. E. GASSON, eds. 1989. IAWA list of microscopic features for hardwood identification. *IAWA Bull.* n.s. 10, 219-332.

WILKES, J., G. T. DALE e K. M. OLD. 1989. Production of ethylene by *Endothia gyrosa* and *Cytospora eucalypticola* and its possible relationship to kino vein formation in *Eucalyptus maculata*. *Physiol. Mol. Plant Pathol.* 34, 171-180.

WILSON, K. J. e P. G. MAHLBERG. 1980. Ultrastructure of developing and mature nonarticulated laticifers in the milkweed *Asclepias syriaca* L. (Asclepiadaceae). *Am. J. Bot.* 67, 1160-1170.

WILSON, K. J., C. L. NESSLER e P. G. MAHLBERG. 1976. Pectinase in *Asclepias* latex and its possible role in laticifer growth and development. *Am. J. Bot.* 63, 1140-1144.

WITTLER, G. H. e J. D. MAUSETH. 1984a. The ultrastructure of developing latex ducts in *Mammillaria heyderi* (Cactaceae). *Am. J. Bot.* 71, 100-110.

WITTLER, G. H. e J. D. MAUSETH. 1984b. Schizogeny and ultrastructure of developing latex ducts in *Mammillaria guerreronis* (Cactaceae). *Am. J. Bot.* 71, 1128-1138.

WU, H. e Z.-H. HU. 1994. Ultrastructure of the resin duct initiation and formation in *Pinus tabulaeformis*. *Chinese J. Bot.* 6, 123-128.

WU, J.-l. e B.-Z. HAO. 1990. Ultrastructural observation of differentiation laticifers in *Hevea brasiliensis*. *Acta Bot. Sin.* 32, 350-354.

YAMANAKA, K. 1989. Formation of traumatic phloem resin canals in *Chamaecyparis obtusa*. *IAWA Bull.* n.s. 10, 384-394.

ZANDER, A. 1928. Über Verlauf und Entstehung der Milchröhren des Hanfes *(Cannabis sativa)*. *Flora* 123, 191-218

ZENG, Y., B.-R. JI e B. YU. 1994. Laticifer ultrastructural and immunocytochemical studies of papain in *Carica papaya*. *Acta Bot. Sin.* 36, 497-501.

ZHANG, W.-C., W.-M. YAN e C.-H. LOU. 1983. Intracellular and intercellular changes in constitution during the development of laticiferous system in garlic scape. *Acta Bot. Sin.* 25, 8-12.

ZOBEL, A. M. 1985a. Ontogenesis of tannin coenocytes in *Sambucus racemosa* L. I. Development of the coenocytes from mononucleate tannin cells. *Ann. Bot.* 55, 765-773.

ZOBEL, A. M. 1985b. Ontogenesis of tannin coenocytes in *Sambucus racemosa* L. II. Mother tannin cells. *Ann. Bot.* 56, 91-104.

ZOBEL, A. M. 1986a. Localization of phenolic compounds in tannin-secreting cells from *Sambucus racemosa* L. shoots. *Ann. Bot.* 57, 801-810.

ZOBEL, A. M. 1986b. Ontogenesis of tannin-containing coenocytes in *Sambucus racemosa* L. III. The mature coenocyte. *Ann. Bot.* 58, 849-858.

ADENDO: OUTRAS REFERÊNCIAS PERTINENTES NÃO CITADAS NO TEXTO

CAPÍTULOS 2 E 3

ALDRIDGE, C., J. MAPLE e S. G. MØLLER. 2005. The molecular biology of plastid division in higher plants. *J. Exp. Bot.* 56, 1061-1077. **(Revisão)**

ANIENTO, F. e D. G. ROBINSON. 2005. Testing for endocytosis in plants. *Protoplasma* 226, 3-11. **(Revisão)**

BAAS, P. W., A. KARABAY e L. QIANG. 2005. Microtubules cut and run. *Trends Cell Biol.* 15, 518–524. **(Opinião)**

BALUŠKA, F., J. ŠAMAJ, A. HLAVACKA, J. KENDRICK-JONES e D. VOLKMANN. 2004. Actin-dependent fluid-phase endocytosis in inner cortex cells of maize root apices. *J. Exp. Bot.* 55, 463-473. **(Domínios especializados de membrana enriquecida de actina e miosina VIII realizam uma forma de endocitose de fase fluida tecido-específica no ápice da raiz de milho. A perda de microtúbulos não inibiu esse processo.)**

BECK, C. F. 2005. Signaling pathways from the chloroplast to the nucleus. *Planta* 222, 743-756. **(Revisão)**

BISGROVE, S. R., W. E. HABLE e D. L. KROPF. 2004. +TIPs and microtubule regulation. The beginning of the plus end in plants. *Plant Physiol.* 136, 3855-3863. **(Atualização)**

BOURSIAC, Y., S. CHEN, D.-T. LUU, M. SORIEUL, N. VAN DEN DRIES e C. MAUREL. 2005. Early effects of salinity on water transport in *Arabidopsis* roots. Molecular and cellular features of aquaporin expression. *Plant Physiol.* 139, 790–805. **(A exposição de raízes ao sal induziu mudanças na expressão de aquaporina em múltiplos níveis, incluindo uma regulação transcripcional coordenada basípeta e localização subcelular tanto de proteínas intrínsecas da membrana plasmática [PIPS] quanto de proteínas intrínsecas do tonoplasto [TIPS]. Esses mecanismos podem agir em conjunto para regular o transporte de água, principalmente em longo prazo [≥6 h].)**

BRANDIZZI, F., S. L. IRONS e D. E. EVANS. 2004. The plant nuclear envelope: new prospects for a poorly understood structure. *New Phytol.* 163, 227-246. **(Revisão)**

BROWN, R. C. e B. E. LEMMON. 2001. The cytoskeleton and spatial control of cytokinesis in the plant life cycle. *Protoplasma* 215, 35-49. **(Revisão)**

CROFTS, A. J., H. WASHIDA, T. W. OKITA, M. OGAWA, T. KUMAMARU e H. SATOH. 2004. Targeting of proteins to endoplasmic reticulum-derived compartments in plants. The importance of RNA localization. *Plant Physiol.* 136, 3414-3419. **(Atualização)**

DIXIT, R., R. CYR e S. GILROY. 2006. Using intrinsically fluorescent proteins for plant cell imaging. *Plant J.* 45, 599-615. **(Revisão)**

DRØBAK, B. K., V. E. FRANKLIN-TONG e C. J. STAIGER. 2004. The role of the actin cytoskeleton in plant cell signaling. *New Phytol.* 163, 13-30. **(Revisão)**

EHRHARDT, D. e S. L. SHAW. 2006. Microtubule dynamics and organization in the plant cortical array. *Annu. Rev. Plant Biol.* 57, 859-875. **(Revisão)**

EPIMASHKO, S., T. MECKEL, E. FISCHER-SCHLIEBS, U. LÜTTGE; G. THIEL. 2004. Two functionally different vacuoles for static and dynamic purposes in one plant mesophyll leaf cell. *Plant J.* 37, 294-300. **(Dois grandes tipos independentes de vacúolos ocorrem nas células do mesofilo da anêmona da terra "common ice plant"** ***Mesembryanthemum crystallinum, na qual a fotossíntese prossegue via metabo*****lismo ácido das crassuláceas. Um sequestra permanentemente grandes quantidades de NaCl para propósitos osmóticos e para proteger o protoplasto da toxicidade do NaCl; o outro acumula o CO_2 adquirido noturnamente como malato e remobiliza o malato durante o dia.)**

FRANCESCHI, V. R. e P. A. NAKATA. 2005. Calcium oxalate in plants: formation and function. *Annu. Rev. Plant Biol.* 56, 41-71. **(Revisão)**

GALILI, G. 2004. ER-derived compartments are formed by highly regulated processes and have special functions in plants. *Plant Physiol.* 136, 3411-3413. **(Estado da arte)**

GELDNER, N. 2004. The plant endosomal system – its structure and role in signal transduction and plant development. *Planta* 219, 547–560. **(Revisão)**

GUNNING, B. E. S. 2005. Plastid stromules: video microscopy of their outgrowth, retraction, tensioning, anchoring, branching, bridging, and tip-shedding. *Protoplasma* 225, 33-42.

GUTIERREZ, C. 2005. Coupling cell proliferation and development in plants. *Nature Cell Biol.* 7, 535-541. **(Revisão)**

HARA-NISHIMURA, I., R. MATSUSHIMA, T. SHIMADA e M. NISHIMURA. 2004. Diversity and formation of endoplasmic reticulum-derived compartments in plants. Are these compartments specific to plant cells? *Plant Physiol.* 136, 3435-3439. **(Atualização)**

HASHIMOTO, T. e T. KATO. 2006. Cortical control of plant microtubules. *Curr. Opin. Plant Biol.* 9, 5-11. **(Revisão)**

HAWES, C. 2005. Cell biology of the plant Golgi apparatus. *New Phytol.* 165, 29-44. **(Revisão)**

HERMAN, E. e M. SCHMIDT. 2004. Endoplasmic reticulum to vacuole trafficking of endoplasmic reticulum bodies provides an alternate pathway for protein transfer to the vacuole. *Plant Physiol.* 136, 3440-3446. **(Atualização)**

HOWITT, C. A. e B. J. POGSON. 2006. Carotenoid accumulation and function in seeds and non-green tissues. *Plant Cell Environ.* 29, 435-445. **(Revisão)**

HSIEH, K. e A. H. C. HUANG. 2004. Endoplasmic reticulum, oleosins, and oils in seeds and tapetum cells. *Plant Physiol.* 136, 3427-3434. **(Atualização)**

HUGHES, N. M., H. S. NEUFELD e K. O. BURKEY. 2005. Functional role of anthocyanins in high-light winter leaves of the evergreen herb *Galax urceolata*. *New Phytol.* 168, 575-587. **(Resultados sugerem que as antocianinas funcionam como atenuantes da luz e podem também contribuir para o conjunto antioxidante nas folhas de inverno.)**

HUSSEY, P. J. 2004. *The Plant Cytoskeleton in Cell Differentiation and Development. Annual Plant Reviews*, vol. 10. Blackwell/CRC Press, Oxford/Boca Raton. **(Revisão)**

HUSSEY, P. J., T. KETELAAR e M. DEEKS. 2006. Control of the actin cytoskeleton in plant cell growth. *Annu. Rev. Plant Biol.* 57. **On line. (Revisão)**

JOLIVET, P., E. ROUX, S. D'ANDREA, M. DAVANTURE, L. NEGRONI, M. ZIVY e T. CHARDOT. 2004. Protein composition of oil bodies in *Arabidopsis thaliana* ecotype WS. *Plant Physiol. Biochem.* 42, 501-509. **(As oleosinas representam até 79% das proteínas do corpo de óleo; uma oleosina de 18,5 kDa foi o produto mais abundante entre elas.)**

JÜRGENS, G. 2004. Membrane trafficking in plants. *Annu. Rev. Cell Dev. Biol.* 20, 481-504. **(Revisão)**

KAWASAKI, M., M. TANIGUCHI e H. MIYAKE. 2004. Structural changes and fate of crystalloplastids during growth of calcium oxalate crystal idioblasts in Japanese yam (*Dioscorea japonica* Thunb.) tubers. *Plant Prod. Sci.* 7, 283-291. **(Os cristaloplastídios, semelhantes aos vacúolos pequenos e/ou vesículas, incorporados nos vacúolos centrais dos idioblastos cristalíferos, estão envolvidos aparentemente na formação de cristais de oxalato de cálcio.)**

KIM, H., M. PARK, S. J. KIM e I. HWANG. 2005. Actin filaments play a critical role in vacuolar trafficking at the Golgi complex in plant cells.

Plant Cell 17, 888–902. **(As funções exercidas pelos filamentos de actina no tráfico intercelular foram estudadas com o uso de latrunculina B, um inibidor do agrupamento de filamentos de actina, ou mutantes de actina que rompem os filamentos de actina quando superexpressados.)**

KLYACHKO, N. L. 2004. Actin cytoskeleton and the shape of the plant cell. *Russ. J. Plant Physiol.* 51, 827-833. **(Revisão)**

KREBS, A., K. N. GOLDIE e A. HOENGER. 2004. Complex formation with kinesin motor domains affects the structure of microtubules. *J. Mol. Biol.* 335, 139-153. **(A interação entre cinesina e tubulina indica que os microtúbulos desempenham um papel ativo nos processos intracelulares por meio de modulações de sua estrutura central.)**

LEE, M. C. S., E. A. MILLER, J. GOLDBERG, L. ORCI e R. SCHEKMAN. 2004. Bi-directional protein transport between the ER and Golgi. *Annu. Rev. Cell Dev. Biol.* 20, 87-123. **(Revisão)**

LEE, Y.-R. J. e B. LIU. 2004. Cytoskeletal motors in *Arabidopsis*. Sixty-one kinesins and seventeen myosins. *Plant Physiol.* 136, 3877-3883. **(Atualização)**

LERSTEN, N. R. e H. T. HORNER. 2004. Calcium oxalate crystal macropattern development during *Prunus virginiana* (Rosaceae) leaf growth. *Can. J. Bot.* 82, 1800–1808. **(Esse estudo descreve, em detalhe, a iniciação e o desenvolvimento progressivo de todos os componentes do macropadrão de cristais nas folhas de "choke-cherry". As drusas estão confinadas ao caule, pecíolo e nervuras foliares, enquanto os cristais prismáticos estão localizados nas estípulas, cicatrizes de gemas e lâmina foliar.)**

MACKENZIE, S. A. 2005. Plant organellar protein targeting: a traffic plan still under construction. *Trends Cell Biol.* 548-554. **(Revisão)**

MALIGA, P. 2004. Plastid transformation in higher plants. *Annu. Rev. Plant Biol.* 55, 289-313. **(Revisão)**

MAPLE, J. e S. G. MØLLER. 2005. An emerging picture of plastid division in higher plants. *Planta* 223, 1-4. **(Revisão)**

MATHUR, J. 2006. Local interactions shape plant cells. *Curr. Opin. Cell Biol.* 18, 40-46. **(Revisão)**

MAZEN, A. M. A. 2004. Calcium oxalate crystals in leaves of *Corchorus olitorius* as related to accumulation of toxic metals. *Russ. J. Plant Physiol.* 51, 281-285. **(Microanálise de raios X de cristais de oxalato de Ca em folhas de plantas expostas a 5 μg/ml de Al incorporado aos cristais sugere uma possível contribuição para a formação do cristal de oxalato no sequestro e tolerância de alguns metais tóxicos.)**

MECKEL, T., A. C. HURST, G. THIEL e U. HOMANN. 2005. Guard cells undergo constitutive and pressure-driven membrane turnover. *Protoplasma* 226, 23-29. **(Revisão)**

MIYAGISHIMA, S.-Y. 2005. Origin and evolution of the chloroplast division machinery. *J. Plant Res.* 118, 295-306. **(Revisão)**

MØLLER, S. G., ed. 2004. *Plastids. Annual Plant Reviews,* vol. 13. Blackwell/CRC Press, Oxford/Boca Raton. **(Revisão)**

MOTOMURA, H., T. FUJII e M. SUZUKI. 2006. Silica deposition in abaxial epidermis before the opening of leaf blades of *Pleioblastus chino* (Poaceae, Bambusoideae). *Ann. Bot.* 97, 513-519. **(Os tipos celulares na epiderme da folha de bambu são classificados em três grupos, de acordo com o padrão de deposição de sílica.)**

OVEČKA, M., I. LANG, F. BALUŠKA, A. ISMAIL, P. ILLEŠ e I. K. LICHTSCHEIDL. 2005. Endocytosis and vesicle trafficking during tip growth of root hairs. *Protoplasma* 226, 39–54. **(Com o uso de corantes marcadores fluorescentes de endocitose FM1 – 43 e FM4 – 64, a endocitose foi localizada nas extremidades dos pelos radiculares vivos de *Arabidopsis thaliana* e *Triticum aestivum*. O retículo endoplasmático não estava envolvido no tráfico de endossomos. O citoesqueleto de actina estava envolvido com a endocitose, tanto quanto com o tráfico de membrana.**

PARK, M., S. J. KIM, A. VITALE e I. HWANG. 2004. Identification of the protein storage vacuole and protein targeting to the vacuole in leaf cells of three plant species. *Plant Physiol.* 134, 625–639. **(O tráfico de proteína para os vacúolos que armazenam proteínas [PSV] foi investigado nas células de folhas de *Nicotiana tabacum, Phaseolus vulgaris* e *Arabidopsis*. As proteínas podem ser transportadas para o PSV por caminhos dependentes do Golgi e independentes do Golgi, dependendo da carga das proteínas individuais.)**

REISEN, D., F. MARTY e N. LEBORGNE-CASTEL. 2005. New insights into the tonoplast architecture of plant vacuoles and vacuolar dynamics during osmotic stress. *BMC Plant Biol.* 5, 13 [13 pp.]. **(O processamento 3-D de um tonoplasto marcado com GFP fornece construções visuais do vacúolo da célula vegetal e fornece detalhes da natureza do dobramento e arquitetura do tonoplasto. A unidade do vacúolo é mantida durante a aclimatação ao estresse osmótico.)**

ROSE, A., S. PATEL e I. MEIER. 2004. The plant nuclear envelope. *Planta* 218, 327–336. **(Revisão)**

SAKAI, Y. e S. TAKAGI. 2005. Reorganized actin filaments anchor chloroplasts along the anticlinal walls of *Vallisneria* epidermal cells under high-intensity blue light. *Planta* 221, 823–830. **(Luz azul de alta intensidade [BL] induziu reorganização dinâmica dos filamentos de actina nas camadas citoplasmáticas que tangenciam a parede periclinal mais externa e a parede anticlinal [lado A]. A resposta de prevenção induzida por BL dos cloroplastos aparentemente incluem tanto a ancoragem dos cloroplastos dependentes da fotossíntese quanto os dependentes da actina no lado A das células epidérmicas.)**

ŠAMAJ, J., N. D. READ, D. VOLKMANN, D. MENZEL e F. BALUŠKA. 2005. The endocytic network in plants. *Trends in Cell Biol.* 15, 425-433. **(Revisão)**

SHAW, S. L. 2006. Imaging the live plant cell. *Plant J.* 45, 573-598. **(Revisão)**

SHEAHAN, M. B., D. W. MCCURDY e R. J. ROSE. 2005. Mitochondria as a connected population: ensuring continuity of the mitochondrial genome during plant cell dedifferentiation through massive mitochondrial fusion. *Plant J.* 44, 744-755. **(Esse estudo altamente informativo indica que a fusão regulada no desenvolvimento assegura a continuidade do genoma mitocondrial.)**

SHEAHAN, M. B., R. J. ROSE e D. W. MCCURDY. 2004. Organelle inheritance in plant cell division: the actin cytoskeleton is required for unbiased inheritance of chloroplasts, mitochondria and endoplasmic reticulum in dividing protoplasts. *Plant J.* 37, 379-390.

SMITH, L. G. e D. G. OPPENHEIMER. 2005. Spatial control of cell expansion by the plant cytoskeleton. *Annu. Rev. Cell Dev. Biol.* 21, 271-295. **(Revisão)**

STEPINSKI, D. 2004. Ultrastructural and autoradiographic studies of the role of nucleolar vacuoles in soybean root meristem. *Folia Histochem. Cytobiol.* 42, 57-61. **(Supõe-se que os vacúolos do núcleo podem estar envolvidos na intensificação do transporte pré-ribossomo para fora do nucléolo.)**

TAKEMOTO, D. e A. R. HARDHAM. 2004. The cytoskeleton as a regulator and target of biotic interactions in plants. *Plant Physiol.* 136, 3864-3876. **(Atualização)**

TIAN, W.-M. e Z.-H. HU. 2004. Distribution and ultrastructure of vegetative storage proteins in Leguminosae. *IAWA J.* 25, 459-469. **(Ver este artigo e artigos citados nele para a presença de proteínas armazenadas tanto em plantas lenhosas temperadas quanto tropicais.)**

TREUTTER, D. 2005. Significance of flavonoids in plant resistance and enhancement of their biosynthesis. *Plant Biol.* 7, 581-591. **(Revisão)**

VITALE, A. e G. HINZ. 2005. Sorting of proteins to storage vacuoles: how many mechanisms? *Trends Plant Sci.* 10, 316-323. **(Revisão)**

WADA, M. e N. SUETSUGU. 2004. Plant organelle positioning. *Curr. Opin. Plant Biol.* 7, 626-631. **(Revisão)**

WASTENEYS, G. O. 2004. Progress in understanding the role of microtubules in plant cells. *Curr. Opin. Plant Biol.* 7, 651-660. **(Revisão)**

WASTENEYS, G. O. e M. FUJITA. 2006. Establishing and maintaining axial growth: wall mechanical properties and the cytoskeleton. *J. Plant Res.* 119, 5-10. **(Revisão)**

WASTENEYS, G. O. e M. E. GALWAY. 2003. Remodeling the cytoskeleton for growth and form: an overview with some new views. *Annu. Rev. Plant Biol.* 54, 691-722. **(Revisão)**

YAMADA, K., T. SHIMADA, M. NISHIMURA e I. HARA-NISHIMURA. 2005. A VPE family supporting various vacuolar functions in plants. *Physiol. Plant.* 123, 369-375. **(Revisão)**

CAPÍTULO 4

ABE, H. e R. FUNADA. 2005. Review – The orientation of cellulose microfibrils in the cell walls of tracheids in conifers. A model based on observations by field emission-scanning electron microscopy. *IAWA J.* 26, 161-174. **(Revisão)**

BALUŠKA, F., J. ŠAMAJ, P. WOJTASZEK, D. VOLKMANN e D. MENZEL. 2003. Cytoskeleton-plasma membrane-cell wall continuum in plants. Emerging links revisited. *Plant Physiol.* 133, 482-491. **(Revisão)**

BASKIN, T. I. 2005. Anisotropic expansion of the plant cell wall. 2005. *Annu. Rev. Cell Dev. Biol.* 21, 203-222. **(Revisão)**

BRUMMELL, D. A. 2006. Cell wall disassembly in ripening fruit. *Funct. Plant Biol.* 33, 103-119. **(Revisão)**

BURTON, R. A., N. FARROKHI, A. BACIC e G. B. FINCHER. 2005. Plant cell wall polysaccharide biosynthesis: real progress in the identification of participating genes. *Planta* 221, 309-312. **(Relatório de progresso)**

CHANLIAUD, E., J. DE SILVA, B. STRONGITHARM, G. JERONIMIDIS e M. J. GIDLEY. 2004. Mechanical effects of plant cell wall enzymes on cellulose/xyloglucan composites. *Plant J.* 38, 27-37. **(Uma evidência direta in vitro é fornecida sobre o envolvimento das enzimas xiloglucanas-específicas da parede celular em mudanças mecânicas que seguem os processos de crescimento e remodelagem da parede celular vegetal.)**

DIXIT, R. e R. J. CYR. 2002. Spatio-temporal relationships between nuclear-envelope breakdown and preprophase band disappearance in cultured tobacco cells. *Protoplasma* 219, 116-121. **(Aparentemente existe uma relação causal entre a quebra do envelope nuclear e o desaparecimento da banda pré-profase.)**

DONALDSON, L. e P. XU. 2005. Microfibril orientation across the secondary cell wall of radiata pine tracheids. *Trees* 19, 644-653.

FLEMING, A. J., ed. 2005. *Intercellular Communication in Plants. Annual Plant Reviews*, vol. 16. Blackwell/CRC Press, Oxford/Boca Raton.

FRY, S. C. 2004. Primary cell wall metabolism: tracking the careers of wall polymers in living plant cells. *New Phytol.* 161, 641-675. **(Revisão)**

JAMET, E., H. CANUT, G. BOUDART e R. F. PONT-LEZICA. 2006. Cell wall proteins: a new insight through proteomics. *Trends Plant Sci.* 11, 33-39. **(Revisão)**

JÜRGENS, G. 2005. Cytokinesis in higher plants. *Annu. Rev. Plant Biol.* 56, 281-299. **(Revisão)**

JÜRGENS, G. 2005. Plant cytokinesis: fission by fusion. *Trends Cell Biol.* 15, 277-283. **(Revisão)**

KAWAMURA, E., R. HIMMELSPACH, M. C. RASHBROOKE, A. T. WHITTINGTON, K. R. GALE, D. A. COLLINGS e G. O. WASTENEYS. 2006. MICROTUBULE ORGANIZATION 1 regulates structure and function of microtubule arrays during mitosis and cytokinesis in the *Arabidopsis* root. *Plant Physiol.* 140, 102-114. **(Uma análise quantitativa dos defeitos gerados de *mor1-1*- em bandas pré-profase, fusos, e fragmoplastos de células que estão se dividindo sugere que o comprimento do microtúbulo seja um determinante crítico da estrutura, orientação e função do fuso e do fragmoplasto.)**

KIM, I., K. KOBAYASHI, E. CHO e P. C. ZAMBRYSKI. 2005. Subdomains for transport via plasmodesmata corresponding to the apical-basal axis are established during *Arabidopsis* embryogenesis. *Proc. Natl. Acad. Sci. USA* 102, 11945-11950. **(Uma evidência é apresentada indicando que a comunicação célula-a-célula via plasmodesmos transmite informação da posição crítica para o estabelecimento do padrão do corpo axial durante a embriogênese em *Arabidopsis*.)**

KIM, I. e P. C. ZAMBRYSKI. 2005. Cell-to-cell communication via plasmodesmata during *Arabidopsis* embryogenesis. *Curr. Opin. Plant Biol.* 8, 593-599. **(Revisão)**

LLOYD, C. e J. CHAN. 2004. Microtubules and the shape of plants to come. *Nature Rev. Mol. Cell Biol.* 5, 13-22. **(Revisão)**

MARCUS, A. I., R. DIXIT e R. J. CYR. 2005. Narrowing of the preprophase microtubule band is not required for cell division plane determination in cultured plant cells. *Protoplasma* 226, 169–174. **(Embora os microtúbulos da banda pré-profase não marquem diretamente o local de divisão nas células BY-2 em cultura de tabaco, eles são necessários para o posicionamento acurado do fuso.)**

MARRY, M., K. ROBERTS, S. J. JOPSON, I. M. HUXHAM, M. C. JARVIS, J. CORSAR, E. ROBERTSON e M. C. MCCANN. 2006. Cell–cell adhesion in fresh sugar-beet root parenchyma requires both pectin esters and calcium cross-links. *Physiol. Plant.* 126, 243-256. **(A adesão de célula-a-célula em parênquima na raiz de beterraba depende de polímeros de ligação cruzada de ester e Ca^{2+}.)**

MULDER, B. M. e A. M. C. EMONS. 2001. A dynamic model for plant cell wall architecture formation. *J. Math. Biol.* 42, 261-289. **(Um modelo matemático dinâmico é apresentado que explica a arquitetura da parede da célula vegetal.)**

OPARKA, K. J. 2004. Getting the message across: how do plant cells exchange macromolecular complexes? *Trends Plant Sci.* 9, 33-41. **(Revisão)**

OTEGUI, M. S., K. J. VERBRUGGHE e A. R. SKOP. 2005. Midbodies and phragmoplasts: analogous structures involved in cytokinesis. *Trends in Cell Biol.* 15, 404-413. **(Revisão)**

PANTERIS, E., P. APOSTOLAKOS, H. QUADER e B. GALATIS. 2004. A cortical cytoplasmic ring predicts the division plane in vacuolated cells of *Coleus*: the role of actomyosin and microtubules in the establishment and function of the division site. *New Phytol.* 163, 271-286. **(O plano de divisão é previsto por um anel citoplasmático cortical [CCR], rico em filamentos de actina e reticulo endoplasmatico, formados na interfase. O núcleo migra para a CCR antes de entrar no fragmossomo. Durante a pré-profase, uma banda de microtúbulo pré-profásica é organizada na CCR. Actomiosina e microtúbulos desempenham papéis cruciais no estabelecimento e função do local de divisão.)**

PETER, G. e D. NEALE. 2004. Molecular basis for the evolution of xylem lignification. *Curr. Opin. Plant Biol.* 7, 737-742. **(Revisão)**

PETERMAN, T. K., Y. M. OHOL, L. J. MCREYNOLDS e E. J. LUNA. 2004. Patellin1, a novel Sec14-like protein, localizes to the cell plate and binds phosphoinositides. *Plant Physiol.* 136, 3080-3094. **(Os resultados sugerem um papel para patelina1 nos eventos de tráfico da membrana associados com a expansão ou maturação da placa celular, e apontam para o envolvimento de fosfoinositídeos na biogênese da placa celular.)**

POPPER, Z. A. e S. C. FRY. 2004. Primary cell wall composition of pteridophytes and spermatophytes. *New Phytol.* 164, 165-174. **(Revisão)**

RALET, M.-C., G. ANDRÉ-LEROUX, B. QUÉMÉNER e J.-F. THIBAULT. 2005. Sugar beet *(Beta vulgaris)* pectins are covalently cross-linked through diferulic bridges in the cell wall. *Phytochemistry* 66, 2800-2814. **(Uma evidência direta indica que as arabinanas e galactanas pécticas são covalentemente ligadas [intra- ou intermolecularmente] por meio de dehidrodiferulatos nas paredes celulares de beterraba.)**

REFRÉGIER, G., S. PELLETIER, D. JAILLARD e H. HÖFTE. 2004. Interaction between wall deposition and cell elongation in dark-grown hypocotyl cells in *Arabidopsis*. *Plant Physiol.* 135, 959-968. **(A taxa de síntese da parede celular não foi associada à taxa de alongamento das células epidérmicas. Os polissacarídeos estavam axialmente orientados nas paredes finas. As microfibrilas de celulose mais internas estavam transversalmente orientadas tanto nas células que crescem lentamente quanto nas que crescem rapidamente, indicando que as microfibrilas depositadas transversalmente se reorientaram nas camadas mais profundas da parede em expansão.)**

REIS, D. e B. VIAN. 2004. Helicoidal pattern in secondary cell walls and possible role of xylans in their construction. *C.R. Biol.* 327, 785-790. **(Revisão)**

ROBERTS, A. G. e K. J. OPARKA. 2003. Plasmodesmata and the control of symplastic transport. *Plant Cell Environ.* 26, 103-124. **(Revisão)**

ROS-BARCELÓ, A. 2005. Xylem parenchyma cells deliver the H2O2 necessary for lignification in differentiating xylem
vessels. *Planta* 220, 747-756. **(Em caules de *Zinnia elegans, células parenquimáticas não lignificadas do xilema são a fonte de* H_2O_2 necessária para a polimerização de álcoois cinamil na parede celular secundária de vasos lignificados do xilema.)**

ROUDIER, F., A. G. FERNANDEZ, M. FUJITA, R. HIMMELSPACH, G. H. H. BORNER, G. SCHINDELMAN, S. SONG, T. I. BASKIN, P. DUPREE, G. O. WASTENEYS e P. N. BENFEY. 2005. COBRA, an *Arabidopsis* extracellular glycosyl-phosphatidyl inositolanchored protein, specifically controls highly anisotropic expansion through its involvement in cellulose microfibril orientation. *Plant Cell* 17, 1749-1763. **(COBRA tem sido envolvida na deposição de microfibrilas de celulose em células da raiz que estão se alongando rapidamente. É distribuída principalmente próximo a superfície da célula em bandas transversais que estão paralelas aos microtúbulos corticais.)**

RUIZ-MEDRANO, R., B. XOCONOSTLE-CAZARES e F. KRAGLER. 2004. The plasmodesmatal transport pathway for homeotic proteins, silencing signals and viruses. *Curr. Opin. Plant Biol.* 7, 641-650. **(Revisão)**

SAXENA, I. M. e R. M. BROWN JR. 2005. Cellulose biosynthesis: current views and evolving concepts. *Ann. Bot.* 96, 9-21. **(Revisão)**

SEDBROOK, J. C. 2004. MAPs in plant cells: delineating microtubule growth dynamics and organization. *Curr. Opin. Plant Biol.* 7, 632-640. **(Revisão)**

SEGUÍ-SIMARRO, J. M., J. R. AUSTIN II, E. A. White e L. A. STAEHELIN. 2004. Electron tomographic analysis of somatic cell plate formation in meristematic cells of *Arabidopsis* preserved by high-pressure freezing. *Plant Cell* 16, 836-856. **(Sítios de organização da placa celular, que consistem de uma placa celular filamentosa sem ribossomos reunindo a [CPAM] da matriz e as vesículas derivadas do Golgi, são formados nos planos equatoriais de iniciais de fragmoplasto que surgem de agrupamentos de microtúbulos durante o final da anafase. Sugere-se que o CPAM, que é encontrado somente ao redor das regiões de crescimento da placa celular, seja responsável por regular o crescimento da placa celular.)**

SEGUÍ-SIMARRO, J. M. e L. A. STAEHELIN. 2006. Cell cycle-dependent changes in Golgi stacks, vacuoles, clathrincoated vesicles and multivesicular bodies in meristematic cells of *Arabidopsis thaliana*: A quantitative and spatial analysis. *Planta* 223, 223-236. **(Entre as notáveis mudanças celulares ciclodependentes relatadas neste artigo estão aquelas que envolvem o sistema vacuolar. Durante o início da telófase, os vacúolos formam compartimentos tubulares como salsichas, com uma redução de 50% na área superficial e de 80% no volume comparado às celulas na pró-metáfase. É postulado que essa redução temporária no volume do vacúolo durante o início da telófase fornece um meio para aumentar o volume do citosol para acomodar o conjunto de microtúbulos do fragmoplasto em formação e as estruturas formadoras da placa celular associadas.)**

SOMERVILLE, C., S. BAUER, G. BRININSTOOL, M. FACETTE, T. HAMANN, J. MILNE, E. OSBORNE, A. PAREDEZ, S. PERSSON, T. RAAB, S. VORWERK e H. YOUNGS. 2004. Toward a systems approach to understanding plant cell walls. *Science* 306, 2206-2211.

VISSENBERG, K., S. C. FRY, M. PAULY, H. HöFTE e J.-P. VERBELEN. 2005. XTH acts at the microfibril-matrix interface during cell elongation. *J. Exp. Bot.* 56, 673-683.

YASUDA, H., K. KANDA, H. KOIWA, K. SUENAGA, S.-I. KIDOU e S.-I. EJIRI. 2005. Localization of actin filaments on mitotic apparatus in tobacco BY-2 cells. *Planta* 222, 118-129. **Resultados similares obtidos tanto com corante com rodamina-faloidina quanto com imunomarcação com anticorpo de actina indicam fortemente a participação da actina na organização do corpo do fuso ou no processo de segregação do cromossomo.)**

ZAMBRYSKI, P. 2004. Cell-to-cell transport of proteins and fluorescent tracers via plasmodesmata during plant development. *J. Cell Biol.* 162, 165-168. **(Minirrevisão)**

ZAMBRYSKI, P. e K. CRAWFORD. 2000. Plasmodesmata: gatekeepers for cell-to-cell transport of developmental signals in plants. *Annu. Rev. Cell Dev. Biol.* 16, 393-421. **(Revisão)**

CAPÍTULOS 5 E 6

ABE, M., Y. KOBAYASHI, S. YAMAMOTO, Y. DAIMON, A. YAMAGUCHI, Y. IKEDA, H. ICHINOKI, M. NOTAGUCHI, K. GOTO e T. ARAKI. 2005. FD, A bZIP protein mediating signals from the floral pathway integrator FT at the shoot apex. *Science* 309, 1052-1056. **(É mostrado que, em *Arabidopsis*, FLOWERING LOCUS T [FT], uma proteína codificada pelo gene *FLOWERING LOCUS T [FT] nas folhas, pode interagir com o fator de transcripção* FD – a bZIP presente somente no ápice caulinar – para ativar genes de identidade floral tais como *APETALA1 [AP1]. Ver também* Huang et al., 2005, e Wigge et al., 2005.)**

ADE-ADEMILUA, O. E. e C. E. J. BOTHA. 2005. A re-evaluation of plastochron index determination in peas – a case for using leaflet length. *S. Afr. J. Bot.* 71, 76-80. **(É proposto que o crescimento do folíolo deva ser usado como uma medida do índice do plastocrono em ervilhas.)**

ANGENENT, G. C., J. STUURMAN, K. C. SNOWDEN e R. KOES. 2005. Use of *Petunia* to unravel plant meristem functioning. *Trends Plant Sci.* 10, 243-250. **(Revisão)**

BEEMSTER, G. T. S., S. VERCRUYSSE, L. DEVEYLDER, M. KUIPER e D. INZÉ. 2006. The *Arabidopsis* leaf as a model system for investigating the role of cell cycle regulation in organ growth. *J. Plant Res.* 1129, 43-50.

BERNHARDT, C., M. ZHAO, A. GONZALEZ, A. LLOYD e J. SCHIEFELBEIN. 2005. The bHLH genes *GL3* and *EGL3* participate in an intercellular regulatory circuit that controls cell patterning in the *Arabidopsis* root epidermis. *Development* 132, 291-298. **Uma análise da expressão de *GL3* e *EGL3 durante o desenvolvimento da***

***epiderme da raiz revelou que a expressão do gene GL3* e *EGL3* e o acúmulo de RNA ocorre preferencialmente nas células dos pelos em desenvolvimento. A proteína* GL3 foi encontrada movendo-se das células pilíferas para células que não pilíferas. Os resultados desse estudo sugerem que o acúmulo de GL3/EGL3 nas células que adotam o destino de não se desenvolverem em pelo é dependente da especificação do destino da célula pilífera.)**

BOZHKOV, P. V., M. F. SUAREZ, L. H. FILONOVA, G. DANIEL, A. A. ZAMYATNIN JR., S. RODRIGUEZ-NIETO, B. ZHIVOTOVSKY e A. SMERTENKO. 2005. Cysteine protease mcll-Pa executes programmed cell death during plant embryogenesis. *Proc. Natl. Acad. Sci. USA* 102, 14463-14468. **Os resultados desse estudo estabelecem a metacaspase como um executor da morte celular programada [PCD] durante a partição do embrião e fornece uma ligação funcional entre PCD e a embriogênese nas plantas.)**

CANALES, C., S. GRIGG e M. TSIANTIS. 2005. The formation and patterning of leaves: recent advances. *Planta* 2221, 752-756. **(Revisão)**

CARLES, C. C., D. CHOFFNES-INADA, K. REVILLE, K. LERTPIRIYAPONG e J. C. FLETCHER. 2005. *ULTRAPETALA1* encodes a SAND domain putative transcriptional regulator that controls shoot and floral meristem activity in *Arabidopsis. Development* 132, 897-911.

CASTELLANO, M. M. e R. SABLOWSKI. 2005. Intercellular signaling in the transition from stem cells to organogenesis in meristems. *Curr. Opin. Plant Biol.* 8, 26-31.

CHANG, C. e A. B. BLEECKER. 2004. Ethylene biology. More than a gas. *Plant Physiol.* 136, 2895-2899. **(Estado da arte)**

CHENG, Y. e X. CHEN. 2004. Posttranscriptional control of plant development. *Curr. Opin. Plant Biol.* 7, 20-25. **(Revisão)**

dEL RÍO, L. A., F. J. CORPAS e J. B. BARROSO. 2004. Nitric oxide and nitric oxide synthase activity in plants. *Phytochemistry* 65, 783-792. **(Revisão)**

DHONUKSHE, P., J. KLEINE-VEHN e J. FRIML. 2005. Cell polarity, auxin transport, and cytoskeleton-mediated division planes: who comes first? *Protoplasma* 226, 67-73. **(Revisão)**

DOLAN, L. e J. DAVIES. 2004. Cell expansion in roots. *Curr. Opin. Plant Biol.* 7, 33-39. **(Revisão)**

EVANS, L. S. e R. K. PEREZ. 2004. Diversity of cell lengths in intercalary meristem regions of grasses: location of the proliferative cell population. *Can. J. Bot.* 82, 115-122. **(Nem todas as células parenquimáticas dos meristemas intercalares se proliferam rapidamente.)**

FLEMING, A. J. 2005. Formation of primordia and phyllotaxy. *Curr. Opin. Plant Biol.* 8, 53-58. **(Revisão)**

FLEMING, A. J. 2006. The co-ordination of cell division, differentiation and morphogenesis in the shoot apical meristem: a perspective. *J. Exp. Bot.* 57, 25-32. **(Dados obtidos de uma série de experimentos apoiam uma visão organísmica da morfogênese da planta e a ideia que a parede celular desempenha um papel fundamental no mecanismo pelo qual este é alcançado.)**

FLEMING, A. J. 2006. The integration of cell proliferation and growth in leaf morphogenesis. *J. Plant Res.* 119, 31-36. **(Revisão)**

FLETCHER, J. C. 2002. Shoot and floral meristem maintenance in *Arabidopsis. Annu. Rev. Plant Biol.* 53, 45-66. **(Revisão)**

FRIML, J., P. BENFEY, E. BENKOVÁ, M. BENNETT, T. BERLETH, N. GELDNER, M. GREBE, M. HEISLER, J. HEJÁTKO, G. JÜRGENS, T. LAUX, K. LINDSEY, W. LUKOWITZ, C. LUSCHNIG, R. OFFRINGA, B. SCHERES, R. SWARUP, R. TORRES-RUIZ, D. WEIJERS e E. ZAŽÍMALOVÁ. 2006. Apical-basal polarity: why plant cells don't stand on their heads. *Trends Plant Sci.* 11, 12-14. **(Os autores criticam a terminologia anatômica apical-basal.)**

GRAFI, G. 2004. How cells dedifferentiate: a lesson from plants. *Dev. Biol.* 268, 1-6. **(Revisão)**

GRANDJEAN, O., T. VERNOUX, P. LAUFS, K. BELCRAM, Y. MIZUKAMI e J. TRAAS. 2004. In vivo analysis of cell division, cell growth, and differentiation at the shoot apical meristem in *Arabidopsis. Plant Cell* 16, 74-87. **(A microscopia confocal, combinada com proteínas verde fluorescentes e corantes vitais, foi usada para visualizar os meristemas apicais caulinares vivos. Os efeitos de várias drogas mitóticas no desenvolvimento do meristema indicam que a síntese do DNA desempenha um papel importante no crescimento e na formação de padrões.)**

GRAY, J., ed. 2004. Programmed cell death in plants. Blackwell/ CRC Press, Oxford/Boca Raton.

HAIGLER, C. H., D. ZHANG e C. G. WILKERSON. 2005. Biotechnological improvement of cotton fibre maturity. *Physiol. Plant.* 124, 285-294. **(Revisão)**

HAKE, S., H. M. S. SMITH, H. HOLTAN, E. MAGNANI, G. MELE e J. RAMIREZ. 2004. The role of *knox* genes in plant development. *Annu. Rev. Cell Dev. Biol.* 20, 125-151. **(Revisão)**

HARA-NISHIMURA, I., N. HATSUGAI, S. NAKAUNE, M. KUROYANAGI e M. NISHIMURA. 2005. Vacuolar processing enzyme: an executor of plant cell death. *Curr. Opin. Plant Biol.* 8, 404-408. **(Revisão)**

HAUBRICK, L. L. e S. M. ASSMANN. 2006. Brassinosteroids and plant function: some clues, more puzzles. *Plant Cell Environ.* 29, 446-457. **(Revisão)**

HÖRTENSTEINER, S. 2006. Chlorophyll degradation during senescence. *Annu. Rev. Plant Biol.* 57. **On line. (Revisão)**

HUANG, T., H. BÖHLENIUS, S. ERIKSSON, F. PARCY e O. NILSSON. 2005. The mRNA of the *Arabidopsis* gene *FT* moves from leaf to shoot apex and induces flowering. *Science* 309, 1694-1696. **(Os dados sugerem que o mRNA *FT* seja um componente importante do sinal "florígeno" que se move da folha ao ápice caulinar via elementos de tubo crivado do floema. É possível que a proteina FT esteja também se movendo e seja responsável pela indução floral. Ver também Abe et al., 2005, e Huang et al., 2005.)**

INGRAM, G. C. 2004. Between the sheets: inter-cell--layer communication in plant development. *Philos. Trans. R. Soc. Lond. B* 359, 891-906. **(Revisão)**

IVANOV, V. B. 2004. Meristem as a self-renewing systems: maintenance and cessation of cell proliferation. *Russ. J. Plant Physiol.* 51, 834-847. **(Revisão)**

JAKOBY, M. e A. SCHNITTGER. 2004. Cell cycle and differentiation. *Curr. Opin. Plant Biol.* 7, 661-669. **(Revisão)**

JENIK, P. D. e M. K. BARTON. 2005. Surge and destroy: the role of auxin in plant embryogenesis. *Development* 132, 3577-3585. **(Revisão)**

JIANG, K., T. BALLINGER, D. LI, S. ZHANG e L. FELDMAN. 2006. A role for mitochondria in the establishment and maintenance of the maize root quiescent center. *Plant Physiol.* 140, 1118-1125. **(As mitocôndrias no centro quiescente [QC] da raiz de milho [*Zea mays*] mostraram reduções marcantes nas atividades das enzimas do ciclo do ácido tricarboxílico, e lá não foi detectada a atividade dehidrogenase piruvato. Os autores postulam que modificações da função mitocondrial são centrais para o estabelecimento e manutenção do QC.)**

JIANG, K. e L. J. FELDMAN. 2005. Regulation of root apical meristem development. *Annu. Rev. Cell Dev. Biol.* 21, 485-509. **(Revisão)**

JIMÉNEZ, V. M. 2005. Involvement of plant hormones and plant growth regulators on *in vitro* somatic embryogenesis. *Plant Growth Regul.* 47, 91-110. **(Revisão)**

JING, H.-C., J. HILLE e P. P. DIJKWEL. 2003. Ageing in plants: conserved strategies and novel pathways. *Plant Biol.* 5, 455-464. **(Revisão)**

JONGEBLOED, U., J. SZEDERKÉNYI, K. HARTIG, C. SCHOBERT e E. KOMOR. 2004. Sequence of morphological and physiological events during natural ageing and senescence of a castor bean leaf: sieve tube occlusion and carbohydrate back-up precede chlorophyll degradation. *Physiol. Plant.* 120, 338-346. **(O bloqueio do floema antecede e pode ser causal para a degradação da clorofila na senescência da folha.)**

JÖNSSON, H., M. HEISLER, G. V. REDDY, V. AGRAWAL, V. GOR, B. E. SHAPIRO, E. MJOLSNESS e E. M. MEYEROWITZ. 2005. Modeling the organization of the *WUSCHEL* expression domain in the shoot apical meristem. *Bioinformatics* 21 (suppl. 1): i232-i240. **(São apresentados dois modelos com relação à organização do domínio da expressão do *WUSCHEL* no meristema apical caulinar de *Arabidopsis thaliana*.)**

JORDY, M.-N. 2004. Seasonal variation of organogenetic activity and reserves allocation in the shoot apex of *Pinus pinaster*. Ait. *Ann. Bot.* 93, 25-37. **(Conclui-se que, dependendo dos locais de acúmulo dentro do meristema apical e do estágio do ciclo de crescimento anual, lipídios, amido, e taninos podem estar envolvidos em diferentes processos, por exemplo, energia e materiais estruturais liberados pela síntese de lipídios na primavera contribuindo para o alongamento do caule e/ou comunicação célula-a-célula.)**

KAWAKATSU, T., J.-I. ITOH, K. MIYOSHI, N. KURATA, N. ALVAREZ, B. VEIT e Y. NAGATO. 2006. *PLASTOCHRON2* regulates leaf initiation and maturation in rice. *Plant Cell* 18, 612-625. **(Os autores propõem um modelo no qual o plastocrono é determinado por sinais a partir**

de folhas imaturas que agem autonomamente de forma não celular no meristema apical caulinar para inibir a iniciação de novas folhas.)

KEPINSKI, S. 2006. Integrating hormone signaling and patterning mechanisms in plant development. *Curr. Opin. Plant Biol.* 9, 28-34. **(Revisão)**

KESKITALO, J., G. BERGQUIST, P. GARDESTRÖM e S. JANSSON. 2005. A cellular timetable of autumn senescence. *Plant Physiol.* 139, 1635-1648. **(Mudanças no pigmento, no teor de metabólitos e nutrientes, na fotossíntese e na integridade da célula e organela foram acompanhadas em folhas senescentes de uma árvore de álamo *[Populus tremula]* de rápido crescimento no outono.)**

KIEFFER, M., Y. STERN, H. COOK, E. CLERICI, C. MAULBETSCH, T. LAUX e B. DAVIES. 2006. Analysis of the transcription factor WUSCHEL and its functional homologue in *Antirrhinum* reveals a potential mechanism for their roles in meristem maintenance. *Plant Cell* 18, 560-573. **(Os resultados desse estudo sugerem que WUS funciona pelo recrutamento de correpressores transcripcionais para reprimir os genes alvo que promovem a diferenciação, assegurando, assim, a manuntenção da célula do caule.)**

KONDOROSI, E. e A. KONDOROSI. 2004. Endoreduplication and activation of the anaphase-promoting complex during symbiotic cell development. *FEBS Lett.* 567, 152-157. **(A endoreduplicação é uma parte integral da diferenciação da célula simbiótica durante o desenvolvimento do nódulo fixador de nitrogênio.)**

KWAK, S.-H., R. SHEN e J. SCHIEFELBEIN. 2005. Positional signaling mediated by a receptor-like kinase in *Arabidopsis. Science* 307, 1111-1113.

KWIATKOWSKA, D. 2004. Structural integration at the shoot apical meristem: models, measurements, and experiments. *Am. J. Bot.* 91, 1277-1293. **(Revisão dos aspectos mecânicos do crescimento do meristema apical caulinar.)**

KWIATKOWSKA, D. e J. DUMAIS. 2003. Growth and morphogenesis at the vegetative shoot apex of *Anagallis arvensis* L. *J. Exp. Bot.* 54, 1585-1595. **(A geometria e expansão da superfície do ápice caulinar são analisadas com o uso de um método de réplica não destrutivo e um algorítmo de reconstrução em 3-D.)**

LACROIX, C., B. JEUNE e D. BARABÉ. 2005. Encasement in plant morphology: an integrative approach from genes to organisms. *Can. J. Bot.* 83, 1207-1221. **(Revisão)**

LARKIN, J. C., M. L. BROWN e J. SCHIEFELBEIN. 2003. How do cells know what they want to be when they grow up? Lessons from epidermal patterning in *Arabidopsis. Annu. Rev. Plant Biol.* 54, 403-430. **(Revisão)**

LAZAR, G. e H. M. GOODMAN. 2006. *MAX1*, a regulator of the flavonoid pathway, controls vegetative axillary bud outgrowth in *Arabidopsis. Proc. Natl. Acad. Sci. USA* 103, 472-476. **(Os resultados desse estudo levam os autores a especular que *MAX1 poderia* reprimir a protrusão da gema axilar via regulação da retenção da auxina flavonoide-dependente na gema e no caule subjacente.)**

LEIVA-NETO, J. T., G. GRAFI, P. A. SABELLI, R. A. DANTE, Y. WOO, S. MADDOCK, W. J. GORDON-KAMM e B. A. LARKINS. 2004. A dominant negative mutant of cyclin-dependent kinase A reduces endoreduplication but not cell size or gene expression in maize endosperm. *Plant Cell* 16, 1854-1869. **(Um nível reduzido de endoreduplicação não afetou o tamanho da célula e teve pouco efeito no nível de expressão do gene do endosperma.)**

LJUNG, K., A. K. HULL, J. CELENZA, M. YAMADA, M. ESTELLE, J. NORMANLY e G. SANDBERG. 2005. Sites and regulation of auxin biosynthesis in *Arabidopsis* roots. *Plant Cell* 17, 1090-1104. **(Uma fonte importante de auxina foi identificada na região meristemática da extremidade da raiz primária e nas extremidades das raízes laterais que estão emergindo. Um modelo é apresentado de como a raiz primaria é suprida com auxina durante o desenvolvimento inicial da plântula.)**

LUMBA, S. e P. MCCOURT. 2005. Preventing leaf identity theft with hormones. *Curr. Opin. Plant Biol.* 8, 501-505. **(Revisão)**

MATHUR, J. 2006. Local interactions shape plant cells. *Curr. Opin. Cell Biol.* 18, 40-46. **(Revisão)**

MCSTEEN, P. e O. LEYSER. 2005. Shoot branching. *Annu. Rev. Plant Biol.* 56, 353-374. **(Revisão)**

MÜSSIG, C. 2005. Brassinosteroid-promoted growth. *Plant Biol.* 7, 110-117. **(Revisão)**

NEMOTO, K., I. NAGANO, T. HOGETSU e N. MIYAMOTO. 2004. Dynamics of cortical microtubules in developing maize internodes. *New Phytol.* 162, 95-103. **(A orientação dos microtúbulos corticais nas células do meristema interca-**

lar, originado de células com microtúbulos orientados ao acaso e que permaneceram não modificados por toda a proliferação das células internodais.)

PONCE, G., P. W. BARLOW, L. J. FELDMAN e G. I. CASSAB. 2005. Auxin and ethylene interactions control mitotic activity of the quiescent centre, root cap size, and pattern of cap cell differentiation in maize. *Plant Cell Environ.* 28, 719-732. **(O controle do tamanho, forma e estrutura da coifa da raiz envolve interações entre a coifa da raiz [RC] e o centro quiescente [QC]. Resultados de experimentos com etileno e o inibidor de auxina polar, ácido 1-*N*-naftilftalamico [NPA] sugere que o QC garante uma distribuição interna ordenada de auxina e, assim regula não somente os planos de crescimento e divisão tanto no próprio ápice da raiz quanto no meristema RC, mas também regula o destino da célula no RC. O etileno aparentemente regula o sistema de redistribuição de auxina que reside no RC.)**

RANGANATH, R. M. 2005. Asymmetric cell divisions in flowering plants - one mother, "two--many" daughters. *Plant Biol.* 7, 425-448. **(Revisão)**

REDDY, G. V., M. G. HEISLER, D. W. EHRHARDT e E. M. MEYEROWITZ. 2004. Real-time lineage analysis reveals oriented cell divisions associated with morphogenesis at the shoot apex of *Arabidopsis thaliana. Development* 131, 4225-4237. **(Uma técnica de imagem ao vivo baseada em microscopia confocal tem sido utilizada para analisar o crescimento em tempo real por monitoramento das divisões das células individuais no meristema apical caulinar [SAM] de *Arabidopsis thaliana. As análises revelaram que a atividade de divisão celular no SAM está sujeita a atividade temporal e coordenada através de camadas de células clonalmente distintas*)**

REDDY, G. V. e E. M. MEYEROWITZ. 2005. Stem--cell homeostasis and growth dynamics can be uncoupled in the *Arabidopsis* shoot apex. *Science* 310, 663-667. **(É mostrado que o gene *CLAVATA3 [CLV3] restringe seu próprio domínio de expressão* [a zona central, CZ] por prevenir a diferenciação da zona periférica [PZ], que circunda a CZ, dentro das células CZ e restringe de forma geral o tamanho do meristema apical caulinar [SAM] por um efeito separado, de longo prazo, na taxa de divisão celular.)**

REINHARDT, D. 2005. Phyllotaxis - a new chapter in an old tale about beauty and magic numbers. *Curr. Opin. Plant Biol.* 8, 487-493. **(Revisão)**

REINHARDT, D., E.-R. PESCE, P. STIEGER, T. MANDEL, K. BALTENSPERGER, M. BENNETT, J. TRAAS, J. FRIML e C. KUHLEMEIER 2003. Regulation of phyllotaxis by polar auxin transport. *Nature* 426, 255-260. **(Os resultados desse estudo mostram que PIN1 e auxina desempenham um papel central na padrão filotático em *Arabidopsis*. PIN1, por outro lado, responde a informação do padrão filotático, indicando que a filotaxia envolve um mecanismo de feedback. Com base nesses resultados e em outros dados experimentais, os autores propõem um modelo para a regulação de filotaxia em *Arabidopsis*.)**

RODRÍQUEZ-RODRÍGUEZ, J. F., S. SHISHKOVA, S. NAPSUCIALYMENDIVIL e J. G. DUBROVSKY. 2003. Apical meristem organization and lack of establishment of the quiescent center in Cactaceae roots with determinate growth. *Planta* 217, 849-857. **(O estabelecimento de um centro quiescente é necessário para a manutenção do meristema apical e do crescimento indeterminado da raiz.)**

SAMPEDRO, J., R. D. CAREY e D. J. COSGROVE. 2006. Genome histories clarify evolution of the expansin superfamily: new insight from the poplar genome and pine ESTs. *J. Plant Res.* 119, 11-21. **(Revisão)**

SCHILMILLER, A. L. e G. A. HOWE. 2005. Systemic signaling in the wound response. *Curr. Opin. Plant Biol.* 8, 369-377. **(Uma breve revisão no papel do ácido jasmônico e da sistemina na resposta a ferimentos.)**

SHOSTAK, S. 2006. (Re)defining stem cells. *BioEssays* 28, 301-308. **(O autor discute a confusão que existe atualmente no uso do termo célula-tronco.)**

STEFFENS, B. e M. SAUTER. 2005. Epidermal cell death in rice is regulated by ethylene, gibberellin, and abscisic acid. *Plant Physiol.* 139, 713-721. **(A indução da morte celular programada [PCD] de células epidérmicas que cobrem primórdios de raízes adventicias em arroz de várzea *[Oryza sativa] é induzida por submersão. A indução de PCD é dependente do sinal de etileno e é promovida posteriormente pela giberelina* [GA], o eti-**

leno e a GA agindo de um modo sinergístico. Foi mostrado que o ácido abscísico atrasa a morte celular induzida por etileno, bem como a promovida por GA.)

SUGIYAMA, S.-I. 2005. Polyploidy and cellular mechanisms changing leaf size: Comparison of diploid and autotetraploid populations in two species of *Lolium*. *Ann. Bot.* 96, 931-938. **(A poliploidia aumentou o tamanho da folha pelo aumento do tamanho da célula.)**

TANAKA, M., K. TAKEI, M. KOJIMA, H. SAKAKIBARA e H. MORI. 2006. Auxin controls local cytokinin biosynthesis in the nodal stem in apical dominance. *Plant J.* 45, 1028-1036. **(Os autores demonstram que a auxina regula negativamente a biossíntese da citocinina local [CK] no caule nodal pelo controle do nível de expressão do gene de ervilha [*Pisum sativum* L.] *adenosina fosfato-isopentenil transferase* [*PsIPT*], que codifica uma enzima chave na biossíntese de CK.)**

TEALE, W. D., I. A. PAPONOV, F. DITENGOU e K. PALME. 2005. Auxin and the developing root of *Arabidopsis thaliana*. *Physiol. Plant.* 123, 130-138. **(Revisão)**

VALLADARES, F. e D. BRITES. 2004. Leaf phyllotaxis: does it really affect light capture? *Plant Ecol.* 174, 11-17.

VAN DOORN, W. G. 2005. Plant programmed cell death and the point of no return. *Trends Plant Sci.* 10, 478-483. **(Revisão)**

VAN DOORN, W. G. e E. J. WOLTERING. 2005. Many ways to exit? Cell death categories in plants. *Trends Plant Sci.* 10, 117-122. **(Revisão)**

VANISREE, M., C.-Y. LEE, S.-F. LO, S. M. NALAWADE, C. Y. LIN, and H.-S. TSAY. 2004. Studies on the production of some important secondary metabolites form medicinal plants by plant tissue cultures. *Bot. Bull. Acad. Sin.* 45, 1-22. **(Revisão)**

VANNESTE, S., L. MAES, I. DE SMET, K. HIMANEN, M. NAUDTS, D. INZÉ e T. BEECKMAN. 2005. Auxin regulation of cell cycle and its role during lateral root initiation. *Physiol. Plant.* 123, 139-146. **(Revisão)**

VEIT, B. 2004. Determination of cell fate in apical meristems. *Curr. Opin. Plant Biol.* 7, 57-64. **(Revisão)**

WARD, S. P. e O. LEYSER. 2004. Shoot branching. *Curr. Opin. Plant Biol.* 7, 73-78. **(Revisão)**

WEIJERS, D. e G. JÜRGENS. 2005. Auxin and embryo axis formation: the ends in sight? *Curr. Opin. Plant Biol.* 8, 32-37. **(Revisão)**

WIGGE, P. A., M. C. KIM, K. E. JAEGER, W. BUSCH, M. SCHMID, J. U. LOHMANN e D. WEIGEL. 2005. Integration of spatial and temporal information during floral induction in *Arabidopsis*. *Science* 309, 1056-1059. **(Ver sumário em Abe et al., 2005)**

WILLIAMS, L. e J. C. FLETCHER. 2005. Stem cell regulation in the *Arabidopsis* shoot apical meristem. *Curr. Opin. Plant Biol.* 8, 582-586. **(Revisão)**

WOODWARD, A. W. e B. BARTEL. 2005. Auxin: regulation, action, and interaction. *Ann. Bot.* 95, 707-735. **(Revisão)**

CAPÍTULOS 7 E 8

AGEEVA, M. V., B. PETROVSKÁ, H. KIEFT, V. V. SAL'NIKOV, A. V. SNEGIREVA, J. E. G. VAN DAM, W. L. H. VAN VEENENDAAL, A. M. C. EMONS, T. A. GORSHKOVA e A. A. M. VAN LAMMEREN. 2005. Intrusive growth of flax phloem fibers is of intercalary type. *Planta* 222, 565-574. **(As fibras do floema primário de *Linum usitatissimum* inicialmente sofrem crescimento coordenado, seguido por crescimento intrusivo. Evidências indicam que a fase de crescimento intrusivo é acompanhada por um modo difuso de alongamento celular, e não por crescimento da extremidade. A fibra crescendo intrusivamente é multinucleada e, sem plasmodesmos, fica isolada simplasticamente.)**

ANGELES, G., S. A. OWENS e F. W. EWERS. 2004. Fluorescence shell: a novel view of sclereid morphology with the confocal laser scanning microscope. *Microsc. Res. Techniq.* 63, 282-288. **(O CLSM foi usado para observar esclereídes de caules de *Avicennia germinans e de* frutos de *Pyrus calleryana* e *P. communis. O uso de CLSM para foco estendido de imagens de fluorescência permite facilmente ilustrar e quantificar o grau de ramificação das pontoações e o número de facetas da parede celular.)***

EVANS, D. E. 2003. Aerenchyma formation. *New Phytol.* 161, 35-49.

GORSHKOVA, T. e C. MORVAN. 2006. Secondary cell-wall assembly in flax phloem fibres: role of galactans. *Planta* 223, 149-158. **(Revisão)**

GOTTSCHLING, M. e H. H. HILGER. 2003. First fossil record of transfer cells in angiosperms. *Am. J. Bot.* 90, 957-959.

GRITSCH, C. S., G. KLEIST e R. J. MURPHY. 2004. Developmental changes in cell wall structure of phloem fibres of the bamboo *Dendrocalamus asper*. *Ann. Bot.* 94, 497-505. **(A natureza multilaminada da estrutura da parede celular variou consideravelmente entre as células individuais e não estava especificamente relacionada à espessura da parede celular.)**

MALIK, A. I., T. D. COLMER, H. LAMBERS e M. SCHORTEMEYER. 2003. Aerenchyma formation and radial O2 loss along adventitious roots of wheat with only the apical root portion exposed to O2 deficiency. *Plant Cell Environ.* 26, 1713-1722. **(O aerênquima formado quando somente parte do sistema radicular estava exposto à deficiência de O_2 foi mostrado ser functional na condução de O_2.)**

PURNOBASUKI, H. e M. SUZUKI. 2005. Aerenchyma tissue development and gas-pathway structure in root of *Avicennia marina* (Forsk.) Vierh. *J. Plant Res.* 118, 285-294. **(O desenvolvimento do aerênquima foi devido à formação de espaços intercelulares esquizógenos. A separação celular ocorreu entre as colunas das células longitudinais resultando na formação de espaços intercelulares longos ao longo do eixo da raiz. Esses espaços intercelulares longos estavam interconectados por poros ou canais pequenos abundantes, de origem esquizógena.)**

SEAGO, J. L., JR., L. C. MARSH, K. J. STEVENS, A. SOUKUP, O. VOTRUBOVÁ e D. E. ENSTONE. 2005. A re-examination of the root cortex in wetland flowering plants with respect to aerenchyma. *Ann. Bot.* 96, 565-579. **(Revisão)**

TOMLINSON, P. B. e J. B. FISHER. 2005. Development of nonlignified fibers in leaves of *Gnetum gnemon* (Gnetales). *Am. J. Bot.* 92, 383-389. **(As fibras de paredes espessadas não lignificadas nas folhas de *Gnetum gnemon podem* ter uma função hidráulica além da mecânica.)**

CAPÍTULO 9

ASSMANN, S. M. e T. I. BASKIN. 1998. The function of guard cells does not require an intact array of cortical microtubules. *J. Exp. Bot.* 49, 163-170. **(As células-guarda mediaram a abertura estomática em resposta à luz ou fusicoccina, e mediaram o fechamento estomático em resposta a escuridão e cálcio, independentemente da presença de 1 mM de colchicina que despolimerizou a maioria dos microtúbulos.)**

BERGMANN, D. C. 2004. Integrating signals in stomatal development. *Curr. Opin. Plant Biol.* 7, 26-32. **(Revisão)**

BÜCHSENSCHÜTZ, K., I. MARTEN, D. BECKER, K. PHILIPPAR, P. ACHE e R. HEDRICH. 2005. Differential expression of K^+ channels between guard cells and subsidiary cells within the maize stomatal complex. *Planta* 222, 968-976. **(A interação entre as células subsidiárias e as células-guarda é baseada na sobreposição, bem como na expressão diferencial, de canais de K^+ nos dois tipos de células do complexo estomático do milho.)**

DRISCOLL, S. P., A. PRINS, E. OLMOS, K. J. KUNERT e C. H. FOYER. 2006. Specification of adaxial and abaxial stomata, epidermal structure and photosynthesis to CO_2 enrichment in maize leaves. *J. Exp. Bot.* 57, 381-390. **(Os resultados deste estudo indicam que folhas de milho ajustam a suas densidades estomáticas por meio de mudanças no número de células da epiderme mais do que nos números de estômatos.)**

FAN, L.-M., Z.-X. ZHAO e S. M. ASSMANN. 2004. Guard cells: a dynamic signaling model. *Curr. Opin. Plant Biol.* 7, 537-546. **(Revisão)**

GALATIS, B. e P. APOSTOLAKOS. 2004. The role of the cytoskeleton in the morphogenesis and function of stomatal complexes. *New Phytol.* 161, 613-639. **(Revisão)**

GAO, X.-Q., C.-G. LI, P.-C. WEI, X.-Y. ZHANG, J. CHEN e X.-C. WANG. 2005. The dynamic changes of tonoplasts in guard cells are important for stomatal movement in *Vicia faba*. *Plant Physiol.* 139, 1207-1216.

HERNANDEZ, M. L., H. J. PASSAS e L. G. SMITH. 1999. Clonal analysis of epidermal patterning during maize leaf development. *Dev. Biol.* 216, 646-658. **(Resultados de clones analisados mostram claramente que a linhagem não conta para o padrão linear de estômatos e células buliformes, implicando que a informação da posição deve direcionar os padrões de diferenciação desses tipos de células em milho.)**

HOLROYD, G. H., A. M. HETHERINGTON e J. E. GRAY. 2002. A role for the cuticular waxes in the environmental control of stomatal development. *New Phytol.* 153, 433-439. **(Revisão)**

ICPN WORKING GROUP: M. MADELLA, A. ALEXANDRE e T. BALL. 2005. International code for phytolith nomenclature 1.0. *Ann. Bot.* 96, 253-260. **(Esse artigo propõe um protocolo fácil de seguir e internacionalmente aceito para descrever e nomear fitolitos.)**

KOIWAI, H., K. NAKAMINAMI, M. SEO, W. MITSUHASHI, T. TOYOMASU e T. KOSHIBA. 2004. Tissue-specific localization of an abscisic acid biosynthetic enzyme, AAO3, in *Arabidopsis*. *Plant Physiol.* 134, 1697-1707. **(Os resultados indicam que o ABA sintetizado no sistema vascular é transportado para vários tecidos e células alvo. As células-guarda são capazes de sintetizar o ABA.)**

KOUWENBERG, L. L. R., W. M. KÜRSCHNER e H. VISSCHER. 2004. Changes in stomatal frequency and size during elongation of *Tsuga heterophylla* needles. *Ann. Bot.* 94, 561-569. **(O estômato aparece primeiro na região apical da acícula e, então, se espalha basipetamente. Embora o número de fileiras estomáticas não mude durante o desenvolvimento da acícula, a densidade estomática decresce não linearmente com o aumento da área da acícula, até cerca de 50% da área final da acícula. A formação dos estômatos e das células epidérmicas continua até a completa maturação da acícula.)**

LAHAV, M., M. ABU-ABIED, E. BELAUSOV, A. SCHWARTZ e E. SADOT. 2004. Microtubules of guard cells are light sensitive. *Plant Cell Physiol.* 45, 573-582. **(Os microtúbulos [MTs] nas células-guarda de folhas de *Commelina communis* incubadas na presença de luz foram organizados em feixes paralelos retos e densos; no escuro eles ficaram menos retos e estavam orientados ao acaso próximo aos poros do estômato. Similarmente, em *Arabidopsis, os* MTs das *células-guarda* estavam organizados em arranjos paralelos na luz, mas desorganizados no escuro.)**

LUCAS, J. R., J. A. NADEAU e F. D. SACK. 2006. Microtubule arrays and *Arabidopsis* stomatal development. *J. Exp. Bot.* 57, 71-79. **(Durante o desenvolvimento do estômato em *Arabidopsis* as bandas pré-profase dos microtúbulos estão corretamente localizadas longe do estômato e dos dois tipos de células precursoras, indicando que todos os três tipos de células participam de um caminho de sinalização intercelular que orienta o local da divisão.)**

MILLER, D. D., N. C. A. DE RUIJTER e A. M. C. EMONS. 1997. From signal to form: aspects of the cytoskeleton-plasma membrane-cell wall continuum in root hair tips. *J. Exp. Bot.* 48, 1881-1896. **(Revisão)**

MIYAZAWA, S.-I., N. J. LIVINGSTON e D. H. TURPIN. 2006. Stomatal development in new leaves is related to the stomatal conductance of mature leaves in poplar *(Populus trichocarpa* x *P. deltoides)*. *J. Exp. Bot.* 57, 373-380. **(Os resultados desse estudo sugerem que o desenvolvimento da célula da epiderme e o desenvolvimento do estômato são regulados por diferentes mecanismos fisiológicos. A condutância estomatal das folhas maduras aparentemente tem um efeito regulador no desenvolvimento dos estômatos de folhas em expansão.)**

MOTOMURA, H., T. FUJII e M. SUZUKI. 2004. Silica deposition in relation to ageing of leaf tissues in *Sasa veitchii* (Carrière) Rehder (Poaceae: Bambusoideae). *Ann. Bot.* 93, 235-248. **(Duas hipóteses sobre a deposição de sílica foram testadas: a primeira, que a deposição de sílica ocorre passivamente como um resultado da absorção de água pelas plantas, e a segunda, que a deposição de sílica é controlada pelas plantas. Os resultados indicam que o processo de deposição diferiu dependendo do tipo de célula.)**

NADEAU, J. A. e F. D. SACK. 2003. Stomatal development: cross talk puts mouths in place. *Trends Plant Sci.* 8, 294-299. **(Revisão)**

PEI, Z.-M. e K. KUCHITSU. 2005. Early ABA signaling events in guard cells. *J. Plant Growth Regul.* 24, 296-307. **(Revisão)**

PIGHIN, J. A., H. ZHENG, L. J. BALAKSHIN, I. P. GOODMAN, T. L. WESTERN, R. JETTER, L. KUNST e A. L. SAMUELS. 2004. Plant cuticular lipid export requires an ABC transporter. *Science* 306, 702-704. **(O transportador ABC CER5 localizado na membrana plasmática de células da epiderme de *Arabidopsis está relacionado à saída de cera para a cutícula.)***

RICHARDSON, A., R. FRANKE, G. KERSTIENS, M. JARVIS, L. SCHREIBER e W. FRICKE. 2005. Cuticular wax deposition in growing barley (*Hordeum vulgare*) leaves commences in relation to the point of emergence of epidermal cells from the sheaths of older leaves. *Planta* 222, 472-483. **(Os resultados indicam que as camadas cuticulares são depositadas ao longo da folha de cevada em crescimento, independentemente da idade da célula ou do estágio de**

desenvolvimento. Além disso, a referência aponta para a deposição de cera que parece ser o ponto de emergência das células para a atmosfera.)

SCHREIBER, L. 2005. Polar paths of diffusion across plant cuticles: new evidence for an old hypothesis. *Ann. Bot.* 95, 1069-1073. **() (Coletânea botânica)**

SERNA, L. 2005. Epidermal cell patterning and differentiation throughout the apical-basal axis of the seedling. *J. Exp. Bot.* 56, 1983-1989. **(Revisão)**

SERNA, L., J. TORRES-CONTRERAS e C. FENOLL. 2002. Specification of stomatal fate in *Arabidopsis*: evidences for cellular interactions. *New Phytol.* 153, 399-404. **(Revisão)**

SHI, Y.-H., S.-W. ZHU, X.-Z. MAO, J.-X. FENG, Y.-M. QIN, L. ZHANG, J. CHENG, L.-P. WEI, Z.-Y. WANG e Y.-X. ZHU. 2006. Transcriptome profiling, molecular biological, and physiological studies reveal a major role for ethylene in cotton fiber cell elongation. *Plant Cell* 18, 651-664. **(Os resultados deste estudo indicam que o etileno desempenha um papel importante na promoção do alongamento da fibra do algodão, e que o etileno pode promover o alongamento da célula pelo aumento da expressão de sintase sacarose, tubulina e genes de expansão.)**

SHPAK, E. D., J. M. MCABEE, L. J. PILLITTERI e K. U. TORII. 2005. Stomatal patterning and differentiation by synergistic interactions of receptor kinases. *Science* 309, 290-293. **(Os resultados desse estudo sugerem que família ERECTA [ER] rica em leucina repetem quinases tipo receptor [LRR-RLKs] e juntas agem como reguladores negativos do desenvolvimento estomático em *Arabidopsis*.).**

TANAKA, Y., T. SANO, M. TAMAOKI, N. NAKAJIMA, N. KONDO e S. HASEZAWA. 2005. Ethylene inhibits abscisic acidinduced stomatal closure in *Arabidopsis. Plant Physiol.* 138, 2337-2343. **(Os resultados indicam que o etileno atrasa o fechamento do estômato, inibindo o caminho sinalizador do ABA.)**

VALKAMA, E., J.-P. SALMINEN, J. KORICHEVA e K. PIHLAJA. 2004. Changes in leaf trichomes and epicuticular flavonoids during leaf development in three birch taxa. *Ann. Bot.* 94, 233-242. **(As densidades dos tricomas, tanto glandulares quanto não glandulares, decresceram marcantemente com a expansão da folha, enquanto que o número total de tricomas por folha permaneceu constante. Além disso, concentrações da maioria dos flavonoides da superfície da folha individual correlacionou-se positivamente com a densidade do tricoma glandular dentro da espécie. Aparentemente, o papel funcional dos tricomas é provavelmente mais importante nos estágios iniciais do desenvolvimento da folha de betula.)**

VAN BRUAENE, N., G. JOSS e P. VAN OOSTVELDT. 2004. Reorganization and in vivo dynamics of microtubules during *Arabidopsis* root hair development. *Plant Physiol.* 136, 3905-3919. **(Esse estudo fornece novas ideias a respeito dos mecanismos de [re]organização dos microtúbulos [MT] durante o desenvolvimento do pelo radicular em *Arabidopsis thaliana. Os dados mostram como os MTs se reorientam após contato aparente com outros MTs e dão suporte a um modelo para o alinhamento de MT baseado em reorientação repetida da dinâmica de crescimento dos MT.)***

WU, Y., A. C. MACHADO, R. G. WHITE, D. J. LLEWELLYN e E. S. DENNIS. 2006. Expression profiling identifies genes expressed early during lint fibre initiation in cotton. *Plant Cell Physiol.* 47, 107-127. **Tanto o fator de transcrição GhMyb25 quanto o gene homeodomínio foram predominantemente específicos do óvulo e foram regulados positivamente no dia da antese em iniciais de fibras relativas às celulas epidérmicas do óvulo não fibrosas adjacentes. Medidas do teor de DNA indicam que as iniciais das fibras sofrem endoreduplicação de DNA.)**

YANG, H.-M., J.-H. ZHANG e X.-Y. ZHANG. 2005. Regulation mechanisms of stomatal oscillation. *J. Integr. Plant Biol.* 47, 1159-1172. **(Revisão)**

CAPÍTULOS 10 E 11

BUCCI, S. J., F. G. SCHOLZ, G. GOLDSTEIN, F. C. MEINZER e L. DA S. L. STERNBERG. 2003. Dynamic changes in hydraulic conductivity in petioles of two savanna tree species: factors and mechanisms contributing to the refilling of embolized vessels. *Plant Cell Environ.* 26, 1633-1645. **(Esse estudo apresenta evidência que a formação e reparo do embolismo são dois fenômenos distintos controlados por diferentes variáveis, o grau de embolismo sendo**

uma função de tensão, e a taxa de recarga uma função de desequilíbrios da pressão interna.)

BURGESS, S. S. O., J. PITTERMANN e T. E. DAWSON. 2006. Hydraulic efficiency and safety of branch xylem increases with height in *Sequoia sempervirens* (D. Don) crowns. *Plant Cell Environ.* 29, 229-239. **(Medidas de resistência ao embolismo do xilema em ramos mostram um aumento na segurança com a altura. Um decréscimo esperado na eficiência do xilema, entretanto, não foi observado. A ausência de uma compensação segurança-eficiência pode ser explicada, em parte, por tendências opostas na altura com relação a abertura das pontoações e diâmetro das traqueídes e os papéis principais e semi-independentes que estes desempenham na determinação da segurança e eficiência do xilema, respectivamente.)**

COCHARD, H., F. FROUX, S. MAYR e C. COUTAND. 2004. Xylem wall collapse in water-stressed pine needles. *Plant Physiol.* 134, 401-408. **Quando severamente desidratadas, as paredes das traqueídes colapsam completamente, mas o lúmen ainda aparece preenchido com seiva xilemática. Uma desidratação adicional resultou em traqueídes embolizados e no relaxamento das paredes. O colapso da parede nas acículas desidratadas foi rapidamente revertido com a reidratação.)**

CUTLER, D. F., P. J. RUDALL, P. E. GASSON e R. M. O. GALE. 1987. *Root Identification Manual of Trees and Shrubs: A Guide to the Anatomy of Roots of Trees and Shrubs Hardy in Britain and Northern Europe.* Chapman and Hall, London.

FAYLE, D. C. F. 1968. *Radial Growth in Tree Roots: Distribution, Timing, Anatomy.* University of Toronto, Faculty of Forestry, Toronto.

GABALDÓN, C., L. V. GÓMEZ ROS, M. A. PEDREÑO e A. ROSBARCELÓ. 2005. Nitric oxide production by the differentiating xylem of *Zinnia elegans. New Phytol.* 165, 121-130 **(A produção de NO foi localizada principalmente, tanto no floema quanto no xilema, independentemente do status de diferenciação celular. Entretanto, houve evidência de que as células das plantas, que são pré-determinadas para transdiferenciarem-se irreversivelmente em elementos de xilema, mostram um salto na produção de NO. Esta explosão é sustentada enquanto a síntese da parede celular e a autólise da célula estão em progresso.)**

GANSERT, D. 2003. Xylem sap flow as a major pathway for oxygen supply to the sapwood of birch (*Betula pubescens* Ehr.). *Plant Cell Environ.* 26, 1803-1814. **(O fluxo de seiva xilemática contribuiu com 60% do total de suprimento de oxigênio para o alburno. Isso não somente afetou o status de oxigênio do alburno, mas também teve um efeito no transporte radial de O_2 entre o caule e a atmosfera.)**

HACKE, U. G., J. S. SPERRY, J. K. WHEELER e L. CASTRO. 2006. Scaling of angiosperm xylem structure with safety and efficiency. *Tree Physiol.* 26, 689-701. **(Os autores testaram a hipótese de que a maior resistência à cavitação correlaciona-se com menor área total de pontoação intervascular por vaso [hipótese da área de pontoação] e avaliaram uma compensação entre segurança e eficiência à cavitação. Quatorze espécies com diversas formas de crescimento e afinidade entre famílias foram adicionadas aos dados publicados [29 espécies no total]. Uma compensação de seguranca versus eficiência foi evidente, e a hipótese da área de pontoação foi apoiada por uma forte correlação [r^2 = 0.77] entre o aumento da resistência à cavitação e a redução das membranas das pontoações por vaso.)**

HSU, L. C. Y., J. C. F. WALKER, B. G. BUTTERFIELD e S. L. JACKSON. 2006. Compression wood does not form in the roots of *Pinus radiata. IAWA J.* 27, 45-54. **(A madeira de compressão não foi observada na raiz principal ou nas raízes laterais distante 300 mm da base do caule em Pinus radiata. As raízes enterradas aparentemente perdem a habilidade de desenvolver madeira de compressão.)**

JACOBSEN, A. L., F. W. EWERS, R. B. PRATT, W. A. PADDOCK III e S. D. DAVIS. 2005. Do xylem fibers affect vessel cavitation resistance? *Plant Physiol.* 139, 546-556. **(Possíveis custos hidráulicos e mecânicos para aumentar a resistência à cavitação foram examinados entre seis espécies arbustivas do chaparral co-ocorrentes no sul da Califórnia. Foi encontrada uma correlação entre a resistência à cavitação e a área da parede da fibra, sugerindo uma função mecânica para as fibras na resistência à cavitação.)**

KARAM, G. N. 2005. Biomechanical model of the xylem vessels in vascular plants. *Ann. Bot.* 95, 1179-1186. **(A morfologia dos vasos do xilema através de diferentes fases de crescimento aparentemente segue princípios de modelos ideais de engenharia.)**

KOJS, P., W. WŁOCH e A. RUSIN. 2004. Rearrangement of cells in storeyed cambium of *Lonchocarpus sericeus* (Poir.) DC connected with the formation of interlocked grain in the xylem. *Trees* 18, 136-144 **(O mecanismo de formação da grã entrecruzada foi investigado. Novos contatos entre células são formados por meio de crescimento intrusivo das terminações das células pertencendo a um estrato entre as paredes tangenciais das células do estrato vizinho e divisões periclinais desiguais que mudam o formato das iniciais.)**

LI, A.-M., Y.-R. WANG e H. WU. 2004. Cytochemical localization of pectinase: the cytochemical evidence for resin ducts formed by schizogeny in *Pinus massoniana*. *Acta Bot. Sin.* 46, 443-450. **(Evidência citoquímica indica que a pectinase está envolvida no desenvolvimento esquizógeno dos canais de resina em *Pinus massoniana*.)**

LOPEZ, O. R., T. A. KURSAR, H. COCHARD e M. T. TYREE. 2005. Interspecific variation in xylem vulnerability to cavitation among tropical tree and shrub species. *Tree Physiol.* 25, 1553-1562. **(A vulnerabilidade do xilema do caule à cavitação foi investigada em nove espécies tropicais com diferentes histórias de vida e associações de habitat. Os resultados apoiam a dependência funcional da tolerância à seca na resistência do xilema à cavitação.)**

MAUSETH, J. D. 2004. Wide-band tracheids are present in almost all species of Cactaceae. *J. Plant Res.* 117, 69-76. **(Traqueídes com espessamentos em bandas largas [WBTs] - traqueídes curtos, amplos, em forma de barril, com espessamentos anular ou helicoidal da parede secundária, que se projetam profundamente para dentro do lúmen da traqueíde - estão presentes na madeira de quase todas as espécies de Cactaceae. Eles provavelmente se originaram somente uma vez em Cactaceae ou no clado Cactaceae/Portulacaceae. Os WBTs podem tanto se expandir quanto contrair, e acredita-se que reduzem o risco de cavitacao que ocorreria se eles tivessem paredes rígidas e volumes fixos.)**

MAUSETH, J. D. e J. F. STEVENSON. 2004. Theoretical considerations of vessel diameter and conductive safety in populations of vessels. *Int. J. Plant Sci.* 165, 359-368. **(É feita uma comparação sobre a segurança condutora de várias populações de vasos.)**

MCELRONE, A. J., W. T. POCKMAN, J. MARTÍNEZ-VILALTA e R. B. JACKSON. 2004. Variation in xylem structure and function in stems and roots of trees to 20 m depth. *New Phytol.* 163, 507-517.

MILES, A. 1978. *Photomicrographs of World Woods*. HM Stationery Office, London.

MOTOSE, H., M. SUGIYAMA e H. FUKUDA. 2004. A proteoglycan mediates inductive interaction during plant vascular development. *Nature* 429, 873-878. **(Uma molécula sinal de glicoproteína foi identificada em cultura de células de Zinnia. Com nome de xilogênio, ela transmite informação, possibilitando a formação de vasos [séries contínuas de elementos de vasos].)**

OLSON, M. E. 2005. Commentary: typology, homology, and homoplasy in comparative wood anatomy. *IAWA J.* 26, 507-522.

ORIBE, Y., R. FUNADA e T. KUBO. 2003. Relationships between cambial activity, cell differentiation and the localization of starch in storage tissues around the cambium in locally heated stems of *Abies sachalinensis* (Schmidt) Masters. *Trees* 17, 185-192. **(Resultados sugerem que a extensão, tanto da divisão quanto da diferenciação celular, depende da quantidade de amido nos tecidos de reserva ao redor do câmbio em caules localmente aquecidos dessa conífera sempre-verde que cresce em uma zona de temperatura baixa.)**

PITTERMANN, J., J. S. SPERRY, U. G. HACKE, J. K. WHEELER e E. H. SIKKEMA. 2005. Torus-margo pits help conifers compete with angiosperms. *Science* 310, 1924. **(A resistência da área de pontoação em coníferas foi 59 vezes menor do que a média nas angiospermas. Isso compensa o comprimento curto e a área de pontoação muito menor das traqueídes, e resulta em resistividades comparáveis de traqueídes de coníferas e vasos de angiospermas.)**

RYSER, U., M. SCHORDERET, R. GUYOT e B. KELLER. 2004. A new structural element containing glycine-rich proteins and rhamnogalacturonan I in the protoxylem of seed plants. *J. Cell Sci.* 117, 1179-1190. **(A parede celular primária rica**

em polissacarídeo dos elementos de protoxilema vivos e em alongamento é progressivamente modificada e finalmente substituída por uma parede rica em proteína em elementos mortos e passivamente distendidos.)

SALLEO, S., M. A. LO GULLO, P. TRIFILÒ e A. NARDINI. 2004. New evidence for a role of vessel-associated cells and phloem in the rapid xylem refilling of cavitated stems of *Larus nobilis. Plant Cell Environ.* 27, 1065-1076. **(É proposto um mecanismo para recarga do xilema baseado na conversão do amido em açúcar e no seu transporte pelos conduítes embolizados, assistido pelo fluxo de massa radial dirigido sob pressão.)**

SANO, Y. 2004. Intervascular pitting across the annual ring boundary in *Betula platyphylla* var. *japonica* and *Fraxinus mandshurica* var. *japonica. IAWA J.* 25, 129-140. **(Pontoações compostas unilateralmente estavam presentes na parede intervascular comum no limite do anel anual em ambas espécies.)**

SPERRY, J. S. 2003. Evolution of water transport and xylem structure. *Int. J. Plant Sci.* 164 (3, suppl.), S115-S127. **(Revisão)**

SPERRY, J. S., U. G. HACKE e J. K. WHEELER. 2005. Comparative analysis of end wall resistivity in xylem conduits. *Plant Cell Environ.* 28, 456-465. **(Foi estimada a resistividade hidráulica - gradiente de pressão/taxa do fluxo - através das paredes terminais dos conduítes do xilema, em uma samambaia portadora de vasos, uma gimnosperma portadora de traqueídes, uma angiosperma sem vasos, e quatro angiospermas portadoras de vasos. Os resultados sugerem que as resistividades da parede terminal e do lúmen sejam quase colimitantes nas plantas vasculares.)**

STILLER, V., J. S. SPERRY e R. LAFITTE. 2005. Embolized conduits of rice (*Oryza sativa*, Poaceae) refill despite negative xylem pressure. *Am. J. Bot.* 92, 1970-1974.

VAZQUEZ-COOZ, J. e R. W. MEYER. 2004. Occurrence and lignification of libriform fibers in normal and tension wood of red and sugar maple. *Wood Fiber Sci.* 36, 56-70. **(Em madeira normal e de tração de *Acer rubrum* e *A. saccharum, as fibras libriformes ocorrem em faixas onduladas interrompidas e têm um lúmen maior do que as fibrotraqueídes; espaços intercelulares são comuns.)***

WATANABE, Y., Y. SANO, T. ASADA e R. FUNADA. 2006. Histochemical study of the chemical composition of vestured pits in two species of *Eucalyptus. IAWA J.* 27, 33-43. **Parece que as guarnições nos elementos de vaso e fibras na madeira de *Eucalyptus camaldulensis* e *E. globus consistem principalmente de polifenóis e polissacarídeos solúveis em álcali.)***

WHEELER, J. K., J. S. SPERRY, U. G. HACKE e N. HOANG. 2005. Inter-vessel pitting and cavitation in woody Rosaceae and other vesselled plants: a basis for a safely versus efficiency trade-off in xylem transport. *Plant Cell Environ.* 28, 800-812. **(Nenhuma relação foi encontrada entre a resistência da pontoação e a pressão de cavitação. Entretanto, foi encontrada uma relação inversa entre a área de pontoação por vaso e a vulnerabilidade à cavitação.)**

WIMMER, R. 2002. Wood anatomical features in tree-rings as indicators of environmental change. *Dendrochronologia* 20, 21-36. **(Revisão)**

YANG, J., D. P. KAMDEM, D. E. KEATHLEY e K.-H. HAN. 2004. Seasonal changes in gene expression at the sapwoodheartwood transition zone of black locust (*Robinia pseudoacacia*) revealed by cDNA microarray analysis. *Tree Physiol.* 24, 461-474. **(Quando amostras da zona de transição de árvores adultas coletadas no verão foram comparadas com as do outono, 569 genes mostraram padrões de expressão diferentes: 293 genes foram regulados no verão [5 de julho] e 276 genes foram regulados no outono [27 de novembro]. Mais que 50% dos genes relacionados ao metabolismo secundário e hormonal nos microarranjos foram regulados no verão. Vinte e nove de 55 genes envolvidos em redução de sinal foram diferencialmente regulados, sugerindo que as células do parênquima do raio localizadas na parte mais interna da madeira do tronco reage às mudanças sazonais.)**

YE, Z.-H. 2002. Vascular tissue differentiation and pattern formation in plants. *Annu. Rev. Plant Biol.* 53, 183-202. **(Revisão)**

YOSHIDA, S., H. KURIYAMA e H. FUKUDA. 2005. Inhibition of transdifferentiation into tracheary elements by polar auxin transport inhibitors through intracellular auxin depletion. *Plant Cell Physiol.* 46, 2019-2028.

CAPÍTULO 12

ESPINOSA-RUIZ, A., S. SAXENA, J. SCHMIDT, E. MELLEROWICZ, P. MISKOLCZI, L. BAKO e R. P. BHALERAO. 2004. Differential stage-specific regulation of cyclin-dependent kinases during cambial dormancy in hybrid aspen. *Plant J.* 38, 603-615. **(A dormência cambial nas plantas lenhosas pode ser dividida em dois estágios: ecodormente e endodormente. Enquanto as árvores no estado ecodormente retomam o crescimento sob exposição a sinais que promovem o crescimento, aquelas no estado endodormente não respondem a tais sinais. Os resultados desse estudo, no qual a regulação das quinases dependentes de ciclina foram analisadas, indicam que os estágios eco e endodormentes da dormência cambial envolvem uma regulação estágio-específica dos atuantes no ciclo da célula em vários níveis.)**

KOJS, P., A. RUSIN, M. IQBAL, W. WL/OCH e J. JURA. 2004. Readjustments of cambial initials in *Wisteria floribunda* (Willd.) DC. for development of storeyed structure. *New Phytol.* 163, 287-297. **(O mecanismo de formação da estrutura cambial estratificada em W. floribunda envolve divisões celulares anticlinais e concomitante crescimento intrusivo das extremidades das células cambiais de um grupo de células ao longo das paredes tangenciais das células vizinhas.)**

LEÓN-GÓMEZ, C. e A. MONROY-ATA. 2005. Seasonality in cambial activity of four lianas from a Mexican lowland tropical rainforest. *IAWA J.* 26, 111-120. **(Em todas as quatro espécies - *Machaerium cobanense*, *M. floribundum*, *Gouania lupuloides*, e *Trichostigma octandrum* - o câmbio está ativo por todo o ano. Em todas, exceto T. octandrum, a atividade cambial foi maior no período chuvoso do que no período seco. A atividade cambial em T. octandrum não foi significativamente associada com a estação úmida ou seca.)**

MWANGE, K.-N'K., H.-W. HOU, Y.-Q. WANG, X.-Q. HE e K.-M. CUI. 2005. Opposite patterns in the annual distribution and time-course of endogenous abscisic acid and indole-3-acetic acid in relation to the periodicity of cambial activity in *Eucommia ulmoides* Oliv. *J. Exp. Bot.* 56, 1017-1028. **(No período ativo [AP], ABA passou por um decréscimo abrupto, alcançando seu nível menor no verão. Seu pico foi no inverno. IAA mostrou um padrão inverso ao do ABA: aumentou bastante no AP mas decresceu notavelmente com o começo da primeira quiescência [no outono]. Lateralmente, a maioria do ABA foi localizada nos tecidos maduros, enquanto o IAA foi localizado essencialmente na região cambial. Resultados de estudos experimentais sugerem que em E. ulmoides, o ABA e o IAA provavelmente interagem na região cambial.)**

MYSKOW, E. e B. ZAGORSKA-MAREK. 2004. Ontogenetic development of storied ray pattern in cambium of *Hippophae rhamnoides rhamnoides* L. *Acta Soc. Bot. Pol.* 73, 93-101. **(O desenvolvimento do arranjo estratificado tanto de iniciais fusiformes quanto de radiais em *Hippophae rhamnoides envolve, primeiro, divisões longitudinais anticlinais e crescimento intrusivo restrito das iniciais fusiformes, seguido por iniciação de raios secundários, em grande parte, formados a partir da segmentação das iniciais fusiformes. A migração vertical altamente controlada dos raios na superfície cambial também contribui para um padrão estratificado.)***

SCHRADER, J., R. MOYLE, R. BHALERAO, M. HERTZBERG, J. LUNDEBERG, P. NILSSON e R. P. BHALERAO. 2004. Cambial meristem dormancy in trees involves extensive remodeling of the transcriptome. *Plant J.* 40, 173-187. **(Células cambiais dormentes e ativas purificadas de Populus tremula foram utilizadas para gerar bibliotecas de cDNA específicas de meristema e para experimentos de microarranjos para definir mudanças transcripcionais globais logo após a dormência cambial. Foi encontrada uma redução significativa na complexidade do transcriptoma cambial no estado dormente. Entre outros, os achados indicam que o mecanismo do ciclo da célula é mantido em um estado de esqueleto no câmbio dormente, e que a regulação negativa de transcriptos *PttPIN1* e *PttPIN2 explica o transporte polar basípeto da auxina durante a dormência.)***

CAPÍTULOS 13 E 14

AMIARD, V., K. E. MUEH, B. DEMMIG-ADAMS, V. EBBERT, R. TURGEON e W. W. ADAMS, III. 2005. Anatomical and photosynthetic acclimation to the light environment in species with differing mechanisms of phloem loading. *Proc. Natl. Acad. Sci. USA* 102, 12968-12973. **(A habilidade de regular a fotossíntese em resposta ao ambiente a luz [crescimento sob luz baixa ou alta ou quando transferido de luz baixa para alta] foi comparado entre carregadores apoplásticos [ervilha e espinafre] e carregadores simplásticos [abóbora e *Verbascum phoeniceum*]).**

AYRE, B. G., F. KELLER e R. TURGEON. 2003. Symplastic continuity between companion cells and the translocation stream: long-distance transport is controlled by retention and retrieval mechanisms in the phloem. *Plant Physiol.* 131, 1518-1528. **(É proposto um modelo no qual o transporte de oligossacarídeos é uma estratégia adaptativa para melhorar a retenção de fotoassimilado, e, assim, a eficiência de translocação, no floema.)**

BARLOW, P. 2005. Patterned cell determination in a plant tissue: the secondary phloem of trees. *BioEssays* 27, 533-541. **(Supõe-se que em conjunto com os valores posicionais conferidos pela distribuição gradual radial de auxina, divisões celulares em posicões particulares dentro do câmbio são suficientes para determinar não somente cada um dos tipos de células do floema, mas também o seu padrão de diferenciação recorrente dentro de cada fileira radial.)**

BOVÉ, J. M. e M. GARNIER. 2003. Phloem- and xylem-restricted plant pathogenic bacteria. *Plant Sci.* 164, 423-438. **(Revisão)**

CARLSBECKER, A. e Y. HELARIUTTA. 2005. Phloem and xylem specification: pieces of the puzzle emerge. *Curr. Opin. Plant Biol.* 8, 512-517. **(Revisão)**

DUNISCH, O., M. SCHULTE e K. KRUSE. 2003. Cambial growth of *Swietenia macrophylla* King studied under controlled conditions by high resolution laser measurements. *Holzforschung* 57, 196-206. **(A expansão radial da célula após a dormência cambial ocorreu primeiro nos elementos de tubo crivado em contato com as células do parênquima radial; do lado do xilema, a expansão radial dos vasos e do parênquima paratraqueal foi induzido quase simultaneamente ao longo da circunferência do caule. A expansão celular radial das derivadas do floema e do xilema, formadas logo após a reativação cambial, foi induzida quase simultaneamente ao longo do eixo do caule.)**

FRANCESCHI, V. R., P. KROKENE, E. CHRISTIANSEN e T. KREKLING. 2005. Anatomical and chemical defenses of conifer bark against bark beetles and other pests. *New Phytol.* 167, 353-376. **(Revisão)**

FRANCESCHI, V. R., P. KROKENE, T. KREKLING e E. CHRISTIANSEN. 2000. Phloem parenchyma cells are involved in local and distant defense responses to fungal inoculation or bark-beetle attack in Norway spruce (Pinaceae). *Am. J. Bot.* 87, 314-316.

GARNIER, M., S. JAGOUEIX-EVEILLARD e X. FOISSAC. 2003. Walled bacteria inhabiting the phloem sieve tubes. *Recent Res. Dev. Microbiol.* 7, 209-223. **(Malicutes [espiroplasmas e fitoplasmas], nos quais falta a parede celular, são as bactérias mais comuns que habitam os elementos de tubo crivado. Bactérias com parede também habitam elementos de tubo crivado. Elas pertencem a diferentes subclasses da subdivisão Proteobacteria. Este artigo apresenta uma visao global das Proteobacterias restritas ao floema.)**

GOULD, N., M. R. THORPE, O. KOROLEVA e P. E. H. MINCHIN. 2005. Phloem hydrostatic pressure relates to solute loading rate: a direct test of the Münch hypothesis. *Funct. Plant Biol.* 32, 1019-1026. **(O papel da absorção de solutos em criar uma pressão hidrostática associada com o fluxo do floema foi testado em folhas adultas de cevada e "sow thistle".)**

HANCOCK, R. D., D. MCRAE, S. HAUPT e R. VIOLA. 2003. Synthesis of L-ascorbic acid in the phloem. *BMC Plant Biol.* 3 (7) [13 pp.]. **(A síntese ativa de ácido L-ascórbico foi detectada nos exudatos vasculares ricos do floema em frutos de *Cucurbita pepo* e demonstrada em feixes do floema isolados de *Apium graveolens*.)**

HÖLTTÄ, T., T. VESALA, S. SEVANTO, M. PERÄMÄKI e E. NIKINMAA. 2006. Modeling xylem and phloem water flows in trees according to cohesion theory and Münch hypothesis. *Trees* 20, 67-78. **(Fluxos de água e solutos no sistema acoplado de xilema e floema foram modelados juntos, com previsões para mudanças no diâmetro do xilema e de todo o caule. Com o modelo, os autores foram capazes de produzir circulação de água entre o xilema e o floema como apresentado pela hipótese de Münch.)**

HSU, Y.-S., S.-J. CHEN, C.-M. LEE e L.-L. KUO-HUANG. 2005. Anatomical characteristics of the secondary phloem in branches of *Zelkova serrata* Makino. *Bot. Bull. Acad. Sin.* 46, 143-149. **(Nenhuma diferença óbvia na espessura ocorreu entre o floema secundário do lado de cima [floema de reação] e do lado de baixo [floema oposto] de ramos inclinados. Fibras gelatinosas, que ocorreram tanto no floema de reação quanto no floema oposto, foram formadas mais cedo e ocuparam uma área maior no lado de cima. Adicionalmente, os elementos crivados no lado de cima foram mais longos e mais largos do que os do lado de baixo.)**

LANGHANS, M., R. RATAJCZAK, M. LÜTZELSCHWAB, W. MICHALKE, R. WÄCHTER, E. FISCHER-SCHLIEBS e C. I. ULLRICH. 2001. Immunolocalization of plasma-membrane H^+-ATPase and tonoplast-type pyrophosphatase in the plasma membrane of the sieve element-companion cell complex in the stem of *Ricinus communis* L. *Planta* 213, 11-19. **(A membrana plasmática [PM] H^+-ATPase e a pirofosfatase [PPase] tipo tonoplasto foram imunolocalizados por epifluorescência e pela microscopia de varredura a laser confocal [CLSM] sob marcação simples ou dupla com anticorpos monoclonais e policlonais específicos. A avaliação quantitativa por fluorescência CLSM revelou ambas bombas simultaneamente no elemento crivado PM.)**

LOUGH, T. J. e W. J. LUCAS. 2006. Integrative plant biology: role of phloem long-distance macromolecular trafficking. *Annu. Rev. Plant Biol.* 57. **On line. (Revisão)**

MACHADO, S. R., C. R. MARCATI, B. LANGE DE MORRETES e V. ANGYALOSSY. 2005. Comparative bark anatomy of root and stem in *Styrax camporum* (Styracaceae) *IAWA J.* 26, 477-487.

MINCHIN, P. E. H. e A. LACOINTE. 2005. New understanding on phloem physiology and possible consequences for modeling long-distance carbon transport. *New Phytol.* 166, 771-779. **(Revisão)**

NARVÁEZ-VASQUEZ, J. e C. A. RYAN. 2004. The cellular localization of prosystemin: a functional role for phloem parenchyma in systemic wound signaling. *Planta* 218, 360-369. **(As células do parênquima do floema nas lâminas foliares, pecíolos, e caules de *Lycopersicon esculentum [Solanum lycopersicum] são os locais para a síntese e processamento de prosistemina, o primeiro sinal da linha de defesa em resposta a herbivoria e ataques de patógenos.)***

THOMPSON, M. V. 2006. Phloem: the long and the short of it. *Trends Plant Sci.* 11, 26-32. **(O autor apresenta três metáforas para o transporte no floema pretendendo ajudar a construir uma ferramenta teórica acurada do comportamento temporal, a longa distancia do floema - uma ferramenta que não depende do turgor diferencial como uma variável importante de controle. Notando que a regulação molecular de troca de soluto no floema fará sentido somente na luz de seu comportamento a longa distância dependente da anatomia, o autor enfatiza a necessidade de um novo compromisso significativo para o estudo da anatomia quantitativa do floema.)**

TURGEON, R. 2006. Phloem loading: how leaves gain their independence. *BioScience* 56, 15-24. **(Revisão)**

VAN BEL, A. J. E. 2003. The phloem, a miracle of ingenuity. *Plant Cell Environ.* 26, 125-149. **(Revisão)**

VOITSEKHOVSKAJA, O. V., O. A. KOROLEVA, D. R. BATASHEV, C. KNOP, A. D. TOMOS, Y. V. GAMALEI, H.-W. HELDT e G. LOHAUS. 2006. Phloem loading in two Scrophulariaceae species. What can drive symplastic flow via plasmodesmata? *Plant Physiol.* 140, 383-395. **(It is concluded that in both *Alonsoa meridionalis* and *Asarina barclaiana* apoplastic phloem loading is an indispensable mechanism and that symplastic entrance of solutes into the phloem may occur by mass flow.) (Concluiu-se que tanto em *Alonsoa meridionalis* quanto em *Asarina barclaiana* o carregamento apoplástico do floema é um mecanismo indispensável e que a entrada simplástica de solutos no floema pode ocorrer por fluxo de massa.)**

VON ARX, G. e H. DIETZ. 2006. Growth rings in the roots of temperate forbs are robust annual markers. *Plant Biol.* 8, 224-233. **(Os anéis de crescimento no xilema secundário das raízes de herbáceas temperadas do norte representam incrementos de crescimento anuais robustos. Assim, eles podem ser usados de forma confiável em estudos cronológicos de herbáceas de questões relacionadas a idade e crescimento em ecologia vegetal).**

WALZ, C., P. GIAVALISCO, M. SCHAD, M. JUENGER, J. KLOSE e J. KEHR. 2004. Proteomics of cucurbit phloem exudate reveals a network of defence proteins. *Phytochemistry* 65, 1795-1804. **(Foram identificadas 45 proteínas diferentes de exudatos de floema de *Cucumis sativus* e *Cucurbita maxima*; a maioria delas foram relacionadas a reações de estresse e defesa.)**

WU, H. e X.-F. ZHENG. 2003. Ultrastructural studies on the sieve elements in root protophloem of *Arabidopsis thaliana*. *Acta Bot. Sin.* 45, 322-330.

ZHANG, L.-Y., Y.-B. PENG, S. PELLESCHI-TRAVIER, Y. FAN, Y.-F. LU, Y.-M. LU, X.-P. GAO, Y.-Y. SHEN, S. DELROT e D.-P. ZHANG. 2004. Evidence for apoplasmic phloem unloading in developing apple fruit. *Plant Physiol.* 135, 574-586. **(Dados estruturais e experimentais indicam claramente que o descarregamento do floema nos frutos de maçã seja apoplástico e fornece informação tanto nas características estruturais quanto moleculares envolvidas no processo.)**

CAPÍTULO 15

LANGENFELD-HEYSER, R. 1997. Physiological functions of lenticels. In: *Trees - Contributions to Modern Tree Physiology*, p. 43-56. H. Rennenberg, W. Eschrich e H. Ziegler, eds. Backhuys Publishers, Leiden, The Netherlands.

MANCUSO, S. e A. M. MARRAS. 2003. Different pathways of the oxygen supply in the sapwood of young *Olea europaea* trees. *Planta* 216, 1028-1033. **(Em horário diurno, quase todo o oxigênio presente no alburno foi trazido pelo fluxo da transpiração, não pelo transporte gasoso via lenticelas.)**

WAISEL, Y. 1995. Developmental and functional aspects of the periderm. In: *The Cambial Derivatives*, p. 293-315, M. Iqbal, ed. Gebrüder Borntraeger, Berlin.

CAPÍTULOS 16 E 17

BIRD, D. A., V. R. FRANCESCHI e P. J. FACCHINI. 2003. A tale of three cell types: alkaloid biosynthesis is localized to sieve elements in opium poppy. *Plant Cell* 15, 2626-2635. **(A marcação imunofluorescente, usando anticorpos purificados, mostrou que três enzimas chave, uma das quais é a redutase codeinona, envolvida na biossíntese de morfina e sanguinarina alcaloide relacionadas são restritas à região parietal dos elementos crivados adjacentes ou proximais aos laticíferos.)**

CARTER, C., S. SHAFIR, L. YEHONATAN, R. G. PALMER e R. THORNBURG. 2006. A novel role for proline in plant floral nectars. *Naturwissenschaften* 93, 72-79. **(O néctar do tabaco ornamental e dois insetos que polinizaram espécies perenes selvagens de soja contêm altos níveis de prolina. Pelo fato de os insetos, tais como abelhas melíferas, preferirem néctar rico em prolina, os autores hipotetizam que algumas plantas oferecem tal néctar como mecanismo para atrair os polinizadores visitantes.)**

CHEN, C.-C. e Y.-R. CHEN. 2005. Study on laminar hydathodes of *Ficus formosana* (Moraceae). I. Morphology and ultrastructure. *Bot. Bull. Acad. Sin.* 46, 205-215. **(Os hidatódios laminares de *F. formosana estão distribuídos em duas séries lineares, um de cada entre a margem e nervura mediana, na superfície adaxial. Eles estão localizados em malhas de nervuras com várias terminações, e consistem em epitema, traqueídes, uma camada de revestimento delimitadora, e poros de água [células-guarda permanentemente abertas]. Foram observadas numerosas invaginações da membrana plasmática nas células do epitema, indicativo de endocitose.)***

DAVIES, K. L., M. STPICZY SKA e A. GREGG. 2005. Nectarsecreting floral stomata in *Maxillaria anceps* Ames & C. Schweinf. (Orchidaceae). *Ann. Bot.* 96, 217-227. **(O néctar aparece como gotículas que são exudadas pelos estômatos modificados nos quais as aberturas se tornam quase completamente cobertas por uma camada de cutícula.)**

DE LA BARRERA, E. e P. S. NOBEL. 2004. Nectar: properties, floral aspects, and speculations on origin. *Trends Plant Sci.* 9, 65-69.

EL MOUSSAOUI, A., M. NIJS, C. PAUL, R. WINTJENS, J. VINCENTELLI, M. AZARKAN e Y. LOOZE. 2001. Revisiting the enzymes stored in the laticifers of *Carica papaya* in the context of their possible participation in the plant defence mechanism. *Cell. Mol. Life Sci.* 58, 556-570. **(Revisão. Vesículas do Golgi podem contribuir para um processo granulócrino.)**

FEILD, T. S., T. L. SAGE, C. CZERNIAK e W. J. D. ILES. 2005. Hydathodal leaf teeth of *Chloran-*

thus japonicus (Chloranthaceae) prevent guttation-induced flooding of the mesophyll. *Plant Cell Environ.* 28, 1179-1190.

HORNER, H. T., R. A. HEALY, T. CERVANTES-MARTINEZ e R. G. PALMER. 2003. Floral nectary fine structure and development in *Glycine max* L. (Fabaceae). *Int. J. Plant Sci.* 164, 675-690. **(Os nectários exibem secreção holócrina diferente daquela relatada para outros táxons de leguminosas e da maioria dos táxons de não leguminosas.)**

KLEIN, D. E., V. M. GOMES, S. J. DA SILVA-NETO e M. DA CUNHA. 2004. The structure of colleters in several species of *Simira* (Rubiaceae). *Ann. Bot.* 94, 733-740. **(Os coléteres em cada uma das espécies examinadas mostram um padrão diferente de distribuição e têm importância taxonômica abaixo do nível de gênero.)**

KOLB, D. e M. MÜLLER. 2004. Light, conventional and environmental scanning electron microscopy of the trichomes of *Cucurbita pepo* subsp. *pepo* var. *styriaca* and histochemistry of glandular secretory products. *Ann. Bot.* 94, 515-526. **(Nas folhas de abóbora [*Cucurbita pepo* var. *styriaca*] ocorrem quatro tipos diferentes de tricomas; três são glandulares e um é não glandular. Os três tricomas glandulares são capitatos. O tricoma não glandular é descrito como digitado colunar. Reações histoquímicas revelaram que o material secretado continha terpenos, flavonas e lipídios.)**

LEITÃO, C. A. E., R. M. S. A . MEIRA, A. A. AZEVEDO, J. M. DE ARAÚJO, K. L. F. SILVA e R. G. COLLEVATTI. 2005. Anatomy of the floral, bract, and foliar nectaries of *Triumfetta semitriloba* (Tiliaceae). *Can. J. Bot.* 83, 279-286. ***Os nectários de T. semitriloba são de um tipo especializado. Uma epiderme secretora, que consiste de tricomas nectaríferos pluricelulares e multisseriados, cobre um parênquima nectarífero vascularizado por floema e xilema.)***

MONACELLI, B., A. VALLETTA, N. RASCIO, I. MORO e G. PASQUA. 2005. Laticifers in *Camptotheca acuminata* Decne: distribution and structure. *Protoplasma* 226, 155-161. **(Pela primeira vez, laticíferos são relatados em um membro [*Camptotheca acuminata*] de Nyssaceaea. Eles são laticíferos não ramificados e não articulados e ocorrem na folha e no caule. Nenhum foi encontrado nas raízes.)**

PILATZKE-WUNDERLICH, I. e C. L. NESSLER. 2001. Expression and activity of cell-wall-degrading enzymes in the latex of opium poppy, *Papaver somniferum* L. *Plant Mol. Biol.* 45, 567-576. **(Uma abundância de transcriptos que codificam enzimas que degradam pectinas específicas do látex foi encontrada nos laticíferos articulados de *Papaver somniferum*. Essas enzimas, aparentemente, desempenham um papel importante no desenvolvimento dos laticíferos.)**

RUDGERS, J. A. 2004. Enemies of herbivores can shape plant traits: selection in a facultative ant--plant mutualism. *Ecology* 85, 192-205. **(Uma evidência experimental indica que formigas associadas podem influenciar a evolução de aspectos dos nectários extraflorais.)**

RUDGERS, J. A. e M. C. GARDENER. 2004. Extrafloral nectar as a resource mediating multispecies interactions. *Ecology* 85, 1495-1502.

SERPE, M. D., A. J. MUIR, C. ANDÈME-ONZIGHI e A. DRIOUICH. 2004. Differential distribution of callose and a (1 4)β-D-galactan epitope in the laticiferous plant *Euphorbia heterophylla* L. *Int. J. Plant Sci.* 165, 571-585. **(As paredes do laticífero não articulado diferem daquelas das células circundantes. Por exemplo, o nível de um epítopo (1 4)β-D-galactano foi muito mais baixo nos laticíferos do que em outras células, e um anticorpo anti-(1 3)β-D-galactano, que reconhece a calose, não marcou as paredes dos laticíferos e as paredes imediatamente adjacentes a eles. O anticorpo, entretanto, produz um padrão de marcação pontoado na maioria das outras células.)**

SERPE, M.D., A. J. MUIR e A. DRIOUICH. 2002. Immunolocalization of β-D-glucans, pectins, and arabinogalactanproteins during intrusive growth and elongation of nonarticulated laticifers in *Asclepias speciosa* Torr. *Planta* 215, 357-370. **(O alongamento do laticífero está associado com o desenvolvimento de uma lamela média, rica em homogalacturona entre laticíferos e suas células vizinhas. Adicionalmente, as paredes depositadas pelos laticíferos diferem daquelas das células que o circundam. Esses e outros resultados indicam que a penetração do laticífero causa mudanças nas paredes das células meriste-**

máticas e que há diferenças na composição da parede dentro de laticíferos e entre laticíferos e suas células circundantes.)

SERPE, M. D., A. J. MUIR e A. M. KEIDEL. 2001. Localization of cell-wall polysaccharides in nonarticulated laticifers of *Asclepias speciosa* Torr. *Protoplasma* 216, 215-226. **(Os laticíferos não articulados de *Asclepias speciosa têm propriedades citoquímicas distintas que mudam ao longo do seu comprimento.)***

WAGNER, G. J., E. WANG e R. W. SHEPHERD. 2004. New approaches for studying and exploiting an old protuberance, the plant trichome. *Ann. Bot.* 93, 3-11. **() (Resumo botânico)**

WEID, M., J. ZIEGLER e T. M. KUTCHAN. 2004. The roles of latex and the vascular bundle in morphine biosynthesis in the opium poppy, *Papaver somniferum*. *Proc. Natl. Acad. Sci. USA* 101, 13957-13962. **(É relatada a imunolocalização de cinco enzimas envolvidas na formação do alcaloide. Redutase codeinona localizada para os laticíferos, o local de acúmulo alcaloide morphinano.)**

WIST, T. J. e A. R. DAVIS. 2006. Floral nectar production and nectary anatomy and ultrastructure of *Echinacea purpurea* (Asteraceae). *Ann. Bot.* 97, 177-193. **(Os nectários florais de *Echinacea purpurea foram supridos somente pelo floema. Tanto os elementos crivados quanto as células companheiras foram encontradas adjacentes a epiderme. A abundância de mitocôndria nos nectários sugere um mecanismo écrino de secreção, embora as vesículas de Golgi possam contribuir para um processo granulócrino.)***

GLOSSÁRIO

A

abaxial Posicionado em direção oposta ao eixo. É o contrário de *adaxial*. Em relação à folha, relativo à superfície inferior ou "dorsal".

abertura da pontoação Abertura na pontoação a partir do interior da célula. Se um canal de pontoação está presente em uma pontoação areolada, duas aberturas são reconhecidas, a *mais interna*, a partir do lúmen da célula em direção ao canal, e uma *mais externa*, a partir do canal em direção à cavidade da pontoação.

adaxial Posicionado em direção ao eixo. É o oposto de *abaxial*. Em relação à folha, relativo à superfície superior ou "ventral".

adventício Relativo a uma estrutura que surge em um local diferente do usual, como as raízes que se originam a partir de caules ou folhas, em vez de originarem-se a partir de outras raízes, gemas que se desenvolvem em folhas ou raízes em vez de desenvolverem-se na axila das folhas nos ramos.

aerênquima Tecido parenquimático que contém espaços intercelulares particularmente grandes, de origem *esquizógena*, *lisígena* ou *rexígena*.

alburno Parte externa do lenho caulinar ou radicular que contém células vivas e reservas; pode ou não atuar na condução de água. Geralmente tem coloração mais clara que o cerne.

aleurona Grânulos de proteína (grânulos de aleurona) presentes nas sementes, geralmente restritos à camada mais externa, a *camada de aleurona* do endosperma. (*Corpos proteicos* é o termo recomendado para grãos de aleurona).

amido Um carboidrato insolúvel, a principal substância de armazenamento das plantas, composto de resíduos de glicose anidro com a fórmula $C_6H_{10}O_5$.

amiloplasto Um plastídio sem coloração (*leucoplasto*) que forma grãos de amido.

analogia Termo relativo a estruturas com mesma função, mas de origem filogenética distinta.

anastomose Termo relativo a células ou cordões de células que são interconectados entre si como, por exemplo, nas nervuras das folhas.

anatomia Estudo das estruturas internas de um organismo; *morfologia* é o estudo das estruturas externas.

anel de crescimento Camada de crescimento do xilema ou floema secundário, como visto em secção transversal de caule ou raiz; pode ser uma *camada (ou anel) anual* ou uma *falsa camada (ou anel)*.

angiosperma Grupo de plantas cujas sementes estão inseridas dentro de um ovário maduro (fruto).

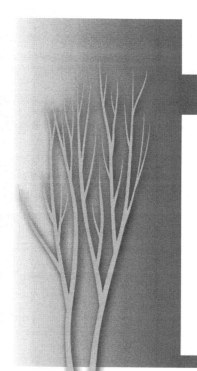

angstrom (originalmente *ångström*) Unidade de comprimento igual a um décimo de nanômetro (nm). Simbolizado como A ou Å.

anisotrópico Que tem diferentes propriedades ao longo de diferentes eixos; a anisotropia óptica causa polarização ou dupla reflexão da luz.

antera Porção do estame que porta os grãos de pólen.

anticlinal Comumente se refere à orientação da parede celular ou plano da divisão celular; perpendicular à superfície mais próxima. Oposto de *periclinal*.

antocianina Um pigmento flavonoide azul, púrpura ou vermelho, solúvel em água, que ocorre no suco vacuolar.

Antófita Filo das angiospermas ou plantas com flores.

aparato de Golgi Um termo que se refere coletivamente a todos os corpos de Golgi de uma célula. Também chamado de *complexo de Golgi*.

ápice ou topo Ponta, parte mais alta, extremidade pontiaguda. A extremidade do ramo ou da raiz que contém o meristema apical.

apoplasto Continuum de paredes celulares e espaços intercelulares de uma planta ou de um órgão vegetal; o movimento de substância via paredes celulares é chamado *movimento* ou *transporte apoplástico*.

apoptose Morte celular programada em células animais, mediada por um grupo de enzimas proteolíticas chamadas caspases; envolve uma série de eventos programados que levam ao desmantelamento do conteúdo celular.

aposição Crescimento da parede celular por deposição sucessiva de material de parede, camada sobre camada. Oposto à *intussucepção*.

área crivada Porção da parede do elemento crivado que contém agrupamentos de poros através dos quais os protoplastos dos elementos crivados adjacentes se conectam.

areia cristalina Massa de cristais livres muito finos.

axila ângulo superior formado entre um caule e uma folha ou ramo.

B

bainha Uma estrutura que envolve ou circunda outra. Termo utilizado para designar uma parte tubular ou enrolada de um órgão, como uma bainha foliar, e para uma camada de tecido que circunda um conjunto de outros tecidos, como a bainha do feixe que envolve um feixe vascular.

bainha amilífera Região mais interna (uma ou mais camadas de células) do córtex, quando essa região é caracterizada pelo acúmulo conspícuo e estável de amido.

bainha de mestoma Uma bainha endodermoide de um feixe vascular; a mais interna das duas bainhas das folhas de Poaceae, principalmente daquelas da subfamília Feustucoideae.

bainha do feixe Camada ou camadas de células que envolvem o feixe vascular das folhas, podendo ser de natureza parenquimática ou esclerenquimática.

bainha foliar Parte inferior de uma folha que circunda o caule completamente.

banda da pré-prófase Uma banda anelar de microtúbulos, encontrada logo abaixo da membrana plasmática, que delimita o plano equatorial do futuro fuso mitótico de uma célula que está se preparando para se dividir.

barras de Sânio Ver *crássulas*

braquiesclereíde Um tipo de esclereíde curta, mais ou menos isodiamétrica, semelhante a uma célula parenquimática em sua forma, uma *célula pétrea*.

C

caliptrógeno No ápice da raiz; meristema que origina a coifa independentemente das iniciais do córtex e cilindro vascular.

calo Tecido composto de células grandes e de paredes delgadas que se desenvolvem a partir de injúrias, como em tecidos de cicatrização, enxertos e cultura de tecidos (O uso do termo "calo" para se referir à calose presente em *á*reas crivadas é contraindicado).

calose um polissacarídeo, ß-1,3 glucano, que produz glicose por hidrólise. É um constituinte parietal comum nas áreas crivadas de elementos crivados; também se desenvolve rapidamente em reação à injúria em elementos crivados e células de parênquima.

camada anual No xilema secundário, camada (ou anel) de crescimento, formada durante uma estação. O termo é controverso porque mais de uma camada de crescimento pode ser formada durante um único ano.

camada de aleurona Camada mais externa do endosperma de cereais e muito outros táxons que contêm corpos proteicos e enzimas envolvidas com a digestão do endosperma.

camada de crescimento Camada do xilema ou floema secundários produzida durante um período de crescimento, que pode se estender por uma estação (*anel* ou *camada annual*) ou parte de uma estação (*falso anel* ou *camada*) se mais de uma camada é formada na estação. Também denominada *incremento de crescimento*.

camadas L1, L2 e L3 As camadas celulares mais externas do meristema apical de angiospermas com organização túnica-corpo.

câmara (cavidade) da pontoação Todo o espaço de uma pontoação a partir da membrana da pontoação até o lúmen da célula ou até a abertura externa da pontoação se um canal de pontoação está presente.

câmbio Um meristema cujos produtos de divisões periclinais contribuem em duas direções, arranjadas em fileiras radiais. Termo aplicado preferencialmente aos dois meristemas laterais, o *câmbio vascular* e o *câmbio da casca*, ou *felogênio*.

câmbio da casca Ver *felogênio*.

câmbio estratificado Câmbio no qual as iniciais fusiformes estão arranjadas em fileiras horizontais vistas em superfície tangencial; os raios podem também estar assim arranjados.

câmbio fascicular Câmbio vascular que se origina a partir do procâmbio dentro de um feixe vascular, ou fascículo.

câmbio interfascicular Câmbio vascular que se forma entre os feixes (fascículos) a partir do parênquima interfascicular.

câmbio não estratificado Câmbio no qual as iniciais fusiformes e radiais não estão arranjadas em fileiras horizontais quando visto em superfície tangencial.

câmbio supranumerário ou acessório Câmbio vascular que se origina no floema ou periciclo do lado externo ao câmbio vascular formado regularmente. Característica de algumas plantas com tipo de crescimento secundário variante.

câmbio vascular Meristema lateral que forma os tecidos vasculares secundários, floema e xilema secundários, no caule e raiz. Localiza-se entre esses dois tecidos e, por divisões periclinais, origina células na direção de ambos.

campo crivado Termo antigo, utilizado para designar uma área crivada, relativamente indiferenciada, em regiões da parede que não as placas crivadas.

campo de cruzamento Termo utilizado com referência ao retângulo formado pelas paredes de uma célula de raio quando cruza com uma traqueíde axial; como visto em secção radial do xilema secundário de coníferas.

campo de pontoação Ver *campo de pontoação primária*.

campo de pontoação primária Uma área delgada da parede celular primária e da lamela média onde um ou mais pares de pontoações se desenvolvem se uma parede celular secundária for formada. Também chamado de *pontoação primordial* ou *pontoação primária*.

canal Um espaço alongado formado pela separação de células (origem esquizógena), dissolução de células (origem lisígena) ou pela combinação dos dois processos (origem esquizolisígena); geralmente relacionado com secreção.

canal da pontoação Passagem do lúmen de uma célula para a câmara de uma pontoação areolada. (As pontoações simples em paredes espessas possuem, geralmente, câmaras semelhantes a canais).

canal de goma Um canal que contém goma.

canal de mucilagem Um canal que contém mucilagem ou goma ou carboidrato similar.

canal de resina Um canal de origem esquizógena, revestido com células secretoras de resina (*células epiteliais*) e que contém resina.

canal de resina traumático Um canal de resina que se desenvolve em resposta a injúria.

canal secretor Refere-se comumente a um canal esquizógeno e contém uma secreção derivada das células (*células epiteliais*) que revestem o canal. Ver *epitélio*.

cariocinese Divisão de um núcleo, distinta da divisão da célula, ou *citocinese*. Também denominada *mitose*.

casca Termo não técnico aplicado a todos os tecidos externos ao câmbio vascular ou xilema; em árvores mais velhas, pode ser dividido em casca externa morta e casca interna viva, que consiste do floema secundário. Ver também *ritidoma*.

casca em anel Tipo de ritidoma que resulta da formação de peridermes sucessivas, aproximadamente concêntricas ao redor do eixo.

casca em escama Tipo de ritidoma em que as peridermes subsequentes se desenvolvem como estratos restritos que se sobrepõem, cada um rompendo para o exterior uma massa de tecido em forma de escama.

casca externa Em árvores velhas, a parte morta da casca; a periderme mais interna e todos os tecidos externos a esta; também denominada *ritidoma*. Ver também *casca*.

casca interna Em árvores velhas, a parte viva da casca; a casca interna à periderme mais interna. Ver também *casca*.

cavidade secretora Refere-se comumente a um espaço lisígeno e contém secreção derivada das células que se romperam na formação da cavidade.

célula Unidade estrutural e fisiológica de um organismo vivo. A célula vegetal consiste de protoplasto e parede celular; células mortas consistem somente de parede celular, ou parede celular e algumas inclusões inorgânicas.

célula acessória Ver célula subsidiária.

célula albuminosa Ver *célula de Strasburger*.

célula apical Célula solitária que ocupa a posição distal em um meristema apical da raiz ou do ramo, usualmente interpretada como sendo a célula inicial no meristema apical; típica de plantas vasculares sem sementes.

célula buliforme Uma célula epidérmica volumosa presente, com outras células similares, em fileiras longitudinais em folhas de gramíneas. Também chamadas *células motoras*, em virtude de sua possível participação no mecanismo de enrolamento e desenrolamento de folhas.

célula companheira Célula de parênquima especializada, associada a um elemento de tubo crivado no floema de angiospermas, que surge a partir da mesma célula-mãe que o elemento de tubo crivado.

célula crivada Tipo de elemento crivado que possui áreas crivadas relativamente indiferenciadas (com poros estreitos), com estrutura bem uniforme em todas as paredes; isto é, não há placas crivadas; encontrado no floema de gimnospermas.

célula de contato Célula de parênquima paratraqueal ou radial em contato direto com os vasos ou fisiologicamente associada a estes. Embora consideradas análogas às células companheiras no floema por alguns autores, as células de contato não apresentam a mesma origem nem a mesma função das células companheiras.

célula de mirosina Célula que contém mirosinases, que são enzimas que hidrolisam glicosinolatos. Ocorre principalmente em Brassicaceae.

célula de mucilagem Célula que contém mucilagem ou gomas ou carboidrato similar, caracterizado pelas propriedades de intumescimento em água.

célula de raio procumbente Nos tecidos vasculares secundários; célula de raio que possui o seu maior eixo na direção radial.

célula de raio quadrada No sistema vascular secundário, célula de raio aproximadamente quadrada quando vista em secção radial. (Considerada do mesmo tipo morfológico que a *célula ereta de raio*.)

célula de sílica Célula preenchida com sílica, como na epiderme das gramíneas.

célula de Strasburger No floema das gimnospermas; algumas células parenquimáticas radiais e axiais especial e funcionalmente associadas com as células crivadas, semelhantes às células companheiras das angiospermas, mas que não se originam das mesmas células precursoras que as células crivadas. Também denominadas *células albuminosas*.

célula de transferência Célula parenquimática com projeções (ou invaginações) que aumentam a superfície da membrana plasmática. Parece ser especializada para transferência de solutos a curta distância. Células sem projeções da parede podem também ter a função das células de transferência.

célula do súber Célula do felema derivada do felogênio, morta na maturidade, com paredes suberizadas; tem função protetora porque suas paredes são altamente impermeáveis à água.

célula ereta de raio Nos tecidos vasculares secundários, célula de raio orientada com a sua maior dimensão axialmente (verticalmente no eixo).

célula esclerenquimática Célula de tamanho e forma variáveis, que possui uma parede secundária mais ou menos espessa, geralmente lignificada. Pertence a uma categoria de células de sustentação e pode, ou não, possuir protoplasto na maturidade.

célula feloidal Célula do felema (súber) distinta das demais por não possuir suberina em suas paredes. Pode ser uma esclereíde.

célula fotossintética Uma célula com cloroplastos envolvida na fotossíntese.

célula fusiforme Célula alongada com as extremidades afiladas.

célula intermediária Células companheiras especialmente grandes com campos de plasmodesmos muito ramificados que se conectam a elas a partir das células da bainha do feixe; a sua presença está relacionada com o transporte de grandes quantidades de rafinose e estaquiose.

célula laticífera Um laticífero não articulado ou simples.

célula-mãe Ver *célula precursora.*

célula-mãe do floema Uma derivada cambial que é a origem de certos elementos do tecido floemático, tais como um elemento de tubo crivado e suas células companheiras ou uma fileira de células do parênquima do floema. Termo usado também em sentido mais amplo como sinônimo de *inicial floemática.*

célula-mãe do xilema Uma derivada cambial que é a origem de certos elementos do tecido xilemático, tais como células do parênquima axial que forma uma série parenquimática. Termo usado também em sentido mais amplo, como sinônimo de *inicial xilemática.*

célula meristemática Uma célula que sintetiza protoplasma e produz novas células por divisão; varia na forma, no tamanho, na espessura da parede e no grau de vacuolização, porém possui unicamente parede primária.

célula motora Ver *célula buliforme.*

célula parenquimática Geralmente uma célula não distintamente especializada com um protoplasto nucleado envolvida em uma ou mais das várias funções fisiológicas e biomecânicas da planta. Varia em tamanho, forma e estrutura da parede.

célula parenquimática esclerificada Uma célula parenquimática que se torna uma esclereíde pela deposição de parede secundária espessa.

célula pétrea Ver *braquiesclereíde.*

célula precursora Uma célula que origina outras por divisão.

célula secretora Uma célula viva especializada na secreção ou excreção de uma ou mais substâncias, frequentemente, orgânicas.

célula subsidiária Uma célula epidérmica associada com o estômato e morfologicamente distinta das células epidérmicas comuns. Também denominada *célula acessória.*

células de sustentação Ver *tecido de sustentação.*

células fundadoras Um grupo de células na zona periférica do meristema apical envolvido com a iniciação de um primórdio foliar.

células-guarda Um par de células dispostas de cada lado do poro estomático e que causam a abertura e o fechamento do poro por mudanças de turgor.

células isolantes No xilema secundário, células de parênquima paratraqueal e raio que não possuem contato com os vasos; atuam como células de armazenamento.

células-mãe centrais Células grandes, vacuoladas, em posição subsuperficial no meristema apical do caule em gimnospermas.

celulose Um polissacarídeo, ß-1,4 glucano – o principal componente das paredes celulares na maioria das plantas; consiste de moléculas de cadeia longas cujas unidades básicas são resíduos de glicose anídricos com fórmula $C_6H_{10}O_5$.

centro quiescente Região inicial no meristema apical que atingiu um estágio de relativa inatividade; comum em raízes.

cerne Camadas mais internas do xilema secundário que cessaram de funcionar no armazenamento e na condução, e onde materiais de reserva foram removidos ou convertidos em substâncias características do cerne; geralmente de cor mais escura do que o *alburno* funcional.

ciclose Corrente de citoplasma em uma célula.

cilindro central Termo de conveniência empregado para os tecidos vasculares e seu tecido fundamental associado em raízes e caules. Refere-se às mesmas partes da raiz e do caule designadas *estelo*.

cilindro vascular Região vascular do eixo. Termo usado como sinônimo de *estelo* ou *cilindro central* ou em um sentido mais restrito excluindo a medula.

cisterna Um compartimento de membrana e formato de sacos achatados como no retículo endoplasmático, corpos de Golgi ou tilacoides.

citocinese Processo de divisão de uma célula, distinto de divisão do núcleo, ou *cariocinese* (*mitose*).

citoesqueleto Rede tridimensional flexível de microtúbulos e filamentos de actina (microfilamentos) no interior das células.

cistólito Um concrescimento de carbonato de cálcio sobre uma excrescência da parede celular. Ocorre em uma célula denominada *litocisto*.

citologia A ciência que trata da célula.

citoplasma Matéria viva de uma célula, excetuando-se o núcleo.

citoplasma parietal Citoplasma localizado próximo à parede celular.

citoquimera Uma quimera possuindo combinações de camadas de células com núcleos diploides e poliploides. Ver também *quimera*.

citosol Matriz do citoplasma onde o núcleo, várias organelas e sistemas de membranas estão embebidos. Também chamado de *substância citoplasmática fundamental* e *hialoplasma*.

clorênquima Tecido parenquimático contendo cloroplastos; mesofilo da folha e outros parênquimas verdes.

cloroplasto Um plastídio com clorofila contendo tilacoides organizados em grana e tilacoides intergrana (ou tilacoides do estroma) embebidos em um estroma.

coifa Uma massa de células que reveste o meristema apical da raiz.

colênquima Tecido de sustentação composto de células vivas mais ou menos alongadas com espessamento desigual das paredes primárias não lignificadas. Comum em regiões em crescimento primário de caules e folhas.

colênquima angular Uma forma de colênquima na qual os espessamentos primários da parede são mais proeminentes nos ângulos nos quais várias células estão unidas.

colênquima em placa Ver *colênquima lamelar*.

colênquima lacunar Colênquima caracterizado pela presença de espaços intercelulares e com os espessamentos de parede voltados para estes espaços.

colênquima lamelar Um tipo de colênquima no qual os espessamentos de parede são depositados majoritariamente nas paredes tangenciais.

coléter Um apêndice multicelular (*emergência*) formado por epiderme e tecidos subepidérmicos. Produzem secreções pegajosas e são comuns nas escamas das gemas e folhas jovens.

columela Parte central da coifa onde as células estão arranjadas em fileiras longitudinais.

compartimento lisossomal Uma região no protoplasto ou na parede da célula onde estão localizadas hidrolases ácidas capazes de digerir constituintes do citoplasma e metabólitos. É delimitado por membrana única no protoplasto e usualmente constitui o sistema vacuolar. Outro termo é *compartimento lítico*.

compartimento lítico Ver *compartimento lisossomal*.

complexo estomático Estômato e células epidérmicas associadas que podem ser geneticamente e/ou fisiologicamente relacionadas às **células-guarda.** Também denominado *aparato estomático*.

conceito de histógeno Conceito de Hanstein que declara que os três sistemas de tecidos primários na planta – a epiderme, o córtex e os tecidos vasculares com os tecidos fundamentais associados – originam-se de meristemas distintos, os histógenos, nos meristemas apicais. Ver *histógeno*.

conceito túnica-corpo Um conceito de organização do meristema apical do caule de acordo com o qual esse meristema é diferenciado em duas regiões distinguíveis pelo seu método de crescimento: a periférica – túnica –, onde uma ou mais camadas de células que mostram crescimento em superfície (divisões anticlinais), e a interior – corpo –, uma massa de células que mostra crescimento em volume (divisões em vários planos).

cordões de fibras associadas aos feixes Esclerênquima ou parênquima colenquimatoso que aparece como uma capa sobre o xilema e/ou floema nos feixes vasculares em secção transversal.

corpo O núcleo, ou parte central, em um meristema apical coberto pela túnica e que mostra crescimento em volume resultante de divisões celulares em vários planos.

corpo de Golgi Um grupo de sacos ou cisternas discoides achatadas, frequentemente ramificadas em túbulos nas extremidades; funciona como centro coletor e empacotador envolvido em atividades secretoras. Também chamados **dictiossomos**.

corpo de proteína-P Agregado de proteína-P.

corpo primário Parte da planta, ou a planta inteira, se não ocorre crescimento secundário, originada no embrião e nos meristemas apicais e tecidos meristemáticos derivados, composta de tecidos primários.

corpo primário da planta Ver *corpo primário.*

corpo prolamelar Corpo semicristalino encontrado em plastídios desenvolvidos na ausência de luz.

corpo secundário Parte do corpo da planta que é adicionado ao corpo primário pela atividade dos meristemas laterais, câmbio vascular e felogênio. Consiste nos tecidos vasculares secundários e periderme.

corpo secundário da planta Ver *corpo secundário.*

córtex Região de tecido de preenchimento primário entre o sistema vascular e a epiderme em caules e raízes. Termo também utilizado para se referir à região periférica do protoplasto de uma célula.

costela Uma saliência alongada, como aquela ao longo das nervuras maiores na face inferior de uma folha.

costela da nervura Em uma folha, saliências de tecido fundamental que ocorrem ao longo da nervura principal, geralmente do lado de baixo da folha.

cotilédone Folha do embrião; geralmente absorve nutrientes nas monocotiledôneas e armazena nutrientes nas demais angiospermas.

crássulas Espessamentos de material intercelular e parede primária ao longo das margens superior e inferior de um par de pontoações nas traqueídes de gimnospermas. Também denominadas *barras de Sânio.*

crescimento Aumento irreversível no tamanho por divisão celular e/ou expansão celular.

crescimento coordenado Crescimento das células de maneira que não há separação das paredes, o contrário do *crescimento intrusivo.*

crescimento determinado Crescimento de duração limitada, característico de meristemas florais e folhas.

crescimento indeterminado Crescimento irrestrito ou ilimitado, como no meristema apical vegetativo que produz indefinidamente um número irrestrito de órgãos laterais.

crescimento intercalar Crescimento por divisão celular que ocorre a alguma distância do meristema em que a célula se originou.

crescimento interposicional Ver *crescimento intrusivo.*

crescimento intrusivo Um tipo de crescimento em que a ponta da célula que está crescendo adentra por entre outras células que se separam ao longo da lamela média. Também chamado *crescimento interposicional.*

crescimento primário Crescimento de raízes, e partes vegetativas e reprodutivas sucessivamente formadas, a partir do momento da sua iniciação pelos meristemas apicais, até a sua completa expansão. Tem o seu começo nos meristemas apicais e continuam nos seus meristemas derivados, protoderme, meristema fundamental e procâmbio, assim como nos tecidos primários parcialmente diferenciados.

crescimento secundário Em gimnospermas, na maioria das magnoliídeas e eudicotiledôneas e algumas monocotiledôneas. Tipo de crescimento caracterizado pelo aumento em espessura do caule e da raiz, resultante da formação de tecidos vasculares secundários pelo câmbio vascular. Comumente acompanhado pela atividade do câmbio da casca (felogênio), que forma a periderme.

crescimento secundário anômalo Termo de conveniência que se refere a formas de crescimento secundário diferentes dos mais comuns.

crescimento simplástico Ver *crescimento coordenado.*

criptas estomáticas Uma depressão na folha onde a epiderme contém estômatos.

crista Dobramentos da membrana interna em uma mitocôndria.

cristal acicular Cristal em forma de agulha.

cristaloide Cristal proteico menos angular que um cristal mineral e que intumesce na água.

crivo pontoado Um arranjo de pequenas pontoações em agrupamentos semelhantes a peneiras.

cromatólise Degeneração nuclear que envolve a perda de conteúdos estáveis (*stainable*) (cromatina e nucléolo) e, por fim, a ruptura do envelope nuclear.

cromoplasto Um plastídio que contém pigmentos diferentes da clorofila, geralmente pigmentos carotenoides amarelos e laranja.

cutícula Camada gordurosa ou cerosa sobre a parede externa da célula epidérmica, formada por cutina e cera.

cuticularização Processo de formação da cutícula.

cutina Uma substância gordurosa complexa consideravelmente impermeável à água; presente nas plantas como uma impregnação da parede das células epidérmicas e como uma camada separada, a *cutícula*, sobre a superfície externa da epiderme.

cutinização Processo de impregnação com cutina.

D

decussado Arranjo das folhas aos pares alternados em ângulo reto.

degeneração picnótica Degeneração nuclear durante a qual a cromatina forma uma massa muito densa antes da ruptura do envelope nuclear.

derivada Uma célula produzida por divisão de uma célula meristemática e que segue o caminho da diferenciação sendo acrescentada ao corpo da planta; sua célula-irmã permanece no meristema.

dermatogênio Meristema formador da epiderme, originado a partir de iniciais independentes no meristema apical. Um dos três histógenos, *pleroma*, *periblema* e *dermatogênio*, de acordo com Hanstein.

desdiferenciação Uma reversão na diferenciação de uma célula ou tecido que se presume ocorrer quando uma célula já diferenciada retoma a atividade meristemática.

desenvolvimento Mudança na forma e complexidade de um organismo ou parte dele desde o seu início até a maturidade; combinado com crescimento.

desenvolvimento (ou **diferenciação**) **acrópeto(a)** Produzido ou que se diferencia em direção ao ápice de um órgão. É o oposto de basípeto, mas o mesmo que *basífugo.*

desenvolvimento basífugo Ver *desenvolvimento acrópeto.*

desenvolvimento (ou **diferenciação**) **basípeto(a)** Produzindo ou se diferenciando em direção à base de um órgão. O oposto de *acrópeto* e *basífugo.*

desenvolvimento centrífugo Referente a tecidos produzidos ou que se desenvolvem em direção ao exterior.

desenvolvimento centrípeto Referente a tecidos produzidos ou que se desenvolvem em direção ao interior.

desfibragem ou **desfibramento** Processo de liberação dos feixes de fibras de outros tecidos. Algumas vezes esse processo ocorre pela ação de microrganismos, causando, em um ambiente úmido adequado, a desintegração das células mais frágeis ao redor das fibras.

desmotúbulo Túbulo que atravessa um canal do plasmodesmo unindo o retículo endoplasmático de duas células adjacentes.

diafragmas na medula Camadas transversais (diafragmas) de células de paredes firmes que se alternam com regiões de células de paredes macias que podem colapsar com a idade.

dicotiledôneas Termo obsoleto utilizado para se referir a todas as angiospermas com exceção das monocotiledôneas; caracterizadas por possuir dois cotilédones. Ver também *eudicotiledôneas* e *magnoliídeas*.

dictiossomo Ver *corpo de Golgi*.

diferenciação Uma mudança fisiológica e morfológica que ocorre em uma célula, um tecido, um órgão, ou uma planta durante o desenvolvimento desde um estágio meristemático, ou juvenil, até o estágio maduro ou adulto. Geralmente associado com um aumento na especialização.

dilatação Crescimento do parênquima por divisões celulares na medula, raios ou sistema axial nos tecidos vasculares; causa o incremento na circunferência da casca de caules e raízes.

distal Distante do ponto de origem. Oposto de *proximal*.

dístico Arranjo das folhas em duas fileiras verticais; arranjadas no mesmo plano.

divisão transversal (da célula) Com referência à célula, uma divisão perpendicular ao eixo longitudinal da célula. Com referência à parte da planta, uma divisão da célula perpendicular ao eixo longo da parte da planta.

dominância apical Influência exercida por uma gema apical na supressão do crescimento de gemas laterais ou axilares.

dorsal Equivalente a *abaxial* no uso botânico.

drusa Um cristal de oxalato de cálcio globular, composto, com numerosos cristais se projetando de sua superfície.

ducto Ver *canal*.

E

ectodesmo Ver *teicoide*.

eixo caulinar Porções acima do solo, como caule e folhas, de uma planta vascular.

eixo hipocótilo-radicular Eixo do embrião ou plântula que consiste do hipocótilo e do meristema radicular ou radícula, se presente.

elaioplasto Um tipo de leucoplasto que armazena óleo.

elemento crivado Célula do tecido floemático envolvida com a condução vertical principal de nutrientes. Classificados em *células crivadas*, nas gimnospermas, e *elementos de tubo crivado*, nas angiospermas.

elemento de tubo crivado Um dos componentes celulares de uma série de um tubo crivado. Mostra uma diferenciação mais ou menos pronunciada entre as placas crivadas (poros largos) e as áreas crivadas laterais (poros estreitos). Também membro de tubo crivado e o obsoleto segmento de tubo crivado.

elemento de vaso Um dos componentes celulares de um vaso.

elemento traqueal Termo geral para as células condutoras de água, traqueíde ou elemento de vaso.

elementos do floema Células do floema.

elementos do xilema Células que compõem o tecido xilemático.

embriogênese (ou **embriogenia**) A formação do embrião.

embrioide Um embrião, frequentemente indistinto de um embrião normal, que se desenvolve a partir de uma célula somática em vez de uma célula ovo, comum em cultura de tecido.

enciclocítico Ver *estômato ciclocítico*.

endocitose Entrada de material nas células por meio de invaginação da membrana plasmática; se o material é sólido, o processo é denominado fagocitose; se o material é dissolvido, o processo é denominado pinocitose.

endoderme Camada do tecido de preenchimento que forma uma bainha ao redor da região vascular, possuindo estrias de Caspary nas paredes anticlinais; pode desenvolver parede secundária mais tarde. Constitui-se na camada mais interna do córtex nas raízes e nos caules das plantas com sementes.

endodermoide Que se parece com a endoderme.

endógeno Que surge a partir de um tecido localizado muito internamente, como uma raiz lateral.

endorreduplicação (endorreplicação) Um ciclo de replicação do DNA em que não ocorrem mudanças estruturais como na mitose; durante a endorreduplicação, são formados cromossomos politênicos.

enucleado Que não possui núcleo.

entrenó Região entre nós sucessivos de um caule.

envoltório nuclear Membrana dupla que envolve o núcleo de uma célula.

epiblema Termo utilizado algumas vezes para a epiderme da raiz. Ver também *rizoderme*.

epicótilo Parte superior do eixo de um embrião ou plântula, acima dos cotilédones (folhas embrionárias) e abaixo da próxima folha ou folhas. Ver também *plúmula*.

epiderme A camada mais externa de células no corpo da planta, de origem primária. Se ela é multisseriada (*epiderme múltipla*), somente a camada mais externa irá se diferenciar como uma epiderme típica.

epiderme múltipla Um tecido com duas ou mais camadas de células derivadas da protoderme; somente a camada mais externa se diferencia em epiderme típica.

epitélio Uma camada compacta de células, frequentemente com função secretora, revestindo uma superfície livre ou uma cavidade.

epitema Mesofilo de um hidatódio que atua na secreção de água.

esclereíde Uma célula esclerenquimática, variada em suas formas, porém geralmente não muito alongada e que possui uma parede secundária espessa, lignificada e com muitas pontoações.

esclereíde fibriforme Uma esclereíde muito longa e delgada, semelhante a uma fibra.

esclerênquima Tecido composto de células esclerenquimáticas. Também é um termo coletivo para tratar de todas as células esclerenquimáticas de uma planta ou órgão. Inclui *fibras*, *fibroesclereídes* e *esclereídes*.

esclerênquima pericíclico Ver *esclerênquima perivascular*.

esclerênquima perivascular Esclerênquima localizado na periferia do cilindro vascular e não originado do floema. Termo alternativo, *esclerênquima pericíclico*.

esclerificação Ato de ser transformado em esclerênquima, isto é, desenvolver paredes secundárias, com ou sem lignificação.

escutelo Cotilédone do embrião das Poaceae especializado na absorção de reservas do endosperma.

espaço intercelular Um espaço entre duas ou mais células em um tecido; pode ter origem esquizógena, lisígena, esquizolisígena ou rexígena.

espaço perinuclear Espaço entre as duas membranas que formam o envoltório nuclear.

especialização Mudança na estrutura de uma célula, um tecido, um órgão vegetal, ou da planta toda associada com uma restrição de funções, potencialidades ou adaptabilidade a condições variáveis. Pode resultar em maior eficiência com relação a certas funções específicas. Algumas especializações são irreversíveis, outras reversíveis.

especializado Refere-se a (1) organismos que possuem adaptações especiais a um determinado hábitat ou modo de vida; (2) células ou tecidos com uma função característica que os distinguem de outras células ou tecidos com funções mais generalizadas.

espessamento anelar da parede da célula Em elementos traqueais do xilema; parede secundária depositada na forma de anéis.

espessamento escalariforme da parede da célula Em elementos traqueais do xilema; parede secundária depositada sobre a parede primária, formando um padrão em forma de escada. Semelhante a uma hélice curta com as curvas conectadas a intervalos.

espessamento escalariforme-reticulado da parede da célula Em elementos traqueais do xilema; espessamento secundário intermediário entre escalariforme e reticulado.

espessamento espiral da parede da célula Ver *espessamento helicoidal da parede da célula*.

espessamento helicoidal da parede da célula Em elementos traqueais do xilema; parede secundária depositada sobre a parede primária ou secundária como uma hélice contínua. Também denominado *espessamento de parede em espiral*.

espessamento reticulado da parede da célula Em elementos traqueais do xilema; parede secundária depositada sobre a parede primária, formando um padrão em forma de rede.

espessamento secundário Usado para a deposição de material de parede celular secundária e crescimento secundário em espessura de caules e raízes.

esquizógeno Aplica-se a um espaço intercelular formado pela separação das paredes celulares ao longo da lamela média.

esquizolisígeno Relativo a um espaço intercelular originado a partir da combinação de dois processos, separação e degradação das paredes celulares.

estelo (coluna) Concebido por P. Van Tieghem como uma unidade morfológica do corpo da planta que compreende o sistema vascular e fundamental associado (periciclo, regiões interfasciculares e medula). O *cilindro central* do eixo (caule e raiz).

estereoma Termo coletivo para os tecidos de sustentação, em contraposição aos tecidos condutores *hadroma* e *leptoma*.

estiloide Um cristal alongado com as extremidades pontiagudas ou quadradas.

estômato Uma abertura na epiderme das folhas e dos caules, limitada por duas células-guarda, que atua nas trocas gasosas; também usado para se referir ao aparato estomático completo – células-guarda e poro.

estômato actinocítico Estômato rodeado por um círculo de células dispostas radialmente.

estômato anisocítico Complexo estomático com três células subsidiárias, uma bem menor que as outras duas, ao redor do estômato.

estômato anomocítico Estômato sem células subsidiárias.

estômato ciclocítico Estômato circundado por um ou dois anéis estreitos, constituídos de quatro ou mais células subsidiárias. Também chamado *enciclocítico*.

estômato diacícito Complexo estomático onde um par de células subsidiárias, com suas paredes comuns em ângulo reto com o eixo longo das células-guarda, envolve o estômato.

estômato haploqueílico Tipo de estômato de gimnospermas; as células subsidiárias não estão relacionadas ontogeneticamente às células-guarda.

estômato paracítico Complexo estomático em que uma ou mais células sudsidiárias margeiam o estômato paralelamente ao eixo longo das células-guarda.

estrelada Formato de estrela.

estrias, ou faixas, de Caspary Formação em faixa na parede primária que contém suberina e lignina; típica das células da endoderme em raízes, onde ocorre nas paredes anticlinais radiais e transversais.

estroma A substância fundamental dos plastídios.

estrutura secretora Qualquer estrutura, simples ou complexa, externa ou interna, que produz uma secreção.

eucarionte (também *eucariótico*) Refere-se a organismos com núcleo envolto por membrana, material genético organizado em cromossomos e organelas citoplasmáticas delimitadas por membranas. Oposto a *procarionte*.

eudicotiledôneas Uma das duas classes principais de angiospermas. As eudicotiledôneas eram anteriormente agrupadas com as magnoliídeas, um grupo diverso de plantas mais arcaicas, sob o termo "dicotiledôneas".

eumeristema Meristema composto de células relativamente pequenas, aproximadamente isodiamétricas e com arranjo compacto, e que possuem paredes finas, um citoplasma denso e núcleo grande; o termo significa "meristema verdadeiro".

exocitose Um processo celular em que matéria particulada ou substâncias dissolvidas são contidas em vesículas e transportadas para a superfície celular, onde a membrana das vesículas se funde com a membrana plasmática, liberando o conteúdo da vesícula para fora.

exoderme Camada mais externa do córtex de algumas raízes, composta de uma ou mais células; um tipo de *hipoderme*, onde as paredes podem ser suberizadas e/ou lignificadas.

exógeno Que surge em tecidos superficias, como uma gema axilar.

expansina Uma nova classe de proteínas envolvidas com o afrouxamento da estrutura da parede celular.

extensão da bainha da folha Porção do tecido fundamental que se extende de um feixe vascular em direção à epiderme da folha; podendo estar presente em um ou ambos os lados do feixe, e podendo ser formado por parênquima ou esclerênquima.

F

faixas marginais Faixas de parênquima formadas ao final das camadas de crescimento no xilema secundário; podem estar restritas ao final de uma camada (ou anel) (*parênquima terminal*) ou ao início desta (*parênquima inicial*).

falso anel de crescimento Uma ou mais de uma camada de crescimento formada no xilema secundário durante uma estação de crescimento, como visto em secção transversal.

fascículo Um feixe.

feixe vascular Uma parte do sistema vascular semelhante a um cordão composta de xilema e floema.

feixe vascular bicolateral Feixe vascular que possui floema em ambos os lados do xilema.

feixe vascular colateral Feixe vascular que possui floema apenas de um dos lados do xilema, em geral o lado abaxial.

felema (súber) Tecido protetor composto de células mortas com paredes suberizadas, formadas centrifugamente pelo felogênio (câmbio da casca), como parte da periderme. Substitui a epiderme em caules e raízes velhos de muitas plantas com sementes.

feloderme Tecido que se parece com o parênquima cortical produzido centripetamente pelo felogênio (câmbio da casca), como parte da periderme em caules e raízes de muitas plantas com sementes.

felogênio (câmbio da casca) Meristema lateral que forma a periderme, tecido protetor secundário, comum em caules e raízes das plantas com sementes. Produz o felema (súber) centrifugamente, e a feloderme, centripetamente, por divisões periclinais.

fenótipo Aspecto físico de um organismo resultante da interação entre seu *genótipo* (constituição genética) e o ambiente.

festucoide Que pretence à Festucoideae, uma subfamília de gramíneas.

fibra célula esclerenquimática fina e longa, com uma parede secundária que pode ser lignificada ou não, podendo ou não ter um protoplasto vivo na maturidade.

fibra floemática secundária Uma fibra localizada no sistema axial do floema secundário.

fibra gelatinosa Fibra com uma camada denominada gelatinosa (camada G), a camada mais interna da parede secundária, que se distingue das camadas mais externas por seu alto conteúdo de celulose e ausência de lignina.

fibra libriforme Uma fibra xilemática geralmente de paredes espessas e pontoações simples; em geral, a célula mais longa do tecido.

fibra pericíclica Ver *fibra perivascular*.

fibra perivascular Uma fibra localizada na porção mais externa do cilindro vascular ao longo do eixo de uma espermatófita e não originada no floema. Termo alternativo, *fibra pericíclica*.

fibra septada Uma fibra com uma parede transversal fina (septo), que se forma após a célula ter desenvolvido um espessamento secundário de parede.

fibra xilemática Uma fibra do tecido xilemático. Dois tipos são reconhecidos no xilema secundário, *fibrotraqueíde* e *fibra libriforme*.

fibras do floema primário Fibras localizadas na periferia mais externa da região vascular, que se originam no floema primário, usualmente, do protofloema. Frequentemente denominadas *fibras pericíclicas*.

fibras do fuso Feixes de microtúbulos, alguns dos quais se estendem a partir dos cinetócoros dos cromossomos para os polos do fuso.

fibras extraxilemáticas Fibras presentes em outros tecidos que não o xilema.

fibras foliares Designação técnica para as fibras derivadas das monocotiledôneas, formadas principalmente nas folhas.

fibras liberianas Termo originalmente relativo a fibras do floema (líber). Atualmente, toda e qualquer fibra extraxilemática.

fibrila filamentos submicroscópicos compostos de moléculas de celulose e representam a forma na qual a celulose ocorre na parede.

fibroesclereíde Uma célula esclerenquimática com características intermediárias entre fibras e esclereídes.

fibrotraqueíde Uma traqueíde com características similares às de fibra no xilema secundário; comumente com paredes espessas, terminações afiladas e pontoações areoladas, com aberturas de lenticulares a fendilhadas.

filamento de actina Um filamento proteico helicoidal de 5 a 7 nanômetros (nm) de espessura, composto de moléculas globulares de actina; um importante constituinte de todas as células eucarióticas. Também chamado de microfilamento.

filiforme Em forma de fio.

filocrono Intervalo entre o aparecimento ou emergência de folhas sucessivas na planta intacta.

filogenia Relações evolutivas entre organismos; a história do desenvolvimento de um grupo de organismos.

filotaxia (ou filotaxis) Modo em que as folhas estão arranjadas no eixo de um caule.

fitômeros Unidades, ou módulos, produzidos repetitivamente pelo ápice vegetativo do caule. Cada fitômero consiste de um nó, com sua folha, um entrenó subjacente e uma gema na base do entrenó.

flobafenos Derivados anidros de taninos. Substâncias amorfas, de coloração amarela, vermelha ou marrom, muito conspícuas quando presentes nas células.

floema Principal tecido condutor de nutrientes das plantas vasculares, composto, principalmente, de elementos crivados, diversos tipos de células de parênquima, fibras e esclereídes.

floema externo Floema primário localizado externamente ao floema primário.

floema incluso Floema secundário incluído dentro do xilema secundário de algumas eudicotiledôneas. O termo substitui *floema interxilemático*.

floema interno Floema primário localizado internamente ao xilema primário. O termo substitui *floema intraxilemático*.

floema interxilemático Ver *floema incluso*.

floema intraxilemático Ver *floema interno*.

floema primário Tecido floemático que se diferencia a partir do procâmbio durante o crescimento primário e a diferenciação de uma planta vascular. Comumente dividido em *protofloema*, formado primeiro, e no *metafloema*, formado posteriormente. Não diferenciado em sistemas axial e radial.

floema secundário Tecido floemático formado pelo câmbio vascular durante o crescimento secundário em uma planta vascular. Diferenciado em sistemas axial e radial.

florígeno Um hormônio hipotético presumivelmente relacionado à indução do florescimento.

fotoperiodismo Resposta a duração e hora do dia e da noite expressa em aspectos do crescimento, desenvolvimento e florescimento nas plantas.

fotorrespiração Atividade oxigenase da Rubisco combinada com a via de recuperação de carbono, consumindo O_2 e liberando CO_2; ocorre quando a Rubisco se liga a O_2, em vez de CO_2.

fragmoplasto Estrutura fibrosa (visível ao microscópio de luz) que se forma entre os núcleos filhos na telófase e na qual a partição inicial (*placa celular*) é formada, com a divisão da célula-mãe em duas (*citocinese*). Aparece no início como um fuso conectado aos dois núcleos, porém mais tarde se espalha lateralmente na forma de um anel. Consiste de microtúbulos.

fragmossomo Camada de citoplasma formada através da célula onde o núcleo se torna localizado e se divide. O plano equatorial do futuro fragmoplasto coincide com o plano da camada citoplasmática.

G

gema acessória Gema localizada acima ou ao lado de uma gema axilar.

gema axilar Gema na axila de uma folha.

genoma Totalidade da informação genética contida no núcleo, plastídio ou mitocôndria.

genômica Campo da genética que estuda o conteúdo, organização e função da informação genética no genoma.

genótipo Constituição genética de um organismo; contrastado com *fenótipo*.

germinação Retomada do crescimento pelo embrião na semente; também o início do crescimento de um esporo, grão de pólen, gema ou outra estrutura.

gimnosperma Uma planta cujas sementes não estão protegidas em um ovário; as coníferas são o grupo mais conhecido.

glândula Um estrutura secretora multicelular.

glioxissomo Um peroxissomo contendo enzimas necessárias à conversão de gorduras em carboidratos.

goma Um termo não técnico aplicado a materiais resultantes da ruptura de células vegetais, principalmente de seus carboidratos.

goma de cicatrização Goma formada como resultado de alguma injúria. Ver *goma*.

gomose Sintoma de uma doença caracterizada pela formação de goma, a qual pode se acumular em cavidades ou canais ou aparecer na superfície da planta.

grana (sing. **granum**) Subunidades de cloroplastos vistas como grânulos verdes sob microscopia de luz e como pilhas de cisternas discoides, os tilacoides, sob microscopia eletrônica; o grana contém clorofilas e carotenoides e são os locais de reações luminosas na fotossíntese.

gravitropismo Crescimento no qual a direção é determinada pela gravidade.

gutação Exsudação de água a partir do xilema em folhas; causada por pressão da raiz.

H

hadroma Os elementos traqueais do xilema e células parenquemáticas associadas; as células especificamente de suporte estão excluídas do termo (fibras e esclereídes). Ver também *leptoma*.

hemicelulose Um termo geral para um grupo heterogêneo de glucanos não cristalinos firmemente unidos na parede celular.

hialoplasma Ver *citosol*.

hidatódio Modificação estrutural de tecidos vasculares e fundamentais, geralmente na folha, que permite a liberação da água através de um poro na epiderme; pode ter função secretora. Ver *epitema*.

hidrófita Planta que necessita de um grande suprimento de água e pode crescer parcialmente ou inteiramente submersa na água.

hidromórfico Refere-se às características das *hidrófitas*.

higromórfico Sinônimo de *hidromórfico*.

hilo (1) A parte central de um grão de amido ao redor da qual as camadas de amido são arranjadas concentricamente; (2) a cicatriz deixada pelo destacamento do funículo em uma semente.

hiperplasia Refere-se mais comumente a uma multiplicação excessiva de células.

hipertrofia Refere-se mais comumente a expansão anormal. Hipertrofia de uma célula ou suas partes não envolve divisão celular. A hipertrofia de um órgão pode envolver a expansão e a multiplicação anormal de células (*hiperplasia*).

hipocótilo Porção axial do embrião ou plântula localizada entre o cotilédone ou cotilédones e a radícula.

hipoderme Camada ou camadas de células sob a epiderme, distinta das células do tecido fundamental abaixo.

hipófise A célula superior do suspensor a partir da qual se forma parte da raiz e da coifa no embrião de angiospermas.

histogênese A formação de tecidos (por isso, *histogenética*) que tem a ver com a origem ou a formação dos tecidos.

histogenética Ver *histogênese*.

histógeno Termo de Hanstein para designar um meristema no ápice do caule ou da raiz que forma um sistema de tecido definitivo no corpo da planta. Três histógenos foram reconhecidos: *dermatogênio*, *periblema* e *pleroma*. Ver definição desses termos.

homologia Uma condição indicativa de mesma origem, filogenética ou evolutiva, mas não necessariamente a mesma na estrutura e/ou função atual.

hormônio Substância orgânica produzida geralmente em quantidades diminutas em uma parte do organismo, a partir da qual é transportada para outra parte desse organismo, onde terá um efeito específico; os hormônios funcionam como sinais químicos altamente específicos entre as células.

I

idioblasto Uma célula que difere acentuadamente na forma, tamanho ou conteúdo, das outras células no mesmo tecido.

incremento Em crescimento, uma adição ao corpo da planta pela atividade de um meristema.

indiferenciado Em ontogenia, ainda em um estágio meristemático ou lembrando estruturas meristemáticas. Em um estágio maduro, relativamente não especializado.

iniciais cambiais Células localizadas no câmbio vascular ou felogênio que, ao sofrerem divisões periclinais, contribuem para a produção de células para o interior ou exterior do eixo; no câmbio vascular, são classificadas como *iniciais fusiformes* (fonte de *células axiais do xilema e floema)* e *iniciais radiais* (fonte de células radiais).

inicial (1) Célula em um meristema que, por divisão, dá origem a duas células, uma das quais permanece no meristema, e a outra é adicionada ao corpo da planta; (2) algumas vezes usado para designar uma célula em seus estágios iniciais de especialização. Termo mais apropriado para (2) *primórdio.*

inicial floemática Uma célula cambial do lado do floema na zona cambial que é a origem de uma ou mais células que surgem por divisões periclinais e se diferenciam em elementos do floema, com ou sem divisões adicionais em vários planos. Também chamada de *célula-mãe do floema.*

inicial fusiforme No câmbio; uma célula alongada com extremidades em forma de cunha que dá origem aos elementos do sistema axial nos tecidos vasculares secundários.

inicial radial Uma célula meristemática do raio no câmbio que dá origem às células do raio do xilema e do floema secundários.

inicial subapical Uma célula abaixo da protoderme no ápice de um primórdio foliar que parece funcionar como uma inicial do tecido interior da folha. Conceito questionável.

inicial xilemática Uma célula cambial do lado do xilema na zona cambial que é a origem de uma ou mais células que surgem por divisões periclinais e se diferenciam em elementos do xilema com ou sem divisões adicionais em vários planos. Também chamada de *célula-mãe do xilema.*

intussuscepção Crescimento da parede celular pela interpolação de novo material na parede já formada. Oposto à *aposição.*

isodiamétrico Cuja forma é regular, com todos os diâmetros de mesmo tamanho.

isotrópico Que possui as mesmas propriedades ao longo de todo o eixo. Opticamente, materiais isotrópicos não afetam a luz.

L

lacuna Espaço. Geralmente, espaço de ar entre células, que pode ser de origem esquizógena, lisígena, esquizolisígena ou rexígena. Termo também usado com referência a *lacuna foliar.*

lacuna de protoxilema Espaço circundado por células parenquimáticas no protoxilema de um feixe vascular. Surge em algumas plantas após os elementos traqueais do protoxilema serem alongados e rompidos.

lacuna do ramo Em uma região nodal do caule; uma região de parênquima que corresponde a uma porção do cilindro vascular onde um traço de ramo se dirige ao ramo. Em geral, confluente com a lacuna foliar que se encontrará abaixo do ramo.

lacuna do traço foliar A região parenquimática do cilindro vascular de um caule localizada no nível acima de onde um traço foliar diverge em direção à folha. Também denominado *lacuna*, uma região interfascicular; não envolve qualquer interrupção de conexão vascular.

lamela Uma fina placa ou camada.

lamela média Camada de material intercelular, principalmente substâncias pécticas, unindo as paredes primárias de células contíguas.

lamela média composta Um termo coletivo aplicado às duas paredes primárias e lamela média; geralmente usado quando a verdadeira lamela média não é distinguível das paredes primárias. Pode também incluir as primeiras camadas de parede secundária.

lâmina foliar Parte expandida da folha. Também denominada *limbo foliar.*

látex (pl. **látices**) Um fluido, frequentemente leitoso, contido nos laticíferos; consiste de uma variedade de substâncias orgânicas e inorgânicas, incluindo, frequentemente, a borracha.

laticífero Uma célula ou uma série de células que contêm um fluido característico denominado látex.

laticífero articulado Laticífero composto de mais de uma célula com paredes comuns intactas ou parcial ou totalmente removidas; anastomosado ou não anastomosado; um *laticífero composto*.

laticífero composto Ver *laticífero articulado*.

laticífero não articulado Um laticífero simples consistindo de célula única, comumente multinucleada; pode ser ramificado ou não ramificado.

laticífero simples Laticífero que é um célula única. Um *laticífero não articulado*.

lenho de carvalho serrado em quatro Lenho serrado ao longo do plano radial de modo a expor a superfície radial, mostrando os raios largos característicos dessa madeira.

lenho de compressão Lenho de reação de coníferas, formado no lado inferior de ramos e caules inclinados ou quebrados, caracterizado por estrutura densa, forte lignificação e algumas outras características.

lenho de reação Lenho com características anatômicas mais ou menos distintas, formadas em partes de caules inclinados ou rompidos, e nas partes inferiores (coníferas) ou superiores (magnoliídeas e eudicotiledôneas) de ramos. Ver *lenho de compressão* e *lenho de tração*.

lenho de tração Lenho de reação em angiospermas, formado nos lados superiores de ramos e caules inclinados e rompido, caracterizado por ausência de lignificação e geralmente uma alta quantidade de fibras gelatinosas.

lenho inicial Lenho formado na primeira parte de uma camada de crescimento, caracterizado por uma menor densidade e células maiores do que o lenho tardio. O termo substitui "*lenho primaveril*".

lenho invernal Ver *lenho tardio*.

lenho não poroso Xilema secundário privado de vasos.

lenho primaveril Ver *lenho inicial*.

lenho tardio Lenho formado na posterior de uma camada de crescimento; mais denso e composto de **células menores que as do lenho inicial. O termo substitui** "*lenho invernal*".

lenticela Região isolada da periderme, distinguida pelo felema com espaços intercelulares; o tecido pode ou não ser suberizado.

leptoma Os elementos crivados e as células parenquimáticas associadas do floema, excluindo-se as células de sustentação (fibras e esclereídes). Ver também *hadroma*.

leucoplasto Um plastídio incolor.

lignificação Impregnação com lignina.

ligninas Polímeros fenólicos depositados principalmente nas paredes celulares de tecidos de sustentação e de condução; formadas a partir da polimerização de três unidades monoméricas principais, os alcoóis monolignol ρ-coumaril, coniferil e sinapil.

lise Um processo de desintegração ou degradação.

lisígeno Relativo a um espaço intercelular originado a partir da dissolução de células.

lisossomo Uma organela delimitada por membrana única, que contém enzimas hidrolíticas ácidas capazes de quebrar proteínas e outras macromoléculas orgânicas; nas plantas, é representado por vacúolos. Ver também *compartimento lisossomal*.

litocisto Uma célula que contém um *cistólito*.

lúmen Espaço delimitado por (1) parede da célula vegetal; (2) o espaço dos tilacoides nos cloroplastos; (3) o espaço estreito, transparente do retículo endoplasmático.

lutoides Vesículas, também chamadas vacúolos, em laticíferos delimitadas por membrana única e que contêm um espectro de enzimas hidrolíticas capazes de degradar a maioria dos compostos orgânicos na célula.

M

maceração Separação artificial das células de um tecido causada pela desintegração da lamela média.

macroesclereíde Esclereíde longa com espessamentos desiguais na parede secundária; comum na epiderme das sementes de Fabaceae.

macrofibrila Um agregado de *microfibrilas* na parede celular visível com o microscópio de luz.

madeira (ou lenho) Geralmente o xilema secundário de gimnospermas, magnoliídeas e eudicotiledôneas, mas também aplicado a qualquer outro xilema.

madeira com porosidade difusa Xilema secundário, onde os poros (vasos) são distribuídos com relativa uniformidade ao longo de uma camada de crescimento ou mudam de tamanho gradualmente, a partir do lenho inicial para o tardio.

madeira com porosidade em anel Xilema secundário, onde os poros (vasos) do lenho inicial são distintamente maiores do que os do lenho tardio, e formam uma zona bem definida ou anel, em secção transversal.

madeira de coníferas Nome comumente utilizado para a madeira das coníferas.

madeira de folhosas Nome comumente aplicado para as madeiras de árvores de magnoliídeas ou eudicotiledôneas.

madeira estratificada Madeira onde as células axiais estão arranjadas em faixas horizontais nas superfícies tangenciais; os raios também podem estar arranjados dessa forma (os raios sozinhos podem estar estratificados).

madeira não estratificada Xilema secundário no qual as células axiais e radiais não estão arranjadas em faixas horizontais nas superfícies tangenciais.

madeira porosa Xilema secundário que possui vasos.

magnoliídeas Um clado, ou uma linha evolutiva, das angiospermas, que leva às eudicotiledôneas. As folhas da maioria das magnoliídeas possuem células de óleo contendo éster.

manto Camadas mais externas de um tipo de meristema apical que mostra um arranjo de células em camadas.

matriz Geralmente, se refere a um meio no qual algo está embebido.

medula Tecido de preenchimento localizado no centro de um caule ou raiz. A homologia entre a medula do caule e da raiz é incerta.

meiose Duas divisões nucleares sucessivas em que o número de cromossomos é reduzido de diploide para haploide e ocorre segregação dos genes.

membrana da pontoação Parte da camada intercelular e da parede celular primária que limita externamente a câmara da pontoação.

membrana plasmática Membrana única que delimita o citoplasma próximo a parede celular. Um tipo de unidade de membrana. Também denominada *plasmalema*.

membrana vacuolar Ver *tonoplasto*.

membro de tubo crivado Ver *elemento de tubo crivado*.

meristema apical Um grupo de células meristemáticas localizado no ápice de raízes e caules que, por divisões, produz os precursores dos tecidos primários de raízes e caules; pode ser *vegetativo*, iniciando os tecidos vegetativos e órgãos, ou *reprodutivo*, iniciando os tecidos reprodutivos e órgãos.

meristema axilar Meristema localizado no axila de uma folha e que dá origem à gema axilar.

meristema de espessamento primário Um meristema derivado do meristema apical e responsável pelo aumento primário em espessura do eixo caulinar. Pode parecer como uma zona distinta tipo manto. É frequentemente encontrado em monocotiledôneas.

meristema de preenchimento Ver *meristema fundamental*.

meristema em costela Um tecido meristemático em que as células se dividem perpendicularmente ao eixo longitudinal de um órgão e produz um complexo de fileiras verticais paralelas ("costelas") de células. Particularmente comum no meristema fundamental de órgãos que assumem a forma cilíndrica. Ver *meristema em fileira*.

meristema em fileira Ver *meristema em costela*.

meristema em flanco Um termo impróprio usado com referência à região periférica de um meristema apical. O uso da palavra flanco implica que a entidade possui frente e verso. O termo deve ser substituído por *meristema periférico*.

meristema em massa Um tecido meristemático em que as células se dividem em vários planos de modo que o tecido aumenta em volume.

meristema em placa Um tecido meristemático que consiste de camadas paralelas de células que se dividem somente anticlinalmente, com referência à superfície ampla do tecido. Característica do meristema fundamental de partes da planta que assumem a forma plana como uma folha.

meristema fundamental Meristema primário ou tecido meristemático derivado do meristema apical, que origina os tecidos fundamentais.

meristema intercalar Tecido meristemático, que é derivado do meristema apical e continua sua atividade meristemática a alguma distância daquele meristema; pode estar intercalado entre tecidos já diferenciados.

meristema isolado Uma região meristemática, com potencial para formar uma gema axilar, que se torna descontínua do meristema apical em decorrência da vacuolização (diferenciação) das células intervenientes.

meristema lateral Um meristema localizado em paralelo com os lados do eixo; refere-se ao *câmbio vascular* e *felogênio*, ou *câmbio da casca*.

meristema primário Frequentemente usado para cada um dos três tecidos meristemáticos derivados do meristema apical: protoderme, meristema fundamental e procâmbio.

meristema residual Usado no sentido de resíduo da parte menos diferenciada do meristema apical. Um tecido que relativamente é mais meristemático do que os tecidos em diferenciação abaixo do meristema apical. Dá origem ao procâmbio e ao tecido fundamental interfascicular.

meristema vascular Termo geral aplicado a *procâmbio* e *câmbio vascular*.

meristemas Região embrionária relacionada primariamente com a formação de novas células.

meristemoide Uma célula ou um grupo de células que constitui um local ativo de atividade meristemática em um tecido composto de células mais velhas, diferenciadas.

merofito Derivado unicelular imediato de uma célula apical e as unidades estruturais multicelulares derivadas deles.

mesofilo Parênquima fotossintetizante de uma lâmina foliar, localizado entre as duas faces da epiderme.

mesófita Uma planta que necessita de um ambiente não muito úmido nem muito seco.

mesomórfico Termo que se refere aos aspectos estruturais das mesóficas.

metabólitos primários Moléculas que são encontradas em todas as células vegetais e que são necessárias para a vida da planta; exemplos são os açúcares, os aminoácidos, as proteínas e os ácidos nucleicos.

metabólitos secundários Moléculas que apresentam distribuição restrita, dentro da planta e entre as diferentes plantas; importante para a sobrevivência e propagação das plantas que as produzem; existem três classes principais – alcaloides, terpenoides e fenólicos. Também denominados *produtos secundários*.

metacutização Deposição de lamela de suberina nas células mais externas do ápice radicular, as quais deixam de ser ativas em crescimento e absorção no final da estação de crescimento. *Suberização tardia*.

metafloema Parte do floema primário que se diferencia após o protofloema e antes do floema secundário, se este for formado em um determinado táxon.

metaxilema Parte do xilema primário que se diferencia após o protoxilema e antes do xilema secundário, se este for formado em um determinado táxon.

micelas Regiões nas microfibrilas de celulose nas quais as moléculas de celulose são arranjadas paralelamente entre si, de modo a formar uma rede cristalina.

microcorpo Ver *peroxissomo*.

microfibrila Um componente filamentoso da parede celular, que consiste de moléculas de celulose visível somente com o microscópio eletrônico.

microfilamento Ver *filamento de actina*.

micrômetro Um milésimo de milímetro; também chamado de *mícron ou micra*. Símbolo µm.

mícron Ver *micrômetro*.

microtúbulos Túbulos não membranosos com cerca de 25 nanômetros (nm) de diâmetro e comprimento indefinido. São localizados no citoplasma na célula eucariótica em repouso, geralmente perto da parede celular, e formam o fuso meiótico ou mitótico e o fragmoplasto na célula em divisão.

mitocôndria Organela delimitada por dupla membrana relacionada à respiração; contém enzimas, sendo a principal fonte de ATP em células não fotossintetizantes.

mitose Ver *cariocinese*.

monocotiledônea Uma planta cujo embrião tem um cotilédone; uma das duas maiores classes de angiospermas, as Monocotiledôneas; frequentemente abreviada como "monocots", em inglês; a outra grande classe é a das Eudicotiledôneas.

morfogênese Desenvolvimento da forma; a soma dos fenômenos de desenvolvimento e diferenciação de tecidos e órgãos.

morfologia Estudo da forma e de seu desenvolvimento.

morte celular programada Série de mudanças, geneticamente controladas ou programadas, em uma célula ou organismo vivo que leva à sua morte.

mucilagem Ver *proteína-P*.

N

nanômetro Um milionésimo de um milímetro; símbolo nm. Igual a 10 angstrons.

nectário Uma estrutura glandular multicelular que secreta um líquido que contém substâncias orgânicas, incluindo açúcar. Ocorre em flores (*nectário floral*) e em partes vegetativas (*nectário extrafloral*).

nectário extrafloral Nectário que ocorre em uma parte da planta que não a flor. Ver também *nectário*.

nectário floral Ver *nectário*.

nervação estriada Ver *nervação paralela*.

nervação paralela Nervuras principais de uma lâmina foliar arranjadas aproximadamente em paralelo umas às outras, embora convergentes na base e no ápice da folha.

nervura Um cordão de tecido vascular em um órgão achatado, como uma folha. Portanto, a venação da folha.

nervuras de pequeno porte Feixes vasculares foliares pequenos, localizados no mesofilo e circundados por uma bainha; estão envolvidos na distribuição da corrente de transpiração e na coleta dos produtos da fotossíntese.

nervuras principais Feixes vasculares foliares maiores, que correspondem à porção da folha que se sobressai na face abaxial; principalmente envolvidas no transporte de substâncias para dentro e para fora da folha

nó Parte do caule na qual se inserem uma ou mais folhas; não delimitado nitidamente do ponto de vista anatômico.

núcleo Em biologia, organela em uma célula eucariótica delimitada por dupla membrana e contendo os cromossomos, nucléolo e nucleoplasma.

nucleoide Uma região do DNA em células procarióticas, mitocôndria e cloroplastos.

nucléolo Um corpúsculo esférico encontrado no núcleo de células eucarióticas, que é composto de RNA em processo de transcrição a partir de genes rRNA; o sítio de produção das subunidades ribossômicas.

nucleoplasma Substância fundamental do núcleo.

O

oleoplasto Um tipo de plastídio incolor que produz e armazena óleo.

ontogenia Desenvolvimento de um organismo, órgão, tecido ou célula desde sua formação até a maturidade.

organela Um corpo distinto dentro do citoplasma de uma célula, com função especializada; especificamente, delimitada por membrana.

organismo Qualquer matéria individual viva, unicelular ou multicelular.

órgão Uma parte distinta e visivelmente diferenciada de uma planta, tal como raiz, caule, folha ou partes de uma flor.

órgãos axiais Raiz, caule, inflorescência ou eixos florais com seus apêndices.

ortóstica Uma linha vertical ao longo da qual se inserem uma série de folhas ou escamas sobre um eixo de um caule ou órgão caulinar. Termo frequentemente aplicado de forma incorreta a filotaxia em espiral ou *parástica*.

osteoesclereídes Esclereídes com uma forma de osso, tendo um centro colunar e ambas as extremidades mais amplas.

P

panicoide Pertencente à Panicoideae, uma subfamília das gramíneas.

papila Uma protuberância suave da célula epidérmica; um tipo de tricoma.

paradérmico Paralelo com a epiderme. Refere-se especificamente a uma secção feita paralelamente à superfície de um órgão plano tal como uma folha; é também uma *secção tangencial.*

par de pontoações Duas pontoações complementares de duas células adjacentes. Seus componentes principais são as duas câmaras das pontoações e a membrana da pontoação.

par de pontoações areoladas Um par de pontoações areoladas que comunica duas células.

par de pontoações semiareoladas Um par de pontoações que consiste de uma pontoação areolada e uma simples.

par de pontoações simples Um emparelhamento intercelular de duas pontoações simples.

parástica Uma espiral ao longo da qual está inserida uma série de folhas ou escamas sobre o eixo de um caule ou órgão caulinar. Ver também *ortóstica.*

parede Ver *parede celular.*

parede celular Camada externa mais ou menos rígida da célula vegetal que envolve o protoplasto. Nas plantas superiores, é composta de celulose e outras substâncias orgânicas e inorgânicas.

parede celular primária Versão baseada em estudos feitos com o microscópio de luz: parede formada principalmente enquanto a célula está se expandindo. Versão baseada em estudos com o microscópio eletrônico: parede em que as microfibrilas de celulose mostram várias orientações – de aleatória para mais ou menos paralela – que podem mudar consideravelmente durante o aumento no tamanho da célula. As duas versões necessariamente não coincidem na delimitação dessas duas paredes.

parede celular secundária Versão baseada em estudos com o microscópio de luz: parede depositada sobre a parede primária em algumas células após esta cessar seu crescimento em superfície. Versão baseada em estudos com o microscópio eletrônico: parede celular em que as microfibrilas de celulose mostram um plano de orientação definido. As duas versões necessariamente não coincidem na delimitação dessas duas paredes.

parede nacarada Espessamento de parede não lignificado, frequentemente encontrado em elementos crivados, que se assemelha a uma parede secundária quando atinge considerável espessamento; a designação se baseia na aparência brilhante da parede em tecidos frescos.

parede primária Ver *parede celular primária.*

parede secundária Ver *parede celular secundária.*

parênquima Tecido composto de células parenquimáticas.

parênquima apotraqueal No xilema secundário; parênquima axial geralmente independente dos vasos (poros). Inclui o parênquima *difuso* e o *difuso em agregados.*

parênquima apotraqueal difuso Parênquima axial que ocorre como células isoladas ou séries que se distribuem irregularmente entre as fibras no xilema secundário, como visto em secção transversal. Ver também *parênquima apotraqueal.*

parênquima axial Células parenquimáticas do sistema axial dos tecidos vasculares secundários; que contrasta com as células de parênquima radial.

parênquima em faixas No xilema secundário; parênquima axial em faixas concêntricas quando visto em secção transversal, predominantemente independente (apotraqueal) dos vasos (poros).

parênquima esponjoso Parênquima do mesofilo foliar com espaços intercelulares conspícuos.

parênquima floemático Células parenquimáticas localizadas no floema. No floema secundário, se refere ao parênquima axial.

parênquima horizontal Ver *parênquima radial.*

parênquima inicial Ver *faixas marginais.*

parênquima longitudinal Ver *parênquima axial.*

parênquima marginal Ver *faixas marginais.*

parênquima paliçádico Parênquima do mesofilo foliar caracterizado pelo formato alongado das células, cujo eixo maior se dispõe de forma perpendicular à superfície da folha.

parênquima paratraqueal Parênquima axial no xilema secundário associado com vasos e outros elementos traqueais. Inclui *aliforme*, *confluente*, e *vasicêntrico*.

parênquima paratraqueal aliforme No xilema secundário; grupos de células parenquimáticas axiais que possuem extensões tangenciais em forma de alas, em secção transversal. Ver também *parênquima paratraqueal* e *parênquima paratraqueal vasicêntrico*.

parênquima paratraqueal confluente No xilema secundário; grupos de células de parênquima axial coalescidos, formando faixas tangenciais ou diagonais irregulares, quando vistos em secção transversal. Ver também *parênquima paratraqueal* e *parênquima paratraqueal aliforme*.

parênquima paratraqueal vasicêntrico Parênquima axial no xilema secundário que forma bainhas completas ao redor dos vasos. Ver *parênquima paratraqueal*.

parênquima radial Células parenquimáticas de raio no sistema de tecidos vasculares secundários. Contrastante com o *parênquima axial*.

parênquima terminal Ver *faixas marginais*.

parênquima vertical Ver *parênquima axial*.

pedomorfose Atraso no avanço evolutivo de algumas características quando comparada com outras, que resulta em uma combinação de características juvenis e avançadas na mesma célula, tecido ou órgão.

pelo radicular Um tipo de tricoma na epiderme da raiz, que é uma simples expansão de uma célula epidérmica e está relacionado com a absorção de solução do solo.

periblema O meristema que forma o córtex. Um dos três histógenos, *pleroma*, *periblema* e *dermatogênio*, de acordo com Hanstein.

periciclo Parte do tecido do preenchimento do estelo localizado entre o floema e a endoderme. Regularmente presente nas raízes das plantas com sementes, ausente na maioria dos caules.

periclinal Refere-se comumente à orientação da parede celular ou plano de divisão celular; paralelo com a circunferência ou superfície mais próxima de um órgão. Oposto de *anticlinal*. Ver também *tangencial*.

periderme Tecido protetor secundário que substitui a epiderme em caules e raízes, raramente em outros órgãos. Constituído por *felema* (súber), *felogênio* (câmbio da casca) e *feloderme*.

periderme de cicatrização Periderme formada em resposta a ferimento ou outro tipo de injúria.

peroxissomo Uma organela esférica delimitada por membrana única; algumas estão envolvidas na fotorrespiração e outras (denominadas *glioxissomos*) com a conversão de gorduras em açúcares durante a germinação das sementes. Também denominadas *microcorpos*.

pinocitose Ver *endocitose*.

placa celular Uma divisória que aparece durante a telófase entre os dois núcleos formados durante a mitose (e meiose) e indica o estágio inicial da divisão de uma célula (*citocinese*) por meio de uma nova parede celular; é formada no *fragmoplasto*.

placa crivada Parte da parede de um elemento de tubo crivado que possui apenas uma (*placa crivada simples*) ou mais (*placa crivada composta*) áreas crivadas altamente diferenciadas.

placa crivada composta Placa crivada composta por várias áreas crivadas em um arranjo escalariforme ou reticulado.

placa crivada escalariforme Uma placa crivada composta por áreas crivadas alongadas arranjadas paralelamente em um padrão semelhante a uma escada.

placa crivada reticulada Uma placa crivada composta por áreas crivadas arranjadas de modo a formar um padrão semelhante a rede.

placa crivada simples Placa crivada composta por apenas uma área crivada.

placa de perfuração Parte da parede de um elemento de vaso que e perfurada.

placa de perfuração escalariforme Tipo de placa de perfuração de um elemento de vaso do xilema multiperfurada, onde perfurações alongadas estão arranjadas paralelas umas às outras, de maneira que as barras de parede entre elas formam um padrão em forma de escada.

placa de perfuração múltipla A placa de perfuração de um elemento de vaso do xilema que apresenta mais de uma perfuração.

placa de perfuração reticulada Tipo de placa de perfuração de um elemento de vaso do xilema multiperfurada, onde as barras que delimitam as perfurações formam um padrão em forma de rede.

placa de perfuração simples A placa de perfuração de um elemento de vaso do xilema que apresenta apenas uma perfuração.

plasmalema Ver *membrana plasmática.*

plasmodesmo Conexão do protoplasto de duas células contíguas através de um canal na parede celular. Esse canal é revestido por membrana e geralmente é atravessado por um túbulo de retículo endoplasmático denominado *desmotúbulo*, que é contínuo com o retículo endoplasmático nas células contíguas. A região entre a membrana plasmática e o desmotúbulo é denominada *annulus citoplasmático.*

plastídio Organela com dupla membrana no citoplasma de muitos eucariontes. Pode estar relacionada com fotossíntese (*cloroplasto*), reserva de amido (*amiloplasto*) ou conter pigmentos amarelos ou cor de laranja (*cromoplasto*). Ver também *leucoplasto.*

plastocrono O intervalo de tempo entre o início de dois eventos sucessivos repetitivos, como a origem do primórdio foliar, consecução de certos estágios de desenvolvimento de uma folha etc. Variável em duração, medido em unidades de tempo.

plastoglóbulo Glóbulo lipídico no interior de um plastídio.

pleroma O meristema que forma o núcleo do eixo composto de tecidos vasculares primários e tecido fundamental associado tal como medula e regiões interfasciculares. Um dos três histógenos, *pleroma*, *periblema* e *dermatogênio*, de acordo com Hanstein.

plúmula Parte do caule jovem acima dos cotilédone(s); a primeira gema de um embrião. Ver também *epicótilo.*

poliderme Tipo de tecido protetor no qual as células suberizadas se alternam com células parenquimáticas não suberizadas, e ambas possuem protoplastos vivos.

polimerização União química de monômeros, tais como glicose ou nucleotídeos, resultando na formação de polímeros, como amido, celulose ou ácido nucleico.

polissacarídeo Um carboidrato composto de muitas unidades de monossacarídeos unidos em uma cadeia, por exemplo, amido, celulose.

polissomo (ou **poliribossomo**) Agregado de ribossomos aparentemente relacionados com a síntese de proteínas.

polos de protofloema Termo utilizado para os locais ocupados pelos elementos do floema que amadurecem primeiro no sistema vascular de um órgão vegetal. Aplicado a visualização em secções transversais.

polos de protoxilema Termo adotado para designar os locais onde os elementos de xilema amadurecem primeiro no sistema vascular de um órgão vegetal. Utilizado para secções transversais.

pontoação Endentação ou cavidade na parede da célula onde a parede primária não é coberta pela secundária. Estruturas na parede primária semelhantes a pontoações são designadas pontoações primordiais, pontoações primárias ou campos primários de pontoação; Uma pontoação é geralmente um dos membros do par de pontoações.

pontoação alterna Nos elementos traqueais; pontoações em linhas diagonais.

pontoação areolada Uma pontoação cuja parede secundária forma um arco acima da membrana da pontoação.

pontoação areolada circular Uma pontoação areolada com abertura circular.

pontoação aspirada Em madeira de gimnospermas; pontoação areolada na qual a membrana da pontoação está lateralmente deslocada e o toro bloqueia a abertura.

pontoação cega Uma pontoação sem sua complementar na parede adjacente, que pode estar voltada para o lúmen da células ou um espaço intercelular.

pontoação escalariforme Nos elementos traqueais do xilema; pontoações alongadas arranjadas paralelas umas às outras de modo a formar um padrão em forma de escada.

pontoação guarnecida Pontoação areolada com projeções que se formam a partir da parede secundária em direção à cavidade.

pontoação intervascular Pontoação entre elementos traqueais.

pontoação oposta Pontoações dos elementos traqueais dispostas em pares horizontais ou em linhas curtas horizontais.

pontoação original Ver *campo de pontoação primária*.

pontoação primária Ver *campo de pontoação primária*.

pontoação ramificada *Ver pontoação ramiforme*.

pontoação ramiforme Pontoação que parece ramificada em virtude de ser formada pela coalescência de duas ou mais pontoações simples durante o aumento na espessura da parede celular secundária.

pontoação simples Uma pontoação na qual a câmara se torna mais ampla, permanecendo com largura constante ou se tornando mais estreita somente durante o aumento da espessura da parede secundária, isto é, em direção ao lúmen da célula.

poro Termo que se refere à secção transversal de um vaso do xilema secundário.

poro solitário Poro (secção transversal de um vaso no xilema secundário) circundado por outras células que não elementos de vaso.

poros aglomerados Ver *poros múltiplos*.

poros múltiplos No xilema secundário; grupo de dois ou mais poros (secções transversais de vasos) agrupados e achatados ao longo das superfícies de contato. *Poros múltiplos radiais*, poros em fileira radial; *poros aglomerados*, agrupamento irregular.

poros múltiplos radiais Ver *poros múltiplos*.

primórdio Um órgão, uma célula ou uma série de células organizadas em seus estágios iniciais de diferenciação, por exemplo, primórdio foliar, primórdio de esclereíde, primórdio de elemento de vaso.

primórdio foliar Uma saliência lateral do meristema apical que ao final se tornará uma folha.

procâmbio Meristema primário ou tecido meristemático que se diferencia nos tecidos vasculares primários. Também denominado *tecido provascular*.

procâmbio floico A parte do procâmbio que se diferencia em floema primário.

procarionte (também *procariótica*) Organismo em que o núcleo e outras organelas não estão envolvidos por uma membrana; Bacteria e Archaea.

prodesmogênio Um meristema precursor do desmogênio (*procâmbio*). O termo tem a mesma conotação de *meristema residual*.

profilo Primeira ou uma das duas primeiras folhas em um ramo lateral.

promeristema Células iniciais e suas derivadas mais recentes em um meristema apical. Também denominado *protomeristema*.

proplastídio Um plastídio no estágio inicial de desenvolvimento.

proteína-P Proteína floemática; substância proteica encontrada nas células do floema de angiospermas, especialmente nos elementos de tubo crivado; era anteriormente denominada "mucilagem" (slime).

protoderme Meristema primário ou tecido meristemático que origina a epiderme; também epiderme em estágio meristemático. Pode ou não se originar de iniciais independentes no meristema apical.

protofloema Primeiros elementos formados do floema em um órgão vegetal. Primeira parte do floema primário.

protomeristema Ver *promeristema*.

protoplasma Substância viva. O termo inclui todos os conteúdos vivos de uma célula ou de um organismo.

protoplasto Unidade viva de uma única célula incluindo conteúdos protoplasmático e não protoplasmático, exceto a parede.

protoxilema Primeiros elementos de xilema formados em um órgão vegetal. Primeira porção do xilema primário.

protrusão foliar Uma protrusão lateral, abaixo do meristema apical, que constitui o estágio inicial no desenvolvimento de um primórdio foliar.

proximal Situado próximo ao ponto de origem ou inserção. Oposto a *distal*.

Q

quimera Um meristema apical do caule composto de células de diferentes genótipos. Em *quimeras periclinais*, células com diferentes composições genéticas estão arranjadas em camadas periclinais.

quimera periclinal Ver *quimera*.

R

radícula Raiz embrionária. Forma a continuação basal do hipocótilo em um embrião.

ráfides Cristais, em forma de agulha, que ocorrem comumente em feixes.

raio Tecido variável em altura e largura, formado pelas inicias radiais do câmbio vascular e que se estende radialmente no xilema e no floema secundários.

raio agregado Nos tecidos vasculares secundários; grupo de raios pequenos arranjados de tal maneira que parecem ser um único raio grande.

raio bisseriado Raio no tecido secundário com duas células de largura.

raio do floema A porção de um raio vascular localizada no floema secundário.

raio do xilema Parte de um raio vascular que está localizada no xilema secundário.

raio heterocelular Raio dos tecidos vasculares secundários compostos por células de mais de um formato; em angiospermas, células procumbentes e quadradas ou eretas; em coníferas, células de parênquima e traqueídes radiais.

raio homocelular Raio do tecido vascular secundário composto por células de apenas um formato: em angiospermas, de células procumbentes, ou quadradas ou eretas; em coníferas, por células parenquimáticas apenas.

raio medular Ver *região interfascicular*.

raio multisseriado Raio do tecido vascular secundário com poucas a muitas células de largura.

raio unisseriado Nos tecidos vasculares secundários, raio com apenas uma células de largura.

raio vascular Um raio no xilema secundário ou no floema secundário.

raiz lateral Raiz que surge a partir de outra raiz mais velha; também denominada ramificação de raiz, ou raiz secundária, se a raiz mais velha é a primária, ou raiz principal.

raiz primária Raiz principal. Raiz que se desenvolve a partir da radícula do embrião.

raiz principal pivotante A primeira raiz, ou raiz primária, de uma planta formando uma continuação direta com a radícula do embrião.

raiz secundária Ver *ramificação da raiz*.

ramificação da raiz Ver *raiz lateral*.

rediferenciação Uma inversão na diferenciação em uma célula ou tecido, e subsequente diferenciação em outro tipo de célula ou tecido.

região interfascicular Região de tecidos localizados entre os feixes vasculares (fascículos) em um caule. Também denominada *raios medulares*.

região organizadora do nucléolo Uma área especial dos cromossomos associada com a formação do nucléolo.

região ou zona perimedular Região periférica da medula. Também chamada de *bainha medular*.

retículo Uma rede.

retículo endoplasmático (geralmente abreviado para RE) Um sistema de membranas formando compartimentos cisternoides ou tubulares que permeiam o citosol. As cisternas parecem como membranas pareadas em perfil. As membranas podem ser cobertas por ribossomos (RE rugoso) ou não (RE liso).

rexígeno Relativo a um espaço intercelular originado a partir da ruptura das células.

ribossomo Um componente celular composto de proteína e RNA e relacionado com síntese de proteína. Ocorre no citosol, núcleo, plastídios e mitocôndrias.

ritidoma Termo técnico para a casca externa, que consiste de periderme e tecidos isolados por esta, que podem ser tecidos corticais e do floema.

rizoderme Camada superficial primária da raiz. O uso do termo implica que essa camada não é homóloga com a epiderme do caule. Ver também *epiblema*.

S

secção radial Secção longitudinal que coincide com o raio de um corpo cilíndrico, como um caule.

secção tangencial Secção longitudinal realizada nos ângulos retos a um raio. Aplicável a estruturas cilíndricas, como caule ou raiz, mas também utilizada para lâminas foliares quando a secção é feita em paralelo à superfície expandida. O termo substituto para folha é *paradérmico*.

secção transversal Secção realizada perpendicularmente ao eixo longitudinal de um eixo. Também denominada *transecção*.

secreção écrina A secreção sai da célula como moléculas individuais, e passa através da membrana plasmática e da parede celular. Compare com *secreção granulócrina*.

secreção granulócrina A secreção atravessa uma membrana citoplasmática interna, geralmente a de uma vesícula, e é liberada da célula depois da fusão da vesícula com a membrana plasmática. Comparar com *secreção écrina*.

septo Uma partição.

seriação radial Arranjo de unidades, tais como células, em uma sequência ordenada em direção radial. Característica de derivadas cambiais.

simplasto Protoplastos e seus plasmodesmos interconectados; o movimento de substâncias na simplasto é chamado movimento simplástico, ou transporte simplástico.

sindetoqueílico Tipo de estômato das gimnospermas; as células subsidiárias (ou suas precursoras) são derivadas da mesma célula protodérmica assim como a célula-mãe da célula-guarda.

sistema axial Todas células vasculares secundárias derivadas a partir das iniciais cambiais fusiformes e orientadas com as suas maiores dimensões em paralelo com o eixo principal do caule ou da raiz. Outros termos: *sistema vertical* e *longitudinal*.

sistema de endomembrana Coletivamente, as membranas celulares que formam um *continuum* (membrana plasmática, tonoplasto, retículo endoplasmático, corpos de Golgi e envoltório nuclear).

sistema de preenchimento Todos os tecidos de preenchimento da planta.

sistema de tecidos Um tecido, ou tecidos, de uma planta ou órgão vegetal organizado estrutural e funcionalmente em uma unidade. Comumente três sistemas de tecidos são reconhecidos: *dérmico*, *vascular* e *fundamental*

sistema de tecido fundamental O complexo de tecidos fundamentais da planta.

sistema dérmico (ou de revestimento) Tecido que recobre externamente a planta; epiderme ou periderme.

sistema fundamental Ver *sistema de preenchimento*.

sistema horizontal Ver *sistema radial*.

sistema longitudinal Nos tecidos vasculares secundários. Ver *sistema axial*.

sistema radial O total de todos os raios nos tecidos vasculares secundários. Também denominado *sistema horizontal*.

sistema radial heterogêneo Raio do tecido vascular secundário todo heterocelular, ou uma combinação de raios homocelulares e heterocelulares. Termo não utilizado para coníferas.

sistema radial homogêneo Raiz do tecido vascular secundário todo homocelular, composto por apenas células procumbentes. Termo não utilizado para coníferas.

sistema vascular Todos os tecidos vasculares e o seu arranjo específico em uma planta ou órgão vegetal.

sistema vertical Nos tecidos vasculares secundários. Ver *sistema axial*.

súber Ver *felema*.

súber de cicatrização Ver *periderme de cicatrização*.

súber estratificado Tecido protetor encontrado em monocotiledôneas. As células suberizadas ocorrem em fileiras radiais, cada uma consistindo de várias células – todas derivadas de uma única célula.

súber interxilemático Súber que se desenvolve dentro do xilema.

suberina Substância graxa na parede da célula do tecido da cortiça e na estria de Caspary da endoderme.

suberização Impregnação da parede da célula com suberina ou deposição de lamela de suberina na parede.

substância citoplasmática fundamental Ver *citosol*.

substâncias ergásticas Produtos inativos do protoplasto, tais como grãos de amido, glóbulos de gordura, cristais e fluidos; ocorrem no citoplasma, organelas, vacúolos e paredes celulares.

substância intercelular Ver *lamela média*.

substâncias pécticas Um grupo de carboidratos complexos, derivados do ácido poligalacturônico, que ocorre nas paredes da célula vegetal; particularmente abundante como um constituinte da lamela média.

suspensor Extensão da base do embrião que o ancora no saco embrionário.

T

tabular Que tem a forma de uma tábua ou placa.

tampão de proteína-P Acúmulo de proteína-P em uma área crivada, usualmente com extensões para os poros da área crivada.

tangencial Na direção da tangente; em ângulo reto ao raio. Pode coincidir com *periclinal*.

tanino Termo geral para um grupo heterogêneo de derivados do fenol. Substância amorfa, fortemente adstringente amplamente distribuída nas plantas, usada no curtimento, tingimento e preparo de tintas.

táxon (pl. **taxa**) Qualquer uma das categorias (espécie, gênero, família etc.) em que organismos vivos são classificados.

tecido Grupo de células organizadas em uma unidade estrutural e funcional. As células componentes podem ser parecidas (tecido simples) ou variadas (tecido complexo).

tecido caloso Ver *calo*.

tecido complementar Ver *tecido de preenchimento*.

tecido complexo Tecido que consiste de dois ou mais tipos celulares; epiderme, periderme, xilema e floema são tecidos complexos.

tecido condutor Ver *tecido vascular*.

tecido de preenchimento Tecido frouxo formado pelo felogênio da lenticela em direção ao exterior; pode ou não ser suberizada. Também denominado *tecido complementar*.

tecido dérmico Ver *sistema dérmico*.

tecido de sustentação Refere-se ao tecido composto de células com paredes mais ou menos espessadas, primárias (colênquima) ou secundárias (esclerênquima) que aumenta a resistência do corpo vegetal. Também chamado *tecido mecânico*.

tecido fundamental Tecidos outros do que os tecidos vasculares, a epiderme e a periderme.

tecido mecânico Ver *tecido de sustentação*.

tecidos primários Tecidos derivados do embrião e dos meristemas apicais.

tecido provascular Ver *procâmbio*.

tecidos secundários Tecidos produzidos pelo câmbio vascular e felogênio durante o crescimento secundário.

tecido simples Um tecido composto por um único tipo celular; parênquima, colênquima e esclerênquima são tecidos simples.

tecido vascular Um termo geral que se refere a cada um, ou ambos, os tecidos vasculares, xilema e floema.

tecidos vasculares primários Xilema e floema que se diferenciam do procâmbio durante o crescimento primário e diferenciação de uma planta vascular.

tecidos vasculares secundários Tecidos vasculares (ambos xilema e floema) formados pelo câmbio durante o crescimento secundário em uma planta vascular. Diferenciado em sistemas axial e radial.

tegumento da semente Tegumento externo da semente derivado do tegumento ou tegumentos do óvulo. Também chamado *testa*.

teicoide Um espaço linear na parede externa da epiderme em que a estrutura fibrilar é mais frouxa e aberta do que em outras partes da parede. Substitui o termo *ectodesmo*.

tilacoides Estruturas membranosas em forma de sacos (cisternas) no cloroplasto arranjadas em pilhas (grana) e presentes isoladamente no estroma (tilacoide do estroma) que faz a conexão entre os grana.

tilo (pl. **tilos**) No xilema, a protrusão de células parenquimáticas (axiais ou radiais) através da cavidade da pontoação em uma célula traqueal, bloqueando parcial ou completamente o seu lúmen. O crescimento é antecedido pela deposição de uma camada especial de parede adjacente à célula parenquimática que forma a parede do tilo.

tiloides Protrusões que se parecem com tilos. Exemplos são as protrusões de células parenquimáticas nos elementos crivados do floema e das células epiteliais nos ductos resiníferos.

tonoplasto Membrana citoplasmática que limita o vacúolo. Um tipo de *unidade de membrana.*

toro (pl. **toros**) Parte central espessada da membrana da pontoação em uma pontoação areolada, que consiste principalmente de lamela média e duas paredes primárias. Típica de pontoações areoladas em coníferas e outras gimnospermas; também encontradas em várias espécies de eudicotiledôneas.

totipotente Potencial de uma célula vegetal de se desenvolver em uma planta inteira.

trabécula Parte arredondada da parede celular que se estende radialmente através do lúmen de uma célula. Em iniciais e derivadas do câmbio vascular nas plantas com sementes.

traços de ramos Feixes vasculares conectando o tecido vascular do ramo e aquele do caule principal. Eles são os traços foliares das primeiras folhas (profilos) do ramo.

traço foliar Um feixe vascular localizado no caule que se estende e se conecta com a unidade vascular da folha; uma folha pode ter um ou mais traços foliares.

transecção Ver *secção transversal.*

traqueal Termo antigo para vaso do xilema, que sugere uma semelhança à traqueia de um animal.

traqueíde Um elemento traqueal do xilema que não possui perfurações, ao contrário de um elemento de vaso. Pode ocorrer no xilema primário e secundário. Pode ter qualquer tipo de espessamento da parede secundária encontrado em um elemento traqueal.

traqueíde axial Traqueíde do sistema axial do xilema; em contraste com as traqueídes radiais.

traqueíde radial Traqueíde em um raio. Encontrada no xilema secundário de certas coníferas.

tricoblasto Comumente usado para a célula na epiderme da raiz que dá origem a um pelo radicular.

tricoesclereídes Um tipo de esclereíde braciforme, geralmente com ramificações semelhantes a pelos que se estendem pelos espaços intercelulares.

tricoma Uma excrescência da epiderme. Os tricomas variam em tamanho e complexidade e incluem pelos, escamas e outras estruturas e podem ser glandulares.

tricoma glandular Um tricoma com uma cabeça uni ou multicelular, composta de células secretoras; geralmente sustentada por um pedúnculo de células não glandulares.

tricoma peltado Um tricoma constituído de uma placa discoide de células suportada por um pedúnculo ou ligado diretamente a célula peduncular basal.

tricoma secretor Ver *tricoma glandular.*

tropismo Refere-se ao movimento ou crescimento em resposta a um estímulo externo; o local do estímulo é que determina a direção do movimento ou crescimento.

tubo crivado Séries de elementos de tubo crivado arranjados uns sobre os outros pelas extremidades, conectados através das placas crivadas.

túnica Camada ou camadas periféricas em um meristema apical de um caule com células que se dividem no plano anticlinal e assim contribuem para o crescimento em superfície do meristema. Forma um manto sobre o corpo.

U

unidade de membrana Um conceito histórico de estrutura básica de membrana visualizando duas camadas de proteína e uma camada interna de lipídios, as três camadas formando uma unidade. O termo continua sendo útil para descrever membranas seccionadas (perfis), exibindo duas linhas escuras separadas por um espaço claro, como visto com o microscópio eletrônico.

V

vacuolização O desenvolvimento ontogenético de vacúolos em uma célula; no estágio maduro, a presença de vacúolos em uma célula.

vacúolo Organelas multifuncionais delimitadas por única membrana, o *tonoplasto*, ou *membrana vacuolar*. Alguns vacúolos funcionam primariamente como organelas de reserva; outros, como compartimentos líticos. Estão envolvidos na captação de água durante a germinação e crescimento e manutenção da água na célula.

vacuoma Termo coletivo para o conjunto de todos os vacúolos na célula, tecido ou planta.

vascular Termo geral que se refere a um ou ambos os tecidos vasculares, xilema e floema.

vaso Séries de elementos de vaso em forma de tubo, onde suas paredes comuns possuem perfurações.

vaso laticífero Um laticífero articulado, ou composto, em que as paredes celulares entre células contíguas são parcial ou completamente removidas.

velame Uma epiderme multisseriada que reveste as raízes aéreas de orquídeas e aráceas epífitas tropicais. Ocorre também em algumas raízes terrestres.

venação Arranjo das nervuras na lâmina foliar.

venação reticulada Nervuras em uma lâmina foliar que formam um sistema anastomosado, que se parece com uma rede.

vesícula de água Um tipo de tricoma. Uma célula epidérmica expandida, com vacúolo muito desenvolvido.

X

xerófita Uma planta adaptada a um hábitat seco.

xeromórfico Refere-se às características estruturais típicas das xerófitas.

xilema Principal tecido condutor de água em uma planta vascular, caracterizado pela presença de elementos traqueais. O xilema pode também funcionar como um tecido de suporte, especialmente o xilema secundário (madeira).

xilema primário Tecido xilemático que se diferencia a partir do procâmbio durante o crescimento primário e diferenciação de uma planta vascular. Comumente dividido em protoxilema, que se diferencia primeiro, e no metaxilema, que se diferencia mais tarde. Não diferenciado em sistemas axial e radial.

xilema secundário Tecido xilemático formado pelo câmbio vascular durante o crescimento secundário em uma planta vascular. Diferenciado em sistemas axial e radial.

xilotomia Anatomia do xilema.

Z

zona de transição Tremo que se refere a um meristema apical, uma zona de células se dividindo, ordenadamente disposta sobre o limite mais interno do promeristema ou, mais especificamente, do grupo de células-mãe centrais. É transicional entre o meristema apical e os tecidos meristemáticos primários subapicais.

zona shell Em primórdio de gema axilar; uma zona de células em camadas paralelas e curvas, o complexo todo em forma de uma concha (*shell*). Um resultado de divisões celulares ordenadas ao longo dos limites proximais do primórdio.

zonação cito-histológica Presença de regiões no meristema apical com características citológicas distintas. O termo sugere que uma zonação citológica resulta em uma subdivisão em regiões distintas de tecidos.

zonação citológica Ver *zonação cito-histológica*.

ÍNDICE ONOMÁSTICO

Aaziz, R., 83, **92**, 128, **129**
Abagon, M. A., 280, **303**
Abbe E. C., 191, **211**
Abbe L. B., 468, **480**
Abdel-Latif, A., **389**
Abdul-Karim, T., **308**
Abe, H., 109, 117-119, **129**, **130**, 342, 344, **349**, **353**, **429**
Abel, S., 120, **129**
Abeles, F. B., 166, **167**
Achor, D. S., 512, **528**
Adachi, K., **388**
Adam, J. S., 206, **212**
Adams, K. L., 63, **68**, **356**
Adams, M. E., **555**
Adiwilaga, K., 586, **588**
Adler, H. T., **221**
Agarie, S., 300, **303**
Agata, W., **303**
Aggarwal, S. K., **431**
Aguirre, M., **70**
Ahmad, Z., **430**
Ahn, S. M., **170**
Ahn, Y. H., **432**
Aida, G. P., **68**
Aida, M., 36, **41**, **218**
Ait-ali, T., **173**
Aitken, J., **133**
Ajmal, S., 398, **425**
Alabadi, D., 41, **41**
Alabouvette, J., **222**
Alami, I., **352**
Albersheim, P., 99, **131**, **134**, **136-138**
Albrigo, L. G., **528**
Aldaba, V. C., 259, **263**
Aldington, S., 103, **129**, **133**
Alexandre, A., **304**
Alfieri, F. J., **93**, 420-422, **425**, 504, **508**
Alfonso, V. A., **431**
Ali-Khan, S. T., **309**
Aljaro, M. E., 423, **425**
Allan, A. C., **315**
Allen, G. J., 282, **303**, **313**
Allen, G. S., 203, **211**
Allen, N. S., **92**
Allen, R. D., 290, 292, **313**, 578, **588**
Allen, S., **96**
Aloni, E., **167**
Aloni, R., 164-166, **167**, 257, 262, **263**, **265**, 346, 348, **349**, **350**, 379, 386, 387, **388**, **392**, **393**, 437, **480**, 505, **508**, 513, **528**, **530**
Alonso, J., **70**
Al-Talib, K. H., 263, **263**
Altmann, T., 296, **303**, **314**
Altschuler, Y., **94**
Alva, R., 579, 584, **588**
Alvarez, R. J., **304**
Alvarez-Buylla, E. R., **212**
Alvernaz, J., **96**
Alves, E. S., 320, 326, **350**, 364, **388**
Alves, G., **388**
Alvin, K. L., 250, 251, **264**
Amakawa, T., **173**
Amarilla, L., **389**
Amasino, R. M., **171**
Ambronn, H., 239, **239**
Améglio, T., **352**, 383, **388**
Amelunxen, F., 551, **555**
Ammerlaan, A., **242**
Amor, Y., 117, **131**
Amrhein, N., **70**, **312**
Anderson, B. J., 421, **425**, 505, **508**
Anderson, D. J., **175**
Anderson, M. A., 65, **72**, 81, **95**
Anderson, N., 303
Anderson, P. G., 157, **175**
André, J. P., **242**
Andréasson, E., 564, 565, **588**, **593**
Andreeva, A. V., **70**, 79, 80, **92**

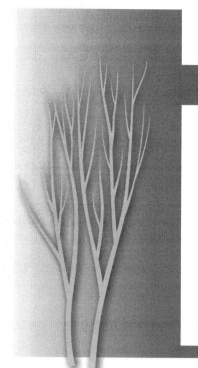

Andres, T. C., **96**
Angeles, G., 513, 515, **528**
Angiosperm Phylogeny Group, The, 335, **350**
Angyallossy, V., 489, 506
Angyalossy-Alfonso, V., 320, 326, **350**, 364, 384, **388**, **392**
Anonymous [National Research Council (U.S.). Panel on Guayule], **559**, 587
Anton, L. H., 273, **303**
Aotsuka, S., **139**
Aoyagi, S., **353**
Aoyama, T., **310**
Apostolakos, P., 122, **129**, **137**, **141**, **306**, **310**
Apperley, D. C., **133**, 235, **240**
Appleton, M. R., **591**
Arabidopsis Genome Initiative, 160, **167**
Araki, T., 435, **480**
Arbel, E., **529**
Arber, A., 29, **41**
Arce-Johnson, P., 158, **173**
Archer, R. H., 495, 508, **508**, 515, **529**
Archer, R. R., 368, 371, **395**
Arend, M., 413, 417, 424, **425**, **426**
Arimura, S.-i., 55, 62, **68**
Armstrong, J. E., 199, **211**, 233, **239**
Armstrong, W., 232, 233, **239**, **241**
Arnott, H. J., 89, 90, **92**, **97**
Arp, P. A., **309**
Arrigoni, O., **217**
Arroyo, M. T. K., **555**
Artschwager, E. F., 299, **303**, 419, **426**, **480,** 569, 583, 584, 585, **588**
Arumugasamy, K., 540, **555**, 570, **588**
Arzee, T., 518, 521, **529**, **531**
Asada, M., **432**
Asada, T., **92**
Ascensão, L., 551, 552, **555**
Ash, J., 364, **388**
Ashworth, E. N., **307**, 412, **433**
Askenasy, E., 191, **211**
Assaad, F. F., 113, **129**
Assi, L. A., 577, **592**
Assmann, S. M., 282, **303**, **308**
Atanassova, R., **69**
Atkinson, C. J., 425, **426**
Atkinson, R. G., **485**
Attias, M., **590**
Audia, W. V., 526, **529**
Autran, D., **222**
Avers, C. J., 161, **167**
Avery, A. G., **173**, **220**
Avila, G., **425**
Awano, T., 102, 120, **129**, 342, **350**
Aylor, D. E., 281, **303**
Ayres, M. P., 88, **92**
Azimzadeh, J., 82, **92**

Baas, P., 250, **263**, 320, 326, 328, 335, **350**, **352**, **354**, **357**, 378, 379, 388, **390**, **395**, 565-567, **588**, **591**, **595**
Baba, K., 371, **388**
Babin, V., **390**
Babu, A. M., 569, 570, 573, **588**
Bacanamwo, M., 233, **239**
Bacic, A., 102, **129**, **132**
Backert, S., 63, **68**
Backhaus, R. A., 587, **588**
Badelt, K., **97**, 128, **129**, **141**
Bahadur, B., 545, 548, **555**, **559**
Baic, D., **307**
Baïer, M., 405, **426**
Bailey, I. W., 107, **135**, 156, **167**, 229, **239**, 251, 254, 262, **263**, 322, 324, 329, 332-336, **350**, **355**, 359, 360, 372, 373, **389**, 398, 399, 414, 415, **426**, 474, **480**
Baker, D. A., 164, **167**, 435, **480**
Baker, E. A., 273, **303**, **304**
Baker, H. G., 540, 545, **555**
Baker, I., 540, 545, **555**
Baker, L., **136**, **139**, **487**
Bakhuizen, R., **133**, **429**
Bakker, M. E., 565-567, **588**
Balachandran, S., 128, **129**
Balagué, C., **173**
Balaji, K., 579, **588**
Baldan, B., **592**
Baldauf, S. L., **135**
Baldwin, V. D., **239**
Balk, J., 63, **68**
Ball, E., 181, 183, **211**, **221**
Ball, T. B., 299, **303**
Balsamo, R. A., 537, **555**
Baluška, F., 81, 82, 83, **92**, 113, 128, **129**, **138**, 210, **211**, 292, **303**, **304**
Bandyopadhyay, A., **170**
Bannan, M. W., 156, **167**, 324, **350**, 374, **389**, 398, 401, 404, 405, 407, 409, 410, 419, 420, **426**, 490, 500, **508**
Bao, W., 104, 109, **129**, **137**
Bao, Y., **134**
Barabé, D., **555**
Baranov, P. A., 292, **303**
Baranova, E. A., 583, 584, **589**
Baranova, M. A., 285, 286, **303**
Bárány, I., 158, **167**
Barbehenn, R. V., 88, **92**
Barber, C. E., **558**
Barber, D. A., 229, **242**
Barckhausen, R., 525, 526, **529**
Barghoorn, E. S., Jr., 364, **389**
Barker, L., **485**
Barker, W. G., 196, **211**
Barlow, P. W., 81, 82, **92**, **129**, **130**, 205, 206, 208, 211, **211**, **212**, **303**, 344, **351**, **352**, **361**, 383, **390**, 413, 416, **427**
Barnabas, A. D., 269, 271, **307**
Barnard, L. D., **352**
Barnett, J. R., **130**, **351**, 383, **389**, 411, **426**, **427**, 436, **480**
Baron-Epel, O., 102, **129**
Barrero, R. A., 241
Barroso, J. B., **69**
Barthlott, W., 272, **303**, **309**, **310**
Barton, M. K., 189, 191, 196, **212**, **214**, **217**, **218**
Baskin, T. I., 47, **68**, 82, **92**, 117, 118, 129, **209**, 210, **212**
Basra, A. S., 290, **303**
Bassel, A. R., 161, **168**
Basset, M., **71**

Batanouny, K. H., 535, **555**
Battey, N. H., 50, 51, **68**, 81, **92**, 193, **212**
Baucher, M., **392**, **431**
Baudino, S., **240**
Baum, S. F., 199, 202, 206, 208, 209, **212**, **220**, 546, **555**
Baumgartner, B., **93**
Baur, P., **304**
Bayly, I. L., 409, **426**
Beachy, R. N., 124, **131**, **137**, **138**, **141**
Bean, G. J., 296, **303**
Beardsell, D. V., 546, **555**
Bechtold, N., **173**, **220**
Beck, C. B., 32, **41**
Becker, M., 273, **303**
Becker, P., 326, **350**
Beckman, C. H., 330, 331, **350**, **355**, **357**
Bedinger, P. A., 131
Bednarek, S. Y., 23, 81, 92, 95
Beebe, D. U., 141, 464, **480**, **484**, **488**
Beeckman, T., 168
Beemster, G. T., 210, **212**, **603**
Beer, M., 235, **239**
Beerling, D. J., **308**
Beermann, A., **312**
Beers, E. P., 152, **168**
Beevers, L., 153, **168**
Behnke, H.-D., 132, 447, 450, 452, 457, 468, 470, 474, **480**, 480, 481, **481**, 482, 483, 487, 497, **508**, 509, 574, **589**
Behringer, F. J., **218**
Beis, D., **173**, **220**
Belczewski, R. F., **309**
Belin-Depoux, M., 547, **555**
Belmonte, E., 547, **555**
Benayoun, J., 345, 350, 569, **590**
Benfey, P. N., 137, 155, 165, 167, **171-173**, 204, **212**, **220**
Bengochea, T., 226, **239**
Benhamou, N., 104, **129**
Benková, E., **169**
Bennett, A. B., 120, **130**, **138**
Bennett, M. J., **168**, **171**, **172**, **174**
Bensend, D. W., 370, **391**
Bensink, J., **594**
Berg, A. R., 163, 193, 206, 208, 211, **214**
Berger, D., 296, 303, 314
Berger, J., **217**
Bergfeld, R., **137**
Bergounioux, C., **216**
Beritognolo, I., 367, **389**
Berjak, P., **556**,
Berleth, T., 41, **41**, 164, 165, **168**, 172, **355**
Berlin, J. D., 290, **311**
Berlyn, G., 100, 131
Bernardello, G., 540, **557**
Bernards, M. A., 106, **130**
Bernier, G., **70**, 215
Berry, A. M., **594**
Berry, J. A., **310**
Berry, W. L., **560**
Berryman, A. A., **509**, **589**
Bertrand, C., **555**
Bertrand, J.-C, **591**
Bethke, P., **169**
Betteridge, C. A., **92**
Beyschlag, W., 282, **303**
Bhalerao, R. P., 165, **168**, **171**, **430**
Bhambie, S., 184, **212**
Bhatt, J. R., 596, 570, **589**
Bhojwani, S. S. **168**
Bibikova, T. N., 292, **304**
Bidney, D., **174**
Bienert, G. P., **74**
Bieniek, M. E., 196, **212**
Bierhorst, D. W., **25**, 184, **212**, 332, 341, **350**
Biesboer, D. D., 577, 578, **589**
Bigelow, W. C., **307**
Biggs, A. R., 525, **529**
Bilger, W., 269, **304**
Bilisics, L., **136**
Bird, S. M., 275, **304**
Bisgrove, S. R., **94**, **597**
Bishop, G., **168**
Bisseling, T., **309**
Bitonti, M. B., **217**
Black, C. C., **432**
Blackman, L. M., 128, **130**, **137**
Blakeslee, A. F., **173**, **220**
Blasco, F., **591**
Blaser, H. W., 583, **589**
Blatt, M. R., 282, **304**, **306**, **307**
Blau, H. M., 144, **168**, **171**, 214
Bleecker, A. B., 153, **169**
Blevins, D. G., 102, **130**
Bligny, R., **74**
Blilou, I., **169**
Bloch, R., 116, **139**, 156, **174**, 245, 261, 263
Blom, C. W. P. M., 242
Blundell, T. L., **314**
Blyth, A., 250, **263**
Boerjan, W., **392**, **431**
Boetsch, J., 296, **304**
Boevink, P., **70**, 80, **92**, **137**
Bofarull, J. A., **530**
Boles, E., **485**
Boller, T., 66, **68**, 141
Bolognesi-Winfield, A. C., **314**
Bölter, B., 55, **68**
Bolwell, G. P., 99, **130**
Bolzon de Muniz, G. I., **392**
Bone, R. A., 269, **304**
Bones, A. M., 563, **589**, **591**
Bongers, J. M., 278, **304**
Boninsegna, J. A., 365, **389**, 418, **433**
Boniotti, M. B., 54, **68**
Bonke, M., **171**
Bonnemain, J.-L., 383, **389**, **390**, 424, **430**, 436, **481**, 487
Bonner, J., 168, 574, 578, 586, **589**
Bonner, L. J., **389**
Bonnett, H. T., Jr., **304**
Boot, K. J. M., **173**
Borchert, R., 525, **529**
Bordenave, M., **431**
Borger, G. A., 519, **529**
Börner, T., **68**
Bornman, C. H., **483**
Bornman, J. F., **309**

Bosabalidis, A. M., **484**, 537, 551-553, **555**, **589**
Boßhard, W., 398, **426**
Bosshard, W., 388, **393**
Bostock, R. M., 525, 526, **529**
Bostwick, D. E., 450, **481**, **482**
Botha, C. E. J., 23, 125, **130**, 440, 467, **481**, **484**
Botosso, P. C., 364, **394**
Bottega, S., 534, **555**
Bouchemal, N., **426**
Bouché-Pillon, **136**
Boudet, A., 525, **530**
Bouligand, Y., 118, 130
Bourett, T. M., 551, **555**
Bourque, C. P. A., **309**
Bourquin, V., 121, **130**
Bousquet, J., **68**
Bousquet, U., **589**
Bouteau, F., 577
Boutin, B., 424, **426**
Bouvier, F., **68**
Bouyer, D., 295, **304**
Bowen, W. R., 522, **529**
Bower, F. O., 184, **212**
Bowler, K. C., 197, **213**
Bowman, J. L., **25**, 160, **168**, 188, **212**, 546, **555**
Bowsher, C. G., 54, 62, **68**
Boyd, D. W., 262, **263**
Boyd, J. D., 368, 371, **389**
Braam, J., **97**, 99, 121, **130**
Braat, P., **314**
Bradbury, J. H., 91, 92
Bradley, D. J., 99, **130**
Brand, U., **214**
Brandizzi, F., **70**, **597**
Brandner, J., **487**
Braun, E. J., **555**
Braun, H. J., 330, **350**, 374, 379, 380, 383, **389**, 407, 410, **426**, 471, **487**
Braun, H.-P., 63, **68**
Braun, M., 292, **303**, **304**
Brazelton, T. R., **168**
Breckle, S.-W., 535, **560**
Bremond, L., 299, **304**
Brennicke, A., 63, **69**, **72**, **74**
Breton, C., **389**
Brett, C., 102, 120, **130**
Brewin, N. J., 104, **131**
Briarty, L. G., 128, **136**
Briggs, D., 554, **559**
Brodribb, T., 278, 279, **304**, **353**
Brook, P. J., 457, **481**
Brooks, K. E., 194, **215**
Brouillet, L., 538, **555**
Brown, C. L., **240**, **357**, **395**
Brown, K. M., **171**
Brown, R. C., 81, **92**, 597
Brown, R., 44
Brown. R. M., Jr., 117, **133**, **135**, 330, 343, **353**, 375
Brown, W. H., **555**
Brown, W. V., 166, 187, **212**
Browning, H., **528**
Brownlee, C., 68, 92, 276, **304**
Browse, J., 86, 87, **95**, **96**
Bruce, B. D., 55, 57, **58**
Bruck, D. K., 269, 304
Brumer, H., 130
Brummell, D. A., 120, 130
Brummer, M., **426**
Brunner, B. R., **590**
Brutnell, T. P., 190, 212
Bruton, A. G., **484**
Buchanan-Bollig, I. C., **71**
Buchanan-Wollaston, V., 153, 168
Buchard, C., 329, **350**
Buchholz, A., 272, **304**
Buckeridge, M. S., 102, 130
Buckley, T. N., 282, 304, 310
Bugnon, F., **222**
Bunce, J. A., 191, **221**
Bünning, E., 297, **304**, **309**
Burgeff, C., 206, **212**
Burgert, I., 382, **389**
Burggraaf, P. D., **429**
Burk, D. H., 262, **263**
Burk, L. G., 162, **174**
Burkart, L. F., 370, **389**
Burkle, L., **485**
Burlat, V., **138**
Burman, P., **220**
Burn, J. E., **141**
Burritt, D. J., **140**
Burström, H., 300, **304**
Bush, D. R., 435, **481**
Busse, J. S., 87, **92**, 317, **350**, 435, **481**
Bussotti, F., 88, **92**
Butler, V., 483
Butterfield, B. G., 251, 263, 324, 346, **350**, **355**, **356**, 371, 388, **389**, 392, 407, **426**, **431**
Buvat, R., 177, 180, 181, **212**, **213**
Byrne, J. M., 199, **213**

Caderas, D., **132**, **214**
Caetano-Anollés, G., **240**
Cahalan, C. M., 192, **213**
Calabrese, G., **217**
Caldwell, M. M., 269, **311**
Callado, C. H., 364, **389**
Callaghan, P. T., **485**
Callaham, D. A., **94**, **134**, **170**
Callos, J. D., **218**
Calvin, C. L., 105, **130**, **239**, 271, **304**, **314**
Camara, B., 58, 71
Cambrony, D., **590**
Camefort, H., 181, **213**
Campbell, D. H., 184, **213**
Campbell, P., 97, 121, **130**
Campoccia, D., **592**
Cande, W. Z., 52, 69, 82, 92
Cannel, M. G. R., 192, 197, **213**
Canny, M. J., 234, **239**, 329, 331, **350**, **351**, **561**
Cano-Capri-J., 370, **389**

Cao, J., **71**
Capek, P., **136**
Cappelletti, E. M., **592**
Carde, J. P., 58, **68**
Cardemil, L., **555**
Cárdenas, L., 293, **304**
Cardon, Z. G., **310**
Carlquist, S., **25**, 236, 239, 320, 324, 326, 329, 330, 332, 334-336, 341, **351**, 356, 360, 378-380, 382, 384, **389**, 480, **481**, 574, 579, 583, **589**
Carlton, M. R., **353**
Carlton, W. M., 539, **555**
Carpenter, C. H., 252, **263**, 319, **351**, 377, **389**
Carpita, N. C., **97**, 99, 101, 102, **130**, **136**
Carr, D. J., 172, 212, 220, 394, 571
Carr, S. G. M., ,571
Carrillo, N., 58, **72**
Casero, P. J., 168, 171
Casimiro, I., 165, **168**, **171**
Casperson, G., 371, **390**
Cass, D. D., 581, 589
Cassab, G. I., 103, **130**
Cassagne, C., **308**
Cassimeris, L. U., 82, **92**
Castro, M. A., 110, **130**, 324, **351**, **555**, 570, **589**
Catalá, C., 120, **130**
Catesson, A.-M., 23, 114, 116, **131**, **136**, 181, **213**, **242**, 331, **350**, **351**, 383, **390**, 401, 403, 404, 405, 411, 413, 414, 420, **426**, **427**, **429**, **430**, 441, **481**
Cathala, B., **392**
Cavaletto, J. M., **97**
Cecich, R. A., 180, **213**
Ceriotti, A., **97**
Cermák, J., **392**
Ceulemans, R., **392**
Chabbert, B., **140**, **392**
Chadchawan, S., **591**
Chafe, S. C., 119, **130**, 235, 236, **239**
Chaffey, N. J., 23, 25, 119, **130**, 342-346, 348, **351**, **352**, 353, 361, 383, 384, **390**, 404, 405, 413, 416, **427**
Chalk, L., **26**, 91, 95, **95**, 241, 251, **263**, 263, 286, 287, **309**, 314, 324, **355**, 379, **390**, **392**, 425, **427**, 498, 509, 563, 565, 566, 569, 570, 592, **592**
Chamel, A., 272, **306**, **312**
Champagnat, M., 197, **213**
Chan, L.-L., 494, **508**
Chanana, N. P., 158, **168**
Chang, H.-M., 106, **139**
Chang, S.-H., T., 423, **431**
Chang, Y.-P., 495, **508**, 515, 522, **529**
Chapman, G. P., 372, **390**
Chapman, K., 199, 208, **213**
Charlton, W. A., 296, **304**
Charon, J., 569, **589**
Charpentier, J.-P., **389**
Charvat, I., 345, **352**
Chattaway, M. M., 331, **352**, 367, 375, **390**, 495, 503, 507, **508**, 515, 523, **529**, 331, **352**
Chauveaud, G., 478, **481**
Chavan, R. R., 499, **508**
Cheadle, V. I., 156, **168**, 332, 335, **352**, 407, 409, 427, 440, 441, 443, 456, 474, 480, **481**, **483**, 492, 499, 501, **508**, **509**, 525
Cheavin, W. H. S., 91, **92**,
Chen, C.-L., 130, **137**
Chen, J.-G., **609**
Chen, L., **170**
Chen, S. S., **391**
Chen, S.-C., G., 165, **168**, **171**
Chen, S.-J., 90, **94**, 106, **617**
Chen, Y. S., **391**, **597**
Chen, Z.-r., **433**
Cheniclet, C., **68**
Cheung, A. Y., 58, **68**, **307**
Chevalier, C., 154, **170**
Chew, S. K., **68**
Chialva, F., **558**
Chiang, S. H. T., 515, 521, 524, **529**
Chimelo, J. P., 388, **431**
Chin, J., 296, **304**
Chino, M., **134**, **137**, **139**, **487**
Chiou, T.-J., 435, **481**
Chiu, S.-T, **352**
Cho, H. T., 120, **131**, 195, **213**, 292, **304**
Choat, B., 326, 352, 354
Cholewa, E., **390**
Chory, J., **42**, **70**
Chow, K., **591**
Chowdhury, K. A., 422, **427**, 433
Chrispeels, M. J., 49, 50, **68**, 81, 85, **92**, **93**
Christiansen, E., **392**, **509**, 573, **589**
Christiernin, M., **130**
Christodoulakis, N. S., 275, **304**
Christou, P., **171**
Chu, S. P., **303**
Chua, N.-H., 47, 64, **70**, **71**, **81**, **94**, 295, **303**, **309**, **589**, **590**, **594**
Chu-Bâ, J., **427**
Chung, Y. J., 384, 390
Chye, M. L., 586, **589**
Cibert, C., **428**
Citovsky, V., 127, **131**
Clark, A. M., 450, **481**, **482**
Clark, S. E., 104, 188, 189, **213**
Clarke, A. E., **140**, 190
Clarke, J., **222**, 297
Clarke, K. J., **305**
Clausen, T. P., **92**
Clay, N. K., 165, **168**
Clayton, M., **303**
Cleland, R. E., 128, 131, 140, 195, **213**
Clemens, S., **309**
Clément, A., **591**
Clérivet, A., 331, **352**
Cline, K., 57, **69**, **71**, 150, **168**
Clowes, F. A. L., 51, **69**, 177-181, 183, 185, 199-206, **213**, **214**, **222**, 267, 297, **305**
Cochard, H., 326-329, **352**, **357**, **612**, **613**
Cockerham, G., 420, **427**
Cocking, E. C., 158, **173**
Coe, E. H., Jr., 42, **172**
Coelho, C. M., **71**, **171**
Coenen, C., 166, **168**
Cohen, L., **529**

Colbert, J. T., 404, 467, **481**
Coleman, C. M., 323, **352**
Collings, D. A., 64, **69**, 81, 83, **92**, **133**, **601**
Collins, C. C., **311**
Comai, L., **221**
Comstock, J. P., 282, **305**, 327, **352**, **355**
Condon, J. M., 578, 579, 581, **589**, **590**
Connelly, P. S., **140**
Connolly, J. H., 100, **131**
Constable, J. V. H., 234, **239**
Cook, C. W., **170**
Cooke, T. J., 35, **41**, 43, **69**, 140, 189, **217**
Coolbaugh, R. C., 166, **168**
Cooper, P., **389**
Cormack, R. G. H., 297, **305**
Cornish, K., 587, **589**
Corpas, F. J., 64, **69**, **604**
Corsar, J., **174**, **601**
Corsi, G., 534, 554, **555**, **556**
Corson, G. E., Jr., 180, 181, 187, **215**
Cosgrove, D. J., **97**, 102, 108, 120, 121, **131**, **138**, **139**, **170**, 292, **304**, **607**
Costa, A., 516, **529**
Costa, C. G., **389**, 506, **508**, **590**
Costa, S., 206, **214**, 297, **305**
Côté, W. A., Jr., 324, 325, **353**, 355, **355**, 367, 391
Cottignies, A., 147, **168**
Coutand, C., **352**, **612**
Coutos-Thévenot, P., **69**
Covington, L., **93**
Cowan, I. R., **306**, 312
Cowling, R., **97**
Coyvaerts, E., 577, 586, **590**
Craft, C. C., **529**
Crafts, A. S., 194, **214**, 459, 468, 471, **480**, **481**
Craig, M. E., 574, 576, **590**
Craighead, F. C., 422, **433**
Crane, P. R. I., 29, **41**
Crawford, K. M., 127, 128, **131**, 163, **170, 175**, **435**, **481**, **603**
Crawford, N. M., **68**
Crawford, R. M. M., 233, **242**
Creelman, R. A., 163, **168**
Cresson, R. A., 468, 470, 471, **481**
Crétin, H., 586, **588**, **590**
Crisp, C. E., 459, 471, **481**
Cronshaw, J., 371, **392**, 449, 457, **482**, **483**
Cross, R. H. M., **130**
Croteau, R. B., 551, 552, **556-559**, **561**
Croxdale, J., 23, 184, **214**, 296, **303-305**
Crozier, A., 163, **168**
Cruden, R. W., 540, **556**
Cruiziat, P., **352**
Cuerrier, A., **555**
Cui, X., **135**
Culem, C., 213
Cumbie, B. G., 404, 405, 407, **427**
Cummins, I., 87, **92**
Cunningham, F., X., Jr. 57, **69**
Cunningham, R., B., **353**
Currie, A. R., **170**
Currier, H. B., 104, **132**
Curry, K. J., 549, 550, **556**, **560**
Curtis, J. D., 539, 547, **556**, **558**, 572, **590**, **592**
Cusick, F., 258, **265**
Cutler, D. F., **25**, 288, **303**, 305, **306**, 306-309,557, **612**
Cutler, S. R., 44, **69**, 116
Cutter, E. G., **25**, 177, 181, 196, 197, **214**, 297, **305**
Cuttriss, A. J., 73
Cuypers, B., 487
Cvrčková, F., **129**, 157, **175**
Cyr, R. J., **97**, 116, 117, **132**, **133**, **136**, **309**, **597**, **601**
Czabator, F. J., **433**
Czaninski, Y., 103, **131**, **140**, 330, 331, 343, **350**, **352**, 383, **390**
Czarneski, C. M., **508**
Czarnota, M. A., 292, **305**
Czechowski, T., **485**
D'Amato, F., 54, **69**, **168**, **214**
Da Cunha, M., 558, 578, 579, 581, 588, **590**, **619**
da Silva Cardoso, N., 365, **394**
da Silva-Neto, S. J., **558**, **619**
Dadswell, H. E., 367, 373, **390**, **394**
Dahiya, P., 104, **131**
Daimon, H., 234, **242**
Dale, G. T., **595**
Dale, J. E., **134**, 217
Daley, D. O., **68**
Dangl, J. L., 153, **168**
Daniel, G., **129**, **350**, **604**
Daniels, M. J., **558**
Danilova, M. F., 551, 552, **556**
Dannenhoffer, J. M., 440, 441, 450, 466, **481**, **482**
Dante, R. A., **71**, 171
Darley, C. P., 102, 120, **131**, **135**
Darvill, A. G., 99, **131**, **134**, **136-138**
Das, S., 255, **265**
Datta, A., 196, **218**
Datta, N. M., **561**
Datta, S. K., 587, **590**
d'Auzac, J., 577, 579, 586, **588**, **591**
Dave, Y. S., 414, 415, 423, **427**, **432**
David, J.-P., **96**
David, J. R., 519, **530**
Davies, A., **592**
Davies, E., **69**
Davies, K. L., **560**, **618**
Davies, L. M., **137**
Davies, M. S., **170**
Davies, P. A., 540, **556**
Davies, P. J., **25**, 163, 166, 167, **168**, **350**
Davies, W. J., **168**, **307**, **604**
Davis, A. R., 540, 543, 545- 547, **556**, **620**
Davis, D. G., **592**
Davis, E. L., **214**
Davis, G., 388, **395**
Davis, J. D., **93**, 181, 383, 418, 420, 421, **428**, 443, **482**, **483**, 505, **508**, **559**
Davis, M. J., 578, **590**

Davis, R. W., **306**
Davis, S. D., **357**, 612
Davison, P. A., **314**
Day, I. S., 294, **311**
Day, T. A., 269, **305**
Dayanandan, P., **94**, 233, 235, 237, 238, **239**, 301, **305**, **307**, **308**, 321, 325
Dayatilake, G., **311**
De, D. N., **593**
de Almeida Engler, J., **216**
de Bary, A., **25**, 43, **69**, 237, **239**, 246, **263**, 267, **305**, 587, **590**
De Bellis, L., **72**
de Faÿ, E., 584, 586, **590**, **591**
de Feijter, A. W., **133**
de la Fuente, M. A. S., **540**, **556**
De Langhe, E., **311**
De Luca, V., 587, **590**
De M. Castro, M., **555**
De Magistris, A. A., **589**
de Morretes, B. L., 7, **392**, **617**
de Paoli, D., **356**
de Priester, W., **171**
de Ruijter, N. C. A., **308**, **309**, **610**
de Souza, W., **590**
De Veylder, L., **72**
de Zeeuw, C., **356**, 388, **392**, 519, **529**
Dean, C., **42**, **220**,
Dean, J. F. D., **241**
Decourteix, M., **338**
Decraemer, W. F., **135**
Deeken, R., **592**
Dehgan, B., 574, 576, **590**
Deji, A., **173**
del Pozo, O., **71**, **172**
del Río, L. A., **69**, **604**
Delbarre, A., **171**, **172**
Delichère, C., **97**
DellaPenna, D., **73**
Dellis, O., **589**
Delmer, D. P., 117, **130**, **131**, **136**, **139**, **309-311**
DeLong, A., **173**
Delrot, S., 49, **69**, 487, **618**
DeLucia, E. H., 328, **355**
Delwiche, C. F., 55, **73**
Demura, T., **175**, **352**, **353**, **357**
den Boer, B. G. W., 54, **69**
den Outer, R. W., 474, **482**, 491, 494-496, 498, **508**, **509**, 581, 583, **594**
Denecke, J., 77, **97**
Dengler, N. G., **169**, 348, **352**
Denman, S., **130**
Denne, M. P., 425, **426**
Dennis, M., **590**,
Deom, C. M., **141**
Déon, V., **352**
dePamphilis, C. W., 60, **69**
Depta, H., 50, **73**
Derksen, J., 81, **93**, **132**, **141**, **314**
Dermen, H., 159, **168**, **174**, 181, 193, **221**
Derr, W. F., 418, 421, **428**, 443, **483**, 491, 499, **509**
Desagher, S., 63, **69**
Deshpande, B. P., 119, **131**, 235, **240**, 416, 418, 421, 423, 425, **428**, 441, 444, 450-452, 457, **482**, **483**, 505, **509**
Détienne, P., 365, **390**
Devic, C., **591**
Devidé, Z., **71**
Devillers, P., **133**
DeWitt, N. D., **353**, 456, **482**
d'Harlingue, A., **71**
Dharmawardhana, D. P., **356**
Dhawan, V., **168**
Dhonukshe, P., 118, **131**, **604**
Dhooge, S., **168**
Diamantopoulos, P., **313**
Diane, N., 230, **240**
diCola, L. P., **241**
Dietrich, P., 282, **305**
Dietrich, R. A., **168**
Dietz, K.-J., 269, **305**
Digby, J., 262, **263**
Dijkwel, P. P., 170, **605**
Dilkes, B. P., **71**, **171**
DiMichele, M. N., **219**
Dinant, S., **92**, **129**, 450, **482**
Ding, B., **71**
Ding, L.,
Ding, X.-S., **71**
Dingwall, C., 51, **69**
Dircks, S. J., **265**
Ditsch, F., **303**
Dittmer, H. J., 292, **305**, 516, **529**
Dixit, R., 116, **132**, **597**, **601**
Dixon, D. C., 290, 292, **305**
Docampo, R., **74**
Dodd, J. D., 398, **428**
Dodds, J. H., 226, **239**
Doerner, P., 54, **73**, 160, 165, **169**
Dogterom, M., **141**, **308**
Dolan, L., **132**, **170**, 193, 206, **214**, **217**, 296-298, **305**, **310**, 371, **390**, **604**
Doley, D., 384, **390**
Dollahon, N., **241**
Dollet, M., **590**
Domingo, C., **355**
Domínguez, J., **304**
Dong, C.-H., **94**
Dong, W.-X., 275, **308**
Donnelly, C. F., **353**
Donoghue, M. J., **306**, 335, **352**, **357**
Dorhout, R., 230, **240**
Doster, M. A., 526, **529**
Doubt, J., **93**
Douglas, C. J., **356**
Douglas, T. J., **559**
Doyle, J. A., **215**, 335, **352**
Drake, G., 126, **132**
Drake, M. W., **171**
Drennan, P. M., 537, **556**
Dressler, R., 579, **590**
Dressler, R. L., 549,**556**
Drew, M. C., 153, 154, **169**, **170**, 233, 234, **240**
Driouich, A., 79, 81, **93**, **619**
Drøbak, B. K., 83, **93**, **597**
Dschida, W. J., 537, **556**
Du, S., 371, **390**
Dubrovsky, J. G., 210, **212**, **216**, **607**
Duchaigne, A., 236, 237, 239, **240**
Ducker, W. A., **140**

Duckett, C. M., 129, **132**, 298, **305**
Dudai, N., **561**
Duffy, R. M., 232, **241**
Duke, S. O., **305**, 550, **556**
Dumais, J., 195, **214**, **313**, **606**
Dumbroff, E. B., 251, **263**
Dunahay, T. G., **95**
Dungan, S. R., 459, **486**
Dunwell, J. M., 159, **174**, **306**
Dupree, P., 80, **93**, **602**
Durachko, D. M., **131**
Durkee, L. T., 547, **556**
Durso, N. A., **136**
Dute, R. R., 60, 323, 324, **352**, 475, **482**
Duval, J. C., **351**
Dyer, A. F., 150, **169**
Dzerefos, C. M., 513, **529**

Eames, A. J., **26**, 29, **41**
Easseas, C., 288, **307**
Eastlack, S. E., **357**
Ebert, W., Jr., **482**
Ecker, J., **70**
Eckstein, D., 382, **389**
Eckstein, J., 282, **303**, **305**,
Edgar, B. A., 154, **169**
Edgar, E., 191, **214**
Edwards, D., 29, 32, **42**, 274, **305**
Edwards, D. S., **305**
Eglinton, G., 272, **305**
Eguchi, T., **480**
Ehrhardt, D. W., 44, **69**, 119, **131**, **598**, **607**
Eichholz, A., **139**
Eichhorn, S. E., **42**, **73**, **138**, **173**, **356**, **483**, **486**, **559**, **593**
Eisfelder, B. J., **75**
Eisner, M., **305**
Eisner, T., 288, **305**
Ekbom, B., **593**
Eklöf, J., **168**, **171**
Eklund, L., 366, **390**
Eklund, M., **130**
El Hadidi, M. N., 529, **529**
Eleftheriou, E. P., 439, 440, 450, 452, 467, 478, **482**, **560**
Eleuterius, L. N., 299, **308**
El-Gammal, S., **557**
Elias, T. S., 540, 547, 548, 555, **556**
Ellerby, D. J., 329, **352**
Elliott, J. H., 420, **428**
Ellis, B. E., **356**
Ellis, R. P., 299, 300, **305**
Ellmore, G. S., **390**
Elmore, H. W., 379
El-Sawi, Z., **355**
Emanuel, M. E., **96**
Emery, H. P., **212**
Emons, A. M. C., 117-119, **132**, **136**, 141, 292, 293, **306**, **308**, **309**, **311**, **313**, **314**, **601**, **608**, **610**
Endo, S., 348, 349, **352**
Endress, A. G., **594**
Endress, P. K., **26,** 335, **352**
Engelberth, J., 83, **93**
Engels, F. M., 105, **132**
Engleman, E. M., **588**
Engler, G., **216**
Engström, P., **221**
Ennos, A. R., 326, 329, **352**, **354**
Eom, Y. G., 369, 384, **390**, **391**
Epel, B. L., **92**, **129**, **137**
Epstein, E., 91, **93**
Erdmann, R., 63, **71**
Eriksson, K.-E. L., **241**
Eriksson, M., 545, **556**
Eriksson, S., **593**, **605**
Ermel, F. F., 405, **428**
Ervin, E. L., 473, **482**
Erwee, M. G., 126, 129, **132**, 285, **306**
Esau, K., **41**, **69**, **93**, **132**, 149, **169**, 193, **214**, 237, 238, **240**, 245, 250, 254, 256, 259, 260, 261, **263**, 306, 318, 342, **352**, 359, 386, **390**, 406, **428**, 436, 438-441, 443-446, 449, 452-454, 456-458, 472-474, 476-480, **481-483**, 492, 493, 496, 498-503, 505-507, **508**, **509**, 520, **529**, **557**, 579, **590**
Esch, J. J., **314**
Eschrich, W., **26**, 91, **93**, 104, **132**, 330, **352**, 443, 459, **483**, **488**, 618
Eshed, Y., 160, **168**, 188, **212**, **555**
Esseling, J. J., **308**
Essiamah, S., 330, **352**
Essner, E., 64, **74**
Estelle, M., **170**, 348, 354, 606
Eun, S.-O., 282, **306**
Evans, B. W., **133**
Evans, D. E., **92**, 558, **597**
Evans, L. S., 193, **214**, **604**
Evans, L. T., **171**
Evans, M. M. S., 189, 196, **214**
Evans, M. W., 195, **214**
Evans, P. D., **353**
Evert, R. F., **42**, **73**, 85, 87, 90, **92**, **93**, 99, 104, 124-126, 128, **132**, **136**, **137**, **138**, **140**, 162, **172**, **173**, 261, **263**, 268, **312**, 317, **350**, **356**, 400, 401, 403, 405, 407-422, 425, **425**, **428**, **433**, 435, 436, 438-444, 448-452, 455-459, 462, 466-471, 473, 475, 476, 478, **481-488**, 489, 491, 497, 499, 500, 502, 504, 505, **508**, **509**, 513, **528**, **529**, **531**, 538, **559**, 569, 570, **590**, **593**
Evett, C., **170**
Evrard, J.-L., **68**, **71**
Ewers, F. W., **303**, 320, 322, 328, **352**, **353**, **357**, 379, **390**, 397, **428**, 473, **484**, **608**, **612**
Exarchou, F., 552, 553, **555**

Facchini, P. J., 587, **590**, **618**
Fadón, B., **167**
Fahn, A., **26**, 251, **264**, 288, **306**, 309, 332, **353**, 374-376, 388, **390**, **394**, 411, 422, 423, 425, **428**, **433**, 534, 535, 537, 540-543, 545, 547, 552, **557**, **559-561**, 563, 565, 566, 569-571, 573, **590-592**, **594**, **595**
Fairbairn, J. W., 584, **590**
Faivre-Moskalenko, C., **308**
Faix, O., **138**
Falk, H., **74**
Falk, R. H., **220**
Falkenberg, P., 237, **240**
Fankhauser, C., **42**

Faraday, C. D., **560**
Farquhar, G. D., **175**, **304**, **306**, **312**
Farquhar, M. L., 292, 293, **311**
Farrar, J. J., 411-418, **428**
Fasseas, C., **264**
Fath, A., 153, 154, **169**
Faull, A. F., 373, **389**
Faye, L., **93**
Fayle, D. C. F., 368, **390**, **612**
Feigenbaum, P., **265**
Feild, T. S., 67, **69**, 278, **306**, 335, **353**, **618**
Feldman, L. J., **170**, 204, 206, **214**, **217**, **218**, 297, **305**, **307**, **605**, **607**
Feldmann, K. A., **218**
Fellows, R. J., 450, **484**
Felton, M., **556**
Fenoll, C., 292, **313**, **611**
Fenwick, K. M., 239, **240**
Ferguson, C., 104, **132**
Fernandez, A., **218**, **602**
Fernández-Gómez, M. E., **72**
Fernie, A. R., **485**
Ferreira, P. C. G., **70**, **216**
Ferri, K. F., 63, **69**
Ferri, S., 84, **93**
Ferro, B. C., **218**
Ferwerda, F. H., **590**
Field, D. W., **595**
Fieuw, S., **241**
Figueiredo, A. C., 552, **557**
Findlay, N., 542, 543, **557**
Fineran, B. A., 552, 554, **557**, 578-581, **589**, **590**
Fink, S., 153, **169**, **394**
Finkel, E., 63, **69**
Finley, D. S., 91, **93**
Fiorani, F., **170**
Fischer, A., **71**
Fisher, D. B., 128, 129, **132**, **450**, **461**, **484**
Fisher, D. D., 117, **132**
Fisher, D. G., 85, **93**, **457**, 466, **484**
Fisher, J. B., 252, **264**, 320, **352**, **353**, 370, **390**, 574, **594**, **609**
Fisk, E. L., 193, **218**
Flanders, D. J., 81, **93**
Fleming, A. J., 120, **132**, **135**, 195, **214**, 219, **601**, **604**
Fletcher, J. C., 163, **169**, 188-190, **214**, **220**, **604**, **608**
Fleurat-Lessard, P., **390**
Flügge, U.-I., 57, **69**
Flynn, C. R., **72**
Foard, D. E., 194, **214**, 262, **264**
Foisner, R., 51, 53, **69**
Foley, M. E., 578, 587, **593**
Folkers, U., **313**
Follet-Gueye, M.-L., 405, **428**
Foreman, D. R., **309**
Forrester, A. M., **131**
Forsaith, C. C., 374, **390**
Forster, R. L. S., **485**
Forward, D. F., 407
Foster, A. S., **26**, 29, 31, **41**, 180, 184, 185, 195, **214**, **215**, 245, 254, 255, 261, **264**, 332, **353**, **591**
Foster, R. C., **353**
Fowke, L. C., **134**, **556**
Fowler, M. R., **174**
Fox, M. G., 577, **591**
Franceschi, V. R., 89, 90, **93-97**, 240, **392**, 441, **485**, 493, **509**, **589**, **598**, **616**, **618**
Francis, D., **170**
Francis, J. E., 335, **356**
Franke, R., **531**
Franke, W., 271, **306**
Franklin, A. E., 52, **69**
Franklin, C. I., **94**, **308**
Franklin-Tong, V. E., **93**, **597**
Franks, P. J., 281, **306**
Fray, R. G., **75**
Frederick, S. E., 63, **69**
Freeling, M., **171**, 193, **220**
Freeman, J. D., **352**
French, J. C., 577, **591**
Frevel, B. J., **313**
Frey-Wyssling, A., **93**, 101, 107, 109, 110, **132**, 238, **240**, 274, **306**, 547, **557**
Fricker, M., 276, **314**
Fricker, M. D., 44, **69**
Friml, J., 164, 165, **169**, **174**, **604**, **607**
Frison, E., 329, **353**
Fritz, E., 466, 467, **484**
Froelich, J. D., **561**
Froese, C. D., **174**
Frohlick, J. A., **95**, **137**
Fromard, L., 383, **389**, **390**
Fromm, J., 413, 417, **425**, **426**
Frommer, W. B., **240**, **485**
Fromont, J. C., **390**
Froux, F., **352**
Fry, S. C., 99, 101-103, **129**, **132-134**, 136, **314**, **601-603**
Frye, J. S., **592**
Fryns-Claessens, E., 286, **306**
Fuchs, E., 144, **169**
Fuchs, M. C., 149, **169**
Fujii, T., 367, **390**, **391**, 422, **428**, 574, **591**, **599**, **610**
Fujikawa, S., **394**
Fujino, T., 107, 117, **133**
Fujioka, S., **175**, **357**
Fujita, M., **129**, **350**, **355**, **360**, **600**, **602**
Fujiwara, T., **131**, **134**, **428**
Fukazawa, K., **129**, **349**, **353**, **356**, **392**, **394**
Fukuda, H., 153, **169**, **171**, **175**, 345, 348, 349, **352-357**, **613**, **614**
Fukuda, Y., 436, **484**
Fukushima, K., **140**
Fulgosi, H., 57, **69**
Funada, R., **129**, 342, 344, **349**, **353**, **391**, **392**, 413, **427**, **429-431**, **600**, **613**, **614**
Furbank, R. T., **312**
Furner, I. J., 195, **215**
Furusawa, O., **353**, **429**

Gaal, D. J., **556**
Gabryś, H., 55, **74**
Gad, A. E., 257, **263**
Gadella, T. W. J., **131**
Gaffal, K. P., 547, **557**
Gage, D. A., **485**
Gage, F., **175**

Gahan, P. B., 317, 342, **353**, 353, **393**, 402, **429**, 429, 435, **484**, 484
Gahrtz, M., **487**
Gaidarov, I., 50, **69**
Gajhede, M., **137**
Galatis, B., **129**, **137**, **141**, 284, 302, **304**, **306**, **310**, **602**, **609**
Galetto, L., 540, **557**
Galili, G., **94**, **598**
Galìtz, D. S., **592**
Gallagher, K., 155, 161, **169**, 285, **306**
Gallagher, L. A., **95**
Gallie, D. R., 63, **75**
Gallois, J.-L., 189, **215**
Gallois, R., **591**
Galston, A. W., 574, 578, **589**
Galway, M. E., 292, 298, **306**, **309**, **600**
Gälweiler, L., **174**
Gamalei, Y. V., 125, **133**, 464, 466, **484**, **617**
Gambade, G., **222**
Gan, S., **171**
Gant, T. M., 51, **69**
Gantt, E., 57, **69**
Gao, X.-Z., 506, **509**
Garbari, F., 554, **556**
Garcia-Herdugo, G., 80, **93**
Gardiner, J. C., 117, 118, 82, **133**
Gardner, J. S., **303**
Gargani, D., **590**
Garrison, R., 195–197, **215**
Gartner, B. L., 369, 370, 392, **393**, **395**, 430
Gasson, P. E., **354**, **357**, **393**, **395**, **595**, **612**
Gaupels, F., 435, **488**
Gautheret, R. J., 157, **169**
Gazzani, S., **488**
Gearhart, J., **171**
Gedalovich, E., 573, **591**
Geibel, M., 513, **530**
Geier, T., 159, **169**
Geiger, D. R., 450, **484**
Geiger, J.-P., **352**
Geisler, M., 296, **306**
Geisler-Lee, C. J., 114, **133**
Geitmann, A., 293, **306**
Gelband, H., 547, 548, **556**
Geldner, N., **174**, **598**, **604**
Gendall, A. R., **42**
Gendreau, E., **71**, **171**, **174**
Genevès, L., 181, **213**
George, G. N., **70**
Gerace, L., 51, 53, **69**
Gerbeau, P., **74**
Gerrath, J. M., 88, **93**
Gerritsen, A. F., 565, 567, **588**
Gersbach, P. V., 551, **557**
Gershenzon, J., 551, **557**, **559**, **561**
Geszprych, A., 569, **592**
Gharyal, P. K., **129**
Ghouse, A. K. M., 398, 399, 406, 415, 419, 423, **429**, **430**, 433
Giannotti, J., **590**
Gibbon, B. C., **487**
Gibeaut, D. M., 99, 102, **130**
Giblin, E. M., **309**
Gibson, A. C., **356**
Giddings, T. H., Jr., 117, **133**, **139**
Giegé, P., 63, **69**
Gierth, M., **41**
Gietl, C., 78, **93**
Gifford, E. M., 26, 29, 31, **41**, 177, 180, 181, 183, 184, 187, 188, 195, 196, 199, 200, 203, 205, **215**, **219**, 332, **353**, **483**, **594**
Gil, G. F., 513, **530**
Gilder, J., **482**
Gill, R. H., 439, 453, 454, **483**
Gillett, E. C., **219**
Gilliland, M. G., 441, **483**, **484**, 569, 587, **591**, **593**
Gilmer, S., **134**
Gilroy, S., 292, 293, **304**, **306**, **597**
Giltay, E., 237, **240**
Ginsburg, C., 513, 518, **530**
Giordani, R., 578, **591**
Giridhar, G., 157, **169**
Girolami, G., 193, **215**, **433**
Gleason, M. L., **555**
Glick, B. R., 166, **169**
Glockmann, C., 123, **135**
Glover, B. J., 295, 296, **306**
Goddard, R. H., 81, **93**
Godkin, S. E., 516, **530**
Goedhart, J., **131**
Goessens, G., **73**
Goggin, F. L., 465, **484**
Gohet, E., **591**
Goldberg, R., 102, **133**, **426-429**, **352**
Goldschmidt, E. E., 58, **69**
Golecki, B., 450, **484**
Golinowski, W. O., 521, **530**
Gomès, E., **69**
Gomes, V. M., **558**, **590**, **619**
Gómez, E., **240**
Gommers, F. J., **240**
Gonzalez, A. M., 88, **93**, 548, **557**, **603**
González-Melendi, P., **167**
González-Reyes, J. A., **93**
Goodbody, K. C., 116, **133**
Goodin, J. R., 288, **310**
Goodman, N., **589**
Goodwin, P. B., 126, 129, **132**, **133**, **306**
Goosen-de Roo, L., 166, **133**, 415-417, **429**
Gorham, A. L., 513, 518, **530**
Görlich, D., 52, **69**
Gorton, H. L., **75**
Goto, K., **314**, **603**
Goto, N., **173**
Gottlieb, J. E., 184, **215**
Gottschalk, M., **139**, **487**
Gottschling, M., **240**, **608**
Gottwald, J. R., 465, **484**
Goujon, T., **138**
Gould, K. S., 67, **71**, **97**, **595**
Gouret, E., 270, 272, **306**
Gourlay, I. D., 365, **390**
Gout, E., **74**
Gowan, E., **488**
Gower, L. B., **96**
Grabner, M., **395**

Grabov, A., 282, **306**
Grabski, S., 126, **133**
Graça, J., 516, **530**
Grace, J. B., **239**
Gracia-Navarro, F., **93**
Graham, E. T., **240**
Graham, L. E., 225, **240**
Graham, N., **168**
Grandjean, O., **217**, **222**, **604**
Grange, R. I., **265**
Granier, A., **352**
Gravano, E., **92**
Gray, J. C., 55, 57, **69**, **252, 314**
Gray, J. E., 275, **304**, **310**
Gray, M. W., 63, **70**, **71**
Grbić, V., 153, **169**
Greaves, G. N., **313**
Grebe, M., 161, **169**, **174**
Green, L. W., **240**
Green, P. B., 149, **169**, 194, 195, **215**, **216**, **221**
Greenberg, J. T., **75**, 152, 153, **169**
Greene, B., **221**
Greenidge, K. N. H., 322, **353**
Greenland, A. J., **68**, **92**
Greenwood, J. S., **169**
Greger, M., **558**
Gregg, A., **560**
Gregory, M., **311**, **352**, 557, 565–567, **588**, **591**
Gregory, R. A., 183, **215**, 330, **353**, 406, 419, **429**
Gresshoff, P. M., **240**
Grichko, V. P., 166, **169**
Grierson, C. S., **305**, **308**
Griffing, L. R., 579, **591**
Griffith, M. E., 54, **68**
Griffith, M. M., 261, **264**
Griga, M., 158, **169**
Grill, D., **169**
Grillos, S. J., 419, 420, **429**
Grimm, R. B., 161, **167**
Grisebach, H., 105, **133**
Gritsch, C. S., 109, **133**, 251, **264**, **609**
Groff, P. A., 40, **41**
Groh, B., 526, **530**
Grönegress, P., 58, **70**
Groot, E. P., 203, **213**, **215**
Groover, A., 345, 348, 349, **353**
Grosjean, O.-K., **589**
Gross, K., **96**
Grosser, D., **393**
Großmann, P., **139**, **487**
Grossoni, P., **92**
Grotewold, E., 160, **169**
Groth, B., **93**
Grover, F. O., 195, **214**
Grover, P. N., 228, **241**
Grozdits, G. A., 516, **530**
Gruber, P. J., **69**, **75**, **97**
Grünwald, C., 104-106, **133**
Grusak, M. A., 464, **484**
Gu, X., 114, **133**
Guglielmino, N., 405, **429**
Guiamét, J. J., **172**
Guilfoyle, T., **173**, **220**
Guilfoyle, T. J., **350**
Guilliot, A., **388**
Guiot, J., **304**
Gulline, H. F., 161, **169**
Gunawardena, A. H. L. A. N., 153, **169**
Gunckel, J. E., 194, **215**
Gunning, B. E. S., 44, 54, 60, **70**, 80, **93**, 116, 118, 126, **133**, 134, **137**, **141**, 205, 208, 211, **216**, 229, 230, **240**, **242**, 271, **306**, 457, 463, 465, **486**, 535, 541, 543, 547, **556**, **557**, **559**, **598**
Guo, A., 539, **557**
Guo, F., **170**
Guo, Y., **240**
Guo, Y. H., 452, **484**
Gupta, P. K., **170**
Guttenberg, H. von, 183, 185, 186, 193, 194, 196, 199, 202, 203, 206, **216**, 237, **240**, 267, **306**

Ha, M.-A., 100, **133**
Haberlandt, G., 26, 31, **41**, 146, **169**, 178, 2**16**, 246, **264**, 539, **557**
Hable, W. E., **94**, **597**
Haccius, B., 292, **306**
Hacke, U. G., 323, 326–329, **353**, **356**, **612-614**
Haecker, A., 160, **169**, **218**, **220**
Hafrén, J., 105, 107, 109, 117, **133**
Hage, W., **175**, **222**
Hagemann, R., 57, **70**, 202, **216**
Hagemann, W., 43, **71**, 152, **170**, 194, **217**
Hagen, G., **355**
Hahn, M. G., 99, **136**
Haigler, C. H., 117, **133**, 343, 346, **353**, **357**, **604**
Hajirezaei, M.-R., **485**
Hake, S., **134**, **136**, **139**, **221**, **605**
Hakman, I., **175**
Hale, K. L., 66, **70**
Haley, A., **315**
Hall, L. N., 193, **216**
Hall, M., 262, **265**, 349, **357**
Hall, R. D., 270, **306**
Hallahan, D. L., **555**
Hallam, N. D., 273, **306**
Halperin, W., 157, **169**
Hamann, T., 165, **169**, **603**
Hamilton, D. W. A., 282, **307**
Hamilton, R. J., 272, **305**
Hammerschmidt, R., 99, 106, **134**, **137**, **303**, 525, **530**
Hammond-Kosack, K., 163, **170**
Han, K.-H., 587, **591**
Hancock, R. D., **488**, **616**
Hanhart, C. J., **171**
Hansen, M. R., **69**
Hansen, U. P., **354**, **391**
Hansmann, P., 58, 59, **70**, **71**
Hanson, J. B., 149, **170**
Hanson, M. R., 55, 63, **71**, **75**
Hanstein, J., 44, **70**, 178, 179, 199, **216**, 216
Hao, B.-Z., 579, 587, **591**, **595**
Hao, Y., **170**
Hara, N., 181, 187, 188, **216**, **220**
Harada, H., **264**, 324, 344, **353-355**, **392**, **486**
Harada, J. J., 36, **42**

Hara-Nishimura, I., **72**, **598**, **600**, **605**
Harberd, N. P., 173
Hardham, A. R., 118, **133**, **216**, **600**
Hardtke, C. S., **169**
Hariharan, U., **391**
Hariharan, Y., 369, **391**
Hariri, E. B., 238, **240**
Haritatos, E., 464, 465, **484**
Harmon, B. V., 154, **170**
Harmon, F. G., **41**
Harper, J. D. I., **69**, 113, **130**, **133**, **134**
Harper, J. F., **240**
Harpster, M. H., 120, **130**
Harrington, G. N., 230, **240**
Harris, H., 151, **170**
Harris, J. M., 298, **318**, 367, **391**
Harris, M., 252, **264**
Harris, P. J., 102, **129**, **137**, **139**, **140**, **311**
Harris, W. M., 257, **263**, **264**
Härtel, K., 184, **216**
Hartig, R., 424, **429**
Hartley, B. J., **130**
Hartmann, K., **313**, **531**
Hartung, W., 282, **307**
Hasegawa, A., **236**
Hasegawa, O., **139**
Hasenstein, K. H., 271, **311**
Hasezawa, S., 82, **94**, **611**
Hashmi, S., 398, 415, 419, 423, **429**
Haslam, E., 88, **93**
Hatch, S. L., 299, **314**
Hatfield, R. D., 104, **134**, **139**, **140**
Hattori, K., 270, **307**
Haudenshield, J. S., **131**
Hauf, G., **139**, **365**
Haupt, S., **488**, **616**
Haupt, W., 56, **70**
Häusermann, E., 538, 547, **557**
Havaux, M., 67, **70**
Hawes, C. R., 44, **92**, **139**, **312**, 558, **598**
Hawkins, S., 525, **530**
Hayashi, H., **41**, **72**, **134**, **137**, **139**, **487**
Hayashi, M., **40**, **41**
Hayashi, T., 102, **139**
Hayes, P. M., 459, 461, **489**
Hayes, T. L., **310**
Hayward, H. E., 358, **402**, 583-585, **591**
Hayward, P., 527, **530**
Haywood, V., 122, 127, **135**
He, C.-J., 153, **169**, **170**, **240**
He, L.-F., **140**
He, Y., 163, **170**
Heady, R. D., 324, **353**
Healey, P. L., 91, **97**, 288, **305**, **314**, 314
Heath, M. C., 153, **170**
Hébant, C., 584, 586, **590**, **591**
Hebard, F. V., **239**
Heckman, J. W., Jr., **306**
Hedrich, R., **305**, **592**, **609**
Heese, M., 113, **134**
Heese-Peck, A., 51, **70**
Heide-Jørgensen, H. S., 255, 262, **264**, 273, **307**
Heidel, A., **353**
Heidstra, R., 206, 211, **220**
Heil, M., 540, **557**
Heimer, Y. M., **75**
Heimler, W., **557**
Heimsch, C., 199, **211-213**, **220**, 377, **391**
Hein, M. B., **354**, **356**
Heinrich, G., 539, 550, **557**
Heinz, I., **393**
Hejnowicz, Z., 26, **242**, 281, **307**, 368, 371, **391**, 405, 407, 411, **430**
Helariutta, Y., **171**, 424, **430**, **616**
Hellgren, J. M., 371, **391**
Hellmann, H., **485**
Hellwege, E., **305**
Hemerly, A. S., 54, **70**, 194, 216
Hempel, F. D., **135**, **136**, 269, **307**
Hemphill, J. K., **561**
Hendriks, G., **222**
Henning, F., **352**
Henriksen, A., **137**
Henry, R., **69**
Henry, R. D., 292, **311**
Hepler, P. K., 44, **70**, 78, 79, 80, **93**, **94**, 112, 113, 123, 129, **134**, **136**, **137**, **140**, 170, 284, 285, 292-294, **304**, **307**, **310**, **313**
Herbert, R. J., 154, **170**
Heredia, A., **314**
Herendeen, P. S., 335, **354**
Herlt, A. J., **171**
Herman, E. M., 66, 67, **70**, 81, 85, 87, **92–94**, **598**
Hermann, S. M., **556**
Herrmann, S., 574, **589**
Herth, W., 117, **134**
Hervé du Penhoat, C., **133**, **426**
Heslop-Harrison, J., 553, **557**
Heslop-Harrison, Y., 553, **557**
Hess, W. M., **314**
Hetherington, A. M., 274, **307**, **308**, **310**, **609**
Hetherington, P. R., **133**
Hewitt, Wm. B., 386, **390**
Heyn, A. N. J., 120, **134**
Heyser, W., 132, **483**, **484**
Hibberd, J. M., **69**
Hicks, G. R., 52, **70**
Hicks, M. A., **174**
Higashiyama, T., **72**
Higuchi, T., 26, **105**, **134**, 353, 365, 366, **391**
Hilger, H. H., **240**, **608**
Hilhorst, H. W. M., **171**
Hill, J. F., **242**
Hill, R. S., 278, 279, **304**, **307**, **308**
Hille, J., **170**, **605**
Hillis, W. E., 366, 367, **390**, **391**, 573, 574, **591**
Hillmer, S., **74**, 81, **93**
Hills, A., **307**
Hills, M. J., **92**
Hilpert, A., **557**
Himmelspach, R., 118, **134**, **140**, **601**, **602**
Hinchee, M. A., **354**
Hines, E. R., 205, **212**
Hinz, G., **73**, **93**, **600**
Hirai, A., 63, **68**, **72**

Hirano, H., **134**
Hirner, B., **485**
Hitz, W. D., **240**
Hobbie, L., 165, **170**
Hobbs, D. H., **92**
Hobé, J., **594**
Hocart, C. H., **141**, **175**
Hodge, T. P., **138**
Hodges, T. K., 48, **71**
Hodgson, C. J., **241**
Hoebeke, E. R., **305**
Hoefert, L. L., 539, **561**
Hoekman, D. A., 326, **351**
Hoffmann, A., **425**
Hoffmann, N. L., **354**
Hoffmann-Benning, S., 435, **485**
Hofmann, A., **96**
Höfte, H., **174**, **602**, **603**
Hogan, B., **171**
Hoge, J. H. C., **173**
Hogetsu, T., **220**, 344, **357**, **606**
Höglund, A.-S., **588**
Holbrook, N. M., **69**, **306**, 328, **352–354**, **358**
Holcroft, D. M., **74**
Holdaway-Clarke, T. L., 128, **134**
Holdheide, W., 250, **264**, 473, **485**, 489, 490, 495, 505-508, **509**, 522, **530**
Höll, W., 330, **354**
Hollenbach, B., **305**
Hollis, C. A., 419, **433**
Holloway, P. J., 272, 291, **307**, **312**
Holst, I., **96**
Holsten, R. D., 158, **174**
Holtzman, E., 68, **70**, 81, **93**
Holzamer, S., **41**
Honda, C., **134**
Hong, L. T., 324, **354**
Hong, Y., **174**
Hong, Z., **133**
Hook, D. D., 217, 234, **240**
Hooke, R., 44
Horgan, R., **355**
Horner, H. T., 89, 90, **93**, **94**, 104, **134**, 548, **558**, 567, **592**, **599**, **619**
Horsch, R. B., **354**
Hörtensteiner, S., 67, **70**, **605**
Hosokawa, S., **173**
Hoson, T., 99, 102, **134**, **314**
Hosoo, Y., 343, **354**
Höster, H. R., 368, **391**
Hotchkiss, A. T., Jr., 117, **134**
Houssa, C., **70**
Howald, W. N., **560**
Howard, E. T., 515, 517, **530**
Howard, R. J., **555**
Howells, C. A., 55, **73**
Howells, R. M., **140**
Hsu, H.-t., **70**
Hu, C.-H., 574, **591**
Hu, J., 64, **70**
Hu, Z.-H., 374, 375, **395**, 570, **595**
Hua, B. G., **484**
Huang, A. H. C., 87, **94**, **97**, **598**
Huang, C. X., **351**, **355**
Huang, F.-Y., 153, **170**
Huang, R.-F., **315**
Huang, Y. S., 368, 371, **391**
Hüber, B., 379, **391**
Huber, B., 489, 490, 505, **509**
Huber, P., 156, **173**, 258–260, **265**
Hübner, C., **530**
Hudak, K. A., **174**
Hudgins, J. W., 493, **509**
Hueros, G., **240**
Hughes, J. E., **216**, 543, **557**
Hughes, M. A., 587, **593**
Hugouvieux, V., 539, **558**
Hugueney, P., **68**
Hulbary, R. L., 156, **170**, 232, **240**
Hull, R. J., **131**
Hülskamp, M., **72**, 82, **95**, 154, **170**, **174**, 293–295, 297, **303**, **304**, **307**, **309**, **312**, **313**
Hummel, K., 288, **314**
Hunt, L., **310**
Hunter, J. R., 588, **591**
Huntley, R. P., 54, **70**
Hurkman, W. J., 153, **170**
Hurley, U. A., **96**
Hurwitz, L. R., **170**
Husebye, H., 565, **591**
Hush, J. M., 82, **94**, 119, **134**
Huttly, A. K., **140**
Huxham, I. M., **133**, **601**
Hwang, I., **135**, **589**, **599**

Iauk, L., **311**
IAWA Committee on Nomenclature, 250, **264**, 320, **354**
Ickert-Bond, S. M., 274, **307**
Idei, T., **395**
Iiyama, K., 105, **134**
Ikehara, T., **72**
Ilarslan, H., 91, **94**
Iler, R., **307**
Ilgenfritz, H., **313**
Im, K.-H., 156, **170**
Imagawa, H., 419, **430**
Imai, T., **354**
Imaizumi, H., **129**, **349**, **353**
Imamura, Y., 344, **354**
Imlau, A., **137**, 457, **485**
Inamdar, J. A., **555**, 578, 579, 581, **588**, **591**, **593**
Ingerfeld, M., **590**
Innocenti, A. M., **217**
International Rice Genome Sequencing Project, 160, **170**
Inzé, D., 54, **70**, **72**, **74**, **168**, **216**, **603**, **608**
Iqbal, M., 398, 399, 415, **425**, 427, 428, **430**, 431, 433, **531**, **615**, 618
Irish, V. F., 163, 170, **196**, **216**
Isebrands, J. G., 370, **391**, 403, **430**
Ishida, S., **140**, **353**, 419, **430**
Ishii, T., 102, **134**
Ishiwatari, Y., 128, **134**
Itaya, A., 124, **132**, **134**
Iten, W., **393**
Ito, J., 348, **354**
Itoh, J.-I., 191, 2**16**, **605**
Itoh, T., 117, **133**, **135**, **140**, **388**
Ivanoff, S. S., 539, **558**
Ivanov, V. B., 208, 210, **216**, **605**
Ivanova, M., 54, **70**
Iversen, T.-H., 563, **589**

Ives, N. E., **357**
Iyer, V., 269, 271, **307**

Jackai, L. E. N., **241**
Jackman, V. H., 186, **216**
Jackson, B. D., 145, **170**, 177, **216**
Jackson, C. L., **174**
Jackson, D. P., 128, **134**, **136**
Jackson, M. B., 233, **242**
Jackson, R. B., **170**, **613**
Jacob, J.-L., 586, **588**, **591**
Jacobs, G., **74**
Jacobsen, K. R., 461, **481**, **485**
Jacobson, K., 49, **70**
Jacqmard, A., 54, **70**
Jacquet, G., **137**
Jaffe, M. J., 157, **169**, **170**
Jain, H. K., **555**
Jain, S. K., 162, **174**
Jain, S. M., 157, **170**
James, C. M., **314**
James, N. C., **68**, **92**
Janczewski, E. von, 201, **216**
Janda, C., 547, **558**
Jang, J.-C., **393**
Janmaat, K., **214**
Jansen, S., 323, 324, **352**, **354**
Jardine, W. G., **133**
Jarvis, M. C., **133**, 235, **240**, 601, 610
Jarvis, P. G., **307**, 310
Jasper, F., **303**
Jauh, G. Y., 103, **134**
Jauneau, A., **429**
Javot, H., 50, **70**, **74**
Jay-Allemand, C., **389**
Jean, R. V., 191, 195, **216**
Jedd, G., 64, **70**
Jeffree, C. E., 121, **134**, 271, 272-274, 280, **307**
Jeffrey, K. R., **485**
Jeje, A., 320, 322, **358**
Jeng, R. L., 83, **94**
Jenik, P. D., 163, **170**, **605**
Jenkins, P. A., 366, **391**
Jenks, M. A., 273, 275, 300, **307**
Jenny, T., **312**
Jensen, G. D., 525, 530, **559**
Jensen, W. A., 36, **42**, 128, **139**
Jentsch, R., 179, **216**
Jermakow, A. M., **174**
Jesuthasan, S., 194, **216**
Jeune, B., **240**
Ji, B.-R., **595**
Jiang, K., **170**, **217**, **605**
Jiang, L., **74**
Jiménez, M. S., **315**
Jiménez-García, L. F., **72**
Jing, H.-C., 153, **170**
Jing, L., **170**
Joel, D. M., 552, **558**, 569, **591**
Joet, T., **591**
Johanson, U., **71**
Johansson, I., **71**
John, I., **172**
John, M. C., **171**
John, P., **588**
Johnsen, T., **304**
Johnson, D. I., **311**
Johnson, M. A., 178, 186, **216**, **222**
Johnson, R. P. C., **307**
Johnson, R. W., 277, 278, 284, **307**
Johnson, T. L., 63, **70**
Johri, M. M., **42**, **172**
Jonak, C., **217**
Jones, A. M., 63, **70**, **75**, **170**, 345, 348, 349, **353**
Jones, D. L., 292, 293, **306**
Jones, J. D., **307**
Jones, J. D. G., 163, **170**
Jones, L. H., 157, **170**
Jones, M. G. K., 123, **134**
Jones, P. A., 204, **216**
Jones, R. L., **25**, 68, 73, **125**, 168, 170
Jones, T. J., **220**
Jordaan, A., 273, **307**
Jørgensen, L. B., **559**, **588**
Jorgensen, R. A., 435, **485**
Joseleau, J.-P., **138**
Joseph, J. P., 569, **591**
Joshi, P. A., 230, **240**
Josserand, S. A., **309**
Jouanin, L., **138**
Joubès, J., 154, **170**
Jourez, B., 369, 370, **391**
Judd, W. S., **556**
Jukes, T. H., 63, **70**
Julien, J.-L., **388**
Jung, G., **135**
Jung, H. G., 105, 122, **132**, **140**
Juniper, B. E., 51, **69**, 272, 273, 307, **307**, **309**, 552, 558, **558**
Junker, R., **70**
Junttila, O., **171**
Jürgens, G., **134–136**, 160, **169–171**, **174**, **217**, **218**, **220**, **307**, **312**, **598**, **601**, **604**, **608**
Justin, S. H. F. W., 233, **241**

Kabanopoulou, E., **264**
Kagawa, T., 55, **70**, **71**
Kákoniová, D., **136**
Kaldenhoff, R., **74**
Kalman, S., **139**
Kamir, D., **529**
Kamisaka, S., **314**
Kamiya, Y., 167, **168**, **175**
Kandasamy, M. K., **95**
Kane, M. E., **96**
Kang, B.-H., **95**
Kang, K. D., 371, **391**
Kaplan, D. R., 35, 40, **41**, 43, **71**, 152, **170**, 189, 194, **217**
Kaplan, R., 148, **170**
Kapoor, L. D., 548, **590**
Karabourniotis, G., 256, **264**, 288, **307**
Karczewski, J., **433**
Kargul, J., **171**
Karling, J. S., 583, 584, **591**
Karlsson, M., **71**
Karp, F., **556**
Karssen, C. M., **171**, 175
Kartush, B., 528, **531**
Kashina, T. K., 551, 552, **556**

Kastelein, P., **592**
Kato, A., **72**
Kato, N., **171**
Kato, Y., 101, **135**
Katzir, I., **561**
Kaufman, P. B., 91, **94**, 233, **239**, **241**, 271, 277, 286, 299–301, **303**, **305**, **307**, **308**
Kaufmann, K., 271, 278, **308**
Kaul, R. B., 232-234, **241**, 268, **308**, 540, **558**
Kauppinen, L., **171**
Kausch, A. P., 84, **94**, 567, **592**
Kauss, H., 104, **135**
Kaustinen, H. M., 568, **593**
Kawada, T., **139**
Kawagoe, Y., **310**
Kawai, M., **241**
Kawase, M., 233, **241**
Kawashima, I., **134**
Kay, S. A., **41**
Kayes, J. M., 189, **217**
Keegstra, K., 55, 57, **71**, **73**
Keeler, K. H., 540, **558**
Keen, J. H., **69**
Keijzer, C. J., **355**
Keith, C. T., **530**
Keller, B., 103, 104, **135**, **138**, **139**, **356**, **613**
Keller, F., **484**, **616**
Kelman, A., **140**, **531**
Kemp, R. I., 420, **425**, 505, **508**
Kempers, R., 127, **135**, 457, **485**
Kende, H., 163, **170**, 195, **213**, **485**
Kendrick-Jones, J., 73, **129**, **138**, **597**
Kenrick, P., 29, **41**
Kent, A. E., 158, **174**
Kerk, N. M., 165, **170**, 206, **217**
Kerr, J. F. R., 154, **170**
Kerr, T., 107, **135**
Kerstens, S., 109, **135**
Kerstiens, G., **303**, 307, **610**
Kessler, S., **135**
Ketelaar, T., 292, 293, **308**, **598**
Keunecke, M., 331, **354**, 383, **391**
Khan, A. H., **352**
Khan, K. K., 398, **430**
Khan, M. A., **430,** 522, **530**
Khan, M. I. H., 398, 415, **429**, **430**
Kidner, C., 163, **170**, 205, 206, **217**
Kiêu, K., **217**
Killmann, W., 324, **354**
Kim, E.-S., 242, **248**
Kim, H. J., 233, **247**
Kim, I., **135**
Kim, I. J., **498**
Kim, K., 218, **247**, **252**
Kim, M., 128, **135**
Kim, Y. S., **133**, **140**
Kimura, S., 117, **135**
Kimura, Y., 154, **171**
Kindl, H., 64, **71**
King, A. W., 367, **395**
King, K. E., **173**
King, R. W., 167, **171**
Kinoshita, T., 282, **308**
Kirchoff, B. K., 195, **217**
Kirik, V., 294, 295, **304**, **307**, **312**
Kiritsis, U., **481**, 497, **508**
Kirk, J. T. O., 58, 60, **71**
Kirk, T. K., **140**
Kirsch, T., **312**
Kiss, J. Z., 58, **73**
Kisser, J. G., 574, **592**
Kitagawa, Y., **71**
Kitano, H., **216**
Kitano, M., **480**
Kitin, P. B., 379, 384, **391**, 415, **430**
Kjellbom, P., 49, **71**, **130**
Kjonaas, R., **556**
Klee, H. J., 348, **354–356**
Klein, D. E., 548, **558**, **619**
Klekowski, E. J., Jr., **220**
Klomparens, K. L., **303**
Kloppstech, K., 67, **70**
Kloth, S., 383, **393**
Kluge, M., 66, **71**
Knebel, W., 78, 79, **94**
Knight, A. E., **138**
Knoblauch, M., 450, 452, **482**, **485**, **488**
Knop, C., 466, **485**, **617**
Knoth, R., 58, 59, **71**
Knox, J. P., 69, 94, 131, 135, **141**
Knox, R. B., **555**, **559**
Kobayashi, H., 348, **354**
Kobayashi, M., 102, **136**
Koch, K., **310**
Koch, L., 195, 196, **217**
Köckenberger, W., 459, **485**
Kohlenbach, H. W., 159, **169**
Köhler, B., **307**
Köhler, R. H., 55, **71**, **74**
Kojs, P., **433**, **613**, **615**
Kolalite, M. R., 551, **558**
Kolattukudy, P. E., 106, **135**
Kolb, K. J., 327, **353**, **354**
Koller, A. L., 228, **241**
Kollmann, R., 123–125, **132**, **135**, 471, **488**
Kollöffel, C., 121, **135**, **240**
Komor, E., **139**, **485**, **487**, **605**
Kondo, M., **72**, **611**
Kondorosi, E., 54, **71**, 154, **171**, **606**
Koopowitz, H., 545, **558**
Koornneef, M., 166, **171**
Koriba, K., 422, **430**
Kormanik, P. P., **240**, **432**
Korn, R. W., 181, **217**, 232, **241**, 270, **308**
Koroleva, O. A., 564, **592**, **616**, **617**
Kosakai, H., 579, **590**
Koshino-Kimura, Y., **314**
Kost, B., 47, 71, **60**, **94**, **309**
Kostman, T. A., 90, **94–97**
Kovaleva, V., **220**
Kovar, D. R., **487**
Kozlowski, T. T., 66, **71**, 211, **217**, 233, 240, **241**, 330, **354**, 366, **391**, 420, 424, 425, **428**, **430**, 519, **528**, **529**
Krabbe, G., 156, **171**
Krabel, D., 383, **391**, 424, **430**
Kragler, F., 129, **134**, **135**, **602**
Krahmer, R. L., 367, **391**, 515, **530**
Krahulik, J. L., **314**

Kramer, J. B., **590**
Krawczyszyn, J., 399, 405, 411, **430**
Kreger, D. R., 272, **308**
Krekling, T., **392**, **509**, **589**, **616**
Krens, F. A., **306**
Kreuger, M., 103, **135**
Kreunen, S. S., **73**
Krikorian, A. D., 281, **303**
Krishnamurthy, K. V., 324, **356**, 369, 370, **391**, **415**, **433**
Kroemer, G., 63, **69**
Krokene, P., **589**, **616**
Kronenberger, J., **222**
Kronestedt-Robards, E. C., 534, 546, 550, **558**
Kropf, D. L., 83, **94**, **597**
Krotkov, G. A., 584, **592**
Kruatrachue, M., 475, **485**
Kruger, H., 273, **307**
Krüger, R., **557**
Krysan, P. J., **484**
Ku, M. S. B., **132**
Kuba ková, M., **136**
Kubler, H., 371, **392**
Kubo, T., **431**, **613**
Kubota, F., **303**
Kucera, B., 387, **393**
Kuchitsu, K., **303**, **610**
Kudo, N., 154, **171**
Kuhlemeier, C., **132**, **138**, 164, **173**, **175**, **214**, **219**, **221**, **607**
Kühn, C., 461, 465, **485**
Kuijt, J., 275, **308**
Kuiper, F., **594**
Kulow, C., **136**, **309**
Kumagai, F., 82, **94**
Kumar, A., 577, **592**
Kumar, K. V., 212, 301, **311**
Kummerow, J., **425**
Kunau W.-H., 63, **71**
Kundu, B. C., 258, **264**
Kunkel, D. D., 550, **560**
Kunst, L., 273, **308**, **309**, **610**
Kuntz, M., 58, **58**, **71**
Kunz, U., **41**
Kuo, J., 439–441, 467, **485**
Kuo-Huang, L.-L., 90, **94**, 245, 253, 256, **264**, 301, **315**, **617**
Kuras, M., 206, **217**
Kurata, T., **314**
Kuriyama, H., 153, **171**, 348, **353**, **354**, **356**, **614**
Kuroda, H., 412, **430**
Kuroda, K., 374, 376, **391**, **509**
Kuroda, N., **390**
Kuroiwa, H., 60, **71**, **72**
Kuroiwa, T., **71**, **72**
Kursanov, A. L., 471, **485**
Kurth, E., 184, 205, **215**, **217**
Kush, A., 586, **588**
Kusiak, C., **482**
Küster, E., 87-89, **94**
Kutschera, U., 120, 121, **135**, 212, 269, **308**
Kutuzov, M. A., **92**
Kwak, J. M., **313**
Kwak, S.-S., **71**
Kwok, E. Y., 55, **71**
Kwon, M.-O., **93**, **132**

Labouriau, L. G., 574, **592**
Lachaud, S., 411, 415, 424, **430**
Lacointe, A., **388**, **617**
Lacote, R., **591**
Lai, V., 342, **354**
Lake, J. A., 67, **71**, 276, **308**, **315**
Lalanne, E., **175**
Lalonde, S., 435, 465, **485**
Lam, E., 54, **71**, 153, **171**, **172**
Lam, T. B.-T., **134**
Lamb, C. J., 95, 103, **130**, **135**, **172**, 345, **356**
Lambert., A.-M., 80, **99**
Lambiris, I., **96**
Lancashire, J. R., 326, **354**
Lance, A., 181, **217**
Lancelle, S. A., **93**, **94**
Lane, B., **171**
Langdale, J. A., 163, **171**, 190, 193, **212**, **216**
Lange, B. M., 551, **558**
Langhans, M., **167**
Lanning, F. C., 299, **308**
Lanza, R., 144, **171**
Laosinchai, W., **135**
LaPasha, C. A., 375, 376, **391**
Lapierre, C., **137**, **392**
Lardy, H. A., 47, **71**
Larkin, J. C., 155, 163, **171**, 293, 294, 296, **308**
Larkins, B. A., 54, 66, 67, **69–71**, 81, 85, **93**, 154, **171**, **481**
Larsen, P., **70**
Larson, D. W., **93**
Larson, P. R., 193, 195, 198, **217**, 318, **354**, 366, **391**, 399, 403, 411, 418, **430**
Larsson, C., **71**
Laskey, R., 51, **69**
Lauber, M. H., 114, **135**
Laufs, P., 188, 189, **217**, **222**
Launay, J., **589**
Laurans, F., **392**
Laurie, S., **140**
Laux, T., 160, **169**, **171**, 189, 190, **217**, **218**, **220**
Lawrence, B. M., 551, **558**
Lawrence, D. B., 516, **531**
Lawrence, M. E., 60, **73**
Lawson, E., **220**, **305**
Lawton, D. M., 450, **485**
Lawton, J. R., 300, **308**, 420, **430**, 392, 450, **485**
Lawton, J. R. S., 450, **485**
Lawton, M., **171**
Laxalt, A. M., **131**
Lazarow, P. B., 64, **73**
Le Gall, K., **352**
Leach, J. E., 539, **557**
Leaver, C. J., 63, **68**, **71**
Leavitt, R. G., 297, **308**
Lechowicz, M. J., **357**
Leckie, C. P., 282, **308**, **310**
Lee, D. R., 435, **485**
Lee, D. W., 67, **69**, **71**, 304
Lee, J.-H., 540, **559**
Lee, J.-Y., 51, **71**, 128, **135**
Lee, K. B., 582, **592**

Lee, M. M., 298, **308**
Lee, P. W., 369, **391**
Lee, R.-H., 154, **171**
Lee, Y., 282, **306**
Lee, Y.-R. J., 113, **135**
Lefebvre, D. D., 275, **308**
Lefèbvre, M., **306**
Lehmann, H., 32, **41**
Leisner, S. M., 127, **135**
Leitch, M. A., 344, **354**
Lemesle, R., 335, **355**
Lemmon, B. E., 81, **92**
Lemoine, D., **352**
Lemon, G. D., 184, **217**
Lendzian, K. J., **530**
Leng, Q., **484**
Lenhard, M., 190, **217**, **218**, **220**
Lens, F., **354**
Lensky, Y., **559**
Leonard, R. T., 48, **71**, **559**
Leong, S. K., 587, **592**
Leong, W., **592**
Leopold, A. C., 152, 153, **171**, **172**
Leplé, J.-C., **392**
Lerdau, M., 550, **558**
Lersten, N. R., 230, **242**, 539, 543, 547-459, 554, **556**, **558**, **560**, 561, 572, **590**, **592**
Leshem, B., 251, **264**, 329, **353**
Lessire, R., 273, **308**
Letham, D. S., 165, **171**, **175**
Levanony, H., 81, 85, **94**
Levin, A., **311**
Levin, D. A., 288, **308**
Levy, S., 102, 104, **135**
Levy, Y. Y., 41, **42**, 269, **308**
Lev-Yadun, S., 263, **264**, 379, 383, 384, 387, **391**, **392**, 422, **430**, 513, **530**
Lewin, J., 91, **94**
Lewinsohn, E., **561**
Lewis, N. G., 105, 106, **130**, **135**
Leyser, O., **173**, **220**
Leyton, L., 384, **390**
Li, C.-i., **69**
Li, J., 282, **308**
Li, X., **70**, **74**
Li, Y., 103, 120, **135**, 348, **355**
Lian, H.-L., 50, **71**
Liao, H., **221**
Liard, O., 181, **213**
Libbenga, K. R., 116, **133**, **141**, **429**
Liberman, M., **426**, **429**
Lichtscheidl, I. K., 78, 79, **93**, **94**
Liedvogel, B., **74**
Liese, W., 228, **241**, 251, 262, **265**, 323, 324, 344, **355**, **356**, 368, 372, **391**, **392**, 507, **509**
Lieutier, F., **589**
Light, D., **590**
Liljegren, S. J., **212**
Lin, J.-A., 506, **509**
Lin, J.-y., **433**
Lin, L.-S., 103, **140**
Lin, T. P., **391**
Linder, C. R., **135**
Ling, L. E. C., **355**
Linsbauer, K., 267–269, 292, **308**
Linsenmair, K. E., **557**
Linssen, P. W. T., 121, **135**
Linstead, P., **214**, **305**, **310**
Linton, M. J., 327, **355**
Lioret, C., **588**
Liphschitz, N., 378, **392**, 419, 422, **430**, 521, **529–531**
Lišková, D., 99, **136**
Liso, R., 206, **217**
Lister, R. M., **481**
Little, C. H. A., 262, **264**, 386, **390**, **392**, **393**, 424, **430**, **431**
Litvak, M., **558**
Liu, B., 113, **135**, **263**
Liu, L., 239, **241**
Liu, L. L., 537, **560**
Liu, N. Y., **170**
Liu, Y., **71**, **171**
Ljubešic´, N., 58, **71**
Ljung, K., 165, **168**, **169**, **171**, **174**
Llewellyn, D. J., **312**
Lloyd, A. D., 415, 424, **431**
Lloyd, A. M., **306**, **308**, **310**
Lloyd, C. W., 81, 82, 83, **93**, **94**, **97**, 116, 117, 119, **133**, **136**, **141**, 235, **241**, **308**, **309**
Lloyd, F. E., 569, **592**
Lo, S. W., **74**
Lo Gullo, M. A., **356**
Loake, G., 153, **171**
Loconte, H., 335, **355**
Lodewick, J. E., 425, **431**
Loer, D. S., 87, **94**
Logan, H., 49, **71**
Lohaus, G., **485**
Lohman, K. N., 153, **171**
Loiseau, J. E., 181, **127**
Lomax, T. L., 166, **168**
Lombi, E., **70**
Long, A., **96**
Long, J. A., 189, 191, 196, **217**
Long, S. R., **313**
Longstreth, D. J., **239**
Lönneborg, A., **589**
Lonsdale, J., **169**
Lopez, F., **352**
Lopez, L. E., 57, **97**
Lord, E. M., 103, **134**
Lörz, H., 158, **171**
Łotocka, B., 569, **592**
Lou, C. H., **484**, **595**
Lovell, P. H., **311**
Low, N. H., **556**
Lu, B., 43, **69**
Lu, C.-Y., 423, **431**, 524, **529**
Lucansky, T., **96**
Lucas, W. J., 43, **71**, 122, 123, 127, 128, **129**, **131**, **134–136**, **138**, **139**, **141**, 211, **218**, **223**, 285, **314**, **315**, 436, 441, **485–487**
Lukaszewski, K. M., 102, **130**
Lukowitz, W., 114, **135**, **136**
Lüttge, U., 535, **558**
Luu, D.-T., **74**
Luxová, M., 209, **218**
Lynch, J., 166, **171**
Lynch, M. A., **95**
Lynch-Holm, V. J., **97**
Lyndon, R. F., 152, **171**, 177, 181, 182, 192, 193, 194, **212**, **218**
Lynn, K., 193, 194, **218**
Lyshede, O. B., 86, **94**, 271, 273, **309**

Ma, J., 157, **171**
Ma, Y., 184, **218**
Maas Geesteranus, R. A., 232, **241**
MacAdam, J. W., 109, **136**
MacDonald, J. E., **264**
Machado, R. D., **590**
Machado, S. R., 237, **242**, 384, 385, **392**
Machray, G. C., **488**
MacKay, J. J., **139**, **141**
Mackenzie, S., 62, 63, **72**
Mackie, W., **141**
Maclean, S. F., Jr., **92**
MacLeod, R. D., 209, **222**
MacRobbie, E. A. C., 282, **309**
Madey, E., 435, **486**
Madigan, M. T., 45, **72**
Maeda, E., 467, **486**, 538, **558**
Maeda, K., 538, **558**
Maeshima, M., 50, **72**
Maffei, M., 552, **557**, **558**
Magee, J. A., 248, **264**
Magel, E. A., 366, 367, **389**, **392**, **394**
Maherali, H., 328, **355**
Maheswaran, G., 157, **175**
Mahlberg, P. G., 301, **309**, **561**, 577-582, 587, 588, **589**, **592**, **594**, **595**
Mahmood, A., 401–404, **431**
Mähönen, A. P., 166, **171**
Maier, U.-G., 55, **74**
Mainiere, C., 422, **431**
Majewska-Sawka, A., 103, **136**
Majumdar, G. P., 196, **218**, 235, **241**
Maksymowych, R., 235, **241**
Malamy, J., **173**, **220**
Malaviya, M., 579, **593**
Malik, C. P., 290, **303**
Malik, K. A., 270, **309**
Maltby, D., 104, **136**, 290, **309**
Mandel, T., **132**, **138**, **173**, **214**, **219**
Mangold, S., **174**
Manian, S., **588**
Mann, L. K., 204, **218**, 256, **264**, 526, **530**, 585, **592**
Mann, S., **313**
Manners, G. D., **592**
Mano, S., 33, **64**, **72**
Mansfield, S. D., **356**
Mansfield, S. G., 128, **136**
Mansfield, T. A., 281, **309**
Mapes, M. O., 158, **174**
Marano, M. R., 58, **72**
Maraschin, S. F., 158, **171**
Marc, J., **69**, 81, 82, **94**, 118, **133**, **134**, **136**
Marchant, A., 164, 165, **168**, **171**, **172**, **174**
Marchant, T. A., 545, **558**
Marcotrigiano, M., 159, **172**, 192, **222**
Marcus, A. I., 281, **309**
Mareck, A., **429**
Maretzki, A., **485**
Marginson, R., 540, **559**
Mariani, P., 565, **592**
Marienfeld, J., 63, **72**
Marigo, G., **96**
Marin, B., **588**
Marinos, N. G., 86, **95**
Markovskaya, E. F., 191, **218**
Marks, M. D., **171**, **303**, **308**, **309**, **313**, **314**
Markstädter, C., **309**
Marmiroli, N., **488**
Maron, R., 565, 566, **592**
Marques, N., **555**
Márquez-Guzmán, J., **588**
Marquis, R. J., 540, **556**
Martienssen, R., **310**
Martin, B., **92**, **139**, **312**
Martin, C., 84, **95**
Martin, C. E., 539, **559**
Martin, G., 269, **305**, **309**
Martin, J. T., 272, **309**
Martín, M., 52, **72**
Martin, M. M., 88, **92**
Martin, W., 55, **72**, **73**
Martinez, G. V., **312**
Martínez-Mena, A., **588**
Martínez-Vilalta, J., 327, **355**
Martinko, J. M., **72**
Martinoia, E., 65, **70**, **72**
Martinou, J.-C., 63, **69**
Martins, D., **96**
Marty, F., 65, **72**, 81, **95**, **591**
Marvin, J., **75**
Marvin, J. W., 232, **241**
Más, P., **41**, **138**
Masson, P., **218**
Mastronarde, D. N., **95**
Masucci, J. D., **220**, 298, **306**, **309**, **312**
Masuta, C., **134**
Matar, D., 114, 116, **136**
Mathews, S., **357**
Mathur, J., 64, **72**, 82, **94**, **95**, 295, **303**, **309**
Mathur, N., **72**
Matile, P., 66, **72**
Matoh, T., 102, **136**
Matsuda, K., 101, **135**
Matsukura, C., 233, **241**
Matsunaga, T., **134**
Matsuoka, K., 65, **72**, 81, **95**
Mattaj, I. W., 52, **69**
Matte, V., 507, **509**
Mattern, V. G., 551, **559**
Mattheck, C., 371, **392**
Mattoo, A. K., 166, **172**
Mattos, P. Póvoa de, 365, **392**
Mattsson, J., 164, 165, **168**, **172**, 346, **355**
Mattsson, O., **137**
Matzke, A. J. M., 472, **486**
Matzke, E. B., 232, **241**, 270, **309**
Matzke, M. A., 472, **486**
Maurel, C., 50, **70**, **74**
Mauseth, J. D., 188, **218**, 574, **595**
Mauzerall, D., **140**
May, S. T., **171**
Mayer, K. F. X., 189, **217**, **218**, **220**
Mayer, U., **134–136**
Mayer, W., 269, **309**
Maynard, D. F., **593**
Mayr, S., **352**
Maze, J., 194, **218**, **219**
Mazen, A. M. A., 89–91, **95**

Mazur, E., **433**
Mazurkiewicz, A. M., **95**
McAinsh, M. R., **308**, **310**
McAlpin, B. W., 184, **218**
McAndrew, R. S., 60, **73**
McCabe, P. F., **68**
McCann, M. C., 99, 101, 107, **130**, **136**, **174**, **355**
McCartney, L., **141**
McCaskill, D., 551, **559**
McCauley, M. M., **93**, 162, **172**, 283, 436, 457, **486**, 538, **559**,
McChesney, J. D., 525, **529**
McConkey, M. E., 551, **557**, **559**
McConnell, D. B., 89, **96**
McConnell, J. R., 196, **218**
McCully, M. E., **305**, 329, **350**, **351**, **355**, **561**
McCurdy, D. W., **96**, **242**
McDaniel, C. N., 152, **172**, 193, 195, **218**
McDonald, R., 230, **241**
McDougall, G. J., 102, **136**
McDowell, J. M., 152, **168**
McDowell, L. M., **556**
McFadden, G. I., 55, **72**
McFarland, K. C., **134**
McGahan, M. W., 193, **218**
McGovern, M., **170**
McGrath, S. P., **70**
McGuire, R. C., 584, 585, **588**
McIntosh, L., 62, 63, **72**, **485**
McKay, M. J., **174**
McKenzie, B. E., 88, **95**, 524, **530**
McKhann, M., **222**
McKinney, E. C., **95**
McLean, B. G., 129, **136**
McLeod, K. W., 234, **242**
McManus, M. T., 143, **172**
McNally, J. G., **73**
McNaughton, S. J., 91, **95**
McNeil, M., 101, **136**
McNellis, T., **68**
McQueen-Mason, S. J., 120, 121, **131**, **132**, **136**, **214**, **219**
McWhorter, C. G., 300, **309**
Meagher, R. B., 83, **95**
Medford, J. I., 177, 183, 189, **217**, **218**, 348, **355**
Medina, F. J., **72**
Medville, R., 464–466, **484**, **487**, **488**
Meehl, J. B., **95**
Meekes, H., 293, **309**, **314**
Meeuse, B. J. D., 550, **559**, **560**
Meidner, H., 277, 281, **314**
Meier, I., **73**
Meijer, A. H., **173**
Meijer, J., **588**, **593**
Meir, S., **170**
Meir, T., **559**
Meisel, L., **172**
Melaragno, J. E., 439, 444, **486**, **488**
Melcher, P. J., **358**
Mellerowicz, E. J., **130**, 386, **392**, 415, 424, **431**
Melton, D., **139**
Melton, L. D., **140**
Mencuccini, M., 327, **355**
Meng, F.-R., 280, **309**
Menon, A. R. S., 569, **588**
Menti, J., **304**
Menzel, D., **304**
Mer, E., 425, **431**
Mercer, F. V., 542, 543, **557**
Meredith, W. R., Jr., **305**
Merino, F., **137**
Mesnage, S., **42**
Metcalfe, C. R., 91, **95**, 237, **241**, 286, 299, 300, **309**, 324, **355**, 379, **392**, 498, 563, 565, 566, 569, 570, 574, **592**
Meusel, I., 272, **303**, **309**
Meyer, F. J., 524, **531**
Meyer, R. W., **355**
Meyerowitz, E. M., 163, **169**, 188, 189, **213**, **214**, **218**
Meylan, B. A., 251, **263**, 324, 346, **350**, **355**, **356**, 371, 388, **389**, **392**
Meyran, J.-C., **96**
Meza-Romero, R., **169**
Mezitt, L. A., 127, **136**
Mia, A. J., 188, **218**
Micheli, F., 405, **431**
Michell, A. J., **356**
Michon, V., **133**, **426**
Miernyk, J., 58, **72**
Mierzwa, R. J., 441, 442, 462, **483**
Miguens, F. C., **590**
Miki, N. K., **305**
Milborrow, B. V., 166, **172**
Milburn, J. A., 328, **355**, 578, **593**
Milioni, D., 348, **355**
Millar, A. A., 273, **309**
Millar, J. G., **593**
Miller, D. D., 293, **309**
Miller, E. A., 65, **72**, 81, **95**
Miller, J. H., 161, **168**
Miller, M. E., **352**
Miller, R. B., 368, 375, **395**
Miller, R. H., 273, **309**
Millington, W. F., **212**, **218**
Mills, L., **310**
Minami, A., **353**
Minchin, P. E. H., 459, **486**
Miralles, D. J., 192, **218**
Mironov, V., 54, **72**
Mirza, O., **137**
Miséra, S., **170**, **307**
Mita, N., **95**
Mitosinka, G. T., 301, **310**
Mitsuishi, Y., **133**
Mittler, R., 153, **172**, 345, **355**
Mitykó, J., **167**
Miura, H., **353**, **429**
Miura, T., **353**, **429**
Miyagishima, S.-y., 60, **71**, **72**
Miyake, H., 467, **486**
Miyauchi, T., **394**
Mizukami, Y., 155, **172**
Mo, B., **74**
Moan, E. I., **217**
Mohnen, D., 99, **136**
Mohr, H., 191, **218**
Mohr, W. P., 59, **72**
Moir, G. F. J., 578, **593**
Molano-Flores, B., 91, **95**
Molchan, T. M., 116, **136**

Molder, M., 186, **219**
Molinas, M., 199, **222**
Moll, M., **487**
Mollenhauer, H. H., 77, **95**
Møller, I. M., 62, **72**
Monéger, R., **68**
Money, L. L., 329, 336, **355**
Monson, R., **558**
Montenegro, G., **530**
Montezinos, D., **130**, **136**, **309**
Montgomery, L., **308**
Montiel, M.-D., **138**
Monties, B., 104, 105, **136**, **140**
Monzer, J., 123, **135**, **136**
Mookherjee, B., **560**
Moore, M., **171**
Moore, M. S., 51, **74**
Moore, P. H., **485**
Moore, P. J., 81, **95**, 102, **136**
Moore, R. C., **309**
Morales, D., **315**
Moreau, M., **351**, 383, **390**
Morejohn, L. C., **136**
Moreland, D. E., **433**
Morelli, G., **310**
Moreno, S. N. J., **74**
Moreno, U., **174**
Moreno Díaz de la Espina, S., **72**
Morey, P. R., 370, 371, **392**, **393**
Morgan, P. W., **167**, **169**, **170**, **240**
Morgensen, H. L., 519, **530**
Mori, H., 150, **174**
Mori, N., 324, **355**
Mori, S., **134**, **137**
Mori, T., **71**, **72**
Morita, K., **314**
Moritz, T., **171**, **394**
Morré, D. J., 77, **95**
Morrell, C. K., **314**
Morris, L. L., 526, **530**
Morrison, W. H., **263**
Morvan, C., **133**, **428**
Mosca, R., **357**
Moser, I., **309**
Mosiniak, M., **138**, **141**, **265**, **357**
Moss, E. H., 513, 518, **530**
Mota, L., **555**
Motomura, H., 91, **95**
Mott, K. A., 382, **304**, **310**
Mottola, P. M., 421, **425**
Motyka, V., **175**
Movafeghi, A., **93**
Mozafar, A., 288, **310**
Muday, G. K., 165, **172**, **173**
Mueller, W. C., 330, 331, **355**
Mühlethaler, K., 238, **240**, 274, **306**
Mulder, B. M., 118, 119, **132**, **136**
Mulholland, S. C., 299, **310**
Mullen, R. T., 64, **69**, **72**
Muller, P., **171**
Mullet, J. E., 59, **72**, 163, **168**
Mullick, D. B., 521, 522, 525, **530**
Münch, E., 122, **136**, 459, 466, **486**
Mundy, J., **137**
Munnik, T., **131**
Murakami, Y., 384, **392**
Murashige, T., 157, **172**
Murata, Y., **303**
Muravnik, L. E., 553, 554, **561**
Murdy, W. H., 248, **264**
Murfett, J., **173**, **220**
Murín, A., 209, **218**
Murmanis, L., 124, **136**, 344, **355**, 403, 404, **431**
Murphy, D. J., **92**
Murphy, R. J., 109, **133**, 251, **264**
Murray, J. A. H., 54, **69**, **70**
Murry, L. E., **263**
Murugan, V., 579, 581, **591**, **593**
Müsel, G., 105, **137**
Mustard, M. J., 584, **593**
Mutaftschiev, S., **242**, **429**
Mylne, J. S., **42**
Mylona, P., 292, **310**

Nadeau, J. A., **171**, 296, **310**
Nadezhdina, N., 367, **392**
Nagai, S., 384, **392**
Nagao, M. A., 91, **96**
Nagata, T., **140**
Nagato, Y., **216**
Nägeli, C., 317, **355**
Nagl, W., 154, 155, **172**
Nagy, N. E., 374, 392
Naidoo, G., 536, 537, **559**
Naidoo, Y., 536, 537, **559**
Nair, G. M., 569, **588**, **593**
Nair, M. N. B., 570, **593**
Nakada, R., 367, **393**
Nakajima, K., 128, **137**
Nakamori, C., **72**
Nakamura, G. R., 301, **310**
Nakamura, K., 65, **72**
Nakamura, S., 59, **72**
Nakamura, S.-i., 128, **134**, **137**
Nakamura, T., **388**
Nakashima, J., **140**, 346, 349, **355**
Nakata, P. A., 91, **94**, **95**
Nakazono, M., 63, **68**, **72**
Nandagopalan, V., **391**
Nanko, H., 250, 261, **264**, 370, **392**, 472, **486**
Napier, R., **172**
Napoli, C. A., 150, **172**
Nardini, A., **357**
Nasse, H., **484**
Nautiyal, D. D., **95**
Navas, P., **93**
Nawy, T., **137**
Naylor, J. M., **174**, **219**
Nebenführ, A., 80, **95**, 113, **137**
Needles, H. L., 252, **265**
Neeff, F., 156, **172**
Neff, M. M., 41, **42**
Neinhuis, C., 272, 273, **303**, **309**, **310**
Nelson, A. J., 194, **218**
Nelson, C. J., 109, **136**
Nelson, P. E., 524, **530**
Nelson, R. S., 129, **134**, **137**
Nelson, T., 121, **124**, **127**
Nemoto, K., **134**
Nepi, M., 545, 547, **559**, **561**
Nerd, A., 435, **486**
Nessler, C. L., 578, 579, 587, **588**, **591**, **593**, **594**, **595**

Netolitzky, F., 228, **241**
Neuberger, D. S., 468–470, **486**
Neumann, P. M., 435, **486**
Newcomb, E. H., **69**, **75**, **97**, 293, **304**, 450, **486**
Newman, I. V., 182, **218**, 402, 404, **431**
Newman, R. H., 109, **137**, **139**, **140**
Newman, Y. M., 450, **485**
Newton, R. J., **170**
Ng, C. K.-Y., 282, **310**
Ng, Q. N., **241**
Nguyen, L., **136**
Nichol, S. A., **213**, **215**
Nichols, K. L., **357**
Nicholson, R. L., 106, **137**, 525, **530**
Nicole, M., **352**
Nicolson, G. L., 49, **74**
Nicolson, S. W., 545, **559**
Nielsen, B. L., **68**
Nielson, E. E., **561**
Nijsse, J., 326, 327, **355**
Niklas, K. J., 29, **42**, 229, **241**, 269, **310**
Nishikubo, N., **130**
Nishimura, M., 64, **72**
Nissen, S. J., 578, 587, **593**
Nitayangkura, S., 199, **215**, **219**
Nixon, K. C., **488**
Nixon, R. W., 91, **92**
Niyogi, K. K., 57, **72**
Noah, I., **433**
Noat, G., **591**
Nobel, P. S., **356**
Nolan, N. J., 407, **428**
Noodén, L. D., 152, 153, **172**
Norman, J. M., **304**
Nothnagel, E. A., 103, **136**, **139**
Nougarède, A., 180, 181, 183, 191, **219**
Nowack, L. M., **486**
Nugent, J. M., 63, **72**
Null, R. L., 237, **239**
Nussbaumer, Y., **240**
O'Brien, T. P., 342, 343, **356**, 440, 467, **485**, 524, **531**
O'Keefe, D. P., **555**
O'Malley, D. M., 103, **129**, **137**
O'Neill, D. P., **173**
O'Neill, M. A., **134**
O'Quinn, R. L., **223**, **315**
Obara, K., 349, **356**
Ocampo, J., **389**
Offler, C. E., **240**, **242**, 459, **484**, **486**
Ogasawara, Y., **312**
Oghiakhe, S., 238, **241**
Ogrodnik, B., **433**
Oh, S. K., **591**
Ohashi, Y., 297, **310**
Ohba, H., **313**
Ohlrogge, J., 87, **95**
Ohtani, J., **129**, 251, **265**, 321, 324, **349**, **353**, **356**, **392**, **394**, **429**
Ohtsuka, W., **175**
Oka, A., **310**
Okada, K., 296, **305**, **312**, **314**
Okazaki, M., **313**
Okuyama, T., **354**
Oladele, F. A., 90, **95**
Old, K. M., **595**
Olesen, P., 128, **137**
Oliveira, A., **529**
Oliveras, I., **355**
Ollagnier, M., **590**
Olofsson, K., **391**
Olsen, L. J., 63, 64, **70**, **73**
Olsson, O., **264**
Ongaro, V., **135**
Oono, Y., **173**
Oparka, K. J., 44, **69**, **92**, 124, 126, 129, **132**, **137**, **305**, 459, 461, **484**, **486**, **488**
Oppenheimer, D. G., 295, **308**, **310**
Orchard, C. B., **170**
Oribe, Y., 417, **431**
Orkwiszewski, J. A. J., **241**
Orlich, G., **139**
Oross, J. W., 60, **73**, 436, **486**, 436, 537, **559**, **560**
Orr-Weaver, T. L., 154, **169**
Osawa, S., 63, **70**
Osborn, J. M., 273, **310**
Oshida, M., **97**
Osswald, W., **426**
Østergaard, L., 103, **137**
Osteryoung, K. W., 60, 62, **73**
Otegui, M. S., 82, **95**, 113, **137**, 384, **392**
Otto, B., **74**
Outlaw, W. H., Jr., 282, **315**
Ouzts, C., **309**
Ovadis, M., **74**
Oven, P., 512, 525, **531**
Overall, R. L., **69**, **97**, 126, 128, **129**, **130**, **134**, **137**, **138**, **141**
Owen, T. P., Jr., 288, **310**
Owens, J. N., 186, 194, **219**
Oyama, T., **41**
Öztig, Ö. F., 90, **95**

Pacini, E., **559**, **561**
Padhya, M. A., 270, **311**
Pais, M. S. S., 551, 552, **555**, **557**
Paiva, E. A. S., 237, **242**
Pakhomova, M. V., **133**
Palauqui, J.-C., **482**
Palevitz, B. A., **93**, 129, **137**, 278, 284, 285, **310**, 450, **486**
Paliwal, G. S., 286, **310**, 399, 406, 418, **431**, **432**, 470, **481**
Pallardy, S. G., 66, **71**, 211, **217**, 330, **354**, 366, **391**, 424, **430**
Palme, K., **169**, **174**
Palmer, J. D., 55, 60, 63, **68**, **72**, **73**, **356**
Palmer, R. G., **94**
Palmgren, M. G., 50, **73**, **74**
Pammenter, N. W., **556**
Pancoro, A., 587, **593**
Panshin, A. J., 329, **356**, 388, **392**
Pant, D. D., 90, **95**, 285, **310**
Panteris, E., 122, **129**, **137**, 270, **306**, **310**
Pantoja, A., **590**
Paolillo, D. J., Jr., 269, **310**

Paparozzi, E. T., **308**
Papastergiou, N., **264**
Paquette, A. J., 165, **172**
Paradis, J. C., **556**
Parameswaran, N., 251, 262, **265**, 323, **356**
Paré, P. W., 550, **559**
Parham, R. A., 568, **593**
Paris, N., 65, **73**
Paris, S., **174**
Park, H., 61, **73**
Park, S. K., **175**
Parke, R. V., 186, **219**
Parker, J., **72**
Parkinson, C. L., 335, **356**
Parks, D. W., **221**
Parlange, J.-Y., 281, **303**
Parry, G., 165, **172**
Parsadi, M., **592**
Parthasarathy, M. V., 84, **96**, **131**, 439, 473, 474, **486**, 578, **593**
Pascal, K.-C., **171**
Pastuglia, M., **92**
Pate, J. S., 229, 230, **240**, **242**, 435, 457, 463, 465, **486**, 535, 547, **559**
Patel, J. D., 197, **221**, 415, **431**
Patel, K. R., **508**
Patel, R. N., 252, **265**, 508, **508**, 515, **531**
Patel, S., **73**
Paterson, K. E., 88, **96**
Paterson, N. W., 163, **175**
Paterson-Jones, J. C., 588, **593**
Patrick, J. W., **240**, **241**, 459, 461, **484–486**
Patterson, K. J., **97**, **595**
Patterson, M. R., 238, **242**
Paul, R. N., **305**, **309**
Paull, R. E., 91, **96**
Pauly, M., 107, **137**
Pautard, F. C. E., 90, **92**
Pautou, M.-P., **96**
Payne, C. T., 296, **310**
Payne, W. W., 283, 289, **310**
Pear, J. R., 292, **310**
Pearce, K. J., **309**
Pearce, R. B., 99, **137**
Pearcy, R. W., 67, **73**
Pearson, L. C., 516, **531**
Peart, J., **141**
Pecsvaradi, A., **139**, **487**
Pedersen, O., 538, 539, **559**
Pedersen, R., **171**
Peeters, M.-C., 290, **311**
Pei, Z.-M., **170**
Peiffer, M., **352**
Pellerin, P., **134**
Pemberton, L. M. S., 297, **311**
Pemberton, R. W., 540, **559**
Peña, L., 158, **172**
Pennell, R., 99, **137**
Pennell, R. I., 152, **172**, 345, **356**
Pennisi, S. V., 89, 90, **96**
Percival, J., 237, **242**
Perdue, T. D., **75**, **96**
Pereira, B. A. da S., **508**
Pereira, H., **509**, 516, **529, 530**
Pérez, H., **304**
Perktold, A., **315**
Perrin, A., 538, **559**
Perrot-Rechenmann, C., **171**, **172**
Perry, J. W., 99, 104, **137**, **352**, 475, **486**
Pesacreta, T. C., 271, **311**
Petel, G., **388**
Petering, L. B., **307**
Peters, J., **315**
Peters, W. S., 269, **311**, **485**
Petersen, M., **137**
Peterson, C. A., 88, **95**, **96**, 436, 437, **480**, 505, **508**, 513, 524, **528**, **530**
Peterson, R. L., 203, **219**, **242**, 292, 293, **311**, **556**
Peterson, S., **556**
Peto, C., **70**
Pfanz, H., **303**
Pfeifhofer, H. W., **557**
Pfluger, J., **135**
Pharis, R. P., 386, **392**, 424, **430**, **432**
Philipson, W. R., 404, **431**
Phillips, E. W. J., 372, **392**
Phillips, R. J., 459, **486**
Philosoph-Hadas, S., **170**
Phinney, B. O., 191, **211**
Piattelli, M., 66, **73**
Pichersky, E., **561**
Pickard, B. G., **73**, 124, **137**
Pickering, I. J., **70**
Piekos, B., **68**
Pien, S., 195, **219**
Pierro, A., **170**
Pierson, E. S., **93**
Pigliucci, M., 144, **172**
Pilate, G., 369, **392**
Pillai, A., 203, **219**
Pillai, S. K., 202, 203, **219**
Pilon-Smits, E. A. H., **70**
Pinkerton, M. E., 292, **311**
Pinnig, E., 191, **218**
Piñol, J., **355**
Piperno, D. R., 91, **96**, 271, 299, 301, **311**
Pittermann, J., **353**
Pizzolato, T. D., 198, **217**
Pizzolongo, P., 230, **242**, 539, **559**
Platt, K. A., 565, 566, **593**
Platt-Aloia, K. A., 535, **556**, **560**, **594**
Plazinski, J., **96**
Pocock, S., 525, **531**
Poethig, R. S., 36, **42**, 159, 160, 161, **172**, 189, 193, 195, **212**, **214**, **218**, **219**, **305**
Pogson, B. J., **73**
Polap, E., 403, 411, **433**
Polito, V. S., **215**
Pollard, A. J., 554, **559**
Pollock, E. G., 36, **42**
Pomar, F., 106, **137**
Pomparat, M., 398, **431**
Pontier, D., **71**, 153, **173**
Pont-Lezica, R. F., 100, **138**
Pontoppidan, B., **593**
Ponzi, R., 230, **242**, 539, **559**
Poole, I., 335, **356**
Pope, J. M., **485**

Popham, R. A., 180, 199, 202, **219**, 292, **311**
Popovich, T. M., 439, **488**
Posluszny, U., 184, **217**
Possingham, J. V., 60, **73**, 272, **311**
Post-Beittenmiller, D., 106, **138**
Potgieter, M. J., 122, **138**
Potikha, T. S., 291, **311**
Potrykus, I., **171**
Potter, D., 322, **358**
Potuschak, T., 54, **73**
Pouchnik, D., **558**
Poupin, M. J., 158, **173**
Power, J. B., 158, **173**
Pradel, K. S., **137**
Prasad, N. V. S. R. K., 418, **431**
Prat, E., **355**
Prat, H., 145, 162, **173**, 299, **311**
Prat, R., **133**, 232, **242**, **429**
Prather, B. L., **352**
Pratikakis, E., 88, **96**
Preston, R. D., 100, 118, **138**, 235, **241**, **242**
Prévôt, J.-C., **588**, **591**
Price, H. J., 52, **73**
Pridgeon, A. M., 549, 550, **559**, **560**
Priestley, A. J., **308**
Priestley, J. H., 114 , **138**, 156, **173**, 194, 198, **219**
Prigge, M., 114, **171**, **308**
Prior, D. A. M., **132**, **137**, **305**
Prychid, C. J., 89, **96**, 299, **311**, **560**
Pryer, N. K., **92**
Psaras, G. K., **96**
Puech, L., **394**
Pujade-Renaud, V., **591**
Pumfrey, J. E., 196, **215**
Purcell, L. C., 233, **239**
Purdue, P. E., 64, **73**
Puri, V., 184, **212**
Purkayastha, S. K., 251, **265**
Putievsky, E., **561**
Pyke, K. A., 55, 60, **73**, **75**
Pylatuik, J. D., **556**
Qiu, Y.-L., **68**
Quader, H., 79, **94**, **96**, **141**
Quick, W. P., **308**, **315**
Quilhó, T., 506, **509**
Quinet-Szély, M., **427**
Quinto, C., **304**
Quiquempois, J., **213**
Quitadamo, I. J., 90, **96**

Rabinowitch, H. D., 546, **559**
Rachmilevitz, T., 542, 543, **557**
Rachubinski, R. A., 63, **74**
Radford, J. E., 104, 125, 128, **137**, **138**
Raghavan, V., 158, **173**
Ragusa, S., **311**
Rahman, A., 165, **173**
Raikhel, N. V., 51, 52, **70**, 81, **92**, **96**, **220**
Rajendrababu, T., 423, **428**, 450, **482**, 505, **509**
Rajput, K. S., 400, 418, 423, **432**, 499, **509**
Raju, J. S. A., **555**
Raju, M. V. S., 204, 205, **219**
Ralph, J., **139**
Ram, H. Y. M., 569, 570, **589**
Ramawat, K. G., 587, **594**
Ramayya, N., 548, **559**
Ramesh, K., 270, **311**
Ramsey, J. C., 290, **311**
Ranasinghe, M. S., 578, **593**
Ranjani, K., 324, **356**
Rao, A. N., 263, **265**
Rao, A. R., 579, **593**
Rao, B. H., 301, **311**
Rao, K. S., 88, **96**, 407, 414, 415, 418, 423, **427**, **432**, 499, **509**, 568, **593**
Rao, T. A., 254, 255, **265**
Rapisarda, A., 301, **311**
Rapp, G., Jr., 299, **310**
Rappert, F., 183, **219**
Raschke, K., 281, 282, **311**, **312**
Rashotte, A. M., 165, **173**
Rask, L., 563, 564, **588**, **593**
Raskin, I., 550, **559**
Rasmussen, H., 283, **311**
Ratajczak, R., 50, **73**
Ratcliffe, O. J., 262, **265**
Rathfelder, E. L., 205, **212**
Rauber Coradin, V. T., **508**
Rauh, W., 150, **173**, 183, **219**
Raven, J. A., 29, 32, **42**
Raven, P. H., 32, **42**, **138**, **173**, 317, 327, **356**, **486**, 540, **559**, 588, **593**
Raven, P. R., **73**
Ravid, U., **561**
Rawlins, D. J., **93**, **309**
Ray, P. M., 108, **140**
Rayner, R., **305**
Razdorskii, V. F., 238, **242**
Razem, F. A., 545, **559**
Read, S. M., **132**
Reader, R. J., **242**
Record, S. J., 112, **138**, 375, 385, **393**
Reddi, C. S., **555**
Reddy, A. S. N., 294, **311**
Reddy, G. V., **215**
Redman, A. M., **92**
Redway, F. A., 270, **311**
Reeder, J. R., 297, **312**
Rees, A. R., 197, **219**
Reeve, R. M., 193, **219**
Regan, S., **390**
Reichardt, P. B., **92**
Reichel, C., 127, **138**
Reichelt, S., 47, **73**, 113, **138**
Reid, J. B., **173-175**
Reid, J. S. G., 102, **138**
Reimann, B. E. F., 91, **94**
Reinhardt, D., 120, **138**, 165, **173**, 194, 195, **219**, **221**
Reis, D., 109, 119, **133**, **138**, **141**, **242**, **265**, **357**
Reisner, W. H., **556**
Remphrey, W. R., 196, 197, 198, **219**
Rendle, B. J., 387, **393**
Rennie, P., **174**, **214**
Rensing, K. H., **356**, 411, 416, **432**
Rentschler, E., 272, **311**

Rerie, W. G., **309**
Resch, A., 478, **486**
Reumann, S., 55, 57, **73**
Reuzeau, C., 47, **73**, 100, **138**
Rey, D., 88, **96**
Rhizopoulou, S., **96**
Rich, P. J., **307**
Richard, L., **431**
Richards, D. E., 153, 167, **173**
Richter, H., 329, **356**
Richter, H. G., 388, **393**, **509**
Ridge, R. W., 78, 79, **96**, 293, **309**, **311**
Riding, R. T., 186, **219**, 277, 278, 284, **307**, **390**, **431**
Ridoutt, B. G., 384, 393, 399, 424, **432**
Riechmann, J. L., **265**
Riederer, M., 271–273, 277, 278, **311**, **312**
Riikonen, M., **171**
Riksen-Bruinsma, T., **306**
Risueño, M. C., **167**
Ritchie, S., **133**
Robards, A. W., 122, 126–128, **137**, **138**, **140**, 370, **393**, 534, 543, 544, 550, **558**, **559**
Robberecht, R., 269, **311**
Robbrecht, E., 548, **559**
Robert-Baby, D., **427**
Roberts, A. G., **137**, **488**
Roberts, C., **312**
Roberts, E. H., 211, 221
Roberts, I., **137**
Roberts, K., 100, 102, 122, **132**, **136**, **138**, **141**, **170**, **174**, **214**, **217**, **305**, **355**
Roberts, L. W., 386, **393**
Robertson, J. D., 45, **73**
Robins, R. J., **558**
Robinson, C., **74**
Robinson, D. G., 48, 50, 67, **73**, **74**, **93**, 100, **138**
Robinson-Beers, K., 125, **138**, 467, **486**
Robnett, W. E., 370, **393**
Roby, D., **173**
Roca, W. M., **174**
Rodehorst, E., **357**
Rodermel, S., 57, **73**
Rodin, R. J., 186, **219**
Rodkiewicz, B., 104, **138**
Rodrigues, C. O., **74**
Rodriguez-Saona, C. R., 566, **593**
Roelofsen, P. A., 109, 118, **138**, 235, **242**
Roessner-Tunali, U., **485**
Rogers, H. J., **170**
Rogers, J. C., **73**
Rogers, M. A., 104, **134**
Rohr, R., **306**
Rojo, E., 190, **220**
Roland, J.-C., 119, 121, **138**, **141**, **242**, 253, **265**, **357**, 403, **427**, **432**
Rollins, R. C., **314**
Romano, C. P., 348, **356**
Romberger, J. A., 183, **215**, 229, **242**, 411, **430**
Rona, J. P., **589**
Rondet, P., **219**
Ros Barceló, A., 104, **137**, **138**
Rose, A., 51, **73**
Rose, J. K. C., 120, **130**, **138**
Rose, R. J., **96**
Rosen, E., **530**
Roser, M. L., 516, **529**
Rosner, S., 528, **531**
Ross, J. H. E., **92**
Ross, J. J., 167, **173**–**175**
Rost, T. L., 54, **70**, 88, **96**, 202, 206, 209–211, **212**, **213**, **215**, **218**–**220**, **222**, **223**, 228, 230, **241**, **242**, **315**, 539, **560**
Roth, A., 329, **356**
Roth, I., 267, 277, **311**, **312**, 474, **487**, 494, 496, 506, 508, **509**, 513, 515, 516,
519, 522, 526, **531**
Rothwell, G. W., 29, **41**, **42**, 317, 332, **357**
Roudier, F., **71**, **171**
Row, H. C., 297, **312**
Roy, A. T., 579, 581, **593**
Roy, S., **138**, **265**
Royo, J., **240**
Ruan, Y.-L., 291, **312**
Ruberti, I., **310**
Rubin, R., **94**
Rudall, P. J., 89, **96**, **311**, 540, **560**, 577, 579, 581–583, **593**
Rueb, S., **173**
Ruel, K., 105, 106, **133**, **137**–**139**, **356**, **393**
Rühl, K., 524, **531**
Ruiz, F. A., **74**
Ruiz-Medrano, R., 435, **487**
Rujan, T., 55, **73**
Running, M. P., **213**, **214**
Rushing, A. E., **352**
Rusin, A., **307**
Rusin, T., **307**
Russell, S. H., 268, **312**, 466, **487**
Russin, W. A., 450, 458, 464, 466, 478, **480**, **483**, **484**, **487**
Ruth, J., 181, 186, **220**
Ryel, R. J., **303**
Ryser, U., 103, **138**, **139**, 290, 291, **312**, 346, **356**

Sabatini, S., 165, **173**, 206, **220**
Sabato, R., **170**
Sablowski, R., **215**
Sabularse, D., **130**
Sacco, T., **558**
Sachdeva, S., **219**
Sacher, J. A., 186, **220**
Sachot, R. M., **131**
Sachs, I. B., 322, **355**, 403, **431**
Sachs, J., 26, **42**
Sachs, R. M., 177, **220**
Sachs, T., 41, **41**, 161, 164, 165, **168**, **173**, 262, **265**, 346, **356**, 436, **480**
Sack, F. D., 58, **73**, **171**, 277, 284, 285, 296, **306**, **310**, **312**, **315**
Sacks, M. M., 210, **220**
Sadlonŏvá-Kollárová, K., **136**
Sado, P.-E., **355**
Saedler, H., 160, **174**
Sagisaka, S., 412, **430**, **432**
Sahgal, P., 270, **312**

Saiki, H., **264**, **355**, **392**, **486**
Saint-Côme, R., 183, 188, **220**
Saint-Jore, C. M., **70**
Saitoh, Y., **356**
Sajo, M. G., 540, **560**
Sajwan, V. S., **431**
Sakaguchi, S., 194, **220**
Sakai, F., **139**
Sakai, W. S., 91, **96**
Sakakibara, H., 166, **173**
Sakr, S., **388**
Saks, Y., 262, **265**
Sakuno, T., **139**
Sakuragi, S., **312**
Sakuth, T., 128, **139**
Sala, A., 328, **357**
Salaj, J., **303**
Salang, A. T., **428**
Salema, R., 513, **531**
Saliendra, N. Z., 322, **356**
Sallé, G., **240**
Salleo, S., 328, **356**, **357**
Salmon, E. D., **92**
Saltveit, M. E., Jr., **167**
Saltz, D., 91, **96**
Šamaj, J., **138**, **303**
Sammut, M., 54, **70**
Samuels, A. L., 104, 113–115, **139**, 273, **308**, 342, **356**, 411, **432**
Sanchez, C., **558**
Sánchez, F., **304**
Sandberg, G., **168**, **169**, **171**, **174**, **394**
Sanderfoot, A. A., 81, **96**
Sanders, D., **305**
Sand-Jensen, K., **559**
Sands, R., 384, **393**, 399, **432**
Sangster, A. G., 91, **96**
Sanier, C., **590**
Sanio, C., 403, **432**
Sano, Y., 367, **391–394**, **430**
Santa Cruz, S., **92**, **137**
Santier, S., 272, **312**
Santini, F., **69**
Santos, J. K., 516, **531**
Santrucek, J., **313**
Sargent, C., 270, **312**
Sasamoto, H., **140**
Sass, J. E., 144, 147, **173**
Sassen, M. M. A., **132**
Satiat-Jeunemaitre, B., 118, 119, **138**, **139**, **265**, 270, **312**
Satina, S., 160, **173**, 188, **220**
Sato, S., 293, **312**
Satoh, M., **395**
Sattelmacher, B., **354**, **391**
Sauer, N., **137**, 465, **485**, **487**
Sauter, H., **70**
Sauter, J. J., 361, 383, **393**, 471, 472, **487**
Savidge, R. A., 344, **354**, 424, **432**
Sawhney, V. K., 188, **220**, **556**
Sawidis, Th., 543, **557**, **560**
Saxe, H., 277, **312**
Saxena, P. K., **309**
Scanlon, M. J., 193, **220**
Scarano, F. R., **389**
Scarpella, E., 165, **173**
Schäfer, E., **75**
Schaffer, K., 383, **393**
Schäffner, A. R., 50, **73**
Schaffstein, G., 583, **593**
Scheer, U., 52, **73**
Schel, J., **136**
Schell, P., **96**
Schelling, M. E., **96**
Schellmann, S., 297, **312**
Schenck, H., 233, **242**
Scheres, B., 155, 163, **169**, **173**, **175**, 204, 206, 208, 211, **212**, **220**, **222**
Scheuerlein, R., 56, **70**
Schiefelbein, J. W., 207, **220**, 292, 298, **306**, **308**, **309**, **312**
Schindler, M., **129**, **133**
Schindler, T., **137**
Schipper, O., **135**
Schirmer, U., 535, **560**
Schleiden, M. J., 43, **74**
Schliwa, M., 83, **97**
Schmid, M., 78, **93**
Schmid, R., **41**
Schmidt, A., 179, 192, 197, **220**
Schmidt, K. D., 184, **220**
Schmidt, M. G., **140**
Schmit, A.-C., 116, **139**
Schmitt, U., **133**
Schmitz, K., 461, 466, **487**
Schmitz, U. K., 63, **68**
Schmülling, T., 166, **173**, **175**
Schmutz, A., 291, **312**
Schnabl, H., 282, **312**
Schneider, E. L., 332, **351**, **356**
Schneider, G., 273, **311**
Schneider, H., 480, **487**, 507, **509**, 516, **531**
Schneider, K., **317**
Schneider, M. M., **75**
Schnepf, E., 79, 81, **94**, **96**, 533, **560**
Schnittger, A., 294, **307**, **312**
Schobert, C., 128, **129**, **139**, 435, 452, 457, **487**
Schoch-Bodmer, H., 156, 157, **173**, 258–260, **265**
Schols, P., **354**
Schönherr, J., 272, 277, **303**, **304**, **312**
Schoof, H., 190, **218**, **220**
Schopfer, P., 120, **137**, **141**
Schorderet, M., **139**, **356**
Schreckengost, W. E., **310**
Schreiber, L., 271–273, **304**, **311–313**, 525, **531**
Schreiber, U., **271**
Schroeder, J. I., **69**, 282, **303**, **313**
Schüepp, O., 149, **174**, 184, 199, 200, 202, **220**
Schulte, P. J., 329, **356**
Schultz, H. R., 191, **220**
Schulz, A., 126, 128, **139**, 435, 459, 468–470, 472, **482**, **484**, **487**
Schulz, R., 128, **139**
Schuster, W., 63, **74**
Schwab, B., 295, **313**
Schwabe, W. W., 191, **220**
Schwalm, K., **167**
Schwann, Th., 43, **74**

Schwarz, H., **135**
Schweingruber, F. H., 365, 366, 388, **393**
Schwendener, S., 246, **265**
Scott, D. H., 583, 584, **593**
Scott, L. I., 114, **138**, **219**
Scott, N. W., **174**
Scott, S. V., 57, **74**
Sculthorpe, C. D., 269, 277, **313**
Scurfield, G., 330, **356**, 370, **393**
Seago, J. L., 199, **220**
Seagull, R. W., 81, **96**, 290, **305**, **313**
Sedbrook, J., **218**
Sederoff, R. R., 104, 106, **129**, **137**, **139**, **141**
Sedgley, M., **559**
Seeliger, I., 186, **220**
Segre, J. A., 144, **169**
Seitz, R. A., **392**
Sekhar, K. N. C., 188, **220**
Selker, J. M. L., 194, 195, **215**, **221**
Semeniuk, P., **174**
Sena, G., **137**
Sennerby-Forsse, L., 411, 420, 424, **432**
Sentenac, H., **71**
Serna, L., 296, **313**
Serpe, M. D., 103, **139**
Serrano, R., **390**
Setia, R. C., 573, **593**
Setoguchi, D., **175**
Setoguchi, H., 268, 301, 303, **313**
Setterfield, G., 235, **239**
Seufferheld, M., 45, **74**
Sexton, R., 285, **314**
Sha, K., **135**
Shah, J. J., 196–198, **221**, **508**, 569, 570, 573, **588**, **589**, **591**, **593**, **593**
Shahin, E., **174**
Shand, J. E., 508, **509**
Shannon, J. C., 58, **74**
Sharkey, D. E., **136**
Sharma, D. D., **432**
Sharma, H. K., 399, **432**
Sharma, R. K., 230, **242**
Sharma, V. K., **220**
Sharman, B. C., 193, 195, 197, **221**
Shaw, P. J., **93**, **141**, **309**
Shaw, S. L., 292, 293, **313**
Sheahan, M. B., 81, **96**
Shedletzky, E., 107, **139**
Sheen, J., 386, **393**
Sheets, E. D., **70**
Sheldrake, A. R., 386, **393**, 578, **593**
Shepard, J. F., 158, **174**
Shepherd, K. R., 366, **391**
Sheppard, P. R., **395**
Sherrier, D. J., 80, **93**
Sherriff, L. J., 167, **174**, **175**
Sherwood, R. T., **140**
Shiba, H., 234, **242**
Shibagaki, M., **353**, **429**, **431**
Shibaoka, H., **92**, 120, **139**, 270, **313**, **354**
Shieh, M. W., 120, **139**
Shields, L. M., 300, **313**
Shimabuku, K., 202, **221**
Shimaji, K., 374, 376, **391**
Shimazaki, K.-I., 282, **303**, **308**
Shimizu, Y., 120, **139**
Shimizu-Sato, S., 150, **174**
Shimmen, T., 83, **96**, **314**
Shimony, C., 537, 552, **557**, **560**
Shimura, Y., **314**
Shin, D. H., **591**
Shortle, W. C., **531**
Showalter, A. M., 103, 104, **139**
Shtromberg, A. Ya., 397, **432**
Shuel, R. W., **556**
Shumel, M., **139**
Siddiqi, T. O., **430**
Sieberer, B., 293, **313**
Siefritz, F., 50, 74
Sifton, H. B., 374, **394**
Siika-aho, M., **132**
Siler, D. J., **589**
Silflow, C. D., **93**
Silk, W. K., **220**
Silva, S. R., **356**
Simanova, E., **313**
Simkiss, K., **313**
Simon, E. W., 153, **174**
Simon, R., 190, **214**, **221**
Simper, A. D., **96**
Simpson, G. G., 41, **42**
Sims, I. M., **140**
Simson, R., **70**
Singarayar, M., 263, **265**
Singer, S. J., 49, **74**
Singh, A. P., 277, **313**
Singh, D. P., 167, **174**
Singh, H., 186, **221**
Singh, S., **95**
Singsaas, E. L., 550, **560**
Sinha, N. R., 128, **135**, **139**, 190, **221**
Sinnott, E. W., 116, **139**, 161, **174**
Sisson, W. E., Jr., 420, **432**
Siswanto, 586, **593**
Sitte, P., 43, 44, 58, **70**, **71**, **74**
Sivakumari, A., **391**
Sivaramakrishna, D., 526, **531**
Sjutkina, A. V., **133**
Skaggs, M. I., **481**, **482**
Skatter, S., 387, **393**
Skene, D. S., 574, **594**
Skrabs, M., **313**
Skubatz, H., 549, 550, **560**
Skutch, A. F., 585, **594**
Slafer, G. A., **218**
Slater, A., 158, **174**
Slováková, L., **136**
Smart, C., **219**
Smeekens, S., 57, **74**
Smets, E., **352**, **354**
Smirnoff, N., 233, **242**
Smith, A. M., 84, **95**
Smith, B. G., 101, 102, 109, **139**
Smith, D. L., **314**
Smith, F. H., 419, 420, **429**
Smith, J., **304**
Smith, J. A., 66, **74**
Smith, J. G., **307**
Smith, L. G., 112, 113, **139**, 155, 161, **169**, 190, 194, **221**, 285, **306**
Smith, M. D., **174**

Smith, R. F., **433**
Smith, W. L., Jr., **529**
Smithson, E., 35, **42**, 522, **531**
Smyth, D. R., 546, **555**
Snow, M., 194, 196, **221**
Snow, R., 194, 196, **221**
Snowden, K. C., **172**
Snustad, D. P., **93**
Snyder, F. W., 191, **221**
Sodmergen, T., **72**
Soh, W. Y., 371, **391**
Solereder, H., 301, **313**, 524, **531**, 579, **594**
Solheim, H., **392**, **589**
Soliday, C. L., 106, **135**
Soll, J., 55, 57, **68**, **69**
Soltis, D. E., **357**
Soltis, P. S., **357**
Soma, K., 181, **221**
Somerville, C., 86, 87, **96**, 292, **312**
Somerville, C. R., 262, **265**
Sone, Y., **133**
Song, P., 290, 292, **313**
Song, Y.-H., 586, **594**
Soni, S. L., **307**
Sonobe, S., **314**
Sorokin, S., 161, **175**
Soudant, C., **593**
Spaink, H. P., **171**
Spanswick, R. M., 126, **139**, **140**
Sperlich, A., 538, **560**, 583, 584, 587, **594**
Sperry, J. S., 252, **265**, 322, 326–329, **352–357**
Speth, V., **137**
Spicer, R., 369, **393**
Spielhofer, P., **94**, **309**
Spilatro, S. R., 578, 587, 588 **594**
Srinivasan, N., **314**
Srivastava, L. M., 41, **42**, 277, **313**, 329, 342, **350**, **354**, 406, **431**, 474, **487**, 489, 491,**509**, 515, **531**
Stabentheiner, E., **557**
Stacey, N. J., **174**, **355**
Stack, S. M., **70**
Stadler, R., 465, **485**, **487**
Staehelin, L. A., 77, 78, 79, 81, **93**, **95**, **97**, 99, 102, 104, 112, 113, 117, **133**, **135–137**, **139**, **140**
Staff, I. A., 252, **265**
Staiger, C. J., 81, 83, **93**, **97**, 452, **487**
Stalker, D. M., **310**
Stals, H., 54, **74**
Stamm, A. J., 372, **393**
Stanley, C. M., **73**
Staritsky, G., 256, **265**
Stark, M., 543, 544, **559**
Stauber, E. J., **558**
Staxen, I., **308**
Stebbins, G. L., 162, **174**
Steele, C. R., 195, **214**
Steer, M. W., **314**
Steeves, T. A., 41, **42**, 146, **174**, 178, 184, 196–198, 205, **214**, **215**, **218**, **219**, **221**, **223**
Stein, D. B., 191, 193, **221**
Stein, O. L., 191, 193, **221**, **220**, **221**
Steinmann, T., **135**, 164, **174**
Stelzer, R., **41**
Sterling, C., 194, **221**
Stermer, B. A., 526, **529**
Stern, W. L., 549, 550, **556**, **559**, **560**
Steucek, G. L., **221**
Stevens, K. J., 234, **242**
Stevens, R. D., **170**
Stevenson, D. W., **355**
Stevenson, J. W., 252, **264**, 370, **390**
Steward, F. C., 157, **174**, 196, **211**
Stewart, D., **314**
Stewart, H. E., 205, **214**
Stewart, J. McD., 290, **313**
Stewart, R. N., 159, 162, **174**, 181, 193, **221**
Stewart, W. N., 1, **13**, 255, 268, **289**
Steyn, W. J., 67, **74**
Stieger, P. A., 195, **221**
Stobbs, L. W., 525, **529**
Stockey, R. A., 274, **313**
Stockstill, B. L., 579, **594**
Stoebe, B., 55, **74**
Stone, B. A., 104, 117, **129**, **131**, **134**, **140**
Stone, D., **482**
Stösser, R., 524, **531**
Stout, D. L., 328, **357**
Stpiczyńska, M., 542, 549, **560**, **561**
Strange, C., 53, **74**
Strasburger, E., 397, **432**
Street, H. E., 146, 152, 157, 159, **174**, 211, **221**
Strnad, M., **175**
Strumia, G., **395**
Studer, D., **139**, **356**
Studhalter, R. A., 379, **393**
Su, R. T., **70**
Su, W.-A., **71**
Subrahmanyam, S. V., 570, 573, **593**, **594**
Subramanian, R. B., **555**, **558**, **591**
Suga, S., **313**
Sugavanam, V., **588**
Sugimoto, K., 118, **140**
Sugimoto-Shirasu, K., 154, **174**
Sugiura, A., **97**
Sugiura, M., 55, **74**
Sugiyama, M., **353**
Sugiyama, T., **173**
Sullivan, J. A., **69**
Sullivan, J. E. M., 327, 328, **356**, **357**
Sundaresan, V., **170**, **217**
Sundås-Larsson, A., 191, **221**
Sundberg, B., **130**, 165, **174**, 192, 221, **352**, 371, 386, **390–394**, 424, **427**, **431**, **432**
Sundberg, M. D., 192, **221**
Sunderland, N., 159, **174**
Sunell, L. A., 91, **97**
Sung, S.-J. S., 424, **432**
Sung, Z. R., **172**, **355**
Suri, S. S., 587, **594**
Sussex, I. M., 41, **42**, 159, 160, 163, **172**, **174**, 178, 179, 187, 188, 193, 196, 198, 205, **216**, **219**, **221**
Sussman, M. R., 465, **482**, **484**
Sutka, M., **74**
Sutter, J. U., **354**, **391**

Suttle, J. C., 166, **172**
Suzuki, H., **394**, **433**
Suzuki, K., 100, **140**
Suzuki, M., **95**, **173**, 379, **394**, 419, 425, **433**
Suzuki, T., **72**
Suzuki, Y., **390**
Svenson, M., **221**
Swain, S. M., **174**
Swamy, B. G. L., **355**, 526, **531**
Swamy, N. R., **555**
Swarup, R., 164, **168**, **172**, **174**
Swingle, C. F., 198, **219**
Swords, K. M., **95**
Sylvester, A. W., **221**
Symons, G. M., **173**
Sysoeva, M. I., **218**
Sze, H., 50, **70**, **74**
Szederkényi, J., **139**, **487**
Szegletes, Z., **561**
Szendera, W., 405, **433**
Szymanski, D. B., 295, **313**
Szymkowiak, E. J., 159, 163, **174**

Tachibana, T., **314**
Taiz, L., 64, **74**, 163, **174**, 291, **313**
Takabe, K., **129**, **140**, **350**, **355**, 369, 370, **394**
Takahara, M., **71**, **72**
Takahashi, Y., 120, **140**
Takatsuto, S., **175**, **357**
Take, T., **388**
Takeda, K., 270, **313**
Takei, K., **173**
Takeoka, Y., **94**, **307**, **308**
Takeuchi, Y., **72**
Talbert, P. B., 196, **221**
Talbot, M. J., 230, 231, **242**
Talbott, L. D., 108, **140**, 282, **313**
Talboys, P. W., 331, **350**
Talcott, B., 51, **74**
Tallman, G., **312**
Talon, M., 167, **175**
Tan, C.-T., **589**
Tandon, P., 572, **592**
Tang, C.-S., **96**
Tang, R.-H., **170**
Tang, Z.-C., **71**
Tangl, E., 122, **140**
Tani, C., **92**
Taniguchi, M., **173**
Tapia-López, R., **212**
Tarkowska, J. A., 275, **303**
Tarrants, J. L., 91, **95**
Tasaka, M., 36, **41**, **218**
Taylor, D. C., **309**
Taylor, E. L., 29, **42**, 317, 332, **357**
Taylor, J. G., 346, **357**
Taylor, J. J., **266**
Taylor, L. P., 292, **313**
Taylor, M. G., 269, **313**
Taylor, N. G., 117, **133**, **140**
Taylor, T. N., 29, **42**, 273, **310**, 312, 332, **357**
Teeri, T. T., **130**, **132**
Tegeder, M., **240**, **485**
Teilum, K., **137**
Tepper, H. B., 188, 197, **215**, **221**, 419, **433**
Terashima, I., 282, **313**
Terashima, N., 104, 105, **140**
Terlouw, M., **220**
Terry, B. R., 126, **140**
Terry, N., **70**
Testillano, P. S., **167**
Tewari, J. P., 579, **593**
Thangstad, O. P., **591**
Theg, S. M., 57, **74**
Theisen, I., **303**
Theißen, G., 160, **174**
Thelmer, R. R., 86, **97**
Theobald, W. L., 288, 289, **314**
Theologis, A., 120, **129**
Thielke, C., 187, **221**
Thimann, K. V., 153, **174**
Thimm, J. C., 100, **140**
Thiry, M., **73**
Thomas, E. D., **171**
Thomas, H., **168**
Thomas, V., 548, **560**
Thompson, G. A., **129**, 435, 457, **481**, **482**, **484**, **487**
Thompson, J., 205, **222**
Thompson, J. E., 152, 153, **172**, **174**, **486**
Thompson, R., **240**
Thomson, J., **171**
Thomson, N., 96, 106, **140**, 512, 514, 525, **531**
Thomson, R. G., 374, **394**
Thomson, W. W., 288, **310**, **314**, 535, 537, **555**, **556**, **559**, **560**, 565, 566, 571, **593**, **594**
Thorne-Holst, M., **485**
Thornton, J. I., 301, **310**
Thorpe, M. R., 459, **486**, **592**
Thorsch, J., 124, **134**, 444, 445, 446, 357, 358, **483**
Thumfahrt, J., **312**
Thureson-Klein, Å., 583, **594**
Thurston, E. L., 554, **560**
Tiagi, B., 230, **242**
Tian, H.-C., 196, **222**
Tibbetts, T. J., 328, **357**
Tibbitts, T. W., 578, **594**
Tien, L.-H., 574, **591**
Tietz, A., 275, **314**
Tilney, L. G., 125, **140**
Tilney, M. S., **140**
Tilney-Bassett, R. A. E., 58, 60, **71**, 159, **174**
Timell, T. E., 368, **394**, 402, 403 **433**
Tippett, J. T., 524, **531**, 574, **594**
Titorenko, V. I., 63, **74**
Tiwari, S. C., 290, 292, **314**
Tobe, H., **313**
Tobin, A. K., 54, 62, **68**
Tobler, F., 246, **265**
Tokumoto, H., 290, **314**
Tolbert, N. E., 64, **74**
Tolbert, R. J., 178, 179, **216**, **222**
Tomazello, M., 365, **394**
Tominaga, M., 293, **314**
Tominaga, R., **314**
Tomlinson, P. B., 41, **42**, 248, 251,

265, 287, 288, **314**, 371, **394**, **395**, 422, **423**, 473, **486**, 525, **531**, 574, **594**
Tomos, A. D., **592**
Tomos, D., 269, **311**
Tong, K. L., **222**
Topa, M. A., 234, **242**
Torelli, N., **531**
Toriyama, K., **72**
Torres-Contreras, J., **313**
Torrey, J. G., 204, **214**, 263, **263**
Tóth-Soma, L. T., 541, **561**
Tournaire-Roux, C., 50, **74**
Toyofuku, K., **241**
Traas, J. A., **92**, 116, **136**, 174, **222**, **293**, **314**
Trachtenberg, S., 566, **594**
Trainin, T., **139**
Trelease, R. N., 64, **72**, **74**
Trenkle, R., **560**
Trethewey, J. A. K., 102, **140**
Trewavas, A. J., 144, 149, **170**, **174**, **315**
Triplett, B. A., 292, **305**, **308**
Trockenbrodt, M., 506, **509**, 525, **531**
Trojan, A., 55, **74**
Troll, W., 29, **42**, 292, **306**
Trombetta, V. V., 147, **174**
Truernit, E., **485**
Trumble, J. T., 566, **593**
Tsai, S.-L., **529**
Tse, Y. C., 51, **74**
Tsekos, I., **560**, 571, **589**
Tsuda, M., **350**
Tsurumi, S., **173**
Tsutsumi, N., **68**
Tucker, C. M., **93**, 418, **433**, **483**, 505, **509**, 512, **531**
Tucker, E. B., 126, **140**
Tucker, J. E., 126, **140**
Tucker, S. C., 193, **222**, 262, **265**, 539, **561**
Tumlinson, J. H., 550, **559**
Tuominen, H., **174**, 386, **393**, **394**, **432**
Tupper, W. W., 332, 336, 350, **372**, **389**
Turgeon, R., 127, 129, **131**, **135**, **140**, **141**, 230, **243**, 436, 450, 459, 464–466, **484**, **486**, **487**
Turley, R. B., 290, **314**
Turner, A., **141**
Turner, G. W., 551, **561**, 571, **594**
Turner, J. C., 552, **561**
Turner, M. D., 184, **222**
Turner, S. R., **133**, **140**, 262, **265**, 349, **357**
Turzanśka, M., 181, **223**
Twell, D., 155, **175**
Tyree, M. T., 320, 327, 328, 329, **353**, **356**, **357**
Tzen, J. T., 87, **97**

Uchida, H., **72**, **303**
Uchimiya, H., **241**
Udaiyan, K., **588**
Uehara, K., **175**, 344, **357**
Uggla, C., **174**, 366, 386, **394**, **432**
Uhl, N. W., 474, 480, **484**
Ullrich, C. I., **167**
Unnikrishnan, K., 196–198, **221**
Uno, H., **390**
Unseld, M., **72**
Uozumi, Y., **96**
Uphof, J. C. Th., 288, **314**
Urbasch, I., 275, **314**
Urech, K., **240**
Urquiza, D. A., **530**
Uruu, G., **96**
Utsumi, Y., 379, **394**

Vainstein, A., **74**, 549, **561**
Valdes-Reyna, J., 299, **314**
Valente, M. J., **352**
Valentin, V., **388**
Vallade, J., 199, 203, 204, 206, 209, **222**
Vallet, C., 105, **140**
Valster, A. H., **136**
van Amstel, T., **141**
van Bel, A. J. E., 122, 127, **129**, **133**, **135**, **137**, **140**, 230, **242**, **306**, 361, 383, **394**, 435, 450, 457, 459, 461, 464, **485**, **488**
Van Cotthem, W., 286, **306**
van den Berg, C., 163, **175**, 211, 222, **222**
Van der Graaff, N. A., 326, **357**
van der Heijden, G. W. A. M., **355**
van der Krol, A., **74**
van der Schaaf, P. J., **588**
van der Schoot, C., **71**, **136**, 331, **357**, 383, **394**
van der Werff, N., **222**
van Dijk, A. A., **242**
van Erven, A. J., 382, **394**
Van Fleet, D. S., 237, **242**
Van Gestel, K., 62, **74**
van Holst, G.-J., 103, **135**
van Ieperen, W., **355**
van Kesteren, W. J. P., 122, **140**
van Lijsebettens, M., 190, **222**
van Meeteren, U., **355**
Van Montagu, M., **70**, **72**, **216**
van Rijen, H. V. M., 461, **488**
van Slobbe, W. G., **593**
van Spronsen, P. C., **133**, **429**
van Staden, J., **484**, 587, **591**, **593**
van Veenendaal, W. L. H., 581, 583, **594**
Van Volkenburgh, E., 121, **140**
van Wyk, A. E., 122, **138**, 256, **265**, 495, 508, **508**, 515, **529**
Vance, C. P., 99, 106, **140**
VanderMolen, G. E., 331, **357**
Vantard, M., 82, **97**
Vargheese, A. K., **97**
Varner, J. E., 103, **130, 140**, **141**
Varriano-Marston, E., 85, **97**
Vasil, I. K., 157, 158, **175**
Vasilevskaya, N. V., **218**
Vassilyev, A. E., 553, 554, **561**, 570, **594**
Vaughn, J. G., 189, **222**
Vaughn, K. C., 290, **314**
Veit, B. E., **134**, 143, **172**, **222**
Véla, E., **304**

Venkaiah, K., 569, 570, **593**, **594**
Venning, F. D., 238, **242**
Venugopal, N., **391**, 415, **433**
Venverloo, C. J., 116, **141**, **429**
Verbelen, J.-P., **74**, **135**, **314**
Verdaguer, D., 199, **222**
Verfaille, C., **171**
Vergara, C. E., **130**
Verma, D. P. S., 113, 114, **133**, **141**
Vermeer, J., 203, **219**
Vermerris, W., 104, **134**
Vernoux, T., 188, 189, 195, **222**
Véry, A.-A., **71**
Vesk, M., **97**, **129**, **138**, **141**
Vesk, P. A., 118, **141**
Vesprini, J. L., 542, 545, **561**
Vetter, R. E., 364, **392**
Vian, B., 109, 118, 83, 119, **133**, **138**, **141**, 235, 237, 239, **242**, **265**, 326, **357**, **428**, **429**
Vickers, K., **140**
Vickery, B., 84, **97**
Vickery, M. L., 84, **97**
Vidali, L., **304**, **307**
Vieira, M. C. F., **74**
Viëtor, R. J., **133**
Vilaine, F., **482**
Vilhar, B., **170**
Villalba, R., **389**, 418, **433**
Villena, J. F., 271, **314**
Vinckier, S., **354**
Vindt-Balguerie, E., **589**
Viola, R., 461, **488**
Virchow, R., 43, **74**
Viry-Moussaïd, M., **315**
Vischer, W., 586, **594**
Vishnevetsky, M., 57, **74**
Vissenberg, K., 292, **314**
Visser, E. J. W., 234, **242**
Vitale, A., 77, 81, 85, **97**
Vitha, S., **92**
Vöchting, H., 162, **175**
Voesenek, L. A. C. J., **242**
Voets, S., **311**
Vogel, S., 545, 548–551, **559**, **561**
Vogelmann, T. C., **305**, **309**
Vogler, H., **175**
Voitsekhovskaja, O., **485**
Vojtaššák, J., **136**
Volk, G. M., 90, 91, **97**, 129, **141**
Volkmann, D., **92**, **129**, **138**, **211**, **303**
von Fircks, H. A., 420, **432**
von Groll, U., 296, **314**
von Kölliker, A., 44, 47
von Mohl, H., 44
Von Teichman, I., 256, **265**
von Willert, D. J., 539, **559**
von Witsch, M., **304**
Voronine, N. S., 199, **222**
Voronkina, N. V., 199, **222**
Vos, J. W., 116, **141**

Wacowska, M., 275, **313**, 513, 518, **531**
Wada, M., 55, **70**, **71**
Wada, T., 298, **312**, **314**
Waddle, R. M., 543, **561**
Wadsworth, P., **94**, **134**
Wagner, B. L., 90, **94**
Wagner, G. J., 288, **314**
Waigmann, E., 125, 127, **141**
Waisel, Y., 378, **392**, 429, **430**, **433**, 515, 519, 521, **529**–**531**
Waizenegger, I., **135**
Wajima, T., **480**
Wakabayashi, K., **314**
Walbot, V., **306**
Waldron, K., 102, 120, **130**
Walker, A. R., 296, **304**
Walker, D. B., **314**
Walker, N. A., **134**
Walker, R. A., **92**
Walker, W. S., 238, **242**
Walles, B., **175**
Walsh, M. A., 439, 444, **486**, **488**
Walsh, S., 587, **588**
Walter, M. H., 105, **141**
Wan, Y., **304**
Wand, S. J. E., **74**
Wang, C.-G., 230, **242**
Wang, H., **220**, **312**
Wang, J., 326, **357**
Wang, M., **171**
Wang, S. C., 515, 521, **529**
Wang, X.-C., **315**
Wang, X.-D., **240**
Wang, X.-Q., 282, **303**
Wang, Z.-Y., 89, **97**, 567, **595**
Wanner, G., 86, **93**, **97**
Ward, D., 91, **96**
Ward, J. M., **431**, **485**
Wardlaw, C. W., 177, 194, 195, 197, **222**
Wardrop, A. B., 119, **130**, 235, 237, **242**, 251, **265**, 343, **357**, 373, **394**, **395**
Wareing, P. F., 262, **263**, 424, **432**
Warmbrodt, R. D., 461, **488**
Warn, R. M., **141**
Warnberg, L., **93**, **132**
Warren Wilson, J., 262, **265**, 386, **394**
Warren Wilson, P. M., 386, **394**
Warren, R. A., **69**
Wasteneys, G. O., 82, **97**, **134**, **140**
Watanabe, M., 153, **175**
Watanabe, Y., **175**, **353**
Waters, M. T., 55, **75**
Watson, M. D., **92**
Watt, W. M., 301, 303, **314**
Wayne, R. O., 79, **93**
Webb, A. A. R., **308**
Webb, J., 233, **242**
Webb, J. A., 436, **242**
Webb, M. A., 89, **92**, **97**
Webb, W. W., **71**
Webster, P. L., 209, **222**
Weerakoon, N. D., **133**
Weerdenberg, C. A., **96**
Wehrli, E., **132**, **214**
Weichel, G., 549, **561**
Weil, J.-H., **68**, **71**
Weiler, E. W., **93**
Weimann, J. M., **168**
Weisbeek, P., **74**, **173**, **175**, **220**, **222**

Weisenseel, M. H., **426**
Weiss, D., **561**
Weissman, I. L., 144, **171**, **175**
Welch, D. R., **307**
Welch, M. D., 83, **94**
Welinder, K. G., **137**
Wellons, J. D., 515, **530**
Wells, B., **136**
Wenham, M. W., 258, **265**
Wenzel, C. L., 202, 203, **222**
Wergin, W. P., 52, **75**, 86, **97**
Werker, E., 375, 376, **390**, **394**, 411, **428**, 534, 551, 552, **561**, 569, **595**
Werner, T., 166, **175**
Wernicke, W., 122, **135, 171**
Weryszko-Chmielewska, E., 549, **561**
Wessel-Beaver, L., **96**
West, M., **171**
West, M. A. L., 36, **42**
Westing, A. H., 368, 371, **394**
Weston, L. A., **305**
Wetmore, R. H., 161, **175**, **215**, 377, **391**
Weyens, G., **306**
Weyers, J. D. B., 163, **175**, 277, 281, **314**
Whalley, B. E., 156, **167**
Whang, S. S., 300, **308**, **314**
Wheeler, E. A., 320, 323, 330, 335, **350**, **354**, **357**, 375, 376, 378, 379, 383, 388, **391**, **395**, 583, **595**
Whelan, J., **68**
Whetten, R. W., 104, **137**, **141**
White, D. J. B., 193, 194, **222**
White, R. A., 172, 184, **218**, **222**
White, R. G., 83, **97**, 128, **129**, **137**, **138**, **141**
Whitford, N. B., 443, 474, **481**
Whitmore, T. C., 506, 507, **510**, 522, **531**
Whitney, N. J., **309**
Whitten, W. M., **560**
Wick, S. M., **93**, 116, **133**, **313**
Wiebe, H. H., 65, **75**, 330, **357**
Wiedenhoeft, A. C., 375, **395**
Wiemken, A., 66, **68**
Wilcox, H., 203, 211, **222**, 418, **433**
Wildeman, A. G., 197, **223**
Wildung, M. R., **558**
Wilhelm, S., 524, **530**
Wilhelmi, H., **303**
Wilkes, J., 574, **595**
Wilkins, T. A., 290, 291, 292, **314**
Wilkinson, H. P., 272, 286, 287, **314**
Wilkinson, S., **307**
Willats, W. G. T., 102, **141**
Wille, A. C., 285, **314**
Willemse, M. T. M., **559**
Willemsen, V., **175**, **214**, **220**, **222**
Willenbrink, J., 471, **488**
Williams, D. G., **355**
Williams, E. G., 157, **175**, **555**
Williams, R. E., **139**
Williams, W. E., 55, **75**
Williams, W. T., 229, **242**
Williamson, R. E., **96**, 117, **134**, **140**, **141**
Willis, C. L., **174**
Willmer, C. M., 285, **314**
Willmitzer, L., **131**
Wilms, F. H. A., **93**
Wilson, B. F., 368, 370, 371, **395**, 419, **429**, **433**
Wilson, C. A., 271, **314**
Wilson, K. J., 578, 579, **595**
Wilson, K. L., 51, **69**
Wilson, T. P., 539, **561**
Wimmer, R., 374, **395**
Wimmers, L. E., 230, **243**
Windle, J. J., **589**
Winge, P., **591**
Wink, M., 65, **75**
Wisniewska, J., **169**
Wisniewski, M., 383, **393**, **395**, 412, **433**
Withers, L., 157, **175**
Witiak, S. M., **75**
Witkowski, E. T. F., 513, **529**
Wittler, G. H., 574, **595**
Wittwer, F., **138**, **219**
Witztum, A., **96**
Włoch, W., 402, 403, 405, 410, 411, **433**
Wodzicki, A. B., 366, **395**
Wodzicki, T. J., 366, 375, **395**
Wolbang, C. M., **173**
Wolf, S., 127, **131**, **141**
Wolff, C. F., 178, **223**
Wolkenfelt, H., 163, **173**, 208, **220**, **222**
Wolkinger, F., 251, **266**
Wolters-Arts, A. M. C., 119, **141**
Woltz, P., **313**
Wong, P.-F., **594**
Wong, S. C., **175**
Woo, Y.-M., **71**, **132**, **134**, **171**
Wood, D. F., **589**
Wood, N. T., 282, **315**
Woodward, C., **215**
Woodward, F. I., 274, 276, **307**, **308**, **315**
Woodward, S., 525, **531**
Woody, S., **169**
Worbes, M., 364, **395**
Worley, J. F., 258, **266**
Wredle, U., 153, **175**
Wright, K. M., **137**
Wrischer, M., **71**
Wu, C.-C., 301, **315**
Wu, H., 374, 375, **395**, 569, 570, **595**
Wu, J., 104, **141**, **356**, **392**
Wu, J.-I., 579, 587, **591**, **595**
Wu, Y., **132**
Wullschleger, S. D., 367, **395**
Wutz, A., 527, **531**
Wyllie, A. H., **170**
Wymer, C. L., 82, **97**, 117, 119, **141**
Wymer, S. A., **97**
Wyrzykowska, J., **219**

Xavier-Filho, J., **590**
Xi, X.-Y., 230, **242**
Xia, Y., **485**
Xiang, Y., **129**
Xiao, S. q., **356**
Xoconostle-Cázares, B., **487**

Xu, J., **169**
Xu, W., 83, **97**
Xu, Y., 63, **75**

Yamaguchi, J., **241**
Yamaguchi, K., **72**
Yamaguchi, S., 167, **175**
Yamamoto, E., 105, **135**
Yamamoto, F., **390**
Yamamoto, J., **68**
Yamamoto, K., **352**, **353**, 367, **395**
Yamamoto, R., 154, **175**, **357**
Yamanaka, K., 491, **510**, 573, **595**
Yan, W.-M., **591**
Yang, J., **591**
Yang, M., 296, **306**, **315**
Yang, Z., **170**
Yanofsky, M. F., **212**
Yanovsky, M. J., **41**
Yao, N., 63, **75**
Yatsuhashi, H., 55, **75**
Yaxley, J. R., 167, **175**
Ye, Q., **71**
Ye, Z.-H., 103, **141**, 262, **263**, **266**
Ying, Z., **590**
Yocum, C. S., **307**
Yoda, K., **394**, **433**
Yokota, E., **96**, **314**
Yokota, S., **322**
Yokota, T., **168**
Yokoyama, T., **388**
Yonemori, K., 88, **97**
Yong, J. W. H., 166, **175**
Yoo, B.-C., **71**, **135**
Yoon, P. K., **592**
York, W. S., **137**
Yoshida, M., **354**
Yoshida, S., **175**, **357**, **480**
Yoshinaga, A., **392**
Yoshizawa, N., 368, **395**
Young, D. A., 335, **357**
Young, J. C., **484**
Young, J. H., 459, **483**, **488**
Young, N., **171**, **308**
Young, T. E., 63, **75**
Yu, B., **595**
Yu, F. Y., **484**
Yu, R., 281, **315**
Yu, X., **71**
Yu, X.-H., 63, **75**
Yuan, J.-G., **69**
Yuan, M., 119, **141**, **315**
Yunus, D., **531**
Yunus, M., 398, 406, **429**, 522, **531**

Zachariadis, M., 116, **141**
Zachgo, S., **309**
Zagórska-Marek, B., 181, **223**, 403, 405, 411, **430**, **433**
Zahner, R., 419, **433**
Zahur, M. S., 474, **488**, 495, **510**
Zambryski, P. C., 127, 128, **131**, **135**, **136**, **141**, 163, **175**, 435, **481**
Zamora, P. M., 320, 341, **350**
Zamski, E., 374, **390**, 484, **573**, **590**
Zander, A., 583, **595**
Zandomeni, K., 120, **141**
Zanis, M. J., 335, **357**
Žárský, V., 157, **175**
Zasada, J. C., 419, **433**
Zee, S.-Y., **485**
Zeevaart, J. A. D., 163, 167, **170**, **175**, **485**
Zeiger, E., 64, **74**, 163, **174**, 282, 291, **313**, **315**
Zelcer, A., **170**
Zellnig, G., 277, **315**
Zeng, Y., 579, **595**
Zer, H., 547, **561**
Zhang, D., **95**
Zhang, F., **310**
Zhang, G. F., 81, **97**
Zhang, J., 166, **168**
Zhang, J. Z., **265**
Zhang, M., **136**, **309**
Zhang, S. Q., 282, **315**
Zhang, W.-C., 579, **595**
Zhang, Y.-T., **433**
Zhang, Z.-J., 423, **433**
Zhao, G.-F., **139**, **356**
Zhao, L., 284, 285, **315**
Zhao, M., **74**
Zheng, H. Q., **70**, 78, **97**
Zhigilei, A., **304**
Zhong, R., 262, 263, **263**, **266**
Zhou, L., **393**
Zhu, J.-K., 103, **132**
Zhu, T., 206, 208, 211, **223**, 298, **315**
Zhu, Y., **482**
Ziegler, H., 58, **75**, 282, **312**, 366, **395**, 435, **488**, 496, **510**
Zimmermann, J. G., 540, **561**
Zimmermann, M. H., 320, 322, 328, 329, 330, 346, **350**, **357**, 368, 371, 379, **393**, **394**, **395**, 506, **510**
Zimmermann, W., 192, 196, **223**
Zipfel, W. R., **71**
Zippo, M., **356**
Zobel, A. M., 88, **97**, 568, **595**
Zoffoli, J. P., **530**
Zonia, L. E., **487**
Zupančič, M., 531
zur Mieden, U., **139**, **487**
Zwieniecki, M. A., **306**, 328, 346, **352**, **354**, **358**

ÍNDICE REMISSIVO

Números em negrito indicam figuras, além da descrição do assunto, e as figuras envolvendo táxons

α-proteobactérias, origem da mitocôndria, 63
Abacaxi (ver *Ananas comosus*)
Abelhas, euglossine e osmóforos, 549
Abertura da pontoação, 111
Abertura externa da pontoação, 112
Abertura interna da pontoação, 112
Aberturas apicais, do hidatódio, 537
Abeto (ver *Abies procera*)
Abeto (ver *Abies sachalinensis*)
Abeto (ver *Picea*)
Abeto-da-noruega (ver *Picea abies*)
Abies, **186**
  angiosperma, 187–189
  Arabidopsis, 189–191
  células-mãe, 184, 185
  fase de área máxima, 192
  fase de área mínima, 192
  forma e tamanho, 183
  gimnosperma, 184, 185
  Ginkgo, 184
  Hypericum, **192**
  meristema periférico (zona), 180, 184, 185
  mudanças plastocrônicas, 191, 193
  organização túnica-corpo, 179, 180, 181, 186-189
  plantas vasculares sem sementes, 183, 184
  vegetativo, 182-191
  zona central, 180, 181, 187, 188
  zona de transição, 185
Abies, meristema apical, da raiz, 203
  ápice caulinar, **186**
  campos de pontoação primária em células parenquimáticas do córtex radicular, **111**
  cerne, 366
  cristais prismáticos no parênquima do floema da raiz, **89**
  desenvolvimento da pontoação, 342
  epiderme na raiz, 203
  esclereíde, **101**
  esclereídes na casca, 503
  felema, 515
  periderme, primeira superficial, 519
  pontoações areoladas dos elementos traqueais, 322
  traqueídes radiais, ausência de, 372, 491
Abies alba, felogênio/câmbio vascular, período(s) de atividade, 521
Abies balsamea, células cambiais fusiformes, comportamento nuclear, 414, 415
Abies concolor, ápice caulinar, 186
  razão xilema para floema, 419
Abies procera, dormência da raiz, 211
Abies sachalinensis, traqueídes da madeira de compressão, **369**, **370**
  células cambiais fusiformes e radiais, 417
  disposição dos microtúbulos, 119
  floema secundário, **503**
Abietoideae, 372
Abóbora (ver *Cucurbita maxima*)
Abóbora (ver *Cucurbita pepo*)
Abscisão, 512
Abutilon pictum, tricomas secretores de néctar, **543**
Abutilon striatum, nectários florais, 542, **544**
Acacia caven, ritmo anual da atividade cambial, 423
Acacia nilotica, elementos de tubo crivado nos raios do floema, 499
Acacia raddiana, felogênio/câmbio vascular, período(s) de atividade, 521
Acacia saligna, ciclo anual da atividade cambial, 423

Acacia, nectários extraflorais, 540
aumento na espessura da casca, 512
Acanthaceae, nervuras de pequeno porte, tipo 1, com células intermediárias, 464
distribuição espacial da epiderme da raiz, 297, **297**
Acer, pontoação alterna, **323**
alburno, 367
aumento no espessamento da casca, 512
colênquima, 237
filotaxia, 191
madeira não estratificada, 362
placas crivadas simples, 497
Acer campestre, reativação cambial, padrão, 424
Acer negundo, felogênio, origem do primeiro, 518
câmbio vascular/espaços intercelulares, 400
Acer pensylvanicum, epiderme, 267
Acer platanoides, cutícula, 271
Acer pseudoplatanus, casca, não fibrosa, 522
células cambiais fusiformes, comportamento nuclear, 414
elemento crivado, **439**
iniciação foliar, 193
tempo de iniciação de produção do xilema e floema, 420
Acer rubrum, tamanho do elemento traqueal em relação à localização na planta, 322
Acer saccharum, reativação cambial, 425
câmbio vascular/espaços intercelulares, 400
madeira de tração no xilema primário, 371
raios, madeira, **382**
Acer striatum, epiderme, 267
Achillea millefolium, desenvolvimento do tricoma glandular, 552
Achras sapota, atividade celulase em látex, 578
desenvolvimento do laticífero, **584**
Ácido 3-indolacético (AIA) (ver *Auxina*)
Ácido abscísico, 166
Ácido desoxirribonucléico (DNA), 45
na mitocôndria, **62**
Ácido fítico, 86
Ácido poligalacturônico, 102
Ácido ribonucleico (RNA), 45
Ácido salicílico, 163
Acidocalcissomos, 45
Ácidos nucléicos, 45
Actina filamentosa (actina F) (ver *Filamentos de actina*)
Aegilops comosa, paredes do tubo crivado, 439
Aequorea victoria, fonte de proteína fluorescente verde (GFP), 44
Aerênquima, 233, 234, 513
Aeschynomene hispida, conversão da inicial fusiforme em inicial(is) radial(is), 407
Aeschynomene virginica, conversão da inicial fusiforme em inicial(is) radial(is), 407
Aesculus, colênquima, 237
desenvolvimento da placa de perfuração, 344
desenvolvimento da pontoação, 343
floema secundário, padrão das fibras, 495
formação da madeira de tração, 371
madeira estratificada, 362
placas crivadas compostas, 497
Aesculus hippocastanum, desenvolvimento da pontoação areolada, microtúbulos no, **346**
alinhamento de microtúbulos, 119
câmbio vascular, 404
diferenciação vascular das derivadas cambiais, 346
fragmoplasto na célula cambial fusiforme, 416
raios multisseriados, ausência de, 382
Agathis australis, floema secundário, distribuição das células no, 494
Agathis, ápice caulinar, 186
Agave americana, cutícula, 271
Agave, fibras, 252
parênquima de armazenamento de água, 228
Agentes do afrouxamento da parede primária, 121
Agonandra brasiliensis, parênquima axial, distribuição na madeira, **381**
Agrobacterium tumefaciens, e mutantes "knockout", 160
bactéria com acidocalcissomos, 45
causa de galha-da-coroa, 45
Agropyron repens, desenvolvimento da gema lateral, **197**
Agrupamento de poros, 379
Ailanthus altíssima, elemento de vaso, **319**
Ailanthus excelsa, canais de gomo-resina, traumáticos, 573
Ailanthus, células parenquimáticas, formato das, **232**
Ailanto (ver *Ailanthus altíssima*)
Aizoaceae, cristais de oxalato de cálcio na cutícula, 90
distribuição espacial da epiderme na raiz, 297, **297**
Ajuste celular durante diferenciação do tecido, 156, 157
Alburno, 366
Alburno/cerne, proporção de,366, 367
Alchornea sidifolia, anéis de crescimento, 364
Aldrovanda, armadilhas dentadas, 552
Alelopatia, 88
Alfa tubulina, 82
Alismataceae, distribuição espacial da epiderme da raiz, 297, **297**
Alismatidae, ausência de oxalato de cálcio, 89
Allamanda violacea, grãos de amido em látex, 578
Allamanda, coléteres, 548
Allium, células guarda, 282
interpretação do ápice radicular, **202**

laticíferos, 583, 584, **585**
plastídios no tubo crivado, **447**
Allium cepa, laticífero articulado, **585**
densidade de estômatos, 276
membrana plasmática, **47**
microtúbulos na extremidade radicular, **82**, **83**
Allium porrum, movimento da mitocôndria, 64
Allium sativum, laticífero articulado, **585**
centro quiescente, **205**
esclereídes, 255, **256**
meristema apical da raiz, **204**
Alnus glutinosa, parênquima axial, distribuição na madeira, **381**
Alnus, raios agregados, 382
condutividade hidráulica, 328
fibras, 248
Aloe aristata, célula epidérmica da folha, **270**
Aloe, parênquima de armazenamento de água, 228
Alonsoa meridionalis, células companheiras em nervuras de menor porte, 466
Alonsoa warscewiczii, células companheiras em nervuras de menor porte, 466
Alseis labatioides, aerênquima do súber, 513
Alseuosmia macrophylla, razão inicial radial para inicial fusiforme, 406
Alseuosmia pusilla, inicial radial para inicial fusiforme, 406
Alstonia scholaris, 367
feloderme, 516
Alstroemeria, iniciação foliar, 194
Altingiaceae, nervuras de menor porte, 465
Altura relativa do meristema no ápice da raiz, 209
Amaranthaceae, floema, incluso (interxilemático), 436
distribuição espacial da epiderme na raiz, 297, **297**
Amaranthus retroflexus, cloroplasto com amido de assimilação, **85**
Amaranthus, plastídios em células companheiras, 457
Amaryllidaceae, desenvolvimento do estômato, 287
Amborella, ausência de vasos em, 335
Amborellaceae, madeira, 377
Ameixa (ver *Prunus domestica*)
Amendoim (ver *Arachis hypogaea*)
Amido, 84, 85
armazenado, 84
de assimilação assimilatory, 84
Amido de assimilação, **85**
Amilase, 84, 85
Amilopectina, 84, 85
Amiloplasto, 58, **60**, 84
Anabasis, periderme, primeira superficial, 519
Anacardiaceae, esclereídes, 256
canais secretores, 568, 569, **569**
tanino, 88
Anacardium occidentale, canais secretores, desenvolvimento dos, 569
Anacharis, iniciação foliar/orientação das microfibrilas de celulose, 194
Análise clonal, 160
Ananas comosus, fibras, 252
Anatomia do caule, tipos de, 32
Andropogon gerardii, iniciação foliar, 194
Andropogon, fibras, 246
Anéis de crescimento, 362
fatores responsáveis pela periodicidade dos, 365, 366
hormônios implicados na formação do lenho inicial e tardio, 365
Anéis dos plastídios em divisão, 60
Anel anual (camada), 364, **365**, 405
Anel anual falso, 364
Anel anual múltiplo, 364
Anel inicial, 181
Angiospermas, células companheiras, 455-457, **456**, **458**
anatomia caulinar, **34**
ápice radicular, 198-203
ápices caulinares/teoria histogênica, 178
as grandes tendências na evolução do elemento de vaso, 331-337
ausência de vasos, 278, 335, 377
camada verrucosa, 324
células perfuradas de raio, 384
cicatrização de ferimentos em caules, 525-526
distribuição espacial da epiderme na raiz, 297-298, **297**
elementos de tubo-crivado, 437, 438-455, **451**, **453-455**
embriogênese, 35, 36
especialização evolutiva das fibras, 335
esporófito, 40
fibras, 248, 249
fibras, padrões no floema secundário, 495
floema, secundário, 495-500
folhosas, 371
incrementos de crescimento no floema, 489, 490
lignina, 105
madeira de tração, 368, 370, 371
madeira, 362, 371, 377-383
mecanismo de transporte no floema, 459-461, **460**
meristema apical duplo, 182
organização apical túnica-corpo, 179, 187-189
paredes secundárias das células, 102
proplastídios, origem no zigoto, 59-60
protoxilema/metaxilema de, 341
traqueófitas, 317
zoneamento cito-histológico do ápice caulinar, 180
Annona, paredes das células das sementes, 102
Annonaceae, células de mucilagem, 566
Annulus citoplasmático, 125, **126**
Antiporter, 50

Antocianinas, 66
atuação nas folhas, 66
Aparato de Golgi, 45, 77, 79, 80
funções, 80, 85
Apêndices, em elementos de vaso, 384
Apiaceae, corpos proteicos, 86
Ápice caulinar (ver também *Meristema apical),* **30,** 177
Ápice caulinar adventício, 225
Ápice caulinar reprodutivo, 40
Ápice caulinar vegetativo, 182-189
de *Arabidopsis thaliana*, 189-190
estabelecimento do zoneamento em, 188
Ápice da raiz, **33**, 177, 198-206
Arabidopsis, 206-208
célula apical, 199, **200**
centro quiescente, 203, 204, **205**, 206
conceito corpo-coifa, 200, 201, **202**
em raízes de gimnospermas, 203
localização de iniciais, 205, 206
meristema transversal, 202
organização aberta e fechada, 199
origem da epiderme, 202
zona de transição, 210
Ápice radicular, crescimento do, 208-211
Apium, espessamento da parede da célula do colênquima, 238
parênquima, **121**
Apocynaceae, coléteres, 548
amido no látex, 577
cavidades secretoras, 570
floema, externo e interno, 435
iniciais do laticífero, 581
laticíferos nos raios do xilema, 583
laticíferos, 581
Apocynales, glicosídeos cardíacos em látex, 577
Apoio foliar, 191, **192**
Apoplasto, 122
Apoptose, 63, 154
Aquaproteínas para Aquaporinas, 49
Arabidopsis, como carregador apoplástico, 465
células de mirosina, 563, 564, 565, **565**
Arabidopsis thaliana, produção de auxina nas folhas, 164
ápice caulinar vegetativo, 189-190, **190**, **190**
ápice radicular, 206-208, **207**
atuação da auxina no desenvolvimento, 165, 195
atuação das AGPs, 103
atuação das giberelinas no desenvolvimento, 166
centro quiescente, 196, 206
complexo estomático, 284, **286**
corpos de óleo e corpos protéicos no cotilédone, **87**
corpos prolamelares, 60
cutícula (produção de cera), 273
densidade de estômatos, 276
desenvolvimento da esclereíde, 263
desenvolvimento da fibra, 262-263
desenvolvimento de nectários, 546
distribuição espacial da epiderme na raiz, 297-298, **297**
distribuição espacial de estômatos, 295
embriogênese, 36, 189
estômato (formação do poro), 284
extremidade da raiz, 207
formação da placa celular e proteína "KNOLLE", 114
formação do meristema apical caulinar, **190**
frequência de plasmodesmos/idade da raiz, 211
genômica, 160
gravitropismo, 166
informação posicional, 163
iniciação do tricoma/endoreduplicação, 154
iniciação foliar, 190, 193, 194
largura do ápice caulinar, 183
local de produção do AIA livre na folha, **164**
microtúbulos corticais, 117
mutantes "knockout", 160
nervuras de menor porte, 464, 465
número de cromossomos, 52
origem da gema axilar, 196, 197
óxido nítrico como repressor da transição floral, 163
padrão do tricoma, 296, 297
paredes primárias da célula, 107
pelos radiculares, 292
peroxissomos, 63
plasmodesmos, 128, 211
proteína da membrana plasmática/microtúbulos, 118
raiz da plântula, 206
síntese da celulose, 117
transecção da raiz, **298**
transporte de auxina no floema, 164
tricomas, 54, 288-295, **294**, **295**
zona central do meristema apical caulinar, **190**
Araceae, látex, 577
cicatrização de ferimentos, 526
distribuição espacial da epiderme na raiz, 297, **297**
idioblastos com ráfides, 91
monocotiledôneas laticíferas, 577
osmóforos, 549, 550
Arachis hypogaea, óleo da semente, 86
Araucaria, ápice caulinar, 186
Araucariaceae, parênquima axial na madeira, 372
células parenquimáticas do raio na madeira, 373
espessamentos *phi*, 88
floema secundário, distribuição das células no, 495
tampões estomáticos, 279
tipo do floema secundário em *Ginkgo biloba*, 495

traqueídes, 372
Archaea, célula, 44
Ardisia, células parenquimáticas que secretam material resinoso, 568
Áreas crivadas, 437, 438, **439**, **443**
Arecaceae, ausência de periderme de cicatrização, 526
Arecales, paredes primárias das células, 102
Areia cristalina, 89
Aristolochia, fibras, 248, **247**
felogênio, origem do primeiro, 518
floema não-condutor, 506
floema secundário, 495
periderme, **518**
Aristolochia brasiliensis, xilema secundário, elementos do, **336**
Aristolochiaceae, osmóforos, 549
Armadilhas adesivas, 552
Armadilhas dentadas, 552
Armadilhas de sucção, 552
Aroideae, laticíferos, 577
taninos em látex, 577
Arranjo das folhas (ver também *Filotaxia*), 191
Arroz (ver *Oryza sativa*)
Arroz de profundidade, etileno e crescimento do caule, 166
Arthrocnemum, esclereídes, 255
Arundinoideae, distribuição espacial da epiderme da raiz, 297, **297**
Árvore da resina (ver *Orozoa paniculosa*)
Ascarina scandens, células companheiras de nervuras de menor porte, 466
Ascarina, células companheiras de nervuras de menor porte, 466
Asclepiadaceae, laticíferos, 582, 583
cavidades secretoras, 570
floema, externo e interno, 435
laticíferos nos raios do xilema, 583
osmóforos, 549
produtores de borracha, 586
Asclepias curassavica, hidrolases lisossomais em látex, 578
Asclepias syriaca, laticíferos, 578
atividade pectinase em látex, 578
Asclepias, látex, 577
Asparagus, endosperma, 229
epiderme do caule, **228**
Asparagus officinales, número de cromossomos, 52
Asplenium, ápice radicular, 199
Asteraceae, colênquima, 237
açúcares no látex, 577
canais (dutos) secretores, 569
cavidades secretoras, 569, 570
desenvolvimento do tricoma glandular, 552
floema, externo e interno, 435
madeira estratificada, 362
nectários florais, 540
raízes com dermatocaliptrogênio, 202
traqueídes vasculares, 335
tricomas glandulares, 550
Astroesclereíde, 253
Astronium, tilos, 367
madeira, 371
Atricoblastos, 297
Atriplex, glândulas de sal (tricomas), 288, 535, **536**
Atropa belladonna, colênquima, 236
Austrobaileya scandens, floema secundário, não estratificado, **498**
elementos de tubo crivado do floema secundário, 474
Austrobaileya, placas crivadas compostas, 497
floema secundário, 495
Austrobaileyales, vasos em, 332
Autofagia seletiva do protoplasto do elemento crivado, 438
AUX1, carregador para influxo da auxina, 164
Auxina, 164, 165
como sinal hormonal envolvido no controle da atividade cambial e desenvolvimento vascular, 386, 424, 425
na diferenciação do elemento traqueal, 346
na regulação da filotaxia, 195
na transição do lenho inicial para o lenho tardio, 365
no desenvolvimento da esclereíde, 263
no desenvolvimento da fibra do floema primário, 262
no desenvolvimento da madeira de reação, 371
no desenvolvimento das fibras no xilema secundário, 262
produção de auxina livre (AIA) no desenvolvimento das folhas de *Arabidopsis*, 164, **164**
sinais que coordenam os processos do desenvolvimento, 165
transporte polar e não polar da, 164
Avaceae, ápice radicular, 202
Aveia (ver *Avena sativa*)
Avena, células buliformes, **301**
lâmina foliar, **301**
Avena sativa, amiloplastos no endosperma, 58
densidade estomática, 276
desenvolvimento do estômato, **283**
feixes vasculares, **476**
Avicennia, glândulas de sal, 537
Azadirachta indica, câmbio vascular/espaços intercelulares, 400
Azolla, célula apical, 184, 199
ápice radicular, 199
frequência de plasmodesmos/idade da raiz, 211
Azotobacter vinelandii, micrografia eletrônica, **45**
Azul de anilina, alcalino como flurocromo, 104
Azul de resorcina como um diacromo, 104
Bactéria, célula, 44, 45, **45**, 60
nos laticíferos, 578
Bainha do feixe, **461**, **462**, 463, 464
Balanophoraceae, estômatos, ausência de, 275
Baloghia lucida, laticíferos entre células epidérmicas de, 582
Balsa (ver *Ochroma lagopus*)

Bambu, fibras no colmo maduro, 250
deposição da parede secundária em relação ao período da expansão celular, 109
"madeira", 371
Bambusoideae, fibras, 251
distribuição espacial da epiderme da raiz, 297, **297**
sílica, 91
Banana (ver *Musa*)
Banda pré-prófase, 82, **83**, 115, 116
em células do raio em divisão, 416
em células fusiformes cambiais, 416, 417
Barra de Sanio (crássula), 323, 372
Basellaceae, distribuição espacial da epiderme da raiz, 297, **297**
Bastão central do desmotúbulo, 124, **125**, **126**
Batata (ver *Solanum tuberosum*)
Batata doce (ver *Ipomoea*)
Begonia semperflorens, agrupamentos estomáticos, 277
Begonia, colênquima, 236
Begoniaceae, epiderme, múltipla, 268
Berberidaceae, fibras, 248
Berberidales, estaminódios, 540
Berberis, cerne, 367
felogênio, origem do primeiro, 518
periderme, inicial, 521
Beta tubulina, 82
Beta, colênquima, **234**, 236
areia cristalina, 90
floema secundário, 500
Beta vulgaris, cutícula, 271
cloroplasto que se divide, **61**
elementos traqueais, diferenciação, **343**, **344**
estômatos, **276**
nervuras de pequeno porte, **462**
organelas na célula da folha, 64
partículas de vírus em plasmodesmos, **127**
retículo endoplasmático na célula da folha, **79**
Betalaínas, 66
Beterraba (ver *Beta* e *Beta vulgaris)*
Bétula (ver *Betula papyrifera)*
Betula, placas crivadas compostas, 497
cerne, 367
condutividade hidráulica, 328
floema condutor, 506
lenticelas, 528
parênquima, **227**
periderme, 513
periderme, primeira superficial, 519
súber, 523
Betula occidentalis, tamanho do elemento traqueal em relação a localização na planta, 322
Betula papyrifera, casca, **523**
felema, incrementos de crescimento, 515
periderme, 522
Betula populifolia, felema, **514**, 515
Betula verrucosa, reativação cambial, padrão de, 424
Bicamada lipídica da membrana, 48, **49**
Biovularia, armadilhas de sucção, 552
Birrefringência, da parede da célula, 101
das ceras, 271
Blocos meristemáticos, 148
Boehmeria, fibras, 248
pelo unicelular e cistólito de, **290**
Boehmeria nivea, fibras, crescimento das, 259
fibras macias (liberianas), 252
Bolsa-pastor (ver *Capsella bursa-pastoris)*
Bomba de próton, 50
Bombacaceae, cascas aculeadas, 522
Boraginaceae, cistólitos, 301
corpos proteicos, não dispersos, 452
distribuição espacial da epiderme da raiz, 297, **297**
Bordas das células-guarda, **276**, 277, **278**
Boronia, esclereídes, 255, **255**
Borracha, 577, 584, 586, 587
extração para, 586
fonte principal de borracha comercial, 586–587
Botrychium virginianum, poro da área crivada, **475**
Bougainvillea, cor das flores, 66
Braquiesclereídes, 253
Brassica napus, nectários florais, **546**, **547**
filocrono, 191
Brassica oleraceae, número de cromossomos, 52
Brassica rapa, nectários florais, **546**
Brassica, plântulas, 66
Brassicaceae, embriogênese, **37**
canais (dutos) secretores, 569
células de mirosina, 563
configuração estomatal, 286
distribuição espacial da epiderme na raiz, 297, **297**
nectários, 546
raízes com dermatocaliptrogênio, 201, 202
Brassinosteroides, 163
Brilho em folhas e frutos, 272
Bromélias, epífitas, tricomas, 288
Brosimum rubescens, cerne, 367
Brosimum, feloderme, 516
Brunellia, colênquima, 237
Burmanniaceae, osmóforos, 549
Buxus microphylla, madeira de compressão, 368
Cacao theobroma, cloroplastos nas células do mesofilo, 55
Cactaceae, células de mucilagem, 566
ápice caulinar vegetativo, 188
esclereídes, **251**, 262
parênquima de armazenamento de água, 228
traqueídes vasculares, 335

Calamus, vime, 252
Caliptrogênio, 201, **203**
Callitriche platycarpa, atuação do etileno no crescimento do caule, 166
Calose de ferimento, 125, 443
Calose definitiva, 443, 450
Calose, 104, **437**, 443
definitiva, 443, **444**
dormência, 443
durante a microsporogênesis e megasporogênesis, 104
durante o desenvolvimento da placa celular, 104, 114
durante o desenvolvimento do poro do crivo, 443, 444, **445**
ferimento (injúria), 104, 443, 525
nas fibras do algodão, 104, 290
no desenvolvimento do tubo polínico, 104
Calotropis, laticíferos, 587
Calycanthaceae, células de óleo, 565
osmóforos, 549
Calycanthus occidentalis, células companheiras, **456**
elementos de tubo crivado nos raios do floema, 499
Calycanthus, floema secundário, 495
Calystegia silvatica, laticífero, **581**
Camada de crescimento, na periderme, 515
na madeira, 362, 364, **365**, 366
no floema, 489, 490
Camada de pectina, da epiderme, 272
Camada limitante, em ferimento, 525, 526
Camada protetora, de parede celular de contato, 330, 331
Camadas cuticulares, 271, 272
Camadas da túnica, número de nos ápices caulinares das angiospermas, 187
Camadas de fechamento, 527, 528
Camadas L1, L2, L3, envolvimento na iniciação do primórdio foliar, em eudicotiledôneas e monocotiledôneas, 193
Camadas S1, S2, S3 da parede secundária, 109
Câmara coletora de glândula de sal de duas células, 537
Câmara cristalífera, 89, 90
Câmara subestomática, 271, 272
Câmbio (ver também *Felogênio* e *Câmbio vascular*), crescimento da gema e reativação do câmbio, 424, 425
atividade sazonal do câmbio vascular, 417-423
comparação com meristemas apicais, 402
domínios, 411
função inicial, 402
Câmbio da casca (ver *Felogênio*)
Câmbio fascicular, 146, 147, 148
Câmbio interfascicular, 146, 147
Câmbio vascular (ver também *Câmbio*), 41, 318, 397-433
atividade sazonal nas regiões temperadas, 417-421, nas regiões tropicais, 421, 422, 423
ativo, 412, 413, 414, **414**
citocinese, 416-417
crescimento da gema e atividade cambial, 424
crescimento intrusivo, 405, 407, 410
divisão celular, 400-405
divisões aditivas, 400
divisões multiplicativas, 405, 410
domínios, 411
dormente, 412, **412**, 413
fascicular e interfascicular, 146, 147, 148
formação do xilema secundário e floema secundário, 400, 401, 402
iniciais, 397, 399, **400**, 405, 406, 407
mudanças desenvolvimentais, 405-411
mudanças sazonais na ultraestrutura celular, 411, 412, 413, 414, 415, 416, 417
organização, 397-400
perda de iniciais, 407-410
produção do xilema secundário e floema secundário, 419, 421, 422, 423
reativação do, 413, 418, 423, 424
relações causais na atividade, 424-425
tentativa de identificação das iniciais, 401-405
Camellia, periderme, inicial, 518
esclereídes, 245, **254**, 255
felogênio, origem do primeiro, 518
Camellia japonica, desenvolvimento do esclereíde, 262
Campo de cruzamento, 373, 374
Campo de pontoação, primária, 110, 111
Campo de pontoações primárias, 111, 112
Campsis, floema secundário, **497**
floema secundário, padrão de fibra, 495
Cana de açucar (ver *Saccharum officinarum)*
Canais secretores, 564, 568, 569, 570
Canal (duto) de goma traumático, 573
Canal de goma, 569
traumático, 573
Canal de gomo-resina, 569, **570**
Canal de mucilagem, **564**
Canal de resina, desenvolvimento em Anacardiaceae, 569
em eudicotiledôneas, 568
no floema de coníferas, 491
no floema secundário, 573, **573**
no lenho de coníferas, 374, 375, 376
traumático, no lenho de conífera, 374, 375
Canal esquizógeno, **564,** 568, 569
Canavalia, madeira estratificada, **364**
Cânhamo-da-nova-zelândia (ver *Phormium tenax*)
Canna, aerênquima, **227**
células do parênquima do mesofilo, 232

Cannabaceae, cistólitos, 301
tricomas glandulares, 550
Cannabis, látex, 577
fibras do floema, 473
primórdio do laticífero, 583
tricomas, **290**
Cannabis sativa, canabinóides no látex, 577
cistólitos, 301
comprimento das fibras do floema, 258
fibras macias (liberianas), 252
Capparaceae, células de mirosina, 563
distribuição espacial da epiderme da raiz, 297, **297**
Caprifoliaceae, nectários extraflorais, 541
Capsella bursa-pastoris, cloroplastos, **56**
embrião maduro, **40**
embriogênese, **37**
Capsicum annuum, composição do néctar, 546
corpos proteicos, 86
Capsicum, drusas, 90
cromoplastos globulares e tubulares em frutos, 58
Capuz de actina, na extremidade do pelo radicular, 292
Caqui (ver *Diospyros*)
Carica papaya, bactéria que habita o laticífero, 578
papaína e atividades da celulase no látex, 579
Cariocinese (ver *Mitose*)
Carotenóides, 55
Carpelo, **30**
periderme, primeira superficial, 519
Carpinus, raios agregados, 382
madeira, 371
Carpodetus serratus, células companheiras, esclerificadas, 457
Carpodinus, produtor de borracha, 586
Carregamento apoplástico do floema, 465
mecanismo do, 465
Carregadores simplásticas do floema, 464
armadilha de polímero, mecanismo de, 464
Carvalho (ver *Quercus*)
Carvalho branco (ver *Quercus alba*)
Carvalho-americano (ver *Quercus rubra*)
Carya, cerne, 367
floema secundário, **497**
floema secundário, padrão da fibra, 495
madeira, 371
Carya ovata, casca, **523**
elementos crivados funcionais presentes por todo o ano, 505
tilos, **331**
Carya pecan, parênquima axial, distribuição na madeira, **381**
razão xilema para floema, 419
Caryophyllaceae, fibras, 248
distribuição espacial da epiderme da raiz, 297, **297**
felogênio, origem do primeiro, 518
Caryophyllales, nectários florais, 540
Casca, 491, **492**, 511
anelar e escamosa, 522
descamação da, 522, 523
distribuição das fibras na, 495
interna e externa, 491, 511, **512**, **517**
Casca em anel, 522
Casca escamosa, 522
Casca externa, 491, 511, **512**, **517**
Casca interna, 491, 511, **512**
Cascas aculeadas, 522
Cassinoideae, súber em camadas, 515
Castanea, floema secundário, **497**
floema secundário, padrão da fibra, 495
traqueídes vasicêntricas, 379
Castanea sativa, reativação cambial, padrão da, 424
Casuarina equisetifolia, cristais de oxalato de cálcio na cutícula, 90
Casuarina, raios agregados, 382
Catalpa, fibras, 248
tilos, 367
Cathaya, células epiteliais de canais resiníferos, 375
canais resiníferos, 374
Cavalinhas, 317
poros da área crivada, 476, **475**
Cavidade de óleo, desenvolvimento em *Eucalyptus*, 571
da célula de óleo, 565
desenvolvimento em *Psoralea*, 571, **572**
Cavidade mediana, 124, **124**
Cavidades e canais lisígenos, 568
Cavidades revestidas, **50**, 51
Cavidades ou canais esquizolisígenos, **564,**568
Cavidades secretoras, **564,** 568
desenvolvimento de, 568, 570, 571, 572
Cavitação dentro de elementos traqueais, 327
congelamento e seca como fatores responsáveis, 327, 328
Cebola (ver *Allium cepa*)
Cecropiaceae, cistólitos, 301
Cedrela fissilis, floema condutor, 506
incrementos de crescimento no floema, 489
Cedrus, células epiteliais de canais resiníferos, 372
canais resiníferos, 374
felema, 515
Cedrus libani, ciclo anual da atividade cambial, 423
Ceiba, cerne, 367
Celastraceae, nervuras de pequeno porte, tipo 1, com células intermediárias, 464
Celastrales, nectários florais, 541
Célula, 38, 39, 43, 44
acessória, 294
animal, 100, 144
apical, 178, 183, 184, 199, **200**

buliforme, 300, 301
cenocítica, 567, 579
colênquima, 38, 234-239
companheira, 439, 440, **446**, **448**, 455, 457-459, 466, 467
de contato, 287, **288**, 330, 380, 383
de transferência, 229-231
epidérmica, 270-274, 299-303
esclerenquimática, 245-266
especialização, 143, 151, **151**
eucariótica, 44, **46**
intermediária, 461, 464, 465
meristemática, 146, 147, 148
multinucleada, 258, 567, 579
parênquima, 225-234
procariótica, 44, **45**
secretora, 533-535, 563-568
sílica, **275**, 299, **299**
Strasburger (albuminosa), 467, 470
súber (felema), 513, 514, 515, 516
subsidiária, **271**, 274, 275, **279**, **280**, 286
taninífera, 567, 568

Célula acessória, do tricoma de *Arabidopsis*, 294
Célula albuminosa (ver *Célula de Strasburger*)
Célula apical, de samambaias, 183, 199
do ápice caulinar, plantas vasculares sem sementes, 178, 183, 184
do proembrião, 35, **37**
Célula basal, do proembrião, 35, **37**
de glândulas de sal com duas células, 537
Célula buliforme (motor), 300, 301
Célula cenocítica, 567, 568
Célula da coifa da glândula de sal de duas células, 536
Célula da hipófise, **190**, 207
Célula de contato, no estômato, 287, **288**
no xilema, 330, 380, 383
Célula de esclerênquima, 32, 38, 245
Célula de mucilagem, 566
Célula de transferência tipo-A, **463**, 465
Célula de transferência tipo-B, 465
Célula do colênquima, 234
Célula do pelo, 297
Célula do raio, perfurada, 384, **385**
eretas, 380
fibras radiais, 384
procumbente, 380, 381, 382
quadradas, 381
Célula eucariótica, 45, **46**
Célula fusiforme do parênquima, 330, 385
Célula inicial, 178
Célula intermediária, **461**, 464, 465
Célula mãe de estômato (ver Célula guarda mãe)
Célula parenquimática, 31, 38, 225
câmara cristalífera, **438**, 472, 495
disjuntiva, 384
fusiforme, 330
Célula perfurada do raio, 384, 385
Célula procariótica, 44, **45**
Célula quadrada de raio, 381
Célula radial procumbente, 380, 381
Célula suberosa, **275**, 299, **299**, 300
Célula vesicular, de vesículas de sal, 535
Célula-mãe da célula-guarda, 283
Célula pétrea, 253, 255
Célula tanífera, 567
Células animais, 144
Células BY-2 (cultura de tabaco), **80**, 114, 154
Células BY-2 do tabaco, **80**, 114, 154
Células cambiais, distribuição e freqüência de plasmodesmos nas paredes das, 415
Células coletoras de glândulas de sal multicelulares, 537
Células com ráfides, 89
Células companheiras, 38, 439, 440, **446**, **448**, 455-459
ausência no protofloema, 478
células de transferência tipo-A, **463**, 465
células intermediárias, **461**, 464, 465
como sistema de suporte à vida do elemento de tubo crivado, 457
conexões citoplásmicas com os elementos de tubo crivado, 457-459
paredes, 457
séries, 456, **456**
Células cristalíferas, **438**, 472, 489, 495
Células crivadas, 39, 437, 467-470
das coníferas of conifers, 491
desenvolvimento do poro da área crivada em, 468
diferenciação, 469, 470
estado nucleado, 469
paredes das, 468, **469**
plastídios das, 469, 470
retículo endoplasmático das, 467**, 468**, 469, 470
Células curtas, no sistema epidérmico de Poaceae, 299
Células da bainha, margeando os canais resiníferos, 375
Células de barreira, nos tricomas secretores, 535
Células de expansão, 300
Células de mirosina, 563, 564
Células de óleo, **498**, **564**, 565, 566
Células de Strasburger (albuminosas), 467-468, 470
Células de tanino como tubos, **564**, 567, **568**
Células de transferência, 229-231
aparato parede-membrana, 229, 230, 231
em glândulas secretoras de sal de *Tamarix*, 537
em hidatódios, 538
em nectários, 542
em nódulos radiculares de *Vicia faba*, **231**
localização, 230
na epiderme de folhas, 271
nas nervuras de *Sonchus deraceus*, **230**
tipo A, tipo B no floema de nervuras de menor calibre, 465

tipo flange, 230, **231**

tipo reticulado, 230, **231**

Células disjuntivas de parênquima, 384

Células do corpo da planta, 143

Células do floema, 39, 437, 438

obliteração de, 473, **476, 477**

Células epidérmicas, paredes celulares, 270, 274

comuns, 269-274

conteúdo, 270

cutícula, 271-274

estômato, 274-287

tricomas, 287-295

Células eretas de raio, 380, 382

Células fundadoras, 193

Células-guarda (ver também Estômatos), 275, 276, 277-282

coníferas, **271**, 277, **280**

eudicotiledôneas, **278**, **283**

formato de rim, **276**, 277, 278

paredes celulares, 277-281

Poaceae, 277, **279**, **283**

Células iniciais, 144

Células isolantes, 383

Células longas, no sistema da epiderme da folha em Poaceae, 299, **299**

Células meristemáticas (ver também *Iniciais*), características das, 146, 147

Células motoras, 300

Células não-pilíferas , 297

Células parenquimáticas com "braços" ("estrelada"), **227**, 232

Células parenquimáticas do xilema, 330, 331

funções, 382, 383

Células precursoras do floema, 478

Células-S (células contendo glicosinolatos, altamente ricas em enxofre), 564, 565

Células silicosas, **275,** 299

Células soquetes, tricomas em *Arabidopsis*, 294

Células subsidiárias dos estômatos, 277, 278, **279**, **280,** 281, 282, **283**

Células tronco, 144, 188

Células vizinhas, de estômatos, 274, 287

Células-mãe centrais, **180**, 184, 185, 186

Celulose, 100, 101

Centeio (ver *Secale)*

Centro de construção mínimo da raiz, 204

Centro de organização microtubular (COMT) (local de nucleação), 82

Centro quiescente, 180, 181, 203, **205**, 206

capacidade para renovar a atividade, 205

causas do surgimento, 206

localização das iniciais em, 205, 206

na raiz primária de *Arabidopsis*, 205, 208

período de origem, 203, 205

similaridade com a zona central do caule, 206

Cephalanthus, floema secundário, padrão de fibra, 495

Cephalotaxaceae, parênquima radial na madeira, 372

Cephalotaxus drupacea, ápice caulinar, 186

Cephalotaxus, traqueídes, 372

Cera cuticular (intracuticular), 271

Cera epicuticular, 271, **273**, **274**, **275**

Ceras, 87, 106, 271

cuticulares e epicuticulares, 271, **273**, **275**

síntese das, 273

Ceratocystis polonica, fungo da mancha azul, 493, 573

Ceratonia siliqua, peridermes, subsequentes, 519, 521, 522

células taniníferas, 568

espessamento em *phi*, 88

estômatos nas raízes, 275

felema, 516

felogênio/câmbio vascular, período(s), 521

Cercidium torreyanum, epiderme, 267

Cercis canadensis, drusas, **89**

Cerne, 366

formação do tipo *Robinia* e tipo *Juglans*, 366

teor de umidade do, 367

Ceropegia elegans, osmóforos, 549

Ceropegia stapeliaeformis, osmóforos, **550**

CesA glicosiltransferases, 117

Chamaecyparis lawsoniana, incrementos de crescimento do floema, 490

Chamaecyparis obtusa, canais de resina traumáticos do floema, **573**

Chamaecyparis pisifera, tipo de floema secundário, 495

Chamaesyce thymifolia, laticíferos, 579

laticíferos que abrigam bactérias e tripanossomatídeos flagelados, 578

Cheiranthus cheiri, ápice caulinar, 181

Chenopodiaceae, felogênio, origem do primeiro, 518

floema, incluso (interxilemático), 436

glândulas de sal, 535

Chenopodiales, nectários florais, 540

Chenopodium, tricoma, 289

Chloridoideae, distribuição espacial da epiderme da raiz, 297, **297**

Cianobactéria, 44

origem dos plastídios das, 54

Cichoriae, iniciais do laticífero, 583

laticíferos no corpo primário, no floema secundário, 584

Ciclo celular, 53-54

Ciclose, 47

Cinnamomum burmanni, células de óleo, **566**, **567**

Cinnamomum, estaminóides, **541**

Ciperáceas, parede das células epidérmicas, 271

Cisternas, 77, 78

Cistólitos, 91, 268, 301, 302

pelos, 301

significado fisiológico dos, 303

Citharexylum myrianthum, floema condutor, 506
incrementos de crescimento no floema, 489
Citocinese, 53, 54, 112-113
das células fusiformes, **412**, 416-417
no câmbio vascular, 416-417
Citocinese polarizada, 116
Citocininas, 165, 166
na diferenciação dos elementos traqueais, 348
na diferenciação vascular, 346, 348
nas fibras em desenvolvimento do xilema secundário, 262
Citoesqueleto, 45, 81-83
nos pelos radiculares em crescimento, 292, 293
nos tricomas em desenvolvimento da folha de *Arabidopsis*, 293, 294
Citologia, mudanças no câmbio durante o ciclo sazonal, **415**
das células meristemáticas, 146, 147
Citoplasma, 47
substância citoplasmática fundamental, 47
Citoquimera, 159, **160**
Citosol, 47
Citrullus, configuração estomática, **287**
Citrus, cutícula, 271
aumento da espessura da casca, 512
canais de goma, traumáticos, 573
cavidades secretoras (glândulas de óleo), **564**, 571
cromoplastos globulares em frutos, 58
Citrus limon, feloderme, 516
desenvolvimento da cavidade secretora, 571
Citrus limonia, delimitação do floema primário para o secundário, 480
Citrus sinensis, iniciais fusiformes, comprimento das, 398
cromoplastos membranosos em pétalas, 58
Cladrastis, cerne, 367
Clatrina, 51
Clematis, fibras, 248
ausência de lenticelas, 526
casca anelar, 522
Clethra barbinervis, nervuras de pequeno porte, tipo 1 com ausência de células intermediárias, 465
Climatérico, 166
Clitandra, produtor de borracha, 586
Clivia miniata, cutícula com mistura cutina/cutano, 271
Clorênquima, 227, **228**
Clorofila, 55
Cloroplastos, 55, 56, 57, 58
DNA do, 55
estrutura tri-dimensional, **55**
evolução da cianobactéria de vida livre, 55
funções, 57
movimento, 57
Cnidoscolus, laticíferos, 576, 583
Coccoloba, nectário floral, **541**
Cochlearia armoracia, colênquima, 236
Cocos nucifera, esclereídes, 257
Cocos, placa crivada, **443**
Coffea arabica, endosperma, 229
Coifa, 198, 201, **203**
columela **200**, 202, **207**
no embrião, 206
Colênquima, 31,32, **35**, 38, 234-239
como tecido de suporte (mecânico), 31, 32, 38, 238, 239
comparação com o esclerênquima, 235, 238
conteúdo celular, 235
desenvolvimento, 238
localização no corpo da planta, 237, **238**
origem, 237
paredes, 235, 236
tipos, 235, 236, **236**
Colênquima angular, 236, 237
Colênquima anular, 236
Colênquima lacunar, 236, **236**
Colênquima lamelar, 236, **236**
Coléter dendroide, 548, **548**
Coléter padrão reduzido, 548, 549
Coléter tipo escova, 548, 549
Coléteres, 548, 549
Coleus blumei, células companheiras das nervuras de pequeno porte, 466
Coleus, colênquima, 236
desenvolvimento das fibras, 262
estabelecimento do zoneamento no ápice caulinar, 188
filotaxia, 191
Colocasia esculenta, idioblastos com ráfides, 91
Colocasioideae, laticíferos, anastomoses, 577
Coloração de outono, 66
Coloração vermelha amarronzada, 513
Columela na coifa, **200**, 202, **207**
Combinações de raio, significado filogenético das, 382
Commelinaceae, distribuição espacial da epiderme da raiz, 297, **297**
desenvolvimento estomatal, 287, **288**
pelos radiculares, 292
Commelinales, paredes primárias das células, 102
Competência, 152
Complexo celulose-sintase (rosetas), 117, 118, 343
Complexo elemento de tubo-célula companheira, 439
Complexos de poros nucleares, 51
Complexos estomáticos, 286, 287
Componentes da célula vegetal, **46**, 48
Componentes macromoleculares da parede celular, 100-106
Compostos armazenados, 83-91
Conceito corpo-cobertura para raiz, 200, 201, 203
Condutividade hidráulica, de vasos, 326, 327

recuperação seguido ao embolismo, 328
Conexões citoplasmáticas com as células crivadas, 467, 470
papel das, 470-471
Coníferas, meristema apical das, 146, 191
câmbio vascular, **490**
câmbio, eventos no, 405
canais resiníferos, 374-376, **376**, 568
células cambiais fusiformes, núcleo das, 413
células-guarda, 277, 283
complexos estomáticos, 282
coníferas, 371
cristais de oxalato de cálcio na parede celular e cutícula, 90
cristais na parede celular/cutícula, 90
deposição da parede secundária nas traqueídes, 109
desenvolvimento da gema lateral, 195
feloderme, 516
fibras, 248, 249
floema, secundário, 489, **490**, 491-495
formato dos ápices caulinares vegetativos, 182
iniciais cambiais, identificação das, 403
iniciais cambiais, sobrevivência das, 407, 409
lenticelas, 528
madeira de compressão, 368, 369, **369**, 371
madeira de reação (compressão), 368, 369
madeira não estratificada, 362
madeira, 361, **361**, **362**, **365**, 371-376
madeira, sistema axial da, 372
organização do ápice caulinar, 186
origem dos proplastídios no zigoto, 59
origem dos raios, 407
peridermes, inicial e seqüencial, 519, 521
pontoações areoladas nas traqueídes, **324**
raios, madeira, 372, 373
traqueídes radiais, 372
traqueídes, condutividade hidráulica das, 327, 328, **328**
traqueídes, distribuição dos microtúbulos nas, 342
traqueídes, pares de pontoações areoladas, 323, **324**, **325**
Coniferil, 104
Coniferophyta, pontoações areoladas, 323
Constrições colares dos plasmodesmos, 125
Convolvulaceae, nectários crípticos, 540
floema, externo e interno, 435
laticíferos, 579, **581**
Convolvulus arvensis, endoderme, **36**
Copernicia cerifera, cera de carnaúba, 88
cutícula (cera), 272
Corchorus capsularis, fibras macias (liberianas), 252
Corchorus, nectário floral, **541**
floema secundário, padrão de fibra, 495
Cordiaeum variegatum, laticíferos, 579
laticíferos entre as células epidérmicas, 582, **582**
Cordões parenquimáticos, 330, 384
Cordyline terminalis, súber, estratificado, **525**
Cordyline, súber, estratificado, 525
Cornus florida, densidade estomatal, 276
Cornus rasmosa, câmbio vascular/espaços intercelulares, 400
Cornus stolonifera, atuação das antocianinas, 66
câmbio vascular/espaços inter celulares, 400
Corpo (ver também *Conceito túnica-corpo*), 179, 187
Corpo da planta, como um organismo supracelular, 127
estrutura e desenvolvimento, 29-42
organização interna, 31-33
plano, 35
Corpo primário da planta, 40
Corpo prolamelar, 60
Corpo proteico, 81, 85, **87**
Corpo secundário da planta, 41
Corpos de óleo, **46**, 86, 87
em sementes, 86
Corpos de pigmentos (cristais de caroteno), 55, **56**
Corpos de proteína-P, dispersos, 450, **448**, **449**
não-dispersos, 452, **451**
Corpos de silica (fitólitos), 91, 299, 300
Corpos golgianos (pilhas de Golgi, dictiossomos), 79
em estruturas secretoras, 534
em nectários, 542
em pelos radiculares, 292
em secreção de mucilagem, 534, 566
movimento dos, 80
Corpos multivesiculares, 51
Corrente citoplasmática (ver *Ciclose*)
Corrente citoplasmática (ciclose), 47
Corrente de fonte reversa, 293
Córtex, na raiz, 32, **33**
no caule, 32, **33**
Corylus, raios agregados, 382
Costela, na folha, 237, 246
Cotilédones, **30**, 36, **37**
Cotransporters, 50
Coutarea hexandra, aerênquima do súber, 513
Crassula argentea, hidatódios, 539
Crassula, hidatódios de espécies xerofíticas, 539
Crassula/crassulae, 323, 372, **374**
Crassulaceae, hidatódios, 539
idioblastos com tanino, 567

Crataegus azarolus, ciclo anual da atividade cambial, 423
Crescimento apical intrusivo, 156, 258, 259, **260**
Crescimento aposicional da parede, 119
Crescimento centrífugo da placa celular, 112
Crescimento coordenado, 156, 257
dilatação, 507, 508
intercalar, 144, 145
intrusivo, 156, 258, 259, 260, 261, 262
primário, 40
secundário, 40, 41
Crescimento e desenvolvimento, controle por hormônios de plantas, 163-167
Crescimento intercalar, 144, 145
Crescimento interposicional (ver *Crescimento intrusivo*)
Crescimento intrusivo, 156, 258
apical, 156, 258
nos laticíferos, 576, 581, 582, 583, 584
Crescimento por deslizamento, 156
Crescimento por intussuscepção da parede, 119
Crescimento primário, 40
Crescimento secundário, 41, 397, 491
difuso, 41
Crescimento secundário difuso, 41
Crescimento, coordenado, 156, 257
Crescimento simplástico (ver *Crescimento coordenado*)
Cripta estomática, 277
Criptógamas vasculares (ver *Plantas vasculares sem sementes*)
estratificado e não estratificado, 399, **400**, 405, 410, 411
Cristais de carbonato de cálcio, 91
Cristais prismáticos, 89
Cristais, oxalato de cálcio, 88-91
na parede celular e cutícula, 90
no floema de angiospermas, 495
no floema de conífera, 491
no parênquima do floema, 472
no parênquima do xilema, 330
nos sistemas de formação do vacúolo, 89, 90
Cristalinidade da celulose, 101
Cristalóides, proteína, 86
Cristas, na mitocôndria, 62, **62**
Cromatina, 52
Cromoplasto, 58, **59**
desenvolvimento, 58
função, 58
tipos de, 58
Cromoplastos cristalinos, 58, **59**
Cromoplastos globulares, 58, **59**
Cromoplastos membranosos, 58, **59**
Cromoplastos tubulares, 58, **59**
Cromossomo bacteriano, 45
Cromossomos, 52
Croton, laticíferos em tricomas de, 582, **582**
filotaxia, 191
laticíferos no câmbio vascular e xilema secundário de, 583
Croton conduplicatus, laticíferos derivados das iniciais radiais, 583
Cryptocarya rubra, elemento de tubo crivado, **439**
Cryptocarya, madeira estratificada, 362
Cryptomeria japonica, traqueídes, diferenciação, 343
Cryptostegia grandiflora, produtor de borracha, 586
Cryptostegia, laticíferos no floema secundário, 582
Cucumis melo, células companheiras das nervuras de pequeno porte, 466
nervuras de pequeno porte, **461**
Cucumis sativus, iniciação do primórdio foliar, 191
Cucurbita, calose nos poros crivados em desenvolvimento, **104**
caule e feixe vascular, **436**
colênquima, 235, **236**, **238**
fibras, 248
floema secundário, 500
lignificação e formação do fitólito em fruto, 91
placas crivadas, áreas crivadas laterais, **443**
plastídios nas células companheiras, 457
xilema, **386**
Cucurbita maxima, número de cromossomos, 52
elementos de tubo crivado, **455**
elementos de tubo crivado/placa crivada, **448**
placa crivada, **455**
proteína-P, 450
proteínas da seiva do tubo crivado/plasmodesmos, 128
Cucurbita pepo, células companheiras de nervuras de pequeno porte, 466
composição do néctar, 546
elementos crivados do protofloema, 476
nervuras, de menor porte da folha, 436
proteína-P, **449**
Cucurbitaceae, ausência de oxalato de cálcio, 89
floema, externo e interno, 435
nervuras de pequeno porte, tipo 1, com células intermediárias, 464
Cultura de tecidos, 157-159
Cupressaceae, floema secundário tipo *Chamaecyparis pisifera*, 495
casca anelar, 522
espessamentos em *phi*, 88
felogênio, origem do primeiro, 517
floema secundário, distribuição das células no, 491
parênquima radial na madeira, 373
parênquima, axial na madeira, 372
tampões dos estômatos, 278
traqueídes radiais, 372
Cupressus, canais resiníferos, ausência de, 374
ápice caulinar, 187
Cupressus sempervirens, felogênio/câmbio vascular, período(s) de atividade, 521

razão xilema para floema, 419
Cúpula da célula oleífera, 565, 566
Cutano, 271, 273
Cutícula, 106, 271-274
a cutícula propriamente dita, 271
componentes ultraestruturais (lamelas e fibrilas), 272
formação da, 272, 273
Cuticularização, 271
Cutina, 106, 271, 273
síntese da, 273
Cutinização, 272
Cycadaceae, floema secundário do tipo *Ginkgo biloba*, 495
Cycas revoluta, largura do ápice caulinar, 183
Cycas, cavidades secretoras, 571
Cycas, formato do ápice caulinar vegetativo, 183
Cyclamen persicum, filocrono, 192
Cydonia, braquisclereídes, 256
Cynodon, glândulas de sal, 536, **536**
Cyperaceae, origem da primeira, 257
comprimento do vaso, 322
desenvolvimento do estômato, 287
distribuição espacial da epiderme da raiz, 297, **297**
suberina em paredes celulares da bainha do feixe, 106
Dahlia imperialis, elementos de tubo crivado nos raios do floema, 499
Dahlia pinnata, anastomoses no floema, 436-437, **437**
Dalbergia melanoxylon, cerne, 367
Dalbergia retusa, cerne, 367
Dalbergia, alburno, 367
Darlingtonia, jarros, 552
Datura, citoquimeras periclinais, **160**
parênquima do floema, 495, 496
Daucus carota, atuação dos AGPs, 103
Daucus, células companheiras, **456**
cromoplastos cristalinos, 58
cultura de tecido, 158
Decaisnea insignis, células parenquimáticas contendo látex, 574
Deformação nas paredes da célula em expansão, 120
Degeneração picnótica do núcleo do elemento crivado, 452, **469**, 470
Degeneração por cromatólise do núcleo do elemento crivado, 452, **453**
Delonix, tempos de iniciação da produção do xilema e do floema, 422
Dendranthema x grandiflorum, condutividade hidráulica, 326
Dendrobium minax, osmóforos, **549**
Dendrocronologia, 366
Densidade estomática, 76-277, 296
DENSIDADE ESTOMÁTICA E O GENE DISTRIBUTION1 (SDD1), envolvimento no desenvolvimento do estômato, 296
Densidade relativa do lenho, 371
Derivadas das iniciais, 143, 181, 185, 400
das células vizinhas dos estômatos, 286, 287, **288**
Dermatocaliptrogênio, 202
em *Arabidopsis*, 206-208
Dermatogênio, 178, 199
Desdiferenciação, 150
Desenvolvimento litocisto-cistólito em *Pilea*, 301, 302
Desfibragem ou desfibramento, na extração de fibras, 246
Desigualdade estomática, 282
Deslizamento da casca, 418
Desmotúbulo, 124, **125**, **126**
Determinação, 152
Diafragmas, 233
Dianthus caryophyllus, desenvolvimento da placa de perfuração, 345
Dianthus, configuração estomatal, **287**
Dictiossomos (ver *Corpos Golgianos*)
Dieffenbachia maculata, idioblastos com ráfides, 91
Diferenciação, 150-156
ajuste intercelular, 156
de tecidos, 155
fatores causais em, 156-163
gradientes, 161
mudanças celulares em, 154-157
posição e informação posicional, 162, 163
Dilatação, crescimento, 507, 508
meristema, 507
Dillenia indica, razão inicial fusiforme para inicial radial, 406
Dillenia pulcherrima, parênquima axial, distribuição na madeira, **381**
Dionaea, armadilhas dentadas, 552
Diospyros, endosperma, 229
cerne, 367
madeira estratificada, 362
madeira, 371
plasmodesmos, **122**
Diplóide, 52
Diplotropis purpurea, felema, 515
Dipterocarpaceae, floema condutor, 506
Dipterocarpus, tilos, 367
Distichlis, glândulas de sal, 536
Divisão anticlinal, 148, **148**, **149**
Divisão celular, 112-116
em célula altamente vacuolada, 115, 116
no câmbio vascular, 400, 401, 402
Divisão do raio, 407
Divisão periclinal, 148, **149**
Divisão pseudotransversal das iniciais cambiais, 406
Divisão radial, 148
Divisão tangencial, 148
Divisão transversal (transversa), 148
Divisões aditivas do câmbio, 400
Divisões assimétricas das células, em desenvolvimento dos complexos estomáticos, 282-286, **284** , **285**, **286**

Divisões formativas na extremidade da raiz, 208
Divisões multiplicativas, no câmbio vascular, 405, 410
Divisões proliferativas na extremidade da raiz, 208
Divisões T, 201, 202
Dominância apical, 150
Domínios polifenólico e polialifático da suberina, 106
Domínios simplásticos, 129
Dracaena sanderiana, câmaras cristalíferas em células epidérmicas, 90
Dracaena, súber, estratificado, 525
  cristais de oxalato de cálcio na parede da célula, 90
  cristais de ráfides em idioblastos, 90
Drenos (redes de importadores de assimilados), 459
Drimys, floema secundário, 495
  angiosperma sem vasos, 335
  ápice caulinar, **183**
  raios da madeira, 382
Drimys winteri, floema secundário, **497**
  estômatos, 280
  tampões estomáticos, 280
Drosera, armadilhas adesivas, 552
Drusas, 89
Dryopteris dilatata, largura do ápice caulinar, 183
Duto (canal) de resina traumático, 374, **376**, 573, **573**
Echeveria, células taniníferas, 567
Ectodesma (ver também *Teichode*), 271
Elaioplasto, 58
Elais, cristais de gordura em endosperma, 87
Elasticidade da parede celular, 120
Elemento de vaso, 38, 320-322
  desvios na evolução do, 334, 337
  diferenciação, 341-346
  especialização filogenética, 331-334
Elementos crivados, 437
  autofagia seletiva dos, 438
  colapsados, 506
  longevidade dos 473
  nas plantas vasculares sem sementes, **475**
  obliterado, 473, 476, 478, **477**
  protoplasto na maturidade, 438
Elementos de tubo crivado, 39, 437
  degeneração nuclear dos, 452
  especialização filogenética dos, 474
  parede dos, 440, **441**
  proteína-P, 439, 444, 449, 450, 452
  protoplasto maduro dos, 452
  retículo endoplasmático, 452, **453, 454**
Elementos do xilema, 39
Elementos traqueais imperfurados, 336
Elementos traqueais, 320, 329
  cavitação e embolia nos, 327
  diferenciação, 341-346
  dimensões das folhas para as raízes, 322
  especialização filogenética, 331-337
  espessamento secundário no xilema primário, 340-341
  hormônios vegetais envolvidos na diferenciação, 346, 348
  imperfurados, 336
Elodea, formato do ápice caulinar vegetativo, 183
Embolismo, retomada da condutividade hidráulica, 328
  dentro dos elementos traqueais, 327
Embrião, 29, 35, **37**, 40
  bolsa-de-pastor, **37**, **40**
  desenvolvimento, 35, **37**, 40
  embrião propriamente dito, 35
  laticíferos no, 575, 581, 582
  padrão apical-basal do, 35
  padrão radial do, 35
  vascularização, 40
Embriogênese (embriogenia), 35, **37**, **40**, 143, 149
  estabelecimento do corpo da planta, 35
  na bolsa-de-pastor, **37**, **40**
Embrióide, 158
Emergências, 288
Encaixotamento dos protoplastos-filhos, 403
Endo 1,4-β-glucanases, 117
Endociclo, 154
Endocitose, 50, 51
  nas células da coifa em milho, **50**
Endoderme, **34**, **36**, 209
Endopoliploidia (ou endoploidia), 54, 154
Endorreduplicação (endorreplicação), 86, 154
  durante desenvolvimento de tricoma em *Arabidopsis*, 293, 294
  na diferenciação dos elementos traqueais, 341
Engenharia genética (tecnologias de genes), 157, 158, 159, 160, 161
Entrenó, 29
Envelhecer, 153
Envelope nuclear, 45, **46**, 51,
Envoltório, nuclear, **46**, 51, 52
  plastídio, 54, **55**
Envolvimento da chalcona sintase (CHS) na formação do cerne, 367
Enxertia, 128
Ephedra, placa de perfuração, **321**
  ápice caulinar, 180, 186
  áreas crivadas, 470
  epiderme da raiz, 202
  meristema apical da raiz, 203
Ephedra californica, xilema secundário, elementos dos, **337**
  tempos de iniciação de produção do xilema e do floema, 422
Ephedra viridis, conexões poro-plasmodesmos, **471**
Epiblema, 267
Epiderme, 31, 267-315
  composição, 269, 270
  duração da, 267, 268
  estrutura da parede, 270-274

funções, 269
múltipla (mustisseriada), 268, 269, **279**
na raiz, 201, 202, **203**, 267
origem, 267
padrão da célula dos estômatos e tricomas na folha, 295, 296
padrão da célula nas raízes das angiospermas, 297
potencial meristemático, 269
Epiderme múltipla (multisseriada), 268, 269, **279**
Epiderme multisseriada (ver *Epiderme múltipla*)
Epifagus virginiana, elementos do metafloema, 439
Epitélio cuticular, 271
Epitélio, em armadilha de *Utricularia*, 552
de canal resinífero, 374
de glândulas de óleo, **571**
Epitema, 537, 538
Equisetum, regiões do meristema apical e derivadas na raiz, **200**
ápice radicular, 199
meristema apical caulinar, 148, 183
vasos, 332
Equisetum hyemale, largura do ápice caulinar, 183
estrutura da parede da célula, 118
poro da área crivada, **475**
Erica, cutícula, 271
Ericaceae, felogênio, origem do primeiro, 518
idioblastos taníferos, 567
Ericales, nectários florais, 540
Ervilha (ver *Pisum*)
Erythrina indica, elementos de tubo crivado nos raios do floema, 499
Escamas (tricomas peltados), 289, 290
Esclereíde fibriforme, 253, **257**
Esclereíde septada, 251
Esclereídes, 38, 245, 252–257
classificação, 252, 253, 254
em caules, **254,** 255
em folhas, 255, **256**
em frutos, **254,** 256
em sementes, 257, **258**
fatores que controlam o desenvolvimento, 262, 263
idioblastos, 254, 255
no floema, 491, 502, 503, **503,** 508
origem e desenvolvimento, 257,258, 259, 260, 261, 262
septadas, 251, **252**
Esclereídes difusos, nas folhas, 255
Esclereídes terminais, em folhas, 255
Esclerênquima (ver também *Fibras* e *Esclereídes),* 32, 38, 245-266
classificação, 245, 248, 249, 250, 251, 252
Esculturas (espessamentos) helicoidais, 326
possível função, 329
Esferosomos (ver *Corpos de óleo)*
Esférulas refrativas, 476, **475**
Espaço intercelular lisígeno, 122
Espaço perinuclear, 51
Espaços intercelulares, 121, 122, 156, 232, 233
esquizógeno, 121, 233
lisígeno, 122, 233
no câmbio vascular, 399, 400
rexígeno, 122
Espaços intercelulares esquizógenos, 121
Espaços intercelulares rexígenos, 122
Especialização das células, em diferenciação, 143, **151**
Espécie de nogueira (see *Carya ovata)*
Espessamento anelar da parede secundária, 340, **339**, **341**
Espessamento da parede secundária em espiral (helicoidal), 340, **339, 341**
Espessamento escalariforme da parede secundária, **339**, 340
Espessamento helicoidal (espiral) da parede secundária, 340, 341
Espessamento reticulado de parede secundária, 340
Espessamentos *phi*, 88
Espinafre (ver *Spinacia oleracea)*
Espirradeira (ver *Nerium oleander*)
Estames, **30,** 31
Estaminódios, 540, **541**
Esterilidade masculina citoplasmática, 63
Estiloides, 89
Estioplasto, 60
Estômato actinocítico, 286, 287
Estômato anisocítico, 286, **287**
Estômato anomocítico, 286, **287**
Estômato ciclocítico (enciclocítico), 286, 287
Estômato diacítico, 286, **287**
Estômato meristemóide, 283
Estômato modificado, de nectário, 544
Estômato paracítico, 286, **287**
Estômatos, 274-287
categorias de ontogenia do estômato, 282-287
classificação dos complexos estomáticos, 286, 287
desenvolvimento, 282-287
distribuição espacial, 296
em hidatódios, 537, **538**
em nectários, 540, 541, 543, 544, **545, 547**
em osmóforos, 549
em relação à lenticela, 528
Estômatos tetracíticos, 286, **288**
Estrias de Caspary, 32, **36**
Estroma, 54, **55, 56**
Estroma do cloroplasto, 56, 57
Estrômulos, 55
Estrutura helicoidal da parede celular, 118, 119
Estrutura polilamelada cruzada, 119
Estrutura tipo placa fenestrada, na formação da placa celular, 113, **115**
Estruturas glandulares das plantas carnívoras, 552, 553

Estruturas intermediárias nectários-hidatódios, 547

Estruturas secretoras externas, 533-561

Estruturas secretoras internas, 563-595

Estruturas secretoras, 35
- externas, 533–561
- internas, 563–595

Etileno, 166, 233
- no desenvolvimento da madeira de reação, 371

Eucalyptus, casca, descamamento, 523
- ausência de periderme, 512
- cavidades secretoras, 571
- células companheiras, **456**
- cerne, 367
- desenvolvimento da glândula de óleo, 571, **571**
- esclereídes na casca, 503
- felema, 515
- kino veias, 574, **574**
- padrão da fibra no floema secundário, 495
- raios dilatados, 507
- ritidoma, 523
- traqueídes vasicêntricas, 379

Eucalyptus camaldulensis, ciclo anual da atividade cambial, 423
- razão xilema para floema, 419

Eucalyptus globulus, floema secundário, 506

Eucalyptus pilularis, taninos condensados nas paredes das células da raiz, 88

Eucariotos, célula, 44, 45

Eucommia, primórdio do laticífero, 583

Eucromatina, 52

Eudicotiledôneas, células da bainha do feixe, 464
- células de mucilagem, 566-567
- cicatrização de ferimento, 525
- corpos de proteína-P, não dispersa, 452
- elementos crivados do protofloema, 476-478
- elementos de tubo crivado nos raios do floema, 498
- iniciação foliar, 193
- metafloema, 478, 479, 480
- nervuras de menor porte, 464-467
- origem dos novos raios, 407
- súber interxilemático, 513
- súber, alado, 522

Eudicotiledôneas, fibras macias (liberianas), 252
- anatomia do caule, **34**
- caule, 31, 32
- células de transferência, 230
- células-guarda, 277
- complexos estomáticos, 282-283, 286
- comprimento do vaso nas espécies lenhosas, 320, 322
- distribuição espacial da epiderme da raiz, 297, 298, **297**
- embriogênese, 35
- estômatos, 282-283
- fibras septadas, 251
- fibras, 246, 248, 250, 251, 252
- formato do ápice caulinar vegetativo, 182-183
- glândulas de sal, multicelular, 537
- hidatódios em plantas de água doce, 537
- nectários florais, 540
- número de camadas da túnica, 187
- origem dos ramos, 195
- padrão do estômato, 295
- paredes da célula da semente, 102
- pectinas nas paredes primárias das células, 102
- pedomorfose, 360
- pelos urticantes, **534**, 554
- pontoações guarnecidas, 324, **325**
- proteínas nas paredes das células, 103, 104
- raízes com dermatocaliptrogênio, 201
- sistema vascular primário, **35**
- tanino, 88
- tricomas glandulares, 550-552
- vasos em, 331, 332
- xiloglucanos nas paredes primárias das células, 101-102

Eugenia, felema, 515

Eumeristema, 148, 180

Euonymus alatus, súber alado, 522

Euonymus bungeanus, floema secundário, 506

Euonymus fortunei, células companheiras das nervuras de menor porte, 466

Euonymus, estômato, **278**

Eupatorium, colênquima, 236
- células parenquimáticas, formato das, **232**

Euphorbia, nectários do ciátio, 540
- iniciais do laticífero, 581
- látex, 577
- laticíferos, 575-576, **576**, 582

Euphorbia abdelkuri, laticíferos, 579

Euphorbia esula, centro quiescente, 205

Euphorbia heterophylla, grão de amido no laticífero, **578**

Euphorbia lactea, grão de amido no laticífero, **578**

Euphorbia lathuris, grão de amido no laticífero, **578**

Euphorbia myrsinites, grão de amido no laticífero, **578**

Euphorbia pinea, laticíferos que abrigam parasitas tripanossômicos, 578

Euphorbia pseudocactus, grão de amido no laticífero, **578**

Euphorbia pulcherrima, nectários extraflorais, **542**
- diferenciação do laticífero, **580**
- laticíferos, 579

Euphorbiaceae, súber aculeado, 522
- amido no látex, 577, **578**
- cavidades secretoras, 570
- distribuição espacial da epiderme da raiz, 286, **297**

iniciais do laticífero, 583
laticíferos nos raios do xilema, 583
laticíferos, 576, 577, 579, 586
nectários do ciátio, 540
pelos urticantes, 554
Euphorbiales, nectários florais, **541**
Euyra, nectário floral, **541**
Excreção, 534
Exocitose, 51, 81, 535
Exoderme, 32
Expansina, 103, 120, 121
Experimentos com dupla coloração, 127, 298
Expressão do gene *CLAVATA (CLV) (CLV1, CLV2, CLV3)* no meristema apical caulinar de *Arabidopsis*, 189, 190
Expressão do gene *SHOOTMERISTEMLESS (STM)* no estabelecimento do meristema apical caulinar de *Arabidopsis*, 189
Expressão do gene *WUSCHEL (WUS)* no estabelecimento do meristema apical caulinar de *Arabidopsis*, 189, 190
Expressão gênica seletiva, 161
Extensão centrípeta da lamela média, 114
Extensão da bainha do feixe, **228**, 282
Extensibilidade da parede celular, 120
Extensinas, 103
Extrativos, 366
Fabaceae, súber aculeado, 522
canais secretores, 568
cavidades secretoras, 570
corpos de proteína-P, não dispersa, 452
felogênio, origem do primeiro, 517
idioblastos taníferos, 567
madeira estratificada, 362
tanino, 88
Fagaceae, tricomas glandulares, 550
tanino, 88
Fagonia, desenvolvimento do tricoma glandular, 552
Fagus, floema condutor, 504
alburno, 366
esclerificação do floema não condutor, 508
fibras gelatinosas, **252**, 370
lenticelas, 528
periderme, primeira superficial, 519
placas crivadas simples, 497
Fagus crentata, paredes secundárias das fibras, 120
Fagus grandiflora, lenticela, **527**
elemento de vaso, **319**
raios, madeira, **382**
Fagus sylvatica, reativação cambial, padrão da, 424
condutividade hidráulica, 328
fibroesclereídes no floema secundário, 508
periderme, original, 521
tanino, 88
transição entre corpo e coifa no ápice radicular, 201
Faixas marginais de parênquima no xilema, **365**, 365, 380
Faixas procambiais precoces, 193, 194
Família da menta (ver Lamiaceae)
Fase de área máxima, no ápice caulinar, 192, **193**
Fase de área mínima, no ápice caulinar, 192
Fase G_0, 54
Fase G_1, 54
Fase G_2, 54
Fase M, 54
Fase S, 54
Fedegoso (ver *Amaranthus retroflexus*)
Feixe axial (ver *Feixe do caule*)
Feixe caulinar (feixe axial), 32
Feixe vascular bicolateral, **436**
Feixe vascular, 32, **33**, **35**
bicolateral, **436**
Feixes de filamento de actina, **67**, **84**
no crescimento dos pelos radiculares, 293, 294
no desenvolvimento dos tricomas da folha de *Arabidopsis*, 294, 295
Felema (súber), 33, 511, 513-516
aerenquimatoso, 233, 234, 513, **515**
aspecto lamelado do, 514-516
aumento do crescimento (camadas), 515, 516
em lenticela, 526, 527
paredes celulares, 514, 515, 516
Felema aerenquimatoso, 234, 513, **515**
Feloderme, 33, 516
em lenticela, 527, 528
profundidade da, 516
Felogênio (câmbio da casca), 41, 146, 511, 513
células envolvidas na origem, 517
em lenticela, 526
origem de felogênios sucessivos nos caules, 519
origem nas raízes, 518
períodos de atividade, 521
sítios de origem, 517, 518
Felóides, 515
Fenilalanina amônia liase (PAL)
envolvimento na formação do cerne, 367
Fibra da folha, **247**, 248, 252
Fibra da madeira, 250
Fibra de reação, 252
Fibra do algodão, correlação entre abertura dos plasmodesmos das fibras e expressão dos transportadores de sacarose e K^+ e genes expansina, 290, 291
desenvolvimento da, 289, 290, 291, **291**
Fibra dura, 252
Fibra libriforme, 250
Fibra macia, 252
Fibra septada, 251
Fibra xilemática, 248, 251, 329
evolução, 333, 335-337

Fibras, 38, 245, 246-252
classificação, 248-251
comerciais, 252
comparação com células colenquimáticas, 235, 238, 246
corticais, **247**, 248
da folha, 248, 252
da madeira, 250
distribuição no corpo da planta, 246, **247**, 248
do floema primário (protofloema), **246**, 248, **248**, **249**
do floema, **247**, 248, 249, 491, **493**, 495, **496**, **497**
do linho, **33**
duras, 252
especialização filogenética das, no xilema, **333**, 335
extraxilemáticas, 248, 249, 250, 251
fatores que controlam o desenvolvimento, 262, 263
gelatinosas, 251
liberianas, 252
libriformes, 250
macias, 252
origem e desenvolvimento, 257-262
percicíclicas, 250
perivasculares, 250
septadas, 251, **251**
xilemáticas, 248, 250, 329
Fibras comerciais, 252
Fibras corticais, **247**, 250
Fibras do floema primário, **246**, **247**, 248
origem no protofloema de eudicotiledôneas, 249-250
Fibras do floema secundário, 248
Fibras extraxilemáticas, 248, 249, 250
Fibras gelatinosas, 251, 252, 369, 370
em ramos e caules não inclinados, 370
na madeira de tração, **370**
no floema secundário, 369, 370
Fibras liberianas, 252
Fibras pericíclicas, 250
Fibras perivasculares, 250
Fibras radiais, 384
Fibroesclereídes, 245
no floema, 489, 502, 503, 507
Fibrotraqueídes, 250
Ficus, cistólito, 301
epiderme, múltipla, 268
feloderme, 516
látex, 577
madeira estratificada, 362
proteínas no látex, 577
Ficus calosa, látex, 577
Ficus elastica, cistólito, **91**, **269**
epiderme, múltipla, 268, **269**
litocistos, 563
Figura, na madeira, 388
Filamentos de actina (ver também *Microfilamentos* e *Actina filamentosa*), 45, 82, 83, 84, 112, 116
Filamentos intermediários, 81
Filocrono, 191
Filotaxia, 191, 194
auxina na regulação da, 194
correlação com a arquitetura do sistema vascular, 194
tipos de, 191
Filotaxia decussada, 191, **192**
Filotaxia em espiral, 191
Filotaxia oposta, 191
Filotaxia verticilada, 191
Filotaxis dística, 191
Fissão binária, 55, 60
Fitoalexinas, 99
Fitoferritina, 57
Fitólitos (corpos de sílica), 91, 299
Fitômero, 182
Fitoplasma e laticíferos, 578,
Floema (ver também *Floema secundário*), 31, 39, 435-488, 489-510
anastomoses , 436
carregamento, 459, 464
coletor, 459
descarregamento, 459
descarregamento,459
em nectários, 541, 544, 545, **546**, **547**
externo, 435
fibras, 248, 249
incluso (interxilemático), 436
interno (intraxilemático), 436
marcadores iniciais na diferenciação do, 404
mecanismo de transporte em angiospermas, 459-461
mecanismo de transporte em gimnospermas, 471-472
papel do, 435
posição em relação ao xilema, 435
primário, 317, 435, 476, 478-480
secundário, 317, 435, 489-531
tipos de células do, 39, 437, 438
Floema, fibras, 248, 249, 472, 490
esclereídes, 472, 490, **503**
Floema abaxial, 435, 436
Floema colapsado, não-colapsado, 506
Floema condutor, 504-506
dormência e reativação dos elementos crivados, 505
proporção de casca, 505, 506
Floema funcional (ver *Floema condutor*)
Floema incluso (interxilemático), 436
Floema interno (intraxilemático), 435
Floema intraxilemático (interno), 435
Floema não-colapsado, 506
Floema não-condutor, 506, 507
acúmulo de cristal, 506
diferenças estruturais com relação ao floema condutor, 506, 507
esclerificação do, 506
Floema não-funcional (ver *Floema não-condutor*)
Floema primário, 317, 435, 476-480
Floema secundário, 318, 435, 489–510
camadas anuais de crescimento, 489, 490

células de parênquima axial em coníferas, 492
células mãe, 401
crescimento por dilatação, 507
diferenciação, 500, 501, 502
distribuição das células em coníferas, 491, 492, 493, 494, 495
distribuição das fibras em angiospermas, 495
em angiospermas, 495-500
em coníferas, 491-495
em eudicotiledôneas herbáceas, 499
em órgãos de armazenamento, 500
esclereídes, 491, 503, **503,** 508
fibras, **497,** 502
fibroesclereíde, 503
floema condutor, 504-506
floema não condutor, 506-508
incremento anual, largura do, 505, 506
iniciais, 400
marcadores iniciais de diferenciação no, 405
produção, 418, 419, 420, 421, 422, 423, 424
raios, 491, 495
reativação do, 505
sistema axial em coníferas, 491
tipos, em coníferas, 491, 492, **492**
variação na forma e distribuição dos elementos de tudo crivado, 495–500
Flor, **30**
Flor-de-cera (ver *Hoya*)
Folha anfiestomática, 276
Folha epiestomática, 276
Folha hidromórfica, 277
Folha hipoestomática, 276
Folha xeromórfica, 277, 288
Folha, 29, 32
anfiestomática, 276
angiospermas, 462, 463
epiestomática, 276
eventos histológicos associados com a iniciação, 191
fonte, 459
higromórficas (hidromórficas), 277
hipoestomática, 276
iniciação de campos específicos de reforço da celulose, 194
mesomórficas, 277
nervuras, 32, 459-467
origem ontogenética das, 193-194
sistema vascular, 32
tipo em gramínea, 466, 467
xeromórficas, 277
Folhas heterobáricas, 282
Folhosas, 371
Fontes (rede de exportadores de assimilados), 459
Força de tração da parede celular, 101
Formação de bolhas de ar, 328
Formação do cerne tipo-*Juglans*, 366
Formação do cerne tipo-*Robinia*, 366
Formato da célula, 231
Formigas e nectários, 540
Fosfolipase D, 118
Fosfolipídios, 48
Fotorrespiração, 64
Fragaria, poliderme, **524**
Fragmoplastina, na formação da placa celular, 114
nas células cambiais fusiformes, 416, 417
Fragmoplasto, 112, **114**, **116**
nas células cambiais fusiformes, 416, 417
Fragmossomo, 115, 116, **116**
Frasera, nectários florais, 540
Fraxinus, distribuição do parênquima axial na madeira, **381**
alburno, 367
casca, fibrosa, 522
cerne, 367
fibras, **247**
iniciais fusiformes, comprimento das, 398
lenticelas, 528
madeira não estratificada, 362
pares de pontoação simples nas células parenquimáticas, **323**
placa crivada simples, 497
raios da madeira, 382
Fraxinus americana, floema condutor, 506
comprimento do vaso, 320
elemento crivado, **439**
Fraxinus excelsior, paredes das células cambiais, frequência de plasmodesmos, 415
câmbio vascular, 399
células cambiais fusiformes, dividindo, 417
fibroesclereídes no floema secundário, 507
formação do cerne, 367
Funtumia elastica, produtor de borracha, 586
γ-tubulina, 82
Gaillardia, parênquima, **227**
Garrya elliptica, iniciação foliar, 194
"Gating" (propagação), pelas proteínas canais, 49
por plasmodesmos, 128
Gema, acessória, 197
adventícia, 198
axilar, 195
origem da, 196-198
traços, 197
Gema adventícia, 198
Gema axilar (lateral), 40, 196
Agropyron, **197**
ausência de relação do desen volvimento com folha axilar em monocotiledôneas, 196
ausência de, 197
determinação pela folha, 196, 197
Hypericum, **196**
origem dos meristemas isolados nas plantas com sementes, 196-198
origem exógena da, 40
Gene CAPRICE (CPC), no estabele-

cimento do padrão da epiderme da raiz em *Arabidopsis*, 297
Gene *CRABS CLAW (CRC)*, necessário para a iniciação do desenvolvimento do nectário em *Arabidopsis*, 546
Gene CUT1, na produção de cera, 274
Gene GLABRA1 (GL1), no desenvolvimento e distribuição espacial do tricoma na folha de *Arabidopsis*, 296, 297
Gene GLABRA2 (GL2), no estabelecimento do distribuição espacial epidérmico da raiz em *Arabidopsis*, 297, 298
Gene INTERFASCICULAR FIBERLESS1 (IFL1), no desenvolvimento da fibra, 262, 263
Gene REVOLUTA (REV) no desenvolvimento de fibra, 329
Genoma mitocondrial, 63
Genoma, da mitocôndria, 62
  do núcleo, 51
  do plastídio, 54, 55
Genômica, 159
Geraniaceae, tricomas glandulares, 550
Geraniales, nectários florais, **541**
Geranium, fibras, 248
Gergelim (ver Sesamum indicum)
Giberelinas (GAs), 166, 167
  no desenvolvimento da fibra, 262
  no desenvolvimento da madeira de reação, 371
Gimnospermas, madeira de compressão, 368
  ápice caulinar, 180, 182, 184-186
  ápice radicular, 199
  camadas verrucosas, 324
  célula Strasburger, 470, 471, **471**
  células crivadas, 437, 466-470, 473, 474
  células floemáticas precursoras, 478
  células-guarda, 277
  cicatrização de ferimentos em caules, 525-526
  epiderme da raiz, 203
  espessamento em *phi*, 88
  esporófito, 40
  feloderme, 516
  floema secundário, tendência evolucionária em, 494, 495
  gene tipo PP2, 450
  guarnições, 324
  incrementos em crescimento no floema, 490
  iniciação foliar, 194
  laticíferos, 574
  lenticelas, 527
  lignina, 105
  mecanismo de transporte no floema, 471-472
  meristema apical da raiz, 202
  paredes secundárias da célula, 102
  periderme, 511-512
  proteínas nas paredes da célula, 103
  sub-tipo do floema secundário em *Pseudotsuga taxifolia* e *Tsuga canadensis*, 494
  traqueídes, 332
  traqueófitas, 317
Ginkgo biloba, tipo do floema secundário, 495, **496**
  ápice caulinar, 183, 184, **185**
  cavidades secretoras, 571
  feloderme, 516
  floema secundário, **496**
  iniciação foliar, 194
Ginkgo, madeira de compressão, 368
  iniciais fusiformes, comprimento das, 398
Ginkgoaceae, espessamentos em *phi*, 88
Girassol (ver *Helianthus)*
Gladiolus, nectário floral, **541**
Glândula perolada, 534
Glândulas de atração, 552
Glândulas de mucilagem, 552
Glândulas de sal, 535-537
  multicelulares das eudicotiledôneas, 537
  vesículas de sal, 535
  bicelular de Poaceae, 536, **536**
Glândulas de sal com duas células de Poaceae, 536, **536**
  células secretoras e coletoras de, 537
  zonas de transfusão de, 537
Glândulas de sal multicelulares, de eudicotiledôneas, 537
Glândulas de sal vs. hidatódios, 534, 535
Glândulas digestivas, 552
  de *Pinguicula*, 552, 553
Glândulas, 533, 534
Gleditschia triancanthos, origem do primeiro felogênio, 518
Gleditsia triacantha, pontoações guarnecidas, **325**
Glicoproteínas, 81
Glicosilação protéica, 80, 81
Glioxissomos, 64
Globulinas solúveis em água, 81
Globulinas solúveis em sal, 85
Glória-da-manhã (ver *Convolvulus*)
Glucomananos, 102
Glucoronoarabinoxilanas, 102
Glycine max, amiloplasto, **60**
  células epidérmicas em paliçada e células em ampulheta da semente, revestida, 103
  hidrólise da parede primária dos elementos de protoxilema, 346
  iniciação do primórdio foliar, 191
Glycine, esclereídes, 257
Gnetales, xilema secundário, elementos do, **337**
Gnetophyta, pontoações areoladas, 323
  ápices caulinares, 186
  vasos em, 332, 437
Gnetum, madeira de compressão, 368
  ápice caulinar, 180, 186
  laticíferos no tecido conjuntivo, 583
  laticíferos, 574
  madeira de tração, 368

Gnetum gnemon, fibras e esclereídes, **247**
Goma de ferimento, 573
Goma, 569, 573
Gomose, 573
Gossypium, cutícula, 271
  desenvolvimento da fibra, 289-292, **291**
  embriogênese, 35
  fibras, 252
  floema secundário, 500
  iniciação foliar, 193
  tricoma glandular, **534**
Gossypium hirsutum, fibras, **291**
  conexões poro-plasmodesmos, **458**
  desenvolvimento da placa crivada, **445**
Grã direita, 387
Grã entrecruzada, 387
Grã espiralada, 387, **388**
Grã, da madeira, 387
Grama-do-campo (ver *Agropyron repens*)
Gramineae (ver *Poaceae*)
Gramíneas (ver *Poaceae*)
Gramíneas marinhas, epiderme, 269
Grana, em cloroplasto, 56, 57
Granum do cloroplasto, 56, 57, **57**, 58
Grão de aleurona (ver também *Corpos proteicos*), 81, 85
Grãos de amido, 84
Graptopetalum, iniciação da folha/orientação das microfibrilas de celulose, 194
Grewia tiliaefolia, elementos crivados funcionais presentes por todo o ano, 505
Grupo inicial apical, no ápice caulinar, 184, 186
Guaiacum, madeira, 371
Guarnições, 324, 326
Gutação, 537, 538
Gynura angulosa, elementos de tubo crivado nos raios floema, 499
Haemodoraceae, distribuição espacial da epiderme da raiz, 297, **297**
Hakea suaveolens, esclereídes, 255
Hakea, esclereídes, **254**, 255
Halófitas, 535
Haloxylon, periderme, primeira superficial, 519
Haploide, 52
Haplopappus gracilis, número de cromossomos, 52
"hard rind" (*Hr*), 91
Hectorella caespitosa, filotaxia, 191
Hedera, estômatos, **278**
Helianthus, óleo, 86
  anatomia do caule, **34**
Helianthus annuus, estômato nas raízes, 275
  densidade estomatal, 276
Helleborus, nectários florais, 542
Helobiae, células buliformes, ausência de, 300
Hemiceluloses, 101, 102, 107, **108**
Heracleum, origem da gema axilar, 196
Herbáceas, laticíferos, 574
Heterocromatina, 52
Hevea, atividade da celulase no látex, 579
  laticíferos, 575, 577
Hevea brasiliensis, arranjo dos laticíferos na casca, **586**
  borracha, principal fonte de, 586-587
  desenvolvimento do laticífero, 583
  sistema laticífero, 584
Hialoplasma, 47
Hibiscus, células de mucilagem, 567
  cavidades secretoras, 571
  fibras do floema, 472, 473
Hibiscus lasiocarpus, conversão da inicial fusiforme para inicial radial, 407
Hibiscus rosa-sinensis, nectários florais, 543
Hidatódios, 537, 538, 539
  laminar, 538, 539
  tricoma, 539, **539**
Hidatódios vs. glândulas de sal, 535
Hilo, nos grãos de amido, 84, **86**
Hipocótilo, **30**, 36
Hipoderme, 268, **271**
Hipótese da auto-organização do cristal líquido, 118
Hipótese de crescimento ácido, 120
Hipótese do alinhamento, 117
Hipótese do cordão procambial, 195
Hipótese do crescimento limitado, na porosidade da madeira, 379
Hippuris, formato do ápice vegetativo, 183
Histogênese, 150
Histógenos, 178, 199
Histonas, 45, 52
Hordeum vulgare, crescimento do ápice radicular, 209
  cilindro vascular, raiz, **478**
  conexões poro-plasmodesmos, **458**
  elemento crivado, **442**
  feixe vascular, **441**
  filocrono, 191
  paredes do tubo crivado, 440, 441
Hormônios (ver *Hormônios das plantas*)
Hormônios vegetais (fitormônios), 163-167
Hortelã (ver *Mentha spicata*)
Hoya carnosa, esclereídes, 255
Hoya, esclereídes, **254**
Humulus, colênquima, **238**
  látex, 577
  tricomas, **290**
Hydrangaceae, nervuras de menor porte, tipo 1, com células intermediárias, 464
Hydrangea paniculata, idioblasto de mucilagem, **564**
Hydrocharis, ápice radicular, 202
  distribuição espacial da epiderme da raiz, 297, **297**
Hydrocharitaceae, ápice radicular, 202
  distribuição espacial da epiderme da raiz, 297, **297**

Hydrophyllaceae, distribuição espacial da epiderme da raiz, 297, **297**
pelos urticantes, 554
Hypericaceae, poliderme, 524
canais secretores, 569
Hypericum uralum, iniciação foliar, **192**
origem da gema axilar, **196**
Hypericum, cavidades secretoras, 571
Idioblasto, cristal, 89, 91
cristal-mucilagem, **564**
esclereíde, 254, 579
laticífero, 575, 577
secretor, 563
tanino, 567
Idioblasto cristalífero, 89
Idioblastos de mucilagem e cristal, **564**, 567
Idioblastos de ráfides, 90
Idioblastos silicificados, 301
Idioblastos taníferos, 88, 567
Ilex, forma de espessamento da casca, 512
Impatiens, iniciação foliar, 193
paredes das células das sementes, 102
Impatiens balfourii, gradação nectário para hidatódio, 548
Iniciais, 144
no meristema apical caulinar, 181
no meristema apical radicular, 204, 205, 206
perda de, do câmbio vascular, 407-410
radiais, 397, 398, 399, **400**, 407
Iniciais apicais, 180-182, **180**
nos ápices caulinares de coníferas, 186
Iniciais cambiais, 397-399, **400**
tentativas de identificar no câmbio vascular, 403-405
Iniciais radiais, 397, 399, **400**
formação de novas iniciais radiais, 407-410
proporção de iniciais fusiformes, 406
taxa de divisão periclinal, 419
Inicial cambial fusiforme, 397, 398, 399, **400**
citocinese, 416-417
condição uninucleada da, 415
divisões anticlinais (pseudo transversais), 406
variações sazonais do núcleo da, 413
Insetos e nectários, 540
Instabilidade dinâmica dos microtúbulos, 82
Interfase, 54
Intermediários entre hidatódios e nectários, 547
Iodeto de potássio (I_2KI), 85
Iodido de diexiloxacarbocianina (DiOC), 79
Ipomoea, nectários em cripta, 540
laticíferos, 583, 584
Ipomoea batatas, periderme, ferimento, 526, **526**
Iridaceae, osmóforos, 549
desenvolvimento do estômato, 286, **287**
Isoeta (ver *Isoetes*)
Isoetes muricata, poros da área crivada, **475**
Isoetes, ápice caulinar, 183
Jarro, de plantas carnívoras, 552
Jasmonatos, 163
Jatropha, nectário floral, **541**
laticíferos, 576
laticíferos idioblásticos, 574
Jatropha dioica, iniciais do laticífero, 574, 581
Jojoba (ver *Simmondia chinensis*)
Juglandaceae, madeira, 377
Juglans, placas crivadas compostas, 497
cerne, 366
divisão e crescimento das iniciais fusiformes, **406**
fibras, 248
floema condutor, 506
floema não-condutor, 506
madeira não estratificada, 362
Juglans hindsii, elemento crivado, **439**
Juglans nigra, madeira de reação, **368**
madeira de tração, **368**
tilos, 367
Juncaceae, tecido protetor, 524
desenvolvimento dos estômatos, 287, **287**
distribuição espacial da epiderme da raiz, 297, **297**
suberina na parede das células da bainha do feixe, 106
Junções comunicantes, 122
Juncus, células parenquimáticas da medula, 232
Juniperus, canais resiníferos, ausência de, 374
ápice caulinar, 186
Juniperus californica, elementos crivados funcionais por todo o ano, 504
tempo de iniciação da produção do xilema e do floema, 420
Juniperus communis, incrementos de crescimento do floema, 490
Juta (ver *Corchorus capsularis*)
Kalanchoë, desenvolvimento do primórdio foliar, **193**
iniciação foliar/orientação das microfibrilas de celulose, 194
Kalanchoë fedtschenkoi, pelos radiculares, 293
Kalopanax pictus, núcleo da célula cambial fusiforme, 415
Keteleeria, células epiteliais dos canais de resina, 372
traqueídes radiais, ausência de, 372
Kino veias, 574
Kino, 574
Klopstockia cerifera, cutícula (cera), 272
Knema furfuracea, placa de perfuração, **321**
KNOTTED1 (KN1), marcador molecular precoce da iniciação do primórdio foliar, 190
de tamanho dos plasmodesmos, 128

envolvimento na manutenção do meristema apical caulinar e aumento do limite de exclusão
Labiatae, filotaxia, 191
Laburnum, floema secundário, padrão das fibras, 495
Lactuca, colênquima, **236**
látex, 577
Lactuca sativa, formação da placa celular, **123**
atividade celulase e pectinase no látex, 578
Lactuca scariola, laticíferos, **575**
Lacuna do traço foliar, 32, **35**
Lacuna, no protoxilema, 339, **476**
Lagunaria patersonii, ausência de madeira de tração típica, 370
Lamela média, 106, **110**, **113**
composta, 107
Lamela média composta, 107
Lamiaceae, tricomas glandulares, 550-551, **551**, 552
nervuras de menor porte, tipo 1, com células intermediárias, 464
Lamiales, nectários florais, 540
estaminódios, 540
Landolphia, produtor de borracha, 586
Lannea coromandelica, canais secretores, 569
Lannea, configuração estomatal, **287**
Larix decidua, densidade estomatal, 277
Larix, floema condutor, 505
canais resiníferos, 374
células epiteliais dos canais resiníferos, 372, 375
felema, 515
felogênio, origem do primeiro, 518
Látex, 574
composição do, 577, 578
Laticíferos, 35, 574-588
arranjo na planta, 581, 582, 584
articulados e não articulados, 575, 576, 577
bactérias e tripanossomatídeos flagelados em, 578
crescimento, 581-585
diferenciação, 578-580
entrada ativa de açúcar pelos, 586
estudos sistemáticos comparados, 577
função, 587-588
paredes, 579
simples e composto, 574
Laticífero composto, 574
Laticífero simples, 574
Laticíferos articulados, 575, 577, 583-586
anastomosado, **575**, 575, 577, 583-586
arranjo na planta, 584
crescimento, 583-585
diferenciação, 579, 583
não anastomosado, 575, **581**, 583, 585
Laticíferos não-articulados, 575-580
crescimento, 581, 582
diferenciação, 578, 579,
distribuição na planta, 581
não-ramificado, 576
ramificado, **576**, 576, **580, 581, 582**
Lauraceae, células de mucilagem, 566
células de óleo, 565, **566**
Laurales, nectários florais, **541**
células de óleo e mucilagem, 566, 567
Laurus, aumento na espessura da casca, 512
floema secundário, padrão de fibras, 495
Laurus nobilis, célula de óleo, **566**
Lavandula vera, tricomas glandulares, **534**
Legumes, proteínas de armazenamento (globulinas), 85
Lemna, ápice radicular, 202
Lemna minor, formação do oxalato de cálcio, 90
desenvolvimento do poro crivado, 444
elementos crivados, 439
Lemnaceae, ápice radicular, 202
Lenho com anel poroso, **363**, **365**, 378
natureza especializada do, 379
origem evolutiva do, 379
Lenho de reação, 368-371
fatores envolvidos na formação de, 371
Lenho de tração, 368, 369, 370, 371
Lenho inicial, 365
Lenho inicial-Lenho tardio, fatores que determinam as mudanças, 365
Lenho tardio, 365
Lenticelas, 234, 526-528
nas peridermes mais profundas, 528
origem da primeira, em relação ao estômato, 528
tipos estruturais, 527, 528
Leonotis leonurus, tricoma glandular, 551, **551**, 552
desenvolvimento do tricoma glandular, **553**
Leonurus, origem da gema axilar, 196
Lepidium sativum, formação da placa celular, 113
elementos crivados do protofloema, 476
Leucoplasto, 58, **60**
Leucosceptrum cannum, elementos de tubo crivado nos raios do floema, 499
Lianas, tamanho do elemento traqueal em relação a localização na planta, 322
Licania, floema não-condutor, 508
Licopódios, poros da área crivada, 476
Lignificação, 105
da parede secundária dos elementos traqueais, 343
Lignina, 104-106
classificação, 104, 105
função, 105, 106
unidades monoméricas principais, 104
Ligninas guaiacil, 104

Ligninas guaiacil-siringil, 104
Ligninas guaiacil-siringil-*p*-hidroxifenil, 104
Liliaceae, crescimento intrusivo nas traqueídes secundárias, 156
desenvolvimento estomatal, 286, **286**
Liliales, nectários florais, **541**
ausência de oxalato de cálcio em algumas famílias, 89
cicatrização de ferimentos, 526
Lilium longiflorum, atuação das AGPs, 103
Limites de exclusão de tamanho dos plamsodesmos, 127
Limnanthaceae, distribuição espacial da epiderme da raiz, 297, **297**
Linum, fibras, 248, **249**
fibras do floema, 473
nectários florais, **541**
Linum perene, fibras, **249**, **259**
Linum usitatissimum, fibras, 248, **248**
desenvolvimento da plântula, **30**
extremidade dos ápices caulinar e radicular, **144**
fibras macias (liberianas), 252
inflorescência e flor, **30**,
iniciação foliar, 193
óleo na semente, 86
organização, **33**
Lipídio, armazenamento, 87
Lipídios, na membrana plasmática, 48
Liquidambar formosana, tempo de iniciação da produção do xilema e do floema, 422, 465
Liquidambar struraciflua, nervuras de menor porte, tipo 1, ausência de células intermediárias,
Liriodendron, iniciais cambiais, taxa de sobrevivência, 409
células de óleo, **564**
floema não-condutor, 506
iniciais fusiformes, divisão e crescimento, **406**
lenticelas, 527
padrão das fibras no floema secundário, 495
pares de pontoação semi-areoladas, **323**
placas crivadas compostas, 497
pontoações opostas, **323**
Liriodendron tulipifera, casca, **492**
anéis de crescimento na madeira, **365**
ausência de madeira de tração típica, 370
câmbio vascular e xilema secundário, **360**
elemento crivado, **439**
elemento de vaso, **319**
fibras, 249
floema secundário e câmbio vascular, **490**, **492**
floema secundário, não estratificado, 497, **498**
nervuras de menor porte, tipo 1, ausência de células intermediárias, 465
Litocisto, 91, 268, 269, 301, 302
Loasaceae, cistólitos, 301
tricomas urticantes, 554
Lobularia, tricomas, **289**
Lomasomas, 51
Lonicera, fibras, 248
casca anelar, 522
filotaxia, 191
periderme, 526
Lonicera japonica, nectários florais, 542, **543**
Lonicera nitida, duração dos plastocronos, 191
Lonicera tatarica, casca, descamamento, 523
periderme e ritidoma, **521**
Lotus corniculatus, caule, **147**
Lupinus cruckshanksii, osmóforos, **549**
Lupinus, planos de divisão celular nas margens dos folíolos, **149**
Lutoides, em laticíferos, 579, 586
como grampos, 452
Luz polarizada, 86, 101, 109, 194, 251
Lycopersicum esculentum (ver também *Solanum lycopersicum*), elementos crivados, estruturas
Lycopodiophyta (plantas vasculares sem sementes), 317
Lycopodium, origem dos ramos, 195
ápice caulinar, 183
Lysimachia, células do parênquima que secretam material resinoso, 568
Maclura, tilos, 367
Macroesclereídes, 253
na semente, 257
Macrofibrilas, 101
Madeira com porosidade difusa, **365**, 378
Madeira com porosidade semidifusa, 378
Madeira de compressão, 368, 369, **370**, 371
Madeira de coníferas, 371
Madeira/Lenho (ver também *Xilema*), 371-383
adulta/madura, 387
alburno, 366, 367
anel poroso, **363**, **365**, 378, 379
anel semi-poroso, 378
angiosperma, 377-384
cerne, 366, 367
compressão, 368, 369, **370**, 371
conífera, 371-377
cor, 387
estratificada e não estratificada, 362, 365
figura, 388
folhosas, 371
grã, 387
identificação de, 387, 388
incrementos em crescimento (anéis/camadas de crescimento), 364
inicial e tardia, 365, 366
juvenil, 387
macia, 371
padrão de distribuição de vasos, 379
porosidade difusa, **365**, 378, **378**, 379

porosidade semi-difusa, 378
reação, 368-371
resistência, 371
textura, 387
tração, 368, 369, 370
Madura, célula, 151
planta, 41
Magnolia, fibras, 248
floema secundário, padrão de fibra, 495
lenticelas, 527
pontoação escalariforme, **323**
Magnolia kobus, calose de dormência, 505
tubos crivados, parede nacarada, **442**
Magnolia thamnodes, desenvolvimento da esclereíde, 262
Magnoliaceae, nervuras de menor porte, 465
células de mucilagem, 566
células de óleo, 565
Magnoliales, células de óleo e mucilagem, 566
Magnoliídeas, células de mucilagem, 566-567
células de óleo, 565
vasos, 332
Malus, lenticelas, 527
coloração vermelha-amarronzada de frutos, 513
esclereídes, **254**, 256
felogênio, origem do primeiro, 517
Malus domestica, fibroesclereídes no floema secundário, 261, 507
câmbio não estratificado, **400**
câmbio vascular/espaços intercelulares, 400
elemento crivado, **439**
elementos de tubo crivado nos raios do floema, 499
espessamentos em *phi*, 88
floema secundário, **502**
floema secundário, diferenciação do, 500
incrementos em crescimento do floema, 489
iniciais radiais, taxa de divisão periclinal, 419
lenticelas no fruto, 527
pares de células do lado do floema com relação ao câmbio vascular, 403
tecidos vasculares e câmbio dormente, **400**
tempo de iniciação da produção de xilema e floema, 419
Malus primula, cutícula, 271
Malvaceae, colênquima, 237
cavidades secretoras, 570
células mucilaginosas, 566
nectários florais, 542
Malvales, 567
Mamangavas e nectários, 540
Mammillaria, canais contendo látex, 574
Mandioca (ver *Manihot esculenta)*
Mangifera indica, canais resiníferos, desenvolvimento dos, 569
Mangifera, madeira não estratificada, 362
Mangue (ver *Avicennia*)
Manihot esculenta, amido de tapioca, 85
Manihot glaziovii, produtor de borracha, 586
Manihot, laticíferos, 576, 583
Manilkara, madeira não estratificada, 362
madeira, 371
Manilkara zapota, laticíferos no raio do floema secundário, 584
Mansonia, madeira estratificada, 362
Manto e core, no ápice caulinar, 180
Maquinaria proteica do cloroplasto, 57
Maranta arundinaceae, araruta, 85
Margo, margem, 323, **325**
Marmelo (ver *Cydonia*)
Marsilea, célula apical, 184
ápice radicular, 199
Massas meristemáticas, 149
Mastixia, nectário floral, **541**
Matriz de Golgi, 80
Matriz extracelular, 99, 100
Matriz, na mitocôndria, 62
Matteuccia struthiopteris, ápice caulinar, 184
Maxillaria coccinea, células secretoras do nectário colenquimatoso, 542
Mecanismo de armadilha de polímeros no carregamento do floema, 464
Mecanismo de fluxo de pressão gerado osmoticamente, 459-461
fontes e drenos, 459
Mecanismo de incorporação de modelo, 118
Mecanismo de inibição lateral, na epiderme da folha, 295
Mecanismo de linhagem celular, na epiderme da folha, 295
Mecanismo dependente do ciclo celular, na epiderme da folha, 295
Medicago sativa, caule, **147**
feixe vascular do caule, **338**
Medicago truncatula, 293
Medula, 32, **33**
Medula, em caules de eudicotiledôneas, 32, 33
em raiz, 198
Meiose, 53
Melaleuca, peridermes, sequentes, 521
felema, 515
Melastomataceae, secreção e composição do néctar, 545-546
Meliaceae, incrementos de crescimento do floema, 489
Membrana cuticular (ver *Cutícula*)
Membrana da pontoação, 110
importância para a segurança do transporte de água, 327
Membrana plasmática (plasmalema), 44, 45, 48-51
composição, 48-50
Membrana vacuolar (ver *Tonoplasto*)
Membranas de compartimentalização, de glândulas bicelulares de sal, 537

Membranas, 45, 48-51
modelo mosaico-fluido, 49, **49**
potencial elétrico, 45
Menispermum, modo de aumento de espessura, da casca, 512
Menta (ver *Mentha piperita*)
Mentha piperita, tricomas glandulares, 551
Mentha spicata, tricomas glandulares, 551
Mentha, colênquima, **238**
Meristema da medula (ver *Meristema em costela*)
Meristema de espera, 181, **181**
Meristema em fileira (medular, zona em costela) no ápice caulinar, 149, 180, 185, **187**
Meristema em fileira (ver *Meristema em costela*, *Meristema da medula*)
Meristema em placa, 149, **149**
Meristema fundamental, 36, 146
Meristema intercalar, 144, 145
Meristema isolado, 196
Meristema lateral, 144, 397
Meristema medular, 181
Meristema periférico (zona periférica), no ápice caulinar 180, 185, 186, 187
Meristema primário, 36, 146
Meristemas (ver também *Meristema apical*), 143-150
apical, 36, 144
classificação, 144-146
conceito de, 143, 144
dilatação, 507
em costela (em fileira), 149
intercalar, 144, **145**
isolados, 196
lateral, 144, 397
massas, 148, 149
padrões de crescimento, 148, 149
placa, 149
primários, 36, 145, 146
secundário, 146
Meristemas apicais (ver também Ápice radicular e Ápice caulinar), 36, 144, 177-223
derivadas do, 181, 185
duplo, 182
evolução do conceito, 178-180
iniciais nos, 180-182
monopodial, 182
mudanças plastocrônicas no, 191, 192, 193, **193**
na flor, 40
na raiz, 40, 198-208
no ápice caulinar, 36, 182-190
no embrião, 35, 36, **40**
simples, 182
tipo túnica-corpo, 179, **187**, **188**, **190**, **192**
zoneamento cito-histológico, 180
Meristemas secundários, 146
Meristemático e crescimento da planta, 146-150
Merófitas, **178**, 184, 199, **200**
Mesembryanthemum, parênquima (tecido de armazenamento de água), 228
Mesofilo, 32, **33**
Metabólitos secundários, 88
Metacutização, 211
Metafloema, 476, 477, 478
delimitação do floema secundá rio, 480
Metameristema, 178
Metasequoia glyptostroboides, velocidade de transporte dos assimilados, 471
câmbio vascular/espaços intercelulares, 400
Metaxilema, 338, 339, **338**, **339**, 340, 341
Método cinemático, 209
Metroxylon sagu, amido de sagu, 85
Micelação radial das paredes das células-guarda, 281, **281**
Micelas, **100**, 101
Michelia fuscata, iniciação foliar, 193
Microberlinia brazzavillensis, parênquima axial, distribuição na madeira, **381**
Microcorpos (ver *Peroxissomos*)
Microfibrilas, 100, 107, **108**
Microfilamentos (ver *Filamentos de actina*)
Micropelos (glândulas de sal de duas células), 536
Microscópio de luz, resolução, 44
Microscópio eletrônico de transmissão, resolução do, 44
Microtúbulos corticais, em elementos traqueais em diferenciação, 342, 343, 344, **344**, **345**
Microtúbulos, 45, **47**, 81, 82
arranjo, 82, 83
banda pré-prófase, 82, 83, 115, 116
corticais, **82**, 83, 116, 117
fragmoplasto, 82, **83**
fragmossomo, 116
funções, 82
fuso mitótico, 82, **83**
nas fibras em desenvolvimento do algodão, 290, 291
nos pelos em desenvolvimento das raízes, 293
nos tricomas em desenvolvimento da folha de *Arabidopsis*, 295
Mimosa pudica, núcleo, **51**
tanino na célula da folha, **66**
Mimosaceae, aerênquima do súber, 513
Mimulus cardinalis, células companheiras de nervuras de menor calibre, 466
Mimusops, períodos de produção de xilema e floema, 423
razão xilema para floema, 422
Mirosina, 47, 62, 64, 83
Mirosinase, 563, 564, 565
Mitocôndria, 48, **56**, 62-63
DNA de, 63
estrutura tridimensional de, 62
evolução a partir de α-proteobactérias de vida livre, 63
movimento, 62
papel na apoptose, 63
Mitose (cariocinese) (ver também *Divisão Celular*), 53, 112

Modelo geométrico para deposição das microfibrilas de celulose, 118
Modelo mosaico-fluido da estrutura da membrana, **49**, 49
Moléculas de triacilglicerol, 86
Monocarpia, 152
Monocotiledoneae, epiderme, múltipla, 268
células-guarda, 277
Monocotiledôneas, meristema apical, 202
anatomia do caule, 34
caule, 32, 34
células buliformes, 299, 300, **301**
células de transferência, 230
células-guarda, 277
cicatrização de ferimentos, 525
complexos estomáticos, 282, **283**, 287
corpos de sílica (fitólitos), 299
crescimento secundário, 41
desenvolvimento dos estômatos, **286**
elementos de tubo crivado, tendências na especialização de, 474
embriogênese, 35
esporófito, 35
estômatos, 282
fibras no caule, 246, 248
fibras rígidas (folha), 252
folha, 252
formatos de ápice caulinar vegetativo, 183
guarnecimento, 324
hidatódios em plantas de água doce, 538
iniciação foliar, 191
meristema intercalar, 144, **145**
metafloema, 478, 479
nectários septais, 540
número de camadas da túnica, 187
origem de gemas laterais, 196
padrão epidérmico em raiz, 297-298, **297**
padrões estomáticos, 295
paredes celulares primárias de comelinídeas, 102
pectina nas pareces celulares primárias de, 102
periderme, 512
proteínas nas paredes celulares, 103
raízes com caliptrogênio, 201
sistema vascular, 466
súber estratificado, 525
tecidos de proteção, 512, 524, 525
vasos em, 331
velame, 268
xiloglucanos em paredes celulares primárias de, 101
Monotropa, estômatos, ausência de, 275
Monstera deliciosa, tricoesclereídes, 255-256
Monstera, esclereídes, 245
esclereídes, desenvolvimento de, 260
Moraceae, cistólitos, 301
epiderme, múltipla, 268
hidatódios, 539
iniciais de laticíferos, 581
laticíferos nos raios do xilema, 583
laticíferos, 581
Morfogênese, 152
Morango (ver *Fragaria)*
Moringa oleifera, canais de goma, traumáticos, 573
Moringaceae, canais de goma, traumáticos, 573
Morte celular programada, 54, 152, 153, 154
de elementos traqueais, 345, 348
exemplos de, 153
sinais hormonais na, 153
Morus, colênquima, angular, 236
alburno, 366
cerne, 366
látex, 577
tilos, 367
Morus alba, filotaxia, 190
Morus nigra, iniciais de laticíferos, 581
sistema laticífero secundário, 583
Mosaicos genéticos, 159, 162
Mouriria, esclereídes, 255
Mouriria huberi, esclereídes, desenvolvimento de, 261
Movimento estomático, 281, 282
dinâmica do microtubúlo, 281
papel da luz azul e do ácido abscísico no, 282
papel da parede celular no, 281, 282
Mucilagem (ver *proteína-P)*
Mudanças do plastocrono, no ápice caulinar, 191, 192, 193, 194
Musa, laticíferos, 584
corpos proteicos, 86
estômatos, **278**
formação de tilose, 331
origem de gemas laterais, 196
taninos no látex, 577
Musa textilis, atividade da celulase no látex, 578
fibras (folha), 252
Mutantes "knockout", 160
Myoporum, cavidades secretoras, 571
Myrcia amazonica, feloderme, 516
Myristica, iniciais fusiformes, comprimento das, 398
Myristicaceae, corpos proteicos, nucleares não-dispersos, 452
tubos taníferos, 574
Myrsinaceae, nódulos bacterianos foliares, 549
Myrsine australis, felogênio, origem do primeiro, 517
Myrsine, células parenquimáticas secretoras de resina, 568
Myrtaceae, composição do néctar, 546
cavidades secretoras (de óleo), 570, 571
floema, externo e interno, 435
idioblastos taníferos, 567
poliderme, 524

Narcissus, nectários florais, **541**
cromoplastos membranosos, 58
Narcissus jonquilla, osmóforos, **549**
Narcissus pseudonarcissus, cromoplastos membranosos, **59**
Nastúrcio ou chagas (ver *Tropaeolum*)
Néctar, 540
açúcares no, 543, 545, 546
Nectário do ciátio, 540, 541
Nectário extrafloral, 540, 541
Nectário septal, 540, **541**
Nectários, 540-548
ciátio, 540
crípticos, 540
extrafloral, 540, 541
floral, 540, 542-547
genes envolvidos com, em *Arabi dopsis*, 546
mecanismos secretores de, 542
septal, 540, **541**
Nectários crípticos, 540
Nectários florais, 540
de *Abutilon striatum*, 542,543
de *Lonicera japonica*, 542
de *Vicia faba*, 543, 544
Nelumbo nucifera, laticíferos, 579
proteína-P, **449**
Nemesia strumosa, células companheiras das nervuras de menor calibre, 466
Nenúfar (ver *Nymphaea*)
Neottia, estômatos, ausência de, 275
Nepenthes, jarra, 552
Nepeta cataria, tricomas glandulares, 551
Nepeta racemosa, tricomas glandulares, 551
Nerium, fibras, 248
Nerium oleander, látex, 577
atividade da pectinase no látex, 578
desenvolvimento dos laticíferos, **581**
felogênio, origem do primeiro, 517
filotaxia, 191
folha, **279**
iniciais dos laticíferos, 581
laticíferos, 581
Nervuras de menor calibre, 230
coleta de fotoassimilados por, 463-466
com mais de um tipo de célula companheira, 466
de Poaceae, 466
em folhas de "dicotiledôneas", 464-466
tipo 1, **461**, 464
tipo 1-2a, 464
tipo 2, 464, 465
tipo 2a, 464, 465
tipo 2b, **463**, 464, 465
Nervuras na folha, maiores, 462
menores, 464-467
Nervuras principais, 462
Nicotiana, fibras, 248
desenvolvimento dos estômatos, **285**
floema secundário, 500
floema secundário, padrão das fibras, 495
interpretação do ápice da raiz, **202**
meristema apical da raiz, 202
pontoações nas células do parênquima xilemático, **111**
tricomas, **290**
Nicotiana clevelandii, plasmodesmos, 125, 127
Nicotiana tabacum, como carregador apoplástico, 465
ajustes intercelulares durante a diferenciação de tecidos, **155**
ápice da raiz, **46, 204**
câmbio vascular, citocinese em, **417**
célula do parênquima, **65**
citocinese inicial, **114**
clones na camada subepidérmica da folha, **161**
cloroplasto, **56**
corpos de Golgi nas células da folha, **80**
densidade estomática, 276
elemento de tubo crivado do protofloema, **453, 454**
elemento de tubo crivado e célula companheira, **446**
elementos do protofloema, 439
elementos traqueais em diferenciação, **347**
iniciação das folhas, 193
meristema apical da raiz, **203**
mitocôndria, 62,**62**
movimento de mitocôndria, 62
organelas nas células foliares, **64**
pelo radicular, ápice do, **294**
plasmodesmos, 126, 128
polirribossomos (polissomos), **67**
proteína KN1, 128
proteína-P, **449**
retículo endoplasmático, **79**
Nível de ploidia e tamanho celular, 154
Nó, 29
Nódulos foliares bacterianos, 549
Núcleo, 45, **46**, 51, **51**, 52,
interfase, 52
Nucleoides, 45, 55, **62**
Nucléolos, 52
Nucleoplasma, 51
Número de cromossomos em diferentes organismos, 52
Nuphar lutea, largura do ápice caulinar, 183
Nuphar, cristais de oxalato de cálcio na parede celular, 90
tricoesclereídes, 256
Nyctaginaceae, floema, incluso (interxilemático), 436
Nymphaea, cristais de oxalato de cálcio na parede celular, 90
Tricoesclereídes, 256
Nymphaea odorata, esclereíde, **253**
Nymphaea tetragona, esclereídes formadores de cristais, 90
Nymphaeaceae, padrões epidérmicos da raiz, 297, **297**

Nymphoides peltata, papel do etileno no crescimento do caule, 166
Obliteração das células do floema, 473, **476, 477**
das células do xilema, 339
Ochroma lagopus, lenho, 371
Ochroma, cerne, 367
Ocimum basilicum, desenvolvimento de tricoma glandular, 551
Ocotea, lenho não-estratificado, 362
Olea europaea, esclereídes filiformes, **254,** 255
Olea, esclereídes, 255
tricomas, **289**
Oleaceae, nervuras de menor calibre, tipo 1, com células intermediárias, 464
desenvolvimento de esclereídes na folha, **261**
Óleos essenciais, 86
Oleosinas, 87
Oleossomos (ver corpos de óleo)
Oligossacarídeos, 48
Oliva (ver *Olea europaea*)
Onagraceae, polidERME, 524
padrão epidérmico da raiz, 297, **297**
Onoclea sensibilis, polaridade, 161
Ontogenia do estômato perígeno, 285, **286**
Ontogenia estomatal mesógena, 285, **286**
Ontogenia estomatal mesoperígena, 285
Ontogenia, 149
Orchidaceae, nectários, 542
osmóforos, 549
Organelas, 47
Organismos supracelulares, as plantas como, 127
Organização aberta do ápice radicular, 199, **200**, 201, 202, **204**
Organização fechada do ápice radicular, 199, 200, **201**, **203**
Organogênese, 150
Órgãos vegetativos, 29
origem filogenética dos, 29
Órgãos, origem filogenética dos, 29
vegetativos, 29
Origanum x intercedens, desenvolvimento do tricoma glandular, **553**
Origanum, desenvolvimento dos tricomas glandulares, 552
Origem ontogenética endógena em raízes ramificadas, 40
de gemas, 197
Origem ontogenética exógena das gemas, 195, **197**, 197
Ornithopus sativus, estômatos em raízes, 275
Orquídea, epiderme múltipla (velame), 268
raiz, 268, **268**
Oryza sativa, aerênquima nas raízes, 233, **233**
amiloplasto no endosperma, 58
células-guarda, **279**
corpos de sílica (fitólitos), 299
corpos proteicos, 81, 85
expressão do gene expansina/iniciação foliar, 195
genoma, 160
hidatódios, 538
papel do transporte polar da auxina na padronização vascular, 165
proteínas de reserva, 85
Osmanthus fragrans, desenvolvimento de esclereídes, **261**
Osmanthus, esclereídes, 255, 261
Osmóforos, 549, 550
Osmunda cinnamomea, ápice caulinar, 184
Osmunda, ápice caulinar, 183
Osteoesclereíde, 253
em semente, 257, **258**
Ostrya, lenho, 371
Oxalato de cálcio, 89
Óxido nítrico (ON), 163
Ozoroa paniculosa, esclereídes, 256
Pacotes celulares na extremidade da raiz, 208
Padrão da epiderme em raízes de angiospermas, 297, 298
Padrão dos estômatos em folhas de *Tradescantia*, 296
Padrão em faixas da epiderme da raiz de angiospermas, 297
Palisota barteri, cromoplasto tubular no fruto, **59**
Palmae, fibras, 251
desenvolvimento do estômato, 287, **287**
epiderme múltipla, 268
meristema apical da raiz, 203
raízes com caliptrógeno, 202
Palmeira de cera dos Andes (ver *Klopstockia cerifera*)
Palmeiras, súber, estratificado, 525
desenvolvimento do estômato, **288**
elementos crivados, 439
longevidade do tubo crivado, 473
metafloema, tiloides, 473
Pandanaceae, cicatrização de ferimentos, 526
Panicoideae, padrão epidérmico da raiz, 297, **297**
Papaver somniferum, alcalóides no látex, 577
laticíferos, 584
Papaveraceae, látex, 577
Iniciais dos laticíferos, 583
Papilas, 289
Papoula, ópio (ver *Papaver somniferum*)
Par de pontoação aspirada, 323, 367
Par de pontoação semiareolada, 111
Par de pontoações (ver também *Pontoações*), 110
areoladas, 110, 111, 112, 323
aspiradas, 323
semiareoladas, 111
simples, 110, 111
Par de pontoações areoladas, **110**, 111, 112, 322, 323, 324
Par de pontoações simples, **110**, 111
Parede (ver *Parede celular*)
Parede anisotrópica da célula, 101
Parede celular, 99-142
anisotropia, 101

aposição, 119
cessar da expansão, 121
classificação das camadas, 107-110
colênquima, 107, 119
como parte integral da célula da planta, 99, 100
componentes macromoleculares, 100-106
crescimento, 116-120
da epiderme, 270, 271
do elemento crivado, 439-443, 467,468
do esclerênquima, 245
elasticidade, 120
enzimas, 103
estrutura helicoidal, 118, 119
expansão, 118, 119, 120, 121
extensibilidade, 120
formação, 112, 113
intussuscepção, 119
laticífero, 574-587
origem durante a divisão celular, 112-116
parênquima, 226-234
plasticidade, 120
porosidade, 102
primária, 99, 106, 107, **108**, **109**
propriedades, 120, 121
proteínas, 103, 104
resistência a tração, 101
secundária, 109, 110, **110**
súber, 513, 514, 515, 516
terciária, 109
Parede celular nacarada, 440, 441, **442**
Parede celular primária, 99, 107, **109**, **110**
estrutura helicoidal, 118, 119
lamelação, 107
modelos de arquitetura do crescimento da parede celular, 107, 108
tipo I, ligação mista, Tipo II, 102
Parede das células parenquimáticas, **227**, 229, 230
Parede dorsal da célula guarda, 280
Parede primária espessada, 107, **122**
Parede secundária, 107, 109, 110
estrutura helicoidal, **119**
camadas, em células com paredes espessadas do xilema, 107, 108, 109, 110
Parede secundária escalariforme--reticulada, **339**, 340
Parede terciária, 109
Parede ventral da célula-guarda, 280
Paredes celulares primárias de ligação mista, 102
Paredes primárias da célula do azevém italiano, 109
Paredes primárias das células, Tipo I, Tipo II, 102
Parênquima, 31, 38, 225-234
armazenamento, 228, 330, 472
axial, 330, 472
colenquimatoso, 235, 238
contendo cristal no lenho, 330
disjuntivo, 384
distribuição no corpo da planta, 226
esclerificado, 226, 229
fusiforme, 330, 386
origem ontogenética, 226
radial, 330, 472
Parênquima apotraqueal difuso, 380, **381**
Parênquima apotraqueal difuso-em--agregados, 380, **381**
Parênquima apotraqueal do xilema, 380, **381**
Parênquima apotraqueal esparso, 380
Parênquima axial do floema, 472
Parênquima axial do xilema, 330
nas madeiras de angiospermas, 380, 381
nas madeiras de coníferas, 372
Parênquima de armazenamento, 225, 228, 229
Parênquima em faixas no xilema, 380, **381**
Parênquima esclerificado, 227, 229, 245, 507
Parênquima floemático, **438**, 472, 492, 494
Parênquima inicial do xilema, 380
Parênquima paratraqueal aliforme, 380, **381**
Parênquima paratraqueal confluente, 380, **381**
Parênquima paratraqueal escasso, 380,**381**
Parênquima paratraqueal vasicêntrico, 380, **381**
Parênquima radial, 330, 372, **374**, **375**, 380, 381
Parênquima xilemático paratraqueal, 380, **381**
Pares de células silicosas e suberosas, **275,** 299
Parkia pendula, aerênquima no súber, 513
Parthenium argentatum, célula epitelial, **587**
canais de resina, 569
produtora de borracha, 586, 587
Pastinaca, colênquima, **238**
estômato, **278**
p-cumaril, 104
Pectinas, 102
Pedilanthus tithymaloides, grãos de amido no laticífero, **578**
Pedomorfose, 341
Pedúnculo das vesículas de sal, 535
Pegs cuticulares, 272
Pelargonium, fibras, 248
placa de perfuração, **321**
tricoma glandular, **534**
Pelargonium hortorum, espessamentos *phi*, 88
Pelos (ver também *Tricomas*), glandular, 533, **534**, 550-552
raiz, 289, 292, 293, 297, 298
urticantes, **534**, 554
Pelos da epiderme (ver *Tricomas*)
Pêlos nas plantas (ver *Tricomas*)
Pelos radiculares, 289, 292, 293, 298
Peltogyne confertiflora, parênquima axial, distribuição no lenho, **381**
Peltogyne, cerne, 367

Peperomia, epiderme, múltipla, 228, **229**, 268, 269
lâmina foliar, **229**
Peperomia metallia, cloroplastos nas células do mesofilo, 55
parênquima aqüífero, 228
Peptídeo de trânsito, 57
Pêra (ver *Pyrus* e *Pyrus communis*)
Pereskia, esclereídes, septados, **251**, 262
Periblema, 178, 199
Periciclo, 32, **36**, **200**, **201**, 209
Periderme, 31, 511-531
componentes, 513-516
desenvolvimento da, 517-522
em cicatrização de ferimentos, 512, 513, 525, 526
em monocotiledôneas, 524, 5255
época de aparecimento da primeira periderme e subsequentes, 519, 521
exofilática, 522
ferimento, 512, 513, 525, 526
longevidade da primeira periderme, 519, 521
morfologia, 522, 523
na raiz, 519
necrofilática, 522
Periderme de cicatrização, 525, 526, **526**
Periderme ectofilática, 521, 522
Periderme necrofilática, 522
Peroxissomos, 63, 64, **64**
funções, 64
movimento, 64
Perrottetia, nectário floral, **541**
Persea, lenticelas, 527
Persea americana, lenticelas, **527**,
células de óleo, 566
Pêssego (ver *Prunus*)
Pestalotia, fungo da ferrugem, 540
Pétalas, **30**, 31
Petunia hybrida, padrões de crescimento no ápice radicular, **209**
centro quiescente, 204
Phaseolus, embrião, 154
esclereíde, 257, **258**
fibras, **247**
plastídios do tubo crivado, **447**
Phaseolus vulgaris, formação da placa celular, 114
amido do tubo crivado, 447
elementos traqueais, diferenciação, **344**
floema, **479**
hidrólise da parede primária do elemento do protoxilema, 346
placa de perfuração imatura, **347**
Phillyrea latifolia, osteoesclereídes, 256
Philodendron, cavidades secretoras, 571
Phoenix canariensis, largura do ápice caulinar, 183,
Phoenix dactylifera, endosperma, 229
Phormium tenax, fibras, 252
Physcomitrella patens, genes tipo-PP2, 450
Phytomonas staheli, tripanosomatídeos flagelados colonizando laticíferos, 578
Phytomonas, tripanosomatídeos flagelados em laticíferos, 578
Phytophthora citrophthora, fungo da podridão parda, 573
Picea, meristema apical e regiões derivadas na raiz, **200**
canais de resina, 374
células epiteliais dos canais de resina, 372, 375
cerne, 367
felema, 515
floema condutor, 504
Picea abies, cutícula, 271
câmbio vascular/espaços intercelulares, 400
canais de resina, 375
canais de resina, traumático, 573
células do parênquima axial do floema, 493
formação do lenho tardio, 365
iniciação foliar, 191
lenticelas, 528
Picea glauca, felema, aumento do crescimento, 515
traqueides, produção anual de, 419
Picea mariana, ápice caulinar, 186
Picea sitchensis, filocrono, 192
tampões estomáticos, 280
Picea taeda, células epiteliais dos canais de resina, 376
genes tipo-PP2, 450
Pilea cadierei, cistólitos, 301, 302, **302**
PIN, carregador do efluxo de auxina, 164
Pinaceae, parênquima cristalífero, no floema, 491
aumento do crescimento do floema, 489
estômatos, 278
floema secundário do tipo *Pseudotsuga taxifolia* e do subtipo *Tsuga canadensis*, 494
floema secundário, distribuição das células no, 493-495
paredes das células crivadas, 468
parênquima axial no lenho, 372
traqueides do raio, 372
traqueides, 372
Pinguicula, armadilhas adesiva, 552-554
PINHEAD (PNH) como marcador inicial da formação foliar, 194, 195
Pinheiro, do sul, casca externa do, **517**
Pinheiro-branco (ver *Pinus strobus*)
Pinos (ver *Pinus elliotii)*
Pinus, casca, não-fibrosa, 522
áreas crivadas, 470
canais de resina, 374, 375, 376
casca, escama, 522
células epiteliais de canais de resina, 372
células-guarda, **280**
desenvolvimento da pontoação, 344

diferenciação da célula crivada, 470
epiderme da raiz, 203
estômatos, **271**, **280**
felema, 515
felogênio, origem do primeiro, 518
floema não condutor, 506
floema secundário, **493**
formação do cerne, 367
lenho de reação, **368**
meristema apical da raiz, 203
pontoações areoladas em traqueides, **324**
súber, 522
tecidos vasculares e câmbio no caule, **401**
xilema secundário, elementos do, **374**
Pinus banksiana, taninos condensados nas paredes das células da raiz, 88
Pinus brutia, "banda pré-prófase RE", 116
Pinus contorta, células cambiais fusiformes, divisão, 416
Pinus elliotti, lenho, 371
Pinus halepensis, células epiteliais dos canais de resina, 375
canais de resina, 573
felogênio/câmbio vascular, período(s) de atividade, 521
sistema de canais de resina, 376
Pinus lambertiana, traqueide do lenho inicial, **319**
ápice caulinar, 186
Pinus longaeva, longevidade das células crivadas, 473
Pinus merkusii, estômatos, 280
Pinus mugo, largura do ápice caulinar, 183
Pinus pinaster, canais de resina, 569
Pinus pinea, desenvolvimento da pontoação areolada, proteínas do citoesqueleto durante, **345**
câmbio vascular/espaços intercelulares, 400
elemento crivado, **439**
felogênio/câmbio vascular, período(s) de atividade, 521
fragmoplasto das células cambiais fusiformes, 416
Pinus ponderosa, células cambiais fusiformes, divisão, 416
ápice caulinar, 186
Pinus pungens, pontoação areolada, **325**
Pinus radiata, identificação das iniciais cambiais, 404
formação do lenho tardio, 366
Pinus resinosa, epiderme, **271**
células crivadas, **469**, **470**
conexões célula crivada-célula de Strasburger, **468**
folha, **271**
Pinus strobus, plasmodesmos ramificados, **124**
anéis de crescimento do lenho, **365**
densidade estomática, 277
extremidade do caule, **180**
floema secundário, **493**
iniciais fusiformes, comprimento das, 398
lenho, **361**, **362**
raio do lenho, **375**
Pinus sylvestris, auxina e desenvolvimento vascular, 386
formação de lenho de reação, 371
formação do lenho tardio, 366
iniciais cambiais, identificação de, 403
iniciais fusiformes , 397, 398
periderme, primeira, 521
reativação cambial, 425
Pinus taeda, células epiteliais dos canais de resina, 375
proteína tipo-extensina na parede celular secundária, 104
sistema de canais de resina, 376
Pinus thunbergii, parede celular primária, **109**
camada parietal S2 de traqueides, **105**
Piperaceae, epiderme, múltipla, 268
Piptadeniastrum africanum, parênquima axial, distribuição no lenho, **381**
Piriqueta, coléteres, 548
Pistacia lentiscus, ciclo anual da atividade cambial, 423
felogênio/câmbio vascular, período(s) de atividade, 521
Pistacia palaestina, ciclo anual da atividade cambial, 423
Pistia stratiotes, idioblastos com ráfides, 90
Pistia, ápice da raiz, 202
Pisum, cera epicuticular, **273**
ápice caulinar, **179**
esclereídes, 257, **258**
Pisum arvense, estômatos nas raízes, 275
Pisum sativum, desenvolvimento de fibras, 262
alinhamento de microtúbulos, 119
ápice da raiz, 199
células de transferência, aparato membrana-parede das, 230, 231
crescimento da extremidade da raiz, 209
desenvolvimento da raiz, **210**
estômatos nas raízes, 275
nectário floral, 545
paredes celulares do caule, 107
Pittosporaceae, epiderme, múltipla, 268
Placa celular, 112, **114**, **115**, **116**
desenvolvimento, 112-116
Placa crivada composta, **439**, 441, 442, **498**
Placa crivada simples, **439,** 441, **499**
Placa crivada, 438, 441, 497
composta, **439**, 441, 443, **498**
diferenciação, 441, 444, **445**
simples, **439,** 441, **499**
Placa de perfuração escalariforme, 320, **321**
resistência ao fluxo da água, 329
Placa de perfuração foraminada, 320, **321**

Placa de perfuração múltipla, 320, **321**
Placa de perfuração reticulada, 320, **321**
Placa de perfuração simples, 320, **321**
Placas de perfuração em elementos de vaso, 320, **321**
desenvolvimento, 345, 346, **347**
Planta "adulta", 41, 151
Planta da borracha (ver *Ficus elastica)*
Plantago major, como um carregador apoplástico, 465
funções da, 48
Plantas aéreas, 288
Plantas CAM, ácido málico no vacúolo, 66
Plantas com sementes fósseis, traqueídes, 332
Plantas com sementes, meristema apical, 148, 178, 182
origem das gemas axilares, 196
ramificação monopodial, 195
Plantas vasculares sem sementes (criptógamas vasculares) 317
ápices caulinares, 183–184
célula apical, **178,** 183
elementos crivados, 437-438, 475
esporófito, 40
origem dos ramos, 195, 196
poros da área crivada, **475**
que não possui centros quiescentes, 205
teoria da célula apical, 178
vasos em, 332
Plantas vasculares, 317
Plântula, **30,** 36
Plaquetas de calose, 443, **445**
Plasmodesmos, 43, 44, 111, 122-129
arquitetura, 125-, 126
comunicação célula-a-célula, 126
em glândulas multicelulares de sal de eudicotiledôneas, 537
em nectários de *Abutilon*, 543, **544**
em vesículas de sal, 535
frequência de no crescimento da raiz de *Azolla*, 211, na raiz de *Arabidopsis*, 211, 298
funções do, 126-128
limite do tamanho de exclusão dos, 127
na distribuição de vírus vegetais, 127, **127**
nas glândulas bicelulares de sal, 537
no floema secundário de *Hevea*, 586
no tráfego de proteínas endógenas, 127, 128
papel no desenvolvimento, 90, 91
primário e secundário, 123
propagação por, 128
ramificação dos, 123, 124
secundários complexos, 124
via para transporte, 126, 127
Plasticidade, no desenvolvimento vegetal, 144
da parede celular, 120, 121
Plastídio do tubo crivado tipo-P, 447, **447**, **455**
Plastídio do tubo crivado tipo-S, 447, **447**
Plastídios dos tubos crivados, 444, 445, **447**
Plastídios, 54-61
ciclo de desenvolvimento, **61**
divisão, 60
genoma, 55
tipo-P e tipo-S, 447, **447**, 450, **455**, **469**, 470
PLASTOCHRON1 (*PLA1*) controle da produção de folhas, 191
Plastocrono, 191, 192, 193
duração do, 191, 192
Plastoglóbulos, 57, 58
Platanthera bifolia, osmóforos, **549**
Platanus, casca, intermediária escama/anel, 522
tricoma, **289**
Platanus occidentalis, casca, **523**
Plectranthus ornatus, tricomas glandulares, 551
Pleroma, 178, 179, 199
Plumbaginaceae, tricomas glandulares, 550
padrão da epiderme na raiz, 297, **297**
Plúmula, 40
Pluritotipotência, 144
Poaceae, fibras, origem das, 257
células-guarda, 277, **279**, 280
cicatrização de ferimentos, 526
desenvolvimento estomático, 287, **288**
elementos do tubo crivado, 439, **455**
genes PP2, 450
glândulas de sal, bicelulares, 535-537
hidatódios, 538
nervuras de pequeno porte, 466
origem dos ramos, 195, 196
padrão da epiderme na raiz, 297, **297**
raiz com caliptrogênio, 202
sílica, 91
sistema de epiderme foliar de, 299
suberina nas paredes celulares da bainha do feixe, 106
tecidos de proteção, 524, 525
tubos crivados do metafloema, 466, **467**
Poales, ausência de oxalato de cálcio em algumas famílias, 89
paredes celulares primárias, 102
Podocarpaceae, parênquima axial no lenho, 372
floema secundário tipo *Chamaecyparis pisifera*, 495
floema secundário tipo *Ginkgo biloba*, 495
floema secundário, distribuição das células no, 491
raio parenquimático no lenho, 372
tampões estomáticos, 278
Podocarpus amara, parênquima radial no lenho, 373
Podocarpus, esclereídes, 255

Poinsettia, nectário extrafloral, **542**
laticíferos não-articulados, diferenciação de, **580**
proteína-P, **449**
Polaridade, estabelecimento durante a embriogenia, 35
gradientes, 161
na diferenciação, 162
Polemoniales, nectários florais, 540
Poliaminas, 163
Poliderme, 524
Polinizadores e nectários extraflorais, 540
Poliploidia, 52
Polissacarídeos, nos grãos de amido, 84
Polissomos (polirribossomos), 67
Politenia, 154
Pólo da raiz, 36
Polyalthia longifolia, períodos de produção do floema, 422
proporção xilema-floema, 419
Polygonaceae, cavidades de óleo, 572
padrão da epiderme da raiz, 297, **297**
Polygonales, nectários florais, 540, **541**
Polygonatum canaliculatum, elementos do tubo crivado do metafloema, longevidade dos, 473
Polygonum, fibras, 248
cavidades de óleo, 572
Polypompholyx, armadilhas de sucção, 552
Pomo (ver *Malus domestica* e *Pyrus communis*)
Pontederiaceae, padrão da epiderme da raiz, 297, **297**
Pontoação alterna, 323
Pontoação areolada, 111, 112, **112**, 322, 323, 324, **325**
das traqueídes de coníferas, 323, **325**
guarnecidas, 324, **325**
Pontoação cega, 111
Pontoação composta unilateral, 111
Pontoação escalariforme, 322
Pontoação intervascular, 322
Pontoação oposta, 322, 323
Pontoação primária (ver *Campo de pontoações primárias*)
Pontoação primordial (ver *Campo de pontoação primária)*
Pontoação ramiforme (ramificada), 112, **253**
Pontoação simples, 110, 111
Pontoação, tipos, 110, 111, 322, 323, 324
Pontoações (ver *Par de pontoações*), 110-112
abertura externa, 112
abertura interna, 112
abertura, 111
areolada, 110, 111, 112
câmara, 111
canal, 112
cega, 111
desenvolvimento da pontoação, 343, 344, 345, **345**
em elementos traqueais, 323, 323, 324, **325**
guarnecida, 324, **325**
primária, 110, 111
ramiforme, 112
simples, 111
Pontoações guarnecidas, 324, **325**
Pontos de verificação ou pontos de controle, ciclo celular, 54
Populus, placas crivadas compostas, 497
câmbio vascular, 405
cerne, 367
desenvolvimento da placa de perfuração, 345
desenvolvimento da pontoação, 344
desenvolvimento das fibras, 262
fibras gelatinosas, 370
floema condutor, 506
floema não condutor, 506
H^+-ATPase da membrana plasmática na zona cambial, 424
iniciais fusiformes, comprimento das, 398
lenho não-estratificado, 362
lenticelas, 527
rede de vasos, **380**
Populus balsamifera, hidatódios, 539
Populus deltoides, as quatro que se expandem, 403
conexões poro-plasmodesmos, **458**
hidatódios, 539, 547
iniciação foliar, 193
nervuras de menor calibre, coleta de fotoassimilados pelas, 466
Populus euphratica, anéis anuais, 378
Populus euroamericana, fibras gelatinosas no floema, 370
lenho, de tração e normal, **370**
Populus italica, desenvolvimento da placa de perfuração, 345
Populus tremula x *P. tremuloides*, desenvolvimento vascular e auxina, 386
célula cambial fusiforme e fragmoplasto, 416
Populus tremula, formação do lenho de reação, 371
feloderme, 516
Populus tremuloides, reativação cambial, 425
aumento de xilema e floema, **420**
proporção xilema/floema, 419
Populus trichocarpa, células cambiais durante reativação, 413
células cambiais fusiformes, divisão, 417
elemento de vaso, **319**
Poro múltiplo radial, 379
Poros de água em hidatódios, 537, **538**
Poros de água, de hidatódios, 537, **538**
Poros múltiplos, 379
Poros nucleares, 51
Poros, nas paredes dos elementos crivados, 437
Portulaca, tricoma, **289**

Portulacaceae, padrão da epiderme na raiz, 297, **297**
Pré-sequências, 63
Pressão positiva da raiz, papel na recarga dos conduítes embolizados do xilema, 328
Primeira periderme, 517-522
Primórdio da fibra, 258
Primórdio foliar, 191, **192**, 193-195
associação com feixes procambiais (traços de folha), 193, 194
expressão do gene expansina no local da iniciação, 195
iniciação na ausência da divisão celular, 194
iniciação nas angiospermas, 193
locais relacionados com a filotaxia, 194
nas gimnospermas, 194
origem relacionada à filotaxia do ápice caulinar, 194
relação com meristema apical, 192
Primulaceae, fibras, 248
Procâmbio, 36, 146, 317
cordões precoces (traços foliares), 193, 194
na raiz, 198, 199
no embrião, 36, **37**
Procariontes, célula, 44, 45
Procutícula, 273
Prófilos, 198
Prolaminas solúveis em álcool, 81, 85
Promeristema, 145, 177
no ápice caulinar de *Arabidopsis*, 189, 190
no ápice caulinar de gimnospermas, 184
no ápice caulinar de samambaias, 183
no ápice da raiz, 198, 199, 208
sinônimo de zona central, 188
Proplastídio, 59, 60, **61**
Prosopis, fibras gelatinosas, 370
Proteína FtsZ, 60
Proteína KNOLLE, na formação da placa celular, 114
Proteína verde fluorescente (GFP), 44
Proteína-P, 439, 450
PP1 e PP2, 450
Proteínas, na formação da placa celular, 113, 114
na parede celular, 103, 104
na semente, 84
no citosol, 86
tipo de armazenamento, 85
Proteínas arabinogalactanas (AGPs), 103
Proteínas de armazenamento, 81, 85, **87**
Proteínas de movimento, 127
Proteínas de transporte, 48
Proteínas integrais (intrínsecas) do tonoplasto (PIT), 48, 282
Proteínas integrais, 48
Proteínas motoras, 47
Proteínas periféricas, 48
Proteínas quinases dependentes da ciclina (CDKs), 54
Proteínas rica em prolina (PRPs), 103
Proteínas ricas em glicina, 103
Proteinas ricas em hidroxiprolina (HRGPs), 103
Proteínas transmembranas, 48
canal, 49
carregadoras, 49
Proteinoplastos, 58
Protoderme, 36, **37**, 146, 178
na raiz, 199
no embrião, 36, **37**, **190**
Protofilamentos, 82, 83
Protofloema, 476
delimitação do metafloema, 480
fibras, 249, 478, **479**
pólos, 478, **478**
Protomeristema (ver *Promeristema*)
Protoplasma, 44
Protoplasto, 44
Protoxilema, 338, 339, 340, 341
lacuna, 338, 339, **476**
na raiz, 338
obliteração, 338
Proustia cuneifolia, ritmo anual de atividade cambial, 423
Prunus, delimitação do floema primário e secundário, 480
cavidades secretoras, 571
estômatos, 278
lenticelas, 528
nectário floral, **541**
padrão das fibras do floema secundário, 495
periderme, **519**
Prunus domestica, lenticelas em frutos, 526
Prunus padus, fibroesclereídes no floema secundário, 507, 508
Pseudolarix, traqueides do raio, ausência de, 372
canais de resina, 374
Pseudotsuga, células epiteliais dos canais de resina, 372, 375
canais de resina, 374
epiderme da raiz, 203
esclereídes, 255
felema, 515
meristema apical da raiz, 203
traqueídes, 372
Pseudotsuga menziessi, iniciação foliar, 194
felema, aumento do crescimento, 515
períodos de iniciação do xilema e produção do floema, 420
proporção xilema-floema, 419
Pseudotsuga taxifolia, iniciação foliar, 194
canais de resina, **376**
células crivadas-células radiais, conexões simplásticas, **494**
esclereídes, 255
tipo de floema secundário, 494, **494**
Pseudowintera, angiospermas sem vasos, 335
Psilotum, origem dos ramos, 195
ápice caulinar, 183
Psilotum nudum, poros da área crivada, 477, **475**
vasos em, 332

Psoralea bituminosa, desenvolvimento da cavidade de óleo, 571
Psoralea macrostachya, desenvolvimento da cavidade de óleo, 571, **572**
Psychotria, ráfides, 90
Pteridium, célula apical do ápice do rizoma, **178**, 184
Pteridophyta (pteridófitas), composição de, 317
tecidos secretores de proteção, 563
Pterocarpus, cerne, 367
Punica, periderme, inicial, 521
felogênio, origem do primeiro, 518
Pyrus, casca, escama, 522
braquiesclereídes (células pétreas), **254**, 257
felogênio, origem do primeiro, 517
floema secundário, padrão das fibras, 495
fruto, 256
iniciais fusiformes, comprimento das, 398
lenho não-estratificado, 362
lenticelas, 527
Pyrus communis, média do comprimento das células companheiras formadas inicialmente e posteriormente, **456**
alterações no desenvolvimento do câmbio, **408**
camadas de crescimento do floema, 489
câmbio vascular, alterações no desenvolvimento, 410
câmbio vascular/espaços intercelulares, 399
células pétreas, **119, 253, 254**
crescimento do floema, 419
épocas de iniciação da produção do xilema e floema, 421
fibroesclereídes no floema secundário, 507
fibroesclereídes, 261
floema secundário, crescimento sazonal, 504
frutos castanho-avermelhados, 513
lenticelas em frutos, 526
parede celular helicoidal, **119**
taxa de sobrevivência das iniciais fusiformes, 407
Pyrus malus (ver *Malus domestica*)
Quatro células do xilema em expansão, 403
Quatro de Sanio, 403, 404
Quercus, raios agregados, 382
casca, escama, 522
cerne, 367
fibras gelatinosas, 370
fibras, 248
filotaxia, 191
floema condutor, 504
lenho não-estratificado, 362
lenho, tipos de células do, **377**
lenticelas, 527
madeira, 371, 377
pares de pontoações areoladas, **323**
periderme, primeira superficial, 519
placas crivadas compostas, 498
raios do lenho, 381, 382
súber, 522
tilose, 367
traqueídes vasic êntricas, 380
tricoma, **289**
Quercus alba, elementos crivados funcionais presentes durante todo o ano, 505
aumento do xilema e floema, **420**
câmbio vascular/espaços intercelulares, 399
corpo de proteína-P, não disperso, **451**
grãos espirais, **388**
periderme e ritidoma, **521**
proporção de xilema para floema, 420
Quercus boissiere, ciclo anual de atividade cambial, 423
felogênio/câmbio vascular, período(s) de atividade, 521
Quercus calliprinos, ciclo anual de atividade cambial, 423
fibras radiais, 384
Quercus gambelii, condutividade hidráulica, 328
Quercus ithaburensis, ciclo anual de atividade cambial, 423
felogênio/atividade cambial, período(s) de atividade, 521
lenho, anéis de crescimento, 378
Quercus lentiscus, ciclo anual de atividade cambial, 423
Quercus phellos, alburno, 366
Quercus robur, reativação cambial, padrão, 424
cutícula, 271
Quercus rubra, **250**
anéis de crescimento do lenho, 365
comprimento de vaso, 322
lenho, **363**
quatro de Sanio, 403
vaso, **322**
Quercus suber, cortiça, 516
felogênio, origem do primeiro, 518
lenticelas, 528
Quercus velutina, casca, **523**
densidade estomática, 276
Quimera mericlinal, 159
Quimera periclinal, 159
Quimeras setoriais, 159
Quimeras, 159, 160
Rabanete (ver *Raphanus sativus*)
Radícula, 40
Raffia (ver *Raphia*)
Ráfides, 89
Raio agregado, 382
bisseriado, 373, 382
dilatado, 498, **507**
divisão ontogenética, 407
fusiforme, 373
heterocelular, 372, 381
homocelular, 372, 381
multisseriado, 382

unisseriado, 373, 381
Raio bisseriado, 373, 381, 382
Raio fusiforme, **362**, 373
Raio heterocelular, 372, 381
Raio homocelular, 372, 381
Raio multisseriado, 381
Raio unisseriado, 373, 381
Raio vascular, 491
Raio, agregado, 382
Raios do xilema, 361, 362, 491, 494
nas angiospermas, 380-383
nas coníferas, 372-374
Raios, no lenho de angiospermas, 380-383
no floema, 489, 491, 495, 507
no lenho de gimnospermas, 372, 373, 374
Raiz, **30**, **33**, 32, 34, 35
adventícia, 225
cilindro central, 198, 199, **200**, **203**, **204**, 209
crescimento da extremidade da raiz, 208-211
dormência, 209, 211
endoderme, 32, **36**
epiderme, **200**, 201, 202
estado primário, **33**
estado secundário, **33**
exoderme, 32
genes envolvidos na padronização epidérmica em *Arabidopsis*, 297, 298
origem de ramificação (lateral) na raiz, 36
origem durante a embriogênese, 36, **190**, 206
origem endógena da ramificação da raiz, 36
periciclo, 32, **33**, **36**, **200**, **201**, **204**, **207**, 209
periderme, 267
primária, 36, 206
secundária, 36
sistema vascular, 32
Raiz (ramo) lateral, 36
Raiz adventícia, 225, 234
Raiz primária, 36, 40
determinada, 208
origem embrionária da, 206
Raiz secundária, 40
Rami (ver *Boehmeria nivea*)
Ramificação dicotômica, 29, 195
monopodial, 195
Ramificação monopodial, 195
Ramificação, dicotômica, 29, 195, 196
Ramo (lateral) raiz, 36
Ramo, 29, 32
Ramo, origem do, 195-198
Ranunculaceae, metafloema, 480
Ranunculales, estaminódios, 540
Ranunculus repens, cromoplastos globulares em pétalas, 58
Ranunculus sceleratus, papel do etileno no crescimento caulinar, 166
Raphanus sativus, cloroplastos nas células do mesofilo, 55
Raphanus, meristema apical e regiões derivadas na raiz, **200**
Raphia, "fibras", 252
RE (ver *Retículo endoplasmático*)
RE cortical, 78, 79, **80**
RE liso, 78, **79**
Reativação do câmbio vascular, 417-419
do floema, 505
Rede *trans*-Golgi (RTG), **78**, 79, 81
Rede tubular, na formação da placa celular, 113, **115**
Rede túbulo-vesicular, na formação da placa celular, 113, **115**
Rediferenciação, 152
Regeneração, 225
Região interfascicular (parênquima), 32, 146
Regiões organizadoras do nucléolo, 52
Regnellidium, laticíferos, 574
Regulação gênica, 160, 161
Resedaceae, células de mirosina, 563
distribuição espacial epidérmico na raiz, 297, **297**
Resina, organelas envolvidas na síntese, 569
Resistência sistêmica adquirida, 163
Resposta hipersensitiva (HR), 153
Restianaceae, distribuição espacial da epiderme na raiz, 297, **297**
Retículo endoplasmático, 45, **46**, 77-79
banda pré-prófase, 115, 116
domínios, 78
e plasmodesmos, **79**, **80**, 123, 124, 126
em células crivadas, 465, **468**, 469, 470
em coléteres, 548
em elementos de tubo crivado, **449**, 450, **453**, **454**
em estruturas secretoras, 533
em nectários, 541
em osmóforos, 549
mobilidade de, 79
na síntese de tanino, 88
nos elementos traqueais em diferenciação, 343, **343**
Retículo endoplasmático rugoso, 77, 78, **79**
Retículo periférico, **56**
Rhamnogalacturonano, 102
Rheo, pelos da raiz, 292
Rheum rhabarbarum, colênquima, **235**
Rheum, colênquima, 236
fibras, 248
Rhinanthus minor, tricoma-hidatódios, **539**
Rhodochiton atrosanguineum, células companheiras das nervuras de menor calibre, 466
Rhododendron maximum, floema, **514**
Rhododendron, placa de perfuração, **321**
Rhus glabra, canais de goma-resina, desenvolvimento, 569
câmbio vascular/espaços intercelulares, 400
canais secretores, 569, **569**, **570**
corpos de proteína-P não dispersos, **451**
Rhus toxicodendron, canais secretores, 570

Rhus typhina, felema, aumento no crescimento, **514**, 515
canais secretores, **564**
floema secundário, 495
Rhynia, 29
Ribes, iniciação foliar/ orientação das microfibrila de celulose, 194
periderme, inicial, 521
Ribossomos, 45, 67, 68
bacteriano, **45**, 55
mitocondrial, 63, **64**
plastidial, 55
Ricinus, colênquima, 236
xilema primário, estrutura e desenvolvimento do, **339**
Ricinus communis, transporte de auxina no floema, 164
elementos traqueais do protoxilema, **341**
endosperma, 78
Ritidoma, 511
morfologia de, 522, 523
Rizoderme, 267
Robinia, casca, 523
alburno, 366
fibras, 248
floema condutor, **502**
floema não condutor, **502**, 506
formação do cerne, 366, 367
iniciais fusiformes, comprimento das, 398
lenticelas, 528
padrão de fibras do floema secundário, 495
placas crivadas simples, 497
tilos, 367
Robinia pseudoacacia, **499**
aumento no crescimento do floema, 491
câmbio ativo, **418**
câmbio dormente, **413**
câmbio estratificado, **400**
câmbio vascular em relação aos tecidos derivados, **399**
câmbio vascular/espaços intercelulares, 400
células cambiais fusiformes, em divisão, 416, 417, 418
células cambiais, dormentes, 412
células fusiformes, **414**
corpo de proteína-P, não disperso, **451**
felema, 515
felogênio, origem do primeiro, 518
felogênio/câmbio vascular, período(s) de atividade, 521
floema secundário, **499**, **502**
paredes celulares cambiais, frequência plasmodesmos, 415
tipos celulares do floema secundário, **438**
Rosaceae, nectáriosflorais, 540
idioblastoscontendotaninos, 567
poliderme, 524
raízes com dermatocaliptrogênio, 202
Rosales, nectários florais, **541**
Rosetas (ver *Complexos de celulose-sintase*)
Roystonea, periderme, 524
Rubiaceae, nódulos bacterianos da folha, 548
aerênquima da casca, 513
coléteres, 548
Rubus, casca, 526
Rubus allegheniensis, elementos de tubo crivado funcionais presentes durante um ano, 505
Ruibarbo (ver *Rheum rhabarbarum*)
Rutaceae, cascas aculeadas, 522
cavidades secretoras, 570
Sacarose, papel no metabolismo cambial, 424
Saccharum, epiderme, **299**
ápice caulinar, 187
fibras, 246
lamina foliar, **301**
Saccharum officinarum, células buliformes, **301**
cloroplastos estiolados, **61**
corpo prolamelar, **61**
elementos de tubo crivado das nervuras de pequeno porte, 467
fibras (folha), 252
paredes do elemento de tubo crivado, 440
plasmodesmos, 125, **126**
Sacos secretores, 563
Sagu (ver *Metroxylonsagu)*
Salicaceae, distribuição espacial de células epidérmicas da raiz, 297, **297**
Salix, floema condutor, 506
cerne, 367
fibras gelatinosas, 370
lenticelas, 527
madeira não estratificada, 362
súber, 523
Salix babylonica, nervuras de pequeno porte, coleta de fotoassimilados pelas, 466
Salix dasyclados, início da produção de xilema e floema, 420
Salix fragilis, início da produção de xilema e floema, 420
Salix nigra, câmbio vascular / espaços intercelulares, 400
Salix viminalis, reativação cambial, padrão de, 424
início da produção de xilema e floema, 420
Saltbush, arbusto de sal (ver *Atriplex)*
Salvadoraceae, floema, incluso (interxilemático), 436
Salvia, colênquima, 237
Salvinia, célula apical, 184
Samambaias, 318
ápice radicular, 199
ápices caulinares, zonação em, 183
célula apical dos ápices caulinares, 183 e de ápices radiculares 199
meristema apical do ápice caulinar, 183 e radicular 199
origem dos ramos, 195, 196
poros da área crivada, 476, 475
Sambucus, colênquima, **236,238**
células de tanino, **564**
células taníferas tubulares, 567
fibras, 249

lenticelas, 528
Sambucus canadensis, lenticela, **527**
Sambucus nigra, colênquima, 236
nectários extraflorais, 541
Sambucus racemosa, células taníferas tubulares, 568, **568**
Sanguisorba, colênquima, 236
Sansevieria, fibras (folha), 252
parênquima armazenador de água, 228
Sapotaceae, desenvolvimento de laticíferos, **584**
raios do floema secundário com laticíferos, 584
Sarracenia, jarros, 552
Sasa veitchii, sílica, 91
Sauromatum guttatum, osmóforos, **550**
Saxifraga lingulata, hidatódio, **538**
Saxifraga sarmentosa, estômatos em agrupamentos,277
Saxifragaceae, fibras, 248
osmóforos, 549
Schinopsis, configuração estomática, **287**
Scleria, comprimento de vaso, 320
Scorzonera, desenvolvimento do laticífero, 584
Scrophulariaceae, células companheiras das nervuras de pequeno-porte, 466
Secale, distribuição das regiões de crescimento no colmo, **145**
Secção radial, 361, **363**, **375**
Secção tangencial, 361, **362, 364**
Secção transversal, 361, **363**, **365**
Secções da madeira, 361, **362, 363**
Secreção, 533, 534, 535
écrina, granulócrina, holócrina, and merócrina, 535
Secreção écrina, 535, 537, 542, 543, 550
Secreção granulócrina, 534, 536, 542, 543, 545
Secreção holócrina, 535, 542
Secreção merócrina, 535
Sedum, configuração estomática, **287**
Selaginella, origem dos ramos, 195
ápice caulinar, 183
vasos em, 332
Semecarpus anacardium, canais secretores, desenvolvimento dos, 569
Sempervivum tectorum, células taníferas, 567
Senecio, fibras, 248
Senescência, 152, 153
em folhas, 153
Sensibilidade, 163
Sépalas, **30, 31**
Septos, 251
Sequoia, súber, 523
cavidades secretoras, 571
estômatos, **280**
fibras, 248
traqueídes radiais, 372
Sequoia sempervirens, iniciais fusiformes, comprimento das, 398
iniciação foliar, 194
tamanho dos elementos traqueais com relação à localização nas plantas, 322
Seriação radial de células, 340, 362, 384, 400
Serralha (ver *Sonchus deraceus)*
Sesamum indicum, óleo da semente, 86
Shorea, atividade cambial, 379
traqueídes vasicêntricas, 379
Sida, tricomas, **289**
Sílica, 91
nas paredes celulares das células da epiderme, 299, 300
Simaroubaceae, canais de goma--resina, traumáticos, 573
canais secretores, 569
células de óleo, 565
Simira (Sickingia), cerne, 367
Simmondia chinensis, cera, 88
Simplasto, 122
Simpódio, no sistema vascular, **35**
Simporter, 50
Sinapil alcoóis, 104
Sinapsis alba, elementos crivados do protofloema, 478
Síntese de polissacarídeos, 81
Síntese de polipeptídios (proteínas), 68
Sisal (ver *Agave)*
Sistema actina-miosina, 47, 62, 64
Sistema axial, 359, **360**, 361
nas madeiras de coníferas, 372, **373**
no câmbio vascular, 398, 401
no floema secundário de conífera, 489, **490**, 491, 494, 495
Sistema com espaços vazios, 121, 122
Sistema de endomembranas, 77-81
Sistema de tecido vascular, 31
na folha, 32, **33**, 462, 463, 466, 467
na raiz, 32, **33**
no caule, 31, **33**, 34, **34**, **35**
Sistema dérmico, 31
Sistema fundamental (ver *Sistema de preenchimento*)
Sistema radial (raio), no câmbio, 397, 398, 401
no floema, 489
no xilema, 359, 372, 373, 380, 381, 382, 383
Sistema vacuolar da célula-guarda, 277
Sistema vascular primário, em *Ulmus*, **35**
Sistemas de membranas, 45, 77
Sistemas de tecidos, 31
Sistemina, 163
Smilax hispida, elementos de tubo crivado do metafloema, longevidade dos, 473
Smilax latifolia, elementos de tubo crivado do metafloema, longevidade dos, 473
Smilax rotundifolia, tilóides, 473
Soja (ver *Glycine max)*
Solanaceae, tricomas glandulares, 550
composição do nectar, 546

floema, externo e interno, 435
osmóforos, 549
raízes com dermatocaliptrogênio, 201-202
Solanales, nectários florais, 540
Solanum, plastídios das células companheiras, 457
estômatos, **278**
Solanum lycopersicum, carregadores apoplásticos, 465
cloroplasto, **57**
cromoplasto cristalino, 58, **59**
cutícula, 271
expressão do gene da expansina /iniciação do primórdio foliar, 195
feixes de filamentos de actina, **84**
parênquima, **226**
plasmodesmos, 128
Solanum tuberosum, amiloplastos no tubérculo, 86
ápice caulinar, **187**
cicatrização de ferimento em tubérculos, 525–526
colênquima, 236
estômatos, **283**
grãos de amido, **86**
hidatódios, 538
lamelas de suberina nas paredes das células do súber, **106**
origem das gemas axilares, **198**
primeiras dez folhas da planta, **162**
tubérculos, armazenamento de água em, 228
Solidago canadensis, espaços secretores, foliares, 572
Solidago, látex presente em células de parênquima, 574
Sonchus deraceus, células de transferência, **230**
Sorbus aucuparia, fibroesclereídes no floema secundário, 507
Sorbus, floema secundário, padrão das fibras, 495
Sorghum, células suberosas, 300, **275**
bainha de fibras, **247**
fibras, 246
pelos radiculares, 292
Sorghum bicolor, células suberosas, 273
filamentos de cera epicuticular, **273**, **275**
Sorghum vulgare, corpos proteicos, 81
proteínas de armazenamento, 85
Sorgo (ver *Sorghum vulgare)*
Soyauxia, cerne, 367
Sparganium emersum, hidatódios, 538
Sparmannia, fibras, crescimento das, **259, 260**
Spartina, glândulas de sal, 536
Spartium junceum, osmóforos, **549**
Spinacia oleracea, mitocôndria, **62**
Spinacia, plastídios do tubo crivado, **447**
Sporobolus, glândulas de sal, 536
Stanhopeinae, osmóforos, 549
Stellaria media, gemas axilares, 197
Stenocephalus agilis, vetor de parasitas tripanossômicos, 578
Sterculia urens, canais resiníferos, traumáticos, 573
Sterculiaceae, canais resiníferos, traumáticos, 573
Stipa, meristema apical e região derivativa na raiz, **201**
Stipa tenacissima, fibras (folha), 252
Stratiotes, ápice radicular, 202
Strelitzia reginae, secreção de néctar, 546
Strychnos nux-vomica, elementos de tubo crivado nos raios floemáticos, 499
Stryphnodendron microstachyum, nectários extra-florais, 540
Styrax camporium, células perfuradas de raio na madeira da raiz, **385**
Súber alado, 522
Súber comercial, 516
Súber estratificado, 525
Súber interxilemático, 513
Súber, comercial (ver *Quercus suber*)
Suberina, 106
Suberização, 106
Substância intercelular (ver *Lamela média*)
Substâncias ergásticas, 83
"Sugar pine" (ver *Pinus lambertiana)*
Suspensor, 35, **37**
Swietenia, madeira estratificada, 362
Symphonia globulifera, anéis de crescimento, 364
Symphyomyrtus, kino veias, 574, **574**
Tabaco (ver *Nicotiana tabacum)*
Tabebuia, madeira estratificada, 362
Tabebuia cassinoides, growth rings, 364
Tabebuia umbellata, growth rings, 364
Tagetes, cromoplastos globulares, **59**
Tagetes patula, nervure de pequeno porte, **463**
Talauma, periderme e ritidoma, **521**
Talauma villosa, desenvolvimento das esclereídes, 262
Tamaricaceae, glândulas de sal, 537
Tamarindus indica, câmbio vascular /espaços intercelulares, 400
Tamarisco (ver *Tamarix aphylla)*
Tamarix aphylla, glândulas de sal, 537, **537**
Tampão de mucilagem, **448**, 450
Tampão estomático, 278
Taninos, 66, 88
funções, 88
na parede celular, 88
no vacúolo, **66**
Taninos condensados, 88
Taninos hidrolisáveis, 88

Taraxacum, desenvolvimento do laticífero, 584
Taraxacum kok-saghyz, laticíferos articulados anastomosados, **585**
produtor de borracha, **586**
Taro (ver *Colocasia esculenta)*
Taxaceae, *Chamaecyparis pisifera*, floema secundário do tipo, 495
espessamentos *phi*, 88
floema secundário, distribuição das células, 493-494
Ginkgo biloba, floema secundário do tipo, 495
parênquima radial na madeira, 372-373
parênquima, axial na madeira, 372
Taxales, lenho de compressão, 368
Taxodiaceae, *Chamaecyparis pisifera*, floema secundário do tipo, 495
floema secundário, distribuição das células, 493-494
parênquima radial na madeira, 372
parênquima, axial na madeira, 372
Taxodium distichum, floema secundário, **496**
Taxus, fibras, 248
alburno, 367
desenvolvimento das pontoações, 344
traqueídes, 344
Taxus baccata, largura do ápice caulinar, 183
Tecido complementar, em lenticelas, 527, 528
Tecido de armazenamento de água, 228, **229**
Tecido de preenchimento, na lenticela, 527
Tecido de suporte (mecânico) (ver também *Colênquima* e *Esclerênquima),* 31-31, 38
Tecido do súber (ver também *Felema*), 38
alado, 522
comercial, 516, 528
estratificado, 525
parede celular, 513, 514
Tecido estratificado, câmbio, 399, **400**
floema, 489, **499**
madeira, 362, **364**
súber, 525
Tecido fundamental (ver também *Tecido de preenchimento*), 31, 32
Tecido mecânico (ver *Tecido de suporte)*
Tecido não-estratificado, câmbio, 399, **400**, 405
floema, 489, **498**
lenho, 362, **363**
Tecido nectarífero, 540
Tecido protetor, em monocotiledôneas, 511, 524, 525
Tecido provascular (ver *Procâmbio*), 146
Tecidos meristemáticos, primários, 36
Tecidos não-vasculares, 31
Tecidos primários, 40
Tecidos provenientes de "callus", 157, 159
Tecidos secundários, 41
Tecidos vasculares (ver também *Sistema vascular*, *Xilema* e *Floema*), 31, 317
Tecidos vasculares secundários (ver também *Xilema* e *Floema),* 41
Tecidos, classificação, 31-35, 38, 39
armazenamento de água, 228
definição, 31
primariamente meristemático, 36
provascular, 146
sustentação (mecânica), 31, 38, 234-239, 245-263
vascular, 31, 32, 38, 39, 318, 435
Tecidos, primários e secundários, 40, 41
Tecoma, casca, 526
floema secundário, padrão das fibras, 495
Tectona grandis, floema condutor, 506
câmbio vascular/espaços inter celulares, 400
células cambiais fusiformes, comportamento nuclear, 414
elementos de tubo crivado nos raios floemáticos, 499
Teicoide, 271
Teoria biofísica das forças, 194
Teoria celular, 43, 44
Teoria da célula apical, 178
Teoria do campo fisiológico, 194
Teoria do crescimento multirrede, 118
Teoria do fluxo sob pressão de Münch, 459
Teoria do histogênio, 178, 179, 199
Teoria do primeiro espaço disponível, 194
Teoria organísmica, 43
Teoria túnica-corpo, 179
Testa da semente, 257, **258**
Teste de Wiesner para lignina, 106
Teste Mäule para lignina, 106
Tetracentraceae, madeira, 377
Tetracentron, angiosperma sem vasos, 335
Textura fina, 388
Textura grosseira (grossa) da madeira, 388
Textura irregular da madeira, 388
Textura uniforme da madeira, 387
Textura, da madeira, 387, 388
Thea, nectário floral, **541**
Theales, nectários florais, 540, **541**
Thevetia peruviana, grãos de amido no látex, 577
Thryptomene calycina, composição do néxtar, 546
Thuja, fibras, 248
Thuja occidentalis, iniciais cambiais, identificação das, 404
câmbio e xilema secundário, **373**
câmbio vascular, **409**
floema secundário, **490**, **501**
floema secundário, diferenciação do, 500
incremento de floema, 419
incrementos no crescimento do floema, 490

iniciais cambiais, alongamento polar das, 409
razão xilema para floema, 419
taxa de sobrevivência das iniciais fusiformes, 407
tempos de iniciação da produção de xilema e floema, 420
Thujopsis, ápice caulinar, 186
Thunbergia erecta, desenvolvimento dos estômatos, **286**
Tigmomorfogênese, 157
Tilacóides, 54
Tilacóides do estroma (lamelas intergrana), 54, 55, 56
Tilacóides intergrana (ver *Tilacóides do Estroma*)
Tilia, casca, fibrosa, 522
canais de mucilagem, **564**
casca, escamosa, 522
colênquima, 237
drusas, **89**
estratificação da madeira, 362
feloderme, 516
fibras, **247**, 249
floema não condutor, 506
lenticelas, 528
padrão de fibras do floema secundário, 495
placa crivada composta, 497
raios floemáticos, dilatação, 499
secções transversais do caule e raiz, **398**
Tilia americana, casca, **512**
câmbio vascular/espaços intercelulares, 400
câmbio, dormente e ativo, **412**
células cambiais fusiformes, dividindo, 416
células companheiras, **456**
células companheiras, esclerificadas, 457
corpos de proteína P, não dispersos, **451**
densidade estomatal, 276
elementos de tubo crivado funcionais ao longo de todo ano, 505
fibras, **246**
incrementos no crescimento do floema, 491
longevidade dos elementos de tubo crivado secundários, 473
meristema de dilatação, **507**
reativação do câmbio, 425
tecidos vasculares e câmbio dormente, **402**
tempos de iniciação da produção de xilema e floema, 420
Tilia cordata, iniciais cambiais, identificação das, 403
as quatro de Sanio, 403
as quatro que se expandem, 403
elementos de tubo crivado que permanecem condutores o ano todo, 505
fibras gelatinosas, ausência de, 370
lenho de tração, ausência de, 370
longevidade dos elementos de tubo crivado, 473
pares de células na porção floemática do câmbio, 403
Tilia platyphyllos, pontoações e espessamento espiralado (helicoidal) dos vasos, **326**
Tiliaceae, fibras, crescimento das, **259**, **260**
cavidades secretoras, 570
células de mucilagem, 566
Tiliales, nectários florais, 540, **541**
Tilóides, em canais de resina, 375
em elementos crivados, 473
Tilos, 330, **332**
Tioglicosídeos, 564
Tipo padrão de coléter, 548
Tipos celulares, 34, 35, 38, 39
no floema, 438
no xilema, 318
Tmesipteris obliqua, vasos em, 332
Tomate (ver *Solanum lycopersicum*)
Tonoplasto (membrana vacuolar), 45, **56**, 65
Toro, 323, **325**
Toro-margo, membrana da pontoação das coníferas, 323, **325**
Torreya, traqueídes, 372
Torrubia cuspidata, felema, 515
Totipotência, 144, 226
Trabéculas, 372
Traço foliar, 32, **35**, 193
Tradescantia, tempo de reciclagem dos microtúbulos corticais, 119
distribuição espacial dos estômatos, 295
origem das gemais laterais, 195
pelos radiculares, 292
Tragopogon, desenvolvimento dos laticíferos, 584
Transdiferenciação, 152
de células do mesofilo em elementos traqueais em *Zinnia*, 348, 349
Translação (síntese de proteínas), 68
na folha de *Arabidopsis*, 296
TRANSPARENT TESTA GLABRA 1 (TTG1), no desenvolvimento do tricoma e distribuição espacial no estabelecimento na distribuição espacial da epiderme na raiz em *Arabidopsis*, 298
Transportador da sacarose SUC2, 465
Transportador de sacarose SUT1, 465
Transportadores de sacarose, 465
Transporte apoplástico, 122
Transporte ativo, 50, 62
Transporte mediado por vesícula, 50
Transporte pós-floema (pós-tubo crivado), 461
Transporte simplástico, 122
Traqueíde vascular, 335
Traqueíde, 320, 322,
disjuntiva, 384
eficiência, como conduto de água, 326
radial, 372, 373, **375**, 383
vascular, 335
Traqueídes disjuntivos, 384
Traqueídes radiais, 372, **374**, **375**, 384

Traqueídes vasicêntricas, 379
Traqueófitas, características das, 317
Tricoblasto, 297
Tricoesclereídes, 253, 254
Tricoma glandular capitado, 551
Tricoma glandular peltado, 550, 551
Tricoma simples (não ramificado), 289, **290**
Tricomas (ver também *Pelos*), 287
  categorias morfológicas, 289
  distribuição espacial nas folhas, 295
  em plantas carnívoras, 552
  funções, 288
  glandular, 289, 550-552
Tricomas com dois a cinco braços, 289
Tricomas dendríticos (ramificados), 289, **289**
Tricomas estrelados, 289
Tricomas glandulares, **534**
  desenvolvimento, 551, 552
  substâncias lipofílicas de secreção, 550, 551
Tricomas glandulares, 550
  nervuras de pequeno porte, tipo 1, com células intermediárias, 464
  raízes com dermatocaliptrogênio, 202
Tricomas peltados (escamas), 289, 290
Tricoma urticante, **534**, 554
Trifolium pratense, nectário floral, 545
Trifolium repens, ápice radicular, 203
Trigo (ver *Triticum vulgare*)
Tripanossomatídeos flagelados nos laticíferos, 578
Triplochiton, madeira estratificada, **364**
Triticum aestivum, hidatódios, 538
  células de transferência, **231**
  filocrono, 191
  iniciação das folhas, 192
  parede do tubo crivado, 440
Triticum vulgare, número de cromossomos, 52
  senescência foliar, 154
  vacúolos de armazenamento de proteína, 81, 85
Triticum, fibras, **247**
Trochodendraceae, tampões estomatais, 278
  madeira, 377
Trochodendron, astroesclereíde, 254
  angiosperma sem vasos, 335
  esclereídes difusos, 255
Tropaeolum, paredes das células da semente, 102
  cromoplastos tubulares, 58
Tsuga, pontoações areoladas nas traqueídes, 324
  canais de resina, 374
Tsuga canadensis, pontoações areoladas e resistência ao fluxo de água, 326
  conexões simplásticas células crivadas-células do raio, **494**
  parênquima radial na madeira, 372
  subtipo de floema secundário, 494
Tsuga heterophylla, ápice caulinar, 186
Tsuga sieboldii, canais de resina, traumáticos, **376**
Tubo crivado, 39, 437, **460**
  de paredes finas e de paredes espessas nas nervuras de peque no porte de Poaceae, 467
Tubos de fusão, na formação da placa celular, **115**
Tubos secretores, 563
Tuia (ver *Thuja occidentalis*)
Tulipa, cromoplastos globulares, 58
Tulipeiro-americano (ver *Liriodendron* e *Liriodendron tulipifera*)
Túnica, definição de, 179
Túnica-corpo, organização, 179, 188
  padrão de crescimento em algu mas coníferas e Gnetophyta, 186
Turneraceae, coléteres, 548
TWO MANY MOUTHS (TMM), no desenvolvimento da epiderme, 296
Typha latifolia, aerênquima, 234
  elementos de tubo-crivado do metafloema, longevidade dos, 473
Typha, idioblastos contendo ráfides, 90
Typhaceae, tecido protetor, 524
  distribuição espacial da epiderme na raiz, 297, **297**
UDP-glicose, 117
Ulmaceae, cistólitos, 301
Ulmus, floema condutor, 506
  cerne, 367
  placas crivadas simples, 497
  sistema vascular primário no caule, **36**
  súber, alado, 522
Ulmus americana, súber em caules submersos, 513, **515**
  câmbio vascular/espaços intercelulares, 399
  células cambiais fusiformes, em divisão, 416
  elementos crivados funcionais presentes por todo o ano, 504
  elementos de tubo crivados, não funcionais, **444**
  incrementos de crescimento no floema, 489
Ulmus scabra, fibro-esclereídes no floema secundário, 507
Umbellales, nectários florais, 540, **541**
Unidade de membrana, 45, 48
Uniporters, 50
Ursiniopsis, floema secundário, padrão de fibras, 495
Urtica urens, pelos urticantes, **534**
Urtica, pelos urticantes, 554
Urticaceae, cistólitos, 301
  distribuição espacial da epiderme na raiz, **297**, 298
  hidatódios, 537
  pelos urticantes, 554
Urtiga (ver *Urtica*)

Utricularia, armadilhas de sucção, 552, **554**
Vaccinium corymbosum, felema, **514**
Vacúolos de armazenamento de proteínas, como compartimento lisossomal, 85
Vacúolos, 45, **46**, **56**, 65-67
armazenamento, 65, 85, **87**
atuação na expansão celular e rigidez do tecido, 65
atuação no sequestro de metabólitos secundários tóxicos, 66
como local de deposição de pigmentos, 66
tipo, 65
Vanilla, idioblastos contendo ráfides, 90
VASCULAR HIGHWAY1 (VH1)
expressão, formação do padrão das nervuras, 165
Vaso solitário, 379
Vasos, 38, 320
cavitação e embolismo dentro dos, 327
comprimento, 320
distribuição na madeira, 3778-380
eficiência, como condutor de água, 326, 327
Velame, 268
Venação paralela (estriada), 283, 466
paralela (estriada), 283, 466
Venação reticulada, 282, 462
Venação, reticulada, 283, 462
Verbascum chaixi, células companheiras das nervuras de menor porte, 466
Verbenaceae, nervuras de menor porte, tipo 1, com células intermediárias, 464
incrementos de crescimento no floema, 489
Veronicastrum virginicum, filotaxia, 191
Verrugas do súber, 526
Vesícula de água, 289
Vesículas de superfície lisa, 81
Vesículas de transição, 77
Vesículas densas, 81
Vesículas de sal, 535
Vesículas derivadas do Golgi, na formação da placa celular, 112, 113, **115**
na formação da parede celular, 116, 117
Vesículas recobertas por clatrina, **50**, 51, 81
Vesículas revestidas, **50**, 51
Vesículas secretoras, 77, 81
Viburnum lantana, felogênio, origem do primeiro, 517
Vicia faba, número de cromossomos, 52
células de transferência, 230, **231**
crescimento da extremidade da raiz, 209
elementos crivados, estruturas como grampos em, 452
estômatos, 281
nectários florais, 543, **545**, **546**
plasmodesmos, 127
Vicia sativa, desenvolvimento do pelo radicular, 293
Vigna, configuração estomatal, **287**
Vime-vermelho (ver *Cornus stolonifera*)
Vinca, primórdio do laticífero, 583
iniciação foliar/orientação das microfibrilas de celulose, 194
Viscum, modo de aumento na espessura da casca, 512
Vitaceae, idioblastos taníferos, 567
Vitis mustangensis, ráfides, **89**
Vitis riparia, tempo de iniciação da produção do xilema e do floema, 420
Vitis vinifera, colênquima, 236, **234**
câmaras com ráfides, **90**
casca anelar, 522, 526
células companheiras, **456**
drusas, 90
elementos crivados funcionais presentes todo o ano, 505
elementos de tubo crivado nos raios do floema, 499
feixe de ráfides e drusas do fruto, **89**
felogênio, origem do primeiro, 518
fibra septada, **251**
fibras floemáticas, 248
floema não-condutor, 507
floema primário, **477**
floema secundário, **500**
floema secundário, crescimento sazonal do, **505**
formação da periderme, **520**
glândula perolada, **534**
hidatódios, 539
padrão da fibra no floema secundário, 495
pontoações na célula do parênquima do xilema, **111**
ráfides na folha, **89**
tilos, **331**, 367
tilosóides, 473
Vitis vulpina, câmaras com cristal, **90**
Washingtonia filifera, largura do ápice caulinar, 183
Washingtonia, ápice caulinar, **183**
Welwitschia mirabilis, formação da periderme nas folhas, 513
Welwitschia, ápice caulinar, 186
Winteraceae, células de óleo, 565
áreas crivadas, 497
condição sem vasos, 335
madeira, 377
raios, 382
tampões estomatais, 280
Wisteria, elemento crivado, **439**
Xanthium chinense, iniciação foliar, 193
Xanthium pennsylvanicum, iniciação foliar, 193
Xilanos, 102
Xilema (ver também *Madeira/Lenho*), 31, 38, 320-358, 359-395
marcadores iniciais de diferenciação, 405

primário, 337, 338, 339, 341
secundário, 318, 359-395
sistema axial, 372, 375, 377, 378-380
sistema radial (raios), 359, 372-374, 380-383
Xilema primário, 337-341
distinção do secundário, 341, 359, 360
tilos em, 330
Xilema secundário (ver também *Madeira* e *Xilema)*, 318, 359-396
desenvolvimento, 383-387
distinção do xilema primário, 341, 359, 360
marcadores iniciais de diferenciação no, 405
produção, 419, 420, 421, 422, 423, 425
raios, 372, 373, 380-383
sinal hormonal (AIA) durante o desenvolvimento, 386, 387
sistemas axial e radial, 359, 361
tamanho do incremento, 419, 420
Xiloglucanos, 101, 102
como carboidrato armazenado principal nas paredes celulares de algumas sementes, 102
Yucca, súber, estratificado, 515
idioblastos contendo ráfides, 90
Zea mays, feixes de filamento de actina em extremidades de raiz, 83
anatomia caulinar, 34
ápice caulinar, **188**
centro quiescente, 205, 206
comprimento dos plastocronos, 191
corpos de proteína, 81, 85
densidade estomatal, 220
elementos de tubo crivado, **455**
endocitose, **50**
epiderme da folha, **283**
estômatos, **279**, **283**
extremidade da raiz, **204**
feixes de filamentos de actina, **84**
fibras (folha), 252
fibras, 246, 248
folha, secção transversal da, **268**
grãos de amido, 84
iniciação foliar, 191, 193
interpretação do ápice radicular, **202**
largura do ápice caulinar, 183
meristema apical radicular, **202**, **203**
nervuras de menor porte (feixes vasculares pequenos), 466, **467**
placa crivada, **455**
plasmodesmos, 125, **126**, 128
proteína de armazenamento, 85
proteína KN1, 128
ribossomos, **67**
tubos crivados do metafloema de nervuras de menor porte, 466, **467**
Zebrina, leucoplastos, **60**
Zigoto, 35
Zingiberaceae, corpos de proteína, nuclear não-dispersa, 452
distribuição espacial da epiderme na raiz, 297, **297**
raízes com caliptrogênio, 202
Zingiberales, paredes primárias das células, 102
cicatrização de ferimento, 525
Zinnia, expressão genética em células do xilema em diferenciação, 156
células do mesofilo em cultura, 157
diferenciação do elemento traqueal, de células do mesofilo em cultura, 348, 349, **349**
morte celular programada, 157
Zinnia elegans, rosetas, **117**
Zomicarpa, laticíferos, anastomoses, 577
Zona cambial, 401
Zona central, no ápice caulinar, 180, 181, 187, 188
Zona de células-mãe central no ápice caulinar, 184
Zona de transição entre alburno e cerne, 366
Zona em concha, na gema axilar, 197
Zona porosa do anel poroso da madeira, 378
Zona tanífera das raízes, 88
Zona transicional, no meristema apical, 185
Zonas de transfusão, em glândulas de sal multicelulares das eudicotiledôneas, 537, **537**
Zoneamento cito-histológico, no ápice caulinar, 180, 184, 185, 186
configuração sobrepondo a organização túnica-corpo, 187-189
Zygophyllaceae, tricomas glandulares, 550